WPS Office高效办公

会计与财务管理

凤凰高新教育◎编著

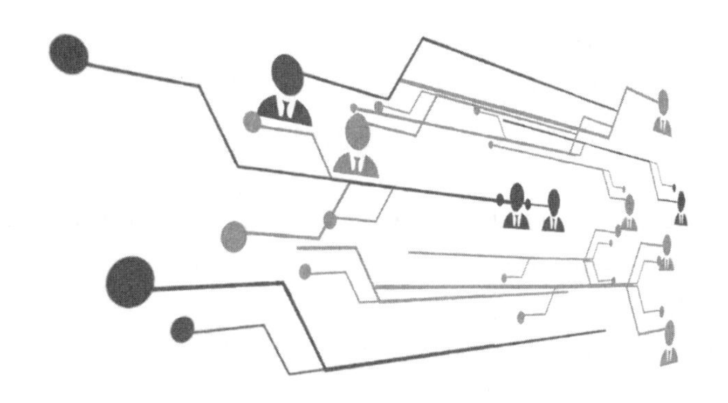

内 容 提 要

本书以 WPS Office 办公软件为操作平台，从财务工作中的实际需求出发，系统、全面地讲解了在财务会计工作中对 WPS 表格的操作技能，并分享了财会数据管理的思路和经验。

全书共包含两部分，12 章内容。第 1 部分（第 1 ~ 5 章）重在帮助财务人员夯实基础，主要介绍了财务人员对 WPS 表格应用的相关基本操作技能，帮助财务人员打下坚实的基础。第 2 部分（第 6 ~ 12 章）主要讲解实战应用方法，列举了日常财务工作中典型的财务工作实例，深入讲解如何综合运用 WPS 表格制作与管理财会数据，高效完成财务工作的具体操作方法和技巧。

本书内容循序渐进，案例丰富翔实，既适合零基础又适合想快速掌握 WPS 表格的读者学习，也可作为期望提高 WPS 表格技能水平、积累和丰富实操经验的财会从业人员的案头参考书，还可作为各职业院校、财会培训机构及计算机培训班的相关专业的教学用书。

图书在版编目(CIP)数据

WPS Office高效办公：会计与财务管理 / 凤凰高新教育 编著. — 北京：北京大学出版社，2022.8

ISBN 978-7-301-33081-4

Ⅰ. ①W… Ⅱ. ①凤… Ⅲ. ①办公自动化—应用软件 Ⅳ. ①TP317.1

中国版本图书馆CIP数据核字(2022)第100213号

书　　名　WPS Office高效办公：会计与财务管理
WPS Office GAOXIAO BANGONG: KUAIJI YU CAIWU GUANLI

著作责任者　凤凰高新教育 编著

责任编辑　刘云

标准书号　ISBN 978-7-301-33081-4

出版发行　北京大学出版社

地　　址　北京市海淀区成府路205 号　100871

网　　址　http://www. pup. cn　　新浪微博：@ 北京大学出版社

电子信箱　pup7@ pup. cn

电　　话　邮购部 010-62752015　发行部 010-62750672　编辑部 010-62570390

印 刷 者　河北滦县鑫华书刊印刷厂

经 销 者　新华书店

720毫米×1020毫米　16开本　27印张　466千字

2022年8月第1版　2022年8月第1次印刷

印　　数　1-4000册

定　　价　89.00元

WPS Office 是一款历经 30 多年研发、具有完全自主知识产权的国产办公软件。它具有强大的办公功能，包含文字、表格、演示文稿、PDF、流程图、脑图、海报、表单等多个办公组件，被广泛应用于日常办公。

近几年来，随着全社会的数字化转型持续深化，WPS Office 作为国内办公软件的龙头之一，持续优化各项功能体验，实现了用户数持续稳健增长，截至 2022 年 6 月，WPS Office 主产品的月活跃设备数量为 5.72 亿。

从工具到服务，从单机到协作，现在的 WPS Office 不仅仅是一款传统的办公软件，它还致力于提供以“云服务为基础，多屏、内容为辅助，AI 赋能所有产品”为代表的未来办公新方式，不仅针对不同的办公场景做了多屏适配，还针对不同的操作系统（包括 Windows、Android、iOS、Linux、MacOS 等主流操作系统）实现了全覆盖。无论是手机端，还是 PC 端，WPS 都可以帮助我们实现办公场景的无缝链接，从而享受不受场所和设备限制的办公新体验。

简单来说，WPS Office 已经成为现代化数字办公的首要生产力工具，无论是政府机构、企业用户，还是校园师生，各类场景的办公需求都可以通过 WPS Office 系列办公套件去管理和解决。在这个高速的信息化时代，WPS Office 系列办公套件已经成为职场人士的必备必会软件之一。

为了让更多的初学用户和专业领域人士快速掌握 WPS Office 办公软件的使用，金山办公协同国内优秀的办公领域专家——KVP（金山办公最有价值专家），共同策划并编写了这套“WPS Office 高效办公”图书，以服务于不同办公需求的人群。

经验技巧、职场案例，都在这套书中有所体现和讲解。本套书最大的特点是不仅仅教你如何学会和掌握 WPS Office 软件的基础与进阶使用，更重要的是教你如何在职场中更高效地运用 WPS Office 解决实际问题。无论你是一线的普通白领、高级管理的金领，还是从事数据分析、行政文秘、人力资源、财务会计、市场销售、教育培训等行业的人士，相信都将从此套书中获益。

本套书内容均由获得 KVP 认证的老师们贡献，他们具有丰富的办公软件实战应用经验和 WPS 应用知识教学授课经验。每本书均经过金山办公官方编委会的审读与修改。这几本书从选题策划到内容创作，从官方审读到编校出版，历经一年多时间，凝聚了参与编撰的专家、老师们的辛勤付出和智慧结晶。在此，对参与内容创作的 KVP、金山办公内部专家道一声“感谢”！

一部实用的 WPS 技巧指导书，能够帮助你轻松实现从零基础到职场高手的蜕变，你值得拥有！

金山办公生态合作高级总监

苟薇华

为什么编写并出版这本书

从事财会工作的读者朋友都深知：身处大数据时代，要干好本职工作，不仅要具备过硬的专业知识技术，还必须熟练掌握足够的数据处理办公软件的应用技能。在众多办公软件当中，实用、好用且适合财务数据处理和分析的当属 WPS Office 办公软件里的 WPS 表格组件。事实上，WPS 表格拥有强大的计算、统计和分析数据功能，也是绝大部分财会人员在日常工作中的首选办公软件。

在实际工作中，虽然很多人会用 WPS 表格，但是由于没有扎实的基础，同时又缺乏实战经验，所以始终无法用好 WPS 表格，也就无法真正提高工作效率。

为此，我们编写了本书，从基础到实战，从专项功能应用到综合融会运用，系统、全面又循序渐进地介绍了 WPS 表格的相关知识和实战应用方法，旨在帮助财会人员快速掌握 WPS 表格应用技能，以做到会用且能用好，能够游刃有余地处理工作中的各种数据问题，真正实现高效办公的目的。

本书的特色特点有哪些

1. 案例翔实，引导学习

本书列举了大量日常工作实例来系统讲解 WPS 表格在财会管理中的应用。书中全部示例都是通过调研后精心挑选而出的财会实际案例，不仅切合实际，而且极具代表性、实用性和参考价值，能够充分发挥引导作用，让读者置身于真实的工作场景中学习和上手操作，力争达到最佳学习效果。同时，本书还将财务工作思路和经验融入 WPS 表格实践运用当中，帮助读者在学会操作技法的同时，掌握科学规范管理财务数据的“心法”，从各个层面提高数据处理能力和工作效率。

2. 图文并茂，内容详尽

本书内容详尽，讲解了 16 个日常财务表格的制作技巧，5 类实用工具的应用方法，财务人员必知必会的 7 大类共 52 个常用函数的基本语法、作用特点及具体运用方法，多种财务专业图表及动态图表的制作方法、布局技巧，以及创建并运用数据透视表分析数据的操作方法等。同时，在每个操作步骤讲解的后面配备同步操作示图，通过图文讲解，让读者能够更轻松、更快速地掌握知识内容和实际操作技能。

3. 实战技巧，高手支招

本书在每章末尾都设置了“高手支招”专栏，分别安排了 3 ~ 5 个操作技巧（全书共 46 个操作技巧），紧密围绕每章主题进行查缺补漏，补充介绍正文示例中未曾涉及的知识点、实用操作技巧等，帮助读者巩固学习成果，更进一步拓展实操技能，从而做到真正的高效办公。

4. 同步视频，易学易会

本书提供所有案例的同步学习文件和教学视频，并赠送相关学习资源，帮助读者学习和掌握更多相关技能，以在职场中快速提升核心竞争力。

配套资源及下载说明

本书配套并赠送丰富的学习资源，读者可以参考提示进行下载。

1. 同步学习文件

• 素材文件：指本书中所有章节示例的素材文件。读者在学习时，可以参考图书讲解内容，打开对应的素材文件进行同步操作练习。

• 结果文件：指本书中所有章节示例的最终效果文件。读者在学习时，可以打开结果文件查看其示例效果，为自己在学习中的练习操作提供帮助。

2. 同步教学视频

本书提供了长达 25 小时与书中案例同步的视频教程，读者可以通过相关的视频播放软件打开每章中的视频文件进行学习。每个视频都有相应的语音讲解，非常适合无基础的读者学习。

3. PPT 课件

本书提供了配套的 PPT 课件，方便教师教学使用。

4. 赠送职场高效办公相关资源

• 赠送高效办公电子书:《微信高手技巧手册随身查》《QQ 高手技巧手册随身查》《手机办公 10 招就够》电子书，教会读者移动办公诀窍。

• 赠送《10 招精通超级时间整理术》和《5 分钟学会番茄工作法》讲解视频，跟着专家学习如何整理时间、管理时间，从而有效利用时间。

温馨提示

以上资源已上传至百度网盘，供读者下载。请用手机微信扫描右侧二维码关注公众号，输入代码 AgT296，获取下载地址及密码。或者关注图书封底的“博雅读书社”微信公众号，找到“资源下载”栏目，输入图书 77 页的资源下载码，根据提示获取。

官方微信公众账号

创作者说

本书由凤凰高新教育策划并组织编写。参与编写的老师都是金山 WPS Office KVP 专家，他们对 WPS Office 软件的应用具有丰富的经验。在本书的编写过程中，得到了金山官方相关老师的协助和指正，在此表示由衷的感谢！我们竭尽所能地为您呈现更好、更全的实用功能，但仍难免有疏漏和不妥之处，敬请广大读者不吝指正。若您在学习过程中产生疑问或有任何建议，可以通过 E-mail 或 QQ 群与我们联系。

读者信箱：2751801073@qq.com。

读者交流群：218192911（办公之家）、725510346（新精英充电站 -7 群）。

目录 WPS

Contents

第1章 练好基本功 高效制作规范的财务表格

第2章 掌握实用工具 让财务数据的处理事半功倍

第3章 掌握核心应用 财务人员必知必会的函数

第 4 章 玩转图表 直观呈现财务数据内涵

第5章 数据透视表 多角度动态分析财务数据

第6章 实战 财务凭证和会计账簿管理

第7章 实战 固定资产管理

第8章 实战 进销存数据管理

第9章 实战 往来账款数据管理与分析

第10章 实战 工资薪酬数据管理

第11章 实战 税金计算与管理

第12章 实战 财务报表与财务指标分析

WPS

第1章

练好基本功

高效制作规范的财务表格

本章导读

财务人员的日常工作就是与海量数据打交道，因此要善于运用功能强大的WPS Office中的电子表格规范地管理好这些数据。那么如何才能物尽其用，让WPS表格充分发挥它的作用，帮助我们规范地管理好数据呢？首先要练好基本功，掌握WPS表格的基本运用方法和处理原始数据的操作技巧。

本章将为读者介绍在财务工作中常用的WPS表格的基础操作方法和技巧，帮助财务人员高效制作出规范、专业的财务工作表格。

知识要点

- 如何打造良好的工作环境
- 如何更快地收集原始数据
- 如何高效输入基础数据
- 如何整理和规范财务表格

1.1 打造良好的工作环境

财务工作是一项烦琐枯燥的工作，财务人员每天都要处理大量的财务数据，为了尽可能避免重复性操作，首先可对日常使用的 WPS 表格进行一些基础的优化设置，打造良好的工作环境，才能最大程度节省工作时间，提高工作效率。

1.1.1 自定义功能区

WPS 表格的框架主体是功能区，由数个选项卡组成，每个选项卡就是一个工具箱，其中存放着各类实用工具。用户可以根据操作习惯和喜好自定义功能区，如新建选项卡、调整选项卡及工具的存放位置，极大地方便了用户查找工具和调用工具。

下面以新建选项卡并添加不在功能区的命令按钮为例，示范自定义功能区的操作方法。

第1步 **选择【选项】命令**。开启 WPS Office 程序新建一个表格，选择【文件】→【选项】命令，如下图所示。

第2步 **新建选项卡**。在弹出的【选项】对话框左侧列表中选择【自定义功能区】选项卡，在右侧单击【新建选项卡】按钮后，上面列表框中即出现新建选项卡及新建组，如下图所示。

温馨提示

选中【自定义功能区】列表框中的选项卡、组或命令后，单击右侧的 ▲ 和 ▼ 按钮可调整它们在功能区、选项卡或组中的排列顺序。

第3步 **重命名选项卡和组**。❶ 选中【新建选项卡（自定义）】复选框，单击【重命名】按钮；❷ 弹出【重命名】对话框，在【显示名称】文本框中输入自定义名称，如“我的工具”，然后单击【确定】按钮，如下图所示。使用同样的方法，可将新建组重命名为“制表”。

第4步 **添加命令**。❶ 选中【制表（自定义）】复选框，在左侧列表框中选择常用命令，或在【查找命令】搜索框中输入关键字快速找到目标，如输入“字体”后，列表框中将列示出包含“字体”的全部命令；❷ 单击【添加】按钮即可将命令添加至【制表（自定义）】组中；❸ 单击【确定】按钮关闭对话框，如下图所示。

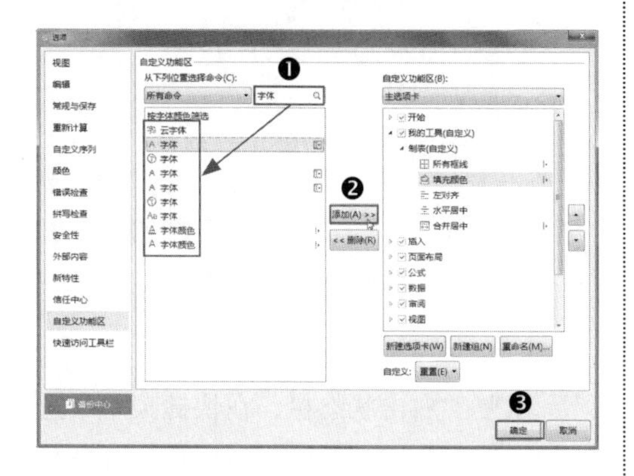

自定义功能区操作完成后，返回工作表即可看到新建选项卡、新建组及命令已被添加至功能区中，如下图所示。

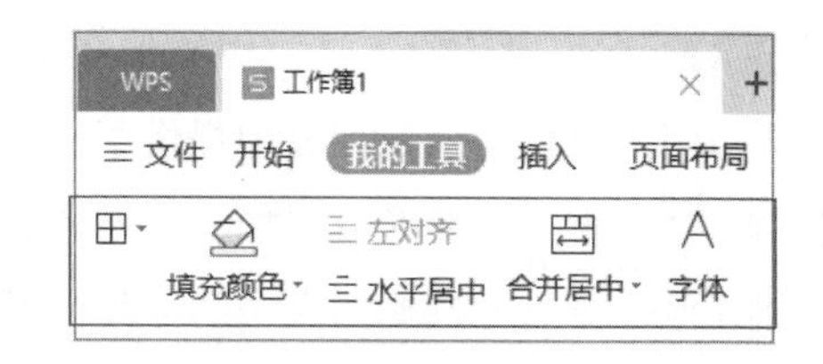

1.1.2 自定义快速访问工具栏

自定义功能区后，用户查找和调用工具时只需选择目标选项卡，展开后即可快速查找到工具，操作非常方便快捷。不过，WPS Office 还提供了一个更加便捷的功能，就是自定义快速访问工具栏。用户既可调整其在主窗口的放置位置，同样也可将频繁使用的命令按钮添加至其中，以便更迅速地打开命令使用。下面介绍其操作方法。

第1步 **调整快速访问工具栏位置**。快速访问工具栏的默认位置在功能区顶端，将其放置在功能区下方更方便调用命令。单击快速访问工具栏右侧的下拉按钮，在下拉列表中选择【放置在功能区之下】命令即可，如下图所示。

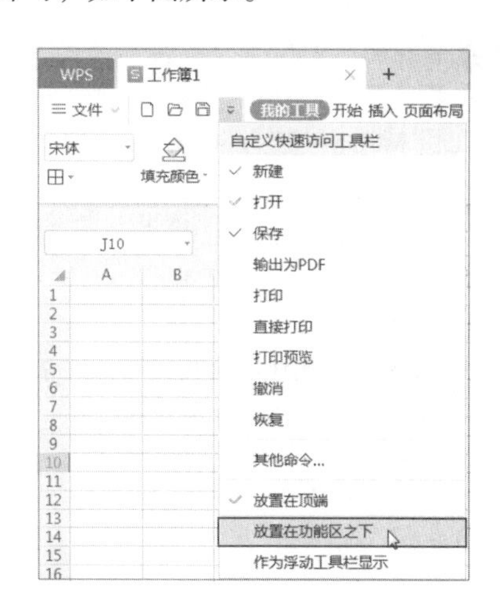

第2步 **在快速访问工具栏中添加命令。**快速访问工具栏的下拉列表中提供了 9 个常用命令，直接选择即可添加。如果还需添加其他命令，可选择列表中的【其他命令...】命令打开【选项】对话框，选择【快速访问工具栏】选项卡，在【可以选择的选项】列表框中选择需要的命令，单击【添加】按钮添加至【当前显示的选项】列表框中，然后单击【确定】按钮关闭对话框。

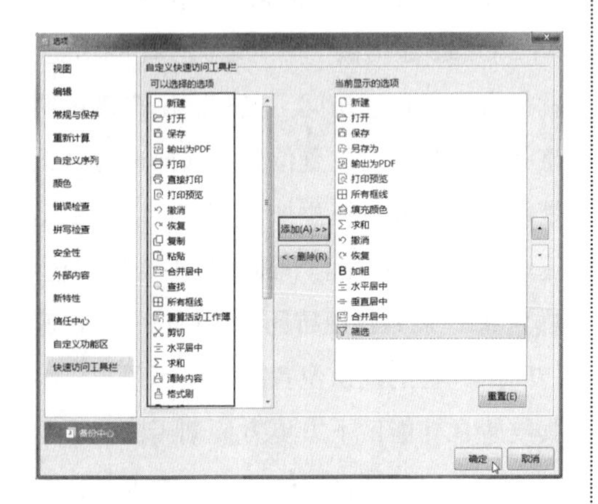

操作完成后，返回工作表即可看到快速访问工具栏效果，如下图所示。

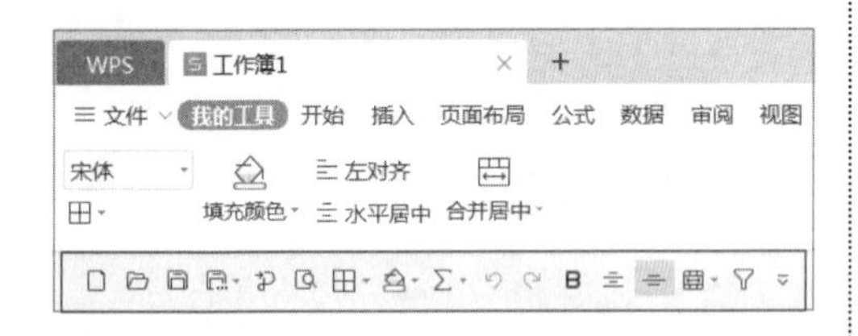

温馨提示

WPS 表格功能区的默认状态为显示，单击窗口最右端的按钮可隐藏功能区，使操作界面更整洁。

1.1.3 利用状态栏快速计算基本数据

WPS Office 中的状态栏位于窗口底部，而表格中的状态栏具备一个非常便捷的功能——同时以多种方式快速统计和计算表格中被选中单元格区域中的值（包括平均值、计数、计算值、最小值、最大值、求和等），并可指定数值格式。如果财务人员只需对数据做临时性的简单计算，可从状态栏中快速获得结果。

第1步 **选择计算方式和数字格式。**打开“素材文件\第 1 章\× × 公司 2021 年收支计算表 .xlsx”文件，右击状态栏，在弹出的快捷菜单中选择一种计算方式，如【平均值】命令，如下图所示。

××公司2021年收支计算表

月份	销售金额	实际收款	未收款	应付款	实际支付	未付款	利润
1月	36,403.96	24,269.31	12,134.65	15,000.00	9,834.65	5,000.00	14,434.66
2月	31,064.71	19,133.26	11,931.45	4,000.00	1,966.93	2,000.00	17,166.33
3月	43,684.75	14,561.58	29,123.17	12,000.00	1,966.93	10,000.00	12,594.65
4月	67,954.06	54,605.94	13,348.12	26,000.00	5,900.79	20,000.00	48,705.15
5月	68,900.57	48,538.62	20,361.95	12,200.00	1,180.16	11,000.00	47,358.46
6月	44,776.87	3[illegible]	[illegible]	[illegible]00.00	4,917.33	5,000.00	31,486.63
7月	57,032.87	4[illegible]	[illegible]	[illegible]00.00	983.47	5,000.00	47,555.15
8月	94,650.30	6[illegible]	[illegible]	[illegible]00.00	590.08	19,400.00	60,083.19
9月	68,682.14	4[illegible]	[illegible]	[illegible]00.00	2,950.40	29,000.00	45,588.22
10月	72,807.92	2[illegible]	[illegible]	[illegible]00.00	9,834.65	20,000.00	14,434.66
11月	66,740.60	6[illegible]	[illegible]	[illegible]00.00	983.47	20,000.00	59,689.80
12月	27,909.70	1[illegible]	[illegible]	[illegible]00.00	491.73	7,500.00	14,069.85
总计	680,608.45	4[illegible]	[illegible]	[illegible]200.00	41,600.59	153,900.00	413,166.75

无(N)
平均值(A)
计数(C)
计数值(O)
最小值(I)
最大值(M)
求和(S)
带中文单位分隔(H)
使用千位分隔符(T)
按万位分隔(E)

重复“右击状态栏，在快捷菜单中选择相应命令”操作，即可依次选择其他计算方式和数字格式。注意数字格式为单选项，只可选择一种。本例选择【使用千位分隔符】命令。

第2步 **快速计算。**选中表格中任意包含数字的单元格区域（如 D5:D10 单元格区域）后，即可看到状态栏已经同步计算得出 D5:D10 单元格区域中数据的各种结果，如下图所示。

××公司2021年收支计算表

月份	销售金额	实际收款	未收款	应付款	实际支付	未付款	利润
1月	36,403.96	24,269.31	12,134.65	15,000.00	9,834.65	5,000.00	14,434.66
2月	31,064.71	19,133.26	11,931.45	4,000.00	1,966.93	2,000.00	17,166.33
3月	43,684.75	14,561.58	29,123.17	12,000.00	1,966.93	10,000.00	12,594.65
4月	67,954.06	54,605.94	13,348.12	26,000.00	5,900.79	20,000.00	48,705.15
5月	68,900.57	48,538.62	20,361.95	12,200.00	1,180.16	11,000.00	47,358.46
6月	44,776.87	36,403.96	8,372.91	10,000.00	4,917.33	5,000.00	31,486.63
7月	57,032.87	48,538.62	8,494.25	6,000.00	983.47	5,000.00	47,555.15
8月	94,650.30	60,673.27	33,977.03	20,000.00	590.08	19,400.00	60,083.19
9月	68,682.14	48,538.62	20,143.52	32,000.00	2,950.40	29,000.00	45,588.22
10月	72,807.92	24,269.31	48,538.61	30,000.00	9,834.65	20,000.00	14,434.66
11月	66,740.60	60,673.27	6,067.33	21,000.00	983.47	20,000.00	59,689.80
12月	27,909.70	14,561.58	13,348.12	8,000.00	491.73	7,500.00	14,069.85
总计	680,608.45	454,767.34	225,841.11	196,200.00	41,600.59	153,900.00	413,166.75

Sheet1

平均值=18,946.238333333 计数=6 数值计数=6 最小值=8,372.91 最大值=33,977.03 求和=113,677.43

温馨提示

如果 WPS 表格的初始窗口中未显示状态栏，选择【文件】→【选项】命令，打开【选项】对话框，在【视图】选项卡中选中【状态栏】复选框即可。

1.2 原始数据的收集技巧

运用 WPS 表格进行数据处理的前提是收集原始数据。在日常工作中，收集原始数据一般有两种方法：一是手工录入，二是从其他文件、系统软件、数据库或互联网上直接导入表格中。这项工作虽然十分简单，但是职场工作讲究的是效率，所以财务人员也应当掌握一些原始数据的输入和导入技巧，尽可能在最短的时间内以最快的方式把这项简单的工作做好。下面主要介绍如何运用技巧在 WPS 表格中高效录入或填充原始数据。

1.2.1 批量录入或填充原始数据

收集原始数据最常用的方法是直接手工录入，这项工作虽然简单，但是容易出错，而且相当耗费时间和精力。如果不运用技巧，不仅会影响当时的工作效率，还会影响后续统计和分析工作的顺利进行。其实，对于某些内容相同的数据，完全可以一次性批量录入，而对于有一定规律或序列的数据，最快捷的操作就是批量填充。这样既能提高原始数据的收集速度，又能保证数据的质量。

1. 在多个单元格中批量录入相同数据

如果表格中的多个单元格需要录入的数据完全相同，可通过快捷键进行批量录入。

打开“素材文件\第 1 章\×× 公司员工信息表 .xlsx”文件，要求在灰色单元格中输入学历“本科”，如下图所示。

××公司员工信息表

员工编号	员工姓名	所属部门	性别	入职时间	学历
HTJY001	黄**	销售部	女	2012-8-9	
HTJY002	金**	行政部	男	2012-9-6	
HTJY003	胡**	财务部	女	2013-2-6	
HTJY004	龙**	行政部	男	2013-6-4	
HTJY005	冯**	技术部	男	2014-2-3	
HTJY006	王**	技术部	女	2014-3-6	
HTJY007	张**	销售部	女	2014-5-6	
HTJY008	赵**	财务部	男	2014-5-6	
HTJY009	刘**	技术部	男	2014-8-6	
HTJY010	杨**	行政部	女	2015-6-9	
HTJY011	吕**	技术部	男	2016-5-6	
HTJY012	柯**	财务部	男	2016-9-6	
HTJY013	吴**	销售部	女	2017-1-2	
HTJY014	马**	技术部	男	2017-4-5	
HTJY015	陈**	行政部	女	2017-5-8	
HTJY016	周**	销售部	女	2018-5-9	
HTJY017	郑**	技术部	男	2019-9-8	
HTJY018	钱**	财务部	女	2020-2-9	

批量录入的操作方法如下：按住【Ctrl】键依次单击目标单元格即可批量选定，输入“本科”后按【Ctrl+Enter】快捷键即可批量录入相同内容，如下图所示。

××公司员工信息表

员工编号	员工姓名	所属部门	性别	入职时间	学历
HTJY001	黄**	销售部	女	2012-8-9	本科
HTJY002	金**	行政部	男	2012-9-6	
HTJY003	胡**	财务部	女	2013-2-6	本科
HTJY004	龙**	行政部	男	2013-6-4	本科
HTJY005	冯**	技术部	男	2014-2-3	本科
HTJY006	王**	技术部	女	2014-3-6	
HTJY007	张**	销售部	女	2014-5-6	本科
HTJY008	赵**	财务部	男	2014-5-6	本科
HTJY009	刘**	技术部	男	2014-8-6	
HTJY010	杨**	行政部	女	2015-6-9	本科
HTJY011	吕**	技术部	男	2016-5-6	
HTJY012	柯**	财务部	男	2016-9-6	本科
HTJY013	吴**	销售部	女	2017-1-2	
HTJY014	马**	技术部	男	2017-4-5	本科
HTJY015	陈**	行政部	女	2017-5-8	
HTJY016	周**	销售部	女	2018-5-9	本科
HTJY017	郑**	技术部	男	2019-9-8	
HTJY018	钱**	财务部	女	2020-2-9	

示例结果见“结果文件\第 1 章\×× 公司员工信息表 .xlsx”文件。

2. 在多个工作表中批量录入相同数据

如果在工作簿中的多个工作表的相同单元格或单元格区域中，需要录入相同数据或进行其他设置，只需先批量选定工作表，再批量选定单元格，然后按在多个单元格中批量录入相同数据的操作方法即可进行批量录入。

打开“素材文件\第 1 章\×× 公司 2021 年 1—6 月工资表 .xlsx”文件，包括 2021 年 1—6 月的 6 张工作表，如下图所示。每张工作表中的表格框架完全相同，下面要求在每张工作表的第 1 行之上插入两行，分别输入相同的表格标题和文本。

工号	姓名	所属部门	基本工资	工龄工资	岗位津贴	绩效奖金	交通补贴	其他补贴	应付工资	代扣社保
HTJY001	黄**	销售部								
HTJY002	金**	行政部								
HTJY003	胡**	财务部								
HTJY004	龙**	行政部								
HTJY005	冯**	技术部								
HTJY006	王**	技术部								
HTJY007	张**	销售部								
HTJY008	赵**	财务部								
HTJY009	刘**	技术部								
HTJY010	杨**	行政部								
HTJY011	吕**	技术部								
HTJY012	柯**	财务部								
HTJY013	吴**	销售部								
HTJY014	马**	技术部								
HTJY015	陈**	行政部								
HTJY016	周**	销售部								
HTJY017	郑**	技术部								
HTJY018	钱**	财务部								
	合计									

2021年1月 2021年2月 2021年3月 2021年4月 2021年5月 2021年6月

具体操作方法如下：❶ 单击任意一张工作表标签（当前已选中“2021 年 1 月”工作表标签），按住【Shift】键后单击最后一张工作表（即“2021 年 6 月”）即可批量选定；❷ 在当前工作表中的第 1 行之上插入两行后，分别输入表格标题和文本，并设置单元格格式，效果如下图所示。

❷ ××公司员工工资表

所属期间：

工号	姓名	所属部门	基本工资	工龄工资	岗位津贴	绩效奖金	交通补贴	其他补贴	应付工资	代扣社保
HTJY001	黄**	销售部								
HTJY002	金**	行政部								
HTJY003	胡**	财务部								
HTJY004	龙**	行政部								
HTJY005	冯**	技术部								
HTJY006	王**	技术部								
HTJY007	张**	销售部								
HTJY008	赵**	财务部								
HTJY009	刘**	技术部								
HTJY010	杨**	行政部								
HTJY011	吕**	技术部								
HTJY012	柯**	财务部								
HTJY013	吴**	销售部								
HTJY014	马**	技术部								
HTJY015	陈**	行政部								
HTJY016	周**	销售部								
HTJY017	郑**	技术部								
HTJY018	钱**	财务部								
	合计									

❶ 2021年1月 2021年2月 2021年3月 2021年4月 2021年5月 2021年6月

操作完成后，再次单击任意一张工作表标签即可取消多选工作表。切换到不同的工作表中可以看到在第 1 行之上都插入了两行，并输入了同样的内容，示例结果见“结果文件 \ 第 1 章 \ × × 公司 2021 年 1—6 月工资表 .xlsx”文件。

温馨提示●

批量选定单元格或单元格区域可用【Ctrl】和【Shift】键配合鼠标进行操作。注意二者的区别：【Ctrl】键主要用于选定连续或不连续的单元格及单元格区域；【Shift】键只能选定连续的单元格区域。

3. 批量填充相同或有规律的数据

如果需要在财务表中输入相同的或具有一定规律的原始数据，如单位、序号、日期等内容，可运用批量填充技巧快速完成数据输入。填充方式主要有以下 3 种。

（1）使用填充柄填充

批量填充最简单的操作是拖动或双击填充柄，还可在填充柄的【自动填充选项】列表中选择其他填充方式，操作方法如下。

❶ 拖动填充柄填充相同文本。打开“素材文件 \ 第 1 章 \ × × 公司用料清单 .xlsx”文件，在 C4 单元格中输入文本“个”，将鼠标光标移至单元格右下角后出现 + 形填充柄后，按住鼠标左键向下拖动至 C13 单元格中，如下图所示。

× × 公司用料清单

用料单位： 工程名称： 时间： 工程编号：

序号	材料名称	单位	数量	单价(元)	金额（元）	备注
	筒灯	个	10	68.00	680.00	
	射灯		20	58.00	1160.00	
	白炽灯泡		60	1.00	60.00	
	卤钨灯泡		30	28.00	840.00	
	节能灯泡		20	8.00	160.00	
	双开双控		10	50.00	500.00	
	一开双控		18	36.00	648.00	
	五孔		15	40.00	600.00	
	16A三孔		16	60.00	960.00	
	变压器		38	100.00	3800.00	

操作完成后释放鼠标，即可看到 C4 单元格中的内容已被填充到 C5:C13 单元格区域，效果如下图所示。

× × 公司用料清单

用料单位： 工程名称： 时间： 工程编号：

序号	材料名称	单位	数量	单价(元)	金额（元）	备注
	筒灯	个	10	68.00	680.00	
	射灯	个	20	58.00	1160.00	
	白炽灯泡	个	60	1.00	60.00	
	卤钨灯泡	个	30	28.00	840.00	
	节能灯泡	个	20	8.00	160.00	
	双开双控	个	10	50.00	500.00	
	一开双控	个	18	36.00	648.00	
	五孔	个	15	40.00	600.00	
	16A三孔	个	16	60.00	960.00	
	变压器	个	38	100.00	3800.00	

❷ 双击填充柄填充序号。在 A4 单元格中输入数字“1”后，将鼠标光标移至右下角，出现填充柄后快速双击鼠标，即可快速完成序号填充，如下图所示。

× × 公司用料清单

用料单位： 工程名称： 时间： 工程编号：

序号	材料名称	单位	数量	单价(元)	金额（元）	备注
1	筒灯	个	10	68.00	680.00	
2	射灯	个	20	58.00	1160.00	
3	白炽灯泡	个	60	1.00	60.00	
4	卤钨灯泡	个	30	28.00	840.00	
5	节能灯泡	个	20	8.00	160.00	
6	双开双控	个	10	50.00	500.00	
7	一开双控	个	18	36.00	648.00	
8	五孔	个	15	40.00	600.00	
9	16A三孔	个	16	60.00	960.00	
10	变压器	个	38	100.00	3800.00	

示例结果见“结果文件\第 1 章\×× 公司用料清单 .xlsx”文件。

❸ 改变填充方式填充日期型数据。使用填充柄填充数据后，如果需要改变填充序列（如按工作日填充日期），可在填充柄的【自动填充选项】列表中选择填充方式。

打开“素材文件\第 1 章\×× 公司 2021 年客户每日销售汇总表 .xlsx”文件，在 A3 单元格中输入日期“2021-1-4”，双击填充柄将按照日期序列填充至 A92 单元格中。单击 A92 单元格右下角的【自动填充选项】按钮的下拉按钮，在下拉列表中选择【以工作日填充】选项，如下图所示。

××公司2021年客户每日销售汇总表

日期	客户A	客户B	客户C	客户D	客户E	客户F	合计
2021-1-4	11,731.95	14,676.67	13,327.78	13,624.30	14,215.13	12,230.20	**79,806.04**
2021-3-28	14,307.35	11,122.44	13,006.23	12,522.52	11,109.26	10,382.15	**72,449.96**
2021-3-29	13,948.67	10,588.45	11,955.71	11,387.59	13,090.16	13,755.49	**74,726.07**
2021-3-30	10,536.17	11,989.26	13,459.32	11,027.54	12,862.91	12,696.37	**72,571.56**
2021-3-31	10,596.65	12,041.77	13,769.54	11,630.29	14,788.88	14,326.75	**77,153.88**
2021-4-1	12,339.35	14,858.14	13,474.80	13,415.76	12,370.35	11,632.39	**78,090.78**
2021-4-2	14,459.74	14,723.86	14,531.85	12,317.78	10,167.79	13,488.64	**79,689.66**
2021-4-3	14,451.11	13,068.34	11,752.16	13,199.05	12,590.50	14,204.26	**79,265.43**

复制单元格(C)
以序列方式填充(S)
仅填充格式(F)
不带格式填充(O)
智能填充(E)
以天数填充(D)
以工作日填充(W)
以月填充(M)
以年填充(Y)

操作完成后，即可看到日期填充效果，如下图所示。

××公司2021年客户每日销售汇总表

日期	客户A	客户B	客户C	客户D	客户E	客户F	合计
2021-1-4	11,731.95	14,676.67	13,327.78	13,624.30	14,215.13	12,230.20	**79,806.04**
2021-1-5	13,485.37	14,248.24	10,469.41	11,758.78	13,991.99	14,851.43	**78,805.23**
2021-1-6	11,488.18	14,678.78	11,217.36	11,345.56	13,821.35	14,898.87	**77,450.10**
2021-1-7	10,953.06	10,464.09	10,949.10	11,583.41	12,237.66	13,905.82	**70,093.15**
2021-1-8	14,153.89	10,449.37	14,076.50	13,819.45	10,940.74	12,224.90	**75,664.85**
2021-1-11	11,078.10	14,642.21	10,439.53	12,561.42	10,295.97	11,748.32	**70,765.55**
2021-1-12	11,634.32	12,090.56	13,555.28	11,801.50	11,904.40	12,425.95	**73,412.02**
2021-1-13	10,114.68	10,903.25	13,972.77	13,547.48	12,280.05	13,946.32	**74,764.54**
2021-1-14	13,007.20	10,556.40	12,372.14	10,584.64	14,759.69	13,243.22	**74,523.28**
2021-1-15	10,202.53	10,141.78	12,530.77	10,185.03	13,755.68	13,227.39	**70,043.18**
2021-1-18	13,385.81	10,987.49	14,584.99	10,660.40	13,006.43	10,392.99	**73,018.11**

示例结果见“结果文件\第 1 章\×× 公司 2021 年客户每日销售汇总表 .xlsx”文件。

（2）通过【序列】对话框填充

如果对填充序列有更高的要求，例如，填充数量较多（如 1 ~ 1000），按等差或等比序列填充日期等，可通过【序列】对话框进行设置。

打开“素材文件\第 1 章\×× 公司 2021 年 1—3 月客户每周销售汇总表 .xlsx”文件，如下图所示。要求将 2021 年 1 月 1 日作为起始日，按每周 7 天的规律填充日期。

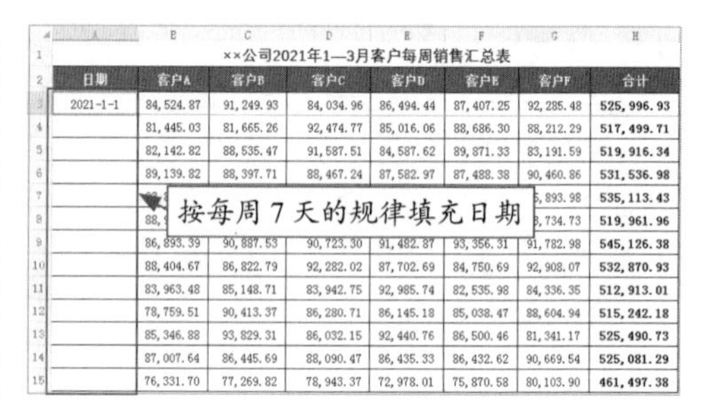

××公司2021年1—3月客户每周销售汇总表

日期	客户A	客户B	客户C	客户D	客户E	客户F	合计
2021-1-1	84,524.87	91,249.93	84,034.96	86,494.44	87,407.25	92,285.48	**525,996.93**
	81,445.03	81,665.26	92,474.77	85,016.06	88,686.30	88,212.29	**517,499.71**
	82,142.82	88,535.47	91,587.51	84,587.62	89,871.33	83,191.59	**519,916.34**
	89,139.82	88,397.71	88,467.24	87,582.97	87,488.38	90,460.86	**531,536.98**
	[illegible]	[illegible]	[illegible]	[illegible]	[illegible]	[illegible],893.98	**535,113.43**
	88,[illegible]	[illegible]	[illegible]	[illegible]	[illegible]	[illegible],734.73	**519,961.96**
	86,893.39	90,887.53	90,723.30	91,482.87	93,356.31	91,782.98	**545,126.38**
	88,404.67	86,822.79	92,282.02	87,702.69	84,750.69	92,908.07	**532,870.93**
	83,963.48	85,148.71	83,942.75	92,985.74	82,535.98	84,336.35	**512,913.01**
	78,759.51	90,413.37	86,280.71	86,145.18	85,038.47	88,604.94	**515,242.18**
	85,346.88	93,829.31	86,032.15	92,440.76	86,500.46	81,341.17	**525,490.73**
	87,007.64	86,445.69	88,090.47	86,435.33	86,432.62	90,669.54	**525,081.29**
	76,331.70	77,269.82	78,943.37	72,978.01	75,870.58	80,103.90	**461,497.38**

操作方法如下：❶ 选中 A3:A15 单元格区域，单击【开始】选项卡中的【填充】下拉按钮；❷ 在下拉列表中选择【序列】命令；❸ 弹出【序列】对话框，可看到其中的【序列产生在】默认选中【列】单选按钮，【类型】默认选中【等差序列】单选按钮，然后在【步长值】文本框中输入“7”，单击【确定】按钮关闭对话框，如下图所示。

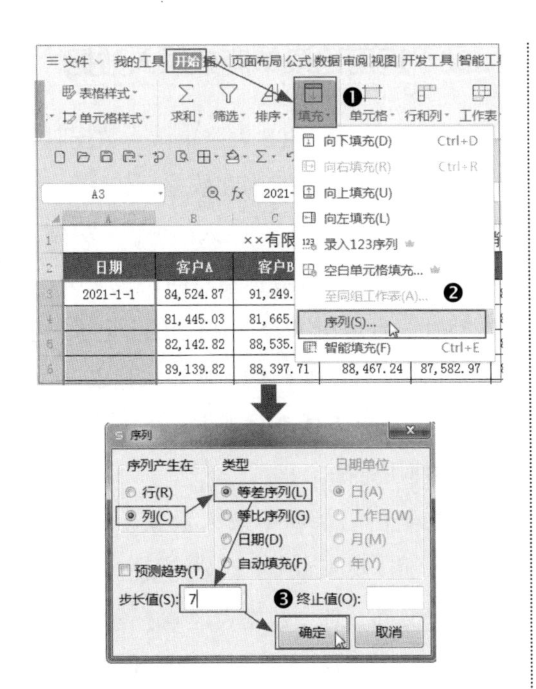

操作完成后，可看到 A3:A15 单元格区域中的日期填充效果，如下图所示。示例结果见“结果文件\第 1 章\× × 公司 2021 年 1—3 月客户每周销售汇总表 .xlsx”文件。

××公司2021年1—3月客户每周销售汇总表

日期	客户A	客户B	客户C	客户D	客户E	客户F	合计
2021/1/1	84,524.87	91,249.93	84,034.96	86,494.44	87,407.25	92,285.48	525,996.93
2021/1/8	81,445.03	81,665.26	92,474.77	85,016.06	88,686.30	88,212.29	517,499.71
2021/1/15	82,142.82	88,535.47	91,587.51	84,587.62	89,871.33	83,191.59	519,916.34
2021/1/22	89,139.82	88,397.71	88,467.24	87,582.97	87,488.38	90,460.86	531,536.98
2021/1/29	93,846.41	95,418.62	83,998.59	87,849.85	88,105.98	85,893.98	535,113.43
2021/2/5	88,937.90	84,201.58	92,561.67	83,402.50	87,123.58	83,734.73	519,961.96
2021/2/12	86,893.39	90,887.53	90,723.30	91,482.87	93,356.31	91,782.98	545,126.38
2021/2/19	88,404.67	86,822.79	92,282.02	87,702.69	84,750.69	92,908.07	532,870.93
2021/2/26	83,963.48	85,148.71	83,942.75	92,985.74	82,535.98	84,336.35	512,913.01
2021/3/5	78,759.51	90,413.37	86,280.71	86,145.18	85,038.47	88,604.94	515,242.18
2021/3/12	85,346.88	93,829.31	86,032.15	92,440.76	86,500.46	81,341.17	525,490.73
2021/3/19	87,007.64	86,445.69	88,090.47	86,435.33	86,432.62	90,669.54	525,081.29
2021/3/26	76,331.70	77,269.82	78,943.37	72,978.01	75,870.58	80,103.90	461,497.38

（3）使用【Ctrl+E】快捷键智能填充

智能填充是根据用户输入的 1 ~ 2 个示例智能识别填充意图后，按照相同的方式迅速完成批量填充任务。这个方法对于提取、拆分、合并、修改数据非常有用。

打开“素材文件\第 1 章\× × 公司员工信息表 3.xlsx”文件”，如下图所示，要求快速完成以下数据录入任务：❶ 根据身份证号码输入出生日期；❷ 隐藏手机号码中的第 4 ~ 7 位数字；❸ 根据住址输入城市和地区名称。

××公司员工信息表3

第1步 **提取数据，填充出生日期**。在 H3 单元格中输入第 1 位员工的出生日期数字“19760212”作为示例，选中 H4 单元格后按【Ctrl+E】快捷键即可瞬间完成填充，如下图所示。

××公司员工信息表3

输入示例

按【Ctrl+E】

员工编号	员工姓名	身份证号码	出生日期	手机号码
HTJY001	黄**	110122197602123616	19760212	13712341234
HTJY002	金**	110122199203283087	19920328	13812342345
HTJY003	胡**	110122197710164028	19771016	13912343456
HTJY004	[illegible]	…201607	19881020	13512344567
HTJY005	[illegible]	…315531	19860731	13612345678
HTJY006	王**	110122197208135126	19720813	15012346789
HTJY007	张**	110122199009091610	19900909	15112347890
HTJY008	赵**	110122197610155325	19761015	15212348901
HTJY009	刘**	110122198002124465	19800212	15312349012
HTJY010	杨**	110122197311063292	19731106	15512340123
HTJY011	吕**	110122197910064731	19791006	15812341234
HTJY012	柯**	110122198406184083	19840618	15912342345
HTJY013	吴**	110122198105085618	19810508	18012343456
HTJY014	马**	110122197603153599	19760315	18112344567
HTJY015	陈**	110122198901252262	19890125	18312345678
HTJY016	周**	110122198309210062	19830921	18812346789
HTJY017	郑**	110122197504262629	19750426	13711237890
HTJY018	钱**	110122199005232086	19900523	13812348901

第2步 **修改数据，隐藏部分手机号码**。在 J3 单元格中输入第 1 位员工手机号码的隐藏示例“137****1234”，选中 J4 单元格后按【Ctrl+E】快捷键即可，如下图所示。

输入示例

按【Ctrl+E】

	A	B			J
1	×司员工信息表3				
2	员工编号	员工姓名	出生日期	手机号码	机号****手机号
3	HTJY001	黄**	19760212	13712341234	137****1234
4	HTJY002	金**	19920328	13812342345	138****2345
5	HTJY003	胡**	[illegible]	[illegible]3456	139****3456
6	HTJY004	龙**	[illegible]	[illegible]44567	135****4567
7	HTJY005	冯**	19860731	13612345678	136****5678
8	HTJY006	王**	19720813	15012346789	150****6789
9	HTJY007	张**	19900909	15112347890	151****7890
10	HTJY008	赵**	19761015	15212348901	152****8901
11	HTJY009	刘**	19800212	15312349012	153****9012
12	HTJY010	杨**	19731106	15512340123	155****0123
13	HTJY011	吕**	19791006	15812341234	158****1234
14	HTJY012	柯**	19840618	15912342345	159****2345
15	HTJY013	吴**	19810508	18012343456	180****3456
16	HTJY014	马**	19760315	18112344567	181****4567
17	HTJY015	陈**	19890125	18312345678	183****5678
18	HTJY016	周**	19830921	18812346789	188****6789
19	HTJY017	郑**	19750426	13711237890	137****7890
20	HTJY018	钱**	19900523	13812348901	138****8901

第3步 拆分数据，输入城市和地区名称。 在 L3 和 M3 单元格中分别输入第 1 位员工所在城市和地区的示例“北京市”和“西城区”，选中 L4 单元格后按【Ctrl+E】快捷键填充城市名称，填充地区名称按上述方法操作即可，完成后的效果如下图所示。

输入示例

按【Ctrl+E】

	A	B		L	M
1					
2	员工编号	员工姓名	住址	城市	地区
3	HTJY001	黄**	北京市西城区××街11号	北京市	西城区
4	HTJY002	金**	北京市朝阳区××街20号	北京市	朝阳区
5	HTJY003	胡*	[illegible]街21号	北京市	东城区
6	HTJY004	龙*	[illegible]街18号	北京市	丰台区
7	HTJY005	冯**	北京市通州区××街16号	北京市	通州区
8	HTJY006	王**	北京市海淀区××街5号	北京市	海淀区
9	HTJY007	张**	北京市门头沟区××街183号	北京市	门头沟区
10	HTJY008	赵**	北京市昌平区××街12号	北京市	昌平区
11	HTJY009	刘**	北京市顺义区××街21号	北京市	顺义区
12	HTJY010	杨**	北京市平谷区××街19号	北京市	平谷区
13	HTJY011	吕**	北京市大兴区××街52号	北京市	大兴区
14	HTJY012	柯**	北京市朝阳区××街15号	北京市	朝阳区
15	HTJY013	吴**	北京市怀柔区××街39号	北京市	怀柔区
16	HTJY014	马**	北京市通州区××街83号	北京市	通州区
17	HTJY015	陈**	北京市海淀区××街96号	北京市	海淀区
18	HTJY016	周**	北京市顺义区××街27号	北京市	顺义区
19	HTJY017	郑**	北京市朝阳区××街48号	北京市	朝阳区
20	HTJY018	钱**	北京市西城区××街59号	北京市	西城区

示例结果见“结果文件 \ 第 1 章 \ ×× 公司员工信息表 3.xlsx”文件。（注：示例中员工相关信息均为虚构。）

1.2.2 运用记录单高效录入数据

财务人员在 WPS 表格中录入数据时，如果需要记录的字段列和数据行较多，就很容易发生错行或错列录入的失误。另外，当需要查找某一行数据信息时，也十分不便。对此，可运用 WPS 表格中的【记录单】功能，通过对话框操作，能够快速准确地录入数据，更方便查找数据。下面介绍记录单的使用方法。

第1步 在记录单中录入数据。 ❶ 打开“素材文件 \ 第 1 章 \ ×× 公司员工信息表 1.xlsx”文件，选中数据表区域中的任一单元格，单击【数据】选项卡中的【记录单】按钮；❷ 弹出【Sheet1】对话框（工作表名称），输入第 1 条员工信息中的身份证号码，按【Enter】键确认更新数据行，表格将自动移到下一行，可继续输入其他员工的相关信息，如下图所示。

文件 我的工具 开始 插入 页面布局 公式 数据 审阅 视图 开发工具 会员专享

有效性 下拉列表 合并计算 模拟分析 记录单 ❶ 创建组 取消组合 分类汇总 展开明细 折叠明细

J33

	B	C	D	E	F	G
1	××公司员工信息表1					
2	员工姓名	所属部门	性别	入职时间	学历	身份证号码
3	黄**	销售部	女	2012-8-9	本科	
4	金**	行政部	男	2012-9-6	专科	
5	胡**	财务部	女	2013-2-6	本科	
6	龙**	行政部	男	2013-6-4	本科	
7	冯**	技术部	男	2014-2-3	本科	
8	王**	技术部	女	2014-3-6	专科	
9	张**	销售部	女	2014-5-6	本科	
10	赵**	财务部	男	2014-5-6	本科	
11	刘**	技术部	男	2014-8-6	专科	
12	杨**	行政部	女	2015-6-9	本科	
13	吕**	技术部	男	2016-5-6	专科	
14	柯**	财务部	男	2016-9-6	本科	
15	吴**	销售部	女	2017-1-2	专科	
16	马**	技术部	男	2017-4-5	本科	
17	陈**	行政部	女	2017-5-8	专科	
18	周**	销售部	女	2018-5-9	本科	
19	郑**	技术部	男	2019-9-8	专科	
20	钱**	财务部	女	2020-2-9	专科	

第2步 **在记录单中查找数据。** ❶ 单击【Sheet1】对话框中的【条件】按钮；❷ 在对话框的任意字段列文本框中输入需要查找的相关信息，如在【员工姓名】文本框中输入“吴 **”，然后按【Enter】键，即可快速查找到与其匹配的全部字段列中的数据信息，如下图所示。

示例结果见“结果文件 \ 第 1 章 \ × × 公司员工信息表 1.xlsx”文件。（注：示例中的身份证号码均为虚构，下同。）

温馨提示

单击记录单对话框中的【新建】按钮，还可快速添加新的数据信息。

1.2.3 运用数据有效性规范输入数据

财务人员在输入原始数据时，为了后续统计分析工作顺利进行，应当确保原始数据输入的规范性。但是无论是逐一输入、批量输入或批量填充，都难免会出现差错。对此，可以运用 WPS 表格中的【数据有效性】工具，预先设定数据输入规则和验证模式。输入时如果未遵循规则，那么系统就会发出提醒、警告信息，或阻止继续输入。

运用【数据有效性】工具可设定系统内置的 6 类验证条件，包括整数、小数、序列、日期、时间、文本长度。同时，还可设置公式自定义验证条件。下面介绍几种常用验证条件的设置方法和操作步骤。

1. 创建下拉列表快速输入数据

对于某些内容相同、格式一致且需要频繁输入的数据，可以创建下拉列表，输入时直接从中选取，既快速，又准确。创建下拉列表时，可在【数据有效性】对话框中设置序列来源。

如下图所示，是未输入所属部门的员工信息表。为了保证所属部门输入内容的一致性，确保后续根据部门名称准确统计相关数据，应在输入时避免出现手误或输入公司中不存在的部门，可以创建下拉列表从中直接选择部门名称。

××公司员工信息表2

员工编号	员工姓名	所属部门	性别	入职时间	学历	身份证号码
HTJY001	黄**		女	2012-8-9	本科	110122********3616
HTJY002	金**		男	2012-9-6	专科	110122********3087
HTJY003	胡**		女	2013-2-6	本科	110122********4028
HTJY004	龙**		男	2013-6-4	本科	110122********1607
HTJY005	冯**		男	2014-2-3	本科	110122********5531
HTJY006	王**		女	2014-3-6	专科	110122********5126
HTJY007	张**		女	2014-5-6	本科	110122********1610
HTJY008	赵**		男	2014-5-6	本科	110122********5325
HTJY009	刘**		男	2014-8-6	专科	110122********4465
HTJY010	杨**		女	2015-6-9	本科	110122********3292
HTJY011	吕**		男	2016-5-6	专科	110122********4731
HTJY012	柯**		男	2016-9-6	本科	110122********4083
HTJY013	吴**		女	2017-1-2	专科	110122********5618
HTJY014	马**		男	2017-4-5	本科	110122********3599
HTJY015	陈**		女	2017-5-8	专科	110122********2262
HTJY016	周**		女	2018-5-9	本科	110122********0062
HTJY017	郑**		男	2019-9-8	专科	110122********2629
HTJY018	钱**		女	2020-2-9	专科	110122********2086

第1步 **创建下拉列表**。打开“素材文件\第 1 章\×× 公司员工信息表 2.xlsx”文件，选中 C3:C20 单元格区域 ❶ 单击【数据】选项卡中的【下拉列表】按钮；❷ 弹出【插入下拉列表】对话框，在【手动添加下拉选项】单选按钮下的文本框中输入第 1 个选项名称；❸ 单击上方的【添加】按钮，依次输入其他选项名称；❹ 输入完成后单击【确定】按钮即可，如下图所示。

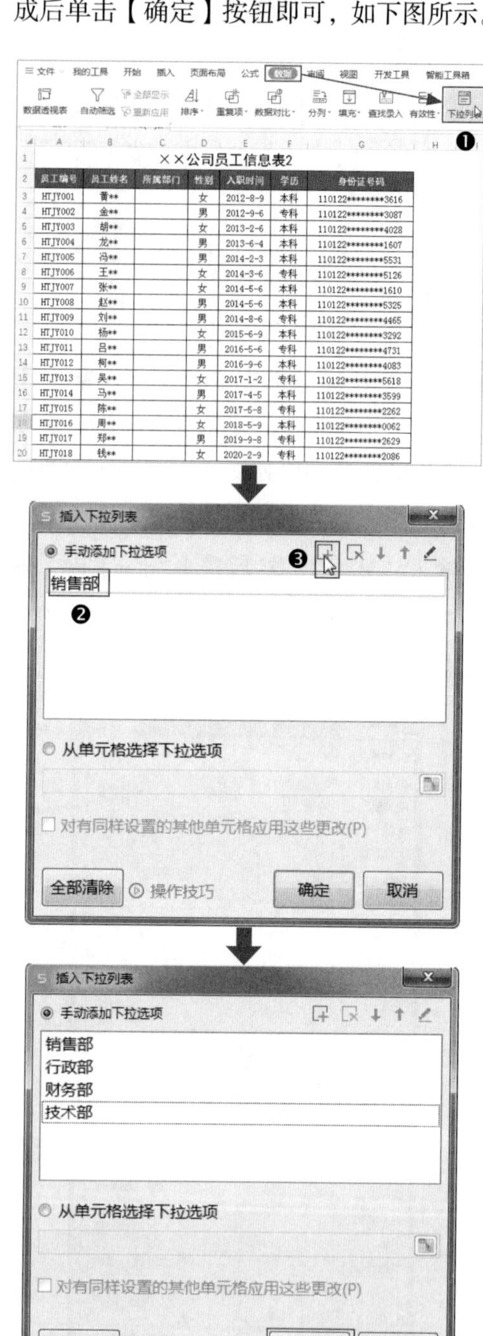

第2步 **使用下拉列表输入数据**。选中 C3 单元格，单击右侧的下拉按钮，展开的下拉列表列出了前面添加的选项，在其中直接选取部门名称即可快速输入，如下图所示。

××公司员工信息表2

员工编号	员工姓名	所属部门	性别	入职时间	学历	身份证号码
HTJY001	黄**	销售部	女	2012-8-9	本科	110122********3616
HTJY002	金**	销售部	男	2012-9-6	专科	110122********3087
HTJY003	胡**	行政部	女	2013-2-6	本科	110122********4028
HTJY004	龙**	财务部	男	2013-6-4	本科	110122********1607
HTJY005	冯**	技术部	男	2014-2-3	本科	110122********5531
HTJY006	王**		女	2014-3-6	专科	110122********5126
HTJY007	张**		女	2014-5-6	本科	110122********1610
HTJY008	赵**		男	2014-5-6	本科	110122********5325
HTJY009	刘**		男	2014-8-6	专科	110122********4465
HTJY010	杨**		女	2015-6-9	本科	110122********3292
HTJY011	吕**		男	2016-5-6	专科	110122********4731
HTJY012	柯**		男	2016-9-6	本科	110122********4083
HTJY013	吴**		女	2017-1-2	专科	110122********5618
HTJY014	马**		男	2017-4-5	本科	110122********3599
HTJY015	陈**		女	2017-5-8	专科	110122********2262
HTJY016	周**		女	2018-5-9	本科	110122********0062
HTJY017	郑**		男	2019-9-8	专科	110122********2629
HTJY018	钱**		女	2020-2-9	专科	110122********2086

第3步 **在【数据有效性】对话框中查看序列**。第 1 步在【插入下拉列表】对话框中设置的序列选项实际是被添加在【数据有效性】工具中的。单击【数据】选项卡中的【有效性】按钮，打开【数据有效性】对话框，即可看到【设置】选项卡中的有效性条件为"序列"，以及【来源】文本框中的下拉列表选项，如下图所示。

示例结果见"结果文件\第 1 章\×× 公司员工信息表 2.xlsx"文件。

温馨提示

如果需要添加的下拉列表选项较多，可另制表格存放和管理选项内容，添加下拉列表选项时在【插入下拉列表】对话框中选中【从单元格选择下拉选项】单选按钮，然后选中选项内容所在单元格区域即可。

2. 限定文本数据输入长度

限定文本数据输入长度，是【数据有效性】工具中的另一实用功能，在实际工作中发挥着极大的作用。例如，在输入身份证号码、联系电话、商品条码时，由于位数较多，输入时非常容易出现手误而导致错误。运用【数据有效性】设定文本固定长度后即可有效防止输入文本出现多位或少位。同时还可添加提示信息，并设置输入错误时的警告信息。设置方法及操作步骤如下。

第1步 **限定身份证号码的文本长度**。打开"素材文件\第 1 章\×× 公司员工信息表 4.xlsx"文件，选中 G3:G20 单元格区域（"身份证号码"字段列），在【数据】选项卡下单击【有效性】按钮，打开【数据有效性】对话框，在【设置】选项卡中设置有效性条件。❶ 在【允许】下拉列表中选择【文本长度】选项；❷ 在【数据】下拉列表中选择【等于】选项；❸ 在【数值】文本框中输入代表身份证号码长度的数字"18"，如下图所示。

第2步 **设置输入信息提示**。切换至【输入信息】选项卡，系统默认选中【选定单元格时显示输入信息】复选框，在【标题】和【输入信息】文本框中输入提示信息，如下图所示。

第3步 **设置出错警告信息提示**。❶ 切换至【出错警告】选项卡，系统默认选中【输入无效数据时显示出错警告】复选框，【样式】默认选择【停止】选项，在【标题】和【错误信息】文本框中输入提示信息；❷ 单击【确定】按钮关闭对话框，如下图所示。

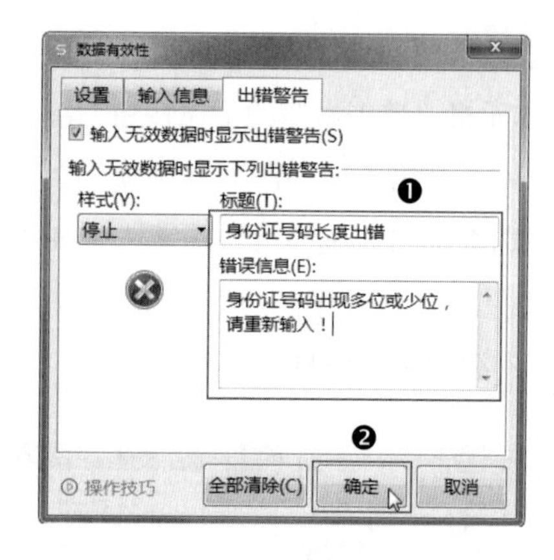

第4步 **测试设置的效果**。❶ 选中 G3:G20 单元格区域中任一单元格即可看到提示信息；❷ 在 G3 单元格中输入一个无效身份证号码，按【Enter】键后即弹出警告信息，禁止将当前无效内容写入单元格，并阻止继续输入，无法移动活动单元格，直至按【Esc】键取消编辑或输入正确内容为止，如下图所示。

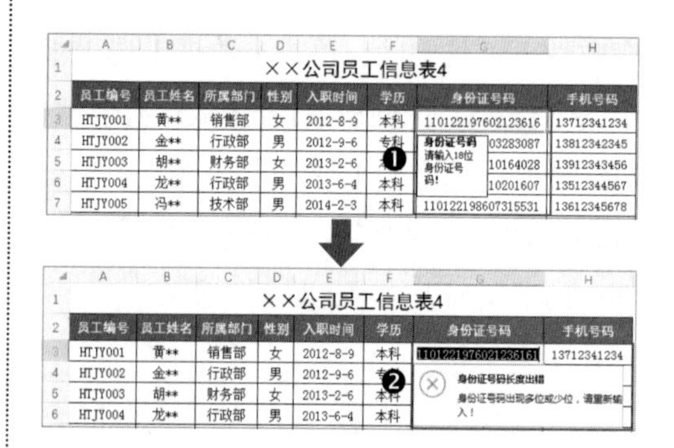

温馨提示

在【数据有效性】对话框中的【出错警告】选项卡中，【样式】下拉列表中还提供了【警告】和【信息】选项。选择这两个选项后，输入无效数据时仅会显示警告信息，但是不会阻止输入。用户在设置时应注意根据实际数据要求进行选择。

3. 设置公式自定义验证条件

如果【数据有效性】工具中的内置条件仍然无法满足工作需求，可以自行设置公式灵活设定验证条件。例如，验证数据是否重复、是否存在空格等。下面继续在“×× 公司员工信息表 4.xlsx”文件中示范设置方法。

第1步 **限制在姓名中输入空格**。选中 B3:B20 单元格区域（“员工姓名”字段列），在【数据】选项卡下单击【有效性】按钮，打开【数据有效性】对话框，在【设置】选项卡中设置验证条件。❶ 在【允许】下拉列表中选择【自定义】选项；❷ 在【公式】文本框中输入公式“=ISERROR(FIND(" ",B3))”（因 B3 单元格为活动单元格，所以在公式中引用 B3 单元格），其作用是运用 FIND 函数在 B3 单元格中查找空格，如果找到空格，通过 ISERROR 函数进行判断后返回“FALSE”，此时将阻止继续输入；❸ 单击【确定】按钮关闭对话框（或继续设置“输入信息”和“出错警告”），如下图所示。

第2步 **测试设置的效果**。操作完成后，在 B3:B20 单元格区域中的任意单元格中输入一个空格，此时即可看到已被强制停止输入（删除空格后方可继续输入），效果如下图所示。

××公司员工信息表4

员工编号	员工姓名	所属部门	性别	入职时间	学历	身份证号码	手机号码
HTJY001	黄**	销售部	女	2012-8-9	本科	110122197602123616	13712341234
HTJY002	金**	行政部	男	2012-9-6	专科	110122199203283087	13812342345
HTJY003	胡 **	财务部	女	2013-2-6	本科	110122197710164028	13912343456
HTJY004				4	本科	110122198810201607	13512344567
HTJY005				3	本科	110122198607315531	13612345678
HTJY006	王**	技术部	女	2014-3-6	专科	110122197208135126	15012346789

错误提示
您输入的内容，不符合限制条件。

第3步 **限制输入重复数据**。选中 H3:H20 单元格区域（“手机号码”字段列），在【数据】选项卡下单击【有效性】按钮，打开【数据有效性】对话框，在【设置】选项卡中设置验证条件。❶ 在【允许】下拉列表中选择【自定义】选项；❷ 在【公式】文本中输入公式“=COUNTIF(H:H,H3)<2”，公式含义是统计 H 列中 H3 单元格中数据的个数，如果小于 2，则允许正常输入，否则警告或阻止输入；❸ 选择【出错警告】选项卡；❹ 输入标题和错误信息；❺ 单击【确定】按钮关闭对话框，如下图所示。

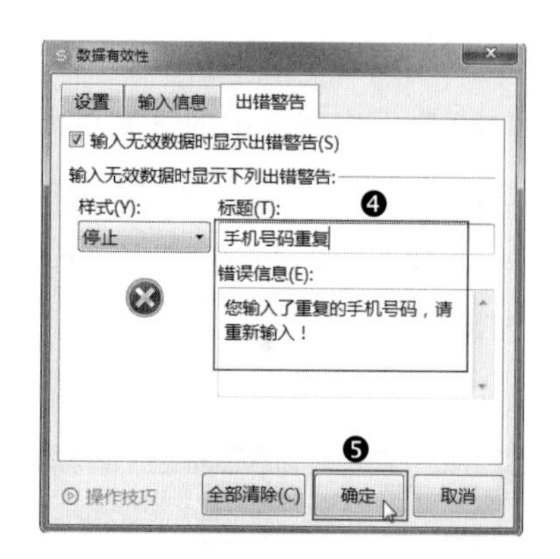

第4步▶ 测试设置的效果。操作完成后，在 H3:H20 单元格区域的任意单元格中输入一个与其他重复的手机号码（如在 H12 单元格中输入与 H3 单元格中相同的手机号码），此时即可看到已被强制停止输入，效果如下图所示。

××公司员工信息表4

员工编号	员工姓名	所属部门	性别	入职时间	学历	身份证号码	手机号码
HTJY001	黄**	销售部	女	2012-8-9	本科	110122197602123616	13712341234
HTJY002	金**	行政部	男	2012-9-6	专科	110122199203283087	13812342345
HTJY003	胡**	财务部	女	2013-2-6	本科	110122197710164028	13912343456
HTJY004	龙**	行政部	男	2013-6-4	本科	110122198810201607	13512344567
HTJY005	冯**	技术部	男	2014-2-3	本科	110122198607315531	13612345678
HTJY006	王**	技术部	女	2014-3-6	专科	110122197208135126	15012346789
HTJY007	张**	销售部	女	2014-5-6	本科	110122199009091610	15112347890
HTJY008	赵**	财务部	男	2014-5-6	本科	110122197610155325	15212348901
HTJY009	刘**	技术部	男	2014-8-6	专科	110122198002124465	15312349012
HTJY010	杨**	行政部	女	2015-6-9	本科	110122197311063292	13712341234
HTJY011	吕**	技术部	男	2016-5-6	专科	110122197910064731	
HTJY012	柯**	财务部	男	2016-9-6	本科	110122198406184083	
HTJY013	吴**	销售部	女	2017-1-2	专科	110122198105085618	

手机号码重复
您输入了重复的手机号码，请重新输入！

4. 快速圈释指定数据

如果需要突出区域中不符合条件的数据，可运用【数据有效性】工具中的【圈释无效数据】功能为指定数据添加标识圈。需要注意的是，应在输入完成数据后再设定验证条件。或者，在预先设定验证条件时，将【出错警告】选项卡中的【样式】设定为“警告”或“信息”，输入数据后，才能圈释无效数据。若设定为“停止”样式，则无法输入“无效”数据，那么使用这一功能将毫无意义。下面依然在“××公司员工信息表4.xlsx”文件中示范设置方法和操作步骤。

第1步▶ 设置验证条件。选中 E3:E20 单元格区域（“入职时间”字段列），在【数据】选项卡下单击【有效性】按钮，打开【数据有效性】对话框，在【设置】选项卡中设置条件。❶ 在【允许】下拉列表中选择【日期】选项；❷ 在【数据】下拉列表中选择【介于】选项；❸ 在【开始日期】和【结束日期】文本框中分别输入“2015-1-1”和“2018-12-31”（未在以上日期范围中的日期则为“无效”数据）；❹ 选择【出错警告】选项卡；❺ 在【样式】下拉列表中选择【信息】选项；❻ 单击【确定】按钮关闭对话框，如下图所示。

第2步 **圈释无效数据**。返回工作表，在【数据】选项卡中单击【有效性】下拉按钮，在下拉列表中选择【圈释无效数据】命令，如下图所示。

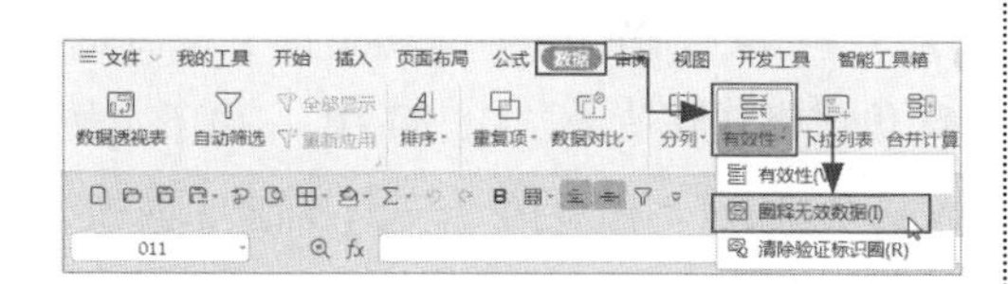

操作完成后，可看到 E3:E20 单元格区域中的无效数据所在的单元格均已被圈释出来，效果如下图所示。

××公司员工信息表4

员工编号	员工姓名	所属部门	性别	入职时间	学历	身份证号码	手机号码
HTJY001	黄**	销售部	女	2012-8-9	本科	110122197602123616	13712341234
HTJY002	金**	行政部	男	2012-9-6	专科	110122199203283087	13812342345
HTJY003	胡**	财务部	女	2013-2-6	本科	110122197710164028	13912343456
HTJY004	龙**	行政部	男	2013-6-4	本科	110122198810201607	13512344567
HTJY005	冯**	技术部	男	2014-2-3	本科	110122198607315531	13612345678
HTJY006	王**	技术部	女	2014-3-6	专科	110122197208135126	15012346789
HTJY007	张**	销售部	女	2014-5-6	本科	110122199009091610	15112347890
HTJY008	赵**	财务部	男	2014-5-6	本科	110122197610155325	15212348901
HTJY009	刘**	技术部	男	2014-8-6	专科	110122198002124465	15312349012
HTJY010	杨**	行政部	女	2015-6-9	本科	110122197311063292	15512340123
HTJY011	吕**	技术部	男	2016-5-6	专科	110122197910064731	15812341234
HTJY012	柯**	财务部	男	2016-9-6	本科	110122198406184083	15912342345
HTJY013	吴**	销售部	女	2017-1-2	专科	110122198105085618	18012343456
HTJY014	马**	技术部	男	2017-4-5	本科	110122197603153599	18112344567
HTJY015	陈**	行政部	女	2017-5-8	专科	110122198901252262	18312345678
HTJY016	周**	销售部	女	2018-5-9	本科	110122198309210062	18812346789
HTJY017	郑**	技术部	男	2019-9-8	专科	110122197504262629	13711237890
HTJY018	钱**	财务部	女	2020-2-9	专科	110122199005232086	13812348901

示例结果见“结果文件 \ 第 1 章 \ ××公司员工信息表 4.xlsx”文件。

温馨提示

如果需要取消标识圈，单击【有效性】的下拉按钮，在下拉列表中选择【清除验证标识圈】命令即可。

1.3 整理和规范财务表格

当我们将原始数据收集到 WPS 表格中后，紧接着的重要一步工作是对数据表格进行整理，使之符合 WPS 表格对数据的基本规范要求。“不以规矩，不能成方圆”，只有做到数据表格布局规范清晰、数据格式整齐划一，WPS 表格才能对数据进行快速准确的计算、统计和分析。下面将介绍在 WPS 表格中对财务表格进行整理和规范的操作方法和技巧。

1.3.1 设置规范的财务数字格式

财务工作的日常就是和数字打交道，因此对数字格式的要求也比较严格。例如，在财务表格中，数字通常要求添加千分号；数字小数位数一般统一为两位；负数标识为红色；代表价格、金额的数字前面要求添加货币符号；在会计专业账簿、账表中，数字“0”一般以符号“-”表示，等等。这些规范性要求都可以运用 WPS 表格的“设置单元格格式”功能一一满足，同时还可大量地简化财务人员手工输入工作，从而提高工作效率。

1. 为数字添加千分号，并设置小数位数

如下图所示的办公用品采购明细表，

其中数字格式均为“常规”格式，除“数量”字段列外，其他字段列的数字格式均不符合财务数字规范要求。

××公司2021年3月办公用品采购明细表					
日期	购买物品	原价	折扣价	数量	金额
3月8日	A4纸（件）	50	42.5	30	1275
3月10日	活页夹（个）	3	2.55	100	255
3月12日	笔记本（本）	10	8.5	200	1700
3月15日	订书机（个）	50	42.5	10	425
3月19日	账簿（个）	10	8.5	15	127.5
3月22日	中性笔（盒）	20	17	10	170
3月26日	活页夹（个）	2	1.7	50	85
3月29日	便签（本）	5	4.25	60	255
3月30日	A4纸（包）	40	34	10	340
合计				485	4632.5

下面将“原价”“折扣价”“金额”字段列的数字设置为两位小数，并添加千分号。

第1步 **选择要设置单元格格式的区域。** 打开“素材文件\第1章\××公司2021年3月办公用品采购明细表.xlsx”文件，❶ 选中C3:D11单元格区域，按住【Ctrl】键再选中F3:F12单元格区域；❷ 在【开始】选项卡下单击【单元格】的下拉按钮，选择下拉列表中的【设置单元格格式】命令，如下图所示。

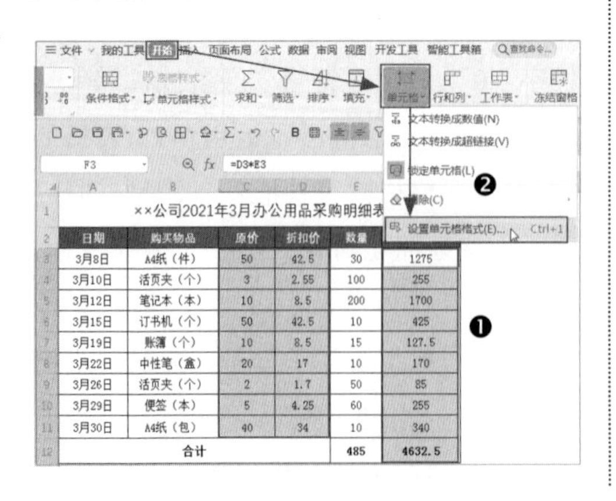

第2步 **设置单元格中的数字显示格式。** ❶ 在弹出的【单元格格式】对话框中选择【数字】选项卡，在【分类】列表框中选择【数值】选项，可看到【小数位数】默认为“2”；❷ 选中【使用千位分隔符】复选框；❸ 负数格式默认为“-1,234.10”，由于本例没有负数，可不做更改，单击【确定】按钮，如下图所示。

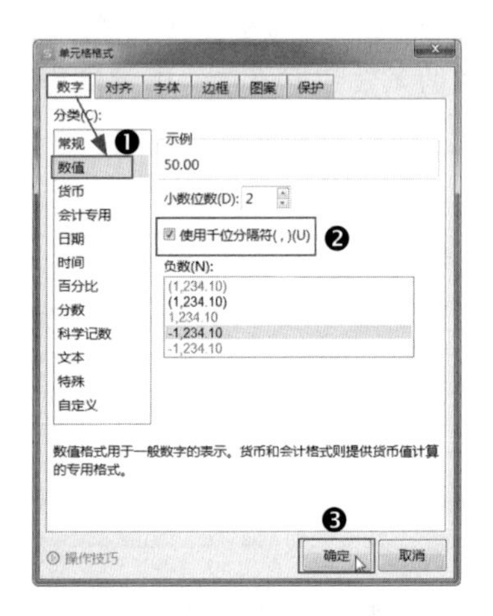

操作完成后即可看到C3:D11和F3:F12单元格中的数字格式效果，如下图所示。示例结果见“结果文件\第1章\××公司2021年3月办公用品采购明细表.xlsx”文件。

××公司2021年3月办公用品采购明细表					
日期	购买物品	原价	折扣价	数量	金额
3月8日	A4纸（件）	50.00	42.50	30	1,275.00
3月10日	活页夹（个）	3.00	2.55	100	255.00
3月12日	笔记本（本）	10.00	8.50	200	1,700.00
3月15日	订书机（个）	50.00	42.50	10	425.00
3月19日	账簿（个）	10.00	8.50	15	127.50
3月22日	中性笔（盒）	20.00	17.00	10	170.00
3月26日	活页夹（个）	2.00	1.70	50	85.00
3月29日	便签（本）	5.00	4.25	60	255.00
3月30日	A4纸（包）	40.00	34.00	10	340.00
合计				485	4,632.50

2. 设置“会计专用”数字格式，为金额数据添加货币符号

下图是财务工作中常见的支票登记簿表格，表格已基本制作完成，但美中不足的是金额数字前面无货币符号，也无小数位。

××公司支票登记簿

DC = 借记卡　　AP = 自动付款
ATM = 自动柜员机提款　　BP = 在线支付帐单
AD = 自动存款　　TR = 在线或电话转帐

支票/代码	日期	提款	存款	余额
TR	2021-1-8	0	30000	30000
1001	2021-1-15	2000	0	28000
AD	2021-1-15	0	10000	38000
DC	2021-1-18	1000	0	37000
ATM	2021-1-25	3000	0	34000
BP	2021-1-28	16000	0	18000
总计		22000	40000	18000

下面介绍两种操作方法将表格中的金额数字设置为会计专用格式，并添加货币符号。

方法一：在【数字格式】下拉列表中设置

打开“素材文件\第 1 章\× × 公司支票登记簿 .xlsx”文件，选中 C7:E13 单元格区域，在【开始】选项卡中单击【数字格式】下拉列表框右侧的下拉按钮，选择下拉列表中的【会计专用】命令，如下图所示。

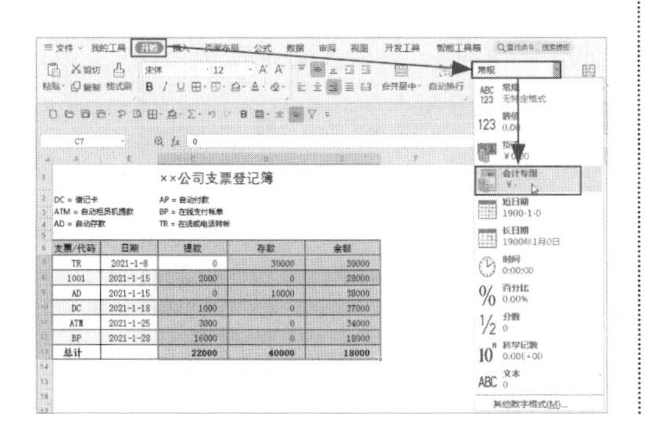

设置完成后，可看到 C7:E13 单元格区域中的数字格式效果，如下图所示。

××公司支票登记簿

DC = 借记卡　　AP = 自动付款
ATM = 自动柜员机提款　　BP = 在线支付帐单
AD = 自动存款　　TR = 在线或电话转帐

支票/代码	日期	提款	存款	余额
TR	2021-1-8	¥ -	¥ 30,000.00	¥30,000.00
1001	2021-1-15	¥2,000.00	¥ -	¥28,000.00
AD	2021-1-15	¥ -	¥ 10,000.00	¥38,000.00
DC	2021-1-18	¥1,000.00	¥ -	¥37,000.00
ATM	2021-1-25	¥3,000.00	¥ -	¥34,000.00
BP	2021-1-28	¥16,000.00	¥ -	¥18,000.00
总计		¥22,000.00	¥40,000.00	¥18,000.00

方法二：在【单元格格式】对话框中设置

❶ 选中 C7:E13 单元格区域后右击，在弹出的快捷菜单中选择【设置单元格格式】命令；❷ 弹出【单元格格式】对话框，在【数字】选项卡中的【分类】列表框中选择【会计专用】选项，可看到【小数位数】默认为“2”，货币符号默认为“¥”，因此可直接单击【确定】按钮关闭对话框，如下图所示。

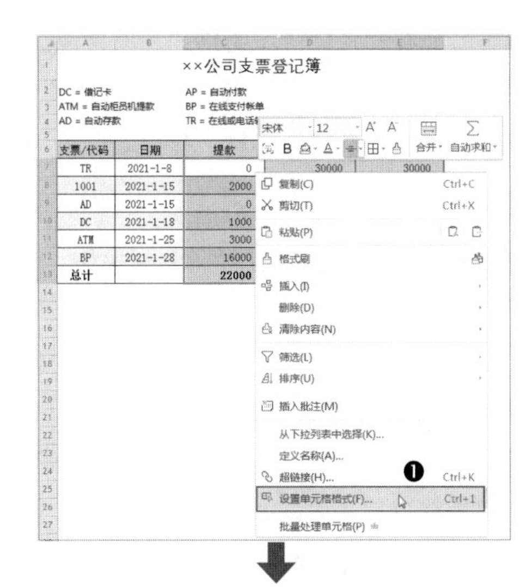

温馨提示●

打开【单元格格式】对话框除了上述方式外，更快捷的方法是按【Ctrl+1】快捷键。

示例结果见“结果文件\第 1 章\××公司支票登记簿 .xlsx”文件。

3. 运用自定义格式将“会计专用”格式下的负数标识为红色

在【单元格格式】对话框中，【数字】选项卡的【分类】列表框中有 12 种格式类型。除“常规”和“自定义”格式外，其他类型都有着各自特定的格式及设置规则，只需根据工作需求为单元格选择合适的类型即可。如果是财务人员，仅仅掌握 11 种预置格式的设置方法，对于提高工作效率其实是收效甚微的，还需要学会运用“自定义”格式满足更高的财务数字格式要求。

例如，在财务表格中，“会计专用”数字格式是财务工作中最常用的规范格式，但是存在一个“短板”：无法将负数标识为红色。若要实现，就需要结合“自定义”格式进行设置。

下图是财务人员填制的利润统计表格，初始数字格式依然默认为“常规”，现需要按以下要求设置数字格式：设置为“会计专用”格式，不添加货币符号，负数标识为红色。

××公司2021年利润统计表

月份	销售收入	销售折扣	账扣费用	收款金额	销售成本	营业费用	利润额
2021年1月	359275.3	-80712.85	-44357.92	234204.53	-169438.87	-3406.13	61359.53
2021年2月	452236.72	-144730.74	-79540.68	227965.3	-164925.01	-4496.87	58543.42
2021年3月	551319.09	-191252.75	-105108.11	254958.23	-184453.46	-5450.68	65054.09
2021年4月	548547.79	-123233.78	-67726.45	357587.56	-258702.23	-4538.97	94346.36
2021年5月	374700.05	-84178.1	-46262.34	244259.61	-176713.38	-4298.27	63247.96
2021年6月	353467.33	-92926.64	-36362.39	224178.3	-152041.4	-5979.11	66157.79
2021年7月	455647.56	-147294.24	-80949.53	227403.79	-164518.77	-5134.26	57750.76
2021年8月	221144.89	-94612.13	-51996.65	74536.11	-53924.3	-3672.04	16939.77
2021年9月	390907.82	-155215.62	-85302.94	150389.26	-108801.43	-4314.83	37273
2021年10月	439623.82	-206597.72	-113541.35	119484.75	-86443.08	-6450.57	26591.1
2021年11月	288481.04	-177135.9	-97349.82	13995.32	-10125.13	-5094.73	-1224.54
2021年12月	368472.26	-177133.92	-97348.73	93989.61	-67998.23	-4922.72	21068.66

操作方法如下。

第1步● 设置会计专用数字格式。打开“素材文件\第 1 章\××公司 2021 年利润统计表 .xlsx”文件。❶ 选中 B3:H14 单元格区域，按【Ctrl+1】快捷键打开【单元格格式】对话框，在【数字】选项卡下的【分类】列表框中选择【会计专用】选项，在【货币符号】下拉列表中选择【无】选项；❷ 选择【分类】列表框中的【自定义】选项，如下图所示。

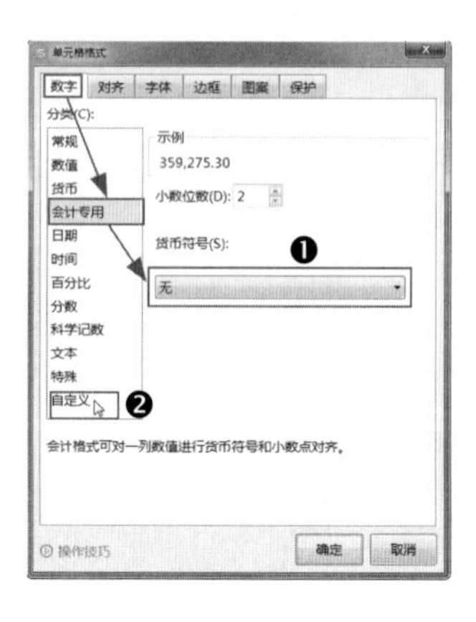

第2步 **自定义数字格式**。❶ 在【自定义】选项下可看到【类型】文本框中显示的“会计专用”格式的代码是“_ * #, ##0.00_ ; _ * -#,##0.00_ ;_ * "-"??_ ;_ @_”（其含义是“正数；负数；零值；文本”），只需对其稍作修改：在代表负数的代码部分“_ * -#,##0.00_ ;”前面添加“[红色]”即可。修改后的完整格式代码为“_ * #,##0.00_ ; [红色]_ * -#,##0.00_ ;_ * "-"??_ ; _ @_”；❷ 单击【确定】按钮关闭对话框，如下图所示。

操作完成后，可看到 B3:H14 单元格区域中的数字格式效果，如下图所示。

××公司2021年利润统计表

月份	销售收入	销售折扣	账扣费用	收款金额	销售成本	营业费用	利润额
2021年1月	359, 275. 30	-80, 712. 85	-44, 357. 92	234, 204. 53	-169, 438. 57	-3, 406. 13	61, 359. 53
2021年2月	452, 236. 72	-144, 730. 74	-79, 540. 68	227, 965. 30	-164, 926. 01	-4, 496. 87	58, 543. 42
2021年3月	551, 319. 09	-191, 252. 75	-105, 108. 11	254, 958. 23	-184, 453. 46	-5, 450. 68	65, 054. 09
2021年4月	548, 547. 79	-123, 233. 78	-67, 726. 45	357, 587. 56	-258, 702. 23	-4, 538. 97	94, 346. 36
2021年5月	374, 700. 05	-84, 178. 10	-46, 262. 34	244, 259. 61	-176, 713. 38	-4, 298. 27	63, 247. 96
2021年6月	353, 467. 33	-92, 926. 64	-36, 362. 39	224, 178. 30	-152, 041. 40	-5, 979. 11	66, 157. 79
2021年7月	455, 647. 56	-147, 294. 24	-80, 949. 53	227, 403. 79	-164, 518. 77	-5, 134. 26	57, 750. 76
2021年8月	221, 144. 89	-94, 612. 13	-51, 996. 65	74, 536. 11	-53, 924. 30	-3, 672. 04	16, 939. 77
2021年9月	390, 907. 82	-185, 215. 62	-85, 302. 94	150, 389. 26	-108, 801. 43	-4, 314. 83	37, 273. 00
2021年10月	439, 623. 82	-206, 597. 72	-113, 541. 35	119, 484. 75	-86, 443. 08	-6, 450. 57	26, 591. 10
2021年11月	288, 481. 04	-177, 135. 90	-97, 349. 82	13, 995. 32	-10, 125. 13	-5, 094. 73	-1, 224. 54
2021年12月	368, 472. 26	-177, 133. 92	-97, 348. 73	93, 989. 61	-67, 998. 23	-4, 922. 72	21, 068. 66

示例结果见“结果文件\第 1 章\××公司 2021 年利润统计表 .xlsx”文件。

温馨提示

“自定义”格式还有很多精彩的用法，而用好“自定义”格式最关键的一点是设置格式代码。本书将在后面章节的示例中继续应用“自定义”设置单元格格式，为读者介绍各种格式代码的设置方法。

1.3.2 运用分列功能拆分数据并规范格式

拆分数据虽然可用前面介绍的【Ctrl+E】快捷键进行智能批量填充，但这一功能也有局限。在很多工作场景中，智能填充其实无法完全准确地识别用户的意图一次性完成工作任务。例如，它只可逐列拆分，不能多列同时拆分；无法按照指定的格式拆分和填充数据，等等。对此，可运用分列功能来满足工作需求。

分列是 WPS 表格中用于整理和规范数据格式的一个实用功能。其主要作用是将同一单元格中包含的不同类型的原始数据，按照用户指定的分隔符号、宽度，快速拆分至数个单元格中，以便做后续数据处理，并且还能在拆分数据的同时转换数据格式。

分列功能总体来说是根据原始数据中包含的分隔符号和固定宽度这两种类型进行拆分，分别适用于不同的情形。在掌握了分列功能的操作方法和原理后，还可运用特色功能【智能分列】根据关键字拆分数据，同时简化操作步骤，提高工作效率。

1. 根据分隔符号拆分数据

如果同一列单元格区域中的数字或文本中包含相同的且具有一定间隔规律的分隔符号，就可以选择按分隔符号分列数据。

如下图所示，A2:A20 单元格区域中的数据是从 ERP（企业资源计划）进销存系统中导出的客户汇总表的部分数据，其中“单据编号”的编码规则为“单据类型 - 单据日期 - 单据编号”。例如，“XS-20210310-00006”代表 2021 年 3 月 10 日的第 6 号销售单。为了便于后续分类汇总统计数据，需要将“单据编号”进行拆分。

	A	B
1	单据编号	金额
2	XS-20210302-00001	99719.59
3	XS-20210310-00002	108076.84
4	XS-20210310-00003	106896.34
5	XS-20210310-00004	64501.33
6	XS-20210310-00005	36333.01
7	XS-20210310-00006	109039.29
8	XT-20210310-00001	-72551.68
9	XT-20210315-00002	-22155.33
10	XS-20210315-00007	108539.06
11	XS-20210315-00008	7097.5
12	XS-20210319-00009	32618.73
13	XS-20210319-00010	27775.55
14	XS-20210319-00011	108883.97
15	XS-20210220-00020	30018.77
16	XS-20210322-00001	18942.63
17	XT-20210322-00003	-4468.33
18	XS-20210322-00005	62472.73
19	XT-20210322-00006	-12621.11
20	XS-20210309-00021	-3491.28

操作步骤如下。

第1步 **插入列并设置格式。** 打开“素材文件\第 1 章\×× 公司客户销售明细表 .xlsx”文件，右击 B 列，在弹出的快捷菜单中【插入】命令的【列数】文本框中输入“3”，如下图所示。选择【插入】命令即可在 B 列之前插入 3 列。

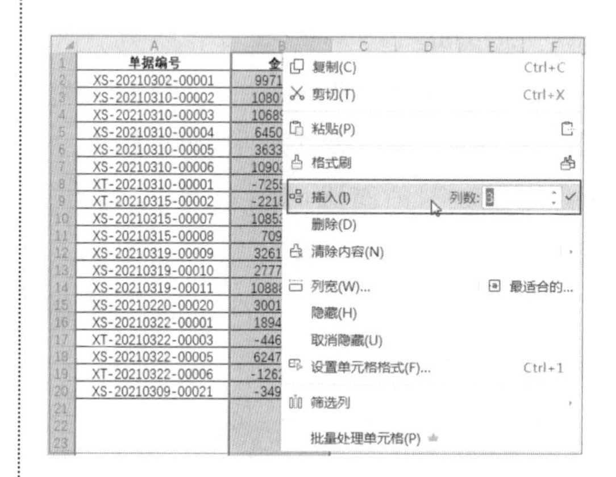

第2步 **设置数据分列类型。** ❶ 选中 A2:A20 单元格区域，单击【数据】选项卡中的【分列】按钮；❷ 弹出【文本分列向导 -3 步骤之 1】对话框，默认选中【分隔符号】单选按钮，因此直接单击【下一步】按钮即可，如下图所示。

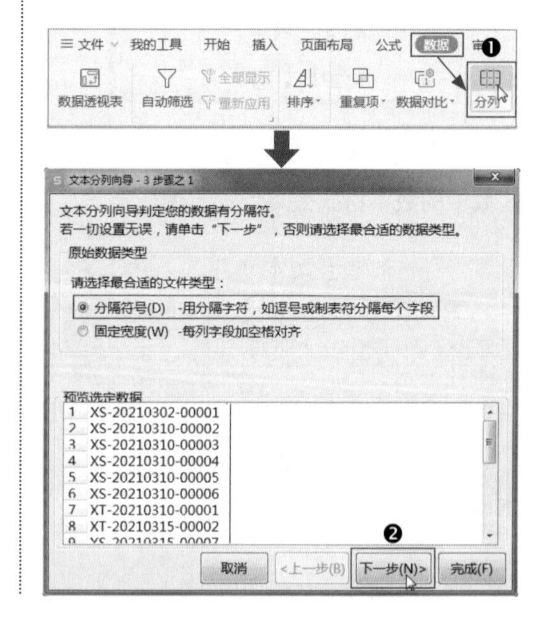

第3步 设置分隔符号。❶ 弹出【文本分列向导 -3 步骤之 2】对话框，在【分隔符号】栏中选中【其他】复选框，在文本框中输入符号“-”；❷ 其他默认选项不做更改，单击【下一步】按钮，如下图所示。

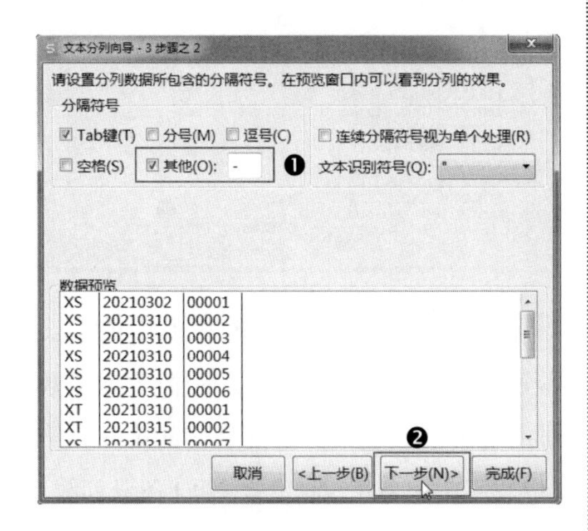

第4步 设置每列数据类型和目标区域。在【文本分列向导 -3 步骤之 3】对话框中，可看到第 1 列的【列数据类型】默认为“常规”，不必做更改。只需设置其他两列类型即可。❶ 单击选中【数据预览】列表框中的第 2 列（日期），选中【日期】单选按钮，在右侧的下拉列表中选择【YMD】类型；❷ 单击【数据预览】列表框中的第 3 列（编号），选中【文本】单选按钮；❸ 单击【目标区域】文本框，将原有的“=$A$2”修改为“=$B$2”；❹ 单击【完成】按钮即可完成设置并关闭对话框；❺ 弹出提示对话框，单击【是】按钮即可，如下图所示。

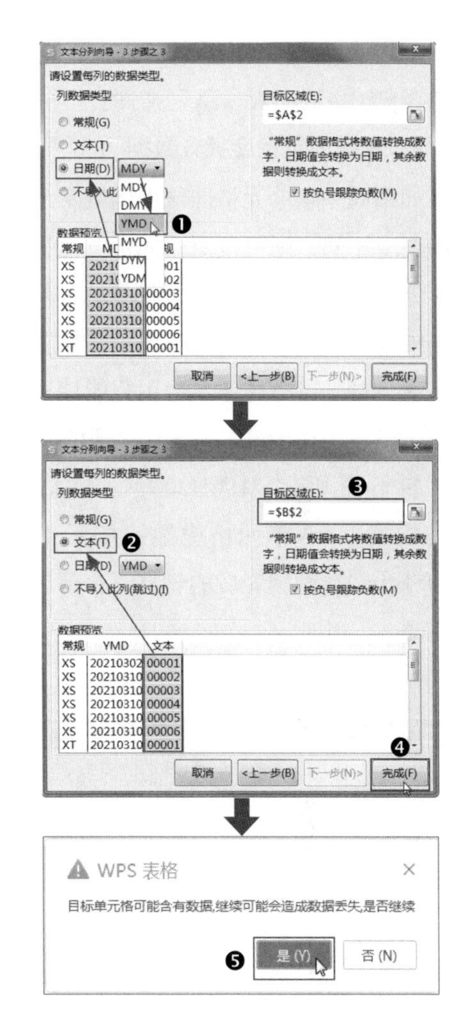

操作完成后，可看到 A2:A20 单元格区域中的数据已被成功拆分至 B2:D20 单元格区域中，如下图所示。

	A	B	C	D	E
1	单据编号				金额
2	XS-20210302-00001	XS	2021-3-2	00001	99719.59
3	XS-20210310-00002	XS	2021-3-10	00002	108076.84
4	XS-20210310-00003	XS	2021-3-10	00003	106896.34
5	XS-20210310-00004	XS	2021-3-10	00004	64501.33
6	XS-20210310-00005	XS	2021-3-10	00005	36333.01
7	XS-20210310-00006	XS	2021-3-10	00006	109039.29
8	XT-20210310-00001	XT	2021-3-10	00001	-72551.68
9	XT-20210315-00002	XT	2021-3-15	00002	-22155.33
10	XS-20210315-00007	XS	2021-3-15	00007	108539.06
11	XS-20210315-00008	XS	2021-3-15	00008	7097.5
12	XS-20210319-00009	XS	2021-3-19	00009	32618.73
13	XS-20210319-00010	XS	2021-3-19	00010	27775.55
14	XS-20210319-00011	XS	2021-3-19	00011	108883.97
15	XS-20210220-00020	XS	2021-2-20	00020	30018.77
16	XS-20210322-00001	XS	2021-3-22	00001	18942.63
17	XT-20210322-00003	XT	2021-3-22	00003	-4468.33
18	XS-20210322-00005	XS	2021-3-22	00005	62472.73
19	XT-20210322-00006	XT	2021-3-22	00006	-12621.11
20	XS-20210309-00021	XS	2021-3-9	00021	-3491.28

示例结果见“结果文件\第 1 章\×× 公司客户销售明细表 .xlsx”文件。

2. 根据固定宽度拆分数据

如果同一列单元格区域中的数字或文本的宽度相同，则可按照“固定宽度”类型拆分数据。最常见的应用就是从身份证号码中提取出生日期，同时以“日期”格式显示。对于这一任务，运用智能填充功能（【Ctrl+E】快捷键）是无法完成的。

如下图所示，H4:H20 单元格区域中是根据在 H3 单元格中输入的示例按【Ctrl+E】快捷键填充后的日期，全部出现了错误。

××公司员工信息表5

员工编号	员工姓名	所属部门	性别	入职时间	学历	身份证号码	出生日期
HTJY001	黄**	销售部	女	2012-8-9	本科	110122197602123616	1976-2-12
HTJY002	金**	行政部	男	2012-9-6	专科	110122199203283087	1992-2-12
HTJY003	胡**	财务部	女	2013-2-6	本科	110122197710164028	1977-2-13
HTJY004	龙**	行政部	男	2013-6-4	本科	110122198810201607	1988-2-13
HTJY005	冯**	技术部	男	2014-2-3	本科	110122198607315531	1986-2-14
HTJY006	王**	技术部	女	2014-3-6	专科	110122197208135126	1972-2-14
HTJY007	张**	销售部	女	2014-5-6	本科	110122199009091610	1990-2-14
HTJY008	赵**	财务部	男	2014-5-6	本科	110122197610155325	1976-2-14
HTJY009	刘**	技术部	男	2014-8-6	专科	110122198002124465	1980-2-14
HTJY010	杨**	行政部	女	2015-6-9	本科	110122197311063292	1973-2-15
HTJY011	吕**	技术部	男	2016-5-6	专科	110122197910064731	1979-2-16
HTJY012	柯**	财务部	男	2016-9-6	本科	110122198406184083	1984-2-16
HTJY013	吴**	销售部	女	2017-1-2	专科	110122198105085618	1981-2-17
HTJY014	马**	技术部	男	2017-4-5	本科	110122197603153599	1976-2-17
HTJY015	陈**	行政部	女	2017-5-8	专科	110122198901252262	1989-2-17
HTJY016	周**	销售部	女	2018-5-9	本科	110122198309210062	1983-2-18
HTJY017	郑**	技术部	男	2019-9-8	专科	110122197504262629	1975-2-19
HTJY018	钱**	财务部	女	2020-2-9	专科	110122199005232086	1990-2-20

下面运用分列功能提取出生日期。

第1步 **设置数据分列类型。** ❶ 打开“素材文件\第 1 章\×× 公司员工信息表 5.xlsx”文件，删除 H3:H20 单元格区域中的错误日期，选中 G3:G20 单元格区域，单击【数据】选项卡中的【分列】按钮，打开【文本分列向导 -3 步骤之 1】对话框，选中【固定宽度】单选按钮；❷ 单击【下一步】按钮，如下图所示。

第2步 **建立分列线。** ❶ 在弹出的【文本分列向导 -3 步骤之 2】页面中，对准【数据预览】列表框中身份证号码的第 6 和第 7 位数字中间单击，即可建立第 1 条分列线，在第 14 和第 15 位数字中间单击，建立第 2 条分列线；❷ 单击【下一步】按钮，如下图所示。

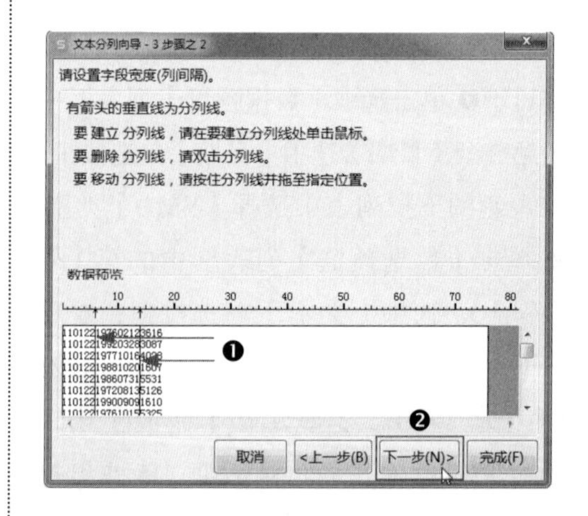

第3步 **设置每列数据类型和目标区域。** ❶ 本例只需提取出生日期，因此在弹出的【文本分列向导 -3 步骤之 3】对话框中的【数

据预览】列表框中分别单击选中第 1 和第 3 列后，再选中【不导入此列（跳过）】单选按钮；❷ 单击第 2 列后选中【日期】单选按钮，在下拉列表中选择【YMD】选项；❸ 将【目标区域】设置为 H3 单元格；❹ 单击【完成】按钮，如下图所示。

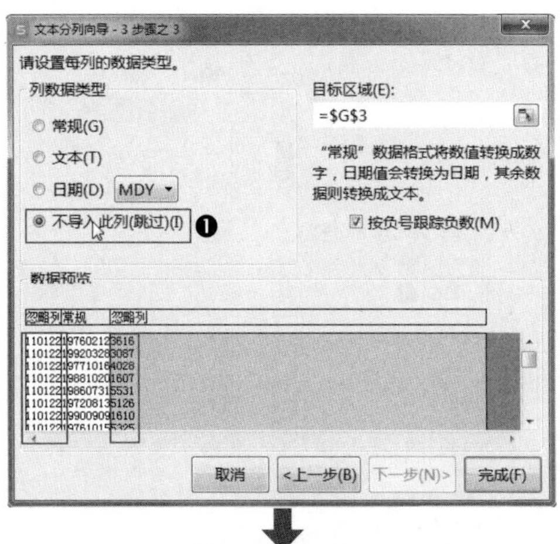

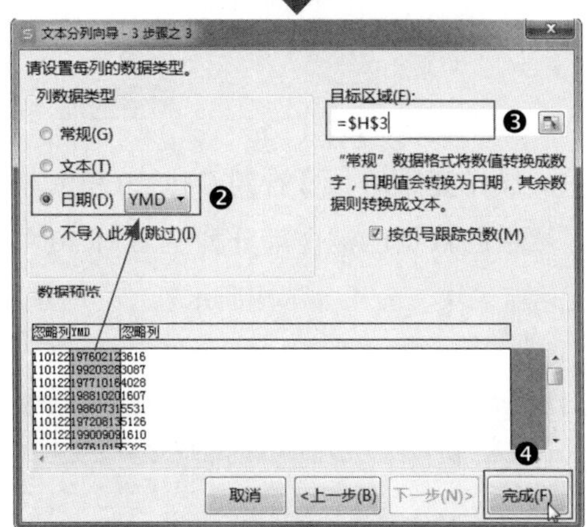

在弹出的提示对话框中单击【是】按钮，完成操作，可看到 G3:G20 单元格区域里身份证号码中的出生日期已被提取至 H3:H20 单元格区域，而且数字全部正确，如下图所示。

××公司员工信息表5

员工编号	员工姓名	所属部门	性别	入职时间	学历	身份证号码	出生日期
HTJY001	黄**	销售部	女	2012-8-9	本科	110122197602123616	1976-2-12
HTJY002	金**	行政部	男	2012-9-6	专科	110122199203283087	1992-3-28
HTJY003	胡**	财务部	女	2013-2-6	本科	110122197710164028	1977-10-16
HTJY004	龙**	行政部	男	2013-6-4	本科	110122198810201607	1988-10-20
HTJY005	冯**	技术部	男	2014-2-3	本科	110122198607315531	1986-7-31
HTJY006	王**	技术部	女	2014-3-6	专科	110122197208135126	1972-8-13
HTJY007	张**	销售部	女	2014-5-6	本科	110122199009091610	1990-9-9
HTJY008	赵**	财务部	男	2014-5-6	本科	110122197610155325	1976-10-15
HTJY009	刘**	技术部	男	2014-8-6	专科	110122198002124465	1980-2-12
HTJY010	杨**	行政部	女	2015-6-9	本科	110122197311063292	1973-11-6
HTJY011	吕**	技术部	男	2016-5-6	专科	110122197910064731	1979-10-6
HTJY012	柯**	财务部	男	2016-9-6	本科	110122198406184083	1984-6-18
HTJY013	吴**	销售部	女	2017-1-2	专科	110122198105085618	1981-5-8
HTJY014	马**	技术部	男	2017-4-5	本科	110122197603153599	1976-3-15
HTJY015	陈**	行政部	女	2017-5-8	专科	110122198901252262	1989-1-25
HTJY016	周**	销售部	女	2018-5-9	本科	110122198309210062	1983-9-21
HTJY017	郑**	技术部	男	2019-9-8	专科	110122197504262629	1975-4-26
HTJY018	钱**	财务部	女	2020-2-9	专科	110122199005232086	1990-5-23

示例结果见“结果文件\第 1 章\××公司员工信息表 5.xlsx”文件。

3. 根据关键字拆分数据

分列功能是 WPS 表格中的特色功能之一，不仅可以按照以上两种类型分列，还可以根据关键字拆分数据，而且可以简化数据分列的操作步骤，比普通分列更加简单快捷。

如果同列数据中包含相同的关键字，而且格式一致，文本排列具有规律性，就可以运用智能分列功能根据关键字进行分列。

如下图所示，要求将“住址”信息按城市、地区、街道、门牌号拆分为 4 列。

××公司员工信息表6

员工编号	员工姓名	所属部门	性别	入职时间	学历	住址	城市	地区	街道	门牌号
HTJY001	黄**	销售部	女	2012-8-9	本科	北京市西城区××街11号				
HTJY002	金**	行政部	男	2012-9-6	专科	北京市朝阳区××街20号				
HTJY003	胡**	财务部	女	2013-2-6	本科	北京市东城区××街21号				
HTJY004	龙**	行政部	男	2013-6-4	本科	北京市丰台区××街18号				
HTJY005	冯**	技术部	男	2014-2-3	本科	北京市通州区××街16号				
HTJY006	王**	技术部	女	2014-3-6	专科	北京市海淀区××街5号				
HTJY007	张**	销售部	女	2014-5-6	本科	北京市门头沟区××街183号				
HTJY008	赵**	财务部	男	2014-5-6	本科	北京市昌平区××街12号				
HTJY009	刘**	技术部	男	2014-8-6	专科	北京市顺义区××街21号				
HTJY010	杨**	行政部	女	2015-6-9	本科	北京市平谷区××街19号				
HTJY011	吕**	技术部	男	2016-5-6	专科	北京市大兴区××街52号				
HTJY012	柯**	财务部	男	2016-9-6	本科	北京市朝阳区××街15号				
HTJY013	吴**	销售部	女	2017-1-2	专科	北京市怀柔区××街39号				
HTJY014	马**	技术部	男	2017-4-5	本科	北京市通州区××街83号				
HTJY015	陈**	行政部	女	2017-5-8	专科	北京市海淀区××街96号				
HTJY016	周**	销售部	女	2018-5-9	本科	北京市顺义区××街27号				
HTJY017	郑**	技术部	男	2019-9-8	专科	北京市朝阳区××街48号				
HTJY018	钱**	财务部	女	2020-2-9	专科	北京市西城区××街59号				

下面运用智能分列功能快速拆分数据，操作步骤如下。

第1步 **进行智能分列**。打开“素材文件\第 1 章\×× 公司员工信息表 6.xlsx”文件。❶ 选中 G3:G20 单元格区域，单击【数据】选项卡中的【分列】的下拉按钮，在下拉列表中选择【智能分列】命令；❷ 在弹出的对话框中可看到已经进行分列并显示分列结果，但并不符合要求，此时可单击【手动设置分列】超链接自行设置，如下图所示。

第2步 **手动设置分列**。❶ 在弹出的【文本分列向导 -2 步骤之 1】对话框中选择【按关键字】选项卡；❷ 在【按以下关键字分列】栏中的文本框中依次输入文本“市”“区”“街”（其他保持默认设置）；❸ 单击【下一步】按钮；❹ 在【文本分列向导 -2 步骤之 2】对话框中将【分列结果显示在】设置为 H3 单元格；❺ 单击【完成】按钮即可，如下图所示。

操作完成后，可看到 G3:G20 单元格区域中的数据已被全部分列至 H3:K20 单元格区域中，效果如下图所示。

××公司员工信息表6

员工编号	员工姓名	所属部门	性别	入职时间	学历	住址	城市	地区	街道	门牌号
HTJY001	黄**	销售部	女	2012-8-9	本科	北京市西城区××街11号	北京市	西城区	××街	11号
HTJY002	金**	行政部	男	2012-9-6	专科	北京市朝阳区××街20号	北京市	朝阳区	××街	20号
HTJY003	胡**	财务部	女	2013-2-6	本科	北京市东城区××街21号	北京市	东城区	××街	21号
HTJY004	龙**	行政部	男	2013-6-4	本科	北京市丰台区××街18号	北京市	丰台区	××街	18号
HTJY005	冯**	技术部	男	2014-2-3	本科	北京市通州区××街16号	北京市	通州区	××街	16号
HTJY006	王**	技术部	女	2014-3-6	专科	北京市海淀区××街5号	北京市	海淀区	××街	5号
HTJY007	张**	销售部	女	2014-5-6	本科	北京市门头沟区××街183号	北京市	门头沟区	××街	183号
HTJY008	赵**	财务部	男	2014-5-6	本科	北京市昌平区××街12号	北京市	昌平区	××街	12号
HTJY009	刘**	技术部	男	2014-8-6	专科	北京市顺义区××街21号	北京市	顺义区	××街	21号
HTJY010	杨**	行政部	女	2015-6-9	本科	北京市平谷区××街19号	北京市	平谷区	××街	19号
HTJY011	吕**	技术部	男	2016-5-6	专科	北京市大兴区××街52号	北京市	大兴区	××街	52号
HTJY012	柯**	财务部	男	2016-9-6	本科	北京市朝阳区××街15号	北京市	朝阳区	××街	15号
HTJY013	吴**	销售部	女	2017-1-2	专科	北京市怀柔区××街39号	北京市	怀柔区	××街	39号
HTJY014	马**	技术部	男	2017-4-5	本科	北京市通州区××街83号	北京市	通州区	××街	83号
HTJY015	陈**	行政部	女	2017-5-8	专科	北京市海淀区××街96号	北京市	海淀区	××街	96号
HTJY016	周**	销售部	女	2018-5-9	本科	北京市顺义区××街27号	北京市	顺义区	××街	27号
HTJY017	郑**	技术部	男	2019-9-8	专科	北京市朝阳区××街48号	北京市	朝阳区	××街	48号
HTJY018	钱**	财务部	女	2020-2-9	专科	北京市西城区××街59号	北京市	西城区	××街	59号

示例结果见“结果文件\第 1 章\×× 公司员工信息表 6.xlsx”文件。

1.3.3 运用选择性粘贴

在日常工作中，财务人员在运用 WPS 表格整理数据时，复制和粘贴数据应该是最常用和最简单的操作。

普通的复制粘贴是将源数据所包含的全部内容，如数值、公式、格式、批注及其他内容等复制后整体粘贴至目标区域中。但是，工作中更多时候往往只需要复制粘贴数据中的部分内容。例如，仅粘贴由公式计算得到的数字，仅粘贴单元格中包含的有效性验证、格式、批注等。那么此时就需要运用比普通粘贴更智能化的功能——“选择性粘贴”进行有的放矢的粘贴。因此，选择性粘贴的运用方法是财务人员应当熟练掌握的基本功之一。

选择性粘贴功能可划分为 3 大类，即粘贴方式类、运算方式类、特殊处理类。而且，3 类粘贴可以同时使用。比如，在粘贴的同时进行加减乘除运算，并转换数据行列。具体功能选项如下图所示。

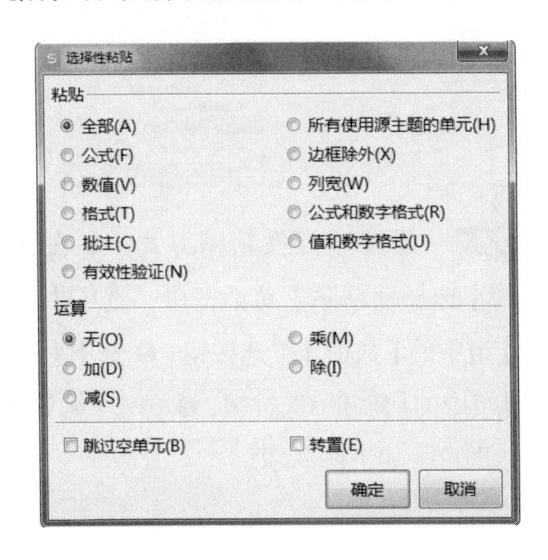

下面通过财务工作中几个具有代表性的示例，介绍选择性粘贴的实际运用方法和操作技巧。

1. 运用数值粘贴清除运算公式

财务人员制作的数据表格中通常会包含大量的运算公式，当需要传送给其他部门时，出于保密考虑，一般不会希望公式内容被其他人看到。或者，公式中链接了其他工作表或工作簿中的单元格，发送至其他人计算机中后即会出现乱码。此时就可以通过选择性粘贴中的数值粘贴方式快速将公式结果转换为固定的数字。

如下图所示的固定资产折旧明细表，填充为灰色背景的单元格中全部设置了运算公式，选择其中任意单元格（如 G6 单元格）后，即可在编辑栏中看到具体的公式内容。

C6 =VLOOKUP($A6,固定资产明细表!$B:$S,MATCH(G$2,固定资产明细表!$2:$2,0)-1,0)

2021年3月固定资产折旧明细表

固定资产编码	固定资产名称	规格型号	部门	购进日期	折旧期数	资产原值	预计净残值	资产净值	折旧期限		累计折旧期数
									折旧起始月	折旧结束月	
1001	生产设备01	6186	生产部	2020-06-15	120	750,000.00	37,500.00	712,500.00	2020年7月	2030年6月	9
1002	生产设备02	6187	行政部	2020-12-10	120	500,000.00	25,000.00	475,000.00	2021年1月	2030年12月	3
2001	货车01	6188	物流部	2020-07-15	60	120,000.00	6,000.00	114,000.00	2020年8月	2025年7月	8
2002	货车02	6189	行政部	2020-06-20	60	120,000.00	6,000.00	114,000.00	2020年7月	2025年6月	9
3001	机器03	6190	生产部	2020-03-01	96	100,000.00	5,000.00	95,000.00	2020年4月	2028年3月	12
3002	机械设备01	6191	行政部	2020-11-20	96	80,000.00	4,000.00	76,000.00	2020年12月	2028年11月	4
4001	机器04	6192	生产部	2020-06-01	72	60,000.00	3,000.00	57,000.00	2020年7月	2026年6月	9
4002	机器05	6193	生产部	2020-07-30	72	75,000.00	3,750.00	71,250.00	2020年8月	2026年7月	8

下面将表格中的公式转换为数值。具体操作非常简单，只需在快捷菜单中选择粘贴“数值”即可。

打开“素材文件 \ 第 1 章 \ ×× 公司 2021 年 3 月固定资产折旧明细表 .xlsx”文件，选中 B4:P11 单元格区域，按【Ctrl+C】快捷键复制数据后右击，在弹出的快捷菜单中的【粘贴】命令中单击【粘贴为数值】按钮 即可，如下图所示。

操作完成后，即可从编辑栏中看到单元格里的原公式已经被清除，取而代之的是静态不变的数字，如下图所示。

2021年3月固定资产折旧明细表

固定资产编码	固定资产名称	规格型号	部门	购进日期	折旧期数	资产原值	预计净残值	资产净值	折旧期限	
									起始月	结束月
1001	生产设备01	6186	生产部	2020-06-15	120	750,000.00	37,500.00	712,500.00	2020年7月	2030年6月
1002	生产设备02	6187	行政部	2020-12-10	120	500,000.00	25,000.00	475,000.00	2021年1月	2030年12月
2001	货车01	6188	物流部	2020-07-15	60	120,000.00	6,000.00	114,000.00	2020年8月	2025年7月
2002	货车02	6189	行政部	2020-06-20	60	120,000.00	6,000.00	114,000.00	2020年7月	2025年6月
3001	机器03	6190	生产部	2020-03-20	96	100,000.00	5,000.00	95,000.00	2020年4月	2028年3月
3002	机械设备01	6191	行政部	2020-11-20	96	80,000.00	4,000.00	76,000.00	2020年12月	2028年11月
4001	机器04	6192	生产部	2020-06-01	72	60,000.00	3,000.00	57,000.00	2020年7月	2026年6月
4002	机器05	6193	生产部	2020-07-30	72	75,000.00	3,750.00	71,250.00	2020年8月	2026年7月

示例结果见“结果文件\第1章\××公司2021年3月固定资产折旧明细表.xlsx”文件。

2. 运用运算粘贴快速计算数据

在财务工作中，计算数据通常会设置函数公式，但如果在某些临时性或比较紧急的情况下要求对数据进行一些简单的加减乘除计算，即可通过选择性粘贴中的运算方式快速完成。

如下图所示的销售统计表，其中数据本以“元”为单位呈现，现需要转换为“万元”单位。

××公司地区销售季度统计表

单位：元

地区	第一季度	第二季度	第三季度	第四季度	全年总计
东部	3,015,134.30	4,174,801.34	6,726,068.83	8,001,702.58	21,917,707.06
华北	8,001,702.58	5,798,335.20	9,045,402.91	9,045,402.91	31,890,843.60
华东	9,277,336.32	2,899,167.60	5,218,501.68	2,848,142.25	20,243,147.85
西南	9,857,169.84	5,218,501.68	6,958,002.24	9,105,705.60	31,139,379.36
西部	4,174,801.34	904,540.29	2,945,554.28	4,174,801.34	12,199,697.26
合计	34,326,144.39	18,995,346.12	30,893,529.95	33,175,754.68	117,390,775.14

操作方法如下。

第1步 **复制要进行运算的数字，并选择【选择性粘贴】命令。**打开“素材文件\第1章\××公司2021年地区销售季度统计表.xlsx”文件。❶ 在任意空白单元格（如G3单元格）中输入数字“10000”后按【Ctrl+C】快捷键复制G3单元格数据，选中B4:E8单元格区域（B9:F9和F4:F8单元格区域中均设置了公式，不必选中）后右击，在弹出的快捷菜单中选择【粘贴】命令，单击【选择性粘贴】按钮；❷ 在弹出的子列表中选择【选择性粘贴】命令，如下图所示。

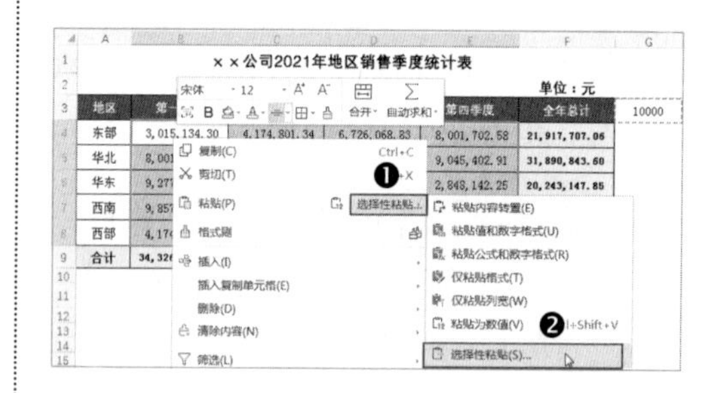

第2步 **设置选择性粘贴方式。**❶ 在弹出的【选择性粘贴】对话框中，选中【粘贴】组中的【数值】单选按钮；❷ 选中【运算】组中的【除】单选按钮；❸ 单击【确定】按钮即可，如下图所示。

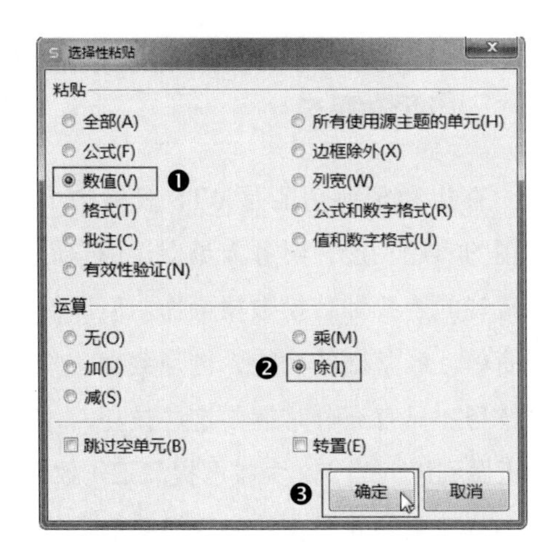

操作完成后，可看到表格中的数字已经全部除以 10000，接着删除 G3 单元格中临时输入的数字“10000”并修改 F2 单元格中的单位，即可得到如下图所示的表格效果。

	A	B	C	D	E	F
1	××公司2021年地区销售季度统计表					
2						单位：万元
3	地区	第一季度	第二季度	第三季度	第四季度	全年总计
4	东部	301.51	417.48	672.61	800.17	2,191.77
5	华北	800.17	579.83	904.54	904.54	3,189.08
6	华东	927.73	289.92	521.85	284.81	2,024.31
7	西南	985.72	521.85	695.80	910.57	3,113.94
8	西部	417.48	90.45	294.56	417.48	1,219.97
9	合计	3,432.61	1,899.53	3,089.35	3,317.58	11,739.08

示例结果见“结果文件 \ 第 1 章 \ ×× 公司 2021 年地区销售季度统计表 .xlsx”文件。

3. 跳过空单元格合并粘贴数据

“跳过空单元”的作用是粘贴时跳过源数据区域中的空白单元格，仅粘贴非空白单元格中的数据，以免目标区域中的原有数据被空白单元格覆盖。

对下图所示的产品检测表，现要求将 E3:E16 单元格区域中的文本复制粘贴至 D3:D16 单元格区域中。

	A	B	C	D	E
1	××公司产品检测表				
2	工号	计件编号	生产批号	检测反馈	
3	HT045	135668-01	M4589100		不合格
4	HT068	135668-02	M8796200	合格	
5	HT070	135668-03	B5245100	合格	
6	HT078	135668-04	B2463000		不合格
7	HT080	135668-05	B2356400	合格	
8	HT085	135668-06	X4578960	合格	
9	HT086	135668-07	X8954200		不合格
10	HT088	135668-08	V5698896	合格	
11	HT089	135668-09	V2541785		不合格
12	HT090	135668-10	V3698562		不合格
13	HT091	135668-11	Y5476234	合格	
14	HT095	135668-12	Y6547854	合格	
15	HT096	135668-13	Y5696325		不合格
16	HT098	135668-14	Y4578222	合格	

操作方法如下。

第1步 **选择【选择性粘贴】命令。**打开“素材文件 \ 第 1 章 \ ×× 公司产品检测表 .xlsx”文件。❶ 按【Ctrl+C】快捷键复制 E3:E16 单元格区域，选中 D3 单元格；❷ 单击【开始】选项卡中【粘贴】的下拉按钮，在下拉列表中选择【选择性粘贴】命令，如下图所示。

第2步 设置选择性粘贴方式。❶ 在弹出的【选择性粘贴】对话框中，选中【跳过空单元】复选框；❷ 单击【确定】按钮关闭对话框，如下图所示。

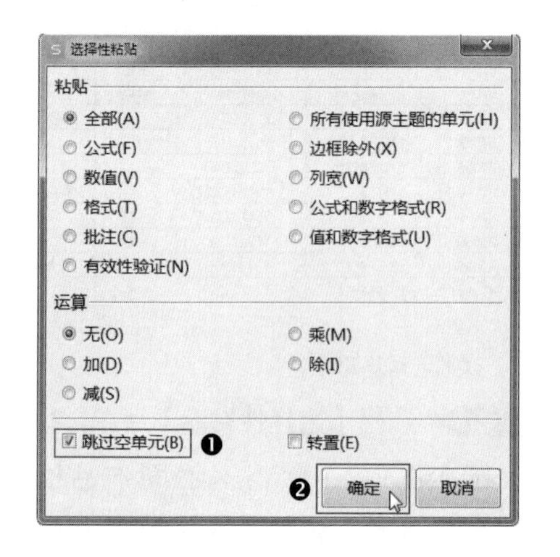

操作完成后，即可看到粘贴时已自动跳过 E3:E16 单元格区域中的空白单元格，而只是将含有数据的单元格内容粘贴到了 D3:D16 单元格区域中，随后删除 E 列即可，效果如下图所示。

××公司产品检测表

工号	计件编号	生产批号	检测反馈
HT045	135668-01	M4589100	不合格
HT068	135668-02	M8796200	合格
HT070	135668-03	B5245100	合格
HT078	135668-04	B2463000	不合格
HT080	135668-05	B2356400	合格
HT085	135668-06	X4578960	合格
HT086	135668-07	X8954200	不合格
HT088	135668-08	V5698896	合格
HT089	135668-09	V2541785	不合格
HT090	135668-10	V3698562	不合格
HT091	135668-11	Y5476234	合格
HT095	135668-12	Y6547854	合格
HT096	135668-13	Y5696325	不合格
HT098	135668-14	Y4578222	合格

示例结果见"结果文件\第 1 章\××公司产品检测表 .xlsx"文件。

1.3.4 运用查找和替换功能批量处理数据

查找和替换功能是 WPS 表格中十分常用的实用功能，财务人员会运用它们进行常规的查找和替换数据操作。但即便是最简单、最基础的功能，也隐藏着一些使用技巧。只有充分掌握了这些技巧，才能真正做到以一当十，大幅度提高工作效率。本小节将主要介绍查找和替换功能批量处理数据的相关操作技巧（常规查找和替换操作不做赘述）。

1. 使用通配符批量替换数据

如果需要替换一组文本，但是只记得其中部分文字，或者需要批量替换的文本仅有部分相同，即可使用通配符来进行模糊查找。

下图是财务部门收到供应商发送的产品发货清单，由于表格制作不规范，在"单价"字段列（D3:D15 单元格区域）中添加了文本字符，导致计算"销售金额"的公式返回了错误值。现要求快速计算正确结果，并保留产品单位。

××公司2021年3月产品发货清单

产品编号	产品名称	数量	单价	销售金额
A0001	产品001	200	164.39元/件	#VALUE!
A0002	产品002	220	122.74元/件	#VALUE!
A0003	产品003	180	175.76元/套	#VALUE!
A0004	产品004	150	187.61元/组	#VALUE!
A0005	产品005	160	119.08元/盒	#VALUE!
A0006	产品006	120	122.81元/条	#VALUE!
A0007	产品007	325	126.97元/条	#VALUE!
A0008	产品008	400	123.68元/件	#VALUE!
A0009	产品009	426	259.08元/根	#VALUE!
A0010	产品010	135	133.72元/箱	#VALUE!
A0011	产品011	388	115.66元/扎	#VALUE!
A0012	产品012	269	142.85元/套	#VALUE!
A0013	产品013	182	249.09元/件	#VALUE!

下面运用替换功能，同时使用智能填充配合操作即可快速批量完成计算。

第1步 **智能填充单位**。打开“素材文件 \ 第 1 章 \× × 公司 2021 年 3 月产品发货清单 .xlsx”文件，在 E 列前插入 1 列，设置字段列名称为“单位”，在 E3 单元格中输入“产品 001”的单位“件”，选中 E4 单元格后按【Ctrl+E】快捷键智能填充，得到效果如下图所示。

××公司2021年3月产品发货清单					
产品编号	产品名称	数量	单价	单位	销售金额
A0001	产品001	200	164.39元/件	件	#VALUE!
A0002	产品002	220	122.74元/件	件	#VALUE!
A0003	产品003	180	175.76元/套	套	#VALUE!
A0004	产品004	150	187.61元/组	组	#VALUE!
A0005	产品005	160	119.08元/盒	盒	#VALUE!
A0006	产品006	120	122.81元/条	条	#VALUE!
A0007	产品007	325	126.97元/条	条	#VALUE!
A0008	产品008	400	123.68元/件	件	#VALUE!
A0009	产品009	426	259.08元/根	根	#VALUE!
A0010	产品010	135	133.72元/箱	箱	#VALUE!
A0011	产品011	388	115.66元/扎	扎	#VALUE!
A0012	产品012	269	142.85元/套	套	#VALUE!
A0013	产品013	182	249.09元/件	件	#VALUE!

第2步 **批量替换文本，快速完成计算**。❶ 选中 D3:D15 单元格区域，按【Ctrl+H】快捷键打开【替换】对话框，在【查找内容】文本框中输入 D3:D15 单元格区域中包含的相同文本“元”和通配符“*”(“*”代表任意多个字符)，即“元 *”,【替换为】文本框中不输入任何文本；❷ 单击【全部替换】按钮即可，如下图所示。

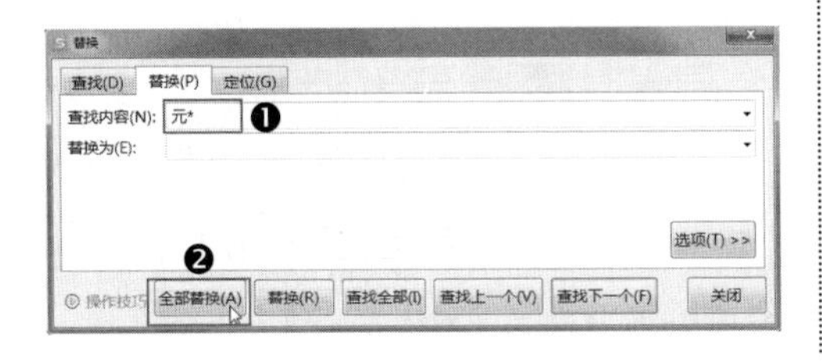

操作完成后，即可看到 D3:D15 单元格区域中指定的文本已全部消失，同时 F3:F15 单元格区域中的公式已计算得到正确结果，效果如下图所示。

××公司2021年3月产品发货清单					
产品编号	产品名称	数量	单价	单位	销售金额
A0001	产品001	200	164.39	件	32,878.00
A0002	产品002	220	122.74	件	27,002.80
A0003	产品003	180	175.76	套	31,636.80
A0004	产品004	150	187.61	组	28,141.50
A0005	产品005	160	119.08	盒	19,052.80
A0006	产品006	120	122.81	条	14,737.20
A0007	产品007	325	126.97	条	41,265.25
A0008	产品008	400	123.68	件	49,472.00
A0009	产品009	426	259.08	根	110,368.08
A0010	产品010	135	133.72	箱	18,052.20
A0011	产品011	388	115.66	扎	44,876.08
A0012	产品012	269	142.85	套	38,426.65
A0013	产品013	182	249.09	件	45,334.38

示例结果见“结果文件 \ 第 1 章 \× × 公司 2021 年 3 月产品发货清单 .xlsx”文件。

2. 批量替换单元格格式

替换功能除了能够批量替换数据外，还能快速批量替换单元格格式。

如下图所示，“所属部门”字段列中的文本“技术部”的字体颜色均被设置为了浅蓝色，由于字体颜色不够醒目，不方便用户分辨这些单元格中的内容。

××公司员工信息表7							
员工编号	员工姓名	所属部门	性别	入职时间	学历	身份证号码	出生日期
HTJY001	黄**	销售部	女	2012-8-9	本科	110122197602123616	1976-2-12
HTJY002	金**	行政部	男	2012-9-6	专科	110122199203283087	1992-2-12
HTJY003	胡**	财务部	女	2013-2-6	本科	110122197710164028	1977-2-13
HTJY004	龙**	行政部	男	2013-6-4	本科	110122198810201607	1988-2-13
HTJY005	冯**	技术部	男	2014-2-3	本科	110122198607315531	1986-2-14
HTJY006	王**	技术部	女	2014-3-6	专科	110122197208135126	1972-2-14
HTJY007	张**	销售部	女	2014-5-6	本科	110122199009091610	1990-2-14
HTJY008	赵**	财务部	男	2014-5-6	本科	110122197610155325	1976-2-14
HTJY009	刘**	技术部	男	2014-8-6	专科	110122198002124465	1980-2-14
HTJY010	杨**	行政部	女	2015-6-9	本科	110122197311063292	1973-2-15
HTJY011	吕**	技术部	男	2016-5-6	专科	110122197910064731	1979-2-16
HTJY012	柯**	财务部	男	2016-9-6	本科	110122198406184083	1984-2-16
HTJY013	吴**	销售部	女	2017-1-2	专科	110122198105085618	1981-2-17
HTJY014	马**	技术部	男	2017-4-5	本科	110122197603153599	1976-2-17
HTJY015	陈**	行政部	女	2017-5-8	专科	110122198901252262	1989-2-17
HTJY016	周**	销售部	女	2018-5-9	本科	110122198309210062	1983-2-18
HTJY017	郑**	技术部	男	2019-9-8	专科	110122197504262629	1975-2-19
HTJY018	钱**	财务部	女	2020-2-9	专科	110122199005232086	1990-2-20

下面运用替换功能将浅蓝色文本字体内容替换为红色加粗字体，操作步骤如下。

第1步 **吸取要替换的字体颜色**。打开“素材文件\第1章\××公司员工信息表7.xlsx”文件。❶ 按【Ctrl+H】快捷键打开【替换】对话框，单击【选项】按钮；❷ 单击【查找内容】文本框右侧的【格式】下拉按钮，在下拉列表中选择【从单元格选择格式】选项组中的【字体颜色】选项；❸ 当鼠标光标变为颜色吸管形状后，单击C7单元格即可选取需要替换的字体颜色，如下图所示。

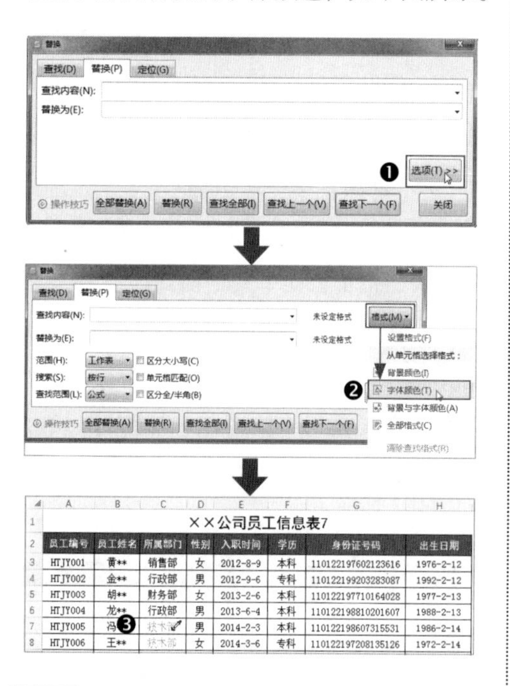

第2步 **设置要替换的字体格式**。❶ 单击【替换为】文本框右侧的【格式】下拉按钮，在下拉列表中选择【设置格式】选项；❷ 弹出【替换格式】对话框，切换到【字体】选项卡，将“字形”设置为“粗体”，将“颜色”设置为红色；❸ 单击【确定】按钮关闭对话框，如下图所示。

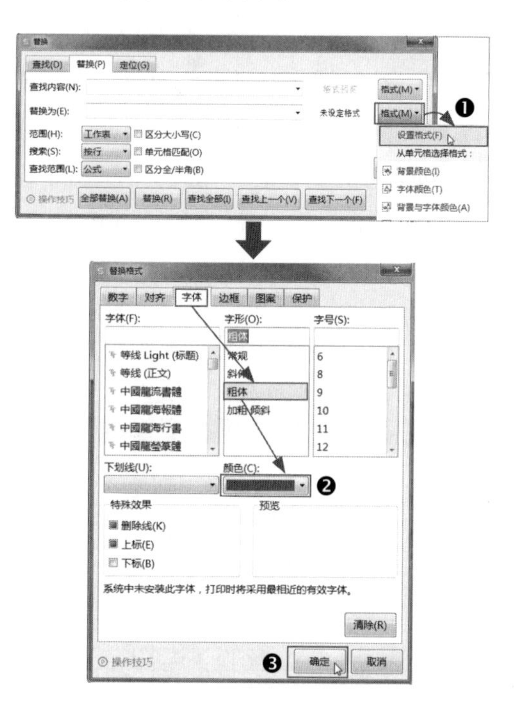

返回【替换】对话框，单击【全部替换】按钮，即可看到被替换后的文本格式效果，如下图所示。

××公司员工信息表7							
员工编号	员工姓名	所属部门	性别	入职时间	学历	身份证号码	出生日期
HTJY001	黄**	销售部	女	2012-8-9	本科	110122197602123616	1976-2-12
HTJY002	金**	行政部	男	2012-9-6	专科	110122199203283087	1992-2-12
HTJY003	胡**	财务部	女	2013-2-6	本科	110122197710164028	1977-2-13
HTJY004	龙**	行政部	男	2013-6-4	本科	110122198810201607	1988-2-13
HTJY005	冯**	技术部	男	2014-2-3	本科	110122198607315531	1986-2-14
HTJY006	王**	技术部	女	2014-3-6	专科	110122197208135126	1972-2-14
HTJY007	张**	销售部	女	2014-5-6	本科	110122199009091610	1990-2-14
HTJY008	赵**	财务部	男	2014-5-6	本科	110122197610155325	1976-2-14
HTJY009	刘**	技术部	男	2014-8-6	专科	110122198002124465	1980-2-14
HTJY010	杨**	行政部	女	2015-6-9	本科	110122197311063292	1973-2-15
HTJY011	吕**	技术部	男	2016-5-6	专科	110122197910064731	1979-2-16
HTJY012	柯**	财务部	男	2016-9-6	本科	110122198406184083	1984-2-16
HTJY013	吴**	销售部	女	2017-1-2	专科	110122198105085618	1981-2-17
HTJY014	马**	技术部	男	2017-4-5	本科	110122197603153599	1976-2-17
HTJY015	陈**	行政部	女	2017-5-8	专科	110122198901252262	1989-2-17
HTJY016	周**	销售部	女	2018-5-9	本科	110122198309210062	1983-2-18
HTJY017	郑**	技术部	男	2019-9-8	专科	110122197504262629	1975-2-19
HTJY018	钱**	财务部	女	2020-2-9	专科	110122199005232086	1990-2-20

示例结果见“结果文件\第1章\××公司员工信息表7.xlsx”文件。

1.3.5 运用定位功能精准定位目标数据

替换功能虽然能够快速查找并批量处理数据，但是它主要适用于在数据量较少的表格中查找已知的固定数据。在数据量非常大，或者需要批量选定符合特定条件的多个单元格处理数据时，查找和替换功能就难以准确地查找到指定数据了。此时就需要运用定位功能精准定位目标单元格，以方便批量处理数据。

定位功能可以根据多种条件，准确定位到指定区域内符合条件的单元格。例如，定位常量、文本、数字，定位公式，定位行或列内容有差异的单元格，等等。操作方法都非常简单，下面列举两种常用的定位操作方法。

1. 定位常量批量删除原始数据

在财务工作中，针对周期性工作制作的表格通常都是模板化的，即表格框架、格式、公式等保持不变，而常量数据需要重新填入。例如，每月工资表、每月财务报表等。那么，在制作当月表格时，复制粘贴上月表格后需要删除原始数据，以便重新填制。

如下图所示，是 2021 年 2 月的现金流量表，其中标识为灰色的单元格中均设置了公式。现需填制 3 月现金流量表，复制粘贴 2 月表格后，运用定位功能即可一键删除原始数据。

	A	B	C	D
1	现金流量表			
2	编制单位：××有限公司		所属期间：2021年2月1日—2月28日	
3	项目	金额	补充资料	金额
4	一、经营活动产生的现金流量：		1. 将净利润调节为经营活动现金流量：	
5	销售商品、提供劳务收到的现金	331,665.22	净利润	-132,186.95
6	收到的税费返还	-	加：计提的资产减值准备	-
7	收到的其他与经营活动有关的现金	2,215.85	固定资产折旧	-
8	现金流入小计	333,881.07	无形资产摊销	-
9	购买商品、接受劳务支付的现金	31,660.00	长期待摊费用摊销	-
10	支付给职工以及为职工支付的现金	57,600.00	待摊费用减少（减：增加）	-
11	支付的各项税费	3,550.00	预提费用增加（减：减少）	-
12	支付的其他与经营活动有关的现金	101,162.91	处置固定资产、无形资产和其他长期资产的损失（减：收益）	-
13	现金流出小计	193,972.91	固定资产报废损失	-
14	经营活动产生的现金流量净额	139,908.16	财务费用	1,192.95
15	二、投资活动产生的现金流量：	-	投资损失（减：收益）	-
16	收回投资所收到的现金	50,000.00	递延税款贷项（减：借项）	-
17	取得投资收益所收到的现金	-	存货的减少（减：增加）	-
18	处置固定资产、无形资产和其他长期资产所收回的现金净额	-	经营性应收项目的减少（减：增加）	-
19	收到的其他与投资活动有关的现金	-	经营性应付项目的增加（减：减少）	5,613.00
20	现金流入小计	50,000.00	其他	-38,448.06
21	购建固定资产、无形资产和其他长期资产所支付的现	30,000.00	经营活动产生的现金流量净额	-163,829.06
22	投资所支付的现金	-		
23	支付的其他与投资活动有关的现金	-		
24	现金流出小计	30,000.00		
25	投资活动产生的现金流量净额	20,000.00	2. 不涉及现金收支的投资和筹资活动：	
26	三、筹资活动所产生的现金流量：	-	债务转为资本	-
27	吸收投资所收到的现金	200,000.00	一年内到期的可转换公司债券	-
28	借款所收到的现金		融资租入固定资产	-
29	收到的其他与筹资活动有关的现金			
30	现金流入小计	200,000.00		
31	偿还债务所支付的现金	-		
32	分配股利、利润或偿付利息所支付的现金	-	3. 现金及现金等价物净增加情况：	
33	支付的其他与筹资活动有关的现金	-	现金的期末余额	415,022.79
34	现金流出小计	-	减：现金的期初余额	178,779.79
35	筹资活动产生的现金流量净额	200,000.00	加：现金等价物的期末余额	-
36	四、汇率变动对现金的影响	-	减：现金等价物的期初余额	-
37	五、现金及现金等价物净增加额	359,908.16	现金及现金等价物净增加额（81=77-78+79-80）	236,243.00

操作步骤如下。

第1步 **复制工作表**。打开“素材文件 \ 第 1 章 \ × × 公司 2021 年现金流量表 .xlsx”文件，右击“2021 年 2 月”工作表标签，在弹出的快捷菜单中选择【创建副本】命令即可复制工作表，如下图所示。

现金流量表

编制单位：××有限公司　　所属期间：2021年2月1日—2月28日

项目	金额	补充资料	金额
一、经营活动产生的现金流量:		1.将净利润调节为经营活动现金流量:	
销售商品、提供劳务收到的现金	331,665.22	净利润	-132,186.95
收到的税费返还	-	加：计提的资产减值准备	-
收到的其他与经营活动有关的现金	2,215.85	固定资产折旧	-
现金流入小计	333,881.07	无形资产摊销	-
购买商品、接受劳务支付的现金	31,660.00	长期待摊费用摊销	-
支付给职工以及为职工支付的现金	57,600.00	待摊费用减少(减:增加)	-
支付的各项税费	3,550.00	预提费用增加(减:减少)	-
支付的其他与经营活动有关的现金	101,162.91	处置固定资产、无形资产和其他长期资产的损失(减:收益)	-
现金	72.91	固定资产报废损失	-
经营活动产生的现金流量	08.16	财务费用	1,192.95
二、投资活动产生的现金流	-	投资损失(减:收益)	-
收回投资所收到的现金	00.00	递延税款贷项(减:借项)	-
取得投资收益所收到的	-	存货的减少(减:增加)	-
处置固定资产、无形资 金净额	-	经营性应收项目的减少(减:增加)	-
收到的其他与投资活动	-	经营性应付项目的增加(减:减少)	5,613.00
现金	00.00	其他	-38,448.06
购建固定资产、无形资	00.00	经营活动产生的现金流量净额	-163,829.06
投资所支付的现金	-		
支付的其他与投资活动	-		
现金	00.00		
投资活动产生的现金流量	00.00	2.不涉及现金收支的投资和筹资活动:	
三、筹资活动所产生的现金	-	债务转为资本	-
吸收投资所收到的现金	00.00	一年内到期的可转换公司债券	-
借款所收到的现金		融资租入固定资产	-
收到的其他与筹资活动			
现金	00.00		
偿还债务所支付的现金	-		
分配股利、利润或偿付	-	3.现金及现金等价物净增加情况:	
支付的其他与筹资活动	-	现金的期末余额	415,022.79
现金	-	减：现金的期初余额	178,779.79
筹资活动产生的现金流量	00.00	加：现金等价物的期末余额	-
四、汇率变动对现金的影响	-	减：现金等价物的期初余额	-
五、现金及现金等价物净	08.16	现金及现金等价物净增加额(81=77-78+79-80)	236,243.00

插入工作表(I)...
删除工作表(D)
创建副本(W)
移动或复制工作表(M)...
重命名(R)
保护工作表(P)...
工作表标签颜色(T)
字号(F)
隐藏工作表(H)
取消隐藏工作表(U)...
选定全部工作表(S)
合并表格(E)
拆分表格(C)
更多会员专享

第2步 **定位常量删除原始数据**。将复制后的工作表名称修改为“2021 年 3 月”，将 C2 单元格中的“所属期间”日期修改为“2021 年 3 月 1 日—3 月 31 日”；❶ 按【Ctrl+G】快捷键打开【定位】对话框，可默认选中【数据】选项组中的全部选项，本例只需删除原始数据，因此应取消选中【公式】、【文本】、【逻辑值】和【错误】复选框；❷ 单击【定位】按钮，如下图所示。

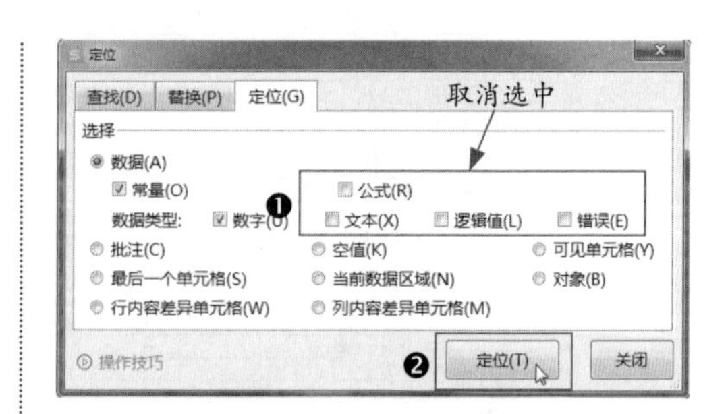

操作完成后，可看到表格中的常量数字已被批量选定，如下图所示。此时按【Delete】键即可一键删除。

现金流量表			
编制单位：××有限公司		所属期间：2021年3月1日—3月31日	
项目	金额	补充资料	金额
一、经营活动产生的现金流量：		1. 将净利润调节为经营活动现金流量：	
销售商品、提供劳务收到的现金	331,665.22	净利润	-132,186.95
收到的税费返还	-	加：计提的资产减值准备	-
收到的其他与经营活动有关的现金	2,215.85	固定资产折旧	-
现金流入小计	333,881.07	无形资产摊销	-
购买商品、接受劳务支付的现金	31,660.00	长期待摊费用摊销	-
支付给职工以及为职工支付的现金	57,600.00	待摊费用减少（减：增加）	-
支付的各项税费	3,550.00	预提费用增加（减：减少）	-
支付的其他与经营活动有关的现金	101,162.91	处置固定资产、无形资产和其他长期资产的损失（减：收益）	-
现金流出小计	193,972.91	固定资产报废损失	-
经营活动产生的现金流量净额	139,908.16	财务费用	1,192.95
二、投资活动产生的现金流量：	-	投资损失（减：收益）	-
收回投资所收到的现金	50,000.00	递延税款贷项（减：借项）	-
取得投资收益所收到的现金	-	存货的减少（减：增加）	-
处置固定资产、无形资产和其他长期资产所收回的现金净额	-	经营性应收项目的减少（减：增加）	-
收到的其他与投资活动有关的现金	-	经营性应付项目的增加（减：减少）	5,613.00
现金流入小计	50,000.00	其他	-38,448.06
购建固定资产、无形资产和其他长期资产所支付的现	30,000.00	经营活动产生的现金流量净额	-163,829.06
投资所支付的现金	-		
支付的其他与投资活动有关的现金	-		
现金流出小计	30,000.00		
投资活动产生的现金流量净额	20,000.00	2. 不涉及现金收支的投资和筹资活动：	
三、筹资活动所产生的现金流量：	-	债务转为资本	-
吸收投资所收到的现金	200,000.00	一年内到期的可转换公司债券	-
借款所收到的现金		融资租入固定资产	-
收到的其他与筹资活动有关的现金			
现金流入小计	200,000.00		
偿还债务所支付的现金	-		
分配股利、利润或偿付利息所支付的现金	-	3. 现金及现金等价物净增加情况：	
支付的其他与筹资活动有关的现金	-	现金的期末余额	415,022.79
现金流出小计	-	减：现金的期初余额	178,779.79
筹资活动产生的现金流量净额	200,000.00	加：现金等价物的期末余额	-
四、汇率变动对现金的影响	-	减：现金等价物的期初余额	-
五、现金及现金等价物净增加额	359,908.16	现金及现金等价物净增加额(81=77-78+79-80)	236,243.00

示例结果见“结果文件\第 1 章\×× 公司 2021 年现金流量表 .xlsx”文件。

2. 定位行内容差异单元格快速核对数据

在实际工作中，财务人员时常需要快速核对或修改行与行或列与列之间的数据，此时即可运用定位功能定位“行内容差异单元格”或“列内容差异单元格”，快速选定这些有差异的单元格后修改即可。

如下图所示，C3:C15 和 D3:D15 单元格区域中分别列出了每个产品的最近进价和单价，现要求将二者之间存在差异的数据用红色字体标识出来。

××公司2021年3月产品采购明细表						
产品编号	产品名称	最近进价	单价	数量	单位	采购金额
A0001	产品001	164.39	164.39	200	件	32,878.00
A0002	产品002	122.7	122.74	220	件	27,002.80
A0003	产品003	175.76	175.76	180	套	31,636.80
A0004	产品004	187.65	187.61	150	组	28,141.50
A0005	产品005	118.98	119.08	160	盒	19,052.80
A0006	产品006	122.81	122.81	120	条	14,737.20
A0007	产品007	126.97	126.97	325	条	41,265.25
A0008	产品008	123.62	123.68	400	件	49,472.00
A0009	产品009	259.06	259.08	426	根	110,368.08
A0010	产品010	133.72	133.72	135	箱	18,052.20
A0011	产品011	115.61	115.66	388	扎	44,876.08
A0012	产品012	142.85	142.85	269	套	38,426.65
A0013	产品013	249.09	249.09	182	件	45,334.38
合计				3155	-	501,243.74

操作步骤如下。

第1步 **设置定位条件**。打开“素材文件\第 1 章\×× 公司 2021 年 3 月产品采购明细表 .xlsx”文件。❶ 选中 C3:D15 单元格区域，按【Ctrl+G】快捷键打开【定位】对话框，选中【行内容差异单元格】单选按钮；❷ 单击【定位】按钮，如下图所示。

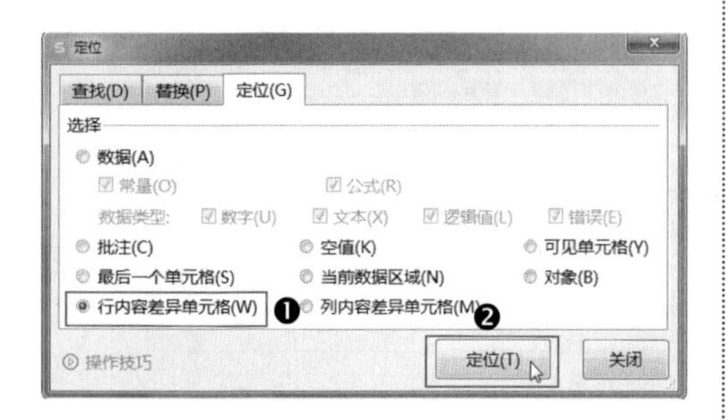

第2步 **为差异单元格设置字体格式**。定位到 D3:D15 单元格区域中与 C3:C15 单元格区域中有差异的数据所在单元格后，将字体颜色设置为红色即可，效果如下图所示。

	A	B	C	D	E	F	G
1	××公司2021年3月产品采购明细表						
2	产品编号	产品名称	最近进价	单价	数量	单位	采购金额
3	A0001	产品001	164.39	164.39	200	件	32,878.00
4	A0002	产品002	122.7	122.74	220	件	27,002.80
5	A0003	产品003	175.76	175.76	180	套	31,636.80
6	A0004	产品004	187.65	187.61	150	组	28,141.50
7	A0005	产品005	118.98	119.08	160	盒	19,052.80
8	A0006	产品006	122.81	122.81	120	条	14,737.20
9	A0007	产品007	126.97	126.97	325	条	41,265.25
10	A0008	产品008	123.62	123.68	400	件	49,472.00
11	A0009	产品009	259.06	259.08	426	根	110,368.08
12	A0010	产品010	133.72	133.72	135	箱	18,052.20
13	A0011	产品011	115.61	115.66	388	扎	44,876.08
14	A0012	产品012	142.85	142.85	269	套	38,426.65
15	A0013	产品013	249.09	249.09	182	件	45,334.38
16	合计				3155	-	501,243.74

示例结果见“结果文件\第 1 章\×× 公司 2021 年 3 月采购明细表 .xlsx”文件。

温馨提示

注意定位结果与执行操作前选定区域的顺序有关，根据活动单元格所在列不同，定位到的目标单元格所处的列也随之变化。如果本例的活动单元格为 D3 单元格，那么以 D3 单元格为起点选中 C3:D15 单元格区域后，定位到的将是 C3:C15 单元格区域中与 D3:D15 单元格区域中的行差异单元格。

高手支招

本章主要讲解了如何运用 WPS 表格中的基本功能高效制作并整理、规范财务表格。下面结合本章内容，再介绍几个实用和常用的相关技巧，帮助财务人员进一步巩固基本功。

01 启动 WPS 表格程序时打开多个指定工作簿

在实际工作中，我们通常需要同时查阅或编辑数个工作簿中的数据，但 WPS 表格的默认设置是一次仅能打开一个工作簿。为了提高工作效率，可以通过设置，实现每次启动 WPS 表格时，同时自动打开指定的多个工作簿。

例如，财务人员每日都需要编辑“×× 公司支票登记簿 .xlsx”“×× 公司 2021 年现金流量表 .xlsx”“×× 公司 2021 年利润统计表 .xlsx”这 3 个工作簿中的数据，同时打开这 3 个工作簿的设置方法如下。

❶ 在计算机 F 盘（或其他盘符）中新建一个文件夹，命名为“常用文件”，将上述 3 个工作簿剪切粘贴至此文件夹中；❷ 打开任意一个工作簿，选择【文件】→【选项】命令打开【选项】对话框，选择【常规与保存】选项卡，将存放文件的路径名称复制粘贴至【启动时打开此目录中所有文件】文本框中；❸ 单击【确定】按钮关闭对话框，如下图所示。

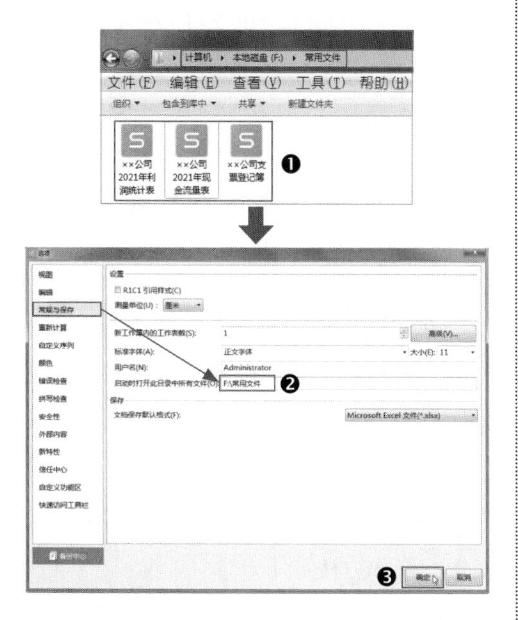

设置完成后，关闭 WPS 表格程序，再次开启时即可同时打开以上指定的工作簿。

02 设置工作簿的打开权限和编辑权限

在实际工作中，财务数据是相当重要的机密数据，任何一家企业都不会允许无关人员随意查看和擅自修改。对此，财务人员也应当重视，注意对存储重要数据的工作簿设置密码保护。在 WPS 表格中，可针对不同的使用者分别设置工作簿的打开权限和编辑权限，设置方法如下。

第1步 **设置密码**。打开“素材文件\第 1 章\×× 公司 2021 年利润计算表 .xlsx”文件，选择【文件】→【选项】命令，打开【选项】对话框，选择【安全性】选项卡，在【密码保护】栏中设置打开文件密码（本例设置为“123”）和修改文件密码（本例设置为“456”）即可，如下图所示。

第2步 **测试效果**。❶ 关闭工作簿后重新打开，将会弹出对话框提示输入打开密码；❷ 正确输入打开密码后将再次弹出对话框，提示输入编辑文件的密码以“解锁编辑”或“只读打开”，如下图所示。

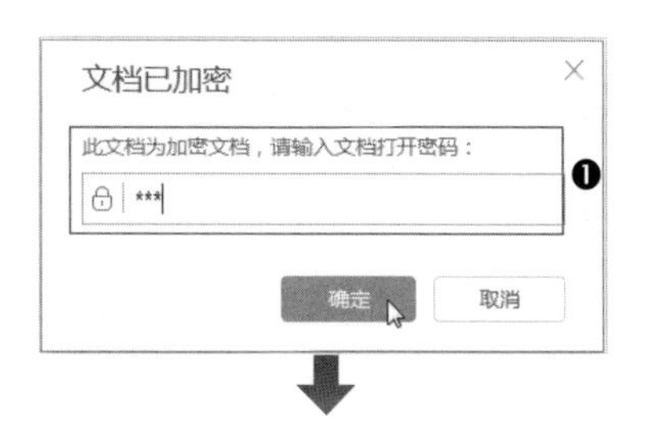

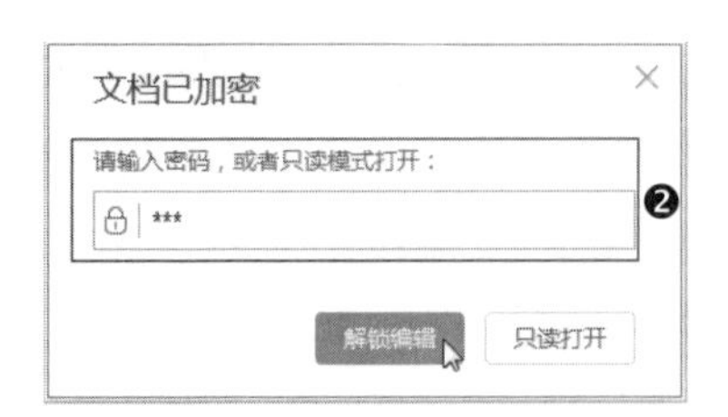

示例结果见“结果文件 \ 第 1 章 \ × × 公司 2021 年利润计算表 .xlsx”文件。

03 冻结窗格固定显示表格标题行和列

财务人员在 WPS 表格中查看数据量较大的工作表时，如果表格超长超宽，为了保证在滚动显示工作表内容时，让工作表中的标题始终显示，可以利用冻结窗格功能将标题行和列冻结，方便查看数据，操作方法如下。

❶ 打开“素材文件 \ 第 1 章 \ × × 有限公司 2021 年客户每日销售汇总表 2.xlsx”文件，可看到其中共有 90 条记录，选中 A3 单元格；❷ 在【视图】选项卡中单击【冻结窗格】下拉按钮，选择下拉列表中的【冻结至第 2 行】命令，如下图所示。

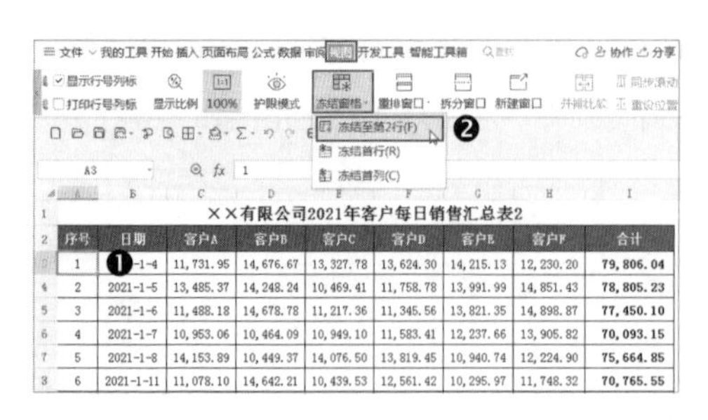

操作完成后，即可看到选中单元格所在行的上方出现一条拆分线，向下拖动滚动条后，第 1 行和第 2 行的数据始终保持不动，效果如下图所示。

××有限公司2021年客户每日销售汇总表2

序号	日期	客户A	客户B	客户C	客户D	客户E	客户F	合计
83	2021-4-28	11,012.08	11,326.25	12,822.28	11,716.44	11,025.29	14,855.32	**72,757.66**
84	2021-4-29	14,307.35	11,122.44	13,006.23	12,522.52	11,109.26	10,382.15	**72,449.96**
85	2021-4-30	13,948.67	10,588.45	11,955.71	11,387.59	13,090.16	13,755.49	**74,726.07**
86	2021-5-3	10,536.17	11,989.26	13,459.32	11,027.54	12,862.91	12,696.37	**72,571.56**
87	2021-5-4	10,596.65	12,041.77	13,769.54	11,630.29	14,788.88	14,326.75	**77,153.88**
88	2021-5-5	12,339.35	14,858.14	13,474.80	13,415.76	12,370.35	11,632.39	**78,090.78**
89	2021-5-6	14,459.74	14,723.86	14,531.85	12,317.78	10,167.79	13,488.64	**79,689.66**
90	2021-5-7	14,451.11	13,068.34	11,752.16	13,199.05	12,590.50	14,204.26	**79,265.43**

示例结果见“结果文件 \ 第 1 章 \ × × 有限公司 2021 年客户每日销售汇总表 2.xlsx”文件。

04 打印表格时每页显示标题行和页码

在实际工作中，财务表格内容在打印时一般都会多于一页。那么就要求纸质表格文件符合起码的规范：即每一页显示表格标题、字段列名称和页码。通过 WPS 表格中的“页面布局”功能进行设置即可实现，操作方法如下。

第1步 **设置要打印的标题行**。打开“素材文件 \ 第 1 章 \ × × 有限公司 2021 年客户每日销售汇总表 3.xlsx”文件。❶ 单击【页面布局】选项卡中的【打印标题】按钮；❷ 弹出【页面设置】对话框，单击【工作表】选项卡中的【顶端标题行】文本框，选中工作表中标题及字段列名称所在的第 1 行和第 2 行区域，如下图所示。

第2步 设置页眉页脚。❶ 选择【页眉/页脚】选项卡；❷ 在【页脚】下拉列表中选择【第 1 页，共？页】选项；❸ 单击【打印预览】按钮，如下图所示。

操作完成后，显示打印预览效果，可看到每页均显示了标题行和页码，如下图所示。

××有限公司2021年客户每日销售汇总表3

序号	日期	客户A	客户B	客户C	客户D	客户E	客户F	合计
33	2021-2-17	13,334.98	13,527.99	11,805.84	10,688.78	10,632.76	12,149.91	**72,140.26**
34	2021-2-18	12,422.91	14,452.69	11,023.09	10,850.28	10,841.27	14,819.68	**74,409.92**
35	2021-2-19	14,739.06	14,804.93	11,315.68	14,209.57	14,665.30	11,141.50	**80,876.23**
36	2021-2-22	14,004.36	11,291.98	13,426.37	10,690.76	10,500.67	10,333.79	**70,247.93**
37	2021-2-23	11,977.45	11,390.57	13,309.83	10,195.49	14,459.04	11,671.85	**73,004.23**
38	2021-2-24	14,308.22	10,860.99	12,504.95	12,173.03	12,058.15	11,774.91	**73,680.25**
39	2021-2-25	12,202.46	13,182.48	12,467.72	13,005.10	14,863.03	11,245.36	**76,966.15**
40	2021-2-26	14,948.21	14,932.92	14,523.71	11,568.53	10,971.07	12,621.86	**79,566.30**
41	2021-3-1	10,230.05	11,071.65	11,570.88	11,061.34	13,055.89	14,157.04	**71,147.04**
42	2021-3-2	11,267.15	11,470.79	14,758.21	14,708.24	11,215.73	11,929.93	**75,350.06**
43	2021-3-3	14,474.85	14,253.15	11,472.30	14,514.89	14,249.44	13,224.43	**82,189.07**
44	2021-3-4	10,869.41	13,241.93	12,077.07	13,213.05	13,939.31	12,760.96	**76,101.71**
45	2021-3-5	11,644.57	13,292.47	12,517.43	14,955.58	14,176.90	14,414.10	**81,001.05**
46	2021-3-8	10,205.73	12,970.50	14,218.92	12,380.27	10,990.91	13,981.64	**74,747.96**
47	2021-3-9	14,887.20	13,240.41	11,518.78	10,417.57	14,151.13	10,036.91	**74,251.99**
48	2021-3-10	10,348.92	10,508.54	14,226.87	12,636.73	14,357.38	13,045.66	**75,124.09**
49	2021-3-11	14,462.71	13,380.53	14,691.94	13,364.78	11,491.25	14,319.28	**81,710.50**
50	2021-3-12	11,085.83	12,009.81	14,045.36	13,090.90	11,124.82	12,223.94	**73,580.66**
51	2021-3-15	14,127.25	11,429.52	13,420.94	14,041.01	14,749.96	14,971.67	**82,740.33**
52	2021-3-16	11,097.53	11,582.44	12,392.29	10,809.66	10,224.05	12,994.59	**69,100.57**
53	2021-3-17	11,423.65	10,947.66	14,387.27	12,849.82	13,724.38	11,827.48	**75,160.26**
54	2021-3-18	13,563.91	14,369.75	11,185.12	12,874.53	10,590.56	14,884.79	**77,468.66**
55	2021-3-19	14,139.68	14,106.56	12,572.51	13,436.56	10,233.41	13,509.17	**77,997.90**
56	2021-3-22	12,966.80	12,377.06	14,278.52	10,600.22	14,103.51	12,496.43	**76,822.55**
57	2021-3-23	11,834.81	14,193.90	11,209.68	13,601.45	11,945.53	12,582.27	**75,367.64**
58	2021-3-24	10,884.82	12,241.56	14,864.93	14,829.51	12,744.46	10,502.93	**76,068.21**
59	2021-3-25	12,555.98	10,171.50	11,054.78	10,429.78	10,538.33	14,413.01	**69,163.37**
60	2021-3-26	10,321.17	12,017.34	13,194.50	14,115.57	13,316.62	10,771.76	**73,736.95**
61	2021-3-29	11,553.63	13,478.37	10,385.37	13,569.82	10,106.06	11,092.36	**70,185.61**
62	2021-3-30	13,725.35	10,195.11	12,279.33	12,374.10	13,861.77	10,673.88	**73,109.53**
63	2021-3-31	13,087.73	12,850.93	10,954.16	14,065.51	10,023.21	14,300.14	**75,281.68**
64	2021-4-1	10,069.22	11,438.47	12,349.89	11,896.49	10,337.28	10,590.13	**66,681.48**

第 2 页，共 3 页

示例结果见“结果文件\第 1 章\××有限公司 2021 年客户每日销售汇总表 3.xlsx”文件。

WPS

第2章

掌握实用工具
让财务数据的处理事半功倍

本章导读

财务人员在练好基本功、掌握WPS表格的基础操作方法和技巧后，为了对财务数据进行更加高效的分析和处理，还需要进一步学习WPS表格中各种实用工具的运用方法，熟练掌握相关技术，并做到运用自如，才能在实际工作中游刃有余地解决各种数据难题。

本章将为读者介绍这些实用工具的运用方法，帮助读者事半功倍地完成财务数据的分析和处理。

知识要点

- 如何突出显示重要的财务数据
- 数据排序和筛选的技巧
- 数据分类汇总与合并计算的方法
- 运用模拟分析工具对数据进行单变量求解和规划求解

2.1 条件格式：突出显示重要的财务数据

在日常工作中，财务人员每天都会使用 WPS 表格处理数据，随时需要从海量数据中快速抓取指定的数据，以便从不同维度直观分析数据。比如，从一组数据中抓取大于或小于基数的数据，或快速获取排名前 *n* 位或后 *n* 位的数据；直观对比一组数据大小，或显示指标达成情况……那么如何才能快速抓取这些目标数据呢？只需运用 WPS 表格提供的“条件格式”功能，选择内置条件或设置公式自定义条件，即可将满足条件的目标数据所在单元格设置为与众不同的样式，同时还能够随着数字的变化而动态变化，从而更生动直观地突出目标数据。下面介绍条件格式的具体运用方法。

2.1.1 使用突出显示单元格规则让数据更具表现力

如果要突出显示财务表格中大于某个值、小于某个值、介于两个值之间、等于某个值，或者特定的文本、发生日期、重复值等单元格数据，可使用“条件格式”中的突出显示单元格规则来实现。

如下图所示，表格列出了各个产品的每月销售数据。现要求抓取显示产品 A 中销售金额大于 75000 元的月份数据。

××公司2021年产品销售报表

月份	产品A	产品B	产品C	产品D	产品E	产品F	合计
1月	86,060.83	70,553.80	91,911.05	106,404.02	98,299.67	81,570.33	**534,799.70**
2月	56,443.04	79,539.75	66,404.02	52,925.11	81,570.33	71,758.36	**408,640.61**
3月	70,553.80	71,337.74	116,021.81	64,282.35	99,910.40	62,004.41	**484,110.51**
4月	78,393.12	81,528.84	84,664.57	36,060.83	81,664.35	34,782.96	**397,094.67**
5月	94,071.74	86,232.43	86,232.43	42,332.28	83,176.65	40,832.17	**432,877.70**
6月	109,750.36	101,911.05	81,528.84	82,293.26	78,639.74	97,959.61	**552,082.86**
7月	120,725.40	94,071.74	23,517.93	70,553.80	22,684.54	68,053.62	**399,607.03**
8月	62,714.49	39,196.56	70,553.80	90,514.78	68,053.62	85,181.06	**416,214.31**
9月	68,985.94	50,641.95	101,911.05	70,553.80	98,299.67	68,053.62	**458,446.03**
10月	87,800.29	51,739.46	39,196.56	72,121.67	37,807.57	69,565.93	**358,231.48**
11月	94,071.74	47,035.87	102,293.26	56,443.04	107,959.61	55,552.89	**463,356.41**
12月	72,293.26	73,689.53	86,021.81	92,293.26	101,910.40	97,959.61	**524,167.87**
合计	**1,001,864.01**	**847,478.72**	**950,257.13**	**836,778.20**	**959,976.55**	**833,274.57**	**5,429,629.18**

操作步骤如下。

第1步 **设置条件格式**。打开“素材文件\第 2 章\×× 公司 2021 年产品销售报表.xlsx”文件。❶ 选中 B3:B14 单元格区域，单击【开始】选项卡中的【条件格式】下拉按钮；❷ 在下拉列表中选择【突出显示单元格规则】→【大于】命令；❸ 弹出【大于】对话框，在左侧文本框中输入“75000”，格式默认为“浅红填充色深红色文本”，本例不作更改（单击下拉按钮可选择其他格式或自定义格式）；❹ 单击【确定】按钮关闭对话框即可。

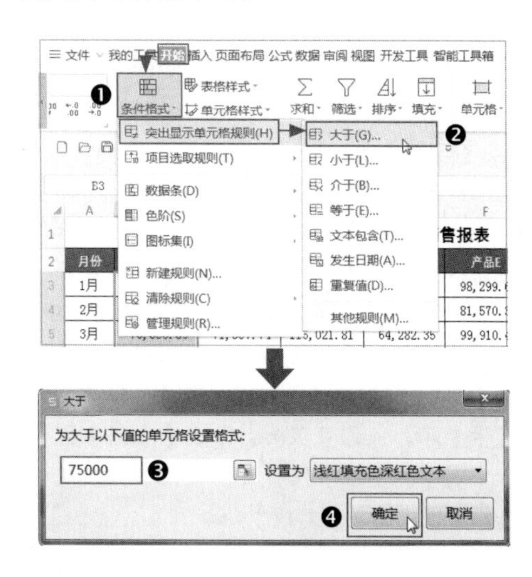

第2步 **查看效果**。操作完成后，即可

看到 B3:B14 单元格区域中满足“大于 75000”这一条件的数据所在单元格全部变为指定样式，效果如下图所示。

	A	B	C	D	E	F	G	H
1	××公司2021年产品销售报表							
2	月份	产品A	产品B	产品C	产品D	产品E	产品F	合计
3	1月	86,060.83	70,553.80	91,911.05	106,404.02	98,299.67	81,570.33	534,799.70
4	2月	56,443.04	79,539.75	66,404.02	52,925.11	81,570.33	71,758.36	408,640.61
5	3月	70,553.80	71,337.74	116,021.81	64,282.35	99,910.40	62,004.41	484,110.51
6	4月	78,393.12	81,528.84	84,664.57	36,060.83	81,664.35	34,782.96	397,094.67
7	5月	94,071.74	86,232.43	86,232.43	42,332.28	83,176.65	40,832.17	432,877.70
8	6月	109,750.36	101,911.05	81,528.84	82,293.26	78,639.74	97,959.61	552,082.86
9	7月	120,725.40	94,071.74	23,517.93	70,553.80	22,684.54	68,053.62	399,607.03
10	8月	62,714.49	39,196.56	70,553.80	90,514.78	68,053.62	85,181.06	416,214.31
11	9月	68,985.94	50,641.95	101,911.05	70,553.80	98,299.67	68,053.62	458,446.03
12	10月	87,800.29	51,739.46	39,196.56	72,121.67	37,807.57	69,565.93	358,231.48
13	11月	94,071.74	47,035.87	102,293.26	56,443.04	107,959.61	55,552.89	463,356.41
14	12月	72,293.26	73,689.53	86,021.81	92,293.26	101,910.40	97,959.61	524,167.87
15	合计	1,001,864.01	847,478.72	950,257.13	836,778.20	959,976.55	833,274.57	5,429,629.18

第3步 **测试条件格式的动态效果**。将 B3 单元格中的数据修改为小于 75000，将 B4 单元格中的数据修改为大于 75000，可看到条件格式的动态变化效果，如下图所示。

	A	B	C	D	E	F	G	H
1	××公司2021年产品销售报表							
2	月份	产品A	产品B	产品C	产品D	产品E	产品F	合计
3	1月	70,000.00	70,553.80	91,911.05	106,404.02	98,299.67	81,570.33	518,738.87
4	2月	76,000.00	79,539.75	66,404.02	52,925.11	81,570.33	71,758.36	428,197.57
5	3月	70,553.80	71,337.74	116,021.81	64,282.35	99,910.40	62,004.41	484,110.51
6	4月	78,393.12	81,528.84	84,664.57	36,060.83	81,664.35	34,782.96	397,094.67
7	5月	94,071.74	86,232.43	86,232.43	42,332.28	83,176.65	40,832.17	432,877.70
8	6月	109,750.36	101,911.05	81,528.84	82,293.26	78,639.74	97,959.61	552,082.86
9	7月	120,725.40	94,071.74	23,517.93	70,553.80	22,684.54	68,053.62	399,607.03
10	8月	62,714.49	39,196.56	70,553.80	90,514.78	68,053.62	85,181.06	416,214.31
11	9月	68,985.94	50,641.95	101,911.05	70,553.80	98,299.67	68,053.62	458,446.03
12	10月	87,800.29	51,739.46	39,196.56	72,121.67	37,807.57	69,565.93	358,231.48
13	11月	94,071.74	47,035.87	102,293.26	56,443.04	107,959.61	55,552.89	463,356.41
14	12月	72,293.26	73,689.53	86,021.81	92,293.26	101,910.40	97,959.61	524,167.87
15	合计	1,005,360.14	847,478.72	950,257.13	836,778.20	959,976.55	833,274.57	5,433,125.31

温馨提示

如果要标识重复数据，除了可在【开始】选项卡下选择【条件格式】→【突出显示单元格规则】→【重复值】命令进行操作外，还可运用 WPS 的特色功能“设置高亮重复项”方式快速标识重复数据，其优势在于可以精确匹配 15 位以上的长数据，如身份证号、银行卡号等。操作步骤为：单击【数据】选项卡中的【重复项】下拉按钮，在下拉列表中选择【设置高亮重复项】命令。

2.1.2 利用项目选取规则标识目标数据

如果需要突出显示特定的数据，如突出显示前 *n* 项、后 *n* 项、大于或小于平均值的数据，可使用“项目选取规则”条件来实现。

下面继续在“××公司 2021 年产品销售报表 .xlsx”文件中操作，突出显示产品 B 在 2021 年各月的销售金额在全年中前 3 名的数据，操作步骤如下。

❶ 选中 C3:C14 单元格区域，单击【开始】选项卡中的【条件格式】下拉按钮；❷ 在下拉列表中选择【项目选取规则】→【前 10 项】命令；❸ 弹出【前 10 项】对话框，在左侧文本框中输入“3”，在右侧下拉列表中选择【绿填充色深绿色文本】选项；❹ 单击【确定】按钮。

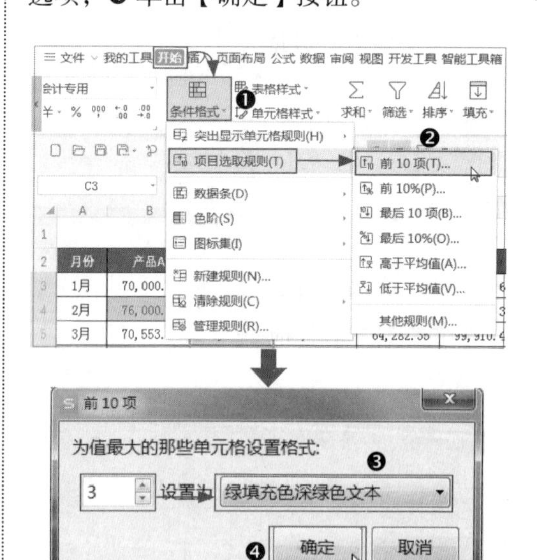

操作完成后，可看到 C3:C14 单元格区域中符合条件的数据及单元格呈现了指定的条件格式效果，如下图所示。

××公司2021年产品销售报表

月份	产品A	产品B	产品C	产品D	产品E	产品F	合计
1月	70,000.00	70,553.80	91,911.05	106,404.02	98,299.67	81,570.33	518,738.87
2月	76,000.00	79,539.75	66,404.02	52,925.11	81,570.33	71,758.36	428,197.57
3月	70,553.80	71,337.74	116,021.81	64,282.35	99,910.40	62,004.41	484,110.51
4月	78,393.12	81,528.84	84,664.57	36,060.83	81,664.35	34,782.96	397,094.67
5月	94,071.74	86,232.43	86,232.43	42,332.28	83,176.65	40,832.17	432,877.70
6月	109,750.36	101,911.05	81,528.84	82,293.26	78,639.74	97,959.61	552,082.86
7月	120,725.40	94,071.74	23,517.93	70,553.80	22,684.54	68,053.62	399,607.03
8月	62,714.49	39,196.56	70,553.80	90,514.78	68,053.62	85,181.06	416,214.31
9月	68,985.94	50,641.95	101,911.05	70,553.80	98,299.67	68,053.62	458,446.03
10月	87,800.29	51,739.46	39,196.56	72,121.67	37,807.57	69,565.93	358,231.48
11月	94,071.74	47,035.87	102,293.26	56,443.04	107,959.61	55,552.89	463,356.41
12月	72,293.26	73,689.53	86,021.81	92,293.26	101,910.40	97,959.61	524,167.87
合计	1,005,360.14	847,478.72	950,257.13	836,778.20	959,976.55	833,274.57	5,433,125.31

2.1.3 添加数据条直观对比数据

数据条可以直观呈现选定区域中各单元格数据的对比效果，当数据都是正值时，数据条越长则值越大，数据条越短则表示值越小。下面依然沿用前面小节的示例表格，对比产品 C 在 2021 年各月份的销售金额大小，同时，设置以最小值和最大值作为对比阈值，以增强对比效果，操作步骤如下。

第1步 **选择【其他规则】命令打开【新建格式规则】对话框。**❶ 选中 D3:D14 单元格区域，单击【开始】选项卡中的【条件格式】下拉按钮；❷ 在下拉列表中选择【数据条】→【其他规则】命令，如下图所示。

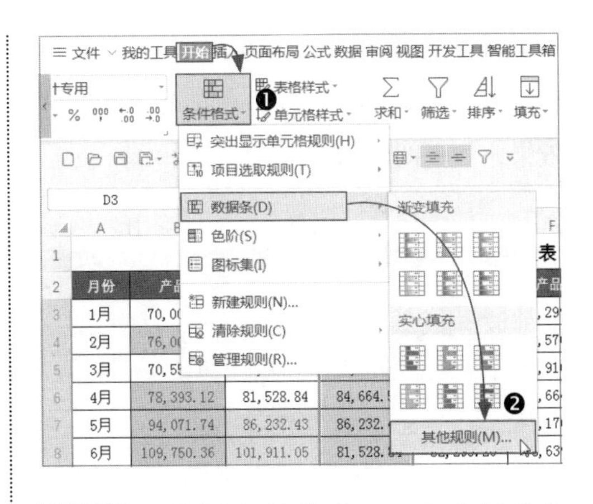

第2步 **设置条件格式。**❶ 在【新建格式规则】对话框中的【格式样式】下拉列表中选择【数据条】选项；❷ 在【最小值】和【最大值】选项组中的【类型】下拉列表中分别选择【最低值】和【最高值】选项；❸ 在【条形图外观】选项组中设置填充样式和颜色；❹ 单击【确定】按钮关闭对话框，如下图所示。

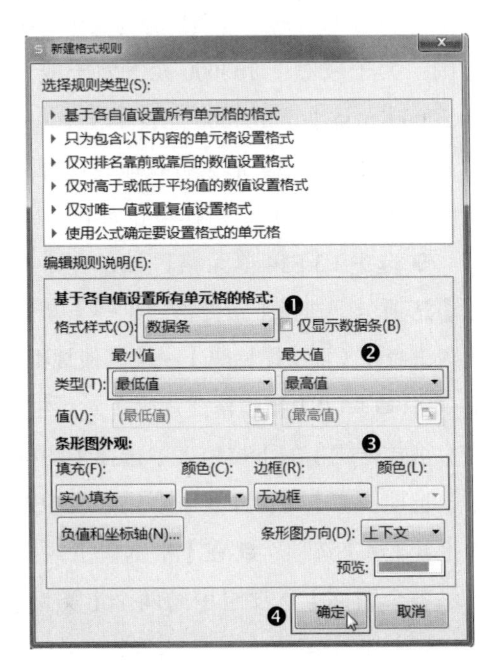

操作完成后，即可看到 D3:D14 单元格区域中的数据条，并呈现出强烈的对比效果，如下图所示。

	××公司2021年产品销售报表						
月份	产品A	产品B	产品C	产品D	产品E	产品F	合计
1月	70,000.00	70,553.80	91,911.05	106,404.02	98,299.67	81,570.33	518,738.87
2月	76,000.00	79,539.75	66,404.02	52,925.11	81,570.33	71,758.36	428,197.57
3月	70,553.80	71,337.74	116,021.81	64,282.35	99,910.40	62,004.41	484,110.51
4月	78,393.12	81,528.84	84,664.57	36,060.83	81,664.35	34,782.96	397,094.67
5月	94,071.74	86,232.43	86,232.43	42,332.28	83,176.65	40,832.17	432,877.70
6月	109,750.36	101,911.05	81,528.84	82,293.26	78,639.74	97,959.61	552,082.86
7月	120,725.40	94,071.74	23,517.93	70,553.80	22,684.54	68,053.62	399,607.03
8月	62,714.49	39,196.56	70,553.80	90,514.78	68,053.62	85,181.06	416,214.31
9月	68,985.94	50,641.95	101,911.05	70,553.80	98,299.67	68,053.62	458,446.03
10月	87,800.29	51,739.46	39,196.56	72,121.67	37,807.57	69,565.93	358,231.48
11月	94,071.74	47,035.87	102,293.26	56,443.04	107,959.61	55,552.89	463,356.41
12月	72,293.26	73,689.53	86,021.81	92,293.26	101,910.40	97,959.61	524,167.87
合计	1,005,360.14	847,478.72	950,257.13	836,778.20	959,976.55	833,274.57	5,433,125.31

2.1.4 使用图标集表现目标完成情况

条件格式中的图标集的主要作用是，以同一图标集中的不同图标表示数据等级范围。

例如，将前面小节示例表格中的产品 D 在 2021 年每月的销售额划分为 3 个等级范围：大于或等于 100000 元，大于或等于 50000 元且小于 100000 元，小于 50000 元。下面使用图标集形象直观地表现每月销售数据的等级范围，操作步骤如下。

❶ 选中 E3:E14 单元格区域，在【开始】选项卡下选择【条件格式】→【新建规则】命令（或【图标集】→【其他规则】命令）；❷ 弹出【新建格式规则】对话框，在【格式样式】的下拉列表中选择【图标集】选项，在【图标样式】下拉列表中选择【✖ ❗ ✔】选项；❸ 在【根据以下规则显示各个图标】选项组中的两个【类型】下拉列表中均选择【数字】选项；❹ 分别设置 3 个图标所代表的范围值；❺ 单击【确定】按钮关闭对话框。

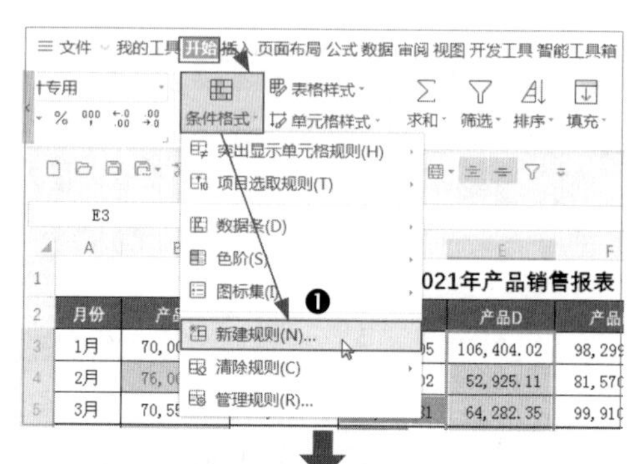

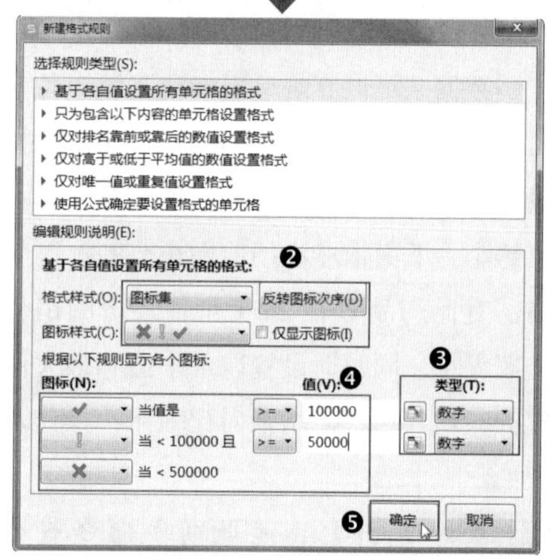

操作完成后，即可看到 E3:E14 单元格区域中的每个单元格已根据各自的数据所在等级添加了指定图标，效果如下图所示。

	××公司2021年产品销售报表						
月份	产品A	产品B	产品C	产品D	产品E	产品F	合计
1月	70,000.00	70,553.80	91,911.05	✔106,404.02	98,299.67	81,570.33	518,738.87
2月	76,000.00	79,539.75	66,404.02	❗52,925.11	81,570.33	71,758.36	428,197.57
3月	70,553.80	71,337.74	116,021.81	❗64,282.35	99,910.40	62,004.41	484,110.51
4月	78,393.12	81,528.84	84,664.57	✖36,060.83	81,664.35	34,782.96	397,094.67
5月	94,071.74	86,232.43	86,232.43	✖42,332.28	83,176.65	40,832.17	432,877.70
6月	109,750.36	101,911.05	81,528.84	❗82,293.26	78,639.74	97,959.61	552,082.86
7月	120,725.40	94,071.74	23,517.93	❗70,553.80	22,684.54	68,053.62	399,607.03
8月	62,714.49	39,196.56	70,553.80	❗90,514.78	68,053.62	85,181.06	416,214.31
9月	68,985.94	50,641.95	101,911.05	❗70,553.80	98,299.67	68,053.62	458,446.03
10月	87,800.29	51,739.46	39,196.56	❗72,121.67	37,807.57	69,565.93	358,231.48
11月	94,071.74	47,035.87	102,293.26	❗56,443.04	107,959.61	55,552.89	463,356.41
12月	72,293.26	73,689.53	86,021.81	❗92,293.26	101,910.40	97,959.61	524,167.87
合计	1,005,360.14	847,478.72	950,257.13	836,778.20	959,976.55	833,274.57	5,433,125.31

2.1.5 使用公式建立规则标识最大值和最小值

在实际工作中，财务人员日常需要处理的业务纷繁复杂，当 WPS 表格提供的条件格式内置规则仍然不能完全满足工作需求时，就可运用更具灵活性的一种规则类型——设置公式来建立条件格式规则，以实现工作目标。

例如，要判断前面小节示例表格中产品 E 的每月销售金额是否为所有产品中的最大值和最小值，分别作以下标识。

①若为当月所有产品中的最高销售额，则在数据前面添加符号★，将字体设置为粗体、红色。

②若为当月所有产品中的最低销售额，则在数据前面添加符号▲。

操作方法如下。

第1步 **设置公式**。❶ 选中 F3 单元格在【开始】选项卡下选择【条件格式】→【新建规则】命令，打开【新建格式规则】对话框，选择【选择规则类型】列表框中的【使用公式确定要设置格式的单元格】选项；❷ 在【只为满足以下条件的单元格设置格式】文本框中输入公式“=$F3=MAX($B3:$G3)”，公式含义是 F3 单元格中的数据等于 B3:G3 单元格区域数据的最大值；❸ 单击【格式】按钮，如下图所示。

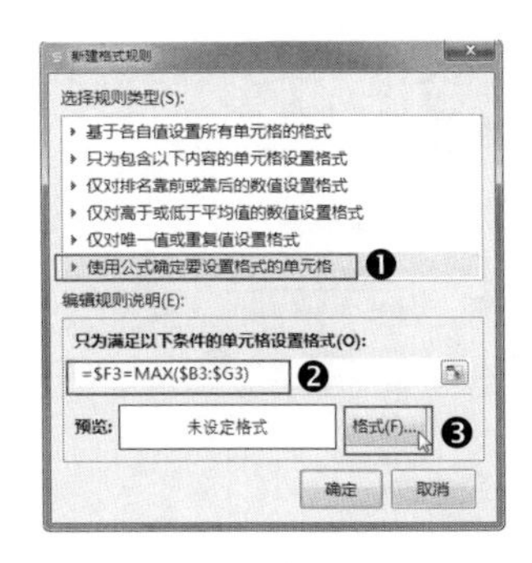

第2步 **设置格式**。❶ 弹出【单元格格式】对话框，选择【分类】列表框中的【会计专用】选项，在【货币符号】下拉列表中选择【无】；❷ 切换至【自定义】选项，在【类型】文本框中的格式代码前面添加符号★；❸ 选择【字体】选项卡，设置字形为粗体，字体颜色为红色；❹ 返回【新建格式规则】对话框后可在【预览】框中看到格式效果，单击【确定】按钮关闭对话框；❺ 再次设置一个条件格式，公式为“=$F3=MIN($B3:$G3)”，公式含义是 F3 单元格中的数据等于 B3:G3 单元格区域数据的最小值，按照 ❶ 和 ❷ 的操作方法设置数据格式即可，如下图所示。

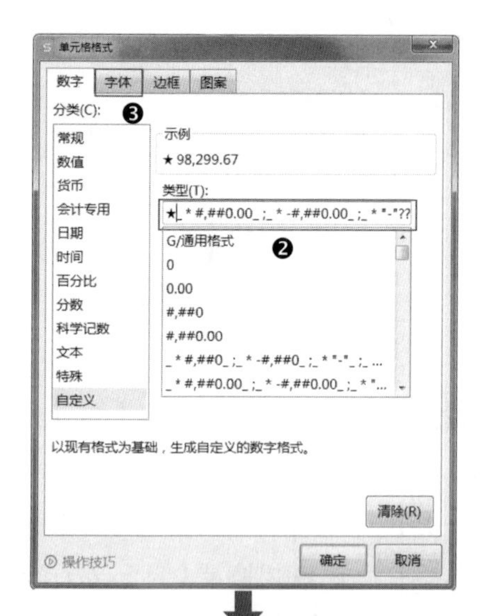

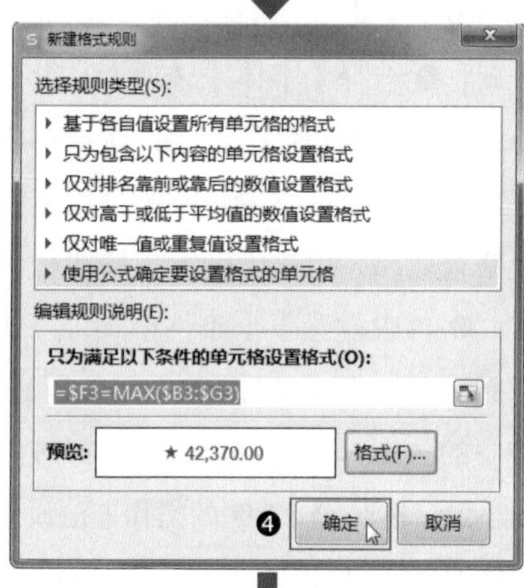

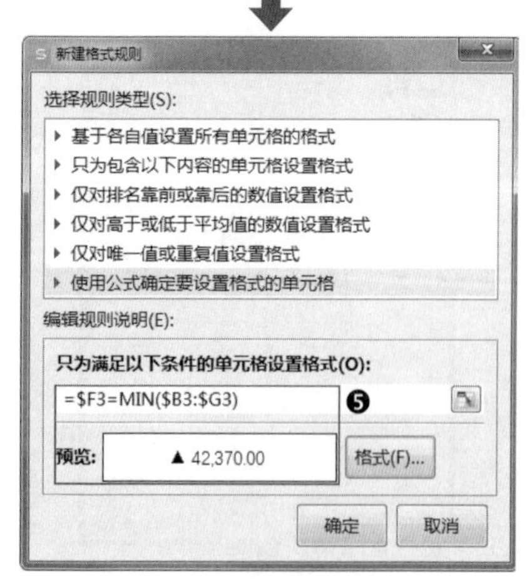

第3步 **复制格式**。❶ 返回工作表后，依然选中 F3 单元格，单击【开始】选项卡中的【格式刷】按钮；❷ 当鼠标光标变为✥♙形状后拖动鼠标选择 F4:F14 单元格区域即可，如下图所示。

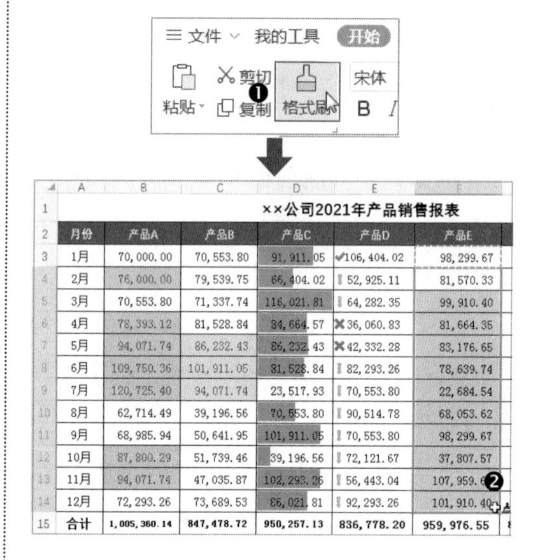

××公司2021年产品销售报表

月份	产品A	产品B	产品C	产品D	产品E
1月	70,000.00	70,553.80	91,911.05	✔106,404.02	98,299.67
2月	76,000.00	79,539.75	66,404.02	▌52,925.11	81,570.33
3月	70,553.80	71,337.74	116,021.81	▌64,282.35	99,910.40
4月	78,393.12	81,528.84	84,664.57	✖36,060.83	81,664.35
5月	94,071.74	86,232.43	86,232.43	✖42,332.28	83,176.65
6月	109,750.36	101,911.05	81,528.84	▌82,293.26	78,639.74
7月	120,725.40	94,071.74	23,517.93	▌70,553.80	22,684.54
8月	62,714.49	39,196.56	70,553.80	▌90,514.78	68,053.62
9月	68,985.94	50,641.95	101,911.05	▌70,553.80	98,299.67
10月	87,800.29	51,739.46	39,196.56	▌72,121.67	37,807.57
11月	94,071.74	47,035.87	102,293.26	▌56,443.04	107,959.6
12月	72,293.26	73,689.53	86,021.81	▌92,293.26	101,910.40
合计	1,005,360.14	847,478.72	950,257.13	836,778.20	959,976.55

操作完成后，即可看到 F3:F14 单元格区域中符合条件的数据前面添加了图标，如下图所示。

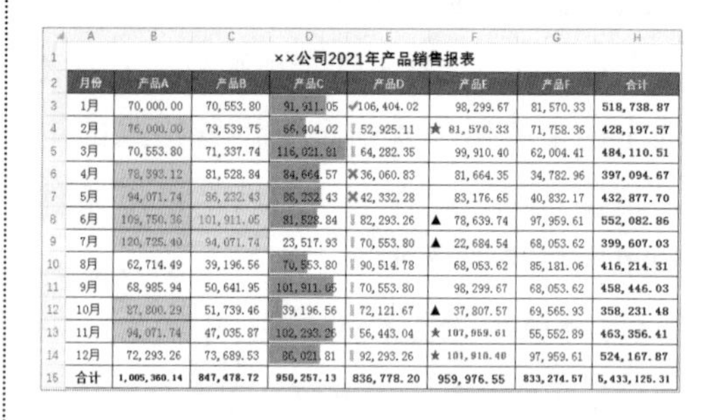

××公司2021年产品销售报表

月份	产品A	产品B	产品C	产品D	产品E	产品F	合计
1月	70,000.00	70,553.80	91,911.05	✔106,404.02	98,299.67	81,570.33	518,738.87
2月	76,000.00	79,539.75	66,404.02	▌52,925.11	★ 81,570.33	71,758.36	428,197.57
3月	70,553.80	71,337.74	116,021.81	▌64,282.35	99,910.40	62,004.41	484,110.51
4月	78,393.12	81,528.84	84,664.57	✖36,060.83	81,664.35	34,782.96	397,094.67
5月	94,071.74	86,232.43	86,232.43	✖42,332.28	83,176.65	40,832.17	432,877.70
6月	109,750.36	101,911.05	81,528.84	▌82,293.26	▲ 78,639.74	97,959.61	552,082.86
7月	120,725.40	94,071.74	23,517.93	▌70,553.80	▲ 22,684.54	68,053.62	399,607.03
8月	62,714.49	39,196.56	70,553.80	▌90,514.78	68,053.62	85,181.06	416,214.31
9月	68,985.94	50,641.95	101,911.05	▌70,553.80	98,299.67	68,053.62	458,446.03
10月	87,800.29	51,739.46	39,196.56	▌72,121.67	▲ 37,807.57	69,565.93	358,231.48
11月	94,071.74	47,035.87	102,293.26	▌56,443.04	★ 107,959.61	55,552.89	463,356.41
12月	72,293.26	73,689.53	86,021.81	▌92,293.26	★ 101,910.40	97,959.61	524,167.87
合计	1,005,360.14	847,478.72	950,257.13	836,778.20	959,976.55	833,274.57	5,433,125.31

本节示例结果见“结果文件\第 2 章\××公司 2021 年产品销售报表 .xlsx”文件。

温馨提示

若要修改或删除条件格式规则，在【开始】选项卡下选择【条件格式】→【管理规则】命令打开对话框进行操作即可。

如果想要直接清除条件格式规则，首先选中设置了条件格式的单元格区域，再在【开始】选项卡下选择【条件格式】→【清除规则】→【清除所选单元格的规则】/【清除整个工作表的规则】命令即可。

2.2 排序：让无序的数据变得井然有序

在实际工作中，存放在表格中的原始数据的排列顺序通常是没有规律的。财务人员在处理和分析数据时，需要对各项目数据按照一定的规则进行排序。例如，分析销售变化趋势和影响因素时，需要将数据从高到低或从低到高进行排列；分析利润数据时，需要按季度排序；分析人力资源数据时，需要根据部门、学历和入职时间等多个条件进行排序，等等。所以，排序是财务人员必须掌握的一项技能。本节将介绍如何运用 WPS 表格中的排序工具，按照不同的规则和方式对数据进行排列，让财务数据变得井然有序。

2.2.1 单列数据一键排序

如果需要快速掌握某个单一数据列中的数字由高到低或由低到高的排序情况，可采用单条件方式进行降序或升序排列。其操作非常简单，一键即可完成排序。

例如，在下图所示的销售汇总表中对客户 A 的销售数据进行降序排列。

××有限公司2021年客户每日销售汇总表4

序号	日期	客户A	客户B	客户C	客户D	客户E	客户F	合计
1	2021-1-4	11,731.95	14,676.67	13,327.78	13,624.30	14,215.13	12,230.20	79,806.04
2	2021-1-5	13,485.37	14,248.24	10,469.41	11,758.78	13,991.99	14,851.43	78,805.23
3	2021-1-6	11,488.18	14,678.78	11,217.36	11,345.56	13,821.35	14,898.87	77,450.10
4	2021-1-7	10,953.06	10,464.09	10,949.10	11,583.41	12,237.66	13,905.82	70,093.15
5	2021-1-8	14,153.89	10,449.37	14,076.50	13,819.45	10,940.74	12,224.90	75,664.85
6	2021-1-11	11,078.10	14,642.21	10,439.53	12,561.42	10,295.97	11,748.32	70,765.55
7	2021-1-12	11,634.32	12,090.56	13,555.28	11,801.50	11,904.40	12,425.95	73,412.02
8	2021-1-13	10,114.68	10,903.25	13,972.77	13,547.48	12,280.05	13,946.32	74,764.54
9	2021-1-14	13,007.20	10,556.40	12,372.14	10,584.64	14,759.69	13,243.22	74,523.28
10	2021-1-15	10,202.53	10,141.78	12,530.77	10,185.03	13,755.68	13,227.39	70,043.18
11	2021-1-18	13,385.81	10,987.49	14,584.99	10,660.40	13,006.43	10,392.99	73,018.11

操作步骤如下。

第1步 **执行【降序】命令**。打开“素材文件\第 2 章\×× 有限公司 2021 年客户每日销售汇总表 4.xlsx”文件。❶ 选中 C3:C92 单元格区域中的任意单元格，单击【数据】选项卡中【排序】的下拉按钮；❷ 在下拉列表中选择【降序】命令，如下图所示。

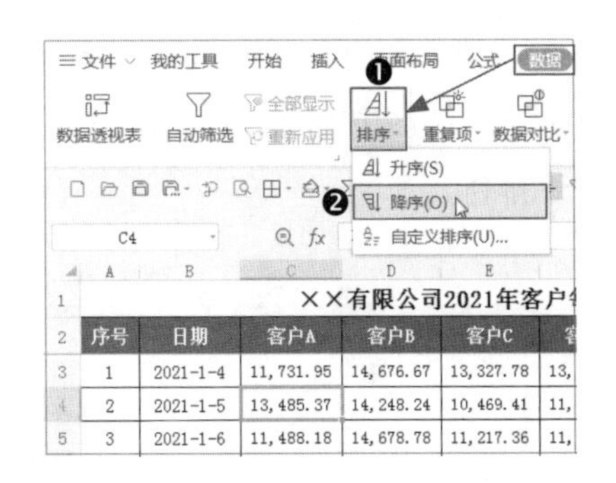

第2步 **查看排序**。操作完成后，即可看到 C3:C92 单元格区域中的数据已按照降序排列，效果如下图所示。

××有限公司2021年客户每日销售汇总表4

序号	日期	客户A	客户B	客户C	客户D	客户E	客户F	合计
32	2021-2-16	14,967.50	12,632.42	10,637.07	11,835.98	10,084.91	11,047.48	71,205.37
40	2021-2-26	14,948.21	14,932.92	14,523.71	11,568.53	10,971.07	12,621.86	79,566.30
17	2021-1-26	14,921.24	14,538.44	14,343.75	10,856.47	12,830.11	13,034.28	80,524.29
47	2021-3-9	14,887.20	13,240.41	11,518.78	10,417.57	14,151.13	10,036.91	74,251.99
35	2021-2-19	14,739.06	14,804.93	11,315.88	14,209.57	14,665.30	11,141.50	80,876.23
43	2021-3-3	14,474.85	14,253.15	11,472.30	14,514.89	14,249.44	13,224.43	82,189.07
49	2021-3-11	14,462.71	13,380.53	14,691.94	13,364.78	11,491.25	14,319.28	81,710.50
89	2021-5-6	14,459.74	14,723.86	14,531.85	12,317.78	10,167.79	13,488.64	79,689.66
90	2021-5-7	14,451.11	13,068.34	11,752.16	13,199.05	12,590.50	14,204.26	79,265.43
38	2021-2-24	14,308.22	10,860.99	12,504.95	12,173.03	12,058.15	11,774.91	73,680.25

示例结果见“结果文件\第 2 章\×× 有限公司 2021 年客户每日销售汇总表 4.xlsx”文件。

2.2.2 多列数据自定义排序

如果需要对多列数据进行排序，可以通过“自定义排序”功能添加主要关键字和次要关键字来实现。

多列数据排序的原理是：首先对主要关键字进行排序，如果其中包含相同的数据，那么再以此为依据，对次要关键字进行排序。注意主要关键字只能添加一个，而次要关键字可以添加多个。

如下图所示，表格中列出了各部门每位销售代表在每一季度的销售业绩。下面首先对“销售部门”字段进行升序排列，再在同一个部门中对“合计”字段数据进行降序排列。

××公司销售部员工季度销售业绩表

销售部门	销售代表	第一季度	第二季度	第三季度	第四季度	合计
销售1部	黄**	85,107.05	114,096.81	76,259.44	63,476.06	338,939.36
销售3部	张**	79,433.24	63,830.29	60,461.27	66,667.19	270,391.99
销售3部	吴**	56,738.03	99,291.55	42,021.41	84,929.16	282,980.15
销售2部	周**	89,008.17	51,064.23	76,596.34	97,520.43	314,189.17
销售4部	刘**	68,085.64	97,660.57	70,922.54	80,639.16	317,307.91
销售2部	李**	45,390.43	42,021.41	93,617.75	90,809.22	271,838.81
销售1部	陈**	59,574.93	85,107.05	92,199.30	90,071.63	326,952.91
销售4部	唐**	49,645.78	73,759.44	63,830.29	70,568.32	257,803.83
销售3部	叶**	80,000.63	66,242.12	63,830.29	34,752.05	244,825.09
销售1部	王**	70,922.54	71,639.16	78,014.79	39,716.62	260,293.11
销售4部	赵**	67,021.41	93,334.37	89,362.40	83,476.06	333,194.24
销售2部	杨**	51,064.23	97,873.10	85,107.05	92,766.68	326,811.06
销售3部	方**	68,085.64	80,639.16	63,830.29	45,390.43	257,945.52
销售2部	兰**	99,291.55	70,922.54	45,390.43	36,596.03	252,200.55

操作步骤如下。

第1步 **执行【自定义排序】命令。**打开“素材文件\第 2 章\×× 公司销售部员工季度销售业绩表 .xlsx”文件。❶ 选中数据区域中的任意单元格，单击【数据】选项卡中的【排序】下拉按钮；❷ 选择下拉列表中的【自定义排序】命令，如下图所示。

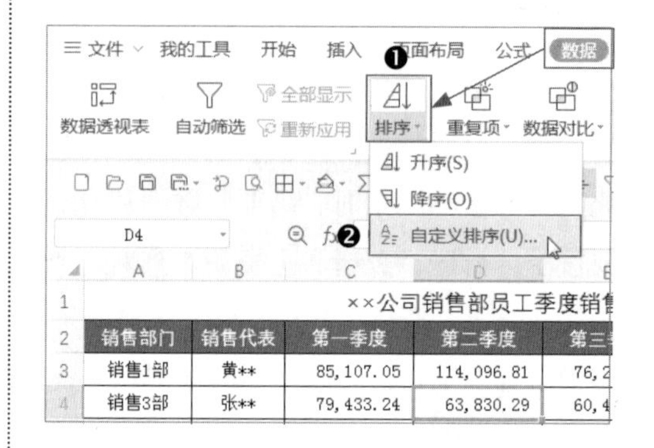

第2步 **设置关键字。**❶ 弹出【排序】对话框，在【主要关键字】下拉列表中选择【销售部门】选项（【排序依据】和【次序】默认为【数值】和【升序】，不作更改）；❷ 单击【添加条件】按钮；❸ 在【次要关键字】下拉列表中选择【合计】选项，【排序依据】默认为【数值】，在【次序】下拉列表中选择【降序】选项；❹ 单击【确定】按钮关闭对话框，如下图所示。

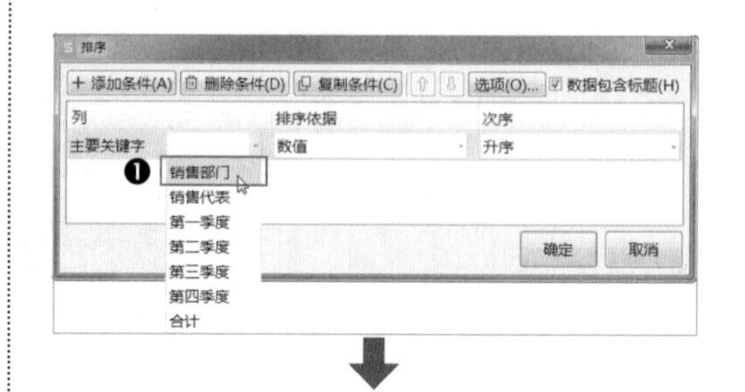

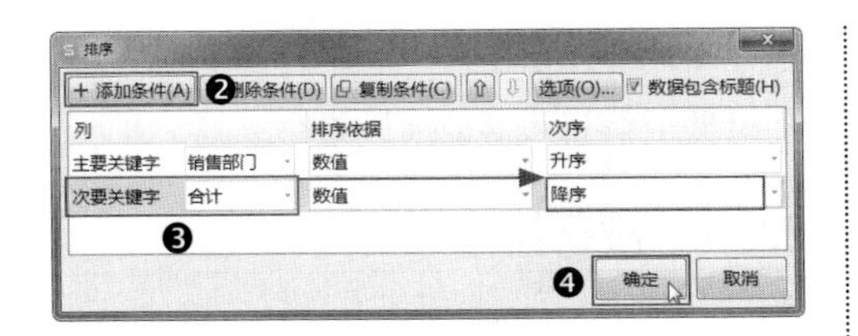

操作完成后，即可看到整体上先以“销售部门”字段中的数据按升序排列，再以“合计”字段中的数据按降序排列，效果如下图所示。

××公司销售部员工季度销售业绩表						
销售部门	销售代表	第一季度	第二季度	第三季度	第四季度	合计
销售1部	黄**	85,107.05	114,096.81	76,259.44	63,476.06	**338,939.36**
销售1部	陈**	59,574.93	85,107.05	92,199.30	90,071.63	**326,952.91**
销售1部	王**	70,922.54	71,639.16	78,014.79	39,716.62	**260,293.11**
销售2部	杨**	51,064.23	97,873.10	85,107.05	92,766.68	**326,811.06**
销售2部	周**	89,008.17	51,064.23	76,596.34	97,520.43	**314,189.17**
销售2部	李**	45,390.43	42,021.41	93,617.75	90,809.22	**271,838.81**
销售2部	兰**	99,291.55	70,922.54	45,390.43	36,596.03	**252,200.55**
销售3部	吴**	56,738.03	99,291.55	42,021.41	84,929.16	**282,980.15**
销售3部	张**	79,433.24	63,830.29	60,461.27	66,667.19	**270,391.99**
销售3部	方**	68,085.64	80,639.16	63,830.29	45,390.43	**257,945.52**
销售3部	叶**	80,000.63	66,242.12	63,830.29	34,752.05	**244,825.09**
销售4部	赵**	67,021.41	93,334.37	89,362.40	83,476.06	**333,194.24**
销售4部	刘**	68,085.64	97,660.57	70,922.54	80,639.16	**317,307.91**
销售4部	唐**	49,645.78	73,759.44	63,830.29	70,568.32	**257,803.83**

示例结果见“结果文件 \ 第 2 章 \ × × 公司销售部员工季度销售业绩表 .xlsx”文件。

2.2.3 自定义序列排序

在 WPS 表格中，预置的排序方式包括升序和降序。在实际运用时，通常需要按照特定的顺序对数据进行排列。对此，可运用“自定义序列”功能自行编辑序列来实现。

例如，在员工信息表中对部门名称排序，默认排序方式是按照文本首字的拼音字母排列顺序进行升序或降序排列，如下图所示。

××公司员工信息表8							
员工编号	员工姓名	所属部门	性别	入职时间	学历	身份证号码	出生日期
HTJY003	胡**	财务部	女	2013-2-6	本科	110122197710164028	1977-2-13
HTJY008	赵**	财务部	男	2014-5-6	本科	110122197610155325	1976-2-14
HTJY012	柯**	财务部	男	2016-9-6	本科	110122198406184083	1984-2-16
HTJY018	钱**	财务部	女	2020-2-9	专科	110122199005232086	1990-2-20
HTJY002	金**	行政部	男	2012-9-6	专科	110122199203283087	1992-2-12
HTJY004	龙**	行政部	男	2013-6-4	本科	110122198810201607	1988-2-13
HTJY010	杨**	行政部	女	2015-6-9	本科	110122197311063292	1973-2-15
HTJY015	陈**	行政部	女	2017-5-8	专科	110122198901252262	1989-2-17
HTJY005	冯**	技术部	男	2014-2-3	本科	110122198607315531	1986-2-14
HTJY006	王**	技术部	女	2014-3-6	专科	110122197208135126	1972-2-14
HTJY009	刘**	技术部	男	2014-8-6	专科	110122198002124465	1980-2-14
HTJY011	吕**	技术部	男	2016-5-6	专科	110122197910064731	1979-2-16
HTJY014	马**	技术部	男	2017-4-5	本科	110122197603153599	1976-2-17
HTJY017	郑**	技术部	男	2019-9-8	专科	110122197504262629	1975-2-19
HTJY001	黄**	销售部	女	2012-8-9	本科	110122197602123616	1976-2-12
HTJY007	张**	销售部	女	2014-5-6	本科	110122199009091610	1990-2-14
HTJY013	吴**	销售部	女	2017-1-2	专科	110122198105085618	1981-2-17
HTJY016	周**	销售部	女	2018-5-9	本科	110122198309210062	1983-2-18

下面按照“行政部”“财务部”“销售部”“技术部”的顺序对员工数据进行排序，具体操作方法如下。

第1步 **编辑自定义序列**。打开“素材文件 \ 第 2 章 \ × × 公司员工信息表 8.xlsx”文件。❶ 选中数据区域中的任意单元格，单击【数据】选项卡中的【排序】下拉按钮，在下拉列表中选择【自定义排序】命令，打开【排序】对话框，选择【次序】下拉列表中的【自定义序列】选项；❷ 弹出【自定义序列】对话框，在【输入序列】文本框中依次输入部门名称；❸ 单击【添加】按钮，即可将其添加至【自定义序列】列表框中；❹ 单击【确定】按钮关闭对话框，如下图所示。

第2步 **完成排序的次序设置**。返回【排序】对话框后可看到【次序】列表框中的新序列，单击【确定】按钮关闭对话框即可，如下图所示。

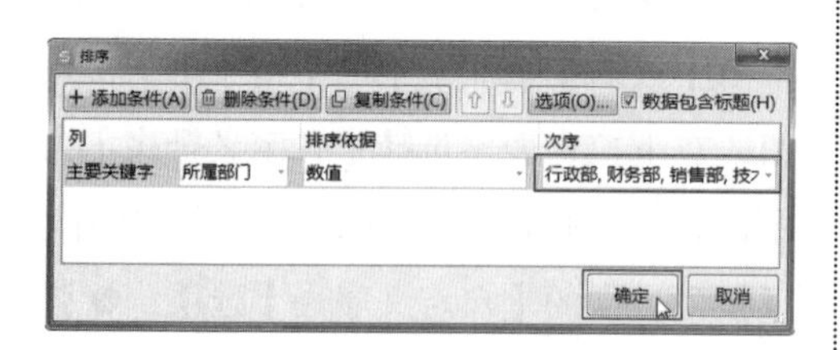

操作完成后，即可看到工作表中的数据以自定义的序列排序，效果如下图所示。

××公司员工信息表8

员工编号	员工姓名	所属部门	性别	入职时间	学历	身份证号码	出生日期
HTJY002	金**	行政部	男	2012-9-6	专科	110122199203283087	1992-2-12
HTJY004	龙**	行政部	男	2013-6-4	本科	110122198810201607	1988-2-13
HTJY010	杨**	行政部	女	2015-6-9	本科	110122197311063292	1973-2-15
HTJY015	陈**	行政部	女	2017-5-8	专科	110122198901252262	1989-2-17
HTJY003	胡**	财务部	女	2013-2-6	本科	110122197710164028	1977-2-13
HTJY008	赵**	财务部	男	2014-5-6	本科	110122197610155325	1976-2-14
HTJY012	柯**	财务部	男	2016-9-6	本科	110122198406184083	1984-2-16
HTJY018	钱**	财务部	女	2020-2-9	专科	110122199005232086	1990-2-20
HTJY001	黄**	销售部	女	2012-8-9	本科	110122197602123616	1976-2-12
HTJY007	张**	销售部	女	2014-5-6	本科	110122199009091610	1990-2-14
HTJY013	吴**	销售部	女	2017-1-2	专科	110122198105085618	1981-2-17
HTJY016	周**	销售部	女	2018-5-9	本科	110122198309210062	1983-2-18
HTJY005	冯**	技术部	男	2014-2-3	本科	110122198607315531	1986-2-14
HTJY006	王**	技术部	女	2014-3-6	专科	110122197208135126	1972-2-14
HTJY009	刘**	技术部	男	2014-8-6	专科	110122198002124465	1980-2-14
HTJY011	吕**	技术部	男	2016-5-6	专科	110122197910064731	1979-2-16
HTJY014	马**	技术部	男	2017-4-5	本科	110122197603153599	1976-2-17
HTJY017	郑**	技术部	男	2019-9-8	专科	110122197504262629	1975-2-19

示例结果见“结果文件\第 2 章\× × 公司员工信息表 8.xlsx”文件。

2.2.4 按行排序

在 WPS 表格的默认设置中，数据排序是按照列进行纵向排序的。在实际工作中，有时也需要对数据进行横向排序。例如，在下图所示的产品销售报表中，对第 15 行的“合计”数据进行横向升序排列，可以获取产品全年销售排行信息。

××公司2021年产品销售报表1

月份	产品A	产品B	产品C	产品D	产品E	产品F	合计
1月	86, 060. 83	70, 553. 80	91, 911. 05	106, 404. 02	98, 299. 67	81, 570. 33	534, 799. 70
2月	56, 443. 04	79, 539. 75	66, 404. 02	52, 925. 11	81, 570. 33	71, 758. 36	408, 640. 61
3月	70, 553. 80	71, 337. 74	116, 021. 81	64, 282. 35	99, 910. 40	62, 004. 41	484, 110. 51
4月	78, 393. 12	81, 528. 84	84, 664. 57	36, 060. 83	81, 664. 35	34, 782. 96	397, 094. 67
5月	94, 071. 74	86, 232. 43	86, 232. 43	42, 332. 28	83, 176. 65	40, 832. 17	432, 877. 70
6月	109, 750. 36	101, 911. 05	81, 528. 84	82, 293. 26	78, 639. 74	97, 959. 61	552, 082. 86
7月	120, 725. 40	94, 071. 74	23, 517. 93	70, 553. 80	22, 684. 54	68, 053. 62	399, 607. 03
8月	62, 714. 49	39, 196. 56	70, 553. 80	90, 514. 78	68, 053. 62	85, 181. 06	416, 214. 31
9月	68, 985. 94	50, 641. 95	101, 911. 05	70, 553. 80	98, 299. 67	68, 053. 62	458, 446. 03
10月	87, 800. 29	51, 739. 46	39, 196. 56	72, 121. 67	37, 807. 57	69, 565. 93	358, 231. 48
11月	94, 071. 74	47, 035. 87	102, 293. 26	56, 443. 04	107, 959. 61	55, 552. 89	463, 356. 41
12月	72, 293. 26	73, 689. 53	86, 021. 81	92, 293. 26	101, 910. 40	97, 959. 61	524, 167. 87
合计	1, 001, 864. 01	847, 478. 72	950, 257. 13	836, 778. 20	959, 976. 55	833, 274. 57	5, 429, 629. 18

操作方法如下。

第1步 **设置按行排序**。打开“素材文件\第 2 章\× × 公司 2021 年产品销售报表 1.xlsx”文件。❶ 选中 B2:G15 单元格区域，单击【数据】选项卡中的【排序】下拉按钮，在下拉列表中选择【自定义排序】命令，打开【排序】对话框，单击【选项】按钮；❷ 弹出【排序选项】对话框，选中【方向】选项组中的【按行排序】单选按钮；❸ 单击【确定】按钮关闭对话框，如下图所示。

第2步 **横向排序**。❶ 返回【排序】对话框后在【主要关键字】下拉列表中选择【行 15】选项（【排序依据】和【次序】默认为【数值】和【升序】，不作更改）；❷ 单击【确定】按钮关闭对话框即可，如下图所示。

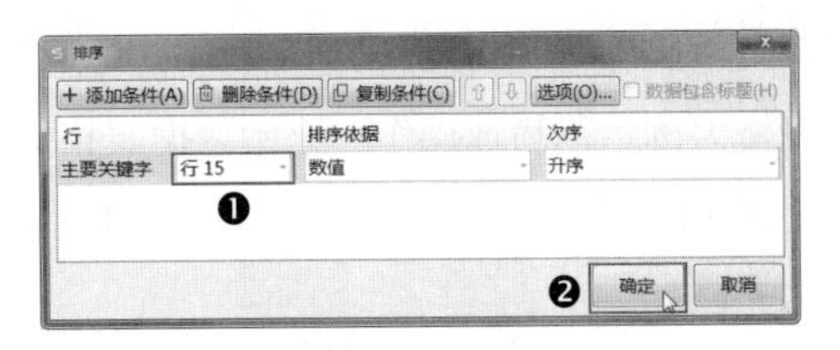

操作完成后，即可看到 B2:G15 单元格区域中的数据已经将第 15 行的“合计”数据作为关键字进行横向升序排列，效果如下图所示。

××公司2021年产品销售报表1

月份	产品F	产品D	产品B	产品C	产品E	产品A	合计
1月	81,570.33	106,404.02	70,553.80	91,911.05	98,299.67	86,060.83	534,799.70
2月	71,758.36	52,925.11	79,539.75	66,404.02	81,570.33	56,443.04	408,640.61
3月	62,004.41	64,282.35	71,337.74	116,021.81	99,910.40	70,553.80	484,110.51
4月	34,782.96	36,060.83	81,528.84	84,664.57	81,664.35	78,393.12	397,094.67
5月	40,832.17	42,332.28	86,232.43	86,232.43	83,176.65	94,071.74	432,877.70
6月	97,959.61	82,293.26	101,911.05	81,528.84	78,639.74	109,750.36	552,082.86
7月	68,053.62	70,553.80	94,071.74	23,517.93	22,684.54	120,725.40	399,607.03
8月	85,181.06	90,514.78	39,196.56	70,553.80	68,053.62	62,714.49	416,214.31
9月	68,053.62	70,553.80	50,641.95	101,911.05	98,299.67	68,985.94	458,446.03
10月	69,565.93	72,121.67	51,739.46	39,196.56	37,807.57	87,800.29	358,231.48
11月	55,552.89	56,443.04	47,035.87	102,293.26	107,959.61	94,071.74	463,356.41
12月	97,959.61	92,293.26	73,689.53	86,021.81	101,910.40	72,293.26	524,167.87
合计	833,274.57	836,778.20	847,478.72	950,257.13	959,976.55	1,001,064.01	5,429,629.18

示例结果见“结果文件 \ 第 2 章 \ ××公司 2021 年产品销售报表 1.xlsx”文件。

2.3 筛选：从海量数据中快速挑选目标数据

在日常工作中，一张普通的财务数据表所包含的数据通常多达成百上千条。财务人员在处理和分析数据时，时常需要从不同的角度根据不同的分类标准，从众多数据中挑选出仅符合工作需要的数据，使其集中列示，方便查看、统计、分析、复制、发送或打印等。如果仅仅凭借手工和双眼挑选目标数据，那么这项工作就会事倍功半，异常艰难。熟练掌握 WPS 表格筛选工具的运用方法后，即使数据多达成百上千条，也能事半功倍，轻而易举地从众多数据中迅速找到目标数据。本节介绍 WPS 表格筛选工具的实际运用方法和操作技巧。

2.3.1 自动筛选

自动筛选一般用于简单的条件筛选，也是最简单、最基础的筛选操作，只需在筛选列表中选中条件即可迅速筛选出目标数据。

下面以"×× 公司 2021 年序时账"表格为例示范筛选操作。原始数据表格如下图所示。

制单日期	凭证号	科目代码	科目名称	借方发生额	贷方发生额
2021-1-10	记-0001	222102	未交增值税	4,893.86	-
2021-1-10	记-0001	100201	中国建设银行××支行	-	4,893.86
2021-1-10	记-0001	222107	城建税	342.57	-
2021-1-10	记-0001	222108	教育费附加	146.81	-
2021-1-10	记-0001	222109	地方教育费附加	97.87	-
2021-1-10	记-0001	100201	中国建设银行××支行	-	587.25
2021-1-10	记-0001	222113	印花税	168.94	-
2021-1-10	记-0001	100201	中国建设银行××支行	-	168.94
2021-1-10	记-0001	222111	个人所得税	7.90	-
2021-1-10	记-0001	100201	中国建设银行××支行	-	7.90

1. 添加筛选按钮

筛选数据之前，首先需要添加筛选按钮，操作方法如下。

打开"素材文件 \ 第 2 章 \×× 公司 2021 年序时账 .xlsx"文件，选中 A2:F2 单元格区域，单击【数据】选项卡中的【自动筛选】按钮（或按【Ctrl+Shift+L】快捷键），即可在 A2:F2 单元格区域中的每个单元格右下角添加一个筛选按钮，如下图所示。

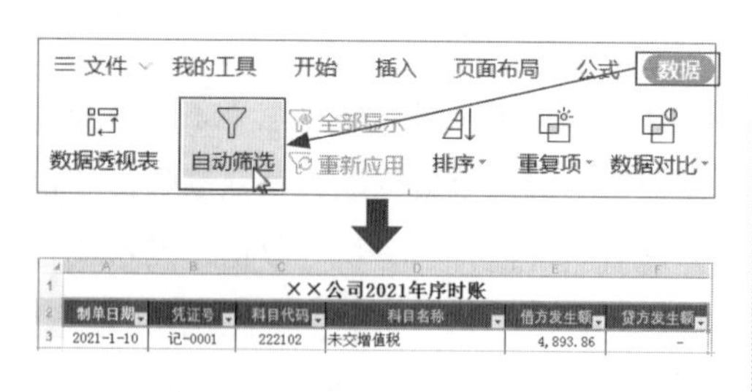

2. 筛选单项数据

筛选单项数据是指仅以一个条件筛选相关数据。如筛选"本年利润"科目的数据，操作方法如下。

单击 D2 单元格（"科目名称"字段）右下角的筛选按钮，展开筛选列表，其中列出了该字段下所包含的全部选项，并自动统计条目数及占比。将鼠标光标移至"本年利润"选项上面后会显示出【仅筛选此项】按钮，单击这个按钮，如下图所示。

制单日期	凭证号	科目代码	科目名称	借方发生额	贷方发生额
2021-1-10				4,893.86	-
2021-1-10				-	4,893.86
2021-1-10				342.57	-
2021-1-10				146.81	-
2021-1-10				97.87	-
2021-1-10				-	587.25
2021-1-10				168.94	-
2021-1-10				-	168.94
2021-1-10				7.90	-
2021-1-10				-	7.90
2021-1-23				15,668.72	-
2021-1-23				-	13,507.50
2021-1-23				-	2,161.22
2021-1-23				20,247.98	-
2021-1-23				-	17,455.16
2021-1-23				-	2,792.82
2021-1-23				22,267.59	-
2021-1-23				-	19,196.16
2021-1-23				-	3,071.43
2021-1-23				7,430.92	-
2021-1-23				-	6,405.97
2021-1-23				-	1,024.95

升序 降序 颜色排序 高级模式
内容筛选 颜色筛选 文本筛选 清空条件
（支持多条件过滤，例如：北京 上海）
名称 计数 导出 选项
(全选|反选)（3057）
××市××有限公司（3）
办公费（6）
保险费
本年利润
差旅费（11）
车辆商业保险（11）
车辆使用费（22）
城建税（24）
促销服务费（52）
待处理财产损溢（2）
地方教育费附加
房租（1）
筛选唯一项 筛选重复项
(全部显示)
分析 确定 取消

操作完成后，可看到表格中仅列示"本年利润"及相关数据，其他数据全部被暂时隐藏，效果如下图所示。

制单日期	凭证号	科目代码	科目名称	借方发生额	贷方发生额
2021-1-31	记-0019	4103	本年利润	-	21,354.67
2021-2-28	记-0017	4103	本年利润	-	3,225.34
2021-3-31	记-0021	4103	本年利润	16,079.95	-
2021-4-30	记-0020	4103	本年利润	3,345.66	-
2021-5-31	记-0021	4103	本年利润	-	6,035.05
2021-6-30	记-0019	4103	本年利润	-	5,906.77
2021-6-30	记-0020	4103	本年利润	-	34,926.83
2021-7-31	记-0021	4103	本年利润	16,581.65	-
2021-10-31	记-0017	4103	本年利润	-	2,278.19
2021-9-30	记-0016	4103	本年利润	2,331.35	-
2021-10-31	记-0019	4103	本年利润	-	21,736.55
2021-11-30	记-0017	4103	本年利润	-	8,792.47
2021-12-31	记-0023	4103	本年利润	239,016.47	-
2021-12-31	记-0024	4103	本年利润	-	-1,910.93
2021-12-31	记-0024	4103	本年利润	22,812.09	-

3. 筛选多项数据

如需同时筛选多个数据，可依次选中目标选项前面的复选框，也可直接在搜索框中输入多个关键字。如在"科目名称"字段下筛选"供应商 05"和"客户 08"的相关数据，操作方法如下。

❶ 在搜索框中输入"供应商 05 客户

08”（注意在关键字之间使用一个空格作为间隔）；❷ 在弹出的列表中选择【搜索 包含任一关键字的内容】选项，如下图所示；❸ 单击列表右下角的【确定】按钮（图示略）即可。

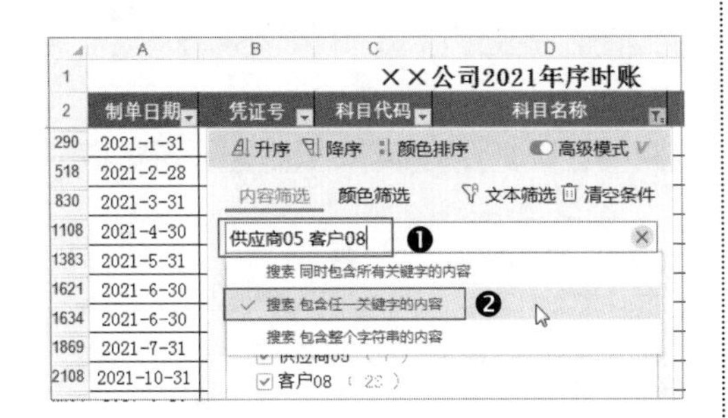

操作完成后，即可看到包含关键字的数据已被全部筛选出来，效果如下图所示。

	A	B	C	D	E	F
1	××公司2021年序时账					
2	制单日期	凭证号	科目代码	科目名称	借方发生额	贷方发生额
16	2021-1-23	记-0002	112208	客户08	20,247.98	-
76	2021-1-31	记-0003	112208	客户08	-	14,173.59
172	2021-1-31	记-0005	220205	供应商05	6,271.31	-
315	2021-2-28	记-0002	112208	客户08	72,133.43	-
351	2021-2-28	记-0003	112208	客户08	-	50,619.95
374	2021-2-28	记-0004	220205	供应商05	-	6,271.31
452	2021-2-28	记-0005	220205	供应商05	6,261.69	-
600	2021-3-30	记-0003	112208	客户08	-	22,778.98
1001	2021-4-30	记-0007	220205	供应商05	4,112.87	-
1132	2021-5-31	记-0002	112208	客户08	75,056.73	-

温馨提示

若需取消筛选结果，恢复显示全部数据，只需单击筛选列表中的【清空条件】按钮即可。

2.3.2 自定义筛选

自动筛选操作虽然简单快捷，但是仅能对比较简单的条件进行筛选，无法满足更多更复杂的筛选条件。比如，筛选文本类数据时需要筛选出包含相同关键字的全部数据；筛选数字或日期类数据时需要筛选出符合既定的区间范围的全部数据，等等。对此，就需要运用更加灵活的筛选方式——自定义筛选，自行设置筛选条件和筛选范围，进行多样化的筛选，才能充分满足实际工作需求。

例如，在“××公司 2021 年序时账”工作表中筛选 2021 年 3—6 月应收账款借方发生额大于 20000 元的全部数据，操作方法如下。

第1步 **筛选日期。**❶ 单击 A2 单元格（“制单日期”字段）右下角的筛选按钮展开筛选列表，单击【日期筛选】按钮，在弹出的列表中选择【介于】命令；❷ 弹出【自定义自动筛选方式】对话框，设置两个筛选条件：【在以下日期之后或与之相同】具体日期为“2021-3-1”，【在以下日期之前或与之相同】具体日期为“2021-6-30”；❸ 单击【确定】按钮关闭对话框，如下图所示。

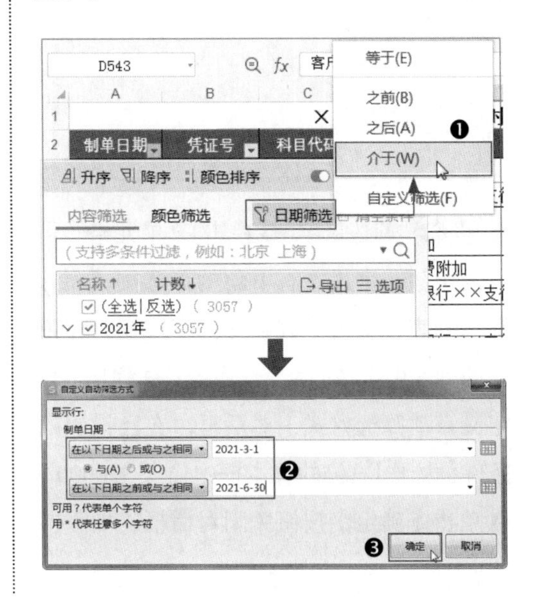

第2步 **筛选科目代码。** ❶ 单击 C2 单元格（“科目代码”字段）右下角的筛选按钮展开筛选列表，单击【文本筛选】按钮，在弹出的列表中选择【开头是】命令；❷ 弹出【自定义自动筛选方式】对话框，在已设置的条件【开头是】右侧的文本框中输入“应收账款”对应的一级科目代码“1122”；❸ 单击【确定】按钮关闭对话框，如下图所示。

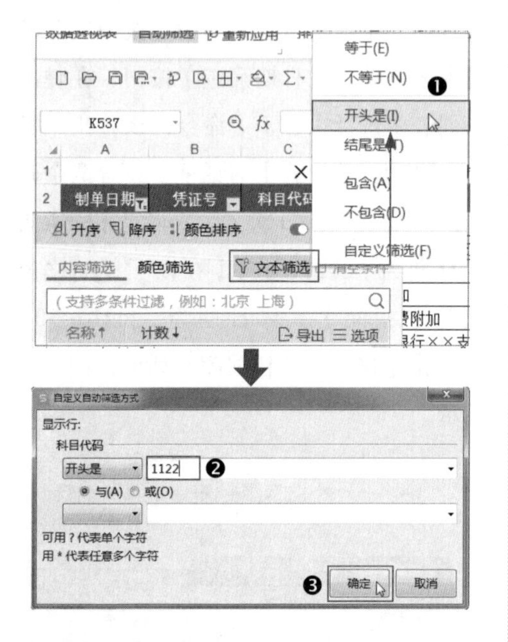

第3步 **筛选数字。** ❶ 单击 E2 单元格（“借方发生额”字段）右下角的筛选按钮展开筛选列表，单击【数字筛选】按钮，在弹出的列表中选择【大于】命令；❷ 弹出【自定义自动筛选方式】对话框，在已设置的条件【大于】右侧的文本框中输入“20000”；❸ 单击【确定】按钮关闭对话框，如下图所示。

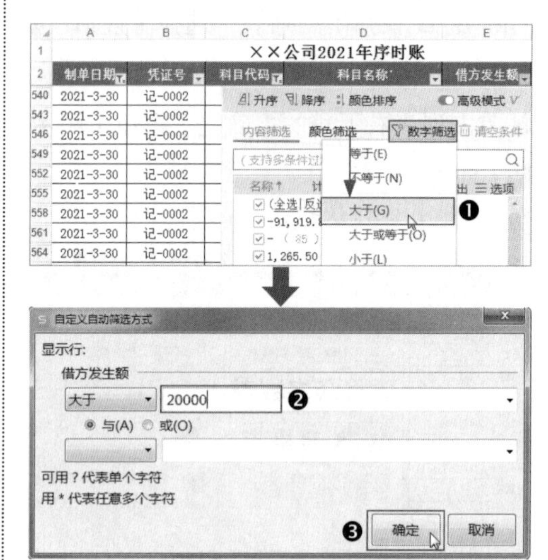

以上 3 步操作完成后，即可看到筛选出的所有数据符合筛选条件，效果如下图所示。

××公司2021年序时账

	制单日期	凭证号	科目代码	科目名称	借方发生额	贷方发生额
540	2021-3-30	记-0002	112220	客户20	39, 041. 77	-
543	2021-3-30	记-0002	112243	客户43	56, 441. 24	-
549	2021-3-30	记-0002	112245	客户45	25, 666. 24	-
555	2021-3-30	记-0002	112219	客户19	20, 685. 84	-
561	2021-3-30	记-0002	112209	客户09	24, 031. 98	-
564	2021-3-30	记-0002	112214	客户14	30, 168. 51	-
567	2021-3-30	记-0002	112214	客户14	102, 406. 91	-
570	2021-3-30	记-0002	112214	客户14	88, 691. 08	-
576	2021-3-30	记-0002	112220	客户20	21, 788. 55	-
857	2021-4-30	记-0003	112232	客户32	44, 997. 48	-
875	2021-4-30	记-0003	112214	客户14	102, 535. 91	-

示例结果见“结果文件\第 2 章\××公司 2021 年序时账 .xlsx”文件。

温馨提示

本例在 3 个字段中设置了筛选条件，单击每一字段筛选列表中的【清空条件】按钮仅能逐一清除筛选条件。如果需要一次性清除所有筛选结果，可单击【数据】选项卡中的【全部显示】按钮。

2.4 分类汇总与合并计算：让数据计算更高效

在实务中，对原始数据进行分类汇总或合并计算也是财务人员的日常工作内容之一。那么，如何从海量数据中迅速准确地将同类数据分门别类后汇总计算呢？运用 WPS 表格提供的专用工具——“分类汇总”和“合并计算”即可实现。本节将介绍这两种工具的运用方法和操作技巧。

2.4.1 分类汇总

如果需要将众多数据快速分类并汇总计算，可通 WPS 表格提供的分类汇总工具来实现。分类汇总在具体操作上非常简单，只需在【分类汇总】对话框中设置分类字段和汇总方式即可。其中，汇总方式包括求和、平均值、最大值、最小值、乘积、计数、方差等。需要注意的是，进行分类汇总操作之前，为了让相同类别的数据全部被汇总在该类别中，首先要对被分类的字段进行排序。

如下图所示，在费用支出明细表中按日期记录了每日费用的相关信息。现要求依次按部门、费用类别、摘要字段对费用金额进行分类汇总求和。

××公司2021年费用支出明细表

序号	日期	部门	费用类别	摘要	费用金额
1	2021-1-5	生产部	管理费	配件	22,278.20
2	2021-1-6	财务部	办公费	打印纸	309.40
3	2021-1-10	采购部	办公费	电脑	37,130.50
4	2021-1-19	销售部	差旅费	机票	3,094.20
5	2021-1-25	生产部	管理费	原材料	42,700.00
6	2021-1-29	生产部	管理费	仓储费	12,376.90
7	2021-2-1	财务部	办公费	打印机	569.70
8	2021-2-8	销售部	差旅费	住宿费	309.40
9	2021-2-10	销售部	办公费	招待费	1,237.70
10	2021-2-15	销售部	差旅费	火车票	1,324.30
11	2021-2-20	生产部	管理费	配件	39,605.80

操作方法如下。

第1步 **对分类字段排序**。打开“素材文件\第 2 章\×× 公司 2021 年费用支出明细表 .xlsx”文件。选中数据区域中的任意单元格，打开【排序】对话框（请参照 2.2.3 小节操作，图示略），将“部门”字段设置为主要关键字，将“费用类别”和“摘要”依次设置为次要关键字，【排序依据】和【次序】均保持默认的【数值】和【升序】即可，如下图所示。

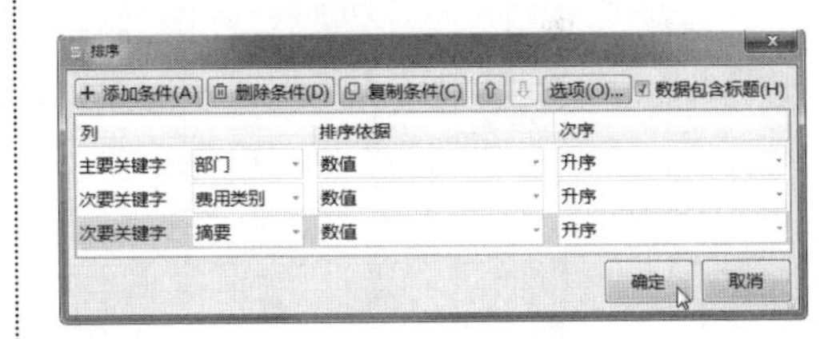

第2步 **按部门汇总**。❶ 单击【数据】选项卡中的【分类汇总】按钮；❷ 弹出【分类汇总】对话框，在【分类字段】下拉列表中选择【列 C】选项（“部门”字段），【汇总方式】默认为【求和】，【选定汇总项】默认为【列 F】选项（“费用金额”字段），其他选项也保持默认状态；❸ 单击【确定】按钮关闭对话框，如下图所示。

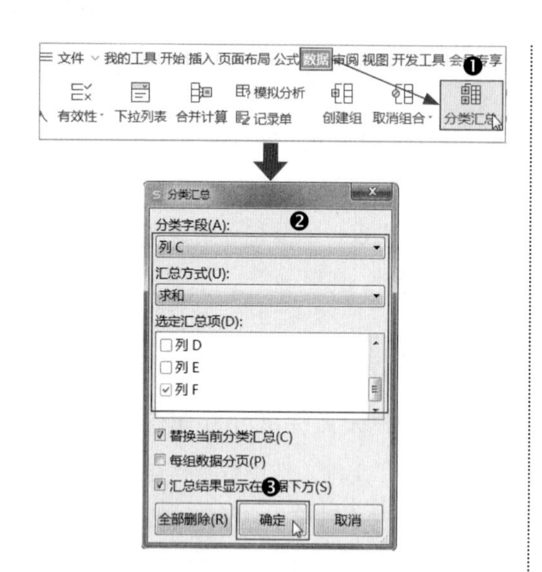

操作完成后，即可看到表格中的数据已根据“部门”分类并分别计算了合计值，效果如下图所示。

	A	B	C	D	E	F
1	××公司2021年费用支出明细表					
2	序号	日期	部门	费用类别	摘要	费用金额
3			部门 汇总			¥0.00
4	7	2021-2-1	财务部	办公费	打印机	569.70
5	2	2021-1-6	财务部	办公费	打印纸	309.40
6	26	2021-4-16	财务部	办公费	打印纸	420.80
7	35	2021-5-22	财务部	办公费	打印纸	495.00
8	45	2021-7-15	财务部	办公费	打印纸	371.30
9	60	2021-10-1	财务部	办公费	打印纸	123.80
10	65	2021-11-15	财务部	办公费	打印纸	494.80
11	68	2021-11-22	财务部	办公费	打印纸	123.80
12	34	2021-5-20	财务部	办公费	碎纸机	614.10
13	64	2021-11-7	财务部	办公费	碎纸机	371.30
14			财务部 汇总			3,894.00
15	3	2021-1-10	采购部	办公费	电脑	37,130.50
16	13	2021-3-1	采购部	办公费	电脑	5,260.10
17	23	2021-4-6	采购部	办公费	电脑	3,713.10
18	43	2021-7-1	采购部	办公费	电脑	12,376.90
19	14	2021-3-5	采购部	办公费	水电费	1,237.70
20	24	2021-4-10	采购部	办公费	水电费	2,475.40
21	41	2021-6-19	采购部	办公费	水电费	618.90
22	72	2021-12-8	采购部	办公费	水电费	154.70
23	27	2021-4-22	采购部	办公费	台灯	185.60
24			采购部 汇总			63,152.90

第3步 按费用类别、摘要汇总。参照第2步依次对费用类别、摘要数据进行分类汇总即可。但要注意，在对摘要数据进行分类汇总时，需要在【分类汇总】对话框中取消选中【替换当前分类汇总】复选框，否则会将上一步对费用类别汇总的结果覆盖。操作完成后，效果如下图所示。

	A	B	C	D	E	F
1	××公司2021年费用支出明细表					
2	序号	日期	部门	费用类别	摘要	费用金额
3					摘要 汇总	¥0.00
4				费用类别 汇总		¥0.00
5			部门 汇总			¥0.00
6	7	2021-2-1	财务部	办公费	打印机	569.70
7					打印机 汇总	569.70
8	2	2021-1-6	财务部	办公费	打印纸	309.40
9	26	2021-4-16	财务部	办公费	打印纸	420.80
10	35	2021-5-22	财务部	办公费	打印纸	495.00
11	45	2021-7-15	财务部	办公费	打印纸	371.30
12	60	2021-10-1	财务部	办公费	打印纸	123.80
13	65	2021-11-15	财务部	办公费	打印纸	494.80
14	68	2021-11-22	财务部	办公费	打印纸	123.80
15					打印纸 汇总	2,338.90
16	34	2021-5-20	财务部	办公费	碎纸机	614.10
17	64	2021-11-7	财务部	办公费	碎纸机	371.30
18					碎纸机 汇总	985.40
19				办公费 汇总		3,894.00
20			财务部 汇总			3,894.00
21	3	2021-1-10	采购部	办公费	电脑	37,130.50
22	13	2021-3-1	采购部	办公费	电脑	5,260.10
23	23	2021-4-6	采购部	办公费	电脑	3,713.10
24	43	2021-7-1	采购部	办公费	电脑	12,376.90
25					电脑 汇总	58,480.60
26	14	2021-3-5	采购部	办公费	水电费	1,237.70
27	24	2021-4-10	采购部	办公费	水电费	2,475.40
28	41	2021-6-19	采购部	办公费	水电费	618.90
29	72	2021-12-8	采购部	办公费	水电费	154.70
30					水电费 汇总	4,486.70

第4步 查看汇总数据和明细数据。逐一单击左侧的+或-按钮，可依次折叠或展开明细数据，如需一次折叠或展开全部明细数据，直接单击工作表左上角代表分类汇总层级的数字按钮即可。下图所示为单击2按钮后的效果，即显示第2级汇总结果。

	A	B	C	D	E	F
1	××公司2021年费用支出明细表					
5			部门 汇总			¥0.00
20			财务部 汇总			3,894.00
34			采购部 汇总			63,152.90
46			人力资源部 汇总			5,668.70
80			生产部 汇总			439,291.10
118			销售部 汇总			40,676.50
119			总计			552,683.20

示例结果见“结果文件\第2章\××公司2021年费用支出明细表.xlsx”文件。

2.4.2 合并计算

财务人员在处理数据时，如果需要计算一张工作表或多张工作表中的一个或多个字段下数据的汇总值，可运用WPS表格中提供的“合并计算”工具实现。合并计算能够将工作表中相似区域中的数据与其对应的字段名称进行自动匹配，并按照指定方式进行快速汇总。

打开“素材文件\第 2 章\×× 公司 2021 年 1—3 月客户销售利润明细表 .xlsx”文件，可看到其中包含 3 张工作表，分别列示了对每个客户在 2021 年 1—3 月的每日销售金额及相关数据。下面以此为示例，介绍“合并计算”功能的运用方法。

××有限公司2021年1月客户销售利润明细表

日期	客户名称	销售金额	销售成本	边际利润	利润率
2021-1-1	客户A	12,493.11	9,502.38	2,990.73	23.94%
2021-1-1	客户B	16,130.93	12,636.78	3,494.15	21.66%
2021-1-1	客户C	14,509.69	11,064.72	3,444.97	23.74%
2021-1-1	客户D	14,906.56	11,518.16	3,388.40	22.73%
2021-1-1	客户E	15,151.25	11,493.67	3,657.58	24.14%
2021-1-1	客户F	13,408.01	10,432.41	2,975.60	22.19%
2021-1-2	客户A	14,690.39	10,584.36	4,106.03	27.95%
2021-1-2	客户B	15,261.72	11,225.27	4,036.45	26.45%
2021-1-2	客户C	11,372.27	8,316.37	3,055.90	26.87%
2021-1-2	客户D	12,760.77	9,880.44	2,880.33	22.57%

2021年1月 2021年2月 2021年3月

1. 计算 1 月客户销售数据的合计数

合并计算 2021 年 1 月的客户销售数据，只需对单张工作表中的多个字段数据进行汇总，这是合并计算最基础的运用，操作方法如下。

第1步 **设置合并计算的函数和引用位置。** ❶ 选中“2021 年 1 月”工作表中的任意空白单元格，如 H2 单元格，单击【数据】选项卡中的【合并计算】按钮；❷ 弹出【合并计算】对话框，可看到【函数】下拉列表中的默认汇总方式为【求和】，本例不作更改，单击【引用位置】文本框，选中 B2:E188 单元格区域，单击【添加】按钮将其添加至【所有引用位置】列表框中（【标签位置】选项组中默认选中【首行】和【最左列】复选框，本例不作更改）；❸ 单击【确定】按钮关闭对话框，如下图所示。

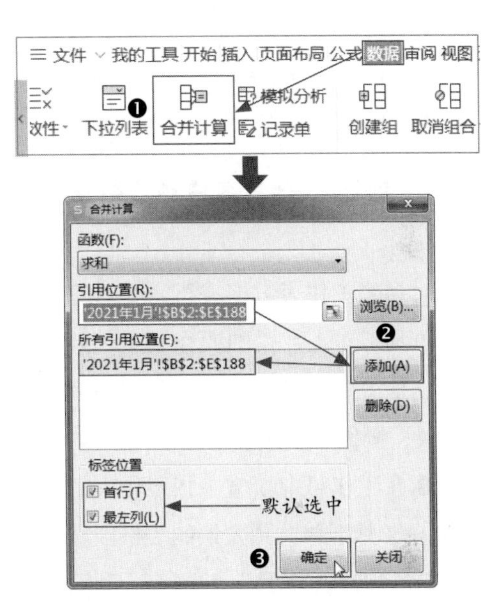

第2步 **查看合并计算结果。** 操作完成后，即可看到合并计算结果，如下图所示。

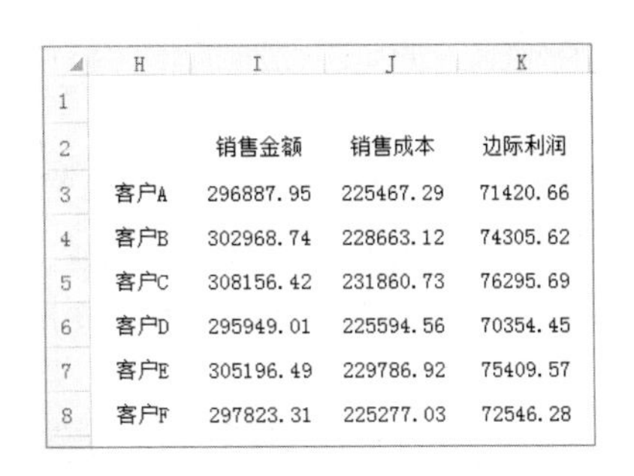

	销售金额	销售成本	边际利润
客户A	296887.95	225467.29	71420.66
客户B	302968.74	228663.12	74305.62
客户C	308156.42	231860.73	76295.69
客户D	295949.01	225594.56	70354.45
客户E	305196.49	229786.92	75409.57
客户F	297823.31	225277.03	72546.28

第3步 **完善表格内容。** 将表格进行整理，如添加“总计”行，计算全部客户的合计数，添加“利润率”字段计算利润率；绘制表格框线、设置单元格格式等，最终效果如

下图所示。

	H	I	J	K	L
1	2021年1月汇总表				
2	客户名称	销售金额	销售成本	边际利润	利润率
3	客户A	296887.95	225467.29	71420.66	24.06%
4	客户B	302968.74	228663.12	74305.62	24.53%
5	客户C	308156.42	231860.73	76295.69	24.76%
6	客户D	295949.01	225594.56	70354.45	23.77%
7	客户E	305196.49	229786.92	75409.57	24.71%
8	客户F	297823.31	225277.03	72546.28	24.36%
9	总计	1806981.9	1366649.7	440332.27	24.37%

2. 计算 1—3 月客户销售数据的平均值

对多张工作表数据进行合并计算，与汇总单张工作表数据的操作基本一致。不同之处是需要选择汇总方式和添加多个引用位置，操作方法如下。

❶ 在工作簿中新增一张工作表，重命为“1—3 月汇总”，预先绘制表格区域（复制粘贴“2021 年 1 月”汇总表后删除原始数据即可）；❷ 选中 A2 单元格，单击【数据】选项卡中的【合并计算】按钮，打开【合并计算】对话框，在【函数】下拉列表中选择【平均值】选项；❸ 将 3 个工作表中需要合并计算的数据所在单元格区域添加至【所有引用位置】列表框中；❹ 单击【确定】按钮关闭对话框，如下图所示。

	A	B	C	D	E
1	❶ 2021年1—3月汇总表				
2	客户名称	销售金额	销售成本	边际利润	利润率
3	客户A				-
4	客户B				-
5	客户C				-
6	客户D				-
7	客户E				-
8	客户F				-
9	平均值	-	-	-	-

操作完成后，即可看到汇总表的合并计算结果，如下图所示。

	A	B	C	D	E
1	2021年1—3月汇总表				
2	客户名称	销售金额	销售成本	边际利润	利润率
3	客户A	9,273.32	7,101.32	2,172.00	23.42%
4	客户B	9,486.23	7,251.94	2,234.29	23.55%
5	客户C	9,637.03	7,358.53	2,278.50	23.64%
6	客户D	9,252.21	7,092.00	2,160.21	23.35%
7	客户E	9,541.76	7,271.89	2,269.87	23.79%
8	客户F	9,333.64	7,146.92	2,186.73	23.43%
9	平均值	9,420.70	7,203.77	2,216.93	23.53%

2021年1月　2021年2月　2021年3月　1—3月汇总

3. 对比 1—3 月客户销售金额的合计数

合并计算还有一个妙用：如果需要列表对比同类数据，可以将多个工作表中同类数据的字段设置为不同的名称，利用合并计算将目标数据集中列示在汇总表中。下面对比 1—3 月客户销售金额数据，操作方法如下。

第1步 **修改字段名称**。将“2021 年 1 月”“2021 年 2 月”“2021 年 3 月”工作表中的“销售金额”字段名称分别修改为“1 月销售金额”、“2 月销售金额”和“3 月销售金额”，如下图所示。

××有限公司2021年3月客户销售利润明细表					
日期	客户名称	3月销售金额	销售成本	边际利润	利润率
2021-3-1	客户A	11,731.95	9,028.42	2,703.53	23.04%
2021-3-1	客户B	14,676.67	11,511.46	3,165.21	21.57%
2021-3-1	客户C	13,327.78	10,412.96	2,914.82	21.87%
2021-3-1	客户D	13,624.30	10,466.75	3,157.55	23.18%
2021-3-1	客户E	14,215.13	11,058.43	3,156.70	22.21%
2021-3-1	客户F	12,230.20	9,377.22	2,852.98	23.33%
2021-3-2	客户A	13,485.37	10,563.79	2,921.58	21.66%

第2步 设置合并计算的函数和引用位置。 ❶ 切换至“1—3 月汇总”工作表，在空白区域绘制表格用于合并计算；❷ 选中 A12 单元格，单击【数据】选项卡中的【合并计算】按钮，打开【合并计算】对话框，分别添加 3 张工作表中需要合并计算的数据所在单元格区域至【所有引用位置】列表框中；❸ 单击【确定】按钮关闭对话框，如下图所示。

2021年1—3月客户销售金额对比表				
客户名称	1月销售金额	2月销售金额	3月销售金额	合计
客户A				-
客户B				-
客户C				-
客户D				-
客户E				-
客户F				-
合计	-	-	-	-

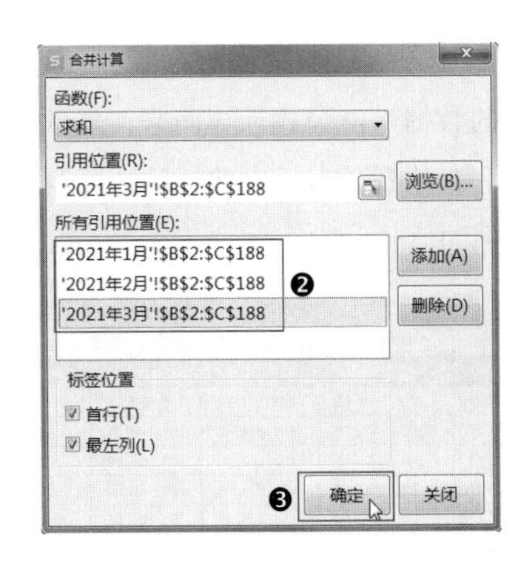

操作完成后，即可看到合并计算效果，如下图所示。

2021年1—3月客户销售金额对比表				
客户名称	1月销售金额	2月销售金额	3月销售金额	合计
客户A	296,887.95	263,161.96	274,549.04	834,598.95
客户B	302,968.74	269,361.84	281,430.12	853,760.70
客户C	308,156.42	273,697.30	285,478.71	867,332.43
客户D	295,949.01	263,083.83	273,666.35	832,699.19
客户E	305,196.49	270,604.94	282,957.11	858,758.54
客户F	297,823.31	265,722.05	276,482.68	840,028.04
合计	1,806,981.92	1,605,631.92	1,674,564.01	5,087,177.85

本节示例结果见“结果文件 \ 第 2 章 \ ×× 公司 2021 年 1—3 月客户销售利润明细表 .xlsx”文件。

2.5 模拟分析：让数据分析化繁为简

在日常工作中，财务人员时常需要对一组数据中的单个或多个变量数据进行计算求解。对此，可使用 WPS 表格提供的模拟分析工具——“单变量求解”和“规划求解”快速完成工作。本节将介绍其运用方法和操作技巧。

2.5.1 单变量求解

单变量求解的工作原理是根据指定的公式结果，倒推变量值，一次只能计算一个变量。在日常工作中，单变量求解一般可用于临时预测单项数据。

如下图所示的表格中，“利润率”字段下的数据是由公式计算而来，现预期后期利润率达到26%，以此计算边际利润额应达到的值。

	A	B	C	D	E
1	2021年1—3月客户利润销售汇总表				
2	客户名称	销售金额	销售成本	边际利润	利润率
3	客户A	834,598.95	639,118.79	195,480.16	23.42%
4	客户B	853,760.70	652,674.45	201,086.25	23.55%
5	客户C	867,332.43	662,267.76	205,064.67	23.64%
6	客户D	832,699.19	638,279.98	194,419.21	23.35%
7	客户E	858,758.54	654,470.47	204,288.07	23.79%
8	客户F	840,028.04	643,222.47	196,805.57	23.43%
9	合计	5,087,177.85	3,890,033.92	1,197,143.93	23.53%

操作方法如下。

第1步 **设置单变量求解参数**。打开“素材文件\第2章\××公司2021年1—3月客户利润销售汇总表.xlsx”文件。❶ 选中E9单元格，单击【数据】选项卡中的【模拟分析】按钮；❷ 弹出【单变量求解】对话框，可看到【目标单元格】文本框已自动识别并选中的E9单元格，接着在【目标值】文本框中输入“0.26”，设置【可变单元格】为D9单元格；❸ 单击【确定】按钮，如下图所示。

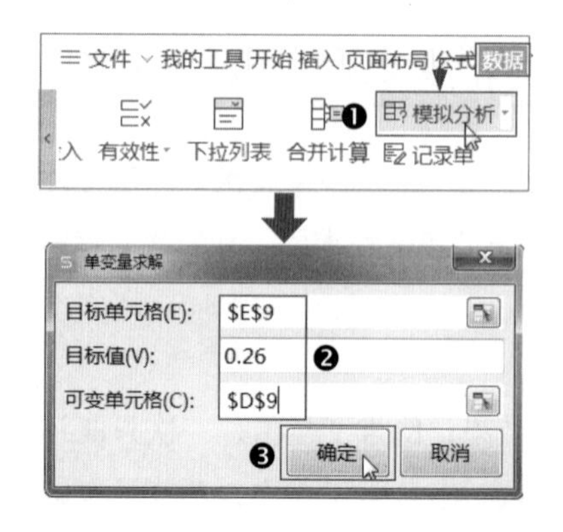

第2步 **查看求解结果**。❶ 弹出【单变量求解状态】对话框，系统对目标值进行求解，当【当前解】的值达到最接近【目标值】的数字后，即完成单变量求解过程，此时可看到D9单元格的“边际利润”合计值变化为“1321260.73”；❷ 这里只是临时预测“边际利润”，因此不必保存变量求解后的数据，应单击【取消】按钮，恢复原始数据，如下图所示。

	A	B	C	D	E
1	2021年1—3月客户利润销售汇总表				
2	客户名称	销售金额	销售成本	边际利润	利润率
3	客户A	834,598.95	639,118.79	195,480.16	23.42%
4	客户B	853,760.70	652,674.45	201,086.25	23.55%
5	客户C	867,332.43	662,267.76	205,064.67	23.64%
6	客户D	832,699.19	638,279.98	194,419.21	23.35%
7	客户E	858,758.54	654,470.47	204,288.07	23.79%
8	客户F	840,028.04	643,222.47	196,805.57	23.43%
9	合计	5,087,177.85	3,890,033.92	1,321,260.73	25.97%

单变量求解状态

对单元格 E9 进行单变量求解
求得一个解。

目标值: 0.26
当前解: 0.2597

单步执行(S) 暂停(P) 确定 取消

温馨提示

在【单变量求解】对话框中设置目标单元格和可变单元格时，注意“目标单元格”中必须包含公式，而“可变单元格”则与之相反，不能包含公式，只能是具体的数值。

2.5.2 规划求解

规划求解与单变量求解的工作原理相同，但是它的作用更优于单变量求解，一次可计算一组（数个）变量值。

如下图所示的表格中，每一产品的“销售金额”字段下的数据是由公式“单价 × 销量”计算而来，现指定销售金额合计值为 500000 元，在销量不变的前提下计算每种产品的单价应提高至多少元及提高单价后的销售金额。

	A	B	C	D
1	××公司2021年3月销售汇总表			
2	产品名称	单价	销量	销售金额
3	产品A	452.27	156	70553.80
4	产品B	360.29	198	71337.74
5	产品C	420.37	276	116021.81
6	产品D	380.37	169	64282.35
7	产品E	430.65	232	99910.40
8	产品F	360.49	172	62004.41
9	合计		1203	484110.51

操作方法如下。

第1步 **设置规划求解参数**。打开“素材文件\第 2 章\×× 公司 2021 年 3 月销售汇总表.xlsx”文件。❶ 在【数据】选项卡中选择【模拟分析】→【规划求解】命令；❷ 弹出【规划求解参数】对话框，在【设置目标】文本框中设置当前值所在的单元格（即 D9 单元格）；❸ 选中【目标值】单选按钮，在文本框中输入目标值为“500000”；❹ 在【通过更改可变单元格】文本框中设置可变单元格区域为 B3:B8；❺ 单击【求解】按钮；❻ 弹出【规划求解结果】对话框，默认选中【保留规划求解的解】单选按钮，本例不作更改，单击【确定】按钮即可，如下图所示。

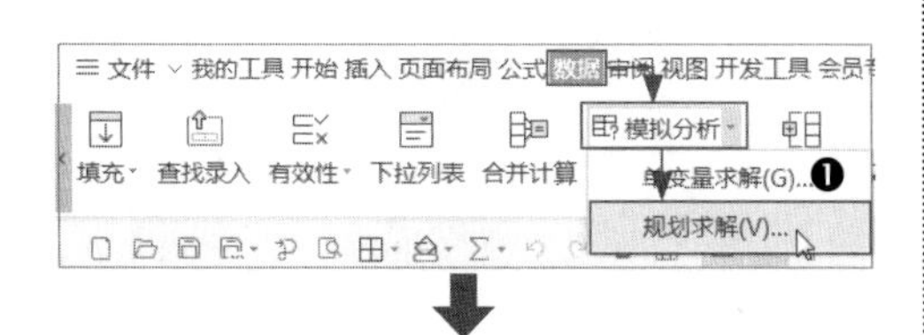

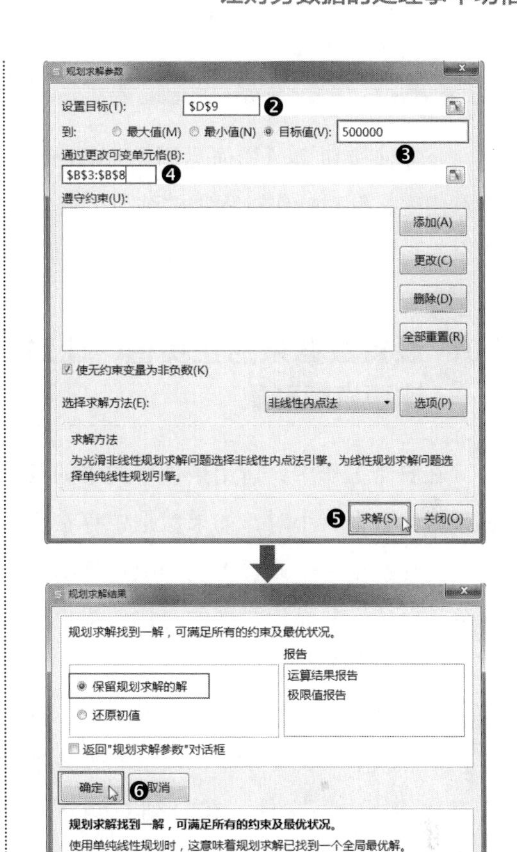

第2步 **查看计算结果**。操作完成后，即可看到规划求解的结果，效果如下图所示。

	A	B	C	D
1	××公司2021年3月销售汇总表			
2	产品名称	单价	销量	销售金额
3	产品A	462.12	156	72090.19
4	产品B	372.79	198	73812.78
5	产品C	437.79	276	120830.99
6	产品D	391.04	169	66085.48
7	产品E	445.30	232	103308.44
8	产品F	371.35	172	63872.12
9	合计		1203	500000.00

示例结果见“结果文件\第 2 章\×× 公司 2021 年 3 月销售汇总表.xlsx”文件。

高手支招

本章主要讲解了如何运用 WPS 表格提供的各种实用工具高效处理数据。下面结合本章内容，针对操作过程中的细节之处，为读者分享几个相关操作技巧，帮助财务人员更全面地掌握这些工具的运用方法，从而进一步提高工作效率。

01 设置数据条的正负值，让对比更直观形象

在日常工作中，运用条件格式中的数据条对比数据大小时，如果数据中存在负值，可在数据条中设置不同的颜色来明显区分正负值，从而让数据的对比效果更加直观形象，操作方法如下。

第1步 **准备数据条位置和相关数据**。打开“素材文件\第 2 章\×× 公司产品销售对比表.xlsx”文件，在 D 列右侧新增 E2:E9 单元格区域用于添加数据条，选中 E3:E9 单元格区域后在 E3 单元格中设置公式“=D3”，按【Ctrl+Enter】快捷键即可自动填充公式，运用“格式刷”工具将 D2:D9 单元格区域的格式复制到 E2:E9 单元格区域，如下图所示。

	A	B	C	D	E
1	××公司产品销售对比表				
2	产品名称	2020年	2021年	增长率	数据条
3	产品A	937, 240. 25	1, 001, 864. 01	6. 45%	6. 45%
4	产品B	874, 891. 66	847, 478. 72	-3. 23%	-3. 23%
5	产品C	903, 928. 84	950, 257. 13	4. 88%	4. 88%
6	产品D	858, 951. 34	836, 778. 20	-2. 65%	-2. 65%
7	产品E	985, 492. 57	959, 976. 55	-2. 66%	-2. 66%
8	产品F	818, 663. 77	833, 274. 57	1. 75%	1. 75%
9	合计	5379168. 43	5429629. 18	0. 93%	0. 93%

第2步 **设置条件格式**。❶ 选中 E3:E9 单元格区域，在【开始】选项卡中单击【条件格式】下拉按钮，在下拉列表中选择【数据条】→【其他规则】命令；❷ 弹出【新建格式规则】对话框，选中【仅显示数据条】复选框，在【条形图外观】选项组下设置好正值数据的外观后单击【负值和坐标轴】按钮；❸ 弹出【负值和坐标值设置】对话框，设置填充颜色、坐标轴的外观和颜色；❹ 单击【确定】按钮关闭对话框，返回【新建格式规则】对话框后单击【确定】按钮即可，如下图所示。

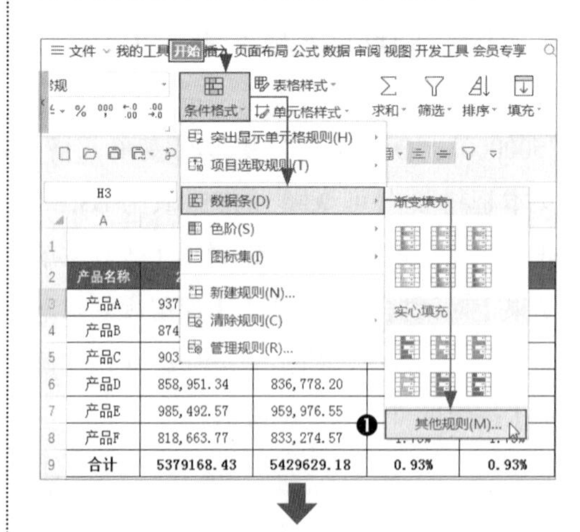

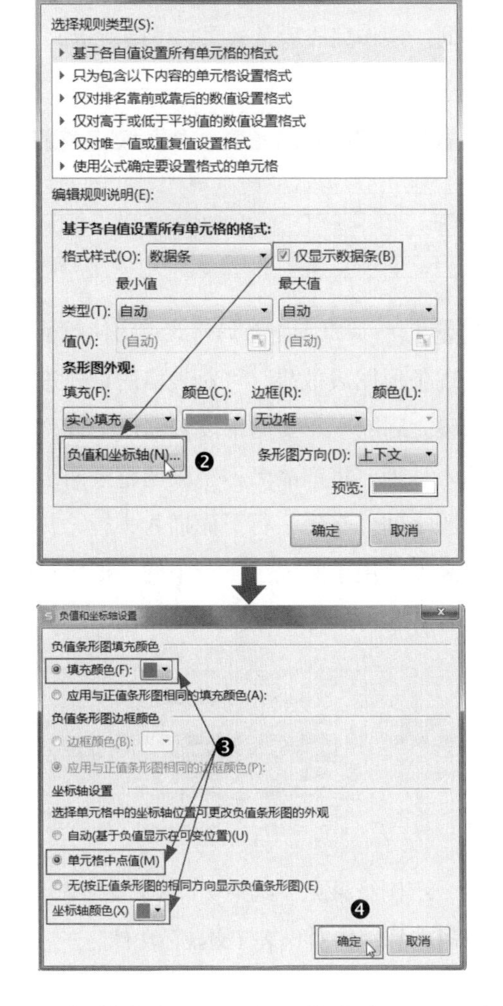

操作完成后，返回工作表中，即可看到 E3:E9 单元格区域中的正负值数据条对比效果，如下图所示。

	A	B	C	D	E
1	××公司产品销售对比表				
2	产品名称	2020年	2021年	增长率	数据条
3	产品A	937, 240. 25	1, 001, 864. 01	6. 45%	
4	产品B	874, 891. 66	847, 478. 72	-3. 23%	
5	产品C	903, 928. 84	950, 257. 13	4. 88%	
6	产品D	858, 951. 34	836, 778. 20	-2. 65%	
7	产品E	985, 492. 57	959, 976. 55	-2. 66%	
8	产品F	818, 663. 77	833, 274. 57	1. 75%	
9	合计	5379168. 43	5429629. 18	0. 93%	

示例结果见“结果文件 \ 第 2 章 \ × × 公司产品销售对比表 .xlsx”文件。

02 巧用数据条制作条形图表

数据条不仅可以简单地展示数据大小的对比效果，还能用它制作出具有图表效果的正反条形对比图。下面运用数据条在下图所示的表格基础上制作条形图表。

	A	B	C
1	××公司产品销售对比表1		
2	产品名称	2020年	2021年
3	产品A	937, 240. 25	1, 001, 864. 01
4	产品B	874, 891. 66	847, 478. 72
5	产品C	903, 928. 84	950, 257. 13
6	产品D	858, 951. 34	836, 778. 20
7	产品E	985, 492. 57	959, 976. 55
8	产品F	818, 663. 77	833, 274. 57

操作方法如下。

第1步 **制作图表框架**。打开“素材文件 \ 第 2 章 \ × × 公司产品销售对比表 1.xlsx”文件，在 B 列和 C 列之间插入两列用于放置数据条，在 C3 单元格中设置公式“=B3”，在 D3 单元格中设置公式“=E3”，将 C3:D3 单元格区域的公式填充至 C4:D8 单元格区域，如下图所示。

C3 fx =B3

	A	B	C	D	E
1	××公司产品销售对比表1				
2	产品名称	2020年			2021年
3	产品A	937, 240. 25	937, 240. 25	1, 001, 864. 01	1, 001, 864. 01
4	产品B	874, 891. 66	874, 891. 66	847, 478. 72	847, 478. 72
5	产品C	903, 928. 84	903, 928. 84	950, 257. 13	950, 257. 13
6	产品D	858, 951. 34	858, 951. 34	836, 778. 20	836, 778. 20
7	产品E	985, 492. 57	985, 492. 57	959, 976. 55	959, 976. 55
8	产品F	818, 663. 77	818, 663. 77	833, 274. 57	833, 274. 57

第2步 **为 C3:C8 单元格区域制作条形图表**。❶ 选中 C3:C8 单元格区域在【开始】选项卡下选择【条件格式】→【新建规则】命令，打开【新建格式规则】对话框，选中【仅显示数据条】复选框；❷ 在【类型】选项组中设置【最小值】和【最大值】的类型均为【数字】，将【值】分别设置为“0”和“1200000”；❸ 在【条形图外观】选项组中设置【填充】为【渐变填充】，并设置条形图颜色，将【条形图方向】设置为【从右到左】；❹ 单击【确定】按钮关闭对话框，如下图所示。

第3步 **为 D3:D8 单元格区域制作条形图表**。重复上述操作在 D3:D8 单元格区域中添加数据条：将数据条颜色设置为与 C3:C8 单元格区域中不同的颜色，将条形图方向设置为【从左到右】，除此之外，其他选项与 C3:C8 单元格区域数据条设置相同。操作完成后，效果如下图所示。

	A	B	C	D	E
1	××公司产品销售对比表1				
2	产品名称	2020年			2021年
3	产品A	937, 240. 25			1, 001, 864. 01
4	产品B	874, 891. 66			847, 478. 72
5	产品C	903, 928. 84			950, 257. 13
6	产品D	858, 951. 34			836, 778. 20
7	产品E	985, 492. 57			959, 976. 55
8	产品F	818, 663. 77			833, 274. 57

第4步 **调整表格布局格式**。为使数据条呈现条形图表效果，可对表格的格式进行调整。删除不需要的字段名称，在 D 列前插入一列，将产品名称字段调整至两组条形图之间。在每一行下面插入一行，并调整高度，用于间隔上下行中的条形图；取消表格框线，最终效果如下图所示。

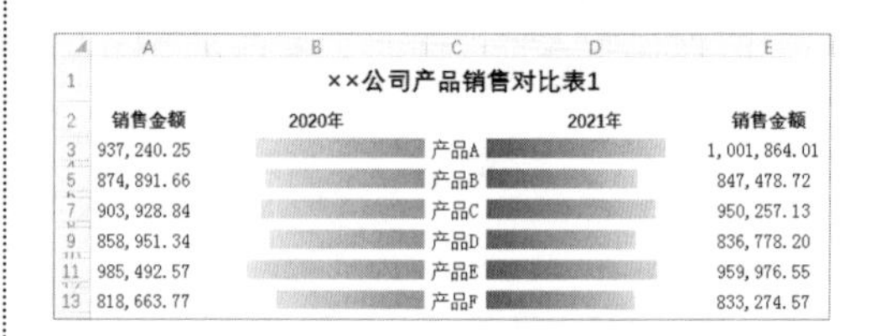

	A	B	C	D	E
1	××公司产品销售对比表1				
2	销售金额	2020年		2021年	销售金额
3	937, 240. 25		产品A		1, 001, 864. 01
5	874, 891. 66		产品B		847, 478. 72
7	903, 928. 84		产品C		950, 257. 13
9	858, 951. 34		产品D		836, 778. 20
11	985, 492. 57		产品E		959, 976. 55
13	818, 663. 77		产品F		833, 274. 57

示例结果见“结果文件\第 2 章\××公司产品销售对比表 1.xlsx”文件。

03 快速标识和提取重复数据

数据对比也是 WPS 表格的特色功能之一，它能够快速标识或提取数据组中重复或唯一的数据。并且，还能自动统计数据重复的次数。数据对比一般可用于辅助分析产品销售状况，如各种产品的销售频率。

如下图所示，是从 ERP 系统中导出的产品在 2021 年 3 月 8—10 日的销售明细表，可看到各种产品的大概销售次数。下面运用“数据对比”工具标识 3 天内仅销售一次的产品，并提取销售次数大于一次的产品销售次数。

行号	单据日期	单据编号	产品名称	数量	单价	金额
××公司2021年3月8日—10日产品销售明细表						
1	2021-3-8	XS-2021-03-08-00358	产品A	6	452.27	2713.61
2	2021-3-8	XS-2021-03-08-00358	产品B	12	360.29	4323.5
3	2021-3-8	XS-2021-03-08-00358	产品C	9	420.37	3783.32
4	2021-3-8	XS-2021-03-08-00358	产品D	10	380.37	3803.69
5	2021-3-8	XS-2021-03-08-00358	产品F	8	360.49	2883.93
6	2021-3-9	XS-2021-03-09-00359	产品F	6	360.49	2162.94
7	2021-3-9	XS-2021-03-09-00359	产品A	10	452.27	4522.68
8	2021-3-9	XS-2021-03-09-00359	产品B	7	360.29	2522.04
9	2021-3-9	XS-2021-03-09-00359	产品C	13	420.37	5464.8
10	2021-3-9	XS-2021-03-10-00360	产品D	5	380.37	1901.84
11	2021-3-9	XS-2021-03-10-00360	产品A	6	452.27	2713.61
12	2021-3-9	XS-2021-03-10-00360	产品F	8	360.49	2883.93
13	2021-3-9	XS-2021-03-10-00360	产品E	18	430.65	7751.67
14	2021-3-9	XS-2021-03-10-00360	产品D	2	380.37	760.74
15	2021-3-9	XS-2021-03-10-00360	产品A	9	452.27	4070.41
16	2021-3-10	XS-2021-03-10-00361	产品D	5	380.37	1901.84
17	2021-3-10	XS-2021-03-10-00361	产品F	3	360.49	1081.47
18	2021-3-10	XS-2021-03-10-00361	产品D	5	380.37	1901.84
19	2021-3-10	XS-2021-03-10-00361	产品C	8	452.27	3618.14
20	2021-3-10	XS-2021-03-10-00361	产品B	13	360.29	4683.79

操作方法如下。

第1步 **标识唯一数据**。打开“素材文件\第 2 章\×× 公司 2021 年 3 月 8 日 —10 日产品销售明细表.xlsx”文件。❶ 选中 D3:D22 单元格区域，单击【数据】选项卡中的【数据对比】下拉按钮，在下拉列表中选择【标记唯一数据】命令；❷ 弹出【标记唯一数据】对话框，保持【列表区域】【对比方式】【标记颜色】选项的默认设置，直接单击【确定标记】按钮即可，如下图所示。

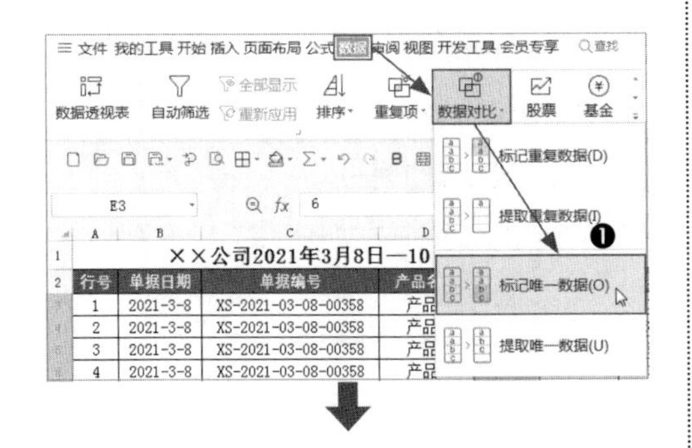

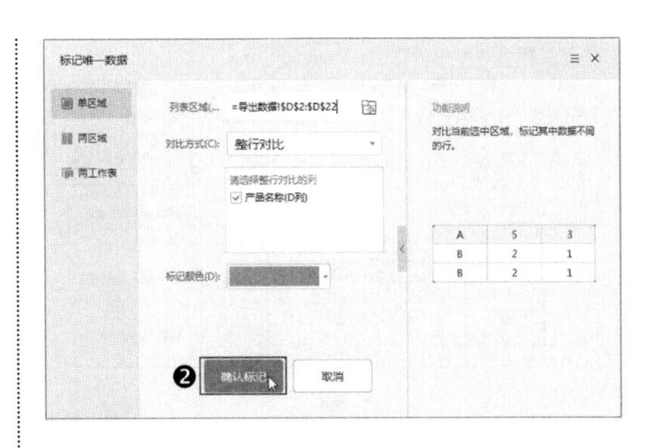

第2步 **查看标记效果**。操作完成后，可看到 D3:D22 单元格区域中的唯一数据所在单元格已被填充颜色，效果如下图所示。

行号	单据日期	单据编号	产品名称	数量	单价	金额
××公司2021年3月8日—10日产品销售明细表						
1	2021/3/8	XS-2021-03-08-00358	产品A	6	452.27	2713.61
2	2021/3/8	XS-2021-03-08-00358	产品B	12	360.29	4323.5
3	2021/3/8	XS-2021-03-08-00358	产品C	9	420.37	3783.32
4	2021/3/8	XS-2021-03-08-00358	产品D	10	380.37	3803.69
5	2021/3/8	XS-2021-03-08-00358	产品F	8	360.49	2883.93
6	2021/3/9	XS-2021-03-09-00359	产品F	6	360.49	2162.94
7	2021/3/9	XS-2021-03-09-00359	产品A	10	452.27	4522.68
8	2021/3/9	XS-2021-03-09-00359	产品B	7	360.29	2522.04
9	2021/3/9	XS-2021-03-09-00359	产品C	13	420.37	5464.8
10	2021/3/9	XS-2021-03-10-00360	产品D	5	380.37	1901.84
11	2021/3/9	XS-2021-03-10-00360	产品A	6	452.27	2713.61
12	2021/3/9	XS-2021-03-10-00360	产品F	8	360.49	2883.93
13	2021/3/9	XS-2021-03-10-00360	产品E	18	430.65	7751.67
14	2021/3/9	XS-2021-03-10-00360	产品D	2	380.37	760.74
15	2021/3/9	XS-2021-03-10-00360	产品A	9	452.27	4070.41
16	2021/3/10	XS-2021-03-10-00361	产品D	5	380.37	1901.84
17	2021/3/10	XS-2021-03-10-00361	产品F	3	360.49	1081.47
18	2021/3/10	XS-2021-03-10-00361	产品D	5	380.37	1901.84
19	2021/3/10	XS-2021-03-10-00361	产品C	8	452.27	3618.14
20	2021/3/10	XS-2021-03-10-00361	产品B	13	360.29	4683.79

第3步 **提取重复数据**。❶ 选中 D2:D22 单元格区域，单击【数据】选项卡中的【数据对比】下拉按钮，选择下拉列表中的【提取重复数据】命令；❷ 弹出【提取重复数据】对话框，保持【列表区域】【对比方式】选项的默认设置，选中【数据包含标题】和【显示重复次数】复选框；❸ 单击【提取到新工作表】按钮，如下图所示。

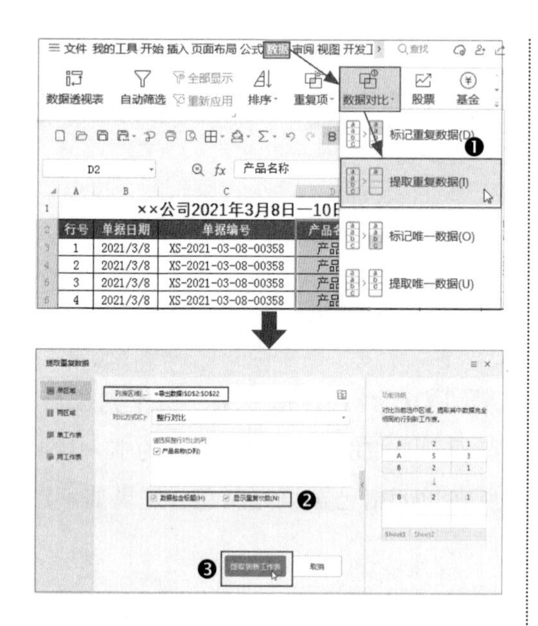

操作完成后立即自动新建工作表，并列示重复数据项及重复次数，效果如下图所示。

	A	B	C	D
1	产品名称	重复次数		
2	产品A	4		
3	产品B	3		
4	产品C	3		
5	产品D	5		
6	产品F	4		

示例结果见“结果文件\第 2 章\×× 公司 2021 年 3 月 8 日—10 日产品销售明细表 .xlsx”文件。

04 分页预览和打印分类汇总的各组数据

对数据进行分类汇总后，为了更清晰、更明确地显示和打印分组数据，可运用每组数据分页功能，让每组数据在打印时自动显示在不同的页面，具体操作方法如下。

第1步 **设置每组数据分页**。打开“素材文件\第 2 章\×× 公司 2021 年费用支出明细表 1.xlsx”。❶ 运用“自定义排序”功能对“部门”“费用类别”“摘要”3 个字段下的数据进行升序排列，单击【数据】选项卡中的【分类汇总】按钮，打开同名对话框（请参照 2.4.1 小节内容操作，图示略），在【分类字段】下拉列表中选择【列 C】选项（“部门”字段）；❷ 选中【每组数据分页】复选框，其他选项保持默认设置；❸ 单击【确定】按钮关闭对话框，如下图所示。

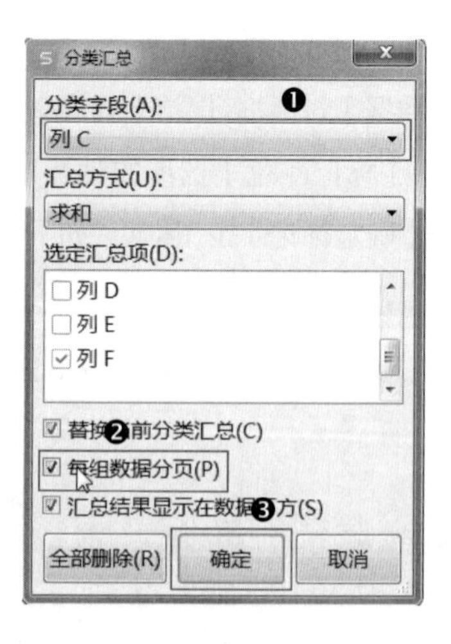

第2步 **预览分页效果**。返回工作表后，

单击【视图】选项卡中的【分页预览】按钮（或直接单击状态栏中的【分页预览】快捷按钮），如下图所示。

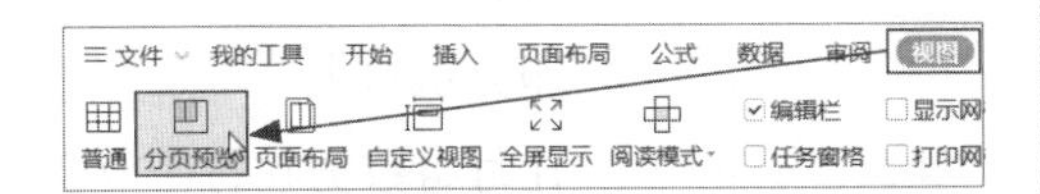

操作完成后，即可看到分类汇总的每组数据会在不同的页面中显示。同时，打印时也会与预览效果相同，分别在不同页面中打印各组数据。分页预览效果如下图所示。

××公司2021年费用支出明细表1

序号	日期	部门	费用类别	摘要	费用金额
		部门 汇总			¥0.00
7	2021-2-1	财务部	办公费	打印机	5,139.16
2	2021-1-6	财务部	办公费	打印纸	428.26
27	2021-4-16	财务部	办公费	打印纸	582.44
37	2021-5-22	财务部	办公费	打印纸	685.22
48	2021-7-15	财务部	办公费	打印纸	513.92
63	2021-10-1	财务部	办公费	打印纸	171.31
68	2021-11-15	财务部	办公费	打印纸	1,284.79
71	2021-11-22	财务部	办公费	打印纸	171.31
36	2021-5-20	财务部	办公费	碎纸机	1,713.05
67	2021-11-7	财务部	办公费	碎纸机	513.92
		财务部 汇总			11,203.38
3	2021-1-10	采购部	办公费	电脑	51,391.61
14	2021-3-1	采购部	办公费	电脑	7,280.48
24	2021-4-6	采购部	办公费	电脑	5,139.16
46	2021-7-1	采购部	办公费	电脑	17,130.54
15	2021-3-5	采购部	办公费	水电费	1,713.05
25	2021-4-10	采购部	办公费	水电费	3,426.11
44	2021-6-19	采购部	办公费	水电费	856.53
75	2021-12-8	采购部	办公费	水电费	214.13
28	2021-4-22	采购部	办公费	台灯	256.96
		采购部 汇总			87,408.57

示例结果见“结果文件\第 2 章\××公司 2021 年费用支出明细表 1.xlsx”文件。

WPS

第3章

掌握核心应用

财务人员必知必会的函数

本章导读

财务人员的工作核心是核算数据与分析数据。那么，面对日常工作中的海量数据，怎样才能高效地完成核心工作，并确保数据核算与分析结果的高质量呢？首先，当然是必须具备过硬的财务专业知识。除此之外，还必须了解、学习并精通 WPS 表格中的核心应用——函数，才能真正高效地处理工作中的各种数据问题。

本章将系统地介绍财务工作中常用和实用的 7 大类共 52 个函数的关键知识内容和实际应用方法，帮助财务人员学好并用好函数，从而真正有效地提高工作效率。

知识要点

- 6 个逻辑函数
- 7 个数学函数
- 7 个查找与引用函数
- 9 个统计函数
- 7 个文本函数
- 10 个日期函数
- 6 个财务函数

3.1 逻辑函数

逻辑函数是 WPS 表格函数大类中一个极其重要的函数类别，主要作用是根据用户设定的条件，判断数据的真假（TRUE 和 FALSE），并分别返回不同的结果。在财务工作中，逻辑函数的应用频率相当高，适用于各类工作场景，能够充分满足财务人员对数据的计算、统计和分析需求。在 WPS 表格中，逻辑函数共包含 11 个，本节将介绍 6 个在财务工作中常用的逻辑函数的主要作用、基本语法结构及具体应用方法，包括 IF、IFS、AND、OR、NOT、IFERROR 函数。

3.1.1 IF 和 IFS 函数：条件判断

IF 和 IFS 函数均为条件判断函数，其作用总体上都是对指定的条件进行真假值判断，并根据判断后的真假值，计算或返回指定的结果。但二者在语法格式、实际运用等方面略有不同，下面分别介绍。

1. IF 函数：单条件判断函数

IF 函数的作用是根据指定的一组或多组测试条件进行真假值判断，并返回指定的真值或假值（可设为文本、数值、公式或更多计算结果）。

语法结构：IF(logical_test,value_if_true,value_if_false)

语法释义：IF(测试条件,真值,[假值])

参数说明：3 个参数中，“假值”可以缺省，“真值”可以缺省参数值（保留逗号占位）。当“测试条件”为真时，“真值”缺省参数值时返回数字“0”。反之，当“测试条件”为假时，“假值”缺省时返回“FALSE”。

IF 函数仅能对单一条件进行判断，如需判断多组条件，必须嵌套多层 IF 函数表达式（最多可以嵌套 64 层）。下面列举两个示例分别介绍应用方法。

（1）示例一：判断一组测试条件

如下图所示，表格中列示了 2021 年每月销售收入、指标及达成率。为了更直观地分析达成情况，现要求对达成率进行判断，当达成率达到 100% 时，返回“✔达标”，否则返回“◇未达标”。

	A	B	C	D	E
1	××公司2021年销售收入达成分析				
2	月份	销售收入	指标	达成率	达成情况
3	2021年1月	359,275.30	400,000.00	89.82%	
4	2021年2月	452,236.72	400,000.00	113.06%	
5	2021年3月	551,319.09	400,000.00	137.83%	
6	2021年4月	548,547.79	400,000.00	137.14%	
7	2021年5月	374,700.05	400,000.00	93.68%	
8	2021年6月	353,467.33	400,000.00	88.37%	
9	2021年7月	455,647.56	400,000.00	113.91%	
10	2021年8月	221,144.89	400,000.00	55.29%	
11	2021年9月	390,907.82	400,000.00	97.73%	
12	2021年10月	439,623.82	400,000.00	109.91%	
13	2021年11月	288,481.04	400,000.00	72.12%	
14	2021年12月	368,472.26	400,000.00	92.12%	
15	合计	4,803,823.67	4,800,000.00	100.08%	

打开“素材文件\第 3 章\×× 公司 2021 年销售收入达成分析 .xlsx”文件。❶ 选

中 E3 单元格，单击编辑栏左侧的【插入函数】按钮 fx；❷ 弹出【函数参数】对话框，在【测试条件】文本框中输入“D3>=1”（数字 1=100%），在【真值】文本框中输入“"✔ 达标 "”，在【假值】文本框中输入“" ◇未达标 "”；❸ 单击【确定】按钮关闭对话框；❹ 将 E3 单元格的公式填充至 E4:E15 单元格区域中即可，如下图所示。

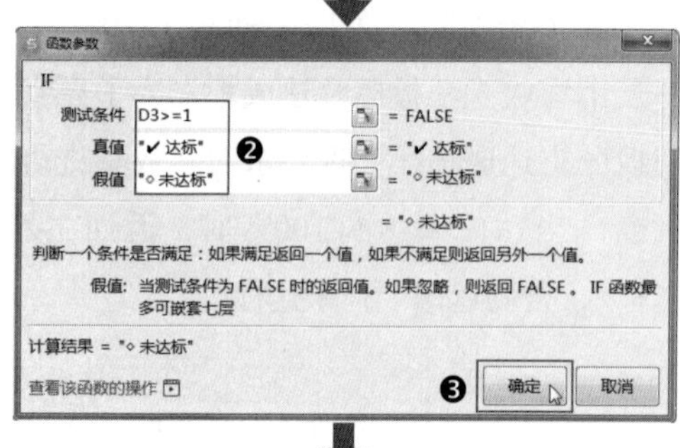

E3 fx =IF(D3>=1,"✔ 达标","◇ 未达标")

	A	B	C	D	E
1	××公司2021年销售收入达成分析				
2	月份	销售收入	指标	达成率	达成情况
3	2021年1月	359, 275. 30	400, 000. 00	89. 82%	◇ 未达标
4	2021年2月	452, 236. 72	400, 000. 00	113. 06%	✔ 达标
5	2021年3月	551, 319. 09	400, 000. 00	137. 83%	✔ 达标
6	2021年4月	548, 547. 79	400, 000. 00	137. 14%	✔ 达标
7	2021年5月	374, 700. 05	400, 000. 00	93. 68%	◇ 未达标
8	2021年6月	353, 467. 33	400, 000. 00	88. 37%	◇ 未达标
9	2021年7月	455, 647. 56	400, 000. 00	113. ❹	✔ 达标
10	2021年8月	221, 144. 89	400, 000. 00	55. 29%	◇ 未达标
11	2021年9月	390, 907. 82	400, 000. 00	97. 73%	◇ 未达标
12	2021年10月	439, 623. 82	400, 000. 00	109. 91%	✔ 达标
13	2021年11月	288, 481. 04	400, 000. 00	72. 12%	◇ 未达标
14	2021年12月	368, 472. 26	400, 000. 00	92. 12%	◇ 未达标
15	合计	4, 803, 823. 67	4, 800, 000. 00	100. 08%	✔ 达标

（2）示例二：判断多组测试条件

IF 函数仅能对一组测试条件进行判断，如果需要对多组条件进行判断，必须嵌套多层 IF 函数。

下面继续在示例一的表格中，按照以下条件判断达成率，并返回不同的内容。

①达成率 <100%，返回“◇未达标”。

② 100% < 达成率≤ 110%，返回“✔ 达标”。

③达成率 > 110%，返回“★超额”。

下面在 F2:F15 单元格区域绘制表格框线，设置好字段名称后，在 F3 单元格中设置公式“=IF(D3<1," ◇未达标 ",IF(D3>=1.1," ★超额 ","✔ 达标 "))”，将公式填充至 F4:F15 单元格区域即可，效果如下图所示。

F3 fx =IF(D3<1,"◇ 未达标",IF(D3>=1.1,"★ 超额","✔ 达标"))

	A	B	C	D	E	F
1	××公司2021年销售收入达成分析					
2	月份	销售收入	指标	达成率	达成情况	达成情况1
3	2021年1月	359, 275. 30	400, 000. 00	89. 82%	◇ 未达标	◇ 未达标
4	2021年2月	452, 236. 72	400, 000. 00	113. 06%	✔ 达标	★ 超额
5	2021年3月	551, 319. 09	400, 000. 00	137. 83%	✔ 达标	★ 超额
6	2021年4月	548, 547. 79	400, 000. 00	137. 14%	✔ 达标	★ 超额
7	2021年5月	374, 700. 05	400, 000. 00	93. 68%	◇ 未达标	◇ 未达标
8	2021年6月	353, 467. 33	400, 000. 00	88. 37%	◇ 未达标	◇ 未达标
9	2021年7月	455, 647. 56	400, 000. 00	113. 91%	✔ 达标	★ 超额
10	2021年8月	221, 144. 89	400, 000. 00	55. 29%	◇ 未达标	◇ 未达标
11	2021年9月	390, 907. 82	400, 000. 00	97. 73%	◇ 未达标	◇ 未达标
12	2021年10月	439, 623. 82	400, 000. 00	109. 91%	✔ 达标	✔ 达标
13	2021年11月	288, 481. 04	400, 000. 00	72. 12%	◇ 未达标	◇ 未达标
14	2021年12月	368, 472. 26	400, 000. 00	92. 12%	◇ 未达标	◇ 未达标
15	合计	4, 803, 823. 67	4, 800, 000. 00	100. 08%	✔ 达标	✔ 达标

示例结果见“结果文件 \ 第 3 章 \ × × 公司 2021 年销售收入达成分析 .xlsx”文件。

2. IFS 函数：多条件判断函数

IFS 函数可以算作是 IF 函数的升级版，可对多组测试条件进行判断，无须嵌套使用。

语法结构：IFS(logical_text,value_if_true,…)

语法释义：IFS(测试条件 1, 真值 1,[测试条件 2],[真值 2],…)

参数说明：一组测试条件匹配一个为真时返回的指定值。一个 IFS 函数公式中最多可设置 127 组测试条件。由此可明确，IFS 函数与 IF 函数最显著的不同是，IFS 函数只返回真值，不返回假值。

下面在销售收入达成分析表中按以下条件判断达成率，并返回不同的文本。

①达成率 < 100%，返回“未达标”。

② 100% < 达成率 ≤ 110%，返回“达标”。

③ 110% < 达成率 ≤ 120%，返回“超额”。

④达成率 > 120%，返回“优”。

打开“素材文件 \ 第 3 章 \ × × 公司 2021 年销售收入达成分析 1.xlsx”文件，在 E3 单元格中设置公式“=IFS(D3<1," 未达标 ",D3<=1.1," 达标 ",D3<=1.2," 超额 ",D3>1.2," 优 ")”，将公式填充至 E4:E15 单元格区域中即可，效果如下图所示。

E3 =IFS(D3<1,"未达标",D3<=1.1,"达标",D3<=1.2,"超额",D3>1.2,"优")

	A	B	C	D	E
1	××公司2021年销售收入达成分析1				
2	月份	销售收入	指标	达成率	达成情况
3	2021年1月	359,275.30	400,000.00	89.82%	未达标
4	2021年2月	452,236.72	400,000.00	113.06%	超额
5	2021年3月	551,319.09	400,000.00	137.83%	优
6	2021年4月	548,547.79	400,000.00	137.14%	优
7	2021年5月	374,700.05	400,000.00	93.68%	未达标
8	2021年6月	353,467.33	400,000.00	88.37%	未达标
9	2021年7月	455,647.56	400,000.00	113.91%	超额
10	2021年8月	221,144.89	400,000.00	55.29%	未达标
11	2021年9月	390,907.82	400,000.00	97.73%	未达标
12	2021年10月	439,623.82	400,000.00	109.91%	达标
13	2021年11月	288,481.04	400,000.00	72.12%	未达标
14	2021年12月	368,472.26	400,000.00	92.12%	未达标
15	合计	4,803,823.67	4,800,000.00	100.08%	达标

示例结果见“结果文件 \ 第 3 章 \ × × 公司 2021 年销售收入达成分析 1.xlsx”文件。

3.1.2 AND、OR 和 NOT 函数：条件判断函数的辅助性函数

在日常工作中，对数据进行条件判断时主要使用 IF 和 IFS 函数即可。但在某些工作场景中，也需要嵌套一些辅助性函数来帮助条件判断函数做出更准确的判断。同时，还可起到简化公式的作用。这些辅助性函数主要包括 AND、OR 和 NOT 函数。下面分别作介绍。

1. AND 函数

AND 函数的作用是判断所有条件是否全部为真，并返回 TRUE 或 FALSE。只有条件全部为真时，才会返回 TRUE，只要其中一个条件为假，即返回 FALSE。

语法结构：AND(logical1,logical2,…)

语法释义：AND(逻辑值 1, 逻辑值 2,…)

参数说明：可设置 255 个逻辑值。

例如，根据下图表格中每种产品的库存数量标注库存状态。判断条件如下：

100 < 库存数量 ≤ 300，标注为“正常”，其余标注为“不正常”。

	A	B	C
1	××公司产品库存汇总表		
2	产品名称	库存数量	库存状态标注
3	产品A	285	
4	产品B	150	
5	产品C	566	
6	产品D	138	
7	产品E	421	
8	产品F	96	
9	合计	1656	-

打开“素材文件\第 3 章\×× 公司产品库存汇总表.xlsx”文件，在 C3 单元格中设置公式“=IF(AND(B3>100,B3<=300),"正常","不正常")”，将公式填充至 C4:C8 单元格区域中即可，效果如下图所示。

C3 fx =IF(AND(B3>100,B3<=300),"正常","不正常")

	A	B	C
1	××公司产品库存汇总表		
2	产品名称	库存数量	库存状态标注
3	产品A	285	正常
4	产品B	150	正常
5	产品C	566	不正常
6	产品D	138	正常
7	产品E	421	不正常
8	产品F	96	不正常
9	合计	1656	-

2. OR 函数

OR 函数与 AND 函数的作用正好相反，在多个条件中只要有一个条件为真，即会返回 TRUE，只有全部条件为假时，才会返回 FALSE。

语法结构：OR(logical1,logical2,…)

语法释义：OR(逻辑值 1, 逻辑值 2,…)

参数说明：可设置 255 个逻辑值。

下面运用 OR 函数在库存汇总表中根据相同的条件标注库存状态，以便与 AND 函数进行对比学习和记忆。在 D3 单元格中设置公式“=IF(OR(B3<=100,B3>300),"不正常","正常")”，将公式填充至 D4:D8 单元格区域中。公式的结果与在 C4:C8 单元格区域中嵌套 AND 函数公式的结果完全相同，如下图所示。

D3 fx =IF(OR(B3<=100,B3>300),"不正常","正常")

	A	B	C	D
1	××公司产品库存汇总表			
2	产品名称	库存数量	库存状态标注	库存状态标注
3	产品A	285	正常	正常
4	产品B	150	正常	正常
5	产品C	566	不正常	不正常
6	产品D	138	正常	正常
7	产品E	421	不正常	不正常
8	产品F	96	不正常	不正常
9	合计	1656	-	-

3. NOT 函数

NOT 函数的作用是对其参数的逻辑值求反，即当条件为假时返回 TRUE，条件为真时返回 FALSE。

语法结构：NOT(logical)

语法释义：NOT(逻辑值)

参数说明：只可设置 1 个逻辑值。

由于 NOT 函数仅能设置 1 个逻辑值，如果需要判断一个以上的条件，通常需要与 AND、OR 函数嵌套使用。下面继续在库存汇总表中运用 NOT 函数判断与前例相同的条件并标注库存状态。

在 E3 单元格中设置公式“=IF(NOT(AND(B3>100,B3<=300)),"不正常","正常")”，将公式填充至 F4:F8 单元格区域中即可。公式结果依然与前例相同，如下图所示。

E3 fx =IF(NOT(AND(B3>100,B3<=300)),"不正常","正常")

	A	B	C	D	E
1	××公司产品库存汇总表				
2	产品名称	库存数量	库存状态标注	库存状态标注	库存状态标注
3	产品A	285	正常	正常	正常
4	产品B	150	正常	正常	正常
5	产品C	566	不正常	不正常	不正常
6	产品D	138	正常	正常	正常
7	产品E	421	不正常	不正常	不正常
8	产品F	96	不正常	不正常	不正常
9	合计	1656	-	-	-

本节示例结果见“结果文件 \ 第 3 章 \ ×× 公司产品库存汇总表 .xlsx”文件。

3.1.3 IFERROR 函数：屏蔽公式错误值

IFERROR 函数主要用于识别公式表达式的计算结果是否正确。如果正确，则返回公式结果，否则返回指定值。

语法结构：IFERROR(value,value_if_error)

语法释义：IFERROR(值 , 错误值)

参数说明：第 1 个参数一般嵌套其他公式表达式，当值正确时，则返回这个值。当第 1 个参数的值错误时，则返回第 2 个参数。

在实际工作中，IFERROR 函数常常用于屏蔽公式错误值，可使数据表格整洁、清爽。因此，财务人员在设置公式时，通常都会将其他函数公式嵌套在 IFERROR 函数公式之中。

如下图所示，使用计算费用超支率的算术公式：(实际支出 – 预算费用) ÷ 预算费用。由于“评估费”(B8 单元格) 和“其他费用”(B13 单元格) 为 0，公式将其作为除数后返回错误值“#DIV/0！”。

D8 fx =(C8-B8)/B8

××公司2021年4月费用支出汇总表

费用项目	预算费用	实际支出	超支率
办公费	2000.00	1825.00	-8.75%
差旅费	2200.00	2368.00	7.64%
业务招待费	3000.00	3260.00	8.67%
差旅费	9000.00	8216.00	-8.71%
汽车费用	3000.00	3293.00	9.77%
评估费	0.00	6000.00	#DIV/0!
租赁费	18000.00	18300.00	1.67%
会议费	3500.00	3660.00	4.57%
通讯费	6600.00	6000.00	-9.09%
生产设备	80000.00	75000.00	-6.25%
其他费用	0.00	1280.00	#DIV/0!
合计	127300.00	129202.00	1.49%

下面运用 IFERROR 函数将错误值屏蔽，使之返回“无预算”。

打开“素材文件 \ 第 3 章 \ ×× 公司 2021 年 4 月费用支出汇总表 .xlsx”文件，在 E3 单元格中设置公式“=IFERROR((C3-B3)/B3," 无预算 ")”，将公式填充至 E4:E14 单元格区域中即可。公式结果如下图所示。

E3 fx =IFERROR((C3-B3)/B3,"无预算")

××公司2021年4月费用支出汇总表

费用项目	预算费用	实际支出	超支率	超支率
办公费	2000.00	1825.00	-8.75%	-8.75%
差旅费	2200.00	2368.00	7.64%	7.64%
业务招待费	3000.00	3260.00	8.67%	8.67%
差旅费	9000.00	8216.00	-8.71%	-8.71%
汽车费用	3000.00	3293.00	9.77%	9.77%
评估费	0.00	6000.00	#DIV/0!	无预算
租赁费	18000.00	18300.00	1.67%	1.67%
会议费	3500.00	3660.00	4.57%	4.57%
通讯费	6600.00	6000.00	-9.09%	-9.09%
生产设备	80000.00	75000.00	-6.25%	-6.25%
其他费用	0.00	1280.00	#DIV/0!	无预算
合计	127300.00	129202.00	1.49%	1.49%

示例结果见“结果文件 \ 第 3 章 \ ×× 公司 2021 年 4 月费用支出汇总表 .xlsx”文件。

3.2 数学函数

“数学与三角函数”是 WPS 表格函数中的一个主要函数类别，共包含 63 个函数。本节主要介绍在财务工作中使用非常广泛和实用的数学函数 SUM、SUMIF、SUMIFS、SUMPRODUCT、SUBTOTAL、ROUND、INT 等的相关知识点及具体应用方法。

3.2.1 SUM 函数：求和

SUM 函数的作用就是返回指定单元格区域中所有数值之和。

语法结构：SUM(number1,[number2],⋯)

语法释义：SUM(数值 1,[数值 2],⋯)

参数说明：一般设置为单元格地址。如果求和区域中包含文本类数字，将被忽略计算，不返回错误值。

SUM 函数是 WPS 表格函数体系中使用频率最高的函数之一，财务人员对其语法结构和基本应用方法已经非常熟练。对此，本小节不再赘述，主要介绍两种进阶运用方法。

1. 累计求和：忽略文本计算

在财务工作中，巧妙运用 SUM 函数忽略文本计算的特点可对数据进行累计求和。

如下图所示，在现金日记账中逐日计算累计收入和累计支出时，如果设置普通公式，需要 5 步操作：在 F4 单元格中设置公式“=C4”，拖放单元格填充柄将公式填充至 G4 单元格中，在 F5 单元格中设置公式“=F4+C5”，将公式填充至 G5 单元格中，将 F5:G5 单元格区域公式填充到下面区域中。

××公司2021年现金日记账

2020年余额 2,281.20

日期	摘要	当日收入	当日支出	余额	累计收入	累计支出	“累计收入”公式表达式
2021-1-1		2,799.24	1,333.07	3,747.37	2,799.24	1,333.07	=C4
2021-1-2		1,490.06	1,612.16	3,625.27	4,289.30	1,612.16	=F4+C5
2021-1-3		1,856.57	1,499.04	3,982.80	6,145.87	1,499.04	=F5+C6
2021-1-4		1,357.61	981.93	4,358.48	7,503.48	981.93	=F6+C7
2021-1-5		1,276.41	992.20	4,642.69	8,779.89	992.20	=F7+C8
2021-1-6		1,629.76	1,488.58	4,783.87	10,409.65	1,488.58	=F8+C9
2021-1-7		1,781.09	1,349.22	5,215.74	12,190.74	1,349.22	=F9+C10
2021-1-8		1,785.10	1,205.56	5,795.28	13,975.84	1,205.56	=F10+C11
2021-1-9		1,211.82	1,394.62	5,612.48	15,187.66	1,394.62	=F11+C12
2021-1-10		1,768.88	1,500.44	5,880.92	16,956.54	1,500.44	=F12+C13
2021-1-11		1,349.93	1,439.28	5,791.57	18,306.47	1,439.28	=F13+C14
2021-1-12		1,583.21	1,590.93	5,783.85	19,889.68	1,590.93	=F14+C15

其实，这种情形可巧妙利用 SUM 函数忽略计算文本且不会返回错误值的特点，只需设置一个公式即可进行填充，操作更加方便快捷。

打开“素材文件\第 3 章\×× 公司 2021 年现金日记账 .xlsx”文件，在 F4 单元格中设置公式“=SUM(C$3:C4)”，将公式填充到 G4 单元格中，将 F4:G4 单元格区域公式填充至下面区域中。可看到计算结果完全正确，如下图所示。

F4 =SUM(C$3:C4)

××公司2021年现金日记账

2020年余额 2,281.20

日期	摘要	当日收入	当日支出	余额	累计收入	累计支出	“累计收入”公式表达式
2021-1-1		2,799.24	1,333.07	3,747.37	2,799.24	1,333.07	=SUM(C$3:C4)
2021-1-2		1,490.06	1,612.16	3,625.27	4,289.30	2,945.23	=SUM(C$3:C5)
2021-1-3		1,856.57	1,499.04	3,982.80	6,145.87	4,444.27	=SUM(C$3:C6)
2021-1-4		1,357.61	981.93	4,358.48	7,503.48	5,426.20	=SUM(C$3:C7)
2021-1-5		1,276.41	992.20	4,642.69	8,779.89	6,418.40	=SUM(C$3:C8)
2021-1-6		1,629.76	1,488.58	4,783.87	10,409.65	7,906.98	=SUM(C$3:C9)
2021-1-7		1,781.09	1,349.22	5,215.74	12,190.74	9,256.20	=SUM(C$3:C10)
2021-1-8		1,785.10	1,205.56	5,795.28	13,975.84	10,461.76	=SUM(C$3:C11)
2021-1-9		1,211.82	1,394.62	5,612.48	15,187.66	11,856.38	=SUM(C$3:C12)
2021-1-10		1,768.88	1,500.44	5,880.92	16,956.54	13,356.82	=SUM(C$3:C13)
2021-1-11		1,349.93	1,439.28	5,791.57	18,306.47	14,796.10	=SUM(C$3:C14)
2021-1-12		1,583.21	1,590.93	5,783.85	19,889.68	16,387.03	=SUM(C$3:C15)

示例结果见“结果文件\第 3 章\×× 公司 2021 年现金日记账 .xlsx”文件。

2. 乘积求和：设置数组公式

如果需要对乘积求和，可运用 SUM 函数设置数组公式一步到位计算得到结果。

如下图所示，需要在 C9 单元格中计算合计销售金额，如果设置普通公式，那么应首先计算每种产品的销售金额，之后再进行求和。或者设置公式“=SUM(B3*C3,B4*C4,B5*C5,B6*C6,B7*C7,B8*C8)”进行求和。

	A	B	C
1	××公司2021年4月产品销售汇总表		
2	产品名称	数量	单价
3	产品A	185	452.27
4	产品B	196	360.29
5	产品C	188	420.37
6	产品D	183	380.37
7	产品F	221	360.49
8	产品E	161	430.65
9	合计金额		

其实设置一个简单的 SUM 函数数组公式即可计算得到正确结果。

打开"素材文件\第 3 章\×× 公司 2021 年 4 月产品销售汇总表.xlsx"文件，在 C9 单元格中输入公式"=SUM(B3:B8*C3:C8)"，按【Ctrl+Shift+Enter】快捷键即可生成数组公式"{=SUM(B3:B8*C3:C8)}"，效果如下图所示。

C9 fx {=SUM(B3:B8*C3:C8)}

	A	B	C
1	××公司2021年4月产品销售汇总表		
2	产品名称	数量	单价
3	产品A	185	452.27
4	产品B	196	360.29
5	产品C	188	420.37
6	产品D	183	380.37
7	产品F	221	360.49
8	产品E	161	430.65
9	合计金额		451926.80

示例结果见"结果文件\第 3 章\×× 公司 2021 年 4 月产品销售汇总表.xlsx"文件。

3.2.2 SUMIF 和 SUMIFS 函数：单条件和多条件求和

SUMIF 和 SUMIFS 函数是一组条件求和函数，可以根据指定条件，仅对指定区域中满足条件的数据求和。其中，SUMIF 函数仅能根据单一条件求和，而 SUMIFS 函数可对区域中满足多个条件的单元格求和。二者在语法结构上有着显著的区别，下面分别进行介绍。

1. SUMIF 函数：单条件求和

SUMIF 函数仅对指定区域中满足单一条件的部分数据进行求和。

语法结构： SUMIF(range,criteria,sum_range)

语法释义： SUMIF(条件区域 , 条件 , [求和区域])

参数说明： 第 3 个参数（求和区域）可缺省。缺省时默认将第 1 个参数（条件区域）作为求和区域。条件可设置为数字、文本、单元格引用、公式表达式等。若在表达式中运用比较运算符（"=" ">" ">=" "<" "<="），则必须添加英文双引号。同时注意，如果比较对象是引用的单元格，应使用文本运算符"&"与之连接。如""">="&B2"。如果比较对象是数字，则不必使用符号"&"连接，如">=100"。

如下图所示，现金日记账中记载了每日收入和支出的金额，现需根据 G4 和 G5 单元格中输入的起止日期查询该时段的收入和支出金额。

××公司2021年现金日记账1

2020年余额 2,281.20

日期	摘要	当日收入	当日支出	余额
2021-1-1		2,799.24	1,333.07	3,747.37
2021-1-2		1,490.06	1,612.16	3,625.27
2021-1-3		1,856.57	1,499.04	3,982.80
2021-1-4		1,357.61	981.93	4,358.48
2021-1-5		1,276.41	992.20	4,642.69
2021-1-6		1,629.76	1,488.58	4,783.87
2021-1-7		1,781.09	1,349.22	5,215.74
2021-1-8		1,785.10	1,205.56	5,795.28
2021-1-9		1,211.82	1,394.62	5,612.48
2021-1-10		1,768.88	1,500.44	5,880.92

输入起止日期	
1月1日	1月10日
收入	
支出	

第1步 **设置公式。**打开“素材文件\第3章\××公司2021年现金日记账1.xlsx”文件，在H5单元格中设置公式“=SUMIF(A:A,">="&G$4,C:C)–SUMIF(A:A,">"&H$4,C:C)”，将H5单元格公式填充至H6单元格中后，将表达式中第3个参数求和区域“C:C”修改为“D:D”即可。H5单元格公式含义如下：

- 表达式“SUMIF(A:A,">="&G$4,C:C)”计算得到日期大于或等于1月1日的全部收入金额；
- 表达式“SUMIF(A:A,">"&H$4,C:C)”计算得到日期大于1月10日的全部收入金额；
- 两个表达式的计算结果相减即可得到1月1日至1月10日的收入金额。

公式结果如下图所示。

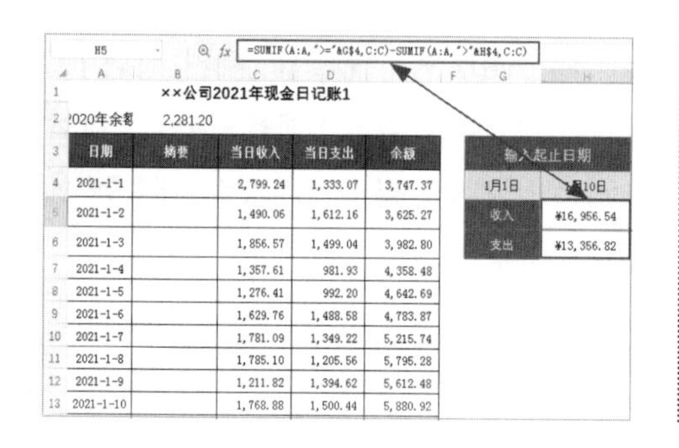
H5 =SUMIF(A:A,">="&G$4,C:C)-SUMIF(A:A,">"&H$4,C:C)

××公司2021年现金日记账1

2020年余额 2,281.20

日期	摘要	当日收入	当日支出	余额
2021-1-1		2,799.24	1,333.07	3,747.37
2021-1-2		1,490.06	1,612.16	3,625.27
2021-1-3		1,856.57	1,499.04	3,982.80
2021-1-4		1,357.61	981.93	4,358.48
2021-1-5		1,276.41	992.20	4,642.69
2021-1-6		1,629.76	1,488.58	4,783.87
2021-1-7		1,781.09	1,349.22	5,215.74
2021-1-8		1,785.10	1,205.56	5,795.28
2021-1-9		1,211.82	1,394.62	5,612.48
2021-1-10		1,768.88	1,500.44	5,880.92

输入起止日期	
1月1日	1月10日
收入	¥16,956.54
支出	¥13,356.82

第2步 **测试效果。**在G4和G5单元格中输入其他日期后即可看到计算结果的变化，如下图所示。

H5 =SUMIF(A:A,">="&G$4,C:C)-SUMIF(A:A,">"&H$4,C:C)

××公司2021年现金日记账1

2020年余额 2,281.20

日期	摘要	当日收入	当日支出	余额
2021-1-1		2,799.24	1,333.07	3,747.37
2021-1-2		1,490.06	1,612.16	3,625.27
2021-1-3		1,856.57	1,499.04	3,982.80
2021-1-4		1,357.61	981.93	4,358.48
2021-1-5		1,276.41	992.20	4,642.69
2021-1-6		1,629.76	1,488.58	4,783.87
2021-1-7		1,781.09	1,349.22	5,215.74
2021-1-8		1,785.10	1,205.56	5,795.28
2021-1-9		1,211.82	1,394.62	5,612.48
2021-1-10		1,768.88	1,500.44	5,880.92

输入起止日期	
2月18日	3月20日
收入	¥71,273.28
支出	¥77,998.03

示例结果见“结果文件\第3章\××公司2021年现金日记账1.xlsx”文件。

2. SUMIFS函数：多条件求和

SUMIFS函数可对指定区域中满足多个条件的单元格数据求和。

语法结构：SUMIFS(sum_range,criteria_range1,criteria1,[criteria_range2,criteria2],…)

语法释义：SUMIFS(求和区域,区域1,条件1,[区域2,条件2],…)

参数说明：区域和条件必须成对排列，最多可设置127组区域和条件。

注意SUMIFS函数与SUMIF函数在语法结构上最显著的区别是：前者的求和区域在首位，后者的求和区域在末位。

下面在下图所示的表格中，根据起止日期、客户名称汇总各项数据。

××有限公司2021年4月客户销售利润明细表					
日期	客户名称	销售金额	销售成本	边际利润	利润率
2021-4-1	客户A	11,731.95	9,028.42	2,703.53	23.04%
2021-4-1	客户B	14,676.67	11,511.46	3,165.21	21.57%
2021-4-1	客户C	13,327.78	10,412.96	2,914.82	21.87%
2021-4-1	客户D	13,624.30	10,466.75	3,157.55	23.18%
2021-4-1	客户E	14,215.13	11,058.43	3,156.70	22.21%
2021-4-1	客户F	12,230.20	9,377.22	2,852.98	23.33%
2021-4-2	客户A	13,485.37	10,563.79	2,921.58	21.66%
2021-4-2	客户B	14,248.24	10,747.69	3,500.55	24.57%
2021-4-2	客户C	10,469.41	7,948.48	2,520.93	24.08%

第1步 **插入下拉列表**。打开"素材文件\第 3 章\××有限公司 2021 年 4 月客户销售利润明细表.xlsx"文件，分别在 H2:J3 和 H5:K6 单元格区域绘制表格，设置字段名称及单元格格式，在 H3 和 I3 单元格中输入起止日期，选中 J3 单元格（"客户名称"字段），单击【数据】选项卡中的【下拉列表】按钮，打开【插入下拉列表】对话框，选中 B3:B8 单元格区域作为下拉选项，如下图所示。

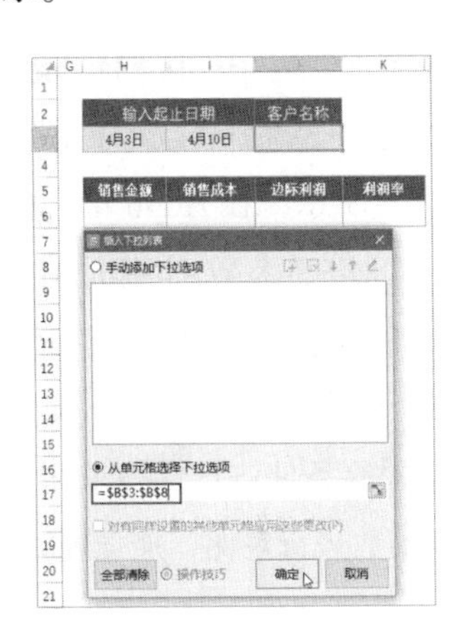

第2步 **设置公式**。❶ 在 H6 单元格中设置公式"=SUMIFS(C:C,$A:$A,">="&$H3,$A:$A,"<="&$I3,$B:$B,$J3)"，根据 H3、I3 和 J3 单元格中的起止日期和客户名称对 C:C 区域（"销售金额"字段）中满足 3 个条件的单元格数据求和，将公式填充至 I6:J6 单元格区域中；❷ 在 K6 单元格中设置公式"=J6/H6"计算利润率。公式结果如下图所示。

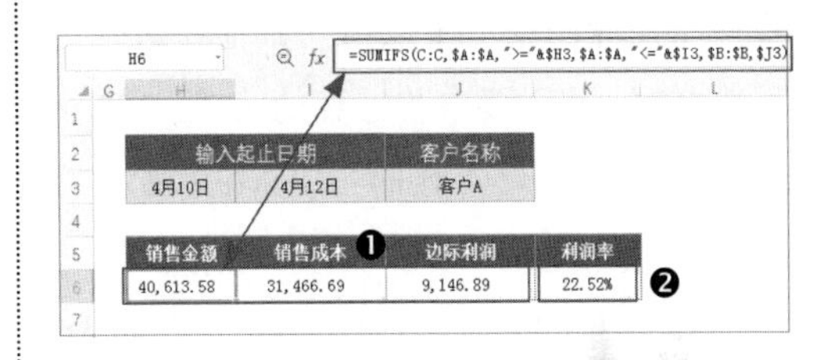

第3步 **测试效果**。分别在 H3 和 I3 单元格中输入其他日期，在 J3 单元格下拉列表中选择其他客户名称，可看到 H6:K6 单元格区域中的数据发生变化，如下图所示。

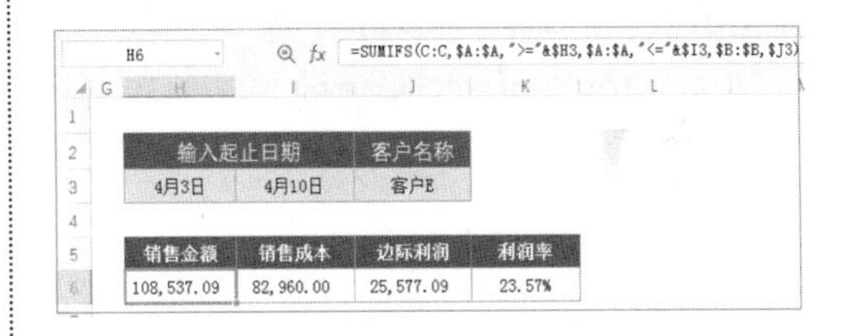

示例结果见"结果文件\第 3 章\××有限公司 2021 年 4 月客户销售利润明细表.xlsx"文件。

3.2.3 SUMPRODUCT 函数：条件乘积求和

SUMPRODUCT 函数的作用是对指定的几组数据中对应元素的乘积求和。从其名称可知，它其实是由 SUM 函数与 PRODUCT 函数组成的，即先对各组数据中对应的数据进行乘法运算，再对乘积进行求和。

语法结构：SUMPRODUCT(array1,array2,array3,…)

语法释义：(数组 1,数组 2,数组 3,…)

参数说明：数组 1 为必需参数，表示要参与计算的第 1 个数组。其他参数均为可选参数，表示要参与计算的第 2～255 个数组。仅有 1 个参数时，SUMPRODUCT 函数将直接返回该参数中的各元素之和。

SUMPRODUCT 函数功能十分强大。不仅可按数据进行基础乘积求和，还可将其参数设定为条件。SUMPRODUCT 函数仅对满足条件的数据进行乘积求和，其功能等同于条件求和函数 SUMIF 和 SUMIFS，甚至比其更胜一筹。下面分别介绍 SUMPRODUCT 函数的基础乘积求和与条件乘积求和的应用方法。

1. 基础乘积求和

运用 SUMPRODUCT 函数进行基础乘积求和非常简单，按其语法结构设置参与计算的一个或多个数组即可。

例如，3.2.1 小节中曾运用 SUM 函数设置数组公式“{=SUM(B3:B8*C3:C8)}”对两个数组进行乘积求和。其实运用 SUMPRODUCT 函数只需设置普通公式即可计算得出正确结果。

打开“素材文件\第 3 章\×× 公司 2021 年 4 月产品销售汇总表 1.xlsx”文件，在 C10 单元格中设置公式“=SUMPRODUCT(B3:B8,C3:C8)”，可看到计算结果与 C9 单元格中 SUM 函数数组公式计算的结果完全一致，效果如下图所示。

C10 =SUMPRODUCT(B3:B8,C3:C8)

××公司2021年4月产品销售汇总表1		
产品名称	数量	单价
产品A	185	452.27
产品B	196	360.29
产品C	188	420.37
产品D	183	380.37
产品F	221	360.49
产品E	161	430.65
合计金额		451926.80
		451926.80

示例结果见“结果文件\第 3 章\×× 公司 2021 年 4 月产品销售汇总表 1.xlsx”文件。

2. 条件乘积求和

条件乘积求和是 SUMPRODUCT 函数的进阶应用，其原理是将其数个参数中的某一个参数设置为一串条件表达式，条件与条件、条件与数组之间均用符号“*”连接。据此可将基础语法结构演变为“SUMPRODUCT((条件区域 1=条件 1)*(条件区域 2=条件 2)*(…)* 数组 1,数组 2,…)”。

如下图所示，在 H6:I6 单元格区域中设置了 SUMIFS 函数对满足 H3:I3 单元格区域中的条件的数据进行求和。下面在此表格中设置 SUMPRODUCT 函数公式，根据同等条件进行乘积求和，以便与 SUMIFS 函数进行对比，加强理解和记忆。

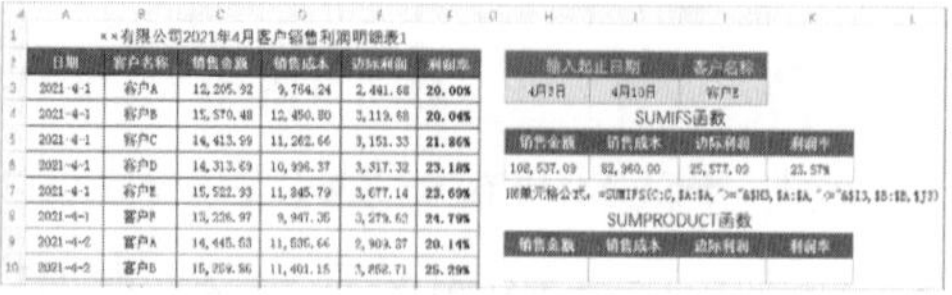

××有限公司2021年4月客户销售利润明细表1					
日期	客户名称	销售金额	销售成本	边际利润	利润率
2021-4-1	客户A	12,205.92	9,764.24	2,441.68	20.00%
2021-4-1	客户B	15,570.48	12,450.80	3,119.68	20.04%
2021-4-1	客户C	14,413.99	11,262.66	3,151.33	21.86%
2021-4-1	客户D	14,313.69	10,996.37	3,317.32	23.18%
2021-4-1	客户E	15,522.93	11,845.79	3,677.14	23.69%
2021-4-1	客户F	13,226.97	9,947.36	3,279.61	24.79%
2021-4-2	客户A	14,445.63	11,535.66	2,909.97	20.14%
2021-4-2	客户B	15,259.86	11,401.15	3,858.71	25.29%

输入起止日期		客户名称
4月3日	4月10日	客户E

SUMIFS函数

销售金额	销售成本	边际利润	利润率
108,537.09	82,960.00	25,577.09	23.57%

H6单元格公式：=SUMIFS(C:C,$A:$A,">="&$H3,$A:$A,"<="&$I3,$B:$B,$J3)

SUMPRODUCT函数

销售金额	销售成本	边际利润	利润率

第1步 **设置公式**。打开“素材文件\第 3

章\×× 有限公司 2021 年 4 月客户销售利润明细表 1.xlsx”文件。❶ 在 H10 单元格中设置公式“=SUMPRODUCT(($A$3:$A$182>=$H3)*($A$3:$A$182<=$I3)*($B$3:$B$182=$J3)*C3:C182)”，根据 H3:J3 单元格区域中的条件，对 C3:C182 单元格区域中满足条件的数据求和，将公式填充至 I10:J10 单元格区域中；❷ 将 K6 单元格中计算利润率的公式复制粘贴至 K10 单元格中即可。此时可看到 H10:K10 与 H6:K6 单元格区域中的计算结果完全一致，效果如下图所示。

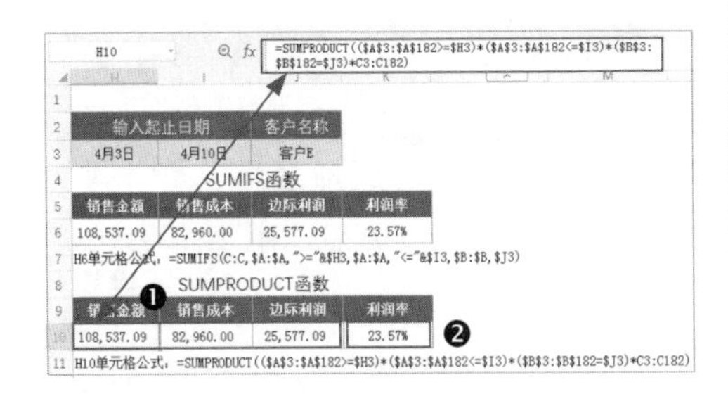

第2步 **测试效果**。在 H3 和 I3 单元格中分别输入其他起止日期，在 J3 单元格下拉列表中选择其他选项。可看到 SUMPRODUCT 与 SUMIFS 函数公式的计算结果仍然完全相同，效果如下图所示。

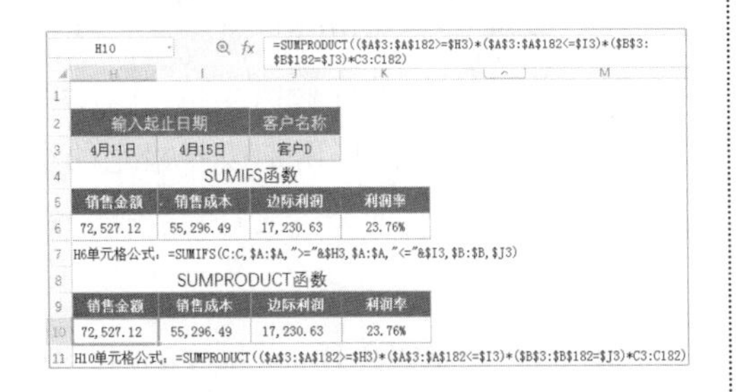

示例结果见“结果文件\第 3 章\×× 有限公司 2021 年 4 月客户销售利润明细表 1.xlsx”文件。

温馨提示

运用 SUMPRODUCT 函数进行基础或条件乘积求和时，条件区域与求和区域（数组）均不得设置为整体区域，如“A:A”，必须指明具体单元格区域地址，如“A3:A182”，否则公式将返回错误值。

3.2.4 SUBTOTAL 函数：分类汇总

在日常工作中，财务人员在使用筛选工具对表格数据进行分类筛选时，可运用 SUBTOTAL 函数对筛选结果以各种方式进行分类汇总。

语法结构：SUBTOTAL(function_num, ref1,[ref2],⋯)

语法释义：SUBTOTAL(函数序号，引用 1,[引用 2],⋯)

参数说明：第 1 和第 2 个参数为必需项，其他参数可缺省。其中，第 1 个参数（“函数序号”）共包含 22 个，分别代表 11 个函数，其中 1 ~ 11 表示对筛选结果行（包括隐藏）进行运算，而 101 ~ 111 则会忽略运算手动隐藏行的筛选结果。函数序号对应的函数如下图所示。

SUBTOTAL函数序号表

函数序号		对应函数	说明
包含手动隐藏值	忽略手动隐藏值		
1	101	AVERGER	计算筛选结果数据的平均值
2	102	COUNT	统计筛选结果数组中包含数字的单元格个数
3	103	COUNTA	统计筛选结果数组中不为空的单元格个数
4	104	MAX	返回筛选结果数组中的最大值
5	105	MIN	返回筛选结果数组中的最小值
6	106	PRODUCT	计算筛选结果数组中的乘积
7	107	STDEV	计算筛选结果数组的样本标准差
8	108	STDEVP	计算筛选结果数组的总体标准差
9	109	SUM	计算筛选结果数组的合计数
10	110	VAR	计算筛选结果数组中的样本方差
11	111	VARP	计算筛选结果数组中的总体方差

编写公式时，在单元格内输入函数名称后将会弹出序号列表，可从中直接选择所需函数序号。

如下图所示，表格记录了 2021 年 1—4 月每位客户每日的销售金额及相关数据，共 720 条记录。下面设置 SUBTOTAL 函数对筛选数据进行汇总。

	A	B	C	D	E	F
1	××有限公司2021年1—4月客户销售利润明细表					
2	日期	客户名称	销售金额	销售成本	边际利润	利润率
3	2021-1-1	客户A	12,493.11	9,502.38	2,990.73	23.94%
4	2021-1-1	客户B	16,130.93	12,636.78	3,494.15	21.66%
5	2021-1-1	客户C	14,509.69	11,064.72	3,444.97	23.74%
6	2021-1-1	客户D	14,906.56	11,518.16	3,388.40	22.73%
7	2021-1-1	客户E	15,151.25	11,493.67	3,657.58	24.14%
8	2021-1-1	客户F	13,408.01	10,432.41	2,975.60	22.19%
9	2021-1-2	客户A	14,690.39	10,584.36	4,106.03	27.95%
10	2021-1-2	客户B	15,261.72	11,225.27	4,036.45	26.45%
11	2021-1-2	客户C	11,372.27	8,316.37	3,055.90	26.87%

第1步 **设置公式**。打开“素材文件\第 3 章\×× 有限公司 2021 年 1—4 月客户销售利润明细表 .xlsx”文件。❶ 在第 1 行之上插入 2 行，设置字段名称及单元格格式，在 A2 单元格中设置公式“=SUBTOTAL(2,A5:A800)”，统计 A5:A800 单元格区域中筛选结果数组的个数，也就是统计符合筛选条件的记录数量；❷ 在 C2 单元格中设置公式“=SUBTOTAL(109, C5:C800)”，统计 C5:C800 单元格区域中筛选结果数组的合计数，将公式填充至 D2:E2 单元格区域中；❸ 在 F2 单元格中设置公式“=E2/C2”，计算利润率。公式结果如下图所示。

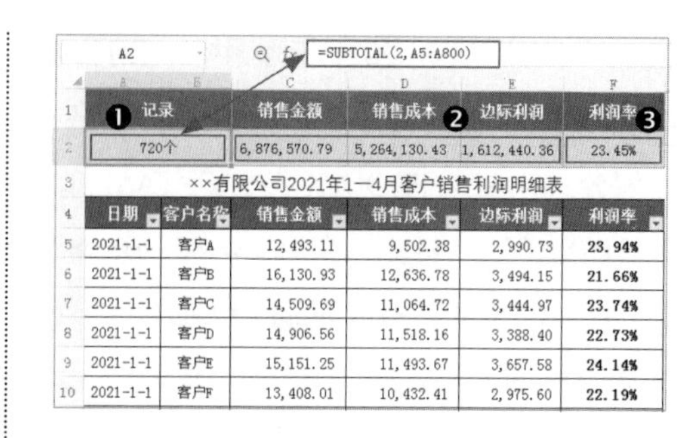

A2　=SUBTOTAL(2,A5:A800)

	A	B	C	D	E	F
1	❶ 记录		销售金额	销售成本 ❷	边际利润	利润率 ❸
2	720个		6,876,570.79	5,264,130.43	1,612,440.36	23.45%
3	××有限公司2021年1—4月客户销售利润明细表					
4	日期	客户名称	销售金额	销售成本	边际利润	利润率
5	2021-1-1	客户A	12,493.11	9,502.38	2,990.73	23.94%
6	2021-1-1	客户B	16,130.93	12,636.78	3,494.15	21.66%
7	2021-1-1	客户C	14,509.69	11,064.72	3,444.97	23.74%
8	2021-1-1	客户D	14,906.56	11,518.16	3,388.40	22.73%
9	2021-1-1	客户E	15,151.25	11,493.67	3,657.58	24.14%
10	2021-1-1	客户F	13,408.01	10,432.41	2,975.60	22.19%

第2步 **筛选数据，测试效果**。下面筛选 2021 年 2 月客户 E 的相关数据。可看到 A2:F2 单元格区域中 SUBTOTAL 函数公式的计算结果的变化，效果如下图所示。

	A	B	C	D	E	F
1	记录		销售金额	销售成本	边际利润	利润率
2	28个		270,604.94	207,127.28	63,477.66	23.46%
3	××有限公司2021年1—4月客户销售利润明细表					
4	日期	客户名称	销售金额	销售成本	边际利润	利润率
195	2021-2-1	客户E	13,515.15	10,153.00	3,362.15	24.88%
201	2021-2-2	客户E	13,427.89	10,463.59	2,964.30	22.08%
207	2021-2-3	客户E	13,583.11	10,378.62	3,204.49	23.59%
213	2021-2-4	客户E	10,442.51	8,230.15	2,212.36	21.19%
219	2021-2-5	客户E	10,021.15	7,741.89	2,279.26	22.74%
225	2021-2-6	客户E	11,384.20	8,960.18	2,424.02	21.29%
231	2021-2-7	客户E	11,866.47	9,190.37	2,676.10	22.55%
237	2021-2-8	客户E	14,232.18	10,905.18	3,327.00	23.38%
243	2021-2-9	客户E	13,161.45	9,932.57	3,228.88	24.53%

示例结果见“结果文件\第 3 章\×× 有限公司 2021 年 1—4 月客户销售利润明细表 .xlsx”文件。

3.2.5 ROUND 函数：对数字四舍五入

ROUND 函数的作用是按照指定的小数位数对数字进行四舍五入计算，使计算结果更精确。

语法结构：ROUND(number,num_digits)

语法释义：ROUND(数值 , 小数位数)

参数说明：第 2 个参数可缺省，默认为 0。

ROUND 函数的使用方法非常简单，通常与其他函数嵌套使用。虽然简单，但它却对财务数据核算十分重要。公式中有没有嵌套 ROUND 函数，将直接影响计算结果的准确性。

如下图所示，D3:D8 单元格区域中的数据（“金额”字段），是先由未嵌套 ROUND 函数的公式“数量 × 单价”计算得到之后，再复制并选择性粘贴为“数值”后的数据，D9 单元格则设置了 SUM 函数公式对 D3:D8 单元格区域中的数字求和。虽然已将该区域的单元格格式设置为“数值”，小数位数为 2 位，但从编辑栏中可看到 D4 单元格中数据的真实“面貌”并非与格式一致。下面嵌套 ROUND 函数再次计算“金额”，即可区别其计算结果与未嵌套此函数的差异。

D4 fx 70617.1567676767

××公司2021年4月产品销售汇总表2

产品名称	数量	单价	金额
产品A	185	452.27	83,669.95
产品B	196	360.29	70,617.16
产品C	188	420.37	79,029.35
产品D	183	380.37	69,607.52
产品F	221	360.49	79,668.46
产品E	161	430.65	69,334.37
合计金额	-	-	451,926.80

打开“素材文件 \ 第 3 章 \ × × 公司 2021 年 4 月产品销售汇总表 2.xlsx”文件。❶ 在 E3 单元格中设置公式“=ROUND(B3*C3,2)”，将公式填充至 E4:E8 单元格区域中；❷ 将 D9 单元格中的 SUM 函数求和公式填充至 E9 单元格中。公式结果如下图所示。

E3 fx =ROUND(B3*C3,2)

××公司2021年4月产品销售汇总表2

产品名称	数量	单价	金额	金额(嵌套ROUND函数)
产品A	185	452.27	83,669.95	83,669.95
产品B	196	360.29	70,617.16	70,617.16
产品C	188	420.37	79,029.35	79,029.35
产品D	183	380.37	69,607.52	69,607.52 ❶
产品F	221	360.49	79,668.46	79,668.46
产品E	161	430.65	69,334.37	69,334.37
合计金额	-	-	451,926.80	451,926.81 ❷

从上图中可以看到，由于之前在 D3:D8 单元格区域设置公式时未嵌套 ROUND 函数，导致 D9 和 E9 单元格中的合计金额差异 0.01。由此可见 ROUND 函数的重要性。因此，财务人员在设置公式时，要注意随时嵌套 ROUND 函数，以确保计算结果准确无误。

示例结果见“结果文件 \ 第 3 章 \ × × 公司 2021 年 4 月产品销售汇总表 2.xlsx”文件。

3.2.6 INT 函数：对数字取整

INT 函数的作用是将数字向下舍入到最接近的整数。“向下舍入”的意思是：对该数字进行四舍五入后，无论大于还是小于原数字，INT 函数都会取更小的那一个整数。

语法结构：INT(number)

语法释义：INT(数值)

参数说明：仅有一个参数，为必需项。

运用 INT 函数对不同函数取整后的结果对比如下图所示。

	A	B	C
1	数字	INT函数取整	表达式
2	2166.23	2166	=INT(A2)
3	2166.55	2166	=INT(A3)
4	-2166.23	-2167	=INT(A4)
5	-2166.55	-2167	=INT(A5)

INT 函数一般很少单独使用，通常会与其他函数嵌套，发挥重要的作用。比如，在财务工作中将小写数字转换为大写金额时，INT 函数将是必不可缺的。本书将在后面篇章的实例中运用 INT 函数。

3.3 查找与引用函数

在日常工作中，财务人员如果在一个数据较多的工作表里查阅符合指定条件的全部数据，一般情况下，使用筛选功能即可实现。但是，筛选毕竟也需要手工操作。在财务工作中，时常需要在不同表格中查找并提取目标数据。比如，计算附加税时需要提取增值税数据，如果仅靠手工操作，既会导致效率低下，更无法保证数据的准确性。对此，可运用 WPS 表格提供的查找与引用函数设置公式，即可按照指定的关键字快速准确地查找到与其相关的数据，既能提高工作效率，更能确保数据准确无误。

本节将介绍查找与引用函数中 7 个常用函数的相关知识点及具体应用方法，包括 VLOOKUP、HLOOKUP、LOOKUOP、INDEX、MATCH、OFFSET、INDIRECT 函数。

3.3.1 VLOOKUP 函数：按列查找目标数据

VLOOKUP 函数是财务工作中运用较广泛的查找与引用函数，主要作用就是在表格或数值数组的首列查找指定的数值，并由此返回表格或数组当前行中指定列处的数值。

语法结构：VLOOKUP(lookup_value,table_array,col_index_num,[range_lookup])

语法释义：VLOOKUP(关键字 , 数据表 , 列序数 ,[匹配条件])

参数说明：第 3 个参数代表要查找的关键字位于查找区域中的第 *n* 列，并非工作表中的列号。第 4 个参数（匹配条件）为可选参数，是一个逻辑值，用数字“1”和“0”代表。其中，“1”代表近似匹配，如果在数据区域内找不到指定值，则返回小于查找值的最大数值；“0”代表精确匹配，如果查找不到指定值，将返回错误值“#N/A”。该参数缺省时默认为“1”（近似匹配），如果缺省参数值（第 3 个参数后面保留逗号），则默认为“0”（精确匹配）。

在日常工作中，运用 VLOOKUP 函数查找数据时，在遵循其语法结构规则的前提下，可灵活设置每个参数，以便解决工作中的各种数据查找问题。下面列举几个在财务工作中较常见的情形实例，以不同的参数设置方法查找目标数据。包括根据关键字精确匹配查找、使用通配符配合关键字模糊查找、嵌套 IF 函数通配符逆向查找、运用近似匹配实现数字区间查找。

1. 根据关键字精确匹配查找

精确匹配查找是 VLOOKUP 函数应用方法中最基础的应用，只需按照其语法结构设置参数即可。

如下图所示，表格中记录了员工的相关信息。下面制作查询表，根据员工编号查找其他信息。

××公司员工信息表9

员工编号	员工姓名	所属部门	性别	入职时间	学历	身份证号码	出生日期
HTJY001	黄**	销售部	女	2012-8-9	本科	110122197602123616	1976-2-12
HTJY002	金**	行政部	男	2012-9-6	专科	110122199203283087	1992-2-12
HTJY003	胡**	财务部	女	2013-2-6	本科	110122197710164028	1977-2-13
HTJY004	龙**	行政部	男	2013-6-4	本科	110122198810201607	1988-2-13
HTJY005	冯**	技术部	男	2014-2-3	本科	110122198607315531	1986-2-14
HTJY006	王**	技术部	女	2014-3-6	专科	110122197208135126	1972-2-14
HTJY007	张**	销售部	女	2014-5-6	本科	110122199009091610	1990-2-14
HTJY008	赵**	财务部	男	2014-5-6	本科	110122197610155325	1976-2-14
HTJY009	刘**	技术部	男	2014-8-6	专科	110122198002124465	1980-2-14
HTJY010	杨**	行政部	女	2015-6-9	本科	110122197311063292	1973-2-15
HTJY011	吕**	技术部	男	2016-5-6	专科	110122197910064731	1979-2-16
HTJY012	柯**	财务部	男	2016-9-6	本科	110122198406184083	1984-2-16
HTJY013	吴**	销售部	女	2017-1-2	专科	110122198105085618	1981-2-17
HTJY014	马**	技术部	男	2017-4-5	本科	110122197603153599	1976-2-17
HTJY015	陈**	行政部	女	2017-5-8	专科	110122198901252262	1989-2-17
HTJY016	周**	销售部	女	2018-5-9	本科	110122198309210062	1983-2-18
HTJY017	郑**	技术部	男	2019-9-8	专科	110122197504262629	1975-2-19
HTJY018	钱**	财务部	女	2020-2-9	专科	110122199005232086	1990-2-20

第1步 **设置公式**。打开“素材文件\第 3 章\× × 公司员工信息表 9.xlsx”文件。❶ 在空白区域（如 J2:Q3 单元格区域）绘制表格，设置字段名称及单元格格式，在 J3 单元格中插入下拉列表，将下拉选项来源设置为“$A$3:$A$20”；❷ 在 K3 单元格中设置公式“=VLOOKUP($J3,$A:$H,2,0)”，根据 J3 单元格中的员工编号在 A:H 区域中的第 2 列中查找与之匹配的员工姓名；❸ 拖动 K3 单元格填充柄将公式填充至 L3:Q3 单元格区域中，依次将 L3:Q3 单元格区域的公式表达式中的第 3 个参数修改为数字 3 ~ 8。公式结果如下图所示。

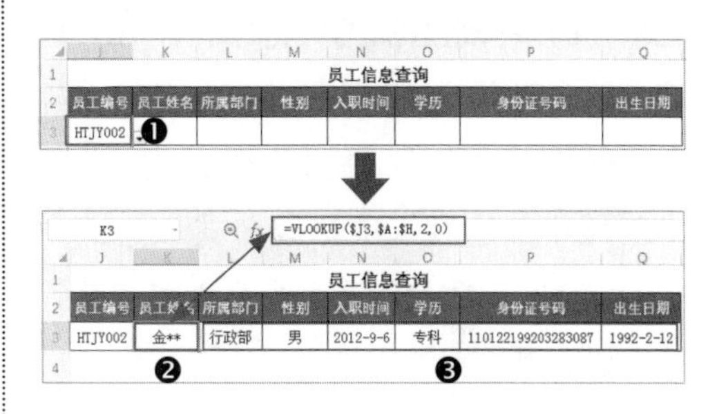

第2步 **测试效果**。在 J3 单元格下拉列表中选择其他员工编号，如“HTJY008”，可看到 K3:Q3 单元格区域中变化为与其匹配的员工信息，效果如下图所示。

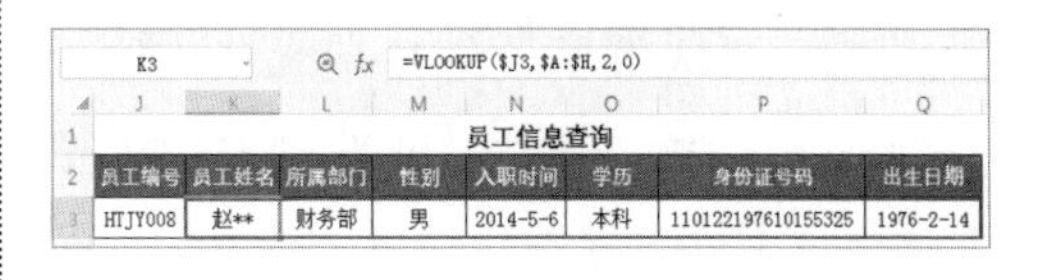

2. 使用通配符配合关键字模糊查找

模糊查找是指以将通配符与关键字组合后的文本为关键字进行查找，即在指定区域内查找包含关键字的数值的相关信息。这种方法更适用于直接输入部分关键字后进行查找。例如，关键字“HYJY001”如果只输入部分内容，如“001”，同样可运用 VLOOKUP 函数查找到关联信息。下面继续以“× × 公司员工信息表 9”为示例介绍操作方法。

第1步 **设置公式**。❶ 在空白区域（如

J5:Q6 单元格区域）绘制查询表，将 J6 单元格格式设置为“文本”，输入“008”（或其他编号）；❷ 在 K6 单元格中设置公式“=VLOOKUP("*"&$J6,$A:$H,2,0)”，根据任意字符（用通配符“*”表示）与 J6 单元格中的字符组合后的关键字，在 A:H 区域的第 2 列中查找引用与之匹配的员工姓名；❸ 将公式复制并粘贴至 L6:Q6 单元格区域中，然后依次修改公式表达式中 VLOOKUP 函数的第 3 个参数即可。公式结果如下图所示。

K6 =VLOOKUP("*"&$J6,$A:$H,2,0)

员工信息查询							
员工编号	员工姓名	所属部门	性别	入职时间	学历	身份证号码	出生日期
HTJY008	赵**	财务部	男	2014-5-6	本科	110122197610155325	1976-2-14
员工信息查询1							
输入编号	员工姓名	所属部门	性别	入职时间	学历	身份证号码	出生日期
008	赵**	财务部	男	2014-5-6	本科	110122197610155325	1976-2-14

第2步 **测试效果**。在 J6 单元格中输入其他编号，如“012”，可看到 K6:Q6 单元格区域中已呈现查找结果，效果如下图所示。

K6 =VLOOKUP("*"&$J6,$A:$H,2,0)

员工信息查询							
员工编号	员工姓名	所属部门	性别	入职时间	学历	身份证号码	出生日期
HTJY008	赵**	财务部	男	2014-5-6	本科	110122197610155325	1976-2-14
员工信息查询1							
输入编号	员工姓名	所属部门	性别	入职时间	学历	身份证号码	出生日期
012	柯**	财务部	男	2016-9-6	本科	110122198406184083	1984-2-16

3. 嵌套 IF 函数通配符逆向查找

VLOOKUP 函数的查找规则：关键字所在的字段必须位于数据区域中第 1 列，即此函数是按照从左至右的方向进行查找。例如公式“=VLOOKUP($J3,$A:$H,2,0)”中，关键字 J3 单元格（“员工编号”字段）位于 A:H 区域中的第 1 列。但是在实际工作中，需要逆向查找的情况时有发生，不符合 VLOOKUP 函数的查找规则。对此情形，其实只需在 VLOOKUP 函数公式中嵌套一层 IF 函数公式，构建一个符合 VLOOKUP 函数规则的数据区域后，即可实现逆向查找。下面依然在“×× 公司员工信息表 9”工作表中示范该操作方法，以便读者对比学习。

第1步 **设置公式**。❶ 在空白区域（如 J8:Q9 单元格区域）绘制查询表，在 P9 单元格中输入 G3:G20 单元格区域中的任意一个身份证号码；❷ 在 J9 单元格中设置公式“=VLOOKUP($P9,IF({1,0},$G:$G,A:A),2,0)”，根据 P9 单元格中的身份证号码逆向查找 A:A 列中的员工编号；❸ 将公式复制粘贴至 K9:O9 单元格区域和 Q9 单元格中。公式结果如下图所示。

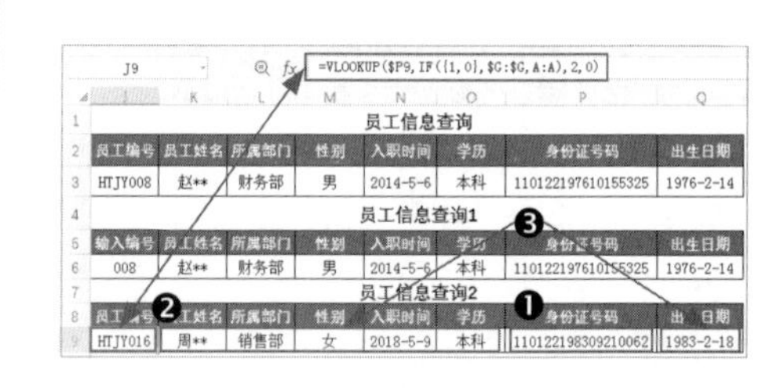

J9 =VLOOKUP($P9,IF({1,0},$G:$G,A:A),2,0)

员工信息查询							
员工编号	员工姓名	所属部门	性别	入职时间	学历	身份证号码	出生日期
HTJY008	赵**	财务部	男	2014-5-6	本科	110122197610155325	1976-2-14
员工信息查询1							
输入编号	员工姓名	所属部门	性别	入职时间	学历	身份证号码	出生日期
008	赵**	财务部	男	2014-5-6	本科	110122197610155325	1976-2-14
员工信息查询2							
员工编号	员工姓名	所属部门	性别	入职时间	学历	身份证号码	出生日期
HTJY016	周**	销售部	女	2018-5-9	本科	110122198309210062	1983-2-18

嵌套 IF 函数逆向查找的原理如下：公式中表达式“IF({1,0},$G:$G,A:A)”的原理是利用 IF 函数的数组效果对 VLOOKUP 函数的计算结果进行逻辑判断，将 G:G 和 A:A 两列数值换位排列之后，按照从左至右方向进行查找。

数组中的 1 和 0 分别代表布尔值

TRUE 和 FALSE。公式运算时，分别从 G:G 和 A:A 单元格区域中返回与 J9 单元格数据匹配的数值（即 G 列中的身份证号码“110122198309210062”与 A:A 区域中的数值“HTJY016”），将两个数值组成一个数组，代入 VLOOKUP 函数公式后的表达式为“=VLOOKUP($P9,{"110122198309210062","HTJY016"},2,0)”，同时，第 3 个参数设置为“2”，因此公式返回数组中的第 2 个数值，即“HTJY016”。

掌握这一原理后，可灵活运用“IF{1,0}”实现逆向查找。例如，J9 单元格公式也可设置为“=VLOOKUP($J9,IF({0,1},A:A,$G:$G),2,0)”，同样能够准确查找到目标数据。

第2步 **测试效果**。在 P9 单元格中输入其他身份证号码后，可看到 K9:O9 单元格区域和 Q9 单元格中数据的变化，效果如下图所示。

J9 =VLOOKUP($P9,IF({1,0},$G:$G,A:A),2,0)

员工信息查询

员工编号	员工姓名	所属部门	性别	入职时间	学历	身份证号码	出生日期
HTJY008	赵**	财务部	男	2014-5-6	本科	110122197610155325	1976-2-14

员工信息查询1

输入编号	员工姓名	所属部门	性别	入职时间	学历	身份证号码	出生日期
008	赵**	财务部	男	2014-5-6	本科	110122197610155325	1976-2-14

员工信息查询2

员工编号	员工姓名	所属部门	性别	入职时间	学历	身份证号码	出生日期
HTJY018	钱**	财务部	女	2020-2-9	专科	110122199005232086	1990-2-20

以上示例结果见“结果文件\第 3 章\××公司员工信息表 9.xlsx”文件。

4. 运用近似匹配实现数字区间查找

运用 VLOOKUP 函数进行近似匹配查找时，只需省略第 4 个参数（默认为“1”）或将其设置为“1”即可。日常工作中，可巧妙运用近似匹配进行数字区间查找。

如下图所示，是 ×× 公司销售绩效奖金计算比例标准，下面按此标准计算员工的绩效奖金。

××公司销售绩效奖金计算比例

销售业绩(A)	绩效奖金比例
A≤150000	0.80%
150000<A≤200000	1%
200000<A≤250000	1.50%
250000<A≤300000	1.80%
A>300000	2%

第1步 **制作辅助表，构建查找区域**。打开“素材文件\第 3 章\××公司 2021 年 3 月销售部绩效奖金计算表 .xlsx”文件，在空白区域（如 G2:H7 单元格区域）绘制辅助表，输入销售业绩及比例，作为 VLOOKUP 函数的查找区域（第 2 个参数），如下图所示。

2021年3月销售部绩效奖金计算表

员工编号	姓名	销售业绩	比例	绩效奖金
HTJY001	黄**	188011.92		
HTJY007	张**	156010.68		
HTJY013	吴**	220666.68		
HTJY016	周**	252165.22		
合计		816854.50	-	0.00

绩效奖金计算比例

销售业绩	比例
0.01	0.8%
150000.01	1.0%
200000.01	1.5%
250000.01	1.8%
300000.01	2.0%

第2步 **设置公式查找比例并计算绩效奖金**。❶ 在 D3 单元格中设置公式“=VLOOKUP(C3,G:H,2)”，根据 C3 单元格中的数字，在 G:H 区域中的第 2 列查找小于 C3 单元格中数字的最大数字所对应的比例，在 E3 单元格中设置公式“=C3*D3”，

计算绩效奖金；❷ 将 D3:E3 单元格区域中的公式向下填充至 D4:E6 单元格区域中即可。公式结果如下图所示。

D3 =VLOOKUP(C3,G:H,2)

2021年3月销售部绩效奖金计算表						绩效奖金计算比例	
员工编号	姓名	销售业绩	比例	绩效奖金		销售业绩	比例
HTJY001	黄**	188011.92	1.0%	1880.12	❶	0.01	0.8%
HTJY007	张**	156010.68	1.0%	1560.11		150000.01	1.0%
HTJY013	吴**	220666.68	1.5%	3310.00	❷	200000.01	1.5%
HTJY016	周**	252165.22	1.8%	4538.97		250000.01	1.8%
合计		816854.50	-	11289.20		300000.01	2.0%

第3步 **测试效果**。在 C3 单元格中输入其他数字后，可看到 D3 单元格中数字的变化，如下图所示。

D3 =VLOOKUP(C3,G:H,2)

2021年3月销售部绩效奖金计算表						绩效奖金计算比例	
员工编号	姓名	销售业绩	比例	绩效奖金		销售业绩	比例
HTJY001	黄**	388011.92	2.0%	7760.24		0.01	0.8%
HTJY007	张**	156010.68	1.0%	1560.11		150000.01	1.0%
HTJY013	吴**	220666.68	1.5%	3310.00		200000.01	1.5%
HTJY016	周**	252165.22	1.8%	4538.97		250000.01	1.8%
合计		1016854.50	-	17169.32		300000.01	2.0%

示例结果见“结果文件\第 3 章\× × 公司 2021 年 3 月销售部绩效奖金计算表 .xlsx”文件。

3.3.2 HLOOKUP 函数：按行查找目标数据

HLOOKUP 函数与 VLOOKUP 函数的语法结构和查找功能基本相同，不同的是 HLOOKUP 函数是按行查找目标数据。

语法结构：HLOOKUP(lookup_value,table_array,row_index_num,range_lookup)

语法释义：HLOOKUP(关键字 , 查找区域 , 行数 , 匹配条件)

参数说明：参考 VLOOKUP 函数。

在日常工作中，虽然大多数财务数据表格的布局更适宜使用 VLOOKUP 函数进行查找，但是某些时候也会因核算要求，需要在转换表格维度后再根据关键字查询关联信息。这种情形下通常需要用到 HLOOKUP 函数。

如下图所示，表 1 中列示了各地区每个季度的销售数据，现要求在表 2 中按季度查询每个地区的销售数据。

表1：××公司地区销售季度统计表1　　单位：万元

地区	第一季度	第二季度	第三季度	第四季度	全年总计
东部	301.51	417.48	672.61	800.17	2,191.77
华北	800.17	579.83	904.54	904.54	3,189.08
华东	927.73	289.92	521.85	284.81	2,024.31
西南	985.72	521.85	695.80	910.57	3,113.94
西部	386.48	90.45	294.56	417.48	1,188.97
合计	3,401.61	1,899.53	3,089.35	3,317.58	11,708.08

表2：××公司地区销售查询表　　单位：万元

季度	东部	华北	华东	西南	西部	合计

第1步 **设置公式**。打开“素材文件\第 3 章\× × 公司 2021 年地区销售季度统计表 1.xlsx”文件。❶ 在 H4 单元格中制作下拉列表，选中 B3:F3 单元格区域作为下拉选项。❷ 在 I4 单元格中设置公式“=IFERROR(HLOOKUP($H4,$B$3:$F$8,2,0),"-")”，根据 H4 单元格中的文本，在 B3:F8 单元格区域的第 2 行中查找与之匹配的销售数据。同时，如果 H4 单元格为空，HLOOKUP 函数公式将返回错误值“#N/A”，因此嵌套 IFERROR 函数将其屏蔽并返回符号“-”。❸ 将公式填充至 J4:M4 单元格区域中，将每个单元格公式中的第 3 个参数依次修改为 3 ～ 6。❹ 在 N4 单元格中设置求和公式“=ROUND(SUM(I4:M4),2)”，计算各地区销售数据的合计数。公式结果如

下图所示。

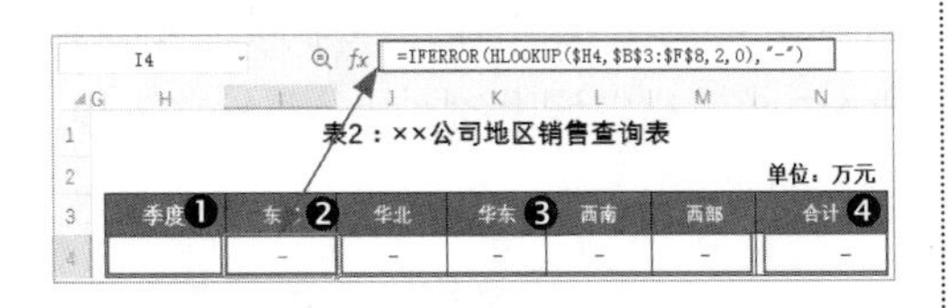

第2步 **测试效果**。在 H4 单元格下拉列表中选择不同的选项，可看到 I4:N4 单元格区域中的数据变化，效果如下图所示。

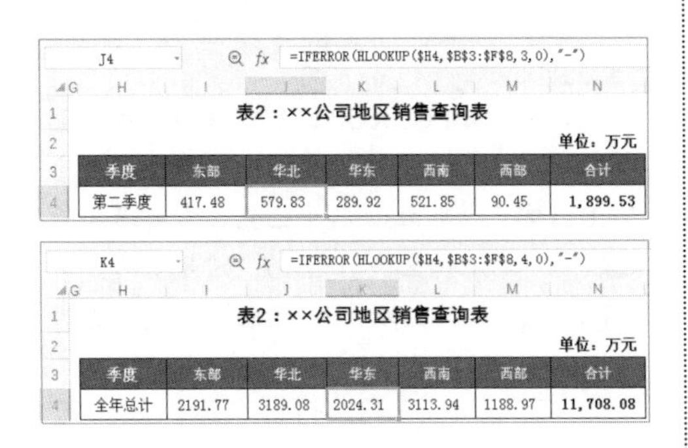

示例结果见“结果文件 \ 第 3 章 \ ××公司 2021 年地区销售季度统计表 1.xlsx”文件。

3.3.3 LOOKUP 函数：全方位查找目标数据

LOOKUP 函数的功能非常强大，它突破了 VLOOKUP 和 HLOOKUP 函数仅能按列或按行查找的局限性，不仅能够全方位查找目标数据，还能根据指定条件进行查找，而且它的语法结构更为简单，编写公式也更加方便。LOOKUP 函数的语法结构包括两种形式，即向量形式和数组形式。

语法结构：

①向量形式：LOOKUP(lookup_value, lookup_vector,[result_vector])

②数组形式：LOOKUP(lookup_value, array)

语法释义：

①向量形式：LOOKUP(关键字,查找向量,[返回向量])

②数组形式：LOOKUP(关键字,数组)

参数说明：

①向量形式的第 2 个参数（查找向量）可设置条件，公式将返回第 3 个参数（返回向量）中符合条件的数据。

②向量形式的第 3 个参数可缺省，默认第 2 个参数为查找向量。但缺省时只适用于正向、常规查找，逆向查找或第 2 个参数设置了条件时则不可缺省。

下面介绍 LOOKUP 函数的几种常见且经典的运用方法及使用规则。

1. 常规查找：先进行升序排列

LOOKUP 函数的数组形式的查找原理是在数组的第一行或第一列中查找指定数值，然后返回最后一行或最后一列中相同位置处的数值。“数组”是指包含文本、数字或逻辑值的单元格区域。函数按照数组的维数查找：若行数≥列数，则函数在第一列进行查找；若行数<列数，则函数在第一行进行查找。

因此，在进行常规精确查找时必须遵循一个极其重要的规则：首先要将包含关键字的第 2 个数组中的数据进行升序排列。否则，返回的结果将会发生张冠李戴且不易察觉的错误。

如下图所示，表格中的“产品编号”“产品名称”字段均未按照升序排列，如果以此为查找向量，LOOKUP 函数将无法准确查找到目标数据。

	A	B	C	D	E	F
1	××公司2021年3月产品库存明细表					
2	产品编号	产品名称	单位	结存数量	成本价	结存金额
3	A0003	产品003	套	126	175.76	31,636.80
4	A0001	产品001	件	158	164.39	25,973.62
5	A0002	产品002	件	160	122.74	27,002.80
6	A0012	产品012	套	369	142.85	38,426.65
7	A0010	产品010	箱	132	133.72	18,052.20
8	A0004	产品004	组	138	187.61	28,141.50
9	A0008	产品008	件	263	123.68	49,472.00
10	A0005	产品005	盒	140	119.08	19,052.80
11	A0006	产品006	条	118	122.81	14,737.20
12	A0007	产品007	条	325	126.97	41,265.25
13	A0009	产品009	根	226	259.08	110,368.08
14	A0011	产品011	扎	288	115.66	44,876.08
15	A0013	产品013	件	282	249.09	45,334.38
16	合计	-	-	2599	-	462702.56

第1步 **设置公式（未排序）**。打开“素材文件\第 3 章\×× 公司 2021 年 3 月产品库存明细表 .xlsx”文件。❶ 在空白区域（如 H2:M3 单元格区域）绘制查询表，在 H3 单元格中制作“产品编号”的下拉列表后任意选择一个产品编号；❷ 在 I3 单元格中设置公式“=LOOKUP($H3,$A3:B15)”，根据 H3 单元格中的数据在 A3:B15 单元格中查找与之匹配的产品名称，将公式复制粘贴至 J3:M3 单元格区域中。由于未对 A3:A15 单元格区域数据进行升序排列，因此，查找结果错误，如下图所示。

I3 fx =LOOKUP($H3,$A3:B15)

	H	I	J	K	L	M
1	查询表1-LOOKUP函数常规查找					
2	产品编号	产品名称	单位	结存数量	成本价	结存金额
3	A0005	产品002	件	160	122.74	27002.8

第2步 **对数组排序**。将 A3:A15 单元格区域中的数据进行升序排列，可看到 I3:M3 单元格区域中的查找结果准确无误，如下图所示。

I3 fx =LOOKUP($H3,$A3:B15)

	H	I	J	K	L	M
1	查询表1-LOOKUP函数常规查找					
2	产品编号	产品名称	单位	结存数量	成本价	结存金额
3	A0005	产品005	盒	140	119.08	19052.8

> **温馨提示**
>
> 本例使用 LOOKUP 函数的数组形式设置参数 I3 单元格公式表达式中的第 2 个参数为 A3:B15 单元格区域，其中已包含需要返回的数组——单元格区域 B3:B15，因此省略了第 3 个参数。本例也可将 I3 单元格公式设置为“=LOOKUP($H3,$A3:$A3,B3:B3)”。

2. 无序查找：设置条件

由于 LOOKUP 函数的常规查找需要对查找数组中关键字所在单元格区域中的数据事先排序才能准确查找到目标数据，并不能提高工作效率，所以在实际工作中不太适用。那么，有没有办法在未排序的情形下也能使 LOOKUP 函数准确查找到目标数据呢？其实非常简单，只需巧妙利用 LOOKUP 函数按条件查找功能，将关键字（第 1 个参数）设置为“1”，再将第 2 个参数设置为条件“0/((查找列)=关键字)”，使其返回一组错误值。那么 LOOKUP 函数在错误值中自然查找不到“1”，就只能退而求其次，在查找列中查找小于关键字的最大值后，再返回与之匹配的第 3 个参数中的数据。由此，即可实现无序查找。同时，还可在第 2 个参数中设置多组查找列和关键字，实现多条件查找。注意此方法仅适用于可以精确查找的应用场景，如果查找列中没有目标值，将返回“#N/A”。

（1）**单条件查找**

下面继续以“× × 公司 2021 年 3 月产品库存明细表”工作表为示例介绍单条件查找的操作方法。

❶ 打乱 A3:A15 单元格区域中数据的排列顺序，以展示无序查找效果；❷ 在空白区域（如 H6:M7 单元格区域）中绘制查询表，在 I7 单元格中设置公式“=LOOKUP(1,0/($A:$A=$H7),B:B)”，将公式复制粘贴至 J7:M7 单元格区域中。可看到查找结果准确无误，而 I3:M3 单元格区域中的 LOOKUP 函数常规查找公式返回结果出现错误，效果如下图所示。

××公司2021年3月产品库存明细表

产品编号 ❶	产品名称	单位	结存数量	成本价	结存金额
A0004	产品004	组	138	187.61	28,141.50
A0011	产品011	扎	288	115.66	44,876.08
A0010	产品010	箱	132	133.72	18,052.20
A0006	产品006	条	118	122.81	14,737.20
A0007	产品007	条	325	126.97	41,265.25
A0003	产品003	套	126	175.76	31,636.80
A0012	产品012	套	369	142.85	38,426.65
A0001	产品001	件	158	164.39	25,973.62
A0002	产品002	件	160	122.74	27,002.80
A0008	产品008	件	263	123.68	49,472.00
A0013	产品013	件	282	249.09	45,334.38
A0005	产品005	盒	140	119.08	19,052.80
A0009	产品009	根	226	259.08	110,368.08
合计	-	-	2587	-	466197.86

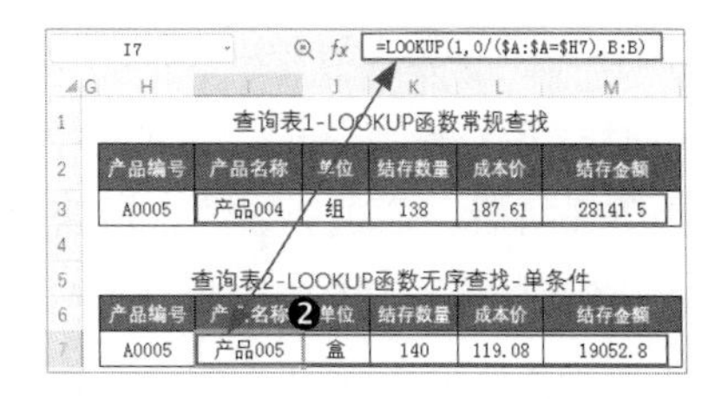

I7　fx　=LOOKUP(1,0/($A:$A=$H7),B:B)

查询表1-LOOKUP函数常规查找

产品编号	产品名称	单位	结存数量	成本价	结存金额
A0005	产品004	组	138	187.61	28141.5

查询表2-LOOKUP函数无序查找-单条件

产品编号	产品名称 ❷	单位	结存数量	成本价	结存金额
A0005	产品005	盒	140	119.08	19052.8

以上示例结果见“结果文件 \ 第 3 章 \× × 公司 2021 年 3 月产品库存明细表 .xlsx”文件。

（2）**多条件查找**

如果想要更精确地查找目标数据，可以在第 2 个参数中设置多组条件，注意使用符号“*”连接各组条件。

例如，在下图所示的员工信息表中，根据“所属部门”和“员工姓名”查找关联信息。

××公司员工信息表10

员工编号	员工姓名	所属部门	性别	入职时间	学历	身份证号码	出生日期
HTJY001	黄**	销售部	女	2012/8/9	本科	110122197602123616	1976/2/12
HTJY002	金**	行政部	男	2012/9/6	专科	110122199203283087	1992/2/12
HTJY003	胡**	财务部	女	2013/2/6	本科	110122197710164028	1977/2/13
HTJY004	龙**	行政部	男	2013/6/4	本科	110122198810201607	1988/2/13
HTJY005	冯**	技术部	男	2014/2/3	本科	110122198607315531	1986/2/14
HTJY006	王**	技术部	女	2014/3/6	专科	110122197208135126	1972/2/14
HTJY007	张**	销售部	女	2014/5/6	本科	110122199009091610	1990/2/14
HTJY008	赵**	财务部	男	2014/5/6	本科	110122197610155325	1976/2/14
HTJY009	刘**	技术部	男	2014/8/6	专科	110122198002124465	1980/2/14
HTJY010	杨**	行政部	女	2015/6/9	本科	110122197311063292	1973/2/15
HTJY011	吕**	技术部	男	2016/5/6	专科	110122197910064731	1979/2/16
HTJY012	柯**	财务部	男	2016/9/6	本科	110122198406184083	1984/2/16
HTJY013	吴**	销售部	女	2017/1/2	专科	110122198105085618	1981/2/17
HTJY014	马**	技术部	男	2017/4/5	本科	110122197603153599	1976/2/17
HTJY015	陈**	行政部	女	2017/5/8	专科	110122198901252262	1989/2/17
HTJY016	周**	销售部	女	2018/5/9	本科	110122198309210062	1983/2/18
HTJY017	郑**	技术部	男	2019/9/8	专科	110122197504262629	1975/2/19
HTJY018	钱**	财务部	女	2020/2/9	专科	110122199005232086	1990/2/20

第1步 **设置公式**。打开“素材文件 \ 第 3 章 \× × 公司员工信息表 10.xlsx”文件。❶ 在空白区域（如 J2:Q3 单元格区域）中绘制查询表，在 J3 单元格中创建“所属部门”的下拉列表并选择一个部门，如“行政部”，在 K3 单元格中输入员工姓名，如“金 **”；❷ 在 L3 单元格中

设置公式“=LOOKUP(1,0/(($C:$C=$J3)*($B:$B=$K3)),A:A)”，将公式复制粘贴至 M3 单元格后，第 3 个参数自动变化为“B:B”，将其修改为“D:D”后复制粘贴至 N3:Q3 单元格区域中即可。公式结果如下图所示。

L3 =LOOKUP(1,0/(($C:$C=$J3)*($B:$B=$K3)),A:A)

员工信息查询-LOOKUP函数无序查找—多条件							
所属部门	员工姓名	员工编号	性别	入职时间	学历	身份证号码	出生日期
行政部	金**	HTJY002	男	2012/9/6	专科	110122199203283087	1992/2/12

第2步 **测试效果**。在 J3 单元格的下拉列表中选择其他部门，如“财务部”，在 K3 单元格中输入该部门某员工姓名，如“胡 **”，可看到公式单元格中的数据变化，效果如下图所示。

L3 =LOOKUP(1,0/(($C:$C=$J3)*($B:$B=$K3)),A:A)

员工信息查询-LOOKUP函数无序查找—多条件							
所属部门	员工姓名	员工编号	性别	入职时间	学历	身份证号码	出生日期
财务部	胡**	HTJY003	女	2013/2/6	本科	110122197710164028	1977/2/13

示例结果见“结果文件\第 3 章\×× 公司员工信息表 10.xlsx”文件。

3. 区间查找

LOOKUP 函数的向量形式和数组形式均可实现数字区间查找。不过，当查找区域和结果区域中的数据全部为纯数字时，采用数组形式更为直观，而且不必像 VLOOKUP 函数那样必须创建辅助表构建数据区域，因此，编写公式的过程更为简单便捷。

例如，在下图所示的绩效奖金计算表中，根据销售业绩的比例标准，查找各员工的销售业绩对应的奖金计算比例。

2021年3月销售部绩效奖金计算表

员工编号	姓名	销售业绩	比例	绩效奖金
HTJY001	黄**	388011.92		0.00
HTJY007	张**	156010.68		0.00
HTJY013	吴**	220666.68		0.00
HTJY016	周**	252165.22		0.00
合计		1016854.50		0.00

销售绩效奖金计算比例

销售业绩(A)	比例
A≤150000	0.8%
150000<A≤200000	1.0%
200000<A≤250000	1.5%
250000<A≤300000	1.8%
A>300000	2.0%

第1步 **设置公式**。打开“素材文件\第 3 章\×× 公司 2021 年 3 月销售部绩效奖金计算表 1.xlsx”文件，在 D3 单元格中设置公式“=LOOKUP(C3,{0.01,150000.01,200000.01,250000.01,300000.01},{0.008,0.01,0.015,0.018,0.02})”，将公式填充至 D4:D6 单元格区域中即可。公式结果如下图所示。

D3 =LOOKUP(C3,{0.01,150000.01,200000.01,250000.01,300000.01},{0.008,0.01,0.015,0.018,0.02})

2021年3月销售部绩效奖金计算表

员工编号	姓名	销售业绩	比例	绩效奖金
HTJY001	黄**	388011.92	2.0%	7760.24
HTJY007	张**	156010.68	1.0%	1560.11
HTJY013	吴**	220666.68	1.5%	3310.00
HTJY016	周**	252165.22	1.8%	4538.97
合计		1016854.50	-	17169.32

销售绩效奖金计算比例

销售业绩(A)	比例
A≤150000	0.8%
150000<A≤200000	1.0%
200000<A≤250000	1.5%
250000<A≤300000	1.8%
A>300000	2.0%

第2步 **测试效果**。在 C3 单元格中输入其他数字，如“138000.00”，可看到 D3 单元格中比例的变化，效果如下图所示。

2021年3月销售部绩效奖金计算表

员工编号	姓名	销售业绩	比例	绩效奖金
HTJY001	黄**	138000.00	0.8%	1104.00
HTJY007	张**	156010.68	1.0%	1560.11
HTJY013	吴**	220666.68	1.5%	3310.00
HTJY016	周**	252165.22	1.8%	4538.97
合计		766842.58	-	10513.08

示例结果见“结果文件\第 3 章\×× 公司 2021 年 3 月销售部绩效奖金计算表 1.xlsx”文件。

温馨提示●

LOOKUP 函数的数组形式实质是常规查找，因此注意要将数组中的数字进行升序排列，同时数组与数组的数字要一一对应。

3.3.4 INDEX 和 MATCH 函数：查找目标数据的完美组合

INDEX 函数的作用是返回指定区域内单元格的行数和列数。MATCH 函数的作用则是根据关键字，返回指定区域中单元格的行数和列数。由于两个函数的作用恰好互补，能够突破 VLOOKUP、HLOOKUP 等函数的诸多局限，无论正向、逆向查找，都能够准确地查找到目标数据，是查找与引用函数中的完美搭档。因此，实际工作中通常将二者嵌套使用，相辅相成，共同查找目标数据。同时，MATCH 函数更是一个经典函数，可自动定位其他函数参数中需要设定的行数或列数。下面首先分别介绍两个函数的语法结构、参数说明等相关知识，再介绍嵌套组合查找数据的方法。

1. INDEX 函数

INDEX 函数的作用是根据指定的表格区域及单元格的二维坐标，定向查找单元格中的数据。

语法结构： INDEX(array,row_num,[column_num])

语法释义： INDEX(数组，行数，列数)

参数说明： 当第 1 个参数（数组）引用单列区域时，第 3 个参数（列数）可缺省。

例如，在下图所示表格中查找 A4:F16 单元格区域中的第 6 行第 2 列数据，设置公式“=INDEX(A4:F16,6,2)”即可。

C2　fx　=INDEX(A4:F16,6,2)

××公司2021年3月产品库存明细表1

INDEX函数查找：产品003

产品编号	产品名称	单位	结存数量	成本价	结存金额
A0004	产品004	组	138	187.61	28,141.50
A0011	产品011	扎	288	115.66	44,876.08
A0010	产品010	箱	132	133.72	18,052.20
A0006	产品006	条	118	122.81	14,737.20
A0007	产品007	条	325	126.97	41,265.25
A0003	产品003	套	126	175.76	31,636.80
A0012	产品012	套	369	142.85	38,426.65
A0001	产品001	件	158	164.39	25,973.62
A0002	产品002	件	160	122.74	27,002.80
A0008	产品008	件	263	123.68	49,472.00
A0013	产品013	件	282	249.09	45,334.38
A0005	产品005	盒	140	119.08	19,052.80
A0009	产品009	根	226	259.08	110,368.08
合计	-	-	2587	-	466197.86

2. MATCH 函数

MATCH 函数的作用是在指定的区域中定位指定查找值的单元格坐标。

语法结构： MATCH(lookup_value,lookup_array,[match_type])

语法释义： MATCH(关键字，查找区域，[匹配类型])

参数说明： 第 2 个参数（查找区域）只返回一个坐标（行数或列数），因此应设置为单行或单列区域，如 A2:G2 或 B2:B15。第 3 个参数包括近似和精确两种匹配类型，代码分别为 1 和 0，缺省时默认为“1”（近似匹配）。

例如，在下图所示表格中定位 C2 单元格中的数据在 B4:B16 单元格区域中的行数，设置公式“=MATCH(C2,B4:B16,0)”即可。

D2 =MATCH(C2,B4:B16,0)

××公司2021年3月产品库存明细表1					
INDEX函数查找：	产品003	6			
产品编号	产品名称	单位	结存数量	成本价	结存金额
A0004	产品004	组	138	187.61	28,141.50
A0011	产品011	扎	288	115.66	44,876.08
A0010	产品010	箱	132	133.72	18,052.20
A0006	产品006	条	118	122.81	14,737.20
A0007	产品007	条	325	126.97	41,265.25
A0003	产品003	套	126	175.76	31,636.80
A0012	产品012	套	369	142.85	38,426.65
A0001	产品001	件	158	164.39	25,973.62
A0002	产品002	件	160	122.74	27,002.80
A0008	产品008	件	263	123.68	49,472.00
A0013	产品013	件	282	249.09	45,334.38
A0005	产品005	盒	140	119.08	19,052.80
A0009	产品009	根	226	259.08	110,368.08
合计	-	-	2587	-	466197.86

3. 嵌套组合查找

下面分别介绍 INDEX 和 MATCH 函数组合与 VLOOKUP 和 MATCH 函数组合查找目标数据的方法。

（1）INDEX和MATCH函数组合

INDEX 和 MATCH 函数的组合方式是：在 INDEX 函数中的第 2、3 个参数中分别嵌套 MATCH 函数，即可使其自动返回行数和列数，并且复制粘贴公式后无须做任何手工修改，更不会受到正向、逆向查找及排序等问题的影响。

如下图所示，在库存明细表中根据“产品名称”查找其关联信息。其中，“产品编号”信息需要逆向查找。

××公司2021年3月产品库存明细表1					
产品编号	产品名称	单位	结存数量	成本价	结存金额
A0004	产品004	组	138	187.61	28,141.50
A0011	产品011	扎	288	115.66	44,876.08
A0010	产品010	箱	132	133.72	18,052.20
A0006	产品006	条	118	122.81	14,737.20
A0007	产品007	条	325	126.97	41,265.25
A0003	产品003	套	126	175.76	31,636.80
A0012	产品012	套	369	142.85	38,426.65
A0001	产品001	件	158	164.39	25,973.62
A0002	产品002	件	160	122.74	27,002.80
A0008	产品008	件	263	123.68	49,472.00
A0013	产品013	件	282	249.09	45,334.38
A0005	产品005	盒	140	119.08	19,052.80
A0009	产品009	根	226	259.08	110,368.08
合计	-	-	2587	-	466197.86

查询表1-INDEX+MATCH函数					
产品名称	产品编号	单位	结存数量	成本价	结存金额
产品012					

第1步 **设置公式**。打开“素材文件\第3章\××公司2021年3月产品库存明细表1.xlsx”文件。❶ 在I3单元格中设置公式“=INDEX($A$3:$F$15,MATCH($H3,$B$3:$B$15,0),MATCH(I$2,$A$2:$F$2,0))”，在A3:F15单元格区域中，返回由MATCH函数定位的H3和I2单元格中的数据在B3:B15与A2:F12单元格区域中的行数和列数构成的二维坐标所在单元格中的数据；❷ 将I3单元格公式复制粘贴至J3:M3单元格区域中即可。公式结果如下图所示。

I3 =INDEX($A$3:$F$15,MATCH($H3,$B$3:$B$15,0),MATCH(I$2,$A$2:$F$2,0))

查询表1-INDEX+MATCH函数					
产品名称	产品编号	单位	结存数量	成本价	结存金额
产品012	A0012	套	369	142.85	38,426.65

第2步 **测试效果**。在H3单元格下拉列表中选择其他产品名称，可看到I3:M3单元格区域中的数据变化为与之匹配的关联信息，效果如下图所示。

I3 =INDEX($A$3:$F$15,MATCH($H3,$B$3:$B$15,0),MATCH(I$2,$A$2:$F$2,0))

查询表1-INDEX+MATCH函数					
产品名称	产品编号	单位	结存数量	成本价	结存金额
产品006	A0006	条	118	122.81	14,737.20

（2）VLOOKUP和MATCH函数组合

VLOOKUP 或 HLOOKUP 与 MATCH 函数的组合方式更为简单：只需将第 3 个参数嵌套 MATCH 函数自动定位列数或行数即可。下面在库存明细表中使用 VLOOKUP 和 MATCH 函数组合，查找引用目标数据。

第1步 **设置公式**。❶在空白区域如 H6:M7 单元格区域中绘制查询表，在 H7 单元格中创建“产品编号”的下拉列表，在 I7 单元格中设置公式“=VLOOKUP($H7,$A$3:$F$15,MATCH(I6,$A2:$F2,0),0)”，在 A3:F15 单元格区域查找，由 MATCH 函数自动定位 I6 单元格数据在 A2:F2 单元格区域中的列中与 H7 单元格中数据匹配的信息；❷将 I7 单元格公式复制粘贴至 J7:M7 单元格区域中即可。公式结果如下图所示。

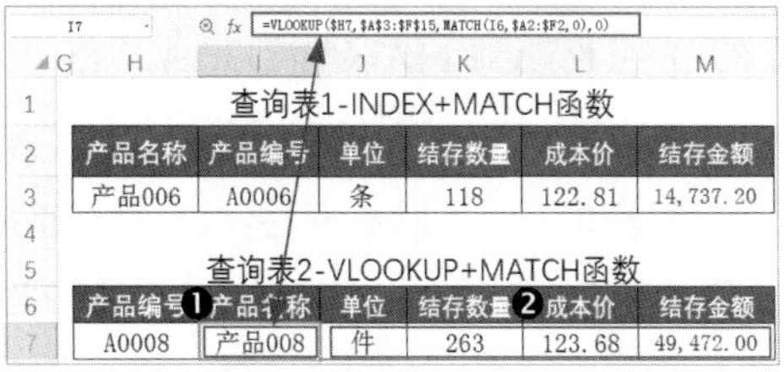

I7 fx =VLOOKUP($H7,$A$3:$F$15,MATCH(I6,$A2:$F2,0),0)

查询表1-INDEX+MATCH函数

产品名称	产品编号	单位	结存数量	成本价	结存金额
产品006	A0006	条	118	122.81	14,737.20

查询表2-VLOOKUP+MATCH函数

产品编号	产品名称	单位	结存数量	成本价	结存金额
A0008	产品008	件	263	123.68	49,472.00

第2步 **测试效果**。在 H7 单元格下拉列表中选择其他产品编号后，即可看到 I7:M7 单元格区域中的数据已同步变化为与之匹配的关联信息，效果如下图所示。

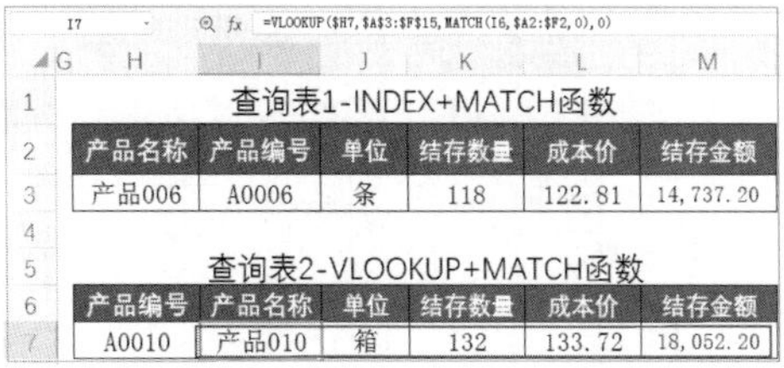

I7 fx =VLOOKUP($H7,$A$3:$F$15,MATCH(I6,$A2:$F2,0),0)

查询表1-INDEX+MATCH函数

产品名称	产品编号	单位	结存数量	成本价	结存金额
产品006	A0006	条	118	122.81	14,737.20

查询表2-VLOOKUP+MATCH函数

产品编号	产品名称	单位	结存数量	成本价	结存金额
A0010	产品010	箱	132	133.72	18,052.20

示例结果见“结果文件\第 3 章\××公司 2021 年 3 月产品库存明细表 1.xlsx”文件。

温馨提示

HLOOKUP 函数同样可将第 3 个参数嵌套MATCH 函数自动定位行数。需要注意的是：应将MATCH 函数的第 2 个参数（查找区域）设定为同一列，如“A3:A12”，代表定位关键字在 A 列第 3～12 行中的行数。

3.3.5 OFFSET 函数：根据偏移量定位目标数据

OFFSET 函数的作用是以指定单元格为基准，按照给定的数字向上下左右方向偏移至目标单元格或区域，然后返回其中数据，以此实现数据的查找与引用。

语法结构：OFFSET(reference,rows,cols,[hight],[width])

语法释义：OFFSET(基准单元格 , 行数 , 列数 ,[高度],[宽度])

参数说明：

①前 3 个参数为必需项，可设为 0 或空（用英文逗号占位）。其中，第 2、3 个参数为正数时，代表向下和向右偏移。反之，为负数时，则代表向上和向左偏移。

②第 4、5 个参数为可选参数，分别指定需要返回目标引用区域的行数和列数，其作用是定位行列的高度和宽度构成的参照区域。参数缺省时代表其高度或宽度与参照区域相同。

由于 OFFSET 函数需要给定具体的偏移量（数字），因此在实际运用中，通常与 MATCH 函数、统计类函数等能够自动返回数字的函数嵌套使用，才能真正发挥其作用。本小节首先介绍 OFFSET 和 MATCH 函数组合的运用方法。与统计类函数嵌套的方法将在后面小节中介绍。

1. 仅按行、列偏移查找目标数据

如果仅仅使用 OFFSET 函数查找目标数据，可缺省第 4、5 个参数，设置前 3 个参数即可。

如下图所示，表格中记录了 1—3 月每日的各客户销售数据。下面制作查询表，动态查询每位客户连续 10 日的销售明细数据。

××公司2021年1—3月客户销售明细表

日期	客户A	客户B	客户C	客户D	客户E	客户F	合计
2021-1-1	12,493.11	16,130.93	14,509.69	14,906.56	15,151.25	13,408.01	**86,599.55**
2021-1-2	-	15,261.72	11,372.27	12,760.77	15,336.62	16,324.19	**71,055.57**
2021-1-3	12,606.30	15,592.80	12,008.87	12,345.16	14,661.40	12,027.58	**79,242.11**
2021-1-4	15,065.02	11,077.36	15,309.70	15,107.49	11,939.97	13,278.69	**81,778.23**
2021-1-5	12,184.46	15,785.72	11,276.95	13,465.99	11,024.70	12,465.42	**76,203.24**
2021-1-6	12,369.04	13,067.33	14,890.69	12,819.80	12,980.67	13,410.52	**79,538.05**
2021-1-7	10,810.76	11,573.25	14,838.17	14,647.36	13,344.53	15,124.93	**80,339.00**
2021-1-8	14,233.51	11,569.30	13,147.68	11,525.41	15,875.84	14,241.43	**80,593.17**
2021-1-9	10,865.43	10,864.57	13,475.49	10,821.13	14,600.44	14,149.77	**74,776.83**
2021-1-10	14,411.53	11,816.88	15,830.41	11,656.11	13,789.27	11,171.54	**78,675.74**

第1步 **设置公式自动生成 OFFSET 函数的第 1 个参数**。打开“素材文件\第 3 章\×× 公司 2021 年 1—3 月客户销售明细表 .xlsx”文件。❶ 在 J2:Q13 单元格区域绘制查询表，并在 K13:P13 与 Q3:Q13 单元格区域中预先设置好求和公式；❷ 在 J2 单元格中输入起始日期，并自定义单元格格式，设置格式代码为“"起始日期:"yyyy/m/d”后显示“起始日期:2021/1/1”；❸ 在 J3 单元格中设置公式“=J2”，直接引用其中的起始日期，在 J4 单元格中设置公式“=J3+1”后将公式填充至 J5:J12 单元格区域中，如下图所示。

J4　=J3+1

查询表1：OFFSET函数-仅按行、列查找

起始日期:2021/1/1	客户A	客户B	客户C	客户D	客户E	客户F	合计
2021/1/1							-
2021/1/2							-
2021/1/3							-
2021/1/4							-
2021/1/5							-
2021/1/6							-
2021/1/7							-
2021/1/8							-
2021/1/9							-
2021/1/10							-
合计	-	-	-	-	-	-	-

第2步 **设置 OFFSET 函数公式根据日期查找目标数据**。在 K3 单元格中设置公式“=OFFSET($A$1,MATCH($J3,$A:$A,0)-1,MATCH(K$2,$A$2:$H$2,0)-1)”，以 A1 单元格为基准，向下向右偏移。其中，向下偏移的行数和列数分别由 MATCH 函数根据 J3 单元格中的日期和 K2 单元格中的字段名称在 A 列和 A2:H2 单元格区域中自动定位。减 1 是要减掉 A1 单元格本身占用的 1 行和 1 列，将公式复制粘贴至 K3:P12 单元格区域中即可。公式结果如下图所示。

K3　=OFFSET($A$1,MATCH($J3,$A:$A,0)-1,MATCH(K$2,$A$2:$H$2,0)-1)

查询表1：OFFSET函数-仅按行、列查找

起始日期:2021/1/1	客户A	客户B	客户C	客户D	客户E	客户F	合计
2021/1/1	12,493.11	16,130.93	14,509.69	14,906.56	15,151.25	13,408.01	**86,599.55**
2021/1/2	-	15,261.72	11,372.27	12,760.77	15,336.62	16,324.19	**71,055.57**
2021/1/3	12,606.30	15,592.80	12,008.87	12,345.16	14,661.40	12,027.58	**79,242.11**
2021/1/4	15,065.02	11,077.36	15,309.70	15,107.49	11,939.97	13,278.69	**81,778.23**
2021/1/5	12,184.46	15,785.72	11,276.95	13,465.99	11,024.70	12,465.42	**76,203.24**
2021/1/6	12,369.04	13,067.33	14,890.69	12,819.80	12,980.67	13,410.52	**79,538.05**
2021/1/7	10,810.76	11,573.25	14,838.17	14,647.36	13,344.53	15,124.93	**80,339.00**
2021/1/8	14,233.51	11,569.30	13,147.68	11,525.41	15,875.84	14,241.43	**80,593.17**
2021/1/9	10,865.43	10,864.57	13,475.49	10,821.13	14,600.44	14,149.77	**74,776.83**
2021/1/10	14,411.53	11,816.88	15,830.41	11,656.11	13,789.27	11,171.54	**78,675.74**
合计	**115,039.16**	**132,739.86**	**136,659.92**	**130,055.78**	**138,704.69**	**135,602.08**	**788,801.49**

第3步 **测试效果**。在 J2 单元格中输入其他日期作为起始日期，可看到 J3:Q13 单元格区域中的数据变化效果，如下图所示。

K3 =OFFSET($A$1,MATCH($J3,$A:$A,0)-1,MATCH(K$2,$A$2:$H$2,0)-1)

查询表1：OFFSET函数-仅按行、列查找

起始日期:2021/2/20	客户A	客户B	客户C	客户D	客户E	客户F	合计
2021/2/20	8,568.92	7,478.45	7,703.22	10,300.40	7,778.79	11,032.40	52,862.18
2021/2/21	8,310.87	6,711.99	5,701.72	5,987.74	7,949.56	5,880.88	40,542.76
2021/2/22	8,482.54	6,573.16	5,000.12	4,528.79	4,440.33	6,086.76	35,111.70
2021/2/23	4,487.16	6,612.14	5,264.29	4,052.83	3,437.39	3,346.74	27,200.55
2021/2/24	4,657.55	3,405.09	4,867.03	3,950.30	3,080.01	2,672.38	22,632.36
2021/2/25	2,589.01	3,721.94	2,691.08	3,885.77	2,990.67	2,402.74	18,281.21
2021/2/26	2,105.88	1,988.77	2,786.66	2,067.60	2,992.23	2,322.38	14,263.52
2021/2/27	1,771.58	1,552.69	1,500.72	2,157.22	1,659.67	2,307.80	10,949.68
2021/2/28	1,774.95	1,380.11	1,191.33	1,131.97	1,636.74	1,263.21	8,378.31
2021/3/1	11,731.95	14,676.67	13,327.78	13,624.30	14,215.13	12,230.20	79,806.04
合计	54,480.41	54,101.01	50,033.95	51,686.92	50,180.52	49,545.49	310,028.31

2. 计算行、列构成的区域中的数据

如果需要计算数据的区域的高度或宽度大于参照区域的宽度或高度，那么就需要为第 4 或第 5 个参数指定一个具体数字。

例如，在前面示例的客户销售明细表中对指定的日期期间的销售数据进行汇总。

第1步 **设置公式计算汇总数据的天数。** ❶ 在空白区域（如 J16:Q17 单元格区域）中绘制查询表，分别在 K15 和 L15 单元格中任意输入起止日期；❷ 在 J17 单元格中设置公式“=L15–K15+1”，计算需要汇总销售数据的天数，加 1 是要加上被减掉的 L15 单元格中的起始日期本身的 1 天，自定义单元格格式，格式代码为“连续 # 天”，效果如下图所示。

J17 =L15-K15+1

查询表2：OFFSET函数-对指定的行、列构成的区域中的数据进行计算

起止日期 2021/1/1 2021/1/10 ❶

汇总天数	客户A	客户B	客户C	客户D	客户E	客户F	合计
连续10天 ❷							-

第2步 **设置公式汇总指定天数的数据。** ❶ 在 K17 单元格中设置公式“=SUM(OFFSET($A$1,MATCH($K15,$A:$A,0)–1,MATCH(K16,$A$2:$H$2,0)–1,$J$17,1))”，对 OFFSET 函数构建的单元格区域中的数据求和。其中，第 1 ~ 3 个参数参考上例公式进行理解。第 4 个参数是将 J17 单元格中公式返回的天数作为行高度，而第 5 个参数固定为“1”，表明始终计算同一列中的销售数据。❷ 将 K17 单元格中公式填充至 L17:P17 单元格区域中即可。公式结果如下图所示。

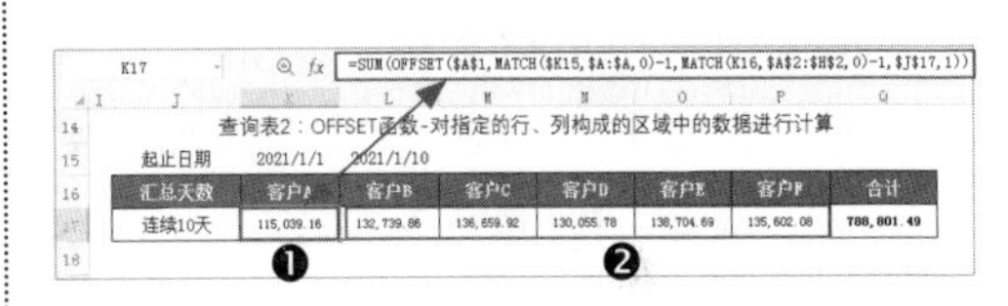
K17 =SUM(OFFSET($A$1,MATCH($K15,$A:$A,0)-1,MATCH(K16,$A$2:$H$2,0)-1,$J$17,1))

查询表2：OFFSET函数-对指定的行、列构成的区域中的数据进行计算

起止日期 2021/1/1 2021/1/10

汇总天数	客户A	客户B	客户C	客户D	客户E	客户F	合计
连续10天	115,039.16	132,739.86	136,659.92	130,055.78	138,704.69	135,602.08	788,801.49

❶ ❷

第3步 **测试效果。** 分别在 K15 和 L15 单元格中输入其他起止日期，可看到 J17:Q17 单元格区域中的数据变化效果，如下图所示。

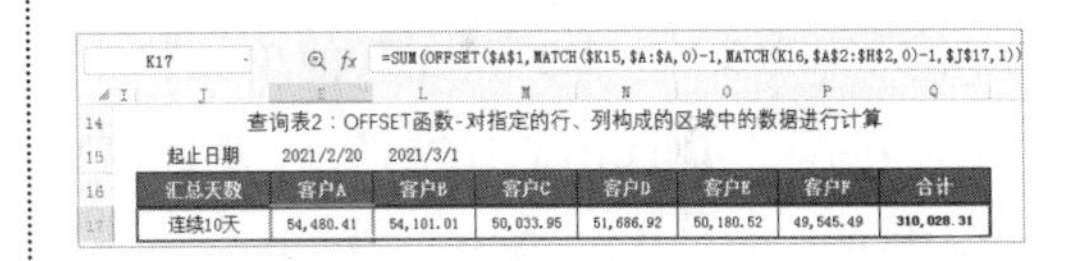
K17 =SUM(OFFSET($A$1,MATCH($K15,$A:$A,0)-1,MATCH(K16,$A$2:$H$2,0)-1,$J$17,1))

查询表2：OFFSET函数-对指定的行、列构成的区域中的数据进行计算

起止日期 2021/2/20 2021/3/1

汇总天数	客户A	客户B	客户C	客户D	客户E	客户F	合计
连续10天	54,480.41	54,101.01	50,033.95	51,686.92	50,180.52	49,545.49	310,028.31

示例结果见“结果文件 \ 第 3 章 \ × × 公司 2021 年 1—3 月客户销售明细表 .xlsx”文件。

> **温馨提示**
>
> OFFSET 函数计算区域数据更经典的应用是与统计函数 COUNTA 嵌套在【有效性】工具中制作动态下拉列表。本章将在后面小节中介绍具体应用方法。

3.3.6 INDIRECT 函数：按地址引用目标数据

INDIRECT 函数的作用是返回文本字

符串所指定的引用。

语法结构：INDIRECT(ref_text,a1)

语法释义：INDIRECT(单元格引用，[引用样式])

参数说明：

①第1个参数包括两种类型：直接引用和间接引用。

直接引用：是指直接引用指定单元格中的文本，设置参数时，需要添加英文双引号。例如，B2单元格内容为“WPS Office高效办公”，在其他单元格设置公式“=INDIRECT("B2")”后即返回“WPS Office高效办公”。

间接引用：是指引用指定单元格中指向的另一个单元格中的内容。例如，C2单元格内容为文本“B2”，在其他单元格中设置公式“=INDIRECT(C2)”后返回B2单元格的内容“WPS Office高效办公”。

二者区别详情如下图所示。

	直接引用	间接引用
文本	WPS Office高效办公	B2
公式结果	WPS Office高效办公	WPS Office高效办公
公式表达式	C2单元格表达式=INDIRECT("B2")	C3单元格表达式=INDIRECT(C2)

②第2个参数（引用样式）同样包括两种：A1和R1C1，缺省时默认为“A1”样式。其中，A1样式代表行号用数字表示，列标用字母表示，而R1C1样式是指行号和列标均用数字代表。在日常工作中，多数用户更习惯于使用A1样式。

下面分别介绍INDIRECT函数直接引用和间接引用两种类型在实例中查找引用目标数据的具体运用方法。

1. 直接引用：跨表提取数据

INDIRECT函数的直接引用类型通常嵌套在其他函数表达式中，是辅助查找引用的高效工具。例如，将某一核算项目的明细数据从工作簿中的其他多个工作表中跨表提取至汇总表内，虽然运用VLOOKUP、HLOOKUP等函数即可实现，但跨表引用需要手动操作批量替换公式表达式中的工作表名称。对此，可将表达式中引用工作表名称的部分嵌套INDIRECT函数，那么在一个单元格中设置好公式后批量复制粘贴或填充公式即可。

如下图所示，第二幅图的汇总表中，B3单元格设置了HLOOKUP函数公式，引用了第一幅图的“2021年1月”工作表中第9行数据，即销售金额合计数。向下填充公式后，B4:B6单元格区域中的数据仍然是“2021年1月”工作表中的数据。

××公司2021年1月客户销售利润汇总表

客户名称	销售金额	销售成本	边际利润	利润率
客户A	296,887.95	225,467.29	71,420.66	24.06%
客户B	302,968.74	228,663.12	74,305.62	24.53%
客户C	308,156.42	231,860.73	76,295.69	24.76%
客户D	295,949.01	225,594.56	70,354.45	23.77%
客户E	305,196.49	229,786.92	75,409.57	24.71%
客户F	297,823.31	225,277.03	72,546.28	24.36%
合计	1,806,981.92	1,366,649.65	440,332.27	24.37%

B3　fx　=HLOOKUP(B$2,'2021年1月'!$2:$9,8,0)

××公司2021年1—4月销售利润汇总表

月份	销售金额	销售成本	边际利润	利润率
2021年1月	1,806,981.92			0.00%
2021年2月	1,806,981.92			0.00%
2021年3月	1,806,981.92			0.00%
2021年4月	1,806,981.92			0.00%
合计	7,227,927.68	-	-	0.00%

下面将 HLOOKUP 函数公式表达式中的第 2 个参数嵌套 INDIRECT 函数，即可保证批量填充数据后的结果正确无误。

第1步 **设置公式**。打开“素材文件\第 3 章\× × 公司 2021 年 1—4 月客户销售利润汇总表 .xlsx”文件，将 B3 单元格中的公式修改为“=HLOOKUP(B$2,INDIRECT($A3&"!$2:$9"),8,0)”，将公式复制粘贴至 B3:D6 单元格区域中。可看到公式结果全部正确，如下图所示。

B3　fx　=HLOOKUP(B$2,INDIRECT($A3&"!$2:$9"),8,0)

	A	B	C	D	E
1	××公司2021年1—4月销售利润汇总表				
2	月份	销售金额	销售成本	边际利润	利润率
3	2021年1月	1,806,981.92	1,366,649.65	440,332.27	24.37%
4	2021年2月	1,625,631.92	1,232,891.58	392,740.34	24.16%
5	2021年3月	1,674,564.01	1,290,492.69	384,071.32	22.94%
6	2021年4月	1,789,392.94	1,374,096.51	415,296.43	23.21%
7	合计	6,896,570.79	5,264,130.43	1,632,440.36	23.67%

第2步 **测试效果**。将 A3 单元格中的文本和“2021 年 1 月”工作表名称修改为相同的文本“2021 年 01 月”，可看到 B3:D3 单元格区域中的数据仍然正确，效果如下图所示。

B3　fx　=HLOOKUP(B$2,INDIRECT($A3&"!$2:$9"),8,0)

	A	B	C	D	E
1	××公司2021年1—4月销售利润汇总表				
2	月份	销售金额	销售成本	边际利润	利润率
3	2021年01月	1,806,981.92	1,366,649.65	440,332.27	24.37%
4	2021年2月	1,625,631.92	1,232,891.58	392,740.34	24.16%
5	2021年3月	1,674,564.01	1,290,492.69	384,071.32	22.94%
6	2021年4月	1,789,392.94	1,374,096.51	415,296.43	23.21%
7	合计	6,896,570.79	5,264,130.43	1,632,440.36	23.67%
8					
9					
10					

1-4月汇总　2021年01月　2021年2月　2021年3月　2021年4月

示例结果见“结果文件\第 3 章\× × 公司 2021 年 1—4 月客户销售利润汇总表 .xlsx”文件。

温馨提示

运用 INDIRECT 函数设置公式时，需要注意一点：如果引用内容包含日期，应将单元格格式设置为文本格式，而不是日期格式，否则引用无效，将返回错误值“#REF”。

2. 间接引用：与【指定名称】工具配合制作联动下拉列表

在实际工作中，创建下拉列表输入数据可提高输入速度，同时也能有效避免输入错误。但是，如果序列中的选项过多，那么在下拉列表中进行选择时仍然会消耗很多时间和精力。

如下图所示，B2:B59 单元格区域中所记录的产品名称数量共 58 个。E2 单元格中以此区域作为下拉选项，那么在根据 D2 单元格中的供应商名称选择其所属产品时就极为不便。

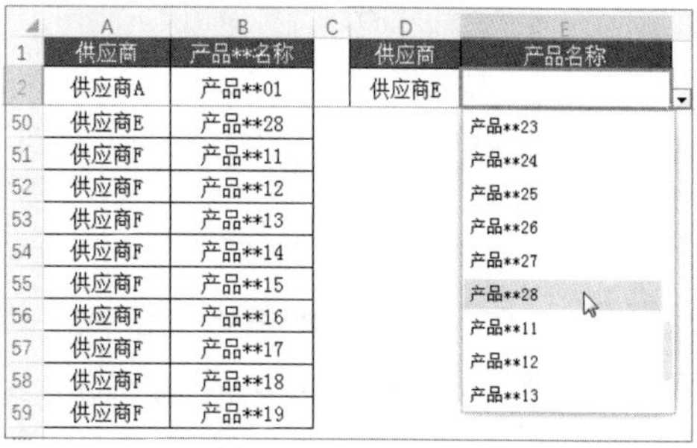

	A	B	C	D	E
1	供应商	产品**名称		供应商	产品名称
2	供应商A	产品**01		供应商E	
50	供应商E	产品**28			产品**23
51	供应商F	产品**11			产品**24
52	供应商F	产品**12			产品**25
53	供应商F	产品**13			产品**26
54	供应商F	产品**14			产品**27
55	供应商F	产品**15			产品**28
56	供应商F	产品**16			产品**11
57	供应商F	产品**17			产品**12
58	供应商F	产品**18			产品**13
59	供应商F	产品**19			

下面使用【指定名称】工具与 INDIRECT 函数配合制作联动下拉列表，实现“产品名称”下拉列表跟随供应商名称的变化而生成动态下拉选项。

第1步 **指定名称**。打开“素材文件\第 3 章\制作联动下拉列表 .xlsx”文件。❶ 将表格整理为二维格式；❷ 单击【公式】选项卡中的【指定】按钮；❸ 弹出【指定名称】对话框，系统默认选中【首行】和【最左列】复选框，本例应取消选中【最左列】复选框；❹ 单击【确定】按钮关闭对话框，如下图所示。

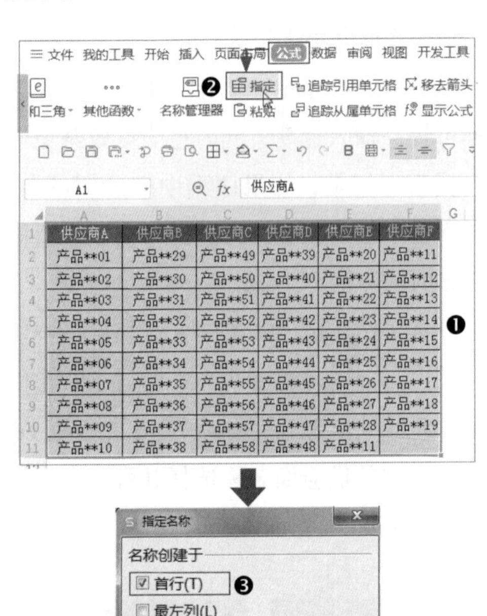

供应商A	供应商B	供应商C	供应商D	供应商E	供应商F
产品**01	产品**29	产品**49	产品**39	产品**20	产品**11
产品**02	产品**30	产品**50	产品**40	产品**21	产品**12
产品**03	产品**31	产品**51	产品**41	产品**22	产品**13
产品**04	产品**32	产品**52	产品**42	产品**23	产品**14
产品**05	产品**33	产品**53	产品**43	产品**24	产品**15
产品**06	产品**34	产品**54	产品**44	产品**25	产品**16
产品**07	产品**35	产品**55	产品**45	产品**26	产品**17
产品**08	产品**36	产品**56	产品**46	产品**27	产品**18
产品**09	产品**37	产品**57	产品**47	产品**28	产品**19
产品**10	产品**38	产品**58	产品**48	产品**11	

第2步 **查看名称。**❶ 单击【公式】选项卡中的【名称管理器】按钮；❷ 弹出【名称管理器】对话框，即可看到上一步指定的名称列表及其相关内容，单击【关闭】按钮关闭对话框，如下图所示。

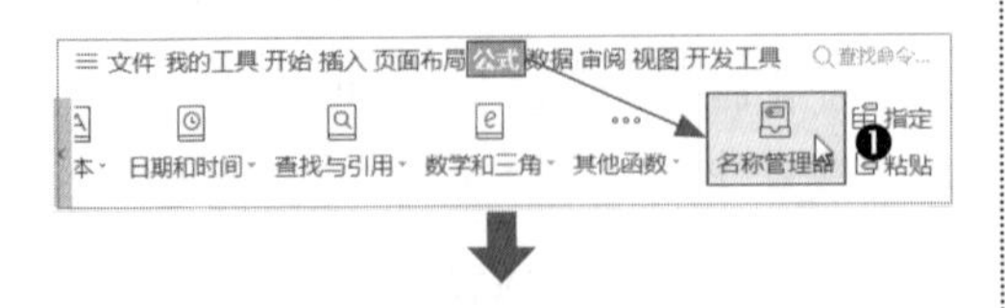

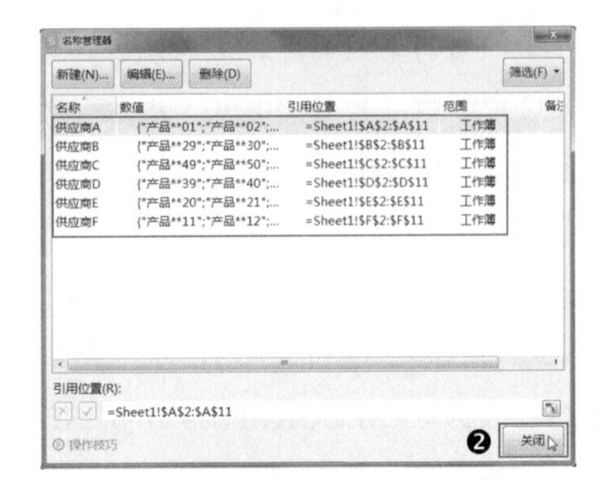

第3步 **创建联动下拉列表。**❶ 在 H1:I2 单元格区域中绘制表格，在 H2 单元格中创建“供应商”下拉列表，选择 A1:F1 单元格区域作为下拉选项；❷ 选中 I2 单元格，单击【数据】选项卡下的【有效性】按钮，打开【数据有效性】对话框，在【允许】下拉列表中选择【序列】选项；❸ 在【来源】文本框中输入公式“=INDIRECT(H2)”，间接引用 H2 单元格中“供应商 A”名称所包含的数值；❹ 单击【确定】按钮关闭对话框即可，如下图所示。注意在 H2 单元格中创建下拉列表后，需要先选定某一项，否则后面使用 INDIRECT 函数间接引用空白单元格时会出错。

第4步 **查看下拉列表效果**。操作完成后，展开 I2 单元格中的下拉列表，即可看到其中仅列示“供应商 A”所属的产品名称，效果如下图所示。

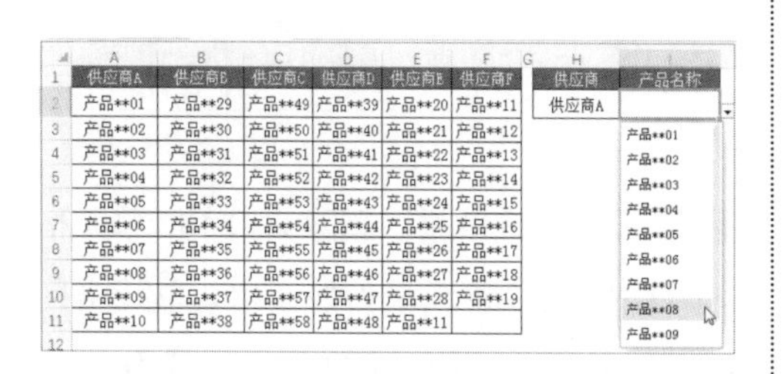

供应商A	供应商B	供应商C	供应商D	供应商E	供应商F	供应商	产品名称
产品**01	产品**29	产品**49	产品**39	产品**20	产品**11	供应商A	
产品**02	产品**30	产品**50	产品**40	产品**21	产品**12		
产品**03	产品**31	产品**51	产品**41	产品**22	产品**13		
产品**04	产品**32	产品**52	产品**42	产品**23	产品**14		
产品**05	产品**33	产品**53	产品**43	产品**24	产品**15		
产品**06	产品**34	产品**54	产品**44	产品**25	产品**16		
产品**07	产品**35	产品**55	产品**45	产品**26	产品**17		
产品**08	产品**36	产品**56	产品**46	产品**27	产品**18		
产品**09	产品**37	产品**57	产品**47	产品**28	产品**19		
产品**10	产品**38	产品**58	产品**48	产品**11			

产品**01
产品**02
产品**03
产品**04
产品**05
产品**06
产品**07
产品**08
产品**09

第5步 **测试效果**。在 H2 单元格下拉列表中选择其他供应商名称，如“供应商 E”，再次展开 I2 单元格中的下拉列表后，可看到其中选项已变化为该供应商所属的产品名称，效果如下图所示。

供应商A	供应商B	供应商C	供应商D	供应商E	供应商F	供应商	产品名称
产品**01	产品**29	产品**49	产品**39	产品**20	产品**11	供应商E	
产品**02	产品**30	产品**50	产品**40	产品**21	产品**12		
产品**03	产品**31	产品**51	产品**41	产品**22	产品**13		
产品**04	产品**32	产品**52	产品**42	产品**23	产品**14		
产品**05	产品**33	产品**53	产品**43	产品**24	产品**15		
产品**06	产品**34	产品**54	产品**44	产品**25	产品**16		
产品**07	产品**35	产品**55	产品**45	产品**26	产品**17		
产品**08	产品**36	产品**56	产品**46	产品**27	产品**18		
产品**09	产品**37	产品**57	产品**47	产品**28	产品**19		
产品**10	产品**38	产品**58	产品**48	产品**11			

产品**20
产品**21
产品**22
产品**23
产品**24
产品**25
产品**26
产品**27
产品**28

示例结果见“结果文件\第 3 章\制作联动下拉列表 .xlsx”文件。

3.4 统计函数

统计函数的主要作用就是对数据区域中的数字、文本等数据进行计数，从复杂、烦琐的数据中快速提取目标数据。在 WPS 表格中，统计函数共包含 100 多个，财务人员只需熟练掌握其中必知必会的几个常用函数，并灵活运用于日常工作中，就足以解决对数据统计分析的大部分问题。

本节将介绍统计函数中的 9 个常用函数的应用方法，包括 COUNT、COUNTIF、COUNTIFS、COUNTA、COUNTBLANK、MAX、MIN、LARGE 和 SMALL 函数。

3.4.1 COUNT 函数：数字计数

COUNT 函数的作用是返回指定区域内包含数字的单元格及参数列表中数字的个数。

语法结构：COUNT(value1,value2,⋯)

语法释义：COUNT(值 1, 值 2,⋯)

参数说明：最多可设置 255 个参数，可以是各种不同类型的数据，但 COUNT 函数只对数字型数据进行计数，忽略其他类型数据，不返回错误值。

如下图所示，B2:B13 单元格区域中的 12 个数字中有 4 个为“文本”类型，因此，B14 单元格中的 COUNT 函数公式统计该区域中数字结果是 8 个。

B14　=COUNT(B2:B13)

	A	B	C
1	序号	内容	数据类型
2	1	44577.06	
3	2	39214.95	文本
4	3	33884.56	
5	4	19008.41	
6	5	22314.22	
7	6	53533.58	文本
8	7	37190.37	
9	8	46550.28	
10	9	37190.37	文本
11	10	38016.82	
12	11	30358.89	文本
13	12	53533.58	
14	统计	8	

COUNT 函数的语法结构非常简单，但在实际工作中总能够发挥意想不到的作用。例如，可利用其忽略统计非数字类型且不返回错误值的特点，与 IF 函数嵌套使用，根据数据表中同一行中单元格是否为空而自动生成序号，并且可自动更新序号，以确保其连续性。

第1步 **设置公式**。打开"素材文件\第 3 章\×× 有限公司 2021 年 4 月客户销售利润明细表 2.xlsx"文件。❶ 在 A3 单元格中设置公式"=IF(B3="","",COUNT(A$2:A2)+1)"，运用 IF 函数判断 B3 单元格为空值时，返回空值，否则运用 COUNT 函数统计"A$2:A2"单元格区域中的数字个数。加 1 的原因是此区域中并无数字，表达式 COUNT(A$2:A2) 返回"0"，加 1 后即生成第 1 个序号。❷ 将 A3 单元格公式向下填充至 A4:A182 单元格区域中。公式结果如下图所示。

A3　=IF(B3="","",COUNT(A$2:A2)+1)

××有限公司2021年4月客户销售利润明细表2

	A	B	C	D	E	F	G
2	序号	日期	客户名称	销售金额	销售成本	边际利润	利润率
3	1	❶ 21-4-1	客户A	12,205.92	9,764.24	2,441.68	20.00%
176	174	2021-4-29	客户F	1,442.97	1,111.16	331.81	22.99%
177	175	2021-4-30	客户A	1,012.96	801.86	211.10	20.84%
178	176	2021-4-30	客户B	1,493.28	1,127.01	366.27	24.53%
179	177	2021-4-30	客户C	1,179.80	877.20	302.60	25.65%
180	178	❷ 2021-4-30	客户D	893.39	665.25	228.14	25.54%
181	179	2021-4-30	客户E	728.64	570.66	157.98	21.68%
182	180	2021-4-30	客户F	772.66	580.09	192.57	24.92%

第2步 **测试效果**。删除 B3:F182 单元格区域中任意一条记录（如 B8:F8 单元格区域中的数据），可看到 A8 单元格变化为空值，但序号仍然连续未断号，效果如下图所示。

A8　=IF(B8="","",COUNT(A$2:A7)+1)

××有限公司2021年4月客户销售利润明细表2

	A	B	C	D	E	F	G
2	序号	日期	客户名称	销售金额	销售成本	边际利润	利润率
3	1	2021-4-1	客户A	12,205.92	9,764.24	2,441.68	20.00%
4	2	2021-4-1	客户B	15,570.48	12,450.80	3,119.68	20.04%
5	3	2021-4-1	客户C	14,413.99	11,262.66	3,151.33	21.86%
6	4	2021-4-1	客户D	14,313.69	10,996.37	3,317.32	23.18%
7	5	2021-4-1	客户E	15,522.93	11,845.79	3,677.14	23.69%
8							0.00%
9	6	2021-4-2	客户A	14,445.53	11,535.66	2,909.87	20.14%
10	7	2021-4-2	客户B	15,259.86	11,401.15	3,858.71	25.29%
11	8	2021-4-2	客户C	11,432.60	8,512.82	2,919.78	25.54%

示例结果见"结果文件\第 3 章\×× 有限公司 2021 年 4 月客户销售利润明细表 2.xlsx"文件。

3.4.2 COUNTIF 和 COUNTIFS 函数：单条件和多条件统计

COUNTIF 和 COUNTIFS 函数是一组条件统计函数，分别用于统计指定范围内符合条件的数据的个数。二者的语法结构基本相同，不同之处是：前者是单条件统计函数，仅能设定一个条件；后者则是多条件统计函数，可设定多个条件。

语法结构：

COUNTIF(range,criteria)

COUNTIFS(criteria_range1,criterial,[criteria_rang2,criteria2],…)

语法释义：

COUNTIF(区域 , 条件)

COUNTIFS(区域 1, 条件 1,[区域 2, 条件 2],…)

参数说明：与 SUMIF 和 SUMIFS 函数的条件设置规则相同。

下面在下图所示的销售利润明细表中分别运用 COUNTIF 和 COUNTIFS 函数统计相关数据。

××有限公司2021年4月客户销售利润明细表3

序号	日期	客户名称	销售金额	销售成本	边际利润	利润率
1	2021/4/1	客户A	12,205.92	9,764.24	2,441.68	20.00%
2	2021/4/1	客户B	15,570.48	12,450.80	3,119.68	20.04%
3	2021/4/1	客户C	14,413.99	11,262.66	3,151.33	21.86%
4	2021/4/1	客户D	14,313.69	10,996.37	3,317.32	23.18%
5	2021/4/1	客户E	15,522.93	11,845.79	3,677.14	23.69%
6	2021/4/1	客户F	13,226.97	9,947.35	3,279.62	24.79%
7	2021/4/2	客户A	14,445.53	11,535.66	2,909.87	20.14%
8	2021/4/2	客户B	15,259.86	11,401.15	3,858.71	25.29%

1. 单条件统计

如果仅仅设定单一条件，如对比数字金额大小统计符合条件的数字个数，运用 COUNTIF 函数即可。

第1步 **设置公式**。打开“素材文件\第 3 章\×× 公司 2021 年 4 月客户销售利润明细表 3.xlsx”文件。❶ 在空白区域（如 I2:M3 单元格区域）绘制统计表，在 I3 单元格中创建下拉列表，将比较运算符设置为下拉选项，在 J3 单元格中输入被比较的任意数字，如“10000”；❷ 在 K3 单元格中设置公式“=COUNTIF(D:D,$I3&$J3)”，统计 D 列中小于 J3 单元格中销售金额“10000”的个数，将公式填充至 L3:M3 单元格区域中即可。公式结果如下图所示。

K3 fx =COUNTIF(D:D,$I3&$J3)

统计表1：COUNTIF函数

统计条件 ❶		销售金额 ❷	销售成本	边际利润
<	10000	64	117	180

第2步 **测试效果**。在 I3 单元格中选择其他比较运算符，在 J3 单元格中输入其他数字，可看到 K3:M3 单元格区域中统计结果的变化，效果如下图所示。

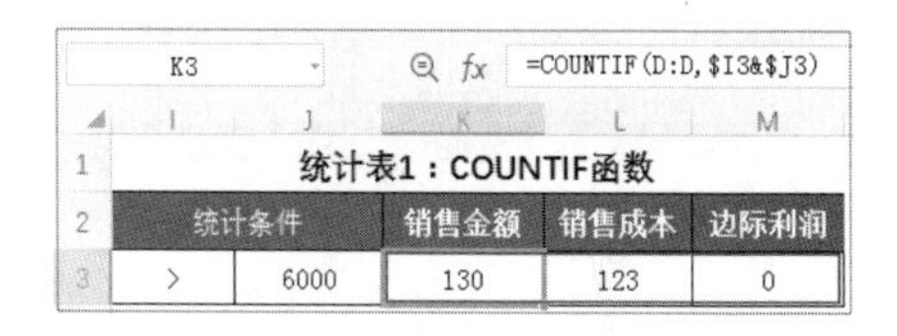

K3 fx =COUNTIF(D:D,$I3&$J3)

统计表1：COUNTIF函数

统计条件		销售金额	销售成本	边际利润
>	6000	130	123	0

2. 多条件统计

如果需要在上例基础上按日期期间比较金额大小，并统计符合条件的数据，则需运用 COUNTIFS 函数设定多个条件统计相关数据。

第1步 **设置公式**。❶ 在空白区域绘制统计表，在 I7 单元格中输入起始日期，在 J7 单元格中输入自起始日期开始连续 *n* 天的数字，在 K7 下拉列表中选择比较运算符，在 L7 单元格中输入被比较的数字；❷ 在 M7 单元格中设置公式“=COUNTIFS($B:$B,">="&$I7,$B:$B,"<="&$I7+$J7-1,D:D,$K7&$L7)”，根据 4 个条件统计 D 列

中符合条件的销售金额的个数，将公式填充至 N7:O7 单元格区域中即可。公式结果如下图所示。

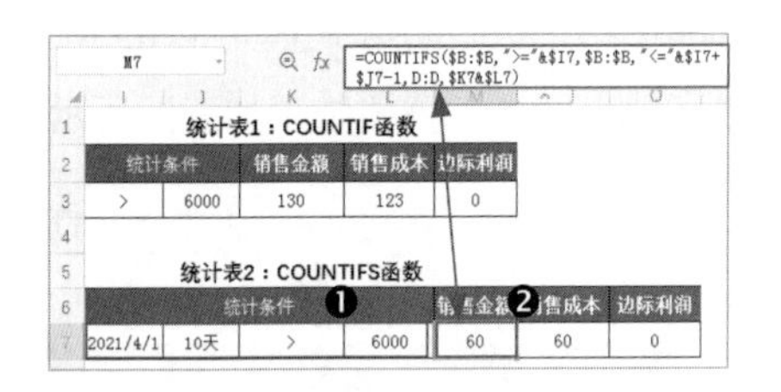
M7 =COUNTIFS($B:$B,">="&$I7,$B:$B,"<="&$I7+$J7-1,D:D,$K7&$L7)

统计表1：COUNTIF函数

统计条件		销售金额	销售成本	边际利润
>	6000	130	123	0

统计表2：COUNTIFS函数

统计条件				销售金额	销售成本	边际利润
2021/4/1	10天	>	6000	60	60	0

第2步 **测试效果**。分别在 I7:L7 单元格区域中设置其他条件，可看到 M7:O7 单元格区域中统计结果的变化，效果如下图所示。

M7 =COUNTIFS($B:$B,">="&$I7,$B:$B,"<="&$I7+$J7-1,D:D,$K7&$L7)

统计表1：COUNTIF函数

统计条件		销售金额	销售成本	边际利润
>	6000	130	123	0

统计表2：COUNTIFS函数

统计条件				销售金额	销售成本	边际利润
2021/4/11	10天	<	12000	17	57	60

示例结果见“结果文件\第 3 章\×× 有限公司 2021 年 4 月客户销售利润明细表 3.xlsx”文件。

3.4.3 COUNTA 和 COUNTBLANK 函数：非空白和空白单元格统计

COUNTA 和 COUNTBLANK 是一组作用相反的函数，分别用于统计指定区域中非空白单元格和空白单元格的个数。二者的语法结构都非常简单，实际运用也十分便捷。

语法结构：

COUNTA(value1,[value2],⋯)

COUNTBLANK(range)

语法释义：

COUNTA(值 1,[值 2],⋯)

COUNTBLANK(区域)

参数说明：COUNTA 函数自第 2 个参数起均为可选参数，最多可设置 255 个参数。

在实际工作中统计两种含义相反的数据个数时，即可使用这两种简单的统计函数。同时，COUNTA 函数另有妙用：与 OFFSET 函数嵌套使用，生成动态数据区域，可用于制作动态下拉列表、动态图表等。下面分别介绍两个函数的常规运用及 OFFSET 和 COUNTA 函数组合使用方法。

1. 常规运用

如下图所示，在客户订货单发货记录表的 D3:D18 单元格区域中记录了客户订货单的发货状态。下面运用 COUNTA 和 COUNTBLANK 函数分别统计已发货与未发货的客户数。

××公司2021年3月客户订货单发货记录表

订单编号	订单日期	客户名称	发货
XSDH-202103010001	2021-3-1	客户A	已发出
XSDH-202103030002	2021-3-3	客户B	已发出
XSDH-202103050003	2021-3-5	客户C	已发出
XSDH-202103080004	2021-3-8	客户E	
XSDH-202103090005	2021-3-9	客户D	已发出
XSDH-202103120006	2021-3-12	客户F	
XSDH-202103150007	2021-3-15	客户B	已发出
XSDH-202103150008	2021-3-15	客户A	已发出
XSDH-202103160009	2021-3-16	客户D	
XSDH-202103190010	2021-3-19	客户C	已发出
XSDH-202103220011	2021-3-22	客户F	已发出
XSDH-202103230012	2021-3-23	客户E	
XSDH-202103250013	2021-3-25	客户A	已发出
XSDH-202103290014	2021-3-29	客户C	已发出
XSDH-202103300015	2021-3-30	客户E	
XSDH-202103310016	2021-3-31	客户D	已发出

第1步 **设置公式**。打开“素材文件\第 3 章\×× 公司 2021 年 3 月客户订货单发货记录表 .xlsx”文件。❶ 在空白区域（如 A20:D20

单元格区域）中绘制统计表，在 B20 单元格中设置公式“=COUNTA($D3:$D18)”统计 D3:D18 单元格区域中非空白单元格个数，将公式复制粘贴至 D20 单元格中后将公式表达式中的函数名称修改为“COUNTBLANK”即可。公式结果如下图所示。

B20　fx　=COUNTA($D3:$D18)

××公司2021年3月客户订货单发货记录表			
订单编号	订单日期	客户名称	发货
XSDH-202103010001	2021-3-1	客户A	已发出
XSDH-202103030002	2021-3-3	客户B	已发出
XSDH-202103050003	2021-3-5	客户C	已发出
XSDH-202103080004	2021-3-8	客户E	
XSDH-202103090005	2021-3-9	客户D	已发出
XSDH-202103120006	2021-3-12	客户F	
XSDH-202103150007	2021-3-15	客户B	已发出
XSDH-202103150008	2021-3-15	客户A	已发出
XSDH-202103160009	2021-3-16	客户D	
XSDH-202103190010	2021-3-19	客户C	已发出
XSDH-202103220011	2021-3-22	客户F	已发出
XSDH-202103230012	2021-3-23	客户E	
XSDH-202103250013	2021-3-25	客户A	已发出
XSDH-202103290014	2021-3-29	客户C	已发出
XSDH-202103300015	2021-3-30	客户E	
XSDH-202103310016	202❶-31	客户D	❷已发出
已发货的客户数	11	未发货的客户数	5

第2步 **测试效果**。删除 D3:D18 单元格区域中任意几个单元格中的文本“已发出”，可看到 B20 和 D20 单元格中统计结果的变化，效果如下图所示。

D20　fx　=COUNTBLANK($D3:$D18)

××公司2021年3月客户订货单发货记录表			
订单编号	订单日期	客户名称	发货
XSDH-202103010001	2021-3-1	客户A	已发出
XSDH-202103030002	2021-3-3	客户B	
XSDH-202103050003	2021-3-5	客户C	已发出
XSDH-202103080004	2021-3-8	客户E	
XSDH-202103090005	2021-3-9	客户D	已发出
XSDH-202103120006	2021-3-12	客户F	
XSDH-202103150007	2021-3-15	客户B	已发出
XSDH-202103150008	2021-3-15	客户A	
XSDH-202103160009	2021-3-16	客户D	
XSDH-202103190010	2021-3-19	客户C	
XSDH-202103220011	2021-3-22	客户F	已发出
XSDH-202103230012	2021-3-23	客户E	
XSDH-202103250013	2021-3-25	客户A	已发出
XSDH-202103290014	2021-3-29	客户C	
XSDH-202103300015	2021-3-30	客户E	
XSDH-202103310016	2021-3-31	客户D	已发出
已发货的客户数	7	未发货的客户数	9

示例结果见“结果文件\第 3 章\××公司 2021 年 3 月客户订货单发货记录表.xlsx”文件。

2. OFFSET 和 COUNTA 函数嵌套使用

OFFSET 与 COUNTA 函数嵌套的公式设置方法非常简单：只需将 COUNTA 函数表达式嵌入 OFFSET 函数中，作为它的第 4 或第 5 个参数即可。

如下图所示的员工信息表中，查询表中 A3 单元格下拉列表中的下拉选项（员工编号）为 A6:A23 单元格区域，一旦选定，即构成静止不变的一组下拉选项。若后期需要新增员工信息，那么下拉列表不会自动将其纳入下拉选项中。

下面在【数据有效性】工具中运用 OFFSET 和 COUNTA 函数嵌套设置公式，即可自动生成动态下拉选项。

第1步 **在【插入下拉列表】对话框中设置公式**。打开“素材文件\第 3 章\××公司员工信息表 11.xlsx”文件。❶ 选中 A3 单元格，单击【数据】选项卡中的【下拉列表】按钮，打开【插入下拉列表】对话框，选中【从单元格选择下拉选项】单选按钮，在文本框中输入公式“=OFFSET(A5,1,0,COUNTA(A6:A888))”；❷ 单击【确定】按钮关闭对话框即可，如下图所示。

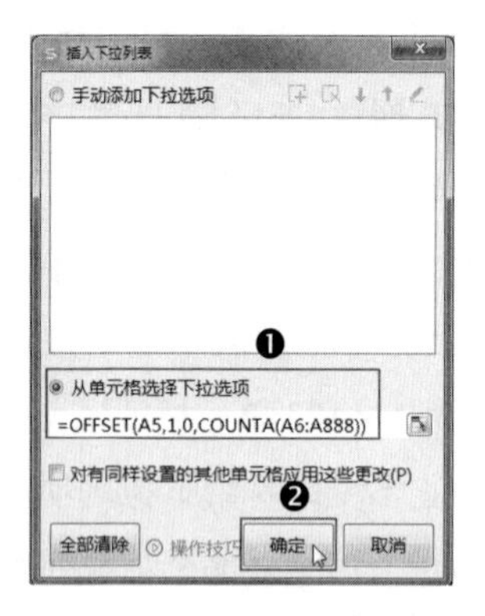

温馨提示

公式含义：以 A5 单元格为基准，向下偏移 1 行，向右偏移 0 列（不偏移），偏移高度即为 COUNTA 函数统计得到的 A6:A888 单元格区域中的非空白单元格数量，由此即构成动态下拉列表选项区域。

第2步 **测试效果**。在 A24 单元格中输入员工编号“HTJY019”，展开 A3 单元格中的下拉列表，即可看到新增数据已被纳入下拉选项中，效果如下图所示。

	A	B	C	D	E	F	G	H
1	查询表							
2	员工编号	员工姓名	所属部门	性别	入职时间	学历	身份证号码	出生日期
3	HTJY001	黄**	销售部	女	2012/8/9	本科	110122197602123616	1976/2/12
4	HTJY011	××公司员工信息表11						
5	HTJY012	员工姓名	所属部门	性别	入职时间	学历	身份证号码	出生日期
6	HTJY013	黄**	销售部	女	2012/8/9	本科	110122197602123616	1976/2/12
7	HTJY014	金**	行政部	男	2012/9/6	专科	110122199203283087	1992/2/12
8	HTJY015	胡**	财务部	女	2013/2/6	本科	110122197710164028	1977/2/13
9	HTJY016	龙**	行政部	男	2013/6/4	本科	110122198810201607	1988/2/13
10	HTJY017	冯**	技术部	男	2014/2/3	本科	110122198607315531	1986/2/14
11	HTJY018	王**	技术部	女	2014/3/6	专科	110122197208135126	1972/2/14
12	HTJY019	张**	销售部	女	2014/5/6	本科	110122199009091610	1990/2/14
13	[illegible]	赵**	财务部	男	2014/5/6	本科	110122197610155325	1976/2/14
14	HTJY009	刘**	技术部	男	2014/8/6	专科	110122198002124465	1980/2/14
15	HTJY010	杨**	行政部	女	2015/6/9	本科	110122197311063292	1973/2/15
16	HTJY011	吕**	技术部	男	2016/5/6	专科	110122197910064731	1979/2/16
17	HTJY012	柯**	财务部	男	2016/9/6	本科	110122198406184083	1984/2/16
18	HTJY013	吴**	销售部	女	2017/1/2	专科	110122198105085618	1981/2/17
19	HTJY014	马**	技术部	男	2017/4/5	本科	110122197603153599	1976/2/17
20	HTJY015	陈**	行政部	女	2017/5/8	专科	110122198901252262	1989/2/17
21	HTJY016	周**	销售部	女	2018/5/9	本科	110122198309210062	1983/2/18
22	HTJY017	郑**	技术部	男	2019/9/8	专科	110122197504262629	1975/2/19
23	HTJY018	钱**	财务部	女	2020/2/9	专科	110122199005232086	1990/2/20
24	HTJY019							

示例结果见“结果文件\第 3 章\××公司员工信息表 11.xlsx”文件。

3.4.4 MAX 和 MIN 函数：统计极值

MAX 和 MIN 是一组极值统计函数，分别用于统计一组数据中的最大值和最小值。二者的作用虽然截然相反，但语法结构、参数规则完全相同。

语法结构：

MAX(number1,number2,…)

MIN(number1,number2,…)

语法释义：

MAX(数值 1, 数值 2,…)

MIN(数值 1, 数值 2,…)

参数说明：参数可设置为单元格区域，可嵌套公式。最多可设置 255 个参数。函数忽略统计逻辑值及文本，不会返回错误值。

MAX 和 MIN 函数的使用非常简单，在实际工作中一般会与其他函数嵌套使用，才能充分发挥它们的作用。下面介绍两种常用嵌套使用方法。

1. 与 IF 函数嵌套：按数字区间统计极值

将 MAX 或 MIN 函数与 IF 函数嵌套组合使用，可按区间统计最大值或最小值。

第1步 **设置公式**。打开“素材文件\第 3 章\××公司 2021 年 3 月销售部绩效奖金计算表 2.xlsx”文件。❶ 在 D3 单元格中设置公式“=MAX(IF(C3>={0,150000,200000,250000,300000},{0.008,0.01,0.015,

0.018,0.02}))”；❷ 将 D3 单元格公式填充至 D4:D6 单元格区域中，可看到公式结果均符合 G3:H3 单元格区域中所设定的数字所在区间和与之对应的比例，效果如下图所示。

D3　fx　=MAX(IF(C3>={0,150000,200000,250000,300000},{0.008,0.01,0.015,0.018,0.02}))

2021年3月销售部绩效奖金计算表2

员工编号	姓名	销售业绩	比例	绩效奖金
HTJY001	黄**	138000. ❶	0.8%	1104.00
HTJY007	张**	156010.68	1.0%	1560.11
HTJY013	吴**	220666. ❷	1.5%	3310.00
HTJY016	周**	252165.22	1.8%	4538.97
合计		**766842.58**	-	**10513.08**

销售绩效奖金计算比例

销售业绩(A)	比例
A≤150000	0.8%
150000≤A≤200000	1.0%
200000≤A≤250000	1.5%
250000≤A≤300000	1.8%
A>300000	2.0%

温馨提示●

公式原理：①首先运用 IF 函数判断 C3 单元格中数字“138000.00”大于或等于第 1 个数组中的某一个数字，判断结果为大于“0”，因此返回第 2 个数组中与之对应的第 1 个数字“0.008”；②运用 MAX 函数直接返回“0.008”这一数字。

第2步● **测试效果**。在 C3 单元格中输入数字“320000.00”后，可看到 D3 单元格中的公式结果变化为符合大于 300000 对应的比例 2.0%，效果如下图所示。

D3　fx　=MAX(IF(C3>={0,150000,200000,250000,300000},{0.008,0.01,0.015,0.018,0.02}))

2021年3月销售部绩效奖金计算表2

员工编号	姓名	销售业绩	比例	绩效奖金
HTJY001	黄**	320000.00	2.0%	6400.00
HTJY007	张**	156010.68	1.0%	1560.11
HTJY013	吴**	220666.68	1.5%	3310.00
HTJY016	周**	252165.22	1.8%	4538.97
合计		**948842.58**	-	**15809.08**

销售绩效奖金计算比例

销售业绩(A)	比例
A≤150000	0.8%
150000≤A≤200000	1.0%
200000≤A≤250000	1.5%
250000≤A≤300000	1.8%
A>300000	2.0%

示例结果见“结果文件\第 3 章\×× 公司 2021 年 3 月销售部绩效奖金计算表 2.xlsx”文件。

2. 与 OFFSET 函数嵌套：按日期区间统计极值

如果在数据表中按日期区间统计最大值或最小值，就需要将 MAX 或 MIN 函数与 OFFSET 函数嵌套。首先运用 OFFSET 函数根据起止日期动态返回数组，那么 MAX 或 MIN 函数也会动态统计数组中的最大值或最小值。同时，若要实现 OFFSET 函数动态返回数值，那么在其中需要嵌套 INDIRECT、MATCH 函数。下面介绍使用方法。

如下图所示，销售明细表列示了客户在 2021 年 1—3 月每日的销售数据。下面根据 K1 和 L1 单元格中的起止日期构成的区间统计最高和最低销售金额，并运用“条件格式”功能在数据表中做出标识。

××公司2021年1—3月客户销售明细表1

日期	客户A	客户B	客户C	客户D	客户E	客户F	合计
2021/1/1	12,493.11	16,130.93	14,509.69	14,906.56	15,151.25	13,408.01	**86,599.55**
2021/1/2	-	15,261.72	11,372.27	12,760.77	15,336.62	16,324.19	**71,055.57**
2021/1/3	12,606.30	15,592.80	12,008.87	12,345.16	14,661.40	12,027.58	**79,242.11**
2021/1/4	15,065.02	11,077.36	15,309.70	15,107.49	11,939.97	13,278.69	**81,778.23**
2021/1/5	12,184.46	15,785.72	11,276.95	13,465.99	11,024.70	12,465.42	**76,203.24**
2021/1/6	12,369.04	13,067.33	14,890.69	12,819.80	12,980.67	13,410.52	**79,538.05**
2021/1/7	10,810.76	11,573.25	14,838.17	14,647.36	13,344.53	15,124.93	**80,339.00**
2021/1/8	14,233.51	11,569.30	13,147.68	11,525.41	15,875.84	14,241.43	**80,593.17**

起止日期　2021-1-1　2021-1-10

销售金额	客户A	客户B	客户C	客户D	客户E	客户F
最高						
最低						

第1步● **设置公式**。打开“素材文件\第 3 章\×× 公司 2021 年 1—3 月客户销售明细表 1.xlsx”文件。❶ 在 K3 单元格中设置公式“=MAX(OFFSET(INDIRECT("A"&MATCH($K$1,$A:$A,0)),0,MATCH(K$2,$B$2:$G$2,0),$L$1-$K$1+1))”；❷ 将 K3

单元格公式填充至 K4 单元格中，将公式表达式中的函数“MAX”修改为“MIN”；❸ 将 K3:K4 单元格区域中的公式填充至 L3:P4 单元格区域中即可，结果如下图所示。

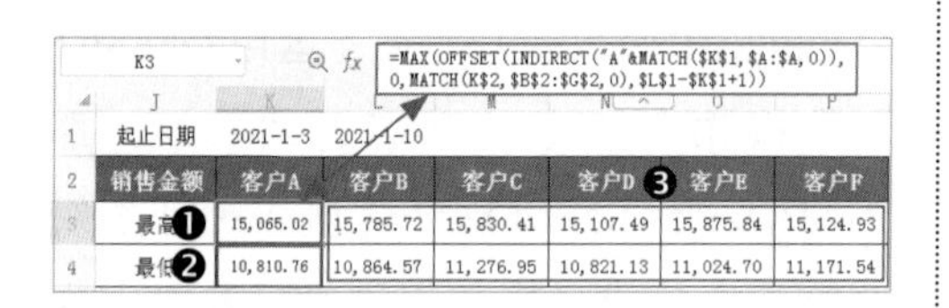

起止日期	2021-1-3	2021-1-10				
销售金额	客户A	客户B	客户C	客户D	客户E	客户F
最高	15,065.02	15,785.72	15,830.41	15,107.49	15,875.84	15,124.93
最低	10,810.76	10,864.57	11,276.95	10,821.13	11,024.70	11,171.54

温馨提示

K3 单元格公式表达式中真正发挥核心作用的是 OFFSET 函数公式构成的动态数组，公式原理如下。

OFFSET 函数的第 1 个参数（基准单元格），即表达式“INDIRECT("A"&MATCH($K$1,$A:$A,0))”的作用是运用 MATCH 函数定位 K1 单元格中的起始日期在 A:A 区域中的行数后与文本“A”组成单元格地址，即 A3，再使用 INDIRECT 函数引用 A3 单元格中的数据。第 3 个参数（向右偏移的列数），即表达式“MATCH(K$2,$B$2:$G$2,0)”同样使用了 MATCH 函数定位 K2 单元格中的客户名称在 B2:G2 单元格区域中的列数。第 4 个参数（偏移的高度），即表达式“$L$1-$K1+1”计算起止日期之间的天数。当 K1 和 L1 单元格中的日期发生变化时，OFFSET 函数公式构成的数据区域也将发生动态变化，由此构成动态数组，因此 MAX 函数也动态统计其中的最大值。

第2步 **设置条件格式标识最大值**。❶ 选中 B3:G92 单元格区域，单击【开始】选项卡下的【条件格式】下拉按钮，在下拉列表中选择【数据条】→【其他规则】命令，打开【新建格式规则】对话框，选择【选择规则类型】列表框中的【使用公式确定要设置格式的单元格】选项，在文本框中输入公式“=AND($A3>=$K$1,$A3<=$L$1,B3=K$3)”，当同时满足以下 3 个条件时即应用单元格格式：A3 单元格中的日期大于或等于 K1 单元格中的起始日期；同时小于或等于 L1 单元格中的截止日期；B3 单元格中的数字等于 K3 单元格中的最大值。❷ 单击【格式】按钮打开【单元格格式】对话框设置单元格格式。❸ 返回【新建格式规则】对话框后单击【确定】按钮关闭对话框。效果如下图所示。

第3步 **设置条件规则**。按照第 2 步的操作，新建标识最小值的格式规则，将公式设置为“=AND($A3>=$K$1,$A3<=$L$1,B3=K$4)”，并设置不同的单元格格式。设置完成后，单击【开始】选项卡中的【条件格式】下拉按钮，在下拉列表中选择【管理格式规则】命令，打开【条件格式规则管理器】对话框，即可看到之前设置的两组条件格式规则，如下图所示。

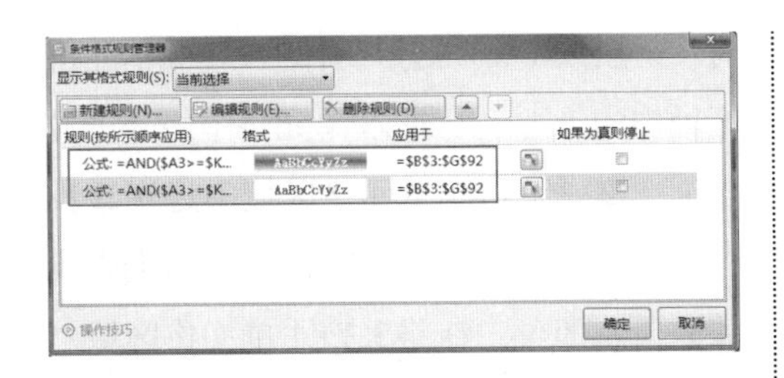

第4步 **查看条件格式效果。** 条件格式效果如下图所示。

××公司2021年1—3月客户销售明细表1

日期	客户A	客户B	客户C	客户D	客户E	客户F	合计
2021-1-1	12,493.11	16,130.93	14,509.69	14,906.56	15,151.25	13,408.01	86,599.55
2021-1-2	-	15,261.72	11,372.27	12,760.77	15,336.62	16,324.19	71,055.57
2021-1-3	12,606.30	15,592.80	12,008.87	12,345.16	14,661.40	12,027.58	79,242.11
2021-1-4	15,065.02	11,077.36	15,309.70	15,107.49	11,939.97	13,278.69	81,778.23
2021-1-5	12,184.46	15,785.72	11,276.95	13,465.99	11,024.70	12,465.42	76,203.24
2021-1-6	12,369.04	13,067.33	14,890.69	12,819.80	12,980.67	13,410.52	79,538.05
2021-1-7	10,810.76	11,573.25	14,838.17	14,647.36	13,344.53	15,124.93	80,339.00
2021-1-8	14,233.51	11,569.30	13,147.68	11,525.41	15,875.84	14,241.43	80,593.17
2021-1-9	10,865.43	10,864.57	13,475.49	10,821.13	14,600.44	14,149.77	74,776.83
2021-1-10	14,411.53	11,816.88	15,830.41	11,656.11	13,789.27	11,171.54	78,675.74

第5步 **测试效果。** 在 K1 和 L1 单元格中输入其他起止日期后，即可看到 K3:P4 单元格区域中公式结果的变化，以及 B3:G92 单元格区域中条件格式效果的动态变化，效果如下图所示。

起止日期	2021-2-1	2021-2-8				
销售金额	客户A	客户B	客户C	客户D	客户E	客户F
最高	10,812.06	10,725.29	14,988.91	10,871.07	15,135.42	11,760.70
最低	10,361.56	10,068.64	14,071.23	10,205.50	14,208.77	11,040.65

××公司2021年1—3月客户销售明细表1

日期	客户A	客户B	客户C	客户D	客户E	客户F	合计
2021-1-1	12,493.11	16,130.93	14,509.69	14,906.56	15,151.25	13,408.01	86,599.55
2021-1-2	-	15,261.72	11,372.27	12,760.77	15,336.62	16,324.19	71,055.57
2021-1-3	12,606.30	15,592.80	12,008.87	12,345.16	14,661.40	12,027.58	79,242.11
2021-1-31	10,586.81	10,178.08	14,224.17	10,760.14	14,208.77	11,040.65	70,998.62
2021-2-1	10,699.43	10,068.64	14,530.07	10,649.21	14,980.98	11,280.67	72,209.00
2021-2-2	10,474.18	10,506.40	14,377.12	10,649.21	14,826.54	11,400.67	72,234.13
2021-2-3	10,812.06	10,615.84	14,988.91	10,427.35	14,208.77	11,760.70	72,813.63
2021-2-4	10,474.18	10,287.52	14,530.07	10,427.35	14,826.54	11,160.66	71,706.32
2021-2-5	10,474.18	10,615.84	14,071.23	10,205.50	14,826.54	11,040.65	71,233.94
2021-2-6	10,361.56	10,178.08	14,224.17	10,871.07	14,363.21	11,640.69	71,638.78
2021-2-7	10,586.81	10,725.29	14,071.23	10,427.35	15,135.42	11,520.68	72,466.78
2021-2-8	10,699.43	10,178.08	14,377.12	10,205.50	14,208.77	11,280.67	70,949.56

示例结果见“结果文件 \ 第 3 章 \ × × 公司 2021 年 1—3 月客户销售明细表 1.xlsx”文件。

3.4.5 LARGE 和 SMALL 函数：按序号返回最大值和最小值

LARGE 和 SMALL 函数同样是一组作用相反的函数，从其名称即可对它们的功能略知一二，即返回最大值和最小值。但它们与 MAX 和 MIN 函数不同之处在于：可以指定返回数组中第 *n* 个最大值和最小值。

语法结构：

LARGE(array,n)

SMALL(array,n)

语法释义：

LARGE(数组 , 第 *n* 个最大值的序号)

SMALL(数组 , 第 *n* 个最小值的序号)

参数说明：第 1 个参数代表数组，一般设置为单元格区域，忽略统计文本、逻辑值；第 2 个参数代表需要统计数组中 *n* 个数字。例如，统计下图所示的表格中 A3:A10 单元格区域中的第 3 个最大值和最小值，公式结果及表达式如下图所示。

数字
115
117
130
130
104
102
101
111
103

LARGE函数

最大值	表达式
117	=LARGE($A$2:$A$10,3)

SMALL函数

最小值	表达式
103	=SMALL($A$2:$A$10,3)

在实际工作中，LARGE 和 SMALL 函数通常用于对数组进行升序和降序的动态排列。

如下图所示，员工信息表中的员工信息是按照员工编号进行升序排列的。下面另制统计查询表，根据出生日期进行升序和降序动态排列，并以此为关键字，查找关联信息。

	A	B	C	D	E	F	G	H
1	××公司员工信息表12							
2	员工编号	员工姓名	所属部门	性别	入职时间	学历	身份证号码	出生日期
3	HTJY001	黄**	销售部	女	2012/8/9	本科	110122197602123616	1976/2/12
4	HTJY002	金**	行政部	男	2012/9/6	专科	110122199203283087	1992/2/12
5	HTJY003	胡**	财务部	女	2013/2/6	本科	110122197710164028	1977/2/13
6	HTJY004	龙**	行政部	男	2013/6/4	本科	110122198810201607	1988/2/13
7	HTJY005	冯**	技术部	男	2014/2/3	本科	110122198607315531	1986/2/14
8	HTJY006	王**	技术部	女	2014/3/6	专科	110122197208135126	1972/2/14
9	HTJY007	张**	销售部	女	2014/5/6	本科	110122199009091610	1990/2/14
10	HTJY008	赵**	财务部	男	2014/5/6	本科	110122197610155325	1976/2/14
11	HTJY009	刘**	技术部	男	2014/8/6	专科	110122198002124465	1980/2/14
12	HTJY010	杨**	行政部	女	2015/6/9	本科	110122197311063292	1973/2/15
13	HTJY011	吕**	技术部	男	2016/5/6	专科	110122197910064731	1979/2/16
14	HTJY012	柯**	财务部	男	2016/9/6	本科	110122198406184083	1984/2/16
15	HTJY013	吴**	销售部	女	2017/1/2	专科	110122198105085618	1981/2/17
16	HTJY014	马**	技术部	男	2017/4/5	本科	110122197603153599	1976/2/17
17	HTJY015	陈**	行政部	女	2017/5/8	专科	110122198901252262	1989/2/17
18	HTJY016	周**	销售部	女	2018/5/9	本科	110122198309210062	1983/2/18
19	HTJY017	郑**	技术部	男	2019/9/8	专科	110122197504262629	1975/2/19
20	HTJY018	钱**	财务部	女	2020/2/9	专科	110122199005232086	1990/2/20

第1步 **绘制统计查询表**。打开“素材文件\第3章\××公司员工信息表12.xlsx”文件。❶ 在空白区域（如 J2:R20 单元格区域）绘制统计查询表，在 J3:J20 单元格区域中填充序号，作为 SMALL 和 LARGE 函数的第2个参数；❷ 在 L1 单元格中创建下拉列表，设置文本“升序”和“降序”两个下拉选项，如下图所示。

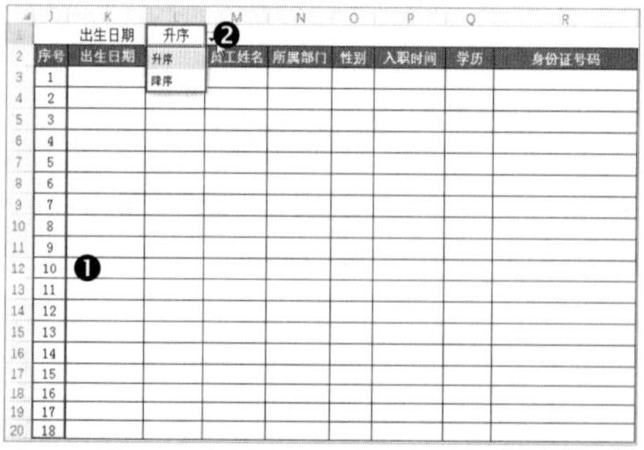

	J	K	L	M	N	O	P	Q	R
1		出生日期	升序 ❷						
2	序号	出生日期	升序	员工姓名	所属部门	性别	入职时间	学历	身份证号码
3	1		降序						
4	2								
5	3								
6	4								
7	5								
8	6								
9	7								
10	8								
11	9								
12	10	❶							
13	11								
14	12								
15	13								
16	14								
17	15								
18	16								
19	17								
20	18								

第2步 **设置公式**。❶ 在 K3 单元格中设置公式“=IF($L$1="升序",SMALL($H$3:$H$20,J3),LARGE($H$3:$H$20,J3))”，运用 IF 函数判断 L1 单元格中的文本为“升序”时，运用 SMALL 函数统计 H3:H20 单元格区域中的第1个（即 J3 单元格中序号）最小值；❷ 在 L3:R3 单元格区域中运用查找与引用函数，根据 K3 单元格中的日期查找关联信息即可；❸ 将 K3:R3 单元格区域中的公式填充至 K4:R20 单元格区域中。可看到 K3:K20 单元格区域中的出生日期已按照升序排列，而 L3:R20 单元格区域中的数据均与出生日期数据匹配，效果如下图所示。

K3　fx　=IF($L$1="升序",SMALL($H$3:$H$20,J3),LARGE($H$3:$H$20,J3))

	J	K	L	M	N	O	P	Q	R
1		出生日期 ❶	升序						
2	序号	出生日期	员工编号	员工姓名	所属部门	性别 ❷	入职时间	学历	身份证号码
3	1	1972/2/14	HTJY006	王**	技术部	女	2014/3/6	专科	110122197208135126
4	2	1973/2/15	HTJY010	杨**	行政部	女	2015/6/9	本科	110122197311063292
5	3	1975/2/19	HTJY017	郑**	技术部	男	2019/9/8	专科	110122197504262629
6	4	1976/2/12	HTJY001	黄**	销售部	女	2012/8/9	本科	110122197602123616
7	5	1976/2/14	HTJY008	赵**	财务部	男	2014/5/6	本科	110122197610155325
8	6	1976/2/17	HTJY014	马**	技术部	男	2017/4/5	本科	110122197603153599
9	7	1977/2/13	HTJY003	胡**	财务部	女	2013/2/6	本科	110122197710164028
10	8	1979/2/16	HTJY011	吕**	技术部	男	2016/5/6	专科	110122197910064731
11	❸	1980/2/14	HTJY009	刘**	技术部	男	2014/8/6	专科	110122198002124465
12	10	1981/2/17	HTJY013	吴**	销售部	女	2017/1/2	专科	110122198105085618
13	11	1983/2/18	HTJY016	周**	销售部	女	2018/5/9	本科	110122198309210062
14	12	1984/2/16	HTJY012	柯**	财务部	男	2016/9/6	本科	110122198406184083
15	13	1986/2/14	HTJY005	冯**	技术部	男	2014/2/3	本科	110122198607315531
16	14	1988/2/13	HTJY004	龙**	行政部	男	2013/6/4	本科	110122198810201607
17	15	1989/2/17	HTJY015	陈**	行政部	女	2017/5/8	专科	110122198901252262
18	16	1990/2/14	HTJY007	张**	销售部	女	2014/5/6	本科	110122199009091610
19	17	1990/2/20	HTJY018	钱**	财务部	女	2020/2/9	专科	110122199005232086
20	18	1992/2/12	HTJY002	金**	行政部	男	2012/9/6	专科	110122199203283087

第3步 **测试效果**。在 L1 单元格下拉列表中选择【降序】选项，可看到 K3:K20 单元格区域中的出生日期已按照降序排列。同时，关联信息也与之同步匹配，效果如下图所示。

K3　fx　=IF($L$1="升序",SMALL($H$3:$H$20,J3),LARGE($H$3:$H$20,J3))

	J	K	L	M	N	O	P	Q	R
1		出生日期	降序						
2	序号	出生日期	员工编号	员工姓名	所属部门	性别	入职时间	学历	身份证号码
3	1	1992/2/12	HTJY002	金**	行政部	男	2012/9/6	专科	110122199203283087
4	2	1990/2/20	HTJY018	钱**	财务部	女	2020/2/9	专科	110122199005232086
5	3	1990/2/14	HTJY007	张**	销售部	女	2014/5/6	本科	110122199009091610
6	4	1989/2/17	HTJY015	陈**	行政部	女	2017/5/8	专科	110122198901252262
7	5	1988/2/13	HTJY004	龙**	行政部	男	2013/6/4	本科	110122198810201607
8	6	1986/2/14	HTJY005	冯**	技术部	男	2014/2/3	本科	110122198607315531
9	7	1984/2/16	HTJY012	柯**	财务部	男	2016/9/6	本科	110122198406184083
10	8	1983/2/18	HTJY016	周**	销售部	女	2018/5/9	本科	110122198309210062
11	9	1981/2/17	HTJY013	吴**	销售部	女	2017/1/2	专科	110122198105085618
12	10	1980/2/14	HTJY009	刘**	技术部	男	2014/8/6	专科	110122198002124465
13	11	1979/2/16	HTJY011	吕**	技术部	男	2016/5/6	专科	110122197910064731
14	12	1977/2/13	HTJY003	胡**	财务部	女	2013/2/6	本科	110122197710164028
15	13	1976/2/17	HTJY014	马**	技术部	男	2017/4/5	本科	110122197603153599
16	14	1976/2/14	HTJY008	赵**	财务部	男	2014/5/6	本科	110122197610155325
17	15	1976/2/12	HTJY001	黄**	销售部	女	2012/8/9	本科	110122197602123616
18	16	1975/2/19	HTJY017	郑**	技术部	男	2019/9/8	专科	110122197504262629
19	17	1973/2/15	HTJY010	杨**	行政部	女	2015/6/9	本科	110122197311063292
20	18	1972/2/14	HTJY006	王**	技术部	女	2014/3/6	专科	110122197208135126

示例结果见“结果文件\第 3 章\×× 公司员工信息表 12.xlsx”文件。

温馨提示

本例使用的查找与引用函数为 VLOOKUP。首先根据出生日期逆向查找员工编号，其他区域再根据员工编号正向查找关联信息即可。

3.5 文本函数

文本函数的主要作用是对文本字符串的字符进行计数、提取和转换等。在实际运用中，一般与其他函数嵌套使用，可以帮助用户更方便、更灵活地处理目标数据中所包含的字符串，在一定程度上简化公式。WPS 表格中共包含文本函数 40 个，本节将介绍 7 个常用、实用的文本函数的相关内容和应用方法，包括 LEN、LEFT、RIGHT、MID、FIND、TEXT、TEXTJOIN 函数。

3.5.1 LEN 函数：字符串计数器

LEN 函数相当于一个计数器，主要作用就是计算指定文本字符串的字符个数。

语法结构：LEN(text)

语法释义：LEN(字符串)

参数说明：text 为必需参数，即计算其长度的文本字符串。如果其中包含空格，也将作为字符进行计数。

例如，计算下图中 A2 单元格中文本字符的个数，设置公式“=LEN(A2)”，返回结果为“14”。

B2 =LEN(A2)

	A	B	C
1	文本	计数	公式表达式
2	WPS Office高效办公	14	B2单元格=LEN(A2)

LEN 函数的语法结构和参数设置都非常简单，在日常工作中一般与其他函数（如 LEFT、RIGHT、MID 等文本截取函数）嵌套使用，协助处理文本。

3.5.2 LEFT 和 RIGHT 函数：左右截取文本

LEFT 和 RIGHT 函数的作用是从一个文本字符串的最左边或最右边第一个字符开始截取指定个数的字符。除截取的起始位置左右不同外，二者的语法结构、参数规则完全相同。

语法结构：

LEFT(text,num_chars)

RIGHT(text,num_chars)

语法释义：

LEFT(字符串 , 字符个数)

RIGHT(字符串 , 字符个数)

参数说明：第 1 个参数（字符串）为必需项。第 2 个参数（字符个数）为可选项，且必须大于或等于 0。如果将其设为大于文本字符串个数的数字，则返回全部文本，若缺省则默认值为 1。

如下图所示，表格中的项目编码和项目名称均填入了同一列中，为了方便后期管理，现需将项目编码和名称分别提取至不同列次中。

××公司行政部2021年上半年项目计划表

项目类别	项目编码及名称	项目编码	项目名称
装修	10011办公室		
	10012会议室		
	10013接待室		
	10014计算机房		
	10015实验室		
采购	20011办公桌		
	20012会议桌		
	20013空调		
	20015笔记本电脑		
	20016台式电脑		
	20017打印机		
	20018灭火器		

下面运用 LEFT 函数与 RIGHT 和 LEN 函数组合来提取项目编码和名称。

第1步 **提取项目编码**。打开“素材文件\第 3 章\××公司行政部 2021 年上半年项目计划表.xlsx”文件。❶ 在 C3 单元格中设置公式“=LEFT(B3,5)”，从 B3 单元格中文本的最左边第一个字符开始截取 5 个字符；❷ 将 C3 单元格公式填充至 C4:C14 单元格区域即可。公式结果如下图所示。

C3　=LEFT(B3,5)

××公司行政部2021年上半年项目计划表

项目类别	项目编码及名称	项目编码	项目名称
装修	10011办公室	10011 ❶	
	10012会议室	10012	
	10013接待室	10013	
	10014计算机房	10014	
	10015实验室	10015	
采购	20011办公桌	20011	
	20012会议桌	20012 ❷	
	20013空调	20013	
	20015笔记本电脑	20015	
	20016台式电脑	20016	
	20017打印机	20017	
	20018灭火器	20018	

第2步 **提取项目名称**。由于项目名称的字符个数多少不一，因此需要在 RIGHT 函数中嵌套 LEN 函数计算全部文本字符个数后，再减掉项目编码固定的 5 个字符即可。❶ 在 D3 单元格中设置公式“=RIGHT(B3,LEN(B3)-5)”，截取 B3 单元格中的项目名称；❷ 将 D3 单元格公式填充至 D4:D14 单元格区域中即可。公式结果如下图所示。

D3　=RIGHT(B3,LEN(B3)-5)

××公司行政部2021年上半年项目计划表

项目类别	项目编码及名称	项目编码	项目名称
装修	10011办公室	10011	❶ 办公室
	10012会议室	10012	会议室
	10013接待室	10013	接待室
	10014计算机房	10014	计算机房
	10015实验室	10015	实验室
采购	20011办公桌	20011	办公桌
	20012会议桌	20012	❷ 会议桌
	20013空调	20013	空调
	20015笔记本电脑	20015	笔记本电脑
	20016台式电脑	20016	台式电脑
	20017打印机	20017	打印机
	20018灭火器	20018	灭火器

示例结果见“结果文件\第 3 章\××公司行政部 2021 年上半年项目计划表.xlsx”文件。

3.5.3 MID 函数：从指定位置截取文本

MID 函数突破了 LEFT 和 RIGHT 函数仅能从左或从右起截取字符的局限，能够从文本字符串中的任意位置起，截取指定长度的字符。

语法结构： MID(text,start_num,num_chars)

语法释义： MID(字符串 , 开始位置 , 字符个数)

参数说明： 3 个参数均为必需项。其中第 1 和第 3 个参数（字符串和字符个数）设置规则与 LEFT 和 RIGHT 函数完全相同。

与 LEFT 和 RIGHT 函数相比，MID 函数更具灵活性，在实际工作中非常实用。例如，可从身份证号码中提取代表出生日期的数字，可与 IF、OR 函数嵌套，根据身份证号码第 17 个字符判断性别，等等。下面介绍 MID 函数的应用方法。

第1步 **提取出生日期**。打开"素材文件\第 3 章\× × 公司员工信息表 13.xlsx"文件。❶ 在 E3 单元格中设置公式"=MID(D3,7,8)*1"，从 D3 单元格中的身份证号码中的第 7 个字符起截取 8 位数字。但是 MID 函数截取得到的 8 个"数字"实际是一串文本字符，因此需要乘以 1 将其转换为真正的数字。公式结果为"19760212"（并非日期序列号）；❷ 自定义 E3 单元格格式，格式代码为"0000-00-00"，使数字按照日期格式显示，即"1976-02-12"，将 E3 单元格公式填充至 E4:E20 单元格区域中。公式效果如下图所示。

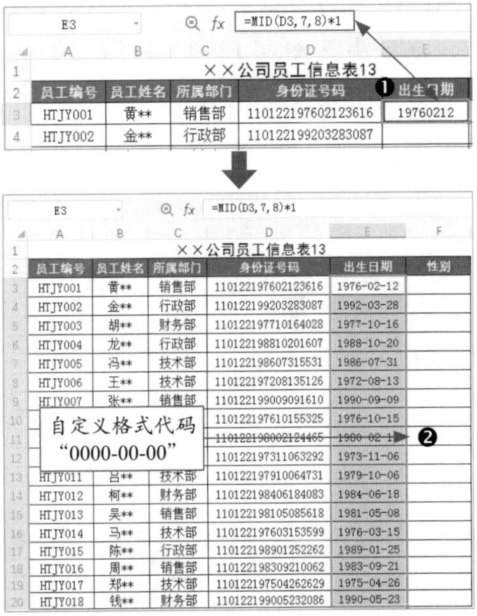

E3　=MID(D3,7,8)*1

××公司员工信息表13

员工编号	员工姓名	所属部门	身份证号码	出生日期
HTJY001	黄**	销售部	110122197602123616	19760212
HTJY002	金**	行政部	110122199203283087	

E3　=MID(D3,7,8)*1

××公司员工信息表13

员工编号	员工姓名	所属部门	身份证号码	出生日期	性别
HTJY001	黄**	销售部	110122197602123616	1976-02-12	
HTJY002	金**	行政部	110122199203283087	1992-03-28	
HTJY003	胡**	财务部	110122197710164028	1977-10-16	
HTJY004	龙**	行政部	110122198810201607	1988-10-20	
HTJY005	冯**	技术部	110122198607315531	1986-07-31	
HTJY006	王**	技术部	110122197208135126	1972-08-13	
HTJY007	张**	销售部	110122199009091610	1990-09-09	
			110122197610155325	1976-10-15	
			110122198002124465	[illegible]	
			110122197311063292	1973-11-06	
HTJY011	吕**	技术部	110122197910064731	1979-10-06	
HTJY012	柯**	财务部	110122198406184083	1984-06-18	
HTJY013	吴**	销售部	110122198105085618	1981-05-08	
HTJY014	马**	技术部	110122197603153599	1976-03-15	
HTJY015	陈**	行政部	110122198901252262	1989-01-25	
HTJY016	周**	销售部	110122198309210062	1983-09-21	
HTJY017	郑**	技术部	110122197504262629	1975-04-26	
HTJY018	钱**	财务部	110122199005232086	1990-05-23	

自定义格式代码"0000-00-00"

温馨提示

本例使用 MID 函数截取身份证号码中代表出生日期的 8 位文本型数字并乘以 1 转换得到的是一个数值，并非日期序列号。虽然可以通过自定义数字格式，使之显示为"日期"，但是注意不可参与下一步计算。若要得到真正可以正确计算的日期值，可以采用分列、DATE 和 MID 函数组合、"WPS 特色功能 – 常用公式 – 提取身份证生日"等方法进行操作。

第2步 **判断性别**。使用 IF、OR 和 MID 函数可以根据身份证号码中的第 17 个字符判断其性别。❶ 在 F3 单元格中设置公式"=IF(OR(MID(D3,17,1)*1={0,2,4,6,8}),"女",

"男")"，将 D3 单元格身份证号码中截取的第 17 个字符转换为数字后，运用 IF 函数判断这个数字只要等于“{0,2,4,6,8}”这一数组中的任一数字，即返回“女”，否则返回“男”；❷ 将 F3 单元格公式填充至 F4:F20 单元格区域中即可。公式结果如下图所示。

F3　=IF(OR(MID(D3,17,1)*1={0,2,4,6,8}),"女","男")

××公司员工信息表13

员工编号	员工姓名	所属部门	身份证号码	出生日期	性别
HTJY001	黄**	销售部	110122197602123616	1976-02❶	男
HTJY002	金**	行政部	110122199203283087	1992-03-28	女
HTJY003	胡**	财务部	110122197710164028	1977-10-16	女
HTJY004	龙**	行政部	110122198810201607	1988-10-20	女
HTJY005	冯**	技术部	110122198607315531	1986-07-31	男
HTJY006	王**	技术部	110122197208135126	1972-08-13	女
HTJY007	张**	销售部	110122199009091610	1990-09-09	男
HTJY008	赵**	财务部	110122197610155325	1976-10-15	女
HTJY009	刘**	技术部	110122198002124465	1980-02-12	女
HTJY010	杨**	行政部	110122197311063292	1973-11❷	男
HTJY011	吕**	技术部	110122197910064731	1979-10-06	男
HTJY012	柯**	财务部	110122198406184083	1984-06-18	女
HTJY013	吴**	销售部	110122198105085618	1981-05-08	男
HTJY014	马**	技术部	110122197603153599	1976-03-15	男
HTJY015	陈**	行政部	110122198901252262	1989-01-25	女
HTJY016	周**	销售部	110122198309210062	1983-09-21	女
HTJY017	郑**	技术部	110122197504262629	1975-04-26	女
HTJY018	钱**	财务部	110122199005232086	1990-05-23	女

示例结果见“结果文件 \ 第 3 章 \ ××公司员工信息表 13.xlsx”文件。

3.5.4 FIND 函数：返回字符起始位置

FIND 函数的作用是返回一个字符串在另一个字符串中出现的起始位置。并且，也可指定返回这个字符串中的第 *n* 个起始位置。

语法结构：FIND(find_text,within_text,start_num)

语法释义：FIND(要查找的字符串 , 被查找的字符串 , 起始位置)

参数说明：第 3 个参数（起始位置）为可选项，缺省时默认为 1。字符串区分大小写，且不允许使用通配符。

在实际工作中，FIND 函数一般与其他文本函数嵌套使用，发挥辅助作用。

如下图所示，工作人员将表格中的项目编码、项目名称和预算费用全部填入了同一列的 A3:A14 单元格区域中，为方便后期管理，现需将 3 项内容分别提取至不同列次中。从中提取项目编码非常简单，只需使用 LEFT 函数即可，而项目名称和预算费用则需要使用 MID 函数并嵌套 FIND 函数才能成功提取。

B3　=LEFT(A3,5)

××公司行政部2021年上半年项目费用预算表

项目费用预算	项目编码	项目名称	预算费用
10011办公室装修—80000元	10011		
10012会议室装修—60000元	10012		
10013接待室装修—50000元	10013		
10014计算机房装修—100000元	10014		
10015实验室装修—90000元	10015		
20011办公桌采购—5000元	20011		
20012会议桌采购—8000元	20012		
20013空调采购—20000元	20013		
20015笔记本电脑采购—25000元	20015		
20016台式电脑采购—12000元	20016		
20017打印机采购—3200元	20017		
20018灭火器采购—1000元	20018		

第1步 **提取项目名称**。打开“素材文件 \ 第 3 章 \ ××公司行政部 2021 年上半年项目费用预算表 .xlsx”文件。❶ 在 C3 单元格中设置公式“=MID(A3,6,FIND("—",A3)-6)”，从 A3 单元格文本中的第 6 个字符起截取字符。其中，MID 函数的第 3 个参数（字符个数）嵌套 FIND 函数定位符号“—”在 A3 单元格中的起始位置，相

当于计算字符串“10011 办公室装修—”这部分的字符个数，减 6 是要减掉项目编号和符号“—”共占用的 6 个字符，由此即可得到项目名称（MID 函数要截取的字符个数）。❷ 将 C3 单元格公式填充至 C4:C14 单元格区域中。公式结果如下图所示。

C3 =MID(A3,6,FIND("—",A3)-6)

	A	B	C	D
1	××公司行政部2021年上半年项目费用预算表			
2	项目费用预算	项目编码	项目名称	预算费用
3	10011办公室装修—80000元	10011	办公室装修	❶
4	10012会议室装修—60000元	10012	会议室装修	
5	10013接待室装修—50000元	10013	接待室装修	
6	10014计算机房装修—100000元	10014	计算机房装修	
7	10015实验室装修—90000元	10015	实验室装修	
8	20011办公桌采购—5000元	20011	办公桌采购	
9	20012会议桌采购—8000元	20012	会议桌采购	❷
10	20013空调采购—20000元	20013	空调采购	
11	20015笔记本电脑采购—25000元	20015	笔记本电脑采购	
12	20016台式电脑采购—12000元	20016	台式电脑采购	
13	20017打印机采购—3200元	20017	打印机采购	
14	20018灭火器采购—1000元	20018	灭火器采购	

第2步 **提取预算费用**。❶ 在 D3 单元格中设置公式“=MID(A3,FIND("—",A3)+1,LEN(A3)-FIND("—",A3)-1)”，从 A3 单元格中的文本截取字符。截取的起始位置为 FIND 函数定位符号“—”在 A3 单元格文本中的位置后的下一个字符（加 1），截取字符的个数是 A3 单元格文本字符的总数减符号“—”的起始位置，减 1 是要减掉文本“元”所占用的 1 个字符。❷ 将 D3 单元格公式填充至 D4:D14 单元格区域中即可。公式结果如下图所示。

D3 =MID(A3,FIND("—",A3)+1,LEN(A3)-FIND("—",A3)-1)

	A	B	C	D
1	××公司行政部2021年上半年项目费用预算表			
2	项目费用预算	项目编码	项目名称	预算费用
3	10011办公室装修—80000元	10011	办公室装❶	80000
4	10012会议室装修—60000元	10012	会议室装修	60000
5	10013接待室装修—50000元	10013	接待室装修	50000
6	10014计算机房装修—100000元	10014	计算机房装修	100000
7	10015实验室装修—90000元	10015	实验室装修	90000
8	20011办公桌采购—5000元	20011	办公桌采购	5000
9	20012会议桌采购—8000元	20012	会议桌采❷	8000
10	20013空调采购—20000元	20013	空调采购	20000
11	20015笔记本电脑采购—25000元	20015	笔记本电脑采购	25000
12	20016台式电脑采购—12000元	20016	台式电脑采购	12000
13	20017打印机采购—3200元	20017	打印机采购	3200
14	20018灭火器采购—1000元	20018	灭火器采购	1000

示例结果见“结果文件\第 3 章\××公司行政部 2021 年上半年项目费用预算表 .xlsx”文件。

3.5.5 TEXT 函数：自定义数值格式

TEXT 函数是一个非常实用的文本函数，它和“单元格格式”功能中的自定义格式作用一样，可以将数值转换为按用户自行指定的数字格式表示的文本。

语法结构：TEXT(value,format_text)

语法释义：TEXT(值 , 数值格式)

参数说明：第 1 个参数（值）可以设置为数值、公式、单元格引用等。设置第 2 个参数（数值格式）时，注意必须在输入的格式代码首尾添加英文双引号。

在实际应用时，TEXT 函数的第 1 个参数通常会嵌套其他函数公式，将其计算结果一步到位转换为指定格式。当财务人员需要快速处理数值格式，或为增强数字的可读性，希望将数字与文本、符号及其他内容组合显示时，即可运用 TEXT 函数实现工作目标。下面介绍 TEXT 函数在实际工作中的 3 种经典应用方法。

1. 统一整理数值格式

如果需要将数值格式快速整理为指定格式，除了可以通过【单元格格式】→【自定义】手动设置格式代码外，更简便的方法是使用 TEXT 函数一步实现。

例如，在 3.5.3 小节所列举的示例中，曾运用 MID 函数提取出生日期并设置自定义格式。其实运用 TEXT 函数只需设置一个公式即可，操作方法如下。

打开“素材文件\第 3 章\×× 公司员工信息表表 14.xlsx”文件。❶ 在 E3 单元格中设置公式“=TEXT(MID(D3,7,8),"0000-00-00")”，首先运用 MID 函数从 D3 单元格文本（身份证号码）中的第 7 个字符起截取 8 个字符，再运用 TEXT 函数将其转换为指定格式；❷ 将 E3 单元格公式填充至 E4:E20 单元格区域中即可，效果如下图所示。

E3 =TEXT(MID(D3,7,8),"0000-00-00")

	A	B	C	D	E	F
1	××公司员工信息表14					
2	员工编号	员工姓名	所属部门	身份证号码	出生日期	性别
3	HTJY001	黄**	销售部	110122197602123616	1976-02-12 ❶	男
4	HTJY002	金**	行政部	110122199203283087	1992-03-28	女
5	HTJY003	胡**	财务部	110122197710164028	1977-10-16	女
6	HTJY004	龙**	行政部	110122198810201607	1988-10-20	女
7	HTJY005	冯**	技术部	110122198607315531	1986-07-31	男
8	HTJY006	王**	技术部	110122197208135126	1972-08-13	女
9	HTJY007	张**	销售部	110122199009091610	1990-09-09	男
10	HTJY008	赵**	财务部	110122197610155325	1976-10-15	女
11	HTJY009	刘**	技术部	110122198002124465	1980-02-12	女
12	HTJY010	杨**	行政部	110122197311063292	1973-11-06 ❷	男
13	HTJY011	吕**	技术部	110122197910064731	1979-10-06	男
14	HTJY012	柯**	财务部	110122198406184083	1984-06-18	女
15	HTJY013	吴**	销售部	110122198105085618	1981-05-08	男
16	HTJY014	马**	技术部	110122197603153599	1976-03-15	男
17	HTJY015	陈**	行政部	110122198901252262	1989-01-25	女
18	HTJY016	周**	销售部	110122198309210062	1983-09-21	女
19	HTJY017	郑**	技术部	110122197504262629	1975-04-26	女
20	HTJY018	钱**	财务部	110122199005232086	1990-05-23	女

示例结果见“结果文件\第 3 章\×× 公司员工信息表 14.xlsx”文件。

2. 将数字与文本组合

如果希望将数字与文本组合显示，比如在数字后面添加单位，在这个数字不再参与下一步计算的前提下，即可使用 TEXT 函数快速实现。

如下图所示，在产品销售汇总表中计算金额时，要求在 D3:D9 单元格区域中计算得出每个金额数字后，将格式转换为带千分号、保留两位小数的数字格式，并在后面添加单位“(元)”。

	A	B	C	D
1	××公司2021年4月产品销售汇总表3			
2	产品名称	数量	单价	金额
3	产品A	185	452.27	
4	产品B	196	360.29	
5	产品C	188	420.37	
6	产品D	183	380.37	
7	产品F	221	360.49	
8	产品E	161	430.65	
9	合计金额	-	-	

第1步 **计算每个产品金额并转换格式。** 打开“素材文件\第 3 章\×× 公司 2021 年 4 月产品销售汇总表 3.xlsx”文件。❶ 在 D3 单元格中设置公式“=TEXT(ROUND(B3*C3,2),"#,##0.00(元)")”，将 TEXT 函数的第 1 个参数，即表达式“ROUND(B3*C3,2)”的计算结果转换为第 2 个参数，即格式代码“#,##0.00(元)”所指定的文本格式；❷ 将 D3 单元格公式填充至 D4:D8 单元格区域中。公式结果如下图所示。

D3　=TEXT(ROUND(B3*C3,2),"#,##0.00(元)")

	A	B	C	D
1	××公司2021年4月产品销售汇总表3			
2	产品名称	数量	单价	金额
3	产品A	185	452.27	83,669.95(元) ❶
4	产品B	196	360.29	70,617.16(元)
5	产品C	188	420.37	79,029.35(元)
6	产品D	183	380.37	69,607.52(元) ❷
7	产品F	221	360.49	79,668.46(元)
8	产品E	161	430.65	69,334.37(元)
9	合计金额	-	-	

第2步 **计算合计金额并添加单位**。由于 D3:D8 单元格区域中的数值已被转换为文本格式，那么使用 SUM 函数无法计算合计金额，这里可使用 SUMPRODUCT 函数对 B3:B8 和 C3:C8 单元格数值进行乘积求和。在 D9 单元格中设置公式“=TEXT(SUMPRODUCT(B3:B8,C3:C8),"#,##0.00 元")”即可。公式结果如下图所示。

D9　=TEXT(SUMPRODUCT(B3:B8,C3:C8),"#,##0.00 元")

	A	B	C	D
1	××公司2021年4月产品销售汇总表3			
2	产品名称	数量	单价	金额
3	产品A	185	452.27	83,669.95(元)
4	产品B	196	360.29	70,617.16(元)
5	产品C	188	420.37	79,029.35(元)
6	产品D	183	380.37	69,607.52(元)
7	产品F	221	360.49	79,668.46(元)
8	产品E	161	430.65	69,334.37(元)
9	合计金额	-	-	451,926.80 元

示例结果见“结果文件\第 3 章\× × 公司 2021 年 4 月产品销售汇总表 3.xlsx”文件。

3. 进行条件判断返回指定格式

除上述应用方法外，TEXT 函数在某些情形下还可以替代 IF 函数对数值进行简单的条件判断，并返回指定内容，同时还能更进一步实现 IF 函数不具备的功能，即转换格式。

如下图所示，在 3.1.1 小节的示例表格中运用了 IF 函数判断销售收入的指标达成情况。下面使用 TEXT 函数设置公式实现与之相同的效果。

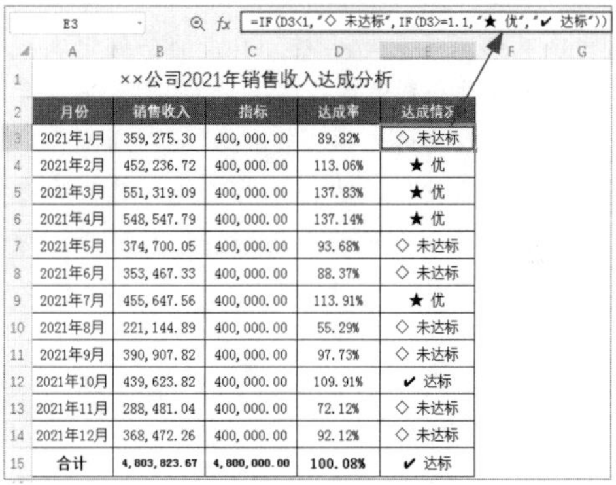

E3　=IF(D3<1,"◇ 未达标",IF(D3>=1.1,"★ 优","✔ 达标"))

	A	B	C	D	E
1	××公司2021年销售收入达成分析				
2	月份	销售收入	指标	达成率	达成情况
3	2021年1月	359,275.30	400,000.00	89.82%	◇ 未达标
4	2021年2月	452,236.72	400,000.00	113.06%	★ 优
5	2021年3月	551,319.09	400,000.00	137.83%	★ 优
6	2021年4月	548,547.79	400,000.00	137.14%	★ 优
7	2021年5月	374,700.05	400,000.00	93.68%	◇ 未达标
8	2021年6月	353,467.33	400,000.00	88.37%	◇ 未达标
9	2021年7月	455,647.56	400,000.00	113.91%	★ 优
10	2021年8月	221,144.89	400,000.00	55.29%	◇ 未达标
11	2021年9月	390,907.82	400,000.00	97.73%	◇ 未达标
12	2021年10月	439,623.82	400,000.00	109.91%	✔ 达标
13	2021年11月	288,481.04	400,000.00	72.12%	◇ 未达标
14	2021年12月	368,472.26	400,000.00	92.12%	◇ 未达标
15	合计	4,803,823.67	4,800,000.00	100.08%	✔ 达标

第1步 **设置公式**。打开“素材文件\第 3 章\× × 公司 2021 年销售收入达成分析 2.xlsx”文件。❶ 在 E3 单元格中设置公式“=TEXT(D3,"[<1] ◇未达标 ;[>=1.1] ★优 ;✔达标 ")”；❷ 将公式填充至 E4:E15 单元格区域中即可。公式结果如下图所示。

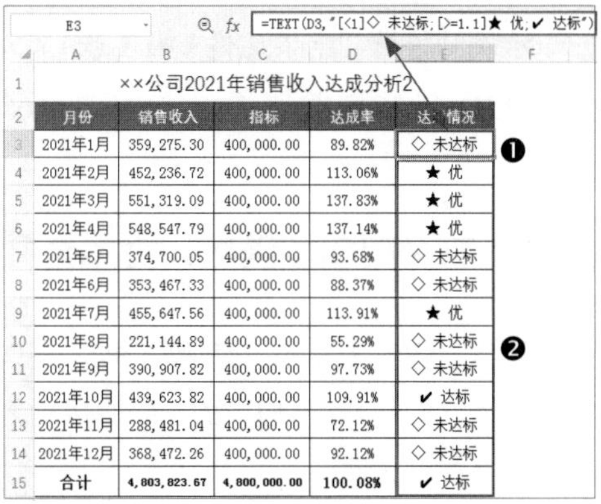

E3　=TEXT(D3,"[<1]◇ 未达标;[>=1.1]★ 优;✔ 达标")

	A	B	C	D	E
1	××公司2021年销售收入达成分析2				
2	月份	销售收入	指标	达成率	达成情况
3	2021年1月	359,275.30	400,000.00	89.82%	◇ 未达标 ❶
4	2021年2月	452,236.72	400,000.00	113.06%	★ 优
5	2021年3月	551,319.09	400,000.00	137.83%	★ 优
6	2021年4月	548,547.79	400,000.00	137.14%	★ 优
7	2021年5月	374,700.05	400,000.00	93.68%	◇ 未达标
8	2021年6月	353,467.33	400,000.00	88.37%	◇ 未达标
9	2021年7月	455,647.56	400,000.00	113.91%	★ 优
10	2021年8月	221,144.89	400,000.00	55.29%	◇ 未达标 ❷
11	2021年9月	390,907.82	400,000.00	97.73%	◇ 未达标
12	2021年10月	439,623.82	400,000.00	109.91%	✔ 达标
13	2021年11月	288,481.04	400,000.00	72.12%	◇ 未达标
14	2021年12月	368,472.26	400,000.00	92.12%	◇ 未达标
15	合计	4,803,823.67	4,800,000.00	100.08%	✔ 达标

第2步 **测试效果**。将 B3 单元格中的数

字修改为400000后，可看到E3单元格中的文本变化为“✔达标”，效果如下图所示。

温馨提示●

运用TEXT函数进行条件判断时需要注意：最多可设定两个条件，指定显示3种不同格式的文本。如本例，第2个参数中设定的两个条件分别为达成率小于1、大于或等于1.1，分别指定返回“◇未达标”和“★优”。而第3个文本“✔达标”则不能为其设定条件，默认为不满足前面两个条件时所返回该文本。

E3 =TEXT(D3,"[<1]◇ 未达标;[>=1.1]★ 优;✔ 达标")

××公司2021年销售收入达成分析2				
月份	销售收入	指标	达成率	达成情况
2021年1月	400,000.00	400,000.00	100.00%	✔ 达标
2021年2月	452,236.72	400,000.00	113.06%	★ 优
2021年3月	551,319.09	400,000.00	137.83%	★ 优
2021年4月	548,547.79	400,000.00	137.14%	★ 优
2021年5月	374,700.05	400,000.00	93.68%	◇ 未达标
2021年6月	353,467.33	400,000.00	88.37%	◇ 未达标
2021年7月	455,647.56	400,000.00	113.91%	★ 优
2021年8月	221,144.89	400,000.00	55.29%	◇ 未达标
2021年9月	390,907.82	400,000.00	97.73%	◇ 未达标
2021年10月	439,623.82	400,000.00	109.91%	✔ 达标
2021年11月	288,481.04	400,000.00	72.12%	◇ 未达标
2021年12月	368,472.26	400,000.00	92.12%	◇ 未达标
合计	4,844,548.37	4,800,000.00	100.00%	✔ 达标

示例结果见“结果文件\第3章\××公司2021年销售收入达成分析2.xlsx”文件。

3.5.6 TEXTJOIN函数：文本合并

TEXTJOIN函数是一个强大的文本合并函数，它的作用是使用分隔符连接列表或文本字符串区域。

语法结构：TEXTJOIN(delimiter,ignore_empty,text1,···)

语法释义：TEXTJOIN(分隔符,忽略空白单元格,字符串1,···)

参数说明：

①设置第1个参数（分隔符）时必须在其首尾添加英文双引号，如"—"。

②第2个参数用布尔值TRUE和FALSE分别代表忽略空白单元格和包括空白单元格，在公式中使用代码1代表TRUE，使用代码0代表FALSE。为空时默认为0（包括空白单元格）。

③第3个参数可以设为数字、字符串数组（单元格区域）。最多可设置253个。

④3个参数均为必需项。第1、2个参数若无须设置，可设置为空，但须用逗号占位。例如，公式“=TEXTJOIN(,,B2:B10)”的含义是合并B2:B10单元格区域中的文本，不添加分隔符，包括空白单元格。

TEXTJOIN在实际工作中非常实用，可以巧妙利用它与查找引用函数嵌套使用，实现数据一对多查询或筛选。

如下图所示，员工信息表中记录了每位员工的相关信息，下面制作查询表，运用TEXTJOIN和IF函数组合设置数组公式，分别按照“所属部门”“学历”“性别”这3个关键字筛选员工姓名。

	A	B	C	D	E	F
1	××公司员工信息表15					
2	员工编号	员工姓名	所属部门	性别	入职时间	学历
3	HTJY001	黄**	销售部	女	2012-8-9	本科
4	HTJY002	金**	行政部	男	2012-9-6	专科
5	HTJY003	胡**	财务部	女	2013-2-6	本科
6	HTJY004	龙**	行政部	男	2013-6-4	本科
7	HTJY005	冯**	技术部	男	2014-2-3	本科
8	HTJY006	王**	技术部	女	2014-3-6	专科
9	HTJY007	张**	销售部	女	2014-5-6	本科
10	HTJY008	赵**	财务部	男	2014-5-6	本科
11	HTJY009	刘**	技术部	男	2014-8-6	专科
12	HTJY010	杨**	行政部	女	2015-6-9	本科
13	HTJY011	吕**	技术部	男	2016-5-6	专科
14	HTJY012	柯**	财务部	男	2016-9-6	本科
15	HTJY013	吴**	销售部	女	2017-1-2	专科
16	HTJY014	马**	技术部	男	2017-4-5	本科
17	HTJY015	陈**	行政部	女	2017-5-8	专科
18	HTJY016	周**	销售部	女	2018-5-9	本科
19	HTJY017	郑**	技术部	男	2019-9-8	专科
20	HTJY018	钱**	财务部	女	2020-2-9	专科

第1步 **制作下拉列表，生成动态关键字。** 打开“素材文件\第 3 章\×× 公司员工信息表 15.xlsx”文件。❶ 在空白区域（如 H2:I6 和 K2:M6 单元格区域）中分别绘制“员工信息查询表”和“下拉选项”表格，在 H2 单元格中创建下拉列表，设置下拉选项区域为 K2:M2 单元格区域；❷ 在 H3 单元格中设置公式“=IFERROR(IFS(H$2=K$2,$K$3:$K$6,H$2=L$2,$L$3:$L$4,H$2=M$2,$M$3:$M$4),"")”，运用 IFS 函数判断 H2 单元格文本等于 K2、L2 或 M2 单元格文本时，分别返回 K3:K6（“所属部门”字段）、L3:L6（“学历”字段）或 M3:M6（“性别”字段）单元格区域中的内容，并嵌套 IFERROR 函数屏蔽公式错误值，将公式填充至 H4:H6 单元格区域中；❸ 在 H2 单元格下拉列表中选择不同选项后，H3:H6 单元格区域将动态列示 K3:M6 单元格区域中每个字段下的明细内容，效果如下图所示。

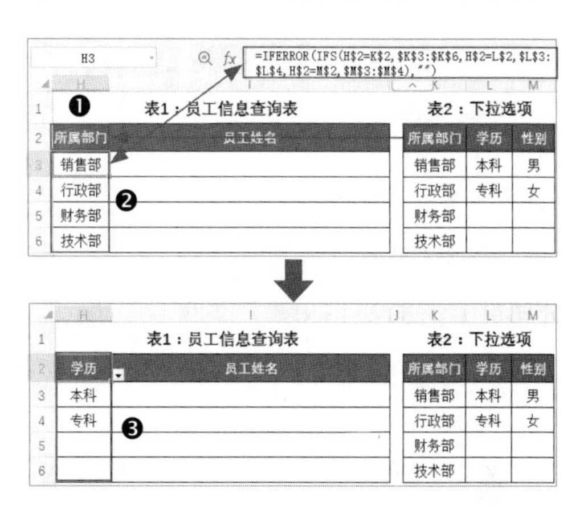

第2步 **设置 TEXTJOIN 函数公式。** ❶ 在 I3 单元格中设置数组公式“{=TEXTJOIN(",",1,IF(($C$3:$C$20=H3)+($F$3:$F$20=H3)+($D$3:$D$20=H3),$B$3:$B$20,""))}”，将公式填充至 I4:I6 单元格区域中；❷ 在 H2 单元格下拉列表中选择不同的选项后，I3:I6 单元格区域将动态列示与 H3:H6 单元格区域中的关键字匹配的全部员工姓名，由此实现一对多查询效果，如下图所示。

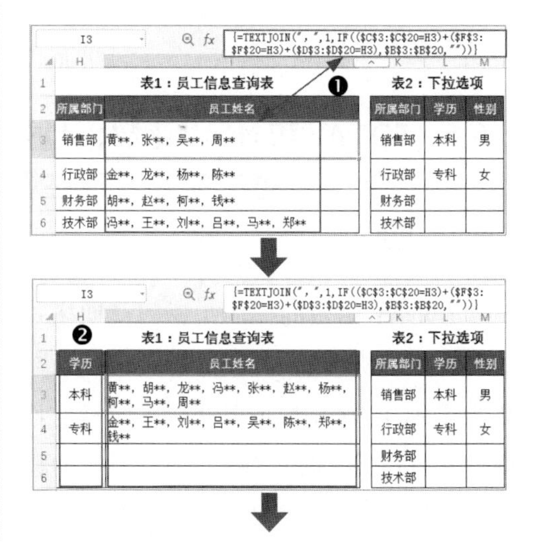

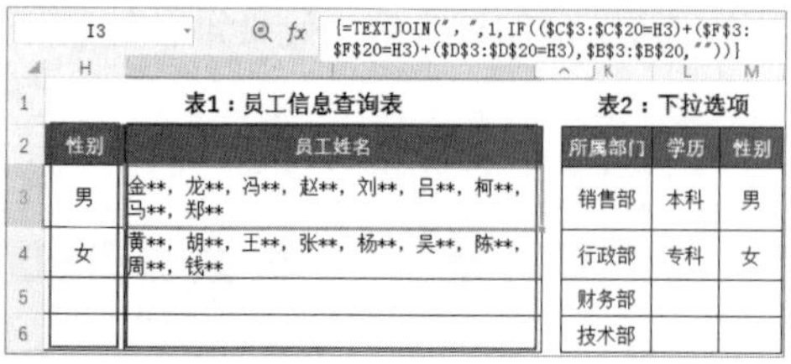

I3 {=TEXTJOIN("，",1,IF(($C$3:$C$20=H3)+($F$3:$F$20=H3)+($D$3:$D$20=H3),$B$3:$B$20,""))}

表1：员工信息查询表

性别	员工姓名
男	金**，龙**，冯**，赵**，刘**，吕**，柯**，马**，郑**
女	黄**，胡**，王**，张**，杨**，吴**，陈**，周**，钱**

表2：下拉选项

所属部门	学历	性别
销售部	本科	男
行政部	专科	女
财务部		
技术部		

示例结果见“结果文件\第3章\××公司员工信息表15.xlsx”文件。

温馨提示

I3单元格公式原理解析如下。

①TEXTJOIN函数的第1个参数设置为符号“，”，作为文本合并后的分隔符。第2个参数设为“1”，代表忽略空白单元格。

②TEXTJOIN函数的第3个参数需要合并文本所在单元格区域，嵌套IF函数判断“××公司员工信息表15”工作表中“所属部门”字段(C3:C20)、“学历”字段(F3:F20)或“性别”字段(D3:D20)中的内容是否等于H3单元格中的内容。若是，则返回“员工姓名”字段(B3:B20)中的数据，否则返回空值。

③注意在数组公式中，符号“+”代表逻辑条件“或”，符号“*”代表逻辑条件“且”，其作用与逻辑函数OR和AND相同。

3.6 日期与时间函数

日期与时间函数就是专门对日期和时间进行计算和统计的函数。在实际工作中，可用于计算固定资产折旧、应收应付款账期、纳税申报时间管理、合同到期时间、员工年龄、工龄、工作日等。时间与日期类函数的语法结构、参数设置都非常简单，但是在协助统计分析数据方面发挥着重要的作用，也是财务人员进行数据统计和分析必知必会的一类函数。WPS表格中共包含24个日期与时间函数，本节将介绍其中10个实用的函数，包括TODAY、NOW、YEAR、MONTH、DAY、DATE、EDATE、DATEDIF、EOMONTH、WEEKDAY函数。

3.6.1 TODAY和NOW函数：计算“今天”的日期和“现在”的时间

TODAY函数的作用是返回日期格式的当前计算机系统的日期，而NOW函数相当于TODAY函数的升级版，能够以日期时间格式同时返回当前计算机系统的日期和时间。二者的语法结构完全相同，而且无须设置参数，是日期与时间函数中最简单的函数。

语法结构：

TODAY()

NOW()

参数说明：没有参数。

例如，在A2和A3单元格中分别设置公式“=TODAY()”和“=NOW()”，返回结果分别为“2021/4/8”与“2021/4/8 10:26”，

如下图所示。

	A	B
1	日期和时间	表达式
2	2021/4/8	A2单元格=TODAY()
3	2021/4/8 10:26	A3单元格=NOW()

TODAY 和 NOW 函数虽然简单，但它们在财务工作中同样发挥着重要作用。比如，可计算“今天”与另一指定日期的间隔数、记录每笔账务的记账日期与时间等。

如下图所示，财务人员在现金日记账中记录每笔交易的发生日期、收入和支出后，还应当详细记录记账时间。对此，运用 IF 和 NOW 函数设置公式即可实现在输入发生日期的同时自动记录当前日期和时间。

	A	B	C	D	E	F
1	××公司2021年4月现金日记账					
2	上期余额	19,448.26				
3	发生日期	摘要	当日收入	当日支出	余额	记账时间
4			1,721.52	1,588.99	19,580.79	
5					19,580.79	
6					19,580.79	
7					19,580.79	
8					19,580.79	
9					19,580.79	
10					19,580.79	
11					19,580.79	
12					19,580.79	
13					19,580.79	
14					19,580.79	

第1步 **设置公式**。打开“素材文件\第 3 章\×× 公司 2021 年 4 月现金日记账.xlsx”文件。❶ 在 F4 单元格中设置公式“=IF(A4="","—",IF(AND(A4<>"",F4="—"),NOW(),F4))”，首先运用第 1 层 IF 函数判断 A4 单元格为空值时，返回符号“—”，否则再运用第 2 层 IF 函数判断 A4 单元格不为空值且 F4 单元格中内容为符号“—”时，运用 NOW 函数返回当前日期和时间，否则依然返回 F4 单元格中的原内容，即符号“—”；❷ 将 F4 单元格公式填充至 F5:F14 单元格区域。由于当前 A4:A14 单元格区域中均为空值，因此 F4:F14 单元格区域全部返回符号“—”，如下图所示。

F4　fx　=IF(A4="","—",IF(AND(A4<>"",F4="—"),NOW(),F4))

	A	B	C	D	E	F
1	××公司2021年4月现金日记账					
2	上期余额	19,448.26				
3	发生日期	摘要	当日收入	当日支出	余额	记账时间
4			1,721.52	1,588.99	19,580.79 ❶	—
5					19,580.79	—
6					19,580.79	—
7					19,580.79	—
8					19,580.79	—
9					19,580.79 ❷	—
10					19,580.79	—
11					19,580.79	—
12					19,580.79	—
13					19,580.79	—
14					19,580.79	—

第2步 **循环引用提示**。这里需要注意一点：由于 F4:F14 单元格区域的公式引用了其单元格本身，因此形成了循环引用，那么在 A4 单元格中输入日期后，将弹出提示框，公式也无法正常运算，如下图所示。对此，只需启用“迭代计算”功能即可。

	A	B	C	D	E	F
1	××公司2021年4月现金日记账					
2	上期余额	19,448.26				
3	发生日期	摘要	当日收入	当日支出	余额	记账时间
4	2021/4/1		1,721.52	1,588.99	19,580.79	—
5					79	—
6					79	—
7					79	—
8					79	—
9					79	—
10					79	—
11					79	—
12					19,580.79	—
13					19,580.79	—
14					19,580.79	—

循环引用

一个或多个公式包含循环引用，可能无法正确计算。循环引用是指某个公式内依赖同一公式结果的任何引用。

工作簿	工作表	单元格
3.6.1-NOW...	Sheet1	F4

第3步 **启用“迭代计算”**。❶ 选择【文件】选项卡中的【选项】命令打开【选项】对话框，切换至【重新计算】选项卡；❷ 选中【迭代计算】复选框；❸ 单击【确定】按钮关闭对话框，如下图所示。

第4步 **查看设置效果**。操作完成后，可看到 F4 单元格中的公式已经能正常返回当前日期和时间，如下图所示。

F4　=IF(A4="","—",IF(AND(A4<>"",F4="—"),NOW(),F4))

	A	B	C	D	E	F
1	××公司2021年4月现金日记账					
2	上期余额	19,448.26				
3	发生日期	摘要	当日收入	当日支出	余额	记账时间
4	2021/4/1		1,721.52	1,588.99	19,580.79	2021/4/8 11:32
5					19,580.79	—

第5步 **测试效果**。在 A5:A14 单元格区域中输入日期（同时可输入“当日收入”与“当日支出”金额）后，即可看到 F5:F14 单元格区域中的日期和时间全部正确，效果如下图所示。

示例结果见“结果文件\第 3 章\××公司 2021 年 4 月现金日记账 .xlsx”文件。

	A	B	C	D	E	F
1	××公司2021年4月现金日记账					
2	上期余额	19,448.26				
3	发生日期	摘要	当日收入	当日支出	余额	记账时间
4	2021/4/1		1,721.52	1,588.99	19,580.79	2021/4/8 11:32
5	2021/4/2		2,067.88	3,147.64	18,501.03	2021/4/8 11:41
6	2021/4/3		2,728.71	3,130.21	18,099.53	2021/4/8 11:41
7	2021/4/4		2,097.02	1,256.04	18,940.51	2021/4/8 11:41
8	2021/4/5		2,313.42	3,252.17	18,001.76	2021/4/8 11:41
9	2021/4/6		2,794.37	1,896.12	18,900.01	2021/4/8 11:48
10	2021/4/7		1,637.58	1,410.61	19,126.98	2021/4/8 11:50
11	2021/4/8		2,035.94	2,619.33	18,543.59	2021/4/8 11:51
12	2021/4/9		1,852.88	2,197.90	18,198.57	2021/4/8 11:53
13	2021/4/10		2,985.30	2,324.65	18,859.22	2021/4/8 11:55
14	2021/4/11		2,097.31	1,640.25	19,316.28	2021/4/8 11:56

温馨提示

注意F列需要设置数字格式为日期时间，否则会显示为日期时间的序列值。本例已预先在素材文件中进行设置。

3.6.2 YEAR、MONTH 和 DAY 函数：分解日期的年、月、日

YEAR、MONTH、DAY 函数的作用是分别返回序列号表示的某日期的年份、月份、天数。简言之，就是返回指定日期的年、月、日。这 3 个函数的语法结构和参数完全相同。

语法结构：

YEAR(serial_number)

MONTH(serial_number)

DAY(serial_number)

语法释义：

YEAR(日期序号)

MONTH(日期序号)

DAY(日期序号)

参数说明：“日期序号”是指进行日期及时间计算的日期－时间代码。实际运

用时，日期序号通常以日期格式呈现，如“2021/4/8”，其序号是“44294”。

在日常工作中，这 3 个函数的主要任务是协助其他函数计算相关数据。例如，分别计算两个指定日期间隔的年数、月数、天数。

如下图所示，员工信息表中记载了员工入职时间，当前计算机系统日期为 2021 年 4 月 8 日。现要求计算员工工龄，且工龄需准确到月份，如“*n* 年 *n* 个月”。

	A	B	C	D	E
1	××公司员工信息表16				
2	当前计算机系统日期：2021年4月8日				
3	员工编号	员工姓名	所属部门	入职时间	工龄
4	HTJY001	黄**	销售部	2012-8-9	
5	HTJY002	金**	行政部	2012-9-6	
6	HTJY003	胡**	财务部	2013-2-6	
7	HTJY004	龙**	行政部	2013-6-4	
8	HTJY005	冯**	技术部	2014-2-3	
9	HTJY006	王**	技术部	2014-3-6	
10	HTJY007	张**	销售部	2014-5-6	
11	HTJY008	赵**	财务部	2014-5-6	
12	HTJY009	刘**	技术部	2014-8-6	
13	HTJY010	杨**	行政部	2015-6-9	
14	HTJY011	吕**	技术部	2016-5-6	
15	HTJY012	柯**	财务部	2016-9-6	
16	HTJY013	吴**	销售部	2017-1-2	
17	HTJY014	马**	技术部	2017-4-5	
18	HTJY015	陈**	行政部	2017-5-8	
19	HTJY016	周**	销售部	2018-5-9	
20	HTJY017	郑**	技术部	2019-9-8	
21	HTJY018	钱**	财务部	2020-2-9	

第1步 **添加辅助列**。为简化计算公式，首先添加辅助列分别计算工作年数和月数。打开“素材文件\第 3 章\×× 公司员工信息表 16.xlsx”文件。❶ 在 E 列前插入两列，在 E4 单元格中设置公式“=YEAR(TODAY())-YEAR(D4)”，运用 YEAR 函数分别计算“今天”和 D4 单元格中入职时间的年份，二者相减可得到工作年数；❷ 在 F4 单元格中设置公式“=MONTH(TODAY())-MONTH(D4)”，运用 MONTH 函数计算“今天”和 D4 单元格中入职时间的月份，相减后得到工作月数，为负数则表示入职时间距“今天”所在的年份未满一年；❸ 将 E4:F4 单元格区域公式填充至 E5:F21 单元格区域中。公式结果如下图所示。

E4 =YEAR(TODAY())-YEAR(D4)

	A	B	C	D	E	F	G
1	××公司员工信息表16						
2	当前计算机系统日期：2021年4月8日						
3	员工编号	员工姓名	所属部门	入职时间	[illegible]	月	工龄
4	HTJY001	黄**	销售部	2012-8 ❶	9	-4	❷
5	HTJY002	金**	行政部	2012-9-6	9	-5	
6	HTJY003	胡**	财务部	2013-2-6	8	2	
7	HTJY004	龙**	行政部	2013-6-4	8	-2	
8	HTJY005	冯**	技术部	2014-2-3	7	2	
9	HTJY006	王**	技术部	2014-3-6	7	1	
10	HTJY007	张**	销售部	2014-5-6	7	-1	
11	HTJY008	赵**	财务部	2014-5-6	7	-1	
12	HTJY009	刘**	技术部	2014-8-6	7	-4	
13	HTJY010	杨**	行政部	2015-6-9	6	-2	❸
14	HTJY011	吕**	技术部	2016-5-6	5	-1	
15	HTJY012	柯**	财务部	2016-9-6	5	-5	
16	HTJY013	吴**	销售部	2017-1-2	4	3	
17	HTJY014	马**	技术部	2017-4-5	4	0	
18	HTJY015	陈**	行政部	2017-5-8	4	-1	
19	HTJY016	周**	销售部	2018-5-9	3	-1	
20	HTJY017	郑**	技术部	2019-9-8	2	-5	
21	HTJY018	钱**	财务部	2020-2-9	1	2	

第2步 **计算工龄**。❶ 在 G4 单元格中设置公式“=IF(F4<0,E4-1&" 年 "&12+F4&" 个月 ",E4&" 年 "&F4&" 个月 ")”，运用 IF 函数判断 F4 中的月数小于 0 时，表示当年未满一年，因此将 E4 单元格中的年数减 1，再将 F4 单元格中的月数加 12 后与文本组合。如果 F4 单元格中月数大于或等于 0，即直接将 E4 和 F4 单元格中年数和月数相加，同样将计算结果与文本组合。❷ 将 G4 单元格公式填充至 G5:G21 单元格区域中。公式结果如下图所示。

G4　=IF(F4<0,E4-1&"年"&12+F4&"个月",E4&"年"&F4&"个月")

××公司员工信息表16

系统日期：2021年4月8日

员工姓名	所属部门	入职时间	年	月	工龄
黄**	销售部	2012-8-9	9	-[illegible] ❶	8年8个月
金**	行政部	2012-9-6	9	-5	8年7个月
胡**	财务部	2013-2-6	8	2	8年2个月
龙**	行政部	2013-6-4	8	-2	7年10个月
冯**	技术部	2014-2-3	7	2	7年2个月
王**	技术部	2014-3-6	7	1	7年1个月
张**	销售部	2014-5-6	7	-1	6年11个月
赵**	财务部	2014-5-6	7	-1	6年11个月
刘**	技术部	2014-8-6	7	-4	6年8个月
杨**	行政部	2015-6-9	6	-2 ❷	5年10个月
吕**	技术部	2016-5-6	5	-1	4年11个月
柯**	财务部	2016-9-6	5	-5	4年7个月
吴**	销售部	2017-1-2	4	3	4年3个月
马**	技术部	2017-4-5	4	0	4年0个月
陈**	行政部	2017-5-8	4	-1	3年11个月
周**	销售部	2018-5-9	3	-1	2年11个月
郑**	技术部	2019-9-8	2	-5	1年7个月
钱**	财务部	2020-2-9	1	2	1年2个月

示例结果见“结果文件\第3章\××公司员工信息表16.xlsx”文件。

3.6.3 DATE函数：将年、月、日组合为标准日期

DATE函数的作用与YEAR、MONTH、DAY函数恰好相反，用于返回代表指定日期的序列号。即将代表年份、月份、日期的数字配置组合成为一个标准日期。

语法结构： DATE(year,month,day)

语法释义： DATE(年,月,日)

参数说明： 3个参数均为必需项。

①第1个参数（年）的数值范围为1900～9999，若超出范围，公式将返回错误值“#NUM!”。若设置为空值，默认为“1900”。

②第2个参数（月）的数值范围为1～12，若大于12，自动将超过部分进位计算为年份数。但设置的最大数进位后的年份数不得超过“9999”。若等于0或设置为空值，则返回当前年份的上年的最末月，即返回“12”。若为负数，则返回当前年份的第1月减去负数后的结果。

③第3个参数（日）的数值范围为1～31，设置规则与第2个参数（月）相同。

下面在DATE函数参数设置规则范围内采用不同形式设置参数，以返回不同结果，便于读者对比学习，快速掌握参数设置规则，如下图所示。

年份	月份	日期	DATE函数公式结果	表达式	参数设置说明
2021	4	8	2021-4-8	=DATE(A2,B2,C2)	标准设置
2021	-2	-10	2020-9-20	=DATE(A3,B3,C3)	第2、3个参数为负数
2021	13	32	2022-2-1	=DATE(A4,B4,C4)	第2个参数大于12，第3个参数大于31
	4	8	1900-4-8	=DATE(,B6,C6)	第1个参数为空
2021	4		2021-3-31	=DATE(A6,B6,)	第3个参数为空
2021		18	2020-12-18	=DATE(A7,,C7)	第2个参数为空

在日常工作中，DATE函数通常与其他日期函数嵌套使用。例如，嵌套YEAR、MONTH函数计算固定资产折旧期限。

如下图所示，表格中记录了固定资产的入账日期和折旧年限，现要求计算折旧起止日期。

××公司固定资产折旧期计算表

固定资产名称	入账日期	折旧年限	折旧期限	
			起始日期	截止日期
××机器设备	2021-4-8	5		

第1步 **计算折旧起始日期**。打开“素材文件\第3章\××公司固定资产折旧期计算表.xlsx”文件，在D4单元格中设置公式“=DATE(YEAR(B4),MONTH(B4)+1,1)”，运用DATE函数将B4单元格中日期所在的年份、B4单元格中日期所在月份加1，

与数字 1 组合成日期“2021-5-1”。其中，第 2 个参数，即表达式“MONTH(B4)+1”是按照固定资产当月入账，次月开始折旧的规定设置。公式结果如下图所示。

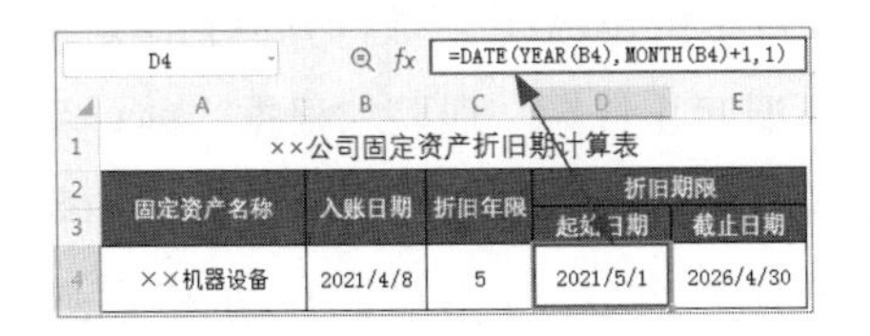

D4 =DATE(YEAR(B4),MONTH(B4)+1,1)

××公司固定资产折旧期计算表				
固定资产名称	入账日期	折旧年限	折旧期限	
			起始日期	截止日期
××机器设备	2021/4/8	5	2021/5/1	2026/4/30

第2步 **计算折旧截止日期**。在 E4 单元格中设置公式“=DATE(YEAR(B4)+C4–1, MONTH(D4),0)”，同样运用 DATE 函数组合成日期“2026-4-30”。其中，第 3 个参数设置为 0 的原因，是要使公式返回第 2 个参数所指定月份的前 1 个月的最末一日。公式结果如下图所示。

E4 =DATE(YEAR(B4)+C4-1,MONTH(D4),0)

××公司固定资产折旧期计算表				
固定资产名称	入账日期	折旧年限	折旧期限	
			起始日期	截止日期
××机器设备	2021-4-8	5	2021-5-1	2026-4-30

示例结果见“结果文件\第 3 章\×× 公司固定资产折旧期计算表 .xlsx”文件。

3.6.4 EDATE 函数：计算间隔指定日期前后的日期

EDATE 函数的作用是根据指定的起始日期和间隔月数，返回距起始日期之前或之后 *n* 个月的日期。

语法结构：EDATE(start_date,months)

语法释义：EDATE(起始日期 , 月数)

参数说明：两个参数均为必需项。其中，第 1 个参数若设置为 0 或空值，则默认返回年份为“1900”。第 2 个参数可设为正负数（返回第 1 个参数指定日期之前或之后的日期）、0 或空值（返回第 1 个参数指定的日期）。

我们同样在 EDATE 函数参数设置规则范围内采用不同形式设置参数，返回不同结果，帮助读者对比学习，以便掌握参数设置规则，如下图所示。

日期	EDATE函数公式结果	表达式	参数说明
2021-4-8	1900-1-31	=EDATE(0,1)	第1个参数设置为0
2021-5-1	2021-6-1	=EDATE(A3,1)	标准设置
2021-6-8	2021-4-8	=EDATE(A4,-2)	第2个参数设置为负数
2021-7-1	2021-7-1	=EDATE(A5,)	第2个参数设置为空

EDATE 函数适用于计算合同到期日期、固定资产折旧的截止日期，而且参数设置比 DATE 函数更加简便。

打开“素材文件\第 3 章\×× 公司固定资产折旧期计算表 1.xlsx”文件，在 E4 单元格中设置公式“=EDATE(D4,C4*12)–1”，根据 D4 单元格中的起始日期，将 C4 单元格中折旧年数 ×12 换算为月数。减 1 是要使之返回 EDATE 函数公式计算得到的日期所在月份的前一个月的最末一日。公式结果如下图所示。

E4 =EDATE(D4,C4*12)-1

××公司固定资产折旧期计算表1				
固定资产名称	入账日期	折旧年限	折旧期限	
			起始日期	截止日期
××机器设备	2021-4-8	5	2021-5-1	2026-4-30

示例结果见“结果文件\第 3 章\×× 公司固定资产折旧期计算表 1.xlsx”文件。

3.6.5 DATEDIF 函数：计算日期之间的间隔数

DATEDIF 函数的作用正好与 EDATE 函数相反，用于计算两个日期之间的间隔数，可选择计算年数、月数或天数。

语法结构：DATEDIF(start_date,end_date,unit)

语法释义：DATEDIF(开始日期 , 终止日期 , 比较单位)

参数说明：

① 3 个参数均为必需项。其中，第 1、2 个参数若设置为 0 或空值，默认日期为“1900-1-1”。第 3 个参数不能设置为 0 或空值，否则公式将返回错误值“#NUM!”。

②第 3 个参数（比较单位）共包括 6 个代码："Y"、"M"、"D"、"YM"、"YD"、"MD"，分别代表不同的比较单位。注意必须在代码首尾添加英文双引号，否则公式将返回错误值“#NAME?”。

下面列举示例对比 DATEDIF 函数的第 3 个参数设为 6 个不同代码时所返回的不同结果，便于读者对比学习，加强记忆，如下图所示。

DATEDIF函数第3个参数（比较单位）说明及示例

代码	作用	示例			
		起始日期	终止日期	返回结果	表达式
Y	返回两个日期之间的整年数	2021-4-8	2026-4-30	5	=DATEDIF(C3,D3,"Y")
M	返回两个日期之间的整月数	2021-4-8	2026-4-30	60	=DATEDIF(C4,D4,"M")
D	返回两个日期之间的间隔天数	2021-4-8	2026-4-30	1848	=DATEDIF(C5,D5,"D")
YM	返回两个日期之间的间隔月数，忽略计算年数差和天数差	2021-4-8	2026-4-30	0	=DATEDIF(C6,D6,"YM")
YD	返回两个日期之间的间隔天数，忽略计算年数差	2021-4-8	2026-4-30	22	=DATEDIF(C7,D7,"YD")
MD	返回两个日期之间的间隔天数，忽略计算年数差和月数差	2021-4-8	2022-4-30	22	=DATEDIF(C8,D8,"MD")

在日常工作中，DATEDIF 函数可用于计算固定资产已折旧的期数、员工工龄、年龄等。

如下图所示，表格中已运用 DATE、MONTH 和 EDATE 函数计算得到固定资产的折旧起止日期。现要求根据当前计算机系统日期计算固定资产已折旧时间和剩余折旧时间，并以“*n* 年 *n* 个月”的格式表示。

××公司固定资产折旧期计算表2

当前计算机系统日期：2021年4月8日

固定资产名称	入账日期	折旧年限	折旧期限		已折旧时间	剩余折旧时间
			起始日期	截止日期		
××办公设备	2019-6-18	3	2019-7-1	2022-6-30		

第1步 计算已折旧时间。打开“素材文件\第 3 章\×× 公司固定资产折旧期计算表 2.xlsx”文件，在 F5 单元格中设置公式“=DATEDIF(D5,TODAY(),"Y")&" 年 "&DATEDIF(D5,TODAY(),"YM")&" 个月 "”，运用 DATEDIF 函数分别计算 D5 单元格中的起始日期与“今天”日期间隔的整年数和间隔月数（忽略年数差和天数差），再将两个表达式及文本组合即可。公式结果如下图所示。

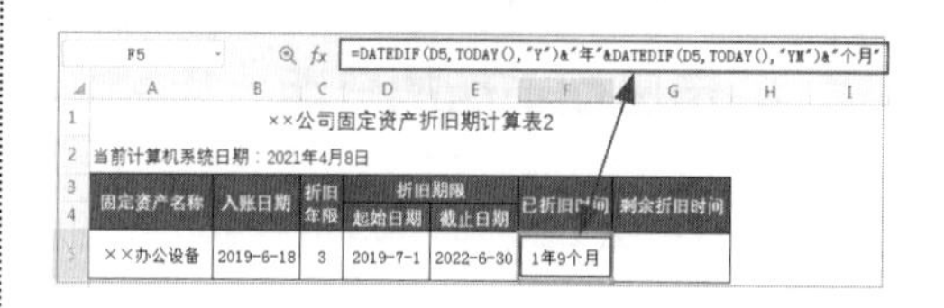

F5 =DATEDIF(D5,TODAY(),"Y")&"年"&DATEDIF(D5,TODAY(),"YM")&"个月"

××公司固定资产折旧期计算表2

当前计算机系统日期：2021年4月8日

固定资产名称	入账日期	折旧年限	折旧期限		已折旧时间	剩余折旧时间
			起始日期	截止日期		
××办公设备	2019-6-18	3	2019-7-1	2022-6-30	1年9个月	

第2步 计算剩余折旧时间。在 G5 单元格中设置公式“=DATEDIF(TODAY(),E5,"Y")&" 年 "&DATEDIF(TODAY(),E5,"YM")+1&" 个月 "”，公式含义与 F5 单元格公式相同。

但是，注意要在间隔月数后加上截止日期本身被减掉的 1 月。公式结果如下图所示。

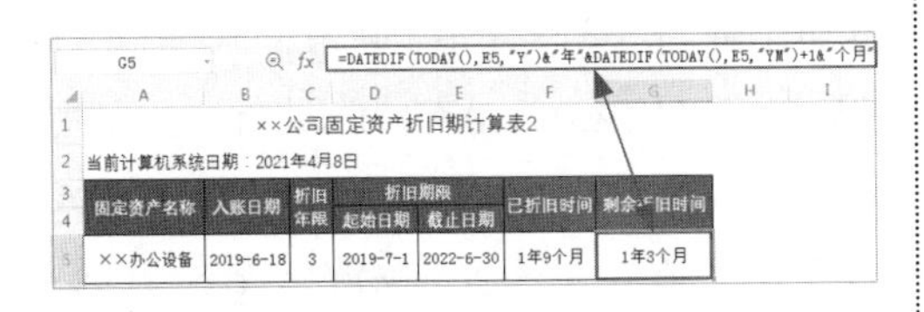

C5 =DATEDIF(TODAY(),E5,"Y")&"年"&DATEDIF(TODAY(),E5,"YM")+1&"个月"

××公司固定资产折旧期计算表2

当前计算机系统日期：2021年4月8日

固定资产名称	入账日期	折旧年限	折旧期限		已折旧时间	剩余折旧时间
			起始日期	截止日期		
××办公设备	2019-6-18	3	2019-7-1	2022-6-30	1年9个月	1年3个月

示例结果见“结果文件\第 3 章\×× 公司固定资产折旧期计算表 2.xlsx”文件。

3.6.6 EOMONTH 函数：计算日期之间的间隔期数

EOMONTH 函数的作用是返回指定日期之前或之后的月数的某月最后一天的日期，也就是距起始日期 *n* 个月后的日期所在月份的最后一天。

语法结构：EOMONTH(start_date,months)

语法释义：EMONTH(起始日期,月数)

参数说明：两个参数均为必需项。其中，第 1 个参数为 0 或空值时，默认为“1900-1-31”。第 2 个参数（月数）为正数（或空值）、负数和 0 时，分别代表返回指定日期的当月、之前和之后月份的最后一天日期。

下面将 EMONTH 函数的第 2 个参数设置为不同数字对比公式结果，帮助读者充分理解其含义，如下图所示。

起始日期	月数	公式结果	表达式	参数设置说明
2021-4-8	3	1900-4-30	=EOMONTH(,B2)	第1个参数为空值
2021-4-8	3	2021-4-30	=EOMONTH(A3,0)	第2个参数为0
2021-4-8	3	2021-10-31	=EOMONTH(A4,6)	标准参数设置
2021-4-8	3	2020-10-31	=EOMONTH(A5,-6)	第2个参数为负数

日常工作中，EOMONTH 函数同样可用于计算固定资产折旧截止日期、合同到期日等。

打开“素材文件\第 3 章\×× 公司固定资产折旧期计算表 3.xlsx”文件，在 E4 单元格中设置公式“=EOMONTH(D4,C4*12-1)”，运用 EOMONTH 函数根据 D4 单元格中的起始日期，计算距 C4 单元格中的折旧年限换算后的月数后月份的最后一天日期。公式结果如下图所示。

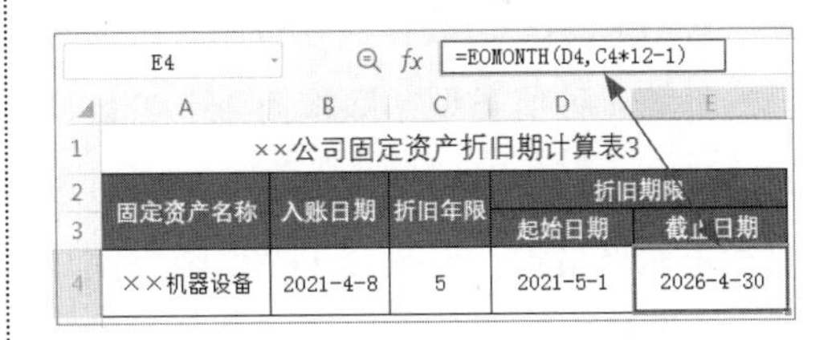

E4 =EOMONTH(D4,C4*12-1)

××公司固定资产折旧期计算表3

固定资产名称	入账日期	折旧年限	折旧期限	
			起始日期	截止日期
××机器设备	2021-4-8	5	2021-5-1	2026-4-30

示例结果见“结果文件\第 3 章\×× 公司固定资产折旧期计算表 3.xlsx”文件。

3.6.7 WEEKDAY 函数：计算日期的星期数

WEEKDAY 函数的作用是根据日期计算的星期数，即计算某日期是一个星期内的第几天，返回结果为一个 1 ~ 7 的整数。

语法结构：WEEKDAY(serial_number,[return_type])

语法释义：WEEKDAY(日期序号,[返回值类型])

参数说明：第 2 个参数（返回值类型）为可选项，共包含 10 个代码，分别代表使 WEEKDAY 函数返回 1 ~ 7 的数字所代表的星期几。缺省时默认为代码“1”。各代码对应的返回值类型如下图所示。

	A	B	C
1	WEEKDAY函数值类型参数代码表		
2	值类型代码	返回数字	数字代表的星期数
3	1	1-7	星期日—星期六
4	2	1-7	星期一—星期日
5	3	0-6	星期一—星期日
6	11	1-7	星期一—星期日
7	12	1-7	星期二—星期一
8	13	1-7	星期三—星期二
9	14	1-7	星期四—星期三
10	15	1-7	星期五—星期四
11	16	1-7	星期六—星期五
12	17	1-7	星期日—星期六

WEEKDAY 函数在实际运用时，通常会选择第 1 种值类型，即将第 2 个参数设置为“1”或缺省。返回数字后，可通过设置单元格格式，或嵌套 TEXT 函数使其显示为“星期 *”。

如下图所示，销售明细表中记录了 1—3 月中每日的销售数据，现要求与日期同步显示星期数，以便从工作日和周末这一角度分析销售数据的变化。

	A	B	C	D	E	F	G	H	I
1	××公司2021年1—3月客户销售明细表2								
2	日期	星期	客户A	客户B	客户C	客户D	客户E	客户F	合计
3	2021-1-1		12,493.11	16,130.93	14,509.69	14,906.56	15,151.25	13,408.01	**86,599.55**
4	2021-1-2		-	15,261.72	11,372.27	12,760.77	15,336.62	16,324.19	**71,055.57**
5	2021-1-3		12,606.30	15,592.80	12,008.87	12,345.16	14,661.40	12,027.58	**79,242.11**
6	2021-1-4		15,065.02	11,077.36	15,309.70	15,107.49	11,939.97	13,278.69	**81,778.23**
7	2021-1-5		12,184.46	15,785.72	11,276.95	13,465.99	11,024.70	12,465.42	**76,203.24**
8	2021-1-6		12,369.04	13,067.33	14,890.69	12,819.80	12,980.67	13,410.52	**79,538.05**
9	2021-1-7		10,810.76	11,573.25	14,838.17	14,647.36	13,344.53	15,124.93	**80,339.00**
10	2021-1-8		14,233.51	11,569.30	13,147.68	11,525.41	15,875.84	14,241.43	**80,593.17**
11	2021-1-9		10,865.43	10,864.57	13,475.49	10,821.13	14,600.44	14,149.77	**74,776.83**
12	2021-1-10		14,411.53	11,816.88	15,830.41	11,656.11	13,789.27	11,171.54	**78,675.74**

打开“素材文件\第 3 章\×× 公司 2021 年 1—3 月客户销售明细表 2.xlsx”文件。❶ 在 B3 单元格中设置公式“=TEXT(WEEKDAY(A3),"AAAA")”，首先运用 WEEKDAY 函数根据 A3 单元格中日期返回数字，再嵌套 TEXT 函数将这个数字转换为“星期 *”的格式；❷ 将 B3 单元格公式填充至 B4:B92 单元格区域中即可。公式结果如下图所示。

B3 =TEXT(WEEKDAY(A3),"AAAA")

	A	B	C	D	E	F	G	H	I
1	××公司2021年1—3月客户销售明细表2								
2	日期	星期	客户A	客户B	客户C	客户D	客户E	客户F	合计
3	2021-1-1	星期五	❶ 3.11	16,130.93	14,509.69	14,906.56	15,151.25	13,408.01	**86,599.55**
84	2021-3-23	星期二	4,587.12	6,691.24	5,363.49	4,132.21	3,584.80	3,463.02	27,821.88
85	2021-3-24	星期三	4,800.90	3,555.45	5,073.15	4,091.27	3,130.97	2,736.89	23,388.63
86	2021-3-25	星期四	2,700.89	3,787.17	2,753.38	3,988.24	3,099.96	2,444.67	18,774.31
87	2021-3-26	星期五	2,127.85	2,067.89	2,884.66	2,174.41	3,037.91	2,380.13	14,672.85
88	2021-3-27	星期六	❷ 3.21	1,604.02	1,561.90	2,204.27	1,689.59	2,345.68	11,268.67
89	2021-3-28	星期日	1,868.03	1,418.09	1,208.76	1,184.24	1,699.47	1,290.95	8,669.54
90	2021-3-29	星期一	1,777.39	1,439.26	1,119.92	911.56	924.24	1,321.40	7,493.77
91	2021-3-30	星期二	973.63	1,367.48	1,080.40	842.11	693.54	714.37	5,671.53
92	2021-3-31	星期三	998.12	750.43	1,057.60	852.08	654.60	538.09	4,850.92

示例结果见“结果文件\第 3 章\×× 公司 2021 年 1—3 月客户销售明细表 2.xlsx”文件。

温馨提示●

本例中，TEXT 函数的第 2 个参数“AAAA”是“星期 *”这一格式代码，不区分大小写。如果设置为“AAA”或“aaa”，则仅显示代表星期的大写数字。如果 B3 单元格公式设置为“=TEXT(WEEKDAY(A3),"aaa")”则返回“五”。

3.7 财务函数

财务函数主要用于计算各种财务专业数据和指标，如计算投资与收益、本金和利息、证券价值、固定资产折旧额等。WPS 表格中共包括 37 个财务函数，本节将介绍其中 6 个在日常财务工作中常用的实用函数，包括 FV、PV、PMT、SLN、SYD、VDB 函数。

3.7.1 FV 函数：计算投资的未来值

FV 函数的作用是基于固定利率及等额分期付款方式，返回某项投资的未来值。

语法结构：FV(rate,nper,pmt,pv,type)

语法释义：FV(利率 , 支付总期数 , 定期支付额 , 现值 , 是否期初支付)

参数说明：

①第 1 ~ 3 个参数为必需项。其中，第 3 个参数（定期支付额）设为 0 或空值时，不能省略第 4 个参数（现值）。

②第 4、5 个参数为可选项，用负数表示。其中，若缺省第 4 个参数（现值），那么第 3 个参数则不能设为 0 或空值。第 5 个参数（是否期初支付）使用逻辑值代码 1 或 0 表示。其中，1 代表期初支付，0 或缺省代表期末支付。

如下图所示，某投资项目为每月定投 6000 元，年利率 2%，投资期限为 3 年，计算 3 年后的本息总额。

	A	B	C	D	E	F
1	××公司投资项目收益计算表					
2	金额单位：元					
3	投资项目名称	定投金额/月	年利率	期限（年）	本息合计	投资收益
4	项目A	6,000.00	2%	3		

第1步 **计算本息总额**。打开“素材文件 \ 第 3 章 \× × 公司投资项目收益计算表 .xlsx”文件，在 E4 单元格中设置公式“=FV(C4/12,D4*12,-B4)”即可。公式结果如下图所示。

E4 fx =FV(C4/12,D4*12,-B4)

	A	B	C	D	E	F
1	××公司投资项目收益计算表					
2	金额单位：元					
3	投资项目名称	定投金额/月	年利率	期限（年）	本息合计	投资收益
4	项目A	6,000.00	2%	3	222,420.65	

第2步 **计算投资收益**。在 F4 单元格中设置公式“=ROUND(E4-(B4*12*3),2)”，将 3 年本息合计额减掉 3 年投入的本金合计额，即可得到投资收益额。公式结果如下图所示。

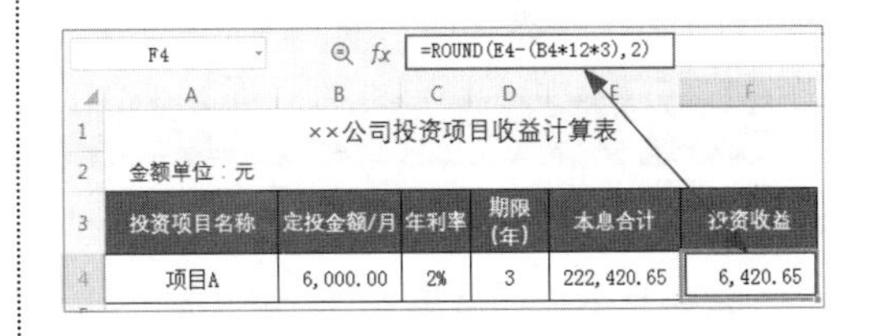

F4 fx =ROUND(E4-(B4*12*3),2)

	A	B	C	D	E	F
1	××公司投资项目收益计算表					
2	金额单位：元					
3	投资项目名称	定投金额/月	年利率	期限（年）	本息合计	投资收益
4	项目A	6,000.00	2%	3	222,420.65	6,420.65

示例结果见“结果文件 \ 第 3 章 \× × 公司投资项目收益计算表 .xlsx”文件。

3.7.2 PV 函数：计算投资的现值

PV 函数与 FV 函数的作用互补，是用于计算一系列未来付款的当前值的累积之和，即投资的现值。

语法结构：PV(rate,nper,pmt,fv,type)

语法释义：PV(利率 , 支付总期数 , 定期支付额 , 终值 , 是否期初支付)

参数说明：与 FV 函数参数设置规则相同。

如下图所示，× × 公司准备进行房产投资，银行贷款年利率为 12%，预计 3 年后价值 300 万元，要求计算该房产现在的价值。

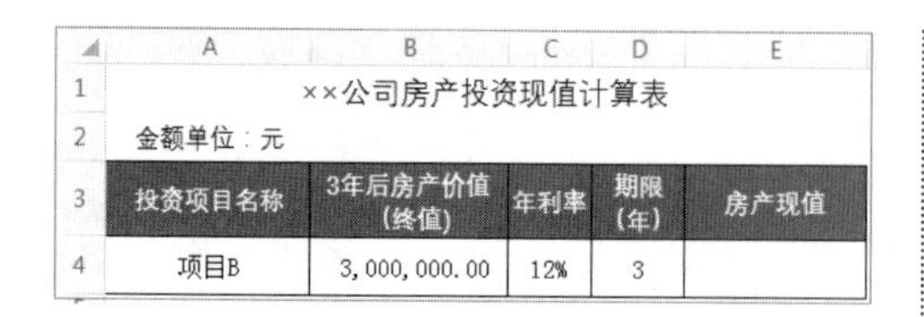

	A	B	C	D	E
1	××公司房产投资现值计算表				
2	金额单位：元				
3	投资项目名称	3年后房产价值（终值）	年利率	期限（年）	房产现值
4	项目B	3,000,000.00	12%	3	

打开“素材文件 \ 第 3 章 \ × × 公司房产投资现值计算表 .xlsx”文件，在 E4 单元格中设置公式“=PV(C4/12,D4*12,,-B4)”即可。公式结果如下图所示。

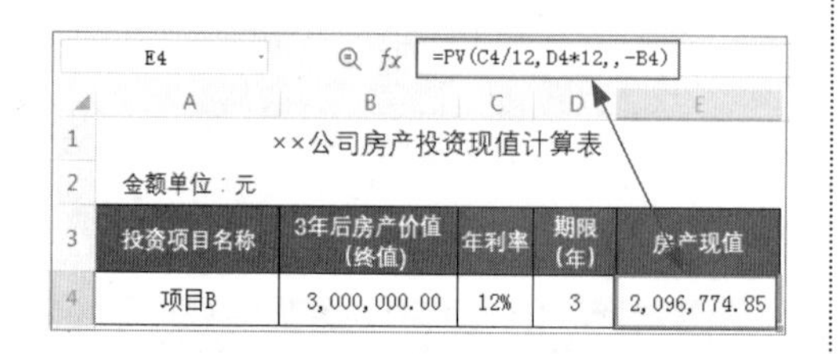

E4　fx　=PV(C4/12,D4*12,,-B4)

	A	B	C	D	E
1	××公司房产投资现值计算表				
2	金额单位：元				
3	投资项目名称	3年后房产价值（终值）	年利率	期限（年）	房产现值
4	项目B	3,000,000.00	12%	3	2,096,774.85

示例结果见“结果文件 \ 第 3 章 \ × × 公司房产投资现值计算表 .xlsx”文件。

3.7.3 PMT 函数：计算贷款等额本息还款额

PMT 函数的作用是计算在固定利率及等额分期付款方式下，贷款的每期付款额。同时，PMT 函数也是 PV 和 FV 函数的第 3 个参数。

语法结构：PMT(rate,nper,pv,fv,type)

语法释义：PMT(利率 , 支付总期数 , 现值 , 终值 , 是否期初支付)

参数说明：与 FV 函数的参数设置规则相同。

如下图所示，× × 公司贷款 500000 元，年利率为 6.5%，贷款期为 3 年，每月等额还本付息，现要求计算每月还款额、实际支付利息及实际利率。

	A	B	C	D	E	F	G
1	××公司贷款等额本息还款计算表						
2	金额单位：元						
3	贷款金额	年利率	贷款期限（年）	每月还款额	本息总额	实际支付利息	实际利率
4	500000	6.50%	3				

第1步 **计算每月还款额**。打开“素材文件 \ 第 3 章 \ × × 公司贷款等额本息还款计算表 .xlsx”文件，在 D4 单元格中设置公式“=PMT(B4/12,C4*12,A4)”即可。公式结果如下图所示。

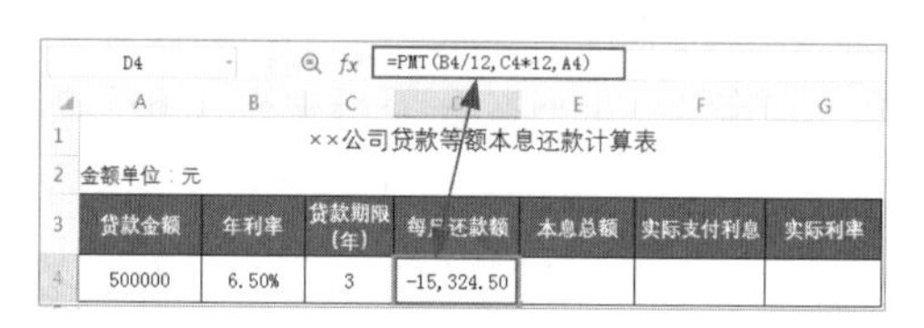

D4　fx　=PMT(B4/12,C4*12,A4)

	A	B	C	D	E	F	G
1	××公司贷款等额本息还款计算表						
2	金额单位：元						
3	贷款金额	年利率	贷款期限（年）	每月还款额	本息总额	实际支付利息	实际利率
4	500000	6.50%	3	-15,324.50			

第2步 **计算实际支付利息和实际利率**。❶ 在 E4 单元格中设置公式“=ROUND(-D4*C4*12,2)”，计算本金和利息总额。由于 D4 单元格中的每月还款额是以负数体现，因此在表达式中添加符号“-”将负数转换为正数；❷ 在 F4 单元格中设置公式“=ROUND(E4-A4,2)”，计算实际支付利息；❸ 在 G4 单元格中设置公式“=ROUND(F4/A4,4)”，计算实际利率。公式结果如下图所示。

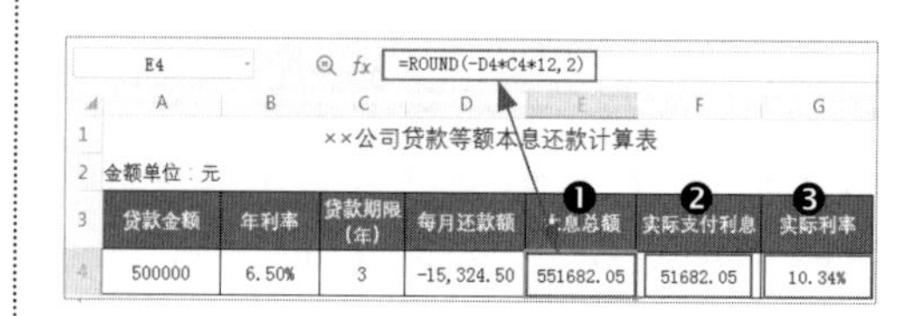

E4　fx　=ROUND(-D4*C4*12,2)

	A	B	C	D	E	F	G
1	××公司贷款等额本息还款计算表						
2	金额单位：元						
3	贷款金额	年利率	贷款期限（年）	每月还款额	❶ 本息总额	❷ 实际支付利息	❸ 实际利率
4	500000	6.50%	3	-15,324.50	551682.05	51682.05	10.34%

示例结果见“结果文件 \ 第 3 章 \ × × 公司贷款等额本息还款计算表 .xlsx”文件。

3.7.4 SLN 函数：计算直线法资产折旧额

SLN 函数的作用是按直接法（年限平均法）计算资产每期折旧额。

语法结构：SLN(cost,salvage,life)

语法释义：SLN(原值,残值,折旧期限)

参数说明：3 个参数均为必需项。其中,第 2 个参数(残值)可设置为 0 或空值。第 3 个参数（折旧期限）以月数表示。

如下图所示，机器设备 A 采用直线法计提折旧，现要求计算每月折旧额。

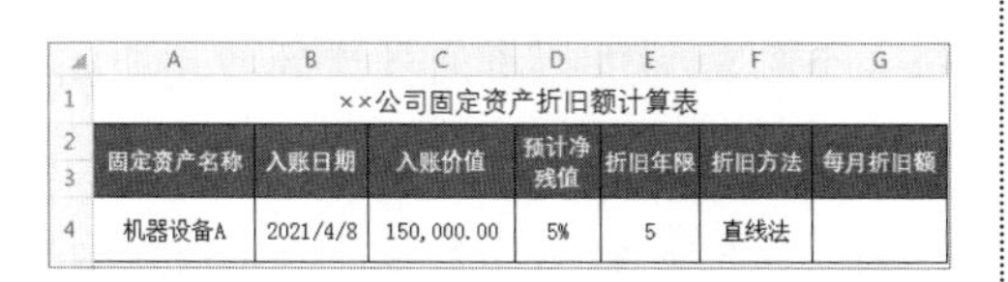

	A	B	C	D	E	F	G
1	××公司固定资产折旧额计算表						
2-3	固定资产名称	入账日期	入账价值	预计净残值	折旧年限	折旧方法	每月折旧额
4	机器设备A	2021/4/8	150,000.00	5%	5	直线法	

打开“素材文件\第 3 章\×× 公司固定资产折旧额计算表 .xlsx”文件，在 G4 单元格中设置公式“=SLN(C4,C4*D4,E4*12)”即可。公式结果如下图所示。

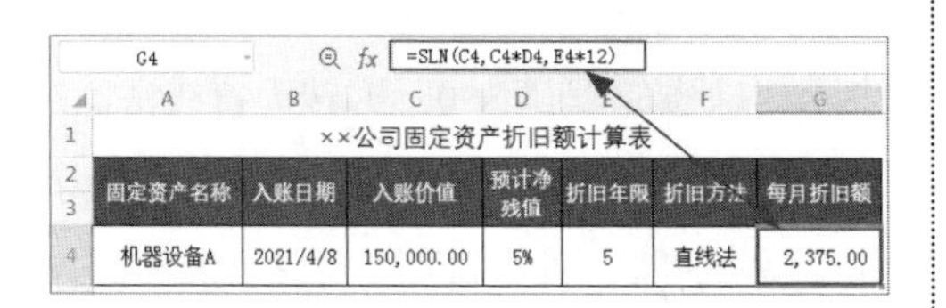

G4　=SLN(C4,C4*D4,E4*12)

	A	B	C	D	E	F	G
1	××公司固定资产折旧额计算表						
2-3	固定资产名称	入账日期	入账价值	预计净残值	折旧年限	折旧方法	每月折旧额
4	机器设备A	2021/4/8	150,000.00	5%	5	直线法	2,375.00

示例结果见“结果文件\第 3 章\×× 公司固定资产折旧额计算表 .xlsx”文件。

3.7.5 SYD 函数：计算年数总和法资产折旧额

SYD 函数的作用是按年数总和法计算指定期间的折旧额。

语法结构：SYD(cost,salvage,life,per)

语法释义：SYD(原值,残值,折旧期限,期间)

参数说明：第 1、2 个参数设置规则与 SLN 函数相同。第 3 个参数(折旧期限)以年数表示。第 4 个参数（期间）是指当期为第 *n* 期折旧期。

如下图所示，机器设备 B 采用年数总和法计提折旧，现要求计算每年及每月折旧额。

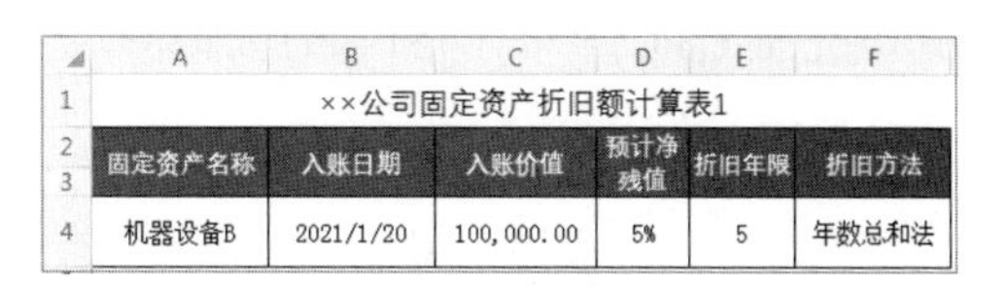

	A	B	C	D	E	F
1	××公司固定资产折旧额计算表1					
2-3	固定资产名称	入账日期	入账价值	预计净残值	折旧年限	折旧方法
4	机器设备B	2021/1/20	100,000.00	5%	5	年数总和法

第1步 **计算每年折旧额**。打开“素材文件\第 3 章\×× 公司固定资产折旧额计算表 1.xlsx”文件。❶ 在空白区域（如 A6:C12 单元格区域）绘制表格，在 A7:A11 单元格中输入数字 1 ~ 5，将单元格格式设置为自定义格式，格式代码为“第 # 年”；❷ 在 B7 单元格中设置公式“=SYD(C$4,C$4*D$4,E$4,A7)”，计算第 1 年折旧额，将公式填充至 B8:B11 单元格区域中即可计算得到其余年数的折旧额；❸ 在 B12 单元格中设置公式“=ROUND(SUM(B7:B11),2)”，计算 5 年合计折旧额。公式结果如下图所示。

	A	B	C	D	E	F
1	××公司固定资产折旧额计算表1					
2-3	固定资产名称	入账日期	入账价值	预计净残值	折旧年限	折旧方法
4	机器设备B	2021/1/20	100,000.00	5%	5	年数总和法
5						
6	❶年度	每年折旧额	每月折旧额			
7	第1年	31,666.67	❷			
8	第2年	25,333.33				
9	第3年	19,000.00				
10	第4年	12,666.67				
11	第5年	6,333.33				
12	合计	95,000.00	❸			

B7 =SYD(C$4,C$4*D$4,E$4,A7)

第2步 **计算每月折旧额。**❶在C7单元格中设置公式“=ROUND(B7/12,2)”，计算第1年每月折旧额；❷将C7单元格公式填充至C8:C11单元格区域中即可。公式结果如下图所示。

C7 =ROUND(B7/12,2)

	A	B	C	D	E	F
1	××公司固定资产折旧额计算表1					
2-3	固定资产名称	入账日期	入账价值	预计净残值	折旧年限	折旧方法
4	机器设备B	2021/1/20	100,000.00	5%	5	年数总和法
5						
6	年度	每年折旧额	每月折旧额			
7	第1年	31,666.67	2,638.89 ❶			
8	第2年	25,333.33	2,111.11			
9	第3年	19,000.00	1,583.33 ❷			
10	第4年	12,666.67	1,055.56			
11	第5年	6,333.33	527.78			
12	合计	95,000.00	-			

示例结果见“结果文件\第3章\××公司固定资产折旧额计算表1.xlsx”文件。

3.7.6 VDB函数：计算双倍余额递减法的资产折旧额

VDB函数的作用是按照双倍余额递减法计算指定期间内（包含部分期间）的资产折旧额。

语法结构：VDB(cost,salvage,life,start_period,end_period,[factor],[no_switch])

语法释义：VDB(原值,残值,折旧期限,起始期间,截止期间,[余额递减速率],[是否转为直线法])

参数说明：

①第1～5个参数为必需项。其中，第3、4、5个参数（折旧期限、起始期间和截止期间）可以设置为年、月、日作为计算单位，但三者必须一致。

②第4个参数为进行折旧计算的起始期间，设定的数字不包含在计算期间内。第5个参数为进行折旧计算的截止期间，即指定了计算期间。例如，计算第1年折旧额，那么第4、5个参数应分别设置为0和1，以此类推。

③第6个参数为可选项，代表余额递减速率。缺省时默认为2，即双倍递减。

④第7个参数为可选项，代表折旧期最末两期是否转为直线法，用代码1和0表示。缺省时默认为0，即转为直线法。

如下图所示，机器设备C采用双倍余额递减法，下面计算每年及每月折旧额。

	A	B	C	D	E	F
1	××公司固定资产折旧额计算表2					
2-3	固定资产名称	入账日期	入账价值	预计净残值	折旧年限	折旧方法
4	机器设备C	2021-2-20	120,000.00	5%	6	双倍余额递减法

第1步 **计算每年折旧额。**打开“素材文件\第3章\××公司固定资产折旧额计算表2.xlsx”文件。❶在B7单元格中

设置公式“=VDB(C$4,C$4*D$4,E$4,A7-1,A7)”，计算第 1 年折旧额。默认余额递减速率为 2，最末两年转为直线法折旧；❷ 将 B7 单元格公式填充至 B8:B12 单元格区域中；❸ 在 B13 单元格中设置公式“=ROUND(SUM(B7:B12),2)”，计算 6 年的合计折旧金额。公式结果如下图所示。

B7 =VDB(C$4, C$4*D$4, E$4, A7-1, A7)

××公司固定资产折旧额计算表2					
固定资产名称	入账日期	入账价值	预计净残值	折旧年限	折旧方法
机器设备C	2021/2/20	120,000.00	5%	6	双倍余额递减法

年度	每年折旧额	每月折旧额
第1年	40,000.00	❶
第2年	26,666.67	
第3年	17,777.78	
第4年	11,851.85	❷
第5年	8,851.85	
第6年	8,851.85	
合计	114,000.00	❸ -

第2步 **计算每月折旧额**。在 C7 单元格中设置公式“=ROUND(B7/12,2)”，将公式填充至 C8:C12 单元格区域中即可。公式结果如下图所示。

C7 =ROUND(B7/12, 2)

××公司固定资产折旧额计算表2					
固定资产名称	入账日期	入账价值	预计净残值	折旧年限	折旧方法
机器设备C	2021-2-20	120,000.00	5%	6	双倍余额递减法

年度	每年折旧额	每月折旧额
第1年	40,000.00	3,333.33
第2年	26,666.67	2,222.22
第3年	17,777.78	1,481.48
第4年	11,851.85	987.65
第5年	8,851.85	737.65
第6年	8,851.85	737.65
合计	114,000.00	-

示例结果见“结果文件 \ 第 3 章 \ ××公司固定资产折旧额计算表 2.xlsx”文件。

高手支招

本章主要介绍和讲解了财务人员在工作中需要熟练掌握的各类常用、实用函数包括语法结构、参数规则等相关知识和实际应用方法。下面结合本章内容，向读者介绍关于审核和检查公式正确性的相关知识和操作方法，帮助财务人员进一步打好基础，全面巩固并提升学习成果。

01 辨别 8 种公式错误值

我们在 WPS 表格中编写公式时，时常会发生一些不易察觉的操作上的错误而导致公式结果返回各种错误值代码，如“#N/A”“#DIV/0!”“#NUM!”“#REF”等。对此，大多数公式基础薄弱的财务人员只知道这是公式出错，却不知道错处及原因，发生此类错误时只有盲目地反复测试并修改公式，从而影响工作顺利进行。其实，返回这些错误值代码的原因都非常简单，也很好处理，只要预先对其认识和了解，就能在编写公式时防患于未然。即使发生错误，也能够对症下药，迅速予以更正。

在 WPS 表格中，因公式编写出错而返回的错误值代码共包括 8 个，即

“####……”“#N/A”“#NUM!”“#NAME?”“#NULL!”“#DIV/0!”“#VALUE!”“#REF!”。下面为大家介绍这些公式错误值代码的含义、出错原因及处理方法。

(1)“####……”错误值

返回“####……”错误值的原因主要有以下两方面。

- 单元格列宽较窄，无法完整显示数据，只需调整列宽或缩小单元格内的字体即可解决，如下图所示。

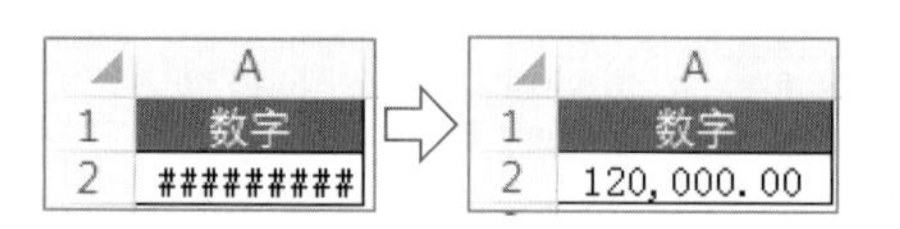

- 计算日期或时间的公式、单元格格式、输入的日期或时间不正确。如左下图所示，A2 单元格格式为日期格式，输入数字“-120000”后返回错误值代码“####……”。只需将单元格格式设置为数字格式即可，如下图所示。

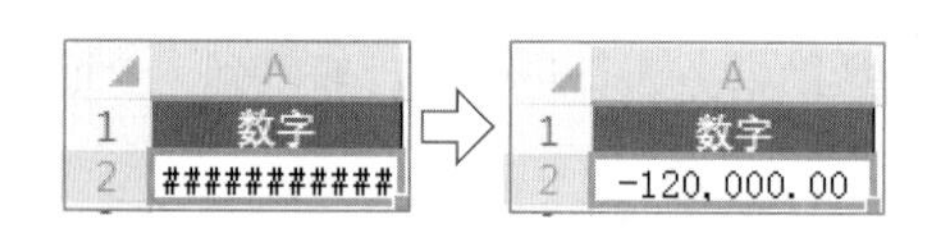

(2)“#N/A”错误值

如果公式所引用的某个单元格中的数值对函数或公式不可用时，即会返回“#N/A”错误值代码。这种错误值常见于查找与引用函数公式。如下图所示，在 L3:Q3 单元格区域中设置了 LOOKUP 函数公式，根据 J3 和 K3 单元格中关键字查找相关信息，由于公式无法查找到与 J3 和 K3 单元格中同时匹配的相关信息，因此返回“#N/A”错误值。

L3 =LOOKUP(1,0/(($C:$C=$J3)*($B:$B=$K3)),A:A)

	J	K	L	M	N	O	P	Q
1	员工信息查询-LOOKUP函数无序查找—多条件							
2	所属部门	员工姓名	员工编号	性别	入职时间	学历	身份证号码	出生日期
3	行政部	胡**	#N/A	#N/A	#N/A	#N/A	#N/A	#N/A

对此，只需在公式中嵌套 IFERROR 函数将错误值屏蔽即可。

(3)“#NUM!”错误值

如果函数公式中包含无效数字或数值，即会返回“#NUM!”错误值代码，如下图所示，SQRT 函数的作用是计算非负数的平方根，如果将参数设置为负数，那么 B2 单元格公式将返回“#NUM!”错误值代码。对此，设置正确的参数即可解决。

	A	B	C
1	数字	公式结果	表达式
2	-256	#NUM!	=SQRT(A2)
3	256	16	=SQRT(A3)

(4)“#NAME?”错误值

“#NAME?”错误值从其名称即可理解其出错原因，即函数名称或公式中所引用的已定义名称输入错误。如下图所示，C2 单元格公式中的函数将正确的“PRODUCT”错写为“PRODUC”，因此返回“#NAME?”错误值代码。对此，改正函数名称即可解决。

	A	B	C	D
1	单价	数量	金额	表达式
2	35	25	#NAME?	=PRODUC(A2:B2)
3	35	25	875.00	=PRODUCT(A3:B3)

(5)"#NULL!"错误值

"NULL"代表空值、无交集。当公式中使用了不正确的运算符或引用的单元格区域的交集为空值时,就会返回"#NULL!"错误值,如下图所示,C2 单元格公式中所引用的单元格区域之间使用了不正确的空格,因此返回"#NULL!"错误值。更正运算符即可解决。

	A	B	C	D
1	单价	数量	金额	表达式
2	35	25	#NULL!	=PRODUCT(A2 B2)
3	35	25	875.00	=PRODUCT(A3:B3)

(6)"#DIV/0!"错误值

"#DIV/0!"错误值代码名称中的"DIV/0"的含义是"除以零"。编写公式时,如果将数字"0"或空白单元格作为除数,就会返回"#DIV/0!"错误值代码,如下图所示。设置公式时稍加注意即可避免出错。

	A	B	C	D
1	金额	数量	单价	表达式
2	875	0	#DIV/0!	=A2/B2
3	875		#DIV/0!	=A3/B3

(7)"#VALUE!"错误值

返回"#VALUE!"错误值的主要原因是设置公式时的操作方法不正确,或者公式所引用的单元格中数值类型不一致。如下图所示,C2 单元格的公式引用了 A2 和 B2 单元格中的数据,但 B2 单元格中输入了符号"-",导致 C2 单元格公式返回错误值"#VALUE!"。B3 单元格格式为"会计专用",输入数字 0 后显示符号"-",因此 C3 单元格的公式结果正确。

	A	B	C	D
1	单价	数量	金额	表达式
2	35	-	#VALUE!	=ROUND(A2*B2, 2)
3	35	-	0.00	=ROUND(A3*B3, 2)

(8)"#REF!"错误值

如果公式结果返回"#REF!"错误值代码,那么通常是因为操作失误删除了公式所引用的单元格或单元格区域,如下图所示,C2 单元格公式引用了 A2 和 B2 单元格,且公式表达式设置正确,因此公式结果也正确。删除 B2 单元格后,原 C2 单元格变为 B2 单元格,公式引用无效,因此返回"#REF!"错误值代码。在编写公式时,要注意避免删除被引用的单元格。

	A	B	C	D
1	单价	数量	金额	表达式
2	35	25	875.00	=PRODUCT(A2, B2)

↓

	A	B	C
1	单价	金额	表达式
2	35	#REF!	=PRODUCT(A2, #REF!)

02 一键显示公式内容

如果想要查看公式表达式内容,除了选中单元格在编辑栏中查看的方法外,还可以通过"显示公式"功能一键显示全部公式内容,操作方法如下。

打开"素材文件\第 3 章\×× 公司 2021 年 3 月销售汇总表 1.xlsx"文件,单击【公式】选项卡中的【显示公式】按钮，即可显示工作表中所有包含公式的单元格中的公式内容，如下图所示。

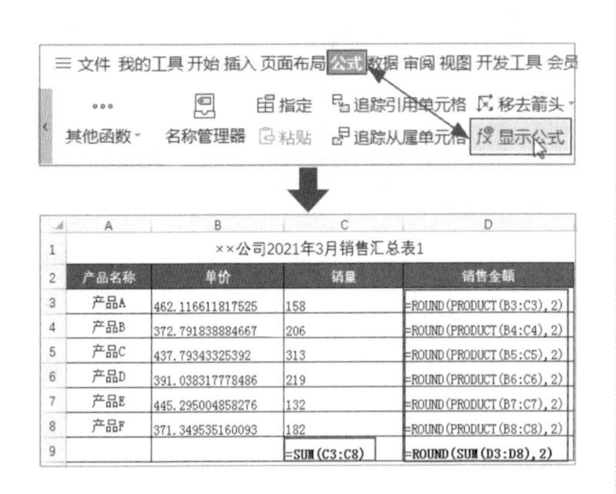

	A	B	C	D
1	××公司2021年3月销售汇总表1			
2	产品名称	单价	销量	销售金额
3	产品A	462.116611817525	158	=ROUND(PRODUCT(B3:C3),2)
4	产品B	372.791838884667	206	=ROUND(PRODUCT(B4:C4),2)
5	产品C	437.79343325392	313	=ROUND(PRODUCT(B5:C5),2)
6	产品D	391.038317778486	219	=ROUND(PRODUCT(B6:C6),2)
7	产品E	445.295004858276	132	=ROUND(PRODUCT(B7:C7),2)
8	产品F	371.349535160093	182	=ROUND(PRODUCT(B8:C8),2)
9			=SUM(C3:C8)	=ROUND(SUM(D3:D8),2)

示例结果见“结果文件\第 3 章\× × 公司 2021 年 3 月销售汇总表 1.xlsx”文件。

温馨提示

再次单击【显示公式】按钮可恢复显示公式计算结果。

03 追踪公式引用单元格和从属单元格

单元格引用和从属关系即指定单元格中的公式引用了哪些单元格，或指定单元格被哪些单元格中的公式所引用。明确了单元格的引用和从属关系后，可有效避免因操作失误删除这些单元格而导致公式返回“#REF!”错误值代码，操作方法如下。

第1步 **追踪引用单元格**。打开“素材文件\第 3 章\× × 公司 2021 年 3 月销售汇总表 2.xlsx”文件，选中 D3 单元格，单击【公式】选项卡中的【追踪引用单元格】按钮，如下图所示。

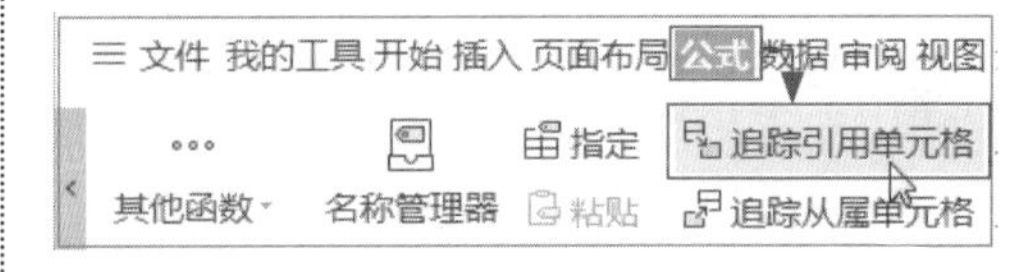

第2步 **查看追踪效果**。操作完成后，即可看到出现箭头指向 D3 单元格。箭头另一端圆头指向的 B3 单元格代表被 D3 单元格引用（同时包括 C3 单元格），如下图所示。

	A	B	C	D
1	××公司2021年3月销售汇总表2			
2	产品名称	单价	销量	销售金额
3	产品A	462.12	158	73014.42
4	产品B	372.79	206	76795.12
5	产品C	437.79	313	137029.34
6	产品D	391.04	219	85637.39
7	产品E	445.30	132	58778.94
8	产品F	371.35	182	67585.62
9	合计		1210	498840.83

第3步 **追踪从属单元格**。依然选中 D3 单元格，单击【公式】选项卡中的【追踪从属单元格】按钮（参照第 1 步示图操作）即可。可看到出现箭头从 D3 单元格指向 D9 单元格，表示 D3 单元格被 D9 单元格公式引用，即从属于 D9 单元格，如下图所示。

	A	B	C	D
1	××公司2021年3月销售汇总表2			
2	产品名称	单价	销量	销售金额
3	产品A	462.12	158	73014.42
4	产品B	372.79	206	76795.12
5	产品C	437.79	313	137029.34
6	产品D	391.04	219	85637.39
7	产品E	445.30	132	58778.94
8	产品F	371.35	182	67585.62
9	合计		1210	498840.83

温馨提示

若要删除引用箭头，单击【公式】选项卡中的【移去箭头】按钮可一键删除全部箭头，或者单击该按钮右侧的下拉按钮，在下拉列表中选择相关命令删除引用单元格或从属单元格的箭头。

04 对公式进行分步求值

如果一条公式中嵌套的函数较多，相对复杂，可运用“公式求值”功能，对其中一个表达式逐步求值，有利于了解公式的计算过程，进一步理解公式的逻辑和原理，操作方法如下。

打开“素材文件\第3章\×× 公司2021年3月产品库存明细表2.xlsx”文件。❶ 选中M3单元格，单击【公式】选项卡中的【公式求值】按钮；❷ 弹出【公式求值】对话框，连续单击【求值】按钮，即可逐步对公式中的每一个表达式进行求值，在【求值】预览框中可查看每一步求值结果，如下图所示。

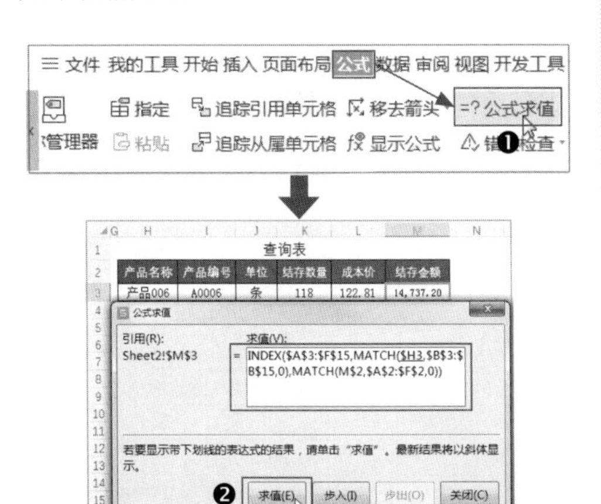

05 使用“错误检查”功能检查公式

“错误检查”功能特别适用于检查公式中的“隐形”错误。例如，在公式“=ROUND(D9*E8,2)”中，语法结构、参数设置均正确。但是，所引用的E8单元格是错误的。由于D9和E8单元格均为数值格式，因此，这一公式将正常进行计算，不会返回错误值代码。那么，错误就很难被察觉。采用“错误检查”功能就可使这类错误立即“现形”，操作方法如下。

打开“素材文件\第3章\×× 公司2021年3月产品库存明细表3.xlsx”文件。❶ 单击【公式】选项卡中的【错误检查】按钮；❷ 弹出【错误检查】对话框，显示检查到的第一个“错误”，即D16单元格中的求和公式忽略了相邻单元格，但这并非真正的“错误”，因此不做更正，直接单击【下一个】按钮；❸ 系统继续检查错误，可看到对话框中显示F9单元格中公式引用单元格错误，单击【从上部复制公式】按钮即可更正公式；❹ 检查完毕后，弹出对话框予以提示，单击【确定】按钮关闭对话框即可。

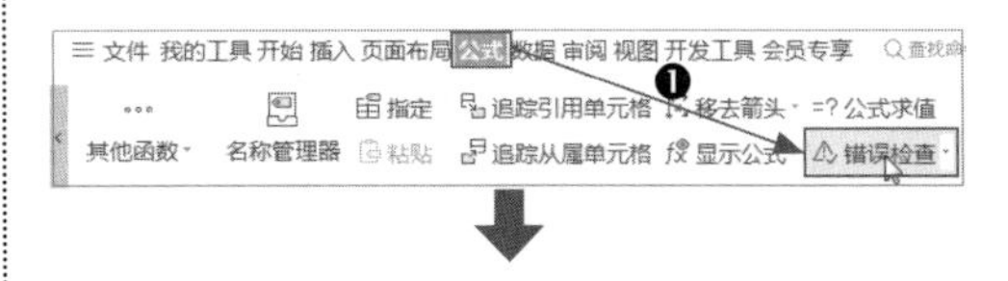

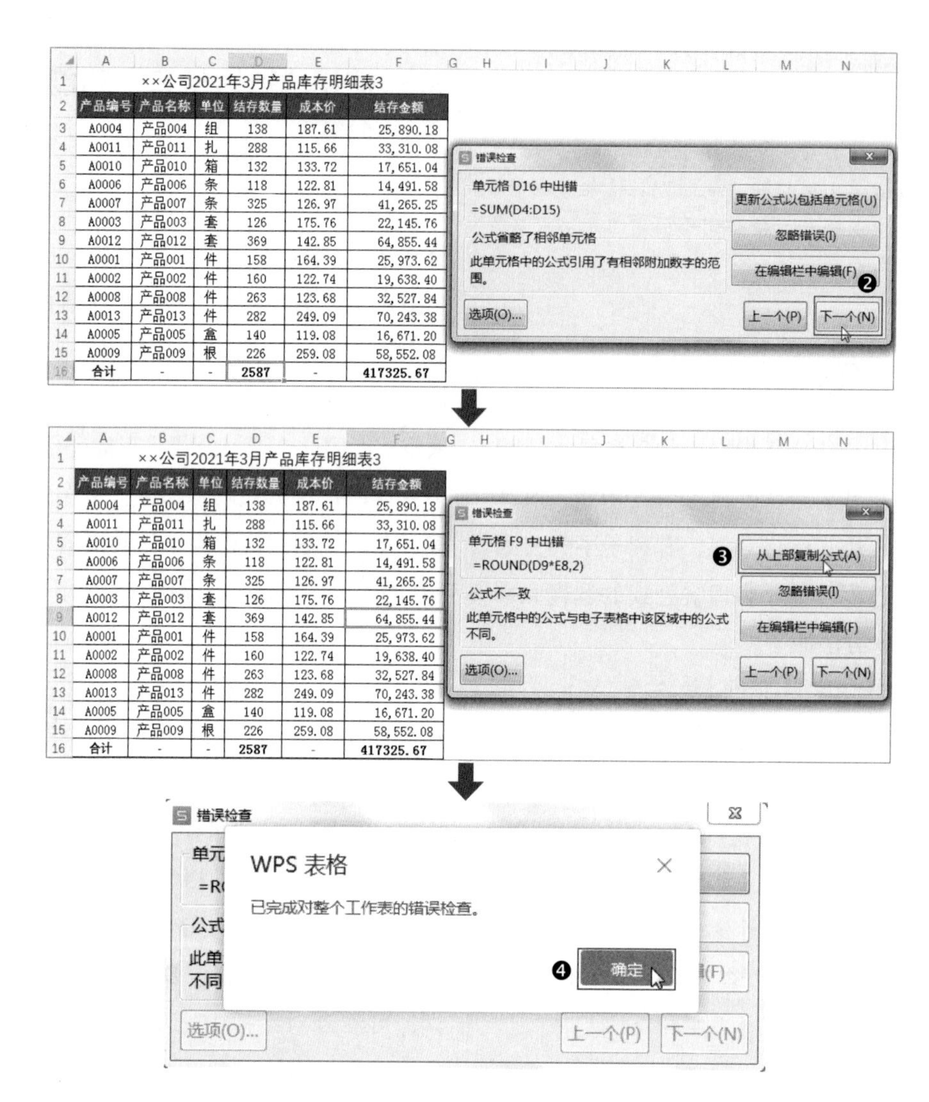

示例结果见“结果文件 \ 第 3 章 \ × × 公司 2021 年 3 月产品库存明细表 3.xlsx”文件。

WPS

第 4 章

玩转图表

直观呈现财务数据内涵

本章导读

图表的作用是将枯燥、抽象的数据可视化，以生动的形象直观呈现出来，是数据内涵的外在体现。因此，如何运用 WPS 表格中的图表工具清晰、直观地展现财务数据分析结果，让数据的内涵和价值得到展现和发挥，也是财务人员应当掌握的一项必不可少的技能。

本章将详细介绍图表应用的相关内容，包括图表基础知识、创建和布局图表、制作动态图表的操作方法和实用技巧等，帮助财务人员玩转图表应用。

知识要点

- 图表基础知识
- 创建图表的方法
- 图表布局的方法和技巧
- 运用 3 种方法制作动态图表
- 图表的其他布局技巧

4.1 图表基础知识

对枯燥的财务数据运用图表，能将对比效果、发展趋势及组成结构等更直观、更形象地呈现出来。而且，一份专业图表也能充分体现财务人员的专业精神和职业素养。那么，如何才能玩转图表，将其灵活运用到实际工作中呢？第一步自然是要打下扎实的基础。下面介绍图表相关的基础知识。

4.1.1 图表的类型和作用

财务人员希望让图表淋漓尽致地展现数据内涵，首先应对图表类型及特点，以及各种图表所强调和表达的数据重点与数据分析结果有所了解，才能使用适合数据类型和数据分析目的的图表来展示数据内涵。

WPS 表格提供了 9 大类图表，包括柱形图、折线图、饼图、条形图、面积图、散点图、股价图、雷达图和组合图，每种图表大类下还包含多种子类。下面分别进行简要介绍。

1. 柱形图

柱形图又称为柱状统计图、长条图，是一种以长方形的长度为变量的统计图表，是由根据数据源表中行或列的数据绘制的柱状体组成。柱形图主要用于直观表达两个及以上的数据之间的大小对比，既可直观展示同一时期内数据的高低不同，也能够充分体现同类数据的同期对比效果。

柱形图是财务数据分析中常用的图表之一，其中包括 3 种子类型：簇状柱形图、堆积柱形图和百分比堆积柱形图。

（1）簇状柱形图

簇状柱形图可以用来对比多个数据系列值随时间推移的变化及同期数据的大小。

下图即采用了簇状柱形图呈现每种产品在 2020 年和 2021 年的同期销售数据大小，同时也展示了每种产品在同一年度中销售数据的高低。

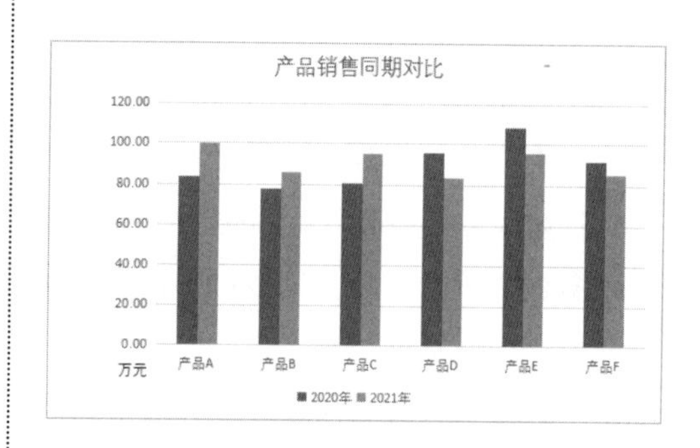

（2）堆积柱形图

堆积柱形图是将数据叠加至一根柱条上，既可对比不同数据系列之间的高低大小，又可以通过柱条叠加的总高度，判断一段时间内数据系列的总值对比。

下图即采用堆积柱形图对比每种产品在 2020 年和 2021 年中的销售合计数据，同时也展示了每种产品分别在两个年度中的销售数据。

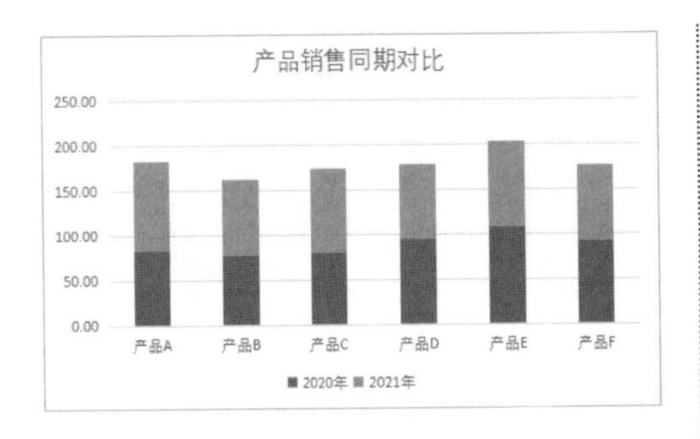

(3) 百分比堆积柱形图

百分比堆积柱形图同样是将各数据系列叠加至一根柱条上，但是以百分比体现数据系列的大小，因此，其总值均为 100%，也就是代表总数据的柱条总高度全部相等。每个数据系列占据总高度的不同比例代表占据总销售额的不同百分比。

下图即采用了百分比堆积柱形图展示每种产品在 2020 年和 2021 年的销售数据所占两年合计销售数据的百分比。

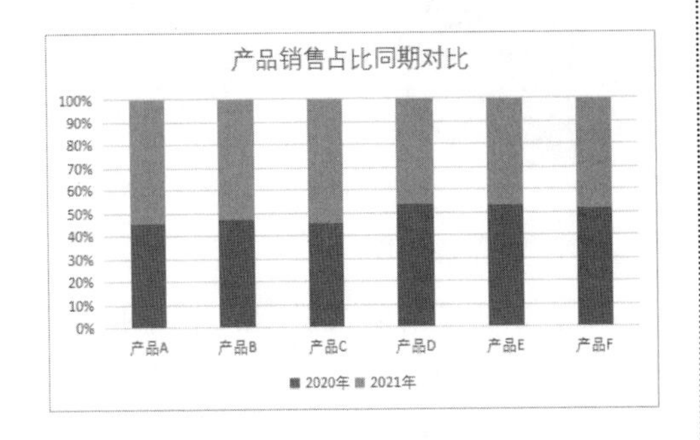

2. 折线图

折线图的主要作用是展示同一组数据随着时间推移的变化情况。通过线条波动所呈现的线性趋势，可以轻松观察在不同时期内数据的上升、下降趋势和数据变化的波动程度。同时，根据折线的高点和低点也能更直观地分析数据的波动峰顶和谷底及其原因。

折线图大类中包括 6 个子类型，实际上可根据是否带数据标记划分为两小类相同的 3 种类型，分别为不带数据标记和带数据标记的普通折线图、堆积折线图、百分比堆积折线图。其中，带数据标记的折线图更能清晰地呈现数据及变化情况。在实际工作中，普通折线图和堆积折线图是财务人员在数据分析时常用的图表。

(1) 普通折线图

普通折线图就是大家在实际应用中司空见惯的折线图。即使图表中包含不同的数据系列，也是各自独立的一级数据。虽然数据系列之间的折线可能会发生交叉，但是仍然是单纯地反映每个数据类型随时间变化的发展趋势。

下图即在一张普通折线图中分别展示 3 种产品在 2021 年中每月销售趋势。

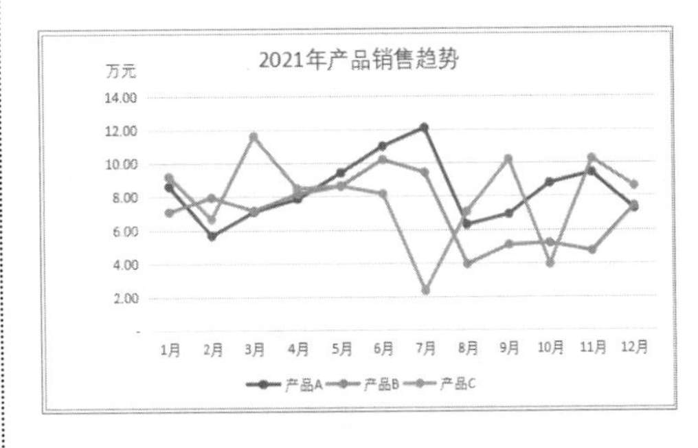

(2) 堆积折线图

堆积折线图主要用于呈现两个及以上的数据系列在同一分类上的值的总和的发

展变化趋势。

如下图所示的堆积折线图反映了 3 种产品的总销售数据的发展变化趋势。

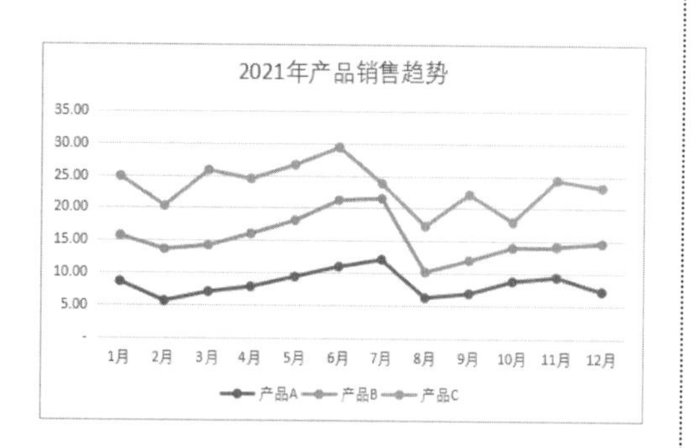

3. 饼图

饼图能够十分形象地展示一个数据系列中各项目本身大小及占合计数据的份额大小。比如，不同类别的产品销售数据占销售总额的比例。

饼图大类中包括 5 个子类型：普通饼图、三维饼图、复合饼图、复合条饼图、圆环图。

（1）普通饼图和三维饼图

普通饼图和三维饼图除了在外形上存在区别外，其作用和特点完全相同。

如下图所示，分别采用普通饼图和三维饼图展示各种产品所占销售总额的份额。

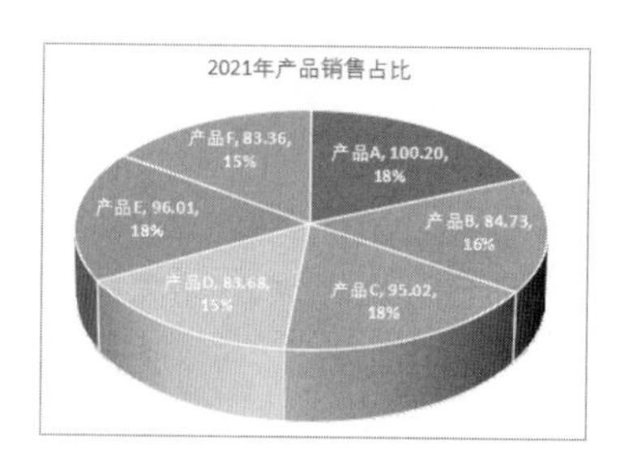

（2）复合饼图

复合饼图也可称为子母饼图，包含大小两个饼图。大饼图主要展示大类数据项目占总数据的份额大小，小饼图则展示大饼图中某一数据项目所包含的子分类占该数据项目的份额大小。

如下图所示的复合饼图中，小饼图展示了大饼图中的“其他”工资项目中包含的各子分类项目数据份额。

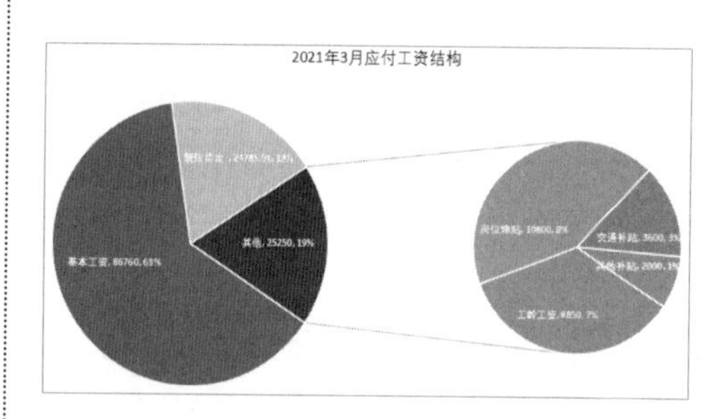

（3）复合条饼图

复合条饼图与复合饼图的作用和形式基本相同，不同之处是用于展示子分类占某一数据项目份额的小图中，每个项目是以条形展示。

如下图所示，大饼图中的“其他”工资项目中的子分类数据使用条形图展示。

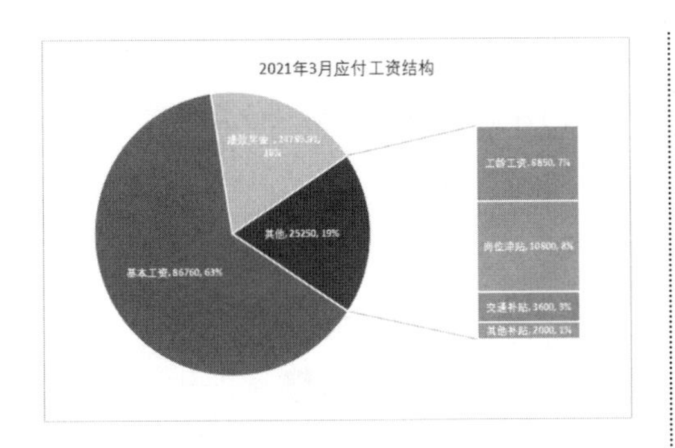

(4) 圆环图

圆环图是普通饼图的升级版，其作用同样是展示各数据项目的份额大小，但可以通过增加多层圆环，以体现数据项目随时间或其他因素的变化及份额大小。

如下图所示的圆环图中，内环和外环分别展示了 2020 年与 2021 年各种产品占当年总销售的份额大小，同时也可从中对比每种产品 2020 年与 2021 年的销售数据。

4. 条形图

条形图与柱形图形似，从外形上看，就像横置的柱形图一般，也是以长方形的长度为变量的一种图表。

在子分类方面，条形图也与柱形图大致相同，包含簇状条形图、堆积条形图、百分比堆积条形图。

相对于柱形图而言，条形图更适用于展示项目之间的大小比较，但不适用于展示一定时期内数据的变化情况。

下图即采用了簇状条形图展示各种产品销售数据，更清晰地表达出了数据大小对比效果。

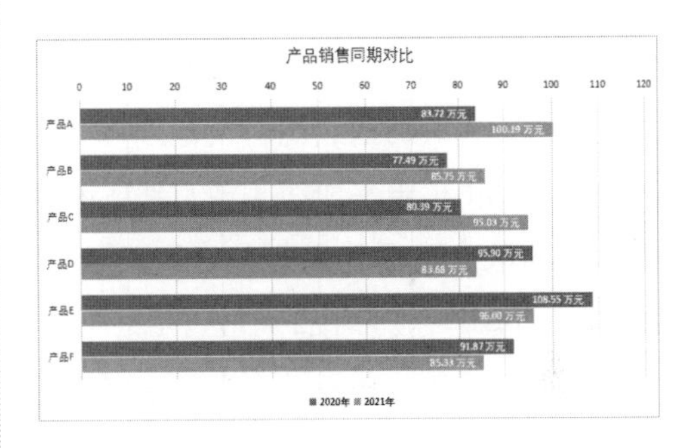

5. 面积图

面积图强调的是数量随时间而变化的程度，能够引起分析者对总值趋势的关注。

面积图大类中，包括普通面积图、堆积面积图和百分比堆积面积图。三者之间的区别可参考柱形图进行理解。在实际工作中，一般运用堆积面积图来表示各个部分与整体的关系，并显示随时间的变化幅度及趋势。

下图即采用了堆积面积图展示每种产品 1—12 月的销售趋势。

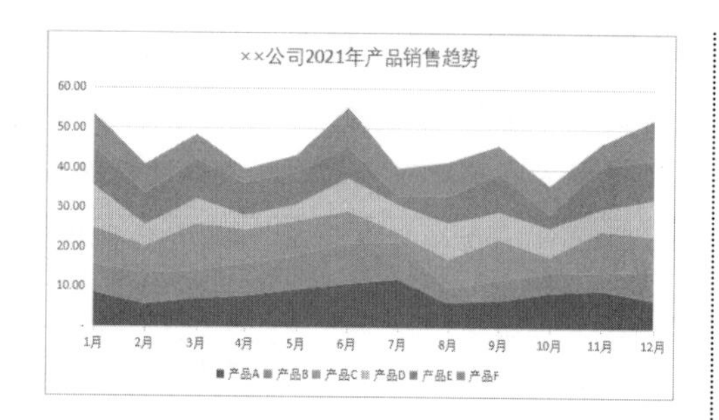

6. 散点图

散点图主要用于展示若干数据系列中各数值之间的关系和数值比较。

散点图大类中包括 7 种子类型：普通散点图、带平滑线和数据标记的散点图、带平滑线的散点图、带直线和数据标记的散点图、带直线的散点图、气泡图和三维气泡图。其中，带平滑线（或直线）和数据标记的散点图在外观上与折线图相似。在实际工作中一般采用普通散点图。

下图即采用了普通散点图展示各种产品的期初数量、进货数量、销售数量和结存数量之间的关系。

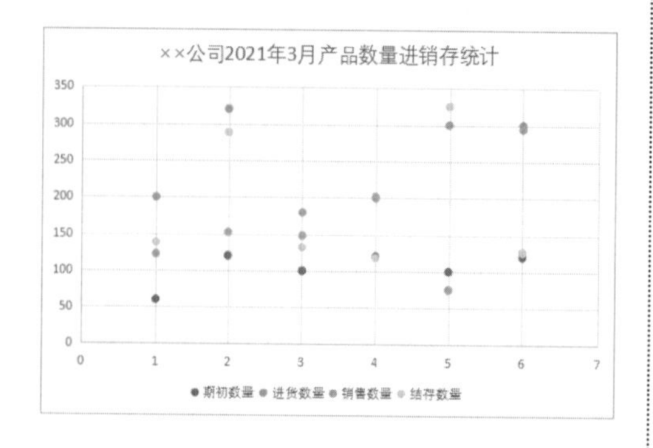

7. 股价图

股价图，顾名思义就是用于展示股价波动情况的图表。

下图即采用了股价图展示某支股票一周内的开盘、盘高、盘低及收盘价格的变化。

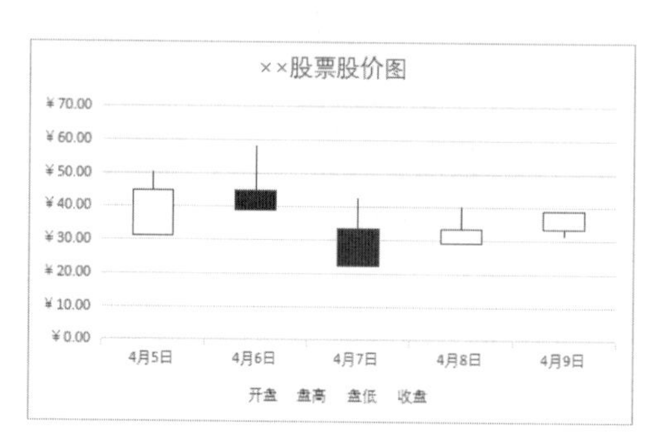

8. 雷达图

雷达图是专门用于进行多指标体系比较分析的图表。从该类图表中可以了解指标的实际值与参照值的偏离程度，从而为分析者提供有价值的参考信息。在日常工作中，雷达图一般用于绩效展示、多维数据对比等。

雷达图大类中的子类型包括普通雷达图、带数据标记的雷达图和填充雷达图 3 种。

如下图所示，即采用了带数据标记的雷达图展示实际销售与销售指标的偏离程度。

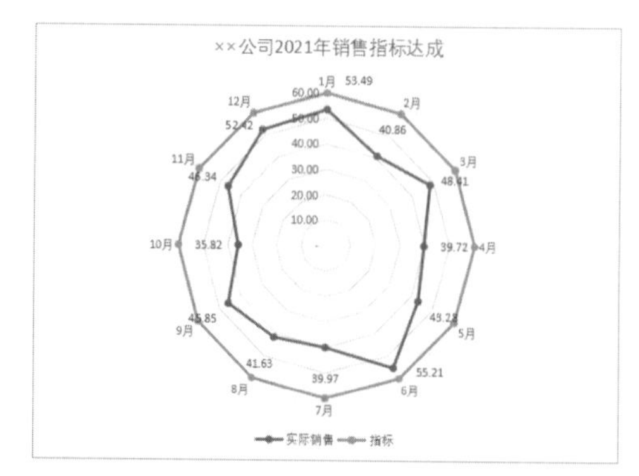

9. 组合图

组合图在同一张图表中采用两种不同类型的图表展示数据。在实际工作中，当单一的图表类型无法满足互有勾稽关系及不同类型数据的多元化展示时，就需要将不同类型的图表组合在同一张图表中展现。

下图即采用了簇状柱形图与折线图组合的方式展示对比实际销售与销售指标数据，以及指标达成率的发展趋势。

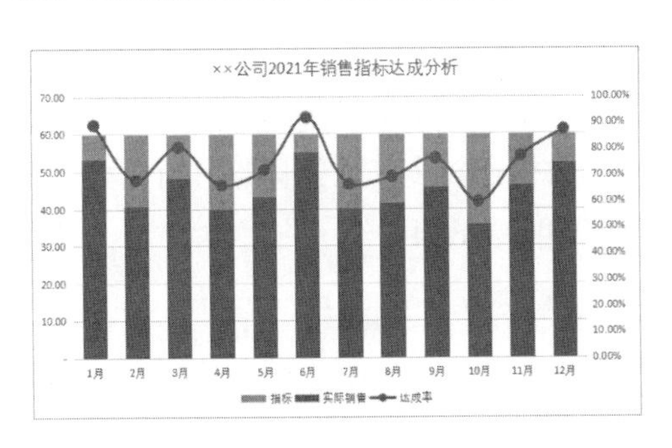

4.1.2 图表的构成元素

图表元素是构成图表布局的每个对象。例如，在4.1.1小节示例的图表中的标题、数据系列、坐标轴、数据标签、图例，都是图表的构成元素。除此之外，图表元素还包括绘图区、网格线、趋势线、垂直线、误差线等。

每种图表元素各有特点，发挥不同作用。但是，并非每张图表都必须具备全部元素，很多图表正是因为布局的元素过多，功能重复，导致图表效果十分粗糙。因此，在制作图表之前，还应当对图表元素的特点和作用进行认识和了解，才能在制作图表时合理选择有针对性的元素对图表进行布局。

1. 图表标题

图表标题用于说明图表的主题，是不可或缺的图表元素之一。一般创建图表后，都自带图表标题文本框，在其中输入自定义文本内容即可。图表标题文本框可在图表中随意移动。

2. 数据系列

数据系列即图表中所要表现的数据点的集合，是构成图表的核心元素，没有数据系列，就无法构成图表。通常情况下，数据系列都以相同颜色或形状表示一组数据。但是，在某些场景中，例如，仅有一个数据系列时，也可以将其中某些需要重点关注的数据点单独填充为具有差异的颜色，以便对分析者做出提示。

如下图所示的簇状柱形图中仅有一个数据系列。其中，值大于90的数据点被填充为区别于其他数据点的颜色（橙色）。

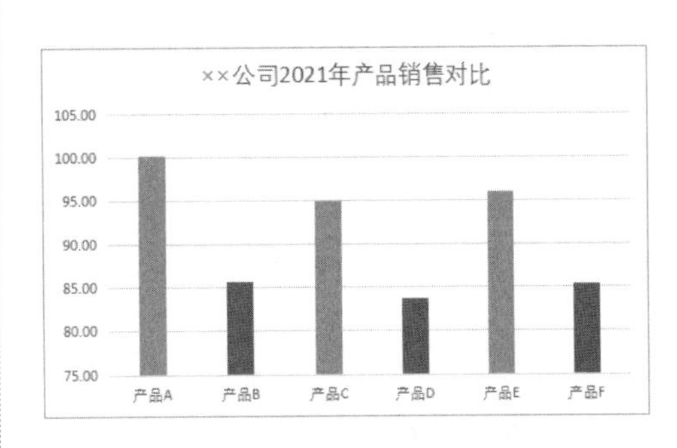

3. 坐标轴

坐标轴是用来定义一个数据系列的一组直线或一组线。坐标轴包括X轴和Y轴，即横坐标轴和纵坐标轴。

一般情况下，一张图表仅需一个横坐标轴和纵坐标轴。但是，在组合图中，为了更清晰地展示不同类型的数据系列（如绝对值和相对值），通常需要添加次要纵坐标轴。

例如，4.1.1 小节中的组合图中，实际销售和销售指标数字均为较大的绝对值，可使用图表区域左侧的主要纵坐标轴展示。然而，达成率为极小的百分比数字，在主要纵坐标轴上无法展示，就必须添加次要纵坐标轴。

4. 坐标轴标题

坐标轴标题即图表中纵、横坐标轴的标题，用于阐明坐标轴所表达的数据内容。

一般情况下，横坐标轴通过其标签即可判断数据内容，因此其标题不必添加。纵坐标轴因某些场景下存在次要纵坐标轴，或者展示的数据系列类型不同时，可以添加标题分别说明数据内容。

如下图所示的组合图中，由于主要和次要纵坐标轴所展示的数据系列类型不同，因此分别添加了坐标轴标题加以说明。

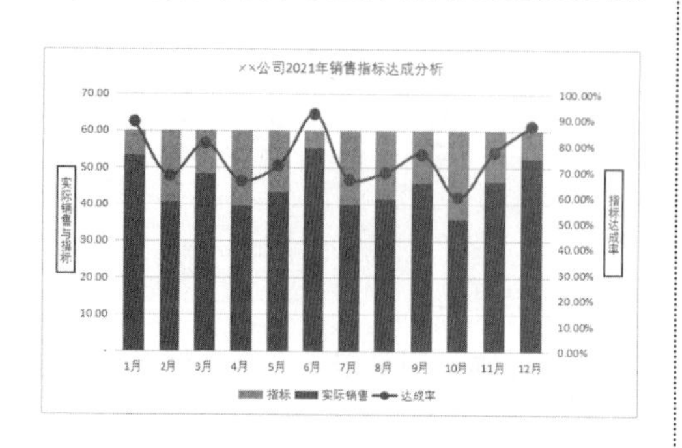

5. 数据标签

数据标签是在每个数据系列上直接标识每个数据的数值、名称等内容的文本框，能够让分析者更直观地区分每个数据点代表的数字和名称。但是，数据标签仅适宜在数据系列和数据点较少、间距较宽的图表中添加。否则，添加数据标签不仅会导致数字相互混淆，干扰视线，还会使整个图表显得凌乱无章，影响图表的整洁、美观及专业效果。

如下图所示的柱形图中，由于数据系列和数据点较多，数据标签有所重叠，反而影响图表效果。

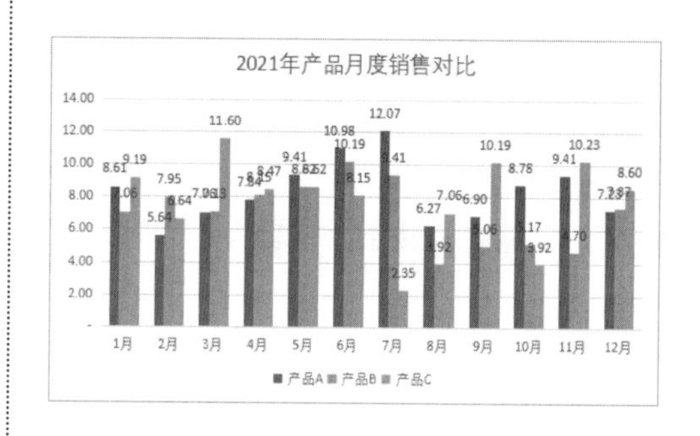

6. 数据表

数据表即图表中展示数据源表格中数据内容的表格，当图表不适宜添加数据标签时，即可添加数据表。相对于数据标签而言，数据表所展示的数据内容更清晰、更完善。日常工作中，通常可在做工作汇报时添加数据表，图文并茂地展示数据内容及其内涵，也能为图表效果锦上添花。

如下图所示的柱形图中，添加数据表显然比添加数据标签更适宜。

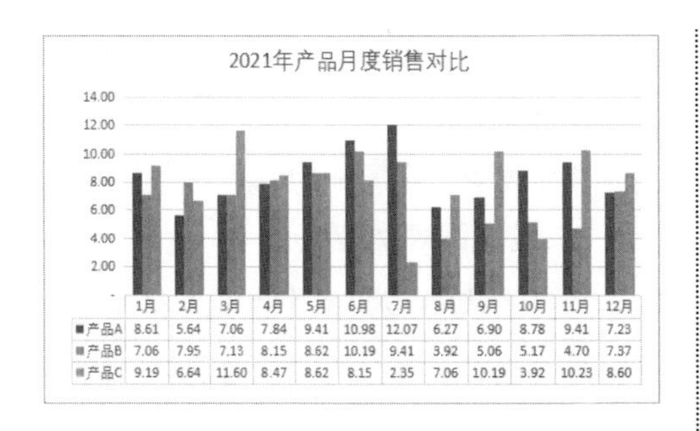

7. 图例

图例是用于区分数据系列的具体样式和与之对应的系列名称的样例。

在以上示例的图表中，除饼图外均添加了图例。另外，数据表中已自带图例，可不必再添加图例。

8. 误差线

误差线是用于标识数据具体数值与坐标轴上数字刻度之间的差异的辅助线，可以帮助分析者更直观、更准确地理解数据意义。

误差线一般适宜在柱形图中添加，如下图所示，可通过观察误差线与纵坐标之间的距离分析差异的大小。

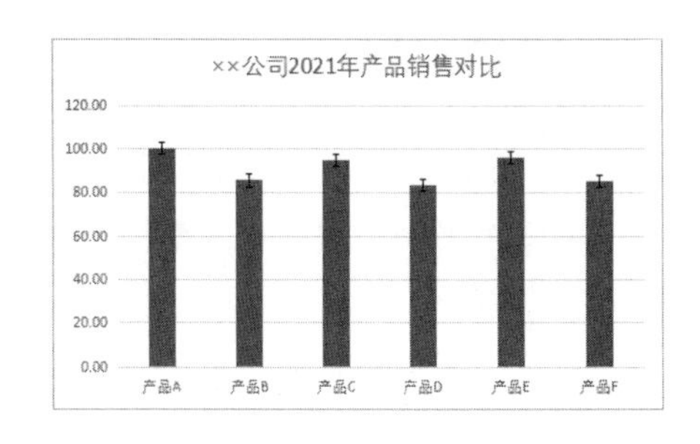

9. 趋势线

趋势线的主要作用即表达数据发展趋势。一般可在柱形图、散点图、股价图中添加。

如下图所示的散点图中，为“销售数量”数据系列添加了趋势线，既可预测其发展趋势，也可从中分析导致实际数量与趋势之间发生差异的原因。

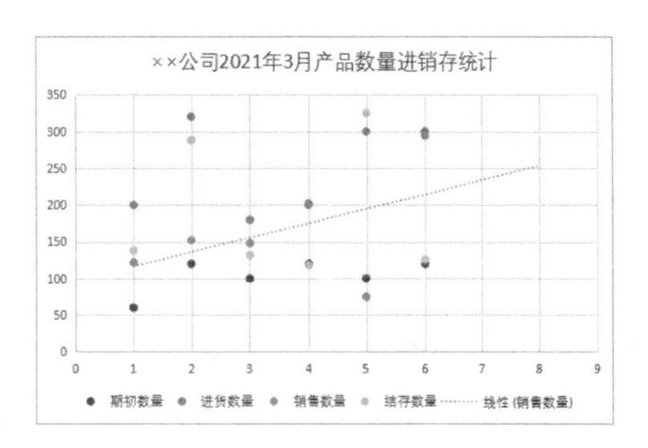

10. 绘图区和网格线

绘图区即图表中生成数据系列的矩形区域。

网格线即绘图区内平行坐标轴的用于读取数字的参照线，其作用是引导视线，帮助阅读者更准确地判断数字大小。

大部分图表在创建后即自带主要水平网格线，可自行添加次要水平网格线、主要和次要垂直网格线。

如下图所示的堆积折线图中，除默认的主要水平网格线，还添加了其他 3 种网格线。

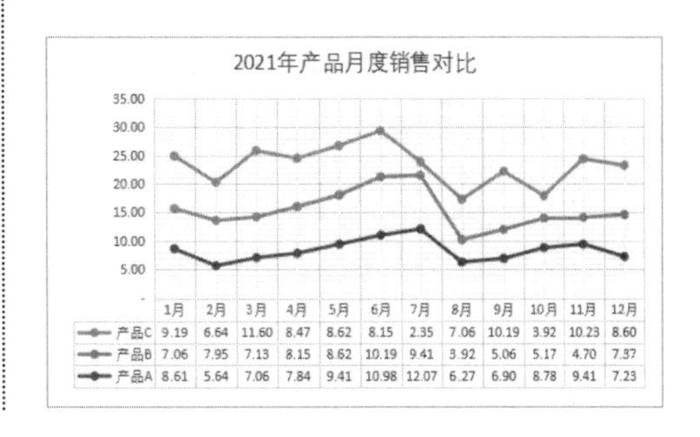

11. 其他元素

除了以上图表元素外，在某些特定的图表类型中还可添加特有的元素。例如，在面积图或折线图中可添加垂直线，让数据展示更直观；在股价图中可以添加涨跌柱线，帮助分析急剧变化的股价涨跌幅度。

下图所示的折线图，即添加了垂直线，便于准确读取横坐标轴上的数字。

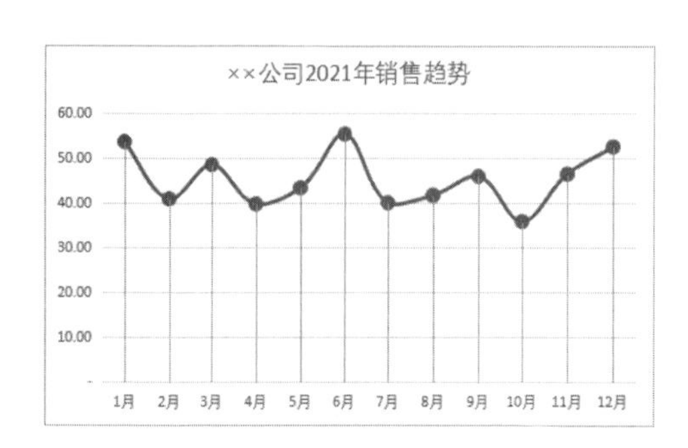

4.1.3 两步创建基础图表

创建基础图表的步骤非常简单，总结起来仅需两步操作，即做出以下两个选择：选择数据源和选择图表类型。

1. 选择数据源

选择数据源只需选中表格中的单元格区域即可，但应注意以下两个细节。

①注意要有针对性地选择需要使用图表展示部分的数据源。例如，某些数据源表中包含多项数据，但仅需用图表展示部分数据，就不必选择全部数据。否则，图表中的数据系列过多，反而影响图表的整洁度。

②注意区别选择数据源中的明细数据和合计数。当数据源表中同时包含明细数据与合计数时，由于二者差距过大，如果全部创建图表，将影响图表整体效果。

2. 选择图表类型

选择图表类型的操作也非常简单，主要有两种途径：单击【插入】选项卡中的常用图表类型的快捷按钮直接创建；打开【图表】对话框选择需要的预设图表模板或在线图表模板。

打开“素材文件\第 4 章\× × 公司 2021 年产品销售报表 2.xlsx”文件，数据源表格如下图所示。

××公司2021年产品销售报表2

金额单位：万元

月份	产品A	产品B	产品C	产品D	产品E	产品F	合计
1月	8.61	7.06	9.19	10.64	9.83	8.16	53.49
2月	5.64	7.95	6.64	5.29	8.16	7.18	40.86
3月	7.06	7.13	11.60	6.43	9.99	6.20	48.41
4月	7.84	8.15	8.47	3.61	8.17	3.48	39.72
5月	9.41	8.62	8.62	4.23	8.32	4.08	43.28
6月	10.98	10.19	8.15	8.23	7.86	9.80	55.21
7月	12.07	9.41	2.35	7.06	2.27	6.81	39.97
8月	6.27	3.92	7.06	9.05	6.81	8.52	41.63
9月	6.90	5.06	10.19	7.06	9.83	6.81	45.85
10月	8.78	5.17	3.92	7.21	3.78	6.96	35.82
11月	9.41	4.70	10.23	5.64	10.80	5.56	46.34
12月	7.23	7.37	8.60	9.23	10.19	9.80	52.42
合计	100.20	84.73	95.02	83.68	96.01	83.36	543.00

下面创建簇状柱形图和折线图，分别用于对比部分产品，如产品 A、产品 D、产品 F 的 1—12 月销售额大小与全部产品 1—2 月的销售趋势，以此示范图表的创建方法。

第1步 **创建簇状柱形图**。❶ 按住【Ctrl】键，选中 A3:B15、E3:E15、G3:G15 单元格区域；❷ 单击【插入】选项卡中的【柱形图】的下拉按钮，在下拉列表中单击【簇状柱形图】按钮即可，如下图所示。

月份	产品A	产品B	产品C	产品D	产品E	产品F	合计
1月	8.61	7.06	9.19	10.64	9.83	8.16	53.49
2月	5.64	7.95	6.64	5.29	8.16	7.18	40.86
3月	7.06	7.13	11.60	6.43	9.99	6.20	48.41
4月	7.84	8.15	8.47	3.61	8.17	3.48	39.72
5月	9.41	8.62	8.62	4.23	8.32	4.08	43.28
6月	10.98	10.19	8.15	8.23	7.86	9.80	55.21
7月	12.07	9.41	2.35	7.06	2.27	6.81	39.97
8月	6.27	3.92	7.06	9.05	6.81	8.52	41.63
9月	6.90	5.06	10.19	7.06	9.83	6.81	45.85
10月	8.78	5.17	3.92	7.21	3.78	6.96	35.82
11月	9.41	4.70	10.23	5.64	10.80	5.56	46.34
12月	7.23	7.37	8.60	9.23	10.19	9.80	52.42
合计	100.20	84.73	95.02	83.68	96.01	83.36	543.00

第2步 **查看图表效果**。操作完成后，即可生成一张基础柱形图，如下图所示。

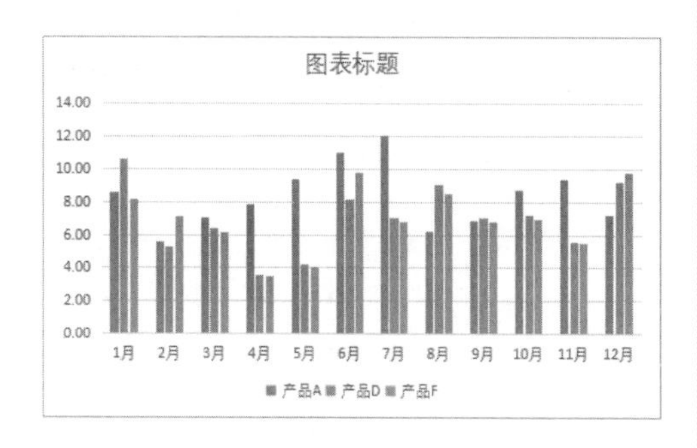

第3步 **创建折线图**。❶ 按住【Ctrl】键，选中 A3:A15、H3:H15 单元格区域；❷ 单击【插入】选项卡中的【全部图表】的下拉按钮，选择下拉列表中的【全部图表】命令；❸ 弹出【图表】对话框，在左侧列表框中选择【折线图】选项卡，单击图表预览框上方的【带数据标记的折线图】按钮；❹ 单击预览图即可插入图表，如下图所示。

第4步 **查看图表效果**。操作完成后，可看到工作表中生成了一张基础折线图，如下图所示。

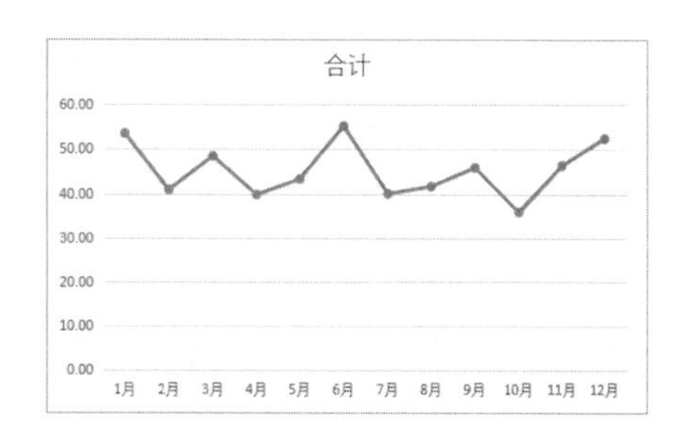

示例结果见“结果文件 \ 第 4 章 \ ×× 公司 2021 年产品销售报表 2.xlsx”文件。

4.2 创建和布局图表

一图胜千言，一份专业图表所展现的数据内涵、所彰显的数据价值、所传递的专业水平远胜于文字的解释和描述。那么，财务人员如何才能灵活运用图表，将枯燥、抽象的数字内涵充分展现出来？最重要的一点就是要掌握图表应用的核心技术——图表布局。所谓布局，就是指通过对各种图表元素的增删、排版、设置样式等操作，将原本粗糙的基础图表逐步打造成为专业财务图表的过程。本节将列举几种财务专业经典图表示例，详细讲解图表布局的具体方法和操作步骤，帮助财务人员快速掌握图表布局技术和技巧。

4.2.1 发展趋势分析经典图表

在财务工作中，发展趋势分析是指通过比较连续数期的相关数据，观察企业财务状况随着时间推移所呈现的趋势。运用图表将发展趋势直观地呈现出来，不仅可帮助分析者从数据呈现的增减变化中发现企业经营存在的问题，还可合理预测企业未来财务状况及企业的发展前景。

用于分析各类数据发展趋势的图表一般包括折线图、柱形图、面积图等。不过，最经典的还是对趋势变化表达更为清晰的折线图，下面在 4.1.3 小节创建的销售趋势折线图的基础上添加个别产品销售的数据系列，同时对图表进行布局，以便同时呈现合计数和明细数据的发展趋势。

第1步 **添加数据系列**。图表中的数据系列不宜过多，因此本例仅在原有基础上添加一个数据系列。打开“素材文件 \ 第 4 章 \× × 公司 2021 年产品销售报表 3.xlsx”文件。❶ 右击基础图表绘图区，在弹出的快捷菜单中选择【选择数据】命令；❷ 弹出【编辑数据源】对话框，单击【图例项（系列）】选项组中的【添加】按钮 ；❸ 弹出【编辑数据系列】对话框，单击【系列名称】文本框后选中 F3 单元格（产品 E），单击【系列值】文本框后选中 F4:F15 单元格区域；❹ 单击【确定】按钮关闭对话框，如下图所示。

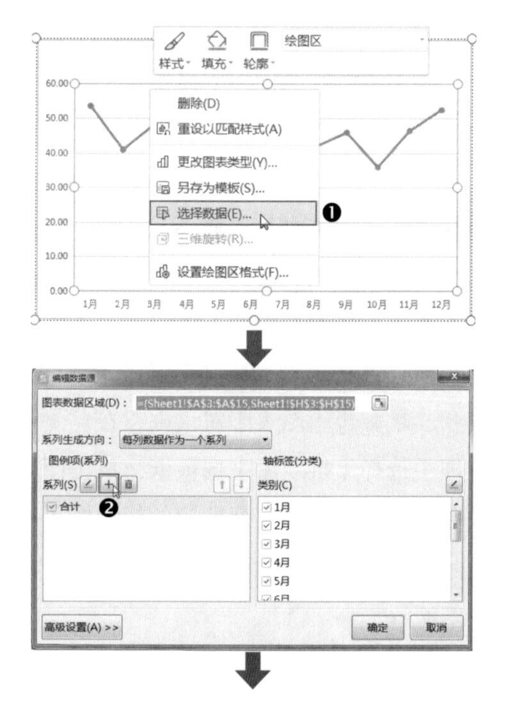

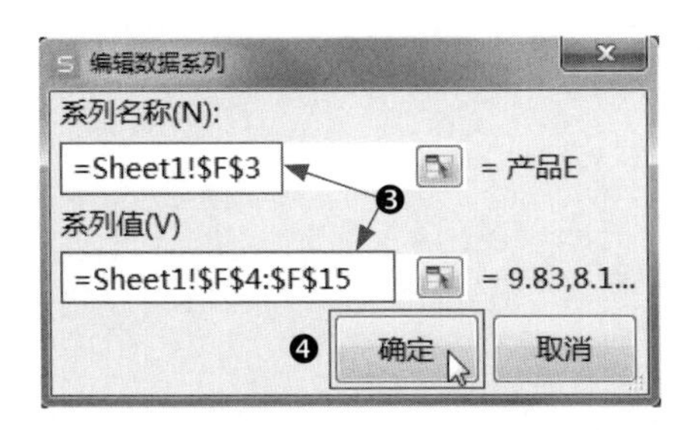

返回【编辑数据源】对话框后可看到【系列】列表框中已显示刚添加的数据系列，名称为“产品 E”，此时直接单击【确定】按钮关闭对话框即可。操作完成后，可看到图表中添加的数据系列，如下图所示。

第2步 **设置数据系列格式**。双击任意数据系列（折线）激活【属性】任务窗格。❶ 在【填充与线条】选项卡下的【线条】选项组中设置线条颜色和样式；❷ 切换至【标记】选项组，设置标记类型、大小及填充颜色；❸ 切换至【系列】选项卡，选中【平滑线】复选框，如下图所示。按照同样的方法设置另一个数据系列即可。

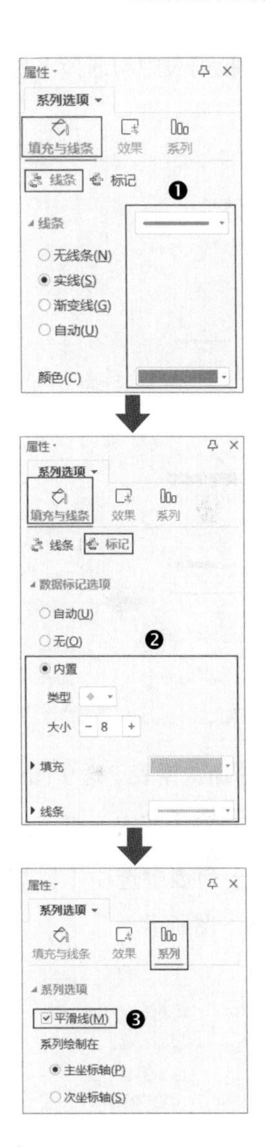

第3步 **设置坐标轴格式**。双击纵坐标轴激活【属性】任务窗格。❶ 在【坐标轴选项】选项卡下的【填充与线条】选项组中展开【线条】列表，单击【末端箭头】的下拉按钮，在下拉列表中选择一种箭头样式；❷ 切换至【坐标轴】选项组，展开【刻度线标记】列表，在【主要类型】和【次要类型】下拉列表中均选择【内部】选项，如下图所示。

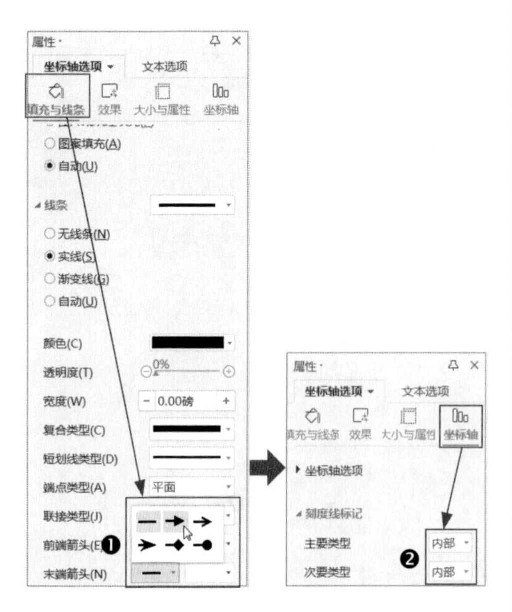

第4步 **添加数据表**。选中图表激活浮动功能按钮，单击【图表元素】按钮后在【图表元素】列表中选中【数据表】复选框即可，如下图所示。

第5步 **查看图表效果**。最后删除网格线，图表效果如下图所示。从图表中可同时观察到 2021 年产品 E 和总销售收入趋势。同时，也可从另一角度分析得知个别产品销售收入占总销售收入的大致比例。

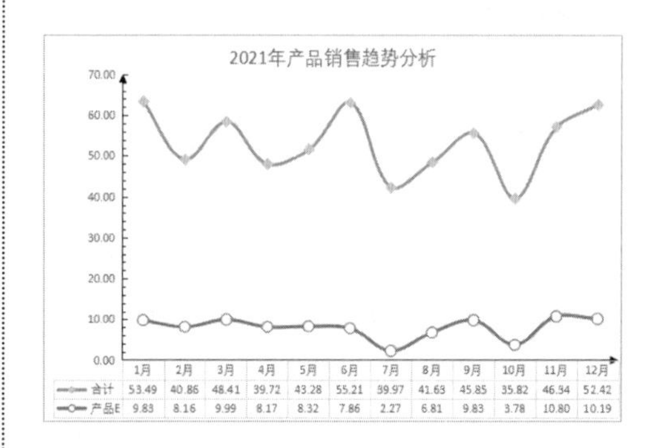

示例结果见“结果文件 \ 第 4 章 \ × × 公司 2021 年产品销售报表 3.xlsx”文件。

4.2.2 数据对比分析经典图表

在财务分析中，时常需要将各种数据进行同性质的对比，如同时期对比、同类别对比、同指标对比等，以便从中发现问题，分析企业的经营状况。

用于数据对比分析的经典图表一般包括柱形图、条形图。本小节将制作 3 种图表对比分析不同数据，并对布局进行优化设置，将其打造为更具特色的柱形图和条形图。

1. 显示合计值的堆积柱形图

当需要展现的数据系列较多，并且希望同时强调各数据系列的总值对比情况时，可通过对堆积柱形图布局来实现。

打开“素材文件 \ 第 4 章 \ × × 公司 2021 年 3 月客户销售利润汇总表 .xlsx”文件，如下图所示，基础的堆积柱形图是以 A3:D9 单元格区域为数据源创建的。

××公司2021年3月客户销售利润汇总表

金额单位：万元

客户名称	销售金额	销售成本	边际利润	利润率
客户A	27.45	21.13	6.32	23.02%
客户B	28.14	21.72	6.43	22.85%
客户C	28.55	22.02	6.53	22.87%
客户D	27.37	21.05	6.31	23.05%
客户E	28.30	21.76	6.54	23.11%
客户F	27.65	21.38	6.27	22.68%
合计	167.46	129.06	38.40	22.93%

从上图数据源表中可知，销售成本与边际利润之和即为销售金额。下面对堆积柱形图进行布局，实现同时对销售成本、边际利润及二者的合计值——销售金额的对比效果。

第1步 **设置数据系列填充色**。右击“销售金额”数据系列激活浮动功能按钮，单击【填充】下拉按钮，在下拉列表中选择【无填充颜色】选项。使用同样的操作方法将“销售成本”和“边际利润”数据系列设置为带颜色的填充色，如下图所示。

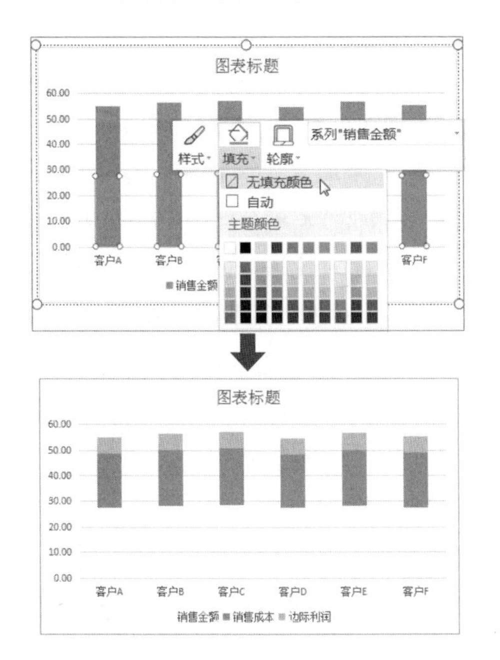

第2步 **设置数据系列的重叠值**。右击“销售金额”数据系列，选择快捷菜单中的【设置数据系列格式】命令打开【属性】任务窗格。❶ 在【系列选项】选项卡下的【系列】选项组中选中【次坐标轴】单选按钮；将【系列重叠】设置为“100%”，此时可看到图表中主要纵坐标轴上边界值的最大值变化为“30”，而次要纵坐标轴的刻度值与之不同。❷ 选中次要纵坐标轴，在【属性】任务窗格中的【坐标轴选项】选项卡下的【坐标轴】选项组中，将【边界】的最小值和最大值设置为与主要纵坐标轴相同的值，即“0”和“30”，如下图所示。

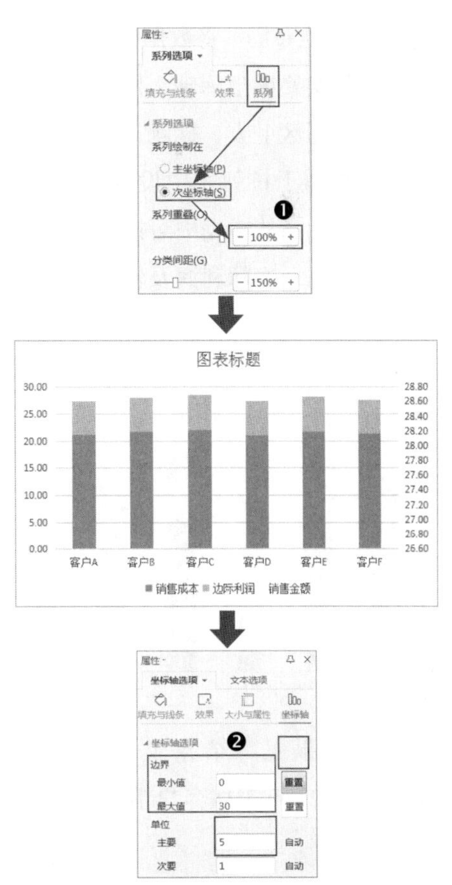

第3步 **添加数据标签**。选中“销售金额”数据系列激活浮动功能按钮，单击【图表元素】按钮后在【图表元素】列表中选中【数据标签】复选框，在子列表中选择【数据标签内】选项作为放置标签的位置。可看到图表中已同步呈现效果，如下图所示。

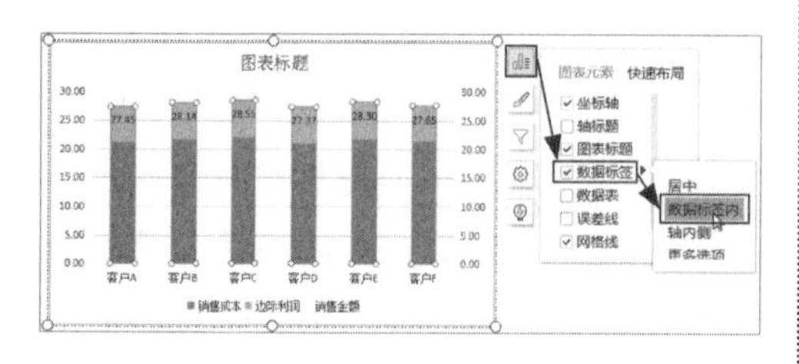

第4步 **其他布局**。将数据标签移至柱形上方，删除次要纵坐标轴、网格线，将图例项移至绘图区上方、标题下方（在图表浮动功能按钮下拉列表中设置）。图表效果如下图所示。从图表中可以观察到各客户的销售成本、边际利润及销售金额多项数据对比效果。

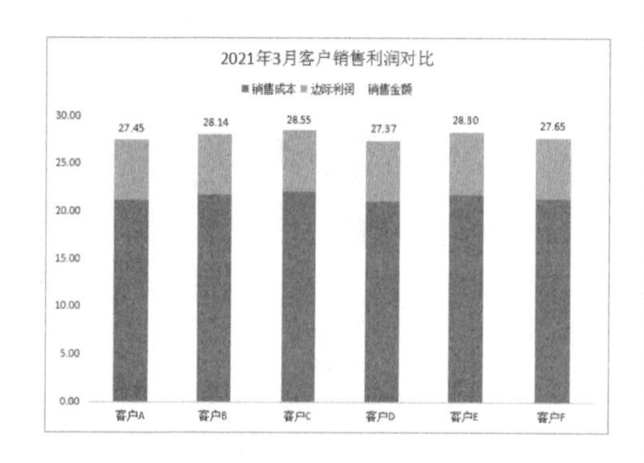

示例结果见“结果文件\第 4 章\× × 公司 2021 年 3 月客户销售利润汇总表 .xlsx”文件。

2. 同期对比明细值与合计值的簇状柱形图

上例中，由于 3 个数据系列之间的关系为“*A*+*B*=*C*”,因此适宜使用堆积柱形图。但若是将同类数据进行同期对比，那么簇状柱形图更适用。不过，如果要同时对比明细值与合计值，关键操作是解决代表合计值的柱形过高而导致图表整体效果不佳的问题。

如下图所示的簇状柱形图，其数据源为 A3:E9 单元格区域，由于其中包含合计值，因此图表中的“合计”数据系列柱形远远高于其他数据系列。

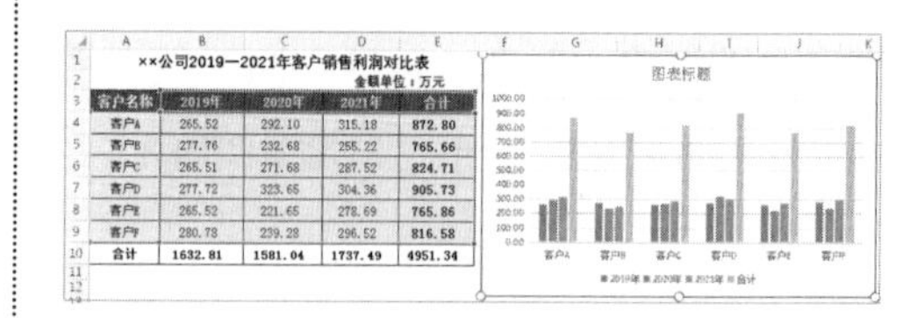

××公司2019—2021年客户销售利润对比表

金额单位：万元

客户名称	2019年	2020年	2021年	合计
客户A	265.52	292.10	315.18	872.80
客户B	277.76	232.68	255.22	765.66
客户C	265.51	271.68	287.52	824.71
客户D	277.72	323.65	304.36	905.73
客户E	265.52	221.65	278.69	765.86
客户F	280.78	239.28	296.52	816.58
合计	1632.81	1581.04	1737.49	4951.34

下面通过布局，解决上述问题。

第1步 **添加次要坐标轴**。打开“素材文件\第 4 章\× × 公司 2019—2021 年客户销售利润对比表 .xlsx”文件。❶ 选中图表激活【图表工具】选项卡，单击其下的【更改类型】按钮；❷ 弹出【更改图表类型】对话框，切换至【组合图】选项卡，将“合计”数据系列的图表类型修改为【簇状柱形图】，选中“2019 年”“2020 年”“2021 年”这 3 个数据系列右侧的【次坐标轴】复选框；❸ 单击【插入预设图表】按钮，如下图所示。

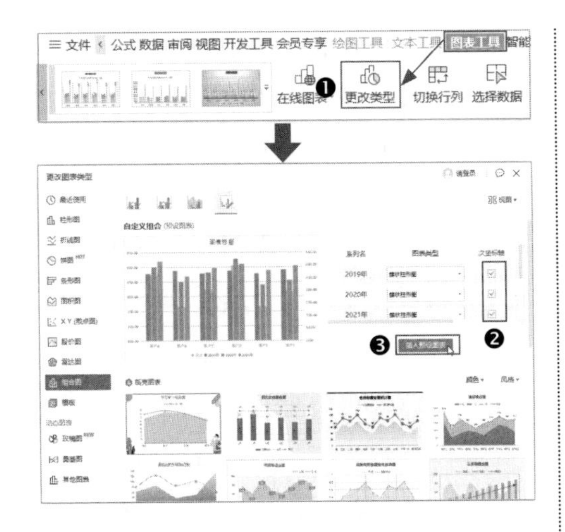

第2步 **查看图表效果**。返回工作表后，可看到系统自动生成次要纵坐标轴的边界值，而主要纵坐标轴的边界值未发生变化，如下图所示。

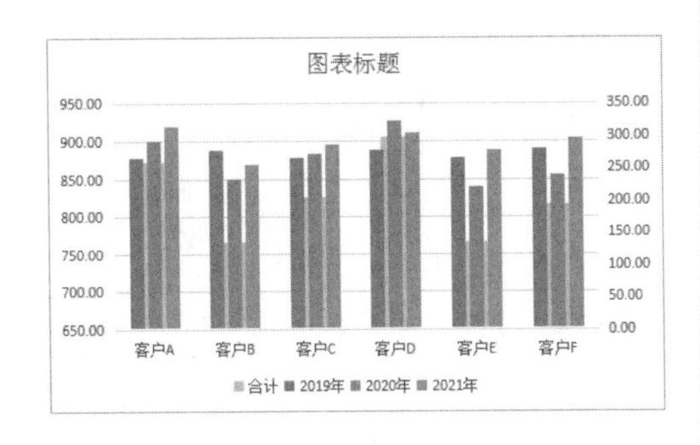

第3步 **调整坐标轴的边界值**。❶ 双击主要纵坐标轴激活【属性】任务窗格，将边界最小值修改为“0”后，最大值即自动调整为“1000”；❷ 同样操作将次要纵坐标轴的最大值调整为“400”，如下图所示。

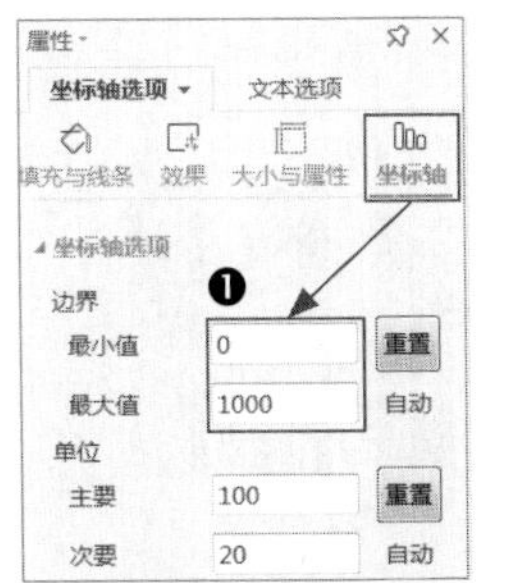

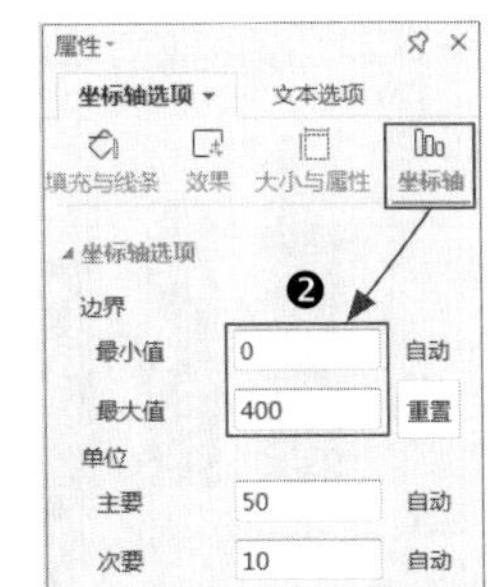

第4步 **调整数据系列的分类间距**。❶ 选中“合计”数据系列打开【属性】任务窗格，在【系列选项】选项卡下的【系列】选项组中将【分类间距】调整为“60%”。其作用是将每个柱形（数据点）加宽，以缩小数据点之间的间距，如下图所示。

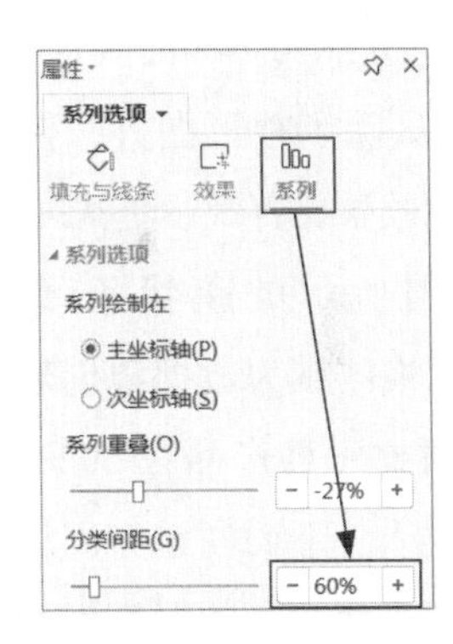

第5步 **其他布局**。将每个数据系列的颜色设置为色调一致、深浅不同的填充色，删除图例，添加【数据表】元素，修改图表标题。图表效果如下图所示。从图表中可分别对比各客户 2019—2021 年的销售数据与 3 年合计销售数。注意“合计”数据系列与其他数据系列应分别参照主要和次要纵坐标轴读取数据。

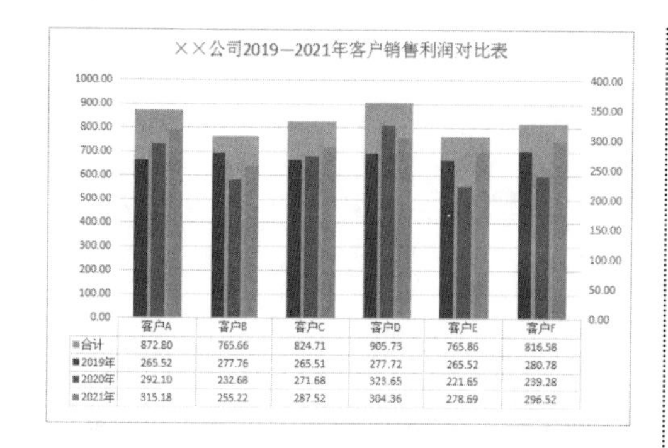

	客户A	客户B	客户C	客户D	客户E	客户F
合计	872.80	765.66	824.71	905.73	765.86	816.58
2019年	265.52	277.76	265.51	277.72	265.52	280.78
2020年	292.10	232.68	271.68	323.65	221.65	239.28
2021年	315.18	255.22	287.52	304.36	278.69	296.52

示例结果见“结果文件\第 4 章\××公司 2019—2021 年客户销售利润对比表 .xlsx”文件。

3. 对比两组数据的正反条形图

在对数据进行对比分析时，如果仅有两组数据（如 2020 年和 2021 年产品销售收入），那么除了柱形图外，使用条形图能够使对比效果更直观、更清晰。

如下图所示的簇状条形图，是以 A3:C9 单元格区域为数据源创建的基础图表，用于对比每种产品在 2020 年和 2021 年的销售收入。下面通过布局将其改造为正反条形图，使两个数据系列的条形分别向正反方向延伸，突出对比效果。

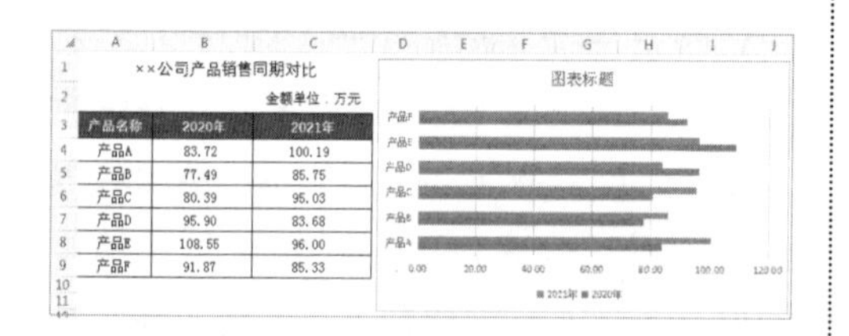
××公司产品销售同期对比

金额单位：万元

产品名称	2020年	2021年
产品A	83.72	100.19
产品B	77.49	85.75
产品C	80.39	95.03
产品D	95.90	83.68
产品E	108.55	96.00
产品F	91.87	85.33

第1步 **调整坐标轴的边界值**。打开“素材文件\第 4 章\××公司产品销售同期对比 .xlsx”文件。❶ 选中 2020 年数据系列激活【属性】任务窗格，在【系列选项】选项卡下的【系列】选项组中选中【次坐标轴】单选按钮；❷ 选中次坐标轴后在【属性】任务窗格中的【坐标轴选项】选项卡下的【坐标轴】选项组中，将边界的最小值设置为“–120”，最大值设置为“120”；❸ 选中下方的【逆序刻度值】复选框，如下图所示。

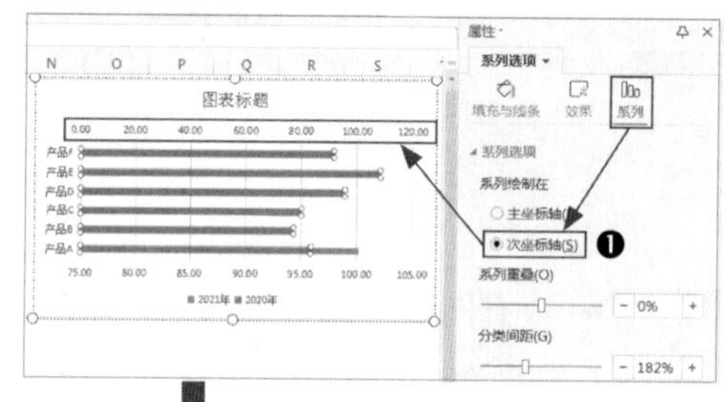

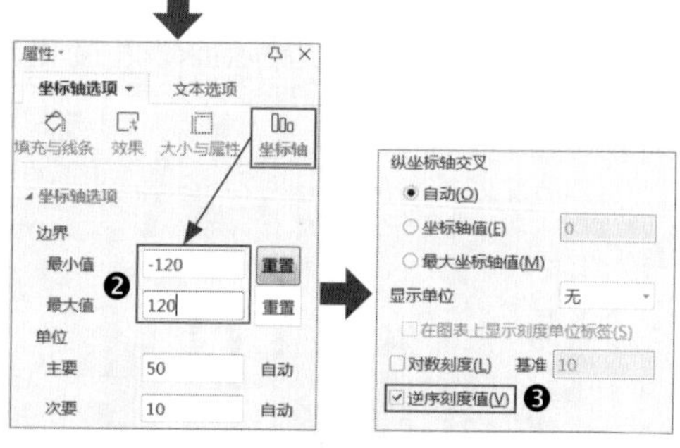

第2步 **设置主坐标轴的边界值**。按照同样操作将主坐标轴的边界值设置为与次坐标轴相同的值（注意这一步不要选中【逆序刻度值】复选框）。操作完成后，效果如下图所示。

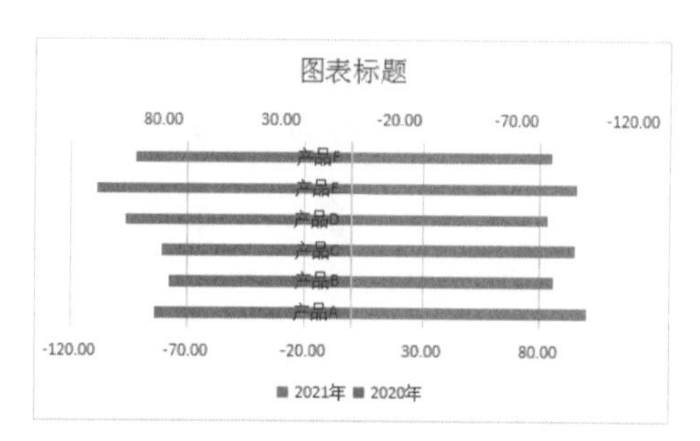

第3步 **设置垂直轴格式**。❶ 选中垂直轴，在【属性】任务窗格中的【坐标轴选项】选项卡下的【坐标轴】选项组中选中【逆序类别】复选框；❷ 在下方的【标签】选项组中的【标签位置】下拉列表中选择【低】选项，如下图所示。

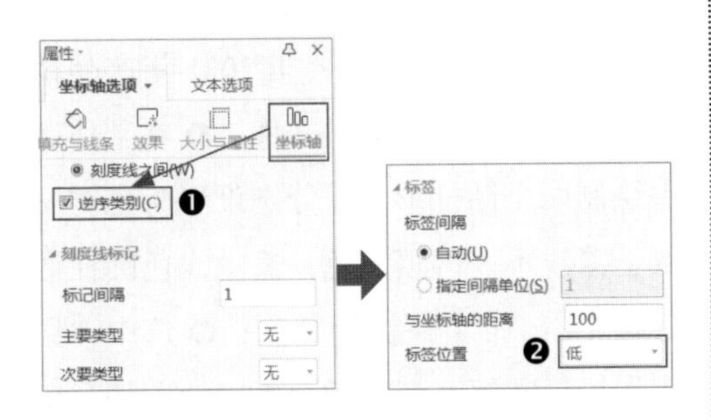

第4步 **查看图表效果**。操作完成后，图表效果如下图所示。

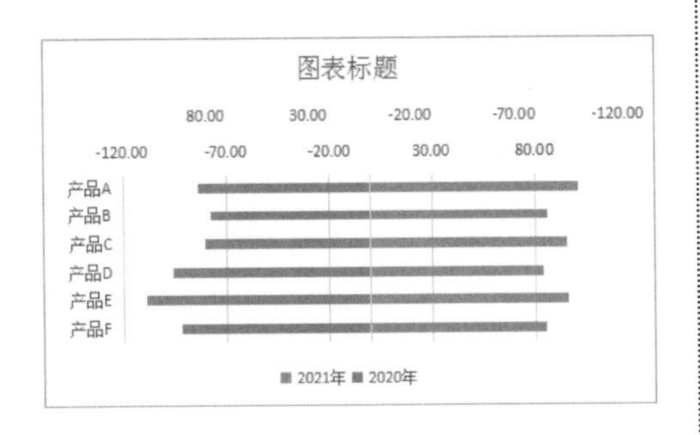

第5步 **设置数据标签的数字格式**。❶ 选中任意一个数据系列激活浮动功能按钮，然后通过【图表元素】按钮下的列表添加数据标签，选中数据标签激活【属性】任务窗格，在【标签选项】选项卡下的【标签】选项组中的【标签包括】列表中取消选中【显示引导线】复选框；❷ 在【标签位置】列表中选中【数据标签内】单选按钮；❸ 在【数字】选项组中自定义数字格式，在【格式代码】文本框中输入格式代码“0.00万元”，单击【添加】按钮即可添加至【类型】列表中，如下图所示。按照相同操作设置另一数据系列的数字标签格式即可。

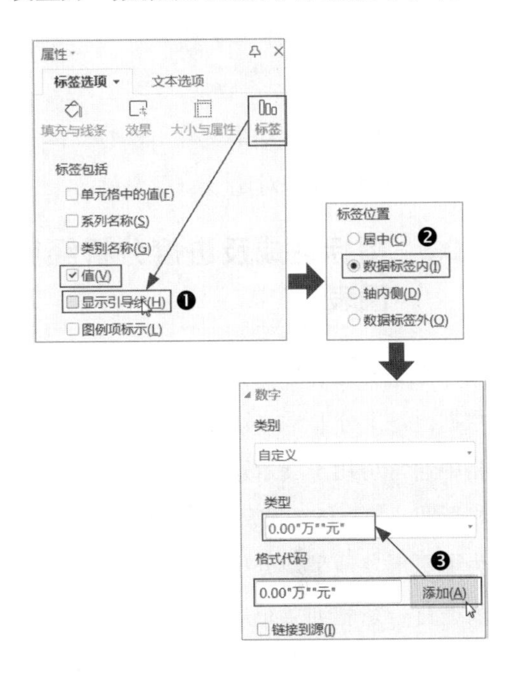

温馨提示

格式代码中文本字符的双引号是在单击【添加】按钮时自动生成的，输入格式代码时不必输入双引号。

第6步 **其他布局**。将数字标签的数字颜色设置为白色，可使数字更加醒目，可删除网格线、将主坐标轴和次坐标轴的数字颜色设置为白色，以便将其隐藏，设置图表标题并移至合适的位置。操作完成后，图表效果如下图所示。

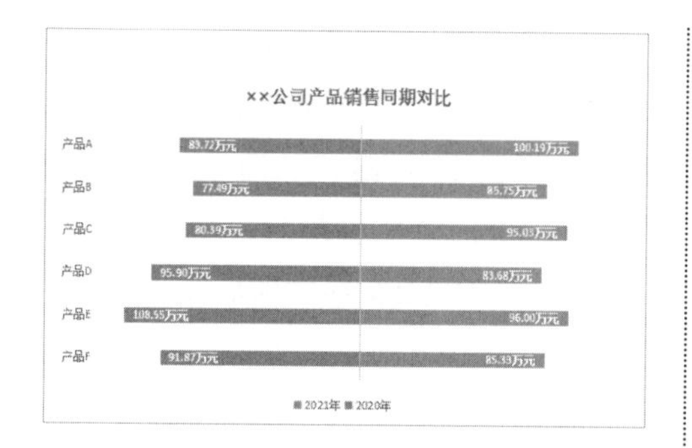

示例结果见“结果文件\第 4 章\× × 公司产品销售同期对比 .xlsx”文件。

4.2.3 指标达成及进度分析经典图表

在财务工作中，指标达成情况或进度数据也是十分重要的分析对象。在 WPS 表格中通常可用于展示这类数据的图表包括柱形图、条形图、圆环图和饼图等。当然，为了更形象地呈现分析结果，必然要对图表进行一系列创意布局，才能达到理想效果。本小节将制作并布局 4 种图表以不同角度展示各种指标或进度达成数据。

1. 展示分类指标达成的柱形“圆柱图”

一般来说，指标达成通常需要设置两个数据系列。如果其中数据点较多，可使用簇状柱形图,既可呈现不同数据系列（实际与指标）相同数据点的数据对比效果，也可分别对比同一数据系列中不同数据点的数据大小。

如下图所示，是以 A3:C9 单元格区域为数据源创建的基础柱形图，下面在其基础上进行布局，更形象地展示实际销售达成销售指标的对比效果。

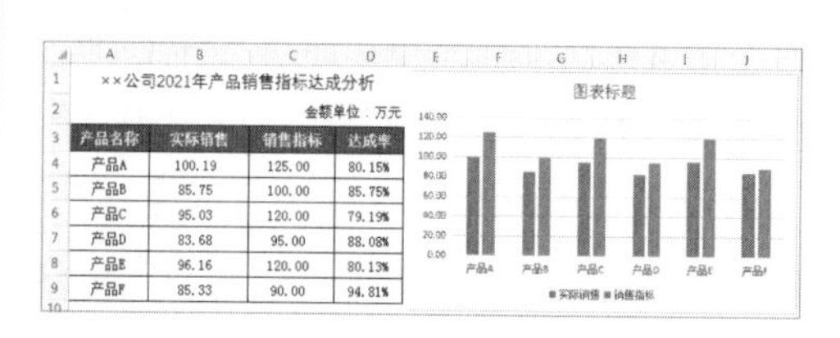
××公司2021年产品销售指标达成分析

金额单位：万元

产品名称	实际销售	销售指标	达成率
产品A	100.19	125.00	80.15%
产品B	85.75	100.00	85.75%
产品C	95.03	120.00	79.19%
产品D	83.68	95.00	88.08%
产品E	96.16	120.00	80.13%
产品F	85.33	90.00	94.81%

第1步 **用图形填充数据系列**。打开“素材文件\第 4 章\× × 公司 2021 年产品销售指标达成分析 .xlsx”文件。❶ 在工作表中绘制两个圆柱形，并分别设置为色调一致、深浅不一的填充色，选中浅色圆柱形后按【Ctrl+C】快捷键复制；❷ 选中“销售指标”数据系列后激活【属性】任务窗格，在【系列选项】选项卡下的【填充与线条】选项组中的【填充】列表中选中【图片或纹理填充】单选按钮，即可将圆柱形填充至数据系列中，如下图所示。按照同样操作将深色圆柱形填充至“实际销售”数据系列中。

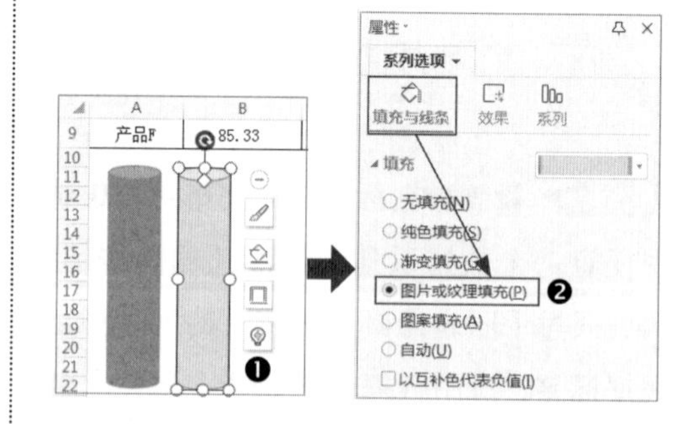

第2步 **设置系列重叠值和分类间距**。选中任意一个数据系列激活【属性】任务窗格，在【系列选项】选项卡下的【系列】选项组中将【系列重叠】和【分类间距】

均设置为“100%”，如下图所示。

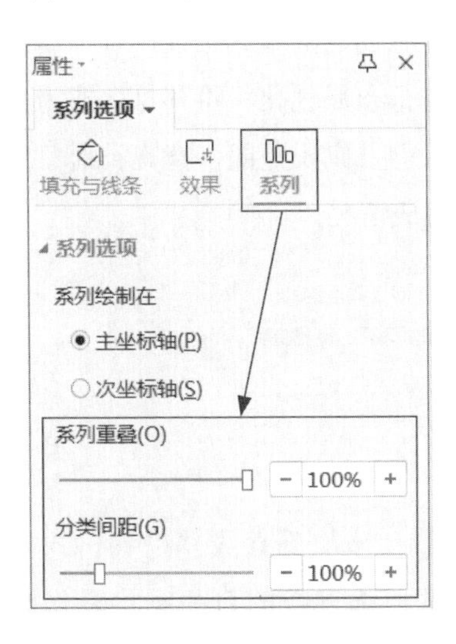

第3步 **查看图表效果**。设置完成后，可看到“实际销售”数据系列图形被“销售指标”数据系列遮挡，如下图所示。

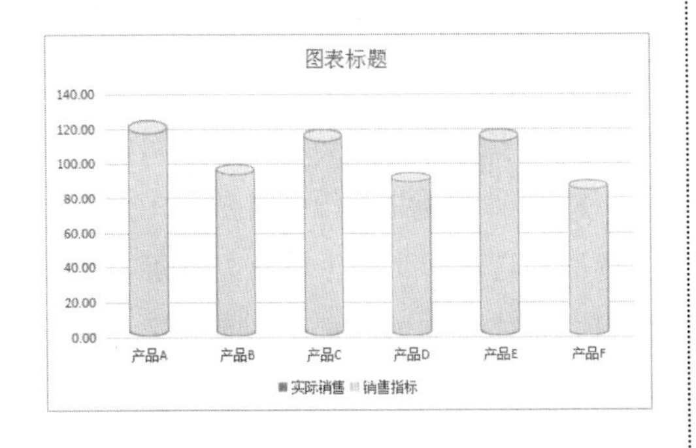

第4步 **调整数据系列的排列顺序**。❶ 右击图表后在弹出的快捷菜单中选择【选择数据】命令，打开【编辑数据源】对话框，在【图例项】组下选中【系列】列表框中的【实际销售】复选框，单击右侧的【下移】按钮即可解决其被遮挡的问题；❷ 单击【确定】按钮关闭对话框，如下图所示。

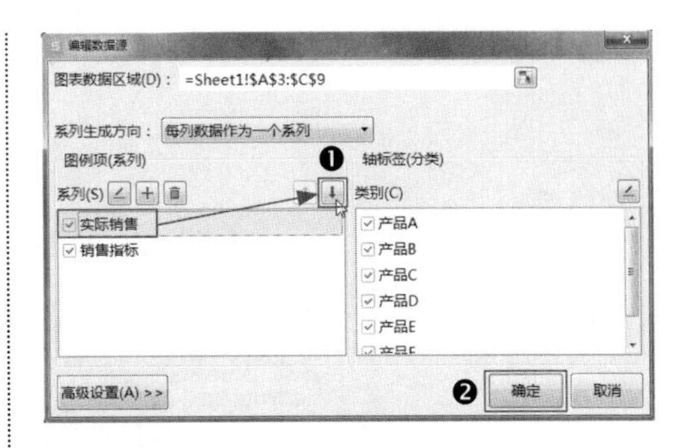

第5步 **查看图表效果**。返回工作表后，即可看到“实际销售”数据系列重叠在“销售指标”数据系列之上，如下图所示。

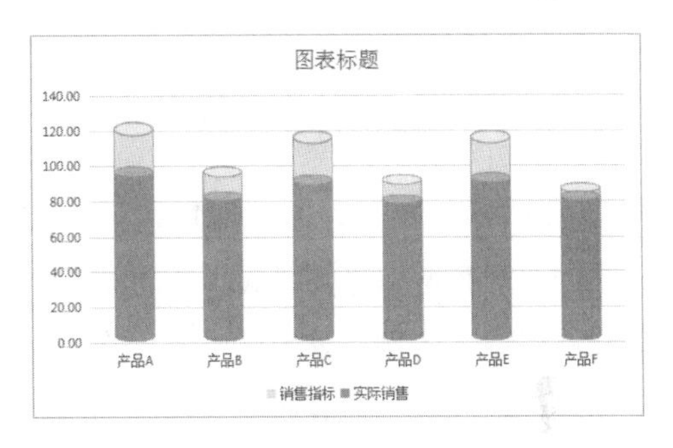

第6步 **在数据标签中显示达成率**。❶ 为“实际销售”数据系列添加数据标签后激活【属性】任务窗格，在【标签选项】选项卡下的【标签】选项组中的【标签选项】列表中选中【单元格中的值】复选框；❷ 弹出【数据标签区域】对话框，单击【选择数据标签区域】文本框后选中工作表中的 D4:D9 单元格区域；❸ 单击【确定】按钮关闭对话框；❹ 返回【属性】任务窗格后在【分隔符】下拉列表中选择【分行符】选项；❺ 在【标签位置】列表中选中【数据标签内】单选按钮，如下图所示；❻ 将数字标签中的字体颜色和字形设置为白色

和粗体（图示略）。

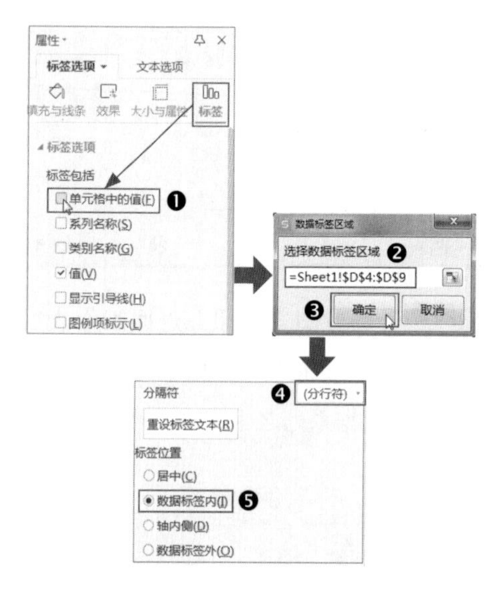

第7步 **其他布局**。为“销售指标”数据系列添加数据标签，默认所有设置即可；删除网格线、图例、纵坐标轴等元素；修改图表标题；可将图表边框设置为“无边框颜色”。图表效果如下图所示。

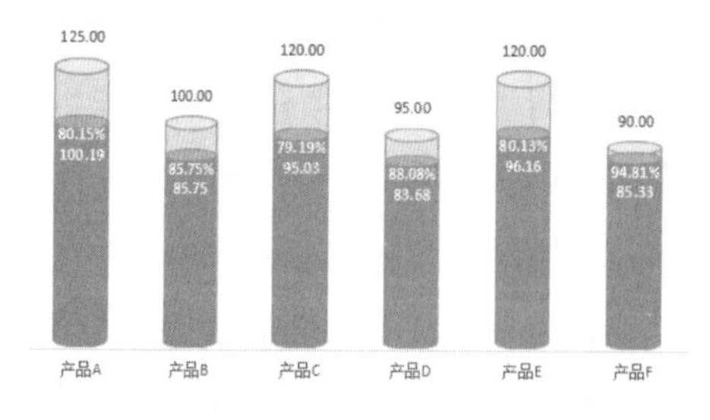

示例结果见“结果文件\第4章\××公司2021年产品销售指标达成分析.xlsx”文件。

2. 展示分类指标达成的折线“旗帜图”

除了柱形图外，使用折线图并巧妙布局后同样也能生动形象地展示指标达成情况。

如下图所示，是以A3:C9单元格区域为数据源创建的基础折线图。下面在其基础上进行布局优化，将其打造成为具有升降效果的“旗帜”图，直观、形象地展示指标达成情况。

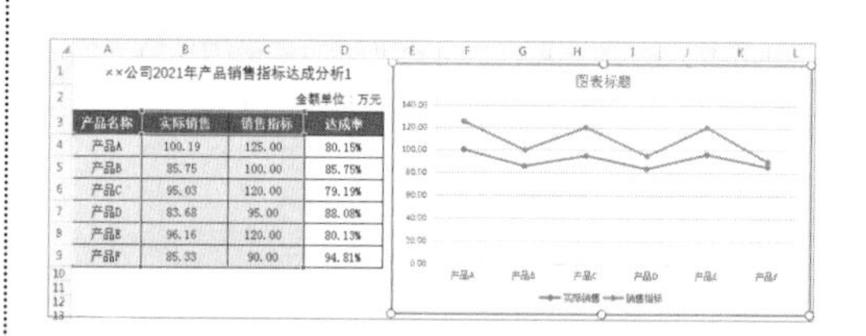
××公司2021年产品销售指标达成分析1

金额单位：万元

产品名称	实际销售	销售指标	达成率
产品A	100.19	125.00	80.15%
产品B	85.75	100.00	85.75%
产品C	95.03	120.00	79.19%
产品D	83.68	95.00	88.08%
产品E	96.16	120.00	80.13%
产品F	85.33	90.00	94.81%

第1步 **添加垂直线并设置格式**。为折线图添加垂直线的目的是将其作为“旗杆”。打开“素材文件\第4章\××公司2021年产品销售指标达成分析1.xlsx”文件。❶选中“销售指标”数据系列激活【图表工具】选项卡，单击其中的【添加元素】下拉按钮；❷在下拉列表中选择【线条】→【垂直线】命令；❸双击图表中的垂直线激活【属性】任务窗格，在【垂直线选项】选项卡下的【填充与线条】选项组中设置线条颜色、宽度、前端箭头和末端箭头的样式，如下图所示。

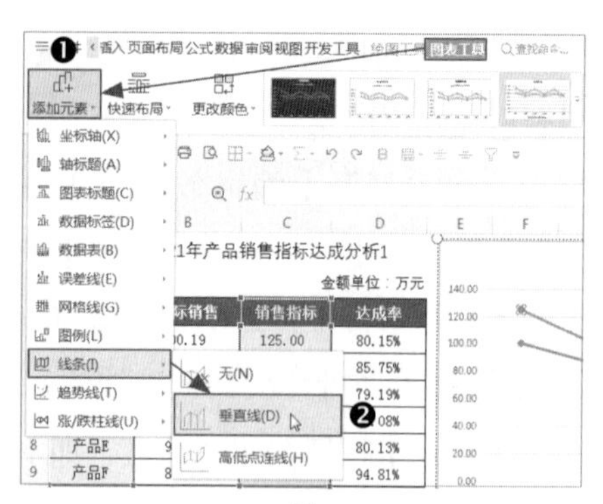

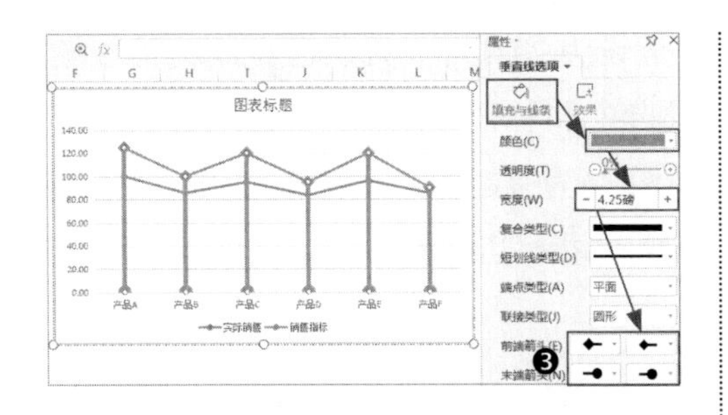

第2步 **清除折线线条**。选中任意一个数据系列激活【属性】任务窗格，在【系列选项】选项卡下的【填充与线条】选项组中，选中【线条】列表中的【无线条】单选按钮即可清除线条，如下图所示。按照同样的方法清除另一个数据系列的线条。

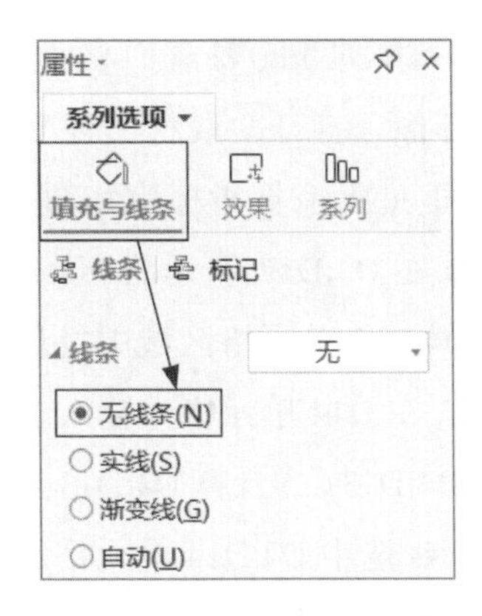

第3步 **设置“实际销售”数据系列的数据标签**。选中“实际销售”数据系列添加数据标签，在工作表中绘制一个旗帜图形后填充至数据标签中，调整数据标签大小、文本颜色，将每个数据标签移至标记下面，将标记颜色和轮廓设置为“无填充颜色”和“无边框颜色”，删除纵坐标轴、图例、图表标题、网格线等图表元素，效果如下图所示。

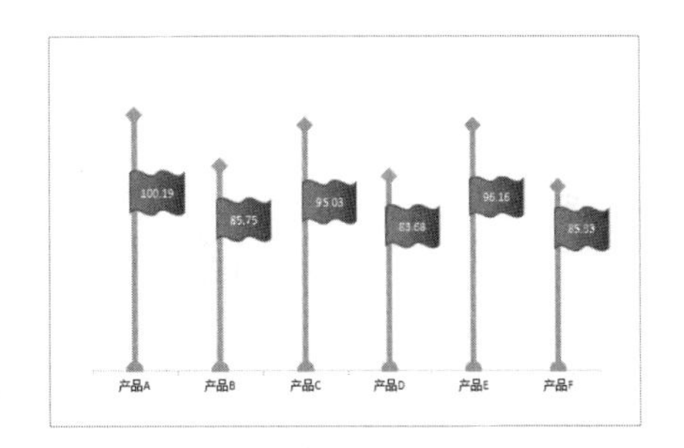

第4步 **设置“销售指标”数据系列的数据标签**。❶ 自定义数据源表中 D4:D9 单元格区域的单元格格式，格式代码为“达成 0.00%”；❷ 选中图表中的“销售指标”数据系列添加数据标签，双击数据标签激活【属性】任务窗格，在【标签选项】选项卡下的【标签】选项组中的【标签选项】列表中选中【单元格中的值】复选框；❸ 弹出【数据标签区域】对话框后单击【选择数据标签区域】文本框，选中 D4:D9 单元格区域，单击【确定】按钮关闭对话框；❹ 返回【属性】对话框后在【分隔符】下拉列表中选择【分行符】选项，选中【标签位置】列表中的【靠上】单选按钮；❺ 在【数字】选项组中设置自定义格式，输入格式代码“指标 # 万元”，单击【添加】按钮即可，如下图所示。

	A	B	C	D
1	××公司2021年产品销售指标达成分析1			
2				金额单位：万元
3	产品名称	实际销售	销售指标	达成率
4	产品A	100.19	125.00	达成 80.15%
5	产品B	85.75	100.00	达成 85.75%
6	产品C	95.03	120.00	达成 79.19%
7	产品D	83.68	95.00	达成 88.08%
8	产品E	96.16	120.00	达成 80.13%
9	产品F	85.33	90.00	达成 94.81%

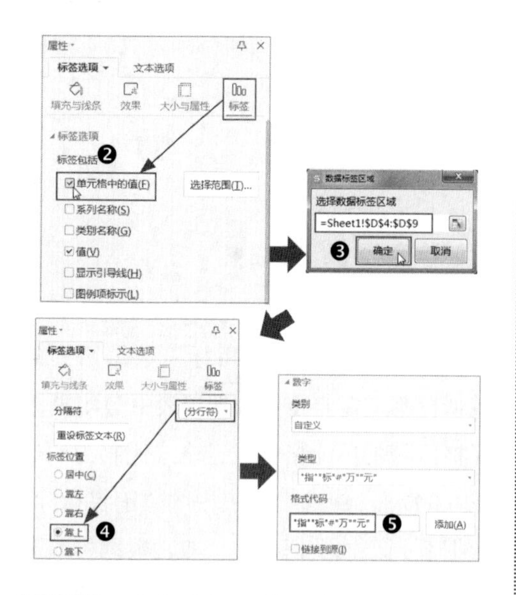

第5步 **其他布局**。将图表区域轮廓设置为“无边框颜色”即可。图表最终效果如下图所示。

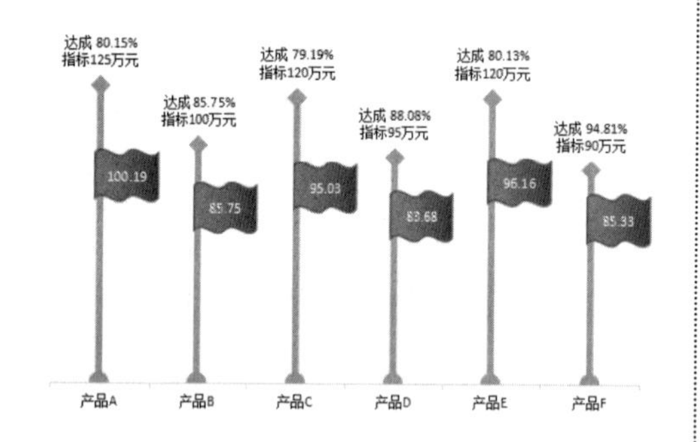

示例结果见“结果文件\第 4 章\×× 公司 2021 年产品销售指标达成分析 1.xlsx”文件。

3. 展示总指标达成的组合“仪表盘”图

如果实际和指标数据系列中仅有一个数据点，如分析当前总指标达成率，那么可使用圆环图和饼图，再运用布局技巧，将其变形为“仪表盘”图。

如下图所示，数据源表中记录了当前（假设为 2021 年 7 月）已完成的销售额、全年总指标及达成率，下面创建圆环图，并布局为有趣的“仪表盘”，更生动形象地展示指标达成率。

	A	B	C
1	××公司2021年销售指标完成进度		
2	全年总指标：600万元		金额单位：万元
3	月份	已完成销售额	未完成销售额
4	1月	53.49	546.51
5	2月	40.86	505.65
6	3月	48.41	457.24
7	4月	39.72	417.52
8	5月	43.28	374.24
9	6月	55.21	319.03
10	7月	53.00	266.03
11	8月		266.03
12	9月		266.03
13	10月		266.03
14	11月		266.03
15	12月		266.03
16	合计	333.97	266.03
17	总指标达成率：55.66%		

第1步 **添加“仪表盘”的刻度值并创建圆环图**。打开“素材文件\第 4 章\×× 公司 2021 销售指标完成进度 .xlsx”文件。❶ 在 D3:D17 单元格区域绘制表格，在 D4:D13 单元格区域中批量输入数字“10”，在 D14 单元格中输入求和公式“=SUM(D4:D13)”，计算 D4:D13 单元格的合计值；❷ 选中 D4:D14 单元格区域，创建一个基础圆环图，如下图所示。

D14　fx　=SUM(D4:D13)

	A	B	C	D
1	××公司2021年销售指标完成进度			
2	全年总指标：600万元		金额单位：万元	
3	月份	已完成销售额	未完成销售额	刻度
4	1月	53.49	546.51	10
5	2月	40.86	505.65	10
6	3月	48.41	457.24	10
7	4月	39.72	417.52	10
8	5月	43.28	374.24	10
9	6月	55.21	319.03	10
10	7月	53.00	266.03	10
11	8月		266.03	10
12	9月		266.03	10
13	10月		266.03	10
14	11月		266.03	100
15	12月		266.03	
16	合计	333.97	266.03	❶
17	总指标达成率：55.66%			

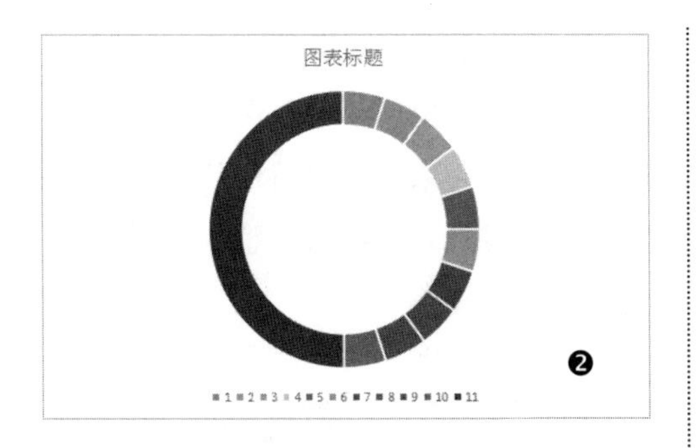

> **温馨提示**
>
> 圆环图数据源的设置原理：将整个圆环均分为两个半圆，其中一个半圆再均分为 10 等份作为仪表盘的刻度值；另一个半圆将在后面隐藏，以呈现仪表盘效果。

第2步 **设置扇区起始角度**。选中任意数据系列激活【属性】任务窗格，在【系列选项】选项卡下的【系列】选项组中，将【第一扇区起始角度】调整为“270° ”，如下图所示。

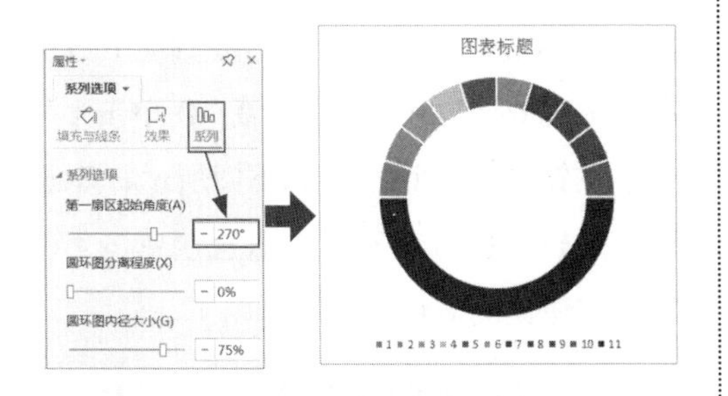

第3步 **设置圆环图数据系列填充色和数据标签**。❶ 选中数据系列“11”，将填充色设置为“无填充颜色”，将轮廓设置为“无边框颜色”；❷ 将数据系列 1 ~ 10 的填充色设置为色调一致、深浅不一的颜色；❸ 添加数据标签，调整标签位置并将数字修改为 0% ~ 100%，如下图所示。

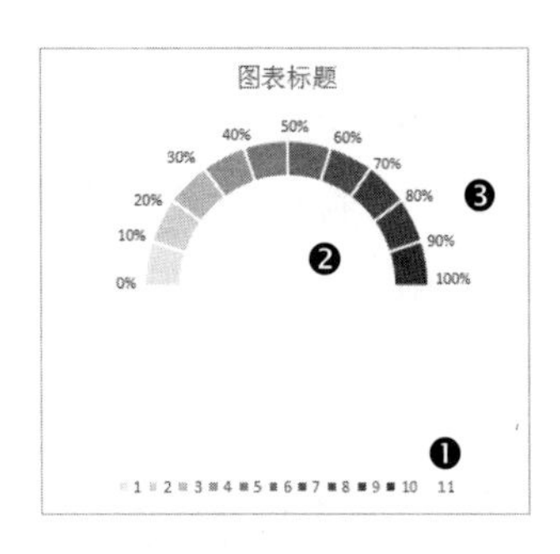

第4步 **添加“仪表盘”的指针值并创建饼图**。❶ 在 D15 单元格中输入公式“=ROUND(B16/A2*D14,2)”，计算已完成销售额的合计值占全年总指标的百分比后乘以 D14 单元格中数值，以此决定饼图扇区之一的大小，在 D16 单元格中输入数字“3”，这一数字将决定“指针”的宽度（也可以设为“2”“1”或其他数字），在 D17 单元格中设置公式“=ROUND(D14*2-D15-D16,2)”，计算 D14 单元格中数字与 D15、D16 单元格中数字的差额，以此决定另一扇区的大小；❷ 选中 D15:D17 单元格区域，创建一个基础饼图后同样将【第一扇区起始角度】调整为“270° ”，如下图所示。

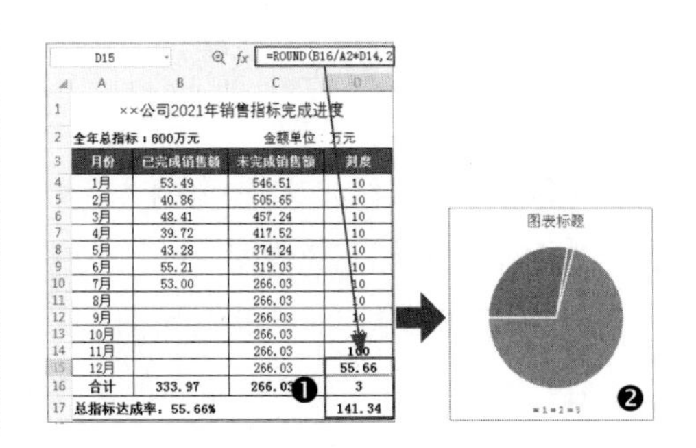
D15 fx =ROUND(B16/A2*D14,2

××公司2021年销售指标完成进度

全年总指标：600万元　　金额单位：万元

月份	已完成销售额	未完成销售额	刻度
1月	53.49	546.51	10
2月	40.86	505.65	10
3月	48.41	457.24	10
4月	39.72	417.52	10
5月	43.28	374.24	10
6月	55.21	319.03	10
7月	53.00	266.03	10
8月		266.03	10
9月		266.03	10
10月		266.03	[illegible]
11月		266.03	100
12月		266.03	55.66
合计	333.97	266.03	3
总指标达成率：55.66%			141.34

第5步 **将饼图与圆环图组合**。删除饼图和圆环图的图表标题和图例，将图表区域的填充色和轮廓设置为“无填充颜色”和“无边框颜色”，将饼图移至圆环图上面，调整大小直至饼图的圆饼与圆环图的内圆大小一致，如下图所示。

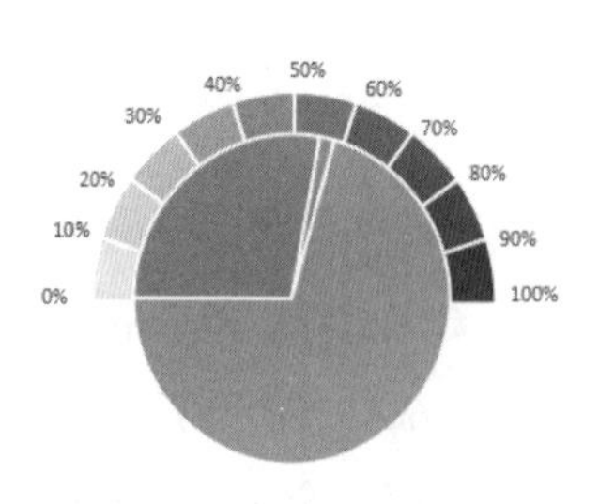

第6步 **设置饼图数据系列格式**。将饼图中两个数据系列（蓝色和灰色）的填充色和轮廓均设置为“无填充颜色”和“无边框颜色”，设整“指针”数据系列（橙色）填充色；为饼图添加数据标签，设置其显示“单元格的值”为A17单元格，调整标签位置，删除多余标签，设置标签文字格式；最后将饼图和圆环图组合为一张图表。“仪表盘”最终效果如下图所示。

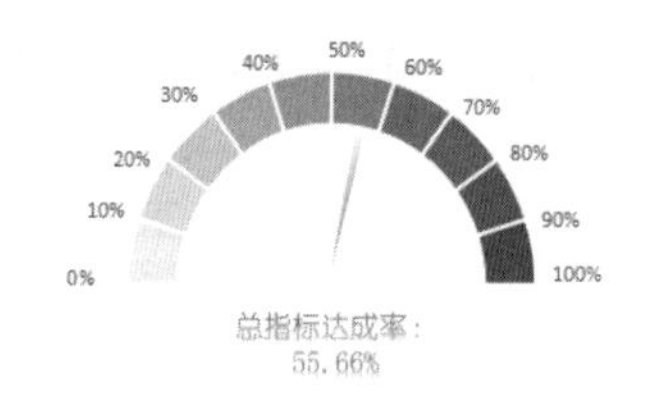

示例结果见“结果文件\第4章\××公司2021销售指标完成进度.xlsx”文件。

4. 展示项目进度的条形甘特图

甘特图实际上就是经过布局优化后的条形图，专门用于展示项目进度或其他与时间相关的系统进展情况。

如下图所示的基础图表，是以A2:B10单元格区域为数据源进行创建的堆积条形图。下面对其布局进行调整和优化，即可实现甘特图效果。

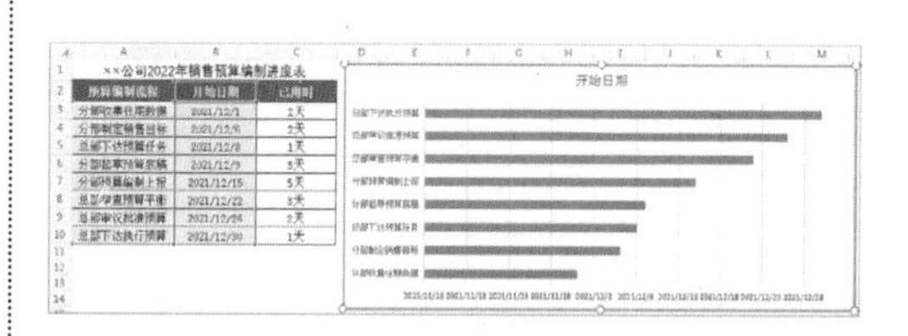

第1步 **添加数据源**。打开“素材文件\第4章\××公司2022年销售预算编制进度表.xlsx”文件。❶右击图表，在弹出的快捷菜单中选择【选择数据】命令打开【编辑数据源】对话框，单击【图例项（系列）】选项组中的【添加】按钮+；❷弹出【编辑数据系列】对话框，单击【系列名称】文本框后选中数据源表中的C2单元格，单击【系列值】文本框后选中数据源表中的C3:C10单元格区域；❸单击【确定】按钮关闭对话框，如下图所示；❹返回【编辑数据源】对话框后直接单击【确定】按钮关闭对话框（图示略）。

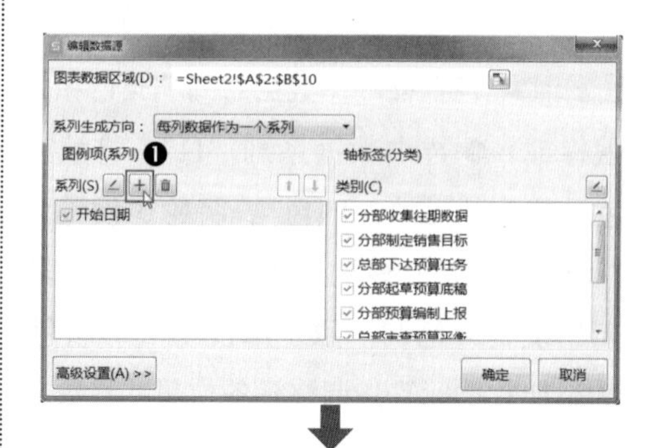

第2步 **查看图表效果**。返回工作表，可看到“已用时”数据系列已被添加至图表中（浅色），如下图所示。

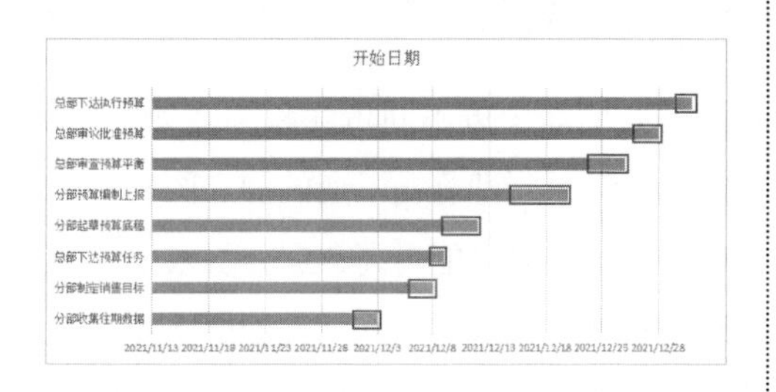

第3步 **设置纵坐标轴类别名称排列顺序**。初始布局中，坐标轴类别名称的排列顺序与数据源表完全相反，只需双击坐标轴激活【属性】任务窗格，在【坐标轴选项】选项卡【坐标轴】选项组列表中选中【逆序类别】复选框即可，如下图所示。

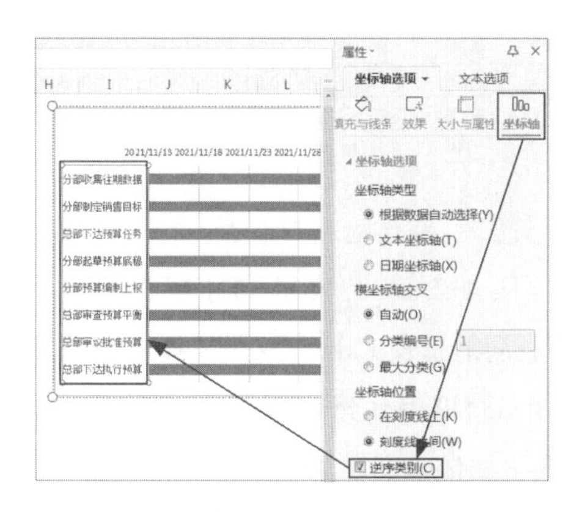

第4步 **设置横坐标轴的边界值**。数据源中的日期范围为2021/12/01至2021/12/30，因此应将横坐标轴上的边界值调整为大于或等于这一日期范围的边界值。双击横坐标值激活【属性】任务窗格，在【坐标轴选项】选项卡下的【坐标轴】选项组中，将边界的【最小值】设置为2021年12月1日的序列号“44531”后，【最大值】自动调整为2022年1月5日的序列号“44566”，如下图所示。

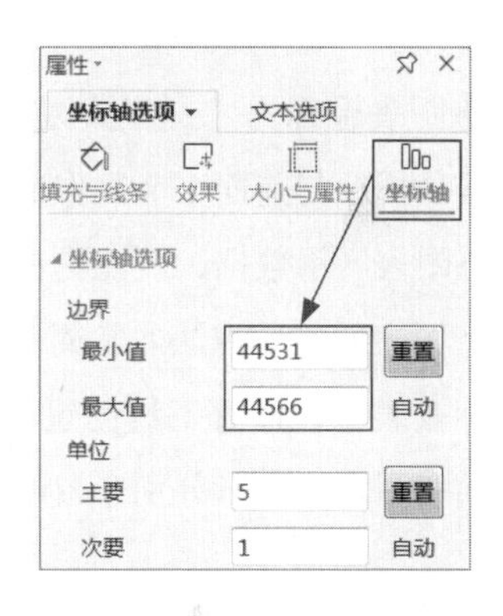

第5步 **查看图表效果**。设置完成后，图表效果如下图所示。

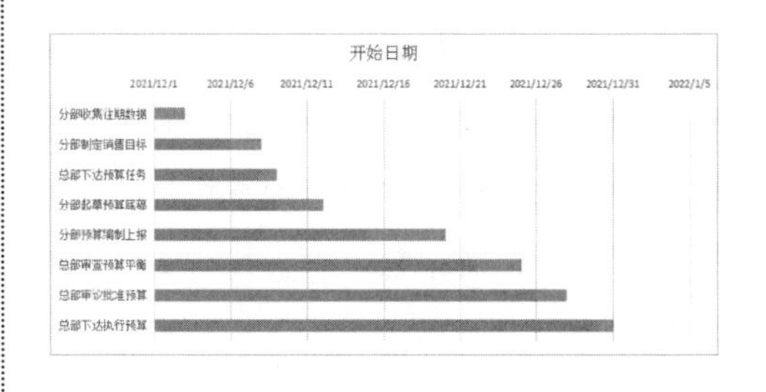

第6步 **其他布局**。隐藏“开始日期”数据系列：将填充色设置为“无填充颜色”，将轮廓设置为“无边框颜色”即可；可添加网格线并设置轮廓颜色和线条样式；修改图表标题。设置完成后，图表效果如下图所示。

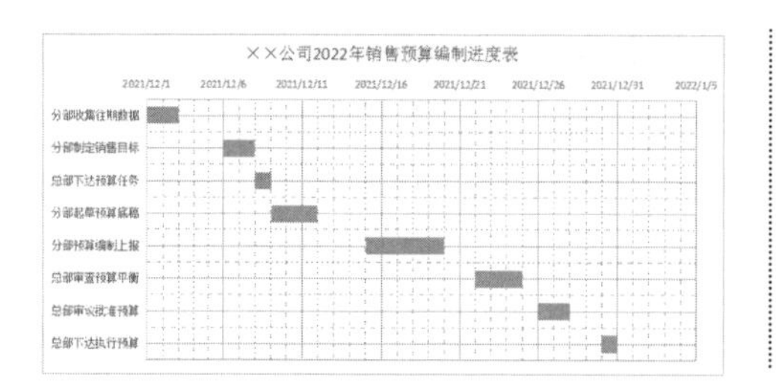

示例结果见“结果文件\第 4 章\××公司 2022 年销售预算编制进度表.xlsx”文件。

4.3 制作动态图表

动态图表也称为“交互式图表”，可以在同一张图表中以不同角度和维度动态展示多种数据分析。与前面小节制作的因数据源确定后数据系列即静止不变的静态图表相比，使用动态图表展示数据，既能更灵活地展示各种数据，同时也能提高数据分析效率。

动态图表的制作方法非常简单，其核心原理是运用函数设置公式，并配合下拉列表、定义名称及表单控件等工具创建动态数据源，那么在此基础上创建的图表自然顺理成章地形成动态图表。本节分别介绍函数公式与各种工具配合制作动态图表的方法和技巧。

4.3.1 运用下拉列表制作动态图表

运用下拉列表和函数公式制作动态图表的原理是：制作数据源的查询表，以此作为图表的数据源。在查询表中制作关键字段的下拉列表，主要运用查找与引用函数设置公式在数据源表中查找与关键字匹配的关联信息。那么当在下拉列表中选择不同的关键字后，公式单元格中也会动态返回与其关联的信息，那么以此为数据源创建的图表同样也会随之发生同步变化。

下面在下图所示的数据源表基础上制作查询表并创建动态图表，分别展示“销售金额”“销售成本”“边际利润”“利润率”项目下的客户数据。

	A	B	C	D	E
1	××公司2021年3月客户销售利润汇总表1				
2					金额单位：万元
3	客户名称	销售金额	销售成本	边际利润	利润率
4	客户A	27.45	21.13	6.32	23.02%
5	客户B	28.14	21.72	6.43	22.85%
6	客户C	28.55	22.02	6.53	22.87%
7	客户D	27.37	21.05	6.31	23.05%
8	客户E	28.30	21.76	6.54	23.11%
9	客户F	27.65	21.38	6.27	22.68%
10	合计	167.46	129.06	38.40	22.93%

第1步 **制作动态查询表**。打开“素材文件\第 4 章\××公司 2021 年 3 月客户销售利润汇总表 1.xlsx”文件。❶ 在空白区域（如 G3:H9 单元格区域）中绘制表格，在 H3 单元格中创建下拉列表，将 B3:E3 单元格区域设置为下拉列表的选项；❷ 在 H4 单元格中设置公式“=VLOOKUP(G4,$A$3:$E$10，MATCH(H$3,$A$3:$E$3,0),0)”，根

据 G4 单元格中的客户名称和 H3 单元格中的字段名在 A3:E10 单元格区域中查找匹配的关联信息，将 H4 单元格公式填充至 H5:H9 单元格区域中；❸ 在 G1 单元格中设置公式 “="×× 公司 2021 年 3 月客户 "&H3&" 对比 "”，生成动态标题，同时也将作为图表中动态标题的数据源，如下图所示。

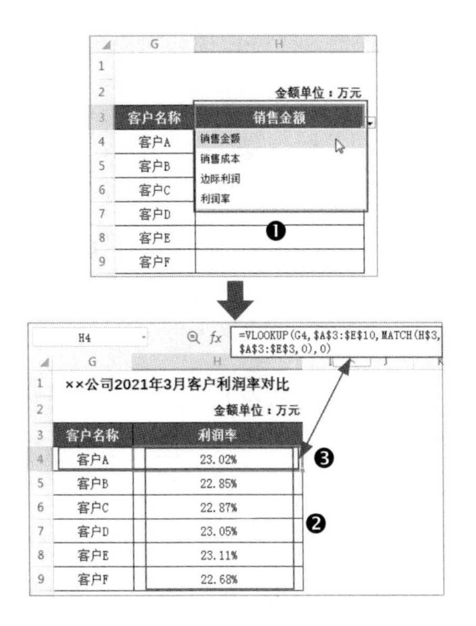

自定义 H4:H9 单元格区域的单元格格式，格式代码为 “[<=1]0.00%;0.00”，其含义是当单元格中的值小于或等于 1 时，显示为百分比数字。

第2步 **创建图表**。❶ 选中 G3:H9 单元格区域，创建一个柱形图；❷ 右击图表，在弹出的快捷菜单中选择【选择数据】命令，打开【编辑数据源】对话框，单击【图例项】选项组中的【编辑】按钮；❸ 弹出【编辑数据系列】对话框，单击【系列名称】文本框，重新选中 G1 单元格；❹ 单击【确定】按钮关闭对话框，如下图所示。

返回【编辑数据源】对话框后直接单击【确定】按钮关闭对话框即可。

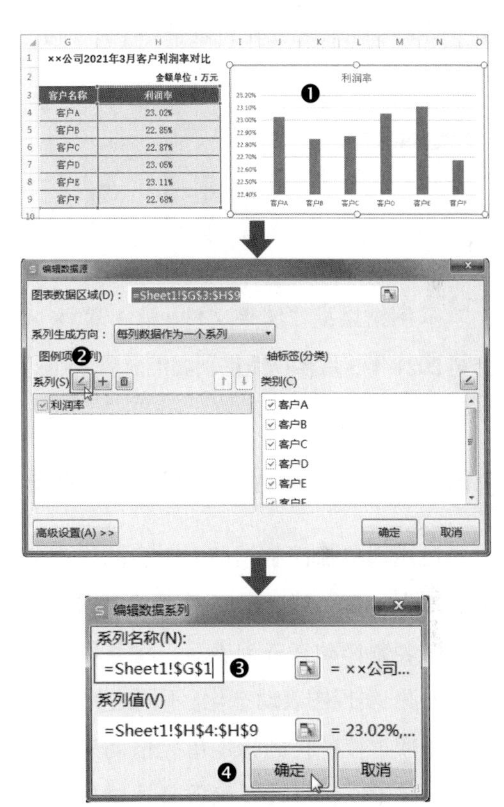

第3步 **查看图表效果**。以上操作完成后，自行对图表进行布局即可。本例仅添加数据标签元素，效果如下图所示。

第4步 **测试图表动态效果**。在H3单元格下拉列表中选择其他选项，如“销售金额”。即可看到图表中的元素，如图表标题、纵坐标轴、数据系列，以及数据标签中的数字等均发生动态变化，效果如下图所示。

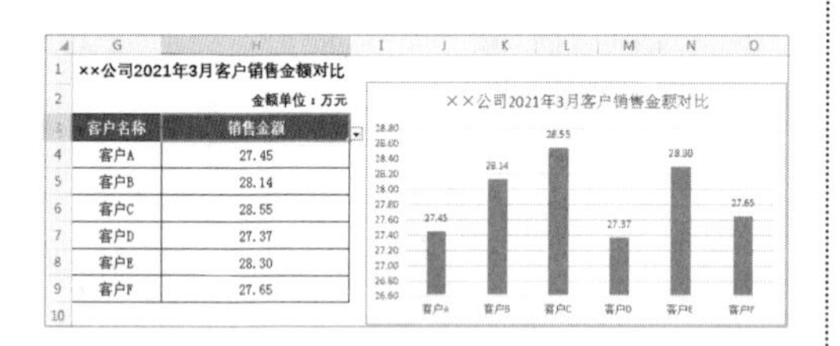

××公司2021年3月客户销售金额对比

金额单位：万元

客户名称	销售金额
客户A	27.45
客户B	28.14
客户C	28.55
客户D	27.37
客户E	28.30
客户F	27.65

示例结果见“结果文件\第4章\××公司2021年3月客户销售利润汇总表1.xlsx”文件。

4.3.2 运用表单控件制作动态图表

运用表单控件制作动态图表的原理与下拉列表基本一致，即二者都是根据静态数据源表制作动态查询表后，将其作为图表数据源，实现图表动态化。不同之处在于：前者是通过控件控制指定单元格动态返回不同的关键字，再设置函数公式根据关键字查找引用与之匹配的关联信息。由于表单控件可以随意移动，如将其移至图表中与之组合为一体，因此，相较于下拉列表而言，这种方法更方便动态展示各组数据。

下面在下图所示的数据源表基础上制作查询表并创建动态图表，分别对比同一客户不同年份和同一年份不同客户的销售利润数据。

××公司2019—2021年客户销售利润对比表1

金额单位：万元

客户名称	2019年	2020年	2021年	合计
客户A	265.52	292.10	315.18	**872.80**
客户B	277.76	232.68	255.22	**765.66**
客户C	272.51	271.68	287.52	**831.71**
客户D	287.72	323.65	304.36	**915.73**
客户E	260.16	221.65	278.69	**760.50**
客户F	280.78	239.28	296.52	**816.58**
合计	**1644.45**	**1581.04**	**1737.49**	**4962.98**

1. 制作表单控件

下面制作两组共4个控件，即选项卡和列表框控件。控件作用和特点分别如下。

①选项按钮：分别代表“同一年份不同客户”和“同一客户不同年份”两个不同的对比标准，单击选中一个控件后，被其控制的单元格中将显示文本“true”，未被选中控件所控制的单元格中则显示文本“false”。

②列表框：列表显示全部客户名称和年份，选择其中选项后被控制单元格中显示相同内容。

第1步 **制作选项按钮控件**。打开“素材文件\第4章\××公司2019—2021年客户销售利润对比表1.xlsx”文件。❶单击【开发工具】选项卡中的【选项按钮】按钮◉，当鼠标光标变为十字形后，按住鼠标左键拖出一个矩形后释放鼠标即可绘制一个【选项卡】图形；❷右击控件，在快捷菜单中选择【属性】命令激活【属性】任务窗格（或单击【开发工具】选项卡中的【控件工具箱】按钮）；❸在【BackStyle】下拉列表中选择【0-fmBackStyleTransparent】选项，可清除控件的背景色，在【Caption】

文本框中输入控件名称“对比同一客户不同年份数据”，在【LinkedCell】文本框中输入自行指定的被控单元格地址，如“I3”，重复第 ❶ ~ ❸ 步操作制作另一个选项按钮，将名称设置为“对比同一年份不同客户数据”，将被控单元格设置为 J3 单元格；❹ 设置完成后，单击【开发工具】选项卡中的【退出设计】按钮，如下图所示。

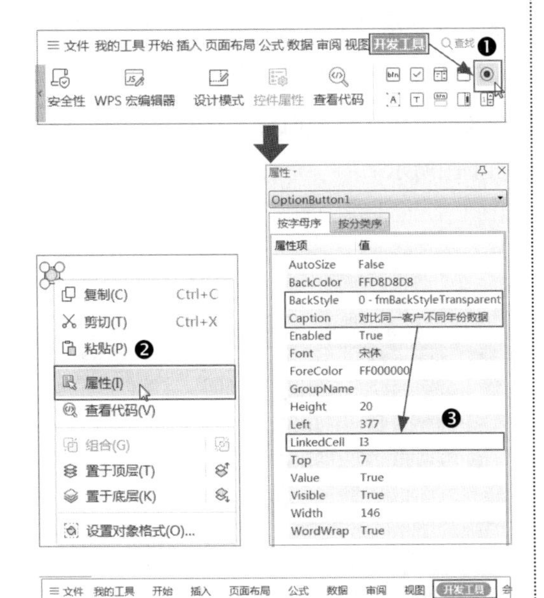

第2步 **检测选项按钮效果**。操作完成后，选中任意一个选项按钮控件，即可看到被选中的控件所控制的单元格中显示文本“true”，而未被选中的控件所控制的单元格中则显示文本“false”，如下图所示。

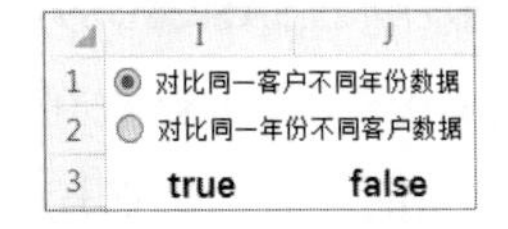

	I	J
1	◉ 对比同一客户不同年份数据	
2	○ 对比同一年份不同客户数据	
3	true	false

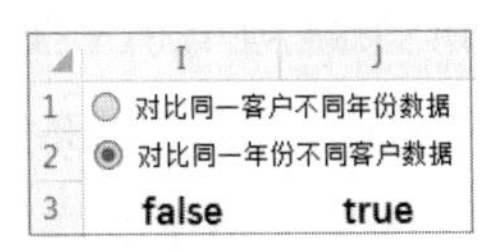

	I	J
1	○ 对比同一客户不同年份数据	
2	◉ 对比同一年份不同客户数据	
3	false	true

第3步 **制作列表框控件**。❶ 创建列表框中选项的数据源，在空白区域如 L4:M10 单元格区域绘制表格，将客户名称和年份从数据源表中复制粘贴至 L5:L10 和 M5:M7 单元格区域中；❷ 参照第 1 步“选项按钮”控件的制作方法绘制两个“列表框”控件 ▤（图示略），激活其中一个控件的【属性】任务窗格，在属性项【LinkedCell】文本框中输入被控单元格地址“L3”，在属性项【ListFillRange】文本框中输入列表框数据源所在区域“L5:L10”；❸ 将另一个控件的被控单元格和数据源设置为“M3”和“M5:M7”单元格区域，如下图所示。

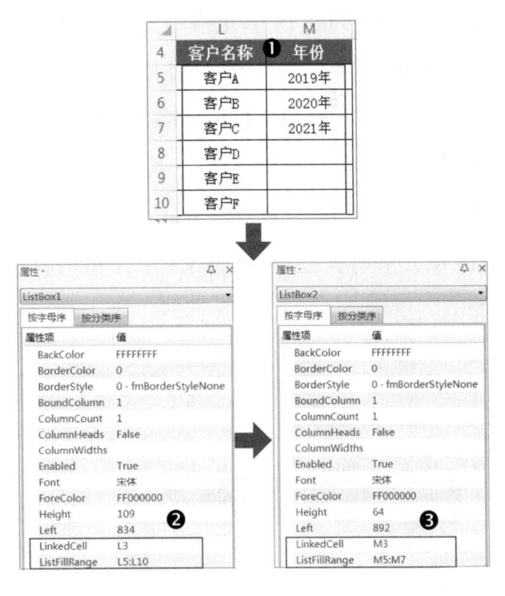

	L	M
4	客户名称	年份
5	客户A	2019年
6	客户B	2020年
7	客户C	2021年
8	客户D	
9	客户E	
10	客户F	

第4步 **检测列表框效果**。操作完成后，选择“列表框”控件中的选项，即可看到被控单元格中显示相同的内容，如下图所示。

	L	M
3	客户D	2020年
4	客户名称	年份
5	客户A	2019年
6	客户B	2020年
7	客户C	2021年
8	客户D	
9	客户E	
10	客户F	

2. 制作动态查询表

动态查询表将作为图表的数据源。制作时以 IF 函数为主，根据被 4 个控件所控制的单元格中的不同内容，返回不同文本或嵌套在 IF 函数公式中的查找与引用公式，操作方法如下。

第1步 **生成动态字段名称。**❶ 在 I4:J10 单元格区域绘制表格，在 I4 单元格中设置公式“=IF(I3="true","年份","客户名称")”，运用 IF 函数判断 I3 单元格中文本为“true”时，返回文本“年份”，否则返回文本“客户名称”；❷ 在 J4 单元格中设置公式“=IF($J3="true",$M3,$L3)”，运用 IF 函数判断 J3 单元格内容为“true”时，返回 M3 单元格内容，否则返回 L3 单元格内容，如下图所示。

I4 =IF(I3="true","年份","客户名称")

	I	J	L	M
1	对比同一客户不同年份数据			
2	对比同一年份不同客户数据			
3	false	true	客户D	2020年
4	客户名称	2020年	客户名称	年份
5	❶	❷	客户A	2019年
6			客户B	2020年
7			客户C	2021年
8			客户D	
9			客户E	
10			客户F	

第2步 **生成动态关键字。**❶ 在 I5 单元格中设置公式“=IF(I$4="年份",M5,L5)”，运用 IF 函数判断 I4 单元格中文本为“年份”时，返回 M5 单元格中的文本“2019 年”，否则返回 L5 单元格中的文本“客户 A”；❷ 将 I5 单元格公式填充至 I6:I10 单元格区域中；❸ 选中“对比同一客户不同年份数据”单选按钮后，I5:I10 单元格区域中将依次显示 M5:M10 单元格区域中的年份。由于仅有三个年份，因此 I8:I10 单元格区域中将显示“0”，对此可自定义 I5:I10 单元格区域格式，格式代码为“[=0]"""”，其含义是当单元格的值等于 0 时，显示空值，如下图所示。

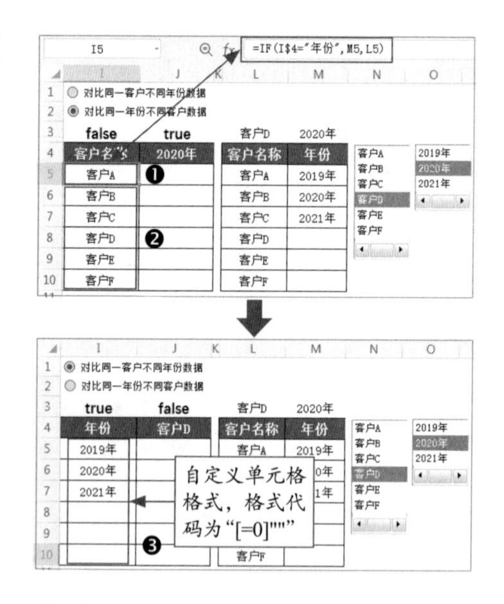

第3步 **根据关键字查找引用数据。**❶ 在 J5 单元格中设置公式“=IF(I$3="true",HLOOKUP(I5,$A$3:$D$9,MATCH(J$4,$A$3:$A$9,0),0),VLOOKUP(I5,$A$3:$D$9,MATCH(J$4,A$3:D$3,0),0))”，当 IF 函数判断 I3 单元格中文本为“true”时，则运用

HLOOKUP 函数在 A3:D9 单元格区域中查找并引用与 I5 单元格中内容匹配的数据，否则运用 VLOOKUP 函数进行查找引用；❷ 将 J5 单元格公式填充至 J6:J10 单元格区域中即可，如下图所示。

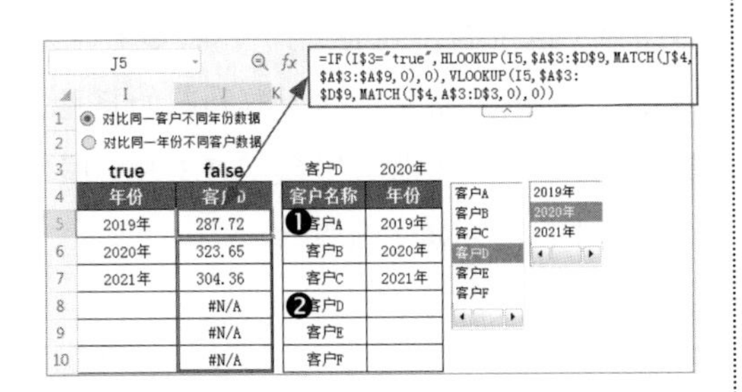

温馨提示

本例中 J8:J10 单元格区域公式返回的错误值“#N/A”，在图表中将会被自动屏蔽，因此这里不应嵌套 IFERROR 函数屏蔽，否则在图表中反而会显示数字“0”。

第4步 **生成图表动态标题**。将 4 个控件移至合适的位置后在 I2 单元格中设置公式“="× × 公 司 "&IF(I3="true","2019—2021 年 "," 客户 ")&" 销售利润对比表："&J4”，将固定文本“× × 公司”和运用 IF 函数根据 I3 单元格中文本是否为“true”而返回的文本，以及 J4 单元格文本组合成动态标题，如下图所示。

I2 =“××公司”&IF(I3="true","2019—2021年","客户")&"销售利润对比表："&J4

◉ 对比同一客户不同年份数据
○ 对比同一年份不同客户数据

××公司2019—2021年销售利润对比表：客户D

true	false
年份	客户D
2019年	287.72
2020年	323.65
2021年	304.36
	#N/A
	#N/A
	#N/A

客户D	2020年
客户名称	年份
客户A	2019年
客户B	2020年
客户C	2021年
客户D	
客户E	
客户F	

第5步 **检测动态图表显示效果**。操作完成后，选中“对比同一年份不同客户数据”单选按钮，可看到动态查询表与标题的变化效果，如下图所示。

○ 对比同一客户不同年份数据
◉ 对比同一年份不同客户数据

××公司客户销售利润对比表：2021年

false	true
客户名称	2021年
客户A	315.18
客户B	255.22
客户C	287.52
客户D	304.36
客户E	278.69
客户F	296.52

客户D	2021年
客户名称	年份
客户A	2019年
客户B	2020年
客户C	2021年
客户D	
客户E	
客户F	

3. 制作动态图表

动态查询表创建完成后，即可将其作为数据源制作图表。

第1步 **创建图表**。选中 I4:J10 单元格区域插入簇状柱形图，打开【编辑数据源】对话框将【系列名称】设置为 I2 单元格，自行设计图表布局即可。图表效果如下图所示。

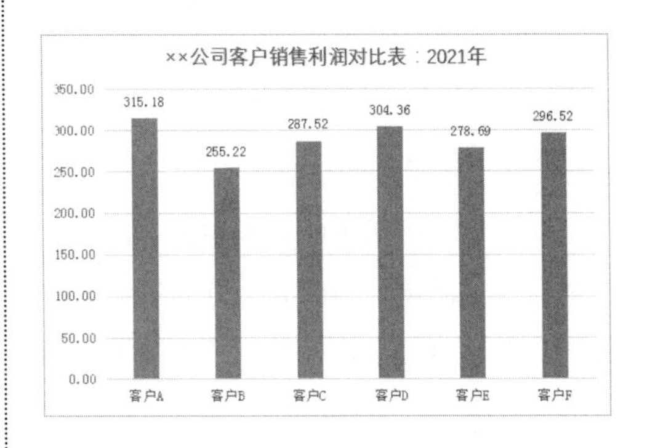

第2步 **测试图表动态效果**。选中【对比同一客户不同年份数据】单选按钮，选择“列表框”控件中的【客户 A】选项，可看到图表动态变化效果，如下图所示。

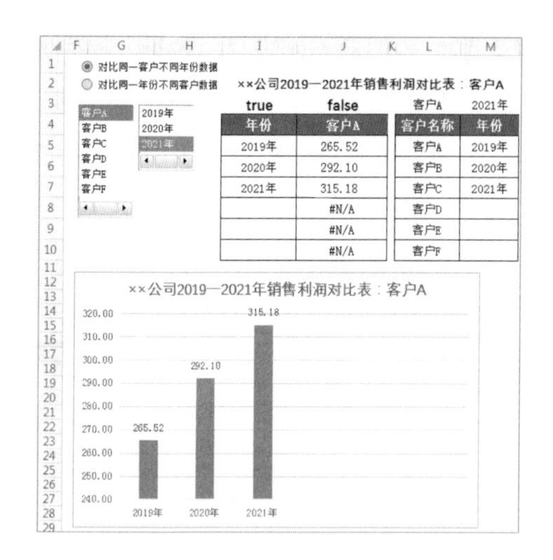

示例结果见“结果文件\第4章\××公司2019—2021年客户销售利润对比表1.xlsx”文件。

4.3.3 运用定义名称制作动态图表

运用定义名称制作动态图表的原理：将函数公式自动运算构成的动态数据源作为定义名称时的引用位置，再将已定义的名称作为数据源创建图表即可。同时，也可使用下拉列表和表单控件配合操作，更方便动态展示目标数据。

下面在下图所示的数据源表基础上制作查询表并创建动态图表，分别按照客户名称、指定的起始日期及连续天数展示销售利润数据。

××公司2021年1—3月客户销售明细表1

日期	客户A	客户B	客户C	客户D	客户E	客户F	合计
1月1日	12,493.11	16,130.93	14,509.69	14,906.56	15,151.25	13,408.01	**86,599.55**
1月2日	-	15,261.72	11,372.27	12,760.77	15,336.62	16,324.19	**71,055.57**
1月3日	12,606.30	15,592.80	12,008.87	12,345.16	14,661.40	12,027.58	**79,242.11**
1月4日	15,065.02	11,077.36	15,309.70	15,107.49	11,939.97	13,278.69	**81,778.23**
1月5日	12,184.46	15,785.72	11,276.95	13,465.99	11,024.70	12,465.42	**76,203.24**
1月6日	12,369.04	13,067.33	14,890.69	12,819.80	12,980.67	13,410.52	**79,538.05**
1月7日	10,810.76	11,573.25	14,838.17	14,647.36	13,344.53	15,124.93	**80,339.00**
1月8日	14,233.51	11,569.30	13,147.68	11,525.41	15,875.84	14,241.43	**80,593.17**

第1步 **设定查询条件**。打开“素材文件\第4章\××公司2021年1—3月客户销售明细表1.xlsx”文件。❶ 在J2:M3单元格区域绘制表格，在J3单元格中插入下拉列表，将B2:H2单元格区域设置为下拉列表的选项（也可制作列表框控件）；❷ 在K3和L3单元格中输入查询天数和起始日期；❸ 在M3单元格中设置公式“=L3+K3-1”，计算截止日期，如下图所示。

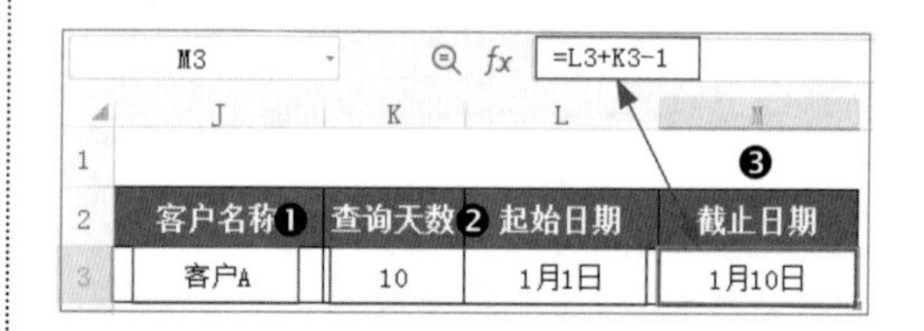

第2步 **定义名称**。❶ 单击【公式】选项卡中的【名称管理器】按钮；❷ 弹出【名称管理器】对话框，单击【新建】按钮；❸ 弹出【新建名称】对话框，在【名称】文本框中输入自定义名称，如“销售数据”，在【引用位置】文本框中输入公式“=OFFSET($A$1,MATCH($L$3,$A:$A,0)-1,MATCH($J$3,$2:$2,0)-1,$K$3)”，输入完成后，系统自动在公式中所引用的地址前面添加当前工作表名称；❹ 单击【确定】按钮关闭对话框，如下图所示。

返回【名称管理器】对话框后重复❷~❹的操作再次新建一个名为“销售日期”的名称，将【引用位置】文本框设置为公式“=OFFSET(sheet1!$A$1,MATCH(sheet1!$L$3,sheet1!$A:$A,0)-1,,sheet1!$K$3)”，公式含义参照“销售数据”名称的引用位置公式进行理解。

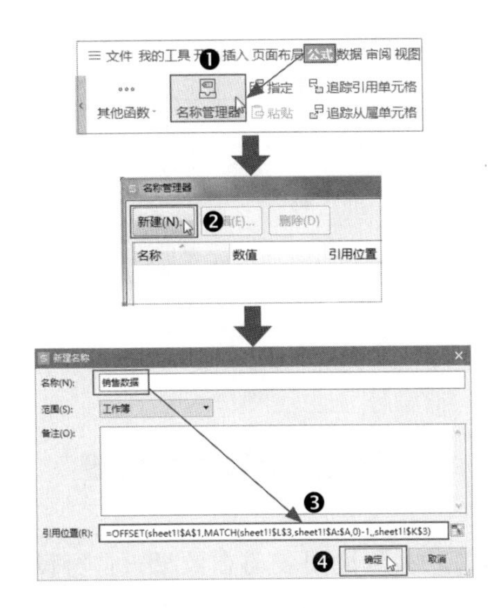

第3步 **查看创建的名称**。新建名称完成后，返回【名称管理器】对话框，即可看到列表框中的名称及引用位置。如无须新建或编辑名称，单击【关闭】按钮关闭对话框即可，如下图所示。

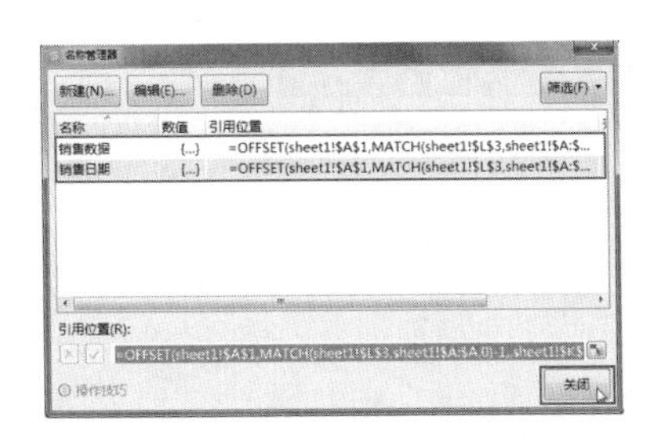

第4步 **制作动态图表**。❶ 在 J1 单元格中设置公式"="××公司"&TEXT(L3,"M月d日")&"—"&TEXT(M3,"M月d日")&"销售明细："&J3"，生成动态标题；❷ 选中数据源表中任意单元格区域，如 A2:B8 单元格区域，插入一个带数据标记的折线图，右击图表后选择快捷菜单中的【选择数据】命令打开【编辑数据源】对话框，单击【图例项】选项组中的【编辑】按钮；❸ 弹出【编辑数据系列】对话框，单击【系列名称】文本框后选中 J1 单元格；❹ 在【系列值】文本框中输入公式"=销售数据"，即引用上一步创建的名称；❺ 单击【确定】按钮关闭对话框；❻ 返回【编辑数据源】对话框后单击【轴标签】选项组中的【编辑】按钮，弹出【轴标签】对话框后在【轴标签区域】文本框中输入公式"=销售日期"，单击【确定】按钮关闭对话框，如下图所示。

再次返回【编辑数据源】对话框后直接单击【确定】按钮关闭对话框。

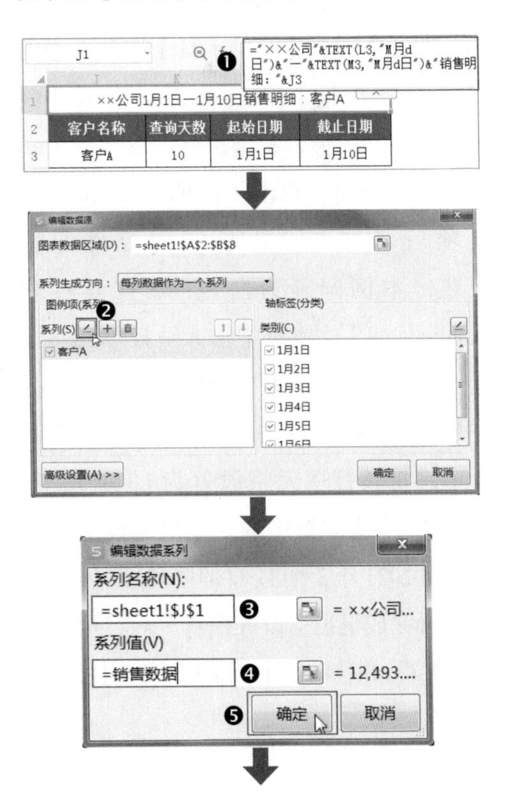

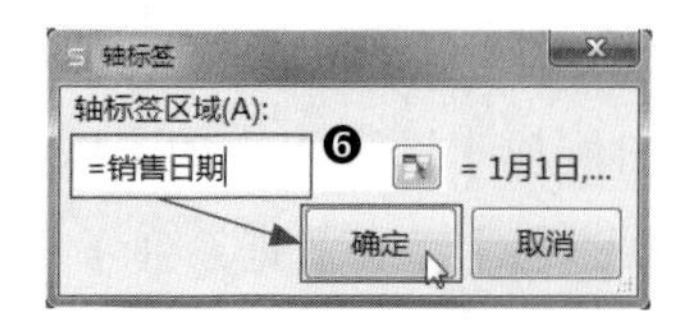

第5步 **查看图表效果**。操作完成后，图表效果如下图所示。

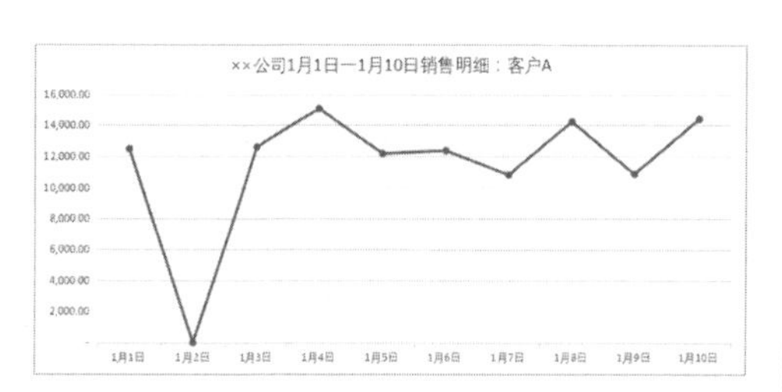

第6步 **制作数值调节按钮控件**。为了更方便设定查询天数和起始日期，可通过数值调节按钮控制 K3 和 L3 单元格中的数字和日期。❶ 单击【开发工具】选项卡中的【数值调节按钮】按钮，在工作表中绘制一个控件图形，右击控件图形激活【属性】任务窗格，双击属性项【BackColor】选项后可打开调色板调整控件的背景色，本例调整为白色；❷ 在属性项【LinkedCell】文本框中输入被控单元格地址"K3"；❸ 重复 ❶ 和 ❷ 操作再制作一个数值调节按钮控件，用于调节起始日期数字，将被控单元格设置为 L3 单元格，在【Max】文本框中输入本例所设定的最大日期 2021 年 3 月 31 日的序列号"44286"；❹ 设置完成退出"设计模式"后，可调整控件大小，并移动至单元格中（或图表中），如下图所示。

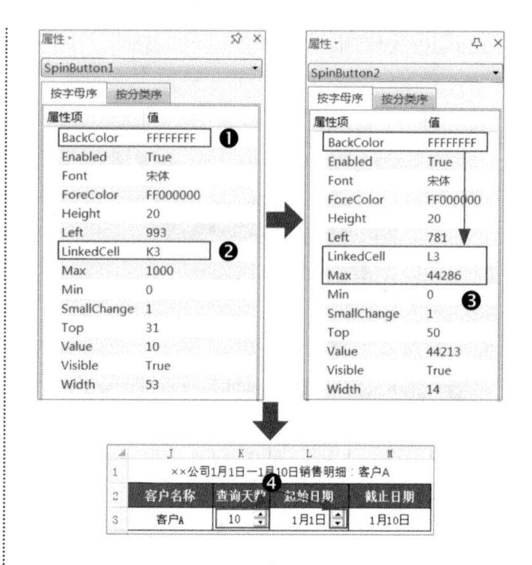

第7步 **测试图表动态效果**。自行设计图表布局，分别单击两个数值调节按钮控件的上、下箭头即可调整天数和日期，同时在 J3 单元格下拉列表中选择其他客户名称。可看到图表发生同步变化，效果如下图所示。

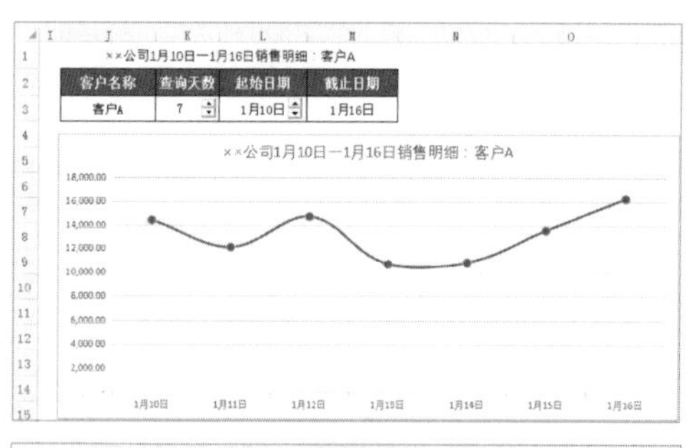

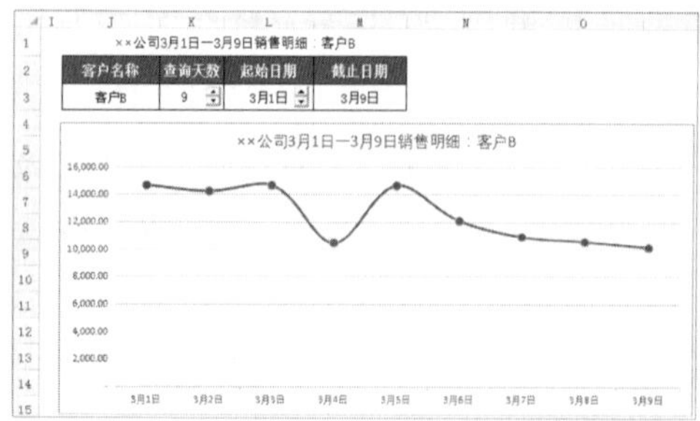

示例结果见“结果文件\第4章\× × 公司2021年1—3月客户销售明细表1.xlsx”文件。

高手支招

本章主要介绍了图表的基础知识、图表的创建方法，同时列举了多个实例示范图表布局的方法和技巧，以及动态图表的制作方法。下面结合本章主题，补充介绍几个实用和常用的图表使用和布局上的操作方法，帮助财务人员掌握更丰富的图表应用实操技巧，以便提高工作效率和质量。

01 在图表中筛选数据

当图表中的数据系列较多时，如果需要查看指定的数据系列，可通过在数据源表中进行筛选操作，或者制作动态图表动态展示目标数据。除此之外，还可在图表中直接筛选数据，同样也能动态展示数据，而且操作非常简便、快捷。

如下图所示，柱形图中共包含 6 个数据系列，每个数据系列均有 12 个数据点，不便于查看指定数据。

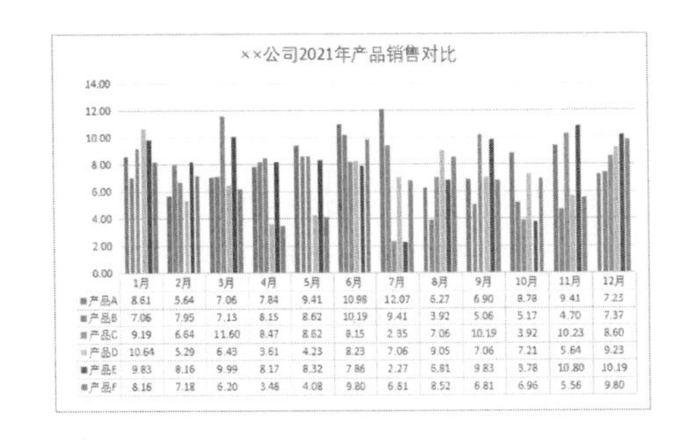

下面在图表中筛选数据，动态展示目标数据系列。

打开“素材文件\第 4 章\× × 公司2021 年产品销售对比 .xlsx”文件。❶ 选中图表激活浮动功能按钮，单击【图表筛选器】按钮 ；❷ 弹出筛选列表，取消选中【系列】或【类别】列表下的【全选】复选框，选中目标系列或类别名称复选框；❸ 单击【应用】按钮即可。本例筛选“产品 A”在 1—12 月的销售数据，具体设置如下图所示。

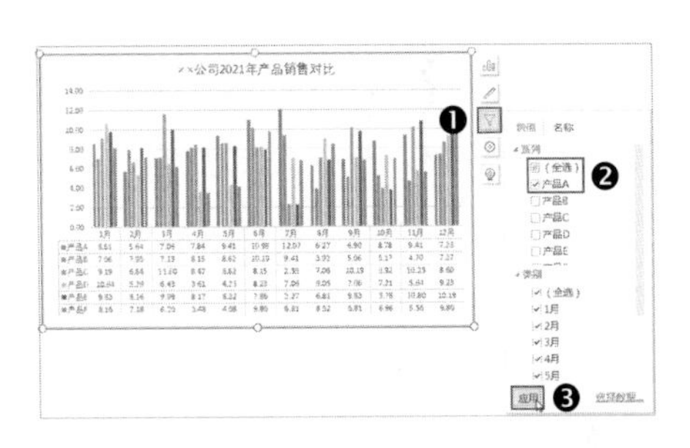

操作完成后，即可看到图表中仅展示了被筛选的数据系列，效果如下图所示。

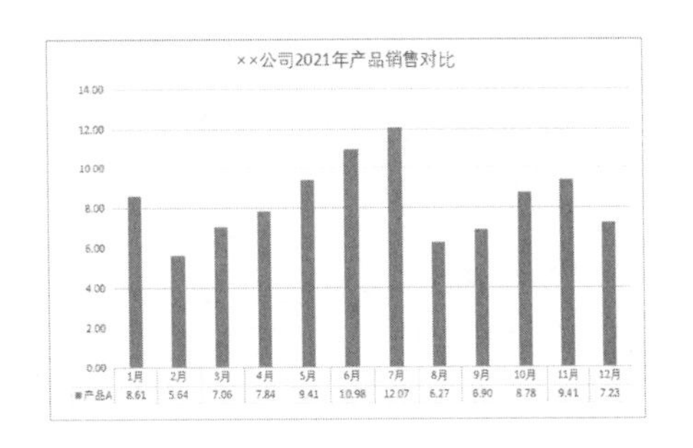

示例结果见“结果文件 \ 第 4 章 \ × × 公司 2021 年产品销售对比 .xlsx”文件。

02 在图表中显示隐藏数据

创建图表后，如果数据源表中隐藏了某些行或列，那么在默认设置下，图表中也会同步隐藏这些数据。

如下图所示，柱形图的数据源为 A3:C9 单元格区域，由于 C 列（销售指标）被隐藏，因此图表中也未显示 C3:C9 单元格区域中的数据。

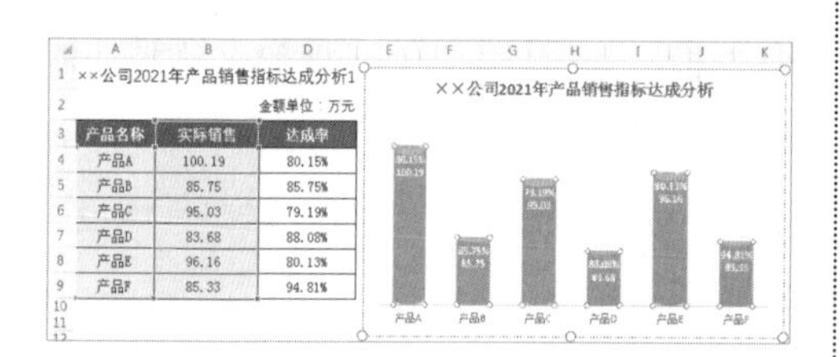

产品名称	实际销售	达成率
产品A	100.19	80.15%
产品B	85.75	85.75%
产品C	95.03	79.19%
产品D	83.68	88.08%
产品E	96.16	80.13%
产品F	85.33	94.81%

如果希望在不改变数据源表的状态下，在图表中显示被隐藏的数据，可通过一个简单的设置实现，操作方法如下。

打开“素材文件 \ 第 4 章 \ × × 公司 2021 年产品销售指标达成分析 1.xlsx”文件。❶ 右击图表，在弹出的快捷菜单中选择【选择数据】命令打开【编辑数据源】对话框，单击左下角的【高级设置】按钮；❷ 在展开的列表中选中【显示隐藏行列中的数据】复选框；❸ 单击【确定】按钮关闭对话框即可。

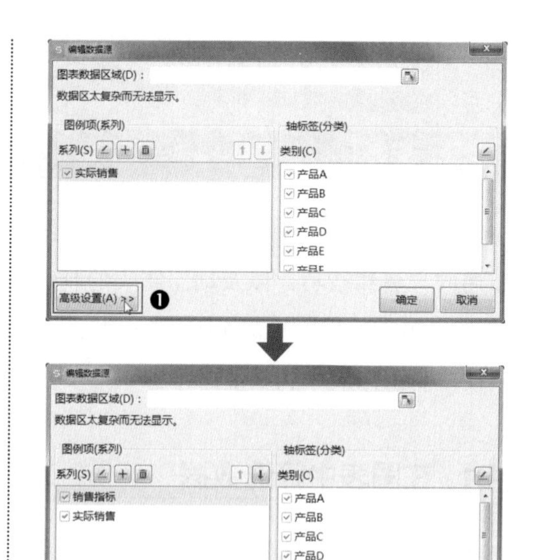

操作完成后，即可看到图表中已显示“销售指标”数据系列，效果如下图所示。

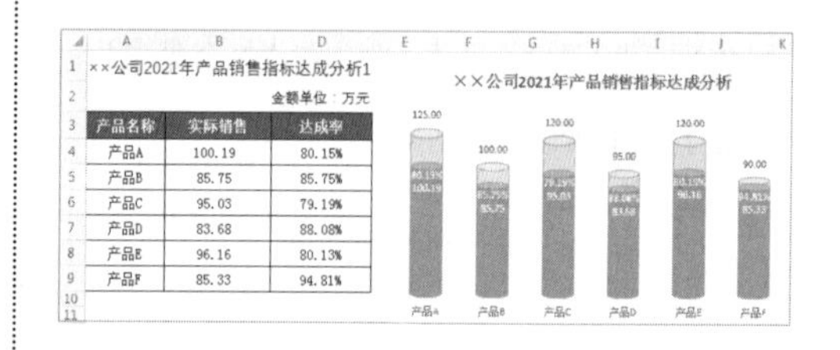

产品名称	实际销售	达成率
产品A	100.19	80.15%
产品B	85.75	85.75%
产品C	95.03	79.19%
产品D	83.68	88.08%
产品E	96.16	80.13%
产品F	85.33	94.81%

示例结果见“结果文件 \ 第 4 章 \ × × 公司 2021 年产品销售指标达成分析 1.xlsx”文件。

03 设置 *X* 轴位置，调整折线图的起点

默认设置下，折线图和柱形图的起点（即第 1 个数据点）位于 *X* 轴和 *Y* 轴的刻

度线之间。这样在折线图中不便于分析数据点所代表的数字，如下图所示。

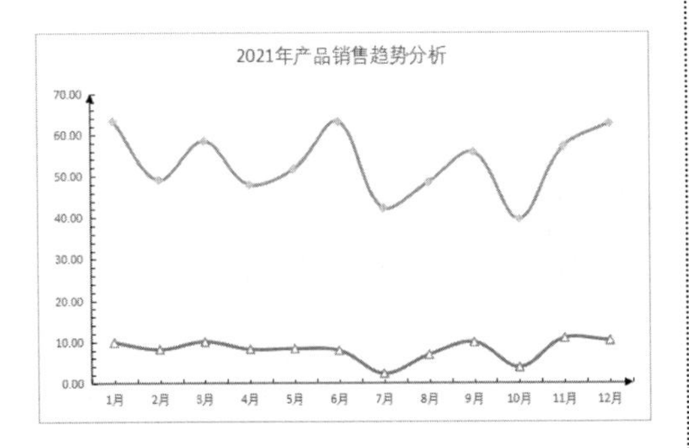

对此，可以通过设置 X 轴的位置，将折线图的起点调整至 Y 轴的刻度线上，不仅能够帮助分析者更精准地读取数字，还能使图表呈现更专业的展示效果，操作方法如下。

打开“素材文件 \ 第 4 章 \ × × 公司 2021 年产品销售报表 5.xlsx”文件，双击横坐标轴激活【属性】任务窗格，在【坐标轴选项】选项卡下的【坐标轴】选项组中的【坐标轴位置】列表中选中【在刻度线上】单选按钮即可。此时即可看到图表中折线线条的起点已被移至纵坐标轴的刻度线上，如下图所示。

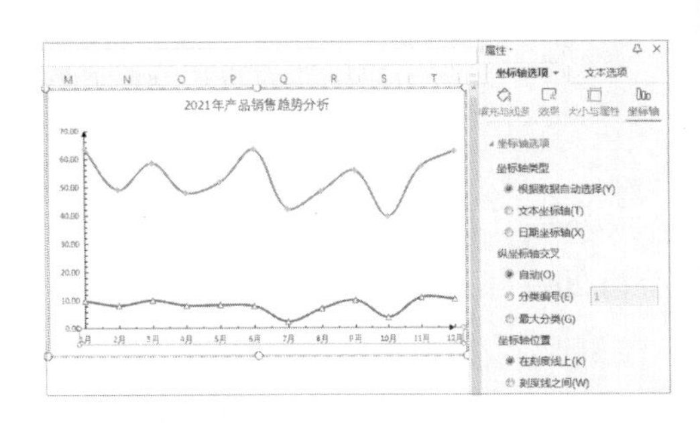

示例结果见“结果文件 \ 第 4 章 \ × × 公司 2021 年产品销售报表 5.xlsx”文件。

04 使用迷你图展示财务数据

迷你图是 WPS 表格提供的一种微型图表工具，包含折线图、柱形图、盈亏图这 3 种图表类型。迷你图最显著的特点是非常简洁、小巧，仅在单元格里生成图形，而且仅能引用单行或单列区域中的数据作为数据源。同时，对迷你图进行布局也非常简单、快捷，全部操作通过【迷你图工具】选项卡即可完成。

下面在下图所示的表格中创建迷你柱形图和折线图，对比同一月份中不同产品的销售数据和同一产品不同月份的销售趋势。

××公司2021年产品销售报表7

金额单位：万元

月份	产品A	产品B	产品C	产品D	产品E	产品F	合计	柱形图
1月	8.61	7.06	9.19	10.64	9.83	8.16	53.49	
2月	5.64	7.95	6.64	5.29	8.16	7.18	40.86	
3月	7.06	7.13	11.60	6.43	9.99	6.20	48.41	
4月	7.84	8.15	8.47	3.61	8.17	3.48	39.72	
5月	9.41	8.62	8.62	4.23	8.32	4.08	43.28	
6月	10.98	10.19	8.15	8.23	7.86	9.80	55.21	
7月	12.07	9.41	2.35	7.06	2.27	6.81	39.97	
8月	6.27	3.92	7.06	9.05	6.81	8.52	41.63	
9月	6.90	5.06	10.19	7.06	9.83	6.81	45.85	
10月	8.78	5.17	3.92	7.21	3.78	6.96	35.82	
11月	9.41	4.70	10.23	5.64	10.80	5.56	46.34	
12月	7.23	7.37	8.60	9.23	10.19	9.80	52.42	
合计	100.20	84.73	95.02	83.68	96.01	83.36	543.00	
折线图								

第1步 **创建迷你柱形图**。打开“素材文件 \ 第 4 章 \ × × 公司 2021 年产品销售报表 7.xlsx”文件。❶ 选中 B4:G16 单元格区域，单击【插入】选项卡中的【柱形】按钮；❷ 弹出【创建迷你图】对话框，可看到【数据范围】文本框中自动显示为第 ❶ 步选中的单元格区域，因此只需单击【位置范围】文本框后选中 I4:I16 单元格区

域；❸ 单击【确定】按钮关闭对话框即可。

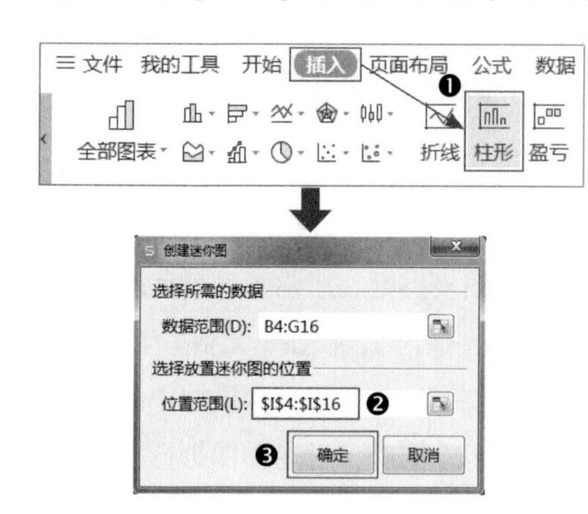

第2步 查看迷你图效果。操作完成后，即可看到工作表的 I4:I16 单元格区域中每一个单元格均已生成柱形图，效果如下图所示。

××公司2021年产品销售报表7

金额单位：万元

月份	产品A	产品B	产品C	产品D	产品E	产品F	合计	柱形图
1月	8.61	7.06	9.19	10.64	9.83	8.16	53.49	
2月	5.64	7.95	6.64	5.29	8.16	7.18	40.86	
3月	7.06	7.13	11.60	6.43	9.99	6.20	48.41	
4月	7.84	8.15	8.47	3.61	8.17	3.48	39.72	
5月	9.41	8.62	8.62	4.23	8.32	4.08	43.28	
6月	10.98	10.19	8.15	8.23	7.86	9.80	55.21	
7月	12.07	9.41	2.35	7.06	2.27	6.81	39.97	
8月	6.27	3.92	7.06	9.05	6.81	8.52	41.63	
9月	6.90	5.06	10.19	7.06	9.83	6.81	45.85	
10月	8.78	5.17	3.92	7.21	3.78	6.96	35.82	
11月	9.41	4.70	10.23	5.64	10.80	5.56	46.34	
12月	7.23	7.37	8.60	9.23	10.19	9.80	52.42	
合计	100.20	84.73	95.02	83.68	96.01	83.36	543.00	
折线图								

第3步 布局迷你图。❶ 选中 I4:I16 单元格区域激活【迷你图工具】选项卡，选中【高点】【负点】【尾点】【低点】【首点】复选框，图表中将对这些数据点标记为不同颜色；❷ 在【样式】列表框中选择一种样式，如下图所示。

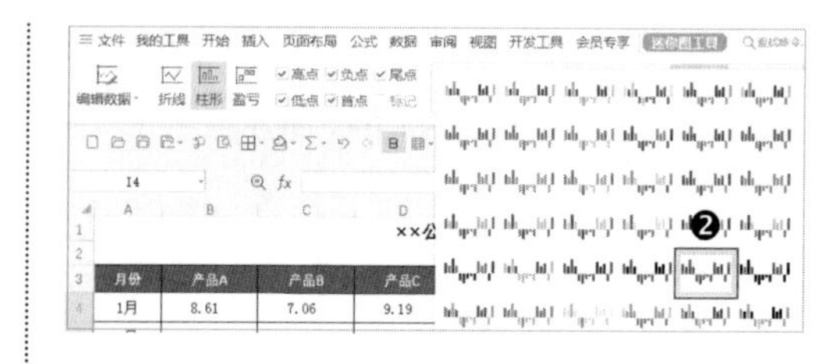

第4步 查看迷你图效果。操作完成后，迷你柱形图效果如下图所示。

××公司2021年产品销售报表7

金额单位：万元

月份	产品A	产品B	产品C	产品D	产品E	产品F	合计	柱形图
1月	8.61	7.06	9.19	10.64	9.83	8.16	53.49	
2月	5.64	7.95	6.64	5.29	8.16	7.18	40.86	
3月	7.06	7.13	11.60	6.43	9.99	6.20	48.41	
4月	7.84	8.15	8.47	3.61	8.17	3.48	39.72	
5月	9.41	8.62	8.62	4.23	8.32	4.08	43.28	
6月	10.98	10.19	8.15	8.23	7.86	9.80	55.21	
7月	12.07	9.41	2.35	7.06	2.27	6.81	39.97	
8月	6.27	3.92	7.06	9.05	6.81	8.52	41.63	
9月	6.90	5.06	10.19	7.06	9.83	6.81	45.85	
10月	8.78	5.17	3.92	7.21	3.78	6.96	35.82	
11月	9.41	4.70	10.23	5.64	10.80	5.56	46.34	
12月	7.23	7.37	8.60	9.23	10.19	9.80	52.42	
合计	100.20	84.73	95.02	83.68	96.01	83.36	543.00	
折线图								

第5步 创建并布局迷你折线图。选中 B4:H15 单元格区域，参照上述第 1 步和第 3 步操作在 B17:H17 单元格区域中创建迷你折线图并设置图表样式即可，完成后的效果如下图所示。

××公司2021年产品销售报表7

金额单位：万元

月份	产品A	产品B	产品C	产品D	产品E	产品F	合计	柱形图
1月	8.61	7.06	9.19	10.64	9.83	8.16	53.49	
2月	5.64	7.95	6.64	5.29	8.16	7.18	40.86	
3月	7.06	7.13	11.60	6.43	9.99	6.20	48.41	
4月	7.84	8.15	8.47	3.61	8.17	3.48	39.72	
5月	9.41	8.62	8.62	4.23	8.32	4.08	43.28	
6月	10.98	10.19	8.15	8.23	7.86	9.80	55.21	
7月	12.07	9.41	2.35	7.06	2.27	6.81	39.97	
8月	6.27	3.92	7.06	9.05	6.81	8.52	41.63	
9月	6.90	5.06	10.19	7.06	9.83	6.81	45.85	
10月	8.78	5.17	3.92	7.21	3.78	6.96	35.82	
11月	9.41	4.70	10.23	5.64	10.80	5.56	46.34	
12月	7.23	7.37	8.60	9.23	10.19	9.80	52.42	
合计	100.20	84.73	95.02	83.68	96.01	83.36	543.00	
折线图								

示例结果见“结果文件\第 4 章\××公司 2021 年产品销售报表 7.xlsx”文件。

WPS

第 5 章

数据透视表

多角度动态分析财务数据

本章导读

在大数据时代，无论何种行业，都需要随时不断地对行业数据进行不同角度、多种维度的统计和分析，这样才能从中挖掘出隐藏在数据中的内涵和本质，才能据此揭示企业的经营发展规律，并为制定后期的经营发展决策提供充分、可靠的数据依据。那么，财务人员如何能够对烦琐的海量数据快速做出准确的统计和分析？除了要掌握第 3 章介绍的必知必会的函数应用方法外，还必须学会熟练运用 WPS 表格中的另一个强大的数据分析工具——数据透视表。

本章将介绍数据透视表的相关基础知识，以及创建和布局数据透视表、使用数据透视表动态分析数据的具体操作方法和实用技巧。

知识要点

- 数据透视表基础知识
- 根据不同来源创建数据透视表
- 数据透视表的布局方法
- 使用切片器筛选数据
- 在数据透视表中动态分析数据
- 使用数据透视图直观展示数据

5.1 数据透视表基础知识

在运用数据透视表动态分析数据之前，首先应对数据透视表的概念、作用、特点，以及对数据源的要求等基本内容进行了解和学习，才能将数据透视表灵活自如地运用到实际工作之中，也才能真正提高工作效率。因此，本节将简要介绍数据透视表的相关知识。

5.1.1 什么是数据透视表

顾名思义，数据透视表就是透过静态数据的表象动态地展示数据的本质和内在规律的一种交互式报表。

数据透视表汇集了各种排序、筛选、分类汇总、部分函数计算功能，可以从多种角度和维度对数据进行透视，并建立交互式表格分析数据。而且，还能根据数据源的变化自动同步更新数据。

数据透视表不仅综合了其他数据处理分析工具（排序、筛选）的基本功能。除此之外，还独具以下特点和优势。

(1) 表格布局灵活可变

数据透视表突破了普通表格布局的局限性，可以灵活改变表格布局。例如，可将表格的行、列随意互换，添加多个筛选字段，自行添加计算字段，一键生成各类报表。

(2) 数据内容层级分明

数据透视表可根据字段内容对数值自动多层级分类汇总，同时提供了多种汇总方式，一键即可完成层级数据汇总。

(3) 重要数据呈现清晰

通过展开或折叠分类层级的操作，即可将关注的重要数据更清晰明确地呈现出来，方便查阅和分析。

(4) 具体操作简单快捷

数据透视表虽然功能强悍，但是在具体操作上却极其简单，只需通过选中、拖曳、折叠、展开等简单动作即可迅速完成各项数据分析任务。

5.1.2 数据透视表对数据源的要求

由于数据透视表是基于数据源表创建而成，因此对数据源有着较为严格的规范要求。在创建数据透视表之前，首先要保证数据源的规范性。主要可从以下几个方面对数据源进行规范。

① 数据源表的首行必须是字段名称，且字段名称不得为空。

② 数据源记录中不得存在合并单元格、空白单元格、空行或空列。

③ 数据源表中每个字段下的数值类型必须一致。特别注意检查是否存在文本型数字，若有，应将其转换为数值型数字。

④ 数据源表中不得包含重复记录。

⑤ 数据源记录中不得夹杂计算公式。例如,数据源表中插入行或列设置小计“求和”公式。

5.1.3 数据透视表的四大字段区域

通过数据透视表分析数据的操作非常简单，只需将各个字段在四大区域中来回拖曳，即可实现多角度分析数据。那么，在实际应用之前，首先应认识和了解数据透视表各个区域的特点和作用，分析数据时才能明确每个字段应放置的区域，以保证数据分析结果准确无误。

组成数据透视表的四大字段区域包括：筛选区域、行区域、列区域、值区域。每一区域都各具特点，对于数据分析也发挥着不同的作用。

(1) 筛选区域

数据透视表中筛选区域指用于筛选其他字段数据的区域。任何字段拖曳至筛选区域后，将在其他区域上方生成以该字段数据为条件的筛选字段，可在下拉列表中进行数据筛选。

(2) 行区域

数据透视表中的行区域相当于普通表格中的行标题。如果将多个字段拖曳至行区域中，即构成多层级行标题。同时，字段的排列顺序决定层级顺序。

(3) 列区域

数据透视表中的列区域相当于普通表格中的列标题。创建数据透视表并在字段列表中选中字段后，系统会智能识别字段类型，并自动分配区域。若要改变数据分析的维度，可将其他区域中的字段拖曳至列区域中。

(4) 值区域

数据透视表中的值区域指用于计算数值的区域。系统自动将数字型字段分配至其中。默认汇总方式为“求和”，若需更改，在快捷菜单中操作即可。

5.2 创建与布局数据透视表

根据数据透视表对数据源的要求对数据源表进行规范整理后，即可在其基础上迅速创建一份数据透视表。不过，初始数据透视表仅仅是一个简单的框架，因此还需要对其进行初步的布局，才能呈现数据透视效果。本节将分别对数据透视表的创建、布局进行介绍和示范。

5.2.1 创建数据透视表

在 WPS 表格中，可选择不同的数据来源创建数据透视表。数据来源主要包括当前工作表中的单元格区域、外部数据源、多重合并计算区域。下面分别介绍从不同数据来源创建数据透视表的操作方法。

1. 以当前工作表单元格区域为数据来源创建数据透视表

以当前工作表单元格区域为数据来源创建数据透视表非常简单，三步操作即可完成。

第1步 **创建空白数据透视表**。打开“素材文件\第5章\××公司2021年1—3月客户销售明细表3.xlsx”文件。❶ 选中数据源区域中的任意单元格，单击【插入】选项卡中的【数据透视表】按钮。❷ 弹出【创建数据透视表】对话框，可看到已默认选中【请选择单元格区域】单选按钮，并智能识别需要创建数据透视表的数据源区域。同时，默认选中【新工作表】单选按钮，作为放置数据透视表的位置。如果无须更改设置，只需单击【确定】按钮即可，如下图所示。

××公司2021年1—3月客户销售明细表3

日期	客户A	客户B	客户C	客户D	客户E	客户F	合计
2021/1/1	12,493.11	16,130.93	14,509.69	14,906.56	15,151.25	13,408.01	86,599.55
2021/1/2	-	15,261.72	11,372.27	12,760.77	15,336.62	16,324.19	71,055.57
2021/1/3	12,606.30	15,592.80	12,008.87	12,345.16	14,661.40	12,027.58	79,242.11
2021/1/4	15,065.02	11,077.36	15,309.70	15,107.49	11,939.97	13,278.69	81,778.23
2021/1/5	12,184.46	15,785.72	11,276.95	13,465.99	11,024.70	12,465.42	76,203.24
2021/1/6	12,369.04	13,067.33	14,890.69	12,819.80	12,980.67	13,410.52	79,538.05

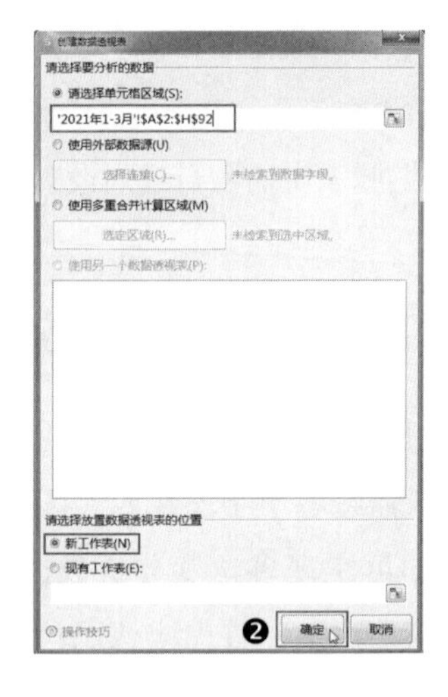

第2步 **查看创建的空白数据透视表效果**。操作完成后，可看到系统自动生成新工作表，并在其中创建了一份空白的数据透视表。同时自动激活字段列表，将数据源表中的每个字段都列入其中了，如下图所示。

第3步 **选中字段，生成初始数据透视表**。在字段列表中选中需要分析的字段名称前面的复选框，系统根据字段名称进行智能分类之后，自动将其分配至数据透视表的行、列、值区域中。与此同时，工作表中已同步生成初始数据透视表，效果如下图所示。

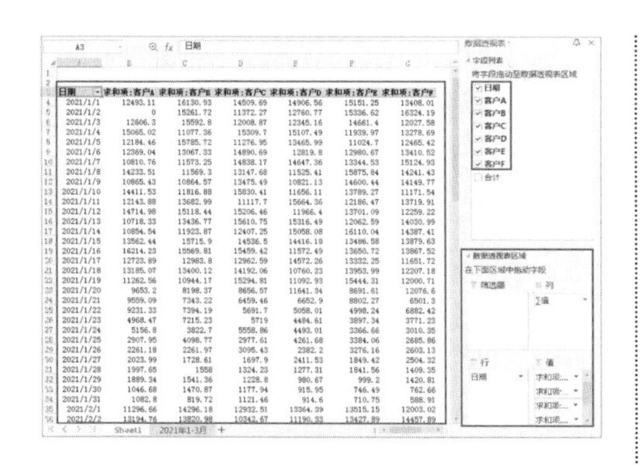

2. 使用外部数据源创建数据透视表

创建数据透视表时，如果需要调用其他工作簿中的数据源，可在创建数据透视表时选中【使用外部数据源】单选按钮进行操作。这里需要注意一个细节：由于系统会自动将表格首行作为字段，若数据源表首行为表格标题，系统无法准确识别字段。因此需注意将数据源表中的表格标题取消，使字段名称位于第 1 行，如下图所示。

	A	B	C	D	E	F
1	产品编号	产品名称	单位	结存数量	成本价	结存金额
2	A0004	产品004	组	138	187.61	28,141.50
3	A0011	产品011	扎	288	115.66	44,876.08
4	A0010	产品010	箱	132	133.72	18,052.20
5	A0006	产品006	条	118	122.81	14,737.20
6	A0007	产品007	条	325	126.97	41,265.25
7	A0003	产品003	套	126	175.76	31,636.80

下面继续在“×× 公司 2021 年 1—3 月客户销售明细表 3.xlsx”文件中的数据透视表中，使用外部数据源创建其他数据透视表。

第1步 **选择数据源**。❶ 选中“Sheet1”工作表中的 I3 单元格，单击【插入】选项卡中的【数据透视表】按钮，打开【创建数据透视表】对话框，选中【使用外部数据源】单选按钮，单击【选择连接】按钮；❷ 弹出【第一步：选择数据源】对话框，已默认选中【直接打开数据文件】单选按钮，单击【选择数据源】按钮；❸ 打开对话框后在“素材文件 \ 第 5 章”文件夹中选择“×× 公司 2021 年 1—3 月客户销售明细表 3.xlsx”文件，返回对话框，单击【下一步】按钮。

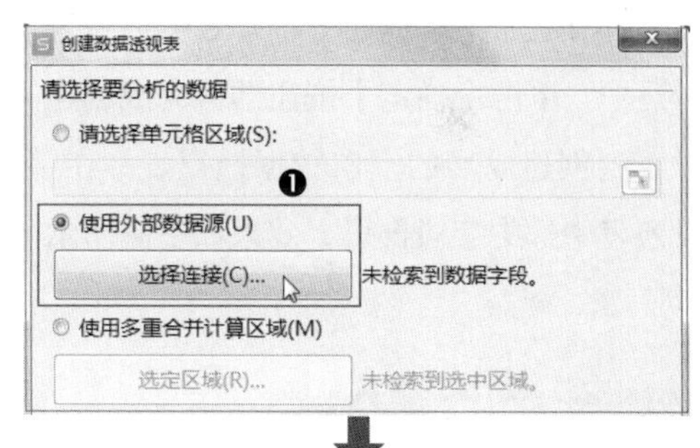

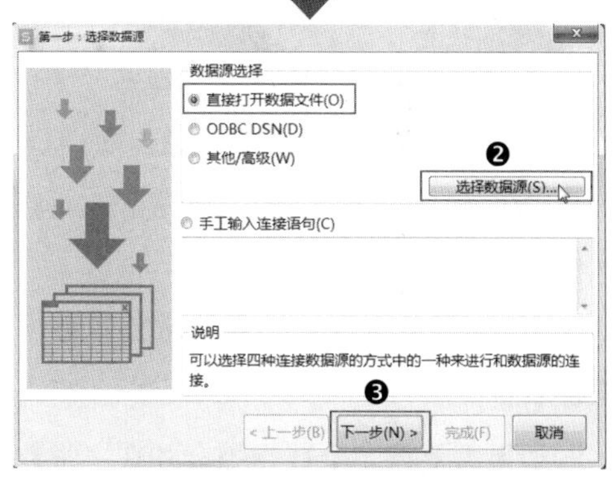

第2步 **选择表和字段**。❶ 弹出【第二步：选择表和字段】对话框，可看到【可用的字段】列表框中的字段名称，单击 >> 按钮后将全部字段添加至【选定的字段】列表框中；❷ 单击【完成】按钮关闭对话框，如下图所示。

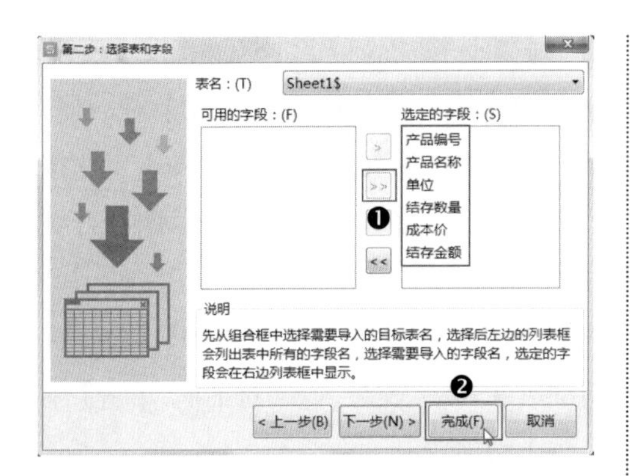

操作完成后，返回【创建数据透视表】对话框，单击【确定】按钮即可完成创建。可看到创建成功的空白数据透视表，在字段列表中选中字段即可，效果如下图所示。

产品编号	产品名称	单位	求和项:成本价	求和项:结存金额
A0001			164.39	25973.62
	产品001		164.39	25973.62
		件	164.39	25973.62
A0002			122.74	27002.8
	产品002		122.74	27002.8
		件	122.74	27002.8
A0003			175.76	31636.8
	产品003		175.76	31636.8
		套	175.76	31636.8

示例结果见“结果文件 \ 第 5 章 \ × × 公司 2021 年 1—3 月客户销售明细表 3.xlsx”文件。

3. 使用多重合并计算区域创建数据透视表

如果需要将多个数据源合并在一张数据透视表进行分析，可使用多重合并计算区域创建数据透视表。

打开“素材文件 \ 第 5 章 \ × × 公司 2021 年 1—6 月应付工资计算表.xlsx”文件，其中共包含 6 张工作表，分别计算 2021 年 1—6 月每月应付工资，如下图所示。

××公司应付工资计算表

所属期间： 2021年1月

工号	姓名	所属部门	基本工资	工龄工资	岗位津贴	绩效奖金	交通补贴	其他补贴	应付工资
HTJY001	黄**	销售部	8000	550	2000	1500.79	200	100	12350.79
HTJY002	金**	行政部	5000	550	150	950.74	200	100	6950.74
HTJY003	胡**	财务部	5500	500	1500	1000.41	200	100	8800.41
HTJY004	龙**	行政部	3800	500	800	950.54	200	0	6250.54
HTJY005	冯**	技术部	4200	500	600	1200.71	200	0	6700.71
HTJY006	王**	技术部	4500	500	600	1200.08	200	0	7000.08
HTJY007	张**	销售部	4200	500	600	1250.11	200	100	6850.11
HTJY008	赵**	财务部	4500	500	600	1000.06	200	100	6900.06
HTJY009	刘**	技术部	3500	500	400	1200.32	200	100	5900.32
HTJY010	杨**	行政部	3200	500	400	950.88	200	100	5350.88
HTJY011	吕**	技术部	4000	500	800	1200.62	200	0	6700.62
HTJY012	柯**	财务部	5000	500	150	1000.63	200	0	6850.63
HTJY013	吴**	销售部	5500	500	800	1250.48	200	100	8350.48
HTJY014	马**	技术部	6000	450	800	1560.89	200	100	9110.89
HTJY015	陈**	行政部	5500	450	800	3120.54	200	0	10070.54
HTJY016	周**	销售部	4360	450	350	1250.85	200	0	6610.85
HTJY017	郑**	技术部	5500	450	1500	1000.76	200	0	8650.76
HTJY018	钱**	财务部	4500	450	800	1000.37	200	0	6950.37
合计			86760	8850	13650	22589.78	3600	900	136,349.78

2021年1月　2021年2月　2021年3月　2021年4月　2021年5月　2021年6月

第1步 **整理数据源**。由于使用多重合并计算区域创建数据透视表对数据源的要求更为严格，因此在创建之前应注意将数据源表整理规范为符合要求的格式。主要从以下两方面进行整理。

- 系统仅会将选定数据源区域中的第 1 列字段默认为行字段，其他行字段将被忽略，如上图表格中，若选择 A4:J21 单元格区域，那么创建后的数据透视表仅以“工号”作为行字段，而“姓名”和“所属部门”将被忽略。对此，只需添加辅助列，将三个字段内容合并在一个字段中即可，如下图所示。
- 系统将对数据源表中的字段名称按首字字母自动重新排序，因此会打乱数据源表中的原字段顺序和逻辑关系。对此，只需在每个字段前面添加序号即可解决。

整理完成后，数据源表格式如下图所示。

××公司应付工资计算表

所属期间： 2021年1月

工号	姓名	所属部门	行字段	01基本工资	02工龄工资	03岗位津贴	04绩效奖金	05交通补贴	06其他补贴	07应付工资
HTJY001	黄**	销售部	HTJY001 黄** 销售部	8000	550	2000	1500.79	200	100	12350.79
HTJY002	金**	行政部	HTJY002 金** 行政部	5000	550	150	950.74	200	100	6950.74
HTJY003	胡**	财务部	HTJY003 胡** 财务部	5500	500	1500	1000.41	200	100	8800.41
HTJY004	龙**	行政部	HTJY004 龙** 行政部	3800	500	800	950.54	200	0	6250.54
HTJY005	冯**	技术部	HTJY005 冯** 技术部	4200	500	600	1200.71	200	0	6700.71
HTJY006	王**	技术部	HTJY006 王** 技术部	4500	500	600	1200.08	200	0	7000.08
HTJY007	张**	销售部	HTJY007 张** 销售部	4200	500	600	1250.11	200	100	6850.11
HTJY008	赵**	财务部	HTJY008 赵** 财务部	4500	500	600	1000.06	200	100	6900.06
HTJY009	刘**	技术部	HTJY009 刘** 技术部	3500	500	400	1200.32	200	100	5900.32
HTJY010	杨**	行政部	HTJY010 杨** 行政部	3200	500	400	950.88	200	100	5350.88
HTJY011	吕**	技术部	HTJY011 吕** 技术部	4000	500	800	1200.62	200	0	6700.62
HTJY012	柯**	财务部	HTJY012 柯** 财务部	5000	500	150	1000.63	200	0	6850.63
HTJY013	吴**	销售部	HTJY013 吴** 销售部	5500	500	800	1250.48	200	100	8350.48
HTJY014	马**	技术部	HTJY014 马** 技术部	6000	450	800	1560.89	200	100	9110.89
HTJY015	陈**	行政部	HTJY015 陈** 行政部	5500	450	800	3120.54	200	0	10070.54
HTJY016	周**	销售部	HTJY016 周** 销售部	4360	450	350	1250.85	200	0	6610.85
HTJY017	郑**	技术部	HTJY017 郑** 技术部	5500	450	1500	1000.76	200	0	8650.76
HTJY018	钱**	财务部	HTJY018 钱** 财务部	4500	450	800	1000.37	200	0	6950.37
合计			-	86760	8850	13650	22589.78	3600	900	136,349.78

第2步 **选择数据源**。❶ 打开【创建数据透视表】对话框，选中【使用多重合并计算区域】单选按钮，单击【选定区域】按钮；❷ 弹出【数据透视表向导 - 第 1 步，共 2 步】对话框，系统默认选中【创建单页字段】单选按钮，这里直接单击【下一步】按钮；❸ 在【数据透视表向导 - 第 2 步，共 2 步】对话框中依次单击【添加】按钮，即可将多个计算区域添加至【所有区域】列表框中；❹ 添加完成后，单击【完成】按钮即可，如下图所示。

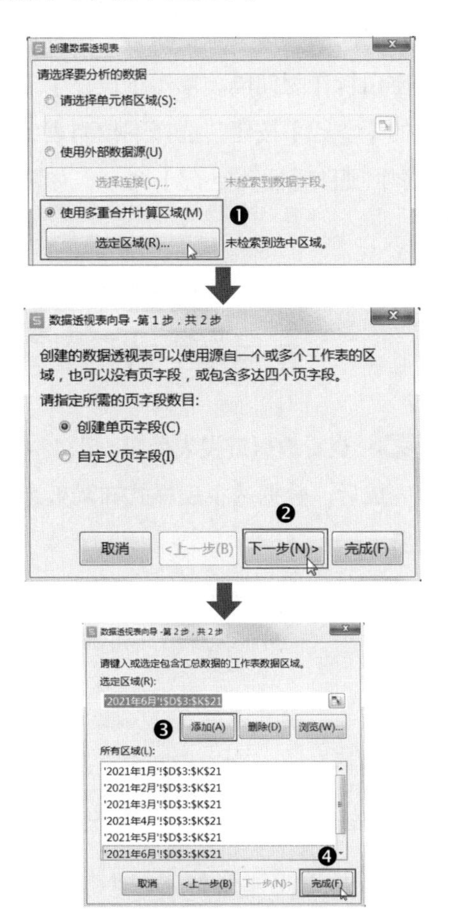

操作完成后，返回【创建数据透视表】对话框，选中【新工作表】单选按钮后单击【确定】按钮即完成创建。创建成功的数据透视表如下图所示。

示例结果见"结果文件 \ 第 5 章 \ × × 公司 2021 年 1—6 月应付工资计算表 .xlsx"文件。

5.2.2 优化数据透视表的样式和布局

数据透视表创建完成后，可以看到初始布局、样式、数字格式等都比较粗糙，不够规范和美观。因此，需要对其布局、样式等进行一系列优化。具体操作方法非常简单，只需通过数据透视表中的【设计】工具进行几个简单的设置，即可使数据透视表焕然一新。

打开"素材文件 \ 第 5 章 \ × × 公司 2021 年 1—4 月客户销售利润明细数据透视表 .xlsx"文件，其中数据透视表的初始样式和布局如下图所示。

日期	客户名称	求和项：销售金额	求和项：边际利润	求和项：销售成本	求和项：利润率
2021-1-1		86599.55	19951.43	66648.12	1.384068503
	客户A	12493.11	2990.73	9502.38	0.239390352
	客户B	16130.93	3494.15	12636.78	0.216611813
	客户C	14509.69	3444.97	11064.72	0.237425472
	客户D	14906.56	3388.4	11518.16	0.227309319
	客户E	15151.25	3657.58	11493.67	0.241404505
	客户F	13408.01	2975.6	10432.41	0.221927042
2021-1-2		85745.96	22262.25	63483.71	1.554683455
	客户A	14690.39	4106.03	10584.36	0.279504492
	客户B	15261.72	4036.45	11225.27	0.264481985
	客户C	11372.27	3055.9	8316.37	0.268715041
	客户D	12760.77	2880.33	9880.44	0.22571757
	客户E	15336.62	3790.13	11546.49	0.24712942
	客户F	16324.19	4393.41	11930.78	0.269134946
2021-1-3		79242.11	19201.73	60040.38	1.456988911

下面对其样式和布局进行优化。

第1步 **一键设置数据透视表样式**。❶ 选择数据透视表区域中的任一单元格，激活数据透视表工具，单击【设计】选项卡中【样式】的下拉按钮，在展开的样式列表中选择一种合适的样式；❷ 可选中【镶边行】和【镶边列】复选框，如下图所示。

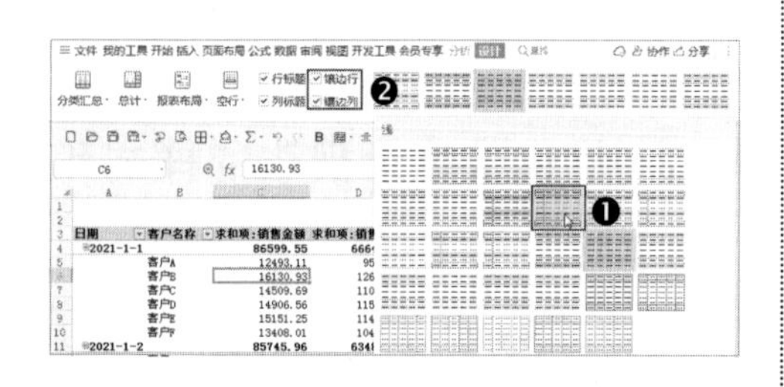

第2步 **将组分类汇总调整至底部显示**。默认布局中，每组的分类汇总数据是在每组顶部显示，可调整至底部显示，更符合大多数用户的使用习惯。单击【设计】选项卡中的【分类汇总】下拉按钮，选择下拉列表中的【在组的底部显示所有分类汇总】命令即可，如下图所示。

第3步 **重复显示所有项目标签**。为了在查看数据时，更明确每行数据所对应的项目名称，可设置重复显示项目标签。单击【设计】选项卡中的【报表布局】下拉按钮，选择下拉列表中的【重复所有项目标签】命令，如下图所示。

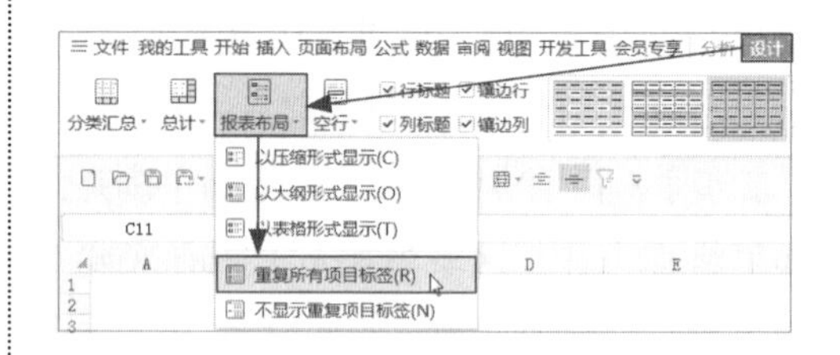

第4步 **在每个项目后插入空行**。为了突出项目之间的层次关系，在每个项目后面插入空白行作为间隔。单击【设计】选项卡中的【空行】按钮，选择下拉列表中的【在每个项目后插入空行】命令，如下图所示。

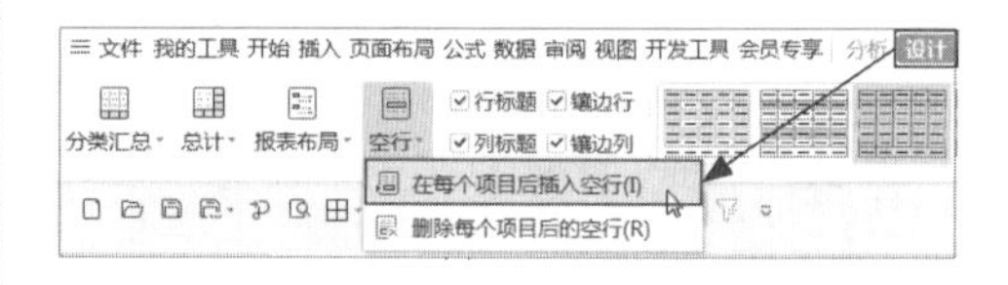

第5步 **查看数据透视表效果**。以上 4 步操作完成后，数据透视表样式布局效果如下图所示。

日期	客户名称	求和项：销售金额	求和项：销售成本	求和项：边际利润	求和项：利润率
2021-1-1					
2021-1-1	客户A	12493.11	9502.38	2990.73	0.239390352
2021-1-1	客户B	16130.93	12636.78	3494.15	0.216611813
2021-1-1	客户C	14509.69	11064.72	3444.97	0.237425472
2021-1-1	客户D	14906.56	11518.16	3388.4	0.227309319
2021-1-1	客户E	15151.25	11493.67	3657.58	0.241404505
2021-1-1	客户F	13408.01	10432.41	2975.6	0.221927042
2021-1-1 汇总		86599.55	66648.12	19951.43	1.384068503
2021-1-2					
2021-1-2	客户A	14690.39	10584.36	4106.03	0.279504492
2021-1-2	客户B	15261.72	11225.27	4036.45	0.264481985
2021-1-2	客户C	11372.27	8316.37	3055.9	0.268715041
2021-1-2	客户D	12760.77	9880.44	2880.33	0.22571757
2021-1-2	客户E	15336.62	11546.49	3790.13	0.24712942
2021-1-2	客户F	16324.19	11930.78	4393.41	0.269134946
2021-1-2 汇总		85745.96	63483.71	22262.25	1.554683455

第6步 **设置单元格格式**。❶ 将 C、D、

E 列（“销售金额”“销售成本”“边际利润”字段）的单元格格式设置为“会计专用”；❷将 F 列（“利润率”字段）的单元格格式设置为“百分比”，效果如下图所示。

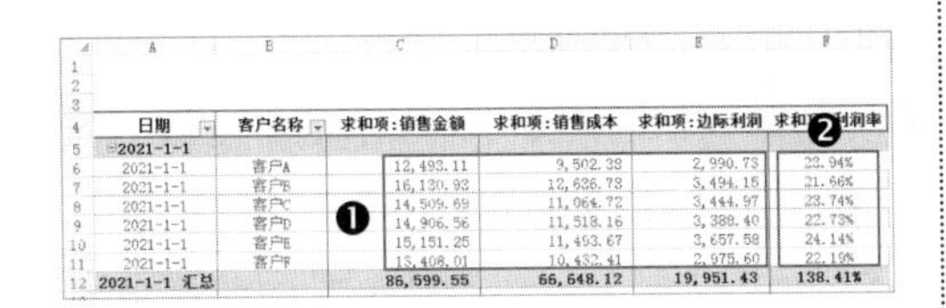

日期	客户名称	求和项:销售金额	求和项:销售成本	求和项:边际利润	求和项:利润率
2021-1-1					
2021-1-1	客户A	12,493.11	9,502.38	2,990.73	23.94%
2021-1-1	客户B	16,130.93	12,636.78	3,494.15	21.66%
2021-1-1	客户C	14,509.69	11,064.72	3,444.97	23.74%
2021-1-1	客户D	14,906.56	11,518.16	3,388.40	22.73%
2021-1-1	客户E	15,151.25	11,493.67	3,657.58	24.14%
2021-1-1	客户F	13,408.01	10,432.41	2,975.60	22.19%
2021-1-1 汇总		86,599.55	66,648.12	19,951.43	138.41%

第7步 **更改“利润率”的值汇总依据。**数据透视表初始布局中所有值汇总依据均为“求和”，这里应将“利润率”字段的汇总方式更改为“平均值”。右击“利润率”字段下的任一单元格，在弹出的快捷菜单中选择【值汇总依据】→【平均值】命令即可，如下图所示。

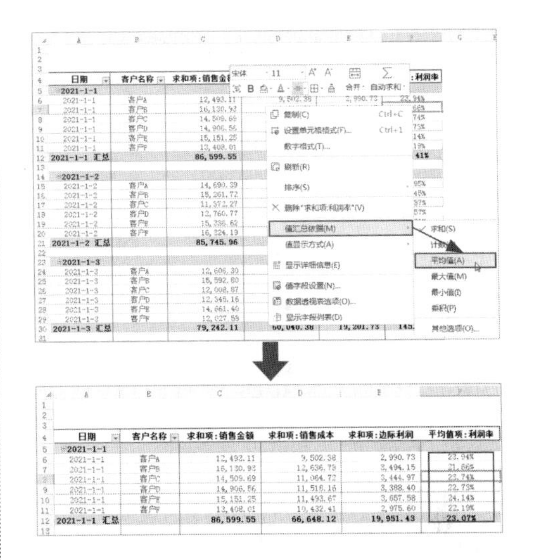

日期	客户名称	求和项:销售金额	求和项:销售成本	求和项:边际利润	平均值项:利润率
2021-1-1					
2021-1-1	客户A	12,493.11	9,502.38	2,990.73	23.94%
2021-1-1	客户B	16,130.93	12,636.73	3,494.15	21.66%
2021-1-1	客户C	14,509.69	11,064.72	3,444.97	23.74%
2021-1-1	客户D	14,906.56	11,518.16	3,388.40	22.73%
2021-1-1	客户E	15,151.25	11,493.67	3,657.58	24.14%
2021-1-1	客户F	13,408.01	10,432.41	2,975.60	22.19%
2021-1-1 汇总		86,599.55	66,648.12	19,951.43	23.07%

示例结果见“结果文件 \ 第 5 章 \ ×× 公司 2021 年 1—4 月客户销售利润明细数据透视表 .xlsx”文件。

5.3 使用数据透视表动态分析数据

数据透视表是一种可与用户交流互动的动态交互式数据分析工具，用户只需将字段列表中的字段在四大字段区域之间来回拖曳，即能准确识别用户意图，不断变换数据表布局，实现动态分析数据。同时，还可使用数据透视表的专属筛选器——切片器筛选数据。另外，在数据透视表中还可自行添加公式字段或项目进行计算。本节将介绍使用数据透视表动态分析数据的具体操作方法。

5.3.1 拖曳字段动态分析数据

通过在数据透视表四大字段区域间拖曳字段，可不断变换数据透视表的角度或维度，便于用户动态分析数据。

打开“素材文件 \ 第 5 章 \ ×× 公司 2021 年 1 月应付工资数据透视表 .xlsx”文件，如下图所示，可看到本例已根据“2021 年 1 月”工作表中的数据源创建数据透视表并对初始布局进行优化。下面从不同角度动态分析数据。

	所属部门	姓名	求和项:基本工资	求和项:工龄工资	求和项:岗位津贴
4	财务部				
5	财务部	胡**	5,500.00	500.00	1,500.00
6	财务部	何**	5,000.00	500.00	150.00
7	财务部	钱**	4,500.00	450.00	800.00
8	财务部	赵**	4,500.00	500.00	600.00
9	财务部 汇总		19,500.00	1,950.00	3,050.00
11	行政部				
12	行政部	陈**	5,500.00	450.00	800.00
13	行政部	金**	5,000.00	550.00	150.00
14	行政部	龙**	3,800.00	500.00	800.00
15	行政部	杨**	3,200.00	500.00	400.00
16	行政部 汇总		17,500.00	2,000.00	2,150.00
18	技术部				
19	技术部	冯**	4,200.00	500.00	600.00
20	技术部	刘**	3,500.00	500.00	400.00
21	技术部	吕**	4,000.00	500.00	800.00
22	技术部	马**	6,000.00	450.00	800.00
23	技术部	王**	4,500.00	500.00	600.00
24	技术部	郑**	5,500.00	450.00	1,500.00
25	技术部 汇总		27,700.00	2,900.00	4,700.00
27	销售部				
28	销售部	黄**	8,000.00	550.00	2,000.00
29	销售部	吴**	5,500.00	500.00	800.00
30	销售部	张**	4,200.00	500.00	600.00
31	销售部	周**	4,360.00	450.00	350.00
32	销售部 汇总		22,060.00	2,000.00	3,750.00
34	总计		86,760.00	8,850.00	13,650.00

1. 查看部门工资汇总数据

如果无须查看员工工资，仅显示部门工资数据，可删除“姓名”字段，使部门汇总工资数据集中列示。

将原【行】区域中的“姓名”字段拖回字段列表中，或右击字段后选择快捷菜单中的【删除字段】命令（也可直接取消选中字段列表中“姓名”字段复选框）即可，如下图所示。

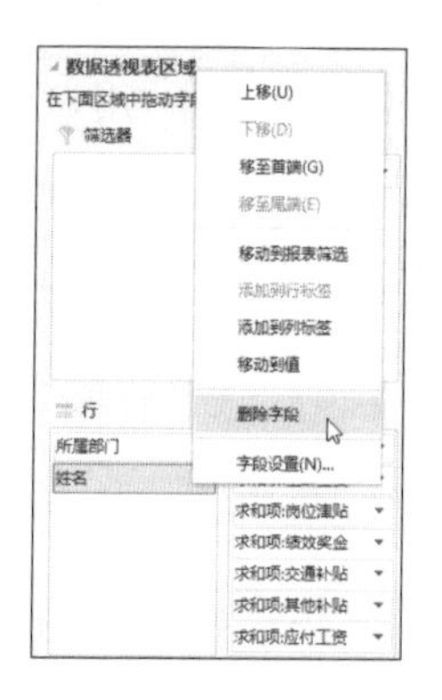

操作完成后，布局效果如下图所示。

	所属部门	求和项:基本工资	求和项:工龄工资	求和项:岗位津贴
4	财务部	19,500.00	1,950.00	3,050.00
5	行政部	17,500.00	2,000.00	2,150.00
6	技术部	27,700.00	2,900.00	4,700.00
7	销售部	22,060.00	2,000.00	3,750.00
8	总计	86,760.00	8,850.00	13,650.00

2. 按部门对比不同员工工资项目数据

将每一工资项目的数据按员工姓名做横向列示，并按部门名称进行筛选，可更方便对比分析同一工资项目中不同部门、不同员工的数据高低。

第1步 **拖曳字段**。将原【行】区域中的“所属部门”字段拖曳至【筛选器】区域中，将【字段列表】中的“姓名”字段拖曳至【列】区域中，将原【列】区域中的“值”字段拖曳至【行】区域中，如下图所示。

第2步 **查看数据透视表效果**。操作完成后，数据透视表的布局效果如下图所示。

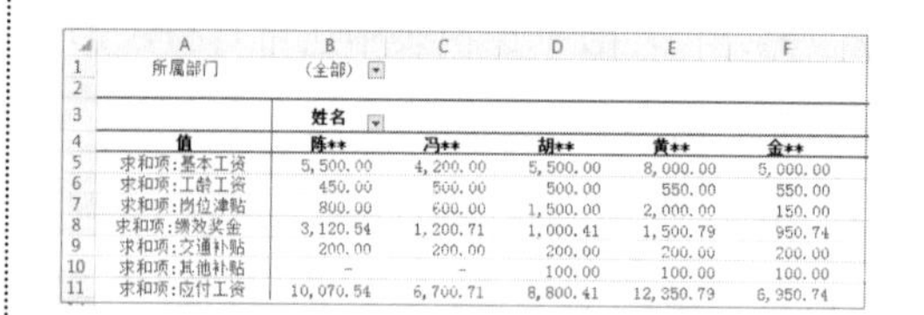

	A	B	C	D	E	F
1	所属部门	（全部）				
3		姓名				
4	值	陈**	冯**	胡**	黄**	金**
5	求和项:基本工资	5,500.00	4,200.00	5,500.00	8,000.00	5,000.00
6	求和项:工龄工资	450.00	500.00	500.00	550.00	550.00
7	求和项:岗位津贴	800.00	600.00	1,500.00	2,000.00	150.00
8	求和项:绩效奖金	3,120.54	1,200.71	1,000.41	1,500.79	950.74
9	求和项:交通补贴	200.00	200.00	200.00	200.00	200.00
10	求和项:其他补贴	-	-	100.00	100.00	100.00
11	求和项:应付工资	10,070.54	6,700.71	8,800.41	12,350.79	6,950.74

第3步 **更改值汇总依据，获取最大工资数据**。例如，查看绩效奖金最高金额及员工姓名。右击B5:T5单元格区域中任一单元格，在弹出的快捷菜单中选择【值汇总依据】→【最大值】命令，如下图所示。

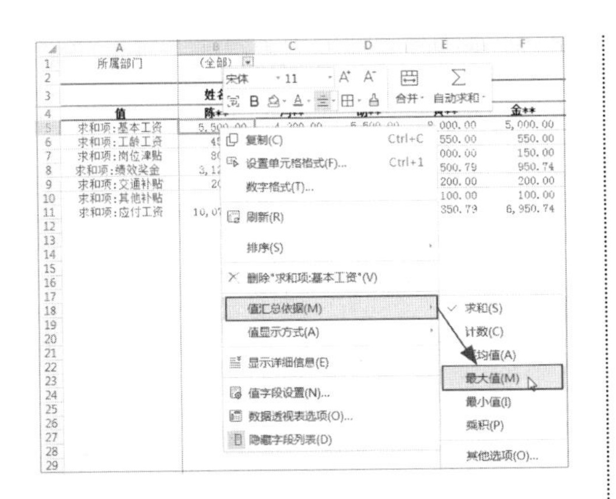

第4步 **查看数据透视表效果**。操作完成后，可看到 T5 单元格（总计）中显示的基本工资最大值“8,000.00”，如下图所示。

	A	P	Q	R	S	T
1	所属部门					
2						
3						
4	值	张**	赵**	郑**	周**	总计
5	最大值项:基本工资	4,200.00	4,500.00	5,500.00	4,360.00	8,000.00
6	求和项:工龄工资	500.00	500.00	450.00	450.00	8,850.00
7	求和项:岗位津贴	600.00	600.00	1,500.00	350.00	13,650.00
8	求和项:绩效奖金	1,250.11	1,000.06	1,000.76	1,250.85	22,589.78
9	求和项:交通补贴	200.00	200.00	200.00	200.00	3,600.00
10	求和项:其他补贴	100.00	100.00	-	-	900.00
11	求和项:应付工资	6,850.11	6,900.06	8,650.76	6,610.85	136,349.78

第5步 **更改值显示方式，计算项目数据占比**。例如，计算每位员工的“应付工资”占总额的百分比，只需更改值显示方式即可自动计算。右击 B11:T11 单元格区域（“应付工资”行）中的任一单元格，在弹出的快捷菜单中选择【值显示方式】→【总计的百分比】命令，如下图所示。

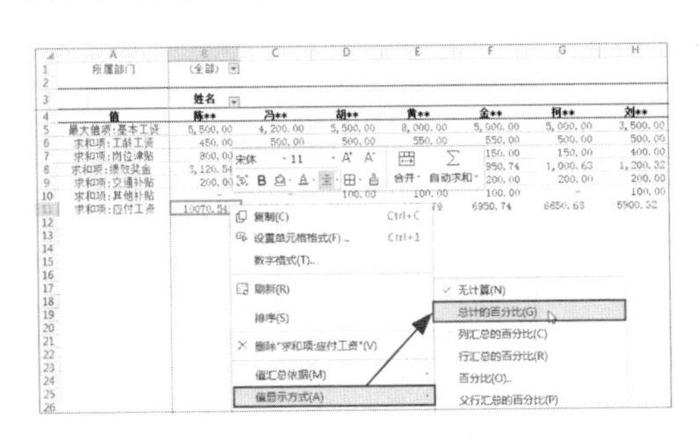

操作完成后，可看到 B11:T11 单元格区域中已计算得到每位员工的“应付工资”占总计的百分比，效果如下图所示。

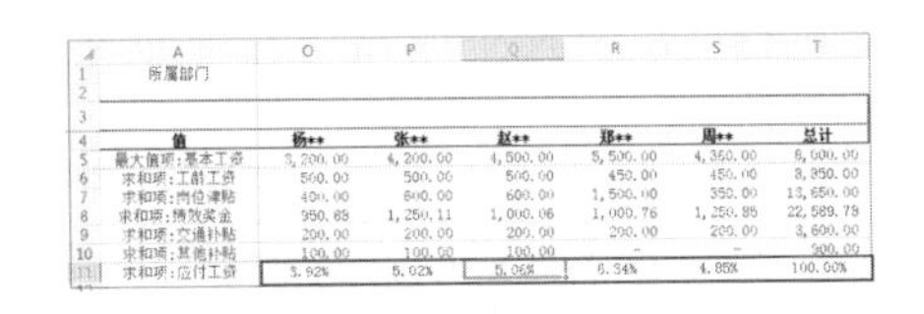

	A	O	P	Q	R	S	T
1	所属部门						
2							
3							
4	值	杨**	张**	赵**	郑**	周**	总计
5	最大值项:基本工资	3,200.00	4,200.00	4,500.00	5,500.00	4,360.00	8,000.00
6	求和项:工龄工资	500.00	500.00	500.00	450.00	450.00	8,850.00
7	求和项:岗位津贴	400.00	600.00	600.00	1,500.00	350.00	13,650.00
8	求和项:绩效奖金	950.68	1,250.11	1,000.06	1,000.76	1,250.85	22,589.78
9	求和项:交通补贴	200.00	200.00	200.00	200.00	200.00	3,600.00
10	求和项:其他补贴	100.00	100.00	100.00	-	-	900.00
11	求和项:应付工资	3.92%	5.02%	5.06%	6.34%	4.85%	100.00%

5.3.2 在数据透视表中筛选数据

为了方便查看和分析某个重点关注字段下的项目数据，可采用 3 种不同的方法在数据透视表中筛选数据。具体操作都非常简便、快捷，下面继续以“×× 公司 2021 年 1 月应付工资数据透视表 .xlsx”文件为例，示范筛选方法。

1. 在【筛选器】区域中筛选数据

将关键字段拖曳至【筛选器】区域中，即可在其他区域上方单独生成筛选字段，在下拉列表中进行筛选操作即可。

❶ 单击 B2 单元格中的筛选按钮，选中左下角的【选择多项】复选框；❷ 在列表框中选中所需选项前面的复选框；❸ 单击【确定】按钮即可，如下图所示。

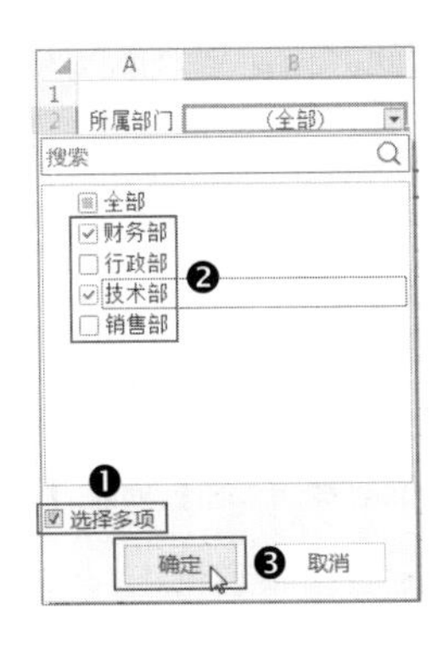

操作完成后，筛选结果如下图所示。

	A	B	C	D	E	F	G
1							
2	所属部门	(多项)					
3							
4		姓名					
5	值	冯**	胡**	柯**	刘**	吕**	马**
6	求和项:基本工资	4,200.00	5,500.00	5,000.00	3,500.00	4,000.00	6,000.00
7	求和项:工龄工资	500.00	500.00	500.00	500.00	500.00	450.00
8	求和项:岗位津贴	600.00	1,500.00	150.00	400.00	800.00	800.00
9	求和项:绩效奖金	1,200.71	1,000.41	1,000.63	1,200.32	1,200.62	1,560.89
10	求和项:交通补贴	200.00	200.00	200.00	200.00	200.00	200.00
11	求和项:其他补贴	-	100.00	-	100.00	-	100.00
12	求和项:应付工资	6700.71	8800.41	6850.63	5900.32	6700.62	9110.89

2. 在【行】区域中筛选数据

对于上图，如果在【筛选器】区域筛选多项关键字，那么在其他区域中难以准确分辨不同关键字下的数据。对此，更适宜在【行】区域中进行筛选。下面从“所属部门”角度查看分析行政部和销售部的员工工资数据，操作方法如下。

第1步 **拖曳字段**。将“所属部门”和“姓名”字段拖曳至【行】区域中，将【值】字段拖曳至【列】区域中，如下图所示。

数据透视表区域
在下面区域中拖动字段
筛选器 | 列：∑值
行：所属部门、姓名 | 值：求和项:...、求和项:...、求和项:...、求和项:...、求和项:...

第2步 **筛选数据**。❶ 单击 A4 单元格中的下拉按钮，在下拉列表中选中所需选项前面的复选框；❷ 单击【确定】按钮即可，如下图所示。

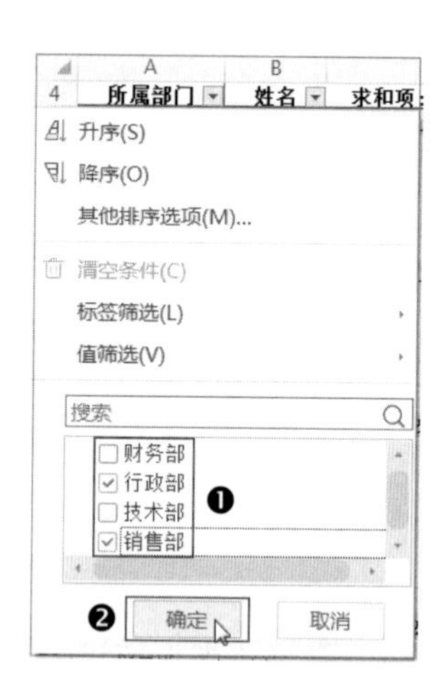

操作完成后，筛选结果如下图所示。

	A	B	C	D	E
1					
2					
3					
4	所属部门	姓名	求和项:基本工资	求和项:工龄工资	求和项:岗位津贴
5	行政部		17,500.00	2,000.00	2,150.00
6	行政部	陈**	5,500.00	450.00	800.00
7	行政部	金**	5,000.00	550.00	150.00
8	行政部	龙**	3,800.00	500.00	800.00
9	行政部	杨**	3,200.00	500.00	400.00
10					
11	销售部		22,060.00	2,000.00	3,750.00
12	销售部	黄**	8,000.00	550.00	2,000.00
13	销售部	吴**	5,500.00	500.00	800.00
14	销售部	张**	4,200.00	500.00	600.00
15	销售部	周**	4,360.00	450.00	350.00
16					
17	总计		39,560.00	4,000.00	5,900.00

3. 使用切片器筛选数据

切片器是 WPS 表格为超级表和数据透视表（图）配备的专属筛选器，其原理是将表格的所有字段全部生成相应的按钮，筛选数据的操作极其简便，只需直接选择或多选字段按钮，即可轻松、快捷地筛选出目标数据。同时，切片器还能够清晰地标识当前筛选状态，以便用户更准确地了解被筛选字段名称及其中具体内容。

第1步 **插入切片器**。❶ 选中数据透视表区域中的任一单元格，激活数据透视表工具，单击【分析】选项卡中的【插入切片器】按钮；❷ 弹出【插入切片器】对话框，选中【所属部门】复选框；❸ 单击【确定】按钮关闭对话框，如下图所示。

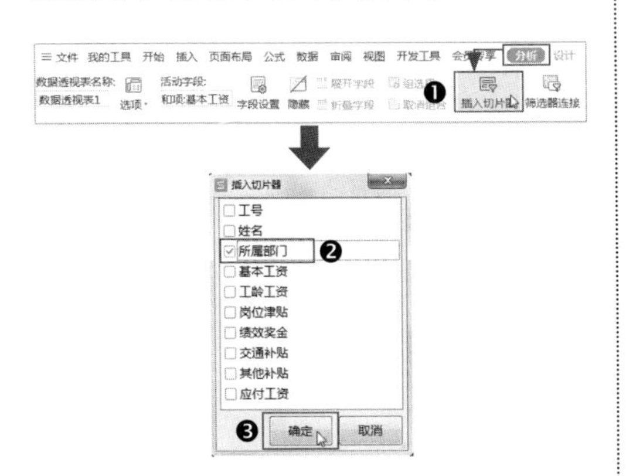

第2步 **查看数据透视表效果**。操作完成后，即可看到工作表中已插入一个名称为“所属部门”的切片器，如下图所示。

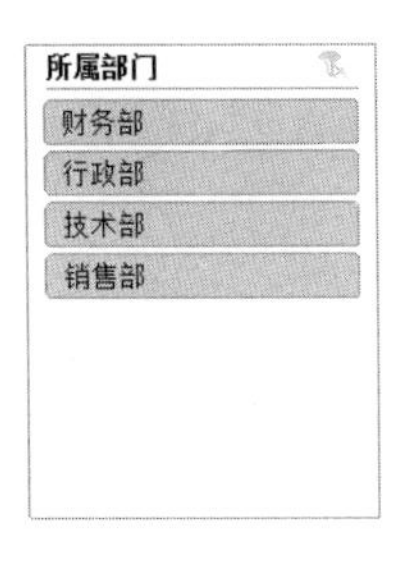

第3步 **调整切片器**。返回工作表后，即可看到插入的切片器。调整其中按钮列数后可缩小切片器，节约表格空间。❶ 选中切片器，激活切片器工具，在【选项】选项卡中的【列宽】文本框中输入“4”；❷ 返回工作表，调整切片器大小，并将其移至合适的位置即可，如下图所示。

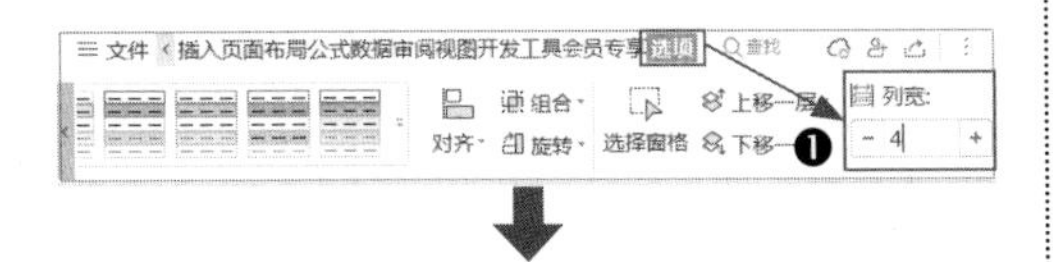

所属部门	姓名	求和项:基本工资	求和项:工龄工资	求和项:岗位津贴	求和项:绩效奖金
财务部		19,500.00	1,950.00	3,050.00	4,001.47
财务部	胡**	5,500.00	500.00	1,500.00	1,000.41
财务部	柯**	5,000.00	500.00	150.00	1,000.63
财务部	钱**	4,500.00	450.00	800.00	1,000.37
财务部	赵**	4,500.00	500.00	600.00	1,000.06
行政部		17,500.00	2,000.00	2,150.00	5,972.70

第4步 **筛选数据**。单击切片器中的某个按钮即可筛选单项数据。如需多选，首先单击一个按钮后按住【Ctrl】键再单击其他按钮即可。多项筛选结果如下图所示。

所属部门	姓名	求和项:基本工资	求和项:工龄工资	求和项:岗位津贴	求和项:绩效奖金
财务部		19,500.00	1,950.00	3,050.00	4,001.47
财务部	胡**	5,500.00	500.00	1,500.00	1,000.41
财务部	柯**	5,000.00	500.00	150.00	1,000.63
财务部	钱**	4,500.00	450.00	800.00	1,000.37
财务部	赵**	4,500.00	500.00	600.00	1,000.06
技术部		27,700.00	2,900.00	4,700.00	7,363.38
技术部	冯**	4,200.00	500.00	600.00	1,200.71
技术部	刘**	3,500.00	500.00	400.00	1,200.32
技术部	吕**	4,000.00	500.00	800.00	1,200.62
技术部	马**	6,000.00	450.00	800.00	1,560.89
技术部	王**	4,500.00	500.00	600.00	1,200.08
技术部	郑**	5,500.00	450.00	1,500.00	1,000.76
总计		47,200.00	4,850.00	7,750.00	11,364.85

示例结果见“结果文件\第 5 章\××公司 2021 年 1 月应付工资数据透视表 .xlsx”文件。

温馨提示

若要清除筛选结果，只需单击切片器右上角的【清除筛选】按钮即可。

5.3.3 在数据透视表中添加计算字段和计算项

为了从数据透视表中获取更充分的数据信息，可通过分析工具添加字段或项目，设置公式对指定的其他字段下的数据进行计算。

打开“素材文件\第 5 章\××公司 2021 年 2 月应付工资数据透视表 .xlsx”文件，本例已对初始布局进行优化，如下图所示。

	A	B	C	D	E	F	G	H
1								
2								
3	所属部门	姓名	求和项:基本工资	求和项:工龄工资	求和项:岗位津贴	求和项:交通补贴	求和项:其他补贴	求和项:应付工资
4	财务部							
5	财务部	胡**	5,500.00	500.00	1,500.00	200.00	100.00	8,851.51
6	财务部	柯**	5,000.00	500.00	150.00	200.00	-	6,887.10
7	财务部	钱**	4,500.00	450.00	800.00	200.00	-	6,992.45
8	财务部	赵**	4,500.00	500.00	600.00	200.00	100.00	6,952.46
9	财务部 汇总		19,500.00	1,950.00	3,050.00	800.00	200.00	29,683.52
10								
11	行政部							
12	行政部	陈**	5,500.00	450.00	800.00	200.00	-	10,227.46
13	行政部	金**	5,000.00	550.00	150.00	200.00	100.00	7,011.28
14	行政部	龙**	3,800.00	500.00	800.00	200.00	-	6,306.46
15	行政部	杨**	3,200.00	500.00	400.00	200.00	100.00	5,372.40
16	行政部 汇总		17,500.00	2,000.00	2,150.00	800.00	200.00	28,917.60
17								
18	技术部							
19	技术部	冯**	4,200.00	500.00	600.00	200.00	-	6,764.91
20	技术部	刘**	3,500.00	500.00	400.00	200.00	100.00	5,949.65
21	技术部	吕**	4,000.00	500.00	800.00	200.00	-	6,741.19
22	技术部	马**	6,000.00	450.00	800.00	200.00	100.00	9,163.15
23	技术部	王**	4,500.00	500.00	600.00	200.00	-	7,036.41
24	技术部	郑**	5,500.00	450.00	1,500.00	200.00	-	8,689.92
25	技术部 汇总		27,700.00	2,900.00	4,700.00	1,200.00	200.00	44,345.23
26								
27	销售部							
28	销售部	黄**	8,000.00	550.00	2,000.00	200.00	100.00	12,385.57
29	销售部	吴**	5,500.00	500.00	800.00	200.00	100.00	8,422.58
30	销售部	张**	4,200.00	500.00	600.00	200.00	100.00	6,931.78
31	销售部	周**	4,360.00	450.00	350.00	200.00	-	6,675.51
32	销售部 汇总		22,060.00	2,000.00	3,750.00	800.00	300.00	34,415.44
33								
34	总计		86,760.00	8,850.00	13,650.00	3,600.00	900.00	137,361.79

下面在数据透视表中计算两项数据：全部员工的基本工资占应付工资的百分比；各部门合计工资项目数据占工资总计的百分比。

1. 添加字段计算基本工资的占比

计算基本工资占比的算术公式为“基本工资 ÷ 应付工资”，因此需要对字段进行计算，操作方法如下。

第1步 **计算字段**。❶ 选中数据透视表中任一单元格激活数据透视表工具，单击【分析】选项卡中的【字段、项目】下拉按钮，选择下拉列表中的【计算字段】命令；❷ 弹出【插入计算字段】对话框，在【名称】文本框中输入自定义的字段名称，如“基本工资占比”；❸ 在【公式】文本框中设置公式“=ROUND(基本工资 / 应付工资 ,4)”，公式中的参数可通过双击【字段】列表框中的字段名称插入其中（或单击字段名称，再单击【插入字段】按钮）；❹ 单击【确定】按钮关闭对话框，如下图所示。

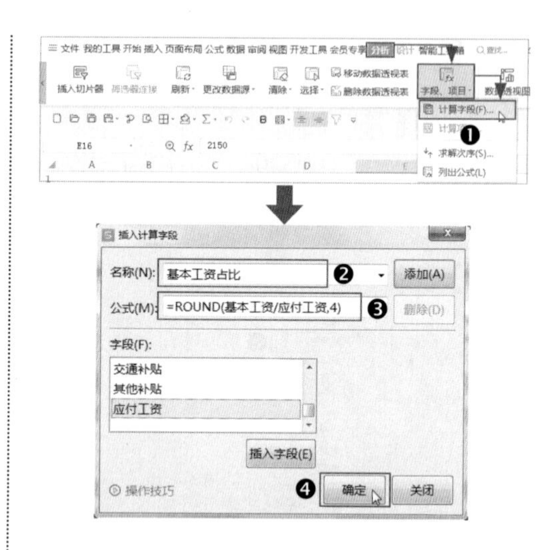

第2步 **查看数据透视表效果**。操作完成后，即可看到已添加至 I 列的字段，如下图所示。

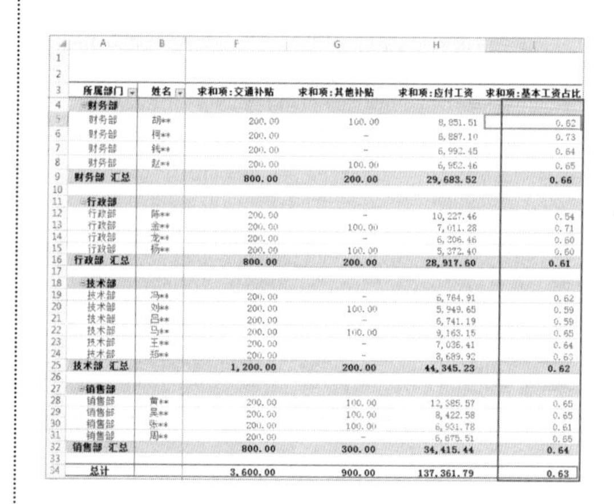

	A	B	F	G	H	I
1						
2						
3	所属部门	姓名	求和项:交通补贴	求和项:其他补贴	求和项:应付工资	求和项:基本工资占比
4	财务部					
5	财务部	胡**	200.00	100.00	8,851.51	0.62
6	财务部	柯**	200.00	-	6,887.10	0.73
7	财务部	钱**	200.00	-	6,992.45	0.64
8	财务部	赵**	200.00	100.00	6,952.46	0.65
9	财务部 汇总		800.00	200.00	29,683.52	0.66
10						
11	行政部					
12	行政部	陈**	200.00	-	10,227.46	0.54
13	行政部	金**	200.00	100.00	7,011.28	0.71
14	行政部	龙**	200.00	-	6,306.46	0.60
15	行政部	杨**	200.00	100.00	5,372.40	0.60
16	行政部 汇总		800.00	200.00	28,917.60	0.61
17						
18	技术部					
19	技术部	冯**	200.00	-	6,764.91	0.62
20	技术部	刘**	200.00	100.00	5,949.65	0.59
21	技术部	吕**	200.00	-	6,741.19	0.59
22	技术部	马**	200.00	100.00	9,163.15	0.65
23	技术部	王**	200.00	-	7,036.41	0.64
24	技术部	郑**	200.00	-	8,689.92	0.63
25	技术部 汇总		1,200.00	200.00	44,345.23	0.62
26						
27	销售部					
28	销售部	黄**	200.00	100.00	12,385.57	0.65
29	销售部	吴**	200.00	100.00	8,422.58	0.65
30	销售部	张**	200.00	100.00	6,931.78	0.61
31	销售部	周**	200.00	-	6,675.51	0.65
32	销售部 汇总		800.00	300.00	34,415.44	0.64
33						
34	总计		3,600.00	900.00	137,361.79	0.63

第3步 **设置单元格格式并调整字段位置**。将 I3:I34 单元格区域的单元格格式设置为“百分比”，在【字段列表】中的【值】区域中将【基本工资占比】字段拖曳至【基本工资】字段后面即可，效果如下图所示。

	A	B	C	D	E
1					
2					
3	所属部门	姓名	求和项:基本工资	求和项:基本工资占比	求和项:工龄工资
4	财务部				
5	财务部	胡**	5,500.00	62.14%	500.00
6	财务部	柯**	5,000.00	72.60%	500.00
7	财务部	钱**	4,500.00	64.36%	450.00
8	财务部	赵**	4,500.00	64.73%	500.00
9	财务部 汇总		19,500.00	65.69%	1,950.00
10					
11	行政部				
12	行政部	陈**	5,500.00	53.78%	450.00
13	行政部	金**	5,000.00	71.31%	550.00
14	行政部	龙**	3,800.00	60.26%	500.00
15	行政部	杨**	3,200.00	59.56%	500.00
16	行政部 汇总		17,500.00	60.52%	2,000.00
17					
18	技术部				
19	技术部	冯**	4,200.00	62.09%	500.00
20	技术部	刘**	3,500.00	58.83%	500.00
21	技术部	吕**	4,000.00	59.34%	500.00
22	技术部	马**	6,000.00	65.48%	450.00
23	技术部	王**	4,500.00	63.95%	500.00
24	技术部	郑**	5,500.00	63.29%	450.00
25	技术部 汇总		27,700.00	62.46%	2,900.00
26					
27	销售部				
28	销售部	黄**	8,000.00	64.59%	550.00
29	销售部	吴**	5,500.00	65.30%	500.00
30	销售部	张**	4,200.00	60.59%	500.00
31	销售部	周**	4,360.00	65.31%	450.00
32	销售部 汇总		22,060.00	64.10%	2,000.00
33					
34	总计		86,760.00	63.16%	8,850.00

2. 添加项目计算部门合计工资占比

计算每一工资项目的部门合计工资占比，其算术公式为“部门合计工资 ÷ 工资总计”。数据透视表中虽然已有“总计”行，但因其并非字段也非项目，无法作为公式的参数计算。因此，本例需要添加工资总计及每个部门工资占比项，操作方法如下。

第1步 计算工资总计。❶ 在【字段列表】中取消选中【姓名】字段复选框，使数据透视表中仅列示部门合计工资；❷ 选中 A3 单元格（“所属部门”字段）激活数据透视表工具，单击【分析】选项卡中的【字段、项目】下拉按钮，在下拉列表中选择【计算项】命令；❸ 弹出对话框，在【名称】文本框中输入自定义名称，如“工资总计”，在【公式】文本框中设置公式“= 财务部 + 行政部 + 技术部 + 销售部”（双击【项】列表框中的选项即可插入公式文本框中）；❹ 单击【确定】按钮关闭对话框，如下图所示。

第2步 禁用“总计”。由于已添加项会计算工资总计，并且数据透视表中自动生成的总计行也会将添加的项数据纳入计算范围，导致数据重复汇总，因此这里应禁用“总计”。单击【设计】选项卡中的【总计】下拉按钮，选择下拉列表中的【对行和列禁用】命令即可，如下图所示。

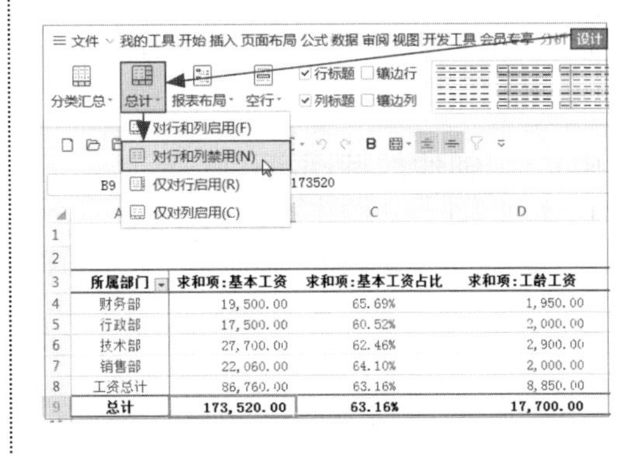

第3步 **计算部门工资占比。**打开计算项的对话框，添加“财务部工资占比”项，将公式设置为“=ROUND(财务部/工资总计,4)”，如下图所示。

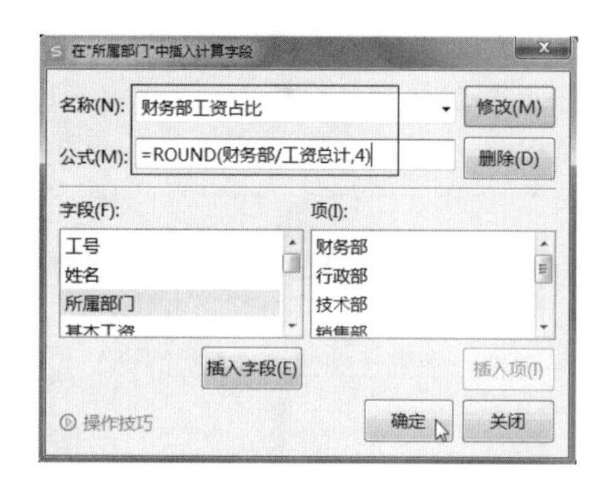

第4步 **查看数据透视表效果。**添加其他部门工资占比项，按上述步骤操作即可，最后设置单元格格式。操作完成后，结果如下图所示。

所属部门	求和项:基本工资	求和项:其他补贴	求和项:绩效奖金	求和项:应付工资
财务部	19500.00	200.00	4183.52	29683.52
行政部	17500.00	200.00	6267.60	28917.60
技术部	27700.00	200.00	7645.23	44345.23
销售部	22060.00	300.00	5505.44	34415.44
工资总计	86760.00	900.00	23601.79	137361.79
财务部工资占比	22.48%	22.22%	17.73%	21.61%
行政部工资占比	20.17%	22.22%	26.56%	21.05%
技术部工资占比	31.93%	22.22%	32.39%	32.28%
销售部工资占比	25.43%	33.33%	23.33%	25.05%

示例结果见“结果文件\第5章\××公司2021年2月应付工资数据透视表.xlsx”文件。

温馨提示

添加计算字段和计算项后，如需了解字段或项的计算顺序和公式内容，可单击数据透视表工具【分析】选项卡下的【字段、项目】下拉按钮，在下拉列表中选择【求解次序】或【列出公式】命令，系统将在自动新增的工作表中详细列出以上内容。

5.4 制作数据透视图直观展示数据

数据透视图是数据透视表的图形展示，当数据源需要分析的维度较多时，数据透视图可以更清晰直观地展示数据内涵。与普通图表相比，数据透视图有着更为显著的优势：由于数据透视表本身即是动态的交互式报表，那么基于此创建的图表也是动态图表，因此无须像普通图表那样设置函数公式，即可让图表随着选取的筛选字段值的改变而自动更新。而且，在数据透视表的数据源更新后，也不需要重新选取数据区域。本节将简要介绍运用数据透视图动态展示数据的操作方法和技巧。

5.4.1 创建数据透视图

创建数据透视图非常简单，包括两种操作方法：①在数据源表基础上，单击【插入】选项卡中的【数据透视图】按钮，打开对话框进行设置后，同时生成空白数据透视表和数据透视图（对话框设置方法与创建数据透视表完全相同）；②在现有数据透视表基础上进行创建。第一种方法不再赘述，下面简要介绍第二种操作方法。

打开“素材文件\第5章\××公司

地区销售季度统计表 2.xlsx”文件，如下图所示，已根据数据源创建数据透视表并对布局进行优化。

地区	求和项:第1季度	求和项:第2季度	求和项:第3季度	求和项:第4季度
东部	301.51	417.48	672.61	800.17
华北	800.17	579.83	904.54	904.54
华东	927.73	289.92	521.85	284.81
西部	386.48	290.45	294.56	417.48
西南	985.72	521.85	695.80	910.57

下面创建数据透视图。

❶ 选中数据透视表区域中任一单元格激活数据透视表工具，单击【分析】选项卡中的【数据透视图】按钮；❷ 弹出【插入图表】对话框，系统默认选择【柱形图】，单击【插入】按钮即可，如下图所示。

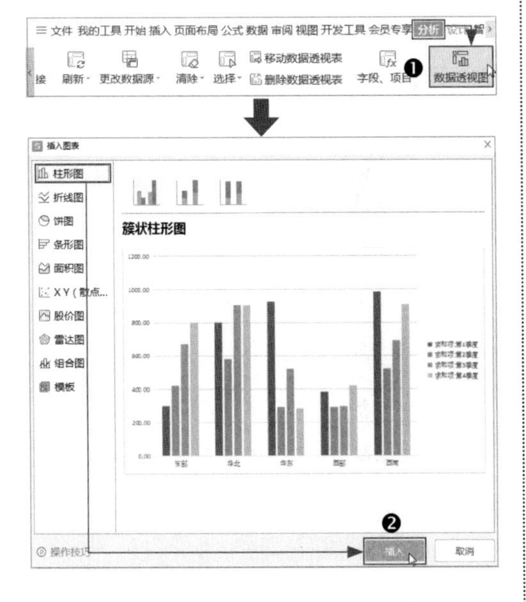

操作完成后，即可看到工作表中已生成数据透视图。除了具备普通柱形图表的基本元素外，数据透视图还根据字段名称自动生成字段按钮，方便操作。初始布局效果如下图所示。

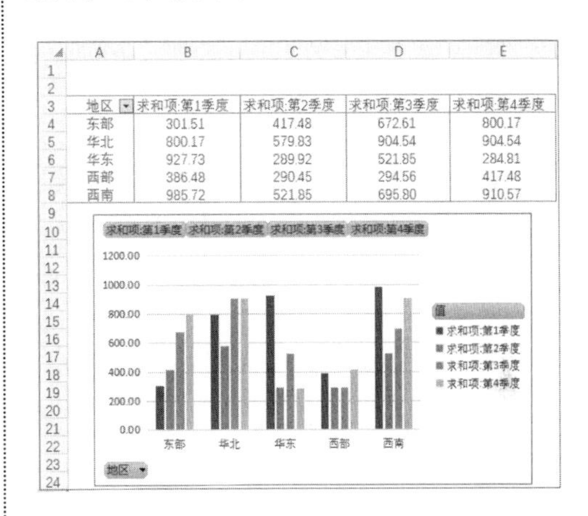

5.4.2 使用数据透视图展示数据

在数据透视图中动态展示数据依然是通过拖曳字段或筛选实现。下面继续以“× × 公司地区销售季度统计表 2.xlsx”文件为例简要介绍操作方法。

1. 在数据透视图中筛选数据

通过数据透视图中自动生成的字段按钮可直接在图表中筛选数据。

❶ 选中数据透视图后单击【地区】字段按钮；❷ 在弹出的下拉列表中取消选中【全部】复选框，选中需要展示项目的复选框，如“西南”；❸ 单击【确定】按钮即可，如下图所示。

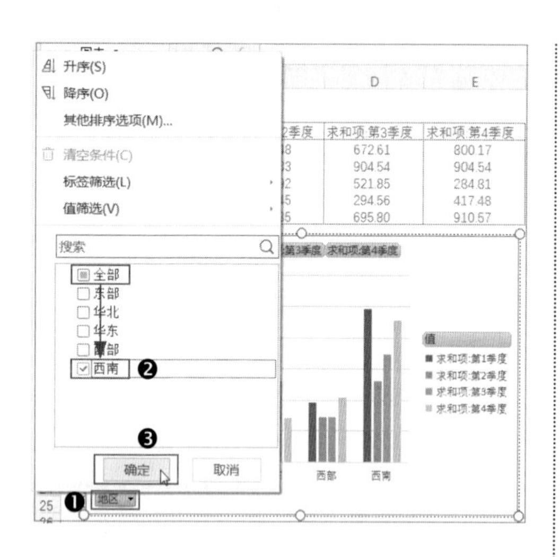

筛选结果如下图所示。

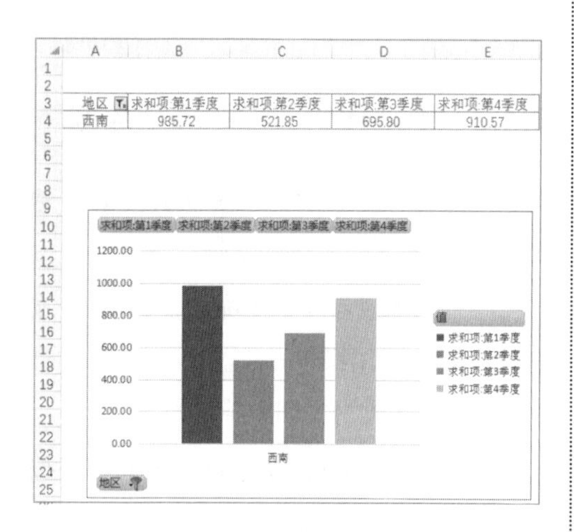

2. 拖曳字段转换角度展示数据

通过拖曳字段可使数据透视图与数据透视表的布局同步动态变化。

选中数据透视图激活【字段列表】，在【数据透视图区域】中将【地区】字段拖曳至【图例】区域中，将【值】字段拖曳至【轴】区域中，如下图所示。

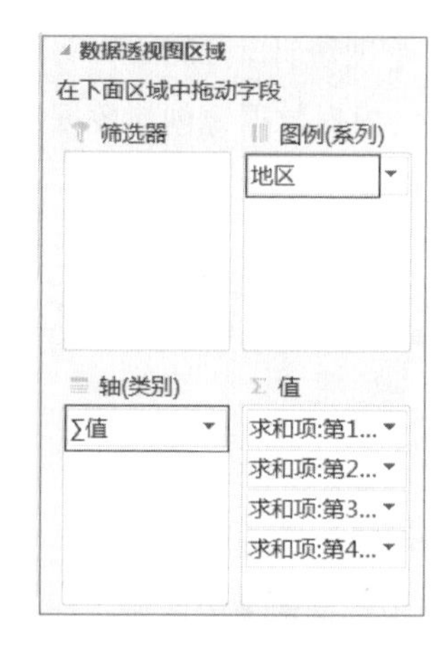

操作完成后，可看到数据透视表和数据透视图的布局同时发生变化，效果如下图所示。

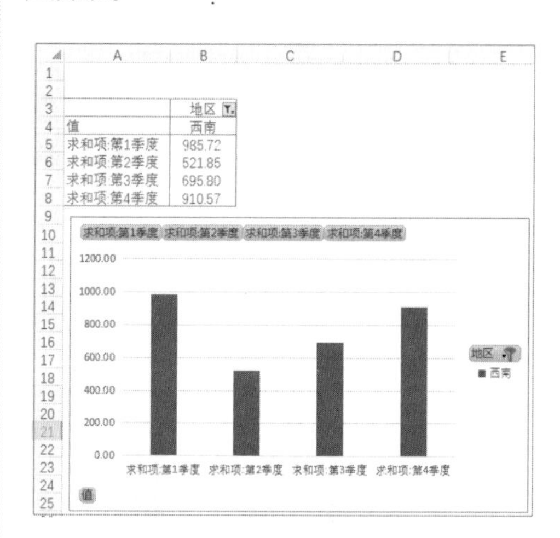

示例结果见“结果文件\第 5 章\××公司地区季度销售统计表 2.xlsx”文件。

温馨提示

数据透视图的本质就是图表，其布局方法、样式设置等与普通图表无异，请参照第 4 章相关内容进行操作。

高手支招

本章主要介绍了数据透视表和数据透视图的创建、布局，以及如何应用于动态数据分析的操作方法。下面结合正文内容，针对使用过程中的诸多细节之处，介绍几个实用技巧，帮助财务人员巩固学习成果，同时也更全面地掌握相关知识点和应用操作技巧，从而更进一步提高工作效率。

01 设置空白单元格的显示值

如果数据源表单元格中有空值或错误值，那么在此基础上创建的数据透视表单元格中也会同步显示空白或错误值。

如下图所示，在数据透视表中的 H4:H26 单元格区域（“其他补贴”字段）中包含多个空白单元格。

所属部门	姓名	求和项：基本工资	求和项：工龄工资	求和项：岗位津贴	求和项：绩效奖金	求和项：交通补贴	求和项：其他补贴	求和项：应付工资
财务部		19500.00	1950.00	3050.00	4360.80	800.00	200.00	29860.80
	胡**	5500.00	500.00	1500.00	1115.46	200.00	100.00	8915.46
	柯**	5000.00	500.00	150.00	1066.07	200.00		6916.07
	钱**	4500.00	450.00	800.00	1097.06	200.00		7047.06
	赵**	4500.00	500.00	600.00	1082.21	200.00	100.00	6982.21
行政部		17500.00	2000.00	2150.00	6539.19	800.00	200.00	29189.19
	陈**	5500.00	450.00	800.00	3397.17	200.00		10347.17
	金**	5000.00	550.00	150.00	1080.47	200.00	100.00	7080.47
	龙**	3800.00	500.00	800.00	1065.72	200.00		6365.72
	杨**	3200.00	500.00	400.00	995.83	200.00	100.00	5395.83
技术部		27700.00	2900.00	4700.00	8052.22	1200.00	200.00	44752.22
	冯**	4200.00	500.00	600.00	1323.37	200.00		6823.37
	刘**	3500.00	500.00	400.00	1283.94	200.00	100.00	5983.94
	吕**	4000.00	500.00	800.00	1324.56	200.00		6824.56
	马**	6000.00	450.00	800.00	1719.58	200.00	100.00	9269.58
	王**	4500.00	500.00	600.00	1319.03	200.00		7119.03
	郑**	5500.00	450.00	1500.00	1081.74	200.00		8731.74
销售部		22060.00	2000.00	3750.00	5833.70	800.00	300.00	34743.70
	黄**	8000.00	550.00	2000.00	1640.14	200.00	100.00	12490.14
	吴**	5500.00	500.00	800.00	1412.20	200.00	100.00	8512.20
	张**	4200.00	500.00	600.00	1411.10	200.00	100.00	7011.10
	周**	4360.00	450.00	350.00	1370.26	200.00		6730.26
总计		86760.00	8850.00	13650.00	24785.91	3600.00	900.00	138545.91

为了规范数据透视表的数字格式，可通过设置，指定空白单元格或错误值的显示值，操作方法如下。

打开“素材文件\第 5 章\×× 公司 2021 年 3 月应付工资计算表 .xlsx”文件。❶ 选中数据透视表区域中任意单元格激活数据透视表工具，单击【分析】选项卡中【选项】的下拉按钮，在下拉列表中选择【选项】命令；❷ 弹出【数据透视表选项】对话框，可看到【布局和格式】选项卡中默认选中【对于空单元格，显示】复选框，这里直接在文本框中输入“0”（如需设置错误值的显示值，选中对应的复选框后同样输入指定值即可）；❸ 单击【确定】按钮关闭对话框。

操作完成后，即可看到 H4:H26 单元格区域中之前的空白单元格已显示为 0，如下图所示。

所属部门	姓名	求和项：基本工资	求和项：工龄工资	求和项：岗位津贴	求和项：绩效奖金	求和项：交通补贴	求和项：其他补贴	求和项：应付工资
财务部		19500.00	1950.00	3050.00	4360.80	800.00	200.00	29860.80
	胡**	5500.00	500.00	1500.00	1115.46	200.00	100.00	8915.46
	柯**	5000.00	500.00	150.00	1066.07	200.00	0.00	6916.07
	钱**	4500.00	450.00	800.00	1097.06	200.00	0.00	7047.06
	赵**	4500.00	500.00	600.00	1082.21	200.00	100.00	6982.21
行政部		17500.00	2000.00	2150.00	6539.19	800.00	200.00	29189.19
	陈**	5500.00	450.00	800.00	3397.17	200.00	0.00	10347.17
	金**	5000.00	550.00	150.00	1080.47	200.00	100.00	7080.47
	龙**	3800.00	500.00	800.00	1065.72	200.00	0.00	6365.72
	杨**	3200.00	500.00	400.00	995.83	200.00	100.00	5395.83
技术部		27700.00	2900.00	4700.00	8052.22	1200.00	200.00	44752.22
	冯**	4200.00	500.00	600.00	1323.37	200.00	0.00	6823.37
	刘**	3500.00	500.00	400.00	1283.94	200.00	100.00	5983.94
	吕**	4000.00	500.00	800.00	1324.56	200.00	0.00	6824.56
	马**	6000.00	450.00	800.00	1719.58	200.00	100.00	9269.58
	王**	4500.00	500.00	600.00	1319.03	200.00	0.00	7119.03
	郑**	5500.00	450.00	1500.00	1081.74	200.00	0.00	8731.74
销售部		22060.00	2000.00	3750.00	5833.70	800.00	300.00	34743.70
	黄**	8000.00	550.00	2000.00	1640.14	200.00	100.00	12490.14
	吴**	5500.00	500.00	800.00	1412.20	200.00	100.00	8512.20
	张**	4200.00	500.00	600.00	1411.10	200.00	100.00	7011.10
	周**	4360.00	450.00	350.00	1370.26	200.00	0.00	6730.26
总计		86760.00	8850.00	13650.00	24785.91	3600.00	900.00	138545.91

示例结果见“结果文件\第 5 章\××公司 2021 年 3 月应付工资计算表 .xlsx”文件。

02 隐藏和显示数据透视图中的字段按钮

创建数据透视图后，系统会根据字段名称自动生成字段按钮，方便在数据透视图中筛选数据或观察字段名称对应的图形。但是，如果图表中已添加了相应的元素，那么字段按钮就显得有些画蛇添足，也会在一定程度上影响图表的整洁性。对此，如果暂时无须使用，可先将其隐藏，需要时再将其显示。

如下图所示的数据透视图中，【值】字段按钮是多余的图表元素，无须使用，可以隐藏。

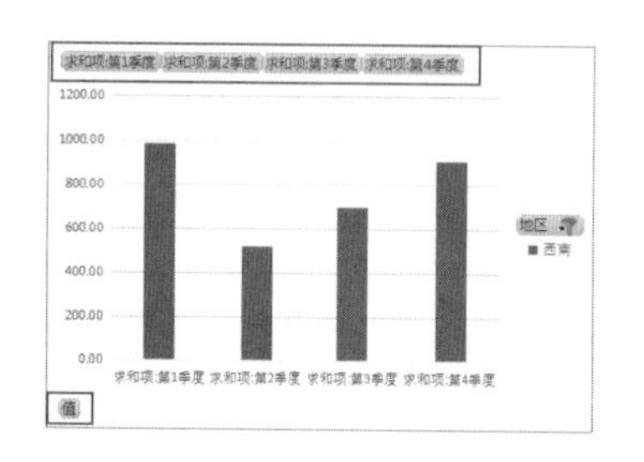

操作方法如下。

打开“素材文件\第 5 章\××公司地区销售统计表 3.xlsx”文件，选中数据透视图激活字段列表，单击【值】区域中的字段名称，在弹出的列表中选择【隐藏图表上的值字段按钮】选项，如下图所示。

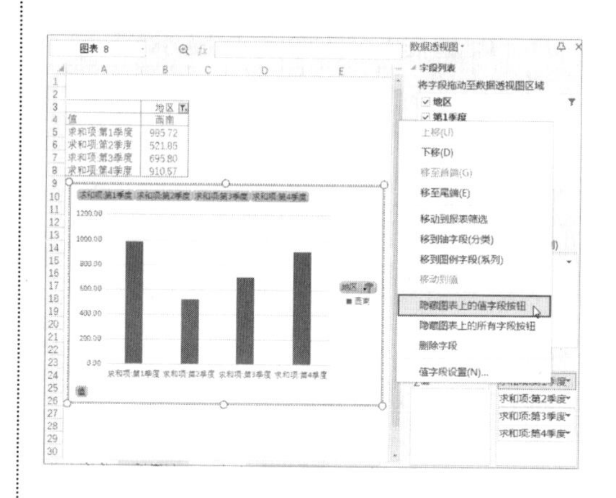

再以同样操作在【轴】区域中将坐标轴字段按钮隐藏即可，效果如下图所示。

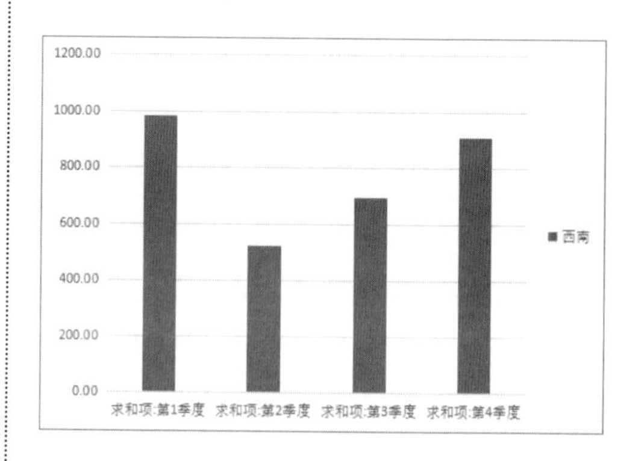

示例结果见“结果文件\第 5 章\××公司地区销售统计表 3.xlsx”文件。

03 创建超级表实现数据源动态扩展

由于数据透视表是在一个已知的数据源区域基础上创建的，即数据透视表的数据源区域是固定不变的，如果后期要添加数据源，就需要手动添加数据透视表的数据源。对此，可将数据源表创建为自动扩展的超级表，那么数据透视表也就能够同步扩展数据源，操作方法如下。

第1步 **创建超级表**。打开“素材文件\第 5 章\×× 公司地区销售季度统计表 4.xlsx”文件。❶ 切换至“季度统计表”工作表,选中 A3:F8 单元格区域后按【Ctrl+T】快捷键，弹出【创建表】对话框，取消系统默认选中的【筛选按钮】复选框；❷ 单击【确定】按钮，如下图所示。

××公司地区销售季度统计表4

单位：万元

地区	第1季度	第2季度	第3季度	第4季度	全年总计
东部	301.51	417.48	672.61	800.17	2,191.77
华北	800.17	579.83	904.54	904.54	3,189.08
华东	927.73	289.92	521.85	284.81	2,024.31
西南	985.72	521.85	695.80	910.57	3,113.94
西部	386.48	290.45	294.56	417.48	1,388.97

创建表
表数据的来源(W):
=$A$3:$F$8
表包含标题(M)
筛选按钮(F) ❶
❷ 确定 取消

第2步 **检测超级表效果**。超级表创建成功后，在 A9:F9 单元格区域添加一条信息，用于测试数据透视表是否自动扩展数据源，如下图所示。

××公司地区销售季度统计表4

单位：万元

地区	第1季度	第2季度	第3季度	第4季度	全年总计
东部	301.51	417.48	672.61	800.17	2,191.77
华北	800.17	579.83	904.54	904.54	3,189.08
华东	927.73	289.92	521.85	284.81	2,024.31
西南	985.72	521.85	695.80	910.57	3,113.94
西部	386.48	290.45	294.56	417.48	1,388.97
东南	468.18	388.28	351.22	401.33	1,609.01

第3步 **刷新数据透视表**。切换至“Sheet2”工作表，右击数据透视表区域中的任一单元格，在弹出的快捷菜单中选择【刷新】命令，即可看到上一步在数据源表中添加的信息已列示在数据透视表中，如下图所示。

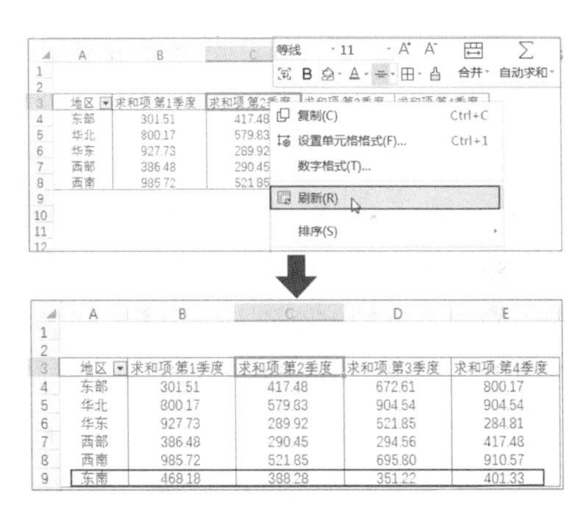

地区	求和项:第1季度	求和项:第2季度	求和项:第3季度	求和项:第4季度
东部	301.51	417.48	672.61	800.17
华北	800.17	579.83	904.54	904.54
华东	927.73	289.92	521.85	284.81
西部	386.48	290.45	294.56	417.48
西南	985.72	521.85	695.80	910.57
东南	468.18	388.28	351.22	401.33

示例结果见“结果文件\第 5 章\×× 公司地区销售季度统计表 4.xlsx”文件。

04 使用切片器一对多筛选数据

在实际工作中，在使用数据透视表分析数据时，可以根据一个数据源创建多个数据透视表，方便从不同角度或维度直观查看和分析数据。同时，还可使用切片器进行一对多筛选，即一个切片器筛选多个

数据透视表，帮助使用者更清晰地分析各类数据的动态变化。

如下图所示，3 个数据透视表分别从销售部门、季度、地区 3 个维度呈现数据。下面插入切片器，按销售部门同时筛选 3 个数据透视表中的数据。

销售部门	求和项:销售	求和项:成本	求和项:利润	平均值项:利润率
销售1部	1756.00	1395.13	360.87	20.56%
销售2部	1776.82	1392.06	384.76	21.69%
销售3部	1751.78	1395.71	356.07	20.35%
销售4部	1744.45	1383.27	361.18	20.71%
总计	7029.05	5566.17	1462.88	20.83%

地区	求和项:销售	求和项:成本	求和项:利润	平均值项:利润率
东部	1766.59	1402.71	363.88	20.59%
华北	1753.63	1370.94	382.89	21.86%
华东	1746.85	1396.31	350.54	20.09%
西南	1761.78	1396.21	365.57	20.77%
总计	7029.05	5566.17	1462.88	20.83%

季度	求和项:销售	求和项:成本	求和项:利润	平均值项:利润率
第1季度	1744.93	1378.06	366.87	21.05%
第2季度	1769.49	1403.89	365.60	20.68%
第3季度	1759.59	1394.67	364.92	20.75%
第4季度	1755.04	1389.55	365.49	20.83%
总计	7029.05	5566.17	1462.88	20.83%

操作方法如下。

第1步 **插入切片器**。打开"素材文件\第 5 章\×× 公司部门地区季度销售利润明细表 .xlsx"文件。❶ 选中数据透视表区域中的任一单元格后激活数据透视表工具，单击【分析】选项卡中的【切片器】按钮打开【插入切片器】对话框（参照 5.3.2 小节操作），选中【销售部门】复选框；❷ 单击【确定】按钮关闭对话框，如下图所示。

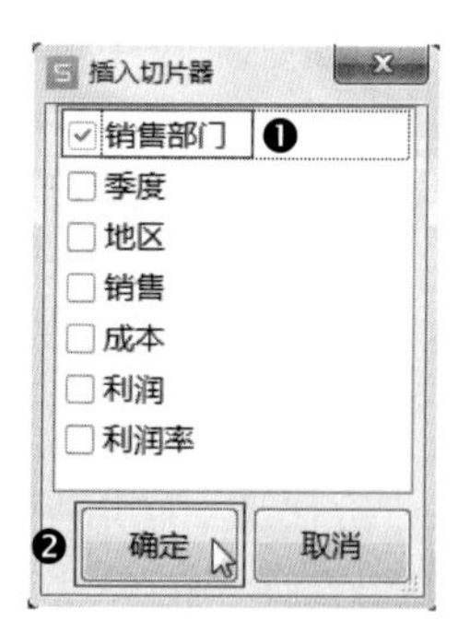

第2步 **使用切片器连接报表**。❶ 选中切片器激活切片器工具，单击【选项】选项卡中的【报表连接】按钮；❷ 弹出【数据透视表连接】对话框，可看到切片器当前连接的是"数据透视表 1"，这里再选中"数据透视表 2"和"数据透视表 3"复选框即可；❸ 单击【确定】按钮关闭对话框，如下图所示。

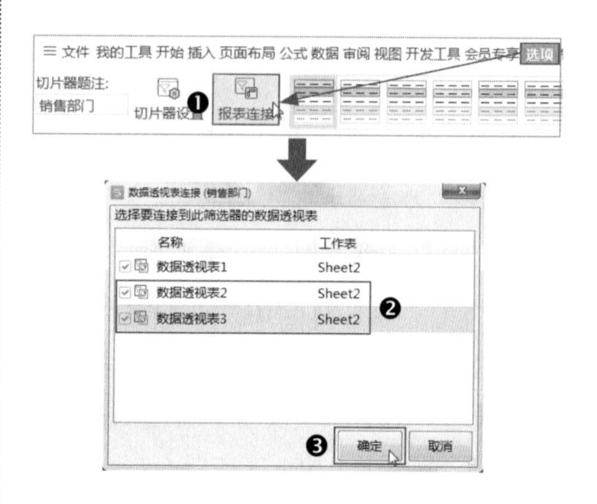

第3步 **使用切片器一对多筛选**。返回工作表中，在切片器中单击要筛选的字段按钮，如【销售 2 部】，此时 3 个数据透视表中同步筛选出目标数据，效果如下图所示。

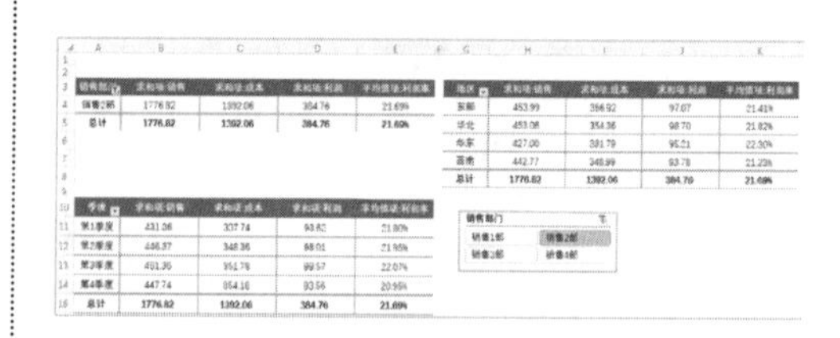

示例结果见"结果文件\第 5 章\×× 公司部门地区季度销售利润明细表 .xlsx"文件。

WPS

第 6 章

实战 财务凭证和会计账簿管理

本章导读

财务凭证是用以记录经济业务发生与完成状况的书面证明，按其用途、来源与编制流程不同，主要分为原始凭证与记账凭证。其中，原始凭证是填制记账凭证的必要凭据，而记账凭证更是财务人员登记会计账簿必不可少的重要凭证。会计账簿是以记账凭证为依据，对凭证中记载的零散的大量经济信息进行全面、系统、连续、分类记录和核算的簿籍，更是连接会计凭证和财务报表的纽带。因此，管理好财务凭证与会计账簿，才能为期末编制财务报表提供准确的依据。财务人员可在不违背会计凭证和账簿管理总体原则的前提下，充分运用 WPS 表格制作和管理财务凭证和会计账簿，不仅可根据企业自身的特点和需求制作相关管理表格，而且经济实惠，更能够提高工作效率。

本章将为读者介绍如何综合运用 WPS 表格制作规范的财务凭证和会计账簿，并分享科学管理相关财务数据的思路，帮助财务人员大幅度提升 WPS 表格应用技能和工作效率。

知识要点

- 制作电子收据的方法和思路
- 防范电子发票重复报销的 3 种方法
- 制作记账凭证录入表的方法
- 设计与制作记账凭证打印样式的方法
- 制作记账凭证科目动态查询表的方法和思路

6.1 制作和管理原始凭证

原始凭证是在经济业务发生时取得或填制的，是记录和证明经济业务发生或完成情况的财务凭证。原始凭证的种类很多，包括发票、收据、收料单、发货单、借款单、费用报销单等。在实务中，根据原始凭证的来源不同，可分为自制原始凭证和外来原始凭证。其中，自制原始凭证是由本单位经办业务的部门和人员在执行或完成经济业务时填制的凭证，如收款收据、费用报销单、报价单、采购单、销售单等。外来原始凭证是指从其他单位取得的原始凭证，如采购货物取得的供货商发货单、发票等。

对于自制原始凭证，财务人员完全可充分运用 WPS 表格制作表格进行填制和管理，既可有效避免手工填写出错，也方便管理与统计相关数据。本节以收款收据和电子发票报销管理为例，介绍如何使用 WPS 表格制作和管理原始凭证。

6.1.1 制作电子收据

收据是企事业单位在从事经济活动过程中，收到款项时应向付款方出具的收款凭证，也是财务人员用于记账的必不可少的原始凭证之一。下面运用 WPS 表格制作一份多功能的电子收据，可自动汇总收据金额、同步生成大写金额、自动编号等。同时，根据不同的收款方式分类汇总收款金额和收款次数。

1. 制作收据模板

打开“素材文件\第 6 章\收据管理 .xlsx”文件，其中包含一张工作表，名称为“收据模板”。工作表中为电子收据的初始表格框架，如下图所示。

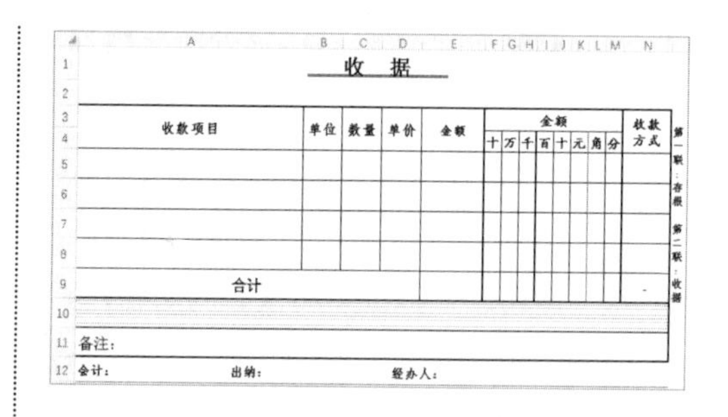

上图表格中，E 列为辅助列，收据制作完成后可将其隐藏。

第1步 **自定义部分字段的单元格格式。** ❶A2 单元格用于输入交款单位或个人的名称。选中 A2:E2 单元格区域合并为一个单元格，自定义单元格格式，格式代码为“交款单位（个人）：@”，在 A2 单元格中输入任意名称，如“× × 商贸有限公司”。❷F2 单元格用于输入收款日期。选中 F2:N2 单元格区域，将其合并为一个单元格，自定义单元格格式，格式代码为“收款日期：yyyy 年 m 月 d 日”，在 F2 单元格中输入任意日期，如“5-18”。❸K1 单元格用于输入收据流水。选中 K1:N1 单元格区域，将其合并为一个单元格，自定义单元格格式，格式代码为“[红色]No:20210000”，在 K1 单元格中输入任意数字，如“506”（代表 5 月第 6 份收据）。设置完成后，收据效果如下图所示。

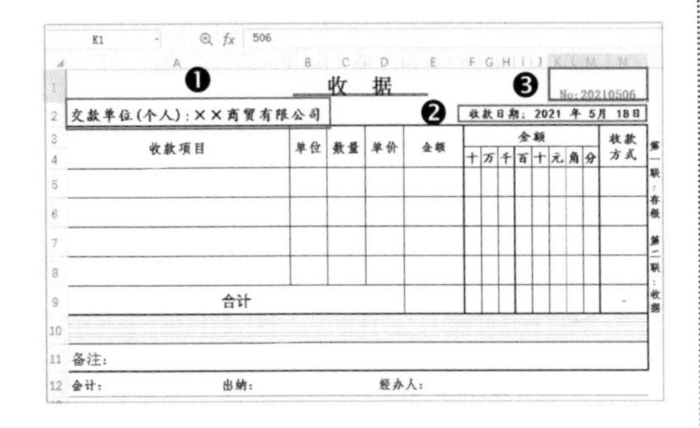

第2步 **计算收款金额**。❶ 分别在 C5:C8 和 D5:D8 单元格区域中输入任意数量和单价，在 E5 单元格中设置公式“=ROUND(C5*D5,2)”，计算收款金额，将公式填充至 E6:E8 单元格区域中；❷ 在 E9 单元格中设置公式“=ROUND(SUM(E5:E8),2)”，汇总收款金额，效果如下图所示。

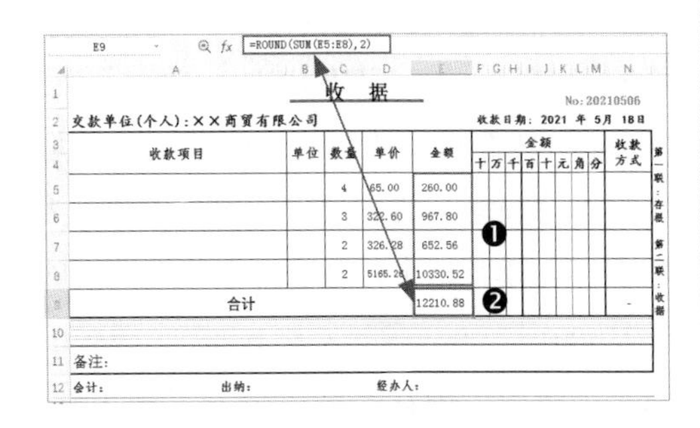

第3步 **按数位自动分栏填写收款金额**。❶ 在 F5 单元格中设置公式“=IFERROR(MID($E5*100,LEN($E5*100)-7,1),"")”，运用 MID 函数截取 E5 单元格数字中的十万位数字，如果返回错误值，则运用 IFERROR 函数将其屏蔽，显示空值；❷ 将 F5 单元格公式复制粘贴至 G5:K5 单元格区域中，将 G5:K5 单元格区域中每一单元格公式表达式中的数字“7”依次修改为“6”“5”“4”“3”“2”，即可自动填写 E5 单元格数字中的万位、千位、百位、十位、元位的数字；❸ 在 L5 单元格中设置公式“=IF(LEN($E5*100)>=2,MID($E5*100,LEN($E5*100)-1,1),"")”，从 E5 单元格数字中截取角位数字，在 M5 单元格中设置公式“=IF(E5=0,"",IF(LEN($E5*100)>=1,RIGHT($E5*100,1)))”，从 E5 单元格数字中截取分位数字；❹ 将 F5:M5 单元格区域公式复制粘贴至 F6:M9 单元格区域中。设置完成后，收据效果如下图所示。

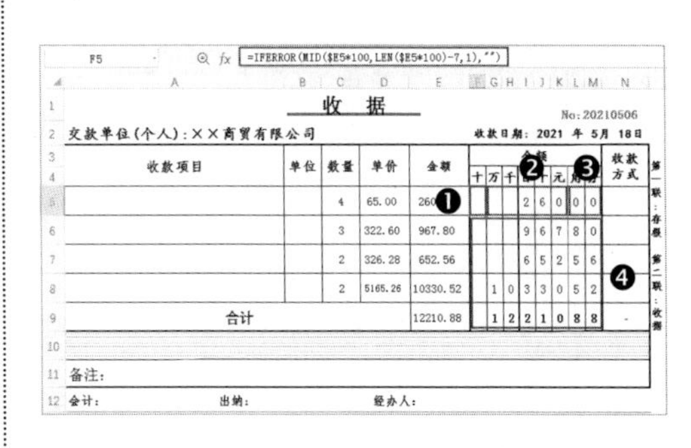

第4步 **自动生成人民币大写金额**。❶ 在 A10 单元格中设置公式“=E9”，直接引用 E9 单元格中的合计数据；❷ 按【Ctrl+1】快捷键打开【单元格格式】对话框，选择【数字】选项卡【分类】列表框中的【特

殊】选项，选择【类型】列表框中的【人民币大写】选项，以获取格式代码，选择【分类】列表框中的【自定义】选项；❸ 切换至【自定义】选项后在代码前面可看到【类型】文本框中显示人民币大写的格式代码，将其复制粘贴至 E2 单元格中，下一步将在公式中引用这一格式代码；❹ 单击【确定】按钮关闭对话框，如下图所示。

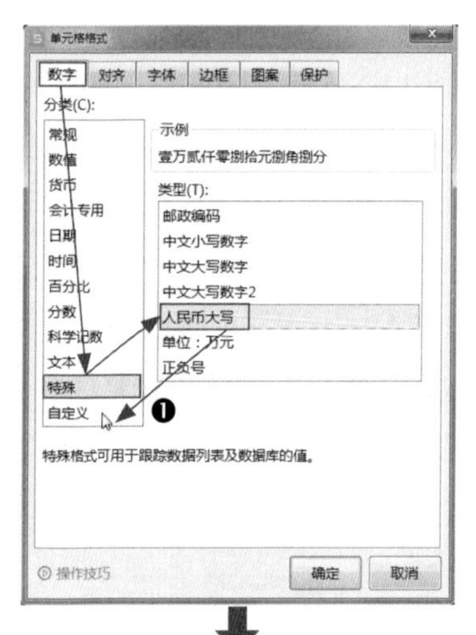

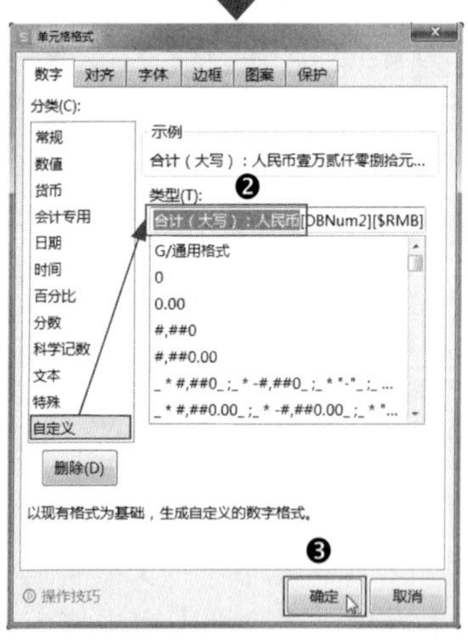

操作完成后，返回工作表即可看到 A10 单元格中的数字显示为人民币大写金额，如下图所示。

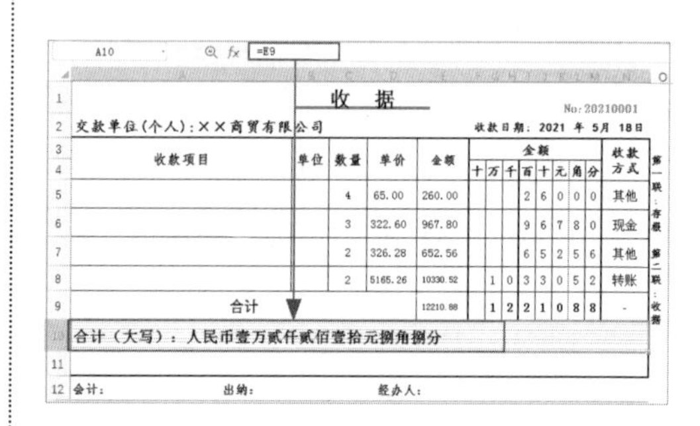

第5步 **创建收款方式的下拉列表**。选中 N5:N8 单元格区域，插入下拉列表，设置“现金”“银行转账”“其他”这 3 种收款方式作为下拉列表的选项，在下拉列表中选择不同的收款方式填入单元格中。注意选择“其他”收款方式后，应在“备注”栏中进行补充说明。

第6步 **自动生成收据流水号**。收据制作完成后即可无限次复制粘贴使用，但必须确保每一份收据的流水号不重复、不断号。对此，可运用 COUNTIF 函数实现。❶ 清除 K1 单元格中原手工输入的编号，重新设置公式“=COUNTIF(B$1:B1,B$1)”，运用 COUNTIF 函数统计 B1:B1 单元格区域中文本“收据”的数量，公式返回结果为数字“1”，单元格中则显示自定义格式“No：20210001”。公式原理：COUNTIF 函数的第 1 个参数（统计区域）锁定了第 1 行，那么无论在下方复制粘粘多少份收据，统计区域将始终以第 1 行为起始地址，所以统计区域将随着收据份数的增加而逐渐扩大，那么公式统计得到的文本“收据”的数量也随之增加，这样就实现了收据流水号自动编号。❷ 选中收据表，复制粘贴两份至下方区域，即可看到流水号自动连续递增。效果如下图所示。

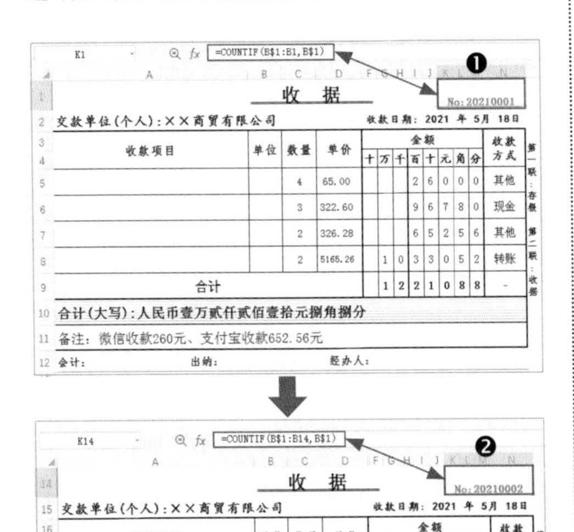

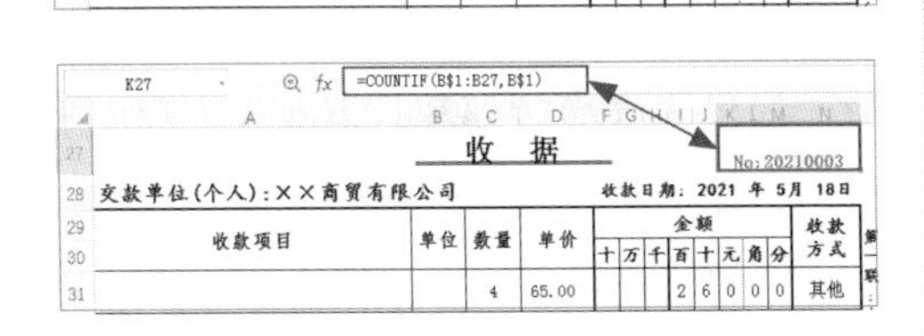

2. 按月分类汇总收款金额

为了方便统计和核对每月、每种收款方式的收款金额，下面制作收款统计表，根据收款日期和不同的收款方式分类汇总收款次数和收款金额。

第1步 **分类汇总收款次数**。❶ 复制“收据模板”工作表，将名称“收据模板（2）”修改为“收据统计”，在Q2:V15单元格区域中绘制表格用于统计收款金额，在Q3:Q15单元格区域中依次输入每月第1日的日期，即“1-1”“2-1”……“12-1”，自定义Q3:Q15单元格区域的格式，格式代码为“m月”；❷ 在R3单元格中设置公式“=COUNTIFS(F:F,">="&$Q3,F:F,"<"&$Q4)”，运用COUNTIFS函数统计F:F区域中大于或等于Q3单元格中日期，且小于Q4单元格中日期的数量，即可得到开具收据的份数，将公式填充至R4:R14单元格区域中，如下图所示。

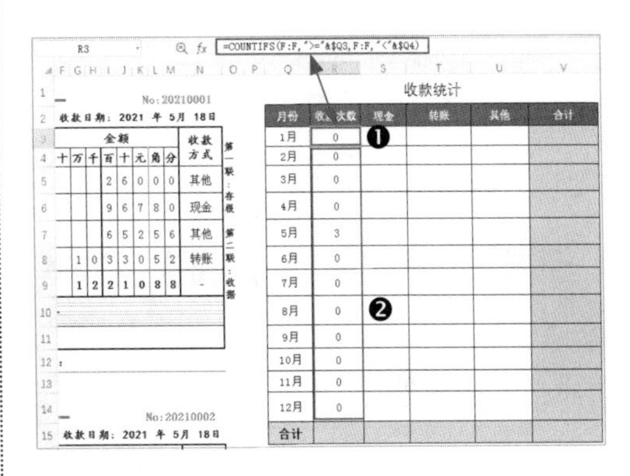

第2步 **分类汇总收款金额**。按月份统计收款金额需要事先添加辅助列，自动生成每一笔收款的日期。❶ 在A列前插入一列，在A5单元格中设置公式“=MONTH(G2)”，运用MONTH函数返回G2单元格中收款日期的月份；在A6单元格中设置公式“=A5”，将A6单元格公式填充至A7和A8单元格中，将A5:A8单元格区域公式复制粘贴至下方收据中同等位置的单元格区域中。❷ 在T3单元格中设置公式“=SUMIFS($F:$F,$A:$A,MONTH($R3),$O:O,T2)”，运用SUMIFS函数对E:E列区域中满足条件的金额求和，将 T3 单元格公式复制粘贴至 T3:V14 单元格区域中；❸ 使用 ROUND 和 SUM 函数组合在 S15:W15 和 W3:W14 单元格区域中设置求和公式，效果如下图所示。

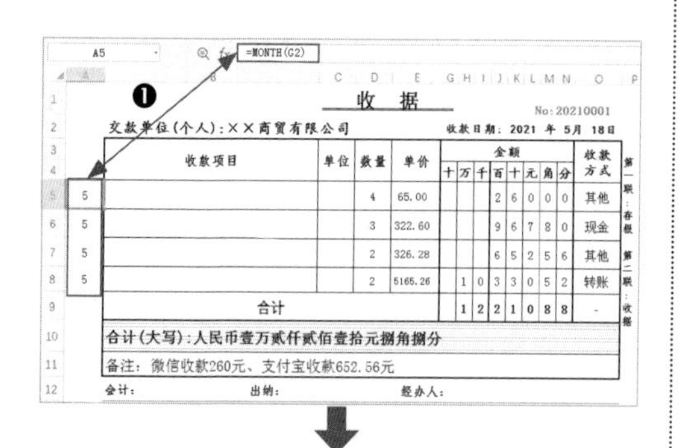

A5 =MONTH(G2)

收　据　　No:20210001

交款单位(个人)：××商贸有限公司　　收款日期：2021 年 5月 18日

	收款项目	单位	数量	单价	十	万	千	百	十	元	角	分	收款方式
5			4	65.00				2	6	0	0	0	其他
5			3	322.60				9	6	7	8	0	现金
5			2	326.28				6	5	2	5	6	其他
5			2	5165.26		1	0	3	3	0	5	2	转账
	合计					1	2	2	1	0	8	8	-

合计(大写)：人民币壹万贰仟贰佰壹拾元捌角捌分

备注：微信收款260元、支付宝收款652.56元

会计：　出纳：　经办人：

第一联：存根　第二联：收据

T3 =SUMIFS($E:$E,$A:$A,MONTH($R3),$O:O,T2)

收款统计

月份	收款次数	现金	转账	其他	合计
1月	0	-	-	-	-
2月	0	-	-	-	-
3月	0	-	-	-	-
4月	0	-	-	-	-
5月	3	967.80	15,495.78	1,173.84	17,637.42
6月	0	-	-	-	-
7月	0	-	-	-	-
8月	0	-	-	-	-
9月	0	-	-	-	-
10月	0	-	-	-	-
11月	0	-	-	-	-
12月	0	-	-	-	-
合计	3	967.8	15495.78	1173.84	17637.42

温馨提示●

SUMIFS 函数中两组条件的含义如下。

- 条件 1：A:A 区域中的月份等于 R3 单元格中的月份；
- 条件 2：O:O 区域中的收款方式等于 T2 单元格中的收款方式。

操作完成后，将 A 列隐藏即可。

本小节示例结果见“结果文件\第 6 章\收据管理 .xlsx”文件。

其他原始凭证均可参考本例收据的方法和思路进行制作。

温馨提示●

后面添加收据时，注意要复制粘贴上一份收据所占用的列区域，不能串列，否则自动生成收据流水号将出错。例如，第“202100003”号收据所在单元格区域地址为 B27:P38，那么复制 27:38 行区域粘贴至下方区域即可。

6.1.2 防范电子发票重复报销

电子发票是信息时代的产物，从开具到交付，再到下载（打印）报销，整个操作流程都非常简便快捷。电子发票的发行不仅为广大企业在使用和管理发票这一环节上提供了极大的便利，还在很大程度上帮助企业节省了成本。但是，电子发票存在一个严重的漏洞，也是企业财务人员面临的一大问题：电子发票可以重复下载打印，也就意味着可以被利用重复报销，就有可能给企业造成经济损失。对此，财务人员要加强防范意识，充分运用 WPS 表格有效堵住这一漏洞。在 WPS 表格中可采用多种方法防范电子发票重复报销。例如，运用“条件格式”突出显示重复输入的发票号码，也可使用“数据有效性”阻止输入重复发票号码，还可设置函数公式根据发票号码查询是否已经报销，等等。

打开“素材文件\第 6 章\电子发票报销记录 .xlsx”文件，表格框架及原始信息如下图所示。

发票日期	发票号码	发票金额	费用项目	报销人	报销日期	凭证号码	报销单号	备注
2021-4-1	00123456	¥280.00	税控服务费	黄**	2021-4-8	4-0016	FYBX-20210401	
2021-4-7	00234567	¥600.00	成品油	金**	2021-4-10	4-0016	FYBX-20210402	
2021-5-8	00345678	¥150.00	快递费	胡**	2021-5-10	5-0010	FYBX-20210506	
2021-6-10	00456789	¥300.00	办公用品	龙**	2021-6-15	6-0008	FYBX-20210608	
2021-6-18	00567891	¥580.00	招待费	冯**	2021-6-20	6-0008	FYBX-20210620	
2021-7-15	02345678	¥96.00	快递费	王**	2021-7-18	7-0018	FYBX-20210711	
2021-7-22	07802345	¥1,200.00	成品油	张**	2021-7-25	7-0018	FYBX-20210723	

下面以上图中表格为例，分别介绍 3 种防范电子发票重复报销方法的具体操作步骤。

1. 运用“条件格式”突出显示重复发票号码报销记录

这种方法的思路是设置公式确定条件格式，当在表格中输入重复的发票号码时，就会突出显示报销记录，操作方法如下。

第1步 **设置条件格式**。❶ 选中 A3:I100 单元格区域在【开始】选项卡下选择【条件格式】→【新建】命令，打开【新建格式规则】对话框，选择【选择规则类型】列表框中的【使用公式确定要设置格式的单元格】选项；❷ 在【编辑规则说明】文本框中输入公式“=COUNTIF($B:$B,$B3)>1”，其含义是 B:B 列区域中 B3 单元格内容的数量大于 1 时即应用条件格式；❸ 单击【格式】按钮打开【单元格格式】对话框设置格式；❹ 设置完毕后返回【新建格式规则】对话框，可在【预览框】中查看格式效果，单击【确定】按钮，如下图所示。

第2步 **测试效果**。在 B10:B100 单元格区域的任意单元格中输入一个与 B3:B9 单元格区域中相同的发票号码，如“00567891”，即可看到条件格式效果，如下图所示。

发票日期	发票号码	发票金额	费用项目	报销人	报销日期	凭证号码	报销单号	备注
2021-4-1	00123456	¥280.00	税控服务费	黄**	2021-4-8	4-0016	FYBX-20210401	
2021-4-7	00234567	¥600.00	成品油	金**	2021-4-10	4-0016	FYBX-20210402	
2021-5-8	00345678	¥150.00	快递费	胡**	2021-5-10	5-0010	FYBX-20210506	
2021-6-10	00456789	¥300.00	办公用品	龙**	2021-6-15	6-0008	FYBX-20210608	
2021-6-18	00567891	¥580.00	招待费	冯**	2021-6-20	6-0008	FYBX-20210620	
2021-7-15	02345678	¥96.00	快递费	王**	2021-7-18	7-0018	FYBX-20210711	
2021-7-22	07802345	¥1,200.00	成品油	张**	2021-7-25	7-0018	FYBX-20210723	
	00567891							

2. 运用“数据有效性”阻止输入重复发票号码

这一方法的原理是利用“数据有效性”功能设置公式自定义有效性条件。当输入重复发票号码时，系统将阻止用户继续输入并进行提示，操作方法如下。

第1步 **设置有效性条件**。❶ 选中 B3:B100 单元格区域，单击【数据】选项卡中的【有效性】按钮，打开【数据有效性】对话框，在【设置】选项卡中的【允许】下拉列表中选择【自定义】选项；❷ 在【公式】文本框中输入公式“=COUNTIF(B:B,B3)=1”，其含义是允许 B 列区域中 B3 单元格内容的数量等于 1；❸ 切换至【出错警告】选项卡，设置样式及标题等；❹ 单击【确定】按钮关闭对话框，如下图所示。

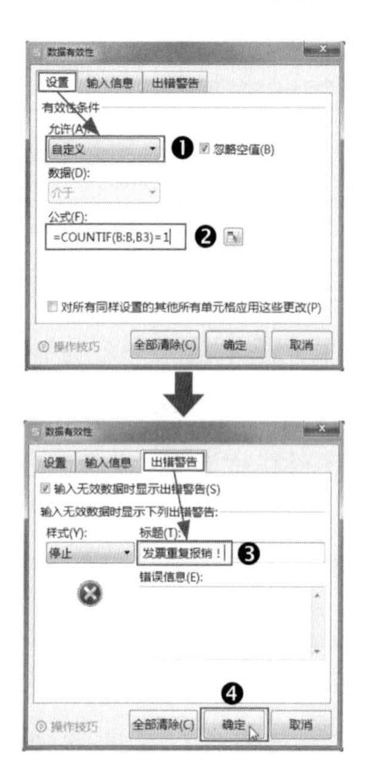

第2步 **测试效果**。在 B10:B100 单元格区域中的任意单元格中输入一个与 B3:B9 单元格区域中相同的发票号码，如“07802345”，即可看到系统弹出提示框，并阻止继续输入，效果如下图所示。

电子发票报销记录

发票日期	发票号码	发票金额	费用项目	报销人	报销日期	凭证号码	报销单号	备注
2021-4-1	00123456	¥280.00	税控服务费	黄**	2021-4-8	4-0016	FYBX-20210401	
2021-4-7	00234567	¥600.00	成品油	金**	2021-4-10	4-0016	FYBX-20210402	
2021-5-8	00345678	¥150.00	快递费	胡**	2021-5-10	5-0010	FYBX-20210506	
2021-6-10	00456789	¥300.00	办公用品	龙**	2021-6-15	6-0008	FYBX-20210608	
2021-6-18	00567891	¥580.00	招待费	冯**	2021-6-20	6-0008	FYBX-20210620	
2021-7-15	02345678	¥96.00	快递费	王**	2021-7-18	7-0018	FYBX-20210711	
2021-7-22	07802345	¥1,200.00	成品油	张**	2021-7-25	7-0018	FYBX-20210723	

07802345

发票重复报销！

您输入的内容，不符合限制条件。

3. 设置公式查询重复发票号码及报销信息

这一方法的思路是制作一份简洁小巧的查询表，运用函数设置公式判断发票号码是否重复，若有重复，则创建超链接快速跳转至记录已报销发票号码的所在单元格区域，以便财务人员核查原始信息，操作方法如下。

第1步 **判断发票号码是否重复**。❶ 在空白区域如 K2:M3 单元格区域中绘制表格用于查询电子发票号码，在 K3 单元格中输入一个与 B3:B9 单元格区域中相同的发票号码。❷ 在 L3 单元格中设置公式“=IFERROR(IF(K3="","-",MATCH(K3,B:B,0)),"未报销")”，运用 IF 函数判断 K3 单元格中为空值时，返回符号“-”，否则运用 MATCH 函数定位 K3 单元格中的发票号码在 B 列中的行数。若 K3 单元格中的发票号码未曾报销过，那么 MATCH 函数无法定位其在 B 列区域中的行数，将返回错误值“#N/A”，因此嵌套 IFERROR 函数将其屏蔽，并返回文本“未报销”。本例返回结果为“6”，效果如下图所示。

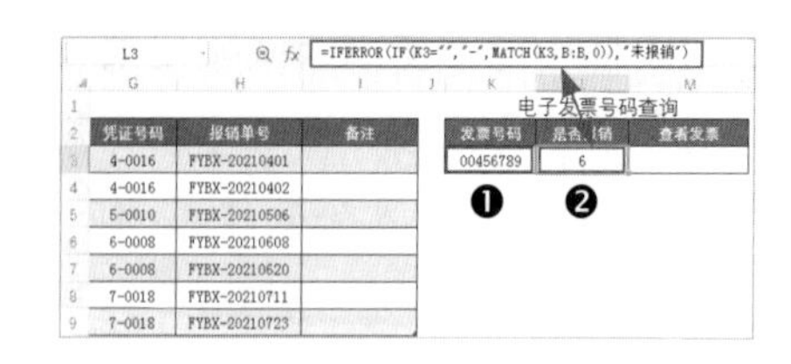

L3 =IFERROR(IF(K3="","-",MATCH(K3,B:B,0)),"未报销")

凭证号码	报销单号	备注
4-0016	FYBX-20210401	
4-0016	FYBX-20210402	
5-0010	FYBX-20210506	
6-0008	FYBX-20210608	
6-0008	FYBX-20210620	
7-0018	FYBX-20210711	
7-0018	FYBX-20210723	

电子发票号码查询

发票号码	是否报销	查看发票
00456789	6	

第2步 **创建超链接快速跳转至重复发票号码所在单元格区域**。在 M3 单元格中设置公式“=IF(K3="","-",HYPERLINK("#"&"A"&L3&":I"&L3,"查看报销记录"))”，当 K3 单元格中不为空值时，运用 HYPERLINK

函数创建超链接，单击超链接即可立即跳转至 K3 单元格中的发票号码所在电子报销记录表格区域中的单元格区域。

温馨提示

M3 单元格公式原理如下。

- HYPERLINK 函数的第 1 个参数为指定位置，其中列标设置为固定的“A”和“I”，而行号则是由 L3 单元格公式定位的行数。将列标和行号组合后即可构成指定的单元格区域。本例返回结果为“A6:I6”。
- HYPERLINK 函数的第 2 个参数为超链接名称，本例设定为固定文本“查看报销记录”。

公式效果如下图所示。

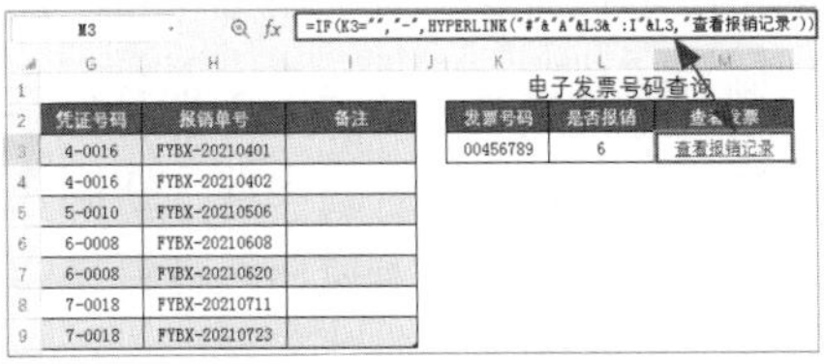

M3　=IF(K3="","-",HYPERLINK("#"&"A"&L3&":I"&L3,"查看报销记录"))

凭证号码	报销单号	备注
4-0016	FYBX-20210401	
4-0016	FYBX-20210402	
5-0010	FYBX-20210506	
6-0008	FYBX-20210608	
6-0008	FYBX-20210620	
7-0018	FYBX-20210711	
7-0018	FYBX-20210723	

电子发票号码查询

发票号码	是否报销	查看发票
00456789	6	查看报销记录

第3步 **检测超链接效果**。设置完成后，单击 M3 单元格中的超链接，即可快速跳转并选中 A6:I6 单元格区域，效果如下图所示。

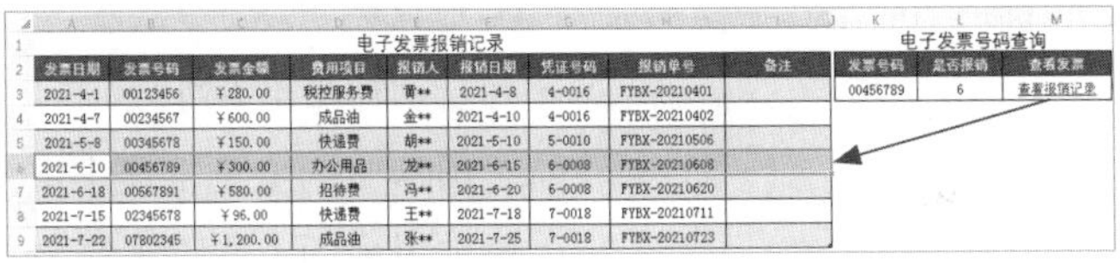

电子发票报销记录

发票日期	发票号码	发票金额	费用项目	报销人	报销日期	凭证号码	报销单号	备注
2021-4-1	00123456	¥280.00	税控服务费	黄**	2021-4-8	4-0016	FYBX-20210401	
2021-4-7	00234567	¥600.00	成品油	金**	2021-4-10	4-0016	FYBX-20210402	
2021-5-8	00345678	¥150.00	快递费	胡**	2021-5-10	5-0010	FYBX-20210506	
2021-6-10	00456789	¥300.00	办公用品	龙**	2021-6-15	6-0008	FYBX-20210608	
2021-6-18	00567891	¥580.00	招待费	冯**	2021-6-20	6-0008	FYBX-20210620	
2021-7-15	02345678	¥96.00	快递费	王**	2021-7-18	7-0018	FYBX-20210711	
2021-7-22	07802345	¥1,200.00	成品油	张**	2021-7-25	7-0018	FYBX-20210723	

电子发票号码查询

发票号码	是否报销	查看发票
00456789	6	查看报销记录

第4步 **自定义单元格格式**。最后自定义 L3 单元格格式，格式代码为“已报销”，那么 L3 单元格公式返回的任何数字都显示为“已报销”（错误值显示“未报销”）。最终效果如下图所示。

电子发票号码查询

发票号码	是否报销	查看发票
00456789	已报销	查看报销记录

本小节示例结果见“结果文件\第 6 章\电子发票报销记录 .xlsx”文件。

6.2 制作和管理记账凭证

记账凭证是指由财会人员根据审核无误的原始凭证或汇总原始凭证，对其经济业务的内容加以归类和整理，以此作为登记账簿依据的会计凭证。

在实际工作中，由于会计科目数量多达几百个，财务人员在填制记账凭证时如何快速准确地查找和选择与经济内容对口的会计科目就成为一大问题。对此，本节将针对要在填制记账凭证过程中容易出现纰漏的细节之处，运用 WPS 表格制作电子记账凭证模板，帮助财务人员快速高效地填制记账凭证。

6.2.1 整理会计科目表

构成记账凭证最基本的要素之一就是会计科目。在实际工作中，为了更详细、更准确地分类记录经济业务，通常会在统一的一级会计科目下设立明细科目。那么在填制记账凭证时，就要求呈现科目代码和级次完整的科目名称。因此，在制作记账凭证之前，首先要对原始会计科目表进行整理，并整合会计科目名称，方便后面填制记账凭证。

打开“素材文件\第6章\记账凭证.xlsx”文件，其中包含一张名称为“科目表”的工作表。“科目表”中的表格“会计科目表”中列示了一至三级会计科目共202个，如下图所示。

科目类别	科目级次	科目代码	科目名称		
			一级科目	二级科目	三级科目
资产	1	1001	库存现金		
资产	1	1002	银行存款		
资产	2	100201	银行存款	中国××银行××支行	
资产	1	1021	结算备付金		
资产	1	1031	存出保证金		
资产	1	1121	应收票据		
资产	2	112101	应收票据	乙公司	
资产	1	1122	应收账款		
资产	2	112201	应收账款	暂估	
资产	2	112202	应收账款	甲公司	
资产	2	112203	应收账款	乙公司	
资产	2	112204	应收账款	丙公司	
资产	2	112205	应收账款	丁公司	
资产	2	112206	应收账款	戊公司	

下面对会计科目名称进行整合，并将一级会计科目名称定义为名称，后面将使用名称创建下拉列表，以便在记账凭证中快速选择会计科目。

第1步 **整合会计科目代码和名称。** ❶ 在F列后添加一列（G列），在G4单元格中设置公式“=IFS(B4=1,C4&"-"&D4,B4=2,C4&"-"&D4&"-"&E4,B4=3,C4&"-"&D4&"-"&E4&"-"&F4)”，运用IFS函数判断B4单元格中的科目级次分别为“1”“2”“3”时，以不同的格式组合C4单元格中的科目代码与D4、E4和F4单元格中的科目名称；❷ 将G4单元格公式填充至G5:G205单元格区域中，效果如下图所示。

G4 =IFS(B4=1,C4&"-"&D4,B4=2,C4&"-"&D4&"-"&E4,B4=3,C4&" "&D4&"-"&E4&"-"&F4)

科目类别	科目级次	科目代码	科目名称			记账凭证科目名称
			一级科目	二级科目	三级科目	
资产	1	1001	库存现金			1001-库存现金
资产	1	1002	银行存款			1002-银行存款
资产	2	100201	银行存款	中国××银行××支行		100201-银行存款-中国××银行××支行
资产	1	1021	结算备付金			1021-结算备付金
资产	1	1031	存出保证金			1031-存出保证金
资产	1	1121	应收票据			1121-应收票据
资产	2	112101	应收票据	乙公司		112101-应收票据-乙公司
资产	1	1122	应收账款			1122-应收账款
资产	2	112201	应收账款	暂估		112201-应收账款-暂估
资产	2	112202	应收账款	甲公司		112202-应收账款-甲公司
资产	2	112203	应收账款	乙公司		112203-应收账款-乙公司
资产	2	112204	应收账款	丙公司		112204-应收账款-丙公司
资产	2	112205	应收账款	丁公司		112205-应收账款-丁公司
资产	2	112206	应收账款	戊公司		112206-应收账款-戊公司

第2步 **定义一级会计科目名称。** ❶ 将D列复制粘贴至I列，选中I列，单击【数据】选项卡中的【重复项】下拉按钮，选择下拉列表中的【删除重复项】命令；❷ 弹出【删除重复项】对话框，直接单击【删除重复项】按钮；❸ 合并I2与I3单元格，将I2单元格中的字段名称修改为“一级科目名称”，选中I2:I127单元格区域，单击【公式】选项卡中的【指定】按钮；❹ 弹出【指定名称】对话框，系统默认选中【首行】与【末行】复选框，这里应取消选中【末行】复选框，以首行内容作为名称，单击【确定】按钮关闭对话框；❺ 单击【公式】选项卡中的【名称管理器】按钮，打开同名对话框，将【一级科目名称】的引用位置修改为“=科目表!$I$4:$I$127”（后面创建下拉列表将引用这一名称，不应引用为空值的I3单元格），单击【关闭】按

钮关闭对话框，如下图所示。

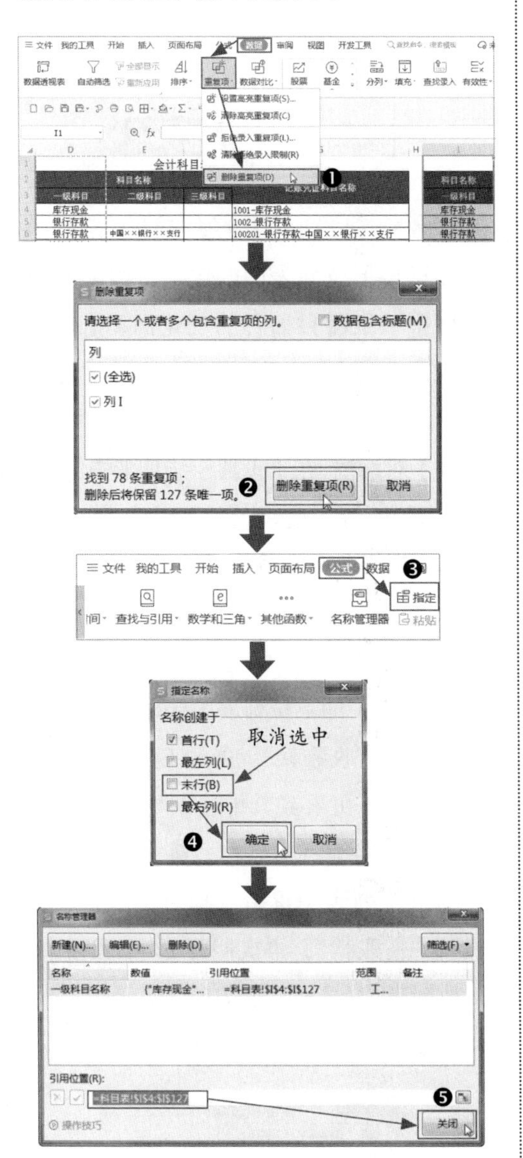

6.2.2 制作记账凭证录入表

记账凭证可以参考 6.1.1 小节中的电子收据，以单据形式制作。但是为了方便录入、统计和管理数据，本小节将制作一维表格，以表格形式录入每笔分录（后面会制作凭证打印样式单据），操作方法如下。

第1步 制作表格框架，设置基础格式。 ❶ 新建工作表，命名为“填制凭证”，在 A3:H12 单元格区域绘制表格框架，设置字段名称并将其创建为超级表；❷ 选中 B4:B12 单元格区域（“凭证号码”字段），设置自定义格式，格式代码为“0000”，输入号码后，将自动显示 4 位数，如下图所示。

第2步 创建一级科目下拉列表。 ❶ 选中 D4:D12 单元格区域，单击【数据】选项卡中的【有效性】按钮，打开【数据有效性】对话框，在【设置】选项卡下的【允许】下拉列表中选择【序列】选项；❷ 在【来源】文本框中输入“=一级科目名称”；❸ 单击【确定】按钮关闭对话框，如下图所示。

第3步 **定义动态明细科目名称。**❶ 选中E4单元格，单击【公式】选项卡中的【名称管理器】按钮打开同名对话框，单击【新建】按钮；❷ 弹出【新建名称】对话框，在【名称】文本框中输入名称“记账凭证明细科目”；❸ 在【引用位置】文本框中设置公式“=OFFSET(科目表!$G$2,MATCH(填制凭证!$D4,科目表!$D:$D,0)-2,0,COUNTIF(科目表!$D:$D,填制凭证!$D4))”；❹ 单击【确定】按钮关闭对话框，如下图所示。

温馨提示

E4单元格定义名称引用位置的公式原理如下。

① 运用OFFSET函数，以“科目表”工作表G2单元格为起点，向下偏移*n*行、向右偏移*n*列后，查找引用与D4单元格中相同的一级科目下的全部明细科目名称。

② OFFSET函数的第2个参数为向下偏移的行数，运用MATCH函数定位“填制凭证”工作表中D4单元格的一级科目名称在“科目表”工作表中D列区域的行数，减2是要减掉表头占用的两行。

③ OFFSET函数的第4个参数为偏移高度，运用COUNTIF函数统计D4单元格中的一级科目名称在“科目表”工作表D:D区域中的数量。也就是统计一级科目中明细科目的数量。

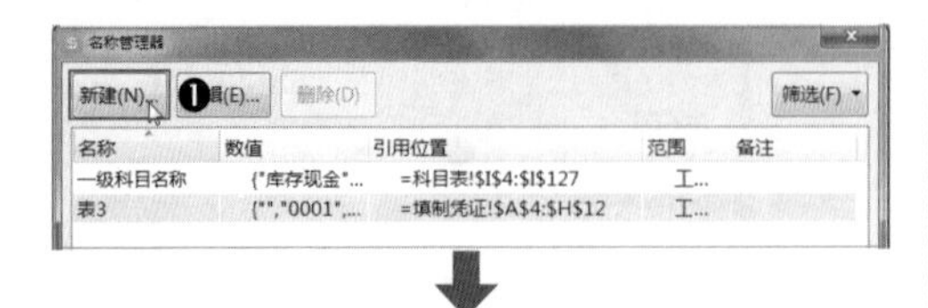

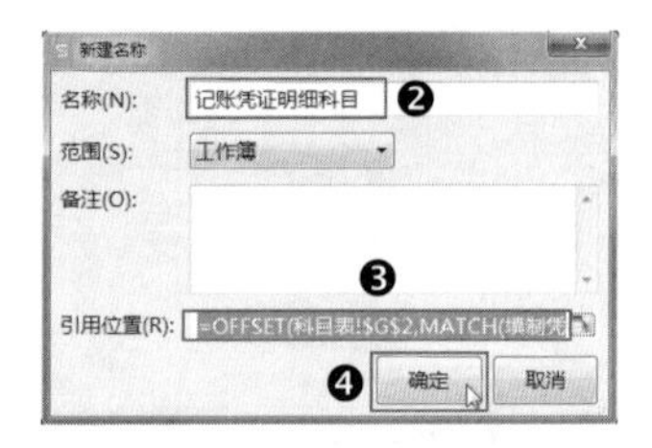

第4步 **创建联动明细科目下拉列表。**明细科目下拉列表中的选项将跟随D4单元格中一级科目名称的变化而动态变化。❶ 选中E4:E12单元格区域，单击【数据】选项卡中的【有效性】按钮打开【数据有效性】对话框，在【设置】选项卡中的【允许】下拉列表中选择【序列】选项；❷ 在【来源】文本框中输入第3步定义的名称“=记账凭证明细科目”；❸ 单击【确定】按钮关闭对话框；❹ 返回工作表，首先在D4单元格中的下拉列表中选择任意科目名称，如“应收账款”，展开E4单元格中的下拉列表，可看到其中选项均为“应收账款”下的明细科目名称；❺ 在D4单元格中的下拉列表中重新选择一个科目名称，如“应付账款”，再次展开E4单元格中的下拉列表，可看到其中选项全部变化为“应付账款”下的明细科目名称，如下图所示。

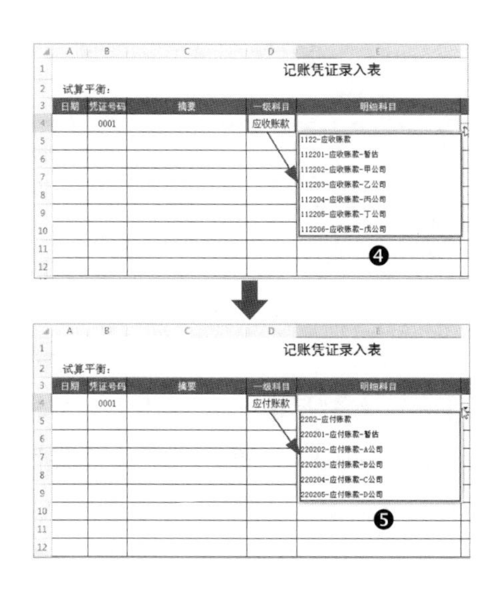

温馨提示

创建明细科目下拉列表时，也可以跳过定义名称这一步，直接在【数据有效性】对话框中将【序列】的【来源】设置为上述 OFFSET 函数公式即可。

第5步 设置试算平衡公式。❶ 在表格中填制一笔分录，在 C2 单元格中设置公式 “=IF(SUM(F4:F1000)=SUM(G4:G1000), " 借贷平衡√ "," 借贷不平衡 ×: 差异 "& ROUND(SUM(F4:F1000)-SUM(G4:G1000), 2))”，运用 IF 函数判断 F4:F1000 与 G4: G1000 单元格区域的合计数是否相等。若二者相等，返回文本“借贷平衡√”，否则返回文本“借贷不平衡 ×: 差异”并计算二者之间的差额；❷ 选中 C2 单元格，单击【开始】选项卡中的【条件格式】下拉按钮，在下拉列表中选择【新建规则】命令，打开【新建格式规则】对话框，在【选择规则类型】列表框中选择【使用公式确定要设置格式的单元格】选项，在【编辑规则说明】文本框中设置公式 “=NOT(C2=" 借贷平衡√ ")”，将满足条件的格式设置为红色粗体字体，如下图所示。

操作完成后，删除 G6 单元格中的贷方金额，即可看到 C2 单元格中呈现条件格式效果，如下图所示。

6.2.3 制作记账凭证打印模板

记账凭证打印模板的制作思路是另制一份专门用于打印纸质凭证的固定样式的表格，在其中设置函数公式根据指定的月份及凭证号码从“填制凭证”工作表查找与其匹配的全部相关内容，并引用至打印表格中。因此，打印表格同时也是凭证查询表。

本例需要运用多种函数设置公式并在跨表引用“填制凭证”工作表中的相关单元格，因此，公式相对较长。为了简化公式，易于理解，可以添加辅助列和辅助单元格，将复杂的长公式分解成数个简单的公式。同时，还可通过控件简化手工操作部分，具体操作方法如下。

第1步 **在记账凭证录入表中生成分录序号。**❶ 在“填制凭证”工作表中补充填制5月和6月的分录（当前共138条分录），在H列后面添加两列（I列和J列），在I4单元格中设置公式“=IF(B4="","-",MONTH(A4)&"-"&B4)”，运用MONTH函数计算A4单元格中日期的月份后与符号“-”及B4单元格中的凭证号码组合，如果B4单元格为空，则返回符号“-”。公式返回结果为“5-1”。❷ 在J4单元格中设置公式“=IF(B4="","-",I4&"-"&COUNTIF(I$4:I4,I4))”，运用COUNTIF函数统计I$4:I4单元格区域中，I4单元格中文本的数量，并与I4单元格中文本组合。如果B4单元格为空，则返回符号“-”。公式返回结果为“5-1-1”，代表5月第1号凭证的第1条分录。❸ 将I4:J4单元格区域公式填充至I5:I141单元格区域即可。公式效果如下图所示。

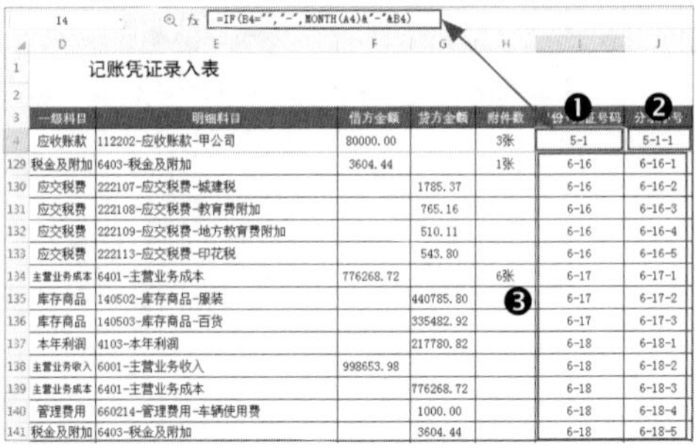

I4 =IF(B4="","-",MONTH(A4)&"-"&B4)

记账凭证录入表

	D	E	F	G	H	I	J
3	一级科目	明细科目	借方金额	贷方金额	附件数	份[illegible]证号码 ❶	分[illegible]号 ❷
4	应收账款	112202-应收账款-甲公司	80000.00		3张	5-1	5-1-1
129	税金及附加	6403-税金及附加	3604.44		1张	6-16	6-16-1
130	应交税费	222107-应交税费-城建税		1785.37		6-16	6-16-2
131	应交税费	222108-应交税费-教育费附加		765.16		6-16	6-16-3
132	应交税费	222109-应交税费-地方教育费附加		510.11		6-16	6-16-4
133	应交税费	222113-应交税费-印花税		543.80		6-16	6-16-5
134	主营业务成本	6401-主营业务成本	776268.72		6张	6-17	6-17-1
135	库存商品	140502-库存商品-服装		440785.80	❸	6-17	6-17-2
136	库存商品	140503-库存商品-百货		335482.92		6-17	6-17-3
137	本年利润	4103-本年利润		217780.82		6-18	6-18-1
138	主营业务收入	6001-主营业务收入	998653.98			6-18	6-18-2
139	主营业务成本	6401-主营业务成本		776268.72		6-18	6-18-3
140	管理费用	660214-管理费用-车辆使用费		1000.00		6-18	6-18-4
141	税金及附加	6403-税金及附加		3604.44		6-18	6-18-5

第2步 **绘制记账凭证打印模板的表格框架。**❶ 新建工作表，重命名为“打印凭证”，绘制表格框架，设置基础格式，在A1单元格中输入“5-1”，将单元格格式设置为“日期”类型下的“2001年3月”，使之显示为“2021年5月”；❷ 在D1单元格中输入数字“1”，将单元格格式自定义为“第0页”，使之显示为“第1页”；❸ 在A3单元格中输入任意一个凭证号码（如“4”），将单元格格式自定义为“记字　第0000号”，使之显示为“记字　第0004号”。其中，A2:D12单元格为记账凭证打印模板表格主体，A1、B1、C1和D1单元格及E5:E10单元格区域均为辅助单元格及区域，如下图所示。

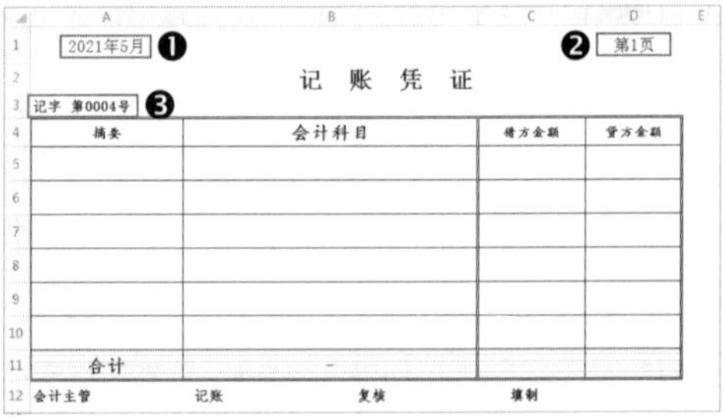

	A	B	C	D
1	2021年5月 ❶			❷ 第1页
2		记　账　凭　证		
3	记字　第0004号 ❸			
4	摘要	会计科目	借方金额	贷方金额
5				
6				
7				
8				
9				
10				
11	合计	-		
12	会计主管	记账	复核	填制

第3步 **在辅助单元格中设置公式。**❶ 在

B1单元格中设置公式“=COUNTIF(填制凭证!I:I,MONTH(A1)&"-"&A3)”，运用COUNTIF函数统计“填制凭证”工作表I:I区域中，A1单元格中日期的月份与符号“-”及A3单元格中的凭证号码组合后的文字的数量，也就是统计每一份记账凭证中分录的数量。公式返回结果为“3”，将单元格格式自定义为“共0条分录”，使之显示为“共3条分录”。❷ 在C1单元格中设置公式“=ROUNDUP(B1/6,0)”，运用ROUNDUP函数将B1单元格中的分录数量除以6的结果向上舍入为整数。这一公式的作用是按照每页打印6条分录的规则计算此份记账凭证的页数。公式返回结果为“1”，将单元格格式自定义为“共0页”，使之显示为“共1页”。❸ 在E5单元格中设置公式“=D1*6-5”，生成第1页第1条分录的序号“1”，在E6单元格中设置公式“=E5+1”，将E6单元格公式向下填充至E7:E10单元格区域中，即可依次生成分录序号，如下图所示。

第4步 **设置公式引用记账凭证表头信息。** ❶ 在B3单元格中设置公式“=IFERROR(VLOOKUP(MONTH($A$1)&"-"&A3&"-"&E5,IF({1,0},填制凭证!J:J,填制凭证!A:A),2,0),"")”，运用VLOOKUP函数在“填制凭证”工作表J列区域中逆向查找A1单元格中日期的月份与符号“-”和A3、E5单元格组合而成的文本，引用与之匹配的A列中的凭证日期。公式返回结果为日期序列号“44329”，将单元格格式设置为“日期”类型下的“2001年3月7日”，使之显示为“2021年5月13日”。❷ 在D3单元格中设置公式“=IFERROR(VLOOKUP(MONTH($A$1)&"-"&A3&"-"&E5,IF({1,0},填制凭证!J:J,填制凭证!H:H)，2,0),"")”，查找引用“填制凭证”工作表H:H列中的凭证附件张数。公式返回结果为“4”，将单元格格式自定义为“附件0张”，使之显示为“附件4张”。❸ 在D2单元格中设置公式“="第"&D1&"/"&C1&"页"”，将D1单元格的当前页数和C1单元格中的总页数与字符和符号组合。公式返回结果为“第1/1页”，如下图所示。

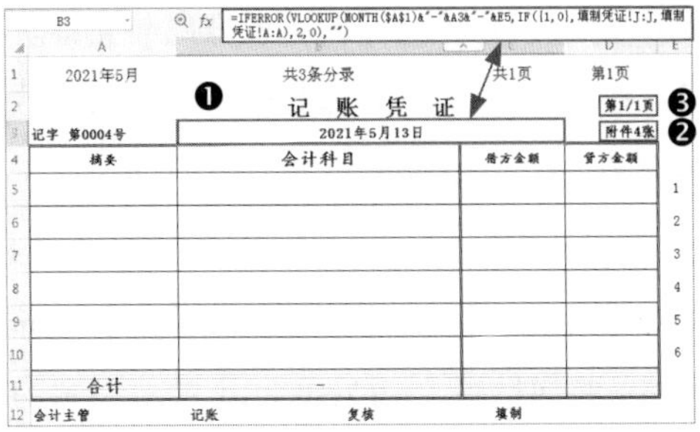

第5步 **设置公式引用记账凭证内容。** ❶ 在A5单元格中设置公式“=IFERROR

(VLOOKUP(MONTH($A$1)&"-"&$A$3&"-"&$E5,IF({1,0}, 填制凭证 !$J:$J, 填制凭证 !C:C),2,0),"")”，运用 VLOOKUP 函数查找引用“填制凭证”工作表中的凭证摘要信息；❷ 将 A5 单元格公式复制粘贴至 B5:D5 单元格区域中，将 B5 单元格公式中的“填制凭证 !D:D”修改为“填制凭证 !E:E”，将 C5 单元格公式中的“填制凭证 !E:E”修改为“填制凭证 !F:F”，将 D5 单元格公式中的“填制凭证 !F:F”修改为“填制凭证 !G:G”；❸ 将 A5:D5 单元格公式复制粘贴至 A6:D10 单元格区域中；❹ 最后运用 ROUND 和 SUM 函数组合计算借方和贷方金额合计数。公式效果如下图所示。

A5 fx =IFERROR(VLOOKUP(MONTH($A$1)&"-"&$A$3&"-"&$E5,IF({1,0},填制凭证!$J:$J,填制凭证!C:C),2,0),"")

	A	B	C	D	E
1	2021年5月	共3条分录	共1页	第1页	
2		记 账 凭 证		第1/1页	
3	记字 第004号	2021年5月13日		附件4张	
4	摘要	会计科目	借方金额	贷方金额	
5	确认收入和应收账款-丙公司	112204-应收账款-丙公司	250,000.00		1
6	确认收入和应收账款-丙公司	6001-主营业务收入		221,238.94	2
7	确认收入和应收账款-丙公司	22210102 应交税费-应交增值税-销项税额		28,761.06	3
8					4
9					5
10					6
11	合计	-	250,000.00	250,000.00	
12	会计主管	记账	复核	填制	

第6步 **制作控件控制凭证号码与凭证页数。** ❶ 单击【开发工具】选项卡中的【数值调节按钮】按钮绘制一个控件，用于控制凭证页数，右击控件后在快捷列表中选择【设置属性】命令激活【属性】任务窗格，将属性项【LinkedCell】的值设置为“打印凭证 !D1”（要控制的单元格），将属性项【Min】的值设置为“1”（最小页数）；❷ 再次绘制一个【数值调节按钮】控件，用于控制凭证号码，将属性项【LinkedCell】的值设置为“打印凭证 !A3”，将属性项【Min】的值设置为“1”，如下图所示。

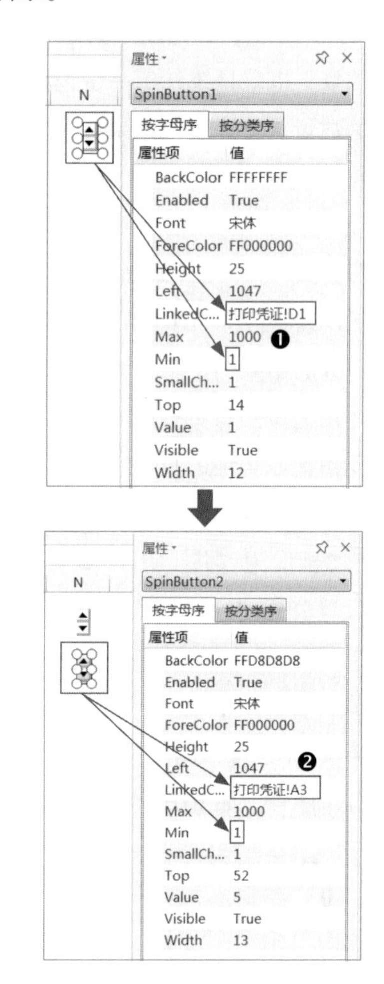

第7步 **设置打印效果。** 操作完成后，将 A2:D12 单元格区域设置为打印区域，将两个控件移至合适的位置，注意控制凭证号码的控件应放置在 A2:D12 单元格区域之外。最终效果如下图所示。

	A	B	C	D
1	2021年5月	共3条分录	共1页	第1页
2		记 账 凭 证		第1/1页
3	记字 第0004号	2021年5月13日		附件4张
4	摘要	会计科目	借方金额	贷方金额
5	确认收入和应收账款-丙公司	112204-应收账款-丙公司	250,000.00	
6	确认收入和应收账款-丙公司	6001-主营业务收入		221,238.94
7	确认收入和应收账款-丙公司	22210102 应交税费-应交增值税-销项税额		28,761.06
8				
9				
10				
11	合计	–	250,000.00	250,000.00
12	会计主管 记账	复核	填制	

第8步 **测试效果**。❶ 在 A1 单元格中输入“6-1”，返回“2021 年 6 月”，将 A3 单元格中的凭证号码调节为其他数字，如“12”，可看到记账凭证内容变化为 2021 年 6 月第 0012 号凭证内容；❷ 在“填制凭证”工作表中添加录入 1 份分录数量超过 6 条的 7 月的记账凭证；❸ 在“打印凭证”工作表的 A1 单元格中输入“7-1”，将 A3 单元格中的凭证号码调节为“1”，可看到记账凭证内容变化为 2021 年 7 月第 0001 号凭证的第 1 页内容；❹ 将 D1 单元格中的页数调节为“2”，则显示第 2 页内容，效果如下图所示。

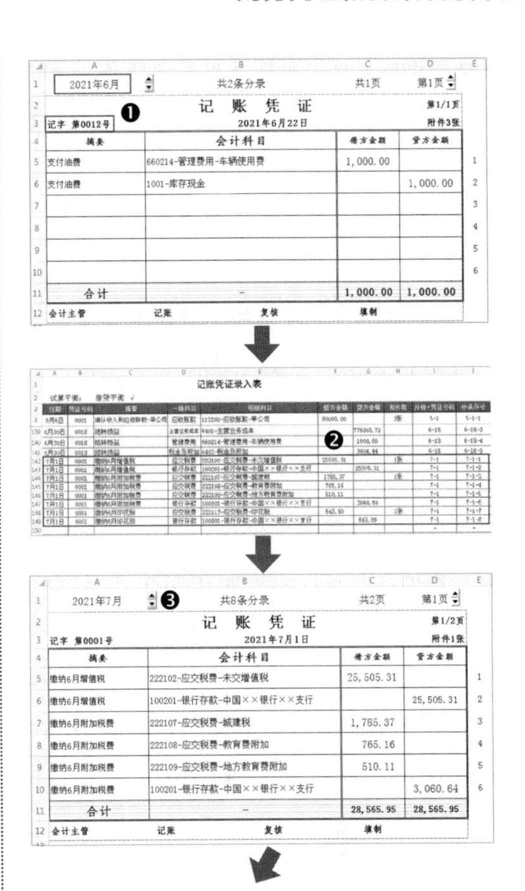

	A	B	C	D
1	2021年6月	共2条分录	共1页	第1页
2		记 账 凭 证		第1/1页
3	记字 第0012号	2021年6月22日		附件3张
4	摘要	会计科目	借方金额	贷方金额
5	支付油费	660214-管理费用-车辆使用费	1,000.00	
6	支付油费	1001-库存现金		1,000.00
7				
8				
9				
10				
11	合计	–	1,000.00	1,000.00
12	会计主管 记账	复核	填制	

	A	B	C	D
1	2021年7月	共8条分录	共2页	第1页
2		记 账 凭 证		第1/2页
3	记字 第0001号	2021年7月1日		附件1张
4	摘要	会计科目	借方金额	贷方金额
5	缴纳6月增值税	222102-应交税费-未交增值税	25,505.31	
6	缴纳6月增值税	100201-银行存款-中国××银行××支行		25,505.31
7	缴纳6月附加税费	222107-应交税费-城建税	1,785.37	
8	缴纳6月附加税费	222108-应交税费-教育费附加	765.16	
9	缴纳6月附加税费	222109-应交税费-地方教育费附加	510.11	
10	缴纳6月附加税费	100201-银行存款-中国××银行××支行		3,060.64
11	合计	–	28,565.95	28,565.95
12	会计主管 记账	复核	填制	

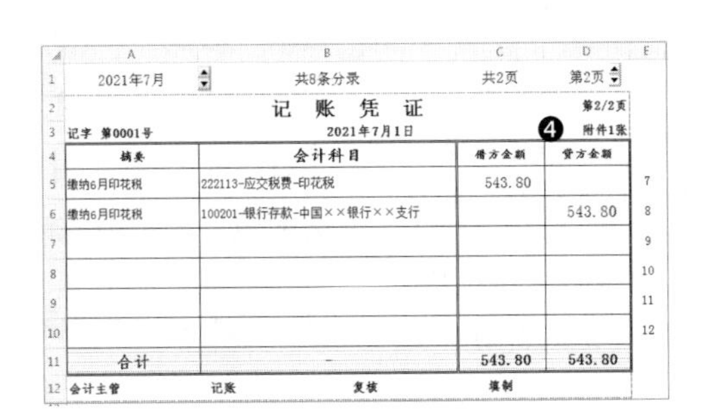

	A	B	C	D
1	2021年7月	共8条分录	共2页	第2页
2		记 账 凭 证		第2/2页
3	记字 第0001号	2021年7月1日		附件1张
4	摘要	会计科目	借方金额	贷方金额
5	缴纳6月印花税	222113-应交税费-印花税	543.80	
6	缴纳6月印花税	100201-银行存款-中国××银行××支行		543.80
7				
8				
9				
10				
11	合计	–	543.80	543.80
12	会计主管 记账	复核	填制	

本节示例结果见“结果文件 \ 第 6 章 \ 记账凭证 .xlsx”文件。

6.3 管理会计账簿

会计账簿包括总分类账、明细账、现金日记账、银行存款日记账、辅助账等。财务人员要做好各类会计账簿的管理工作，才能为期末编制财务报表提供全面、可靠的数据依据。因篇幅所限，也为简化制作过程和函数公式，本节将以明细账为例，制作与其作用相同的“科目明细查询汇总表”。同时，制作总分类账，设置函数公式，自动从科目汇总表中引用相关数据，帮助财务人员掌握运用 WPS 表格制作和管理会计账簿的实际应用方法。

6.3.1 制作科目明细查询汇总表

科目明细查询汇总表的作用是将在 6.2.2 小节中制作的“填制凭证”工作表中的每一条分录按照不同月份、一级科目名称或明细科目名称分类集中列示，并计算借方和贷方的合计数。制作原理是以查找引用函数为主力，根据辅助列和辅助单元格在“填制凭证”工作表和查询表中生成一个共同的关键字，查找符合条件的记账凭证的相关信息。下面介绍制作方法，并分享管理思路。

1. 在记账凭证中添加辅助列和单元格

本例查询记账凭证信息需进行跨表引用，因此，辅助列和辅助单元格主要在“填制凭证”工作表中添加，其作用就是生成一个查找与引用函数的第 1 个参数，即关键字。同时，本例将制作表单控件，配合公式控制“查询汇总表”指定单元格中返回一级科目或明细科目代码，以此在“填制凭证”工作表中生成动态关键字，操作方法如下。

第1步 **创建查询条件的下拉列表**。打开“素材文件\第 6 章\会计账簿 .xlsx”文件，其中包含 6.2 节中制作的 3 张工作表，即“科目表”、“填制凭证”和“打印凭证”工作表。❶ 新建一张工作表，命名为“科目明细查询汇总表”，在 A1:B2 和 D1:G2 单元格区域绘制表格，设置基础格式；❷ 在 A2 单元格中创建下拉列表，设置序列来源为“5,6,7”，在下拉列表中选择任意选项，如【5】，将单元格格式自定义为“2021 年 # 月”，使之显示为“2021 年 5 月”；❸ 在 D2 单元格中创建一级科目名称下拉列表，设置序列来源为“= 一级科目名称”，在下拉列表中选择任意选项，如【应交税费】；❹ 在 E2 单元格中创建明细科目名称下拉列表，设置序列来源为公式“=OFFSET(科目表 !$G$2,MATCH($D2, 科目表 !$D:$D,0)-2,0,COUNTIF(科目表 !$D:$D,$D2))”，公式含义请参考 6.2.2 小节定义名称“记账凭证明细科目”中引用位置的公式原理解析进行理解，效果如下图所示。

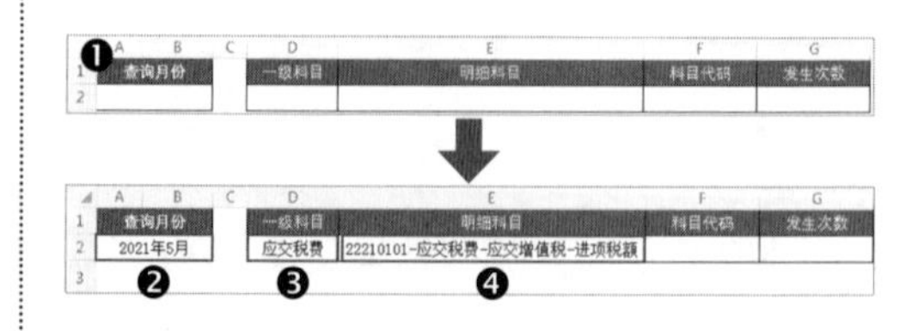

第2步 **制作控件控制显示科目代码**。❶ 单击【开发工具】选项卡中的【选项按钮】按钮◉，在工作表中绘制两个控件，

分别在【属性】任务窗格中将两个控件的属性项【Caption】(控件名称)的值分别设置为“一级科目”和“明细科目”，将【LinkedCell】(单元格链接)分别设置为“科目明细查询汇总表 !H1”和“科目明细查询汇总表 !H2”。❷ 将两个控件移至 H1 和 H2 单元格右侧，在 F2 单元格中设置公式“=LEFT(E2,IF(H1="true",4,FIND("-",E2)-1))”，运用 LEFT 函数从 E2 单元格中的明细科目名称中截取科目代码。截取长度由 IF 函数判断被控件控制的 H1 单元格中的值是否为“true”,若是,表明需要查询“一级科目”，即返回“4”；若为“false”，表明需要查询“明细科目”，则返回由 FIND 函数定位 E2 单元格文本中符号“-”所在位数的前一位。公式返回结果为“2221”。❸ 单击【明细科目】控件后，F2 单元格公式即返回“22210101”。如下图所示。

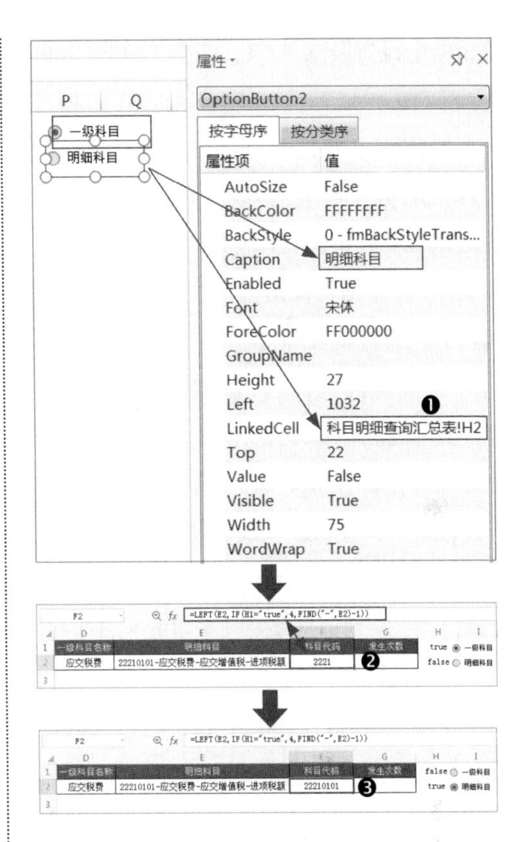

第3步 **在“填制凭证”工作表中添加辅助列和单元格生成科目代码序号。**❶ 切换至“填制凭证”工作表，在 J:J 区域后面添加 3 列辅助列，在 K1:M1 单元格区域添加辅助单元格，设置字段名称和基础格式；❷ 在 M1 单元格中设置公式“=LEN(科目明细查询汇总表 !F2)”，运用 LEN 函数计算“科目明细查询汇总表”工作表中 F2 单元格中科目代码的长度，公式返回结果为“8”；❸ 在 K4 单元格中设置公式“=IF(E4="","",IFERROR(LEFT(E4,FIND("-",E4)-1),""))”，主要运用 LEFT 函数截取 E4 单元格中科目名称的科目代码；❹ 在 L4

单元格中设置公式“=IF(E4="","",IFERROR(MONTH(A4)&"-"&LEFT(K4,M$1),""))”，公式的作用主要是将A4单元格中日期所属月份的数字与符号“-”，以及LEFT函数截取K4单元格文本中的科目代码，截取长度即为M1单元格公式计算得到的“科目明细查询汇总表”工作表中F2单元格中科目代码的长度，公式返回结果为“5-112202”（K4单元格中科目代码仅6位）；❺在M4单元格中设置公式“=IF(E4="","",L4&"-"&COUNTIF(L$4:L4,L4))”，公式主要运用COUNTIF函数统计“L$4:L4”单元格区域中L4单元格中科目代码的数量，再与L4单元格中的科目代码、符号“-”组合，即生成了科目代码序号，公式返回结果为“5-112202-1”；❻将K4:M4单元格区域公式填充至下面区域即可，如下图所示。

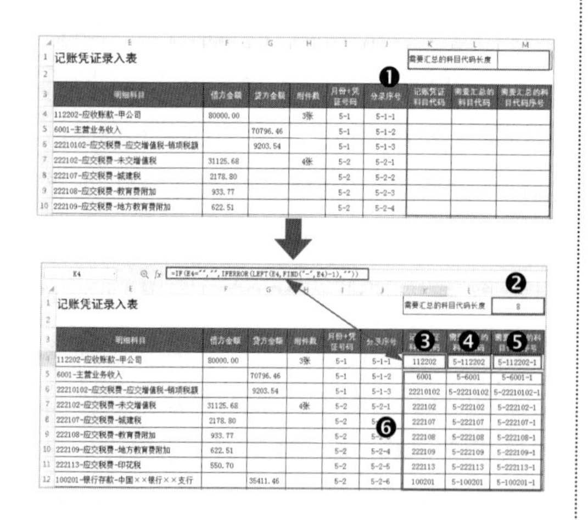
记账凭证录入表

明细科目	借方金额	贷方金额	附件数	月份+凭证号码	分录序号	记账凭证科目代码	需要汇总的科目代码	需要汇总的科目代码序号
112202-应收账款-甲公司	80000.00		3张	5-1	5-1-1			
6001-主营业务收入		70796.46		5-1	5-1-2			
22210102-应交税费-应交增值税-销项税额		9203.54		5-1	5-1-3			
222102-应交税费-未交增值税	31125.68		4张	5-2	5-2-1			
222107-应交税费-城建税	2178.80			5-2	5-2-2			
222108-应交税费-教育费附加	933.77			5-2	5-2-3			
222109-应交税费-地方教育费附加	622.51			5-2	5-2-4			

=IF(E4="","",IFERROR(LEFT(E4,FIND("-",E4)-1),""))

记账凭证录入表　　需要汇总的科目代码长度　8

明细科目	借方金额	贷方金额	附件数	月份+凭证号码	分录序号	记账凭证科目代码	需要汇总的科目代码	需要汇总的科目代码序号
112202-应收账款-甲公司	80000.00		3张	5-1	5-1-1	112202	5-112202	5-112202-1
6001-主营业务收入		70796.46		5-1	5-1-2	6001	5-6001	5-6001-1
22210102-应交税费-应交增值税-销项税额		9203.54		5-1	5-1-3	22210102	5-22210102	5-22210102-1
222102-应交税费-未交增值税	31125.68		4张	5-2	5-2-1	222102	5-222102	5-222102-1
222107-应交税费-城建税	2178.80			5-2	5-2-2	222107	5-222107	5-222107-1
222108-应交税费-教育费附加	933.77			5-2	5-2-3	222108	5-222108	5-222108-1
222109-应交税费-地方教育费附加	622.51			5-2	5-2-4	222109	5-222109	5-222109-1
222113-应交税费-印花税	550.70			5-2	5-2-5	222113	5-222113	5-222113-1
100201-银行存款-中国××银行××支行		35411.46		5-2	5-2-6	100201	5-100201	5-100201-1

第4步 **在“科目明细查询汇总表”工作表中统计科目发生次数**。切换至“科目明细查询汇总表”工作表，在G2单元格中设置公式“=COUNTIF(填制凭证!L:L,A2&"-"&F2)”，运用COUNTIF函数统计A2单元格中的数字与符号“-”，以及F2单元格中的科目代码组合而成的文本在“填制凭证”工作表的L列区域中的数量，即F2单元格中的科目代码的发生次数。公式返回结果为“5”，将G2单元格格式自定义为“0次”，使之显示为“5次”。这一单元格数据将在下一步被A8单元格公式引用，用于自动生成明细查询汇总表的序号，如下图所示。

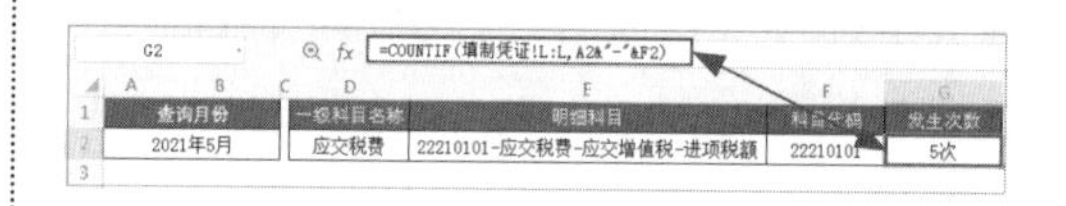
=COUNTIF(填制凭证!L:L,A2&"-"&F2)

查询月份	一级科目名称	明细科目	科目代码	发生次数
2021年5月	应交税费	22210101-应交税费-应交增值税-进项税额	22210101	5次

2. 制作记账凭证科目明细查询汇总表

下面制作全动态的记账凭证科目明细查询汇总表。达成效果：只需选中“一级科目”或“明细科目”控件，确定查询范围，再在A2、D2和E2单元格下拉列表中选择月份、一级科目名称和明细科目名称等查询条件，表格即自动列示“填制凭证”工作表记账凭证中符合以上条件的全部内容。

第1步 **自动生成序号**。❶切换至“科目明细查询汇总表”工作表，在A6:G107单元格区域绘制表格，用于列示科目明细内容，设置字段名称及基础格式，在A8单元格中设置公式“=IF(ROW()-7<=G$2,ROW()-7,"")”，运用IF函数判断表达式“ROW()-7”的数字是否小于或等于G2单

元格中的数字，若是，即返回这一表达式的结果，否则返回空值。公式的作用是根据 G2 单元格中的数字自动生成序号。其中，表达式“ROW()-7”的含义是运用 ROW 函数返回当前单元格所在的行数，减 7 是要减掉表头所占用的第 1~7 行。公式返回结果为“1”。❷ 将公式填充至 A9:A107 单元格区域。如下图所示。

第2步 **自动生成科目代码序号。**❶ 在 B8 单元格中设置公式“=IF($A8="","",A$2&"-"&F$2&"-"&A8)”，将 A2 单元格中的数字与 F2 单元格中的科目代码，以及 A8 单元格中的序号进行组合，即构成科目代码序号。公式返回结果为“5-22210101-1”，下一步将以此为关键字，在“填制凭证”工作表 L 列区域中查找相关凭证内容。❷ 将 B8 单元格公式填充至 B9:B107 单元格区域中。如下图所示。

第3步 **查找引用凭证内容。**❶ 在 D8 单元格中设置公式“=IF($A8="","",VLOOKUP($B8,IF({1,0}, 填制凭证 !$M:$M, 填制凭证 !B:B),2,0))”，运用 VLOOKUP 函数在“填制凭证”工作表中查找与 B8 单元格中的科目代码序号相同的数据，并返回与之匹配的 B 列区域中的凭证号码，D8 单元格公式返回结果为“1”，将 D8:D107 单元格区域的单元格格式自定义为“0000”，使 D8 单元格显示为“0001”；❷ 将 D8 单元格公式复制粘贴至 E8:G8 单元格区域中，将 F8 单元格公式中的表达式“填制凭证 !D:D”修改为“填制凭证 !F:F”，将 G8 单元格公式中的表达式“填制凭证 !E:E”修改为“填制凭证 !G:G”；❸ 将 D8:G8 单元格区域公式填充至 D9:G107 单元格区域中；❹ 运用 ROUND 和 SUM 函数组合在 F6 和 G6 单元格中设置公式，分别计算借方和贷方金额的合计数；❺ 在 A5 单元格中设置公式“="科目名称："&E2”，将文本“科目名称：”与 E2 单元格中的明细科目名称组合，生成动态副标题，如下图所示。

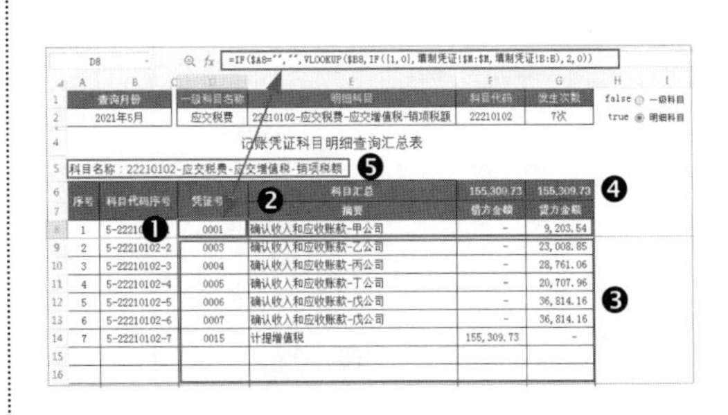

第4步 **设置条件格式自动添加表格框线。**

❶ 选中 A8:G107 单元格区域，取消表格框线，打开【新建格式规则】对话框，选择【选择规则类型】列表框中的【使用公式确定要设置格式的单元格】选项；❷ 在【编辑规则说明】文本框中输入公式“=$A8<>""”，其含义是 A8 单元格不为空值；❸ 单击【格式】按钮；❹ 弹出【单元格格式】对话框，切换至【边框】选项卡，单击【外边框】按钮；❺ 单击【确定】按钮，返回【新建格式规则】对话框，直接单击【确定】按钮关闭对话框即可，如下图所示。

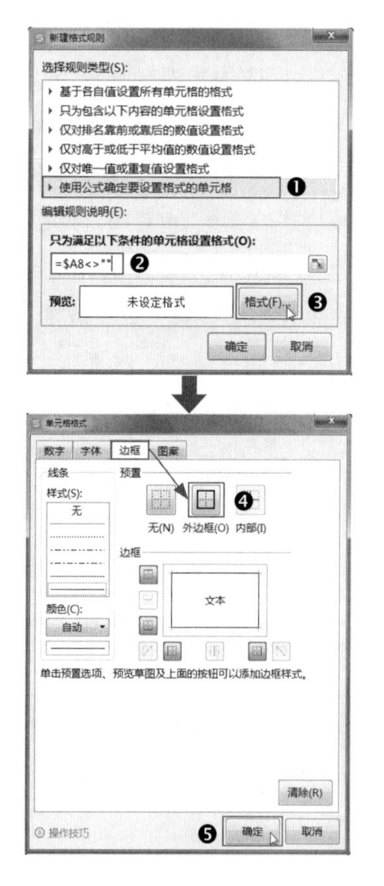

第5步 **查看设置的边框效果**。操作完成后，可看到 A8:G107 单元格区域中仅有数据的区域添加了表格框线，效果如下图所示。

查询月份	一级科目名称	明细科目	科目代码	发生次数
2021年5月	应交税费	22210102-应交税费-应交增值税-销项税额	22210102	7次

false ○ 一级科目
true ◉ 明细科目

记账凭证科目明细查询汇总表

科目名称：22210102-应交税费-应交增值税-销项税额

序号	科目代码序号	凭证号码	科目汇总	155,309.73	155,309.73
			摘要	借方金额	贷方金额
1	5-22210102-1	0001	确认收入和应收账款-甲公司	-	9,203.54
2	5-22210102-2	0003	确认收入和应收账款-乙公司	-	23,008.85
3	5-22210102-3	0004	确认收入和应收账款-丙公司	-	28,761.06
4	5-22210102-4	0005	确认收入和应收账款-丁公司	-	20,707.96
5	5-22210102-5	0006	确认收入和应收账款-戊公司	-	36,814.16
6	5-22210102-6	0007	确认收入和应收账款-戊公司	-	36,814.16
7	5-22210102-7	0015	计提增值税	155,309.73	-

第6步 **测试效果**。❶ 分别在 A2、D2 和 E2 单元格下拉列表中选择其他选项，可看到表格中数据的动态变化；❷ 选中【一级科目】选项按钮控件，可看到表格中列示出包含一级科目的全部凭证内容，效果如下图所示。

❶

查询月份	一级科目名称	明细科目	科目代码	发生次数
2021年6月	应收账款	112202-应收账款-甲公司	112202	2次

false ○ 一级科目
true ◉ 明细科目

记账凭证科目明细查询汇总表

科目名称：112202-应收账款-甲公司

序号	科目代码序号	凭证号码	科目汇总	90,000.00	200,000.00
			摘要	借方金额	贷方金额
1	6-112202-1	0001	确认收入和应收账款-甲公司	90,000.00	-
2	6-112202-2	0013	收到应收款	-	200,000.00

查询月份	一级科目名称	明细科目	科目代码	发生次数
2021年6月	应收账款	112202-应收账款-甲公司	1122	11次

true ◉ 一级科目
false ○ 明细科目

❷

记账凭证科目明细查询汇总表

科目名称：112202-应收账款-甲公司

序号	科目代码序号	凭证号码	科目汇总	1,130,000.00	75[illegible],000.00
			摘要	借方金额	贷方金额
1	6-1122-1	0001	确认收入和应收账款-甲公司	90,000.00	-
2	6-1122-2	0003	确认收入和应收账款-乙公司	180,000.00	-
3	6-1122-3	0004	确认收入和应收账款-丙公司	220,000.00	-
4	6-1122-4	0005	确认收入和应收账款-丁公司	150,000.00	-
5	6-1122-5	0006	确认收入和应收账款-戊公司	260,000.00	-
6	6-1122-6	0007	确认收入和应收账款-戊公司	230,000.00	-
7	6-1122-7	0013	收到应收款	-	200,000.00
8	6-1122-8	0013	收到应收款	-	150,000.00
9	6-1122-9	0013	收到应收款	-	120,000.00
10	6-1122-10	0013	收到应收款	-	180,000.00
11	6-1122-11	0013	收到应收款	-	100,000.00

6.3.2 制作科目汇总表

科目汇总表也称为“记账凭证汇总表”，是将每月填制的记账凭证中会计科目的借贷双方的发生额汇总至一个表格中，然后计算借方发生额合计数与贷方发生额合计数，二者相等即表明记账凭证数据正确。所以，科目汇总表也具备试算平衡的作用。

科目汇总表是登记总分类账的依据。因此，本小节首先制作科目汇总表，汇总“填制凭证”工作表中的数据。具体操作步骤如下。

第1步 **制作科目汇总表框架。**❶ 在“会计账簿”工作簿中新建一张工作表，重命名为“科目汇总表”，将“科目表”工作表中的表格复制粘贴至此表中，删除不需要的字段，运用选择性粘贴为数值的方法清除“记账凭证科目名称”字段下单元格区域中的公式，保留静态的科目名称，添加必要的字段并绘制表格框架，设置基础格式；❷ 在H2单元格中输入“5-31”，返回“2021-5-31”（由于“填制凭证”工作表中的凭证日期是从2021年5月开始，因此科目汇总表同样从5月开始），将单元格格式设置为“日期”类型下的“2001年3月”，使之显示为“2021年5月”，在I2单元格中设置公式“=H2”，直接引用H2单元格中的日期。初始效果如下图所示。

I2 fx =H2

科目汇总表

科目类别	科目级次	科目代码	科目名称 一级科目	记账凭证科目名称	借方	贷方	2021年5... 借方	2021年5月 贷方
损益	2	660212	管理费用	660212-管理费用-物管费				
损益	2	660213	管理费用	660213-管理费用-通讯费				
损益	2	660214	管理费用	660214-管理费用-车辆使用费				
损益	2	660215	管理费用	660215-管理费用-保险费				
损益	2	660216	管理费用	660216-管理费用-物流费				
损益	2	660217	管理费用	660217-管理费用-其他				
损益	1	6603	财务费用	6603-财务费用				
损益	2	660301	财务费用	660301-财务费用-手续费				
损益	2	660302	财务费用	660302-财务费用-利息收入				
损益	2	660303	财务费用	660303-财务费用-利息支出				
损益	2	660304	财务费用	660304-财务费用-汇兑损益				
损益	2	660305	财务费用	660305-财务费用-结算卡费用				
损益	2	660306	财务费用	660306-财务费用-其他				
损益	1	6604	勘探费用	6604-勘探费用				
损益	1	6701	资产减值损失	6701-资产减值损失				
损益	1	6711	营业外支出	6711-营业外支出				
损益	1	6801	所得税费用	6801-所得税费用				
损益	1	6901	以前年度损益调整	6901-以前年度损益调整				

第2步 **汇总2021年5月的科目发生额。**

❶ 在H5单元格中设置公式“=SUMIFS(填制凭证!$F:$F,填制凭证!$E:$E,IFS($B5=1,"*"&$D5&"*",$B5=2,"*"&SUBSTITUTE($E5,$C5&"-"&$D5&"-","")&"*",$B5=3,$E5),填制凭证!$A:$A,"<="&H$2)”，运用SUMIFS函数根据以下两组条件对“填制凭证”工作表F:F区域中的借方发生额进行求和。

- 条件1：表达式“填制凭证!$E:$E,IFS($B5=1,"*"&$D5&"*",$B5=2,"*"&SUBSTITUTE($E5,$C5&"-"&$D5&"-","")&"*",$B5=3,$E5)”，是指“填制凭证”工作表E:E区域（“明细科目”字段）中应当包含的文本。这一文本由IFS函数根据B5单元格中不同的科目级次返回。当级次为1时，返回“"*"&$D5&"*"”，其含义是只要包含D5单元格中的一级科目名称即可；当级次为2时，首先使用SUBSTITUTE函数将E5单元格明细科目名称中的科目代码、一级科目和三级科目名称、符号“-”全部替换为空值，仅保留二级科目名称，再在其前后添加通配符“*”，其含义是要求“填制凭证”工作表E:E区域中的明细科目名称包含二级科目即可；当级次为3时，直接即返回E5单元格中的明细科目名称。这样就可以分别汇总1～3级科目的借方发生额，而不会发生数据重复相加的错误。
- 条件2：表达式“填制凭证!$A:$A,

"<="&J$2"，是指“填制凭证”工作表 A:A 区域中的日期小于或等于 J2 单元格中的日期。

❷ 将 H5 单元格公式填充至 I5 单元格中，将表达式中的“填制凭证 !$F:$F”修改为“填制凭证 !$G:$G”，即可自动汇总“填制凭证”工作表 G:G 区域中 2021 年 5 月的贷方发生额。

❸ 将 H5:I5 单元格区域中的公式填充至 H6:I200 单元格区域中。

❹ 在 H4 单元格中设置公式“=SUMIF ($B$5:$B$200,1,H5:H200)”，运用 SUMIF 函数根据 B5:B200 单元格区域中的数字为“1”（即一级科目）这一条件计算 H5:I200 单元格区域中的借方发生额的合计数，将公式填充至 I4 单元格中，计算贷方发生额的合计数。注意在 H5:H200 单元格区域中一级科目的发生额正是其下所有明细科目发生额的合计数，因此在 H4 单元格中仅能对一级科目发生额进行求和。

结果如下图所示。

H5 =SUMIFS(填制凭证!$F:$F,填制凭证!$E:$E,IFS($B5=1,"*"&$D5&"*",$B5=2,"*"&SUBSTITUTE($E5,$C5&"-"&$D5&"-","")&"*",$B5=3,$E5),填制凭证!$A:$A,"<="&H$2)

科目汇总

科目类别	科目级次	科目代码	科目名称 一级科目	记账凭证科目名称	2021年5月 借方	2021年5月 贷方
资产	1	1001	库存现金	1001-库存现金 ❶	10,000.00	1,000.00 ❷
资产	1	1002	银行存款	1002-银行存款	750,000.00	518,972.68
资产	2	100201	银行存款	100201-银行存款-中国××银行××支行	750,000.00	518,972.68
资产	1	1121	应收票据	1121-应收票据	-	-
资产	2	112101	应收票据	112101-应收票据-乙公司	200,000.00	150,000.00
资产	1	1122	应收账款	1122-应收账款 ❸	1,350,000.00	750,000.00
资产	2	112201	应收账款	112201-应收账款-暂估	-	-
资产	2	112202	应收账款	112202-应收账款-甲公司	80,000.00	200,000.00
资产	2	112203	应收账款	112203-应收账款-乙公司	200,000.00	150,000.00
资产	2	112204	应收账款	112204-应收账款-丙公司	250,000.00	120,000.00
资产	2	112205	应收账款	112205-应收账款-丁公司	180,000.00	180,000.00
资产	2	112206	应收账款	112206-应收账款-戊公司	640,000.00	100,000.00

H4 =SUMIF($B$5:$B$200,1,H5:H200)

科目汇总 ❹

科目类别	科目级次	科目代码	科目名称 一级科目	记账凭证科目名称	2021年5月 借方	2021年5月 贷方
					5,782,664.72	5,782,664.72
资产	1	1001	库存现金	1001-库存现金	10,000.00	1,000.00
资产	1	1002	银行存款	1002-银行存款	750,000.00	518,972.68
资产	2	100201	银行存款	100201-银行存款-中国××银行××支行	750,000.00	518,972.68
资产	1	1121	应收票据	1121-应收票据	-	-
资产	2	112101	应收票据	112101-应收票据-乙公司	200,000.00	150,000.00
资产	1	1122	应收账款	1122-应收账款	1,350,000.00	750,000.00
资产	2	112201	应收账款	112201-应收账款-暂估	-	-
资产	2	112202	应收账款	112202-应收账款-甲公司	80,000.00	200,000.00
资产	2	112203	应收账款	112203-应收账款-乙公司	200,000.00	150,000.00
资产	2	112204	应收账款	112204-应收账款-丙公司	250,000.00	120,000.00
资产	2	112205	应收账款	112205-应收账款-丁公司	180,000.00	180,000.00
资产	2	112206	应收账款	112206-应收账款-戊公司	640,000.00	100,000.00

第3步 汇总其他月份的科目发生额。

❶ 复制 H:I 区域全部内容粘贴至 J:K 区域，在 J2 单元格中输入“6-30”，返回“2021 年 6 月”。❷ 在 J5 单元格的 SUMIFS 函数公式表达式中添加一组条件“填制凭证 !$A:$A,">"&H$2,”，即“填制凭证”A:A 区域中的日期大于 H2 单元格中的日期，完整的公式表达式为“=SUMIFS(填制凭证 !$F:$F, 填制凭证 !$E:$E,IFS($B5=1,"*"&$D5&"*",$B5=2,"*"&SUBSTITUTE($E5,$C5&"-"&$D5&"-","")&"*",$B5=3,$E5), 填制凭证 !$A:$A,">"&H$2, 填制凭证 !$A:$A,"<="&J$2)”，即可汇总“填制凭证”工作表中 2021 年 6 月的借方发生额。将公式填充至 K5 单元格中，同样将表达式中的“填制凭证 !$F:$F”修改为“填制凭证 !$G:$G”，汇总贷方发生额。❸ 将 J5:K5 单元格区域公式填充至 J6:K200 单元格区域中。❹ 将 J:K 区域复制粘贴至 L:M 区域中后，只需在 L2 单元格中输入“7-31”即可自动汇总“填制凭证”工作表中 2021 年 7 月的借方和贷方发生额。后面的月份录入记账凭证后，只需按照第 ❹ 步操作即

可自动汇总。如下图所示。

```
=SUMIFS(填制凭证!$F:$F,填制凭证!$E:$E,IFS($B5=1,"*"&$D5&"*",$B5=2,"*"&SUBSTITUTE($E5,$C5&"-"&$D5&"-","")&"*",$B5=3,$E5),填制凭证!$A:$A,">"&H$2,填制凭证!$A:$A,"<="&J$2)
```

科目汇总

科目类别	科目级次	科目代码	科目名称 一级科目	记账凭证科目名称	2021年6月 借方	2021年6月 贷方
					5,251,728.17	,251,728.17
资产	1	1001	库存现金	1001-库存现金	10,000.00	1,000.00
资产	1	1002	银行存款	1002-银行存款	750,000.00	540,855.01
资产	2	100201	银行存款	100201-银行存款-中国××银行××支行	750,000.00	540,855.01
资产	1	1121	应收票据	1121-应收票据	-	-
资产	2	112101	应收票据	112101-应收票据-乙公司	180,000.00	150,000.00
资产	1	1122	应收账款	1122-应收账款	1,130,000.00	750,000.00
资产	2	112201	应收账款	112201-应收账款-暂估	-	-
资产	2	112202	应收账款	112202-应收账款-甲公司	90,000.00	200,000.00
资产	2	112203	应收账款	112203-应收账款-乙公司	180,000.00	150,000.00
资产	2	112204	应收账款	112204-应收账款-丙公司	220,000.00	120,000.00
资产	2	112205	应收账款	112205-应收账款-丁公司	150,000.00	180,000.00
资产	2	112206	应收账款	112206-应收账款-戊公司	490,000.00	100,000.00

科目汇总

科目类别	科目级次	科目代码	科目名称 一级科目	记账凭证科目名称	2021年6月 借方	2021年6月 贷方	2021年7月 借方	2021年7月 贷方
					5,251,728.17	5,251,728.17	29,109.75	29,109.75
资产	1	1001	库存现金	1001-库存现金	10,000.00	1,000.00	-	-
资产	1	1002	银行存款	1002-银行存款	750,000.00	540,855.01	-	29,109.75
资产	2	100201	银行存款	100201-银行存款-中国××银行××支行	750,000.00	540,855.01	-	29,109.75
资产	1	1121	应收票据	1121-应收票据	-	-	-	-
资产	2	112101	应收票据	112101-应收票据-乙公司	180,000.00	150,000.00	-	-
资产	1	1122	应收账款	1122-应收账款	1,130,000.00	750,000.00	-	-
资产	2	112201	应收账款	112201-应收账款-暂估	-	-	-	-
资产	2	112202	应收账款	112202-应收账款-甲公司	90,000.00	200,000.00	-	-
资产	2	112203	应收账款	112203-应收账款-乙公司	180,000.00	150,000.00	-	-
资产	2	112204	应收账款	112204-应收账款-丙公司	220,000.00	120,000.00	-	-
资产	2	112205	应收账款	112205-应收账款-丁公司	150,000.00	180,000.00	-	-
资产	2	112206	应收账款	112206-应收账款-戊公司	490,000.00	100,000.00	-	-

第4步 汇总年初至指定月份科目发生额。

❶ 在 F2 单元格中输入“7-1”，返回“2021-7-1”（注意这里输入每月第 1 日的日期），将单元格格式自定义为“1—m 月合计”，使之显示为“1—7 月合计”，代表汇总 1 月至 7 月的科目发生额。

❷ 在 F5 单元格中设置公式“=SUMIFS($H5:$ZZ5,$H$3:$ZZ$3,F$3,$H$2:$ZZ$2,"<="&EOMONTH($F$2,))”，将公式填充至 G5 单元格中。

F5 单元格公式的作用是运用 SUMIFS 函数对符合以下两组条件的 H5:ZZ5 单元格区域中全部科目的借方发生额数据求和。

条件 1：H3:ZZ3 单元格区域中的文本与 F3 单元格中的文本“借方”相同。

条件 2：H2:ZZ2 单元格区域中的日期小于或等于 F2 单元格中日期所在月份的最末日期。

❸ 将 F5:G5 单元格区域公式填充至 F6:G200 单元格中，即可自动汇总各个会计科目 1 月至 7 月的贷方发生额。

❹ 将 H4 单元格中的公式向左填充至 G4 和 F4 单元格中，汇总 1 月至 7 月全部科目的贷方和借方发生额。

结果如下图所示。

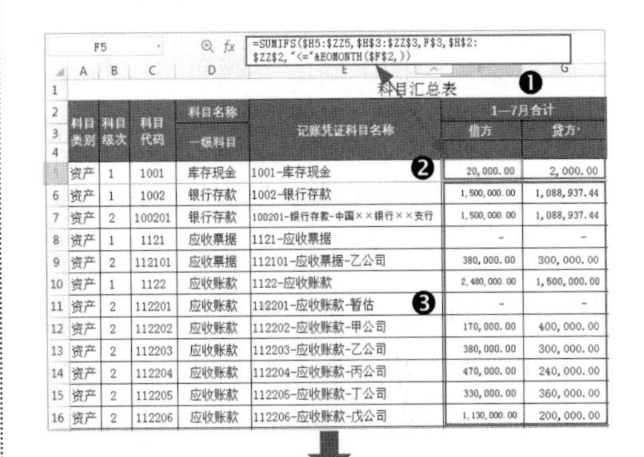

```
=SUMIFS($H5:$ZZ5,$H$3:$ZZ$3,F$3,$H$2:$ZZ$2,"<="&EOMONTH($F$2,))
```

科目汇总表

科目类别	科目级次	科目代码	科目名称 一级科目	记账凭证科目名称	1—7月合计 借方	1—7月合计 贷方
资产	1	1001	库存现金	1001-库存现金	20,000.00	2,000.00
资产	1	1002	银行存款	1002-银行存款	1,500,000.00	1,088,937.44
资产	2	100201	银行存款	100201-银行存款-中国××银行××支行	1,500,000.00	1,088,937.44
资产	1	1121	应收票据	1121-应收票据	-	-
资产	2	112101	应收票据	112101-应收票据-乙公司	380,000.00	300,000.00
资产	1	1122	应收账款	1122-应收账款	2,480,000.00	1,500,000.00
资产	2	112201	应收账款	112201-应收账款-暂估	-	-
资产	2	112202	应收账款	112202-应收账款-甲公司	170,000.00	400,000.00
资产	2	112203	应收账款	112203-应收账款-乙公司	380,000.00	300,000.00
资产	2	112204	应收账款	112204-应收账款-丙公司	470,000.00	240,000.00
资产	2	112205	应收账款	112205-应收账款-丁公司	330,000.00	360,000.00
资产	2	112206	应收账款	112206-应收账款-戊公司	1,130,000.00	200,000.00

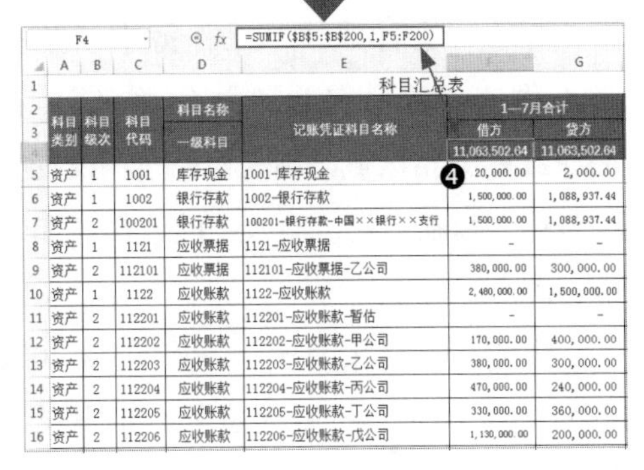

```
=SUMIF($B$5:$B$200,1,F5:F200)
```

科目汇总表

科目类别	科目级次	科目代码	科目名称 一级科目	记账凭证科目名称	1—7月合计 借方	1—7月合计 贷方
					11,063,502.64	11,063,502.64
资产	1	1001	库存现金	1001-库存现金	20,000.00	2,000.00
资产	1	1002	银行存款	1002-银行存款	1,500,000.00	1,088,937.44
资产	2	100201	银行存款	100201-银行存款-中国××银行××支行	1,500,000.00	1,088,937.44
资产	1	1121	应收票据	1121-应收票据	-	-
资产	2	112101	应收票据	112101-应收票据-乙公司	380,000.00	300,000.00
资产	1	1122	应收账款	1122-应收账款	2,480,000.00	1,500,000.00
资产	2	112201	应收账款	112201-应收账款-暂估	-	-
资产	2	112202	应收账款	112202-应收账款-甲公司	170,000.00	400,000.00
资产	2	112203	应收账款	112203-应收账款-乙公司	380,000.00	300,000.00
资产	2	112204	应收账款	112204-应收账款-丙公司	470,000.00	240,000.00
资产	2	112205	应收账款	112205-应收账款-丁公司	330,000.00	360,000.00
资产	2	112206	应收账款	112206-应收账款-戊公司	1,130,000.00	200,000.00

通过上图可以看到，各月及 1—7 月的借方和贷方合计数全部相等，表明记账凭证数据、汇总数据及函数公式正确无误。

6.3.3 制作总分类账

总分类账简称“总账”，是按照一级科目分类登记全部经济业务的账簿，用于核算总分类财务数据。总分类账能够全面、总括地反映和记录经济业务引起的资金流动和财务收支情况，并为编制会计报表提供数据。所以，任何单位都必须设置总分类账。

1. 制作总分类账

下面按照实务中规范的账表格式制作表格框架，根据不同的一级科目名称动态汇总“科目汇总表”中的累计金额。同时，由于科目汇总表与总分类账对数据汇总的方式有所不同，因此，将设置公式检验两张表格中的累计金额是否相等，以保证账表之间数据的一致性。具体操作方法如下。

第1步 **创建下拉列表，设置动态标题。**

❶ 在“会计账簿”工作簿中新建一张工作表，重命名为“总分类账”，在A3:F21单元格区域绘制表格框架，设置字段名称、基础格式，输入基础数据，如月份、摘要等内容。

由于“科目汇总表”中仅包含2021年5—7月的数据，因此总分类账中设置为自2021年5月起汇总数据。同时，期初余额均假定为“0”，在F4和F5单元格中直接输入数字“0”，在E4单元格中输入余额方向为“平”即可。

❷ 在A2单元格中创建下拉列表，设置下拉选项为“=一级科目名称”，在下拉列表中选择任意选项，如“银行存款”，将单元格格式自定义为“科目：@”。

❸ 在A1单元格中设置公式“=A2&"总账"”，将A2单元格中的一级科目名称与文本“总账”组合，构成总分类账的标题。

结果如下图所示。

❶

月份	摘要	借方	贷方	方向	余额
	上年结转	-	-	平	-
……	……	……	……		-
2021年5月	本月合计				
2021年5月	累计				
2021年6月	本月合计				
2021年6月	累计				
2021年7月	本月合计				
2021年7月	累计				
2021年8月	本月合计				
2021年8月	累计				
2021年9月	本月合计				
2021年9月	累计				
2021年10月	本月合计				
2021年10月	累计				
2021年11月	本月合计				
2021年11月	累计				
2021年12月	本月合计				
2021年12月	累计				

A1 fx =A2&"总账"

银行存款总账 ❸

科目：银行存款 ❷

月份	摘要	借方	贷方	方向	余额
	上年结转	-	-	平	-
……	……	……	……		-
2021年5月	本月合计				
2021年5月	累计				
2021年6月	本月合计				
2021年6月	累计				

第2步 **引用5月借贷双方的“本月合计”数据。** ❶ 在C6单元格中设置公式“=IFERROR(VLOOKUP($A$2,科目汇总!$D:$Z,MATCH($A6,科目汇总表!$2:$2,0)-3,0),0)”，运用VLOOKUP函数根据A2单元格中的一级科目名称，在“科目汇总表”工作表D:Z区域中查找与之匹配的借方合计数。

其中，VLOOKUP 函数的第 3 个参数代表指定区域 D:Z 中的列数，是运用 MATCH 函数根据 A6 单元格中的月份定位其位于“科目汇总表”工作表中的第 2 行中的列数，减 3 是要减掉不在 D:Z 区域中的 A2、B2 和 C2 单元格所占用的 3 列。❷ 将 C6 单元格公式填充至 D6 单元格中，将公式中 VLOOKUP 函数的第 3 个参数中的“-3“修改为“-2”，即可引用贷方合计数。如下图所示。

C6 =IFERROR(VLOOKUP($A$2,科目汇总表!$D:$Z,MATCH($A6,科目汇总表!$2:$2,0)-3,0),0)

银行存款总账

科目:银行存款

月份	摘要	借方	贷方	方向	余额
	上年结转	-	-	平	-
……	……	……	……		-
2021年5月	本月合计❶	750,000.00	518,972.68	❷	
2021年5月	累计				
2021年6月	本月合计				
2021年6月	累计				
2021年7月	本月合计				

第3步 计算 5 月余额并判断方向。❶ 在 F6 单元格中设置公式“=IF(B6=" 本月合计 ", ROUND(F4+C6-D6,2),0)”，运用 IF 函数判断 B6 单元格中的文本为“本月合计”时，即用 F4 单元格中的上期余额加 C6 单元格中的本月借方合计数后，再减 D6 单元格中的本月贷方合计数，即可得到本月“余额”数据；❷ 在 E6 单元格中设置公式“=IF(F6=0," 平 ",IF(F6>0," 借 "," 贷 "))”，运用 IF 函数判断 F6 单元格中的余额为 0 时，返回文本“平”，否则继续使用第 2 层 IF 函数判断 F6 单元格中的余额大于 0 时，返回文本“借”，否则返回“贷”（代表余额方向为借方或贷方），如下图所示。

E6 =IF(F6=0,"平",IF(F6>0,"借","贷"))

银行存款总账

科目:银行存款

月份	摘要	借方	贷方	方向	余额
	上年结转	-	-	平	-
……	……	……	……	❷	❶ -
2021年5月	本月合计	750,000.00	518,972.68	借	231,027.32
2021年5月	累计				
2021年6月	本月合计				
2021年6月	累计				

第4步 计算 5 月“累计”数及其他月份全部数据。❶ 在 C7 单元格中设置公式“=ROUND(SUM(C5:C6),2)”，计算 C5 单元格中的上期借方数据与 C6 单元格中的本月借方数据的合计数，即年初至 2021 年 5 月的累计借方数据，将公式填充至 D7 单元格中；❷ 将 C6:F7 单元格区域的全部内容复制粘贴至 C8:F21 单元格区域中，即可自动计算其他月份的相关数据，如下图所示。

C7 =ROUND(SUM(C5:C6),2)

银行存款总账

科目:银行存款

月份	摘要	借方	贷方	方向	余额
	上年结转	-	-	平	-
……	……	……	……		-
2021年5月	本月合计	750,000.00	518,972.68	借	231,027.32
2021年5月	累计❶	750,000.00	518,972.68		
2021年6月	本月合计	750,000.00	540,855.01	借	440,172.31
2021年6月	累计	1,500,000.00	1,059,827.69		
2021年7月	本月合计	-	29,109.75	借	411,062.56
2021年7月	累计	1,500,000.00	1,088,937.44		
2021年8月	本月合计	-	-	借	411,062.56
2021年8月	累计	1,500,000.00	1,088,937.44		
2021年9月	本月合计	-	-	借	411,062.56
2021年9月	累计❷	1,500,000.00	1,088,937.44		
2021年10月	本月合计	-	-	借	411,062.56
2021年10月	累计	1,500,000.00	1,088,937.44		
2021年11月	本月合计	-	-	借	411,062.56
2021年11月	累计	1,500,000.00	1,088,937.44		
2021年12月	本月合计	-	-	借	411,062.56
2021年12月	累计	1,500,000.00	1,088,937.44		

第5步 检验账表数据是否一致。❶ 在 A22 单元格中设置公式“=" 全年借方累计数账表 "&IF(C$21=VLOOKUP($A$2, 科目汇总表 !D:G,3,0)," 相符√ "," 不符 ×")”，

运用 IF 函数判断 C21 单元格中的累计数与 A2 单元格中的一级科目在“科目汇总表”中 D:G 区域中第 3 列的数字相等时，返回文本“相符√”，否则返回“不符×”，并与固定文本组合；❷ 在 D22 单元格中同理设置公式“=" 全年贷方累计数账表 "&IF(D$21=VLOOKUP($A$2, 科目汇总表 !D:G,4,0)," 相符√ "," 不符 ×")”，检验贷方账表数据，如下图所示。

A22 fx ="全年借方累计数账表"&IF(C$21=VLOOKUP($A$2,科目汇总表!D:G,3,0),"相符 √","不符 × ")

银行存款总账					
科目:银行存款					
月份	摘要	借方	贷方	方向	余额
	上年结转	-	-	平	-
……	……	……	……		-
2021年9月	本月合计	-	-	借	411,062.56
2021年9月	累计	1,500,000.00	1,088,937.44		
2021年10月	本月合计	-	-	借	411,062.56
2021年10月	累计	1,500,000.00	1,088,937.44		
2021年11月	本月合计	-	-	借	411,062.56
2021年11月	累计	1,500,000.00	1,088,937.44		
2021年12月	本月合计	-	-	借	411,062.56
2021年12月 ❶	累计	1,500,000.00	1,088,937.44		❷
全年借方累计数账表相符 √			全年贷方累计数账表相符 √		

2. 设置自定义格式将余额转负为“正”

在实务中，会计账簿里一般不允许出现负数，而是通过余额方向体现。同时，由于本节示例将期末余额的函数公式统一设置为“上期期末余额 + 本期借方发生额 – 本期贷方发生额”，那么，当余额在贷方时，即全部体现为负数。实务中的负债类、权益类科目余额在贷方时代表正数。例如，在 A2 单元格下拉列表中选择“应付账款”选项，可看到余额为负数（实际应表现为正数），余额方向为“贷”（正确），如下图所示。

应付账款总账					
科目:应付账款					
月份	摘要	借方	贷方	方向	余额
	上年结转	-	-	平	-
……	……	……	……		-
2021年5月	本月合计	470,000.00	910,000.00	贷	-440,000.00
2021年5月	累计	470,000.00	910,000.00		
2021年6月	本月合计	470,000.00	920,000.00	贷	-890,000.00
2021年6月	累计	940,000.00	1,830,000.00		
2021年7月	本月合计	-	-	贷	-890,000.00
2021年7月	累计	940,000.00	1,830,000.00		
2021年8月	本月合计	-	-	贷	-890,000.00
2021年8月	累计	940,000.00	1,830,000.00		
2021年9月	本月合计	-	-	贷	-890,000.00
2021年9月	累计	940,000.00	1,830,000.00		
2021年10月	本月合计	-	-	贷	-890,000.00
2021年10月	累计	940,000.00	1,830,000.00		
2021年11月	本月合计	-	-	贷	-890,000.00
2021年11月	累计	940,000.00	1,830,000.00		
2021年12月	本月合计	-	-	贷	-890,000.00
2021年12月	累计	940,000.00	1,830,000.00		
全年借方累计数账表相符 √			全年贷方累计数账表相符 √		

下面通过设置自定义格式隐藏负数符号，使负数显示为正数。

❶ 选中 F4:F21 单元格区域，按【Ctrl+1】快捷键打开【单元格格式】对话框，在【数字】选项卡下的【分类】列表框中选择【自定义】选项，在对应的【类型】文本框中输入格式代码“[<0]_##,##0.00;[=0]-”；❷ 单击【确定】按钮关闭对话框即可。

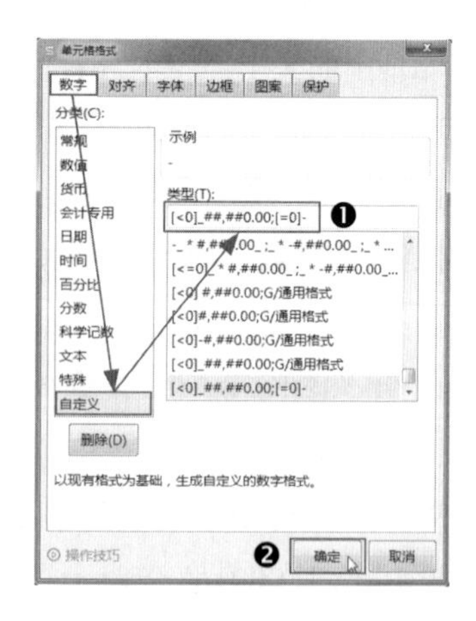

返回工作表，即可看到余额全部显示为正数，效果如下图所示。

	A	B	C	D	E	F
1	应付账款总账					
2	科目:应付账款					
3	月份	摘要	借方	贷方	方向	余额
4		上年结转	-	-	平	-
5	……	……	……	……		-
6	2021年5月	本月合计	470,000.00	910,000.00	贷	440,000.00
7	2021年5月	累计	470,000.00	910,000.00		
8	2021年6月	本月合计	470,000.00	920,000.00	贷	890,000.00
9	2021年6月	累计	940,000.00	1,830,000.00		
10	2021年7月	本月合计	-	-	贷	890,000.00
11	2021年7月	累计	940,000.00	1,830,000.00		
12	2021年8月	本月合计	-	-	贷	890,000.00
13	2021年8月	累计	940,000.00	1,830,000.00		
14	2021年9月	本月合计	-	-	贷	890,000.00
15	2021年9月	累计	940,000.00	1,830,000.00		
16	2021年10月	本月合计	-	-	贷	890,000.00
17	2021年10月	累计	940,000.00	1,830,000.00		
18	2021年11月	本月合计	-	-	贷	890,000.00
19	2021年11月	累计	940,000.00	1,830,000.00		
20	2021年12月	本月合计	-	-	贷	890,000.00
21	2021年12月	累计	940,000.00	1,830,000.00		
22	全年借方累计数账表相符 √			全年贷方累计数账表相符 √		

本节示例结果见“结果文件 \ 第 6 章 \ 会计账簿 .xlsx”文件。

高手支招

本章主要介绍和分享了如何综合运用 WPS 表格制作和管理财务凭证的操作方法和管理思路，希望能够帮助财务人员提升 WPS 表格的应用技能，并提高财务工作效率。下面结合本章内容，针对填制与管理财务凭证相关的细节，介绍几个实用技巧，帮助财务人员查漏补缺，进一步巩固学习成果。

01 快速输入相同小数位数的数字

在日常工作中，财务人员每天接触的数字几乎都包含小数，按照财务对数字格式的规范要求，应当统一将小数位数保留至小数点后两位。因此，无论是使用 WPS 表格还是专业的财务软件进行账务处理时，都需要手工输入大量包含两位小数的原始数据。频繁地手工操作，既耗时费力，也容易出现手误，从而影响工作效率。其实，在 WPS 表格中可以自动设置小数点位数，输入数字后将自动在指定位数前添加小数点。例如，要输入数字“800.00”，只需在单元格中直接录入“80000”即可。下面介绍设置方法。

第1步 **设置自动小数点位数**。打开“素材文件 \ 第 6 章 \ 记账凭证 1.xlsx”文件。❶ 选择【文件】选项卡下的【选项】命令打开【选项】对话框，切换至【编辑】选项卡，选中【自动设置小数点】复选框即可（默认小数位数为两位）；❷ 单击【确定】按钮关闭对话框，如下图所示。

第2步 **测试效果**。返回工作表，在任意单元格，如F7单元格中输入数字“3112568”，按【Enter】键后即可看到F7单元格中返回数字“31125.68”，效果如下图所示。

	F	G
1		
2		
3	借方金额	贷方金额
4	80000.00	
5		70796.46
6		9203.54
7	3112568	
8	2178.80	
9	933.77	
10	622.51	
11	550.70	
12		35411.46

	F	G
1		
2		
3	借方金额	贷方金额
4	80000.00	
5		70796.46
6		9203.54
7	31125.68	
8	2178.80	
9	933.77	
10	622.51	
11	550.70	
12		35411.46

02 快速批量调整表格列宽

在实际工作中，当单元格中输入的数据宽度超过单元格的默认宽度，如果是文本，单元格无法完整显示其内容，如果是数字，单元格内显示为“####……”，如下图所示。

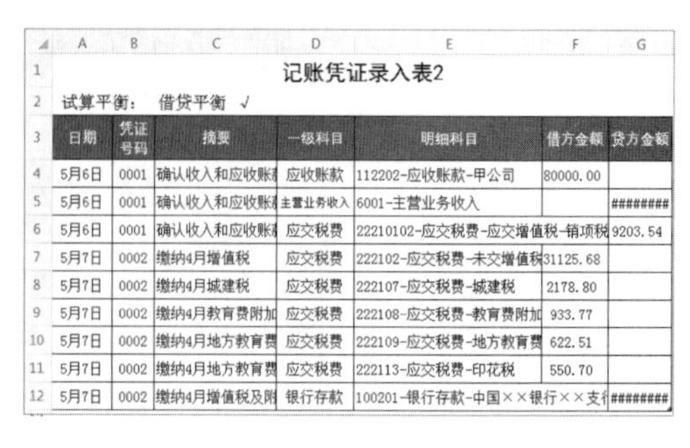

	A	B	C	D	E	F	G
1	记账凭证录入表2						
2	试算平衡:	借贷平衡 √					
3	日期	凭证号码	摘要	一级科目	明细科目	借方金额	贷方金额
4	5月6日	0001	确认收入和应收账	应收账款	112202-应收账款-甲公司	80000.00	
5	5月6日	0001	确认收入和应收账	主营业务收入	6001-主营业务收入		########
6	5月6日	0001	确认收入和应收账	应交税费	22210102-应交税费-应交增值税-销项税		9203.54
7	5月7日	0002	缴纳4月增值税	应交税费	222102-应交税费-未交增值税	31125.68	
8	5月7日	0002	缴纳4月城建税	应交税费	222107-应交税费-城建税	2178.80	
9	5月7日	0002	缴纳4月教育费附加	应交税费	222108-应交税费-教育费附加	933.77	
10	5月7日	0002	缴纳4月地方教育费	应交税费	222109-应交税费-地方教育费	622.51	
11	5月7日	0002	缴纳4月地方教育费	应交税费	222113-应交税费-印花税	550.70	
12	5月7日	0002	缴纳4月增值税及附	银行存款	100201-银行存款-中国××银行××支行		########

对此，一般的操作方法是将鼠标指针移至列标上，拖曳鼠标将其调整至合适的宽度。但是，这种方法只能逐列调整宽度，若需要调整的列较多，就会影响工作效率。其实，只需一个操作即可快速批量调整列宽，操作方法如下。

打开“素材文件\第6章\记账凭证2.xlsx”文件。在“填制凭证”工作表中选中C:G列区域，单击【开始】选项卡中的【行和列】下拉按钮，在下拉列表中选择【最适合的列宽】命令，如下图所示。

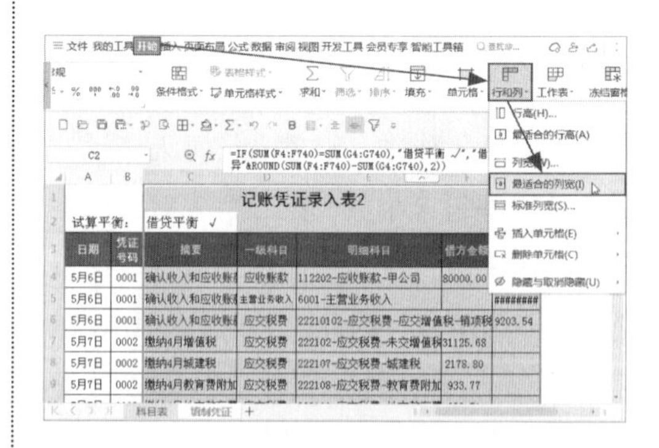

设置完成后，可看到C:G列区域中各列宽度已经全部调整完毕，效果如下图所示。

记账凭证录入表2						
试算平衡：		借贷平衡 √				
日期	凭证号码	摘要	一级科目	明细科目	借方金额	贷方金额
5月6日	0001	确认收入和应收账款-甲公司	应收账款	112202-应收账款-甲公司	80000.00	
5月6日	0001	确认收入和应收账款-甲公司	主营业务收入	6001-主营业务收入		70796.46
5月6日	0001	确认收入和应收账款-甲公司	应交税费	22210102-应交税费-应交增值税-销项税额		9203.54
5月7日	0002	缴纳4月增值税	应交税费	222102-应交税费-未交增值税	31125.68	
5月7日	0002	缴纳4月城建税	应交税费	222107-应交税费-城建税	2178.80	
5月7日	0002	缴纳4月教育费附加	应交税费	222108-应交税费-教育费附加	933.77	
5月7日	0002	缴纳4月地方教育费附加	应交税费	222109-应交税费-地方教育费附加	622.51	
5月7日	0002	缴纳4月地方教育费附加	应交税费	222113-应交税费-印花税	550.70	
5月7日	0002	缴纳4月增值税及附加税费	银行存款	100201-银行存款-中国××银行××支行		35411.46

示例结果见“结果文件\第 6 章\记账凭证 2.xlsx”文件。

03 字体大小随列宽放大或缩小

在实际工作中，如果单元格中的字符较长，虽然可采用上文介绍的方法快速调整列宽，但是在某些工作场景中并不适用。例如，表格列宽已经调整为最适合字符长度的列宽，同时也最适合打印纸质表格。如果需要继续加大列宽，那么就会超过打印纸张的宽度，导致一页纸张无法完整打印一页内容。

如下图所示，因 B2 单元格中的字符长度大于列宽而导致内容无法完整显示。但是调整列宽后，在打印预览界面可看到一页纸张无法完整打印表格。

B2　fx　××市××超市商贸有限公司××分公司

收　据　　No:20210001

交款单位(个人):××市××超市商贸有限公司×　收款日期：2021 年 5月 18日

收款项目	单位	数量	单价	十	万	千	百	十	元	角	分	收款方式
		4	65.00				2	6	0	0	0	其他
		3	322.60				9	6	7	8	0	现金
		2	326.28				6	5	2	5	6	其他
		2	5165.26		1	0	3	3	0	5	2	转账
合计					1	2	2	1	0	8	8	-

合计(大写):人民币壹万贰仟贰佰壹拾元捌角捌分

备注：微信收款260元、支付宝收款652.56元

会计：　出纳：　经办人：

第一联：存根　第二联：收据

收　据　　No:20

交款单位(个人):××市××超市商贸有限公司××分公司　收款日期：2021 年 5

收款项目	单位	数量	单价	十	万	千	百	十	元	角	分
		4	65.00				2	6	0	0	0
		3	322.60				9	6	7	8	0
		2	326.28				6	5	2	5	6
		2	5165.26		1	0	3	3	0	5	2
合计					1	2	2	1	0	8	8

合计(大写):人民币壹万贰仟贰佰壹拾元捌角捌分

备注：微信收款260元、支付宝收款652.56元

会计：　出纳：　经办人：

对此，可从单元格中的字体着手进行调整，使其随列宽自动放大或缩小，操作方法如下。

打开“素材文件\第 6 章\收据管理 1.xlsx”文件。❶ 选中 B2 单元格，按【Ctrl+1】快捷键打开【单元格格式】对话框，在【对齐】选项卡下的【文本控制】选项组中选中【缩小字体填充】复选框；❷ 单击【确定】按钮关闭对话框，如下图所示。

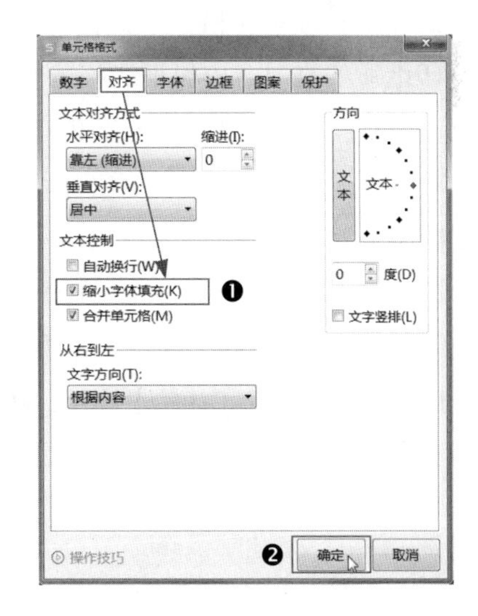

操作完成后，可看到 B2 单元格中字符字体已自动缩小，并完整显示全部内容，效果如下图所示。

B2 fx ××市××超市商贸有限公司××分公司

收　据　　No:20210001

交款单位(个人)：××市××超市商贸有限公司××分公司　　收款日期：2021 年 5月 18日

收款项目	单位	数量	单价	金额								收款方式
				十	万	千	百	十	元	角	分	
		4	65.00				2	6	0	0	0	其他
		3	322.60				9	6	7	8	0	现金
		2	326.28				6	5	2	5	6	其他
		2	5165.26		1	0	3	3	0	5	2	转账
合计					1	2	2	1	0	8	8	-

第一联：存根　第二联：收据

合计(大写)：人民币壹万贰仟贰佰壹拾元捌角捌分

备注：微信收款260元、支付宝收款652.56元

会计：　　出纳：　　经办人：

示例结果见“结果文件\第6章\收据管理1.xlsx”文件。

04 打印表格时不打印单元格填充色

财务人员在编辑工作表时，由于数据量非常大，为了方便查看数字，通常会对部分单元格设置填充色或设置条件格式，以突出显示目标单元格中的数据。但是，在打印纸质表格时，应保证表格的整洁、规范，因此应注意不要将填充颜色打印出来。对此通过设置，可实现单色打印，操作方法如下。

打开“素材文件\第6章\电子发票报销记录1.xlsx”文件。❶ 单击【页面布局】选项卡中的【打印标题】按钮；❷ 弹出【页面设置】对话框，在【工作表】选项卡中选中【单色打印】复选框；❸ 单击【确定】按钮关闭对话框，如下图所示。

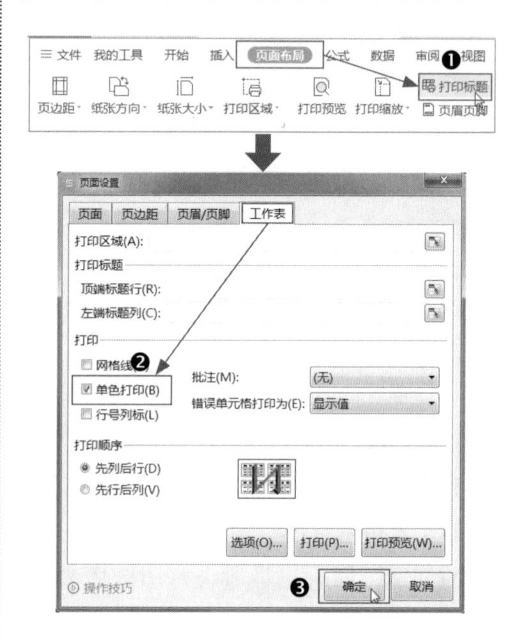

返回工作表，打开【打印预览】页面，即可看到打印效果，如下图所示。

电子发票报销记录1

发票日期	发票号码	发票金额	费用项目	报销人	报销日期	凭证号码	报销单号	备注
2021-4-1	00123456	¥280.00	税控服务费	黄**	2021-4-8	4-0016	FYBX-20210401	
2021-4-7	00234567	¥600.00	成品油	金**	2021-4-10	4-0016	FYBX-20210402	
2021-5-8	00345678	¥150.00	快递费	胡**	2021-5-10	5-0010	FYBX-20210506	
2021-6-10	00456789	¥300.00	办公用品	龙**	2021-6-15	6-0008	FYBX-20210608	
2021-6-18	00567891	¥580.00	招待费	冯**	2021-6-20	6-0008	FYBX-20210620	
2021-7-15	02345678	¥96.00	快递费	王**	2021-7-18	7-0018	FYBX-20210711	
2021-7-22	07802345	¥1,200.00	成品油	张**	2021-7-25	7-0018	FYBX-20210723	

示例结果见“结果文件\第6章\电子发票报销记录1.xlsx”文件。

WPS

第7章

实战
固定资产管理

本章导读

固定资产是指企业为生产产品、提供劳务、出租或者经营管理而持有的、使用时间超过12个月的，价值达到一定标准的非货币性资产，包括房屋、建筑物、机器、机械、运输工具及其他与生产经营活动有关的设备、器具、工具等。固定资产在生产经营过程中可以长期发挥作用，是企业的主要资产。因此，加强固定资产管理，对于保障固定资产的安全性和完整性，提高企业生产能力和经济效益，有着重大的意义。

在实际工作中，固定资产所包含的信息量较大，而且其价值会随着企业生产经营活动以折旧的方式逐渐地转移到经营成本中，因此，管理好每一项固定资产并准确核算固定资产的折旧额对于财务人员来说是一件相当烦琐的工作。

本章将介绍如何运用WPS表格制作一系列表格，科学管理固定资产，动态计算各种折旧方式下的折旧额，帮助财务人员将这项工作化繁为简，轻松高效地完成工作目标。

知识要点

- 制作固定资产入账登记表的方法
- 计算固定资产折旧起止日期的方法
- 制作动态固定资产卡片的方法
- 按月份动态计算固定资产折旧额的方法
- 制作动态固定资产折旧明细表的思路和方法

7.1 制作固定资产登记表和卡片

固定资产的原始信息十分重要，记录是否完善、准确将会影响后期计算折旧、期间费用及相关财务数据的准确性。所以，财务人员在对固定资产进行入账登记时，应当尽可能记录和管理好每项资产的相关信息，以便在后续计算和管理时有据可依，有账可查。本节将制作固定资产登记表与“卡片”式的动态查询表，既可快速查询固定资产信息，也方便打印纸质卡片。

7.1.1 创建固定资产入账登记表

制作固定资产入账登记表其实非常简单，只需录入基本原始信息，如固定资产名称、规格型号、入账日期、用途、折旧年限、折旧方法等。其他相关信息均可设置函数公式自动计算。如预计净残值、折旧期数、折旧起止日期等，操作方法如下。

第1步 **绘制表格框架**。新建工作簿，命名为“固定资产登记表”，将“Sheet1”工作表重命名为“资产记录”，绘制表格框架并设置字段名称、基础格式。其中，“辅助列”字段中的数据将作为在固定资产卡片中查询信息的关键字。对“资产用途”“使用部门”“折旧方法”字段分别创建下拉列表，序列来源如下图所示。

资产用途	使用部门	折旧方法
自用	—	直线法
出租	生产部	年数总和法
	行政部	双倍余额递减法
	销售部	工作量法
	财务部	
	物流部	

第2步 **填入原始信息**。表格框架制作完成后，预先填入固定资产原始信息，如下图所示。

××公司固定资（产入账登记表）

	A	B	C	D	E	F	G	H	I
2	序号	资产编号	卡片编号	资产名称	辅助列	规格型号	发票号码	入账日期	资产用途
3				××办公设备01		HT5182	12345678	2020-3-12	自用
4				××办公设备02		HT5163	23456789	2020-3-20	自用
5				××生产设备01		HT5198	34567890	2020-4-11	出租
6				××生产设备02		HT5159	45678901	2020-6-20	自用
7				××生产设备03		HT5167	56789012	2020-11-15	出租
8				××汽车		HT5135	67890123	2021-3-10	自用

资产入账登记表

	J	K	L	M	N	O	P	Q	R
2	使用部门	使用年限	资产原值	预计净残值(5%)	折旧基数	折旧方法	折旧期数	起始日期	终止日期
3	行政部	3	60,000.00			直线法			
4	销售部	6	65,000.00			双倍余额递减法			
5	—	8	80,000.00			直线法			
6	生产部	10	300,000.00			年数总和法			
7	—	6	150,000.00			直线法			
8	物流部	8	120,000.00			工作量法			

第3步 **自动生成序号、资产编号和卡片编号**。❶在A3单元格中设置公式“=IF(D3="","",COUNTA(D$3:D3))”，运用IF函数判断D3单元格为空时，返回空值，否则运用COUNTA函数统计D$3:D3单元格区域中包含文本的单元格数量，即可自动生成序号。❷在B3单元格中设置公式“=TEXT(A3,"ZC000")”，运用TEXT函数将A3单元格中的序号转换为指定格式。❸在C3单元格中设置公式“=IF(I3="自用",1,2)&TEXT(COUNTIF(I$3:I3,I3),"000")”，运用IF函数根据I3单元格中所设定的资产用途（“自用”或“出租”）返回数字“1”

或“2”，再与 TEXT 函数的第 1 个参数即表达式“COUNTIF(I$3:I3,I3)”统计得到的“自用”的数量所转换的格式进行组合。公式返回结果为“1001”。如果 I3 单元格中设定的用途为“出租”，则返回“2001”，依此类推。❹ 将 A3:C3 单元格区域公式填充至 A4:C8 单元格区域中。❺ 在 E3 单元格中设置公式“=C3&" "&B3&"—"&D3”，将卡片编号、资产编号、符号“—”与资产名称组合，作为后面在固定资产卡片中查询信息的关键字，将公式填充至 E4:E8 单元格中。效果如下图所示。

C3 =IF(I3="自用",1,2)&TEXT(COUNTIF(I$3:I3,I3),"000")

××公司固定资

序号	资产编号	卡片编号	资产名称	辅助列	规格型号	发票号码	入账日期	资产用途
1	ZC001	1001	××办公设备01	1001 ZC001—××办公设备01	HT5182	12345678	2020-3-12	自用
2	ZC002	1002	××办公设备02	1002 ZC002—××办公设备02	HT5163	23456789	2020-3-20	自用
3	ZC003	2001	××生产设备01	2001 ZC003—××生产设备01	HT5198	34567890	2020-4-11	出租
4	ZC004	1003	××生产设备02	1003 ZC004—××生产设备02	HT5159	45678901	2020-6-20	自用
5	ZC005	2002	××生产设备03	2002 ZC005—××生产设备03	HT5167	56789012	2020-11-15	出租
6	ZC006	1004	××汽车	1004 ZC006—××汽车	HT5135	67890123	2021-3-10	自用

第4步 计算预计净残值和折旧基数。 ❶ 在 M3 单元格中设置公式“=ROUND(L3*0.05,2)”，用资产原值 × 预计净残值率 5% 计算预计净残值；❷ 在 N3 单元格中设置公式“=ROUND(L3-M3,2)”，用资产原值减掉预计净残值，得到折旧基数；❸ 将 M3:N3 单元格区域公式填充至 M4:N9 单元格区域中，效果如下图所示。

M3 =ROUND(L3*0.05,2)

资产入账登记表

使用部门	使用年限	资产原值	预计净残值(5%)	折旧基数	折旧方法	折旧期数	起始日期	终止日期
行政部	3	60,000.00	3,000.00	57,000.00	直线法			
销售部	6	65,000.00	3,250.00	61,750.00	双倍余额递减法			
—	8	80,000.00	4,000.00	76,000.00	直线法			
生产部	10	300,000.00	15,000.00	285,000.00	年数总和法			
—	6	150,000.00	7,500.00	142,500.00	直线法			
物流部	8	120,000.00	6,000.00	114,000.00	工作量法			

第5步 计算折旧期数和起止日期。 ❶ 在 P3 单元格中设置公式“=IF(O3=" 直线法 ",K3*12&" 期 /"&ROUND(N3/(K3*12),2)&" 元 ",K3*12)”，由于直线法折旧额计算非常简单，因此运用 IF 函数判断 O3 单元格中所设定的折旧方法为“直线法”时，直接计算每期折旧额。其他折旧方法仅计算折旧期数（折旧年限 ×12），将单元格格式自定义为“0 期”。❷ 在 Q3 单元格中设置公式“=IF(D3="","",DATE(YEAR(H3), MONTH(H3)+1,1))”，按照“固定资产当月入账当月不折旧，从次月开始折旧”的规定，根据 H3 单元格中的入账日期计算折旧起始日期。公式原理是首先分别运用 YEAR、MONTH 函数将 H3 单元格中的日期分解为年数、月数，再运用 DATE 函数将年数、月数加 1（入账日期的次月）和固定数字“1”组合，即为折旧起始日期。❸ 在 R3 单元格中设置公式“=IF(D3="","", EDATE(Q3, K3*12)-1)”，运用 EDATE 函数计算距离 Q3 单元格中的起始日期后的 *n* 个月（K3*12-1）的最末一日，即折旧终止日期。❹ 将 P3:R3 单元格区域公式填充至 P4:R8 单元格区域中。效果如下图所示。

Q3 =IF(D3="","",DATE(YEAR(H3),MONTH(H3)+1,1))

资产入账登记表

使用部门	使用年限	资产原值	预计净残值(5%)	折旧基数	折旧方法	折旧期数	起始日期	终止日期
行政部	3	60,000.00	3,000.00	57,000.00	直线法	36期/1583.33元	2020-4-1	2023-3-31
销售部	6	65,000.00	3,250.00	61,750.00	双倍余额递减法	72期	2020-4-1	2026-3-31
—	8	80,000.00	4,000.00	76,000.00	直线法	96期/791.67元	2020-5-1	2028-4-30
生产部	10	300,000.00	15,000.00	285,000.00	年数总和法	120期	2020-7-1	2030-6-30
—	6	150,000.00	7,500.00	142,500.00	直线法	72期/1979.17元	2020-12-1	2026-11-30
物流部	8	120,000.00	6,000.00	114,000.00	工作量法	96期	2021-4-1	2029-3-31

7.1.2 制作动态固定资产卡片查询表

固定资产卡片是指登记固定资产原始信息的一种账簿形式。在实际工作中，一般固定资产卡片应至少打印一式两份，分别由使用部门和财务部门保管。本小节将制作动态的具有“卡片”样式的查询表，既可用于固定资产信息查询，也可直接打印成纸质卡片。

本例制作固定资产卡片的原理与 6.2.3 小节中介绍的记账凭证打印样式基本相同，但在具体制作方法上更为简单，只需运用查找与引用函数，按照指定的固定资产名称，从“资产记录”工作表中查找并引用匹配的相关信息即可。具体操作方法如下。

第1步 **绘制“卡片”样式**。在“固定资产登记表”工作簿中新建工作表，重命名为“固定资产卡片”，绘制表格框架。其中，“卡片”打印区域为 A2:D11 单元格区域。A1 单元格为辅助单元格，下一步将在其中创建下拉列表，用于选择查询条件。A12:D13 单元格区域为辅助区域，仅用于查询数据，设置字段名称及基础格式。注意字段名称应与“资产记录”工作表完全一致，以便设置公式查找并引用固定资产信息。初始效果如下图所示。

	A	B	C	D
1				
2	××公司固定资产卡片			
3	资产编号		资产名称	
4	卡片编号		资产原值	
5	规格型号		预计净残值(5%)	
6	入账日期		折旧方法	
7	发票号码		折旧基数	
8	资产用途		折旧期数	
9	使用年限		起始日期	
10	使用部门		终止日期	
11	经办人：	财务主管：		制卡日期：
12	已折旧期数		累计折旧	
13	剩余折旧期数		资产余额	

第2步 **创建固定资产名称动态下拉列表**。❶ 将 A1:D1 单元格区域合并为 A1 单元格，单击【数据】选项卡中的【数据有效性】按钮，打开【数据有效性】对话框，在【设置】选项卡下的【允许】下拉列表中选择【序列】选项；❷ 在【来源】文本框中设置公式“=OFFSET(资产记录 !E$1,2,,COUNTA(资产记录 !E:E)-1)”；❸ 单击【确定】按钮关闭对话框，如下图所示。

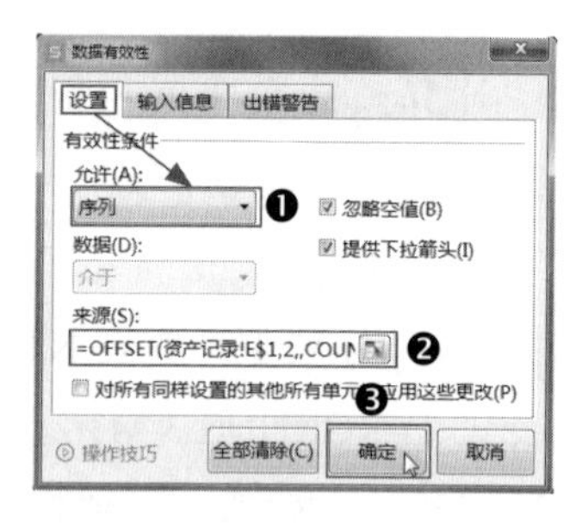

温馨提示

OFFSET 函数公式原理：以“资产记录”工作表辅助列中的 E1 单元格为起点，向下偏移 2 行至 E3 单元格，向右偏移 0 列。偏移的行高是由 COUNTA 函数统计得到的 E 列中包含文本的单元格的数量，减 1 是要减掉字段名称所占用的一个 E2 单元格，由此即构成动态下拉列表，当后续增加登记固定资产后，下拉列表中的选项也随之同步增加。

第3步 **查找引用固定资产编号。**❶在A1单元格下拉列表中选择任意一个固定资产名称；❷在B3单元格中设置公式“=VLOOKUP(A1,IF({1,0},资产记录!E:E,资产记录!B:B),2,0)”，运用VLOOKUP函数，根据A1单元格中的固定资产名称，在“资产记录”工作表中E:E区域中查找与之相同的数据后返回B:B区域中与之匹配的资产编号。公式返回结果为“ZC001”，效果如下图所示。

B3 fx =VLOOKUP(A1,IF({1,0},资产记录!E:E,资产记录!B:B),2,0)

	A	B	C	D
1	1001 ZC001—××办公设备01			
2	××公司固定资产卡片			
3	资产编号	ZC001	资产名称	
4	卡片编号		资产原值	
5	规格型号		预计净残值(5%)	
6	入账日期		折旧方法	
7	发票号码		折旧基数	
8	资产用途		折旧期数	
9	使用年限		起始日期	
10	使用部门		终止日期	
11	经办人：	财务主管：		制卡日期：
12	已折旧期数		累计折旧	
13	剩余折旧期数		资产余额	

第4步 **查找并引用固定资产其他信息。**❶在D3单元格中设置公式“=IFERROR(VLOOKUP($B$3,资产记录!$B:$R,MATCH(C3,资产记录!$2:$2,0)-1,0),"")”，运用VLOOKUP函数，根据B3单元格中的资产编号，在“资产记录”工作表B:R区域中查找与之匹配的固定资产名称。其中VLOOKUP函数的第3个参数（查找范围）是运用MATCH函数定位C3单元格中的字段名称在“资产记录”工作表第2行中所在的列数，减1是要减掉A列所占用的1个列次。❷将D3单元格公式复制粘贴至B4:B10和D4:D10单元格区域中，将B9单元格格式自定义为“0年”，将D4、D5和D7单元格格式自定义为“#,##0.00"元"”，将D8单元格格式自定义为“0期”。结果如下图所示。

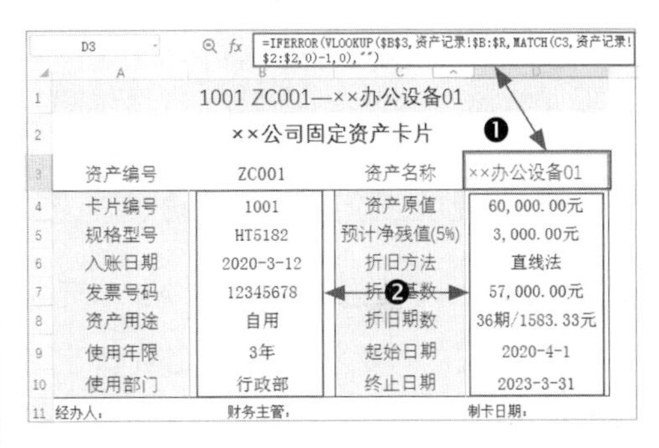

D3 fx =IFERROR(VLOOKUP($B$3,资产记录!$B:$R,MATCH(C3,资产记录!$2:$2,0)-1,0),"")

	A	B	C	D
1	1001 ZC001—××办公设备01			
2	××公司固定资产卡片			
3	资产编号	ZC001	资产名称	××办公设备01
4	卡片编号	1001	资产原值	60,000.00元
5	规格型号	HT5182	预计净残值(5%)	3,000.00元
6	入账日期	2020-3-12	折旧方法	直线法
7	发票号码	12345678	折旧基数	57,000.00元
8	资产用途	自用	折旧期数	36期/1583.33元
9	使用年限	3年	起始日期	2020-4-1
10	使用部门	行政部	终止日期	2023-3-31
11	经办人：	财务主管：		制卡日期：

第5步 **计算固定资产的折旧累计数及余额。**❶在B12单元格中设置公式“=IFERROR(IF(D9="","",DATEDIF(D9,TODAY(),"M")),"")”，运用DATEDIF函数计算D9单元格中的起始日期与“今天”（当前计算机系统日期为2021年5月27日）间隔的月数，即已折旧期数；❷在B13单元格中设置公式“=IFERROR(B9*12-B12,"")”，用总期数减掉B12单元格中的已折旧期数，即可得到剩余折旧期数，将B12和B13单元格格式自定义为“0期”；❸在D12单元格中设置公式“=IF(D$6="直线法",D7/(B9*12)*B12,0)”，运用IF函数判断D6单元格的折旧方法为“直线法”，计算累计折旧额（其他折旧方法相对复杂，将在后面另制表格计算）；❹在D13单元格中设置公式“=IF(D12=0,0,D4-D12)”，用固定资产原值减掉累计折旧即得到资产余额，

效果如下图所示。

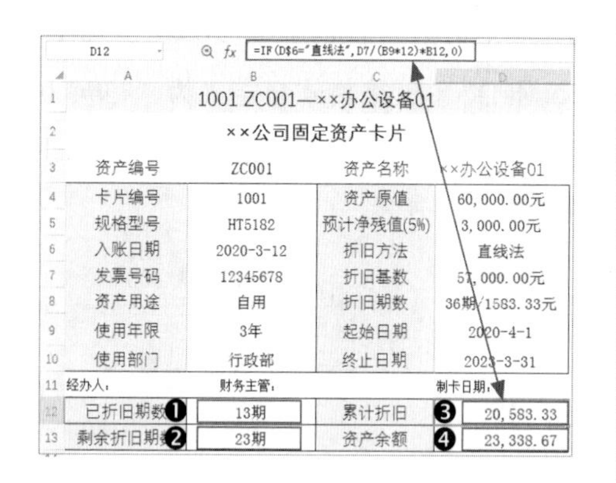

D12 =IF(D$6="直线法",D7/(B9*12)*B12,0)

	A	B	C	D
1	1001 ZC001—××办公设备01			
2	××公司固定资产卡片			
3	资产编号	ZC001	资产名称	××办公设备01
4	卡片编号	1001	资产原值	60,000.00元
5	规格型号	HT5182	预计净残值(5%)	3,000.00元
6	入账日期	2020-3-12	折旧方法	直线法
7	发票号码	12345678	折旧基数	57,000.00元
8	资产用途	自用	折旧期数	36期/1583.33元
9	使用年限	3年	起始日期	2020-4-1
10	使用部门	行政部	终止日期	2023-3-31
11	经办人：	财务主管：		制卡日期：
12	已折旧期数❶	13期	累计折旧 ❸	20,583.33
13	剩余折旧期数❷	23期	资产余额 ❹	23,338.67

第6步 **生成动态标题**。在 A2 单元格中设置公式“="××公司固定资产卡片"&"—"&B4”，将固定文本、符号“—”及 B4 单元格中的卡片编号进行组合，生成动态标题（图示略）。

第7步 **测试公式效果**。在 A1 单元格下拉列表中选择其他固定资产名称，即可看到数据动态变化效果，如下图所示。

	A	B	C	D
1	1003 ZC004—××生产设备02			
2	××公司固定资产卡片—1003			
3	资产编号	ZC004	资产名称	××生产设备02
4	卡片编号	1003	资产原值	300,000.00元
5	规格型号	HT5159	预计净残值(5%)	15,000.00元
6	入账日期	2020-6-20	折旧方法	年数总和法
7	发票号码	45678901	折旧基数	285,000.00元
8	资产用途	自用	折旧期数	120期
9	使用年限	10年	起始日期	2020-7-1
10	使用部门	生产部	终止日期	2030-6-30
11	经办人：	财务主管：		制卡日期：
12	已折旧期数	10期	累计折旧	-
13	剩余折旧期数	110期	资产余额	-

本节示例结果见“结果文件\第7章\固定资产登记表.xlsx”文件。

7.2 计算固定资产折旧额

在对固定资产入账时，财务人员做好原始信息登记后，还需要预先对固定资产的折旧额进行计算。在 7.1 节中，已将直线法下的每月折旧额直接体现在固定资产卡片中。但是年数总和法、双倍余额递减法下的每年折旧额都各不相同。那么固定资产卡片无法完整体现每年折旧额。因此，本节将制作两份固定资产折旧预算表。其中，直线法、年数总和法及双倍余额递减法在同一张折旧预算表中计算，并与固定资产卡片联动，在查询固定资产信息的同时即自动计算折旧额。另外，由于工作量法的折旧额是根据每期实际工作量进行计算，所以将另制表格单独计算折旧额。

7.2.1 制作动态固定资产折旧额计算表

动态固定资产折旧额计算表的制作原理非常简单，运用 IF 函数判断动态固定资产卡片中列示的折旧方法，采用不同的折旧计算函数 SLN、SYD 与 VDB 即可。同时，以上函数所需要的参数也可设置公式自动生成。具体操作方法如下。

第1步 **绘制表格框，生成动态标题**。打开“素材文件\第 7 章\固定资产折旧额计算 .xlsx”文件，其中包含两张工作表，即 7.1 节中制作的“资产记录”与“固定资产卡片”工作表。切换至“固定资产卡片”工作表，在 F2:I13 单元格区域绘制表格，设置字段名称及基础格式，将 F1:I1 单元格区域合并为 F1 单元格，在其中设置公式“="××公司固定资产折旧计算表—"&D3”，将固定文本与 D3 单元格中的资产名称组合，形成动态标题，如下图所示。

F1　fx　="××公司固定资产折旧计算表—"&D3

××公司固定资产折旧计算表—××办公设备02			
折旧年数	折旧期间	每年折旧额	每期折旧额
合计	—		—

第2步 **生成动态的折旧年数。**❶ 在 F3 单元格中设置公式“=IF(ROW()-ROW(F$2)<=$B$9,ROW()-ROW(F$2),"—")”，运用 IF 函数判断当前单元格的行号减掉 F2 单元格的行号，结果小于或等于 B9 单元格的折旧年限时，即返回这一结果，否则返回符号“—”。公式返回结果为“1”，将单元格格式自定义为“第 # 年”，使之显示为“第 1 年”。❷ 将 F3 单元格公式填充至 F4:F12 单元格区域中。效果如下图所示。

F3　fx　=IF(ROW()-ROW(F$2)<=$B$9,ROW()-ROW(F$2),"—")

××公司固定资产折旧计算表—××办公设备02			
折旧年数	折旧期间	每年折旧额	每期折旧额
第1年 ❶			
第2年			
第3年			
第4年			
第5年			
第6年 ❷			
—			
—			
—			
—			
合计	—		—

第3步 **生成动态的折旧期间。**❶ 在 G3 单元格中设置公式“=IF(F3="—","—",TEXT(EDATE($B$6, F3*12-11),"YYYY.MM")&"—"&TEXT(EDATE($B$6,F3*12),"YYYY.MM"))”，运用 IF 函数判断 F3 单元格中的数据为符号“—”时，返回这个符号，否则运用 EDATE 函数计算 B6 单元格中日期间隔“F3*12-11”个月后的日期，再运用 TEXT 函数将其转换为指定格式。同时与第 3 个与其作用相同的 TEXT 函数表达式的结果组合。公式返回结果为“2020.04—2021.03”。❷ 将 G3 单元格公式填充至 G4:G12 单元格区域中。效果如下图所示。

G3　fx　=IF(F3="—","—",TEXT(EDATE($B$6,F3*12-11),"YYYY.MM")&"—"&TEXT(EDATE($B$6,F3*12),"YYYY.MM"))

××公司固定资产折旧计算表—××办公设备02			
折旧年数	折旧期间	每年折旧额	每期折旧额
第1年	2020.04—2021.03 ❶		
第2年	2021.04—2022.03		
第3年	2022.04—2023.03		
第4年	2023.04—2024.03		
第5年	2024.04—2025.03		
第6年	2025.04—2026.03 ❷		
—	—		
—	—		
—	—		
—	—		
合计	—		—

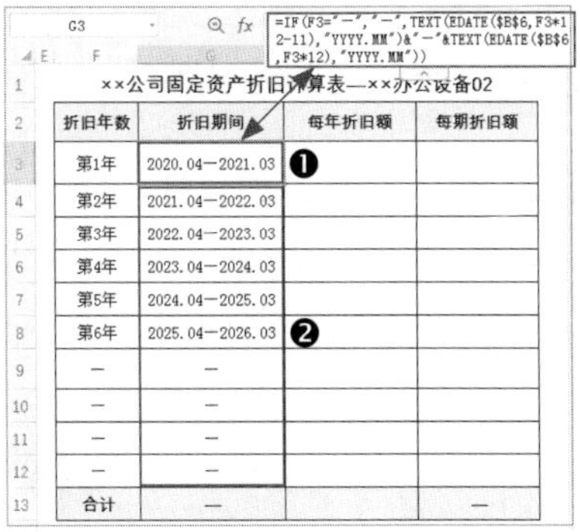

第4步 **计算折旧额。** ❶ 在 H3 单元格设置公式“=IFERROR(IF(AND($D$6=" 直线法 ",F3<>"—"),SLN($D$4,$D$5,$B$9),IF($D$6=" 年数总和法 ",SYD($D$4,$D$5,$B$9,F3),IF($D$6=" 双倍余额递减法 ",VDB($D$4,$D$5,$B$9,F3-1,F3),"—"))),"—")”，根据 D6 单元格中的折旧方法，运用不同的函数计算不同方法下的每年折旧额；❷ 在 I3 单元格中设置公式“=IF(F3="","",IFERROR(ROUND(H3/12,2),"—"))”，根据 F3 单元格中的每年折旧额计算每期折旧额；❸ 将 H3:I3 单元格区域公式填充至 H4:I12 单元格区域中；❹ 在 H13 单元格中设置公式“=ROUND(SUM(H3:H12),2)”，计算折旧额的合计数，可与 D7 单元格中的折旧基数核对是否一致，效果如下图所示。

H3 fx =IFERROR(IF(AND($D$6="直线法",F3<>"—"),SLN($D$4,$D$5,$B$9),IF($D$6="年数总和法",SYD($D$4,$D$5,$B$9,F3),IF($D$6="双倍余额递减法",VDB($D$4,$D$5,$B$9,F3-1,F3),"—"))),"—")

××公司固定资产折旧计算表

折旧年数	折旧期间	❶ 每年折旧额	每期折旧额
第1年	2020.04—2021.03	21,666.67	1,805.56 ❷
第2年	2021.04—2022.03	14,444.44	1,203.70
第3年	2022.04—2023.03	9,629.63	802.47
第4年	2023.04—2024.03	6,419.75	534.98
第5年	2024.04—2025.03	4,794.75	399.56
第6年	2025.04—2026.03	4,794.75	399.56 ❸
—	—	—	—
—	—	—	—
—	—	—	—
—	—	—	—
合计	—	61,750.00	❹ —

第5步 **测试公式效果。** ❶ 上图中的数据是双倍余额递减法折旧额的计算结果，下面在 A1 单元格下拉列表中选择【1001 ZC001—××办公设备 01】选项，测试直线法折旧额计算是否正确。可看到折旧计算表中数据的动态变化效果，同时，计算结果正确无误。❷ 再次在 A1 单元格下拉列表中选择【1003 ZC004—××生产设备 02】选项，测试年数总和法折旧额计算是否正确。效果如下图所示。

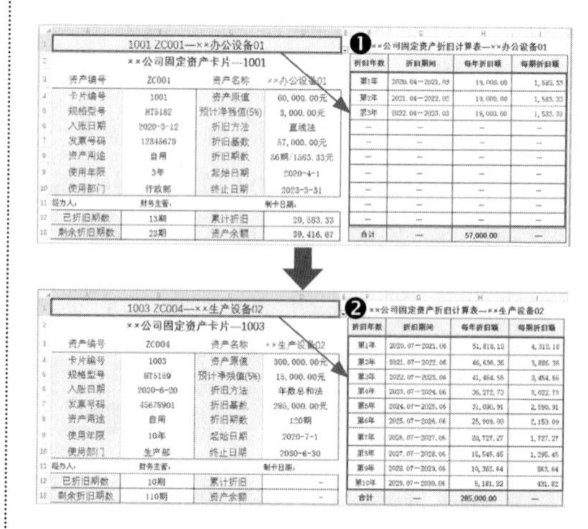

1001 ZC001—××办公设备01

××公司固定资产卡片—1001

资产编号	ZC001	资产名称	××办公设备01
卡片编号	1001	资产原值	60,000.00元
规格型号	HT5182	预计净残值(5%)	3,000.00元
入账日期	2020-3-12	折旧方法	直线法
发票号码	12345678	折旧基数	57,000.00元
资产用途	自用	折旧期数	36期/1583.33元
使用年限	3年	起始日期	2020-4-1
使用部门	行政部	终止日期	2023-3-31
经办人：	财务主管：	制卡日期：	
已折旧期数	13期	累计折旧	20,583.33
剩余折旧期数	23期	资产余额	39,416.67

❶ ××公司固定资产折旧计算表—××办公设备01

折旧年数	折旧期间	每年折旧额	每期折旧额
第1年	2020.04—2021.03	19,000.00	1,583.33
第2年	2021.04—2022.03	19,000.00	1,583.33
第3年	2022.04—2023.03	19,000.00	1,583.33
—	—	—	—
—	—	—	—
—	—	—	—
—	—	—	—
—	—	—	—
—	—	—	—
—	—	—	—
合计	—	57,000.00	—

1003 ZC004—××生产设备02

××公司固定资产卡片—1003

资产编号	ZC004	资产名称	××生产设备02
卡片编号	1003	资产原值	300,000.00元
规格型号	HT5169	预计净残值(5%)	15,000.00元
入账日期	2020-6-20	折旧方法	年数总和法
发票号码	45678901	折旧基数	285,000.00元
资产用途	自用	折旧期数	120期
使用年限	10年	起始日期	2020-7-1
使用部门	生产部	终止日期	2030-6-30
经办人：	财务主管：	制卡日期：	
已折旧期数	10期	累计折旧	-
剩余折旧期数	110期	资产余额	-

❷ ××公司固定资产折旧计算表—××生产设备02

折旧年数	折旧期间	每年折旧额	每期折旧额
第1年	2020.07—2021.06	51,818.18	4,318.18
第2年	2021.07—2022.06	46,636.36	3,886.36
第3年	2022.07—2023.06	41,454.55	3,454.55
第4年	2023.07—2024.06	36,272.73	3,022.73
第5年	2024.07—2025.06	31,090.91	2,590.91
第6年	2025.07—2026.06	25,909.09	2,159.09
第7年	2026.07—2027.06	20,727.27	1,727.27
第8年	2027.07—2028.06	15,545.45	1,295.45
第9年	2028.07—2029.06	10,363.64	863.64
第10年	2029.07—2030.06	5,181.82	431.82
合计	—	285,000.00	—

7.2.2 制作工作量法的折旧额计算表

工作量法折旧额的计算方法与直线法、年数总和法和双倍余额递减法这 3 种方法完全不同，需要按照每期的实际工作量进行计算。因此，每期折旧额都会有所不同。本小节另制表格专门计算工作量法下的固定资产折旧额及固定资产余额，操作方法如下。

第1步 **计算固定资产的单位工作量。** ❶ 在 A1 单元格下拉列表中选择【1004 ZC006—××汽车】选项，在 K3:Q16 单元格区域绘制表格，设置字段名称和基础格式，在 K1 单元格中设置公式“="××公司固定资产工作量法折旧计算表—"&D3"，生成动态标题；❷ 在K2单元格中输入一个数字作为预计的总工作量，如“350000”，将单元格格式设置为“预计总工作量 :0 公里”；❸ 在N2单元格设置公式“=ROUND(D7/K2,2)”，用折旧基数 ÷ 预计总工作量，得到单位工作量折旧额，效果如下图所示。

K1　fx　="××公司固定资产工作量法折旧计算表—"&D3

	K	L	M	N	O	P	Q
1	××公司固定资产工作量法折旧计算表—××汽车 ❶						
2	预计总工作量：350000公里			单位工作量折旧额：0.33公里 ❸			
3	❷	里程期初数	里程期末数	本期工作量	本期折旧额	累计折旧额	固定资产余额
4							
5							
6							
7							
8							
9							
10							
11							
12							
13							
14							
15							
16	合计	—	—				

第2步 **生成动态的指定折旧年数中的折旧月份。**❶ 在K3单元格中输入数字“1”，将单元格格式自定义为“第0年”，使之显示为“第1年”。❷ 在K4单元格中设置公式“=IF(K3=1,D$9,DATE(YEAR(D9)+K3-1,MONTH(D9),1))”，运用IF函数判断K3单元格中的数字为“1”时，返回D9单元格中的折旧起始日期，否则分别运用YEAR、MONTH函数将其中的日期分解为年数后加上K3单元格中的数字后减1，分解后的月数不变，再运用DATE函数将这两个数字与固定数字“1”组合为新的日期。公式返回结果为“2021-4-1”，将单元格格式设置为“日期—2001年3月”使之显示为“2021年4月”。❸ 在K5单元格中设置公式“=DATE(YEAR(K4),MONTH(K4)+1,1)”，分别运用YEAR、MONTH函数将K4单元格中的日期分解为年数，月数加1，再运用DATE函数将这两个数字与固定数字“1”组合为新的日期。公式返回结果为“2021-5-1”，将单元格格式设置为与K4单元格相同的格式。将K5单元格公式填充至K6:K15单元格区域中。效果如下图所示。

K4　fx　=IF(K3=1,D$9,DATE(YEAR(D9)+K3-1,MONTH(D9),1))

	K	L	M	N	O	P	Q
1	××公司固定资产工作量法折旧计算表—××汽车						
2	预计总工作量：350000公里			单位工作量折旧额：0.33公里			
3	第1年 ❶	里程期初数	里程期末数	本期工作量	本期折旧额	累计折旧额	固定资产余额
4	2021年4月 ❷						
5	2021年5月						
6	2021年6月						
7	2021年7月						
8	2021年8月						
9	2021年9月						
10	2021年10月 ❸						
11	2021年11月						
12	2021年12月						
13	2022年1月						
14	2022年2月						
15	2022年3月						
16	合计	—	—				

第3步 **查看公式效果。**以上公式效果是：在K3单元格中输入数字，那么K4:K15单元格区域中将自动生成第 *n* 年中的每个折旧月的月份数。例如，分别在K3单元格中输入“2”和“5”，即可看到K4:K15单元格区域中数据的动态变化效果，如下图所示。

第2年	里程期初数
2022年4月	
2022年5月	
2022年6月	
2022年7月	
2022年8月	
2022年9月	
2022年10月	
2022年11月	
2022年12月	
2023年1月	
2023年2月	
2023年3月	
合计	—

第5年	里程期初数
2025年4月	
2025年5月	
2025年6月	
2025年7月	
2025年8月	
2025年9月	
2025年10月	
2025年11月	
2025年12月	
2026年1月	
2026年2月	
2026年3月	
合计	—

第4步 **计算固定资产每期工作量。**❶ 将L4:Q15 单元格格式设置为“会计专用”格式（使数字“0”显示为“-”），在 L4 单元格中输入里程期初数“0”（第 1 年第 1 期的期初数为 0，次年直接输入上个折旧年度的期末数），在 M4:M15 单元格区域中任意输入几个数字，作为实际的里程期末数；❷ 在 L5 单元格中设置公式“=M4”，直接引用 M4 单元格中的“里程期末数”，将公式填充至 L6:L15 单元格区域中；❸ 在 N4 单元格中设置公式“=IF(M4=0,0,M4-L4)”，用里程期末数减去里程期初数即可得到本期工作量，将公式填充至 N5:N15 单元格区域中，效果如下图所示。

N4 =IF(M4=0,0,M4-L4)

××公司固定资产工作量法折旧计算表—××汽车

预计总工作量：350000公里　单位工作量折旧额：0.33公里

第1年	里程期初数	里程期末数	本期工作量	本期折旧额	累计折旧额	固定资产余额
2021年4月	-	3,521.22	3,521.22			
2021年5月	3,521.22	6,531.63	3,010.41			
2021年6月	6,531.63	9,215.38	2,683.75			
2021年7月	9,215.38		-			
2021年8月	-		-			
2021年9月	-		-			
2021年10月	-		-			
2021年11月	-		-			
2021年12月	-		-			
2022年1月	-		-			
2022年2月	-		-			
2022年3月	-		-			
合计	—	—				

第5步 **计算固定资产折旧额和余额。**❶ 在 O4 单元格中设置公式“=ROUND(N4*N$2,2)”，用 N4 单元格中的本期工作量乘以 N2 单元格中单位工作量折旧额即可得到本期折旧额；❷ 在 P4 单元格中设置公式“=ROUND(SUM(O$4:O4),2)”，计算累计折旧额；❸ 在 Q4 单元格中设置公式“=ROUND(D$4-P4,2)”，用 D4 单元格中的“资产原值”减掉 P4 单元格中的“累计折旧额”即可得到固定资产余额；❹ 将O4:Q4 单元格区域公式填充至 O5:Q15 单元格区域中；❺ 运用 ROUND 和 SUM 函数组合在 N16:Q16 单元格区域中设置公式，计算各字段中的合计数，效果如下图所示。

O4 =ROUND(N4*N$2,2)

××公司固定资产工作量法折旧计算表—××汽车

预计总工作量：350000公里　单位工作量折旧额：0.33公里

第1年	里程期初数	里程期末数	本期工作量	本期折旧额	累计折旧额	固定资产余额
2021年4月	-	3,521.22	3,521.22	1,162.00	1,162.00	118,838.00
2021年5月	3,521.22	6,531.63	3,010.41	993.44	2,155.44	117,844.56
2021年6月	6,531.63	9,215.38	2,683.75	885.64	3,041.08	116,958.92
2021年7月	9,215.38		-	-	3,041.08	116,958.92
2021年8月	-		-	-	3,041.08	116,958.92
2021年9月	-		-	-	3,041.08	116,958.92
2021年10月	-			-	3,041.08	116,958.92
2021年11月	-		-	-	3,041.08	116,958.92
2021年12月	-		-	-	3,041.08	116,958.92
2022年1月	-		-	-	3,041.08	116,958.92
2022年2月	-		-	-	3,041.08	116,958.92
2022年3月	-		-	-	3,041.08	116,958.92
合计	—	—	9215.38	3041.08	3,041.08	116,958.92

本节示例结果见“结果文件\第7章\固定资产折旧额计算 .xlsx”文件。

7.3 制作固定资产折旧明细表

财务人员在填制记账凭证后，需要打印纸质凭证用于装订。同时，还必须在每一份记账凭证后面附上一份与记载的经济内容相符的原始凭证。那么，对于每期计提固定资产折旧，并归集费用的记账凭证，就应当在其后附一份固定资产折旧明细表，详细列示固定资产的基本信息及本期折旧额、累计折旧额、固定资产余额、费用归集等内容。本节将按此工作要求制作动态的固定资产折旧明细表，按期自动生成固定资产折旧明细表的各项数据。

7.3.1 制作动态固定资产折旧明细表

动态固定资产折旧明细表的制作思路是：依然以查找与引用函数为主，设置公式引用“资产记录”工作表中固定资产的基础信息，其他数据设置公式即可进行计算。制作完成后，实现的效果是：只需输入指定月份，即可动态列示当月固定资产相关信息，并计算当月折旧额及固定资产余额。制作方法如下。

第1步 **绘制表格框架，统计固定资产数量。**打开“素材文件\第 7 章\固定资产折旧明细表 .xlsx”文件，其中包含两张工作表，即本章前面小节中制作的“资产记录”与“固定资产卡片”工作表。❶ 新建工作表，重命名为“折旧明细表”，在 A3:U10 单元格区域绘制表格框架，设置基础格式，在 A2 单元格中设置公式“=MAX(资产记录 !A:A)”，返回“资产记录”工作表中 A:A 区域中的最大序号，即可得到目前固定资产的数量。下一步将以此数据为依据，自动生成序号。公式返回结果为“6”，将单元格格式自定义为“当前共 0 项固定资产”，使之显示为“当前共 6 项固定资产”。❷ 在 E2 单元格中输入“4-1”,返回“2021-4-1”，代表 2021 年 4 月的折旧明细表，将单元格格式自定义为“yyyy 年 m 月固定资产折旧明细表”，使之显示为“2021 年 4 月固定资产折旧明细表”，如下图所示。

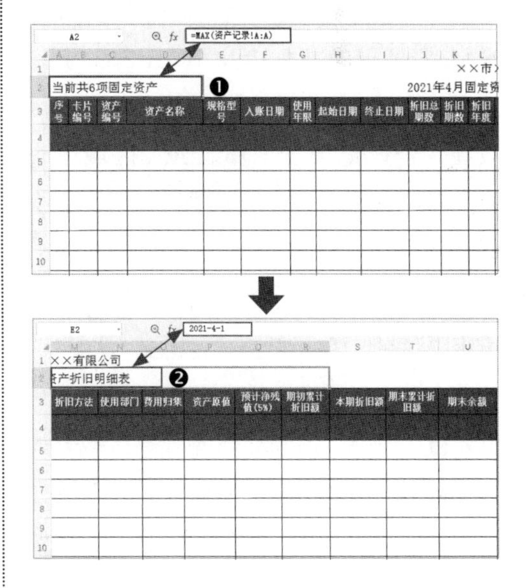

第2步 **自动生成序号。**在 A5 单元格中设置公式“=IF(ROW()-ROW(A$4)<=A$2,

ROW()-ROW(A$4),"")”，根据 A2 单元格中固定资产的数量，自动生成序号，将公式填充至 A6:A30 单元格区域中。因当前固定资产数量为 6，因此，公式返回的最大序号也为 6，A11:A30 单元格区域中均显示空值，效果如下图所示。

A5 =IF(ROW()-ROW(A$4)<=A$2,ROW()-ROW(A$4),"")

当前共6项固定资产

序号	卡片编号	资产编号	资产名称	规格型号	入账日期	使用年限	起始日期	终止日期
1								
2								
3								
4								
5								
6								

第3步 **引用固定资产基础信息。**❶ 在 B5 单元格中设置公式“=IFERROR(VLOOKUP($A5, 资产记录 !$A:$R,MATCH(B$3, 资产记录 !$2:$2,0),0),"")”，运用 VLOOKUP 函数在“资产记录”工作表 A:R 区域中查找与 A5 单元格中序号匹配的卡片编号；❷ 将 B5 单元格公式复制粘贴至 C5:I5、M5:N5 和 P5:Q5 单元格区域中，将 G5（“使用年限”字段）单元格格式自定义为“0 年”；❸ 将 B5:I5 单元格区域公式填充至 B6:I30 单元格区域中，将 M5:N5 单元格区域公式填充至 M6:N30，将 P5:Q5 单元格区域公式填充至 P6:Q30 单元格区域中，效果如下图所示。

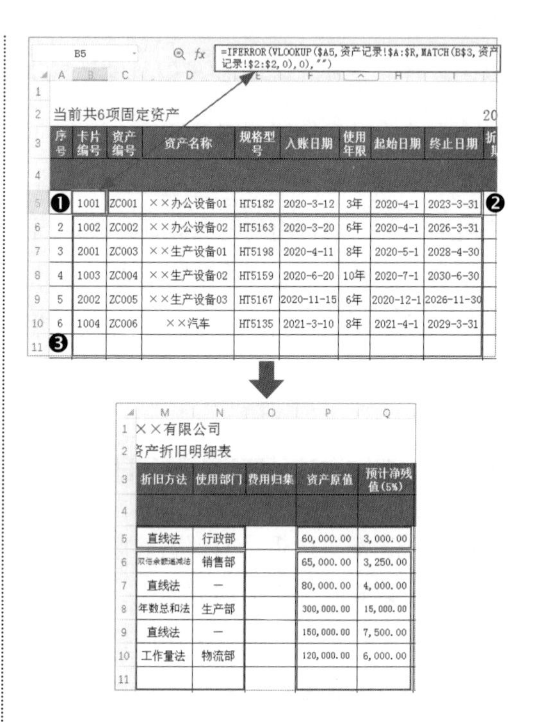
B5 =IFERROR(VLOOKUP($A5,资产记录!$A:$R,MATCH(B$3,资产记录!$2:$2,0),0),"")

当前共6项固定资产

序号	卡片编号	资产编号	资产名称	规格型号	入账日期	使用年限	起始日期	终止日期
❶	1001	ZC001	××办公设备01	HT5182	2020-3-12	3年	2020-4-1	2023-3-31
2	1002	ZC002	××办公设备02	HT5163	2020-3-20	6年	2020-4-1	2026-3-31
3	2001	ZC003	××生产设备01	HT5198	2020-4-11	8年	2020-5-1	2028-4-30
4	1003	ZC004	××生产设备02	HT5159	2020-6-20	10年	2020-7-1	2030-6-30
5	2002	ZC005	××生产设备03	HT5167	2020-11-15	6年	2020-12-1	2026-11-30
6	1004	ZC006	××汽车	HT5135	2021-3-10	8年	2021-4-1	2029-3-31

××有限公司

资产折旧明细表

折旧方法	使用部门	费用归集	资产原值	预计净残值(5%)
直线法	行政部		60,000.00	3,000.00
双倍余额递减法	销售部		65,000.00	3,250.00
直线法	—		80,000.00	4,000.00
年数总和法	生产部		300,000.00	15,000.00
直线法	—		150,000.00	7,500.00
工作量法	物流部		120,000.00	6,000.00

第4步 **计算折旧期数和折旧年度。**❶ 在 J5 单元格中设置公式“=IFERROR((DATEDIF(H5,I5,"M")+1),"")”，运用 DATEDIF 函数计算 H5 单元格中的折旧起始日期与 I5 单元格中的终止日期之间的间隔月数，加 1 是要加回 DATEDIF 函数未计算在内的 H5 单元格中的折旧起始日期所在的一个月份。❷ 在 K5 单元格中设置公式“=IFERROR((DATEDIF(H5,E$2,"M")+1),"")”，运用 DATEDIF 函数计算 H5 单元格中的折旧起始日期与 E2 单元格中日期之间的间隔月数后加 1，即可得到 E2 单元格中的日期所在月份是该项固定资产折旧的第 *n* 期。公式返回结果为“13”，将单元格格式自定义为“第 0 期”，使之显示为“第 13 期”。❸ 在 L5 单元格中设置公式“=IFERROR(DATEDIF

(H5,$E$2,"Y")+1,"")"，同样运用 DATEDIF 函数计算 H5 单元格中的折旧起始日期与 E2 单元格中日期的间隔年数后加 1，即可得到 E2 单元格中的日期所在月份是该项固定资产折旧的第 *n* 年，公式返回结果为"2"，将单元格格式自定义为"第 0 年"，使之显示为"第 2 年"。❹ 将 J5:L5 单元格区域公式填充至 J6:L30 单元格区域中，如下图所示。

J5 =IFERROR((DATEDIF(H5,I5,"M")+1),"")

	F	G	H	I	J	K	L	M	N
1						××市××有限公司			
2					2021年4月固定资产折旧明细表				
3	入账日期	使用年限	起始日期	终止日期	折旧总期数	折旧期数	折旧年度	折旧方法	使用部门
4					❶	❷	❸		
5	2020-3-12	3年	2020-4-1	2023-3-31	36期	第13期	第2年	直线法	行政部
6	2020-3-20	6年	2020-4-1	2026-3-31	72期	第13期	第2年	双倍余额递减法	销售部
7	2020-4-11	8年	2020-5-1	2028-4-30	96期	第12期	第1年	直线法	—
8	2020-6-20	10年	2020-7-1	2030-[illegible] ❹	120期	第10期	第1年	年数总和法	生产部
9	2020-11-15	6年	2020-12-1	2026-11-30	72期	第5期	第1年	直线法	—
10	2021-3-10	8年	2021-4-1	2029-3-31	96期	第1期	第1年	工作量法	物流部
11									

第5步▶ 计算固定资产折旧额和余额。❶ 在 R5:R10 单元格区域中直接填入期初累计折旧额（后期可复制粘贴上期期末累计折旧余额）。❷ 在 S5 单元格中设置公式"=IF(A5="","",IF(H5<=$E$2,IFS (M5=" 直线法 ",SLN(P5,Q5,G5)/12,M5=" 年数总和法 ",SYD(P5,Q5,G5,L5)/12,M5=" 双倍余额递减法 ",VDB(P5,Q5,G5,L5-1,L5)/12,M5=" 工作量法 "," 直接填入折旧额 "),0))"，首先运用 IF 函数判断 A5 单元格为空时，返回空值，否则再运用 IF 函数判断 H5 单元格中的折旧起始日期小于或等于 E2 单元格中的日期时，则运用 IFS 函数根据 M5 单元格中的折旧方法，分别返回由不同函数计算的折旧额，否则返回数字"0"。由于工作量法是按照每月实际工作量计算折旧额，此表格暂不体现，应在"固定资产卡片"工作表中的折旧计算表中计算。因此，若 M5 单元格中的折旧方法为"工作量法"，则返回文本，提示财务人员在单元格直接填入折旧额。❸ 在 T5 单元格中设置公式"=IFERROR(ROUND(R5+S5,2),"")"，用期初累计折旧额加上本期折旧额，即可得到期末累计折旧额。❹ 在 U5 单元格中设置公式"=IFERROR(ROUND(P5-T5,2),"")"，用资产原值减掉期末累计折旧额，即可得到固定资产余额。❺ 将 S5:U5 单元格区域公式填充至 S6:U30 单元格区域中。❻ 最后直接在 S10 单元格中填入工作量法折旧额。效果如下图所示。

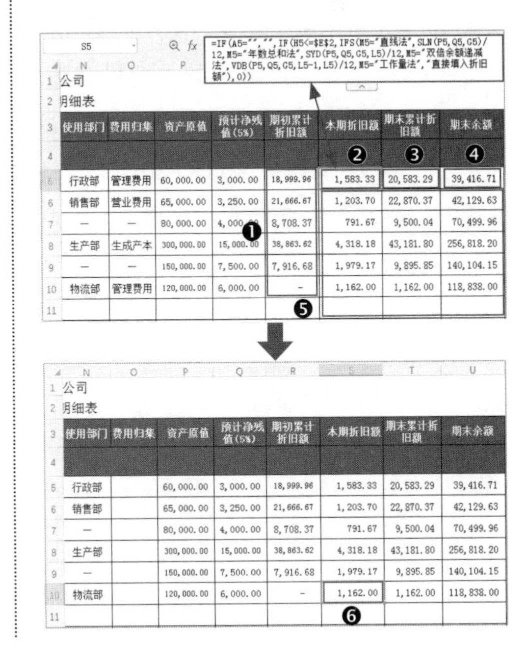
S5 =IF(A5="","",IF(H5<=$E$2,IFS(M5="直线法",SLN(P5,Q5,G5)/12,M5="年数总和法",SYD(P5,Q5,G5,L5)/12,M5="双倍余额递减法",VDB(P5,Q5,G5,L5-1,L5)/12,M5="工作量法","直接填入折旧额"),0))

	N	O	P	Q	R	S	T	U
1	公司							
2	月细表							
3	使用部门	费用归集	资产原值	预计净残值(5%)	期初累计折旧额	本期折旧额	期末累计折旧额	期末余额
4						❷	❸	❹
5	行政部	管理费用	60,000.00	3,000.00	18,999.96	1,583.33	20,583.29	39,416.71
6	销售部	营业费用	65,000.00	3,250.00	21,666.67	1,203.70	22,870.37	42,129.63
7	—	—	80,000.00	4,000.[illegible] ❶	8,708.37	791.67	9,500.04	70,499.96
8	生产部	生成产本	300,000.00	15,000.00	38,863.62	4,318.18	43,181.80	256,818.20
9	—	—	150,000.00	7,500.00	7,916.68	1,979.17	9,895.85	140,104.15
10	物流部	管理费用	120,000.00	6,000.00	-	1,162.00	1,162.00	118,838.00
11					❺			

	N	O	P	Q	R	S	T	U
1	公司							
2	月细表							
3	使用部门	费用归集	资产原值	预计净残值(5%)	期初累计折旧额	本期折旧额	期末累计折旧额	期末余额
4								
5	行政部		60,000.00	3,000.00	18,999.96	1,583.33	20,583.29	39,416.71
6	销售部		65,000.00	3,250.00	21,666.67	1,203.70	22,870.37	42,129.63
7	—		80,000.00	4,000.00	8,708.37	791.67	9,500.04	70,499.96
8	生产部		300,000.00	15,000.00	38,863.62	4,318.18	43,181.80	256,818.20
9	—		150,000.00	7,500.00	7,916.68	1,979.17	9,895.85	140,104.15
10	物流部		120,000.00	6,000.00	-	1,162.00	1,162.00	118,838.00
11						❻		

第6步 **分类汇总期间费用**。选中 O5:O30 单元格区域，运用【有效性】工具创建下拉列表，将序列来源设置为“—,生成产本,制造费用,营业费用,管理费用”，在 O5:O10 单元格区域中每一单元格的下拉列表中任意选择一种费用类别，注意固定资产的使用部门为“—”，表示用于出租，因此应选择占位符号“—”。❶ 将 A4:O4 合并为一个 A4 单元格，在其中设置公式“="费用归集：生产成本—"&ROUND(SUMIF(O$5:O30,"生产成本",S$5:S30),2)&"元　制造费用—"&ROUND(SUMIF(O$5:O30,"制造费用",S$5:S30),2)&"元　营业费用—"&ROUND(SUMIF(O$5:O30,"营业费用",S$5:S30),2)&"元　管理费用—"&ROUND(SUMIF(O$5:O30,"管理费用",S$5:S30),2)&"元""，运用 4 组 SUMIF 函数公式根据 O5:O30 单元格区域中的 4 种费用类别分类汇总 S5:S30 单元格区域中的本期折旧额，并与固定文本组合；❷ 在 P4 单元格中设置公式“=ROUND(SUM(P5:P30),2)”，计算固定资产原值的合计数；❸ 将公式复制粘贴至 O4:U4 单元格区域中，效果如下图所示。

A4　=“费用归集：生产成本—”&ROUND(SUMIF(O$5:O30,“生产成本”,S$5:S30),2)&“元　制造费用—”&ROUND(SUMIF(O$5:O30,“制造费用”,S$5:S30),2)&“元　营业费用—”&ROUND(SUMIF(O$5:O30,“营业费用”,S$5:S30),2)&“元　管理费用—”&ROUND(SUMIF(O$5:O30,“管理费用”,S$5:S30),2)&“元”

××市××有限公司

当前共7项固定资产　　2021年4月固定资产折旧明细表

序号	卡片编号	资产编号	资产名称	规格型号	入账日期	使用年限	起始日期	终止日期	折旧总期数	折旧期数	折旧年度	折旧方法	使用部门	费用归集
费用归集：生产成本—4318.18元　制造费用—0元　营业费用—1203.7元　管理费用—2745.33元														
1	1001	ZC001	××办公设备01	HT5182	2020-3-12	3年	2020-4-1	2023-3-31	36期	第13期	第2年	直线法	行政部	管理费用
2	1002	ZC002	××办公设备02	HT5163	2020-3-20	6年	2020-4-1	2026-3-31	72期	第13期	第2年	双倍余额递减法	销售部	营业费用
3	2001	ZC003	××生产设备01	HT5198	2020-4-11	8年	2020-5-1	2028-4-30	96期	第12期	第1年	直线法	—	—
4	1003	ZC004	××生产设备02	HT5159	2020-6-20	10年	2020-7-1	2030-6-30	120期	第10期	第1年	年数总和法	生产部	生产成本
5	2002	ZC005	××生产设备03	HT5167	2020-11-15	6年	2020-12-1	2026-11-30	72期	第5期	第1年	直线法	—	—
6	1004	ZC006	××汽车	HT5135	2021-3-10	8年	2021-4-1	2029-3-31	96期	第1期	第1年	工作量法	物流部	管理费用

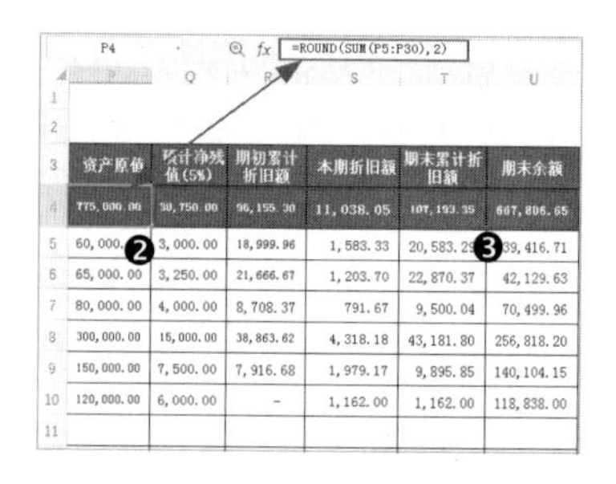

P4　=ROUND(SUM(P5:P30),2)

资产原值	预计净残值(5%)	期初累计折旧额	本期折旧额	期末累计折旧额	期末余额
775,000.00	38,750.00	96,155.30	11,038.05	107,193.35	667,806.65
60,000.00	3,000.00	18,999.96	1,583.33	20,583.29	39,416.71
65,000.00	3,250.00	21,666.67	1,203.70	22,870.37	42,129.63
80,000.00	4,000.00	8,708.37	791.67	9,500.04	70,499.96
300,000.00	15,000.00	38,863.62	4,318.18	43,181.80	256,818.20
150,000.00	7,500.00	7,916.68	1,979.17	9,895.85	140,104.15
120,000.00	6,000.00	-	1,162.00	1,162.00	118,838.00

第7步 **测试公式效果**。❶ 切换至“资产记录”工作表，添加一项固定资产信息；❷ 切换回“折旧明细表”工作表，即可看到 A11:U11 单元格区域已自动列示新增的固定资产信息，由于其折旧起始日期为 2021 年 5 月 1 日，而 E2 单元格中的日期为 2021 年 4 月 1 日，固定资产尚未开始折旧，因此 S11 单元格中的本期折旧额为 0，如下图所示。

××公

序号	资产编号	卡片编号	资产名称	辅助列	规格型号	发票号码	入账日期
1	ZC001	1001	××办公设备01	1001 ZC001—××办公设备01	HT5182	12345678	2020-3-12
2	ZC002	1002	××办公设备02	1002 ZC002—××办公设备02	HT5163	23456789	2020-3-20
3	ZC003	2001	××生产设备01	2001 ZC003—××生产设备01	HT5198	34567890	2020-4-11
4	ZC004	1003	××生产设备02	1003 ZC004—××生产设备02	HT5159	45678901	2020-6-20
5	ZC005	2002	××生产设备03	2002 ZC005—××生产设备03	HT5167	56789012	2020-11-15
6	ZC006	1004	××汽车	1004 ZC006—××汽车	HT5135	67890123	2021-3-10
7	ZC007	1005	××办公设备	1005 ZC007—××办公设备	HT5216	78901234	2021-4-20

司固定资产入账登记表

资产用途	使用部门	使用年限	资产原值	预计净残值(5%)	折旧基数	折旧方法	折旧期数	起始日期	终止日期
自用	行政部	3	60,000.00	3,000.00	57,000.00	直线法	36期/1583.33元	2020-4-1	2023-3-31
自用	销售部	6	65,000.00	3,250.00	61,750.00	双倍余额递减法	72期	2020-4-1	2026-3-31
出租	—	8	80,000.00	4,000.00	76,000.00	直线法	96期/791.67元	2020-5-1	2028-4-30
自用	生产部	10	300,000.00	15,000.00	285,000.00	年数总和法	120期	2020-7-1	2030-6-30
出租	—	6	150,000.00	7,500.00	142,500.00	直线法	72期/1979.17元	2020-12-1	2026-11-30
自用	物流部	8	120,000.00	6,000.00	114,000.00	工作量法	96期	2021-4-1	2029-3-31
自用	财务部	3	25,000.00	1,250.00	23,750.00	直线法	36期/659.72元	2021-5-1	2024-4-30

××市××有限公司

当前共7项固定资产　　2021年4月固定资产折旧明细表

序号	卡片编号	资产编号	资产名称	规格型号	入账日期	使用年限	起始日期	终止日期	折旧总期数	折旧期数	折旧年度	折旧方法	使用部门
费用归集：生产成本—4318.18元　制造费用—0元　营业费用—1203.7元　管理费用—2745.33元													
1	1001	ZC001	××办公设备01	HT5182	2020-3-12	3年	2020-4-1	2023-3-31	36期	第13期	第2年	直线法	行政部
2	1002	ZC002	××办公设备02	HT5163	2020-3-20	6年	2020-4-1	2026-3-31	72期	第13期	第2年	双倍余额递减法	销售部
3	2001	ZC003	××生产设备01	HT5198	2020-4-11	8年	2020-5-1	2028-4-30	96期	第12期	第1年	直线法	—
4	1003	ZC004	××生产设备02	HT5159	2020-6-20	10年	2020-7-1	2030-6-30	120期	第10期	第1年	年数总和法	生产部
5	2002	ZC005	××生产设备03	HT5167	2020-11-15	6年	2020-12-1	2026-11-30	72期	第5期	第1年	直线法	—
6	1004	ZC006	××汽车	HT5135	2021-3-10	8年	2021-4-1	2029-3-31	96期	第1期	第1年	工作量法	物流部
7	1005	ZC007	××办公设备	HT5216	2021-4-20	3年	2021-5-1	2024-4-30	36期	第0期	第1年	直线法	财务部

	O	P	Q	R	S	T	U
1							
2							
3	费用归集	资产原值	预计净残值(5%)	期初累计折旧额	本期折旧额	期末累计折旧额	期末余额
4		800,000.00	40,000.00	96,155.30	11,038.05	107,193.35	692,806.65
5	管理费用	60,000.00	3,000.00	18,999.96	1,583.33	20,583.29	39,416.71
6	营业费用	65,000.00	3,250.00	21,666.67	1,203.70	22,870.37	42,129.63
7	—	80,000.00	4,000.00	8,708.37	791.67	9,500.04	70,499.96
8	生成产本	300,000.00	15,000.00	38,863.62	4,318.18	43,181.80	256,818.20
9	—	150,000.00	7,500.00	7,916.68	1,979.17	9,895.85	140,104.15
10	管理费用	120,000.00	6,000.00	-	1,162.00	1,162.00	118,838.00
11		25,000.00	1,250.00		-	-	25,000.00
12				❷			

第8步 设置条件格式标识当月开始折旧的固定资产。❶ 选中 A5:U30 单元格区域，单击【开始】选项卡中的【条件格式】下拉按钮，在下拉列表中选择【新建规则】命令，打开【新建格式规则】对话框，在【选择规则类型】列表框中选择【使用公式确定要设置格式的单元格】选项；❷ 在【编辑规则说明】文本框中输入公式“=$K5=1”，其含义是当 K5 单元格中的折旧期数为“1”，也就是当前月份是该项固定资产开始折旧的第 1 期时，即应用条件格式；❸ 单击【格式】按钮打开【单元格格式】对话框，设置单元格背景色，并将字体设置为白色粗体（图示略）后返回【新建格式规则】对话框；❹ 单击【确定】按钮关闭对话框，如下图所示。

返回工作表，即可看到 2021 年 4 月 1 日（E2 单元格中的日期）开始折旧的固定资产所在的单元格区域已应用了条件格式，效果如下图所示。

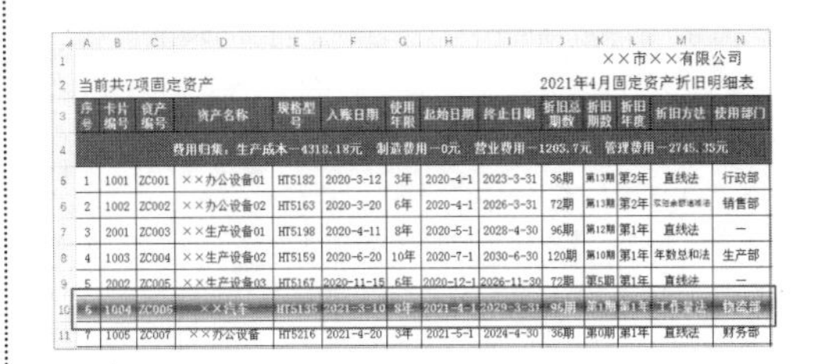

	A	B	C	D	E	F	G	H	I	J	K	L	M	N
1												××市××有限公司		
2	当前共7项固定资产									2021年4月固定资产折旧明细表				
3	序号	卡片编号	资产编号	资产名称	规格型号	入账日期	使用年限	起始日期	终止日期	折旧总期数	折旧期数	折旧年度	折旧方法	使用部门
4	费用归集：生产成本—4318.18元　制造费用—0元　营业费用—1203.7元　管理费用—2745.33元													
5	1	1001	ZC001	××办公设备01	HT5182	2020-3-12	3年	2020-4-1	2023-3-31	36期	第13期	第2年	直线法	行政部
6	2	1002	ZC002	××办公设备02	HT5163	2020-3-20	6年	2020-4-1	2026-3-31	72期	第13期	第2年	双倍余额递减法	销售部
7	3	2001	ZC003	××生产设备01	HT5198	2020-4-11	8年	2020-5-1	2028-4-30	96期	第12期	第1年	直线法	—
8	4	1003	ZC004	××生产设备02	HT5159	2020-6-20	10年	2020-7-1	2030-6-30	120期	第10期	第1年	年数总和法	生产部
9	5	2002	ZC005	××生产设备03	HT5167	2020-11-15	6年	2020-12-1	2026-11-30	72期	第5期	第1年	直线法	—
10	6	1004	ZC006	××汽车	HT5135	2021-3-10	8年	2021-4-1	2029-3-31	96期	第1期	第1年	工作量法	物流部
11	7	1005	ZC007	××办公设备	HT5216	2021-4-20	3年	2021-5-1	2024-4-30	36期	第0期	第1年	直线法	财务部

第9步 设置条件格式动态添加表格框线。根据前面讲解的内容设置条件格式，即可动态添加表格框线，效果如下图所示。

	A	B	C	D	E	F	G	H	I	J	K	L	M	N	O
1												××市××有限公司			
2	当前共7项固定资产									2021年4月固定资产折旧明细表					
3	序号	卡片编号	资产编号	资产名称	规格型号	入账日期	使用年限	起始日期	终止日期	折旧总期数	折旧期数	折旧年度	折旧方法	使用部门	费用归集
4	费用归集：生产成本—4318.18元　制造费用—0元　营业费用—1203.7元　管理费用—2745.33元														
5	1	1001	ZC001	××办公设备01	HT5182	2020-3-12	3年	2020-4-1	2023-3-31	36期	第13期	第2年	直线法	行政部	管理费用
6	2	1002	ZC002	××办公设备02	HT5163	2020-3-20	6年	2020-4-1	2026-3-31	72期	第13期	第2年	双倍余额递减法	销售部	营业费用
7	3	2001	ZC003	××生产设备01	HT5198	2020-4-11	8年	2020-5-1	2028-4-30	96期	第12期	第1年	直线法	—	—
8	4	1003	ZC004	××生产设备02	HT5159	2020-6-20	10年	2020-7-1	2030-6-30	120期	第10期	第1年	年数总和法	生产部	生产成本
9	5	2002	ZC005	××生产设备03	HT5167	2020-11-15	6年	2020-12-1	2026-11-30	72期	第5期	第1年	直线法	—	—
10	6	1004	ZC006	××汽车	HT5135	2021-3-10	8年	2021-4-1	2029-3-31	96期	第1期	第1年	工作量法	物流部	管理费用
11	7	1005	ZC007	××办公设备	HT5216	2021-4-20	3年	2021-5-1	2024-4-30	36期	第0期	第1年	直线法	财务部	管理费用

7.3.2 生成静态固定资产折旧明细表

由于 7.3.1 小节制作的固定资产折旧明细表中包含大量公式，数据是可以动态变化的，方便每月快速生成当月的折旧明细表。如果财务人员希望在工作簿中同时保存一份静态表格以作备查，通过简单两步即可，下面介绍操作方法。

第1步 复制工作表。❶ 右击【折旧明细表】工作表标签，在弹出的快捷菜单中选择【复制工作表】命令即可生成一份内容完全相同的工作表，名称为“折旧明细表

（2）”；❷ 将工作表名称重命名为“2021 年 4 月折旧明细表”，如下图所示。

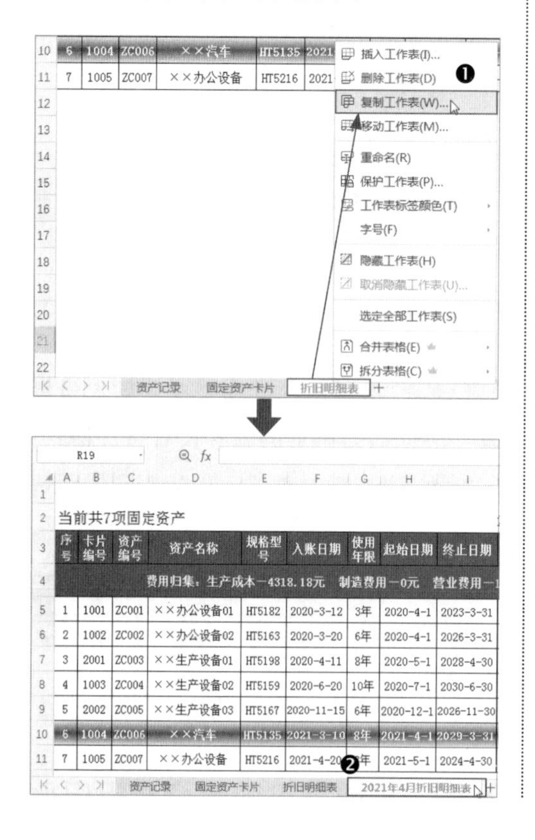

第2步 **运用【选择性粘贴】功能清除公式工作表**。❶ 选中整个工作表，按【Ctrl+C】快捷键复制后右击，在弹出的快捷菜单中单击【粘贴】选项组中的【粘贴为数值】按钮后即可清除整个工作表的公式，如下图所示。❷ 设置单色打印（图示略）。

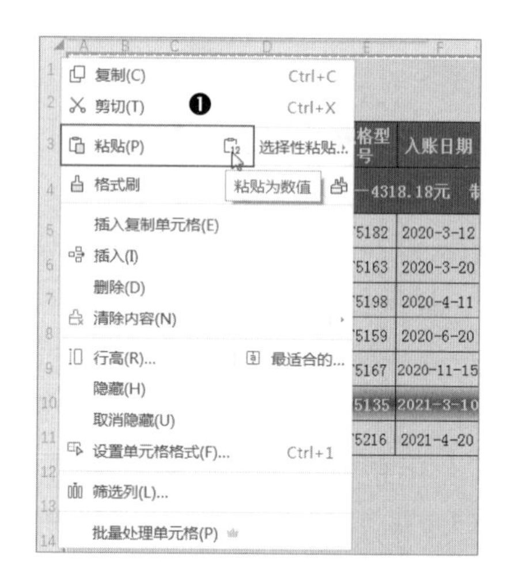

本节示例结果见“结果文件\第 7 章\固定资产折旧明细表 .xlsx”文件。

高手支招

本章结合会计实操内容，讲解了如何运用 WPS 表格科学、规范地管理固定资产。下面结合本章主题内容及实际工作中运用 WPS 表格时的常见问题，介绍以下几个实用技巧，帮助财务人员进一步完善工作细节并提升工作效率。

01 打印超高超宽表格的技巧

在实务中，由于财务工作涉及的内容及数据量较大，所以制作的表格通常都会超高和超宽，因此打印表格时，仅一张 A4 纸页面是无法完全容纳所有内容的，除首页外，其他页不能完整显示标题行与左侧的列中的内容。

如下图所示，是 2021 年 4 月固定资产折旧明细表的打印预览界面。从图中可看到，由于表格超宽，第 2 页中没有完整显示固定资产的基本信息。

预计净残值(5%)	期初累计折旧额	本期折旧额	期末累计折旧额	期末余额
40,000.00	96,155.30	11,038.05	107,193.35	692,806.65
3,000.00	18,999.96	1,583.33	20,583.29	39,416.71
3,250.00	21,666.67	1,203.70	22,870.37	42,129.63
4,000.00	8,708.37	791.67	9,500.04	70,499.96
15,000.00	38,863.62	4,318.18	43,181.80	256,818.20
7,500.00	7,916.68	1,979.17	9,895.85	140,104.15
6,000.00	-	1,162.00	1,162.00	118,838.00
1,250.00	-	-	-	25,000.00

下面通过设置，使每一页显示固定资产基本信息，操作方法如下。

第1步 **设置左端标题列**。打开“素材文件\第 7 章\固定资产折旧明细表 1.xlsx”文件。❶ 单击【页面布局】选项卡中的【打印标题】按钮打开【页面设置】对话框，单击【工作表】选项卡中的【打印标题】选项组中的【左端标题列】文本框，选中工作表中的 A:L 列区域；❷ 单击【确定】按钮关闭对话框，如下图所示。

> **温馨提示**
> 因本例表格仅超宽，并未超高，因此只需设置左端标题列，无须设置顶端标题行。

第2步 **预览页面**。❶ 返回工作表后，单击【页面布局】选项卡中的【打印预览】按钮；❷ 弹出预览页面，可看到每一页均显示 A:L 列区域内容，如下图所示。

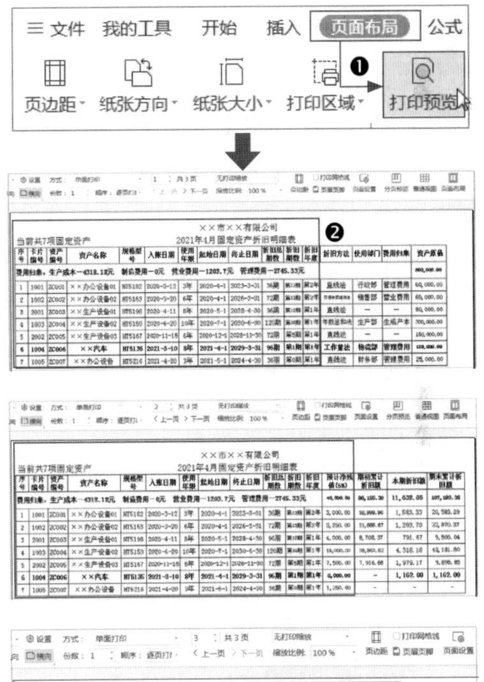

示例结果见“结果文件\第 7 章\固定资产折旧明细表 1.xlsx”文件。

02 在打印表格时插入日期和时间

财务人员在打印表格时，如果希望同时打印当前日期和时间，可通过设设置自定义页脚实现，操作方法如下。

第1步 **自定义页脚**。打开“素材文件\第 7 章\固定资产折旧明细表 2.xlsx”文件。❶ 单击【页面布局】选项卡中的【页眉页脚】按钮；❷ 弹出【页面设置】对话框，在【页眉 / 页脚】选项卡中单击【自定义页脚】按钮；❸ 弹出【页脚】对话框，选中【左】编辑框，单击编辑框上方的【日期】按钮即可插入日期，按两次空格键，在日期和时间之间插入空格，单击【时间】按钮插入时间；❹ 单击【确定】按钮关闭对话框；❺ 返回【页面设置】对话框后可在【预览框】中查看页脚预览效果，单击【确定】按钮关闭对话框，如下图所示。

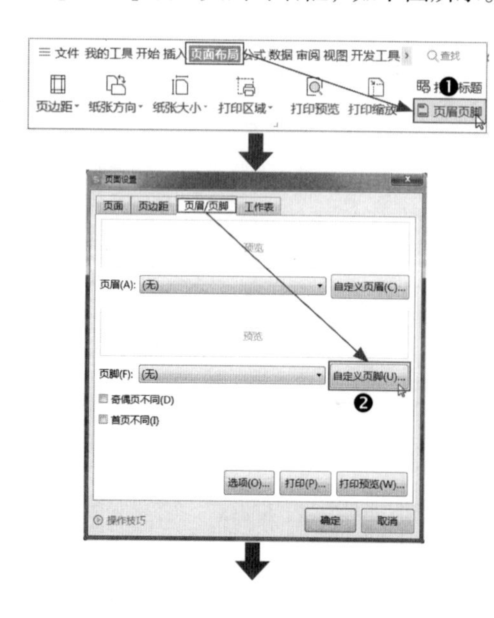

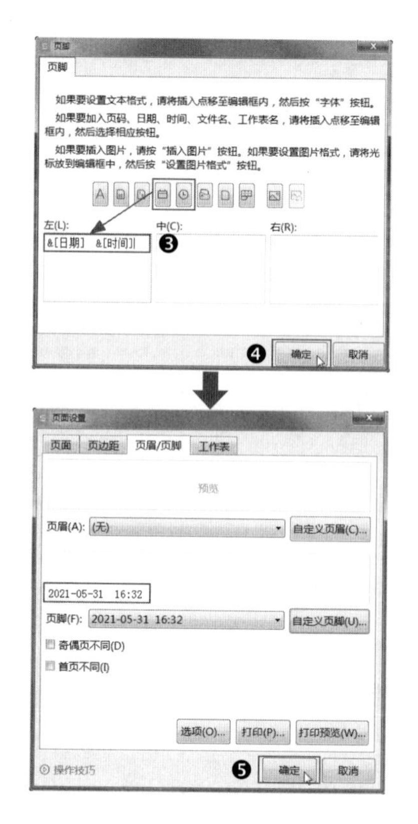

第2步 **预览打印效果**。设置完成后，打开【打印预览】页面，可看到页脚在整个打印页面中的预览效果，如下图所示。

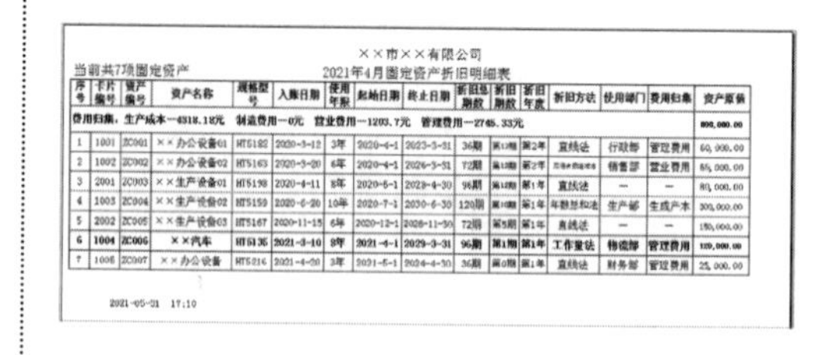

××市××有限公司

当前共7项固定资产　　2021年4月固定资产折旧明细表

序号	卡片编号	资产编号	资产名称	规格型号	入账日期	使用年限	起始日期	终止日期	折旧总期数	折旧期数	折旧年度	折旧方法	使用部门	费用归集	资产原值
费用归集：生产成本—4318.18元　制造费用—0元　营业费用—1203.7元　管理费用—2745.33元															800,000.00
1	1001	ZC001	××办公设备01	HT5182	2020-3-12	3年	2020-4-1	2023-3-31	36期	[illegible]	第2年	直线法	行政部	管理费用	60,000.00
2	1002	ZC002	××办公设备02	HT5163	2020-3-20	6年	2020-4-1	2026-3-31	72期	[illegible]	第2年	[illegible]	销售部	营业费用	65,000.00
3	2001	ZC003	××生产设备01	HT5198	2020-4-11	8年	2020-5-1	2028-4-30	96期	[illegible]	第1年	直线法	—	—	80,000.00
4	1003	ZC004	××生产设备02	HT5150	2020-6-20	10年	2020-7-1	2030-6-30	120期	[illegible]	第1年	年数总和法	生产部	生成产本	300,000.00
5	2002	ZC005	××生产设备03	HT5167	2020-11-15	6年	2020-12-1	2026-11-30	72期	第5期	第1年	直线法	—	—	150,000.00
6	1004	ZC006	××汽车	HT5136	2021-3-10	8年	2021-4-1	2029-3-31	96期	第1期	第1年	工作量法	物流部	管理费用	120,000.00
7	1005	ZC007	××办公设备	HT5216	2021-4-20	3年	2021-5-1	2024-4-30	36期	第0期	第1年	直线法	财务部	管理费用	25,000.00

2021-05-31　17:10

示例结果见“结果文件\第 7 章\固定资产折旧明细表 2.xlsx”文件。

03 拆分窗格同时查看不相邻数据

在日常工作中，如果财务人员需要同

时查看表格中不相邻且间隔行数或列数较远的数据时，很容易看错位。对此，可运用 WPS 表格中的拆分窗口功能将当前工作表窗口拆分为 4 个大小可调的窗格，将需要查看的数据所在行或列拖动至相邻位置即可方便查看，设置方法如下。

打开“素材文件\第 7 章\固定资产明细表 3.xlsx”文件，选中 E5 单元格（拆分位置从 E5 单元格左上方开始），单击【视图】选项卡中的【拆分窗口】按钮即可，如下图所示。

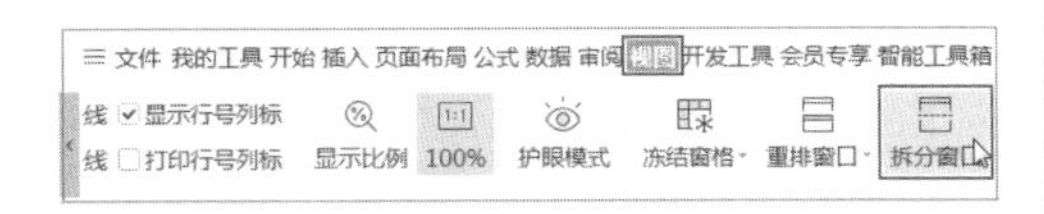

设置完成后，可看到工作表窗口已被拆分为 4 个窗口（标志为绿色分割线）。拖动水平滚动条，将 P 列拖至与 D 列相邻位置，方便同时查看固定资产名称与相关数据，如下图所示。

当前共7项固定资产

××市××有限公司
2021年4月固定资产折旧明细表

序号	卡片编号	资产编号	资产名称	规格型号	入账日期	使用年限	起始日期	终止日期	折旧总期数	折旧期数	折旧年度	折旧方法
费用归集：生产成本—4318.18元				制造费用—0元　营业费用—1203.7元　管理费用—2745.33元								
1	1001	ZC001	××办公设备01	HT5182	2020-3-12	3年	2020-4-1	2023-3-31	36期	第13期	第2年	直线法
2	1002	ZC002	××办公设备02	HT5163	2020-3-20	6年	2020-4-1	2026-3-31	72期	第13期	第2年	双倍余额递减法
3	2001	ZC003	××生产设备01	HT5198	2020-4-11	8年	2020-5-1	2028-4-30	96期	第12期	第1年	直线法
4	1003	ZC004	××生产设备02	HT5159	2020-6-20	10年	2020-7-1	2030-6-30	120期	第10期	第1年	年数总和法
5	2002	ZC005	××生产设备03	HT5167	2020-11-15	6年	2020-12-1	2026-11-30	72期	第5期	第1年	直线法
6	1004	ZC006	××汽车	HT5135	2021-3-10	8年	2021-4-1	2029-3-31	96期	第1期	第1年	工作量法
7	1005	ZC007	××办公设备	HT5216	2021-4-20	3年	2021-5-1	2024-4-30	36期	第0期	第1年	直线法

当前共7项固定资产

序号	卡片编号	资产编号	资产名称	资产原值	预计净残值(5%)	期初累计折旧额	本期折旧额	期末累计折旧额	期末余额
费用归集：生产成本—4318.18元				800,000.00	40,000.00	96,155.30	11,038.05	107,193.35	692,806.65
1	1001	ZC001	××办公设备01	60,000.00	3,000.00	18,999.96	1,583.33	20,583.29	39,416.71
2	1002	ZC002	××办公设备02	65,000.00	3,250.00	21,666.67	1,203.70	22,870.37	42,129.63
3	2001	ZC003	××生产设备01	80,000.00	4,000.00	8,708.37	791.67	9,500.04	70,499.96
4	1003	ZC004	××生产设备02	300,000.00	15,000.00	38,863.62	4,318.18	43,181.80	256,818.20
5	2002	ZC005	××生产设备03	150,000.00	7,500.00	7,916.68	1,979.17	9,895.85	140,104.15
6	1004	ZC006	××汽车	120,000.00	6,000.00	-	1,162.00	1,162.00	118,838.00
7	1005	ZC007	××办公设备	25,000.00	1,250.00	-	-	-	25,000.00

示例结果见“结果文件\第 7 章\固定资产折旧明细表 3.xlsx”文件。

温馨提示●

如果需要调整拆分位置，直接将分割线拖拽至目标拆分位置即可。

04 新建窗口同时查看不同工作表

财务人员创建的工作簿通常都包含多张工作表，而且工作表之间的数据相互关联，所以在查看一张工作表数据的同时也可能需要核对另一张工作表中的数据。如果通过单击工作表标签的方法来回切换工作表，对数据核对非常不便。对此，可运用“新建窗口”功能，为当前工作簿另建一个新窗口，再使用“并排比较”功能将两个窗口并排显示，即可同时查看同一工作簿的不同工作表中的数据，操作方法如下。

第1步● **新建窗口**。打开“素材文件\第 7 章\固定资产卡片 1.xlsx”文件，其中包含“资产记录”和“固定资产卡片”两张工作表，在任意一张工作表中单击【视图】选项卡中的【新建窗口】按钮即可，如下图所示。

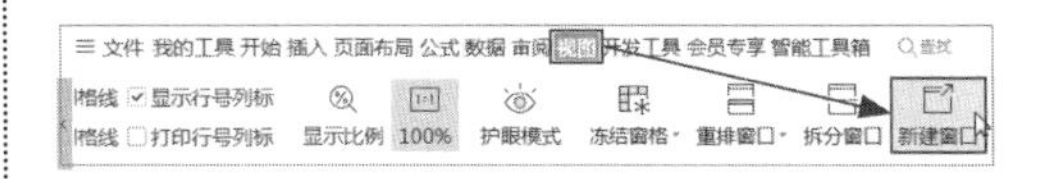

第2步● **并排比较**。新建窗口后，切换至另一工作表，单击【视图】选项卡中的【并排比较】按钮即可将两个窗口并排显

示，方便查看和核对数据，如下图所示。

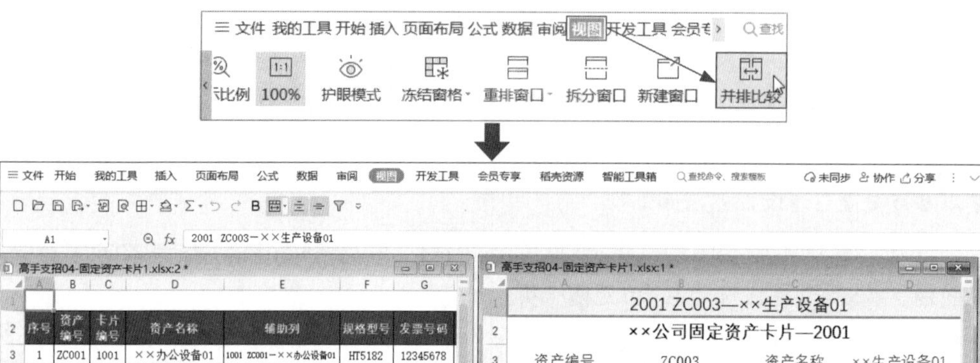

温馨提示●

新窗口是为方便查看数据而临时生成的，不等于新文件，因此关闭窗口或整个表格文件并不会生成新的表格文件。

WPS

第8章

实战 进销存数据管理

本章导读

进销存是指企业将存货采购入库→销售出库→库存核算的动态过程。实际经营过程中，企业一旦发生进销存活动，每一个环节都会产生大量的原始数据，同时随之而来的就是大量的数据计算、统计、分析管理工作。对此，财务人员依然需要借助 WPS 表格工具，充分运用其功能，制作系统规范的管理表格，尽可能减少手工操作，才能保质保量并高效地完成工作任务。

本章将介绍如何运用 WPS 表格管理进销存数据的思路，以及具体的操作方法和技巧，帮助财务人员做好进销存数据管理工作。

知识要点

- 建立进销存基础信息档案的方法
- 制作进销存业务表单的思路和方法
- 分类汇总单据数据的方法和技巧
- 设计与制作单据打印模板的方法
- 动态汇总进销存数据的方法

8.1 建立基础信息档案库

要管理好进销存数据，首要工作是建立完善和规范的基础资料档案。进销存的基础资料主要包括供应商信息、客户信息、存货信息这 3 大类。同时，每一大类中还分别涵盖不同的细化、关键的内容，将直接影响后续数据统计分析的准确性。例如，供应商档案中，关键信息包括发票类型、税率，影响进项税额是否可以抵扣及抵扣税率、入库成本价等数据；客户档案中，关键信息包括纳税人类型、价格类型等，影响销项税额、销售利润等数据；存货档案中，除了其本身的基础内容，关键信息还兼具供应商和客户的相关信息，如存货的供应商、采购价格、销售价格等。因此，建立规范的基础信息档案库，管理基础资料，为后续进销存数据的计算、统计和分析做好基础保障非常重要。本节主要介绍如何使用 WPS 表格建立三类基础信息档案库，以及基础档案查询表，规范管理这些基础档案，为后续数据计算、统计和分析提供准确的源数据。

8.1.1 制作供应商档案表

供应商资料必须在采购环节中建立和完善，同时，也是组成存货基础信息的一个重要部分。例如，存货定价时，首先应考虑其供应商是否提供增值税发票，提供的发票是增值税专用发票还是普通发票，增值税专用发票的可抵扣税率是多少，等等。因此，一份完善的供应商档案中至少要包括“纳税人类型”“提供发票类型”“税率”等关键信息。下面制作供应商档案表。

第1步 **绘制表格框架，填入部分基础信息**。新建工作簿，命名为“进销存基础信息档案库”，将“Sheet1”工作表重命名为“供应商”，绘制表格并设置字段名称、基础格式等，在需要手工输入且内容无规律性的字段中填入供应商基础信息，包括“供应商名称”“联系人”“电话”等字段。初始表格框架及内容如下图所示。

	A	B	C	D	E	F	G	H
1								供应商档案
2	序号	供应商编号	供应商名称	供应商编号名称（辅助列）	纳税人类型	提供发票类型	税率	是否抵扣进项税
3			供应商001					
4			供应商002					
5			供应商003					
6			供应商004					
7			供应商005					
8			供应商006					
9			供应商007					
10			供应商008					
11			供应商009					
12			供应商010					

	I	J	K	L	M
1					
2	预设采购价类型	入库成本价	联系人	电话	备注
3			王女士	137****6516	
4			周先生	135****1311	
5			刘女士	180****0521	
6			林先生	139****2944	
7			叶先生	159****0966	
8			吕女士	135****5316	
9			陈女士	138****2142	
10			吴先生	152****6962	
11			刘先生	137****0963	
12			曾女士	136****0090	

第2步 **在部分字段中创建下拉列表**。供应商基础信息具有一定的规律性，可通过创建下拉列表快速选择填入的字段，包括

"纳税人类型""提供发票类型""预设采购价类型"。在以上字段中创建下拉列表，序列来源可直接输入或另制表格输入后在其来源中引用单元格地址，本例直接输入来源。具体序列来源如下图所示。

纳税人类型	提供发票类型	预设采购价类型
一般	专票	最新采购价
小规模	普票	最近采购价
其他	无票	不预设采购价

第3步● 通过下拉列表填入信息。下拉列表创建完成后，分别在 E3:E12 单元格区域（"纳税人类型"字段）、F3:F12 单元格区域（"提供发票类型"字段）与 I3:I12 单元格区域（"预设采购价类型"字段）的下拉列表中选择填入相关信息，同时根据"纳税人类型"在 G3:G12 单元格区域中填入税率，如下图所示。

	E	F	G	H	I	J
1	供应商档案					
2	纳税人类型	提供发票类型	税率	是否抵扣进项税	预设采购价类型	入库成本价
3	一般	专票	13%		最新采购价	
4	一般	专票	13%		最近采购价	
5	小规模	普票	3%		最新采购价	
6	小规模	普票	3%		不预设采购价	
7	小规模	专票	3%		最近采购价	
8	其他	无票	3%		不预设采购价	
9	小规模	普票	3%		最新采购价	
10	一般	专票	13%		最新采购价	
11	一般	专票	13%		最近采购价	
12	小规模	专票	3%		最新采购价	

第4步● 自动生成序号、供应商编号与辅助列内容。❶ 在 A3 单元格中设置公式"=IF(C3="","-",COUNT($A$2:$A2)+1)"，运用 IF 函数判断 C3 单元格中的供应商名称是否为空，分别返回占位符号"-"或返回 COUNT 函数统计 A2:A2 单元格区域中数字的数量后加 1，即可自动生成序号；❷ 在 B3 单元格中设置公式"="GY"&TEXT(IF(C3="","-",A3),"000")"，运用 TEXT 函数将 A3 单元格中的序号转换后与固定文本"GY"组合成供应商编号；❸ 将 A3:B3 单元格区域公式填充至 A4:B12 单元格区域中；❹ 在 D3 单元格中设置公式"=B3&""&C3"，将供应商编号与供应商名称组合，作为后面表格查找引用供应商信息的关键字，将公式填充至 D4:D12 单元格区域中，如下图所示。

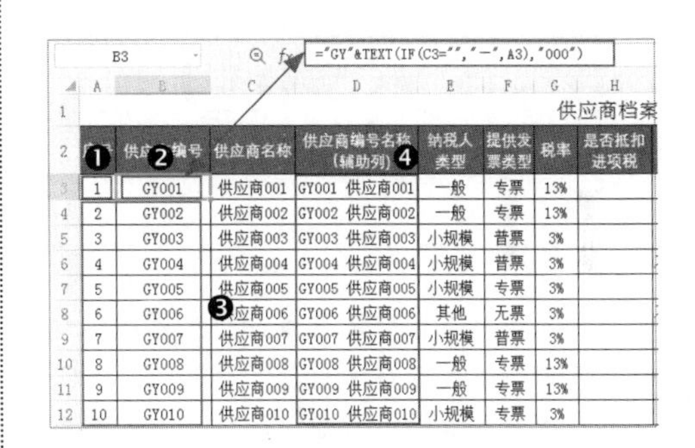

	A	B	C	D	E	F	G	H
1								供应商档案
2	[illegible]	供应[illegible]编号	供应商名称	供应商编号名称（辅助列）	纳税人类型	提供发票类型	税率	是否抵扣进项税
3	1	GY001	供应商001	GY001 供应商001	一般	专票	13%	
4	2	GY002	供应商002	GY002 供应商002	一般	专票	13%	
5	3	GY003	供应商003	GY003 供应商003	小规模	普票	3%	
6	4	GY004	供应商004	GY004 供应商004	小规模	普票	3%	
7	5	GY005	供应商005	GY005 供应商005	小规模	专票	3%	
8	6	GY006	供应商006	GY006 供应商006	其他	无票	3%	
9	7	GY007	供应商007	GY007 供应商007	小规模	普票	3%	
10	8	GY008	供应商008	GY008 供应商008	一般	专票	13%	
11	9	GY009	供应商009	GY009 供应商009	一般	专票	13%	
12	10	GY010	供应商010	GY010 供应商010	小规模	专票	3%	

第5步● 判断进项税是否可抵扣，以及入库成本价类型。❶ 在 H3 单元格中设置公式"=IF(F3="专票",1,2)"，运用 IF 函数判断 F3 单元格中的文本为"专票"时返回数字"1"，否则返回数字"2"。公式返回结果为"1"，自定义单元格格式，格式代码为"[=1] 可抵扣 ;[=2] 不抵扣"，使之显示为"可抵扣"，将 H3 单元格公式及格式填充至 H4:H12 单元格区域中。❷ 在 J3 单元格中设置公式"=IF(H3=1,1,2)"，运

用 IF 函数判断 H3 单元格中数字为 1 时，返回数字“1”，否则返回数字“2”。公式返回结果为“1”时，自定义单元格格式，格式代码为“[=1] 未税单价 ;[=2] 价税合计”，使之显示为“未税单价”，将 J3 单元格公式及格式填充至 J4:J12 单元格区域中。效果如下图所示。

H3 =IF(F3="专票",1,2)

	F	G	H	I	J	K
1	供应商档案					
2	提供发票类型	税率	是否抵扣进项税 ❶	预设采购价类型	入库成本价 ❷	联系人
3	专票	13%	可抵扣	最新采购价	未税单价	王女士
4	专票	13%	可抵扣	最近采购价	未税单价	周先生
5	普票	3%	不抵扣	最新采购价	价税合计	刘女士
6	普票	3%	不抵扣	不预设采购价	价税合计	林先生
7	专票	3%	可抵扣	最近采购价	未税单价	叶先生
8	无票	3%	不抵扣	不预设采购价	价税合计	吕女士
9	普票	3%	不抵扣	最新采购价	价税合计	陈女士
10	专票	13%	可抵扣	最新采购价	未税单价	吴先生
11	专票	13%	可抵扣	最近采购价	未税单价	刘先生
12	专票	3%	可抵扣	最新采购价	未税单价	曾女士

温馨提示

在判断是否可抵扣进项税和入库成本价的公式中，使用数字 1 和 2 作为返回结果而未直接设置文本的原因是方便在后面表格中设置公式时进行引用。

8.1.2 制作客户档案表

客户档案中的关键信息是根据目标利润率为每一客户预先设定的价格类型，这也是存货基础信息中不可缺少的重要元素之一。因此，除了其他字段，如序号、客户编号、客户名称等信息外，客户档案表中至少还应包括“价格类型”“目标利润率”等字段内容，为后面在“存货档案表”中为存货批量定价提供数据源。

客户档案表中的大部分字段、格式、公式的设置思路与方法与供应商档案表基本相同，只需复制粘贴后稍作修改，对此不作赘述。另外，本例统一使用销项税率 13%，因此，客户档案表中可不必设置这一字段。下面主要介绍预先设定客户价格类型的方法和技巧。

第1步 **快速制作表格，并填入基本信息。** 在“进销存基础信息档案库”工作簿中新建工作表，重命名为“客户”，将“供应商”工作表整体复制并粘贴至“客户”工作表中，删除不需要的字段，增加“价格类型”“目标利润率”“账期”3 个字段，将“纳税人类型”字段下拉列表的序列来源修改为“一般 , 小规模 , 个体”，填入客户基础信息，将 I3:I12（“账期”字段）的单元格格式自定义为“0 天”。初始效果如下图所示。

	A	B	C	D	E	F
1						客
2	序号	客户编号	客户名称	客户编号名称	纳税人类型	发票类型
3	1	KH001	客户001	KH001 客户001	小规模	普票
4	2	KH002	客户002	KH002 客户002	一般	专票
5	3	KH003	客户003	KH003 客户003	小规模	普票
6	4	KH004	客户004	KH004 客户004	一般	专票
7	5	KH005	客户005	KH005 客户005	小规模	普票
8	6	KH006	客户006	KH006 客户006	一般	专票
9	7	KH007	客户007	KH007 客户007	个体	普票
10	8	KH008	客户008	KH008 客户008	小规模	普票
11	9	KH009	客户009	KH009 客户009	一般	专票
12	10	KH010	客户010	KH010 客户010	小规模	普票

客户档案

价格类型	目标利润率	账期	联系人	联系电话	备注
		30天	张女士	137****2102	
		60天	刘女士	138****6606	
		30天	谢先生	130****0908	
		45天	周先生	180****0097	
		30天	郑女士	139****2216	
		60天	蒲先生	159****4516	
		10天	陈女士	135****2191	
		30天	杨女士	137****3526	
		45天	唐先生	136****1038	
		30天	孙先生	139****0962	

第2步 **制作定价标准表作为辅助区域。** ❶ 在空白区域，如 O2:P7 单元格区域创建超级表，输入价格类型名称及目标利润率；❷ 选中 O2:O7 单元格区域，单击【公式】选项卡中的【指定】按钮；❸ 弹出【指定名称】对话框，默认选中【首行】和【末行】复选框，这里应取消选中【末行】复选框，单击【确定】按钮，即可将 O3:O7 单元格区域定义为名称，名称即为首行 O2 单元格中的文本“客户价格类型”；❹ 单击【公式】选项卡中的【名称管理器】按钮打开同名对话框，可看到列表框中的名称除了“客户价格类型”外，还包括名为“表 1”的名称，是在 O2:P7 单元格区域创建超级表时自动生成的，将名称修改为“客户定价标准”，便于识别和管理；❺ 单击【关闭】按钮关闭对话框即可，如下图所示。

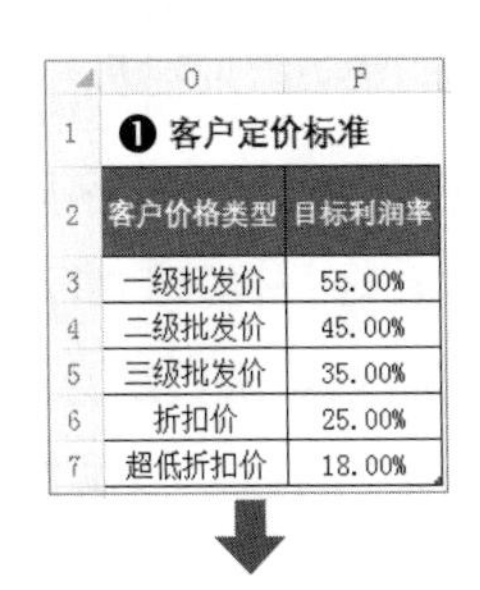

❶ 客户定价标准

客户价格类型	目标利润率
一级批发价	55.00%
二级批发价	45.00%
三级批发价	35.00%
折扣价	25.00%
超低折扣价	18.00%

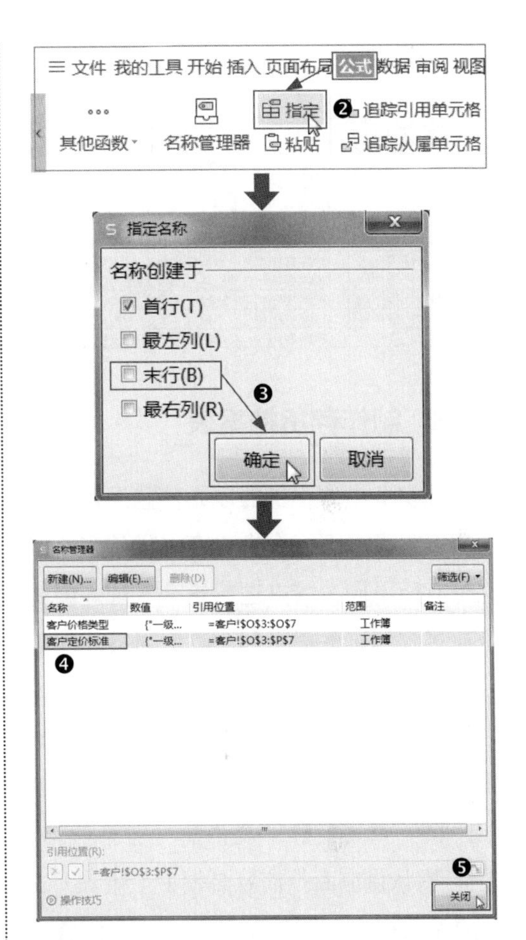

第3步 **根据价格类型引用目标利润率。** ❶ 选中 G3:G12 单元格区域，创建下拉列表，将序列来源设置为第 2 步定义的名称“= 客户价格类型”，在下拉列表中选择价格类型填入单元格中；❷ 在 H3 单元格中设置公式“=VLOOKUP(G3,O$3:P$7,2,0)”，运用 VLOOKUP 函数在 O3:P7 单元格区域中查找与 G3 单元格中的价格类型匹配的目标利润率，将公式填充至 H4:H12 单元格区域中，如下图所示。

H3 =VLOOKUP(G3,O$3:P$7,2,0)

客户档案

序号	客户编号	客户名称	客户编号名称	纳税人类型	发票类型	价格类型	目标利润率
1	KH001	客户001	KH001 客户001	小规模	普票	三级批发价	35.00%
2	KH002	客户002	KH002 客户002	一般	专票	一级批发价	55.00%
3	KH003	客户003	KH003 客户003	小规模	普票	一级批发价	55.00%
4	KH004	客户004	KH004 客户004	一般	专票	一级批发价	55.00%
5	KH005	客户005	KH005 客户005	小规模	普票	二级批发价	45.00%
6	KH006	客户006	KH006 客户006	一般	专票	一级批发价	55.00%
7	KH007	客户007	KH007 客户007	个体	普票	超低折扣价	18.00%
8	KH008	客户008	KH008 客户008	小规模	普票	折扣价	25.00%
9	KH009	客户009	KH009 客户009	一般	专票	一级批发价	55.00%
10	KH010	客户010	KH010 客户010	小规模	普票	三级批发价	35.00%

8.1.3 制作存货档案表

在实务中，存货的原始信息通常是由供应商提供，而每个供应商提供的表格格式都有所不同，难以进行统一管理。因此企业接收到这些资料后，都应当整理规范后输入到统一的表格模板之中，并根据成本价，按照不同的价格类型制定价格。制作表格时，应注意尽可能减少手工输入工作，除了商品名称、规格型号、条形码、进价、默认供应商等信息必须手工输入（或从原始表格中复制粘贴）外，其他信息均可设置公式自动计算，以保证数据质量，提高工作效率。下面介绍运用 WPS 表格制作存货档案表的方法和思路。

第1步 **绘制表格框架，填入存货原始信息**。在“进销存基础信息档案库”工作簿中新建工作表，重命名为“存货”，在 A2:O22 单元格区域中绘制表格框架，设置字段名称和基础格式，填入存货原始信息。初始效果如下图所示。

存货档案

序号	产品编码	存货名称	规格型号	条形码	装箱数	默认供应商	不含税单价	含税单价	入库成本单价	一级批发价	二级批发价	三级批发价	折扣价	超低折扣价
		存货001	HA510	69*********30	90		48.30							
		存货002	HA511	69*********83	60		46.79							
		存货003	HA512	69*********21	90		52.10							
		存货004	HB571	69*********83	60		40.60							
		存货005	HB572	69*********57	40		44.48							
		存货006	HC518	69*********31	50		31.62							
		存货007	HD516	69*********41	30		52.11							
		存货008	HD517	69*********95	60		36.00							
		存货009	HD596	69*********26	30		47.05							
		存货010	HD595	69*********94	60		32.11							
		存货011	HD532	69*********65	60		50.46							
		存货012	HD533	69*********51	48		41.79							
		存货013	HE591	69*********91	30		52.19							
		存货014	HE592	69*********99	24		50.16							
		存货015	HE593	69*********82	72		34.30							
		存货016	HE594	69*********61	90		38.28							
		存货017	HF615	69*********20	60		48.01							
		存货018	HF616	69*********71	30		45.18							
		存货019	HF617	69*********35	96		46.69							
		存货020	HF618	69*********25	108		47.10							

第2步 **创建下拉列表，填入存货默认供应商**。选中 G3:G22 单元格区域创建下拉列表，将序列来源设置为公式“=OFFSET(供应商!$D$1,2,,COUNTA(D:D)-1)”，运用 OFFSET 函数以“供应商”工作表 D1 单元格（“供应商编号名称”字段）为起点，向下偏移 2 行，向右偏移 0 行，向下偏移高度是由 COUNTA 函数统计 D 列区域的文本数量后减 1 的数字，在 G3:G22 单元

格区域中填入存货的默认供应商，如下图所示。

	B	C	D	E	F	G
1						存
2	编码	存货名称	规格型号	条形码	装箱数	默认供应商
3		存货001	HA510	69*********30	90	GY001 供应商001
4		存货002	HA511	69*********83	60	GY001 供应商001
5		存货003	HA512	69*********21	90	GY001 供应商001
6		存货004	HB571	69*********83	60	GY002 供应商002
7		存货005	HB572	69*********57	40	GY002 供应商002
8		存货006	HC518	69*********31	50	GY003 供应商003
9		存货007	HD516	69*********41	30	GY003 供应商003
10		存货008	HD517	69*********95	60	GY004 供应商004
11		存货009	HD596	69*********26	30	GY004 供应商004
12		存货010	HD595	69*********94	60	GY005 供应商005
13		存货011	HD532	69*********65	60	GY005 供应商005
14		存货012	HD533	69*********51	48	GY006 供应商006
15		存货013	HE591	69*********91	30	GY006 供应商006
16		存货014	HE592	69*********99	24	GY007 供应商007
17		存货015	HE593	69*********82	72	GY007 供应商007
18		存货016	HE594	69*********61	90	GY008 供应商008
19		存货017	HF615	69*********20	60	GY008 供应商008
20		存货018	HF616	69*********71	30	GY009 供应商009
21		存货019	HF617	69*********35	96	GY010 供应商010
22		存货020	HF618	69*********25	108	GY010 供应商010

第3步 自动生成序号和存货编号。 ❶ 在 A3 单元格中设置公式“=IF(C3="","—",COUNT($A$2:A2)+1)”，运用 IF 函数判断 C3 单元格（“存货名称”字段）为空时，返回占位符号“—”，否则运用 COUNT 函数统计“$A$2:A2”单元格区域中的数据数量；❷ 在 B3 单元格中设置公式“=RIGHT(LEFT(G3,5),3)&TEXT(COUNTIF(G$2:G2,G3)+1,"000")”，首先运用 LEFT 函数截取 G3 单元格中供应商编号和名称中的供应商编号，结果为“GY001”，再运用 RIGHT 函数截取供应商编号中右起 3 位编号，结果为“001”，并运用 TEXT 和 COUNTIF 函数组合运算后的结果，即构成存货编号，公式返回结果为“001001”；❸ 将 A3:B3 单元格区域公式填充至 A4:B22 单元格区域中，如下图所示。

B3 fx =RIGHT(LEFT(G3,5),3)&TEXT(COUNTIF(G$2:G2,G3)+1,"000")

	A	B	C	D	E	F	G	H
1								存货档案
2	❶	产 ❷ 码	存货名称	规格型号	条形码	装箱数	默认供应商	不含税单价
3	1	001001	存货001	HA510	69*********30	90	GY001 供应商001	48.30
4	2	001002	存货002	HA511	69*********83	60	GY001 供应商001	46.79
5	3	001003	存货003	HA512	69*********21	90	GY001 供应商001	52.10
6	4	002001	存货004	HB571	69*********83	60	GY002 供应商002	40.60
7	5	002002	存货005	HB572	69*********57	40	GY002 供应商002	44.48
8	6	003001	存货006	HC518	69*********31	50	GY003 供应商003	31.62
9	7	003002	存货007	HD516	69*********41	30	GY003 供应商003	52.11
10	8	004001	存货008	HD517	69*********95	60	GY004 供应商004	36.00
11	9	004002	存货009	HD596	69*********26	30	GY004 供应商004	47.05
12	10	005001	存货010	HD595	69*********94	60	GY005 供应商005	32.11
13	11	005002	❸ 存货011	HD532	69*********65	60	GY005 供应商005	50.46
14	12	006001	存货012	HD533	69*********51	48	GY006 供应商006	41.79
15	13	006002	存货013	HE591	69*********91	30	GY006 供应商006	52.19
16	14	007001	存货014	HE592	69*********99	24	GY007 供应商007	50.16
17	15	007002	存货015	HE593	69*********82	72	GY007 供应商007	34.30
18	16	008001	存货016	HE594	69*********61	90	GY008 供应商008	38.28
19	17	008002	存货017	HF615	69*********20	60	GY008 供应商008	48.01
20	18	009001	存货018	HF616	69*********71	30	GY009 供应商009	45.18
21	19	010001	存货019	HF617	69*********35	96	GY010 供应商010	46.69
22	20	010002	存货020	HF618	69*********25	108	GY010 供应商010	47.10

第4步 计算含税单价和入库成本价。 ❶ 在 I3 单元格中设置公式“=ROUND(H3*1.13,2)”，根据 H3 单元格中的不含税单价，按照增值税税率 13% 计算含税单价。❷ 在 J3 单元格中设置公式“=IF(VLOOKUP(G3,供应商!D:J,7,0)=1,H3,I3)”，运用 IF 函数判断 VLOOKUP 函数表达式的结果为“1”时，返回 H3 单元格中的“不含税单价”，否则返回 I3 单元格中的“含税单价”。其中，VLOOKUP 函数表达式的作用是，根据 G3 单元格中供应商编号和名称在“供应商”工作表的 D 列区域（“供应商编号名称（辅助列）”字段）中查找与之相同的内容，并返回 J 列区域（“入库成本价”字段）中与之匹配的数字“1”（代表“未税单价”）或“2”（代表“价税合计”）。❸ 将 I3:J3 单元格区域中的公式填充至 I4:J22 单

元格区域中。效果如下图所示。

J3 fx =IF(VLOOKUP(G3,供应商!D:J,7,0)=1,H3,I3)

	D	E	F	G	H	I	J
1					存货档案		
2	规格型号	条形码	装箱数	默认供应商	不含税单价	含税单价	入库成本单价
3	HA510	69*********30	90	GY001 供应商001	48.❶	54.58	48.30
4	HA511	69*********83	60	GY001 供应商001	46.79	52.87	46.79
5	HA512	69*********21	90	GY001 供应商001	52.10	58.87	52.10
6	HB571	69*********83	60	GY002 供应商002	40.60	45.88	40.60
7	HB572	69*********57	40	GY002 供应商002	44.48	50.26	44.48
8	HC518	69*********31	50	GY003 供应商003	31.62	35.73	35.73
9	HD516	69*********41	30	GY003 供应商003	52.11	58.88	58.88
10	HD517	69*********95	60	GY004 供应商004	36.00	40.68	40.68
11	HD596	69*********26	30	GY004 供应商004	47.05	53.17	53.17
12	HD595	69*********94	60	GY005 供应商005	32.❸	36.28	32.11
13	HD532	69*********65	60	GY005 供应商005	50.46	57.02	50.46
14	HD533	69*********51	48	GY006 供应商006	41.79	47.22	47.22
15	HE591	69*********91	30	GY006 供应商006	52.19	58.97	58.97
16	HE592	69*********99	24	GY007 供应商007	50.16	56.68	56.68
17	HE593	69*********82	72	GY007 供应商007	34.30	38.76	38.76
18	HE594	69*********61	90	GY008 供应商008	38.28	43.26	38.28
19	HF615	69*********20	60	GY008 供应商008	48.01	54.25	48.01
20	HF616	69*********71	30	GY009 供应商009	45.18	51.05	45.18
21	HF617	69*********35	96	GY010 供应商010	46.69	52.76	46.69
22	HF618	69*********25	108	GY010 供应商010	47.10	53.22	47.10

第5步 **计算存货批发价及折扣价**。❶ 在 K3 单元格中设置公式“=ROUND($J3/(1-VLOOKUP(K$2,客户!$O$3:$P$7,2,0)),2)”，用 J3 单元格中的入库成本价除以（1-目标利润率）的数字后即可计算得到“一级批发价”数字。其中 VLOOKUP 函数表达式的作用是根据 K2 单元格中的价格类型在“客户”工作表 O3:O7 单元格区域中查找相同内容，并返回与之匹配的 P3:P7 单元格区域中的目标利润率。❷ 将 K3 单元格公式填充至 L3:O3 单元格区域中。❸ 将 K3:O3 单元格区域公式填充至 K4:O22 单元格区域中。效果如下图所示。

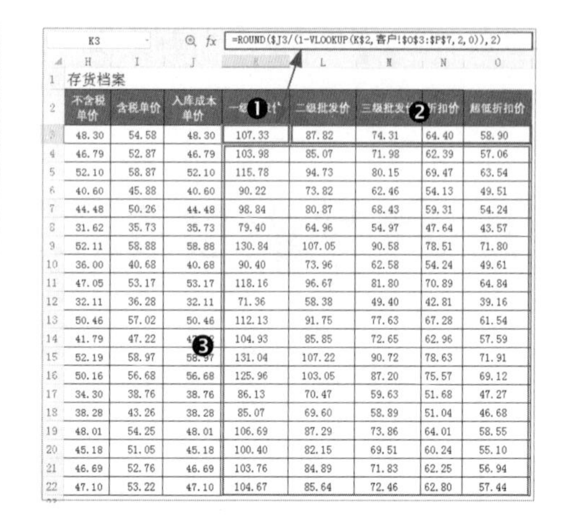
K3 fx =ROUND($J3/(1-VLOOKUP(K$2,客户!$O$3:$P$7,2,0)),2)

	H	I	J	K	L	M	N	O
1	存货档案							
2	不含税单价	含税单价	入库成本单价	一❶[illegible]	二级批发价	三级批发[illegible]❷	[illegible]折扣价	超低折扣价
3	48.30	54.58	48.30	107.33	87.82	74.31	64.40	58.90
4	46.79	52.87	46.79	103.98	85.07	71.98	62.39	57.06
5	52.10	58.87	52.10	115.78	94.73	80.15	69.47	63.54
6	40.60	45.88	40.60	90.22	73.82	62.46	54.13	49.51
7	44.48	50.26	44.48	98.84	80.87	68.43	59.31	54.24
8	31.62	35.73	35.73	79.40	64.96	54.97	47.64	43.57
9	52.11	58.88	58.88	130.84	107.05	90.58	78.51	71.80
10	36.00	40.68	40.68	90.40	73.96	62.58	54.24	49.61
11	47.05	53.17	53.17	118.16	96.67	81.80	70.89	64.84
12	32.11	36.28	32.11	71.36	58.38	49.40	42.81	39.16
13	50.46	57.02	50.46	112.13	91.75	77.63	67.28	61.54
14	41.79	47.22	4[illegible]❸	104.93	85.85	72.65	62.96	57.59
15	52.19	58.97	58.97	131.04	107.22	90.72	78.63	71.91
16	50.16	56.68	56.68	125.96	103.05	87.20	75.57	69.12
17	34.30	38.76	38.76	86.13	70.47	59.63	51.68	47.27
18	38.28	43.26	38.28	85.07	69.60	58.89	51.04	46.68
19	48.01	54.25	48.01	106.69	87.29	73.86	64.01	58.55
20	45.18	51.05	45.18	100.40	82.15	69.51	60.24	55.10
21	46.69	52.76	46.69	103.76	84.89	71.83	62.25	56.94
22	47.10	53.22	47.10	104.67	85.64	72.46	62.80	57.44

第6步 **批量导入存货图片**。❶ 将存货图片全部存入同一个文件夹中，将文件夹命名为“存货图片”并存入计算机任意盘符中，如 E 盘；❷ 在“存货”工作表 O 列右侧添加一列 P 列，调整 P 列的列宽与 3 ~ 22 行的行高，用于插入存货图片；❸ 选中 P3 单元格，单击【插入】选项卡中的【图片】按钮；❹ 弹出【插入图片】对话框，打开“E:\ 存货图片”文件夹，按【Ctrl+A】快捷键全选图片，单击【打开】按钮即可将所有图片全部插入工作表中，如下图所示。

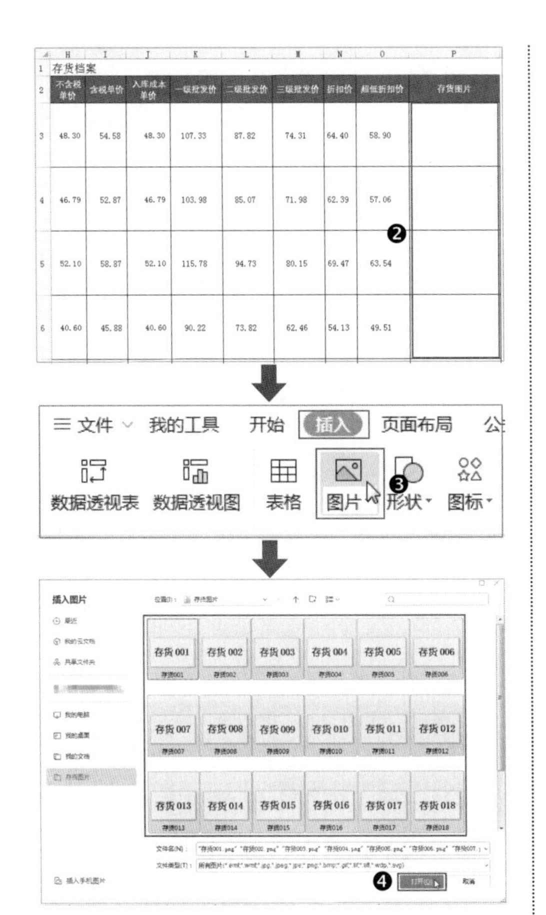

第7步▶ 查看插入图片效果。插入图片后的效果如下图所示。

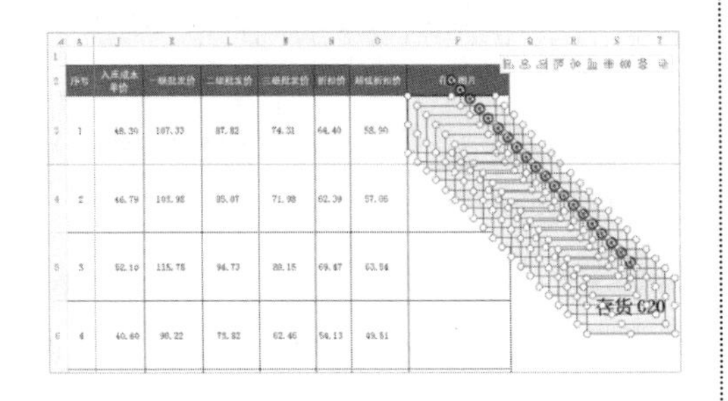

第8步▶ 整理图片。❶ 将第 1 张和最后 1 张图片（即“存货 001”和“存货 020”）分别移到 P3 和 P22 单元格中，选中全部图片激活【图片工具】选项卡，选择【对齐】下拉列表中的【水平居中】命令；❷ 单击【图片工具】选项卡中的【对齐】下拉按钮，在下拉列表中选择【纵向分布】命令将全部图片对齐；❸ 将图片位置略做调整，使之位于 P3:P22 单元格区域中每一个单元格中，并对应每一个存货名称，选中并右击全部图片，在弹出的快捷菜单中选择【切换为嵌入单元格图片】命令，即可将图片固定在单元格中，既可避免发生排列错位情况，又方便查询存货图片，如下图所示。

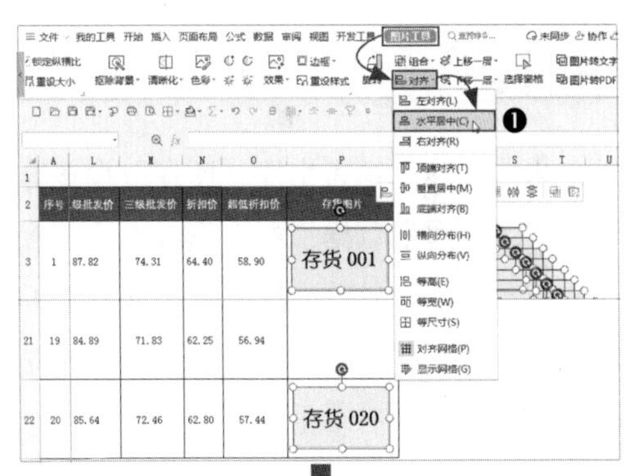

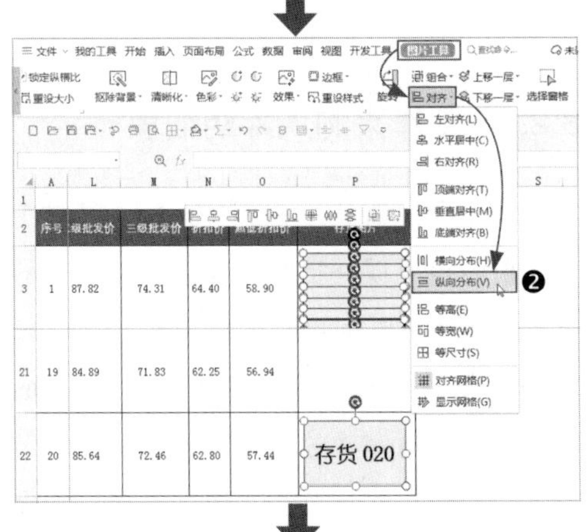

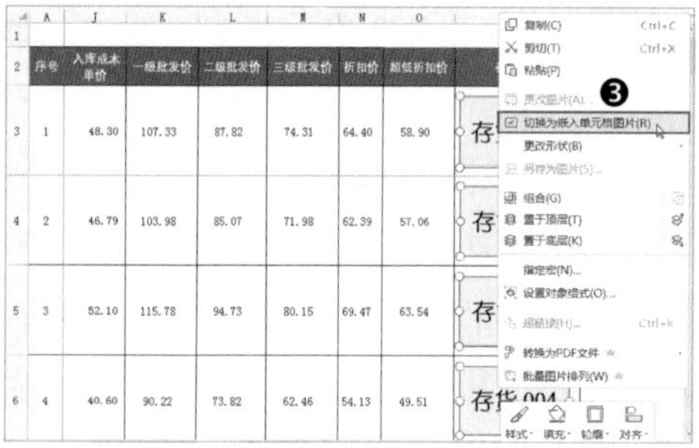

第9步 **查看表格效果**。操作完成后，效果如下图所示。

本节示例结果见“结果文件\第8章\进销存基础信息档案库.xlsx”文件。

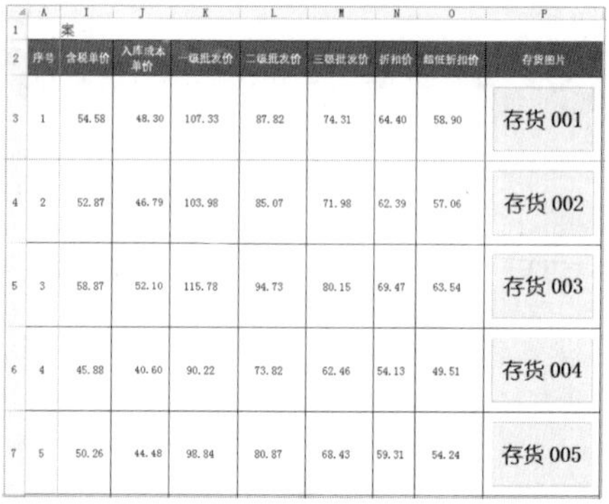

温馨提示

WPS 表格为会员提供了批量导入嵌入单元格图片功能，操作更为简单，可直接在批量导入图片的同时将其嵌入选定区域的每一个单元格中。

8.2 制作进销存业务表单

采购入库、销售出库、库存数据核算是进销存这一链条的 3 个核心环节，在这一过程中将产生大量数据，如入库成本、销售金额、销售成本、销售利润率、库存数量和库存金额及盘存差异等。这些数据的核算工作不仅复杂烦琐，而且会因诸多客观因素影响数据的准确性。但是只要善于运用 WPS 表格中的各项功能、各种函数制作规范的管理表单，就能将这些工作化繁为简，提高工作效率。同时也能确保数据准确无误。本节将介绍如何充分运用 WPS 表格分别制作采购入库明细表、销售出库明细表和单据打印模板。

8.2.1 制作采购入库明细表

当企业采购的货物到达仓库，经过工作人员清点无误并接收入库后，接下来的重要工作就是要将此批货物的数量、单价、金额等原始数据输入计算机系统。下面制作一份相对完善的“采购入库明细表”，输入原始数据并计算相关数据，尽可能完善数据信息，以便后期查阅和后续统计分析工作的顺利进行。

第1步 **绘制表格框架，填入部分原始信息**。打开“素材文件\第8章\进销存业务表单.xlsx”文件（其中包含 8.1 节中制作的 3 张工作表），新建工作表，重命名为“采购入库”，在 A2:V18 单元格区域中绘制表格、设置字段名称和基础格式。其中，原始信息将在白色区域中输入，灰色区域全部设置公式自动计算。Q2:V18 单元格区域为辅助区域，引用或计算入库相关数据。初始表格框架如下图所示。

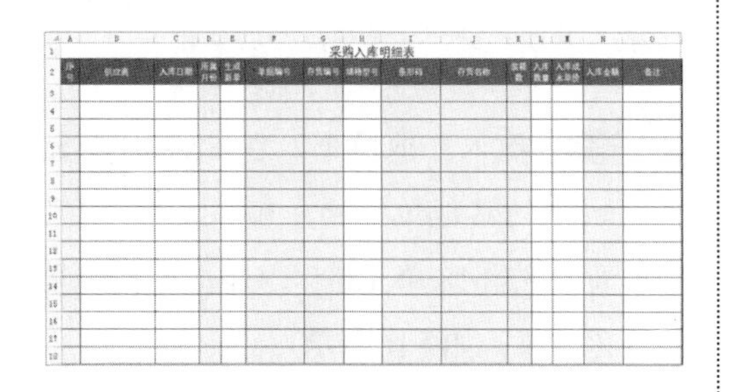

采购入库明细表

	P	Q	R	S	T	U	V
1							
2	预设采购价格类型	供应商原始报价	最新采购价	最近采购价	最新价—最近价	存货数量余额	存货金额余额
3							
4							
5							
6							
7							
8							
9							
10							
11							
12							
13							
14							
15							
16							
17							
18							

第2步 **创建二级联动下拉列表。** ❶ 在 B3 单元格中创建一级下拉列表（供应商编号名称），设置序列来源为公式“=OFFSET(供应商!$D$1,2,,COUNTA(供应商!$D:$D)-2)”，复制 B3 单元格并选择性粘贴有效性验证至 B4:B18 单元格区域中，在该单元格区域中的下拉列表中选择任意选项填入单元格中；❷ 在 H3 单元格中创建二级下拉列表（动态列示所属 B3 单元格中的供应商的存货规格型号），设置序列来源为公式“=OFFSET(存货!$D$1,MATCH($B3,存货!$G:$G,0)-1,COUNTIF(存货!$G:$G,$B3))”，复制 H3 单元格并选择性粘贴有效性验证至 H4:H18 单元格区域中，在该单元格区域中的下拉列表中选择任意选项填入单元格中，如下图所示。

	A	B	C	D	E	F	G	H
1								采购入库明
2	序号	供应商	入库日期	所属月份	生成新单	单据编号	存货编号	规格型号
3		GY001 供应商001						HA510
4		GY001 供应商001						HA511
5		GY001 供应商001						HA512
6		GY001 供应商001						HA510
7		GY002 供应商002						HB571
8		GY002 供应商002						HB572
9		GY002 供应商002						HB571
10	❶	GY003 供应商003					❷	HC518
11		GY003 供应商003						HD516
12		GY004 供应商004						HD517
13		GY004 供应商004						HD596
14		GY004 供应商004						HD517
15		GY005 供应商005						HD595
16		GY005 供应商005						HD532
17		GY005 供应商005						HD532
18		GY006 供应商006						HD533

温馨提示

在计算机系统中输入入库信息时通常是根据供应商随货发送的“发货清单”上提供的信息输入，通常包括规格型号、条形码、存货名称等。其中最简单的手工输入信息自然是“规格型号”。因此，本例将“规格型号”字段设置为手工输入，其他信息可以此为关键字设置公式查找引用。

第3步 **自动生成序号、单据编号和入库月份。** ❶ 在 C3:C18 单元格区域中填入任意日期，在 A3 单元格（“序号”字段）中设置公式“=IF(C3="","",COUNT(A$2:A2)+1)”，当 C3 单元格（“入库日期”字段）为空时，返回空值，否则统计

“A$2:A2”单元格区域中数字数据的数量后加 1 即可自动生成序号，将公式填充至 A4:A18 单元格区域中。❷ 在 D3 单元格（“所属月份”字段）中设置公式“=IF(C3="","",MONTH(C3))”，返回 C3 单元格中入库日期的所属月份。公式返回结果为“1”，将单元格格式自定义为“00 月”，使之显示为“01 月”，将公式填充至 D4:D18 单元格区域中。❸ 在 E3 单元格（“生成新单”字段）中输入数字“1”，将单元格格式自定义为“[=1] √”，使之显示为“√”；在 F3 单元格中设置公式“=IF(G3="","",IF(E3=1,"JH-"&TEXT(C3,"YYYYMMDD")&"-"&TEXT(COUNTIF(E$2:E3,E3),"000"),F2))”，按照指定格式生成单据编号，将公式填充至 F4:F18 单元格区域中。效果如下图所示。

F3 fx =IF(G3="","",IF(E3=1,"JH-"&TEXT(C3,"YYYYMMDD")&"-"&TEXT(COUNTIF(E$2:E3,E3),"000"),F2))

采购入库明细表

	A	B	C	D	E	F	G	H	I	J	K	L
2	序号	供应商	入库日期	所属月份	生成新单	单据编号	存货编号	规格型号	条形码	存货名称	[illegible]	入库数量
3	1	GY001 供应商001	2021-1-5	01月	√	JH-20210105-001		HA510				
4	2	GY001 供应商001	2021-1-5	01月		JH-20210105-001		HA511				
5	3	GY001 供应商001	2021-1-5	01月		JH-20210105-001		HA512				
6	4	GY001 供应商001	2021-1-5	01月		JH-20210105-001		HA510				
7	5	GY002 供应商002	2021-1-6	01月		JH-20210105-001		HB571				
8	6	GY002 供应商002	2021-1-6	01月		JH-20210105-001		HB572				
9	7	GY002 供应商002	2021-1-6	01月		JH-20210105-001		HB571				
10	8	GY003 供应商003	2021-1-8	01月		JH-20210105-001		HC518				
11	9	GY003 供应商003	2021-1-8	01月		JH-20210105-001		HD516				
12	10	GY004 供应商004	2021-2-1	02月		JH-20210105-001		HD517				
13	11	GY004 供应商004	2021-2-1	02月		JH-20210105-001		HD596				
14	12	GY004 供应商004	2021-2-1	02月		JH-20210105-001		HD517				
15	13	GY005 供应商005	2021-2-2	02月		JH-20210105-001		HD595				
16	14	GY005 供应商005	2021-2-2	02月		JH-20210105-001		HD532				
17	15	GY005 供应商005	2021-2-2	02月		JH-20210105-001		HD532				
18	16	GY006 供应商006	2021-2-2	02月		JH-20210105-001		HD533				

温馨提示

F3 单元格公式原理如下。

第 2 层 IF 函数表达式的含义是当 E3 单元格中内容为数字“1”时，即将固定文本“JH”（代表“进货”）、第 1 个 TEXT 函数公式转换而成的 C3 单元格中的日期格式、符号“-”与第 2 个 TEXT 函数公式转换而成的数字格式组合，即可构成单据编号。否则，返回 F2 单元格中的数据。那么填充公式后，即返回上一单元格中的单据编号。如此设置公式的原因是：当同一份单据中包含多条入库明细时，其单据编号必然相同。

第4步 **输入其他数据**。在 E3:E18 单元格区域中的其他单元格中输入数字“1”，即可看到 F3:F18 单元格区域中的单据编号的变化效果，如下图所示。

	A	B	C	D	E	F
1						
2	序号	供应商	入库日期	所属月份	生成新单	单据编号
3	1	GY001 供应商001	2021-1-5	01月	√	JH-20210105-001
4	2	GY001 供应商001	2021-1-5	01月		JH-20210105-001
5	3	GY001 供应商001	2021-1-5	01月		JH-20210105-001
6	4	GY001 供应商001	2021-1-5	01月		JH-20210105-001
7	5	GY002 供应商002	2021-1-6	01月	√	JH-20210106-002
8	6	GY002 供应商002	2021-1-6	01月		JH-20210106-002
9	7	GY002 供应商002	2021-1-6	01月		JH-20210106-002
10	8	GY003 供应商003	2021-1-8	01月	√	JH-20210108-003
11	9	GY003 供应商003	2021-1-8	01月		JH-20210108-003
12	10	GY004 供应商004	2021-2-1	02月	√	JH-20210201-004
13	11	GY004 供应商004	2021-2-1	02月		JH-20210201-004
14	12	GY004 供应商004	2021-2-1	02月		JH-20210201-004
15	13	GY005 供应商005	2021-2-2	02月	√	JH-20210202-005
16	14	GY005 供应商005	2021-2-2	02月		JH-20210202-005
17	15	GY005 供应商005	2021-2-2	02月		JH-20210202-005
18	16	GY006 供应商006	2021-2-2	02月		JH-20210202-005

第5步 **查找引用存货信息**。❶ 在 G3 单元格（“存货编号”字段）中设置公式“=IF(H3="","",VLOOKUP(H3,IF({1,0}, 存货 !D:D, 存货 !B:B),2,0))”，运用 VLOOKUP 函数在“存货”工作表中的 D 列区域中查找与 H3 单元格中的规格型号相同的数据，并返回“存货”工作表 B 列区域中

与之匹配的存货编号。❷ 在 I3 单元格中设置公式“=IFERROR(VLOOKUP($G3,存货!$B:$O,MATCH(I$2,存货!$2:$2,0)-1,0),"")”，运用 VLOOKUP 函数在“存货”工作表 B:O 区域中的第 *n* 列区域中查找与 G3 单元格中的存货编号相同的数据，并返回 O 列区域与之匹配的条形码。其中，VLOOKUP 函数的第 3 个参数运用 MATCH 函数在“存货”工作表第 2 行区域中进行定位，减 1 是要减掉 A 列区域所占用的 1 个列数。❸ 将 I3 单元格公式复制粘贴至 J3:K3 单元格区域中。❹ 将 I3:K3 单元格区域公式填充至 I4:K18 单元格区域中，如下图所示。

G3　fx　=IF(H3="","",VLOOKUP(H3,IF({1,0},存货!D:D,存货!B:B),2,0))

采购入库明细表

	C	D	E	F	G	H	I	J	K
2	入库日期	所属月份	生成新单	单据编号❶	存货编号	规格型号	❷条形码	存货名称❸	装箱数
3	2021-1-5	01月	√	JH-20210105-001	001001	HA510	69*********30	存货001	90
4	2021-1-5	01月		JH-20210105-001	001002	HA511	69*********83	存货002	60
5	2021-1-5	01月		JH-20210105-001	001003	HA512	69*********21	存货003	90
6	2021-1-5	01月		JH-20210105-001	001001	HA510	69*********30	存货001	90
7	2021-1-6	01月	√	JH-20210106-002	002001	HB571	69*********83	存货004	60
8	2021-1-6	01月		JH-20210106-002	002002	HB572	69*********57	存货005	40
9	2021-1-6	01月		JH-20210106-002	002001	HB571	69*********83	存货004	60
10	2021-1-8	01月	√	JH-20210108-003	003001	HC5❹	69*********31	存货006	50
11	2021-1-8	01月		JH-20210108-003	003002	HD516	69*********41	存货007	30
12	2021-2-1	02月	√	JH-20210201-004	004001	HD517	69*********95	存货008	60
13	2021-2-1	02月		JH-20210201-004	004002	HD596	69*********26	存货009	30
14	2021-2-1	02月		JH-20210201-004	004001	HD517	69*********95	存货008	60
15	2021-2-2	02月	√	JH-20210202-005	005001	HD595	69*********94	存货010	60
16	2021-2-2	02月		JH-20210202-005	005002	HD532	69*********65	存货011	60
17	2021-2-2	02月		JH-20210202-005	005002	HD532	69*********65	存货011	60
18	2021-2-2	02月		JH-20210202-005	006001	HD533	69*********51	存货012	48

第6步 **计算入库金额。**❶ 在 L3:L18 和 M3:M18 单元格区域中分别填入入库数量和入库成本单价（实务中按照供应商提供的发货清单录入）；❷ 在 N3 单元格中设置公式“=IF(L3="","",ROUND(L3*M3,2))”，用入库数量 × 入库成本单价即可计算得到入库金额，将公式填充至 N4:N18 单元格区域中，如下图所示。

N3　fx　=IF(L3="","",ROUND(L3*M3,2))

购入库明细表

	H	I	J	K	L	M	N
2	规格型号	条形码	存货名称	装箱数	入库❶数量	入库成本单价	入❷额
3	HA510	69*********30	存货001	90	360	48.50	17460.00
4	HA511	69*********83	存货002	60	300	40.90	12270.00
5	HA512	69*********21	存货003	90	240	45.00	10800.00
6	HA510	69*********30	存货001	90	200	31.62	6324.00
7	HB571	69*********83	存货004	60	270	52.18	14088.60
8	HB572	69*********57	存货005	40	360	46.79	16844.40
9	HB571	69*********83	存货004	60	420	40.95	17199.00
10	HC518	69*********31	存货006	50	200	45.58	9116.00
11	HD516	69*********41	存货007	30	250	45.00	11250.00
12	HD517	69*********95	存货008	60	90	48.50	4365.00
13	HD596	69*********26	存货009	30	120	46.79	5614.80
14	HD517	69*********95	存货008	60	540	52.18	28177.20
15	HD595	69*********94	存货010	60	120	42.00	5040.00
16	HD532	69*********65	存货011	60	120	45.60	5472.00
17	HD532	69*********65	存货011	60	100	45.00	4500.00
18	HD533	69*********51	存货012	48	60	58.00	3480.00

第7步 **在辅助区域中查找引用存货基本信息。**❶ 在 P3 单元格中设置公式“=IFERROR(VLOOKUP(B3,供应商!D:I,6,0),"")”，运用 VLOOKUP 函数在“供应商”工作表 D:I 区域中的 D 列区域中查找与 B3 单元格相同的供应商编号和名称，返回 I 列区域中与之匹配的预设采购价格类型；❷ 在 Q3 单元格中设置公式“=IFERROR(VLOOKUP(G3,存货!B:J,9,0),"")”，运用 VLOOKUP 函数在“存货”工作表 B:J 区域中的 B 列查找与 G3 单元格中相同的存货编号，返回 J 列区域中与之匹配的入库成本单价，即供应商原始报价；❸ 将 P3:Q3 单元格区域中的公式填充至 P4:Q18 单元格区域中，如下图所示。

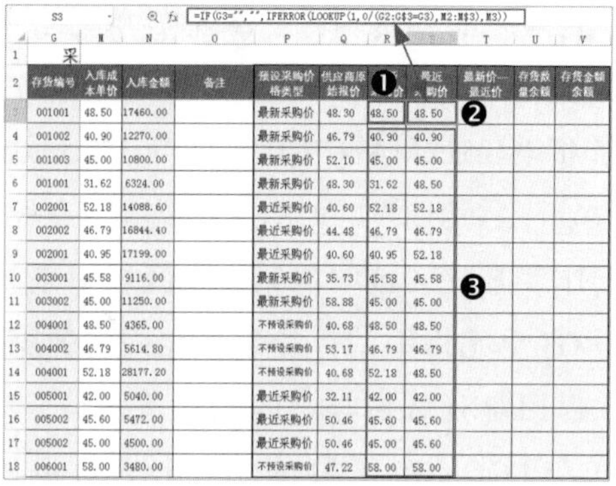

P3 =IFERROR(VLOOKUP(B3,供应商!D:I,6,0),"")

	G	P	Q	R	S	T	U	V
1	采							
2	存货编号	预设采购价格类型 ❶	供应商原始报价	最新采购价	最近采购价	最新价—最近价	存货数量余额	存货金额余额
3	001001	最新采购价	48.30 ❷					
4	001002	最新采购价	46.79					
5	001003	最新采购价	52.10					
6	001001	最新采购价	48.30					
7	002001	最近采购价	40.60					
8	002002	最近采购价	44.48					
9	002001	最近采购价	40.60					
10	003001	最新采购价	35.73 ❸					
11	003002	最新采购价	58.88					
12	004001	不预设采购价	40.68					
13	004002	不预设采购价	53.17					
14	004001	不预设采购价	40.68					
15	005001	最近采购价	32.11					
16	005002	最近采购价	50.46					
17	005002	最近采购价	50.46					
18	006001	不预设采购价	47.22					

第8步 **计算最新采购价与最近采购价。** ❶ 在 R3 单元格中设置公式“=M3”，以本次输入的入库成本单价作为最新采购价。❷ 在 S3 单元格中设置公式“=IF(G3="","",IFERROR(LOOKUP(1,0/(G2:G$3=G3),M2:M$3),M3))”，运用 LOOKUP 函数在 F2:F3 单元格区域中查找与 G3 单元格中相同的存货编号，返回 G2:G3 单元格区域中与之匹配的入库成本单价。公式的作用是查找引用与本次入库相同的存货的前一次入库成本单价。公式中锁定了 G3 单元格中的行号，下一步将公式向下填充至 S5 单元格后，表达式中的“(G2:G$3=G3)”将自动变化为“(G$3:G4=G5)”，以此类推。❸ 将 R3:S3 单元格区域中的公式填充至 R4:S18 单元格区域。效果如下图所示。

S3 =IF(G3="","",IFERROR(LOOKUP(1,0/(G2:G$3=G3),M2:M$3),M3))

	G	M	N	O	P	Q	R	S	T	U	V
1	采										
2	存货编号	入库成本单价	入库金额	备注	预设采购价格类型	供应商原始报价	❶ 最新采购价	最近采购价	最新价—最近价	存货数量余额	存货金额余额
3	001001	48.50	17460.00		最新采购价	48.30	48.50	48.50	❷		
4	001002	40.90	12270.00		最新采购价	46.79	40.90	40.90			
5	001003	45.00	10800.00		最新采购价	52.10	45.00	45.00			
6	001001	31.62	6324.00		最新采购价	48.30	31.62	48.50			
7	002001	52.18	14088.60		最近采购价	40.60	52.18	52.18			
8	002002	46.79	16844.40		最近采购价	44.48	46.79	46.79			
9	002001	40.95	17199.00		最近采购价	40.60	40.95	52.18			
10	003001	45.58	9116.00		最新采购价	35.73	45.58	45.58	❸		
11	003002	45.00	11250.00		最新采购价	58.88	45.00	45.00			
12	004001	48.50	4365.00		不预设采购价	40.68	48.50	48.50			
13	004002	46.79	5614.80		不预设采购价	53.17	46.79	46.79			
14	004001	52.18	28177.20		不预设采购价	40.68	52.18	48.50			
15	005001	42.00	5040.00		最近采购价	32.11	42.00	42.00			
16	005002	45.60	5472.00		最近采购价	50.46	45.60	45.60			
17	005002	45.00	4500.00		最近采购价	50.46	45.00	45.60			
18	006001	58.00	3480.00		不预设采购价	47.22	58.00	58.00			

第9步 **计算动态价格差异。** 这里通过表单控件来动态控制公式对供应商原始报价、最新采购价及最近采购价 3 种价格进行两两比较。❶ 在 W1:W3 单元格区域中输入文本“最新价—原始报价”“最近价—原始报价”“最新价—最近价”，作为【列表框】控件的列表选项范围。❷ 单击【开发工具】选项卡中的【列表框】控件按钮，在工作表中绘制控件，在【属性】任务窗格中将属性项【LinkedCell】的值设置为“采购入库!T2”，将属性项【ListFillRange】的值设置为“采购入库!W1:W3”（其他属性项根据需求自行设置），设置完成后，单击【开发工具】选项卡中的【退出设计】按钮即可使用控件。❸ 在 T3 单元格中设置公式“=IFERROR(ROUND(IFS(T$2=W$1,R3-Q3,T$2=W$2,S3-Q3,T$2=W$3,R3-S3),2),"")”，运用 IFS 函数判断 T2 单元格中的内容分别与 W1、W2 和 W3 单元格相同时，计算不同价格之间的差异，将单元格格式自定义为“[=0]-;[红色][<0]-0.00;0.00”，其作用是当

价格差异为 0 时，显示符号“-”，以突出其他不为 0 的价格差异数字。当价格差异小于 0 时，将字体标为红色，数字前添加负号，以突出显示负数。其他数字则正常显示。❹ 将 T3 单元格中的公式和格式填充至 T4:T18 单元格区域中。效果如下图所示。

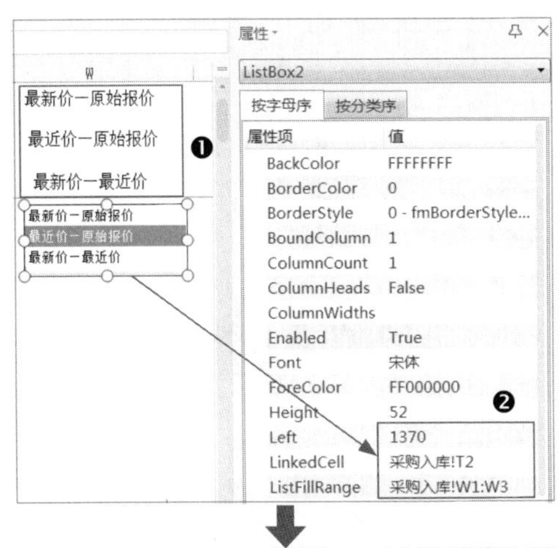

T3 =IFERROR(ROUND(IFS(T$2=W$1,R3-Q3,T$2=W$2,S3-Q3,T$2=W$3,R3-S3),2),"")

	G	O	P	Q	R	S	T	U	V	W
1	采									最新价一原始报价
2	存货编号	备注	预设采购价格类型	供应商原始报价	最新采购价	最近采购价	最新价一原始报价	存货数量余额	存货金额余额	最近价一原始报价
3	001001		最新采购价	48.30	48.50	48.50	0.20 ❸			最新价一最近价
4	001002		最新采购价	46.79	40.90	40.90	-5.89			
5	001003		最新采购价	52.10	45.00	45.00	-7.10			
6	001001		最新采购价	48.30	31.62	48.50	-16.68			
7	002001		最近采购价	40.60	52.18	52.18	11.58			
8	002002		最近采购价	44.48	46.79	46.79	2.31			
9	002001		最近采购价	40.60	40.95	52.18	0.35			
10	003001		最新采购价	35.73	45.58	45.58	9.85			
11	003002		最新采购价	58.88	45.00	45.00	-13.88			
12	004001		不预设采购价	40.68	48.50	48.50	7.82	❹		
13	004002		不预设采购价	53.17	46.79	46.79	-6.38			
14	004001		不预设采购价	40.68	52.18	48.50	11.50			
15	005001		最近采购价	32.11	42.00	42.00	9.89			
16	005002		最近采购价	50.46	45.60	45.60	-4.86			
17	005002		最近采购价	50.46	45.00	45.60	-5.46			
18	006001		不预设采购价	47.22	58.00	58.00	10.78			

最新价一原始报价
最近价一原始报价
最新价一最近价

第10步 **选择其他选项查看动态效果。**操作完成后，选择列表框控件中的其他选项，如【最新价一最近价】，可看到 T2:T18 单元格区域中数据的动态变化效果，如下图所示。

	G	O	P	Q	R	S	T	U	V	W
1	采									最新价一原始报价
2	存货编号	备注	预设采购价格类型	供应商原始报价	最新采购价	最近采购价	最新价一最近价	存货数量余额	存货金额余额	最近价一原始报价
3	001001		最新采购价	48.30	48.50	48.50	-			最新价一最近价
4	001002		最新采购价	46.79	40.90	40.90	-			
5	001003		最新采购价	52.10	45.00	45.00	-			
6	001001		最新采购价	48.30	31.62	48.50	-16.88			
7	002001		最近采购价	40.60	52.18	52.18	-			
8	002002		最近采购价	44.48	46.79	46.79	-			
9	002001		最近采购价	40.60	40.95	52.18	-11.23			
10	003001		最新采购价	35.73	45.58	45.58	-			
11	003002		最新采购价	58.88	45.00	45.00	-			
12	004001		不预设采购价	40.68	48.50	48.50	-			
13	004002		不预设采购价	53.17	46.79	46.79	-			
14	004001		不预设采购价	40.68	52.18	48.50	3.68			
15	005001		最近采购价	32.11	42.00	42.00	-			
16	005002		最近采购价	50.46	45.60	45.60	-			
17	005002		最近采购价	50.46	45.00	45.60	-0.60			
18	006001		不预设采购价	47.22	58.00	58.00	-			

最新价一原始报价
最近价一原始报价
最新价一最近价

温馨提示

辅助区域中的“存货数量余额”与“存货金额余额”字段的作用是显示当前库存数量与库存金额，将在 8.3 节制作的进销存汇总数据表中引用其中数据。

8.2.2 制作销售出库明细表

销售出库明细表与采购入库明细表的框架结构基本一致。在字段设置方面，存货相关的基础类信息与采购入库明细表完全相同，包括存货编号、条形码、存货名称、装箱数等字段。个别字段内容需要根据销售环节中的业务特点进行设计，如销售价格类型、销售单价、折扣率等。同时，本节制作销售出库明细表所运用的工具、功能和函数也与采购入库明细表基本相同。因此，本节主要介绍与采购入库明细表中不同字段下的数据计算方法和思路。另外，在销售出库明细表中，还应同时计算两项重要的数据，即销售毛利率与毛利额。下面介绍制作方法与思路。

第1步 **复制粘贴并调整表格框架。**在“进销存业务表单”工作簿中新建工作表，重命名为“销售出库”，将“采购入库”工作表中的表格整体复制粘贴至“销售出库”工作表中，根据销售业务特点调整、删除或增加部分字段，在必须手工录入的字段下填入相关信息，以便展示公式效果。包括“客户编号名称”“销售日期”“生成新单”“销售数量”，以及辅助区域中的“折扣率”等。其中，在“客户编号名称”字段下的单元格区域创建下拉列表，将序列来源设置为公式“=OFFSET(客户!$D$1,2,,COUNTA(D:D)-2)”，其含义和作用与“采购入库”工作表中的“供应商编号名称”字段的下拉列表完全相同。初始效果如下图所示。

温馨提示

在辅助区域中，“平均成本单价”“利润额”“利润率”“存货数量余额”“存货金额余额”等字段数将在8.3节中引用其数据。

	A	B	C	D	E	F	G	H	I	J
1								销售出库明细表		
2	序号	客户编号名称	销售价格类型	销售日期	月份	生成新单	单据编号	存货编号	规格型号	条形码
3	1	KH001 客户001		2021-1-8	01月	√	XS-20210108-001	001001	HA510	69*********30
4	2	KH001 客户001		2021-1-8	01月		XS-20210108-001	002001	HB571	69*********83
5	3	KH002 客户002		2021-1-8	01月	√	XS-20210108-002	002002	HB572	69*********57
6	4	KH002 客户002		2021-1-9	01月		XS-20210108-002	003001	HC518	69*********31
7	5	KH003 客户003		2021-1-9	01月	√	XS-20210109-003	001003	HA512	69*********21
8	6	KH003 客户003		2021-1-12	01月		XS-20210109-003	001002	HA511	69*********83
9	7	KH004 客户004		2021-1-12	01月	√	XS-20210112-004	002001	HB571	69*********83
10	8	KH004 客户004		2021-1-12	01月		XS-20210112-004	002002	HB572	69*********57
11	9	KH005 客户005		2021-1-13	01月	√	XS-20210113-005	003001	HC518	69*********31
12	10	KH006 客户006		2021-1-13	01月	√	XS-20210113-006	005001	HD595	69*********94
13	11	KH006 客户006		2021-1-15	01月		XS-20210113-006	006001	HD533	69*********51
14	12	KH007 客户007		2021-1-15	01月	√	XS-20210115-007	007001	HE592	69*********99
15	13	KH007 客户007		2021-1-15	01月		XS-20210115-007	006002	HE591	69*********91
16	14	KH008 客户008		2021-1-20	01月	√	XS-20210120-008	007001	HE592	69*********99
17	15	KH008 客户008		2021-1-20	01月		XS-20210120-008	008001	HE594	69*********61
18	16	KH008 客户008		2021-1-20	01月		XS-20210120-008	009001	HF616	69*********71

	K	L	M	N	O	P	Q	R	S
1									
2	存货名称	装箱数	销售数量	销售单价	折扣率	金额	税额	价税合计	备注
3	存货001	90	90						
4	存货004	60	60						
5	存货005	40	80						
6	存货006	50	100						
7	存货003	90	180						
8	存货002	60	120						
9	存货004	60	180						
10	存货005	40	120						
11	存货006	50	50						
12	存货010	60	60						
13	存货012	48	96						
14	存货014	24	192						
15	存货013	30	210						
16	存货014	24	120						
17	存货016	90	90						
18	存货018	30	90						

	T	U	V	W	X	Y	Z	AA
1	辅助区域							
2	是否折扣	折扣率	折扣额	平均成本单价	利润额	利润率	存货数量余额	存货金额余额
3		95.00%						
4								
5		90.00%						
6								
7		85.00%						
8		93.00%						
9								
10								
11		90.00%						
12								
13								
14		85.00%						
15								
16								
17		95.00%						
18								

第2步 **引用销售价格类型。** ❶ 在C3单元格中设置公式“=IFERROR(VLOOKUP(B3,客户!D:G,4,0),"")”，运用VLOOKUP函数在“客户”工作表D列中查找与B3单

元格中相同的“客户编号名称”后，返回与之匹配的 G 列区域中的价格类型；❷ 将 C3 单元格公式填充至 C4:C18 单元格区域中，效果如下图所示。

C3 =IFERROR(VLOOKUP(B3,客户!D:G,4,0),"")

	序号	客户编号名称	销售价格类型	销售日期	月份	生成新单	单据编号
3	1	KH001 客户001	三级批发价	2021-1-8	01月	√	XS-20210108-001
4	2	KH001 客户001	三级批发价	2021-1-8	01月		XS-20210108-001
5	3	KH002 客户002	一级批发价	2021-1-8	01月	√	XS-20210108-002
6	4	KH002 客户002	一级批发价	2021-1-9	01月		XS-20210108-002
7	5	KH003 客户003	一级批发价	2021-1-9	01月	√	XS-20210109-003
8	6	KH003 客户003	一级批发价	2021-1-12	01月		XS-20210109-003
9	7	KH004 客户004	一级批发价	2021-1-12	01月	√	XS-20210112-004
10	8	KH004 客户004	一级批发价	2021-1-12	01月		XS-20210112-004
11	9	KH005 客户005	二级批发价	2021-1-13	01月	√	XS-20210113-005
12	10	KH006 客户006	一级批发价	2021-1-13	01月	√	XS-20210113-006
13	11	KH006 客户006	一级批发价	2021-1-15	01月		XS-20210113-006
14	12	KH007 客户007	超低折扣价	2021-1-15	01月	√	XS-20210115-007
15	13	KH007 客户007	超低折扣价	2021-1-15	01月		XS-20210115-007
16	14	KH008 客户008	折扣价	2021-1-20	01月	√	XS-20210120-008
17	15	KH008 客户008	折扣价	2021-1-20	01月		XS-20210120-008
18	16	KH008 客户008	折扣价	2021-1-20	01月		XS-20210120-008

第3步 **引用销售单价**。❶ 在 N3 单元格中设置公式“=IFERROR(VLOOKUP(H3,存货!B:O,MATCH($C3,存货!$2:$2,0)-1,0),"")”，运用 VLOOKUP 函数在“存货”工作表 B:O 区域中查找与 H3 单元格中相同的存货编号，返回第 *n* 列区域中与之匹配的销售单价。其中，VLOOKUP 函数的第 3 个参数运用 MATCH 函数定位 C3 单元格中的销售价格类型在“存货”工作表的第 2 行区域中的列数，减 1 是要减掉“存货”工作表中 A 列所占用的 1 列。❷ 将 N3 单元格公式填充至 N4:N18 单元格区域中。效果如下图所示。

N3 =IFERROR(VLOOKUP(H3,存货!B:O,MATCH($C3,存货!$2:$2,0)-1,0),"")

销售出库明细表

	序号	客户编号名称	销售价格类型	存货编号	规格型号	条形码	存货名称	装箱数	销售数量	销售单价
3	1	KH001 客户001	三级批发价	001001	HA510	69*********30	存货001	90		74.31
4	2	KH001 客户001	三级批发价	002001	HB571	69*********83	存货004	60	60	62.46
5	3	KH002 客户002	一级批发价	002002	HB572	69*********57	存货005	40	80	98.84
6	4	KH002 客户002	一级批发价	003001	HC518	69*********31	存货006	50	100	79.40
7	5	KH003 客户003	一级批发价	001003	HA512	69*********21	存货003	90	180	115.78
8	6	KH003 客户003	一级批发价	001002	HA511	69*********83	存货002	60	120	103.98
9	7	KH004 客户004	一级批发价	002001	HB571	69*********83	存货004	60	180	90.22
10	8	KH004 客户004	一级批发价	002002	HB572	69*********57	存货005	40	120	98.84
11	9	KH005 客户005	二级批发价	003001	HC518	69*********31	存货006	50	50	64.96
12	10	KH006 客户006	一级批发价	005001	HD595	69*********94	存货010	60	60	71.36
13	11	KH006 客户006	一级批发价	006001	HD533	69*********51	存货012	48	96	104.93
14	12	KH007 客户007	超低折扣价	007001	HE592	69*********99	存货014	24	192	69.12
15	13	KH007 客户007	超低折扣价	006002	HE591	69*********91	存货013	30	210	71.91
16	14	KH008 客户008	折扣价	007001	HE592	69*********99	存货014	24	120	75.57
17	15	KH008 客户008	折扣价	008001	HE594	69*********61	存货016	90	90	51.04
18	16	KH008 客户008	折扣价	009001	HF616	69*********71	存货018	30	90	60.24

第4步 **计算折扣数据**。由于折扣数据将在后面参与计算辅助区域中的毛利额，因此同样也可在辅助区域中以一种简单的操作进行计算后再将“折扣率”引用至销售出库明细表中，以便计算销售金额。❶ 在 T3:T18 单元格区域中分别输入数字“1”或“2”（“1”代表折扣，“2”代表不折扣），将此区域的单元格格式自定义为“[=1]√;[=2]—”；❷ 在 O3 单元格中设置公式“=IF(T3="","",IF(T3=1,U3,1))”，运用 IF 函数判断 T3 单元格中的数字为“1”时，表明有折扣，因此返回 U3 单元格中的折扣率，否则返回数字“1”，注意这个数字“1”代表折扣率为 100%，也就是不做折扣，将公式填充至 D4:D18 单元格区域中；❸ 在 P3 单元格中设置公式“=IFERROR(ROUND(M3*N3*O3,2),"")”，用数量 × 销售单价 × 折扣率，即可得到销售金额，将公式填充至 P4:P18 单元格区域中；❹ 在 V3 单元格中设置公式“=IFERROR(ROUND(M3*N3-P3,2),"")”，用数量 × 销售单价 - 金额

即可得到折扣额，将公式填充至 V4:V18 单元格区域中，如下图所示。

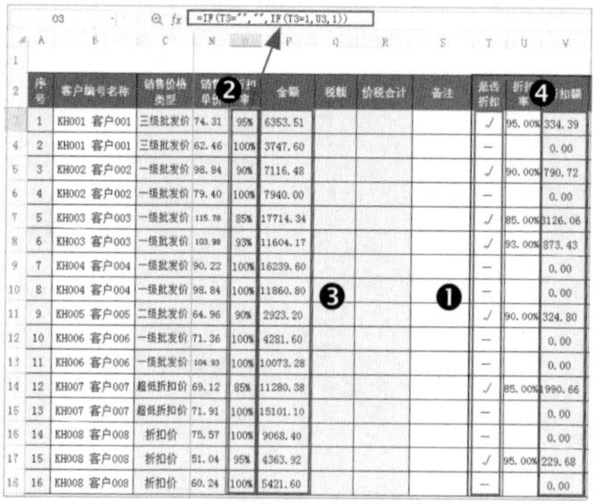

O3 fx =IF(T3="","",IF(T3=1,U3,1))

序号	客户编号名称	销售价格类型	销售单价	折扣率	金额	税额	价税合计	备注	是否折扣	折扣率	折扣额
1	KH001 客户001	三级批发价	74.31	95%	6353.51				✓	95.00%	334.39
2	KH001 客户001	三级批发价	62.46	100%	3747.60				—		0.00
3	KH002 客户002	一级批发价	98.84	90%	7116.48				✓	90.00%	790.72
4	KH002 客户002	一级批发价	79.40	100%	7940.00				—		0.00
5	KH003 客户003	一级批发价	115.78	85%	17714.34				✓	85.00%	3126.06
6	KH003 客户003	一级批发价	103.98	93%	11604.17				✓	93.00%	873.43
7	KH004 客户004	一级批发价	90.22	100%	16239.60				—		0.00
8	KH004 客户004	一级批发价	98.84	100%	11860.80				—		0.00
9	KH005 客户005	二级批发价	64.96	90%	2923.20				✓	90.00%	324.80
10	KH006 客户006	一级批发价	71.36	100%	4281.60				—		0.00
11	KH006 客户006	一级批发价	104.93	100%	10073.28				—		0.00
12	KH007 客户007	超低折扣价	69.12	85%	11280.38				✓	85.00%	1990.66
13	KH007 客户007	超低折扣价	71.91	100%	15101.10				—		0.00
14	KH008 客户008	折扣价	75.57	100%	9068.40				—		0.00
15	KH008 客户008	折扣价	51.04	95%	4363.92				✓	95.00%	229.68
16	KH008 客户008	折扣价	60.24	100%	5421.60				—		0.00

第5步 **计算税额与价税合计金额。**❶ 在 Q3 单元格中设置公式"=IFERROR(ROUND(P3*0.13,2),"")"，用金额 × 增值税税率 13% 即可计算得到税额。❷ 在 R3 单元格中设置公式"=IFERROR(IF(OR(P3="",Q3=""),"",SUM(P3:Q3)),"")"，运用 IF 函数判断 P3 或 Q3 单元格中为空值时，则返回空值。否则计算二者合计金额，即"价税合计"金额。❸ 将 Q3:R3 单元格区域中的公式填充至 Q4:R18 单元格区域中。效果如下图所示。

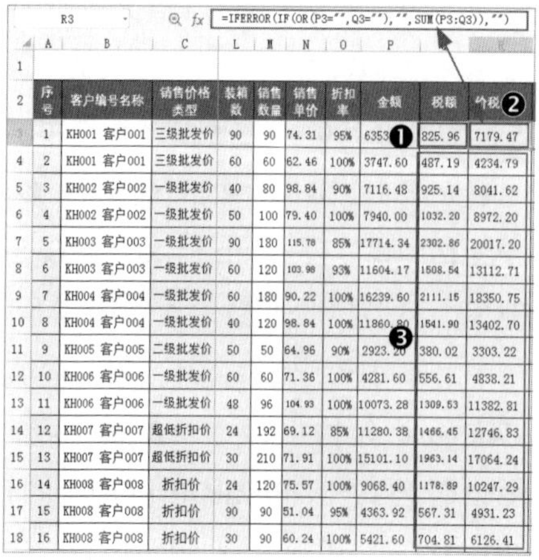

R3 fx =IFERROR(IF(OR(P3="",Q3=""),"",SUM(P3:Q3)),"")

序号	客户编号名称	销售价格类型	装箱数	销售数量	销售单价	折扣率	金额	税额	价税合计
1	KH001 客户001	三级批发价	90	90	74.31	95%	6353	825.96	7179.47
2	KH001 客户001	三级批发价	60	60	62.46	100%	3747.60	487.19	4234.79
3	KH002 客户002	一级批发价	40	80	98.84	90%	7116.48	925.14	8041.62
4	KH002 客户002	一级批发价	50	100	79.40	100%	7940.00	1032.20	8972.20
5	KH003 客户003	一级批发价	90	180	115.78	85%	17714.34	2302.86	20017.20
6	KH003 客户003	一级批发价	60	120	103.98	93%	11604.17	1508.54	13112.71
7	KH004 客户004	一级批发价	60	180	90.22	100%	16239.60	2111.15	18350.75
8	KH004 客户004	一级批发价	40	120	98.84	100%	11860.80	1541.90	13402.70
9	KH005 客户005	二级批发价	50	50	64.96	90%	2923.20	380.02	3303.22
10	KH006 客户006	一级批发价	60	60	71.36	100%	4281.60	556.61	4838.21
11	KH006 客户006	一级批发价	48	96	104.93	100%	10073.28	1309.53	11382.81
12	KH007 客户007	超低折扣价	24	192	69.12	85%	11280.38	1466.45	12746.83
13	KH007 客户007	超低折扣价	30	210	71.91	100%	15101.10	1963.14	17064.24
14	KH008 客户008	折扣价	24	120	75.57	100%	9068.40	1178.89	10247.29
15	KH008 客户008	折扣价	90	90	51.04	95%	4363.92	567.31	4931.23
16	KH008 客户008	折扣价	30	90	60.24	100%	5421.60	704.81	6126.41

8.2.3 统计单据数据

在"采购入库"和"销售出库"明细表中进行记录后，还需要对其中分散在每一单据中的各项数据进行分类汇总，以便财务人员及相关人员随时掌握汇总数据，分析影响因素，做好后期工作计划。下面对采购入库单据和销售出库单据在全年中的每月、每月中的每日的相关数据进行统计和汇总。

1. 按月统计汇总单据数据

首先统计汇总全年每个月份的采购入库和销售出库的单据数量、每份单据中的存货明细及相关金额。表格制作非常简单，只需运用条件统计函数 COUNTIF、COUNTIFS 与条件求和函数 SUMIF 设置简单的公式即可实现，操作方法如下。

第1步 **绘制表格框架，设置基础格式。**在"进销存业务表单"工作簿中新增一张工作表，重命名为"单据统计"。在 A2:I16 单元格区域中绘制表格框架，设置字段名称和基础格式。在 A4:A15 单元格区域中依次输入"1-1""2-1"……"12-1"，返回每月第 1 日的日期；将单元格格式自定义为"m 月"，使之显示为"1 月""2 月"……"12 月"。初始效果如下图所示。

单据统计表1

月份	采购入库单			销售出库单				
	单据数量	明细数量	入库金额	单据数量	明细数量	销售金额	税额	价税合计
1月								
2月								
3月								
4月								
5月								
6月								
7月								
8月								
9月								
10月								
11月								
12月								
合计								

第2步 **统计采购入库单据数据。** ❶ 在 B4 单元格中设置公式“=COUNTIFS(采购入库 !$D:$D,MONTH($A4), 采购入库 !E:E,1)”,运用 COUNTIFS 函数统计“采购入库”工作表中 D:D 区域中月份数等于 A4 单元格的月份数且 E:E 区域中数字为“1”的单元格数量，即可得到单据数量，公式返回结果为“3”。将单元格格式自定义为“[=0]"";0 单”，使之显示为“3 单”。其中，格式代码“[=0]""”的作用是当单据数量为 0 时显示空白，可使表格更整洁。❷ 在 C4 单元格中设置公式“=COUNTIF(采购入库 !$D:$D,MONTH($A4))”，运用 COUNTIF 函数统计“采购入库”工作表 D:D 区域中的月份数等于 A4 单元格中月份数的单元格数量，即可得到明细数量。公式返回结果为“9”，将单元格格式自定义为“[=0]"";0" 条 "”,使之显示为“9 条”。❸ 在 D4 单元格中设置公式“=SUMIF(采购入库 !$D:$D,MONTH($A4), 采购入库 ! N:N)”，运用 SUMIF 函数根据“采购入库”工作表 C:C 区域中月份数等于 A4 单元格中的月份数这一条件，对 N:N 区域中的入库金额进行汇总。❹ 将 B4:D4 单元格区域中的公式和格式填充至 B5:D15 单元格区域中，在 B16:D16 单元格区域中分别设置普通求和公式对各字段数据进行求和即可。效果如下图所示。

B4 =COUNTIFS(采购入库!$D:$D,MONTH($A4),采购入库!E:E,1)

单据统计表1

月份	采购入库单			销售出库单				
	❶单据数量	❷明细数量	❸入库金额	单据数量	明细数量	销售金额	税额	价税合计
1月	3单	9条	115,352.00					
2月	3单	7条	56,649.00					
3月			-					
4月			-					
5月			-					
6月			-					
❹7月			-					
8月			-					
9月			-					
10月			-					
11月			-					
12月			-					
合计	6单	16条	172,001.00					

第3步 **统计销售出库单据数据。** 思路和方法与第 2 步统计和汇总采购入库单据数据完全一致，同样运用 COUNTIFS、COUNTIF 与 SUMIF 函数设置公式即可，此处不再赘述。操作完成后，效果如下图所示。

E4 =COUNTIFS(销售出库!$E:$E,MONTH($A4),销售出库!F:F,1)

单据统计表1

月份	采购入库单			销售出库单				
	单据数量	明细数量	入库金额	单据数量	明细数量	销售金额	税额	价税合计
1月	3单	9条	115,352.00	7单	16条	150,511.58	19,566.51	170,078.09
2月	3单	7条	56,649.00			-	-	-
3月			-			-	-	-
4月			-			-	-	-
5月			-			-	-	-
6月			-			-	-	-
7月			-			-	-	-
8月			-			-	-	-
9月			-			-	-	-
10月			-			-	-	-
11月			-			-	-	-
12月			-			-	-	-
合计	6单	16条	172,001.00	7单	16条	150511.58	19566.51	170078.09

2. 分月按日期统计汇总单据数据

除了按照月份统计汇总单据数据外，还应当对每个月中的每一个日期发生的采购入库和销售出库数据进行统计汇总，才能更全面、更详细地掌握进销数据。表格制作方法依然非常简单，只需运用 SUMIF、MIN 和 MAX 等函数设置公式即可准确统计相关数据，操作方法如下。

第1步 **绘制表格框架，设置基础格式并创建月份下拉列表。** 在 K2:V35 单元格区域中绘制表格框架，设置字段名称和基础格式。为了方便查看合计数，可将表格合计行设置在表头。在 K2 单元格中创建下拉列表，将序列来源设置为“=$A$4:$A$15”，在下拉列表中选择“1 月”，将单元格格式设置为“日期—2001 年 3 月”，使之显示为“2021 年 1 月”，效果如下图所示。

	K	L	M	N	O	P	Q	R	S	T	U	V
1							单据统计表2					
2	2021年1月		采购入库单据				销售出库单据					
3	4月		单据数量	入库金额	起始编号	末尾编号	单据数量	销售金额	税额	价税合计	起始编号	截止编号
4	5月											
5	6月											
6	7月											
7	8月											
8	9月											
9	10月											
10	11月											
11	12月											
12												

第2步 **按月自动生成日期与星期**。❶ 在 K5 单元格中设置公式“=K2”，直接引用 K2 单元格中的日期。❷ 在 K6 单元格中设置公式“=K5+1”，将公式填充至 K7:K32 单元格区域中，依次对上一单元格中的日期加 1，即可自动生成当月 1 日至 28 日的日期。❸ 在 K33 单元格中设置公式“=IF(K32>=EOMONTH($K$2,0),"—",K32+1)”，运用 IF 函数判断 K32 单元格中的日期是否大于等于 K2 单元格中日期的最末一日，若是，返回占位符号“—”，否则在 K32 单元格日期的基础上加 1，将公式填充至 K34:K35 单元格区域中。❹ 在 L5 单元格中设置公式“=K5”，直接引用 K5 单元格中的日期；将单元格格式设置为“日期类型”下的“星期三”，使之显示为“星期五”，将公式填充至 L6:L35 单元格区域中即可。效果如下图所示。

K33　=IF(K32>=EOMONTH($K$2,0),"—",K32+1)

	K	L	M	N	O	P	Q
1							单据统计表2
2	2021年1月		采购入库单据				
3	合计		单据数量	入库金额	起始编号	末尾编号	单据数量
❶	2021-1-1	星期五					
6	2021-1-2	星期六					
28	2021-1-24	星期日					
29	2021-1-25	星期一					
❷	2021-1-26	星期二	❹				
31	2021-1-27	星期三					
32	2021-1-28	星期四					
33	2021-1-29	星期五					
❸	2021-1-30	星期六					
35	2021-1-31	星期日					

温馨提示

设置上述公式的逻辑如下。

①每年天数最少的月份为 2 月，共 28 日或 29 日，因此，以最少天数 28 日为准，在 K6:K32 单元格区域中设置公式为上一个日期加 1。

②若将 K33:K35 单元格区域公式也全部填充为上一个日期加 1，那么当在 K2 单元格下拉列表中选择“2 月”选项后，该区域中的日期依次变化为 3 月 1 日至 3 月 3 日。那么下一步设置公式按照日期汇总数据时，也会将这几日的数据全部汇总，如此就会导致 M4:N4 和 R4:Q4 单元格区域中的合计数包含 3 月数据，影响其准确性。因此，应在 29 日—31 日所在单元格中设置公式首先判断上一个单元格中的日期是否为 K2 单元格中指定月份的最后一日，再分别返回符号“—”或返回上一日期加 1 的计算结果。

第3步 **统计采购入库的金额和单据起止编号**。❶ 在 N5 单元格中设置公式“=SUMIF(采购入库!$C:$C,$K5,采购入库!$N:$N)”，运用 SUMIF 函数根据“采购入库”工作表 C:C 区域中的日期等于 K5 单元格中日期这一条件，对 N:N 单元格区域中的入库金额进行汇总，将公式填充至 N6:N35 单元格区域中；❷ 在 O5 单元格中设置数组公式“{=MIN(IF(采购入库 !$C$3:$C$888=$K5,RIGHT(采购入库 !$F$3:$F$888,3)*1,""))}”，将单元格格式自定义为“000”；❸ 将 O5 单元格公式及格式填充至 P5 单元格中，将表达式中的“MIN”修改为“MAX”即可统计当日单据的末尾编号；❹ 将 O5:P5 单元格区域中的公式及格式填充至 O6:P35 单元格区域中即可，效果如下图所示。

O5 fx {=MIN(IF(采购入库!$C$3:$C$888=$K5,RIGHT(采购入库!$F$3:$F$888,3)*1,""))}

单据统计表2

2021年1月		采购入库单据				销售出库单据			
合计		单据数量	入库金额			单据数量	销售金额	税额	价税合计
2021-1-1	星期五								
2021-1-2	星期六								
2021-1-3	星期日								
2021-1-4	星期一								
2021-1-5	星期二		46854.00	001	001				
2021-1-6	星期三		48132.00	002	002				
2021-1-7	星期四								
2021-1-8	星期五		20366.00	003	003				
2021-1-9	星期六								
2021-1-10	星期日								
2021-1-11	星期一								
2021-1-12	星期二								

温馨提示

O5 单元格公式原理如下。

①首先运用 IF 函数判断“采购入库”工作表中 C3:C888 单元格区域中的日期等于 K5 单元格中的日期时，返回由 RIGHT 函数截取 F3:F888 单元格区域中的单据编号右侧 3 位数字所构成的数组。乘以 1 的作用是将 RIGHT 函数表达式的结果转换为数字格式。

②运用 MIN 函数统计 IF 函数表达式构成的数组中的最小数字，即当日第 1 份单据编号。

数组公式的标志是其表达式首尾的一对花括号“{}”。注意正确输入数组公式的方法：在编辑栏中输入完整的公式表达式后，同时按【Ctrl+Shift+Enter】快捷键后，系统将自动在公式表达式的首尾添加花括号“{}”，不可在编辑栏中直接输入。

第4步 **计算采购入库单据的数量**。这里同样可运用 COUNTIF 函数，根据 K5:K35 单元格区域中的日期统计“采购入库”工作表中满足条件的单据数量。更简单的方法是根据单据的起始编号和末尾编号计算。❶ 在 M5 单元格中设置公式“=IF(AND(O5>0,P5>0),P5-O5+1,"")”，运用 IF 函数判断 O5 和 P5 单元格中的数字均大于 0 时，用起始单据号减末尾单据号再加 1，即可得到单据数量，将单元格格式设置为“[=0]"";0 单”；❷ 将 M5 单元格公式填充至 M6:M35 单元格区域中；❸ 在 M4 和 O4 单元格中设置普通求和公式对字段中的数据进行汇总即可，效果如下图所示。

M5 fx =IF(AND(O5>0,P5>0),P5-O5+1,"")

单据统计表2

2021年1月		采购入库单据				
合计		单据数量	入库金额	起始编号	末尾编号	单据数量
		3单	115352.00			
2021-1-1	星期五					
2021-1-2	星期六					
2021-1-3	星期日					
2021-1-4	星期一					
2021-1-5	星期二	1单	46854.00	001	001	
2021-1-6	星期三	1单	48132.00	002	002	
2021-1-7	星期四					
2021-1-8	星期五	1单	20366.00	003	003	
2021-1-9	星期六					
2021-1-10	星期日					
2021-1-11	星期一					
2021-1-12	星期二					

第5步 **统计销售出库单据的相关数据**。参照采购入库单据的统计方法和思路设置 SUMIF、MIN 和 MAX 函数即可。设置完

成后，效果如下图所示。

U5 =MIN(IF(销售出库!$D$3:$D$566=$K5,RIGHT(销售出库!$C$3:$C$566,3)*1,""))

计表2

2021年1月		销售出库单据					
合计		单据数量	销售金额	税额	价税合计	起始编号	截止编号
		7单	150511.58	19566.51	170078.09		
2021-1-1	星期五						
2021-1-2	星期六						
2021-1-3	星期日						
2021-1-4	星期一						
2021-1-5	星期二						
2021-1-6	星期三						
2021-1-7	星期四						
2021-1-8	星期五	2单	17217.59	2238.29	19455.88	001	002
2021-1-9	星期六	1单	25654.34	3335.06	28989.40	003	003
2021-1-10	星期日						
2021-1-11	星期一						
2021-1-12	星期二	1单	39704.57	5161.59	44866.16	004	004
2021-1-13	星期三	1单	7204.80	936.63	8141.43	005	005
2021-1-14	星期四						

第6步 **设置条件格式标识当前月份。** ❶ 选中 A4:I15 单元格区域，单击【开始】选项卡中的【条件格式】下拉按钮，在下拉列表中选择【新建规则】命令，打开【新建格式规则】对话框，在【选择规则类型】列表框中选择【使用公式确定要设置格式的单元格】选项；❷ 在【编辑规则说明】文本框中输入公式“=$A4=$K$2”，其含义是当 A4 单元格中的日期与 K2 单元格中的日期相同时，即应用条件格式，可突出显示当前月份的单据数据，便于核对两个表格中的数据；❸ 单击【格式】按钮打开【单元格格式】对话框设置格式（图示略）；❹ 返回【新建格式规则】对话框后单击【确定】按钮关闭对话框。

第7步 **查看设置效果。** 设置完成后，效果如下图所示。

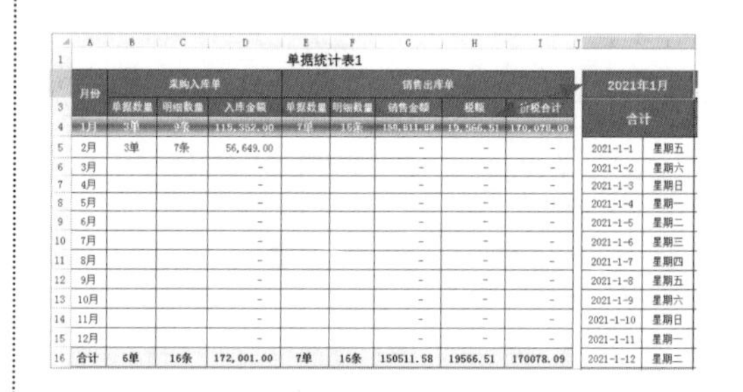

单据统计表1

月份	采购入库单			销售出库单					2021年1月	
	单据数量	明细数量	入库金额	单据数量	明细数量	销售金额	税额	价税合计	合计	
1月	3单	9条	115,352.00	7单	16条	150,511.58	19,566.51	170,078.09		
2月	3单	7条	56,649.00			-	-	-	2021-1-1	星期五
3月			-			-	-	-	2021-1-2	星期六
4月			-			-	-	-	2021-1-3	星期日
5月			-			-	-	-	2021-1-4	星期一
6月			-			-	-	-	2021-1-5	星期二
7月			-			-	-	-	2021-1-6	星期三
8月			-			-	-	-	2021-1-7	星期四
9月			-			-	-	-	2021-1-8	星期五
10月			-			-	-	-	2021-1-9	星期六
11月			-			-	-	-	2021-1-10	星期日
12月			-			-	-	-	2021-1-11	星期一
合计	6单	16条	172,001.00	7单	16条	150511.58	19566.51	170078.09	2021-1-12	星期二

第8步 **测试效果。** 分别在“采购入库”与“销售出库”工作表中补充填入部分入库和销售数据，在“单据统计”工作表 K2 单元格中的下拉列表中选择其他月份，即可看到数据变化效果，如下图所示。

单据统计表1

月份	采购入库单			销售出库单					2021年6月	
	单据数量	明细数量	入库金额	单据数量	明细数量	销售金额	税额	价税合计	合计	
1月	3单	9条	115,352.00	7单	16条	150,511.58	19,566.51	170,07[illegible].09		
2月	3单	7条	56,649.00	6单	12条	119,467.98	15,530.83	13[illegible],998.81	2021-6-1	星期二
3月	6单	16条	111,142.60	6单	15条	276,507.40	35,945.97	312,453.37	2021-6-2	星期三
4月	6单	16条	114,035.30	7单	17条	281,530.52	36,598.9[illegible]	318,129.47	2021-6-3	星期四
5月	7单	16条	419,997.70	7单	22条	315,603.66	41,0[illegible]	356,632.12	2021-6-4	星期五
6月	6单	16条	206,477.80	6单	15条	[illegible]	[illegible]	[illegible]	2021-6-5	星期六
7月	6单	16条	89,672.00	4单	15条	207,205.10	26,936.66	234,141.76	2021-6-6	星期日
8月	8单	20条	117,682.70	4单	15条	214,726.20	27,914.41	242,640.61	2021-6-7	星期一
9月	9单	25条	154,775.30	6单	17条	247,995.80	32,239.46	280,235.26	2021-6-8	星期二
10月	9单	23条	133,718.80	3单	11条	148,485.50	19,303.12	167,788.62	2021-6-9	星期三
11月	10单	28条	184,272.10	6单	15条	197,751.44	25,707.71	223,459.15	2021-6-10	星期四
12月	8单	20条	123,516.80	4单	11条	145,431.40	18,906.09	164,337.49	2021-6-11	星期五
合计	81单	212条	1,827,292.10	66单	181条	2632859.22	342271.73	2975130.95	2021-6-12	星期六

单据统计表2

2021年6月		采购入库单据				销售出库单据					
合计		单据数量	入库金额	起始编号	末尾编号	单据数量	销售金额	税额	价税合计	起始编号	截止编号
		6单	206477.80			6单	327642.64	42593.56	370236.20		
2021-6-1	星期二	2单	47052.00	026	027	2单	59448.90	7728.35	67177.25	034	035
2021-6-2	星期三										
2021-6-3	星期四										
2021-6-4	星期五										
2021-6-5	星期六										
2021-6-6	星期日										
2021-6-7	星期一										
2021-6-8	星期二	1单	82932.00	028	028	1单	55986.54	7278.26	63264.80	036	036
2021-6-9	星期三										
2021-6-10	星期四										
2021-6-11	星期五										
2021-6-12	星期六										
2021-6-13	星期日										
2021-6-14	星期一										
2021-6-15	星期二	1单	27142.40	029	029	1单	63450.60	8248.58	71699.18	037	037

8.2.4 制作单据打印模板

制作单据打印模板的思路与方法与前面介绍的记账凭证和固定资产卡片打印方法基本相同，主要运用查找与引用函数，根据指定单据编号从指定工作表查找与相关信息。下面制作采购入库单打印模板。

第1步 **创建查询条件的二级联动下拉列表。** ❶ 在“进销存业务表单”工作簿中新建工作表，重命名为“单据打印”，在A4:J18 单元格区域中绘制表格框架，设置字段名称及基础格式。❷ 将 A1:C1 单元格区域合并为 A1 单元格并创建下拉列表，用于选择查询月份，将序列来源设置为公式“= 单据统计 !$A$4:$A$15”，在下拉列表中选择“2021-1-1”选项；将单元格格式自定义为“日期”类型下的“2001 年 3 月”，使之显示为“2021 年 1 月”。❸ 在 D1 单元格中设置公式“=" 采购入库 !F"&MATCH(MONTH($A$1), 采购入库 !$D:$D,0)”，运用 MATCH 函数定位 A1 单元格中的日期在“采购入库”工作表 D:D 区域中的行数，并与固定文本“采购入库 !F”组合。公式返回结果为“采购入库 !F3”。此公式的作用是自动生成下一步创建的二级下拉表的序列来源中 OFFSET 函数公式的第 1 个参数，以简化公式，便于理解。❹ 将 E1:F1 单元格区域合并为 E1 单元格，创建下拉列表，将序列来源设置为公式“=OFFSET(INDIRECT($D$1),,,COUNTIF(采购入库 !$D:$D,MONTH($A$1)))”，公式含义是运用 OFFSET 函数以 D1 单元格所指向的“采购入库”工作表 F3 单元格为起点，向下偏移 0 行，向右偏移 0 列，偏移高度是运用 COUNTIF 函数统计“采购入库”工作表 D:D 区域中等于 A1 单元格中日期所属月份的数量。由此即可构成动态下拉列表，仅列示 A1 单元格中日期所属月份的全部单据编号，同时也能从中获悉每个单据编号的明细数量，在下拉列表中选择一个单据编号。❺ 将 G1:H1 单元格区域合并为 G1 单元格，设置公式“=COUNTIF(采购入库 !F:F,E1)”，统计 E1 单元格中单据编号包含的明细数量，公式返回结果为“4”，将单元格格式自定义为“0 条明细”，使之显示为“4 条明细”。这一公式结果将用于自动生成打印模板中的序号。效果如下图所示。

第2步 **生成打印模板中的表头信息。** ❶ 将 A3:D3 单元格区域合并为 A3 单元格，设置公式为“="供应商："&VLOOKUP($E$1,IF({1,0},采购入库!$F:$F,采购入库!B:B),2,0)”，运用 VLOOKUP 函数在“采购入库”工作表 F:F 区域中查找与 E1 单元格中相同的单据编号后，返回 B:B 区域中与之匹配的供应商编号名称，并与固定文本“供应商：”组合。❷ 将 E3:F3 单元格区域合并为 E3 单元格，设置公式“=VLOOKUP($E$1,IF({1,0},采购入库!$F:$F,采购入库!C:C),2,0)”查找引用入库日期。公式原理与 A3 单元格中的公式相同。❸ 将 H3:I3 单元格区域合并为 H3 单元格，设置公式“="单据编号："&E1”直接引用 E1 单元格中的单据编号。效果如下图所示。

第3步 **自动生成打印模板中的序号。** ❶ 在 A5 单元格中设置公式“=IF(ROW()-4<=$G$1,ROW()-4,"")”，以 G1 单元格中的单据明细数量为限，自动生成序号。其中，表达式“ROW()-4”的原理是运用 ROW 函数返回当前单元格所在行数，减 4 是要减掉第 1 ~ 4 行所占用的行数。❷ 将 A5 单元格公式填充至 A6:A18 单元格区域中。效果如下图所示。

第4步 **引用单据信息。** ❶ 在 B5 单元格中设置公式“=IFERROR(OFFSET(INDIRECT($D$1),$A5-1,MATCH(B$4,采购入库!$2:$2,0)-6),"")”，运用 OFFSET 函数以 D1 单元格中数据所指向的“采购入库”工作表中的

F3单元格为起点，向下偏移 *n* 行、向右偏移 *n* 列后，即可查找到此单据编号中的第1个存货编号；❷ 将B5单元格公式复制粘贴至C5:J5单元格区域中；❸ 将B5:J5单元格区域公式填充至B6:J18单元格区域中，如下图所示。

温馨提示●

B5单元格公式原理如下。

① OFFSET函数的第2个参数，即表达式"$A5-1"是向下偏移的行数，巧妙利用了A5单元格中自动生成的序号减1，即向下偏移0行。

② OFFSET函数的第3个参数，即表达式"MATCH(B$4,采购入库!$2:$2,0)-6)"，运用MATCH函数定位B4单元格中的字段名称在"采购入库"工作表中第2行的列数，减6是要减掉"采购入库"工作表中A:F区域所占用的6列。

第5步● **生成动态文本"合计"**。按照实务中单据的打印格式，在最后一条明细下面一行单元格区域中汇总数据。因每一张单据中至少存在一条明细，因此可从第2条明细所在行区域起设置合计公式，对单据中的"数量""金额"进行动态求和。公式设置方法非常简单，只需在原有公式中嵌套两层IF函数表达式即可。❶ 在E6单元格原有公式中嵌套表达式"IF(AND($A5<>"",$A6=""),"合计",IF($A5+$A6=0,"","；❷ 将E6单元格公式填充至E7:E18单元格区域中，可看到E9单元格中公式返回结果为"合计"，如下图所示（图片展示E9单元格公式）。

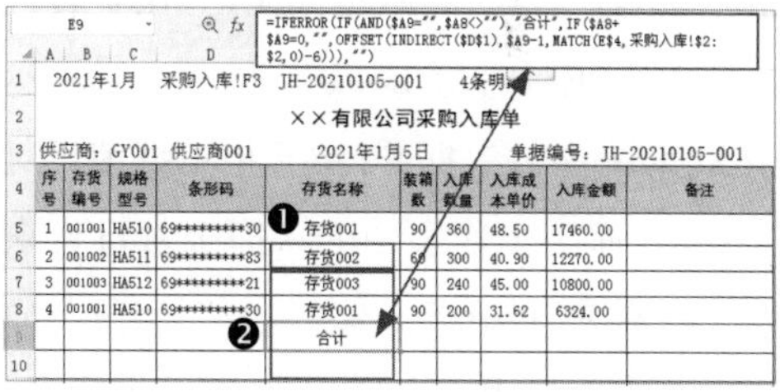

温馨提示●

E6单元格公式含义如下。

①第1层IF函数表达式判断A6单元格为空，并且A5单元格不为空时，表明A5单元格所在行区域的数据为单据中的最后一条明细，那么A6单元格应设置为合计行，因此返回文本"合计"。

②第2层IF函数表达式判断A5与A6单元格中的数据之和为0时，表明A5与A6单元格均为空值，那么A6单元格则不应设置为合计行，也返回空值。这一表达式也可以设置为"IF（AND(A5="", A6=""),""）"。

因此，E6单元格中完整的公式表达式即为"=IFERROR(IF(AND($A6="",$A5<>""),"合计,IF($A5+$A6=0,"",OFFSET(INDIRECT($D$1),$A6-1,MATCH(E$4,采购入库!$2:$2,0)-6))),"")"

第6步 **对单据中的数据动态求和。**为简化公式，便于理解，这里可在辅助单元格中根据单据编号对入库数量与入库金额数据预先求和，再在合计公式中引用辅助单元格即可。❶ 在I1单元格中设置公式“=SUMIF(采购入库!$F:$F,$E1,采购入库!L:L)”，运用SUMIF函数根据E1单元格单据编号对“采购入库”工作表中的入库数量进行求和。❷ 在J1单元格中设置公式“=ROUND(SUMIF(采购入库!$F:$F,$E1,采购入库!N:N),2)”，运用SUMIF函数根据E1单元格单据编号对“采购入库”工作表中的入库金额进行求和。❸ 在F6单元格（“装箱数”字段）原有公式表达式中嵌套两层IF函数表达式，即“IF($E6="","",IF($E6="合计","—",”，因为“装箱数”数据不应进行求和，所以第2层IF函数判断E6单元格中的文本为“合计”时，返回占位符号“—”。因此，F6单元格中完整的公式表达式为“=IFERROR(IF($E6="","",IF($E6="合计","—",OFFSET(INDIRECT($D$1),$A6-1,MATCH(F$4,采购入库!$2:$2,0)-6))),"")”。❹ 将F6单元格公式复制粘贴至G6:J6单元格区域中，将G6和H6单元格（“入库数量”和“入库金额”字段）公式表达式中的“IF($E6="合计","—",”修改为“IF($E6="合计",$I$1,”与“IF($E6="合计",$J$1,”即可。❺ 将F6:J6单元格区域公式填充至F7:J18单元格区域中，如下图所示（图片展示I9单元格公式）。

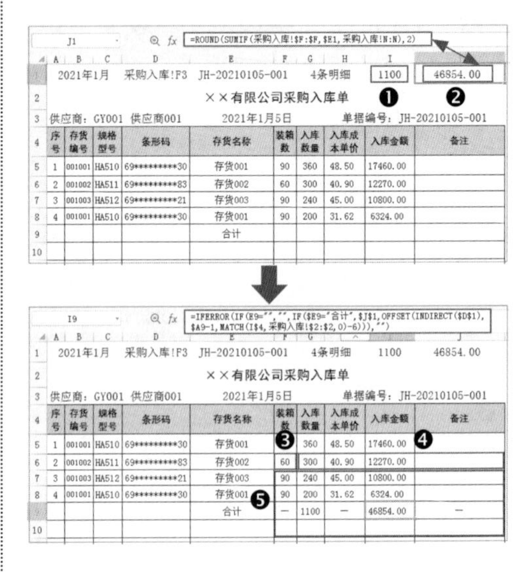

第7步 **设置条件格式自动标识合计行。**❶ 选中A6:J18单元格区域，单击【开始】选项卡中的【条件格式】下拉按钮，在下拉列表中选择【新建规则】命令，打开【新建格式规则】对话框，在【选择规则类型】列表框中选择【使用公式确定要设置格式的单元格】选项；❷ 在【编辑规则说明】文本框中输入公式“=$E6="合计"”，其含义是当E6单元格中的文本为“合计”时，应用条件格式；❸ 单击【格式】按钮打开【单元格格式】对话框设置格式（图示略）；❹ 返回【新建格式规则】对话框后单击【确定】按钮关闭对话框。

第8步 **设置条件格式**。再设置一个条件格式，自动添加或清除表格框线（请参照6.3.1小节中的介绍进行操作，此处不做赘述），效果如下图所示。

2021年1月	采购入库!F3	JH-20210105-001	4条明细	1100	46854.00				
××有限公司采购入库单									
供应商：GY001 供应商001		2021年1月5日		单据编号：JH-20210105-001					
序号	存货编号	规格型号	条形码	存货名称	装箱数	入库数量	入库成本单价	入库金额	备注
1	001001	HA510	69*********30	存货001	90	360	48.50	17460.00	
2	001002	HA511	69*********83	存货002	60	300	40.90	12270.00	
3	001003	HA512	69*********21	存货003	90	240	45.00	10800.00	
4	001001	HA510	69*********30	存货001	90	200	31.62	6324.00	
				合计	—	1100	—	46854.00	—

第9步 **测试效果**。在A1单元格下拉列表中选择其他月份，如“6月”，在E1单元格下拉列表中选择一个单据编号，即可看到数据及条件格式的动态变化效果，如下图所示。

2021年6月	采购入库!F63	JH-20210630-028	3条明细	360	18461.40				
××有限公司采购入库单									
供应商：GY004 供应商004		2021年6月30日		单据编号：JH-20210630-028					
序号	存货编号	规格型号	条形码	存货名称	装箱数	入库数量	入库成本单价	入库金额	备注
1	005001	HD595	69*********94	存货010	60	240	42.00	10080.00	
2	005002	HD532	69*********65	存货011	60	240	45.00	10800.00	
3	005002	HD532	69*********65	存货011	60	60	45.00	2700.00	
				合计	—	360	—	18461.40	—

第10步 **制作销售出库单打印模板**。参照采购入库单打印模板制作。其中函数公式、条件格式的设置方法和思路与采购入库单打印模板完全相同，只需修改公式表达式中所引用的工作表名称和单元格地址即可。如下图所示，在L4:X18单元格区域制作模板，其中P6单元格公式为“=IFERROR(IF(AND($L6="",$L5<>""),"合计",IF($L5+$L6=0,"",OFFSET(INDIRECT($O$1),$L6-1,MATCH(P$4,销售出库!$2:$2,0)-7))),"")”，以此类推。

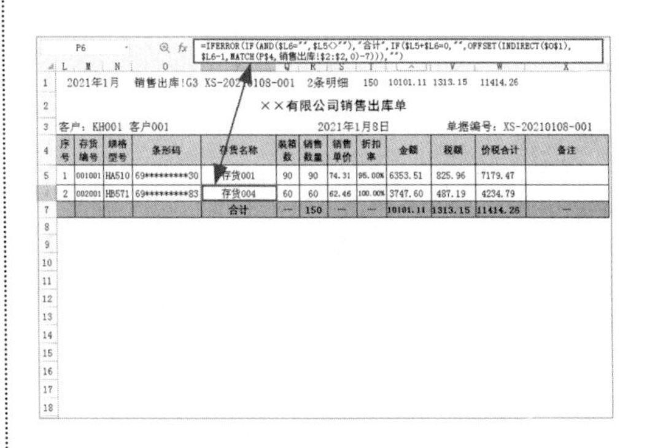

=IFERROR(IF(AND($L6="",$L5<>""),"合计",IF($L5+$L6=0,"",OFFSET(INDIRECT($O$1),$L6-1,MATCH(P$4,销售出库!$2:$2,0)-7))),"")

2021年1月	销售出库!G3	XS-20210108-001	2条明细	150	10101.11	1313.15	11414.26					
××有限公司销售出库单												
客户：KH001 客户001				2021年1月8日				单据编号：XS-20210108-001				
序号	存货编号	规格型号	条形码	存货名称	装箱数	销售数量	销售单价	折扣率	金额	税额	价税合计	备注
1	001001	HA510	69*********30	存货001	90	90	74.31	95.00%	6353.51	825.96	7179.47	
2	002001	HB571	69*********83	存货004	60	60	62.46	100.00%	3747.60	487.19	4234.79	
				合计	—	150	—	—	10101.11	1313.15	11414.26	—

本节示例结果见“结果文件\第8章\进销存业务表单.xlsx”文件。

8.3 进销存数据汇总

在实务中，相关行业的企业几乎每天都会发生采购入库和销售出库的经济业务，所以需要财务人员随时对采购入库与销售出库数据进行汇总核算，以便及时掌握数据变化动态，并且在月末核算和结转当月进销存数据。本节将在前面小节中制作的表格基础上进一步制作进销存数据汇总表，全自动汇总进、销、存的相关数据。

8.3.1 制作进销存数据汇总表

在实务中，进销存数据通常是按月份分别汇总核算，其制作思路和方法都非常简单，主要运用查找与引用函数、统计函数及条件求和函数即可将每一存货在指定月份中的采购入库和销售出库数据汇总，再根据这两项数据计算库存数据。

打开“素材文件 \ 第 8 章 \ 进销存数据汇总 .xlsx”文件，其中包含前面小节制作的共 7 张工作表，如下图所示。(“采购入库”与“销售出库”工作表中的原始数据有所调整，不影响)。

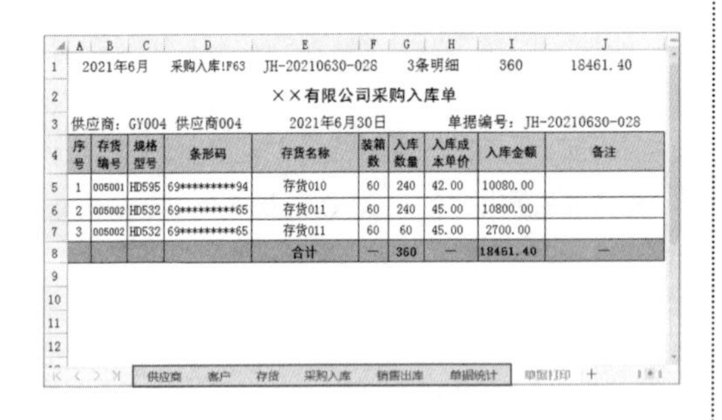

	A	B	C	D	E	F	G	H	I	J
1	2021年6月		采购入库!F63		JH-20210630-028		3条明细		360	18461.40
2					××有限公司采购入库单					
3	供应商：GY004 供应商004				2021年6月30日			单据编号：JH-20210630-028		
4	序号	存货编号	规格型号	条形码	存货名称	装箱数	入库数量	入库成本单价	入库金额	备注
5	1	005001	HD595	69**********94	存货010	60	240	42.00	10080.00	
6	2	005002	HD532	69**********65	存货011	60	240	45.00	10800.00	
7	3	005002	HD532	69**********65	存货011	60	60	45.00	2700.00	
8					合计	—	360	—	18461.40	—

下面在此工作簿中制作 2021 年 1 月进销存数据汇总表。其他月份只需复制粘贴表格，输入当月最末一日的日期即可迅速生成新的进销存汇总数据。

第1步 **根据当前存货信息自动生成序号。** ❶ 新建工作表，重命名为“1 月进销存”，在 A2:R34 单元格区域中绘制表格框架 (预留 30 条存货信息)。设置基础格式，在 A1 单元格中输入 2021 年 1 月最末一日的日期，即“2021-1-31”；将单元格格式自定义为“× × 有限公司 yyyy 年 m 月进销存数据汇总”。❷ 将 A4:D4 单元格区域合并为 A4 单元格，设置公式“=MAX(存货 !A:A)”，统计“存货”工作表中 A:A 区域中的最大数字，即可得到当前存货信息，公式返回结果为“20”；将单元格格式自定义为“当前共 0 条存货信息”,使之显示为“当前共 20 条存货信息”。❸ 在 A5 单元格中设置公式“=IF(ROW()-4<=A$4,ROW()-4,"")”，运用 IF 函数判断表达式“ROW()-4”的结果小于或等于 A4 单元格中的存货信息数，即返回这个结果，否则返回空值。将公式填充至 A6:A34 单元格区域中，如下图所示。

序号	存货编码	存货名称	规格型号	条形码	装箱数	默认供应商
当前共20条存货信息				合计		
1						
2						
3						
4						
5						
6						
7						
8						
9						
10						
11						
12						
13						
14						
15						
16						
17						
18						
19						
20						

A1 2021-1-31

司2021年1月进销存数据汇总

序号	期初数			进—本期入库			销—本期出库		存—期末数		
	数量	平均成本单价	金额	入库数量	平均成本单价	入库金额	出库数量	出库金额	库存数量	平均成本单价	库存金额
1											
2											
3											
4											
5											
6											
7											
8											
9											
10											
11											
12											
13											
14											
15											
16											
17											
18											
19											
20											

第2步 **引用存货基础信息。**❶ 在 B5 单元格中设置公式“=IFERROR(VLOOKUP($A5, 存货 !$A:$G,MATCH(B$2, 存货 !$2:$2, 0),0),"")”，运用 VLOOKUP 函数以 A5 单元格中的“序号”为关键字，在“存货”工作表中查找引用与之匹配的“存货编号”信息；❷ 将 B5 单元格公式复制粘贴至 C5:G5 单元格区域中；❸ 将 B5:G5 单元格区域公式填充至 B6:G34 单元格区域中，如下图所示。

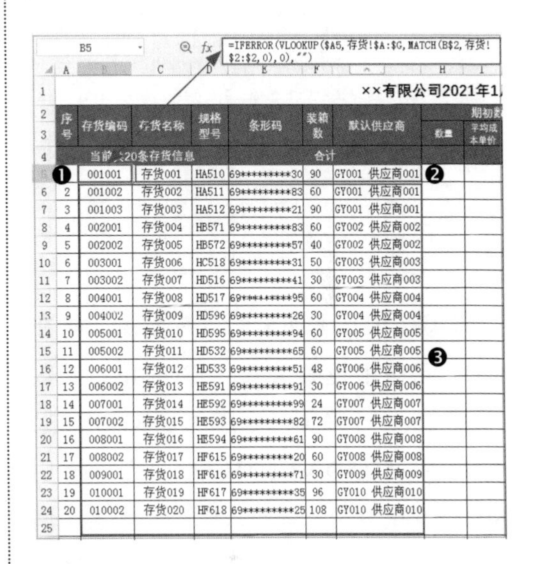

序号	存货编码	存货名称	规格型号	条形码	装箱数	默认供应商	期初数 数量	平均成本单价
当前共20条存货信息				合计				
1	001001	存货001	HA510	69*********30	90	GY001 供应商001		
2	001002	存货002	HA511	69*********83	60	GY001 供应商001		
3	001003	存货003	HA512	69*********21	90	GY001 供应商001		
4	002001	存货004	HB571	69*********83	60	GY002 供应商002		
5	002002	存货005	HB572	69*********57	40	GY002 供应商002		
6	003001	存货006	HC518	69*********31	50	GY003 供应商003		
7	003002	存货007	HD516	69*********41	30	GY003 供应商003		
8	004001	存货008	HD517	69*********95	60	GY004 供应商004		
9	004002	存货009	HD596	69*********26	30	GY004 供应商004		
10	005001	存货010	HD595	69*********94	60	GY005 供应商005		
11	005002	存货011	HD532	69*********65	60	GY005 供应商005		
12	006001	存货012	HD533	69*********51	48	GY006 供应商006		
13	006002	存货013	HE591	69*********91	30	GY006 供应商006		
14	007001	存货014	HE592	69*********99	24	GY007 供应商007		
15	007002	存货015	HE593	69*********82	72	GY007 供应商007		
16	008001	存货016	HE594	69*********61	90	GY008 供应商008		
17	008002	存货017	HF615	69*********20	60	GY008 供应商008		
18	009001	存货018	HF616	69*********71	30	GY009 供应商009		
19	010001	存货019	HF617	69*********35	96	GY010 供应商010		
20	010002	存货020	HF618	69*********25	108	GY010 供应商010		

第3步 **填入期初数，生成动态字段名称。**❶ 在 H5:J24 单元格区域中输入 1 月期初数，也是 2020 年 12 月的期末数（实务中若有期末数原始数据，可设置公式自动引用）。❷ 在 H2 单元格中设置公式“=MONTH(A1-40)”，计算 A1 单元格中的日期减 40 后的日期所属月份。公式原理：A1 单元格日期为“2021-1-31”，减 40 后即可返回上一月中的某日，再用 MONTH 函数计算月份即可。公式返回结果为“12”，单元格格式自定义为“期初数(0 月期末)”，使之显示为“期初数(2020 年 12 月期末)”。效果如下图所示。

H2 fx =MONTH(A1-40)

	A	B	C	D	E	F	G	H	I	J
1	××有限公司2021年1月进❷销存									
2	序号	存货编码	存货名称	规格型号	条形码	装箱数	默认供应商	期初数（12月期末）		
3								数量	平均成本单价	金额
4	当前共20条存货信息			合计				❶		
5	1	001001	存货001	HA510	69*********30	90	GY001 供应商001	185	50.72	9,383.20
6	2	001002	存货002	HA511	69*********83	60	GY001 供应商001	126	48.19	6,071.94
7	3	001003	存货003	HA512	69*********21	90	GY001 供应商001	250	54.71	13,677.50
8	4	002001	存货004	HB571	69*********83	60	GY002 供应商002	156	42.63	6,650.28
9	5	002002	存货005	HB572	69*********57	40	GY002 供应商002	238	46.70	11,114.60
10	6	003001	存货006	HC518	69*********31	50	GY003 供应商003	300	37.16	11,148.00
11	7	003002	存货007	HD516	69*********41	30	GY003 供应商003	219	60.65	13,282.35
12	8	004001	存货008	HD517	69*********95	60	GY004 供应商004	295	41.90	12,360.50
13	9	004002	存货009	HD596	69*********26	30	GY004 供应商004	258	54.77	14,130.66
14	10	005001	存货010	HD595	69*********94	60	GY005 供应商005	228	33.39	7,612.92
15	11	005002	存货011	HD532	69*********65	60	GY005 供应商005	200	51.97	10,394.00
16	12	006001	存货012	HD533	69*********51	48	GY006 供应商006	306	48.64	14,883.84
17	13	006002	存货013	HE591	69*********91	30	GY006 供应商006	295	61.33	18,092.35
18	14	007001	存货014	HE592	69*********99	24	GY007 供应商007	367	58.95	21,634.65
19	15	007002	存货015	HE593	69*********82	72	GY007 供应商007	266	40.70	10,826.20
20	16	008001	存货016	HE594	69*********61	90	GY008 供应商008	206	39.43	8,122.58
21	17	008002	存货017	HF615	69*********20	60	GY008 供应商008	236	49.93	11,783.48
22	18	009001	存货018	HF616	69*********71	30	GY009 供应商009	338	46.99	15,882.62
23	19	010001	存货019	HF617	69*********35	96	GY010 供应商010	217	48.09	10,435.53
24	20	010002	存货020	HF618	69*********25	108	GY010 供应商010	196	48.51	9,507.96
25										

第4步 **汇总本期采购入库数据。**❶ 在K5单元格中设置公式“=SUMIFS(采购入库!$L:$L,采购入库!$G:$G,$B5,采购入库!$D:$D,MONTH($A$1))”，运用SUMIFS函数对“采购入库”工作表中满足条件的“入库数量”进行求和。其中，条件1的表达式为“采购入库!$G:$G,$B5”，其含义是“采购入库”工作表中G:G区域中的“存货编号”与B5单元格相同；条件2的表达式为“采购入库!$D:$D,MONTH($A$1)”，其含义是“采购入库”工作表中D:D区域中的“所属月份”与A1单元格中的月份相同。将单元格格式自定义为“[=0]-”，当计算结果为0时，显示符号“-”。❷ 将K5单元格公式复制粘贴至M5单元格中，将公式表达式中的“=SUMIFS(采购入库!$L:$L”修改为“=SUMIFS(采购入库!$N:$N”，即可汇总“入库金额”数据。❸ 在L5单元格中设置公式“=IFERROR(ROUND((M5+J5)/(K5+H5),2),"-")”，计算加权平均成本单价。❹ 将K5:M5单元格区域公式填充至K6:M34单元格区域中。效果如下图所示。

K5 fx =SUMIFS(采购入库!$L:$L,采购入库!$G:$G,$B5,采购入库!$D:$D,MONTH($A$1))

	A	B	C	H	I	J	K	L	M
1	公司2021年1月进销存数据汇总								
2	序号	存货编码	存货名称	期初数（12月期末）			进—本期入库		
3				数量	平均成本单价	金额	入库数量	平均成本单价	入库金额
4	当前共20条存货信息						❶	❸	❷
5	1	001001	存货001	185	50.72	9,383.20	560	44.52	23,784.00
6	2	001002	存货002	126	48.19	6,071.94	300	43.06	12,270.00
7	3	001003	存货003	250	54.71	13,677.50	240	49.95	10,800.00
8	4	002001	存货004	156	42.63	6,650.28	690	44.84	31,287.60
9	5	002002	存货005	238	46.70	11,114.60	360	46.75	16,844.40
10	6	003001	存货006	300	37.16	11,148.00	200	40.53	9,116.00
11	7	003002	存货007	219	60.65	13,282.35	250	52.31	11,250.00
12	8	004001	存货008	295	41.90	12,360.50	-	41.90	-
13	9	004002	存货009	258	54.77	14,130.66	-	54.77	-
14	10	005001	存货010	228	33.39	7,612 ❹	-	33.39	-
15	11	005002	存货011	200	51.97	10,394.00	-	51.97	-
16	12	006001	存货012	306	48.64	14,883.84	-	48.64	-
17	13	006002	存货013	295	61.33	18,092.35	-	61.33	-
18	14	007001	存货014	367	58.95	21,634.65	-	58.95	-
19	15	007002	存货015	266	40.70	10,826.20	-	40.70	-
20	16	008001	存货016	206	39.43	8,122.58	-	39.43	-
21	17	008002	存货017	236	49.93	11,783.48	-	49.93	-
22	18	009001	存货018	338	46.99	15,882.62	-	46.99	-
23	19	010001	存货019	217	48.09	10,435.53	-	48.09	-
24	20	010002	存货020	196	48.51	9,507.96	-	48.51	-
25							-	-	-

第5步 **汇总本期销售出库数据。**❶ 在N5单元格中设置公式“=SUMIFS(销售出库!$M:$M,销售出库!$H:$H,$B5,销售出库!$E:$E,MONTH($A$1))”，运用SUMIFS函数对“销售出库”工作表中满足条件的“销售数量”（即出库数量）进行求和；❷ 在O5单元格中设置公式“=IFERROR(ROUND(N5*L5,2),"-")”，用N5单元格中的出库数量乘以L5单元格中的平均成本单价即可得到出库金额；❸ 将N5:O5单元格区域公式填充至N6:O34单元格区域中，如下图所示。

N5 =SUMIFS(销售出库!$M:$M,销售出库!$H:$H,$B5,销售出库!$E:$E,MONTH($A$1))

序号	存货编码	存货名称	进—本期入库 入库数量	平均成本单价	入库金额	销—本期出库 出库数量	出库金额	存—期末数 库存数量	平均成本单价	库存金额
当前共20条存货信息										
1	001001	存货001	560	44.52	23 ❶	90	4,006.80	❷		
2	001002	存货002	300	43.06	12,270.00	120	5,167.20			
3	001003	存货003	240	49.95	10,800.00	180	8,991.00			
4	002001	存货004	690	44.84	31,287.60	240	10,761.60			
5	002002	存货005	360	46.75	16,844.40	200	9,350.00			
6	003001	存货006	200	40.53	9,116.00	150	6,079.50			
7	003002	存货007	250	52.31	11,250.00	-	-			
8	004001	存货008	-	41.90	-	-	-			
9	004002	存货009	-	54.77	-	-	-			
10	005001	存货010	-	33.39	-	60	2,003.40			
11	005002	存货011	-	51.97	-	-	-	❸		
12	006001	存货012	-	48.64	-	96	4,669.44			
13	006002	存货013	-	61.33	-	210	12,879.30			
14	007001	存货014	-	58.95	-	312	18,392.40			
15	007002	存货015	-	40.70	-	-	-			
16	008001	存货016	-	39.43	-	90	3,548.70			
17	008002	存货017	-	49.93	-	-	-			
18	009001	存货018	-	46.99	-	180	8,458.20			
19	010001	存货019	-	48.09	-	-	-			
20	010002	存货020	-	48.51	-	-	-			
			-	-	-	-	-			

第6步 **计算期末库存数据。**❶ 在 P5 单元格中设置公式“=H5+K5-N5”，用期初库存数量 + 本期入库数量 - 本期出库数量即可得到期末库存数量；❷ 在 R5 单元格中设置公式“=IFERROR(ROUND(J5+M5-O5,2),"-")”，用期初库存金额 + 本期入库金额 - 本期出库金额即可得到期末库存金额；❸ 在 Q5 单元格中设置公式“=IFERROR(ROUND(R5/P5,2),"-")”，用期末库存金额除以期末库存数量即可得到期末平均成本单价；❹ 将 P5:R5 单元格区域公式填充至 P6:R34 单元格区域中，如下图所示。

R5 =IFERROR(ROUND(J5+M5-O5,2),"-")

序号	存货编码	存货名称	销—本期出库 出库数量	出库金额	存—期末数 库存数量	平均成本单价	库存金额
当前共20条存货信息					❶	❸	❷
1	001001	存货001	90	4,006.80	655	44.52	29,160.40
2	001002	存货002	120	5,167.20	306	43.05	13,174.74
3	001003	存货003	180	8,991.00	310	49.96	15,486.50
4	002001	存货004	240	10,761.60	606	44.85	27,176.28
5	002002	存货005	200	9,350.00	398	46.76	18,609.00
6	003001	存货006	150	6,079.50	350	40.53	14,184.50
7	003002	存货007	-	-	469	52.31	24,532.35
8	004001	存货008	-	-	295	41.90	12,360.50
9	004002	存货009	-	-	258	54.77	14,130.66
10	005001	存货010	60	2,003.40	168	33.39	5,609.52
11	005002	存货011	-	❹	200	51.97	10,394.00
12	006001	存货012	96	4,669.44	210	48.64	10,214.40
13	006002	存货013	210	12,879.30	85	61.33	5,213.05
14	007001	存货014	312	18,392.40	55	58.95	3,242.25
15	007002	存货015	-	-	266	40.70	10,826.20
16	008001	存货016	90	3,548.70	116	39.43	4,573.88
17	008002	存货017	-	-	236	49.93	11,783.48
18	009001	存货018	180	8,458.20	158	46.99	7,424.42
19	010001	存货019	-	-	217	48.09	10,435.53
20	010002	存货020	-	-	196	48.51	9,507.96
			-	-	-	-	-

第7步 **计算各字段合计数。**在 H4:R4 单元格区域中设置普通求和公式，对各字段数据进行求和。注意“平均成本单价”字段不应求和，输入占位符号“-”即可，如下图所示。

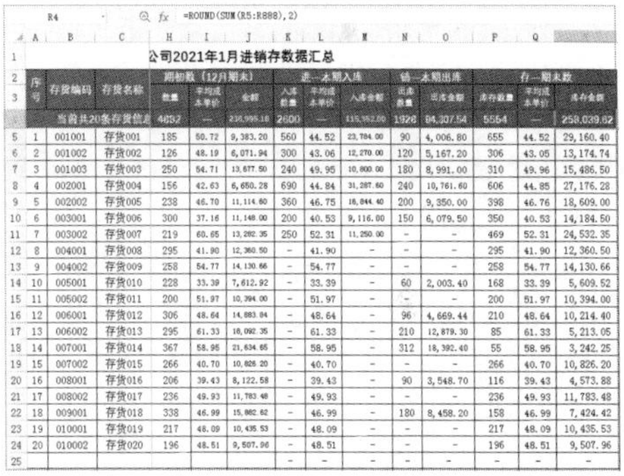

R4 =ROUND(SUM(R5:R888),2)

公司2021年1月进销存数据汇总

序号	存货编码	存货名称	期初数（12月期末）数量	平均成本单价	金额	进—本期入库 入库数量	平均成本单价	入库金额	销—本期出库 出库数量	出库金额	存—期末数 库存数量	平均成本单价	库存金额
当前共20条存货信息			4032	—	236,995.18	2600	—	115,352.00	1928	84,307.54	5554	—	258,039.62
1	001001	存货001	185	50.72	9,383.20	560	44.52	23,784.00	90	4,006.80	655	44.52	29,160.40
2	001002	存货002	126	48.19	6,071.94	300	43.06	12,270.00	120	5,167.20	306	43.05	13,174.74
3	001003	存货003	250	54.71	13,677.50	240	49.95	10,800.00	180	8,991.00	310	49.96	15,486.50
4	002001	存货004	156	42.63	6,650.28	690	44.84	31,287.60	240	10,761.60	606	44.85	27,176.28
5	002002	存货005	238	46.70	11,114.60	360	46.75	16,844.40	200	9,350.00	398	46.76	18,609.00
6	003001	存货006	300	37.16	11,148.00	200	40.53	9,116.00	150	6,079.50	350	40.53	14,184.50
7	003002	存货007	219	60.65	13,282.35	250	52.31	11,250.00	-	-	469	52.31	24,532.35
8	004001	存货008	295	41.90	12,360.50	-	41.90	-	-	-	295	41.90	12,360.50
9	004002	存货009	258	54.77	14,130.66	-	54.77	-	-	-	258	54.77	14,130.66
10	005001	存货010	228	33.39	7,612.92	-	33.39	-	60	2,003.40	168	33.39	5,609.52
11	005002	存货011	200	51.97	10,394.00	-	51.97	-	-	-	200	51.97	10,394.00
12	006001	存货012	306	48.64	14,883.84	-	48.64	-	96	4,669.44	210	48.64	10,214.40
13	006002	存货013	295	61.33	18,092.35	-	61.33	-	210	12,879.30	85	61.33	5,213.05
14	007001	存货014	367	58.95	21,634.65	-	58.95	-	312	18,392.40	55	58.95	3,242.25
15	007002	存货015	266	40.70	10,826.20	-	40.70	-	-	-	266	40.70	10,826.20
16	008001	存货016	206	39.43	8,122.58	-	39.43	-	90	3,548.70	116	39.43	4,573.88
17	008002	存货017	236	49.93	11,783.48	-	49.93	-	-	-	236	49.93	11,783.48
18	009001	存货018	338	46.99	15,882.62	-	46.99	-	180	8,458.20	158	46.99	7,424.42
19	010001	存货019	217	48.09	10,435.53	-	48.09	-	-	-	217	48.09	10,435.53
20	010002	存货020	196	48.51	9,507.96	-	48.51	-	-	-	196	48.51	9,507.96
						-	-	-	-	-	-	-	-

第8步 **快速生成 2 月及以后月份的进销存汇总数据。**❶ 新建工作表，命名为“2 月进销存”，将“1 月进销存”工作表整体复制粘贴至“2 月进销存”工作表中。在 A1 单元格中输入“2021-2-28”（即 2021 年 2 月 28 日），可看到 H2 单元格公式返回结果为“期初数（1 月期末）”，同时除期数外，其他数据也同步发生变化。❷ 在 H5 单元格中设置公式“=VLOOKUP($B5,INDIRECT($H$2&"月进销存!$B:$R"),15,0)”，运用 VLOOKUP 函数根据 B5 单元格中的“存货编码”在指定的范围中查找与之匹配的库存数量。其中，VLOOKUP 函数的第 2 个参数（查找范围），运用 INDIRECT 函数引用 H2 单元格中的数字与固定文本“月进销存!$B:$R”组合后即构成“1 月进销存!$B:$R”，也就是“1 月

进销存”工作表中的 B:R 区域。❸ 将 H5 单元格公式复制粘贴至 I5 与 J5 单元格中，将 I5 和 J5 单元格公式表达式中的“15”改为“16”和“17”。❹ 将 H5:J5 单元格区域公式填充至 H6:J34 单元格区域中，如下图所示。

A1 fx 2021-2-28 ❶

××有限公司2021年2月进销存数据汇总

序号	存货编码	存货名称	默认供应商	期初数（1月期末）			进—本期入库			销—本期出库		存—期末数		
				数量	平均成本单价	金额	入库数量	平均成本单价	入库金额	出库数量	出库金额	库存数量	平均成本单价	库存金额
当前共20条存货信息				4862	—	236,995.16	1150	—	56,649.00	1374	65,030.76	4658	—	228,613.40
1	001001	存货001	GY001 供应商001	185	50.72	9,383.20	-	50.72	-	-	-	185	50.72	9,383.20
2	001002	存货002	GY001 供应商001	126	48.19	6,071.94	-	48.19	-	-	-	126	48.19	6,071.94
3	001003	存货003	GY001 供应商001	250	54.71	13,677.50	-	54.71	-	-	-	250	54.71	13,677.50
4	002001	存货004	GY002 供应商002	156	42.63	6,650.28	-	42.63	-	-	-	156	42.63	6,650.28
5	002002	存货005	GY002 供应商002	238	46.70	11,114.60	-	46.70	-	-	-	238	46.70	11,114.60
6	003001	存货006	GY003 供应商003	300	37.16	11,148.00	-	37.16	-	-	-	300	37.16	11,148.00
7	003002	存货007	GY003 供应商003	219	60.65	13,282.35	-	60.65	-	-	-	219	60.65	13,282.35
8	004001	存货008	GY004 供应商004	295	41.90	12,360.50	630	48.54	32,542.20	480	23,299.20	445	48.55	21,603.50
9	004002	存货009	GY004 供应商004	258	54.77	14,130.66	120	52.24	5,614.80	90	4,701.60	288	52.24	15,043.86
10	005001	存货010	GY005 供应商005	228	33.39	7,612.92	120	36.36	5,040.00	120	4,363.20	228	36.36	8,289.72
11	005002	存货011	GY005 供应商005	200	51.97	10,394.00	220	48.49	9,972.00	60	2,909.40	360	48.49	17,456.60
12	006001	存货012	GY006 供应商006	306	48.64	14,883.84	60	50.17	3,480.00	96	4,816.32	270	50.18	13,547.52
13	006002	存货013	GY006 供应商006	295	61.33	18,092.35	-	61.33	-	60	3,679.80	235	61.33	14,412.65
14	007001	存货014	GY007 供应商007	367	58.95	21,634.65	-	58.95	-	48	2,829.60	319	58.95	18,805.05
15	007002	存货015	GY007 供应商007	266	40.70	10,826.20	-	40.70	-	144	5,860.80	122	40.70	4,965.40
16	008001	存货016	GY008 供应商008	206	39.43	8,122.58	-	39.43	-	90	3,548.70	116	39.43	4,573.88
17	008002	存货017	GY008 供应商008	236	49.93	11,783.48	-	49.93	-	60	2,995.80	176	49.93	8,787.68
18	009001	存货018	GY009 供应商009	338	46.99	15,882.62	-	46.99	-	30	1,409.70	308	46.99	14,472.92
19	010001	存货019	GY010 供应商010	217	48.09	10,435.53	-	48.09	-	96	4,616.64	121	48.09	5,818.89
20	010002	存货020	GY010 供应商010	196	48.51	9,507.96	-	48.51	-	-	-	196	48.51	9,507.96
							-	-	-	-	-	-	-	-

H5 fx =VLOOKUP($B5,INDIRECT($H$2&"月进销存!$B:$R"),15,0)

××有限公司2021年2月进销存

序号	存货编码	存货名称	默认供应商	期初数（1月期末）		
				数量	平均成本单价	金额
当前共20条存货信息				5554 ❷	— ❸	258,039.62
1	001001	存货001	GY001 供应商001	655	44.52	29,160.40
2	001002	存货002	GY001 供应商001	306	43.05	13,174.74
3	001003	存货003	GY001 供应商001	310	49.96	15,486.50
4	002001	存货004	GY002 供应商002	606	44.85	27,176.28
5	002002	存货005	GY002 供应商002	398	46.76	18,609.00
6	003001	存货006	GY003 供应商003	350	40.53	14,184.50
7	003002	存货007	GY003 供应商003	469	52.31	24,532.35
8	004001	存货008	GY004 供应商004	295	41.90	12,360.50
9	004002	存货009	GY004 供应商004	258	54.77	14,130.66
10	005001	存货010	GY005 供应商005 ❹	168	33.39	5,609.52
11	005002	存货011	GY005 供应商005	200	51.97	10,394.00
12	006001	存货012	GY006 供应商006	210	48.64	10,214.40
13	006002	存货013	GY006 供应商006	85	61.33	5,213.05
14	007001	存货014	GY007 供应商007	55	58.95	3,242.25
15	007002	存货015	GY007 供应商007	266	40.70	10,826.20
16	008001	存货016	GY008 供应商008	116	39.43	4,573.88
17	008002	存货017	GY008 供应商008	236	49.93	11,783.48
18	009001	存货018	GY009 供应商009	158	46.99	7,424.42
19	010001	存货019	GY010 供应商010	217	48.09	10,435.53
20	010002	存货020	GY010 供应商010	196	48.51	9,507.96

制作 2021 年 2 月以后月份的进销存数据只需依次复制粘贴上一月汇总表格后，在 A1 单元格中输入当月最后一日的日期即可。注意工作表名称的命名规则为“*m* 月进销存”，如“3 月进销存”“4 月进销存”……“12 月进销存”。

8.3.2 在入库和出库明细表中引用库存数据

将每月的进销存数据引用至“采购入库”和“销售出库”工作表中，可方便财务人员及其他操作人员及时掌握动态库存数据。另外，在销售出库明细表中同时引用平均成本单价后，即可同步计算每一存货的利润率与利润额，这样不仅能为财务人员提供价格参考，帮助财务人员侧面了解销售利润情况，而且当出现超低利润甚至负利润时，也能够立即发现价格问题，以便及时作出合理调整，操作方法如下。

第1步 **引用库存数量和库存金额。**❶ 切换至“采购入库”工作表，在 U3 单元格中设置公式“=VLOOKUP($G3,INDIRECT($D3&"月进销存!$B:$R"),15,0)”，运用 VLOOKUP 函数，根据 G3 单元格中的“存货编号”在 D3 单元格中的月份所对应的工作表中查找引用与之匹配的“库存数量”；❷ 将 U3 单元格公式复制粘贴至 V3 单元格中，将 VLOOKUP 函数公式的第 3 个参数“15”修改为“17”，即可引用库存金额；❸ 将 U3:V3 单元格区域公式填充至下面区域中；❹ 参照第 ❶~❸ 步操作设置公式将库存数量与库存金额引用至“销售出库”工作表中即可，如下图所示。

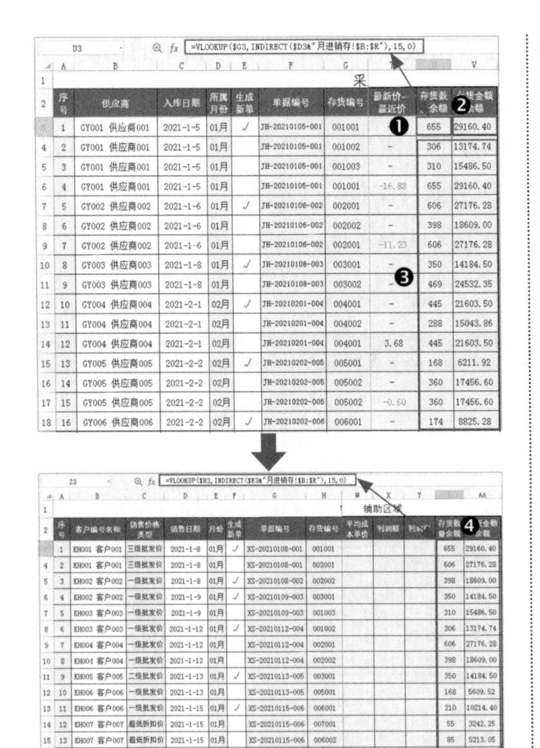

第2步 **计算利润率和利润额**。❶ 在“销售出库”工作表的 W3 单元格中设置公式“=VLOOKUP($H3,INDIRECT($E3&"月进销存!$B:$R"),11,0)”，运用 VLOOKUP 函数，根据 H3 单元格中的“存货编号”在与 E3 单元格中的月份所对应的工作表中查找引用与之匹配的“平均成本单价”。❷ 在 X3 单元格中设置公式“=ROUND(P3-W3*M3,2)”，用销售金额 - 平均成本单价 × 销售数量即可得到利润额。❸ 在 Y3 单元格中设置公式“=IFERROR(ROUND(X3/P3,4),0)”，用利润额 ÷ 销售金额即可得到利润率。将单元格格式自定义为“[红色][<0]0.00%;0.00%”，为负数时显示红色字体。❹ 将 W3:Y3 单元格区域公式填充至下面区域即可，如下图所示。

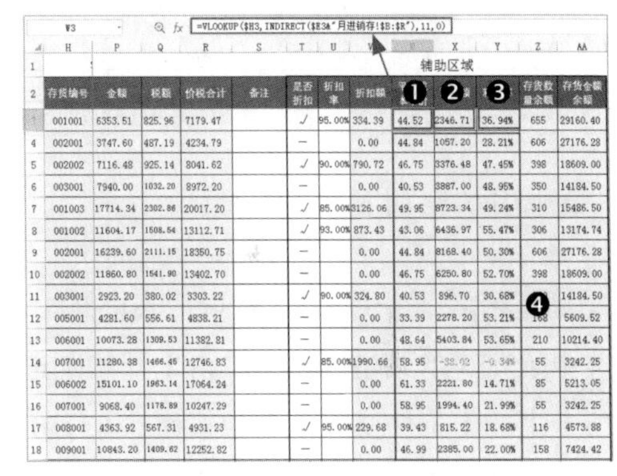

示例结果见“结果文件\第 8 章\进销存数据汇总 .xlsx”文件。

高手支招

本章主要介绍了综合运用 WPS 表格管理进销存数据的实际应用过程，下面针对上述具体操作过程中的几个细节性问题，向读者分享解决问题的方法和技巧，帮助财务人员进一步提升操作技能，提高工作效率，从而更快、更优质地完成工作。

01 运用条件格式实现表格自动隔行填充

由于财务人员制作和使用的表格中的数据量都非常大，因此在查阅数据时极容易出现看错或看漏数据的问题。对此，可将表格创建为超级表，套用 WPS 表格中的自动隔行填充的预设样式，既可美化表格，还能有效地避免查看数据错漏发生。除此之外，在普通表中，运用条件格式工具设置公式和格式，同样也可实现指定表格区域自动隔行填充。

打开“素材文件 \ 第 8 章 \ 销售出库明细表 .xlsx”文件，工作表中包含 100 条明细销售数据，如下图所示。下面设置条件格式在指定区域中实现自动隔行填充。

	A	B	C	D	E	F	G	H	I	J	K	L	M	N	O	P	Q	R	S
1	销售出库明细表																		
2	序号	客户编号名称	销售价格类型	销售日期	月份	生成新单	单据编号	存货编号	规格型号	条形码	存货名称	装箱数	销售数量	销售单价	折扣率	金额	税额	价税合计	备注
3	1	KH001 客户001	三级批发价	2021/1/8	01月	√	XS-20210108-001	001001	HA510	69*********30	存货001	90	90	74.31	95%	6353.51	825.96	7179.47	
92	90	KH002 客户002	一级批发价	2021/6/15	06月		XS-20210615-037	008002	HF615	69*********20	存货017	60	180	106.69	100%	19204.20	2496.55	21700.75	
93	91	KH003 客户003	一级批发价	2021/6/15	06月		XS-20210615-037	005001	HD595	69*********94	存货010	60	180	71.36	100%	12844.80	1669.82	14514.62	
94	92	KH004 客户004	一级批发价	2021/6/21	06月	√	XS-20210621-038	001001	HA510	69*********30	存货001	90	90	107.33	100%	9659.70	1255.76	10915.46	
95	93	KH004 客户004	一级批发价	2021/6/21	06月		XS-20210621-038	008002	HF615	69*********20	存货017	60	180	106.69	100%	19204.20	2496.55	21700.75	
96	94	KH005 客户005	二级批发价	2021/6/21	06月		XS-20210621-038	001001	HA510	69*********30	存货001	90	450	87.82	100%	39519.00	5137.47	44656.47	
97	95	KH006 客户006	一级批发价	2021/6/28	06月	√	XS-20210628-039	003001	HC518	69*********31	存货006	50	200	79.40	100%	15880.00	2064.40	17944.40	
98	96	KH006 客户006	一级批发价	2021/6/28	06月		XS-20210628-039	001001	HA510	69*********30	存货001	90	540	107.33	100%	57958.20	7534.57	65492.77	
99	97	KH007 客户007	超低折扣价	2021/6/28	06月		XS-20210628-039	003001	HC518	69*********31	存货006	50	150	43.57	100%	6535.50	849.62	7385.12	
100	98	KH007 客户007	超低折扣价	2021/7/1	07月	√	XS-20210701-040	002001	HB571	69*********83	存货004	60	480	49.51	100%	23764.80	3089.42	26854.22	
101	99	KH008 客户008	折扣价	2021/7/1	07月		XS-20210701-040	002002	HB572	69*********57	存货005	40	280	59.31	100%	16606.80	2158.88	18765.68	
102	100	KH008 客户008	折扣价	2021/7/1	07月		XS-20210701-040	003001	HC518	69*********31	存货006	50	50	47.64	100%	2382.00	309.66	2691.66	

操作方法如下。

第1步 **设置条件格式**。❶取消表格框线，选中 A3:S3 单元格区域，单击【开始】选项卡中的【条件格式】下拉按钮，在下拉列表中选择【新建规则】命令，打开【新建格式规则】对话框，在【选择规则类型】列表框中选择【使用公式确定要设置格式的单元格】选项；❷在【编辑规则说明】文本框中输入公式“=AND($A3<>"",MOD(ROW(),2)=0)”；❸单击【格式】按钮打开【单元格格式】对话框设置单元格的填充颜色（图示略）；❹返回【新建格式规则】对话框后单击【确定】按钮关闭对话框，如下图所示。

温馨提示

运用 AND 函数必须同时满足以下两个条件。

①表达式“$A3<>""”代表 A3 单元格不为空值。

②表达式“MOD(ROW(),2)=0”，运用 MOD 函数计算 ROW 函数返回的当前行数除以 2 的余数，如果等于 0，表示当前行数为偶数行。

第2步 **复制格式**。返回工作表后，运用【格式刷】工具，将 A3:S3 单元格区域格式刷至 A4:S110 单元格区域中，效果如下图所示。

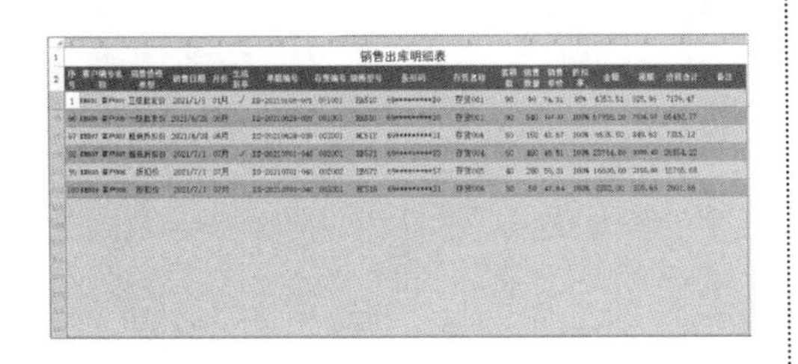

第3步 **测试效果**。在 A103:A110 单元格区域中输入数字或其他数据，也可看到 A103:S110 单元格区域的自动隔行填充效果，如下图所示。

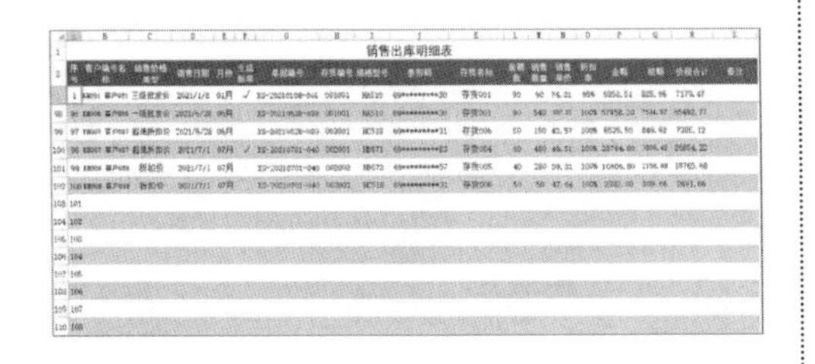

示例结果见“结果文件 \ 第 8 章 \ 销售出库明细表 .xlsx”文件。

02 在工作簿中快速切换工作表

切换工作表非常简单，只需单击目标工作表标签即可。但是，当工作簿内的工作表数量较多时，单击标签切换工作表就会十分烦琐和不便。如 8.3 节示例的“进销存数据汇总”工作簿中共包含 19 张工作表。对此，通过右击标签栏中的滚动按钮 |< < > >| 打开列表框搜索和选择目标工作表可以更快地切换至目标工作表，操作方法如下。

打开“素材文件 \ 第 8 章 \ 进销存数据汇总 1.xlsx”文件，右击工作表标签栏左侧任意一个滚动按钮，弹出的列表框中列示了工作簿内全部的工作表名称，选择工作表名称即可快速切换至对应的工作表中，如下图所示。

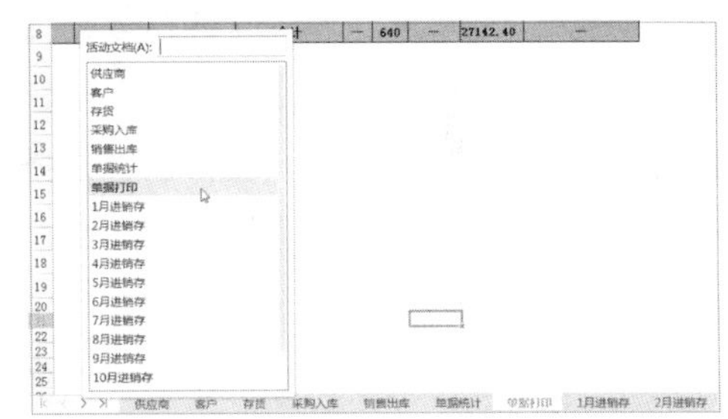

如果因工作表数量过多，导致列表框当前界面内未显示目标工作表，可直接在【活动文档】文本框中输入工作表名称中的关键字，搜索出工作表后进行选择即可快速切换，如下图所示。

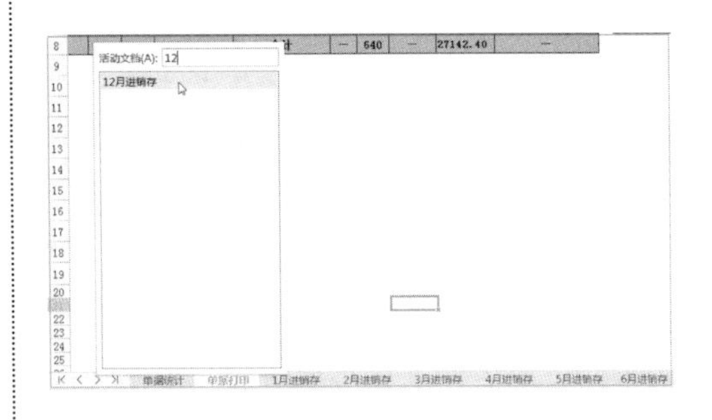

03 使用函数创建工作簿目录一键切换工作表

在工作表数量众多的工作簿中，除了

前面介绍的快速切换工作表的方法外，更为高效的办法是专设一个工作表作为目录，运用 HYPERLINK 函数为其他每一个工作表创建超链接，并在每个工作表中创建返回目录的超链接，之后只需单击超链接即可一键切换到目标工作表，操作方法如下。

第1步 **批量创建“返回目录”超链接**。打开“素材文件\第 8 章\进销存数据汇总 2.xlsx”文件，其中共包含 19 张工作表。❶ 新建工作表，重命名为“目录”，切换至其他任意工作表，如“供应商”工作表，右击工作表标签，在弹出的快捷菜单中选择【选定全部工作表】命令。❷ 选定全部工作表后，按住【Ctrl】键并单击“目录”工作表标签取消选定（“目录”工作表不需要创建“返回目录”超链接）。在工作表第一行之上插入一行，将 A1:B1 单元格区域合并为 A1 单元格，输入文本“返回目录”。❸ 右击工作表标签，在弹出的快捷菜单中选择【取消成组工作表】命令取消批量选定工作表。在“供应商”工作表中选中 A1 单元格，单击【插入】选项卡中的【超链接】按钮；❹ 弹出【超链接】对话框，切换至【本文档中的位置】选项，在【请选择文档中的位置】列表框中选择【目录】选项，单击【确定】按钮关闭对话框，如下图所示。

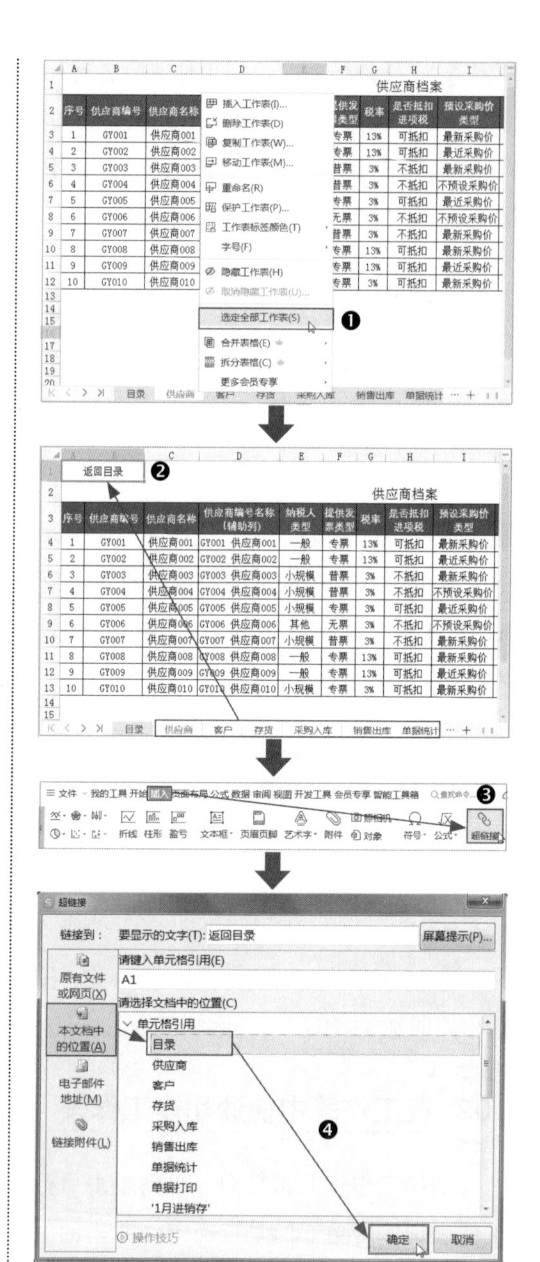

第2步 **复制超链接**。操作完成后，即在“供应商”工作表 A1 单元格中生成超链接，如下图所示。将其批量复制粘贴至其他工作表 A1 单元格中即可（“目录”工作表除外）。

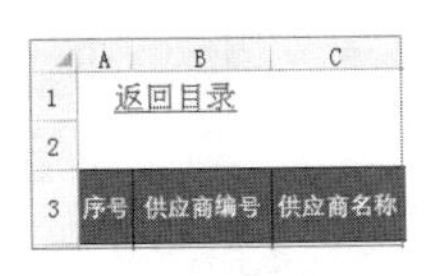

	A	B	C
1	返回目录		
2			
3	序号	供应商编号	供应商名称

第3步 **创建工作表超链接**。❶ 切换至“目录”工作表，在 A1:C20 单元格区域中绘制表格框架、设置基础格式。在 B2:B20 单元格区域中依次输入除“目录”工作表以外的其他所有工作表名称。❷ 在 C2 单元格中设置公式“=HYPERLINK("#"&B2&"!A1","★")”，运用 HYPERLINK 函数为 B2 单元格中的工作表名称创建超链接。其中，HYPERLINK 函数的第 1 个参数中的“B2&"!A1"”文本组合构成为工作表名称 + 单元格地址格式，即“供应商 !A1”，符号“"#"”的作用是代替当前工作簿名称。第 2 个参数为超链接名称，可设置为单元格引用及任何文本或符号。❸ 将 C2 单元格公式填充至 C3:C20 单元格区域中。效果如下图所示。

C2 =HYPERLINK("#"&B2&"!A1","★")

	A	B	C
1	序号	工作表名称	超链接
2	1	供应商	★
3	2	客户	★
4	3	存货	★
5	4	采购入库	★
6	5	销售出库	★
7	6	单据统计	★
8	7	单据打印	★
9	8	1月进销存	★
10	9	2月进销存	★
11	10	3月进销存	★
12	11	4月进销存	★
13	12	5月进销存	★
14	13	6月进销存	★
15	14	7月进销存	★
16	15	8月进销存	★
17	16	9月进销存	★
18	17	10月进销存	★
19	18	11月进销存	★
20	19	12月进销存	★

目录 供应商 客户 存货 采购入库

第4步 **检测超链接效果**。设置完成后，单击 C3:C20 单元格区域中的任意超链接，即可立即跳转至对应工作表中并定位在 A1 单元格中，如下图所示。单击工作表 A1 单元格中的“返回目录”超链接，即可一键切换至“目录”工作表并定位在 A1 单元格中。

返回目录

2021年6月 采购入库!F68 JH-20210615-029 3条明细 640 27142.40

××有限公司采购入库单

供应商：GY002 供应商002 2021年6月15日 单据编号：JH-20210615-029

序号	存货编号	规格型号	条形码	存货名称	装箱数	入库数量	入库成本单价	入库金额	备注
2	005002	HD532	69*********65	存货011	60	240	45.00	10800.00	
3	005002	HD532	69*********65	存货011	60	60	45.00	2700.00	
				合计	—	640	—	27142.40	—

示例结果见“结果文件\第 8 章\进销存数据汇总 2.xlsx”文件。

温馨提示

使用 WPS 表格提供的会员功能可直接创建工作表目录。操作步骤：单击【会员专享】选项卡中的【智能工具箱】按钮，在【目录】下拉列表中选择【创建表格目录】命令，打开同名对话框根据提示操作即可。

04 使用照相机查看指定区域中的数据

由于财务工作表之间的数据一般都存在关联关系，因此在查看一张工作表数据时，通常也需要观察另一张工作表中的数据。对此，除了可采用第 7 章介绍的新建窗口的方法外，还可运用隐藏在 WPS 表格中的照相机工具，为另一工作表中的部分区域“照相”后生成图片，再放置于活动工作表中，即可同时查看另一工作表中数据的动态变化。

如下图所示，财务人员在使用“单据打印”工作表时，希望同时查看“单据统计”工作表中的数据，并在其中高亮显示与“单据打印”工作表中A1单元格中月份对应的数据。

2021年4月　采购入库!F35　JH-20210615-029　3条明细　640　27142.40

××有限公司采购入库单

供应商：GY002 供应商002　2021年6月15日　单据编号：JH-20210615-029

序号	存货编号	规格型号	条形码	存货名称	装箱数	入库数量	入库成本单价	入库金额	备注
1	001001	HA510	69*********30	存货001	90	90	31.62	2845.80	
2	001002	HA511	69*********83	存货002	60	180	40.90	7362.00	
3	001003	HA512	69*********21	存货003	90	630	45.00	28350.00	
				合计	—	640	—	27142.40	—

供应商　客户　存货　采购入库　销售出库　单据统计　单据打印

单据统计表

月份	采购入库单			销售出库单				
	单据数量	明细数量	入库金额	单据数量	明细数量	销售金额	税额	价税合计
1月	3单	9条	115,352.00	7单	16条	150,511.58	19,566.51	170,078.09
2月	3单	7条	56,649.00	6单	12条	119,467.98	15,530.83	134,998.81
3月	6单	16条	111,142.60	6单	15条	276,507.40	35,945.97	312,453.37
4月	6单	16条	114,035.30	7单	17条	281,530.52	36,598.95	318,129.47
5月	7单	16条	419,997.70	7单	22条	315,603.66	41,028.46	356,632.12
6月	6单	16条	206,477.80	6单	15条	327,642.64	42,593.56	370,236.20
7月	6单	16条	89,672.00	4单	15条	207,205.10	26,936.66	234,141.76
8月	8单	20条	117,682.70	4单	15条	214,726.20	27,914.41	242,640.61
9月	9单	25条	154,775.30	6单	17条	247,995.80	32,239.46	280,235.26
10月	9单	23条	133,718.80	3单	11条	148,485.50	19,303.12	167,788.62
11月	10单	28条	184,272.10	6单	15条	197,751.44	25,707.71	223,459.15
12月	8单	20条	123,516.80	4单	11条	145,431.40	18,906.09	164,337.49
合计	81单	212条	1,827,292.10	66单	181条	2632859.22	342271.73	2975130.95

供应商　客户　存货　采购入库　销售出库　单据统计　单据打印

操作方法如下。

第1步 **设置条件格式**。打开“素材文件\第8章\进销存数据汇总3.xlsx”文件，切换至“单据统计”工作表，选中A4:I15单元格区域，单击【开始】选项卡中的【条件格式】下拉按钮，在下拉列表中选择【新建规则】命令，打开【新建格式规则】对话框设置公式和格式，如下图所示。

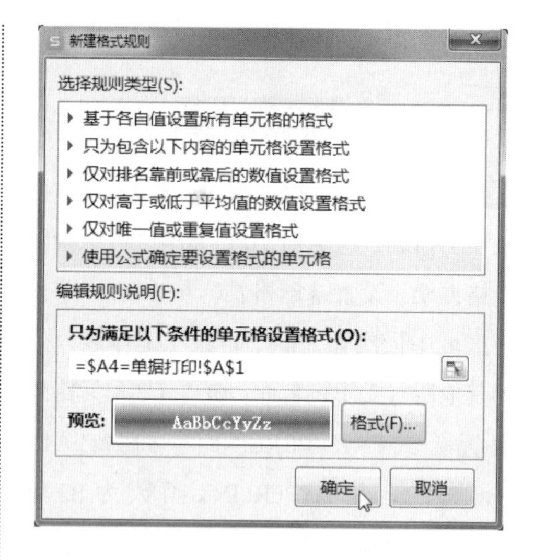

第2步 **为指定区域“照相”**。❶选中A1:I16单元格区域，单击【插入】选项卡中的【照相机】按钮；❷当光标变为十字形时，切换至“单据打印”工作表，按住鼠标左键拖动绘制出一个矩形，即可将“单据统计”工作表中A1:I16单元格区域生成一个图片，如下图所示。

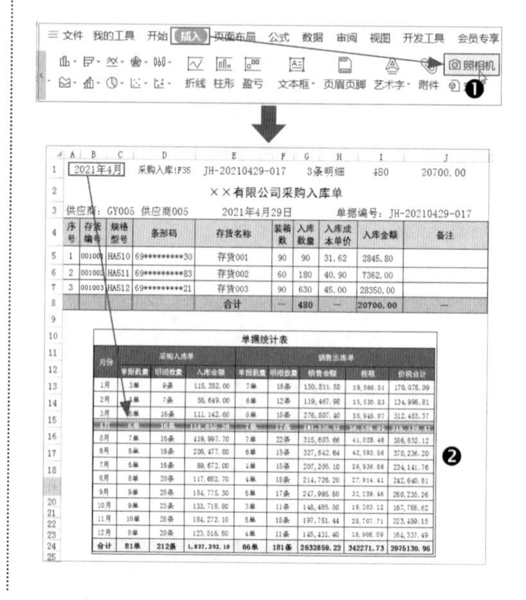

第3步 **测试效果**。在 A1 单元格下拉列表中选择其他月份，如“6 月”，按【F9】键后即可看到图片中的动态变化效果(也可在 E1 单元格中选择 2021 年 6 月中的任意单据编号，不影响图片中的数据)，如下图所示。

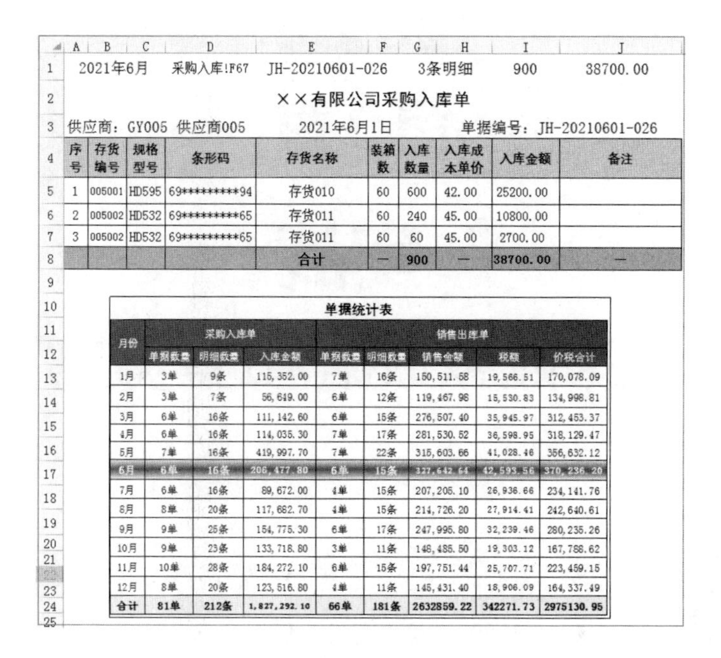

2021年6月	采购入库!F67		JH-20210601-026	3条明细			900	38700.00

××有限公司采购入库单

供应商：GY005 供应商005　　2021年6月1日　　单据编号：JH-20210601-026

序号	存货编号	规格型号	条形码	存货名称	装箱数	入库数量	入库成本单价	入库金额	备注
1	005001	HD595	69*********94	存货010	60	600	42.00	25200.00	
2	005002	HD532	69*********65	存货011	60	240	45.00	10800.00	
3	005002	HD532	69*********65	存货011	60	60	45.00	2700.00	
				合计	—	900	—	38700.00	—

单据统计表

月份	采购入库单			销售出库单				
	单据数量	明细数量	入库金额	单据数量	明细数量	销售金额	税额	价税合计
1月	3单	9条	115,352.00	7单	16条	150,511.58	19,566.51	170,078.09
2月	3单	7条	56,649.00	6单	12条	119,467.98	15,530.83	134,998.81
3月	6单	16条	111,142.60	6单	15条	276,507.40	35,945.97	312,453.37
4月	6单	16条	114,035.30	7单	17条	281,530.52	36,598.95	318,129.47
5月	7单	16条	419,997.70	7单	22条	315,603.66	41,028.46	356,632.12
6月	6单	16条	206,477.80	6单	15条	327,642.64	42,593.56	370,236.20
7月	6单	16条	89,672.00	4单	15条	207,205.10	26,936.66	234,141.76
8月	8单	20条	117,682.70	4单	15条	214,726.20	27,914.41	242,640.61
9月	9单	25条	154,775.30	6单	17条	247,995.80	32,239.46	280,235.26
10月	9单	23条	133,718.80	3单	11条	148,485.50	19,303.12	167,788.62
11月	10单	28条	184,272.10	6单	15条	197,751.44	25,707.71	223,459.15
12月	8单	20条	123,516.80	4单	11条	145,431.40	18,906.09	164,337.49
合计	81单	212条	1,827,292.10	66单	181条	2632859.22	342271.73	2975130.95

示例结果见“结果文件 \ 第 8 章 \ 进销存数据汇总 3.xlsx”文件。

WPS

第9章

实战

往来账款数据管理与分析

本章导读

往来账款是企业在生产经营过程中因发生供销产品、提供或接受劳务而形成的债权、债务关系，具体包括应收账款、应付账款、预收账款、预付账款、其他应收款、其他应付款等。其中，应收账款与应付账款是确保企业正常生产经营所需的基本资金链中最为重要的两项流动资产，企业应将其作为重点管理对象，准确记录和计算每一笔往来金额，加强账龄管理和分析，才能有效预防坏账发生，避免债权债务纠纷，从而降低企业的讨债成本和管理成本，也才能更好地保障企业的资金链正常运转。

本章以应收账款为例，介绍如何运用 WPS 表格管理往来账款数据，并做好相关数据分析。

知识要点

- 应收账款台账的制作方法
- 应收账款账龄的计算方法
- 应收账款及账龄汇总分析方法
- 用图表呈现应收账款账龄结构
- 应收账款配套管理表单的制作

9.1 应收账款台账与账龄分析

应收账款是指企业在正常的经营过程中因销售商品、产品、提供劳务等业务，应当向购买单位收取、但暂未收取的款项，其中包括应由购买单位或接受劳务单位负担的税金、代购买方垫付的各种运杂费等。应收账款是伴随企业的销售行为的发生而形成的一项债权，虽然财务人员在财务记账凭证中记录应收账款，但这通常只是一个总额，无法体现应收账款的发生过程。因此，就需要将其过程中的主要逻辑提炼出来，另外创建应收账款台账，以便记录连续过程中相互联系的关键信息。在实务中，每个企业的往来单位不止一家，而且与大多数合作单位的往来关系是长期维持的，那么，对于应收账款的管理，就应当按照不同的往来单位分别创建台账进行明细核算。本节将运用 WPS 表格制作应收账款台账，规范管理应收账款的同时准确计算账龄并创建图表动态呈现账龄结构。

9.1.1 制作应收账款台账

应收账款台账的具体核算项目至少应包括因销售生成的原始应收账款、根据账期计算的到期日期、结算金额、开票金额、未结算金额、已收款金额、应收账款余额等，其他项目结合实务中企业的经营业态、管理重点进行设计。本例将沿用第 8 章所列举的销售商贸企业的相关数据制作应收账款台账。

1. 获取应收账款基础数据

如前所述，既然应收账款是企业因销售商品、产品、提供劳务等业务而形成的，那么每个客户的应收账款的相关基础数据无须另作记录，完全可以从销售明细数据中获取，再进行简单计算即可。本例以第 8 章制作的“销售出库”工作表中的数据为素材，从中自动获取并计算应收账款必需的基础数据。

打开“素材文件 \ 第 9 章 \ 应收账款台账 .xlsx”文件，其中包含 2 张工作表，名称为“客户”与“销售出库”，其中的数据与第 8 章制作的“销售出库”工作表中数据完全相同，如下图所示。

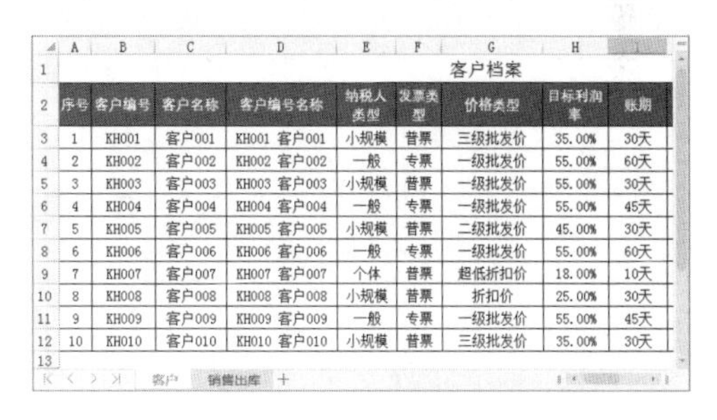

客户档案

序号	客户编号	客户名称	客户编号名称	纳税人类型	发票类型	价格类型	目标利润率	账期
1	KH001	客户001	KH001 客户001	小规模	普票	三级批发价	35.00%	30天
2	KH002	客户002	KH002 客户002	一般	专票	一级批发价	55.00%	60天
3	KH003	客户003	KH003 客户003	小规模	普票	一级批发价	55.00%	30天
4	KH004	客户004	KH004 客户004	一般	专票	一级批发价	55.00%	45天
5	KH005	客户005	KH005 客户005	小规模	普票	二级批发价	45.00%	30天
6	KH006	客户006	KH006 客户006	一般	专票	一级批发价	55.00%	60天
7	KH007	客户007	KH007 客户007	个体	普票	超低折扣价	18.00%	10天
8	KH008	客户008	KH008 客户008	小规模	普票	折扣价	25.00%	30天
9	KH009	客户009	KH009 客户009	一般	专票	一级批发价	55.00%	45天
10	KH010	客户010	KH010 客户010	小规模	普票	三级批发价	35.00%	30天

客户　销售出库

销售出库明细表

序号	客户编号名称	销售价格类型	销售日期	月份	[illegible]	单据编号	存货编号	规格型号	条形码	存货名称	[illegible]	销售数量	销售单价	折扣率	金额
1	KH001 客户001	三级批发价	2021-1-8	01月	✓	XS-20210108-001	001001	HA510	69*********30	存货001	90	90	74.31	95%	6353.51
2	KH001 客户001	三级批发价	2021-1-8	01月		XS-20210108-001	002001	HB571	69*********83	存货004	60	60	62.46	100%	3747.60
3	KH002 客户002	一级批发价	2021-1-8	01月	✓	XS-20210108-002	002002	HB572	69*********07	存货005	40	50	98.94	[illegible]	7116.42
4	KH002 客户002	一级批发价	2021-1-9	01月	✓	XS-20210109-003	003001	HC518	69*********31	存货006	50	100	79.40	100%	7940.00
5	KH003 客户003	一级批发价	2021-1-9	01月		XS-20210109-003	001003	HA512	69*********21	存货003	90	180	[illegible]	[illegible]	17714.34
6	KH003 客户003	一级批发价	2021-1-12	01月	✓	XS-20210112-004	001002	HA511	69*********83	存货002	60	120	[illegible]	93%	11604.17
7	KH004 客户004	一级批发价	2021-1-12	01月		XS-20210112-004	002001	HB571	69*********83	存货004	60	180	90.22	100%	16239.60
8	KH004 客户004	一级批发价	2021-1-12	01月		XS-20210112-004	002002	HB572	69*********07	存货005	40	120	98.84	100%	11860.80
9	KH005 客户005	二级批发价	2021-1-13	01月	✓	XS-20210113-005	003001	HC518	69*********31	存货006	50	50	64.96	90%	2923.20
10	KH006 客户006	一级批发价	2021-1-13	01月		XS-20210113-005	006001	HD595	69*********94	存货010	60	60	71.36	100%	4281.60
11	KH006 客户006	一级批发价	2021-1-15	01月	✓	XS-20210115-006	006003	[illegible]	69*********51	存货012	48	96	[illegible]	100%	10073.28
12	KH007 客户007	超低折扣价	2021-1-15	01月		XS-20210115-006	007001	[illegible]	69*********99	存货014	24	192	[illegible]	[illegible]	[illegible]

下面从以上两张表格中获取计算应收账款所需的基础数据。

第1步 **绘制表格框架**。新建工作表，重命名为“KH001”（客户 001 的应收账款台账）。在 A3:P18 单元格区域中绘制表格框架，为方便后期扩展表格，查看合计数，可将合计行设置在表头，然后设置字段名称及基础格式。其中，灰色区域将全部设置公式自动运算。初始表格框架如下图所示。

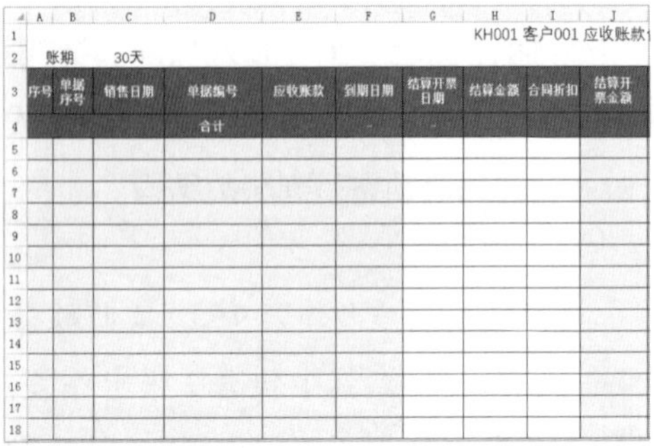

	A	B	C	D	E	F	G	H	I	J
1								KH001 客户001 应收账款		
2		账期	30天							
3	序号	单据序号	销售日期	单据编号	应收账款	到期日期	结算开票日期	结算金额	合同折扣	结算开票金额
4				合计		-	-			
5										
6										
7										
8										
9										
10										
11										
12										
13										
14										
15										
16										
17										
18										

	K	L	M	N	O	P
1	台账					
2						
3	收款日期	实际收款金额	销售未结算金额	开票未收款金额	应收余额	备注
4	-					
5						
6						
7						
8						
9						
10						
11						
12						
13						
14						
15						
16						
17						
18						

第2步 **统计客户的销售单据数量，以此自动生成序号**。❶ 在 A4 单元格中设置公式“=COUNTIFS(销售出库!B:B,$A$1,销售出库!F:F,1)”，运用 COUNTIFS 函数统计同时满足以下两个条件的数据的数量：“销售出库”工作表 B:B 区域（“客户编号名称”字段）中包含当前工作表 A1 单元格中的客户名称；“销售出库”工作表 F:F 区域（“生成新单”字段）中的数字为 1。公式返回结果为“7”。将单元格格式自定义为“当前共 0 单”，使之显示为“当前共 7 单”。❷ 在 A5 单元格中设置公式“=IF(ROW()-4<=$A$4,ROW()-4,"-")”，运用 IF 和 ROW 函数组合，以 A4 单元格中统计得到的销售单据数量为限，自动生成序号，将作为下一步公式中 SMALL 函数的一个参数。将公式填充至 A6:A18 单元格区域中，如下图所示。

A5　　fx　=IF(ROW()-4<=$A$4,ROW()-4,"-")

	A	B	C	D	E	F
1						
2	账期					
3	序号	单据序号	销售日期	单据编号	应收账款	到期日期
4	当前共7单 ❶			合计		-
5	1					
6	2					
7	3					
8	4					
9	5					
10	6					
11	7 ❷					
12	-					
13	-					
14	-					
15	-					
16	-					
17	-					
18	-					

第3步 **查找引用“单据序号”**。注意此序号为“销售出库”工作表中与“KH001 客户 001”销售单据匹配的序号。❶ 在 B5 单元格中设置数组公式“{=IFERROR(SMALL(IF((销售出库!$B:$B=$A$1)*(销售出库!$F:$F=1),销售出库!A:A,""),A5),"-")}”；❷ 将公式填充至 B6:B18 单元格区域中，效果如下图所示。

B5 | fx | {=IFERROR(SMALL(IF((销售出库!$B:$B=$A$1)*(销售出库!$F:$F=1),销售出库!A:A,""),A5),"-")}

	A	B	C	D	E	F
1						
2	账期					
3	序号	单据序号	销售日期	单据编号	应收账款	到期日期
4	当前共7单			合计		-
5	1	1 ❶				
6	2	23				
7	3	46				
8	4	67				
9	5	107				
10	6	128				
11	7	165				
12	-	- ❷				
13	-	-				
14	-	-				
15	-	-				
16	-	-				
17	-	-				
18	-	-				

温馨提示

B5单元格公式原理如下。

公式主要运用SMALL函数在指定的数组中查找第*n*个最小数值。

① SMALL函数的第1个参数，即表达式“IF((销售出库!$B:$B=$A$1)*(销售出库!$F:$F=1),销售出库!A:A,"")”，运用IF函数判断“销售出库”工作表中B:B区域中的内容等于A1单元格中的客户名称，且F:F区域中的数字等于“1”时，返回对应的A:A区域，否则返回空值，由此构建了SMALL函数的查找范围。注意在数组公式中，符号“*”代表逻辑条件“且”，符号“+”代表逻辑条件“或”，与逻辑函数AND和OR在普通公式中的作用相同。

② SMALL函数的第2个参数，即“A5”，代表查找引用指定数组中的第*n*个最小值，而A5单元格中是由公式自动生成的序号“1”。因此，SMALL函数公式返回的就是符合两个条件所构成的数组中第1个最小值。公式向下填充后，即可依次返回数组中第2、3、4……个最小数值。

第4步 **查找引用“销售日期”和“单据编号”**。这两个数据只需运用VLOOKUP函数根据“单据序号”查找即可。❶ 在C5单元格中设置公式“=IFERROR(VLOOKUP($B5,销售出库!$A:$R,MATCH(C$3,销售出库!$2:$2,0),0),"-")”，在“销售出库”工作表A:R区域中查找与B5单元格中“单据序号”匹配的销售日期；❷ 将C5单元格公式复制粘贴至D5单元格中；❸ 将C5:D5单元格区域公式填充至C6:D18单元格区域中，效果如下图所示。

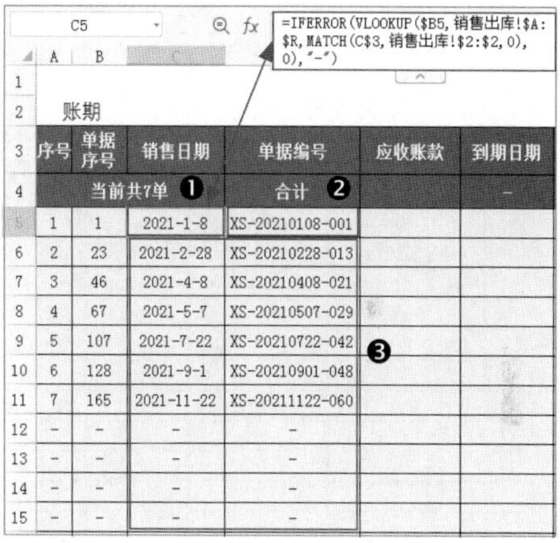

C5 | fx | =IFERROR(VLOOKUP($B5,销售出库!$A:$R,MATCH(C$3,销售出库!$2:$2,0),0),"-")

	A	B	C	D	E	F
1						
2	账期					
3	序号	单据序号	销售日期	单据编号	应收账款	到期日期
4	当前共7单 ❶			合计 ❷		-
5	1	1	2021-1-8	XS-20210108-001		
6	2	23	2021-2-28	XS-20210228-013		
7	3	46	2021-4-8	XS-20210408-021		
8	4	67	2021-5-7	XS-20210507-029		
9	5	107	2021-7-22	XS-20210722-042 ❸		
10	6	128	2021-9-1	XS-20210901-048		
11	7	165	2021-11-22	XS-20211122-060		
12	-	-	-	-		
13	-	-	-	-		
14	-	-	-	-		
15	-	-	-	-		

第5步 **计算“应收账款”金额与“到期日期”**。❶ 在E5单元格中设置公式“=SUMIF(销售出库!$G:$G,$D5,销售出库!R:R)”，运用SUMIF函数根据“销售出库”工作表G:G区域（“单据编号”字段）中与D5单元格中日期相同这一条件，对R:R区域中的销售金额求和；❷ 在C2单元格中设置公式“=VLOOKUP(A$1,客户!D:I,6,0)”，运用VLOOKUP函数在“客户”工作表D:I区域中查找与A1单

元格中客户名称匹配的账期，公式返回结果为“30 天”；❸ 在 F5 单元格中设置公式“=IFERROR(LEFT(C$2,2)+C5,"-")”，运用 LEFT 函数截取 C2 单元格中左起两位数字后加上 C5 单元格中的销售日期，即可得到此单销售的到期日期；❹ 将 E5:F5 单元格区域公式填充至 E6:F18 单元格区域中；❺ 在 E4 单元格中设置公式“=ROUND(SUM(E5:E18),2)”，计算应收账款合计数，效果如下图所示。

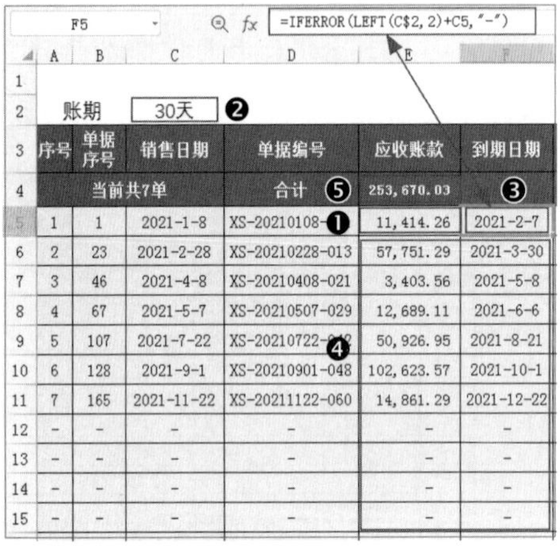

F5　fx　=IFERROR(LEFT(C$2,2)+C5,"-")

	A	B	C	D	E	F
1						
2	账期		30天 ❷			
3	序号	单据序号	销售日期	单据编号	应收账款	到期日期
4	当前共7单			合计 ❺	253,670.03	❸
5	1	1	2021-1-8	XS-20210108-❶	11,414.26	2021-2-7
6	2	23	2021-2-28	XS-20210228-013	57,751.29	2021-3-30
7	3	46	2021-4-8	XS-20210408-021	3,403.56	2021-5-8
8	4	67	2021-5-7	XS-20210507-029	12,689.11	2021-6-6
9	5	107	2021-7-22	XS-20210722-❹	50,926.95	2021-8-21
10	6	128	2021-9-1	XS-20210901-048	102,623.57	2021-10-1
11	7	165	2021-11-22	XS-20211122-060	14,861.29	2021-12-22
12	-	-	-	-	-	-
13	-	-	-	-	-	-
14	-	-	-	-	-	-
15	-	-	-	-	-	-

2．计算应收账款余额

计算应收账款余额应结合实务中应收账款的结算收款流程。因为实务中的实际结算收款时间并不能做到与合同约定的时间完全一致，所以应收账款余额中应当至少包括两部分：已销售未结算与已结算未收款金额，操作方法如下。

第1步 **计算“结算开票”金额。** ❶ 在“结算开票日期”“结算金额”“合同折扣”字段中填入原始数据（注意实务中经常会出现“结算金额”小于“应收账款”金额的情况）；❷ 在 J5 单元格中设置公式“=ROUND(H5-I5,2)”，用 H5 单元格中的“结算金额”减 I5 单元格中的“合同折扣”数据，即可计算得到“开票金额”，将 J5 单元格公式填充至 J6:J18 单元格区域中；❸ 在 H4 单元格中设置公式“=ROUND(SUM(H5:H18),2)”，计算“结算金额”的合计数，将公式填充至 I4:J4 单元格区域中，如下图所示。

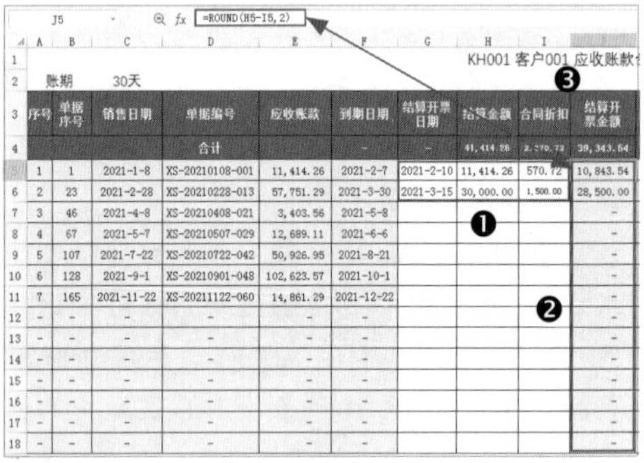

J5　fx　=ROUND(H5-I5,2)

	A	B	C	D	E	F	G	H	I	J
1								KH001 客户001 应收账款		
2	账期		30天							❸
3	序号	单据序号	销售日期	单据编号	应收账款	到期日期	结算开票日期	结算金额	合同折扣	结算开票金额
4				合计		-	-	41,414.26	2,070.72	39,343.54
5	1	1	2021-1-8	XS-20210108-001	11,414.26	2021-2-7	2021-2-10	11,414.26	570.72	10,843.54
6	2	23	2021-2-28	XS-20210228-013	57,751.29	2021-3-30	2021-3-15	30,000.00	1,500.00	28,500.00
7	3	46	2021-4-8	XS-20210408-021	3,403.56	2021-5-8		❶		-
8	4	67	2021-5-7	XS-20210507-029	12,689.11	2021-6-6				-
9	5	107	2021-7-22	XS-20210722-042	50,926.95	2021-8-21				-
10	6	128	2021-9-1	XS-20210901-048	102,623.57	2021-10-1				-
11	7	165	2021-11-22	XS-20211122-060	14,861.29	2021-12-22			❷	-
12	-	-	-	-	-	-				-
13	-	-	-	-	-	-				-
14	-	-	-	-	-	-				-
15	-	-	-	-	-	-				-
16	-	-	-	-	-	-				-
17	-	-	-	-	-	-				-
18	-	-	-	-	-	-				-

第2步 **计算应收账款余额。** ❶ 在“收款日期”和“实际收款金额”字段中填入原始数据（注意实务中经常会出现“实际收款金额”小于“结算开票金额”的情况），在 L4 单元格中设置公式“=ROUND(SUM(L5:L18),2)”，计算“实际收款金额”的合计数；❷ 在 M5 单元格中设置公式“=IF(SUM(E$5:E5)>=H$4,SUM(E$5:E5)-H$4,0)”计算“销售未结算金额”，将公式填充至 M6:M18 单元格区域中；❸ 在 N5 单元格中设置公式“=IF(SUM(J$5:J5)>=L$4,SUM(J$5:J5)-L$4,0)”，计算“开票

未收款金额”，将公式填充至 N6:N18 单元格区域中；❹ 在 O5 单元格中设置公式“=ROUND(SUM(M5:N5),2)”，计算应收账款余额，将公式填充至 O6:O18 单元格区域中，如下图所示。

温馨提示●

M5 与 N5 单元格（“销售未结算金额”与“开票未收款金额”字段）中公式的逻辑与含义如下。

①公式是按照实务中应收账款“先销售，先结算”的顺序进行设置，即当第 1 笔应收账款尚未足额结算时，要结算第 2 笔应收账款，应先在结算金额中冲减上一笔尚未结算的金额，直至冲减为 0，再冲减第 2 笔应收账款，以此类推。

② M5 单元格公式含义是当表达式“SUM(E$5:E5)”计算得到的“应收账款”累计数大于或等于 H4 单元格中“结算金额”的累计数时，表明之前的应收账款存在尚未结算的部分，因此用“应收账款”的累计数减掉“结算金额”累计数，即得到销售未结算的金额。反之，则表明前面的应收款已经全部结算完毕，因此返回“0”。N5 单元格公式参照 M5 单元格公式理解即可。

M5　=IF(SUM(E$5:E5)>=H$4,SUM(E$5:E5)-H$4,0)

KH001 客户001 应收账款台账

账期　30天

序号	单据序号	销售日期	单据编号	应收账款	结算金额	合同折扣	结算开票金额	收款日期 ❶	实际收款金额	销售未结算金额 ❷
			合计	253,670.03	41,414.26	2,070.72	39,343.54		10,000.00	
1	1	2021-1-8	XS-20210108-001	11,414.26	11,414.26	570.72	10,843.54	2021-2-20	10,000.00	-
2	23	2021-2-28	XS-20210228-013	57,751.29	30,000.00	1,500.00	28,500.00			27,751.29
3	46	2021-4-8	XS-20210408-021	3,403.56			-			31,154.85
4	67	2021-5-7	XS-20210507-029	12,689.11			-			43,843.96
5	107	2021-7-22	XS-20210722-042	50,926.95			-			94,770.91
6	128	2021-9-1	XS-20210901-048	102,623.57			-			197,394.48
7	165	2021-11-22	XS-20211122-060	14,861.29			-			212,255.77
-	-	-	-	-			-			212,255.77
-	-	-	-	-			-			212,255.77
-	-	-	-	-			-			212,255.77
-	-	-	-	-			-			212,255.77
-	-	-	-	-			-			212,255.77
-	-	-	-	-			-			212,255.77
-	-	-	-	-			-			212,255.77

N5　=IF(SUM(J$5:J5)>=L$4,SUM(J$5:J5)-L$4,0)

应收账款台账

账期　30天

序号	单据序号	销售日期	单据编号	应收账款	结算开票金额	收款日期	实际收款金额	销售未结算金额	开票未收款金额 ❸	应收余额 ❹
			合计	253,670.03	39,343.54	-	10,000.00			
1	1	2021-1-8	XS-20210108-001	11,414.26	10,843.54	2021-2-20	10,000.00	-	843.54	843.54
2	23	2021-2-28	XS-20210228-013	57,751.29	28,500.00			27,751.29	29,343.54	57,094.83
3	46	2021-4-8	XS-20210408-021	3,403.56	-			31,154.85	29,343.54	60,498.39
4	67	2021-5-7	XS-20210507-029	12,689.11	-			43,843.96	29,343.54	73,187.50
5	107	2021-7-22	XS-20210722-042	50,926.95	-			94,770.91	29,343.54	124,114.45
6	128	2021-9-1	XS-20210901-048	102,623.57	-			197,394.48	29,343.54	226,738.02
7	165	2021-11-22	XS-20211122-060	14,861.29	-			212,255.77	29,343.54	241,599.31
-	-	-	-	-	-			212,255.77	29,343.54	241,599.31
-	-	-	-	-	-			212,255.77	29,343.54	241,599.31
-	-	-	-	-	-			212,255.77	29,343.54	241,599.31
-	-	-	-	-	-			212,255.77	29,343.54	241,599.31
-	-	-	-	-	-			212,255.77	29,343.54	241,599.31
-	-	-	-	-	-			212,255.77	29,343.54	241,599.31
-	-	-	-	-	-			212,255.77	29,343.54	241,599.31

第3步● **计算应收账款余额的合计数。** ❶ 在 M4 单元格中设置公式“=ROUND(E4-H4,2)”，用 E4 单元格中的“应收账款”合计数减掉 H4 单元格中的“结算金额”合计数即可得到“销售未结算金额”的合计数。注意 M5:M18 单元格区域中的数字是逐笔累计而成的，因此不能对此进行求和。❷ 在 N4 单元格中设置公式“=ROUND(J4-L4,2)”。❸ 在 O4 单元格中设置公式“=ROUND(M4+N4,2)”。效果如下图所示。

M4　=ROUND(E4-H4,2)

账期　30天

序号	单据序号	销售日期	单据编号	应收账款	实际收款金额	销售未结算金额 ❶	开票未收款金额 ❷	应收余额 ❸
			合计	253,670.03	10,000.00	212,255.77	29,343.54	241,599.31
1	1	2021-1-8	XS-20210108-001	11,414.26	10,000.00	-	843.54	843.54
2	23	2021-2-28	XS-20210228-013	57,751.29		27,751.29	29,343.54	57,094.83
3	46	2021-4-8	XS-20210408-021	3,403.56		31,154.85	29,343.54	60,498.39
4	67	2021-5-7	XS-20210507-029	12,689.11		43,843.96	29,343.54	73,187.50
5	107	2021-7-22	XS-20210722-042	50,926.95		94,770.91	29,343.54	124,114.45
6	128	2021-9-1	XS-20210901-048	102,623.57		197,394.48	29,343.54	226,738.02
7	165	2021-11-22	XS-20211122-060	14,861.29		212,255.77	29,343.54	241,599.31
-	-	-	-	-		212,255.77	29,343.54	241,599.31
-	-	-	-	-		212,255.77	29,343.54	241,599.31
-	-	-	-	-		212,255.77	29,343.54	241,599.31
-	-	-	-	-		212,255.77	29,343.54	241,599.31
-	-	-	-	-		212,255.77	29,343.54	241,599.31
-	-	-	-	-		212,255.77	29,343.54	241,599.31
-	-	-	-	-		212,255.77	29,343.54	241,599.31

本节示例结果见“结果文件\第 9 章\应收账款台账 .xlsx”文件。

9.1.2 计算应收账款账龄

在实务中，应收账款的账期一般包括30天、60天、90天等，下面即以上述账期为例，在9.1.1小节制作的应收账款台账基础上针对每一笔应收账款判断逾期天数，并将逾期时间段分为0~30天、30~60天、60~90天及90天以上，以此分别计算逾期应收账款，操作方法如下。

第1步 **调整表格框架，设置字段名称。** 打开“素材文件\第9章\应收账款账龄分析.xlsx”文件，其中包括3张工作表，即“客户”“销售出库”及9.1.1小节制作的“KH001”工作表（应收账款台账）。切换至“KH001”工作表，在P列前插入5列用于计算应收账款账龄。在P4:T4单元格区域的各单元格中分别输入“未到期”“00-30”“30-60”“90天以上”。将Q4:S4单元格区域的单元格格式自定义为“@天”，使之显示为“00-30天”等，设置基础格式，如下图所示。

Q4　fx　00-30

	A	B	C	D	E	F	O	P	Q	R	S	T
1												
2	账期		30天									
3	序号	单据序号	销售日期	单据编号	应收账款	到期日期	应收余额	账龄				
4				合计	253,670.03	-	241,599.31	未到期	00-30天	30-60天	60-90天	90天以上
5	1	1	2021-1-8	XS-20210108-001	11,414.26	2021-2-7	843.54					
6	2	23	2021-2-28	XS-20210228-013	57,751.29	2021-3-30	57,094.83					
7	3	46	2021-4-8	XS-20210408-021	3,403.56	2021-5-8	60,498.39					
8	4	67	2021-5-7	XS-20210507-029	12,689.11	2021-6-6	73,187.50					
9	5	107	2021-7-22	XS-20210722-042	50,926.95	2021-8-21	124,114.45					
10	6	128	2021-9-1	XS-20210901-048	102,623.57	2021-10-1	226,738.02					
11	7	165	2021-11-22	XS-20211122-060	14,861.29	2021-12-22	241,599.31					
12	-	-	-	-	-	-	241,599.31					
13	-	-	-	-	-	-	241,599.31					
14	-	-	-	-	-	-	241,599.31					
15	-	-	-	-	-	-	241,599.31					
16	-	-	-	-	-	-	241,599.31					
17	-	-	-	-	-	-	241,599.31					
18	-	-	-	-	-	-	241,599.31					

温馨提示

本例将Q4单元格中的字段名称设置为“00-30”（代表逾期0～30天），而非“0-30”的原因是后面在公式中嵌套LEFT函数从Q4、R4和S4单元格中统一截取长度为“2”的文本，方便填充公式。

第2步 **计算未到期的应收账款。** ❶ 在P2单元格中输入一个日期作为计算账龄的参照值，如“2021-12-31”（实务中应设置为“=TODAY()”，以当前日期进行计算）。❷ 在P5单元格中设置公式“=IF($E5=0,0,IF($P$2>=F5,0,ROUND($E5-$H5+$J5-$L5,2)))”，运用IF函数判断E5单元格中的“应收账款”为“0”时，即返回“0”，否则运用第2层IF函数判断P2单元格中的日期大于或等于F5单元格中的“到期日期”时，表明该笔应收账款已经到期，因此“未到期”应收账款为0。否则，计算应收账款-结算金额+结算开票金额-实际收款金额的结果，即应收余额（注意这里不能直接引用O5单元格中的数据）。❸ 将P5单元格公式填充至P6:P18单元格区域。P5:P18单元格区域公式全部返回“0”，表明全部应收账款均已到期。效果如下图所示。

P5　fx　=IF($E5=0,0,IF($P$2>=F5,0,ROUND($E5-$H5+$J5-$L5,2)))

	A	B	C	D	E	F	O	P
1								
2	账期		30天				❶	2021-12-31
3	序号	单据序号	销售日期	单据编号	应收账款	到期日期	应收余额	❷
4				合计	253,670.03	-	241,599.31	未到期
5	1	1	2021-1-8	XS-20210108-001	11,414.26	2021-2-7	843.54	-
6	2	23	2021-2-28	XS-20210228-013	57,751.29	2021-3-30	57,094.83	-
7	3	46	2021-4-8	XS-20210408-021	3,403.56	2021-5-8	60,498.39	-
8	4	67	2021-5-7	XS-20210507-029	12,689.11	2021-6-6	73,187.50	-
9	5	107	2021-7-22	XS-20210722-042	50,926.95	2021-8-21	124,114.45	-
10	6	128	2021-9-1	XS-20210901-048	102,623.57	2021-10-1	226,738.02	-
11	7	165	2021-11-22	XS-20211122-060	14,861.29	2021-12-22	241,59❸	-
12	-	-	-	-	-	-	241,599.31	-
13	-	-	-	-	-	-	241,599.31	-
14	-	-	-	-	-	-	241,599.31	-
15	-	-	-	-	-	-	241,599.31	-
16	-	-	-	-	-	-	241,599.31	-
17	-	-	-	-	-	-	241,599.31	-
18	-	-	-	-	-	-	241,599.31	-

第3步 **计算逾期应收账款。**❶ 在 Q5 单元格中设置公式“=IFERROR(IF($E5=0,0, IF(AND($P$2-$F5>=LEFT(Q$4,2)*1,$P$2-$F5<RIGHT(Q$4,2)*1),ROUND($E5-$H5+$J5-$L5,2),0)),0)”，运用 IF 函数判断 E5 单元格中的“应收账款”为 0 时，返回 0，否则运用第 2 层 IF 函数判断 P2 单元格中的日期与 F5 单元格中的“到期日期”之间的差额大于或等于 0，并且小于 30 天时，计算应收账款余额，否则返回数字“0”。公式中嵌套 LEFT 和 RIGHT 函数分别从左侧和右侧截取 Q4 单元格中的文本“00”和“30”后，乘以 1 的作用是将文本转换为数字。❷ 将 Q5 单元格公式填充至 R5:S5 单元格区域中。❸ 将 Q5:S5 单元格区域公式填充至 Q6:S18 单元格区域中，即可自动计算得到逾期 30 ~ 60 天与 60 ~ 90 天的应收账款。除 Q11 单元格外，其他单元格全部返回 0，表明仅 Q11 单元格中的应收余额逾期天数在 0 ~ 30 天之间。❹ 在 T5 单元格中设置公式“=IFERROR(IF($E5=0,0,IF($P$2-$F5>=LEFT(T$4,2)*1,ROUND($E5-$H5+$J5-$L5,2),0)),0)”，计算逾期在 90 天以上的应收账款，将公式填充至 T6:T18 单元格区域中，可看到 T5:T10 单元格中均返回不同数字，表明这些应收账款余额全部逾期 90 天以上。效果如下图所示。

Q5 =IFERROR(IF($E5=0,0,IF(AND($P$2-$F5>=LEFT(Q$4,2)*1,$P$2-$F5<RIGHT(Q$4,2)*1),ROUND($E5-$H5+$J5-$L5,2),0)),0)

账期 30天 2021-12-31

序号	单据序号	销售日期	单据编号	应收账款	到期日期	应收余额	未到期	00-30天	30-60天	60-90天
			合计	253,670.83	-	241,599.31				
1	1	2021-1-8	XS-20210108-001	11,414.26	2021-2-7	843.54	-	-	-	-
2	23	2021-2-28	XS-20210228-013	57,751.29	2021-3-30	57,094.83	-	-	-	-
3	46	2021-4-8	XS-20210408-021	3,403.56	2021-5-8	60,498.39	-	-	-	-
4	67	2021-5-7	XS-20210507-029	12,689.11	2021-6-6	73,187.50	-	-	-	-
5	107	2021-7-22	XS-20210722-042	50,926.95	2021-8-21	124,114.45	-	-	-	-
6	128	2021-9-1	XS-20210901-048	102,623.57	2021-10-1	226,738.02	-	-	-	-
7	165	2021-11-22	XS-20211122-060	14,861.29	2021-12-22	241,599.31		14,861.29	-	-
-	-	-	-	-	-	241,599.31	-	-	-	-
-	-	-	-	-	-	241,599.31	-	-	-	-
-	-	-	-	-	-	241,599.31	-	-	-	-
-	-	-	-	-	-	241,599.31	-	-	-	-
-	-	-	-	-	-	241,599.31	-	-	-	-
-	-	-	-	-	-	241,599.31	-	-	-	-
-	-	-	-	-	-	241,599.31	-	-	-	-

T5 =IFERROR(IF($E5=0,0,IF($P$2-$F5>=LEFT(T$4,2)*1,ROUND($E5-$H5+$J5-$L5,2),0)),0)

账期 30天 2021-12-31

序号	单据序号	销售日期	单据编号	应收账款	到期日期	未到期	00-30天	30-60天	60-90天	90天以上
			合计	253,670.83	-					
1	1	2021-1-8	XS-20210108-001	11,414.26	2021-2-7	-	-	-	-	843.54
2	23	2021-2-28	XS-20210228-013	57,751.29	2021-3-30	-	-	-	-	56,251.29
3	46	2021-4-8	XS-20210408-021	3,403.56	2021-5-8	-	-	-	-	3,403.56
4	67	2021-5-7	XS-20210507-029	12,689.11	2021-6-6	-	-	-	-	12,689.11
5	107	2021-7-22	XS-20210722-042	50,926.95	2021-8-21	-	-	-	-	50,926.95
6	128	2021-9-1	XS-20210901-048	102,623.57	2021-10-1	-	-	-	-	102,623.57
7	165	2021-11-22	XS-20211122-060	14,861.29	2021-12-22	-	14,861.29	-	-	-
-	-	-	-	-	-	-	-	-	-	-
-	-	-	-	-	-	-	-	-	-	-
-	-	-	-	-	-	-	-	-	-	-
-	-	-	-	-	-	-	-	-	-	-
-	-	-	-	-	-	-	-	-	-	-
-	-	-	-	-	-	-	-	-	-	-
-	-	-	-	-	-	-	-	-	-	-

第4步 **测试效果。**❶ 假设当前日期为 2021 年 8 月 31 日，在 P2 单元格中输入“8-31”，返回“2021-8-31”。暂时删除 A10:F11 单元格区域中 2021 年 8 月 31 日以后的销售数据（实务中，当前日期之后的日期尚未到，因此不会发生销售数据），观察各时间段的逾期应收账款数据变化。❷ 补充输入部分结算信息，可看到逾期应收账款数据的动态变化，效果如下图所示。

账期 30天 2021-8-31

序号	单据序号	销售日期	单据编号	应收账款	到期日期	未到期	00-30天	30-60天	60-90天	90天以上
			合计	136,185.17	-					
1	1	2021-1-8	XS-20210108-001	11,414.26	2021-2-7	-	-	-	-	843.54
2	23	2021-2-28	XS-20210228-013	57,751.29	2021-3-30	-	-	-	-	29,251.29
3	46	2021-4-8	XS-20210408-021	3,403.56	2021-5-8	-	-	-	-	3,403.56
4	67	2021-5-7	XS-20210507-029	12,689.11	2021-6-6	-	-	-	12,689.11	-
5	107	2021-7-22	XS-20210722-042	50,926.95	2021-8-21	-	50,926.95	-	-	-
6						-	-	-	-	-
7						-	-	-	-	-
-	-	-	-	-	-	-	-	-	-	-
-	-	-	-	-	-	-	-	-	-	-
-	-	-	-	-	-	-	-	-	-	-
-	-	-	-	-	-	-	-	-	-	-
-	-	-	-	-	-	-	-	-	-	-
-	-	-	-	-	-	-	-	-	-	-
-	-	-	-	-	-	-	-	-	-	-

	A	B	C	D	E	F	G	H	I	J	K	L
1											KH001 客户001 应收	
2	账期	30天										
3	序号	单据序号	销售日期	单据编号	应收账款	到期日期	结算开票日期	结算金额	合同折扣	结算开票金额	收款日期	实际收款金额
4				合计	136,186.17	-	-	54,414.26	4,204.72	50,209.54	-	38,500.00
5	1	1	2021-1-8	XS-20210108-001	11,414.26	2021-2-7	2021-2-10	11,414.26	570.72	10,843.54	2021-2-20	10,000.00
6	2	23	2021-2-28	XS-20210228-013	57,751.29	2021-3-30	2021-3-15	30,000.00	1,500.00	28,500.00	2021-3-31	28,500.00
7	3	46	2021-4-8	XS-20210408-021	3,403.56	2021-5-8	2021-5-10	3,000.00	1,569.00	1,431.00		
8	4	67	2021-5-7	XS-20210507-029	12,689.11	2021-6-6	2021-6-15	10,000.00	565.00	9,435.00		
9	5	107	2021-7-22	XS-20210722-042	50,926.95	2021-8-21		❷		-		
10	6									-		
11	7									-		
12	-	-	-	-	-	-				-		
13	-	-	-	-	-	-				-		
14	-	-	-	-	-	-				-		
15	-	-	-	-	-	-				-		
16	-	-	-	-	-	-				-		
17	-	-	-	-	-	-				-		
18	-	-	-	-	-	-				-		

↓

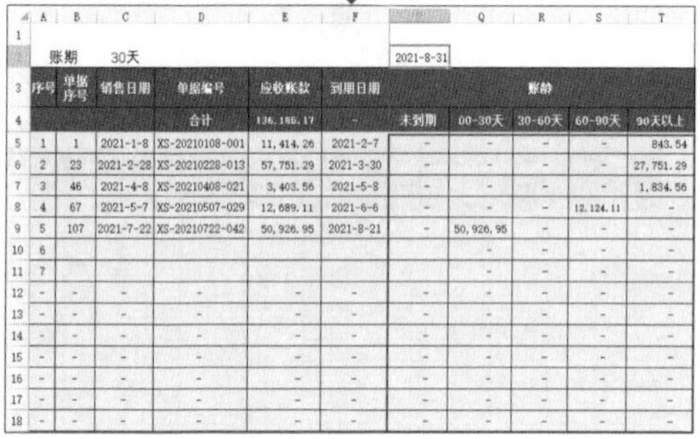

	A	B	C	D	E	F	P	Q	R	S	T
1											
2	账期	30天					2021-8-31				
3	序号	单据序号	销售日期	单据编号	应收账款	到期日期	账龄				
4				合计	136,185.17	-	未到期	00-30天	30-60天	60-90天	90天以上
5	1	1	2021-1-8	XS-20210108-001	11,414.26	2021-2-7	-	-	-	-	843.54
6	2	23	2021-2-28	XS-20210228-013	57,751.29	2021-3-30	-	-	-	-	27,751.29
7	3	46	2021-4-8	XS-20210408-021	3,403.56	2021-5-8	-	-	-	-	1,834.56
8	4	67	2021-5-7	XS-20210507-029	12,689.11	2021-6-6	-	-	-	12,124.11	-
9	5	107	2021-7-22	XS-20210722-042	50,926.95	2021-8-21	-	50,926.95	-	-	-
10	6							-	-	-	-
11	7							-	-	-	-
12	-	-	-	-	-	-	-	-	-	-	-
13	-	-	-	-	-	-	-	-	-	-	-
14	-	-	-	-	-	-	-	-	-	-	-
15	-	-	-	-	-	-	-	-	-	-	-
16	-	-	-	-	-	-	-	-	-	-	-
17	-	-	-	-	-	-	-	-	-	-	-
18	-	-	-	-	-	-	-	-	-	-	-

第5步 **生成其他客户的应收账款台账。**制作完成一个客户的应收账款台账后，生成其他客户的台账时只需复制粘贴表格后修改 A1 单元格中的客户编号名称，即可自动计算相关数据。再在每个台账中任意填入“结算金额”“实际收款金额”等原始数据，为后面制作应收账款及账龄汇总分析提供数据源。注意工作表名称命名规则需统一，以便后续在公式中引用其中的数据，如下图所示。

	A	B	C	D	E	F	G	H	I	J	K	L
1											KH002 客户002 应收	
2	账期	60天										
3	序号	单据序号	销售日期	单据编号	应收账款	到期日期	结算开票日期	结算金额	合同折扣	结算开票金额	收款日期	实际收款金额
4	当前共7单			合计	345,579.81	-	-	267,313.11	15,093.12	252,219.99	-	154,940.16
5	1	3	2021-1-8	XS-20210108-002	8,041.62	2021-3-9	2021-3-15	8,041.62	454.05	7,587.57	2021-3-31	7,587.57
6	2	4	2021-1-9	XS-20210109-003	28,989.40	2021-3-10	2021-3-15	28,989.40	1,636.81	27,352.59	2021-3-31	20,000.00
7	3	48	2021-4-15	XS-20210415-022	14,804.19	2021-6-14	2021-6-20	14,804.19	835.88	13,968.31	2021-6-30	7,352.59
8	4	70	2021-5-7	XS-20210507-030	66,975.33	2021-7-6	2021-7-15	66,975.33	3,781.58	63,193.75	2021-7-31	60,000.00
9	5	89	2021-6-15	XS-20210615-037	71,699.18	2021-8-14	2021-8-20	71,699.18	4,048.30	67,650.88	2021-8-29	60,000.00
10	6	110	2021-7-29	XS-20210729-043	76,803.39	2021-9-27	2021-10-8	76,803.39	4,336.50	72,466.89		
11	7	167	2021-11-22	XS-20211122-061	78,266.70	2022-1-21				-		
12	-	-	-	-	-	-				-		
13	-	-	-	-	-	-				-		
14	-	-	-	-	-	-				-		
15	-	-	-	-	-	-				-		
16	-	-	-	-	-	-				-		
17	-	-	-	-	-	-				-		
18	-	-	-	-	-	-				-		

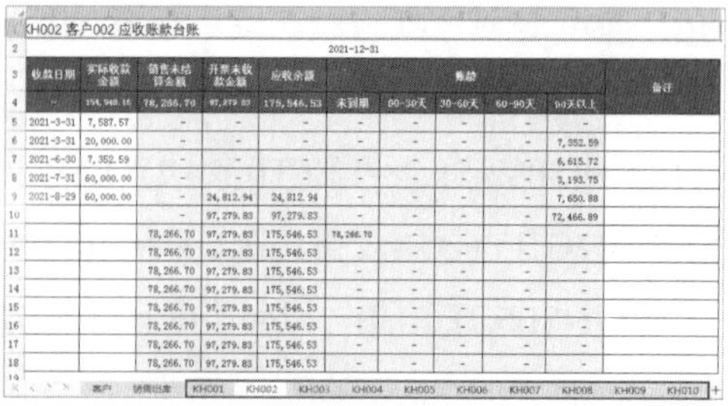

KH002 客户002 应收账款台账

2021-12-31

	收款日期	实际收款金额	销售未结算金额	开票未收款金额	应收余额	账龄					备注
4	-	154,940.16	78,266.70	97,279.83	175,546.53	未到期	00-30天	30-60天	60-90天	90天以上	
5	2021-3-31	7,587.57	-	-	-	-	-	-	-	-	
6	2021-3-31	20,000.00	-	-	-	-	-	-	-	7,352.59	
7	2021-6-30	7,352.59	-	-	-	-	-	-	-	6,615.72	
8	2021-7-31	60,000.00	-	-	-	-	-	-	-	3,193.75	
9	2021-8-29	60,000.00	-	24,812.94	24,812.94	-	-	-	-	7,650.88	
10			-	97,279.83	97,279.83	-	-	-	-	72,466.89	
11			78,266.70	97,279.83	175,546.53	78,266.70	-	-	-	-	
12			78,266.70	97,279.83	175,546.53	-	-	-	-	-	
13			78,266.70	97,279.83	175,546.53	-	-	-	-	-	
14			78,266.70	97,279.83	175,546.53	-	-	-	-	-	
15			78,266.70	97,279.83	175,546.53	-	-	-	-	-	
16			78,266.70	97,279.83	175,546.53	-	-	-	-	-	
17			78,266.70	97,279.83	175,546.53	-	-	-	-	-	
18			78,266.70	97,279.83	175,546.53	-	-	-	-	-	

客户 销售出库 KH001 KH002 KH003 KH004 KH005 KH006 KH007 KH008 KH009 KH010

9.1.3 应收账款及账龄汇总分析

前面小节制作的应收账款台账及账龄计算表均是对单一客户的数据进行计算，无法全面了解和分析应收账款的总体情况。本小节将在此基础上制作“应收账款汇总”与“账龄汇总分析”工作表，将全部客户的应收账款与账龄数据汇总，计算应收账款账龄与各个客户应收余额的占比，并根据账龄对应收账款进行评级，便于企业针对不同等级的客户制定差异化的赊销政策。

第1步 **绘制表格框架。**在“应收账款账龄分析”工作簿中新建一张工作表，重命名为“应收账款账龄汇总表”，在 A2:J25 单元格区域中绘制表格框架，设置字段名称和基础格式。初始表格框架如下图所示。

应收账款账龄汇总表

	客户名称	应收余额	账龄					客户等级
			未到期	00-30天	30-60天	60-90天	90天以上	
合计								

第2步 **根据序号引用客户编号名称。**

❶ 在 A2 单元格中设置公式“=MAX(客户 !A:A)”，运用 MAX 函数统计“客户”工作表 A:A 区域（“序号”字段）数组中的最大数，即可得到当前客户数量，公式返回结果为“10”。将 A2 单元格格式自定义为“序号”，使之始终显示为“序号”，这样设置可使表格字段更为规范。❷ 在 A4 单元格中设置公式“=IF(COUNT(A$1:A3)<=A$2,COUNT(A$1:A3),"")”自动生成序号（公式含义参考前面多次使用的函数组合进行理解）。❸ 在 B4 单元格中设置公式“=VLOOKUP($A4, 客户 !$A:$D,4)”，运用 VLOOKUP 函数根据 A4 单元格中的序号在“客户”工作表中查找与之匹配的客户编号名称。❹ 将 A4:B4 单元格区域公式填充至 A6:B23 单元格区域中，如下图所示。

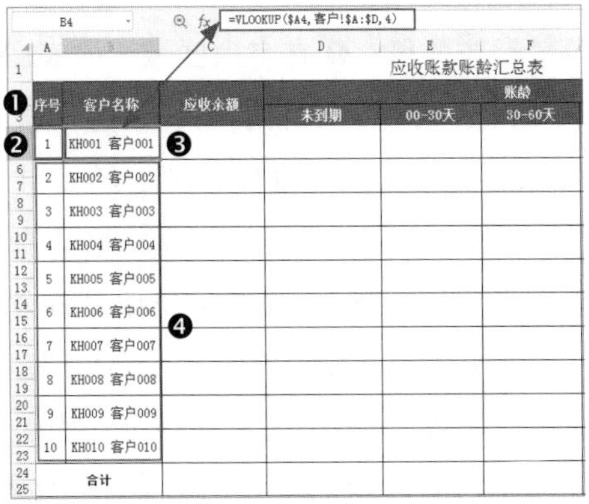

B4 =VLOOKUP($A4,客户!$A:$D,4)

应收账款账龄汇总表

序号	客户名称	应收余额	账龄		
			未到期	00-30天	30-60天
1	KH001 客户001				
2	KH002 客户002				
3	KH003 客户003				
4	KH004 客户004				
5	KH005 客户005				
6	KH006 客户006				
7	KH007 客户007				
8	KH008 客户008				
9	KH009 客户009				
10	KH010 客户010				
合计					

第3步 根据客户编号引用应收余额。 ❶ 在 C4 单元格中设置公式“=INDIRECT(LEFT($B4,5)&"!O$4")”，运用 INDIRECT 函数引用指定单元格中的数据。其中，表达式“LEFT($B4,5)”运用 LEFT 函数截取 B4 单元格中文本的左起 5 个字符，返回结果为“KH001”，与工作表“KH001”的名称一致。再与固定文本“!O$4”组合构成 INDIRECT 函数所引用的地址“KH001!O$4”（即“KH001”工作表中“应收余额”合计数所在单元格）。❷ 将 C4 单元格公式填充至 C6:C23 单元格区域中。❸ 在 C24 单元格中设置公式“=SUM(OFFSET(C4,0,,):INDEX(C:C,ROW()-2))”，计算全部客户的应收余额合计数。其中，SUM 函数的参数（求和范围）分别运用 OFFSET 函数与 INDEX 函数自动生成。若后面有新增客户，在第 24 行之上插入行后可自运扩展求和范围。效果如下图所示。

C4 =INDIRECT(LEFT($B4,5)&"!O$4")

应收账款账龄

序号	客户名称	应收余额		
			未到期	00-30天
1	KH001 客户001	210965.31		
2	KH002 客户002	175546.53		
3	KH003 客户003	85325.89		
4	KH004 客户004	117359.78		
5	KH005 客户005	39224.25		
6	KH006 客户006	134525.21		
7	KH007 客户007	39758.69		
8	KH008 客户008	174297.80		
9	KH009 客户009	100001.48		
10	KH010 客户010	143877.95		
合计		1220882.89		

第4步 根据客户编号引用账龄数据并计算占比。 ❶ 在 D4 单元格中设置公式“=SUM(INDIRECT(LEFT($B4,5)&"!P5:P18"))”，计算指定工作表中 P5:P18 单元格区域中的合计数（即“未到期”应收余额

的合计数），将单元格格式自定义为“[=0]"-";[<0][红色]#,##0.00;#,##0.00”，当数字为0时显示为符号“-”，数字为负数时显示红色字体，可使表格更整洁。❷ 将D4单元格公式填充至E4:H4单元格区域中，将每一单元格公式中所引用的求和区域修改为与账龄期对应的单元格区域。例如，将D4单元格的公式填充至E4单元格后变化为“=SUM(INDIRECT(LEFT($B4,5)&"!P5:P18"))”，将其中的“!P5:P18”修改为“!Q5:Q18”即可，以此类推。❸ 在D5单元格中设置公式“=ROUND(D4/$C4,4)”，计算“KH001 客户 001”的“未到期”应收余额与其总额的占比。将单元格格式自定义为“[=0]"-";[<0][红色]-0.00;0.00%”，将D5单元格公式填充至E5:H5单元格区域中。❹ 将D4:H5单元格区域公式填充至D6:H23单元格区域中。效果如下图所示。

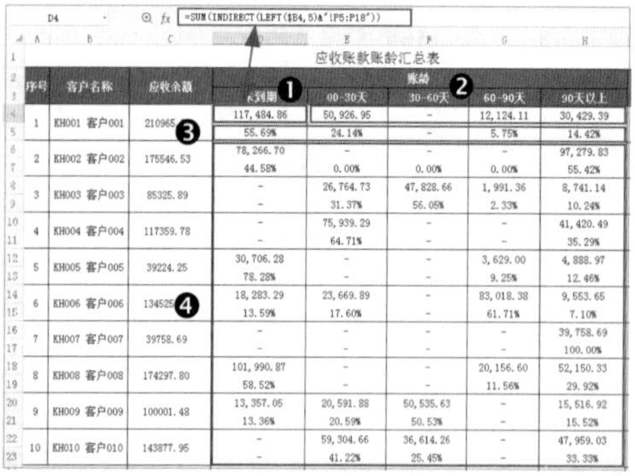

D4　fx =SUM(INDIRECT(LEFT($B4,5)&"!P5:P18"))

应收账款账龄汇总表

序号	客户名称	应收余额	账龄				
			未到期	00-30天	30-60天	60-90天	90天以上
1	KH001 客户001	210965	117,484.86	50,926.95	-	12,124.11	30,429.39
			55.69%	24.14%	-	5.75%	14.42%
2	KH002 客户002	175546.53	78,266.70	-	-	-	97,279.83
			44.58%	0.00%	0.00%	0.00%	55.42%
3	KH003 客户003	85325.89	-	26,764.73	47,828.66	1,991.36	8,741.14
			-	31.37%	56.05%	2.33%	10.24%
4	KH004 客户004	117359.78	-	75,939.29	-	-	41,420.49
			-	64.71%	-	-	35.29%
5	KH005 客户005	39224.25	30,706.28	-	-	3,629.00	4,888.97
			78.28%	-	-	9.25%	12.46%
6	KH006 客户006	134525	18,283.29	23,669.89	-	83,018.38	9,553.65
			13.59%	17.60%	-	61.71%	7.10%
7	KH007 客户007	39758.69	-	-	-	-	39,758.69
			-	-	-	-	100.00%
8	KH008 客户008	174297.80	101,990.87	-	-	20,156.60	52,150.33
			58.52%	-	-	11.56%	29.92%
9	KH009 客户009	100001.48	13,357.05	20,591.88	50,535.63	-	15,516.92
			13.36%	20.59%	50.53%	-	15.52%
10	KH010 客户010	143877.95	-	59,304.66	36,614.26	-	47,959.03
			-	41.22%	25.45%	-	33.33%

第5步 **计算合计数**。❶ 在D24单元格中设置公式“=ROUND(SUMIF($C4:$C23,"<>",D4:D23),2)”，运用SUMIF函数计算全部客户“未到期”应收余额合计数。其中，求和条件是C4:C23单元格区域中不为空。❷ 在D25单元格中设置公式“=ROUND(D24/$C24,4)”，计算全部客户“未到期”应收余额合计数与“应收余额”总额的占比。❸ 将D24:D25单元格区域公式填充至E24:H25单元格区域中。效果如下图所示。

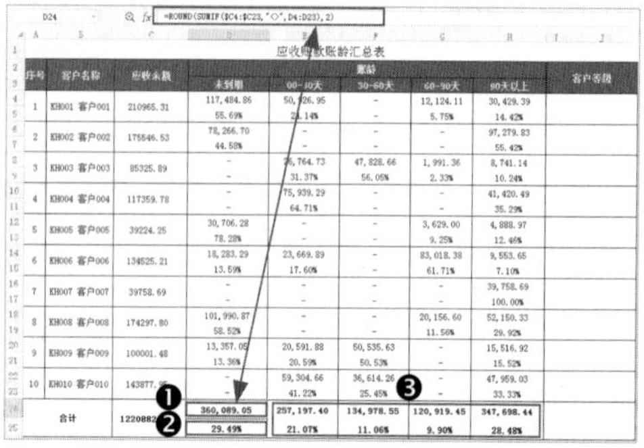

D24　fx =ROUND(SUMIF($C4:$C23,"<>",D4:D23),2)

应收账款账龄汇总表

序号	客户名称	应收余额	账龄					客户等级
			未到期	00-30天	30-60天	60-90天	90天以上	
1	KH001 客户001	210965.31	117,484.86	50,926.95	-	12,124.11	30,429.39	
			55.69%	24.14%	-	5.75%	14.42%	
2	KH002 客户002	175546.53	78,266.70	-	-	-	97,279.83	
			44.58%	-	-	-	55.42%	
3	KH003 客户003	85325.89	-	26,764.73	47,828.66	1,991.36	8,741.14	
			-	31.37%	56.05%	2.33%	10.24%	
4	KH004 客户004	117359.78	-	75,939.29	-	-	41,420.49	
			-	64.71%	-	-	35.29%	
5	KH005 客户005	39224.25	30,706.28	-	-	3,629.00	4,888.97	
			78.28%	-	-	9.25%	12.46%	
6	KH006 客户006	134525.21	18,283.29	23,669.89	-	83,018.38	9,553.65	
			13.59%	17.60%	-	61.71%	7.10%	
7	KH007 客户007	39758.69	-	-	-	-	39,758.69	
			-	-	-	-	100.00%	
8	KH008 客户008	174297.80	101,990.87	-	-	20,156.60	52,150.33	
			58.52%	-	-	11.56%	29.92%	
9	KH009 客户009	100001.48	13,357.05	20,591.88	50,535.63	-	15,516.92	
			13.36%	20.59%	50.53%	-	15.52%	
10	KH010 客户010	143877.9	-	59,304.66	36,614.26	-	47,959.03	
			-	41.22%	25.45%	-	33.33%	
合计		1220882	360,089.05	257,197.40	134,978.55	120,919.45	347,698.44	
			29.49%	21.07%	11.06%	9.90%	28.48%	

第6步 **根据账龄在90天以上的应收余额占比数字对客户进行等级评定，并以五角星形式呈现**。❶ 在空白区域（如K2:N8单元格区域）中绘制表格，设置字段名称及基础格式，并设置评级标准，注意将M4:M8单元格区域的单元格格式自定义为“0星”。❷ 在N4单元格中设置公式“=REPT("★",M4)&REPT("☆",5-M4)”，生成星级样式。REPT函数是一个文本类函数，其作用是根据指定次数重复显示文本。REPT函数的第1个参数为需要显示的文本，第2个参数即为重复次数。N4单元格公式是以数字5为上限，分别按照M4单元格中的数字重复显示文本“★”，以及数字“5”与其差额重复显示文本“☆”，将

N4 单元格公式填充至 N5:N8 单元格区域中。❸ 在I4单元格中设置公式“=VLOOKUP(H5,$K$4:$N$9,2,1)&""&VLOOKUP(H5,$K$4:$N$9,4,1)”，运用两个 VLOOKUP 函数表达式，根据 H5 单元格中的百分比数字在 K4:N9 单元格区域中分别查找引用与之匹配的“等级”与“星级”样式后，与一个空格组合，以使表格美观。将公式填充至 I6:I25 单元格区域中，将 N4:N8 与 I4:I25 单元格区域的字体颜色设置为红色。效果如下图所示。

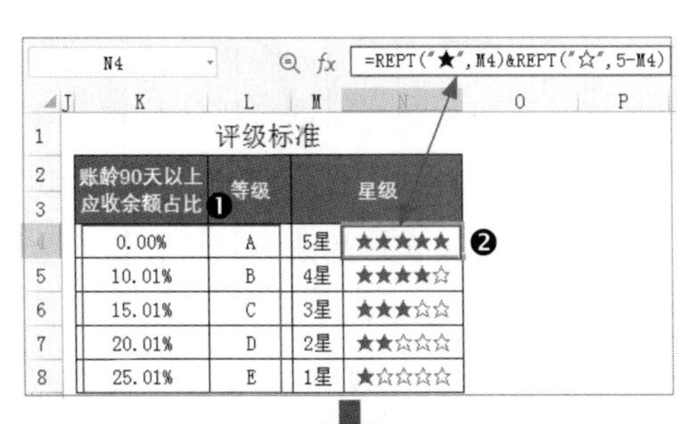
N4　=REPT("★",M4)&REPT("☆",5-M4)

评级标准

账龄90天以上应收余额占比	等级		星级
0.00%	A	5星	★★★★★
10.01%	B	4星	★★★★☆
15.01%	C	3星	★★★☆☆
20.01%	D	2星	★★☆☆☆
25.01%	E	1星	★☆☆☆☆

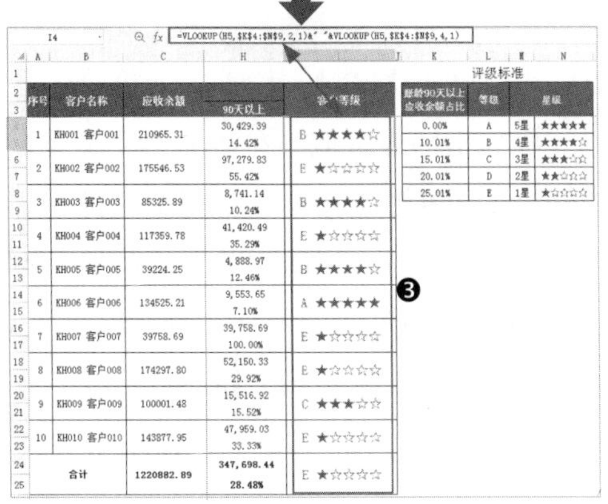
I4　=VLOOKUP(H5,$K$4:$N$9,2,1)&" "&VLOOKUP(H5,$K$4:$N$9,4,1)

序号	客户名称	应收余额	90天以上	客户等级
1	KH001 客户001	210965.31	30,429.39 14.42%	B ★★★★☆
2	KH002 客户002	175546.53	97,279.83 55.42%	E ★☆☆☆☆
3	KH003 客户003	85325.89	8,741.14 10.24%	B ★★★★☆
4	KH004 客户004	117359.78	41,420.49 35.29%	E ★☆☆☆☆
5	KH005 客户005	39224.25	4,888.97 12.46%	B ★★★★☆
6	KH006 客户006	134525.21	9,553.65 7.10%	A ★★★★★
7	KH007 客户007	39758.69	39,758.69 100.00%	E ★☆☆☆☆
8	KH008 客户008	174297.80	52,150.33 29.92%	E ★☆☆☆☆
9	KH009 客户009	100001.48	15,516.92 15.52%	C ★★★☆☆
10	KH010 客户010	143877.95	47,959.03 33.33%	E ★☆☆☆☆
合计		1220882.89	347,698.44 28.48%	E ★☆☆☆☆

评级标准

账龄90天以上应收余额占比	等级		星级
0.00%	A	5星	★★★★★
10.01%	B	4星	★★★★☆
15.01%	C	3星	★★★☆☆
20.01%	D	2星	★★☆☆☆
25.01%	E	1星	★☆☆☆☆

9.1.4 制作图表呈现应收账款账龄结构

图表是数据可视化工具，为了帮助企业全面地了解应收账款数据，财务人员可在 9.1.3 小节制作的应收账款汇总表的基础上制作查询表，按照客户名称动态查询其应收账款余额及账龄数据，并以其为数据源创建动态迷你图及两种动态图表，更形象直观地呈现指定客户的账龄结构。

1. 创建迷你图

创建动态迷你图之前，首先应创建动态数据源。下面制作动态查询表，根据客户名称查询应收账款及账龄数据。同时，迷你图的创建非常简单，可同步创建，具体操作方法如下。

第1步 **绘制表格框架，设置动态标题。** ❶ 在“应收账款汇总”工作表中，将 B2:I5 单元格区域复制粘贴至 A27:I30 单元格区域中后删除其中数据，保留表格框架，并略作调整。在 A29 单元格中创建“客户编号名称”下拉列表，设置序列来源为“=OFFSET(客户 !$D$1,2,,COUNTA(客户 !$D:$D))”，在下拉列表中选择任意一个选项；❷ 在 A26 单元格中输入“=A29&" 账龄结构分析 "”，将 A29 单元格中的客户编号名称与固定文本“账龄结构分析”组合，即构成动态标题，如下图所示。

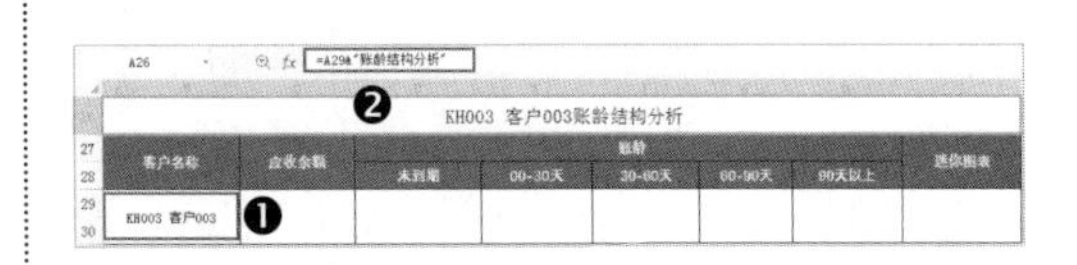
A26　=A29&"账龄结构分析"

KH003 客户003账龄结构分析

客户名称	应收余额	账龄					迷你图表
		未到期	00-30天	30-60天	60-90天	90天以上	
KH003 客户003							

第2步 **引用应收账款数据。** ❶ 在 C29 单元格中设置公式“=IFERROR(VLOOKUP($A$29,$B$4:$H$25,2,0),"")”，运用 VLOOKUP

函数根据 A29 单元格中的客户编号名称，在 B4:H25 单元格区域中查找引用与之匹配的“应收余额”；❷ 在 D29 单元格中设置公式“=IFERROR(VLOOKUP($A$29,$B$4:$H$25,MATCH(D$28,$3:$3,0)-1,0),"")”，运用 VLOOKUP 函数根据 A29 单元格中的客户编号名称在 B4:H25 单元格区域中查找引用与之匹配的“未到期”应收余额；❸ 在 D30 单元格中设置公式“=IFERROR(ROUND(D29/$C29,4),"")”，计算“未到期”应收余额与“应收余额”的占比；❹ 将 D29:D30 单元格区域公式填充至 E29:H30 单元格区域中，如下图所示。

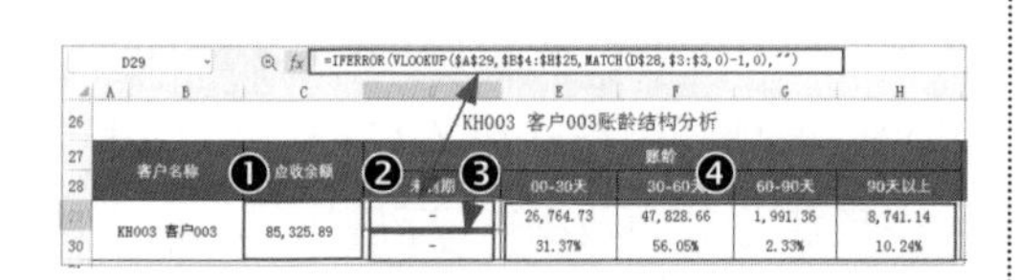

第3步 **创建迷你图**。❶ 选中 D29:H29 单元格区域，单击【插入】选项卡中的【柱形】按钮；❷ 弹出【创建迷你图】对话框，单击【位置范围】文本框后选中 I29 单元格；❸ 单击【确定】按钮关闭对话框；❹ 返回工作表后，选中 I29 单元格，激活【迷你图工具】选项卡，在其中设计图表样式即可，如下图所示。

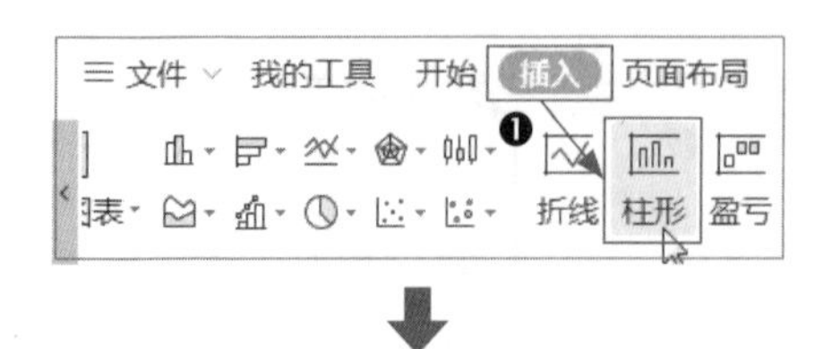

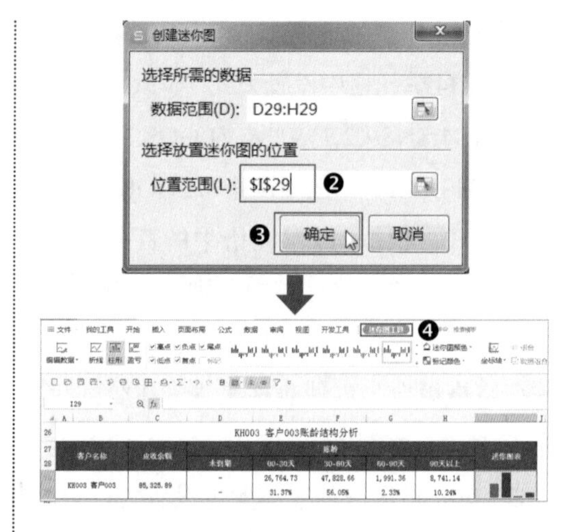

2. 创建动态图表

下面以动态查询表为数据源，分别创建动态柱形图和动态饼图，用于呈现各客户每个账龄期间的应收余额与总额的占比情况，以及每一客户的账龄结构，操作方法如下。

第1步 **创建柱形图呈现各客户每个账龄的应收余额与总额的占比情况**。❶ 选中 D28:H29 单元格区域，插入一个簇状柱形图。❷ 右击图表区域，在弹出的快捷菜单中选择【选择数据】命令打开【编辑数据源】对话框，单击【图例项】选项组中的【添加】按钮＋。❸ 弹出【编辑数据系列】对话框，在【系统名称】文本框中输入系列名称（自定义）；单击【系列值】文本框后，单击 5 次 C29 单元格，注意每次单击后输入英文逗号以作间隔。单击【确定】按钮关闭对话框。❹ 返回【编辑数据源】对话框后选中【应收余额总额】复选框，单击【上移】按钮↑将其调整至【系列 1】

选项之上，单击【确定】按钮关闭对话框，如下图所示。

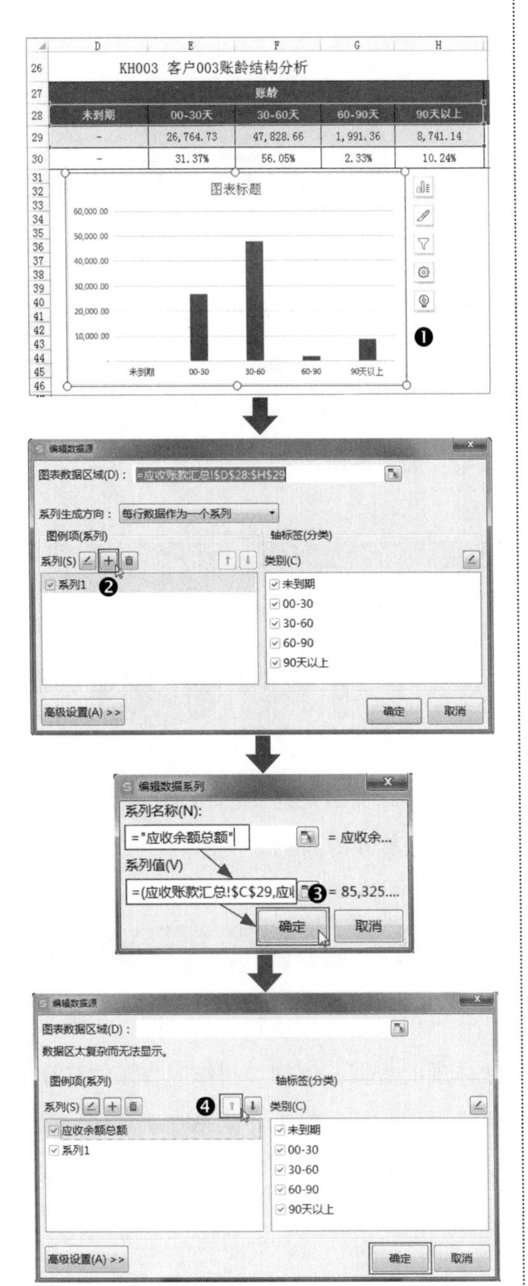

第2步 **设置图表样式**。返回工作表后，自行设置图表样式，如将“系列重叠值”设置为“100%”，调整【分类间距】，设置系列的轮廓与填充色，添加“数据标签”元素并设置其样式等（请参照第 4 章进行操作）。柱形图最终效果如下图所示。

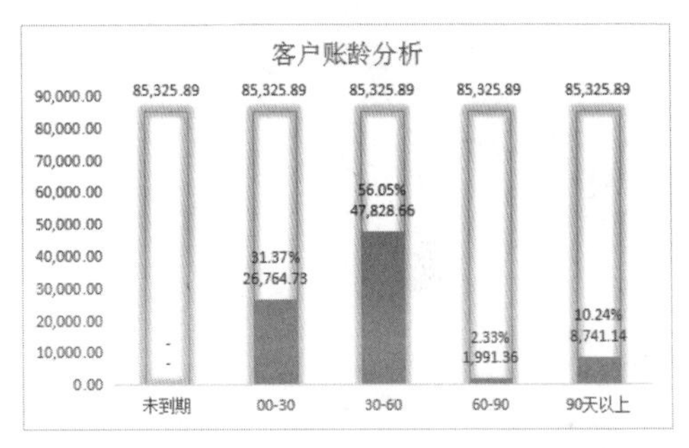

第3步 **创建饼图呈现客户的账龄结构**。❶ 选中 D28:H29 单元格区域，插入一个三维饼图，添加“数据标签”元素并设置样式，包括字体颜色、位置等，删除“图例”元素；❷ 右击图表区域，在弹出的的快捷菜单中选择【选择数据】命令打开【编辑数据源】对话框，单击【图例项】选项组中的【编辑】按钮；❸ 弹出【编辑数据系列】对话框，单击【系列名称】文本框后选中 A26 单元格，链接其中的动态标题，单击【确定】按钮关闭对话框，如下图所示。

返回【编辑数据源】对话框后直接单击【确定】按钮关闭对话框（图示略）。

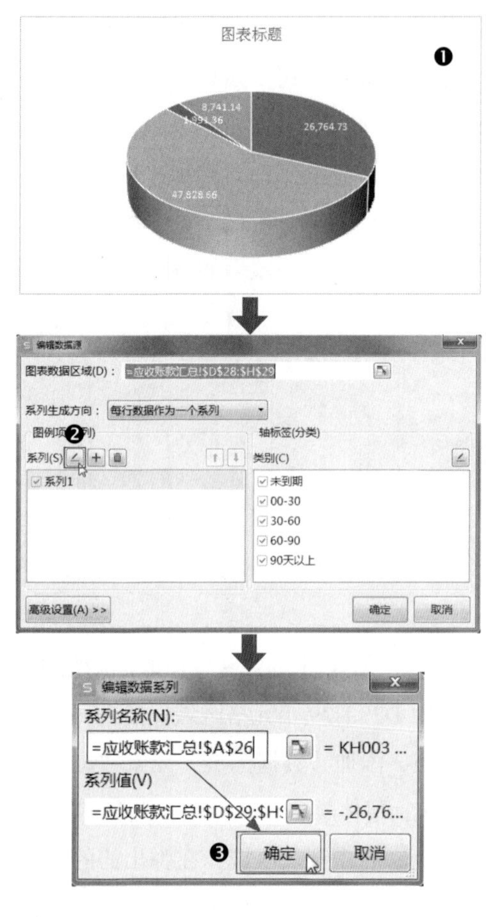

第4步 **查看图表效果**。返回工作表后，可看到饼图效果如下图所示。

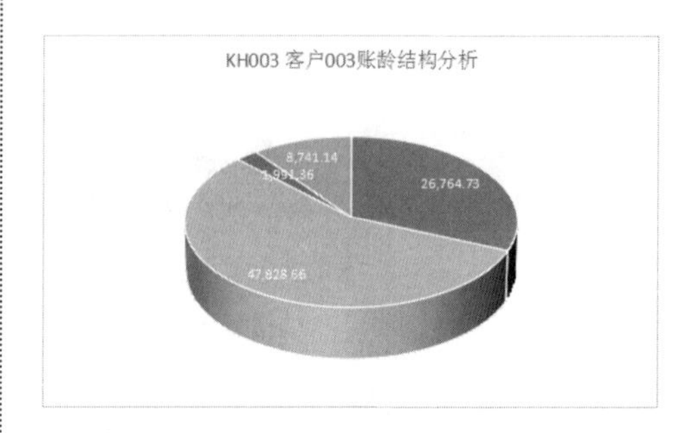

第5步 **测试动态效果**。在 B29 单元格下拉列表中选择其他选项，如“KH006 客户 006”，可看到查询表及图表的动态变化效果，如下图所示。

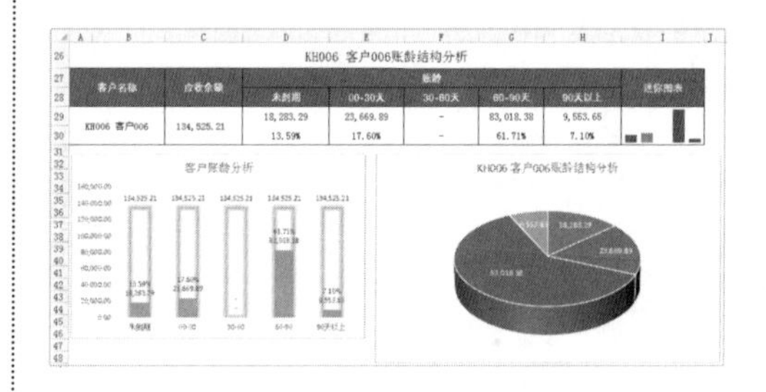

本节示例结果见“结果文件\第 9 章\应收账款账龄分析 .xlsx”文件。

9.2 制作应收账款配套管理表单

在实务中，围绕“应收账款”业务产生的工作不仅仅是管理应收账款台账，还需要完成一系列相关工作，管理应收账款台账中无法体现的数据。例如，制作应收账款结算明细表记录每笔应收账款的结算数据作为记账凭证附件，按月份统计汇总收款数据，等等。对此，本节将继续运用 WPS 表格制作以上表单，通过制作过程帮助读者掌握全面规范管理“应收账款”的方法和思路。

9.2.1 制作结算管理表单

当企业发生销售行为，产生应收账款后进行结算时，第一步是与往来单位进行账务核对。经双方对本次结算数据确认无误后，财务人员应当将已做结算的纸质销售（或退货）单据的记账联抽取出来单独保管。同时需要制作一份结算明细单，列明应收账款结算的相关信息。后面实际收到该笔款项后，再打印纸质结算单，与销售（或退货）单据记账联作为原始凭证附在记账凭证后面。下面介绍应收账款结算单制作方法。

1. 制作结算单

如前所述，应收账款结算单是在与客户对账无误后，记录抽取出来的纸质销售（或退货）单据明细及相关结算数据的表单，将与销售单据一同作为记账凭证附件。制作方法如下。

第1步 **绘制表格框架**。打开“素材文件\第 9 章\应收账款管理.xlsx”文件（其中包含 9.1 节中制作的 13 张工作表），新建工作表，重命名为“结算单”，绘制两个表格，分别用于填制结算单，以及从应收账款台账中同步查询结算明细（可从应收账款台账中复制粘贴表格框架）。设置字段名称和基础格式，在 L4、R4 单元格与 N4:P4 单元格区域中设置普通求和公式。表体中灰色部分将全部设置公式自动运算。初始表格框架如下图所示。

	A	B	C	D	E	F
1						
2					结算单号	
3	结算金额	合同折扣	开票金额	收款金额	余额	收款日期
4						
5						
6	结算明细					
7	销售日期	销售单号	销售金额	结算金额	余额	备注
8						
9						
10						
11						
12						
13						
14						
15	合计					
16	制单人	张三	收款人	李四	制单日期	

	H	I	J	K	L	M	N	O	P	Q	R
1											
2	账期			应收余额							
3	序号	单据序号	销售日期	单据编号	应收账款	结算开票日期	结算金额	合同折扣	结算开票金额	收款日期	实际收款金额
4				合计	-	-	-	-	-	-	-
5											
6											
7											
8											
9											
10											
11											
12											
13											
14											
15											
16											
17											
18											
19											

第2步 **设置结算单表头数据和格式**。❶ 将 A1:F1 单元格区域合并为 A1 单元格，并创建下拉列表，将序列来源设置为公式“=OFFSET(客户!$D$1,2,,COUNTA(客户!$D:$D))”，在下拉列表中选择任意一个选项，如“KH001 客户 001”。将单元格格式自定义为“@结算单”，使之显示为“KH001 客户 001 结算单”。❷ 在 A2 单元格中设置公式“=LEFT(A1,5)”，运用 LEFT 函数截取 A2 单元格中的客户编号（后面从应收账款台账中查询结算明细时，设置 INDIRECT 函数公式将引用这一数据）。将单元格格式自定义为“@结算期间”，使之显示为“KH001 结算期间”。❸ 在 B2 和 C2 单元格中分别输入结算期间的起止日期，将 C2 单元格格式自定义为

“——m 月 d 日”，使之呈现日期期间效果。❹ 在 F2 单元格中输入数字“1”，将单元格格式自定义为“"JS-"00000”，使之显示为“JS-00001”，如下图所示。

A2　fx　=LEFT(A1,5)

	A	B	C	D	E	F
1	❷		KH001 客户001结算单 ❶			❹
2	KH001结算期间	2021年1月1日	——1月31日 ❸		结算单号	JS-00001
3	结算金额	合同折扣	开票金额	收款金额	余额	收款日期
4						
5						
6	结算明细					
7	销售日期	销售单号	销售金额	结算金额	余额	备注
8						
9						
10						
11						
12						
13						
14						
15	合计					
16	制单人	张三	收款人	李四	制单日期	

第3步 **计算结算单相关数据**。❶ 在 A4、B4、D4、F4 单元格与 A8:D8 单元格区域中填入原始数据，在 C4 单元格中设置公式“=ROUND(A4-B4,2)”，用结算金额减去合同折扣即可得到开票金额；❷ 在 E4 单元格中设置公式“=ROUND(C4-D4,2)”，用开票金额减去收款金额即可得到余额（已开票未收款余额）；❸ 在 E8 单元格中设置公式“=ROUND(C8-D8,2)”，用销售金额减去结算金额即可得到每一份单据的未结算金额，将公式填充至 E9:E14 单元格区域中；❹ 在 C15 单元格中设置公式“=ROUND(SUM(OFFSET(C$7,1,,):INDEX(C:C,ROW()-6)),2)”，计算销售金额的合计数，公式中嵌套 OFFSET 与 INDEX 函数的作用是当扩展表格后，可同步自动扩展 SUM 函数的求和范围，将公式填充至 D15:E15 单元格区域中；❺ 在 F16 单元格中设置公式“=TODAY()”，返回当前计算机系统日期作为制单日期，如下图所示。

C15　fx　=ROUND(SUM(OFFSET(C$7,1,,):INDEX(C:C,ROW()-6)),2)

	A	B	C	D	E	F
1			KH001 客户001结算单			
2	KH001结算期间	2021年1月1日	——1月31日		结算单号	JS-00001
3	结算金额	合同折扣	❶ 开票金额	收款金额	余额 ❷	收款日期
4	11,414.26	570.72	10,843.54	10,000.00	843.54	2021年2月20日
5						
6	结算明细					
7	销售日期	销售单号	销售金额	结算金额	余额	备注
8	2021-1-8	001	11,414.26	11,414.26	-	
9					-	
10					-	
11					-	❸
12					-	
13					-	
14					-	
15	合计	❹	11,414.26	11,414.26	-	❺
16	制单人	张三	收款人	李四	制单日期	2021-2-22

温馨提示

①本例中，B16 和 D16 单元格用于填入制单人与收款人，同样可创建下拉列表，方便填写。

②结算单填制完毕后，可另存一份表格以作备查。

2. 制作结算明细动态查询表

制作应收账款结算明细动态查询表的思路是根据 A1 单元格中的客户编号名称引用应收账款台账中的相关结算信息，方便在填制结算单时参照核对结算数据，制作方法如下。

第1步 **自动生成表头数据**。❶ 在 H1 单元格中设置公式“=A1”，链接 A1 单元格中的客户编号名称，将单元格格式自定义为“@结算明细”；❷ 在 J2 单元格中设置公式“=INDIRECT(A2&"!C2")”，运用 INDIRECT 函数引用 A2 单元格中的客户编号与固定文本“!C2”组合后的文本所指向的工作表“KH001”的 C2 单元格中的账期（也可运用 VLOOKUP 函数从“客户”工作表中查找引用）；❸ 在 L2 单元格中设置公式“=INDIRECT(A2&"!O4")”，运用 INDIRECT 函数引用应收余额合计数；❹ 在 H4 单元格中设置公式“=INDIRECT(A2&"!A4")”，运用 INDIRECT 函数引用单据数量，如下图所示。

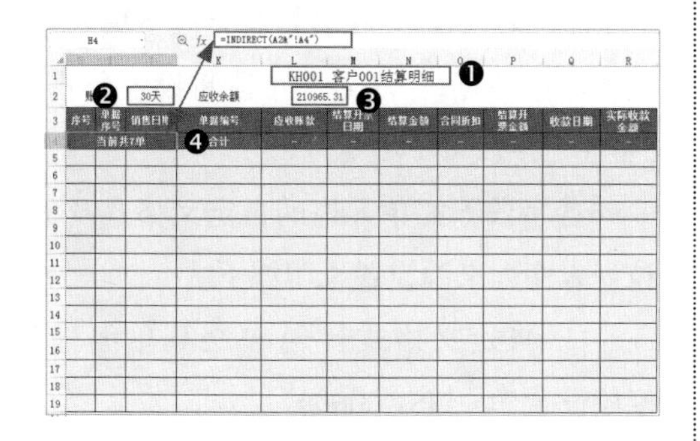

第2步 **引用应收账款结算信息**。❶ 在 H5 单元格中设置公式“=IF(ROW()-4<=$H$4,ROW()-4,"-")”，以 H4 单元格中的单据数量为限自动生成序号，将公式填充至 H6:H19 单元格区域中。❷ 在 I5 单元格中设置公式“=VLOOKUP($H5,INDIRECT($A$2&"!A5:U100"),MATCH(I$3,INDIRECT($A$2&"!$3:$3"),0),0)”，运用 VLOOKUP 函数根据 H5 单元格中的序号在指定范围中查找引用单据序号。其中，VLOOKUP 函数的第 2、3 个参数均嵌套了 INDIRECT 函数，以便引用指定工作表中的单元格区域及指定的列号，将公式复制粘贴至 I5:R19 单元格区域中，如下图所示。

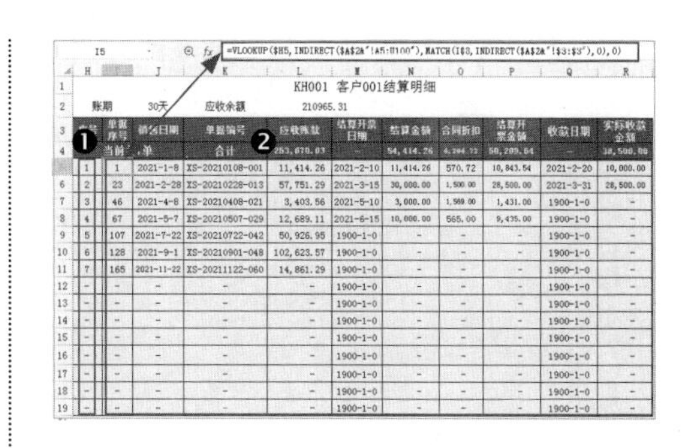

第3步 **设置自定义格式**。从上图中可以看到，M5:M19 与 Q5:Q19 单元格区域的单元格格式为日期格式，由于部分单元格中的公式结果为 0，因此显示“1900-1-0”，只需设置自定义格式即可解决。选中 M5:M19 单元格区域，将单元格格式自定义为“[=0]-;yyyy-m-d”，使用【格式刷】工具将其格式刷至 Q5:Q19 单元格区域中即可，效果如下图所示。

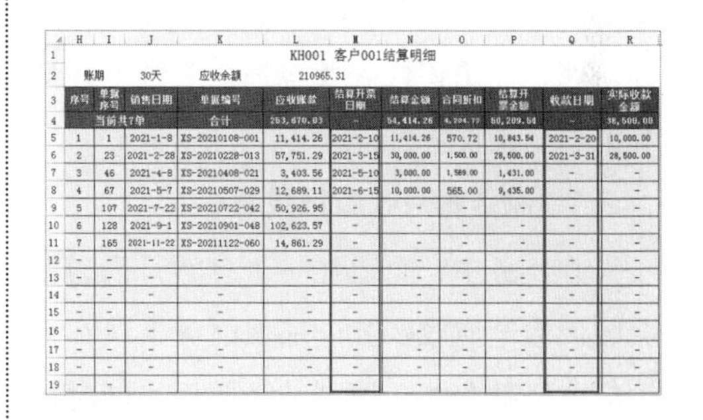

第4步 **测试效果**。在 A1 单元格下拉列表中选择其他选项，如“KH009 客户 009”，可看到 H1:R19 单元格区域中全部返回该客户应收账款台账（即工作表“KH009”）中的相关数据，效果如下图所示。

A1 fx KH009 客户009

KH009 客户009结算明细

账期 45天 应收余额 100001.48

	序号	单据序号	销售日期	单据编号	应收账款	结算开票日期	结算金额	合同折扣	结算开票金额	收款日期	实际收款金额
4	当前共12单			合计	382,206.67	-	344,553.47	19,454.30	325,099.17	-	262,750.89
5	1	17	2021-2-5	XS-20210205-008	49,032.96	2021-3-30	49,032.96	2,768.52	46,264.44	2021-4-8	46,264.44
6	2	18	2021-2-6	XS-20210206-009	12,016.87	2021-3-30	12,016.87	678.50	11,338.37	2021-4-8	11,338.37
7	3	19	2021-2-7	XS-20210207-010	9,676.42	2021-3-30	9,676.42	546.35	9,130.07	2021-4-8	6,000.00
8	4	40	2021-3-31	XS-20210331-019	74,801.98	2021-5-20	74,801.98	4,223.50	70,578.48	2021-5-31	70,000.00
9	5	61	2021-5-6	XS-20210506-027	19,527.02	2021-6-25	19,000.00	1,072.78	17,927.22	2021-6-30	17,000.00
10	6	83	2021-6-1	XS-20210601-034	14,514.62	2021-7-20	14,000.00	790.47	13,209.53	2021-7-31	13,209.53
11	7	84	2021-6-1	XS-20210601-035	52,662.63	2021-7-20	50,000.00	2,823.12	47,176.88	2021-7-31	40,000.00
12	8	122	2021-8-24	XS-20210824-046	24,373.76	2021-10-20	24,373.76	1,376.20	22,997.56	2021-10-28	22,997.56
13	9	124	2021-8-24	XS-20210824-047	38,091.74	2021-10-20	38,091.74	2,150.75	35,940.99	2021-10-28	35,940.99
14	10	142	2021-9-27	XS-20210927-053	53,559.74	2021-11-15	53,559.74	3,024.11	50,535.63	-	-
15	11	160	2021-11-8	XS-20211108-058	20,591.88	-	-	-	-	-	-
16	12	180	2021-12-27	XS-20211227-066	13,357.05	-	-	-	-	-	-
17	-	-	-	-	-	-	-	-	-	-	-
18	-	-	-	-	-	-	-	-	-	-	-
19	-	-	-	-	-	-	-	-	-	-	-

温馨提示●

如果需要在上图的查询表中显示应收账款台账中的其他信息，只需添加列次，在单元格中设置与台账表格相同的字段名称，再将I5:R19单元格区域中任意单元格中的公式复制粘贴至新列次中的单元格区域中即可。

9.2.2 制作收款管理表单

本节将制作“收款记录表”与“收款汇总表”，分别用于记录每月收款明细，并从账户、销售代表及客户3个维度统计和汇总全年收款数据。

1. 制作每月收款记录表

在实务中，企业在一个自然月内通常会收回数笔应收账款。那么财务人员在登记应收账款台账、填制结算单后，同时还需要按照收款日期对每一笔收款及相关数据进行记录，并从不同角度汇总当月收款金额。另外，还可结合工作需求，根据销售代表分别汇总收款总额，计算指标达成率，再使用条件格式直观呈现，让收款数据一目了然，也方便计算职工绩效时获取基础数据。管理思路与制作方法如下。

第1步● **绘制表格框架并填入部分原始数据**。在“应收账款管理”工作簿中新增一个工作表，重命名为“收款记录”，绘制表格框架并设置字段名称与基础格式。在A2单元格中填入“2-1”（即2021年2月1日），将单元格格式自定义为“yyyy年m月收款记录表”，使之显示为“2021年2月收款记录表”。在表格各字段下填入相应的原始数据（“序号”字段将设置公式，“备注”字段可不填）。

各字段下的单元格的自定义格式及下拉列表序列来源设置说明如下。

① 自定义格式代码：“结算单编号”字段设置为“"JS-"00000”。

② 下拉列表的序列验证条件如下。

- “客户名称”字段：设置公式“=OFFSET(客户!$D$1,2,,COUNTA(客户!$D:$D))”，自动引用“客户”工作表中“客户编号名称”字段中的数据。
- “收款账户”字段：“√，☆”，代表“账户1”和“账户2”。实务中，企业的银行账户通常不止1个，本例设置两个账户，使用符号代表账户可简化手工操作。
- “销售代表”字段：“=$D$16:$D$19”，引用D16:D19单元格区域中设置的销售代表姓名，后期在该区域中添加人员后，下拉列表中也可同步添加备选项。

初始效果如下图所示。

	A	B	C	D	E	F	G	H
1	××市××有限公司							
2	2021年2月收款记录表							
3	序号	结算单编号	回款日期	客户名称	收款金额	收款账户	销售代表	备注
4		JS-00001	2021-2-20	KH001 客户001	10000.00	√	黄**	
5		JS-00002	2021-2-28	KH003 客户003	40000.00	☆	吴**	
6		JS-00003	2021-2-28	KH005 客户005	7681.75	√	张**	
7		JS-00004	2021-2-28	KH008 客户008	15000.00	☆	周**	
8								
9								
10								
11								
12								
13								
14	账户收款统计			账户1-××银行		√		
15				账户2-××银行		☆		
16	销售代表业绩统计			黄**				
17				吴**				
18				张**				
19				周**				
20	合计			---				

第2步 **自动生成序号。**❶ 在 A4 单元格中设置公式“=IF(B4="","-",COUNT(A$3:A3)+1)”，运用 IF 函数判断 B4 单元格为空时，表示没有因收款填制的结算单，因此返回占位符号“-”，否则运用 COUNT 函数统计 A3:A3 单元格区域中数字的数量后加 1，这样即可自动生成第 1 个序号；❷ 将 A4 单元格公式复制粘贴至 A5:A13 单元格区域中，如下图所示。

A4 =IF(B4="","-",COUNT(A$3:A3)+1)

	A	B	C	D	E	F	G	H
1	××市××有限公司							
2	2021年2月收款记录表							
3	❶	结算单编号	回款日期	客户名称	收款金额	收款账户	销售代表	备注
4	1	JS-00001	2021-2-20	KH001 客户001	10000.00	√	黄**	
5	2	JS-00002	2021-2-28	KH003 客户003	40000.00	☆	吴**	
6	3	JS-00003	2021-2-28	KH005 客户005	7681.75	√	张**	
7	4	JS-00004	2021-2-28	KH008 客户008	15000.00	☆	周**	
8	-							
9	-	❷						
10	-							
11	-							
12	-							
13	-							
14	账户收款统计			账户1-××银行		√		
15				账户2-××银行		☆		
16	销售代表业绩统计			黄**				
17				吴**				
18				张**				
19				周**				
20	合计			---				

第3步 **按账户统计收款金额。**❶ 在 E14 单元格中设置公式“=SUMIF(F4:F13,F14,E4:E13)”，运用 SUMIF 函数汇总“账户 1”的收款金额。将公式表达式的内容直接复制粘贴至 E15 单元格中，汇总“账户 2”的收款金额。❷ 在 G14 单元格中设置公式“=COUNTIF(F4:F13,F14)”，运用 COUNTIF 函数统计“账户 1”的收款次数。将公式表达式的内容直接复制粘贴至 G15 单元格中，统计“账户 2”的收款次数。选中 G14:G15 单元格区域，将单元格格式自定义为“共收款 0 笔”，使公式结果更直观。❸ 在 A14 单元格中设置公式“=" 账户收款统计 "&ROUND(SUM(E14,E15),2)”，汇总“账户 1”和“账户 2”的收款金额，也就是全部收款总额。公式中插入了一串空格，其作用是将数字“挤”到 A14 单元格中的第 2 行，使文本与数字分行显示，可使单元格效果更美观。效果如下图所示。

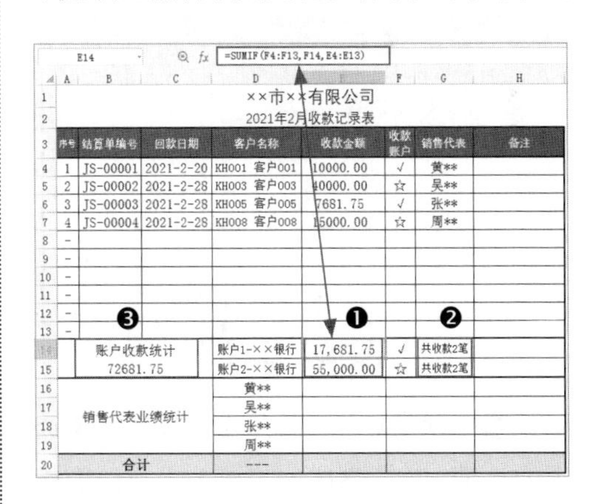
E14 =SUMIF(F4:F13,F14,E4:E13)

	A	B	C	D	E	F	G	H
1	××市××有限公司							
2	2021年2月收款记录表							
3	序号	结算单编号	回款日期	客户名称	收款金额	收款账户	销售代表	备注
4	1	JS-00001	2021-2-20	KH001 客户001	10000.00	√	黄**	
5	2	JS-00002	2021-2-28	KH003 客户003	40000.00	☆	吴**	
6	3	JS-00003	2021-2-28	KH005 客户005	7681.75	√	张**	
7	4	JS-00004	2021-2-28	KH008 客户008	15000.00	☆	周**	
8	-							
9	-							
10	-							
11	-							
12	-	❸			❶		❷	
13	-							
14		账户收款统计 72681.75		账户1-××银行	17,681.75	√	共收款2笔	
15				账户2-××银行	55,000.00	☆	共收款2笔	
16	销售代表业绩统计			黄**				
17				吴**				
18				张**				
19				周**				
20	合计			---				

第4步 **按销售代表统计收款金额与指标达成率。**❶ 在 E16 单元格中设置公式“=SUMIF(G$4:G$13,D16,E$4:E$13)”，汇总销售代表“黄 **”的收款金额，将公式表达式的内容分别复制粘贴至 E17:E19 单元格区域中，汇总其他销售代表的收

款金额。❷ 在 F16:F19 单元格区域中填入每位销售代表的指标任务数据。❸ 在 E20 单元格中设置公式“=ROUND(SUM(E16:E19),2)”，汇总全部销售代表的收款金额，也是当月全部收款金额，可与 A14 单元格中的数字核对是否一致。将公式填充至 F20 单元格中，汇总全部销售代表的任务指标数据。❹ 在 H16 单元格中设置公式“=IFERROR(ROUND(E16/F16,4),0)”，计算销售代表“黄 **”的指标达成率。将公式复制粘贴至 H17:H20 单元格区域中，计算其他销售代表的指标达成率及总指标达成率，如下图所示。

E16 =SUMIF(G4:G13,D16,E4:E13)

序号	结算单编号	回款日期	客户名称	收款金额	收款账户	销售代表	备注
××市××有限公司							
2021年2月收款记录表							
1	JS-00001	2021-2-20	KH001 客户001	10000.00	√	黄**	
2	JS-00002	2021-2-28	KH003 客户003	40000.00	☆	吴**	
3	JS-00003	2021-2-28	KH005 客户005	7681.75	√	张**	
4	JS-00004	2021-2-28	KH008 客户008	15000.00	☆	周**	
-							
-							
-							
-							
-							
-							
账户收款统计 72681.75			账户1-××银行	17,681.75	√	共收款2笔	
			账户2-××银行	55,000.00	☆	共收款2笔	
销售代表业绩统计			黄**	10,000.00	80,000.00		12.50%
			吴**	40,000.00	150,000.00		26.67%
			张**	7,681.75	50,000.00		15.36%
			周**	15,000.00	120,000.00		12.50%
合计			---	72,681.75	400,000.00		18.17%

第5步 **设置条件格式呈现达成率**。❶ 选中 H16:H20 单元格区域，单击【开始】选项卡下的【条件格式】下拉按钮，在下拉列表中选择【新建规则】命令，打开【新建格式规则】对话框。在【选择规则类型】列表框中选择【基于各自值设置所有单元格的格式】选项。❷ 在【格式样式】下拉列表中选择【数据条】选项。❸ 在【条形图外观】选项组下的【填充】下拉列表中选择【渐变填充】选项设置颜色。❹ 单击【确定】按钮关闭对话框即可，如下图所示。

第6步 **查看设置条件格式效果**。操作完成后，效果如下图所示。

序号	结算单编号	回款日期	客户名称	收款金额	收款账户	销售代表	备注
××市××有限公司							
2021年2月收款记录表							
1	JS-00001	2021-2-20	KH001 客户001	10000.00	√	黄**	
2	JS-00002	2021-2-28	KH003 客户003	40000.00	☆	吴**	
3	JS-00003	2021-2-28	KH005 客户005	7681.75	√	张**	
4	JS-00004	2021-2-28	KH008 客户008	15000.00	☆	周**	
-							
-							
-							
-							
-							
-							
账户收款统计 72681.75			账户1-××银行	17,681.75	√	共收款2笔	
			账户2-××银行	55,000.00	☆	共收款2笔	
销售代表业绩统计			黄**	10,000.00	80,000.00		12.50%
			吴**	40,000.00	150,000.00		26.67%
			张**	7,681.75	50,000.00		15.36%
			周**	15,000.00	120,000.00		12.50%
合计			---	72,681.75	400,000.00		18.17%

温馨提示

当月填写完成所有收款记录后，可删除多余的空行。另外，填写次月收款信息时，只需将表格复制后向下粘贴后删除原始记录即可。

2. 汇总收款数据

下面制作 3 张表格，以月为单位，分别对账户、销售代表、客户的每月及全年收款金额进行汇总。同时，制作迷你图直观呈现收款数据。

第1步 **按账户汇总收款金额。**

❶ 新建工作表，重命名为“收款汇总”，在 A2:D15 单元格区域绘制表格框架，设置字段名称及基础格式。在 A3:A14 单元格区域中依次输入每月第 1 日的日期，如“1-1”“2-1”……“12-1”；将 A2:A15 单元格区域的单元格格式自定义为“m 月”。

❷ 在 B3 单元格中设置公式“=SUMIFS(收款记录!$E:$E,收款记录!$C:$C,">="&$A3,收款记录!$C:$C,"<"&$A4,收款记录!$F:$F,"√")”，运用 SUMIFS 函数对同时满足以下 3 个条件的“收款记录”工作表 E:E 区域中的数据求和。

- 条件 1：表达式“收款记录!$C:$C,">="&$A3”，代表“收款记录”工作表 C:C 区域中的收款日期必须大于或等于 A3 单元格中的日期（2021-1-1）。
- 条件 2：表达式“收款记录!$C:$C,"<"&$A4,”，代表“收款记录”工作表 C:C 区域中的收款日期必须小于 A4 单元格中的日期（2021-2-1）。

以上两个条件是对收款日期范围的限定，即 2021 年 1 月。

- 条件 3：表达式“收款记录!$F:$F,"√"”代表“收款记录”工作表 F:F 区域中的收款账户符号为“√”（账户 1）。

❸ 将 B3 单元格公式填充至 C3 单元格后，将表达式中的符号“√”修改为“☆”，汇总“账户 2”的收款金额。

❹ 在 D3 单元格中设置公式“=ROUND(SUM(B3:C3),2)”，对 1 月账户收款金额进行求和。

❺ 将 B3:D3 单元格区域公式填充至 B4:D14 单元格区域中。

❻ 在 B15 单元格中设置公式“=ROUND(SUM(B3:B14),2)”，对“账户 1”全年收款金额进行求和。将公式填充至 C15:D15 单元格区域中。

效果如下图所示。

B3　fx　=SUMIFS(收款记录!$E:$E,收款记录!$C:$C,">="&$A3,收款记录!$C:$C,"<"&$A4,收款记录!$F:$F,"√")

账户收款汇总表

❶	账户1 ❷	账户2	合计	图表
1月	-			
2月				
3月				
4月				
5月				
6月				
7月				
8月				
9月				
10月				
11月				
12月				
合计				
图表				

C3 =SUMIFS(收款记录!$E:$E, 收款记录!$C:$C,">="&$A3, 收款记录!$C:$C,"<"&$A4, 收款记录!$F:$F,"☆")

账户收款汇总表				
月份	账户1	③ 账户2	④ 合计	图表
1月	-	-	-	
2月	17,681.75	55,000.00	72,681.75	
3月	63,466.13	42,587.57	106,053.70	
4月	218,602.81	35,854.43	254,457.24	
5月	67,047.64	7,000.00	74,047.64	
6月	82,352.59	117,000.00	199,352.59	
7月	233,209.53	180,000.00	413,209.53	⑤
8月	60,000.00	93,000.00	153,000.00	
9月	85,000.00	60,000.00	145,000.00	
10月	102,997.56	44,940.99	147,938.55	
11月	-	-	-	
12月	-	-	-	
合计	930,358.01	635,382.99	1,565,741.00	⑥
图表				

第2步 创建迷你柱形图对比同一月份中账户收款金额。❶ 选中 E3:E15 单元格区域，单击【插入】选项卡中的【柱形】按钮打开【创建迷你图】对话框，单击【数据范围】文本框后选中 B3:C15 单元格区域；❷ 单击【确定】按钮关闭对话框；❸ 创建成功后，设置图表样式即可，如下图所示。

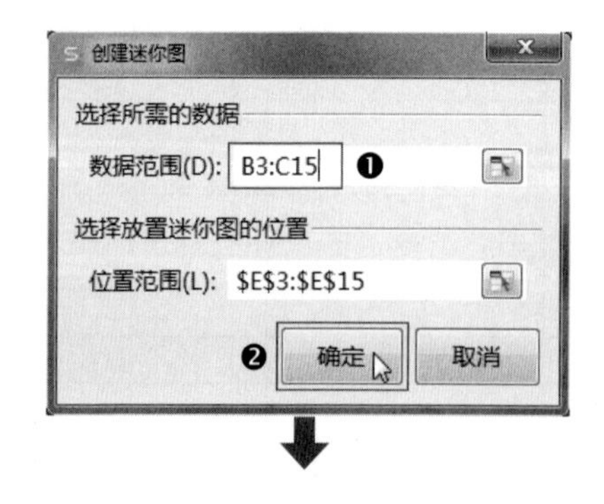

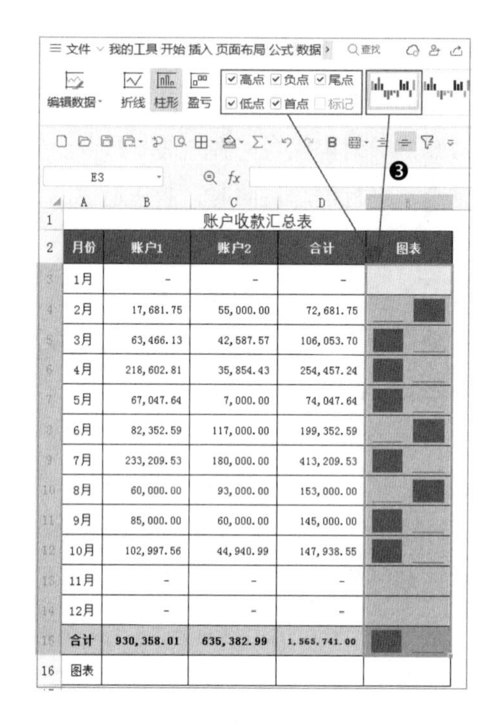

账户收款汇总表				
月份	账户1	账户2	合计	图表
1月	-	-	-	
2月	17,681.75	55,000.00	72,681.75	
3月	63,466.13	42,587.57	106,053.70	
4月	218,602.81	35,854.43	254,457.24	
5月	67,047.64	7,000.00	74,047.64	
6月	82,352.59	117,000.00	199,352.59	
7月	233,209.53	180,000.00	413,209.53	
8月	60,000.00	93,000.00	153,000.00	
9月	85,000.00	60,000.00	145,000.00	
10月	102,997.56	44,940.99	147,938.55	
11月	-	-	-	
12月	-	-	-	
合计	930,358.01	635,382.99	1,565,741.00	
图表				

第3步 创建迷你折线图呈现同一账户12个月的收款趋势。❶ 选中 B16:D16 单元格区域，单击【插入】选项卡中的【折线】按钮，打开【创建迷你图】对话框，单击【数据范围】文本框后选中 B3:D14 单元格区域；❷ 单击【确定】按钮关闭对话框；❸ 创建成功后，同样设置图表样式，如下图所示。

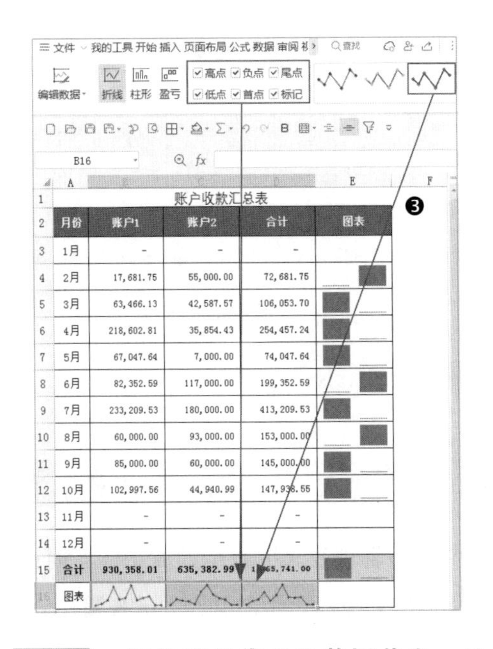

	A	B	C	D	E
1	账户收款汇总表				
2	月份	账户1	账户2	合计	图表
3	1月	-	-	-	
4	2月	17,681.75	55,000.00	72,681.75	
5	3月	63,466.13	42,587.57	106,053.70	
6	4月	218,602.81	35,854.43	254,457.24	
7	5月	67,047.64	7,000.00	74,047.64	
8	6月	82,352.59	117,000.00	199,352.59	
9	7月	233,209.53	180,000.00	413,209.53	
10	8月	60,000.00	93,000.00	153,000.00	
11	9月	85,000.00	60,000.00	145,000.00	
12	10月	102,997.56	44,940.99	147,938.55	
13	11月	-	-	-	
14	12月	-	-	-	
15	合计	930,358.01	635,382.99	1,565,741.00	
16	图表				

第4步 **制作销售代表收款汇总表。**只需复制粘贴“账户收款汇总表”工作表后再略作调整即可。❶ 复制 A:E 区域粘贴至 G:K 区域，在 J 列前插入 2 列，将 H2:K2 中的字段名称修改为销售代表的姓名；❷ 将 H3 单元格公式表达式中的“收款记录 !$F:$F,"√"”部分修改为“收款记录 !$G:$G,H$2”，将公式复制粘贴至 H3:L14 单元格区域中，修改 L3:L14 单元格区域求和公式中的求和范围，将 H15 单元格公式填充至 I15:K15 单元格区域中；❸ 修改迷你柱形图的数据范围（迷你折线图无须修改），选中 M3:M15 单元格区域，激活【迷你图工具】选项卡，单击【编辑数据】按钮；❹ 弹出【编辑迷你图】对话框，单击【数据范围】对话框后选中 H3:K15 单元格区域；❺ 单击【确定】按钮关闭对话框，如下图所示。

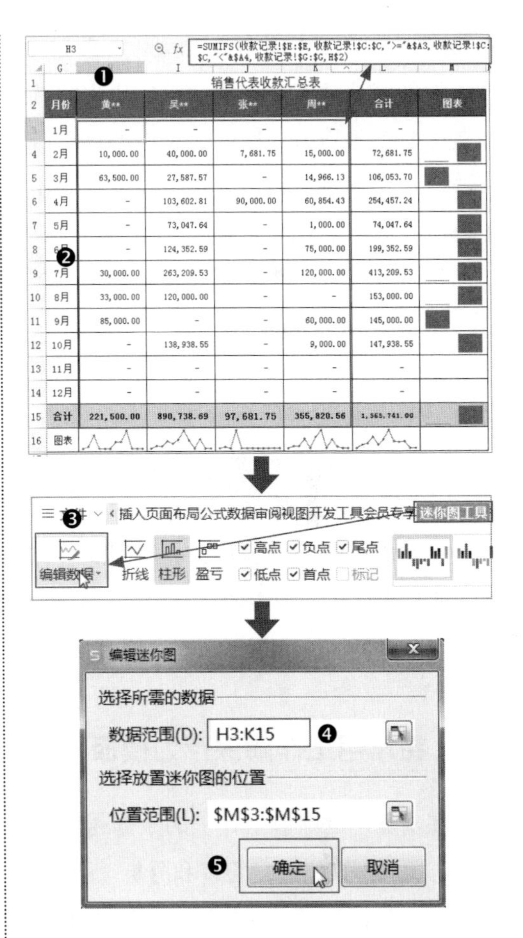

第5步 **查看迷你图效果。**操作完成后，效果如下图所示。

	G	H	I	J	K	L	M
1	销售代表收款汇总表						
2	月份	黄**	吴**	张**	周**	合计	图表
3	1月	-	-	-	-	-	
4	2月	10,000.00	40,000.00	7,681.75	15,000.00	72,681.75	
5	3月	63,500.00	27,587.57	-	14,966.13	106,053.70	
6	4月	-	103,602.81	90,000.00	60,854.43	254,457.24	
7	5月	-	73,047.64	-	1,000.00	74,047.64	
8	6月	-	124,352.59	-	75,000.00	199,352.59	
9	7月	30,000.00	263,209.53	-	120,000.00	413,209.53	
10	8月	33,000.00	120,000.00	-	-	153,000.00	
11	9月	85,000.00	-	-	60,000.00	145,000.00	
12	10月	-	138,938.55	-	9,000.00	147,938.55	
13	11月	-	-	-	-	-	
14	12月	-	-	-	-	-	
15	合计	221,500.00	890,738.69	97,681.75	355,820.56	1,565,741.00	
16	图表						

第6步 **制作客户收款汇总表**。参照第 4 步操作复制粘贴已制作的“销售代表收款汇总表”工作表后，调整表格框架、字段名称、公式、迷你图数据范围即可。制作完成后，效果如下图所示。

客户收款汇总表

月份	KH001 客户001	KH002 客户002	KH003 客户003	KH004 客户004	KH005 客户005	KH006 客户006	KH007 客户007	KH008 客户008	KH009 客户009	KH010 客户010	合计	图表
1月	-	-	-	-	-	-	-	-	-	-	-	
2月	10,000.00	-	40,000.00	-	7,681.75	-	-	15,000.00	-	-	72,681.75	
3月	28,500.00	27,587.57	-	-	-	35,000.00	-	-	-	14,966.13	106,053.70	
4月	-	-	-	40,000.00	90,000.00	-	16,000.00	45,454.43	63,002.81	-	254,457.24	
5月	-	-	66,047.64	-	-	-	-	-	7,000.00	1,000.00	74,047.64	
6月	-	7,352.59	-	100,000.00	-	-	-	50,000.00	17,000.00	25,000.00	199,352.59	
7月	-	60,000.00	-	150,000.00	-	30,000.00	70,000.00	-	53,209.53	50,000.00	413,209.53	
8月	-	60,000.00	-	60,950.60	-	33,000.00	-	-	-	-	153,950.60	
9月	-	-	-	-	-	85,000.00	60,000.00	-	-	-	145,000.00	
10月	-	-	80,000.00	-	-	-	9,000.00	-	58,938.98	-	147,938.98	
11月	-	-	-	-	-	-	-	-	-	-	-	
12月	-	-	-	-	-	-	-	-	-	-	-	
合计	38,500.00	154,940.16	186,047.64	350,950.60	97,681.75	183,000.00	155,000.00	110,454.43	199,[illegible]	90,966.13	[illegible]	
图表												

示例结果见“结果文件\第 9 章\应收账款管理 .xlsx”文件。

高手支招

本章以应收账款为例，介绍了综合运用 WPS 表格管理往来账数据的方法。下面针对上述具体操作过程中的细节之处，分享几个操作方法和技巧，帮助财务人员查漏补缺，巩固学习成果，更进一步提高工作效率。

01 将常用工作簿保存为模板

在实务中，财务工作上的数据通常都需要定期制作表格进行管理和分析。例如，对于应收账款管理，一般以“年”为单位制作表格，如“2021 年进销存管理”“2022 年应收账款管理”……这类表格除了原始数据不同之外，其框架、格式、公式等基本完全相同。对此，可把现有文件中的原始数据删除后将其创建为模板文件，后面使用时只需打开模板后将其另存为新的表格文件，再填入原始数据即可。

下面创建“应收账款管理”的模板文件，具体步骤如下。

第1步 **创建模板文件**。打开“素材文件\第 9 章\应收账款管理 1.xlsx”文件。❶ 单击快捷访问工具栏中的【另存为】按钮（或选择【文件】列表中的【另存为】命令）；❷ 弹出【另存文件】对话框，在【文件类型】下拉列表中选择【WPS 表格模板文件(*.ett)】选项；❸ 选择保存位置；❹ 单击【保存】按钮；❺ 弹出【兼容性检查器】对话框，根据提示内容单击【是】或【否】按钮即可（本例单击【是】按钮）；❻ 弹出【WPS 表格】提示对话框，单击【是】按钮即可，如下图所示。

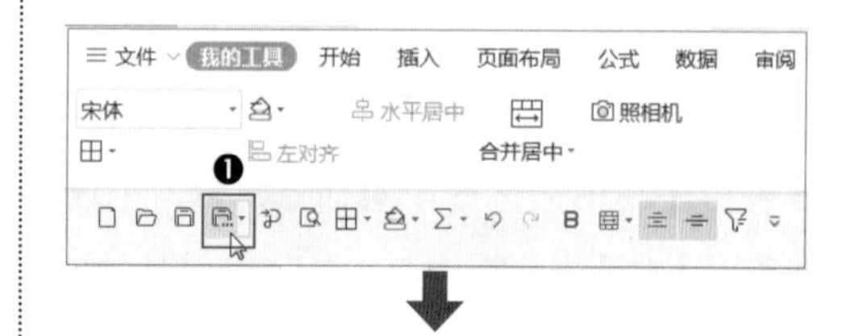

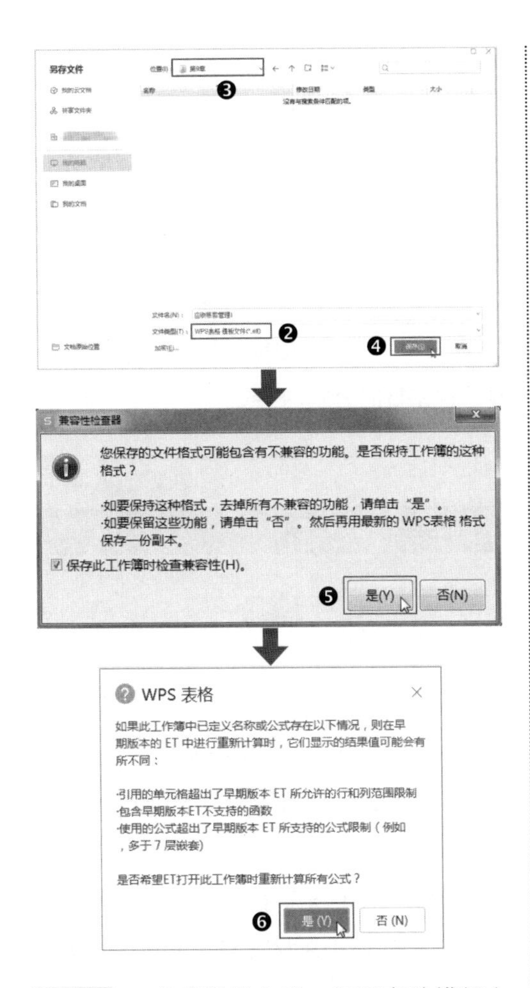

第2步 **查看模板文件**。打开存放模板文件的文件夹，即可看到之前创建的模板文件，如下图所示。

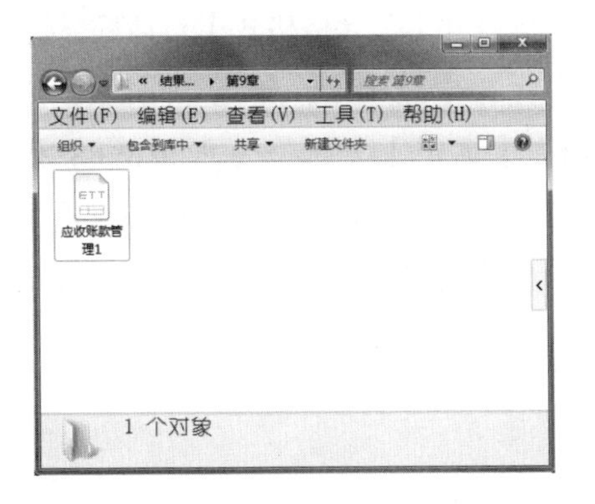

示例结果见“结果文件\第 9 章\应收账款管理 1.ett”文件。

02 设置新工作簿中工作表的默认数量

在 WPS 表格的默认设置中，新建工作簿中一般默认只包含一个工作表。财务人员在处理数据时，通常需要在同一个工作簿中建立多个工作表。对此，可修改 WPS 表格的默认设置，增加新工作簿的工作表数量。

下面将新工作簿内的工作表数量修改为 5 个，具体操作方法如下。

第1步 **设置新工作簿中的工作表数量**。❶ 在任意一个打开的工作簿中，选择【文件】列表中的【选项】命令打开【选项】对话框，切换至【常规与保存】选项组；❷ 在【新工作簿内的工作表数】文本框中输入“5”；❸ 单击【确定】按钮关闭对话框即可，如下图所示。

第2步 **测试效果**。返回工作表，单击快

速访问工具栏中的【新建】按钮□创建新工作簿。此时可看到工作簿内自动生成了5个工作表，如下图所示。

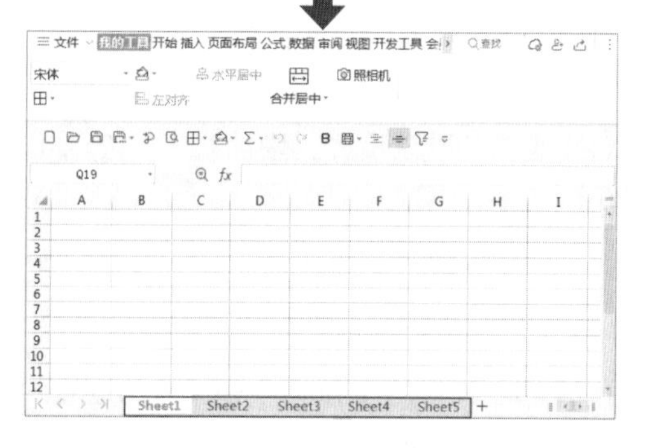

示例结果见“结果文件\第9章\工作簿01.xlsx”文件。

温馨提示●

在【选项】对话框中的【常规与保存】选项组中单击【新工作簿内的工作表数】文本框右侧的【高级】按钮，在打开的对话框中可设置新建工作簿与工作表的默认名称。例如，将工作表名称设置为“应收账款”，那么新建工作表的名称依次是“应收账款01”“应收账款02”……

03 隐藏编辑栏中的公式

财务人员制作的工作表中通常设置了大量的重要公式，在WPS表格的默认设置中，单元格公式内容可在编辑栏中显示，同时也可在编辑栏中进行修改。当财务人员将文件发送至其他部门人员查阅或使用时，如果不希望他人查看计算过程或者避免他人擅自修改公式，可以将编辑栏中的公式内容隐藏。

如下图所示，灰色区域中全部设置了公式。选中其中任意单元格后，编辑栏中即显示完整的公式内容。

B5 {=IFERROR(SMALL(IF((销售出库!$B:$B=$A$1)*(销售出库!$F:$F=1),销售出库!A:A,""),A5),"-")}

KH001 客户001 应收账款台账

账期 30天

序号	单据序号	销售日期	单据编号	应收账款	到期日期	结算开票日期	结算金额	合同折扣	结算开票金额	收款日期
			合计	253,670.03	–	–	41,414.26	2,070.72	39,343.54	–
1	1	2021-1-8	XS-20210108-001	11,414.26	2021-2-7	2021-2-10	11,414.26	570.72	10,843.54	2021-2-20
2	23	2021-2-28	XS-20210228-013	57,751.29	2021-3-30	2021-3-15	30,000.00	1,500.00	28,500.00	
3	46	2021-4-8	XS-20210408-021	3,403.56	2021-5-8				-	
4	67	2021-5-7	XS-20210507-029	12,689.11	2021-6-6				-	
5	107	2021-7-22	XS-20210722-042	50,926.95	2021-8-21				-	
6	128	2021-9-1	XS-20210901-048	102,623.57	2021-10-1				-	
7	165	2021-11-22	XS-20211122-060	14,861.29	2021-12-22				-	
-	-	-	-	-	-				-	
-	-	-	-	-	-				-	
-	-	-	-	-	-				-	
-	-	-	-	-	-				-	
-	-	-	-	-	-				-	
-	-	-	-	-	-				-	
-	-	-	-	-	-				-	

下面将灰色区域中的公式隐藏，操作方法如下。

第1步 **在【单元格格式】对话框中设置“隐藏”**。打开“素材文件\第9章\应收账款台账1.xlsx”文件。❶切换至“KH001”工作表，按住【Ctrl】键，选中A5:F18、J5:J18、M5:O18单元格区域，按【Ctrl+1】快捷键打开【单元格格式】对话框，切换至【保护】选项卡；❷选中【隐藏】复选框（【锁定】复选框一般被WPS表格程序默认选中，若未选中，应补充选中）；❸单击【确定】按钮关闭对话框，如下图所示。

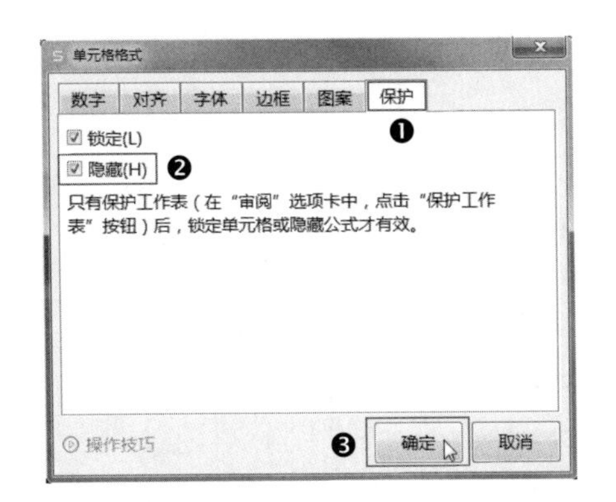

第2步 **查看设置效果**。返回工作表后，可看到单元格中的公式内容仍然显示在编辑栏中，如下图所示。下面还需要设置工作表保护才能真正隐藏编辑栏中的公式内容。

A5　=IF(ROW()-4<=$A$4,ROW()-4,"-")

	A	B	C	D	E	F
1						
2		账期	30天			
3	序号	单据序号	销售日期	单据编号	应收账款	到期日期
4				合计	253,670.03	-
5	1	1	2021-1-8	XS-20210108-001	11,414.26	2021-2-7
6	2	23	2021-2-28	XS-20210228-013	57,751.29	2021-3-30
7	3	46	2021-4-8	XS-20210408-021	3,403.56	2021-5-8
8	4	67	2021-5-7	XS-20210507-029	12,689.11	2021-6-6
9	5	107	2021-7-22	XS-20210722-042	50,926.95	2021-8-21
10	6	128	2021-9-1	XS-20210901-048	102,623.57	2021-10-1
11	7	165	2021-11-22	XS-20211122-060	14,861.29	2021-12-22
12	-	-	-	-	-	-

第3步 **设置保护工作表**。❶ 单击【审阅】选项卡中的【保护工作表】按钮；❷ 弹出【保护工作表】对话框，在【密码】文本框中输入密码（本例密码：123456），在【允许此工作表的所有用户进行】列表框中选中需要操作的选项（其中【选定锁定单元格】和【选定未锁定单元格】两个复选框为系统默认选中）；❸ 单击【确定】按钮；❹ 弹出【确认密码】对话框，再次输入密码；❺ 单击【确定】按钮关闭对话框即可，如下图所示。

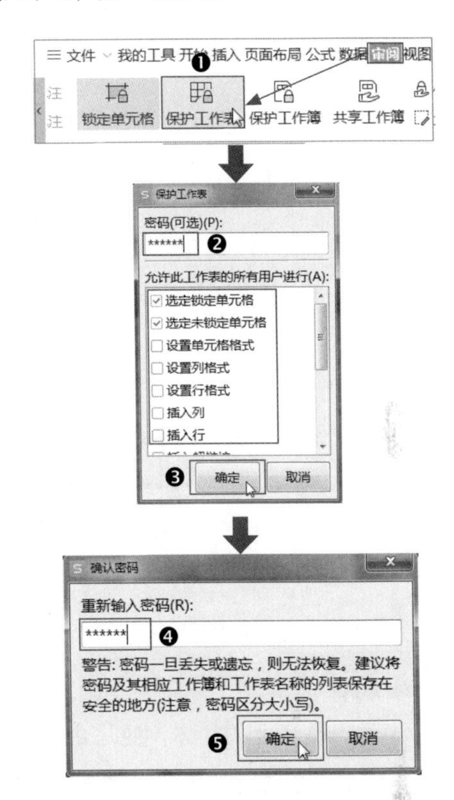

返回工作表后，选中任意设置了公式的单元格，可看到编辑栏中未显示公式内容，如下图所示。

B5

	A	B	C	D	E	F
1						
2		账期	30天			
3	序号	单据序号	销售日期	单据编号	应收账款	到期日期
4				合计	253,670.03	-
5	1	1	2021-1-8	XS-20210108-001	11,414.26	2021-2-7
6	2	23	2021-2-28	XS-20210228-013	57,751.29	2021-3-30
7	3	46	2021-4-8	XS-20210408-021	3,403.56	2021-5-8
8	4	67	2021-5-7	XS-20210507-029	12,689.11	2021-6-6
9	5	107	2021-7-22	XS-20210722-042	50,926.95	2021-8-21
10	6	128	2021-9-1	XS-20210901-048	102,623.57	2021-10-1
11	7	165	2021-11-22	XS-20211122-060	14,861.29	2021-12-22
12	-	-	-	-	-	-

示例结果见“结果文件\第 9 章\应收账款台账 1.xlsx”文件。

WPS

第 10 章

实战

工资薪酬数据管理

本章导读

员工是企业的主体，更是企业发展的践行者。工资薪酬是员工通过劳动从企业获取的赖以生存的主要经济来源之一，相关数据计算是否准确，管理是否规范及其关联问题对企业能否长期稳定发展起着举足轻重的重要作用。所以，财务人员做好工资薪酬的计算和管理工作，才能从这一层面促进企业长期稳定地健康发展。

本章将为读者介绍如何充分运用 WPS 表格准确计算和管理分析工资薪酬数据的方法和技巧，同时分享管理思路，帮助财务人员高效率、高质量地完成相关工作任务。

知识要点

- 计算员工工龄及工龄工资的方法
- 自动计算个人所得税的简便方法
- 与月工资表同步生成工资条的技巧
- 动态查询个人全年工资数据
- 动态汇总部门工资薪酬数据
- 制作动态图表对比各月份的部门工资项目数据

10.1 创建工资薪酬管理系统

工资薪酬是指企业向任职或者受雇的员工支付的所有现金和非现金形式的劳动报酬，主要包括基本工资、岗位津贴、工龄工资、绩效奖金、加班工资、其他补贴等项目，组成工资总额等。同时，也包括应从工资总额中扣除的项目，如代扣代缴的“三险一金”、个人所得税及其他扣款。本节将创建工资薪酬管理系统，将以上项目分为固定薪酬和变动工资项目。其中，固定薪酬单独制表计算，在计算每月工资时进行引用即可。而变动工资项目则在月度工资表中进行计算。另外，制作两种工资查询表，分别用于查询个人全年工资和月度全员工资。

10.1.1 计算固定薪酬

固定薪酬主要是指在薪酬体系中，一定期间之内相对稳定、不会每期发生变化的薪酬数据。例如，基本工资、岗位津贴、工龄工资及企业应当为员工代扣代缴的“三险一金”数据等。其中,“三险一金”包括养老保险、医疗保险、失业保险及住房公积金中应由员工个人承担的部分。生育保险、工伤保险由单位全额承担。对于这些固定薪酬数据，可在 WPS 表格中单独制表计算，既方便统计和管理，在计算月度工资时也方便查找引用。

打开“素材文件\第 10 章\薪酬管理 .xlsx”文件，其中包含 1 张名称为“固定薪酬”的工作表，原始数据包括员工基本信息、基本工资、岗位津贴等固定数据，以及企业为员工代扣代缴的“三险一金”（一个年度内相对固定）数据。出生月份、实际工龄、工龄工资等数据通过设置公式可自动计算，如下图所示。

固定薪酬计算表

	A	B	C	D	E	F	G	H
2	序号	员工编号	员工姓名	所属部门	岗位	性别	出生日期	出生月份
3	1	HTJY001	黄**	销售部	销售总监	女	1976-2-12	
4	2	HTJY002	金**	行政部	总经理	男	1992-3-28	
5	3	HTJY003	胡**	财务部	财务总监	女	1977-10-16	
6	4	HTJY004	龙**	行政部	行政总监	男	1988-10-20	
7	5	HTJY005	冯**	技术部	技术总监	男	1986-7-31	
8	6	HTJY006	王**	技术部	技术主管	女	1972-8-13	
9	7	HTJY007	张**	销售部	销售经理	女	1990-9-9	
10	8	HTJY008	赵**	财务部	财务主管	男	1976-10-15	
11	9	HTJY009	刘**	技术部	技术主管	男	1980-2-12	
12	10	HTJY010	杨**	行政部	行政主管	女	1973-11-6	
13	11	HTJY011	吕**	技术部	技术员	男	1979-10-6	
14	12	HTJY012	柯**	财务部	总账会计	男	1984-6-18	
15	13	HTJY013	吴**	销售部	销售代表	女	1981-5-8	
16	14	HTJY014	马**	技术部	技术员	男	1976-3-15	
17	15	HTJY015	陈**	行政部	行政助理	女	1989-1-25	
18	16	HTJY016	周**	销售部	销售代表	女	1983-9-21	
19	17	HTJY017	郑**	技术部	技术员	男	1975-4-26	
20	18	HTJY018	钱**	财务部	往来会计	女	1990-5-23	

	I	J	K	L	M	N
2	入职时间	实际工龄	基本工资	岗位津贴	工龄工资	代扣三险一金
3	2012-8-9		10000	1000		2174.8
4	2012-9-6		12000	1200		2174.8
5	2013-2-6		8000	800		2174.8
6	2013-6-4		8000	800		2174.8
7	2014-2-3		8000	800		2174.8
8	2014-3-6		6000	600		2174.8
9	2014-5-6		7500	750		2174.8
10	2014-5-6		7000	700		2174.8
11	2014-8-6		6000	600		2174.8
12	2015-6-9		6000	600		2174.8
13	2016-5-6		5500	550		2174.8
14	2016-9-6		6000	600		2174.8
15	2017-1-2		6000	600		2174.8
16	2017-4-5		5500	550		2174.8
17	2017-5-8		5000	500		2174.8
18	2018-5-9		6000	600		2174.8
19	2019-9-8		5500	550		2174.8
20	2020-2-9		6000	600		2174.8

第1步 **计算员工出生月份。**员工出生月份数据将于后面计算月度工资时，自动生成生日福利金。❶ 在 H3 单元格中设置公式“=MONTH(G3)”，计算 G3 单元格中出生日期的月份，将单元格格式自定义为“0 月”；❷ 将 H3 单元格公式填充至 H4:H20 单元格区域中，如下图所示。

H3 　fx =MONTH(G3)

	A	B	C	D	E	F	G	H
1	固定薪酬计算表							
2	序号	员工编号	员工姓名	所属部门	岗位	性别	出生日期	出生月份
3	1	HTJY001	黄**	销售部	销售总监	女	1976-2❶2	2月
4	2	HTJY002	金**	行政部	总经理	男	1992-3-28	3月
5	3	HTJY003	胡**	财务部	财务总监	女	1977-10-16	10月
6	4	HTJY004	龙**	行政部	行政总监	男	1988-10-20	10月
7	5	HTJY005	冯**	技术部	技术总监	男	1986-7-31	7月
8	6	HTJY006	王**	技术部	技术主管	女	1972-8-13	8月
9	7	HTJY007	张**	销售部	销售经理	女	1990-9-9	9月
10	8	HTJY008	赵**	财务部	财务主管	男	1976-10-15	10月
11	9	HTJY009	刘**	技术部	技术主管	男	1980-2-12	2月
12	10	HTJY010	杨**	行政部	行政主管	女	1973-1❷6	11月
13	11	HTJY011	吕**	技术部	技术员	男	1979-10-6	10月
14	12	HTJY012	柯**	财务部	总账会计	男	1984-6-18	6月
15	13	HTJY013	吴**	销售部	销售代表	女	1981-5-8	5月
16	14	HTJY014	马**	技术部	技术员	男	1976-3-15	3月
17	15	HTJY015	陈**	行政部	行政助理	女	1989-1-25	1月
18	16	HTJY016	周**	销售部	销售代表	女	1983-9-21	9月
19	17	HTJY017	郑**	技术部	技术员	男	1975-4-26	4月
20	18	HTJY018	钱**	财务部	往来会计	女	1990-5-23	5月

第2步 **计算员工工龄。**❶ 在 J3 单元格中设置公式“=ROUND(DATEDIF(I3,TODAY(),"M")/12,1)”，运用 DATEDIF 函数计算 I3 单元格中的入职日期与“今天”日期（2021 年 7 月 23 日）间隔的月数后除以 12，即可得到以“年”为单位的工龄数据，将单元格格式自定义为“0.0" 年 "”；❷ 将 J3 单元格公式填充至 J4:J20 单元格区域中，如下图所示。

J3 　fx =ROUND(DATEDIF(I3,TODAY(),"M")/12,1)

	A	B	C	G	H	I	J
1	固定薪酬计算表						
2	序号	员工编号	员工姓名	出生日期	出生月份	入职时间	实际工龄
3	1	HTJY001	黄**	1976-2-12	2月	2012-8❶	8.9年
4	2	HTJY002	金**	1992-3-28	3月	2012-9-6	8.8年
5	3	HTJY003	胡**	1977-10-16	10月	2013-2-6	8.4年
6	4	HTJY004	龙**	1988-10-20	10月	2013-6-4	8.1年
7	5	HTJY005	冯**	1986-7-31	7月	2014-2-3	7.4年
8	6	HTJY006	王**	1972-8-13	8月	2014-3-6	7.3年
9	7	HTJY007	张**	1990-9-9	9月	2014-5-6	7.2年
10	8	HTJY008	赵**	1976-10-15	10月	2014-5-6	7.2年
11	9	HTJY009	刘**	1980-2-12	2月	2014-8-6	6.9年
12	10	HTJY010	杨**	1973-11-6	11月	2015-6-9	6.1年
13	11	HTJY011	吕**	1979-10-6	10月	2016-5❷	5.2年
14	12	HTJY012	柯**	1984-6-18	6月	2016-9-6	4.8年
15	13	HTJY013	吴**	1981-5-8	5月	2017-1-2	4.5年
16	14	HTJY014	马**	1976-3-15	3月	2017-4-5	4.3年
17	15	HTJY015	陈**	1989-1-25	1月	2017-5-8	4.2年
18	16	HTJY016	周**	1983-9-21	9月	2018-5-9	3.2年
19	17	HTJY017	郑**	1975-4-26	4月	2019-9-8	1.8年
20	18	HTJY018	钱**	1990-5-23	5月	2020-2-9	1.4年

第3步 **计算工龄工资。**按照以下标准计算工龄工资。

- 工龄≤ 1 年：工龄工资为 0 元。
- 1 年 < 工龄≤ 3 年：工龄工资为 50 元 / 月。
- 3 < 工龄≤ 5：工龄工资为 100 元 / 月；
- 5 年 < 工龄 ≤ 10 年：工龄工资为 150 元 / 月。
- 工龄 > 10 年：工龄工资为 200 元 / 月。

❶ 在 M3 单元格中设置公式“=IFS(J3<1,0,AND(J3>1,J3<=3),50,AND(J3>3,J3<=5),100,AND(J3>5,J3<=10),150,J3>10,200)”，运用 IFS 函数根据 J3 单元格中的工龄返回对应的数字，将单元格格式自定义为“0 " 元 / 月 "”；❷ 将 M3 单元格公式填充至 M4:M20 单元格区域中，如下图所示。

M3 fx `=IFS(J3<1,0,AND(J3>1,J3<=3),50,AND(J3>3,J3<=5),100,AND(J3>5,J3<=10),150,J3>10,200)`

固定薪酬计算表

序号	员工编号	员工姓名	出生日期	出生月份	入职时间	实际工龄	基本工资	岗位津贴	工[illegible]工资	代扣三险一金
1	HTJY001	黄**	1976-2-12	2月	2012-8-9	8.9年	10000	10	150元/月	2174.8
2	HTJY002	金**	1992-3-28	3月	2012-9-6	8.8年	12000	1200	150元/月	2174.8
3	HTJY003	胡**	1977-10-16	10月	2013-2-6	8.4年	8000	800	150元/月	2174.8
4	HTJY004	龙**	1988-10-20	10月	2013-6-4	8.1年	8000	800	150元/月	2174.8
5	HTJY005	冯**	1986-7-31	7月	2014-2-3	7.4年	8000	800	150元/月	2174.8
6	HTJY006	王**	1972-8-13	8月	2014-3-6	7.3年	6000	600	150元/月	2174.8
7	HTJY007	张**	1990-9-9	9月	2014-5-6	7.2年	7500	750	150元/月	2174.8
8	HTJY008	赵**	1976-10-15	10月	2014-5-6	7.2年	7000	700	150元/月	2174.8
9	HTJY009	刘**	1980-2-12	2月	2014-8-6	6.9年	6000	600	150元/月	2174.8
10	HTJY010	杨**	1973-11-6	11月	2015-6-9	6.1年	6000	600	150元/月	2174.8
11	HTJY011	吕**	1979-10-6	10月	2016-5-6	5.2年	5500	5	150元/月	2174.8
12	HTJY012	柯**	1984-6-18	6月	2016-9-6	4.8年	6000	600	100元/月	2174.8
13	HTJY013	吴**	1981-5-8	5月	2017-1-2	4.5年	6000	600	100元/月	2174.8
14	HTJY014	马**	1976-3-15	3月	2017-4-5	4.3年	5500	550	100元/月	2174.8
15	HTJY015	陈**	1989-1-25	1月	2017-5-8	4.2年	5000	500	100元/月	2174.8
16	HTJY016	周**	1983-9-21	9月	2018-5-9	3.2年	6000	600	100元/月	2174.8
17	HTJY017	郑**	1975-4-26	4月	2019-9-8	1.8年	5500	550	50元/月	2174.8
18	HTJY018	钱**	1990-5-23	5月	2020-2-9	1.4年	6000	600	50元/月	2174.8

温馨提示

每月计算工资时，注意在工资表中引用工龄工资后清除函数公式，仅保留静态数字，以免后期工龄工资随着工龄增长而引起当月数字同步变化，从而导致工资数据发生错误。

10.1.2 制作月度工资计算表

下面制作工资计算表，以月为单位，计算每月每位员工的具体工资薪酬数据。制作方法非常简单，只需根据企业相关制度规定绘制表格框架，设置工资项目、计算公式即可。但需注意部分细节上的操作技巧，操作步骤如下。

第1步 **绘制表格框架，填入原始数据。** ❶ 在“薪酬管理”工作簿中新建一张工作表，重命名为“2021 年 7 月工资表”，在 A3:S22 单元格区域绘制表格框架，设置字段名称及基础格式。在 A1 单元格中输入“7-1”，返回“2021-7-1”，将单元格格式自定义为“yyyy 年 m 月工资表”，使之显示为“2021 年 7 月工资表”。❷ 在“绩效奖金”“加班费”“全勤奖”“其他补贴”“考勤扣款”“其他扣款”字段中填入原始数据（实际工作中，也可另制表格计算后引用至工资表中）。❸ 在 F22 单元格中设置公式“=ROUND(SUM(F4:F21),2)”，计算 F4:F21 单元格区域数据的合计数，将公式填充至 G22:S22 单元格区域中，如下图所示。

A1 fx 2021-7-1

2021年7月工资表

本月员工人数

序号	员工编号	员工姓名	所属部门	岗位	基本工资	岗位津贴	工龄工资	绩效奖金	加班费	全勤奖
								1249.66	–	–
								1217.13	–	–
								1001.67	320	–
								990.85	–	–
								1035.38	–	100
								997.29	240	100
								1088.45	–	100
								890.08	280	–
								873.62	–	–
								833.54	–	–
								723.36	220	100
								763.66	–	100
								817.59	–	100
								665.29	220	100
								721.16	–	–
								858.8	–	100
								678.95	–	100
								750.66	240	–
合计					–	–	–	[illegible]	[illegible]	900.00

	L	M	N	O	P	Q	R	S
3	生日福利金	其他补贴	应发工资	代扣三险一金	代扣个税	考勤扣款	其他扣款	实发工资
4		150				30		
5		150				15		
6		150				20	100	
7		150				10		
8		150						
9		150						
10		150						
11		150				20		
12		150				20		
13		150				30	60	
14		150						
15		150						
16		150						
17		150						
18		150				30		
19		150						
20		150						
21		150				10		
22	–	[illegible]	–	–	–	185.00	160.00	–

第2步 **统计员工人数，自动生成序号。** ❶ 在 D2 单元格中设置公式“=MAX(固定

薪酬!A:A)",统计"固定薪酬"工作表中A:A区域（"序号"字段）中的最大数字，即可得到当前员工人数，将单元格格式自定义为"0人"；❷ 在A4单元格中设置公式"=IF(ROW(A4)-3<=$D$2,ROW(A4)-3,0)"，运用IF函数判断表达式"ROW(A4)-3"的结果小于或等于D2单元格中的数字时，即返回这一表达式的结果，否则返回数字"0"；❸ 将A4单元格中公式填充至A5:A21单元格区域中，如下图所示。

A4 fx =IF(ROW(A4)-3<=$D$2,ROW(A4)-3,0)

	A	B	C	D	E	F	G	H
1								
2	本月员工人数			18人 ❶				
3	序号	员工编号	员工姓名	所属部门	岗位	基本工资	岗位津贴	工龄工资
4	1 ❷							
5	2							
6	3							
7	4							
8	5							
9	6							
10	7							
11	8							
12	9							
13	10 ❸							
14	11							
15	12							
16	13							
17	14							
18	15							
19	16							
20	17							
21	18							
22	合计					-	-	-

第3步 引用固定薪酬数据。❶ 在B4单元格中设置公式"=VLOOKUP($A4,固定薪酬!$A:$M,MATCH(B$3,固定薪酬!$2:$2,0),0)"，运用VLOOKUP函数根据A4单元格中的序号，在"固定薪酬"工作表A:M区域中查找与之匹配的"员工编号"数据。其中，VLOOKUP函数的第3个参数（列数）由MATCH函数定位B3单元格中字段名称在"固定薪酬"工作表中的2:2区域的列数。❷ 将B4单元格公式复制粘贴至B4:H21与O4:O21单元格区域中。效果如下图所示。

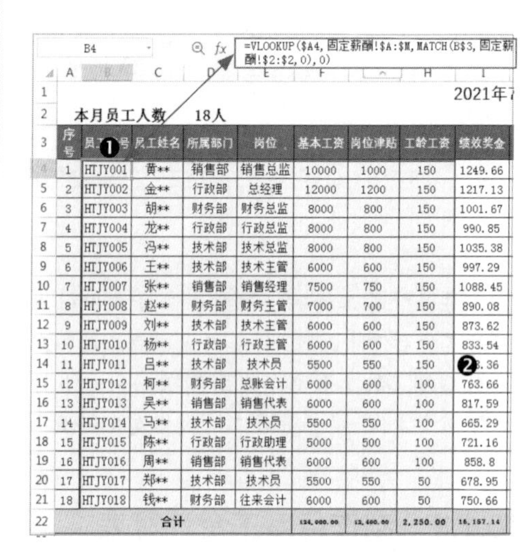

B4 fx =VLOOKUP($A4,固定薪酬!$A:$M,MATCH(B$3,固定薪酬!$2:$2,0),0)

	A	B	C	D	E	F	G	H	I
1									2021年7
2	本月员工人数			18人					
3	序号	员工编号 ❶	员工姓名	所属部门	岗位	基本工资	岗位津贴	工龄工资	绩效奖金
4	1	HTJY001	黄**	销售部	销售总监	10000	1000	150	1249.66
5	2	HTJY002	金**	行政部	总经理	12000	1200	150	1217.13
6	3	HTJY003	胡**	财务部	财务总监	8000	800	150	1001.67
7	4	HTJY004	龙**	行政部	行政总监	8000	800	150	990.85
8	5	HTJY005	冯**	技术部	技术总监	8000	800	150	1035.38
9	6	HTJY006	王**	技术部	技术主管	6000	600	150	997.29
10	7	HTJY007	张**	销售部	销售经理	7500	750	150	1088.45
11	8	HTJY008	赵**	财务部	财务主管	7000	700	150	890.08
12	9	HTJY009	刘**	技术部	技术主管	6000	600	150	873.62
13	10	HTJY010	杨**	行政部	行政主管	6000	600	150	833.54
14	11	HTJY011	吕**	技术部	技术员	5500	550	150	❷ [illegible]3.36
15	12	HTJY012	柯**	财务部	总账会计	6000	600	100	763.66
16	13	HTJY013	吴**	销售部	销售代表	6000	600	100	817.59
17	14	HTJY014	马**	技术部	技术员	5500	550	100	665.29
18	15	HTJY015	陈**	行政部	行政助理	5000	500	100	721.16
19	16	HTJY016	周**	销售部	销售代表	6000	600	100	858.8
20	17	HTJY017	郑**	技术部	技术员	5500	550	50	678.95
21	18	HTJY018	钱**	财务部	往来会计	6000	600	50	750.66
22	合计					124,000.00	12,400.00	2,250.00	16,157.14

O4 fx =VLOOKUP($A4,固定薪酬!$A:$N,MATCH(O$3,固定薪酬!$2:$2,0),0)

	A	H	I	J	K	L	M	N	O
1		2021年7月工资表							
2									
3	序号	工龄工资	绩效奖金	加班费	全勤奖	生日福利金	其他补贴	应发工资	代扣三险金
4	1	150	1249.66	-	-		150		2174.8
5	2	150	1217.13	-	-		150		2174.8
6	3	150	1001.67	320	-		150		2174.8
7	4	150	990.85	-	-		150		2174.8
8	5	150	1035.38	-	100		150		2174.8
9	6	150	997.29	240	100		150		2174.8
10	7	150	1088.45	-	100		150		2174.8
11	8	150	890.08	280	-		150		2174.8
12	9	150	873.62	-	-		150		2174.8
13	10	150	833.54	-	-		150	❷	2174.8
14	11	150	723.36	220	100		150		2174.8
15	12	100	763.66	-	100		150		2174.8
16	13	100	817.59	-	100		150		2174.8
17	14	100	665.29	220	100		150		2174.8
18	15	100	721.16	-	-		150		2174.8
19	16	100	858.8	-	100		150		2174.8
20	17	50	678.95	-	100		150		2174.8
21	18	50	750.66	240	-		150		2174.8
22		2,250.00	16,157.14	1,620.00	900.00	-	[illegible]	-	39,146.40

第4步 自动生成生日福利金。❶ 在L4单元格中设置公式"=IF(固定薪酬!H:H=MONTH($A$1),100,0)"，运用IF函数判断"固定薪酬"工作表中H:H区域（"出生月

份”字段）中的月份数等于 A1 单元格中日期的月份数时，返回数字“100”，否则返回数字“0”；❷ 将 L4 单元格公式填充至 L5:L21 单元格区域中，如下图所示。

L4　fx　=IF(固定薪酬!H:H=MONTH($A$1),100,0)

	A	H	I	J	K	L	M	N	O
1		2021年7月工资表							
2									
3	序号	工龄工资	绩效奖金	加班费	全勤奖	生日福利金	其他补贴	应发工资	代扣三险一金
4	1	150	1249.66	-	❶	-	150		2174.8
5	2	150	1217.13	-	-	-	150		2174.8
6	3	150	1001.67	320	-	-	150		2174.8
7	4	150	990.85	-	-	100	150		2174.8
8	5	150	1035.38	-	100	-	150		2174.8
9	6	150	997.29	240	100	-	150		2174.8
10	7	150	1088.45	-	100	-	150		2174.8
11	8	150	890.08	280	-	-	150		2174.8
12	9	150	873.62	-	-	-	150		2174.8
13	10	150	833.54	-	❷	-	150		2174.8
14	11	150	723.36	220	100	-	150		2174.8
15	12	100	763.66	-	100	-	150		2174.8
16	13	100	817.59	-	100	-	150		2174.8
17	14	100	665.29	220	100	-	150		2174.8
18	15	100	721.16	-	-	-	150		2174.8
19	16	100	858.8	-	100	-	150		2174.8
20	17	50	678.95	-	100	-	150		2174.8
21	18	50	750.66	240	-	-	150		2174.8
22		2,250.00	16,157.14	[illegible]	900.00	100.00	[illegible]	-	39,146.40

第5步 **检测公式**。在 A1 单元格中输入其他日期，如“10-1”，单元格中自动显示为“2021 年 10 月工资表”，代表计算 10 月工资。可看到 L4:L21 单元格区域中的数据变化效果，如下图所示。

	A	H	I	J	K	L	M	N	O
1		2021年10月工资表							
2									
3	序号	工龄工资	绩效奖金	加班费	全勤奖	生日福利金	其他补贴	应发工资	代扣三险一金
4	1	150	1249.66	-	-	-	150		2174.8
5	2	150	1217.13	-	-	100	150		2174.8
6	3	150	1001.67	320	-	100	150		2174.8
7	4	150	990.85	-	-	-	150		2174.8
8	5	150	1035.38	-	100	-	150		2174.8
9	6	150	997.29	240	100	-	150		2174.8
10	7	150	1088.45	-	100	100	150		2174.8
11	8	150	890.08	280	-	-	150		2174.8
12	9	150	873.62	-	-	-	150		2174.8
13	10	150	833.54	-	-	100	150		2174.8
14	11	150	723.36	220	100	-	150		2174.8
15	12	100	763.66	-	100	-	150		2174.8
16	13	100	817.59	-	100	-	150		2174.8
17	14	100	665.29	220	100	-	150		2174.8
18	15	100	721.16	-	-	-	150		2174.8
19	16	100	858.8	-	100	-	150		2174.8
20	17	50	678.95	-	100	-	150		2174.8
21	18	50	750.66	240	-	-	150		2174.8
22		2,250.00	16,157.14	[illegible]	900.00	400.00	[illegible]	-	39,146.40

第6步 **计算应发工资和实发工资**。❶ 在 N4 单元格中设置公式“=ROUND(SUM(F4:M4),2)”，计算 F4:M4 单元格区域的合计数，即可得到应发工资数据，将公式填充至 N5:N21 单元格区域中；❷ 在 S4 单元格中设置公式“=ROUND(N4-SUM(O4:R4),2)”，用 N4 单元格中的“应发工资”数据减 O4:R4 单元格区域中应扣除数据的合计数后即可得到“实发工资”数据，将公式填充至 S5:S21 单元格区域中，如下图所示。

N4　fx　=ROUND(SUM(F4:M4),2)

	A	K	L	M	N	O	P	Q	R	S
1		资表								
2										
3	序号	全勤奖	生日福利金	其他补贴	❶ 应发工资	代扣三险一金	代扣个税	考勤扣款	其他扣款	❷ 实发工资
4	1	-	-	150	12549.66	2174.8		30		10344.86
5	2	-	-	150	14717.13	2174.8		15		12527.33
6	3	-	-	150	10421.67	2174.8		20	100	8126.87
7	4	-	100	150	10190.85	2174.8		10		8006.05
8	5	100	-	150	10235.38	2174.8				8060.58
9	6	100	-	150	8237.29	2174.8				6062.49
10	7	100	-	150	9738.45	2174.8				7563.65
11	8	-	-	150	9170.08	2174.8		20		6975.28
12	9	-	-	150	7773.62	2174.8		20		5578.82
13	10	-	-	150	7733.54	2174.8		30	60	5468.74
14	11	100	-	150	7393.36	2174.8				5218.56
15	12	100	-	150	7713.66	2174.8				5538.86
16	13	100	-	150	7767.59	2174.8				5592.79
17	14	100	-	150	7285.29	2174.8				5110.49
18	15	-	-	150	6471.16	2174.8		30		4266.36
19	16	100	-	150	7808.8	2174.8				5634.00
20	17	100	-	150	7028.95	2174.8				4854.15
21	18	-	-	150	7790.66	2174.8		10		5605.86
22		900.00	100.00	[illegible]	160,027.14	39,146.40	-	[illegible]	[illegible]	120,535.74

10.1.3 自动计算个人所得税

我国自 2019 年 1 月 1 日起已将工资薪金所得、劳务报酬所得、稿酬所得、特许权使用费所得等四项所得合并为综合所得，按照统一标准计算并缴纳个人所得税。对于企业员工而言，工资薪金是综合所得的主要来源，因此，本例以工资数据为基数计算个人所得税。

目前个人所得税的征收方式是每月按累计数据预扣预缴，年终汇算清缴。企业作为扣缴义务人，在计算工资薪金时，需要同步计算个人所得税，并在发放工资前代为扣缴应纳税金后向税务机关申报缴纳。

个人所得税以当年1月至当月的累计应纳税所得额作为计税基础，按照七级超额累进税率标准，计算累计应纳税额后再减去前期已缴纳税额，即可计算得到当月应实际缴纳的税金。个人所得税的七级超额累进税率标准如下图所示。

个人所得税税率表 （综合所得适用）			
级数	全年应纳税所得额	税率	速算扣除数
1	不超过36000元的部分	3%	0
2	超过36000元至144000元部分	10%	2520
3	超过144000元至300000元的部分	20%	16920
4	超过300000元至420000元的部分	25%	31920
5	超过420000元至660000元的部分	30%	52920
6	超过660000元至960000元的部分	35%	85920
7	超过960000元的部分	45%	181920

计算预扣预缴个人所得税的相关公式如下。

①每月预扣预缴个人所得税税金 = 全年应纳税所得额 × 适用税率 – 速算扣除数 – 累计已预缴税金。

②全年应纳税所得额 = 全年累计应税收入 – 全年累计扣除费用（每月扣除5000元）– 全年累计专项附加扣除额 – 其他累计扣除额。

下面按照上述标准和计算公式在工资表中同步计算每月应预扣预缴的个人所得税税金。

第1步 绘制表格框架，填入原始数据。

❶ 在U3:AF22单元格区域绘制表格框架，设置字段名称及基础格式，在U1单元格中设置公式“=A1”，直接引用A1单元格中的日期，将单元格格式自定义为“yyyy年m月个人所得税计算表”。

❷ 在“其他应税收入”“1—6月累计应税收入”“本月累计三险一金”“本月累计专项附加扣除”“1—6月已预缴税金”等字段中填入原始数据。填写说明如下。

- “其他应税收入”：主要是指企业为员工提供的未计入当月“应付工资”总额的现金福利，以及非现金福利的公允价值。例如，节日发放的礼金、礼品等。
- “1—6月累计应税收入”：是指自当年1月起至本月的上一个月的应收入的合计数。在实际工作中，可设置函数公式从上月工资表中引用或复制粘贴。
- “本月累计三险一金”“本月累计专项附加扣除”“1—6月已预缴税金”：最简单快捷的方法是直接从社保、公积金及税务官方网站获取数据后导入表格中，也能保证数据与官方网站完全一致。

❸ 在U22:AF22单元格区域中设置ROUND和SUM函数公式计算各列区域数据的合计数。初始数据如下图所示。

U1 =A1

❶ 2021年7月个人所得税计算表

行	其他应税收入	1—6月累计应税收入	本月累计应税收入	本月累计三险一金	本月累计专项附加扣除	本月累计扣除费用	本月累计应纳税所得额	税率	速算扣除数	本月累计应缴税金	1—6月已预缴税金	本月应补缴税金
4	150.00	78,095.40		15,223.60	7,000.00						871.40	
5	150.00	93,290.73		15,223.60	3,500.00						2,204.19	
6	150.00	65,361.63		15,223.60	3,500.00						579.38	
7	150.00	63,812.75		15,223.60	-						622.92	
8	150.00	63,916.47		15,223.60	-						626.03	
9	150.00	51,076.54		15,223.60	-						240.83	
10	150.00	60,358.71		15,223.60	3,000.00						442.15	
11	150.00	57,576.00		15,223.60	-	❷					435.82	
12	150.00	48,960.52		15,223.60	4,200.00						69.35	
13	150.00	48,224.76		15,223.60	-						155.28	
14	150.00	45,877.25		15,223.60	-						84.85	
15	150.00	48,179.93		15,223.60	-						153.93	
16	150.00	48,352.36		15,223.60	-						159.11	
17	150.00	46,081.84		15,223.60	-						90.99	
18	150.00	40,445.56		15,223.60	-						-	
19	150.00	48,554.24		15,223.60	-						165.16	
20	150.00	48,626.12		15,223.60	-						167.32	
21	150.00	49,011.31		15,223.60	-		❸				178.88	
22	[illegible]	[illegible]	-	274,024.80	21,200.00	-	-	-	-	-	7,247.39	-

第2步 **计算应纳税所得额。** ❶ 在W4单元格中设置公式"=ROUND(N4+U4+V4,2)"，将N4单元格中的"应付工资"、U4单元格中的"其他应税收入"与V4单元格中的"1—6月累计应税收入"相加即可得到"本月累计应税收入"数据，将公式填充至W5:W21单元格区域中；❷ 在Z4单元格中设置公式"=5000*MONTH($A$1)"，用每月固定可扣除费用5000乘以A1单元格中的月份数即可得到"本月累计扣除费用"数据，将公式填充至Z5:Z21单元格区域中；❸ 在AA4单元格中设置公式"=IF(W4-SUM(X4:Z4)>0,W4-SUM(X4:Z4),0)"，运用IF函数判断"W4-SUM(X4:Z4)"的计算结果大于0时，表示需要计算个人所得税，即返回这个结果，否则返回数字"0"，即不计算个人所得税，将公式填充至AA5:AA21单元格区域中，如下图所示。

AA4 =IF(W4-SUM(X4:Z4)>0,W4-SUM(X4:Z4),0)

2021年7月个人所得税计算表

行	其他应税收入	1—6月累计应税收入	本月累计应税收入 ❶	本月累计三险一金	本月累计专项附加扣除	本月累计扣除费用	本月累计应纳税所得额 ❸
4	150.00	78,095.40	90,795.06	15,223.60	7,000.00	35,000.00	33,571.46
5	150.00	93,290.73	108,157.86	15,223.60	3,500.00	35,000.00	54,434.26
6	150.00	65,361.63	75,933.30	15,223.60	3,500.00	35,000.00	22,209.70
7	150.00	63,812.75	74,153.60	15,223.60	-	35,000.00	23,930.00
8	150.00	63,916.47	74,301.85	15,223.60	-	35,000.00	24,078.25
9	150.00	51,076.54	59,463.83	15,223.60	-	35,000.00	9,240.23
10	150.00	60,358.71	70,247.16	15,223.60	3,000.00	35,000.00	17,023.56
11	150.00	57,576.00	66,896.08	15,223.60	- ❷	35,000.00	16,672.48
12	150.00	48,960.52	56,884.14	15,223.60	4,200.00	35,000.00	2,460.54
13	150.00	48,224.76	56,108.30	15,223.60	-	35,000.00	5,884.70
14	150.00	45,877.25	53,420.61	15,223.60	-	35,000.00	3,197.01
15	150.00	48,179.93	56,043.59	15,223.60	-	35,000.00	5,819.99
16	150.00	48,352.36	56,269.95	15,223.60	-	35,000.00	6,046.35
17	150.00	46,081.84	53,517.13	15,223.60	-	35,000.00	3,293.53
18	150.00	40,445.56	47,066.72	15,223.60	-	35,000.00	-
19	150.00	48,554.24	56,513.04	15,223.60	-	35,000.00	6,289.44
20	150.00	48,626.12	55,805.07	15,223.60	-	35,000.00	5,581.47
21	150.00	49,011.31	56,951.97	15,223.60	-	35,000.00	6,728.37
22	2,700.00	1,005,802.12	1,168,629.26	274,024.80	21,200.00	630,000.00	246,461.34

第3步 **计算税率和速算扣除数。** ❶ 在AB4单元格中设置公式"=IF(AA4=0,0,LOOKUP(AA4,{0,36000.01,144000.01,300000.01,420000.01,660000.01,960000.01},{0.03,0.1,0.2,0.25,0.3,0.35,0.45}))"，运用IF函数判断AA4单元格中的"本月累计应纳税所得额"数据为0时，即返回0，否则运用LOOKUP函数根据AA4单元格中的数字在第1个数组中查找其所在的数字区间并返回第2个数组中与之匹配的税率，将公式填充至AB5:AB21单元格区域中；❷ 在AC4单元格中设置公式"=IF(AB4=0,0,LOOKUP(AB4,{0.03,0.1,0.2,0.25,0.3,0.35,0.45},{0,2520,16920,31920,52920,85920,181920}))"，同样根据AB4单元格中的税率查找与之匹配的速算扣除数，将公式填充至AC5:AC21单元格区域中，如下图所示。

AB4　=IF(AA4=0,0,LOOKUP(AA4,{0,36000.01,144000.01,300000.01,420000.01,660000.01,960000.01},{0.03,0.1,0.2,0.25,0.3,0.35,0.45}))

2021年7月个人所得税计算表

	U	V	W	X	Y	Z	AA	AB	AC
3	其他应税收入	1—6月累计应税收入	本月累计收应税收入	本月累计三险一金	本月累计专项附加扣除	本月累计扣除费用	本月累计应纳税所得额	税率	速算扣除数
4	150.00	78,095.40	90,795.06	15,223.60	7,000.00	35,000.00	33,571.46	3%	
5	150.00	93,290.73	106,157.86	15,223.60	3,500.00	35,000.00	54,434.26	10%	
6	150.00	65,361.63	75,933.30	15,223.60	3,500.00	35,000.00	22,209.70	3%	
7	150.00	63,812.75	74,153.60	15,223.60	-	35,000.00	23,930.00	3%	
8	150.00	63,916.47	74,301.85	15,223.60	-	35,000.00	24,078.25	3%	
9	150.00	51,076.54	59,463.83	15,223.60	-	35,000.00	9,240.23	3%	
10	150.00	60,358.71	70,247.16	15,223.60	3,000.00	35,000.00	17,023.56	3%	
11	150.00	57,576.00	66,896.08	15,223.60	-	35,000.00	16,672.48	3%	
12	150.00	48,960.52	56,884.14	15,223.60	4,200.00	35,000.00	2,460.54	3%	
13	150.00	48,224.76	56,108.30	15,223.60	-	35,000.00	5,884.❶	3%	
14	150.00	45,877.25	53,420.61	15,223.60	-	35,000.00	3,197.01	3%	
15	150.00	48,179.93	56,043.59	15,223.60	-	35,000.00	5,819.99	3%	
16	150.00	48,352.36	56,269.95	15,223.60	-	35,000.00	6,046.35	3%	
17	150.00	46,081.84	53,517.13	15,223.60	-	35,000.00	3,293.53	3%	
18	150.00	40,445.56	47,066.72	15,223.60	-	35,000.00	-	0%	
19	150.00	48,554.24	56,513.04	15,223.60	-	35,000.00	6,289.44	3%	
20	150.00	48,626.12	55,805.07	15,223.60	-	35,000.00	5,581.47	3%	
21	150.00	49,011.31	56,951.97	15,223.60	-	35,000.00	6,728.37	3%	
22	2,700.00	1,005,802.12	1,168,829.26	274,024.80	21,200.00	630,000.00	246,461.34	-	-

AC4　=IF(AB4=0,0,LOOKUP(AB4,{0.03,0.1,0.2,0.25,0.3,0.35,0.45},{0,2520,16920,31920,52920,85920,181920}))

2021年7月个人所得税计算表

	U	V	W	X	Y	Z	AA	AB	AC
3	其他应税收入	1—6月累计应税收入	本月累计收应税收入	本月累计三险一金	本月累计专项附加扣除	本月累计扣除费用	本月累计应纳税所得额	税率	速算扣除数
4	150.00	78,095.40	90,795.06	15,223.60	7,000.00	35,000.00	33,571.46	❷	-
5	150.00	93,290.73	106,157.86	15,223.60	3,500.00	35,000.00	54,434.26	10%	2,520.00
6	150.00	65,361.63	75,933.30	15,223.60	3,500.00	35,000.00	22,209.70	3%	-
7	150.00	63,812.75	74,153.60	15,223.60	-	35,000.00	23,930.00	3%	-
8	150.00	63,916.47	74,301.85	15,223.60	-	35,000.00	24,078.25	3%	-
9	150.00	51,076.54	59,463.83	15,223.60	-	35,000.00	9,240.23	3%	-
10	150.00	60,358.71	70,247.16	15,223.60	3,000.00	35,000.00	17,023.56	3%	-
11	150.00	57,576.00	66,896.08	15,223.60	-	35,000.00	16,672.48	3%	-
12	150.00	48,960.52	56,884.14	15,223.60	4,200.00	35,000.00	2,460.54	3%	-
13	150.00	48,224.76	56,108.30	15,223.60	-	35,000.00	5,884.70	3%	-
14	150.00	45,877.25	53,420.61	15,223.60	-	35,000.00	3,197.01	3%	-
15	150.00	48,179.93	56,043.59	15,223.60	-	35,000.00	5,819.99	3%	-
16	150.00	48,352.36	56,269.95	15,223.60	-	35,000.00	6,046.35	3%	-
17	150.00	46,081.84	53,517.13	15,223.60	-	35,000.00	3,293.53	3%	-
18	150.00	40,445.56	47,066.72	15,223.60	-	35,000.00	-	0%	-
19	150.00	48,554.24	56,513.04	15,223.60	-	35,000.00	6,289.44	3%	-
20	150.00	48,626.12	55,805.07	15,223.60	-	35,000.00	5,581.47	3%	-
21	150.00	49,011.31	56,951.97	15,223.60	-	35,000.00	6,728.37	3%	-
22	2,700.00	1,005,802.12	1,168,829.26	274,024.80	21,200.00	630,000.00	246,461.34	-	2,520.00

第4步 计算累计应缴税额和本月补缴税额。❶ 在AD4单元格中设置公式"=ROUND(AA4*AB4-AC4,2)"，用AA4单元格中的"本月累计应纳税所得额"数据乘以AB4单元格中的"税率"，再减去AC4单元格中的"速算扣除数"，即可得到累计应缴税金，将公式填充至AD5:AD21单元格区域中；❷ 在AF4单元格中设置公式"=ROUND(AD4-AE4,2)"，用AD4单元格中的本月累计应缴税金"数据减AE4单元格中的"1—6月已预缴税金"数据，即可得到补缴税金，将公式填充至AF5:AF21单元格区域中，如下图所示。

AD4　=ROUND(AA4*AB4-AC4,2)

2021年7月个人所得税计算表

	Y	Z	AA	AB	AC	AD	AE	AF
3	本月累计专项附加扣除	本月累计扣除费用	本月累计应纳税所得额	税率	速算扣除数	本月累计应缴税金	1—6月已预缴税金	本月应补缴税金
4	7,000.00	35,000.00	33,571.46	3%	-❶	1,007.14	871.❷	135.74
5	3,500.00	35,000.00	54,434.26	10%	2,520.00	2,923.43	2,204.19	719.24
6	3,500.00	35,000.00	22,209.70	3%	-	666.29	579.38	86.91
7	-	35,000.00	23,930.00	3%	-	717.90	622.92	94.98
8	-	35,000.00	24,078.25	3%	-	722.35	626.03	96.32
9	-	35,000.00	9,240.23	3%	-	277.21	240.83	36.38
10	3,000.00	35,000.00	17,023.56	3%	-	510.71	442.15	68.56
11	-	35,000.00	16,672.48	3%	-	500.17	435.82	64.35
12	4,200.00	35,000.00	2,460.54	3%	-	73.82	69.35	4.47
13	-	35,000.00	5,884.70	3%	-	176.54	155.28	21.26
14	-	35,000.00	3,197.01	3%	-	95.91	84.85	11.06
15	-	35,000.00	5,819.99	3%	-	174.60	153.93	20.67
16	-	35,000.00	6,046.35	3%	-	181.39	159.11	22.28
17	-	35,000.00	3,293.53	3%	-	98.81	90.99	7.82
18	-	35,000.00	-	0%	-	-	-	-
19	-	35,000.00	6,289.44	3%	-	188.68	165.16	23.52
20	-	35,000.00	5,581.47	3%	-	167.44	167.32	0.12
21	-	35,000.00	6,728.37	3%	-	201.85	178.88	22.97
22	21,200.00	630,000.00	246,461.34	-	2,520.00	8,684.24	7,247.59	1,436.65

第5步 引用补缴税额至工资表中。❶ 在P4单元格中设置公式"=AF4"，直接引用AF4单元格中的"本月应补缴税金"；❷ 将P4单元格中公式填充至P5:P21单元格区域中即可，如下图所示。

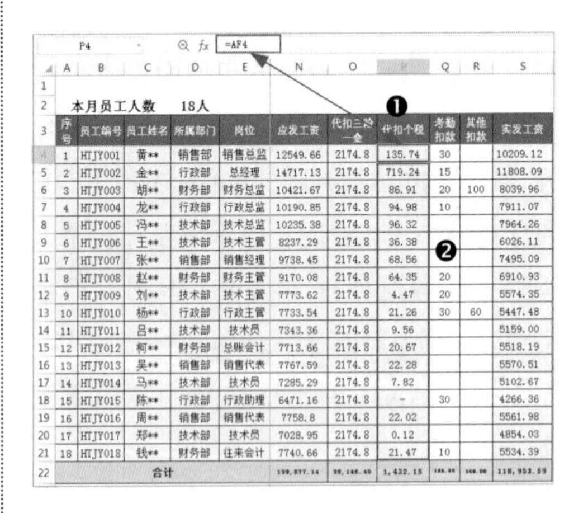

P4　=AF4

	A	B	C	D	E	N	O	P	Q	R	S
2	本月员工人数		18人								
3	序号	员工编号	员工姓名	所属部门	岗位	应发工资	代扣三险一金	代扣个税	考勤扣款	其他扣款	实发工资
4	1	HTJY001	黄**	销售部	销售总监	12549.66	2174.8	135.74	30		10209.12
5	2	HTJY002	金**	行政部	总经理	14717.13	2174.8	719.24	15		11808.09
6	3	HTJY003	胡**	财务部	财务总监	10421.67	2174.8	86.91	20	100	8039.96
7	4	HTJY004	龙**	行政部	行政总监	10190.85	2174.8	94.98	10		7911.07
8	5	HTJY005	冯**	技术部	技术总监	10235.38	2174.8	96.32			7964.26
9	6	HTJY006	王**	技术部	技术主管	8237.29	2174.8	36.38			6026.11
10	7	HTJY007	张**	销售部	销售经理	9738.45	2174.8	68.56			7495.09
11	8	HTJY008	赵**	财务部	财务主管	9170.08	2174.8	64.35	20		6910.93
12	9	HTJY009	刘**	技术部	技术主管	7773.62	2174.8	4.47	20		5574.35
13	10	HTJY010	杨**	行政部	行政主管	7733.54	2174.8	21.26	30	60	5447.48
14	11	HTJY011	吕**	技术部	技术员	7343.36	2174.8	9.56			5159.00
15	12	HTJY012	柯**	财务部	总账会计	7713.66	2174.8	20.67			5518.19
16	13	HTJY013	吴**	销售部	销售代表	7767.59	2174.8	22.28			5570.51
17	14	HTJY014	马**	技术部	技术员	7285.29	2174.8	7.82			5102.67
18	15	HTJY015	陈**	行政部	行政助理	6471.16	2174.8	-	30		4266.36
19	16	HTJY016	周**	销售部	销售代表	7758.8	2174.8	22.02			5561.98
20	17	HTJY017	郑**	技术部	技术员	7028.95	2174.8	0.12			4854.03
21	18	HTJY018	钱**	财务部	往来会计	7740.66	2174.8	21.47	10		5534.39
22	合计					199,877.14	39,146.40	1,432.15	185.00	160.00	118,953.59

10.1.4 制作工资查询表

工资查询表可方便相关人员按照不同

的对象查询工资数据。本小节将制作两张工资查询表，可按照员工姓名查询其个人的全年工资数据，同时，按照指定月份，以工资条的形式查询该月份全部员工的工资数据。

1. 制作个人工资查询表

个人工资查询表的作用是根据指定的员工编号查找引用员工相关信息及全年每一月份的工资数据，并进行汇总。查询表的制作方法非常简单，运用 VLOOKUP、INDIRECT、MATCH 函数组合即可。具体步骤如下。

第1步 **绘制表格框架，创建下拉列表。** ❶ 新建工作表，重命名为“工资查询”，在 A3:O16 单元格区域绘制表格框架，设置字段名称（可直复制“2021 年 7 月工资”工作表中的字段名称）及基础格式。同样在 A2:O2 单元格区域中设置字段名称并预留单元格，用于创建“员工编号”的下拉列表，以及设置函数公式引用相关内容。❷ 选中 B2 单元格，单击【数据】选项卡中的【有效性】按钮打开【数据有效性】对话框，在【设置】选项卡【允许】下拉列表中选择【序列】选项。❸ 在【来源】文本框中输入公式“=OFFSET(固定薪酬 !$B$1,2,, COUNTA(固定薪酬 !$B:$B)-2)”，运用 OFFSET 函数以“固定薪酬”工作表中 B1 单元格为基准，向下偏移 2 行，向右偏移 0 列，向下偏移的高度是由 COUNTA 函数统计得到“固定薪酬”工作表 B:B 列区域中文本的数量再减 2（减掉标题和字段占用的 2 行）之后的数字；❹ 单击【确定】按钮关闭对话框，如下图所示。

第2步 **引用员工相关信息。** ❶ 在 B2 单元格下拉列表中任意选择一个选项，如“HTJY006”，在 E2 单元格中设置公式“=VLOOKUP($B2, 固定薪酬 !$B:$N,2,0)”，运用 VLOOKUP 函数根据 B2 单元格中的“员工编号”，在“固定薪酬”工作表 B:N 区域中查找与之匹配的“员工姓名”数据；❷ 在 I2 单元格中设置公式“=VLOOKUP ($B2, 固定薪酬 !$B:$N,3,0)&"—"&VLOOKUP ($B2, 固定薪酬 !$B:$N,4,0)”，运用两组 VLOOKUP 函数根据 B2 单元格中的“员工编号”，分别在“固定薪酬”工作表 B:N

区域中查找引用与之匹配的部门和岗位数据，并使用符号“&”与文本“—”组合；❸ 在 O2 单元格中设置公式“=VLOOKUP($B2, 固定薪酬 !$B:$N,9,0)”，运用 VLOOKUP 函数根据 B2 单元格中的“员工编号”在“固定薪酬”工作表 B:N 区域中查找与之匹配的“实际工龄”数据，将单元格格式自定义为“0.0 年”，如下图所示。

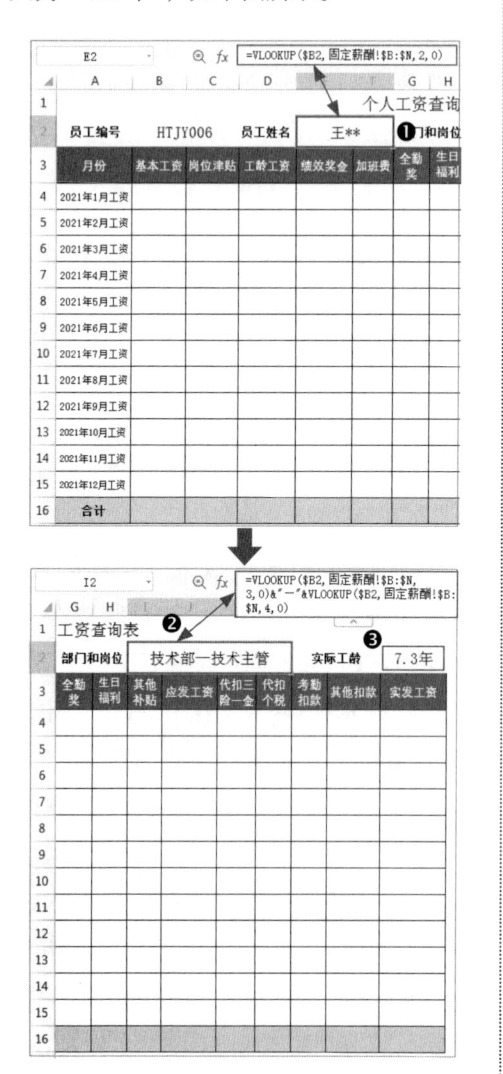

第3步 引用工资数据。❶ 在 B4 单元格中设置公式“=IFERROR(VLOOKUP($B$2, INDIRECT($A4&"!$B:$S"),MATCH(B$3, INDIRECT($A4&"!$3:$3"),0)-1,0),"-")”，运用 VLOOKUP、INDIRECT 和 MATCH 函数组合查找名称为“2021 年 1 月工资”的工作表中的“基本工资”数据。由于本例仅创建了“2021 年 7 月工资”工作表和工资数据，那么 VLOOKUP 函数公式将返回错误值“#N/A”，因此嵌套 IFERROR 函数将其转化为符号“-”。❷ 将 B4 单元格公式复制粘贴至 B4:O15 单元格区域中。❸ 在 B16 单元格中设置公式“=ROUND(SUM(B4:B15),2)”，计算 B4:B15 单元格区域数据的合计数，将公式填充至 C16:O16 单元格区域中。效果如下图所示。

B4 =IFERROR(VLOOKUP($B$2, INDIRECT($A4&"!$B:$S"), MATCH(B$3, INDIRECT($A4&"!$3:$3"), 0)-1, 0), "-")

个人工资查询表

员工编号	HTJY006	员工姓名	王**		部门和岗位		
月份	基本工资	岗位津贴	工龄工资	绩效奖金	加班费	全勤奖	生日福利
2021年1月工资	-	❶	-	-	-	-	-
2021年2月工资	-	-	-	-	-	-	-
2021年3月工资	-	-	-	-	-	-	-
2021年4月工资	-	-	-	-	-	-	-
2021年5月工资	-	-	-	-	-	-	-
2021年6月工资 ❷	-	-	-	-	-	-	-
2021年7月工资	6,000.00	600.00	150.00	997.29	240.00	100.00	-
2021年8月工资	-	-	-	-	-	-	-
2021年9月工资	-	-	-	-	-	-	-
2021年10月工资	-	-	-	-	-	-	-
2021年11月工资	-	-	-	-	-	-	-
2021年12月工资	-	-	-	-	-	-	-
合计 ❸	6,000.00	600.00	150.00	997.29	240.00	100.00	-

	A	I	J	K	L	M	N	O
1								
2	员工编号	技术部—技术主管				实际工龄		7.3年
3	月份	其他补贴	应发工资	代扣三险一金	代扣个税	考勤扣款	其他扣款	实发工资
4	2021年1月工资	-	-	-	-	-	-	-
5	2021年2月工资	-	-	-	-	-	-	-
6	2021年3月工资	-	-	-	-	-	-	-
7	2021年4月工资	-	-	-	-	-	-	-
8	2021年5月工资	-	-	-	-	-	-	-
9	2021年6月工资 ❷	-	-	-	-	-	-	-
10	2021年7月工资	150.00	8,237.29	2,174.80	36.38	-	-	6,026.11
11	2021年8月工资	-	-	-	-	-	-	-
12	2021年9月工资	-	-	-	-	-	-	-
13	2021年10月工资	-	-	-	-	-	-	-
14	2021年11月工资	-	-	-	-	-	-	-
15	2021年12月工资	-	-	-	-	-	-	-
16	合计 ❸	150.00	8,237.29	2,174.80	36.38	-	-	6,026.11

第4步 **测试效果**。复制一份“2021 年 7 月工资”工作表，重命名为“2021 年 8 月工资”，修改其中不包含公式的字段下的部分数据，如“绩效奖金”“加班费”“全勤奖”等。切换至“工资查询”工作表，可看到 B11:O11 单元格区域中已自动引用该员工的工资数据，如下图所示。

	A	B	C	D	E	F	G	H	I	J	K	L	M	N	O
1	个人工资查询表														
2	员工编号	HTJY002		员工姓名	金**		部门和岗位		行政部—总经理				实际工龄		8.8年
3	月份	基本工资	岗位津贴	工龄工资	绩效奖金	加班费	全勤奖	生日福利	其他补贴	应发工资	代扣三险一金	代扣个税	考勤扣款	其他扣款	实发工资
4	2021年1月工资	-	-	-	-	-	-	-	-	-	-	-	-	-	-
5	2021年2月工资	-	-	-	-	-	-	-	-	-	-	-	-	-	-
6	2021年3月工资	-	-	-	-	-	-	-	-	-	-	-	-	-	-
7	2021年4月工资	-	-	-	-	-	-	-	-	-	-	-	-	-	-
8	2021年5月工资	-	-	-	-	-	-	-	-	-	-	-	-	-	-
9	2021年6月工资	-	-	-	-	-	-	-	-	-	-	-	-	-	-
10	2021年7月工资	12,000.00	1,200.00	150.00	1,217.13	-	-	-	[illegible]	14,717.13	[illegible]	716.24	15.00	-	11,808.09
11	2021年8月工资	12,000.00	1,200.00	150.00	1,257.07	200.00	[illegible]	-	[illegible]	15,057.07	[illegible]	[illegible]	-	-	12,124.05
12	2021年9月工资	-	-	-	-	-	-	-	-	-	-	-	-	-	-
13	2021年10月工资	-	-	-	-	-	-	-	-	-	-	-	-	-	-
14	2021年11月工资	-	-	-	-	-	-	-	-	-	-	-	-	-	-
15	2021年12月工资	-	-	-	-	-	-	-	-	-	-	-	-	-	-
16	合计	[illegible]	[illegible]	300.00	2,474.20	[illegible]	[illegible]	-	[illegible]	[illegible]	[illegible]	[illegible]	[illegible]	-	23,932.14

2. 制作工资条

工资条是按照指定月份自动生成的，制作方法非常简单，同样运用查找与引用函数将相关数据引用至工资条表格中即可。具体操作步骤如下。

第1步 **绘制表格框架，创建下拉列表**。❶ 将“2021 年 7 月工资”工作表中表格的字段名称复制粘贴至 Q3:AI3 单元格区域中（也可以另外新建工作表制作），绘制工资条的表格框架及裁剪线，设置基础格式；❷ 选中 Q2 单元格，单击【数据】选项卡中的【下拉列表】按钮打开【插入下拉列表】对话框，选中【从单元格选择下拉选项】单选按钮，单击文本框后选中 A4:A15 单元格区域，单击【确定】按钮关闭对话框；❸ 返回工作表后，在 Q2 单元格下拉列表中选择【2021 年 7 月工资】（或【2021 年 8 月工资】）选项，如下图所示。

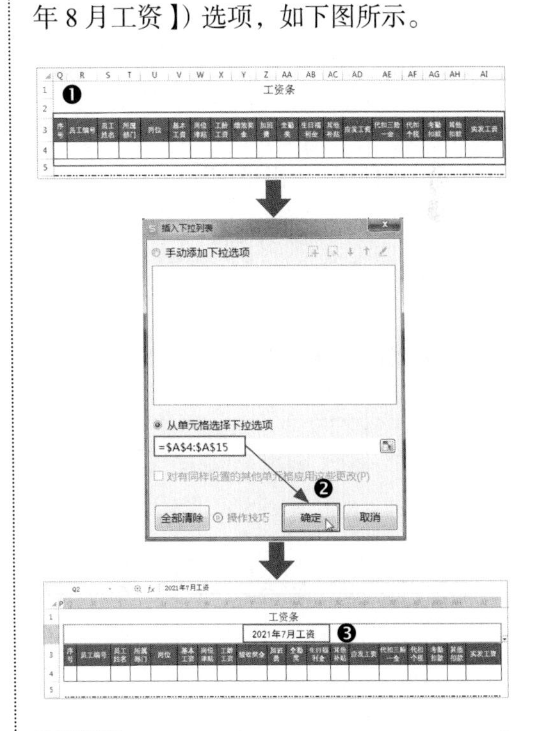

第2步 **自动生成工资条序号**。在 Q4 单元格中设置公式“=COUNT(Q$3:Q3)+1”，

运用 COUNT 函数统计 Q3 单元格中数字的数量后加 1，即可生成第 1 个序号，如下图所示。

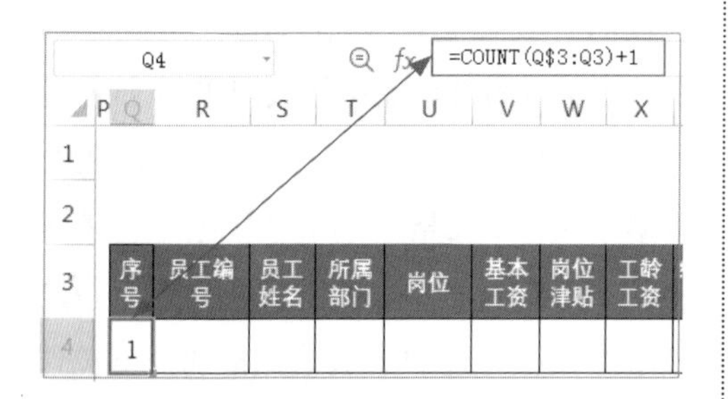

第3步 **引用工资数据**。❶ 在 R4 单元格中设置公式“=IFERROR(VLOOKUP($Q4,INDIRECT($Q2&"!$A:$S"),MATCH(R3,INDIRECT($Q2&"!$3:$3"),0),0),"-")”，运用 Q4 单元格中的序号，在指定的工作表区域中查找引用与之匹配的“员工编号”数据；❷ 将 R4 单元格公式复制粘贴至 S4:AI4 单元格区域中即可，如下图所示。

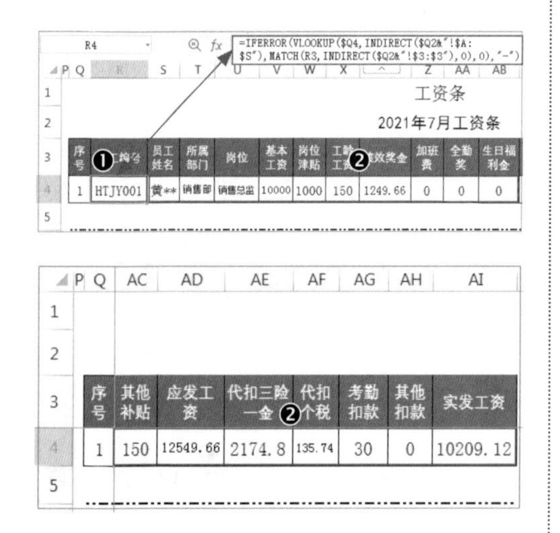

第4步 **批量生成工资条**。❶ 复制 Q2:AI5 单元格区域粘贴至 Q6:AI9 单元格区域中，清除 Q6 单元格中的有效性后在其中设置公式“=$Q$2”，引用 Q2 单元格中的数据；❷ 复制 Q6:AI9 单元格区域后，按当前员工人数（18 人）向下方区域粘贴 16 次即可，如下图所示。

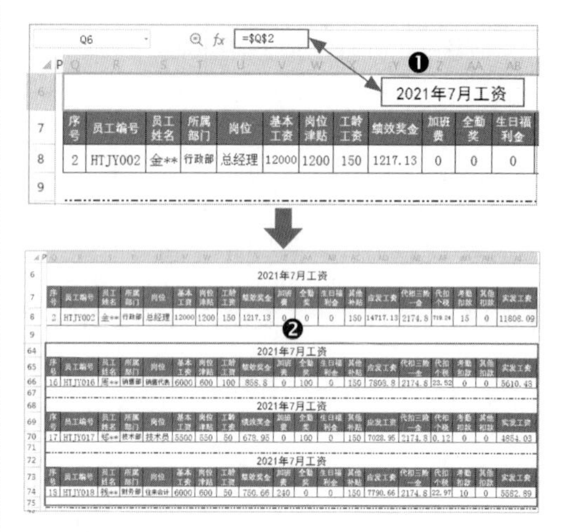

第5步 **测试效果**。在 Q2 单元格下拉列表中选择【2021 年 8 月工资】选项，即可看到全部工资条表格中的数据变化为同名工作表中的数据，如下图所示。

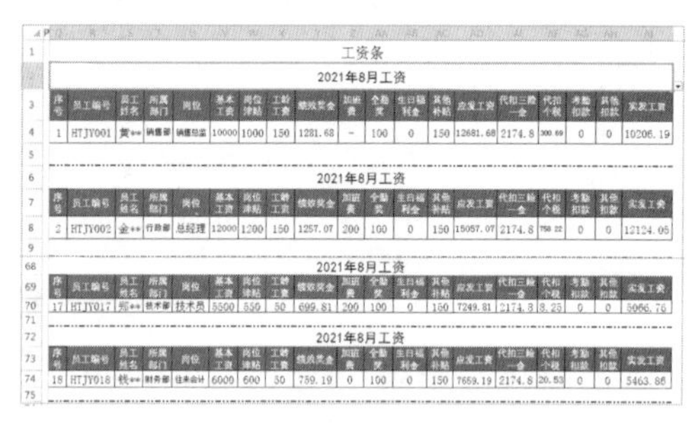

本节示例结果见“结果文件 \ 第 10 章 \ 薪酬管理 .xlsx”文件。

10.2 工资薪酬数据汇总分析

运用 WPS 表格管理薪酬数据，不仅可以保证工资数据的计算结果准确无误，也便于对数据进行统计分析。在实际工作中，一般可从部门、岗位、月份或个人等角度对工资数据进行统计和分析。本节将“部门”薪酬数据作为汇总分析对象，介绍运用 WPS 表格汇总分析数据的方法和思路。同时，制作一体化动态图表，直观呈现全年 1—12 月每个部门、每个工资项目的合计数、平均数的对比效果。

10.2.1 动态汇总部门全年工资薪酬数据

本小节首先按照不同的部门名称动态汇总全年每一月份的全部工资项目数据，并按照不同的部门名称动态查询汇总数据。同时，设定两种汇总方式：合计与平均。在每月部门数据汇总的基础上，动态计算全年工资薪酬数据的合计数与平均数，具体操作方法如下。

第1步 **绘制表格框架，设置辅助行**。打开“素材文件\第 10 章\2021 年员工工资 .xlsx”文件，其中包含 13 张工作表，即“固定薪酬”工作表和 1—12 月工资表。新建工作表，重命名为“部门工资汇总”，在 A2:O16 单元格区域绘制表格框架，将任意一个月份工资表中的工资项目字段名称复制粘贴至 B2:O2 单元格区域。将 A3:O3 单元格区域作为辅助行，在 A3 单元格中输入文本“2021 年”。在 B3:O3 单元格区域中依次输入 B2:O2 单元格区域中的字段名称在各工资表中所在的列区域地址，并在其前面添加加符号“!”，便于后面设置公式时直接引用，可起到简化公式的作用，如下图所示。B2 单元格中的字段名称是“基本工资”，而每个工资表的 F3 单元格中的字段名称与之相同，因此在 B3 单元格中输入“!F:F”。

	A	B	C	D	E	F	G	H
1								
2		基本工资	岗位津贴	工龄工资	绩效奖金	加班费	全勤奖	生日福利金
3	2021年	!F:F	!G:G	!H:H	!I:I	!J:J	!K:K	!L:L
4	1月							
5	2月							
6	3月							
7	4月							
8	5月							
9	6月							
10	7月							
11	8月							
12	9月							
13	10月							
14	11月							
15	12月							
16	合计							

	A	I	J	K	L	M	N	O
1								
2		其他补贴	应发工资	代扣三险一金	代扣个税	考勤扣款	其他扣款	实发工资
3	2021年	!M:M	!N:N	!O:O	!P:P	!Q:Q	!R:R	!S:S
4	1月							
5	2月							
6	3月							
7	4月							
8	5月							
9	6月							
10	7月							
11	8月							
12	9月							
13	10月							
14	11月							
15	12月							
16	合计							

第2步 **创建部门名称的下拉列表**。❶ 选中 A2 单元格，单击【数据】选项卡中的

【下拉列表】按钮打开【插入下拉列表】对话框，选中【手动添加下拉选项】单选按钮，依次添加下拉选项，包括“行政部”“财务部”“技术部”“销售部”“合计”；❷ 单击【确定】按钮关闭对话框，如下图所示。

第3步 **设置动态标题**。返回工作表后，在 A2 单元格下拉列表中任意选择一个选项，如“行政部”，在 A1 单元格中设置公式“=A3&IF(A2="合计","",A2)&"工资汇总表"”，运用 IF 函数判断 A2 单元格中的文本为“合计”时，返回空值，否则返回 A2 单元格中的文本“行政部”，并与 A3 单元格中的文本、固定文本“工资汇总表”组合成为动态标题，如下图所示。

A1 =A3&IF(A2="合计","",A2)&"工资汇总表"

2021年行政部工资汇总表

行政部	基本工资	岗位津贴	工龄工资	绩效奖金	加班费	全勤奖	生日福利金	其他补贴
2021年	!F:F	!G:G	!H:H	!I:I	!J:J	!K:K	!L:L	!M:M
1月								
2月								
3月								
4月								
5月								
6月								
7月								
8月								
9月								
10月								
11月								
12月								
合计								

第4步 **汇总工资数据**。❶ 在 B4 单元格中设置公式“=SUMIF(INDIRECT($A$3&$A4&IF($A$2="合计","工资!A:A","工资!D:D")),$A$2,INDIRECT($A$3&$A4&"工资"&B$3))”，运用 SUMIF 函数汇总“2021 年 1 月工资”工作表中“行政部”的基本工资数据。其中，第 1 个参数是运用 INDIRECT 函数引用 A3、A4 单元格中的数据，以及由 IF 函数根据 A2 单元格中不同内容返回的不同文本组合而成。第 3 个参数原理与第 1 个参数相同。❷ 将 B4 单元格公式复制粘贴至 B4:O15 单元格区域中即可。效果如下图所示。

B4 =SUMIF(INDIRECT($A$3&$A4&IF($A$2="合计","工资!A:A","工资!D:D")),$A$2,INDIRECT($A$3&$A4&"工资"&B$3))

2021年行政部工资汇总表

行政部	基本工资	岗位津贴	工龄工资	绩效奖金	加班费	全勤奖	生日福利金	其他补贴
2021年	!F:F	!G:G	!H:H	!I:I	!J:J	!K:K	!L:L	!M:M
❶	31,000.00	3,100.00	550.00	4,195.87	200.00	400.00	-	600.00
2月	31,000.00	3,100.00	550.00	3,919.11	-	-	-	600.00
3月	31,000.00	3,100.00	550.00	3,642.80	-	-	-	600.00
4月	31,000.00	3,100.00	550.00	3,660.89	-	-	-	600.00
5月	31,000.00	3,100.00	550.00	3,955.25	-	-	-	600.00
6月	31,000.00	3,100.00	550.00	3,850.62	-	-	-	400.00
7月	31,000.00	3,100.00	550.00	3,762.68	-	-	100.00	320.00
8月	31,000.00	3,100.00	550.00	3,831.99	400.00	400.00	-	600.00
9月	31,000.00	3,100.00	550.00	3,571.78	-	-	100.00	600.00
10月	31,000.00	3,100.00	550.00	3,946.35	-	-	200.00	600.00
11月	31,000.00	3,100.00	550.00	4,018.75	-	-	-	600.00
12月	31,000.00	3,100.00	550.00	3,885.23	-	-	-	600.00
合计								

行政部	应发工资	代扣三险一金	代扣个税	考勤扣款	其他扣款	实发工资
2021年	!N:N	!O:O	!P:P	!Q:Q	!R:R	!S:S
1月	40,045.87	8,699.20	359.65	-	-	30,987.02
2月	39,169.11	8,699.20	409.01	85.00	60.00	29,915.90
3月❷	38,892.80	8,699.20	312.79	-	-	29,880.81
4月	38,910.89	8,699.20	326.53	85.00	60.00	29,740.16
5月	39,205.25	8,699.20	415.19	85.00	60.00	29,945.86
6月	38,900.62	8,699.20	1,243.05	85.00	60.00	28,813.37
7月	38,832.68	8,699.20	824.27	85.00	60.00	29,164.21
8月	39,881.99	8,699.20	879.09	85.00	60.00	30,158.70
9月	38,921.78	8,699.20	823.21	85.00	60.00	29,254.37
10月	39,396.35	8,699.20	1,674.26	85.00	60.00	28,877.89
11月	39,268.75	8,699.20	842.43	85.00	60.00	29,582.12
12月	39,135.23	8,699.20	977.15	85.00	60.00	29,313.88
合计						

第5步 **动态汇总全年工资数据**。❶ 删除

A16 单元格中的文本“合计”，在其中创建下拉列表，将下拉选项设置为“合计”“平均”两项，在下拉列表中选择任意一个选项，如“合计”；❷ 在 B16 单元格中设置公式“=ROUND(IF($A$16=" 合 计 ",SUM(B4:B15),AVERAGE(B4:B15)),2)”，运用 IF 函数根据 A16 单元格中的文本“合计”或“平均”，分别返回 SUM 或 AVERAGE 函数表达式的计算结果，将公式填充至 C16:O16 单元格区域中，如下图所示。

B16　=ROUND(IF($A$16="合计",SUM(B4:B15),AVERAGE(B4:B15)),2)

	A	B	C	D	E	F	G	H
1							2021年行政部工资	
2	行政部	基本工资	岗位津贴	工龄工资	绩效奖金	加班费	全勤奖	生日福利金
3	2021年	!F:F	!G:G	!H:H	!I:I	!J:J	!K:K	!L:L
12	9月	31,000.00	3,100.00	550.00	3,571.78	-	-	100.00
13	10月	31,000.00	3,100.00	550.00	3,946.35	-	-	200.00
14	11月	31,000.00	3,100.00	550.00	4,018.75	-	-	-
15	[illegible]	31,000.00	3,100.00	550.00	3,[illegible].23	-	-	-
16	合计	372,000.00	37,200.00	6,600.00	46,241.32	600.00	800.00	400.00

	A	I	J	K	L	M	N	O
1		资汇总表						
2	行政部	其他补贴	应发工资	代扣三险一金	代扣个税	考勤扣款	其他扣款	实发工资
3	2021年	!M:M	!N:N	!O:O	!P:P	!Q:Q	!R:R	!S:S
12	9月	600.00	38,921.78	8,699.20	823.21	85.00	60.00	29,254.37
13	10月	600.00	39,396.35	8,699.20	1,674.26	85.00	60.00	28,877.89
14	11月	600.00	39,268.75	8,699.20	842.43	85.00	60.00	29,582.12
15	12月	600.00	39,135.23	8,699.20	977.15	85.00	60.00	29,313.88
16	合计	6,720.00	470,561.32	104,390.40	9,086.63	850.00	600.00	355,634.29

10.2.2 制作图表对比全年工资项目数据

10.2.1 小节将全年工资数据按照月份和工资项目进行了汇总。在实际工作中，对于这类数据，通常使用柱形图进行对比。但需要注意一点：由于工资项目数量较多，若选择全部数据作为数据源制作图表，不仅不能清晰地呈现对比效果，还会造成图表效果凌乱无章，从而影响图表的专业效果。因此，本小节将制作动态柱形图表，分别按照不同的工资项目呈现 1—12 月的工资数据。

1. 构建动态数据源

制作动态图表的前提是将数据源动态化，下面制作表格，按照工资项目动态引用 1—12 月数据，操作方法如下。

第1步 **创建下拉列表，生成动态图表标题。** ❶ 在 A2 单元格中选择其他选项，如“合计”，在 Q2:Q16 单元格区域绘制表格框架，在 Q2 单元格中创建下拉列表，将 B2:O2 单元格区域设置为下拉选项，在下拉列表中选择任意选项，如“绩效奖金”；❷ 在 Q3 单元格中设置公式“=A1&"—"&Q2&" 全年 "&A16&" 数："&Q16”，将 A1、Q2、A16、Q16 单元格中的文本与符号“—”、固定文本组合，构成动态标题，后面将在图表中引用，作为图表标题，如下图所示。

Q3　=A1&"—"&Q2&"　全年"&A16&"数："&Q16

	A	O	Q
1			工资项目动态查询
2	合计	实发工资	绩效奖金
3	2021年	!S:S	2021年工资汇总表—绩效奖金　全年合计数：
4	1月	121,335.53	
5	2月	119,802.56	
6	3月	119,852.09	
7	4月	119,502.85	
8	5月	120,581.52	
9	6月	117,651.81	
10	7月	118,060.84	
11	8月	120,128.06	
12	9月	118,295.52	
13	10月	118,113.19	
14	11月	119,520.70	
15	12月	119,179.84	
16	合计	1,432,024.51	

第2步 **引用工资项目数据。** ❶ 在 Q4 单元格中设置公式“=OFFSET($A$1,ROW()-1,MATCH($Q$2,$2:$2,0)-1)”，运用 OFFSET 函数以 A1 单元格为基准，向下和向右偏

移至目标单元格，并引用其中数据。其中，OFFSET 函数的第 2 个参数，即向下偏移的行数运用 ROW 函数返回当前单元格所在行数后减 1（A1 单元格占用的 1 行）。第 3 个参数是向右偏移的列数，运用 MATCH 函数定位 Q2 单元格中的数据位于第 2 行区域中的列数后减 1（A1 单元格占用的 1 列）。❷ 将 Q4 单元格公式复制粘贴至 Q5:Q16 单元格区域中。效果如下图所示。

Q4　fx　=OFFSET($A$1,ROW()-1,MATCH($Q$2,$2:$2,0)-1)

	A	O	P	Q
1				工资项目动态查询
2	合计	实发工资		绩效奖金
3	2021年	!S:S		2021年工资汇总表－绩效奖金　全年合计数：199945.56
4	1月	121,335.53	❶	17987.09
5	2月	119,802.56		16806.79
6	3月	119,852.09		15909.47
7	4月	119,502.85		16021.80
8	5月	120,581.52		17147.04
9	6月	117,651.81		16638.00
10	7月	118,060.84		16357.14
11	8月	120,128.06	❷	16537.49
12	9月	118,295.52		15544.73
13	10月	118,113.19		16958.82
14	11月	119,520.70		16981.16
15	12月	119,179.84		17056.03
16	合计	1,432,024.51		199945.56

2．制作动态图表

下面以 Q4:Q15 单元格区域为数据源制作图表，动态呈现各个工资项目在全年 1—12 月的数据。制作方法如下。

第1步 **插入图表模板**。按住【Ctrl】键，选中 A4:A15 与 Q4:Q15 单元格区域，单击【插入】选项卡中的【全部图表】下拉按钮，在下拉列表中选择【在线图表】命令，在子列表中任意选择一种柱形图模板插入工作表（图示略）。初始图表样式如下图所示。

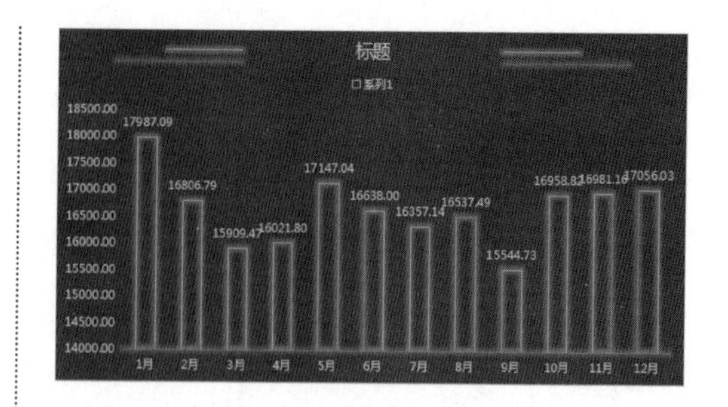

第2步 **设置动态图表标题**。❶ 右击图表区域，选择快捷菜单中的【选择数据】命令打开【编辑数据源】对话框，单击【图例项】选项组中的【编辑】按钮；❷ 弹出【编辑数据系列】对话框，单击【系列名称】文本框后选中 Q3 单元格；❸ 单击【确定】按钮关闭对话框，如下图所示。

返回【编辑数据源】对话框后单击【确定】按钮关闭对话框即可（图示略）。

第3步 **调整图表效果**。返回工作表后，若图表中未发生动态变化，删除后重新添加【图表标题】元素即可。同时，删除【图例项】元素，其他样式自行调整即可。图表效果如下图所示。

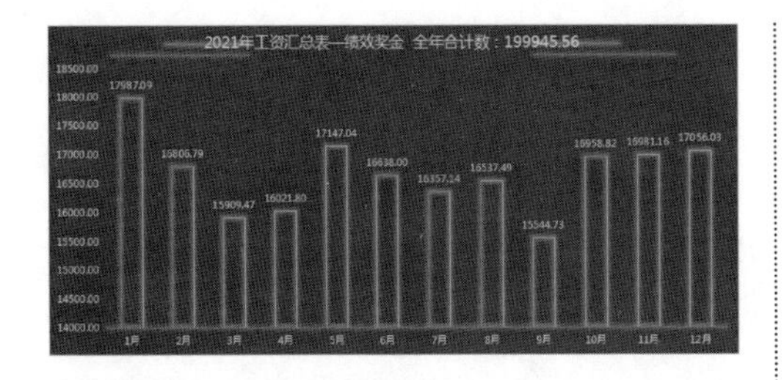

第4步 **隐藏辅助数据**。所有操作完成后，可隐藏工作表中的第 3 行（辅助行）。

第5步 **测试数据表与图表的动态效果**。分别在 A2、A16 和 Q2 单元格下拉列表中选择其他选项，即可看到数据表及图表的动态变化效果，如下图所示。

2021年财务部工资汇总表

财务部	基本工资	岗位津贴	工龄工资	绩效奖金	加班费	全勤奖	生日福利金	其他补贴	应发工资
1月	27,000.00	2,700.00	400.00	3,794.07	100.00	400.00	-	600.00	34,994.07
2月	27,000.00	2,700.00	450.00	3,569.15	840.00	100.00	100.00	600.00	35,359.15
3月	27,000.00	2,700.00	450.00	3,327.11	840.00	100.00	-	600.00	35,017.11
4月	27,000.0C	2,700.00	450.00	3,320.33	840.00	100.00	-	600.00	35,010.33
5月	27,000.00	2,700.00	450.00	3,612.02	840.00	100.00	100.00	600.00	35,402.02
6月	27,000.00	2,700.00	450.00	3,489.79	840.00	100.00	-	400.00	34,979.79
7月	27,000.00	2,700.00	450.00	3,406.07	840.00	100.00	-	320.00	34,816.07
8月	27,000.00	2,700.00	450.00	3,475.84	-	400.00	-	600.00	34,625.84
9月	27,000.00	2,700.00	450.00	3,248.98	840.00	100.00	-	600.00	34,938.98
10月	27,000.00	2,700.00	450.00	3,671.36	840.00	100.00	100.00	600.00	35,461.36
11月	27,000.00	2,700.00	450.00	3,571.70	840.00	100.00	-	600.00	35,261.70
12月	27,000.00	2,700.00	450.00	3,623.60	840.00	100.00	-	600.00	35,313.60
平均	27,000.00	2,700.00	445.83	3,509.17	708.33	150.00	25.00	560.00	35,098.34

财务部	代扣三险一金	代扣个税	考勤扣款	其他扣款	实发工资	实发工资（工资项目动态查询）
1月	8,699.20	197.84	-	-	26,097.03	26097.03
2月	8,699.20	304.81	50.00	100.00	26,205.14	26205.14
3月	8,699.20	174.53	-	-	26,143.38	26143.38
4月	8,699.20	192.34	50.00	100.00	25,968.79	25968.79
5月	8,699.20	204.08	50.00	100.00	26,348.74	26348.74
6月	8,699.20	395.50	50.00	100.00	25,735.09	25735.09
7月	8,699.20	186.51	50.00	100.00	25,780.36	25780.36
8月	8,699.20	180.79	50.00	100.00	25,595.85	25595.85
9月	8,699.20	190.19	50.00	100.00	25,899.59	25899.59
10月	8,699.20	396.06	50.00	100.00	26,216.10	26216.10
11月	8,699.20	199.88	50.00	100.00	26,212.62	26212.62
12月	8,699.20	201.42	50.00	100.00	26,262.98	26262.98
平均	8,699.20	235.33	41.67	83.33	26,038.81	26038.81

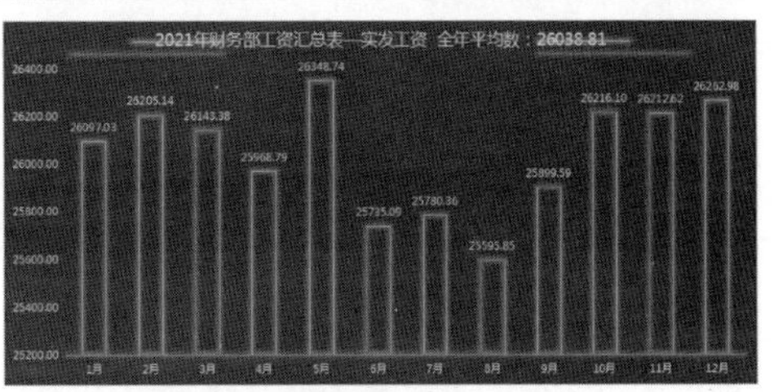

示例结果见“结果文件\第 10 章\2021 年员工工资 .xlsx”文件。

高手支招

本章主要介绍了如何运用 WPS 表格高效计算工龄工资、个人所得税的方法，以及如何运用动态图表汇总合并数张工作表数据，以便全面分析工资数据的方法和操作步骤。相信读者朋友已经充分了解并掌握，并且能够熟练地进行操作。下面结合本章内容，针对部分细微之处涉及的问题，介绍几个操作技巧，帮助财务人员加强 WPS 表格技能。

01 批量打印工作表

财务人员如果需要打印工作簿中的多张或全部工作表时，可以在打印之前设置打印选定工作表或打印工作簿，之后执行一次打印命令即可，不必逐一打印。

下面示范一次性批量打印全部工作表的操作方法。

打开“素材文件\第 10 章\2021 年员工工资 1.xlsx”文件，其中包含 12 张工作表，分别存储2021年1—12月的工资数据。❶ 选择【文件】列表中的【打印】命令打开同名对话框，在【打印内容】选项组中的默认设置为打印选定工作表，此时只需选中【整个工作簿】单选按钮；❷ 单击【确定】按钮即可打印工作簿中全部工作表，如下图所示。

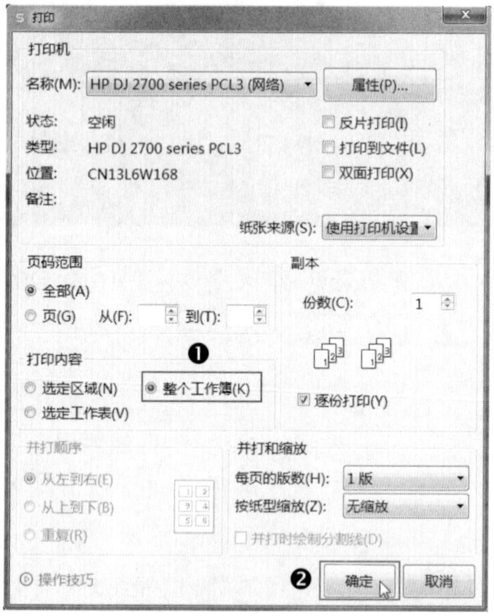

02 多表数据求和的高效方法

财务人员在对多个工作表中的数据进行求和时，除了可采用合并计算、设置函数公式、制作多重数据合并的数据透视表等方法外，在适当的工作场景中，还可使用一个更高效的操作技巧：只需运用SUM函数设置普通公式，无须嵌套函数，即可迅速完成多表数据求和。

打开“素材文件\第10章\2021年员工工资2.xlsx”文件，其中包含12张工作表，为2021年1—12月工资数据，下面按员工姓名、工资项目汇总12个月的工资数据。

第1步 **复制表格框架**。新建工作表，重命名为“工资汇总”，复制任意一张工资表至新工作表中，删除其中的原始工资数据，保留员工基本信息数据，如下图所示。

2021年工资汇总表

序号	员工编号	员工姓名	所属部门	岗位	基本工资	岗位津贴	工龄工资	绩效奖金	加班费	全勤奖
1	HTJY001	黄**	销售部	销售总监						
2	HTJY002	金**	行政部	总经理						
3	HTJY003	胡**	财务部	财务总监						
4	HTJY004	龙**	行政部	行政总监						
5	HTJY005	冯**	技术部	技术总监						
6	HTJY006	王**	技术部	技术主管						
7	HTJY007	张**	销售部	销售经理						
8	HTJY008	赵**	财务部	财务主管						
9	HTJY009	刘**	技术部	技术主管						
10	HTJY010	杨**	行政部	行政主管						
11	HTJY011	吕**	技术部	技术员						
12	HTJY012	柯**	财务部	总账会计						
13	HTJY013	吴**	销售部	销售代表						
14	HTJY014	马**	技术部	技术员						
15	HTJY015	陈**	行政部	行政助理						
16	HTJY016	周**	销售部	销售代表						
17	HTJY017	郑**	技术部	技术员						
18	HTJY018	钱**	财务部	往来会计						
合计										

序号	员工编号	员工姓名	所属部门	岗位	其他补贴	应发工资	代扣三险一金	代扣个税	考勤扣款	其他扣款	实发工资
1	HTJY001	黄**	销售部	销售总监							
2	HTJY002	金**	行政部	总经理							
3	HTJY003	胡**	财务部	财务总监							
4	HTJY004	龙**	行政部	行政总监							
5	HTJY005	冯**	技术部	技术总监							
6	HTJY006	王**	技术部	技术主管							
7	HTJY007	张**	销售部	销售经理							
8	HTJY008	赵**	财务部	财务主管							
9	HTJY009	刘**	技术部	技术主管							
10	HTJY010	杨**	行政部	行政主管							
11	HTJY011	吕**	技术部	技术员							
12	HTJY012	柯**	财务部	总账会计							
13	HTJY013	吴**	销售部	销售代表							
14	HTJY014	马**	技术部	技术员							
15	HTJY015	陈**	行政部	行政助理							
16	HTJY016	周**	销售部	销售代表							
17	HTJY017	郑**	技术部	技术员							
18	HTJY018	钱**	财务部	往来会计							
合计											

第2步 **汇总工资数据**。❶ 在F3单元格中设置公式“=SUM('2021年1月工资:2021年12月工资'!F3)”；❷ 将F3单元格公式复制粘贴至F3:S21单元格区域中即可，如下图所示。

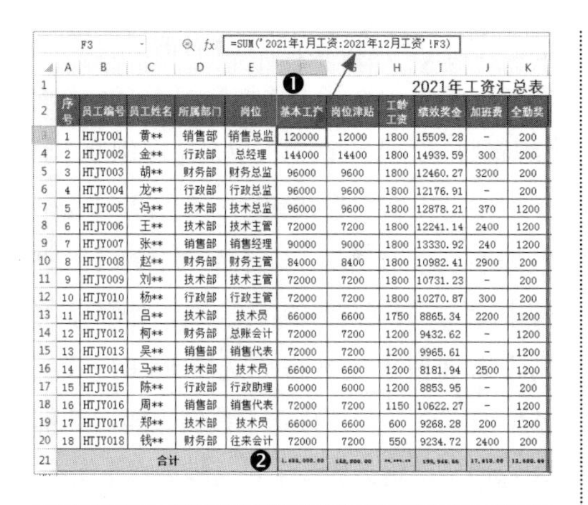

F3 =SUM('2021年1月工资:2021年12月工资'!F3)

2021年工资汇总表

序号	员工编号	员工姓名	所属部门	岗位	基本工资	岗位津贴	工龄工资	绩效奖金	加班费	全勤奖
1	HTJY001	黄**	销售部	销售总监	120000	12000	1800	15509.28	-	200
2	HTJY002	金**	行政部	总经理	144000	14400	1800	14939.59	300	200
3	HTJY003	胡**	财务部	财务总监	96000	9600	1800	12460.27	3200	200
4	HTJY004	龙**	行政部	行政总监	96000	9600	1800	12176.91	-	200
5	HTJY005	冯**	技术部	技术总监	96000	9600	1800	12878.21	370	1200
6	HTJY006	王**	技术部	技术主管	72000	7200	1800	12241.14	2400	1200
7	HTJY007	张**	销售部	销售经理	90000	9000	1800	13330.92	240	1200
8	HTJY008	赵**	财务部	财务主管	84000	8400	1800	10982.41	2900	200
9	HTJY009	刘**	技术部	技术主管	72000	7200	1800	10731.23	-	200
10	HTJY010	杨**	行政部	行政主管	72000	7200	1800	10270.87	300	200
11	HTJY011	吕**	技术部	技术员	66000	6600	1750	8865.34	2200	1200
12	HTJY012	柯**	财务部	总账会计	72000	7200	1200	9432.62	-	1200
13	HTJY013	吴**	销售部	销售代表	72000	7200	1200	9965.61	-	1200
14	HTJY014	马**	技术部	技术员	66000	6600	1200	8181.94	2500	1200
15	HTJY015	陈**	行政部	行政助理	60000	6000	1200	8853.95	-	200
16	HTJY016	周**	销售部	销售代表	72000	7200	1150	10622.27	-	1200
17	HTJY017	郑**	技术部	技术员	66000	6600	600	9268.28	200	1200
18	HTJY018	钱**	财务部	往来会计	72000	7200	550	9234.72	2400	200
合计					[illegible]	[illegible]	[illegible]	[illegible]	[illegible]	[illegible]

序号	员工编号	员工姓名	所属部门	岗位	生日福利金	其他补贴	应发工资	代扣三险一金	代扣个税	考勤扣款	其他扣款	实发工资
1	HTJY001	黄**	销售部	销售总监	100	1680	151289.28	26097.6	3642.63	300	-	121249.05
2	HTJY002	金**	行政部	总经理	100	1680	177419.59	26097.6	7278.85	150	-	143893.14
3	HTJY003	胡**	财务部	财务总监	100	1680	125040.27	26097.6	1239.25	200	1000	96503.42
4	HTJY004	龙**	行政部	行政总监	100	1680	121556.91	26097.6	1465.23	100	-	93894.08
5	HTJY005	冯**	技术部	技术总监	100	1680	123628.21	26097.6	1682.51	-	-	95848.10
6	HTJY006	王**	技术部	技术主管	100	1680	98621.14	26097.6	527.74	-	-	71995.80
7	HTJY007	张**	销售部	销售经理	100	1680	117350.92	26097.6	982.23	-	-	90271.09
8	HTJY008	赵**	财务部	财务主管	100	1680	110062.41	26097.6	924.79	200	-	82840.02
9	HTJY009	刘**	技术部	技术主管	100	1680	93711.23	26097.6	97.78	200	-	67315.85
10	HTJY010	杨**	行政部	行政主管	100	1680	93550.87	26097.6	342.55	300	600	66210.72
11	HTJY011	吕**	技术部	技术员	100	1680	88395.34	26097.6	167.53	-	-	62130.21
12	HTJY012	柯**	财务部	总账会计	100	1680	92812.62	26097.6	322.71	-	-	66392.31
13	HTJY013	吴**	销售部	销售代表	100	1680	93345.61	26097.6	339.05	-	-	66908.96
14	HTJY014	马**	技术部	技术员	100	1680	87461.94	26097.6	133.20	-	-	61231.14
15	HTJY015	陈**	行政部	行政助理	100	1680	78033.95	26097.6	0.00	300	-	51636.35
16	HTJY016	周**	销售部	销售代表	100	1680	93952.27	26097.6	359.36	-	-	67495.31
17	HTJY017	郑**	技术部	技术员	100	1680	85648.28	26097.6	71.64	-	-	59479.04
18	HTJY018	钱**	财务部	往来会计	-	1680	93264.72	26097.6	337.20	100	-	66729.92
合计					[illegible]	[illegible]	[illegible]	[illegible]	[illegible]	[illegible]	[illegible]	[illegible]

示例结果见“结果文件 \ 第 10 章 \2021 年员工工资 2.xlsx”文件。

温馨提示●

运用 SUM 函数进行多表数据求和，需要注意以下操作细节。

①如果公式中引用的工作簿或工作表的名称是以数字开头或包含空格和某些特殊字符时，注意要在工作簿或工作表名称两侧添加半角单引号。

②数据汇总表与被求和的多个工作表的表格布局、字段排列顺序必须完全相同，否则容易造成字段名称与汇总数据错位，从而导致汇总数据混淆。

03 巧设辅助列在图表中动态突出重要数据点

在图表的普通布局中，同一组数据系列中的数据点的填充颜色是全部一致的。如果想要突出某一个数据点，可以巧妙设置辅助列，并利用动态图表的特点和作用实现将其重点关注的数据点自动填充为与众不同的颜色，同时也可设置差异化的数据标签格式。

下面在 10.2.2 小节制作的图表基础上进行操作，实现目标效果。具体操作步骤如下。

第1步● **构建动态辅助列**。打开“素材文件 \ 第 10 章 \2021 年员工工资 .xlsx”文件（即 10.2.2 小节的结果文件）。❶ 在 R2:R16 单元格区域中绘制表格，在 R2 单元格中创建下拉列表，将下拉选项设置为 A4:A15 单元格区域，在下拉列表中任意选择一个选项，如【9 月】；❷ 在 R4 单元格中设置公式“=IF($A$4:$A$15=$R$2,Q4,#N/A)”，运用 IF 函数判断 A4:A15 单元格区域中的数据与 R2 单元格中数据完全相同时，返回 Q4 单元格中的数据，否则返回错误值“#N/A”；❸ 将 R4 单元格公式填充至 R5:R15 单元格区域中，如下图所示。

	A	O	Q	R
1		工资项目动态查询		
2	财务部	实发工资	实发工资	9月
4	1月	26,097.03	26097.03	1月
5	2月	26,205.14	26205.14	2月
6	3月	26,143.38	26143.38	3月
7	4月	25,968.79	25968.79	4月
8	5月	26,348.74	26348.74	5月
9	6月	25,735.09	25735.09	6月
10	7月	25,780.36	25780.36	7月
11	8月	25,595.85	25595.85	8月
12	9月	25,899.59	25899.59	9月
13	10月	26,216.10	26216.10	
14	11月	26,212.62	26212.62	9月
15	12月	26,262.98	26262.98	
16	平均	26,038.81	26038.81	

❶

R4 =IF($A$4:$A$15=$R$2,Q4,#N/A)

	A	O	Q	R
1		工资项目动态查询		
2	财务部	实发工资	实发工资	9月
4	1月	26,097.03	26097.03	#N/A
5	2月	26,205.14	26205.14	#N/A
6	3月	26,143.38	26143.38	#N/A
7	4月	25,968.79	25968.79	#N/A
8	5月	26,348.74	26348.74	#N/A
9	6月	25,735.09	25735.09	#N/A
10	7月	25,780.36	25780.36	#N/A
11	8月	25,595.85	25595.85	#N/A
12	9月	25,899.59	25899.59	25899.59
13	10月	26,216.10	26216.10	#N/A
14	11月	26,212.62	26212.62	#N/A
15	12月	26,262.98	26262.98	#N/A
16	平均	26,038.81	26038.81	

❷ ❸

温馨提示

本例在IF函数公式中设置返回错误值“#N/A”的原因在于：后面将在图表中添加一个数据系列，即R4:R15单元格区域中的数据，而图表中仅会呈现这一数据系列中包含正确数字的数据点，错误值“#N/A”不会显示在图表中。如果在公式中设置为返回“0”或空值，虽然在图表中也不会呈现出数据点，但是图表会自动将纵坐标轴边界值的最小值默认为0，从而导致全部柱条长度相近，如此就无法强调数据的差异性，也就不能达到最理想的数据对比效果。错误值“#N/A”则不会影响纵坐标轴的边界值。

第2步 添加数据系列。❶右击图表区域，在快捷菜单中选择【选择数据】命令打开【编辑数据源】对话框，单击【图例项】选项组中的【新建】按钮＋；❷弹出【编辑数据系列】对话框，在【系列名称】文本框中输入一个自定义名称，如“月份”，单击【系列值】文本框后选中R4:R15单元格区域；❸单击【确定】按钮关闭对话框；❹返回【编辑数据源】对话框后在【系列】列表框中选中【月份】复选框，单击【上移】按钮↑，将其移至另一个系列之上；❺单击【确定】按钮关闭对话框，如下图所示。

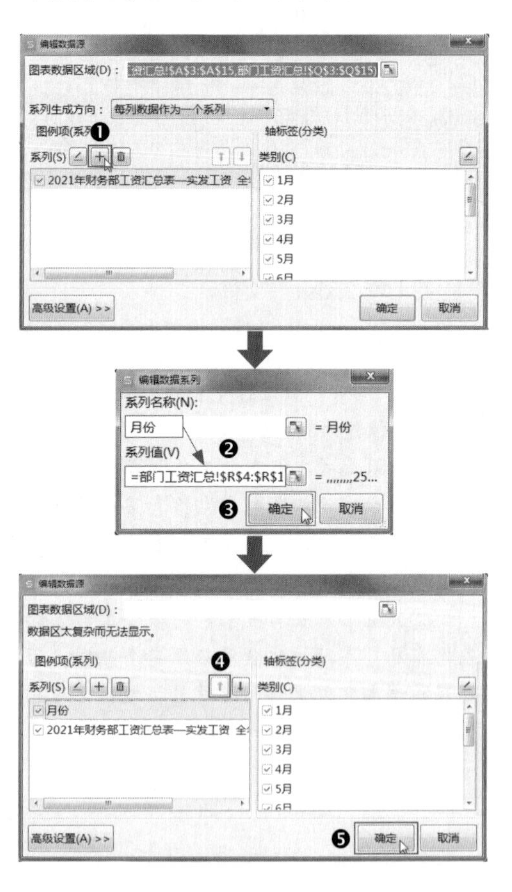

第3步 **设置数据系列颜色**。返回工作表后，将【月份】数据系列的填充色调整为与另一数据系列色调一致的颜色。设置完成后，图表效果如下图所示。

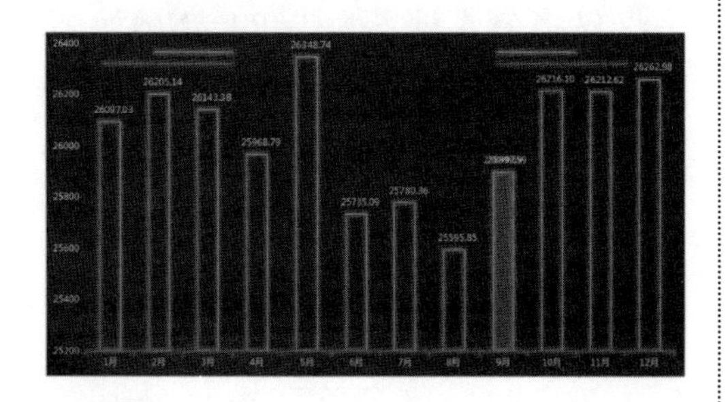

第4步 **设置数据标签中的数字格式**。❶选中【月份】数据系列的数据标签激活【属性】任务窗格（若因两个数据系列的数据标签重叠而无法选中，可先删除另一个数据系列的数据标签），在【标签】选项卡【数字】选项组中的【类别】下拉列表中选择【自定义】选项；❷在【格式代码】文本框中输入格式代码“"★"0.00”；❸单击【添加】按钮将其添加至【类型】列表框中；❹按照第❶～❸步操作方法设置另一个数据系列数据标签的数字格式，格式代码为“0.00”（注意在数字前面插入 3 个空格）。

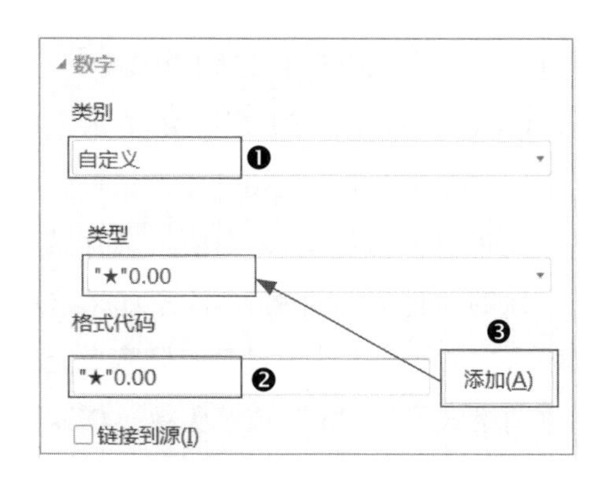

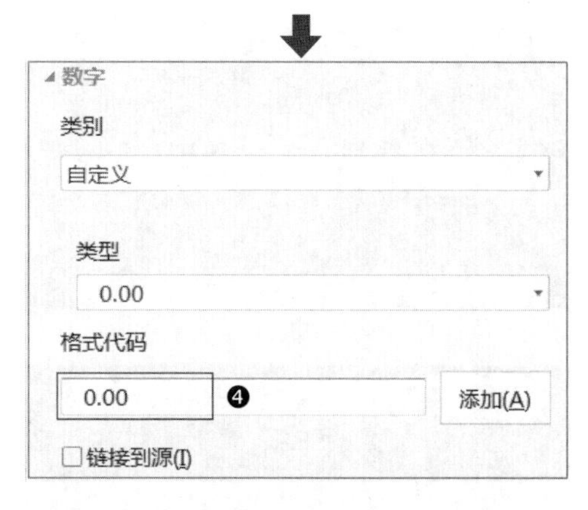

第5步 **查看图表效果**。设置完成后，图表效果如下图所示。

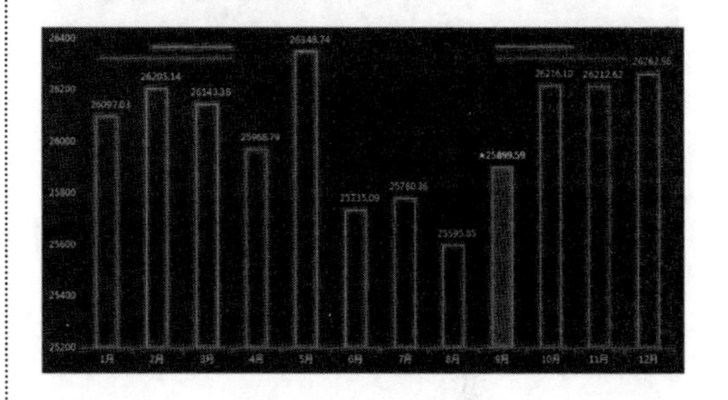

第6步 **用图例项代替图表标题**。通过第 1 步在图表中添加数据系列后，由于图表包含一个以上数据系列，那么之前设置的动态图表标题将被自动删除，即使重新添加后也无法再呈现动态效果。对此，可巧用图例项代替图表标题，进行简单设置后即可实现“动态图表标题”效果。❶添加“图例项”元素；❷删除【月份】图例项，自行调整另一图例项位置、字体大小及其他格式即可，如下图所示。

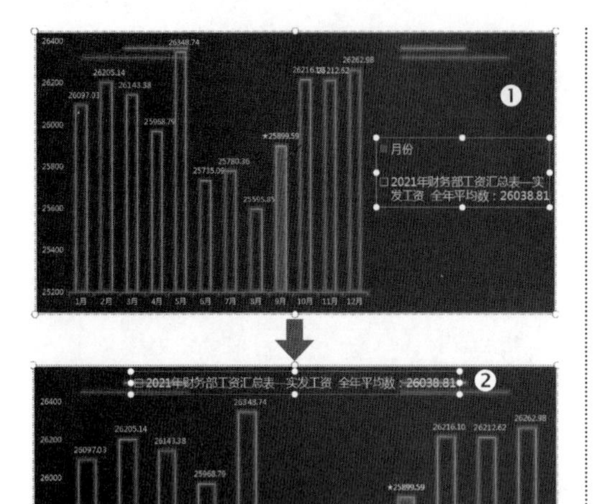

第7步 **测试动态效果**。分别在 A2、A16、Q2 与 R2 单元格的下拉列表中选择其他选项，如【技术部】、【合计】、【应发工资】与【7 月】，可看到图表动态变化效果，如下图所示。

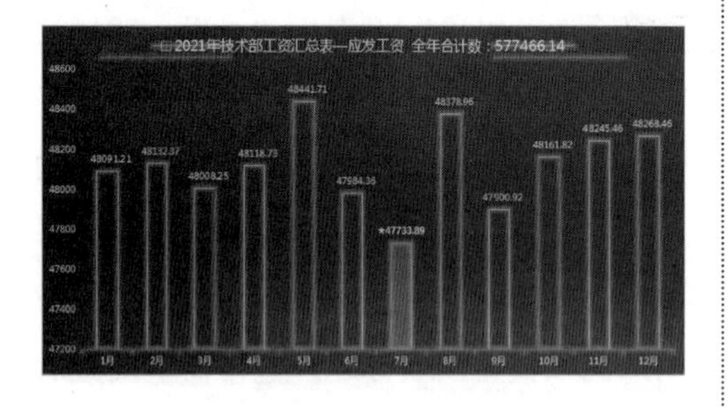

04 巧用函数公式和条件格式隐藏错误值

本章在高手支招 03 示例中，将辅助列数据源的 IF 函数公式设置为不符合条件的数据返回错误值“#N/A”，以确保图表效果，但是却影响了表格的整洁和美观。这类问题也时常在实际工作中发生。对此，可在【条件格式】工具中设置函数公式，隐藏错误值。但是需要注意一点：如果仅仅将公式设置为“=R4=#N/A”，条件格式不会产生效果，必须使用信息函数 ISERROR 才能实现。它的作用是检测一个值是否为错误值，返回 TRUE 或 FALSE。其语法结构及参数说明如下。

语法结构：ISERROR（value）

语法释义：ISERROR（值）

参数说明：当“值”为错误值时，返回“TRUE”，反之则返回“FALSE”。

下面继续在“2021 年员工工资 3”工作簿中示范使用 ISERROR 函数和条件格式隐藏错误值“#N/A”的具体操作方法。

第1步 **设置条件格式**。❶ 选中“部门工资汇总”工作表中的 R4:R15 单元格区域，单击【开始】选项卡中的【条件格式】下拉按钮，在下拉列表中选择【新建规格】命令，打开【新建格式规则】对话框，在【选择规则类型】列表框中选择【使用公式确定要设置格式的单元格】选项。❷ 在【编辑规则说明】文本框中输入公式“=ISERROR($R4)=TRUE”。❸ 单击【格式】按钮打开【单元格格式】对话框，将字体颜色设置为与 WPS 表格窗口背景颜色一致的白色（图示略）。注意如果这里采用自定义格式方法，设置时隐藏单元格数据的格式代码“;;;”依然无效。❹ 返回

【新建格式规则】对话框后单击【确定】按钮关闭对话框，如下图所示。

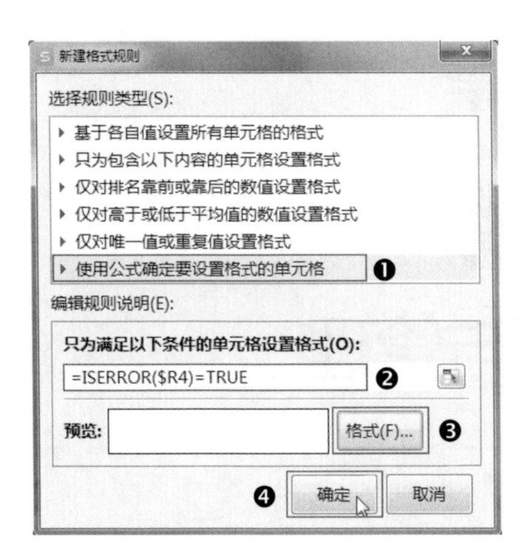

第2步 **查看设置的条件格式效果**。设置完成后，效果如下图所示。

	A	O	Q	R
1		工资项目动态查询		
2	技术部	实发工资	应发工资	7月
4	1月	34,873.13	48091.21	
5	2月	34,749.08	48132.37	
6	3月	34,828.66	48008.25	
7	4月	34,888.82	48118.73	
8	5月	35,202.13	48441.71	
9	6月	34,587.72	47984.36	
10	7月	34,515.53	47733.89	47733.89
11	8月	35,141.25	48378.96	
12	9月	34,677.56	47900.92	
13	10月	34,776.08	48161.82	
14	11月	34,958.81	48245.46	
15	12月	34,801.37	48268.46	
16	合计	418,000.14	577466.14	

第3步 **测试效果**。在 R2 单元格的下拉列表中选择其他选项，如【5 月】，可看到效果如下图所示。

	A	O	Q	R
1		工资项目动态查询		
2	技术部	实发工资	应发工资	5月
4	1月	34,873.13	48091.21	
5	2月	34,749.08	48132.37	
6	3月	34,828.66	48008.25	
7	4月	34,888.82	48118.73	
8	5月	35,202.13	48441.71	48441.71
9	6月	34,587.72	47984.36	
10	7月	34,515.53	47733.89	
11	8月	35,141.25	48378.96	
12	9月	34,677.56	47900.92	
13	10月	34,776.08	48161.82	
14	11月	34,958.81	48245.46	
15	12月	34,801.37	48268.46	
16	合计	418,000.14	577466.14	

高手支招 03 和 04 的示例结果见“结果文件 \ 第 10 章 \2021 年员工工资 3.xlsx”文件。

WPS

第 11 章

实战
税金计算与管理

本章导读

对于税款的征收，目前我国大部分企业是根据相关规定，按照“查账征收”的方式进行申报纳税。“查账征收”即由纳税义务人依据账簿记载，自行计算并申报缴纳税金，税务机关抽查核实。若存在多缴或少缴，则应多退少补。但如果税款多缴或少缴、或延迟缴纳是因企业自身管理不够规范，计算税金不够准确等因素而导致的，那么企业将被依法处以罚款、缴纳滞纳金，同时也会影响纳税信用评级，甚至有可能涉及更大的税收风险，给企业造成难以挽回的名誉和经济损失。因此，企业应高度重视纳税数据的管理，并确保税金计算的准确性及申报缴纳的及时性。

本章将讲解如何具体运用 WPS 表格规范管理纳税数据，并准确计算各种税金的具体方法和操作步骤。同时分享税金管理思路，帮助读者提高技能，充分运用到实际工作当中，从而提高工作效率，并保障工作质量。

知识要点

- 计算增值税动态税负的方法
- 多角度汇总分析增值税相关数据
- 计算与管理税金及附加的方法
- 计算企业所得税季度预缴税金的方法
- 使用控件、下拉列表及函数制作税金及附加与企业所得税记账凭证附件（即动态查询表）

11.1 增值税计算与管理

增值税是对销售货物或者提供加工、修理修配劳务及进口货物的单位和个人，就其实现的增值额征收的一个税种。增值税是我国最主要的税种之一，也是我国税务的重点监管对象。因此，计算与管理增值税数据是财务人员工作中的“重中之重”。

我国目前对增值税的征收管理方式为“以票控税”，即税务机关为了堵塞税收漏洞，增加税收收入，提高税收征管质量，充分利用发票的特殊功能，通过加强发票管理，强化财务监督，对纳税人的纳税行为实施约束、监督和控制。

因此，作为纳税人的单位，对增值税的计算和管理也应当从发票管理入手。本节将以适用增值税税率 13% 的一般纳税人为例，从日常开具、收受、记录增值税发票信息等工作细节为切入点，介绍如何运用 WPS 表格准确计算增值税、规范管理增值税，以达到控制税负率，规避税收风险的目的。

11.1.1 记录和统计增值税发票数据，计算动态税负

无论是计算还是管理增值税发票数据，首先必须要详细而准确地记录发票的原始数据。本小节将制作较为完善的发票记录表，详尽记录发票票面原始数据，并计算和统计与之相关的其他重要数据。

1. 制作增值税发票记录表

制作增值税发票记录表的核心在于增值税发票的管理思路和目的。具体制作方法非常简单，需要使用的工具、功能和函数也非常简单，主要包括下拉列表、自定义单元格格式，以及 IF、COUNT、ROUND、SUM、COUNTIF 函数等。具体操作方法如下。

第1步 **准备供应商和客户基础信息**。供应商和客户基础信息将为后续创建下拉列表、统计发票数据提供数据源。❶ 新建工作簿，命名为“增值税发票记录表”，将工作表“Sheet1”重命名为“供应商客户信息”。直接从 8.1 节制作的“进销存基础信息档案库 .xlsx”文件中复制粘贴需要的信息至“供应商客户信息”工作表中，在客户信息中增加一个名称为“其他”，用于记录无票收入，分别将 A1:D11 和 F1:I12 单元格区域创建为超级表。❷ 分别将 B2:B11 与 G2:G12 单元格区域（“供应商名称”与“客户名称”字段）定义为名称，便于后面在下拉列表中引用。名称内容为“供应商”与“客户”，如下图所示。

序号	供应商名称	纳税人类型	提供发票类型		序号	客户名称	纳税人类型	发票类型
1	GY001 供应商001	一般	专票		1	其他	个体	无票
2	GY002 供应商002	一般	专票		2	KH001 客户001	小规模	普票
3	GY003 供应商003	小规模	普票		3	KH002 客户002	一般	专票
4	GY004 供应商004	小规模	普票		4	KH003 客户003	小规模	普票
5	GY005 供应商005	小规模	专票		5	KH004 客户004	一般	专票
6	GY006 供应商006	其他	无票		6	KH005 客户005	小规模	普票
7	GY007 供应商007	小规模	普票		7	KH006 客户006	一般	专票
8	GY008 供应商008	一般	专票		8	KH007 客户007	个体	普票
9	GY009 供应商009	一般	专票		9	KH008 客户008	小规模	普票
10	GY010 供应商010	小规模	专票		10	KH009 客户009	一般	专票
					11	KH010 客户010	小规模	普票

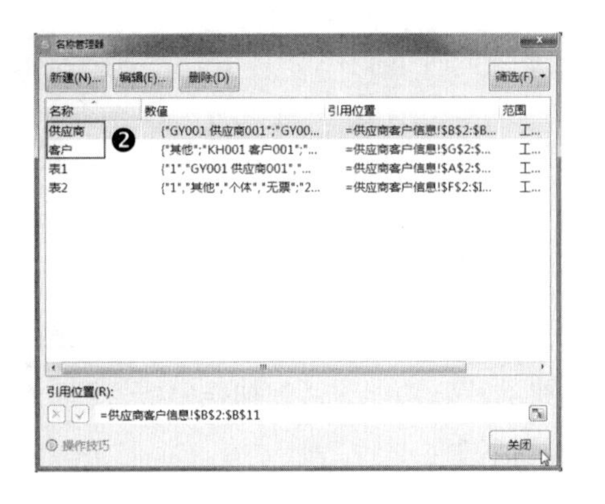

第2步 **绘制发票记录表框架**。❶ 新建工作表，重命名为“2 月”（记录 2021 年 2 月的发票信息）。分别在 A1:J2、A4:J18、L1:W2 和 L4:W18 单元格区域绘制表格框架并设置字段名称和基础格式，分别用于记录销项和进项发票的原始信息并计算相关数据。在 A3 单元格中输入“2-1”，返回“2021-2-1”，将单元格格式自定义为“× × 有限公司 yyyy 年 m 月发票记录表”。❷ 在 A4 单元格中设置公式“=A3”，将单元格格式自定义为“yyyy 年 m 月销项发票合计”。❸ 同样在 L4 单元格中设置公式“=A3”，将单元格格式设置为“yyyy 年 m 月进项发票合计”，如下图所示。

第3步 **在销项发票区域中设置单元格格式和创建下拉列表**。❶ 将 B6:B18 单元格区域格式设置为“日期”类型下的“3 月 7 日”；❷ 在 C6:C18 单元格区域（“客户名称”字段）中创建下拉列表，将序列来源设置为“= 客户”；❸ 将 D6:D18 单元格区域（“税票号码”字段）的单元格格式自定义为“00000000”，当税票号码不足 8 位数字时，可自动在前面添 0 补足 8 位数；❹ 在 E6:E18 单元格区域（“票种”字段）中创建下拉列表，将序列来源设置为“专票，普票，电子普票，无票”；❺ 在 I6:I18 单元格区域（“发票状态”字段）中创建下拉列表，将序列来源设置为“交付，作废”。设置完成后，分别在“开票日期”“客户名称”“税票号码”“票种”“销项未税额”“销项税额”“发票状态”字段下填入部分发票的票面信息，如下图所示。

第4步 **设置公式计算销项发票数据**。❶ 在A6单元格（“序号”字段）中设置公式“=IF(F6=0,"-",COUNT(A$5:A5)+1)”，自动生成序号，将公式填充至A7:A18单元格区域中；❷ 在H6单元格（“价税合计”字段）中设置公式“=ROUND(SUM(F6:G6),2)”，用“销项未税额”加“销项税额”，即可得到“价税合计”数据，将公式填充至H7:H18单元格区域中；❸ 在F4单元格中设置公式“=ROUND(SUMIF($I:$I,"交付",F:F),2)”，运用SUMIF函数计算“交付”发票的“销项未税额”的合计数，将公式填充至G4:H4单元格区域中；❹ 在I4单元格中设置公式“="交付"&COUNTIF(I:I,"交付")&"份 "&"作废"&COUNTIF(I:I,"作废")&"份 "”，运用COUNTIF函数分别统计I:I区域中“交付”和“作废”发票的份数，并将指定文本及两个表达式组合，如下图所示。

I4 fx ="交付"&COUNTIF(I:I,"交付")&"份 "&"作废"&COUNTIF(I:I,"作废")&"份"

已开具销项未税额	已开具销项税额	平均税负率	平均税负额	实际税负额	实际税负率	税负预警提示

××有限公司2021年2月发票记录表

2021年2月销项发票合计					67,131.15	8,727.05	75,858.20	交付4份 作废0份	
序号	开票日期	客户名称	税票号码	票种	销项未税额	销项税额	价税合计	发票状态	备注
1	2月10日	KH001 客户001	12345678	普票	9,596.05	1,247.49	10,843.54	交付	
2	2月20日	KH003 客户003	12345679	普票	37,462.75	4,870.16	42,332.91	交付	
3	2月20日	KH005 客户005	00326580	电子普票	6,798.01	883.74	7,681.75	交付	
4	2月28日	KH008 客户008	12345680	普票	13,274.34	1,725.66	15,000.00	交付	
-							-		
-							-		
-							-		
-							-		
-							-		
-							-		
-							-		
-							-		
-							-		

第5步 **在进项发票区域设置单元格格式，创建下拉列表**。❶ 将A6:A18与H6:H18单元格区域的公式分别复制粘贴至L6:L18单元格区域（“序号”字段）与T6:T18单元格区域（“价税合计”字段）中，即可自动生成序号并自动计算价税合计数据。❷ 用【格式刷】工具分别将B6:B18与D6:D18单元格区域的格式复制粘贴至M6:M18单元格区域（“开票日期”字段）与P6:P18单元格区域（“税票号码”字段）中。❸ 在N6:N18单元格区域（“业务类型”字段）中创建下拉列表，将序列来源设置为“进货,费用”，用于记录进项发票上所载业务内容；在O6:O18单元格区域（“供应商名称”字段）中创建下拉列表，将序列来源设置为“=供应商”。❹ 在Q6:Q18单元格区域（“票种”字段）中创建下拉列表，将序列来源设置为“专票,普票,电子普票”。❺ 在U6:U18单元格区域（“发票状态”字段）中创建下拉列表，将序列来源设置为“在途,已收”，用于记录进项发票的踪迹；将V6:V18单元格区域（“本月抵扣”字段）的格式自定义为“[=1]√;[=2]○;×”，输入“1”时显示“√”，表示此份发票计划在本月抵扣；输入“2”时显示“○”，表示此份发票本月暂不抵扣，留置于以后抵扣；输入“3”或其他数字（需要统一数字）时显示“×”，表示此份发票为普通发票，不能抵扣。设置完成后，在M6:S18与U6:V18单元格区域中填入部分进项发票的票面信息，如下图所示。

第6步 **在进项发票区域设置公式计算发票数据**。❶ 在R4单元格中设置公式"=ROUND(SUM(R$6:R18),2)"，计算"进项未税额"的合计数，将公式填充至S4:T4单元格区域中；❷ 在U4单元格中设置公式"="已收"&COUNTIF(U$6:U18,"已收")&"份"&"在途"&COUNTIF(U$6:U18,"在途")&"份"&"抵扣"&COUNTIF(V$6:V18,1)&"份""，COUNTIF函数表达式分别统计"已收""在途""本月抵扣"的发票份数，并将3组函数表达式与固定文本组合，如下图所示。

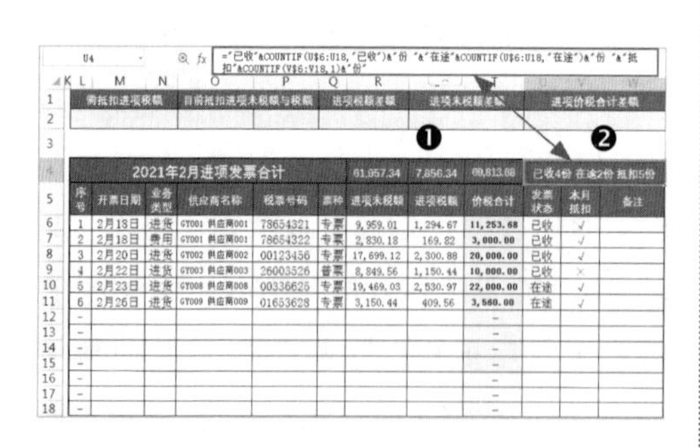

第7步 **设置条件格式标识"作废"销项发票**。对"作废"销项发票与"在途"进项发票进行标识，便于财务人员核对纸质销项发票的库存数量。❶ 选中A6:J18单元格区域，单击【开始】选项卡中的【条件格式】下拉按钮，在下拉列表中选择【新建规则】命令打开【新建格式规则】对话框，选择【选择规则类型】列表框中的【使用公式确定要设置格式的单元格】选项；❷ 在【编辑规则说明】文本框中输入公式"=$I6="作废""，其含义是当I6单元格内容为"作废"时应用条件格式；❸ 单击【格式】按钮打开【单元格格式】对话框设置格式（图示略）；❹ 单击【确定】按钮关闭对话框，如下图所示。

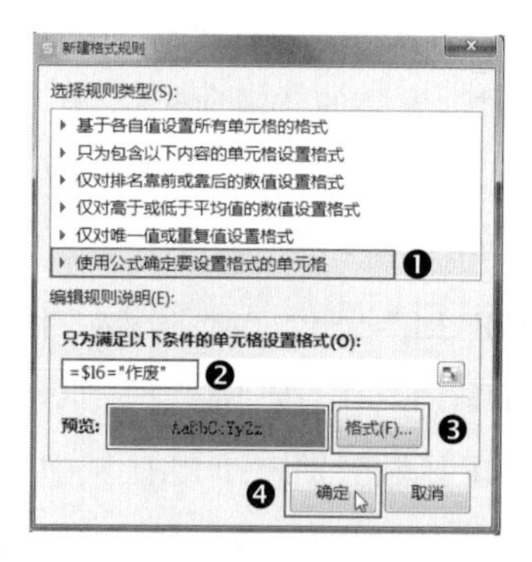

第8步 **查看设置的条件格式效果**。设置完成后，在销项发票区域中的"发票状态"字段下的任意单元格，如I9单元格的下拉列表中选择【作废】选项，即可看到条件格式效果，如下图所示（测试完成后，注意将其恢复为"交付"状态）。

序号	开票日期	客户名称	税票号码	票种	销项未税额	销项税额	价税合计	发票状态	备注
1	2月10日	KH001 客户001	12345678	普票	9,596.05	1,247.49	10,843.54	交付	
2	2月20日	KH003 客户003	12345679	普票	37,462.75	4,870.16	42,332.91	交付	
3	2月20日	KH005 客户005	00326580	电子普票	6,798.01	883.74	7,681.75	交付	
4	2月28日	KH003 客户003	12345680	普票	13,274.34	1,725.66	15,000.00	作废	

第9步 ▶ 设置条件格式标识“在途”进项发票。对“在途”进项发票进行标识，便于财务人员关注并跟进供应商已开具但本单位暂未收到的进项发票的踪迹，以确保及时收到纸质发票（请参照第 7 步操作）。

第10步 ▶ 为其他单元格区域设置条件格式。参照第 7 步操作在 L6:W18 单元格区域设置条件格式，将公式设置为“=$U6="在途"”即可（图示略），效果如下图所示。

需抵扣进项税额		目前抵扣进项未税额与税额		进项税额差额		进项未税额差额		进项价税合计差额			
2021年2月进项发票合计						61,957.34	7,856.34	69,613.68	已收4份 在途2份 抵扣5份		
序号	开票日期	业务类型	供应商名称	税票号码	票种	进项未税额	进项税额	价税合计	发票状态	本月抵扣	备注
1	2月18日	进货	GY001 供应商001	78654321	专票	9,959.01	1,294.67	11,253.68	已收	√	
2	2月18日	费用	GY001 供应商001	78654322	专票	2,830.18	169.82	3,000.00	已收	√	
3	2月20日	进货	GY002 供应商002	00123456	专票	17,699.12	2,300.88	20,000.00	已收	√	
4	2月22日	进货	GY003 供应商003	26003526	普票	8,849.56	1,150.44	10,000.00	已收	×	
[illegible]	[illegible]	[illegible]	[illegible]	[illegible]	[illegible]	[illegible]	[illegible]	[illegible]	在途	√	
[illegible]	[illegible]	[illegible]	[illegible]	[illegible]	[illegible]	[illegible]	[illegible]	[illegible]	在途	√	
-								-			
-								-			
-								-			
-								-			
-								-			
-								-			
-								-			

2. 计算增值税动态税负

税负包括税负额和税负率。税负额为每月销项税额减去进项税额后的余额，即企业在当月实际应负担的增值税税金。税负率为税负额占当月收入（即“销项未税额”）的百分比，是税务机关用于与行业平均税负率比较，以监控企业纳税情况和评估企业纳税征信的一个重要依据。因此，财务人员要及时掌握税负变动，并计算实际税负额与平均税负额之间的差异，以便在抵扣当月进项税额之前对进项数据作出正常的调整，可有效避免实际税负率过低或过高，从而规避涉税风险。下面根据发票记录表中的销项与进项数据计算税负相关数据，操作方法如下。

第1步 ▶ 计算平均税负额。❶ 在 D2 单元格中将平均税负率设置为“3%”（或设置为其他数字，具体应参考行业平均税负率）；❷ 在 A2 单元格中设置公式“=F4”，引用 F4 单元格中“销项未税额”的合计数，在 C2 单元格中设置公式“=G4”，引用 G4 单元格中的“销项税额”合计数；❸ 在 E2 单元格中设置公式“=ROUND(A2*D2,2)”，用已开具销项未税额乘以平均税负率，即可得到当前平均税负额，如下图所示。

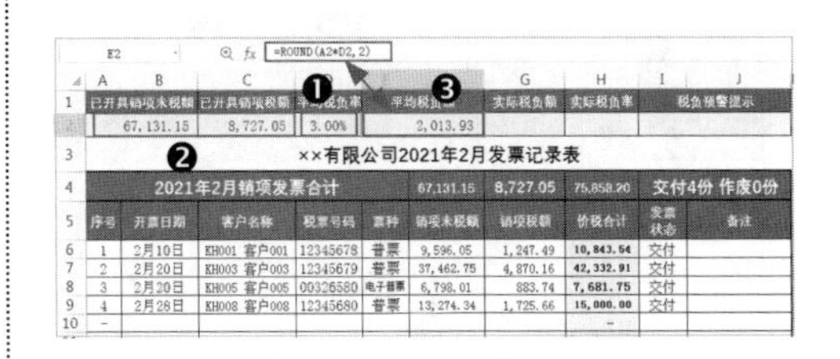

已开具销项未税额		已开具销项税额	平均税负率	平均税负额		实际税负额	实际税负率	税负预警提示	
67,131.15		8,727.05	3.00%	2,013.93					
××有限公司2021年2月发票记录表									
2021年2月销项发票合计					67,131.15	8,727.05	75,858.20	交付4份 作废0份	
序号	开票日期	客户名称	税票号码	票种	销项未税额	销项税额	价税合计	发票状态	备注
1	2月10日	KH001 客户001	12345678	普票	9,596.05	1,247.49	10,843.54	交付	
2	2月20日	KH003 客户003	12345679	普票	37,462.75	4,870.16	42,332.91	交付	
3	2月20日	KH005 客户005	00326580	电子普票	6,798.01	883.74	7,681.75	交付	
4	2月28日	KH008 客户008	12345680	普票	13,274.34	1,725.66	15,000.00	交付	
-							-		

第2步 ▶ 计算实际税负，进行预警提示。❶ 在 O2 单元格中设置公式“=SUMIF($V:$V,1,R:R)”，运用 SUMIF 函数计算“本月抵扣”的进项未税额的合计数，将公式填充至 P2 单元格，计算“本月抵扣”的进项税额；❷ 在 G2 单元格中设置公式“=ROUND(C2-P2,2)”，用 C2 单元格中的“已开具销项税额”减去 P2 单元格中目前抵扣的进项税额，即可得到当前的实际税负额；❸ 在 H2 单元格中设置公式“=IFERROR(ROUND(G2/A2,4),0)”，用 G2 单元格中的“实际税负额”除以 A2 单元格中的“已开具销项未税额”即可得到当前实际税负率；❹ 将 I2 单元格的字

体颜色设置为红色，并设置公式“=TEXT(ROUND(G2-E2,2),"[>0] 高于平均 :0.00;[<0] 低于平均 :0.00")&"/"&TEXT(ROUND(H2-D2,4),"[>0]0.00%;[<0]0.00%")”，运用两组 TEXT 函数分别将实际税负额与平均税负额、实际税负率与平均税负率之间的差额转换为指定格式。注意公式表达式中的符号“/”并非除号，而是作为间隔符号将两组 TEXT 函数表达式的计算结果间隔开，如下图所示。

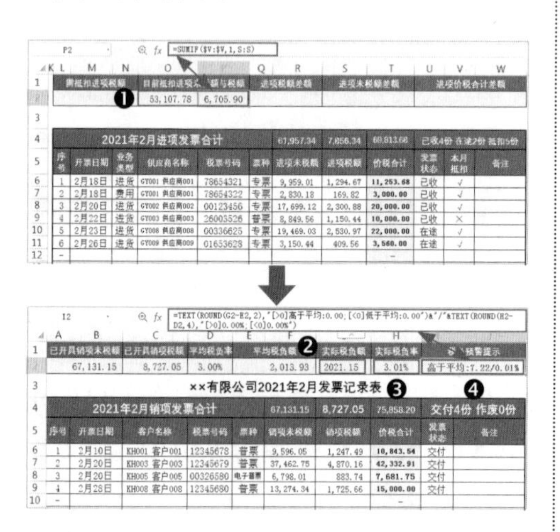

第3步 **计算进项税额差额**。❶ 在 L2 单元格中设置公式“=ROUND(C2-E2,2)”，用 C2 单元格中的“已开具销项税额”减去 E2 单元格中的“平均税负额”即可得到需要抵扣的进项税额；❷ 在 Q2 单元格中设置公式“=ROUND(L2-P2,2)”，用 L2 单元格中的“需抵扣进项税额”减去 P2 单元格中的目前抵扣的进项税额即可得到“进项税额差额”，也就是当前还需要抵扣多少进项税额，才能使实际缴纳的增值税税金与“平均税负额”基本持平；❸ 在 S2 单元格中设置公式“=ROUND(Q2/0.13,2)”，用 Q2 单元格中的“进项税额差额”除以增值税税率 13%，倒推需要抵扣的“进项未税额差额”；❹ 在 U2 单元格中设置公式“=ROUND(Q2+S2,2)”，计算 Q2 单元格中的“进项税额差额”与 S2 单元格中的“进项未税额差额”合计数，即可得到“进项价税合计差额”，也就是当前还需要进项发票的含税金额，如下图所示。

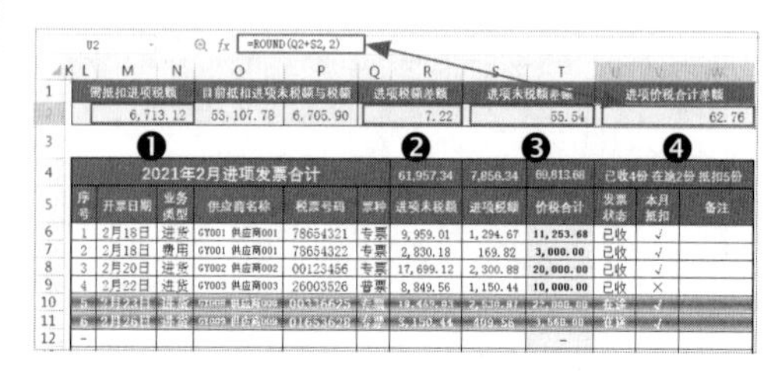

本小节示例结果见“结果文件\第 11 章\增值税发票记录表 .xlsx”文件。

11.1.2 增值税数据汇总分析

财务人员在实际数据管理工作中，应善于从多种角度对同一组原始数据进行汇总和分析，尽可能满足多元化的数据分析需求。比如，可从销项和进项角度汇总全年 12 个月的未税金额、税额及税负，以便对比每月数据高低，并分析每月数据变化趋势；可从发票类型角度分类汇总每月开具的不同发票票种的销项和进项数据。同时，进项发票还可按业务类型（进货、费用）角度汇总进项发票数据；可从供销角度汇总对比分析每一供应商的进项发票数据与每一客户的销项发票数据，以便后续进一步对成本、费用和收入数据作出相关分析。

打开“素材文件\第 11 章\增值税数据汇总分析 .xlsx”文件，其中包含 13 张工作表，包括“供应商客户信息”工作表及分别记录了 2021 年 1—12 月发票信息的 12 张工作表（均为虚拟数据），如下图所示。

242,139.27	31,478.09	3.00%		7,264.18	7616.24	3.15%	高于平均:352.06/0.15%		
××有限公司2021年6月发票记录表									
2021年6月销项发票合计					242,139.27	31,478.09	273,617.26	作废1份	
序号	开票日期	客户名称	税票号码	票种	销项未税额	销项税额	价税合计	发票状态	备注
1	6月4日	KH008 客户008	12345693	普票	50,099.35	6,512.91	56,612.26	交付	
2	6月15日	KH001 客户001	12345692	普票	8,349.56	1,085.44	9,435.00	交付	
3	6月15日	KH004 客户004	00682511	专票	52,044.25	6,765.75	58,810.00	交付	
4	6月15日	KH004 客户004	00682512	专票	52,046.44	6,766.04	58,812.48	交付	
5	6月20日	KH010 客户010	00326581	电子普票	23,232.52	3,020.23	26,252.75	交付	
6	6月20日	KH002 客户002	00682510	专票	12,361.34	1,606.97	13,968.31	交付	
7	6月25日	KH009 客户009	00682514	专票	15,864.80	2,062.42	17,927.22	作废	
8	6月25日	KH009 客户009	00682515	专票	15,864.80	2,062.42	17,927.22	交付	
9	6月30日	KH006 客户006	00682513	专票	28,141.01	3,658.33	31,799.34	交付	
-							-		
-							-		
-							-		
-							-		

1月 2月 3月 4月 5月 6月 7月 8月 9月 10月 11月 12月

2021年6月进项发票合计						197,740.87	24,874.24	222,615.11	已收6份 在途0份 抵扣5份		
序号	开票日期	业务类型	供应商名称	税票号码	票种	进项未税额	进项税额	价税合计	发票状态	本月抵扣	备注
1	6月2日	进货	GY001 供应商001	00723526	专票	28,782.19	3,741.69	32,523.88	已收	√	
2	6月7日	进货	GY002 供应商002	00268522	专票	58,718.87	7,633.45	66,352.32	已收	√	
3	6月13日	进货	GY008 供应商008	00526830	专票	44,412.61	5,773.64	50,186.25	已收	√	
4	6月20日	进货	GY009 供应商009	00632567	专票	46,152.80	5,999.86	52,152.66	已收	√	
5	6月25日	进货	GY004 供应商004	25663512	普票	7,787.61	1,012.39	8,800.00	已收	×	
6	6月28日	费用	GY002 供应商002	00268528	专票	11,886.79	713.21	12,600.00	已收	√	
-								-			
-								-			
-								-			
-								-			
-								-			
-								-			
-								-			

1月 2月 3月 4月 5月 6月 7月 8月 9月 10月 11月 12月

本小节将以上述素材文件中的数据为基础，制作 3 张工作表，分别按照每月销项、进项的总额、发票类型、供应商和客户汇总分析相关数据。

1. 汇总计算全年销项、进项及税负数据

汇总全年进项、销项和税负数据非常简单，只需将每月销项、进项总额及税负额引用至汇总表里集中列示，再计算全年合计数即可。同时，创建迷你图呈现数据变化趋势，并直观对比每月数据大小，并设置条件格式，动态标识最高和最低税负额与税负率数据所在行次。

制作增值税发票记录表的核心在于增值税发票的管理思路和目的，具体制作方法非常简单，需要使用的工具、功能和函数也非常简单，操作步骤如下。

第1步 **绘制表格框架，输入月份。**在“增值税数据汇总分析 .xlsx”工作簿中新建工作表，重命名为“税负统计”，在 A2:I16 单元格区域中绘制表格框架，并设置字段名称和基础格式。将 A4:A15 单元格区域设置为“文本”格式，在其中依次输入“1 月”“2 月”……“12 月”，如下图所示。

2021年税负统计表								
2021年	销项数据			进项数据			税负计算	
	销项未税额	销项税额	价税合计	进项未税额	进项抵扣税额	价税合计	税负额(实缴税金)	税负率
1月								
2月								
3月								
4月								
5月								
6月								
7月								
8月								
9月								
10月								
11月								
12月								
合计								

第2步 **引用销项数据。**❶ 在 B4 单元格中设置公式“=INDIRECT($A4&"!A$2")”，运用 INDIRECT 函数引用 A4 单元格中数据“1 月”与文本“!A$2”组合后所构成的单元格地址中的数据，即“1 月”工作表 A2 单元格中的“已开具销项未税额”数据；❷ 在 C4 单元格中设置公式“=INDIRECT($A4&"!C$2")”，引用“1 月”

工作表C2单元格中的已开具销项税额数据；❸ 在D4单元格计算“价税合计”数据，这里无须运用INDIRECT函数跨表引用，设置公式“=ROUND(SUM(B4:C4),2)”计算即可；❹ 将B4:D4单元格区域的公式复制粘贴至B5:D15单元格区域中；❺ 在B16单元格中设置公式“=ROUND(SUM(B4:B15),2)”，计算全年“销项未税额”的合计数，将公式复制粘贴至C16:D16单元格区域中，如下图所示。

B4 =INDIRECT($A4&"!A$2")

2021年税负统计表

2021年	销项数据			进项数据			税负计算	
	销项未税额 ❶	销项税额 ❷	价税合计 ❸	进项未税额	进项抵扣税额	价税合计	税负额(实缴税金)	税负率
1月	97,698.92	12,700.85	110,399.77					
2月	67,131.15	8,727.05	75,858.20					
3月	165,705.11	21,541.66	187,246.77					
4月	181,745.25	23,626.89	205,372.14					
5月	140,984.91	18,328.04	159,312.95					
6月	242,139.27	31,478.09	273,617.36					
7月	261,015.90	33,932.07	294,947.97	❹				
8月	209,718.55	27,263.40	236,981.95					
9月	97,959.52	12,734.73	110,694.25					
10月	220,705.32	28,691.69	249,397.01					
11月	100,322.39	13,041.90	113,364.29					
12月	90,565.74	11,773.55	102,339.29					
合计	1,875,692.03	243,839.92	2,119,531.95	❺				

第3步 **引用进项数据**。❶ 将B4:D16单元格区域的公式复制粘贴至E4:G16单元格区域中，运用【替换】功能将此区域的公式中的文本“"!A$2"”批量替换为“"!O$2"”；❷ 将文本“"!C$2"”批量替换为“"!P$2"”即可准确引用进项数据，如下图所示。

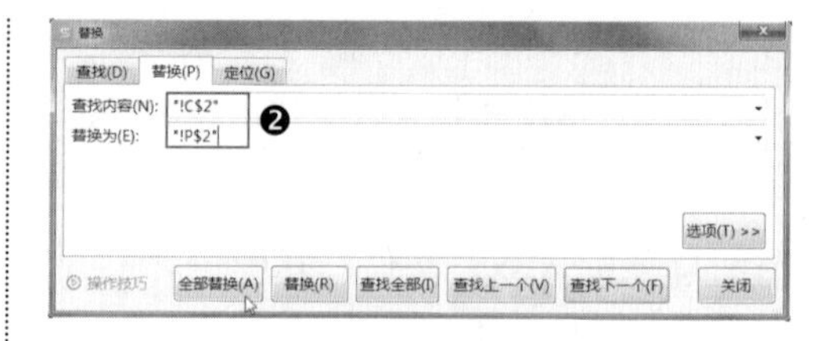

第4步 **查看公式变化**。操作完成后，可看到E4:F15单元格区域中的公式变化，以及正确的公式结果，如下图所示。

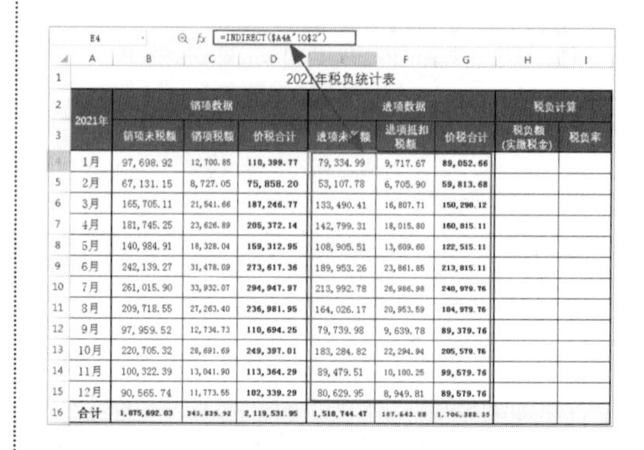

E4 =INDIRECT($A4&"!O$2")

2021年税负统计表

2021年	销项数据			进项数据			税负计算	
	销项未税额	销项税额	价税合计	进项未税额	进项抵扣税额	价税合计	税负额(实缴税金)	税负率
1月	97,698.92	12,700.85	110,399.77	79,334.99	9,717.67	89,052.66		
2月	67,131.15	8,727.05	75,858.20	53,107.78	6,705.90	59,813.68		
3月	165,705.11	21,541.66	187,246.77	133,490.41	16,807.71	150,298.12		
4月	181,745.25	23,626.89	205,372.14	142,799.31	18,015.80	160,815.11		
5月	140,984.91	18,328.04	159,312.95	108,905.51	13,609.60	122,515.11		
6月	242,139.27	31,478.09	273,617.36	189,953.26	23,861.85	213,815.11		
7月	261,015.90	33,932.07	294,947.97	213,992.78	26,986.98	240,979.76		
8月	209,718.55	27,263.40	236,981.95	164,026.17	20,953.59	184,979.76		
9月	97,959.52	12,734.73	110,694.25	79,739.98	9,639.78	89,379.76		
10月	220,705.32	28,691.69	249,397.01	183,284.82	22,294.94	205,579.76		
11月	100,322.39	13,041.90	113,364.29	89,479.51	10,100.25	99,579.76		
12月	90,565.74	11,773.55	102,339.29	80,629.95	8,949.81	89,579.76		
合计	1,875,692.03	243,839.92	2,119,531.95	1,518,744.47	187,643.88	1,706,388.35		

第5步 **计算税负数据**。这里同样无须作跨表引用，直接根据本表数据计算即可。❶ 在H4单元格中设置公式“=ROUND(C4-F4,2)”，用C4单元格中的“销项税额”减F4单元格中的“进项抵扣税额”即可得到“税负额”；❷ 在I4单元格中设置公式“=IFERROR(ROUND(H4/B4,4),"-")”，用H4单元格中的“税负额（实缴税金）”除以B4单元格中的“销项未税额”即可得到“税负率”；❸ 将H4:I4单元格中公式复制粘贴至H5:I16单元格区域中，如下图所示。

	A	B	C	D	E	F	G	H	I
1	2021年税负统计表								
2	2021年	销项数据			进项数据			税负计算	
3		销项未税额	销项税额	价税合计	进项未税额	进项抵扣税额	价税合计	❶	❷
4	1月	97,698.92	12,700.85	110,399.77	79,334.99	9,717.67	89,052.66	2,983.18	3.05%
5	2月	67,131.15	8,727.05	75,858.20	53,107.78	6,705.90	59,813.68	2,021.15	3.01%
6	3月	165,705.11	21,541.66	187,246.77	133,490.41	16,807.71	150,298.12	4,733.95	2.86%
7	4月	181,745.25	23,626.89	205,372.14	142,799.31	18,015.80	160,815.11	5,611.09	3.09%
8	5月	140,984.91	18,328.04	159,312.95	108,905.51	13,609.60	122,515.11	4,718.44	3.35%
9	6月	242,139.27	31,478.09	273,617.36	189,953.26	23,861.85	213,815.11	7,616.24	3.15%
10	7月	261,015.90	33,932.07	294,947.97	213,992.78	26,986.98	240,97[illegible] ❸	6,945.09	2.66%
11	8月	209,718.55	27,263.40	236,981.95	164,026.17	20,953.59	184,97[illegible]	6,309.81	3.01%
12	9月	97,959.52	12,734.73	110,694.25	79,739.98	9,639.78	89,379.76	3,094.95	3.16%
13	10月	220,705.32	28,691.69	249,397.01	183,284.82	22,294.94	205,579.76	6,396.75	2.90%
14	11月	100,322.39	13,041.90	113,364.29	89,479.51	10,100.25	99,579.76	2,941.65	2.93%
15	12月	90,565.74	11,773.55	102,339.29	80,629.95	8,949.81	89,579.76	2,823.74	3.12%
16	合计	1,875,692.03	243,839.92	2,119,531.95	1,518,744.47	187,643.88	1,706,388.35	56,196.04	3.00%

I4 =IFERROR(ROUND(H4/B4,4),"-")

第6步 将全年综合税负率引用至发票记录表中。全年综合税负率即I16单元格中的百分比数字，即H16单元格中的全年合计税负额占B16单元格中的全年合计销项未税额的百分比。将其引用至每月发票记录表中，可方便财务人员参考当前的综合税负率对当月税负率进行合理控制。切换至“1月”工作表，按住【Shift】键后单击“12月”工作表标签，即可选定1—12月工作表。在I1单元格中设置公式“=税负统计!I16”，直接引用“税负统计”工作表中I16单元格中的数据即可，将单元格格式自定义为“税负预警提示：0.00%”，效果如下图所示。

I1 =税负统计!I16

	A	B	C	D	E	F	G	H	I	J
1	已开具销项未税额		已开具销项税额	平均税负率	平均税负额		实际税负额	实际税…	税负预警提示：3.00%	
2	97,698.92		12,700.85	3.00%	2,930.97		2983.18	3.05%	高于平均:52.21/0.05%	
3	××有限公司2021年1月发票记录表									
4	2021年1月销项发票合计					97,698.92	12,700.85	110,399.77	作废0份	
5	序号	开票日期	客户名称	税票号码	票种	销项未税额	销项税额	价税合计	发票状态	备注
6	1	1月6日	KH001 客户001	12345676	普票	10,619.47	1,380.53	12,000.00	交付	12000.00
7	2	1月13日	KH002 客户002	00682498	专票	27,928.37	3,630.69	31,559.06	交付	31559.06
8	3	1月20日	KH004 客户004	00682499	专票	6,798.01	883.74	7,681.75	交付	7681.75
9	4	1月27日	KH010 客户010	12345677	普票	13,274.34	1,725.66	15,000.00	交付	15000.00
10	5	1月31日	KH009 客户009	00682500	专票	39,078.73	5,080.23	44,158.96	交付	44158.96
11	-							-		

税负统计 1月 2月 3月 4月 5月 6月 7月 8月 9月 10月 11月 12月

第7步 创建迷你图呈现数据变化趋势并对比数据大小。❶ 切换至“税负统计”工作表，在A17:I21单元格区域中绘制框架，设置单元格背景色，将B17:D17合并为B17单元格。用【格式刷】工具将B17单元格格式复制粘贴至B18:D21单元格区域中，清除表格内框框线。❷ 参照第❶步方法设置E17:G21与H17:I21单元格区域的格式。❸ 在B18和B20单元格中分别创建迷你折线图和迷你柱形图，将两个迷你图的数据范围均设置为B4:B15单元格区域，即可呈现销项数据的变化趋势和对比效果。进项数据和税负按此方法创建迷你图即可，自行设计迷你图样式，效果如下图所示。

	A	B	C	D	E	F	G	H	I
1	2021年税负统计表								
2	2021年	销项数据			进项数据			税负计算	
3		销项未税额	销项税额	价税合计	进项未税额	进项抵扣税额	价税合计	税负额(实缴税金)	税负率
4	1月	97,698.92	12,700.85	110,399.77	79,334.99	9,717.67	89,052.66	2,983.18	3.05%
5	2月	67,131.15	8,727.05	75,858.20	53,107.78	6,705.90	59,813.68	2,021.15	3.01%
6	3月	165,705.11	21,541.66	187,246.77	133,490.41	16,807.71	150,298.12	4,733.95	2.86%
7	4月	181,745.25	23,626.89	205,372.14	142,799.31	18,015.80	160,815.11	5,611.09	3.09%
8	5月	140,984.91	18,328.04	159,312.95	108,905.51	13,609.60	122,515.11	4,718.44	3.35%
9	6月	242,139.27	31,478.09	273,617.36	189,953.26	23,861.85	213,815.11	7,616.24	3.15%
10	7月	261,015.90	33,932.07	294,947.97	213,992.78	26,986.98	240,979.76	6,945.09	2.66%
11	8月	209,718.55	27,263.40	236,981.95	164,026.17	20,953.59	184,979.76	6,309.81	3.01%
12	9月	97,959.52	12,734.73	110,694.25	79,739.98	9,639.78	89,379.76	3,094.95	3.16%
13	10月	220,705.32	28,691.69	249,397.01	183,284.82	22,294.94	205,579.76	6,396.75	2.90%
14	11月	100,322.39	13,041.90	113,364.29	89,479.51	10,100.25	99,579.76	2,941.65	2.93%
15	12月	90,565.74	11,773.55	102,339.29	80,629.95	8,949.81	89,579.76	2,823.74	3.12%
16	合计	1,875,692.03	243,839.92	2,119,531.95	1,518,744.47	187,643.88	1,706,388.35	56,196.04	3.00%
17–21	图表	❶			❷				

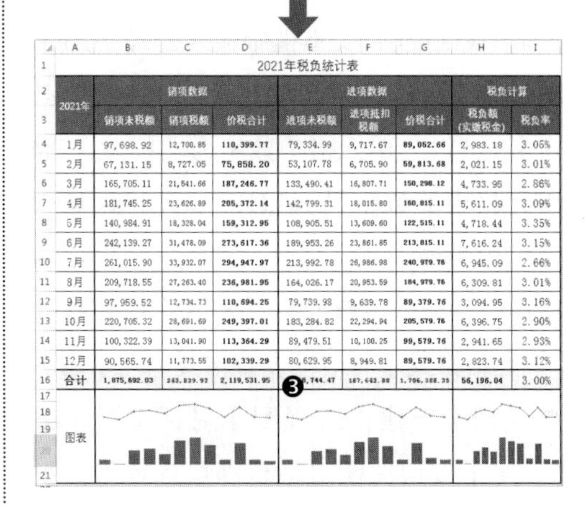

	A	B	C	D	E	F	G	H	I
1	2021年税负统计表								
2	2021年	销项数据			进项数据			税负计算	
3		销项未税额	销项税额	价税合计	进项未税额	进项抵扣税额	价税合计	税负额(实缴税金)	税负率
4	1月	97,698.92	12,700.85	110,399.77	79,334.99	9,717.67	89,052.66	2,983.18	3.05%
5	2月	67,131.15	8,727.05	75,858.20	53,107.78	6,705.90	59,813.68	2,021.15	3.01%
6	3月	165,705.11	21,541.66	187,246.77	133,490.41	16,807.71	150,298.12	4,733.95	2.86%
7	4月	181,745.25	23,626.89	205,372.14	142,799.31	18,015.80	160,815.11	5,611.09	3.09%
8	5月	140,984.91	18,328.04	159,312.95	108,905.51	13,609.60	122,515.11	4,718.44	3.35%
9	6月	242,139.27	31,478.09	273,617.36	189,953.26	23,861.85	213,815.11	7,616.24	3.15%
10	7月	261,015.90	33,932.07	294,947.97	213,992.78	26,986.98	240,979.76	6,945.09	2.66%
11	8月	209,718.55	27,263.40	236,981.95	164,026.17	20,953.59	184,979.76	6,309.81	3.01%
12	9月	97,959.52	12,734.73	110,694.25	79,739.98	9,639.78	89,379.76	3,094.95	3.16%
13	10月	220,705.32	28,691.69	249,397.01	183,284.82	22,294.94	205,579.76	6,396.75	2.90%
14	11月	100,322.39	13,041.90	113,364.29	89,479.51	10,100.25	99,579.76	2,941.65	2.93%
15	12月	90,565.74	11,773.55	102,339.29	80,629.95	8,949.81	89,579.76	2,823.74	3.12%
16	合计	1,875,692.03	243,839.92	2,119,531.95	❸ ,744.47	187,643.88	1,706,388.35	56,196.04	3.00%
17–21	图表								

> **温馨提示**
>
> 本例中，“销项数据”“进项数据”“税负计算”字段的每一个子字段中的数据变动趋势与对比效果均相同，因此，在创建迷你图时，可将其中任意子字段中的一组数据作为数据源。例如，呈现“销项数据”变化趋势和对比效果时，也可选择 C4:C15 或 D4:D15 单元格区域创建迷你图，效果与本例完全相同。

第8步 **设置条件格式动态标识最高和最低税负额与税负率所在行次。**❶ 在空白区域（如 K2:N3 单元格区域）绘制一个辅助表格，用于控制标识与取消使用条件格式进行标识。设置字段名称，在 K3:N3 单元格区域中的每个单元格均输入数字“1”，将单元格格式自定义为“[=1]"√"”，使之显示为“√”。❷ 选中 A4:I15 单元格区域，单击【开始】选项卡中的【条件格式】下拉按钮，在下拉列表中选择【新建规则】命令，打开【新建格式规则】对话框，选择【选择规则类型】列表框中的【使用公式确定要设置格式的单元格】选项。❸ 在【编辑规则说明】文本框中输入公式“=AND($K$3=1,$H4=MAX($H$4:$H$15))”，其含义是当 K3 单元格中数字为“1”，且 H4 单元格中的数字是 H4:H15 单元格区域中数组中的最大数字（最高税负额）时，即应用条件格式。❹ 单击【格式】按钮打开【单元格格式】对话框设置格式（图示略）。❺ 返回【新建格式规则】对话框后单击【确定】按钮关闭对话框即可标识最高税负额所在行次。❻ 参照第 ❷~❺ 步设置其他 3 组条件格式，分别标识最低税负额、最高税负率和最低税负率数字所在行次。

3 个条件格式中的公式如下。

最低税负额：“=AND($L$3=1,$H4=MIN($H$4:$H$15))”；

最高税负率：“=AND($M$3=1,$I4=MAX($I$4:$I$15))”；

最低税负率：“=AND($N$3=1,$I4=MIN($I$4:$I$15))。

效果如下图所示。

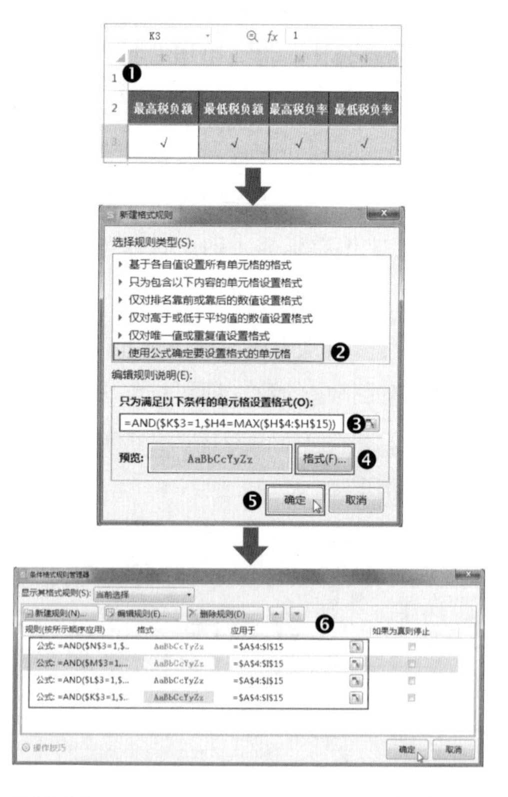

第9步 **查看表格效果。**设置完成后，效果如下图所示。

	2021年税负统计表							
2021年	销项数据			进项数据			税负计算	
	销项未税额	销项税额	价税合计	进项未税额	进项抵扣税额	价税合计	税负额（实缴税金）	税负率
1月	97,698.92	12,700.85	110,399.77	79,334.99	9,717.67	89,052.66	2,983.18	3.05%
2月	67,131.15	8,727.05	75,858.20	53,107.78	6,705.90	59,813.68	2,021.15	3.01%
3月	165,705.11	21,541.66	187,246.77	133,490.41	16,807.71	150,298.12	4,733.95	2.86%
4月	181,745.25	23,626.89	205,372.14	142,799.31	18,015.80	160,815.11	5,611.09	3.09%
5月	140,984.91	18,328.04	159,312.95	108,905.51	13,609.60	122,515.11	4,718.44	3.35%
6月	242,139.27	31,478.09	273,617.36	189,953.26	23,861.85	213,815.11	7,616.24	3.15%
7月	261,015.90	33,932.07	294,947.97	213,992.78	26,986.98	240,979.76	6,945.09	2.66%
8月	209,718.55	27,263.40	236,981.95	164,026.17	20,953.59	184,979.76	6,309.81	3.01%
9月	97,959.52	12,734.73	110,694.25	79,739.98	9,639.78	89,379.76	3,094.95	3.16%
10月	220,705.32	28,691.69	249,397.01	183,284.82	22,294.94	205,579.76	6,396.75	2.90%
11月	100,322.39	13,041.90	113,364.29	89,479.51	10,100.25	99,579.76	2,941.65	2.93%
12月	90,565.74	11,773.55	102,339.29	80,629.95	8,949.81	89,579.76	2,823.74	3.12%
合计	1,875,692.03	243,839.92	2,119,531.95	1,518,744.47	187,643.88	1,706,388.35	56,196.04	3.00%
图表								

第10步 **查看设置的条件格式效果**。删除 K3:N3 单元格区域中任意单元格中的数字“1”，可看到 A4:I15 单元格区域中条件格式的变化效果，如下图所示。

最高税负额	最低税负额	最高税负率	最低税负率
√	√		

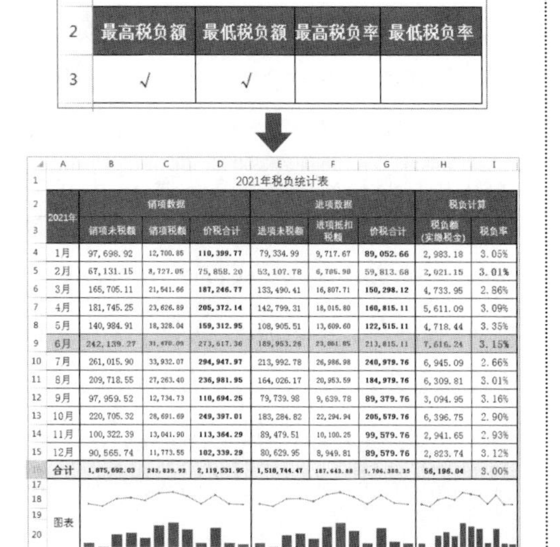

	2021年税负统计表							
2021年	销项数据			进项数据			税负计算	
	销项未税额	销项税额	价税合计	进项未税额	进项抵扣税额	价税合计	税负额（实缴税金）	税负率
1月	97,698.92	12,700.85	110,399.77	79,334.99	9,717.67	89,052.66	2,983.18	3.05%
2月	67,131.15	8,727.05	75,858.20	53,107.78	6,705.90	59,813.68	2,021.15	3.01%
3月	165,705.11	21,541.66	187,246.77	133,490.41	16,807.71	150,298.12	4,733.95	2.86%
4月	181,745.25	23,626.89	205,372.14	142,799.31	18,015.80	160,815.11	5,611.09	3.09%
5月	140,984.91	18,328.04	159,312.95	108,905.51	13,609.60	122,515.11	4,718.44	3.35%
6月	242,139.27	31,478.09	273,617.36	189,953.26	23,861.85	213,815.11	7,616.24	3.15%
7月	261,015.90	33,932.07	294,947.97	213,992.78	26,986.98	240,979.76	6,945.09	2.66%
8月	209,718.55	27,263.40	236,981.95	164,026.17	20,953.59	184,979.76	6,309.81	3.01%
9月	97,959.52	12,734.73	110,694.25	79,739.98	9,639.78	89,379.76	3,094.95	3.16%
10月	220,705.32	28,691.69	249,397.01	183,284.82	22,294.94	205,579.76	6,396.75	2.90%
11月	100,322.39	13,041.90	113,364.29	89,479.51	10,100.25	99,579.76	2,941.65	2.93%
12月	90,565.74	11,773.55	102,339.29	80,629.95	8,949.81	89,579.76	2,823.74	3.12%
合计	1,875,692.03	243,839.92	2,119,531.95	1,518,744.47	187,643.88	1,706,388.35	56,196.04	3.00%
图表								

2. 按照发票类型分类汇总计算全年数据

按照发票类型分类汇总数据可方便财务人员与开票系统核对相关数据，为填报纳税申报表做好准备。下面根据不同的发票类型分别汇总销项数据与进项数据。同时，对于进项数据，进一步按照业务类型（进货、费用）进行分类汇总，操作方法如下。

第1步 **绘制表格框架**。新建工作表，重命名为“发票汇总”。在 A2:U16 单元格中绘制表格框架，设置字段名称及基础格式，在 A4:A15 单元格区域中依次输入“1 月”“2 月”……“12 月”（可直接复制粘贴“税负统计”工作表 A4:A15 单元格区域的全部内容）。初始表格框架如下图所示。

								销项发票汇总表				
月份	专票				普票				电子普票			
	开具份数	金额	税额	价税合计	开具份数	金额	税额	价税合计	开具份数	金额	税额	价税合计
1月												
2月												
3月												
4月												
5月												
6月												
7月												
8月												
9月												
10月												
11月												
12月												
全年												

月份	无票				月合计			
	次数	金额	税额	价税合计	份/次数	金额	税额	价税合计
1月								
2月								
3月								
4月								
5月								
6月								
7月								
8月								
9月								
10月								
11月								
12月								
全年								

第2步 **汇总“专票”数据**。

❶ 将 B4:B16 单元格区域格式自定义为“0 份”，在 B4 单元格中设置公式“=COUNTIFS(INDIRECT($A4&"!E:E"),

\$B\$2,INDIRECT(\$A4&"!I:I")," 交付 ")"，根据以下两组条件统计“1 月”工作表中的“专票”数量。

- 条件 1：表达式“INDIRECT(\$A4&"!E:E"),\$B\$2,”，其含义是“1 月”工作表中 E:E 区域中的文本与 B2 单元格相同。
- 条件 2：表达式“INDIRECT(\$A4&"!I:I")," 交付 "”，其含义是“1 月”工作表中 I:I 区域中的文本为“交付”。

❷ 在 C4 单元格中设置公式“=SUMIFS(INDIRECT(\$A4&"!F:F"),INDIRECT(\$A4&"!E:E"),\$B\$2,INDIRECT(\$A4&"!I:I")," 交 付 ")”，运用 SUMIFS 函数对“1 月”工作表中已交付专票的“销项未税额”进行求和。

❸ 将 C4 单元格公式填充至 D4 单元格中，将公式表达式中的“INDIRECT(\$A4&"!F:F"),”修改为“INDIRECT(\$A4&"!G:G"),”。

❹ 在 E4 单元格中设置公式“=ROUND(SUM(C4:D4),2)”计算“价税合计“数据。

❺ 将 B4:E4 单元格区域公式复制粘贴至 B5:E15 单元格区域中。

❻ 在 B16 单元格中设置公式“=SUM(B4:B15)”，计算全年专票合计数；在 C16 单元格中设置公式“=ROUND(SUM(C4:C15),2)”，计算全年专票的“销项未税额”。将 C16 单元格公式复制粘贴至 D16:E16 单元格区域中。

效果如下图所示。

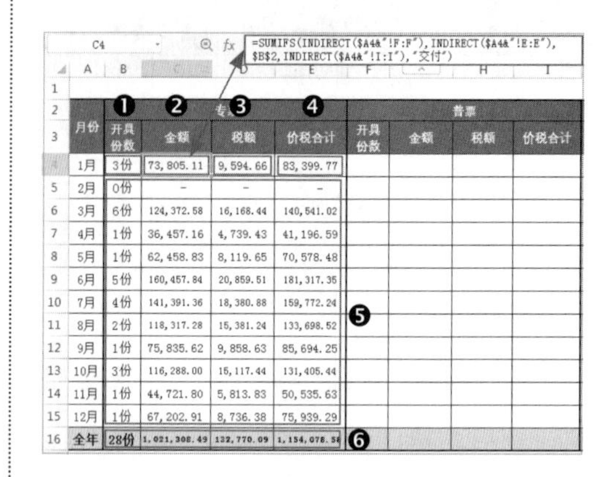
C4 =SUMIFS(INDIRECT(\$A4&"!F:F"),INDIRECT(\$A4&"!E:E"),\$B\$2,INDIRECT(\$A4&"!I:I"),"交付")

月份	专票				普票			
	开具份数	金额	税额	价税合计	开具份数	金额	税额	价税合计
1月	3份	73,805.11	9,594.66	83,399.77				
2月	0份	-	-	-				
3月	6份	124,372.58	16,168.44	140,541.02				
4月	1份	36,457.16	4,739.43	41,196.59				
5月	1份	62,458.83	8,119.65	70,578.48				
6月	5份	160,457.84	20,859.51	181,317.35				
7月	4份	141,391.36	18,380.88	159,772.24				
8月	2份	118,317.28	15,381.24	133,698.52				
9月	1份	75,835.62	9,858.63	85,694.25				
10月	3份	116,288.00	15,117.44	131,405.44				
11月	1份	44,721.80	5,813.83	50,535.63				
12月	1份	67,202.91	8,736.38	75,939.29				
全年	28份	1,021,308.49	132,770.09	1,154,078.5				

第3步 **汇总其他数据**。只需将“专票”数据全部内容复制粘贴后，分别批量修改公式表达式中的一个单元格地址即可。❶ 将 B4:E16 单元格区域全部复制粘贴至 F4:Q16 单元格区域中，选中 F4:I15 单元格区域（“普票”字段），运用【替换】功能将公式表达式中的“\$B\$2”批量替换为“\$F\$2”；❷ 参照第 ❶ 步操作分别将 J4:M15 和 N4:Q15 单元格区域（“电子普票”和“无票”字段）的公式表达式中的“\$B\$2”批量替换为“\$J\$2”和“\$N\$2”，将 N4:N16 单元格区域（“次数”字段）的格式自定义为“0 次”，如下图所示。

F4 =COUNTIFS(INDIRECT($A4&"!E:E"),$F$2,INDIRECT($A4&"!I:I"),"交付")

月份	专票				普票			
	开具份数	金额	税额	价税合计	开具份数	金额	税额	价税合计
1月	3份	73,805.11	9,594.66	83,399.77	2份	23,893.81	3,106.19	27,000.00
2月	0份	-	-	-	3份	60,333.14	7,843.31	68,176.45
3月	6份	124,372.58	16,168.44	140,541.02	3份	41,332.53	5,373.22	46,705.75
4月	1份	36,457.16	4,739.43	41,196.59	4份	145,288.09	18,887.46	164,175.55
5月	1份	62,458.83	8,119.65	70,578.48	4份	78,526.08	10,208.39	88,734.47
6月	5份	160,457.84	20,859.51	181,317.35	2份	58,448.91	7,598.35	66,047.26
7月	4份	141,391.36	18,380.88	159,772.24	2份	119,624.54	15,551.19	135,175.73
8月	2份	118,317.28	15,381.24	133,698.52	2份	91,401.27	11,882.16	103,283.43
9月	1份	75,835.62	9,858.63	85,694.25	0份	-	-	-
10月	3份	116,288.00	15,117.44	131,405.44	3份	104,417.32	13,574.25	117,991.57
11月	1份	44,721.80	5,813.83	50,535.63	1份	42,326.25	5,502.41	47,828.66
12月	1份	67,202.91	8,736.38	75,939.29	0份	-	-	-
全年	28份	1,021,308.49	132,770.09	1,154,078.58	26份	765,591.94	99,526.93	865,118.87

N4 =COUNTIFS(INDIRECT($A4&"!E:E"),$N$2,INDIRECT($A4&"!I:I"),"交付")

销项发票汇总表

月份	电子普票				无票			
	开具份数 ❷	金额	税额	价税合计	次数	金额	税额	价税合计
1月	0份	-	-	-	0次	-	-	-
2月	1份	6,798.01	883.74	7,681.75	0次	-	-	-
3月	0份	-	-	-	0次	-	-	-
4月	0份	-	-	-	0次	-	-	-
5月	0份	-	-	-	0次	-	-	-
6月	1份	23,232.52	3,020.23	26,252.75	0次	-	-	-
7月	0份	-	-	-	0次	-	-	-
8月	0份	-	-	-	0次	-	-	-
9月	0份	-	-	-	2次	22,123.90	2,876.10	25,000.00
10月	0份	-	-	-	0次	-	-	-
11月	0份	-	-	-	1次	13,274.34	1,725.66	15,000.00
12月	0份	-	-	-	3次	23,362.83	3,037.17	26,400.00
全年	2份	30,030.53	3,903.97	33,934.50	6次	58,761.07	7,638.93	66,400.00

第4步 **汇总全部发票数据。**❶ 将 R4:R16 单元格区域的格式自定义为“0"份 / 次 "”，在 R4 单元格中设置公式“=SUMIF($B$3:$Q$3,"* 数 ",$B4:Q4)”，运用 SUMIF 函数对 B4:Q4 单元格区域中满足条件的数据求和（这一条件即表达式“$B$3:$Q$3,"* 数 "”，其含义是 B3:Q3 单元格区域中包含文本“数”）；❷ 在 S4 单元格中设置公式“=SUMIF($B$3:$Q$3,S$3,$B4:$Q4)”，运用 SUMIF 函数对 B4:Q4 单元格区域中的“金额”进行求和，将 S4 单元格公式复制粘贴至 T4:U4 单元格区域中；❸ 将 R4:U4 单元格区域公式复制粘贴至 R5:U15 单元格区域中；❹ 最后将 N16:Q16 单元格区域的合计公式复制粘贴至 R16:U16 单元格区域中，如下图所示。

S4 =SUMIF($B$3:$Q$3,S$3,$B4:$Q4)

月份	无票				❶ 月合计 ❷			
	次数	金额	税额	价税合计	份/次数	金额	税额	价税合计
1月	0次	-	-	-	5份/次	97,698.92	12,700.85	110,399.77
2月	0次	-	-	-	4份/次	67,131.15	8,727.05	75,858.20
3月	0次	-	-	-	9份/次	165,705.11	21,541.66	187,246.77
4月	0次	-	-	-	5份/次	181,745.25	23,626.89	205,372.14
5月	0次	-	-	-	5份/次	140,984.91	18,328.04	159,312.95
6月	0次	-	-	❸	8份/次	242,139.27	31,478.09	273,617.36
7月	0次	-	-	-	6份/次	261,015.90	33,932.07	294,947.97
8月	0次	-	-	-	4份/次	209,718.55	27,263.40	236,981.95
9月	2次	22,123.90	2,876.10	25,000.00	3份/次	97,959.52	12,734.73	110,694.25
10月	0次	-	-	-	6份/次	220,705.32	28,691.69	249,397.01
11月	1次	13,274.34	1,725.66	15,000.00	3份/次	100,322.39	13,041.90	113,364.29
12月	3次	23,362.83	3,037.17	26,400.00	4份/次	90,565.74	11,773.55	102,339.29
全年	6次	58,761.07	7,638.93	66,40 ❹	62份/次	1875692.03	243839.92	2119531.95

第5步 **汇总进项发票数据。**❶ 将 1 ~ 16 行区域整体复制粘贴至 18 ~ 33 行区域，修改标题名称和字段名称，删除 B21:D32、F21:H32、J21:L32 与 N21:P32 单元格区域中的公式。❷ 在 B21 单元格中设置公式“=COUNTIFS(INDIRECT($A21&"!Q:Q"),LEFT($B$19,2),INDIRECT($A21&"!N:N"),RIGHT($B$19,2))”，运用 COUNTIFS 函数统计“1 月”工作表中业务类型为“进货”的专票数量。公式含义与 B4 单元格公式基本相同，略微不同之处是在两组条件中分别嵌套了 LEFT 和 RIGHT 函数，用于截取 B19 单元格中的文本“专票”和“进货”。❸ 在 C21 单元格中设置公式“=SUMIFS(INDIRECT($A21&"!R:R"),INDIRECT($A21&"!Q:Q"),LEFT($B$19,2),INDIRECT($A21&"!N:N"),RIGHT($B$19,2))”，运用 SUMIFS 函数汇总“1 月”工作表中业务类型为“进货”的专票的“进项未税额”。将公式填充至 D21 单元格中后将公式表达式

中的“INDIRECT($A21&"!R:R"),”修改为“INDIRECT($A21&"!S:S"),”。❹将B21:D21单元格区域的公式复制粘贴至B22:D32单元格区域中。❺参照以上第3步操作将B21:D32单元格区域的公式复制粘贴至F21:H32、J21:L32与N21:P32单元格区域中，运用【替换】功能分别批量替换以上各区域中引用的单元格地址即可。效果如下图所示。

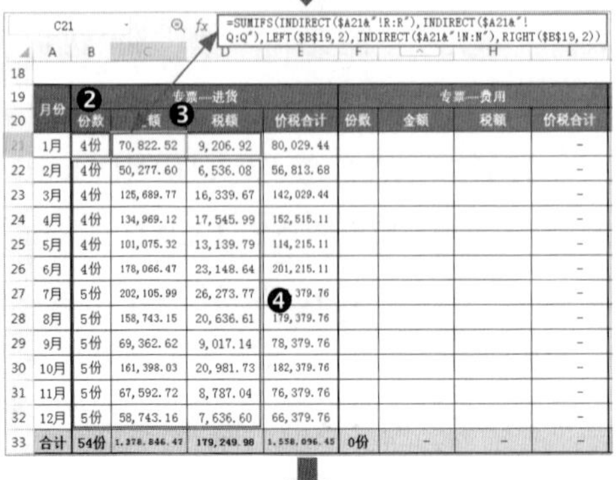

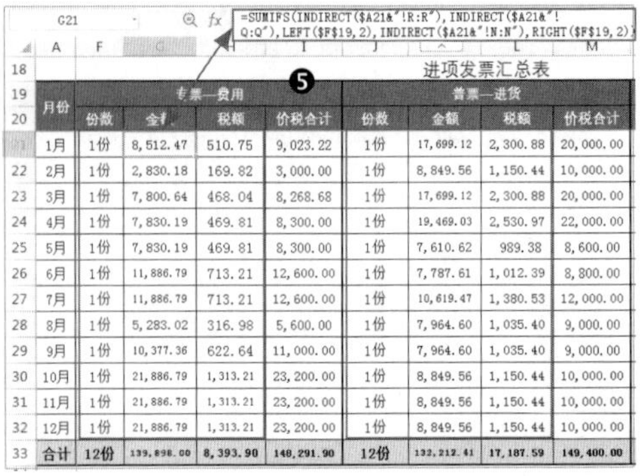

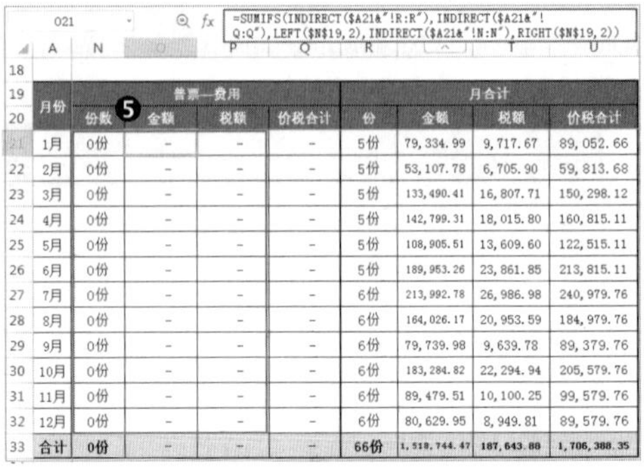

进项发票汇总表 ❶

月份	专票—进货				专票—费用				普票—进货			
	份数	金额	税额	价税合计	份数	金额	税额	价税合计	份数	金额	税额	价税合计
1月				-				-				-
2月				-				-				-
3月				-				-				-
4月				-				-				-
5月				-				-				-
6月				-				-				-
7月				-				-				-
8月				-				-				-
9月				-				-				-
10月				-				-				-
11月				-				-				-
12月				-				-				-
合计	0份	-	-	-	0份	-	-	-	0份	-	-	-

月份	普票—费用 ❶				月合计			
	份数	金额	税额	价税合计	份	金额	税额	价税合计
1月					0份	-	-	-
2月					0份	-	-	-
3月					0份	-	-	-
4月					0份	-	-	-
5月					0份	-	-	-
6月					0份	-	-	-
7月					0份	-	-	-
8月					0份	-	-	-
9月					0份	-	-	-
10月					0份	-	-	-
11月					0份	-	-	-
12月					0份	-	-	-
合计	0份	-	-	-	0份	-	-	-

C21 =SUMIFS(INDIRECT($A21&"!R:R"),INDIRECT($A21&"!Q:Q"),LEFT($B$19,2),INDIRECT($A21&"!N:N"),RIGHT($B$19,2))

月份	专票—进货 ❷ ❸				专票—费用			
	份数	金额	税额	价税合计	份数	金额	税额	价税合计
1月	4份	70,822.52	9,206.92	80,029.44				-
2月	4份	50,277.60	6,536.08	56,813.68				-
3月	4份	125,689.77	16,339.67	142,029.44				-
4月	4份	134,969.12	17,545.99	152,515.11				-
5月	4份	101,075.32	13,139.79	114,215.11				-
6月	4份	178,066.47	23,148.64	201,215.11				-
7月	5份	202,105.99	26,273.77	❹ [illegible]379.76				-
8月	5份	158,743.15	20,636.61	179,379.76				-
9月	5份	69,362.62	9,017.14	78,379.76				-
10月	5份	161,398.03	20,981.73	182,379.76				-
11月	5份	67,592.72	8,787.04	76,379.76				-
12月	5份	58,743.16	7,636.60	66,379.76				-
合计	54份	1,378,846.47	179,249.98	1,558,096.45	0份	-	-	-

G21 =SUMIFS(INDIRECT($A21&"!R:R"),INDIRECT($A21&"!Q:Q"),LEFT($F$19,2),INDIRECT($A21&"!N:N"),RIGHT($F$19,2))

进项发票汇总表 ❺

月份	专票—费用				普票—进货			
	份数	金额	税额	价税合计	份数	金额	税额	价税合计
1月	1份	8,512.47	510.75	9,023.22	1份	17,699.12	2,300.88	20,000.00
2月	1份	2,830.18	169.82	3,000.00	1份	8,849.56	1,150.44	10,000.00
3月	1份	7,800.64	468.04	8,268.68	1份	17,699.12	2,300.88	20,000.00
4月	1份	7,830.19	469.81	8,300.00	1份	19,469.03	2,530.97	22,000.00
5月	1份	7,830.19	469.81	8,300.00	1份	7,610.62	989.38	8,600.00
6月	1份	11,886.79	713.21	12,600.00	1份	7,787.61	1,012.39	8,800.00
7月	1份	11,886.79	713.21	12,600.00	1份	10,619.47	1,380.53	12,000.00
8月	1份	5,283.02	316.98	5,600.00	1份	7,964.60	1,035.40	9,000.00
9月	1份	10,377.36	622.64	11,000.00	1份	7,964.60	1,035.40	9,000.00
10月	1份	21,886.79	1,313.21	23,200.00	1份	8,849.56	1,150.44	10,000.00
11月	1份	21,886.79	1,313.21	23,200.00	1份	8,849.56	1,150.44	10,000.00
12月	1份	21,886.79	1,313.21	23,200.00	1份	8,849.56	1,150.44	10,000.00
合计	12份	139,898.00	8,393.90	148,291.90	12份	132,212.41	17,187.59	149,400.00

O21 =SUMIFS(INDIRECT($A21&"!R:R"),INDIRECT($A21&"!Q:Q"),LEFT($N$19,2),INDIRECT($A21&"!N:N"),RIGHT($N$19,2))

月份	普票—费用 ❺				月合计			
	份数	金额	税额	价税合计	份	金额	税额	价税合计
1月	0份	-	-	-	5份	79,334.99	9,717.67	89,052.66
2月	0份	-	-	-	5份	53,107.78	6,705.90	59,813.68
3月	0份	-	-	-	5份	133,490.41	16,807.71	150,298.12
4月	0份	-	-	-	5份	142,799.31	18,015.80	160,815.11
5月	0份	-	-	-	5份	108,905.51	13,609.60	122,515.11
6月	0份	-	-	-	5份	189,953.26	23,861.85	213,815.11
7月	0份	-	-	-	6份	213,992.78	26,986.98	240,979.76
8月	0份	-	-	-	6份	164,026.17	20,953.59	184,979.76
9月	0份	-	-	-	6份	79,739.98	9,639.78	89,379.76
10月	0份	-	-	-	6份	183,284.82	22,294.94	205,579.76
11月	0份	-	-	-	6份	89,479.51	10,100.25	99,579.76
12月	0份	-	-	-	6份	80,629.95	8,949.81	89,579.76
合计	0份	-	-	-	66份	1,518,744.47	187,643.88	1,706,388.35

3. 按照客户名称分类汇总销项数据

从客户和供应商角度汇总每月至全年的发票数据，可以为财务人员核算和分析应收、应付账款数据和结算进度，以及销售成本及费用等数据提供极其重要的参考依据。下面首先结合表单控件制作动态客户汇总表，分别汇总“销项未税额”“销项税额”“价税合计”数据，并创建迷你图，分别呈现同一月份不同客户的数据对比效果，和同一客户1—12月的数据发展趋势。

第1步 **绘制表格框架**。在“增值税数据汇总分析.xlsx”工作簿中新建工作表，重命名为“客户销售汇总”。在A4:P17单元格区域中绘制表格框架，设置字段名称及基础格式。注意将 C4:N4 单元格区域的格式设置为文本格式。初始表格框架如下图所示。

	A	B	C	D	E	F	G	H
1								2021年客户
2								
3								
4	序号	客户名称	1月	2月	3月	4月	5月	6月
5								
6								
7								
8								
9								
10								
11								
12								
13								
14								
15								
16	全部客户合计							
17	客户数据对比							

	I	J	K	L	M	N	O	P
1	销售汇总表							
2								
3								
4	7月	8月	9月	10月	11月	12月	全年合计	全年发展趋势
5								
6								
7								
8								
9								
10								
11								
12								
13								
14								
15								
16								
17								

第2步 **制作【列表框】表单控件。** ❶ 在 A1:A3 单元格区域中依次输入文本“销项未税额”“销项税额”“价税合计”，单击【开发工具】选项卡中的【列表框】按钮，在工作表中绘制一个列表框图形。❷ 选中控件后单击【开发工具】选项卡中的【控件属性】按钮激活【属性】任务窗格。❸ 将属性项【LinkedCell】的值设置为“客户销售汇总 !$C$2”，即链接 C2 单元格；将属性项【ListFillRange】的值设置为“客户销售汇总 !$A$1:$A$3”，即在【列表框】控件中列示 A1:A3 单元格区域中的数据。❹ 设置完成后，单击【开发工具】选项卡中的【退出设计】按钮退出设计模式，如下图所示。

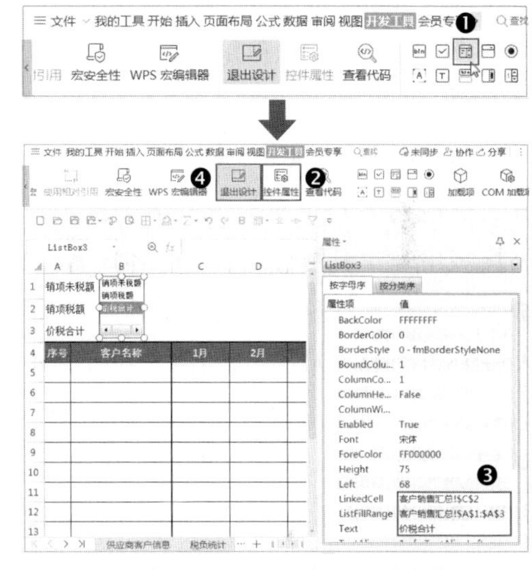

第3步 **查看列表框控件的选择效果。**【列表框】控件制作完成后，选择其中的选项，C2 单元格中即显示与其相同的文本，如下图所示。（注意将 C2 单元格的“对齐方式”设置为“居中”。）

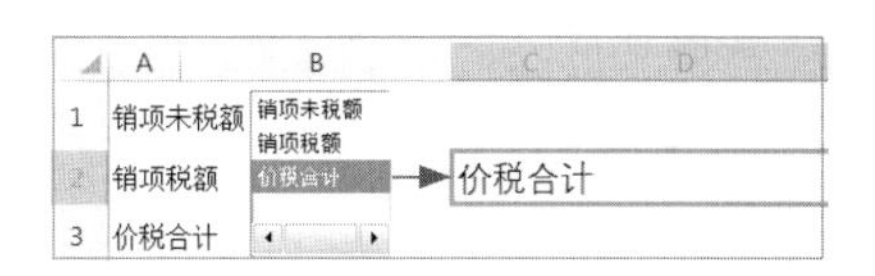

第4步 **统计客户数量，自动生成序号和客户名称。** ❶ 在 A4 单元格中设置公式“=MAX(供应商客户信息 !F:F)”，运用 MAX 函数统计“供应商客户信息”工作表中 F:F 区域（“序号”字段）中的最大

数字，即可得到当前客户数量。将 A4 单元格格式自定义为“序号”，无论数字变化多少，始终显示文本“序号”。❷ 在 A5 单元格中设置公式“=IF(ROW()-4<=A$4,ROW()-4,"-")”，以 A4 单元格中的数字为限，依次自动生成序号。❸ 在 B5 单元格中设置公式“=IFERROR(VLOOKUP(A5,供应商客户信息 !F:G,2,0),"-")”，运用 VLOOKUP 函数根据 A5 单元格中的序号在“供应商客户信息”工作表 F:G 单元格区域中查找引用与之匹配的客户名称。❹ 将 A5:B5 单元格区域公式复制粘贴至 A6:B15 单元格区域中。❺ 在 C3 单元格中设置公式“="当前客户数量:"&A4&"家"”，将固定文本与 A4 单元格中的数字组合，其作用是当客户数量大于表格中用于列示客户名称的行数时，可提示财务人员扩充表格行数，如下图所示。

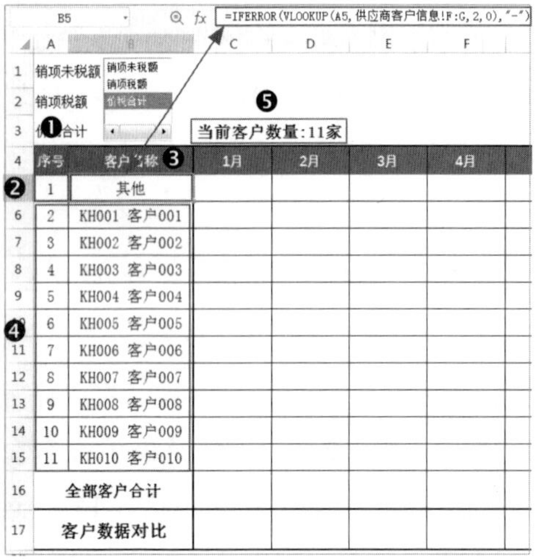

B5 =IFERROR(VLOOKUP(A5,供应商客户信息!F:G,2,0),"-")

	A	B	C	D	E	F
1	销项未税额	销项未税额				
2	销项税额	销项税额				
3	价税合计	价税合计	当前客户数量:11家			
4	序号	客户名称	1月	2月	3月	4月
5	1	其他				
6	2	KH001 客户001				
7	3	KH002 客户002				
8	4	KH003 客户003				
9	5	KH004 客户004				
10	6	KH005 客户005				
11	7	KH006 客户006				
12	8	KH007 客户007				
13	9	KH008 客户008				
14	10	KH009 客户009				
15	11	KH010 客户010				
16	全部客户合计					
17	客户数据对比					

第5步 动态汇总销项发票数据。

❶ 将 E3 单元格作为辅助单元格，在其中设置公式“=IFS(C2="销项未税额","!F:F",C2="销项税额","!G:G",C2="价税合计","!H:H")”，运用 IFS 函数根据 C2 单元格中的文本内容，分别返回发票记录表中“销项未税额”“销项税额”“价税合计”字段所在区域。其作用是简化下一步公式汇总销项发票数据的公式。

❷ 在 C5 单元格中设置公式“=SUMIFS(INDIRECT(C$4&$E$3),INDIRECT(C$4&"!$C:$C"),$B5,INDIRECT(C$4&"!$I:$I"),"交付")”，运用 SUMIFS 函数根据以下两组条件对“1 月”工作表中的数据进行汇总。

• 条件 1：即表达式“INDIRECT(C$4&"!$C:$C"),$B5,”，其含义是“1 月”工作表 C:C 区域中的“客户名称”与 B5 单元格相同。其嵌套 INDIRECT 函数引用 C4 单元格中的“1 月”与“"!$C:$C"”组合而构成的区域。

• 条件 2：即表达式“INDIRECT(C$4&"!$I:$I"),"交付"”，其含义是“1 月”工作表 I:I 区域中的文本为“交付”。

另外，SUMIFS 函数的第一个参数，即求和区域同样是嵌套 INDIRECT 函数，引用了 C4 单元格中的文本“1 月”与 E3 单元格中动态变化的文本组合而构成的。

将 C5 单元格公式复制粘贴至 C5:N15 单元格区域中，即可自动汇总所有月份全部客户的发票数据，如下图所示。

C5 =SUMIFS(INDIRECT(C$4&$E$3),INDIRECT(C$4&"!$C:$C"),$B5,INDIRECT(C$4&"!$I:$I"),"交付")

	A	B	C	D	E	F	G	H
1	销项未税额	销项未税额 销项税额						2021年客户
2	销项税额	价税合计						价税
3	价税合计		当前客户数量:11家		!H:H			
4	序号	客户名称	1月	2月	3月	4月	5月	6月
5	1	其他	-	-	-	-	-	-
6	2	KH001 客户001	12,000.00	10,843.54	28,500.00	-	1,431.00	9,435.00
7	3	KH002 客户002	31,559.06	-	34,940.16	-	-	13,968.31
8	4	KH003 客户003	-	42,332.91	-	-	66,047.64	-
9	5	KH004 客户004	7,681.75	-	-	41,196.59	-	117,622.48
10	6	KH005 客户005	-	7,681.75	-	94,353.77	-	-
11	7	KH006 客户006	-	-	38,867.98	-	-	31,799.34
12	8	KH007 客户007	-	-	-	18,870.75	20,000.00	-
13	9	KH008 客户008	-	15,000.00	-	50,951.03	-	56,612.26
14	10	KH009 客户009	44,158.96	-	66,732.88	-	70,578.48	17,927.22
15	11	KH010 客户010	15,000.00	-	18,205.75	-	1,255.83	26,252.75
16	全部客户合计							
17	客户数据对比							

	A	B	I	J	K	L	M	N
1	销项未税额	销项未税额 销项税额	销售汇总表					
2	销项税额	价税合计	合计					
3	价税合计							
4	序号	客户名称	7月	8月	9月	10月	11月	12月
5	1	其他	-	-	25,000.00	-	15,000.00	26,400.00
6	2	KH001 客户001	-	-	-	-	-	-
7	3	KH002 客户002	63,193.75	67,650.88	-	72,466.89	-	-
8	4	KH003 客户003	-	-	-	88,399.59	47,828.66	-
9	5	KH004 客户004	-	66,047.64	-	-	-	75,939.29
10	6	KH005 客户005	-	-	-	-	-	-
11	7	KH006 客户006	36,192.08	-	85,694.25	-	-	-
12	8	KH007 客户007	75,483.01	70,765.32	-	9,435.38	-	-
13	9	KH008 客户008	-	-	-	20,156.60	-	-
14	10	KH009 客户009	60,386.41	-	-	58,938.55	50,535.63	-
15	11	KH010 客户010	59,692.72	32,518.11	-	-	-	-
16	全部客户合计							
17	客户数据对比							

第6步 **计算全年与客户合计数。**❶ 在O5单元格中设置公式“=ROUND(SUM(C5:N5),2)”，计算同一客户1—12月发票数的合计数，将公式复制粘贴至O6:O15单元格区域中。❷ 在C16单元格中设置公式“=SUM(OFFSET(C$5,,,):INDEX(C:C,ROW()-1))”，对同一月份中全部客户的发票数据进行求和。其中，SUM函数的求和范围是分别由OFFSET与INDEX函数查找引用的起止数字所构成的数组；起始数字运用OFFSET函数以C5单元格为基准，向下偏移0行，向右偏移0列，即引用C5单元格中的数据。最末数字运用INDEX函数自动引用C:C区域内指定行数中的数字，即当前单元格“C16”所在行数的上一行。这一公式的作用是当在第16行之上插入行次后，可自动扩展求和范围，无须手动修改公式。❸ 将C16单元格公式复制粘贴至D16:O16单元格区域中。效果如下图所示。

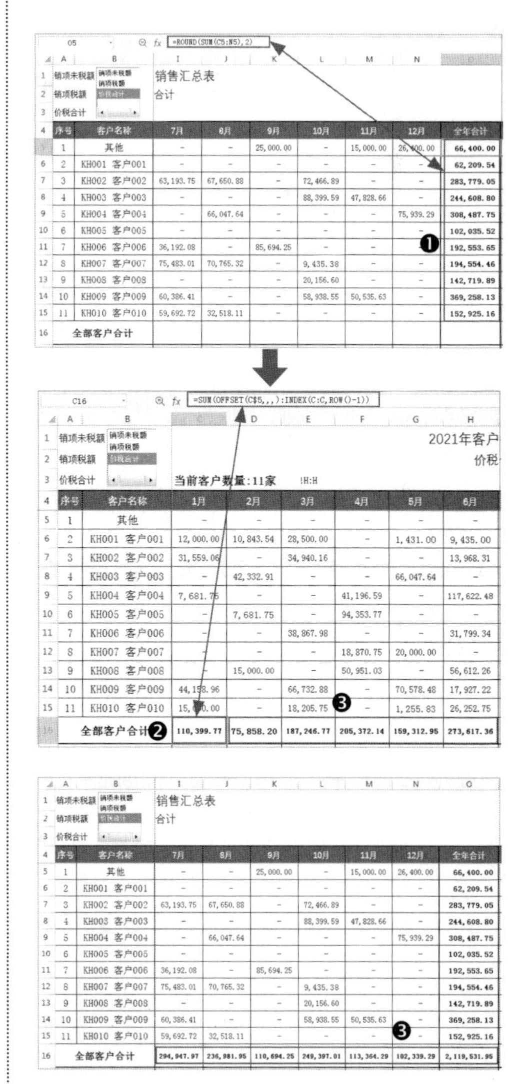

O5 =ROUND(SUM(C5:N5),2)

	A	B	I	J	K	L	M	N	O
1	销项未税额	销项未税额 销项税额	销售汇总表						
2	销项税额	价税合计	合计						
3	价税合计								
4	序号	客户名称	7月	8月	9月	10月	11月	12月	全年合计
5	1	其他	-	-	25,000.00	-	15,000.00	26,400.00	66,400.00
6	2	KH001 客户001	-	-	-	-	-	-	62,209.54
7	3	KH002 客户002	63,193.75	67,650.88	-	72,466.89	-	-	283,779.05
8	4	KH003 客户003	-	-	-	88,399.59	47,828.66	-	244,608.80
9	5	KH004 客户004	-	66,047.64	-	-	-	75,939.29	308,487.75
10	6	KH005 客户005	-	-	-	-	-	-	102,035.52
11	7	KH006 客户006	36,192.08	-	85,694.25	-	-	-	192,553.65
12	8	KH007 客户007	75,483.01	70,765.32	-	9,435.38	-	-	194,554.46
13	9	KH008 客户008	-	-	-	20,156.60	-	-	142,719.89
14	10	KH009 客户009	60,386.41	-	-	58,938.55	50,535.63	-	369,258.13
15	11	KH010 客户010	59,692.72	32,518.11	-	-	-	-	152,925.16
16	全部客户合计								

C16 =SUM(OFFSET(C$5,,,):INDEX(C:C,ROW()-1))

	A	B	C	D	E	F	G	H
1	销项未税额	销项未税额 销项税额						2021年客户
2	销项税额	价税合计						价税
3	价税合计		当前客户数量:11家		!H:H			
4	序号	客户名称	1月	2月	3月	4月	5月	6月
5	1	其他	-	-	-	-	-	-
6	2	KH001 客户001	12,000.00	10,843.54	28,500.00	-	1,431.00	9,435.00
7	3	KH002 客户002	31,559.06	-	34,940.16	-	-	13,968.31
8	4	KH003 客户003	-	42,332.91	-	-	66,047.64	-
9	5	KH004 客户004	7,681.75	-	-	41,196.59	-	117,622.48
10	6	KH005 客户005	-	7,681.75	-	94,353.77	-	-
11	7	KH006 客户006	-	-	38,867.98	-	-	31,799.34
12	8	KH007 客户007	-	-	-	18,870.75	20,000.00	-
13	9	KH008 客户008	-	15,000.00	-	50,951.03	-	56,612.26
14	10	KH009 客户009	44,158.96	-	66,732.88	-	70,578.48	17,927.22
15	11	KH010 客户010	15,000.00	-	18,205.75	-	1,255.83	26,252.75
16	全部客户合计		110,399.77	75,858.20	187,246.77	205,372.14	159,312.95	273,617.36

	A	B	I	J	K	L	M	N	O
1	销项未税额	销项未税额 销项税额	销售汇总表						
2	销项税额	价税合计	合计						
3	价税合计								
4	序号	客户名称	7月	8月	9月	10月	11月	12月	全年合计
5	1	其他	-	-	25,000.00	-	15,000.00	26,400.00	66,400.00
6	2	KH001 客户001	-	-	-	-	-	-	62,209.54
7	3	KH002 客户002	63,193.75	67,650.88	-	72,466.89	-	-	283,779.05
8	4	KH003 客户003	-	-	-	88,399.59	47,828.66	-	244,608.80
9	5	KH004 客户004	-	66,047.64	-	-	-	75,939.29	308,487.75
10	6	KH005 客户005	-	-	-	-	-	-	102,035.52
11	7	KH006 客户006	36,192.08	-	85,694.25	-	-	-	192,553.65
12	8	KH007 客户007	75,483.01	70,765.32	-	9,435.38	-	-	194,554.46
13	9	KH008 客户008	-	-	-	20,156.60	-	-	142,719.89
14	10	KH009 客户009	60,386.41	-	-	58,938.55	50,535.63	-	369,258.13
15	11	KH010 客户010	59,692.72	32,518.11	-	-	-	-	152,925.16
16	全部客户合计		294,947.97	236,981.95	110,694.25	249,397.01	113,364.29	102,339.29	2,119,531.95

第7步 **创建迷你图**。❶ 选中 P5:P16 单元格区域，单击【插入】选项卡中的【折线】按钮，弹出【创建迷你图】对话框，单击【数据范围】文本框，选中 C5:N16 单元格区域；❷ 单击【确定】按钮关闭对话框，如下图所示。

设置迷你图样式（图示略），参照 ❶ ~ ❷ 在 C17:O17 单元格区域中创建迷你柱形图，将数据范围设置为 C5:O12 单元格区域即可（图示略）。

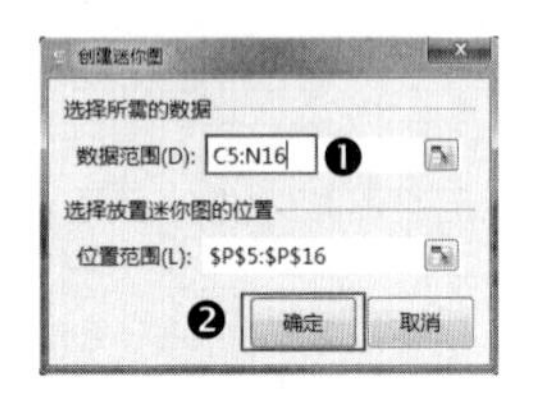

第8步 **查看迷你图效果**。操作完成后，效果如下图所示。

销项未税额　销项税额　价税合计　　2021年客户…　价税…　当前客户数量:11家　!H:H

序号	客户名称	1月	2月	3月	4月	5月	6月
1	其他	-	-	-	-	-	-
2	KH001 客户001	12,000.00	10,843.54	28,500.00	-	1,431.00	9,435.00
3	KH002 客户002	31,559.06	-	34,940.16	-	-	13,968.31
4	KH003 客户003	-	42,332.91	-	-	66,047.64	-
5	KH004 客户004	7,681.75	-	-	41,196.59	-	117,622.48
6	KH005 客户005	-	7,681.75	-	94,353.77	-	-
7	KH006 客户006	-	-	38,867.98	-	-	31,799.34
8	KH007 客户007	-	-	-	18,870.75	20,000.00	-
9	KH008 客户008	-	15,000.00	-	50,951.03	-	56,612.26
10	KH009 客户009	44,158.96	-	66,732.88	-	70,578.48	17,927.22
11	KH010 客户010	15,000.00	-	18,205.75	-	1,255.83	26,252.75
全部客户合计		110,399.77	75,858.20	187,246.77	205,372.14	159,312.95	273,617.36
图表							

销项未税额　销项税额　价税合计　　销售汇总表　合计

序号	客户名称	7月	8月	9月	10月	11月	12月	全年合计	图表
1	其他	-	-	25,000.00	-	15,000.00	26,400.00	66,400.00	
2	KH001 客户001	-	-	-	-	-	-	62,209.54	
3	KH002 客户002	63,193.75	67,650.88	-	72,466.89	-	-	283,779.05	
4	KH003 客户003	-	-	-	88,399.59	47,828.66	-	244,608.80	
5	KH004 客户004	-	66,047.64	-	-	-	75,939.29	308,487.75	
6	KH005 客户005	-	-	-	-	-	-	102,035.52	
7	KH006 客户006	36,192.08	-	85,694.25	-	-	-	192,553.65	
8	KH007 客户007	75,483.01	70,765.32	-	9,435.38	-	-	194,554.46	
9	KH008 客户008	-	-	-	20,156.60	-	-	142,719.89	
10	KH009 客户009	60,386.41	-	-	58,938.55	50,535.63	-	369,258.13	
11	KH010 客户010	59,692.72	32,518.11	-	-	-	-	152,925.16	
全部客户合计		294,947.97	236,981.95	110,694.25	249,397.01	113,364.29	102,339.29	2,119,531.95	
图表									-

第9步 **测试效果**。选择【列表框】控件中的其他选项，如【销项未税额】，即可看到数据动态变化的效果，如下图所示。

销项未税额　销项税额　价税合计　　2021年客户…　销项未…　当前客户数量:11家　!F:F

序号	客户名称	1月	2月	3月	4月	5月	6月
1	其他	-	-	-	-	-	-
2	KH001 客户001	10,619.47	9,596.05	25,221.24	-	1,266.37	8,349.56
3	KH002 客户002	27,928.37	-	30,920.49	-	-	12,361.34
4	KH003 客户003	-	37,462.75	-	-	58,449.24	-
5	KH004 客户004	6,798.01	-	-	36,457.16	-	104,090.69
6	KH005 客户005	-	6,798.01	-	83,498.91	-	-
7	KH006 客户006	-	-	34,396.44	-	-	28,141.01
8	KH007 客户007	-	-	-	16,699.78	17,699.12	-
9	KH008 客户008	-	13,274.34	-	45,089.40	-	50,099.35
10	KH009 客户009	39,078.73	-	59,055.65	-	62,458.83	15,864.80
11	KH010 客户010	13,274.34	-	16,111.29	-	1,111.35	23,232.52
全部客户合计		97,698.92	67,131.15	165,705.11	181,745.25	140,984.91	242,139.27
图表							

销项未税额　销项税额　价税合计　　销售汇总表　未税额

序号	客户名称	7月	8月	9月	10月	11月	12月	全年合计	图表
1	其他	-	-	22,123.90	-	13,274.34	23,362.83	58,761.07	
2	KH001 客户001	-	-	-	-	-	-	55,052.69	
3	KH002 客户002	55,923.67	59,868.04	-	64,129.99	-	-	251,131.90	
4	KH003 客户003	-	-	-	78,229.73	42,326.25	-	216,467.97	
5	KH004 客户004	-	58,449.24	-	-	-	67,202.91	272,998.01	
6	KH005 客户005	-	-	-	-	-	-	90,296.92	
7	KH006 客户006	32,028.39	-	75,835.62	-	-	-	170,401.46	
8	KH007 客户007	66,799.12	62,624.18	-	8,349.89	-	-	172,172.09	
9	KH008 客户008	-	-	-	17,837.70	-	-	126,300.79	
10	KH009 客户009	53,439.30	-	-	52,158.01	44,721.80	-	326,777.12	
11	KH010 客户010	52,825.42	28,777.09	-	-	-	-	135,332.01	
全部客户合计		261,015.90	209,718.55	97,959.52	220,705.32	100,322.39	90,565.74	1,075,692.03	
图表									-

4. 按照供应商名称分类汇总进项数据

按照供应商名称汇总发票数据的总体思路、表格框架，以及需要运用的函数、控件等，与“客户销售汇总”工作表基本一致。但由于供应商发票中涉及的业务类型包括“进货”与“费用”两类，因此在汇总“进项未税额”“进项税额”“价税合计”数据的同时，还需要进一步根据业务类型分别汇总“进货”和“费用”数据。对此，可以创建下拉列表，并在汇总公式中使用 IF 函数，根据在下拉列表中选择的业务类型分别运用 SUMIF 或 SUMIFS 函数公式计算即可实现，操作方法如下。

第1步 **复制“客户销售汇总”工作表并做调整。**❶ 右击“客户销售汇总”工作表标签，在弹出的快捷菜单中选择【复制工作表】命令即可复制成功。❷ 将复制后的工作表名称修改为“供应商进货费用汇总”，删除 C1 单元格中的标题与 C5:N15 单元格区域中的公式，将 A1:A3 单元格区域中的文本依次修改为“进项未税额”“进项税额”“价税合计”，删除【列表框】控件后重制绘制并设置属性（参照“客户销售汇总”工作表中【列表框】控件属性设置方法即可）。❸ 将 B5 单元格中的原公式修改为“=IFERROR(VLOOKUP(A5, 供应商客户信息 !A:B,2,0),"-")”，将公式复制粘贴至 B6:B15 单元格区域中。❹ 将 C3 单元格中的原公式修改为“=" 当前供应商数量 :"&A4&" 家 "”。❺ 将 E3 单元格中的原公式修改为“=IFS(C2=" 进项未税额 ","!R:R",C2=" 进项税额 ","!S:S",C2=" 价税合计 ","!T:T")”，如下图所示。

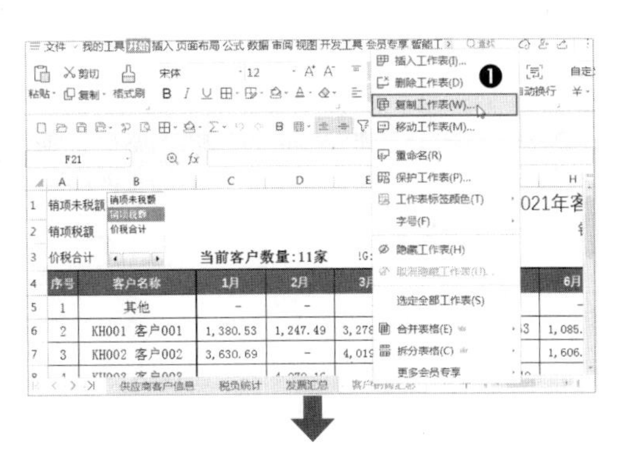

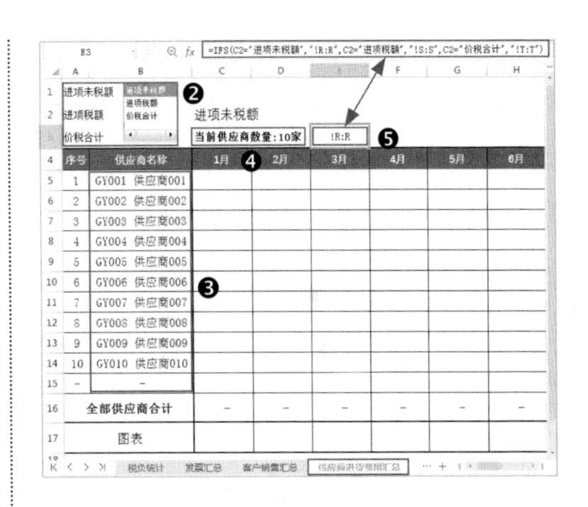

第2步 **创建下拉列表。**❶ 选中 C1 单元格，单击【数据】选项卡中的【下拉列表】按钮；❷ 弹出【插入下拉列表】对话框，依次添加下拉选项，包括“全部”“进货”“费用”；❸ 单击【确定】按钮关闭对话框，如下图所示。

将 C1 单元格格式自定义为“"2021 年供应商发票汇总—"@”（图示略）。

第3步 **检测下拉列表效果**。操作完成后，在C1单元格下拉列表中选择任意选项，如【进货】，单元格中显示“2021年供应商发票汇总—进货”，如下图所示。

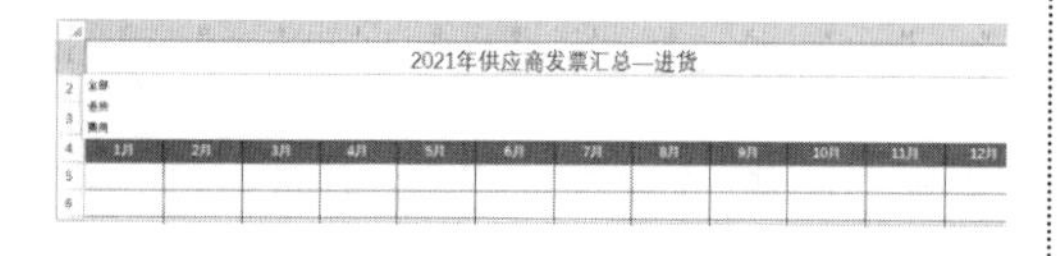

第4步 **设置公式汇总发票数据**。

❶ 在C5单元格中设置公式“=IF($C$1="全部",SUMIF(INDIRECT(C$4&"!$O:$O"),$B5,INDIRECT(C$4&$E$3)),SUMIFS(INDIRECT(C$4&$E$3),INDIRECT(C$4&"!$O:$O"),$B5,INDIRECT(C$4&"!$N:$N"),$C$1))”，运用IF函数判断C1单元格中的文本为“全部”时，表示汇总全部业务类型的发票数据，因此使用SUMIF函数汇总“1月”工作表中的发票数据。反之，当C1单元格中的文本不为“全部”、“进货”或“费用”时，则使用SUMIFS函数根据以下两组条件汇总“1月”工作表中的发票数据。

- 条件1：即表达式“INDIRECT(C$4&"!$O:$O"),$B5,”，其含义是“1月”工作表O:O区域中的供应商名称与B5单元格相同。
- 条件2：即表达式“INDIRECT(C$4&"!$N:$N"),$C$1)”，其含义是“1月”工作表N:N区域中的业务类型与C1单元格相同。

❷ 将C5单元格公式复制粘贴至C5:N15单元格区域中，如下图所示。

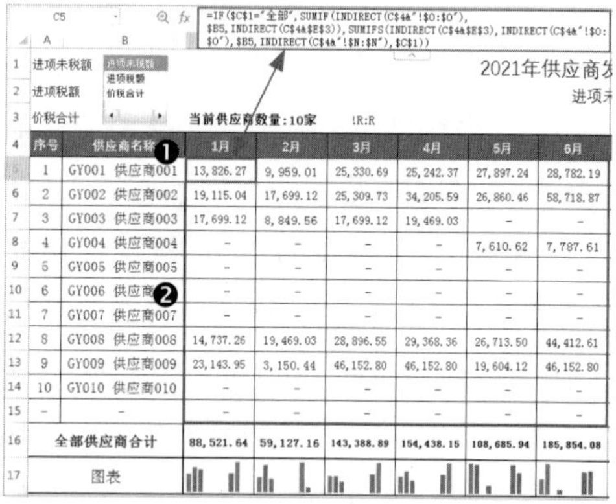

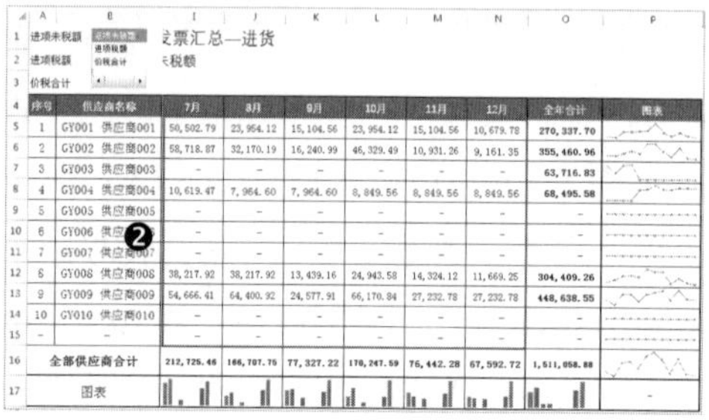

C5 =IF($C$1="全部",SUMIF(INDIRECT(C$4&"!$O:$O"),$B5,INDIRECT(C$4&$E$3)),SUMIFS(INDIRECT(C$4&$E$3),INDIRECT(C$4&"!$O:$O"),$B5,INDIRECT(C$4&"!$N:$N"),$C$1))

进项未税额 / 进项税额 / 价税合计 2021年供应商发 进项未

当前供应商数量:10家 !R:R

序号	供应商名称	1月	2月	3月	4月	5月	6月
1	GY001 供应商001	13,826.27	9,959.01	25,330.69	25,242.37	27,897.24	28,782.19
2	GY002 供应商002	19,115.04	17,699.12	25,309.73	34,205.59	26,860.46	58,718.87
3	GY003 供应商003	17,699.12	8,849.56	17,699.12	19,469.03	-	-
4	GY004 供应商004	-	-	-	-	7,610.62	7,787.61
5	GY005 供应商005	-	-	-	-	-	-
6	GY006 供应商	-	-	-	-	-	-
7	GY007 供应商007	-	-	-	-	-	-
8	GY008 供应商008	14,737.26	19,469.03	28,896.55	29,368.36	26,713.50	44,412.61
9	GY009 供应商009	23,143.95	3,150.44	46,152.80	46,152.80	19,604.12	46,152.80
10	GY010 供应商010	-	-	-	-	-	-
-	-	-	-	-	-	-	-
全部供应商合计		88,521.64	59,127.16	143,388.89	154,438.15	108,685.94	185,854.08
图表							

进项未税额 / 进项税额 / 价税合计 发票汇总—进货 未税额

序号	供应商名称	7月	8月	9月	10月	11月	12月	全年合计	图表
1	GY001 供应商001	50,502.79	23,954.12	15,104.56	23,954.12	15,104.56	10,679.78	270,337.70	
2	GY002 供应商002	58,718.87	32,170.19	16,240.99	46,329.49	10,931.26	9,161.35	355,460.96	
3	GY003 供应商003	-	-	-	-	-	-	63,716.83	
4	GY004 供应商004	10,619.47	7,964.60	7,964.60	8,849.56	8,849.56	8,849.56	68,495.58	
5	GY005 供应商005	-	-	-	-	-	-	-	
6	GY006 供应	-	-	-	-	-	-	-	
7	GY007 供应商007	-	-	-	-	-	-	-	
8	GY008 供应商008	38,217.92	38,217.92	13,439.16	24,943.58	14,324.12	11,669.25	304,409.26	
9	GY009 供应商009	54,666.41	64,400.92	24,577.91	66,170.84	27,232.78	27,232.78	448,638.55	
10	GY010 供应商010	-	-	-	-	-	-	-	
-	-	-	-	-	-	-	-	-	
全部供应商合计		212,725.46	166,707.75	77,327.22	170,247.59	76,442.28	67,592.72	1,511,058.88	
图表									-

第5步 **测试效果**。在【列表框】控件中选择【价税合计】选项，在C1单元格下拉列表中选择其他选项，如【全部】，可看到数据动态变化效果，如下图所示。

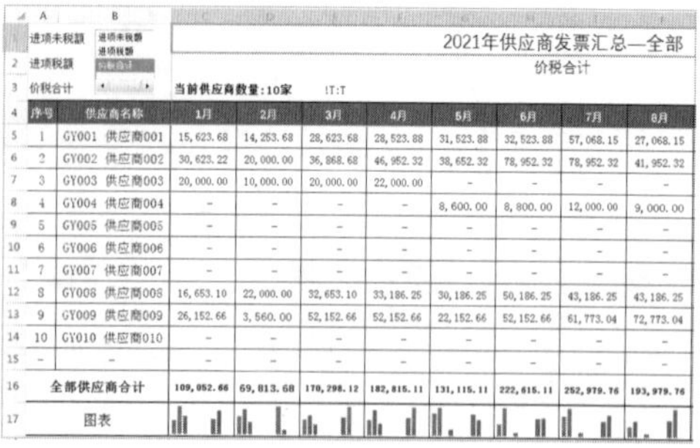

进项未税额 / 进项税额 / 价税合计 2021年供应商发票汇总—全部 价税合计

当前供应商数量:10家 !T:T

序号	供应商名称	1月	2月	3月	4月	5月	6月	7月	8月
1	GY001 供应商001	15,623.68	14,253.68	28,623.68	28,523.88	31,523.88	32,523.88	57,068.15	27,068.15
2	GY002 供应商002	30,623.22	20,000.00	36,868.68	46,952.32	38,652.32	78,952.32	78,952.32	41,952.32
3	GY003 供应商003	20,000.00	10,000.00	20,000.00	22,000.00	-	-	-	-
4	GY004 供应商004	-	-	-	-	8,600.00	8,800.00	12,000.00	9,000.00
5	GY005 供应商005	-	-	-	-	-	-	-	-
6	GY006 供应商006	-	-	-	-	-	-	-	-
7	GY007 供应商007	-	-	-	-	-	-	-	-
8	GY008 供应商008	16,653.10	22,000.00	32,653.10	33,186.25	30,186.25	50,186.25	43,186.25	43,186.25
9	GY009 供应商009	26,152.66	3,560.00	52,152.66	52,152.66	22,152.66	52,152.66	61,773.04	72,773.04
10	GY010 供应商010	-	-	-	-	-	-	-	-
-	-	-	-	-	-	-	-	-	-
全部供应商合计		109,052.66	69,813.68	170,298.12	182,815.11	131,115.11	222,615.11	252,979.76	193,979.76
图表									

	A	B	K	L	M	N	O	P
1	进项未税额	进项未税额 进项税额 价税合计						
2	进项税额							
3	价税合计							
4	序号	供应商名称	9月	10月	11月	12月	全年合计	图表
5	1	GY001 供应商001	17,068.15	27,068.15	17,068.15	12,068.15	**308,481.58**	
6	2	GY002 供应商002	29,352.32	75,552.32	35,552.32	33,552.32	**546,962.78**	
7	3	GY003 供应商003	-	-	-	-	**72,000.00**	
8	4	GY004 供应商004	9,000.00	10,000.00	10,000.00	10,000.00	**77,400.00**	
9	5	GY005 供应商005	-	-	-	-	-	
10	6	GY006 供应商006	-	-	-	-	-	
11	7	GY007 供应商007	-	-	-	-	-	
12	8	GY008 供应商008	15,186.25	28,186.25	16,186.25	13,186.25	**343,982.45**	
13	9	GY009 供应商009	27,773.04	74,773.04	30,773.04	30,773.04	**506,961.54**	
14	10	GY010 供应商010	-	-	-	-	-	
15	-	-	-	-	-	-	-	
16	**全部供应商合计**		**98,379.76**	**215,579.76**	**109,579.76**	**99,579.76**	**1,855,788.35**	
17	图表							-

本小节示例结果见“结果文件 \ 第 11 章 \ 增值税数据汇总分析 .xlsx”文件。

11.2 税金及附加计算与管理

“税金及附加”是用于核算企业经营活动中应负担的相关税费的一个一级损益类会计科目，包括消费税、附加税费、印花税、资源税、房产税、车船税、城镇土地使用税等小税种。本节以税金及附加中涉及最为广泛的附加税费和印花税为例，同时结合实务中实行的税收优惠政策及实际纳税申报要求，运用 WPS 表格制作税金计算表和打印样式，准确计算应交税（费）数据，并自动生成记账凭证附件打印样式，以便财务人员查询数据、快速打印纸质附件。

11.2.1 计算附加税费

附加税费包括城市维护建设税（以下简称城建税）、教育费附加、地方教育费附加，是以增值税和消费税的实缴税金之和为基数，乘以不同的税（费）率进行计算的。本小节将以一般纳税人所在地为市区的附加税费的税（费）率 7%、3%、2% 为例，以实缴增值税税金为计税基数（本章未列举消费税），以及“按月纳税的月销售额或营业额不超过 10 万元（按季度纳税的季度销售额或营业额不超过 30 万元）的纳税义务人，免征教育费附加、地方教育费附加”的相关税收优惠政策规定，制作附加税费计算表。具体操作方法如下。

第1步 **绘制表格框架，填入原始数据。** ❶ 新建工作簿，命名为“税金及附加计算管理”，将工作表“Sheet1”重命名为“税金及附加”，在 A2:K16 单元格区域中绘制表格框架，设置字段名称及基础格式。注意在“城建税”“教育费附加”“地方教育费附加”字段名称后面设置税（费）率，后面计算税金时将作引用。同时，预留印花税字段，后面制作印花税计算表后将税金引用至其中。❷ 在 A4:A15 单元格中输入 1—12 月每月 1 日的日期，将单元格格式自定义为“m 月”。❸ 在 B4:B15 与 C4:C15 单元格区域中分别填入“应税收入”与“实缴增值税税金”。❹ 在 B16 单元格中设置公式“=ROUND(SUM(B4:B15),2)”，计算“应税收入”的合计数，将公式复制粘贴至 C16:G16 与 I16:L16 单元格区域中。效果如下图所示。

税金及附加计算表

2021年	应税收入	实缴增值税税金	附加税费 城建税7%	教育费附加3%	地方教育费附加2%	应缴合计	符合教育费附加减免条件	减免金额	实缴金额	印花税	税金合计
						-		-	-		-
						-		-	-		-
						-		-	-		-
						-		-	-		-
						-		-	-		-
						-		-	-		-
						-		-	-		-
						-		-	-		-
						-		-	-		-
						-		-	-		-
						-		-	-		-
						-		-	-		-
合计											

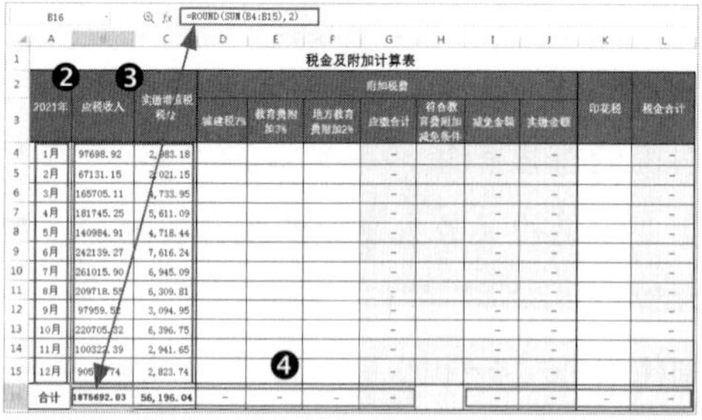

B16 fx =ROUND(SUM(B4:B15),2)

税金及附加计算表

2021年	应税收入	实缴增值税税金	附加税费 城建税7%	教育费附加3%	地方教育费附加2%	应缴合计	符合教育费附加减免条件	减免金额	实缴金额	印花税	税金合计
1月	97698.92	2,983.18				-		-	-		-
2月	67131.15	2,021.15				-		-	-		-
3月	165705.11	4,733.95				-		-	-		-
4月	181745.25	5,611.09				-		-	-		-
5月	140984.91	4,718.44				-		-	-		-
6月	242139.27	7,616.24				-		-	-		-
7月	261015.90	6,945.09				-		-	-		-
8月	209718.55	6,309.81				-		-	-		-
9月	97959.52	3,094.95				-		-	-		-
10月	220705.32	6,396.75				-		-	-		-
11月	100322.39	2,941.65				-		-	-		-
12月	905[illegible]74	2,823.74				-		-	-		-
合计	1875692.03	56,196.04	-	-	-	-		-	-	-	-

温馨提示●

本例表格中的“应税收入”即企业所开具销项发票中的“销项未税额”。在实际工作中，为了方便计算，避免出错，可设置公式直接从其他工作表或工作簿中引用。

第2步● **计算应缴附加税费。**❶ 在 D4 单元格中设置公式“=ROUND($C4*RIGHT(D$3,2),2)”，用 C4 单元格中的实缴增值税税金乘以城建税税率即可得到城建税税金。其中，税率是运用 RIGHT 函数从 D3 单元格中文本右侧截取而来的，将公式复制粘贴至 E4:F4 单元格区域中。❷ 在 G4 单元格中设置公式“=ROUND(SUM(D4:F4),2)”，计算附加税费合计数。❸ 将 D4:G4 单元格区域公式复制粘贴至 D5:G15 单元格区域中，如下图所示。

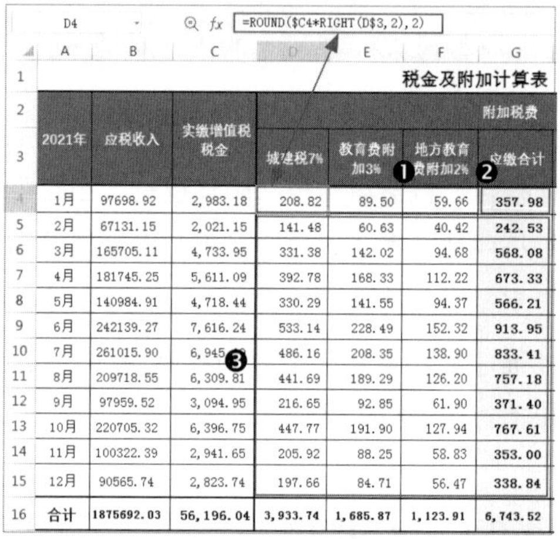

D4 fx =ROUND($C4*RIGHT(D$3,2),2)

税金及附加计算表

2021年	应税收入	实缴增值税税金	附加税费 城建税7%	教育费附加3%	地方教育费附加2%	应缴合计
1月	97698.92	2,983.18	208.82	89.50	59.66	357.98
2月	67131.15	2,021.15	141.48	60.63	40.42	242.53
3月	165705.11	4,733.95	331.38	142.02	94.68	568.08
4月	181745.25	5,611.09	392.78	168.33	112.22	673.33
5月	140984.91	4,718.44	330.29	141.55	94.37	566.21
6月	242139.27	7,616.24	533.14	228.49	152.32	913.95
7月	261015.90	6,945.[illegible]	486.16	208.35	138.90	833.41
8月	209718.55	6,309.81	441.69	189.29	126.20	757.18
9月	97959.52	3,094.95	216.65	92.85	61.90	371.40
10月	220705.32	6,396.75	447.77	191.90	127.94	767.61
11月	100322.39	2,941.65	205.92	88.25	58.83	353.00
12月	90565.74	2,823.74	197.66	84.71	56.47	338.84
合计	1875692.03	56,196.04	3,933.74	1,685.87	1,123.91	6,743.52

第3步● **计算实际应缴附加税费。**❶ 在 H4 单元格中设置公式“=IF(B4<=100000,1,"-")”，运用 IF 函数判断 B4 单元格中的“应税收入”小于或等于 100000 时，表示符合免征条件，则返回数字“1”，否则返回占位符号“-”。公式返回结果为“1”，将 H4 单元格格式自定义为“[=1]√”，使之显示为“√”，将 H4 单

元格中的公式和格式复制粘贴至H5:H15单元格区域中。❷ 在H16单元格中设置公式“=COUNT(H4:H15)”，运用COUNT函数统计H4:H15单元格区域中数字的数量，也就是统计全年当中符合减免条件的次数，公式返回结果为“4”。将单元格格式自定义为“0次”，使之显示为“4次”。❸ 在I4单元格中设置公式“=IF(H4=1, ROUND(E4+F4,2),0)”，运用IF函数判断H4中的数据为“1”时，表明可享受减免，即计算两项教育费附加的合计数，否则返回“0”，将公式复制粘贴至I5:I15单元格区域中。❹ 在J4单元格中设置公式“=ROUND(G4-I4,2)”，用G4单元格中的“应缴合计”减去I4单元格中的“减免金额”即可计算得到“实缴金额”，将J4单元格中公式复制粘贴至J5:J15单元格区域中，如下图所示。

H4 =IF(B4<=100000,1,"-")

税金及附加计算表

2021年	应税收入	附加税费					
		教育费附加3%	地方教育费附加2%	应缴合计	符合教育费附加减免条件 ❶	减免金额 ❸	实缴金额 ❹
1月	97698.92	89.50	59.66	357.98	✓	149.16	208.82
2月	67131.15	60.63	40.42	242.53	✓	101.05	141.48
3月	165705.11	142.02	94.68	568.08	-	-	568.08
4月	181745.25	168.33	112.22	673.33	-	-	673.33
5月	140984.91	141.55	94.37	566.21	-	-	566.21
6月	242139.27	228.49	152.32	913.95	-	-	913.95
7月	261015.90	208.35	138.90	833.41	-	-	833.41
8月	209718.55	189.29	126.20	757.18	-	-	757.18
9月	97959.52	92.85	61.90	371.40	✓	154.75	216.65
10月	220705.32	191.90	127.94	767.61	-	-	767.61
11月	100322.39	88.25	58.83	353.00	-	-	353.00
12月	90565.74	84.71	56.47	338.84	✓	141.18	197.66
合计	1875692.03	1,685.87	1,123.91	6,743.[illegible] ❷	4次	546.14	6,197.38

第4步 计算税金及附加合计数。❶ 在L4单元格中设置公式“=ROUND(J4+K4,2)”，用J4单元格中的“实缴金额”加上K4单元格中的“印花税”金额即可计算得到税金及附加的合计数；❷ 将L4单元格公式复制粘贴至L5:L15单元格区域中，如下图所示。

L4 =ROUND(J4+K4,2)

2021年	应税收入	符合教育费附加减免条件	减免金额	实缴金额	印花税	税金合计
1月	97698.92	✓	149.16	208.82	❶	208.82
2月	67131.15	✓	101.05	141.48		141.48
3月	165705.11	-	-	568.08		568.08
4月	181745.25	-	-	673.33		673.33
5月	140984.91	-	-	566.21		566.21
6月	242139.27	-	-	913.95		913.95
7月	261015.90	-	-	833.41		833.41
8月	209718.55	-	-	757.18	❷	757.18
9月	97959.52	✓	154.75	216.65		216.65
10月	220705.32	-	-	767.61		767.61
11月	100322.39	-	-	353.00		353.00
12月	90565.74	✓	141.18	197.66		197.66
合计	1875692.03	4次	546.14	6,197.38	-	6,197.38

温馨提示

如果附加税费优惠政策发生变化，应根据最新规定调整函数公式。

11.2.2 计算和汇总印花税

印花税是对经济活动和经济交往中书立具有法律效力的凭证行为所征收的一种税。印花税的征税范围非常广泛，相关法规条例中列举的合同、凭据几乎涵盖了经济活动和经济交往中的所有各种应税凭证，而且每种合同的税率都不尽相同。根据相关规定，印花税应当是按次申报，而在实务中，许多企业在一个月内通常会发生多种、多次应税行为。因此，为了便于统一管理，大部分企业对于印花税的计算和申报，通常是将当月内产生的所有应纳印花税额汇总计算之后一次申报。本小节将制作印花税计算表，根据不同的应税凭证及税率计算印花税税金。

1. 计算印花税税金

下面首先制作表格，每次发生印花税应税行业时，记录应税凭证与计税金额，并据此计算每次印花税金，操作方法如下。

第1步 **整理印花税税率表**。预先准备一份印花税税率表（可从相关网站下载），在“税金及附加计算与管理”工作簿中新建工作表，重命名为“印花税税率表”。将印花税税率表复制粘贴至此工作表中，整理表格格式，如下图所示。

印花税税率表

序号	应税凭证	计税依据	标准税率/额	纳税人	备注
1	购销合同	购销金额	0.3‰	立合同人	
2	加工承揽合同	加工或承揽收入	0.5‰	立合同人	
3	建设工程勘察设计合同	收取费用	0.5‰	立合同人	
4	建筑安装工程承包合同	承包金额	0.3‰	立合同人	
5	财产租赁合同	租赁金额	1‰	立合同人	税额不足1元，按1元贴花
6	货物运输合同	运输费用	0.5‰	立合同人	单据作为合同使用的，按合同贴花
7	仓储保管合同	仓储保管费用	1‰	立合同人	仓单作为合同使用的按合同贴花
8	借款合同	借款金额	0.05‰	立合同人	单据作为合同使用的，按合同贴花
9	财产保险合同	保险费收入	1‰	立合同人	单据作为合同使用的，按合同贴花
10	技术合同	合同所载金额	0.3‰	立合同人	
11	产权转移书据	合同所载金额	0.5‰	立据人	
12	资金账簿	注册资本+资本公积的合计金额的50%	0.25‰	立账簿人	
13	权利、许可证照	按件	5元/件	领受人	

税金及附加　印花税税率表

第2步 **印花税税率格式转换**。由于印花税的税率通常是以千分号表示（权利、许可证照除外），而 WPS 表格中并无“千分号”这一格式，所以印花税税率表原表中的千分号“‰”其实是文本格式，因而函数公式无法对千分比进行运算。对此，可运用函数公式将其转换为数字格式。❶ 在 E 列前插入 1 列，在 E2 单元格中设置字段名称，在 E3 单元格中设置公式“=ROUND(SUBSTITUTE(D3,"‰ ","")/1000,5)”。首先运用 SUBSTITUTE 函数将 D3 单元格文本中的符号“‰”替换为空值后除以 1000 即可得到数字格式的税率数字。为了使计算结果更精准，再运用 ROUND 函数将计算结果四舍五入至小数点后 5 位。❷ 将 E3 单元格中公式填充至 E4:E14 单元格区域中，如下图所示。

E3　fx　=ROUND(SUBSTITUTE(D3,"‰","")/1000,5)

印花税税率表

序号	应税凭证	计税依据	标准税率/额	税率	纳税人
1	购销合同	购销金额	0.3‰	0.00030	❶合同人
2	加工承揽合同	加工或承揽收入	0.5‰	0.00050	立合同人
3	建设工程勘察设计合同	收取费用	0.5‰	0.00050	立合同人
4	建筑安装工程承包合同	承包金额	0.3‰	0.00030	立合同人
5	财产租赁合同	租赁金额	1‰	0.00100	立合同人
6	货物运输合同	运输费用	0.5‰	0.00050	立合同人
7	仓储保管合同	仓储保管费用	1‰	0.00100	立合同人
8	借款合同	借款金额	0.05‰	0.00005	❷立合同人
9	财产保险合同	保险费收入	1‰	0.00100	立合同人
10	技术合同	合同所载金额	0.3‰	0.00030	立合同人
11	产权转移书据	合同所载金额	0.5‰	0.00050	立据人
12	资金账簿	注册资本+资本公积的合计金额的50%	0.25‰	0.00025	立账簿人
13	权利、许可证照	按件	5元/件	-	领受人

第3步 **绘制印花税计算表框架**。❶ 新建工作表，重命名为“印花税”，在 A2:F15 单元格区域绘制表格框架，设置字段名称及基础格式；❷ 选中 A2:F15 单元格区域，按【Ctrl+T】快捷键打开【创建表】对话框，取消选中【筛选按钮】复选框；❸ 单击【确定】按钮关闭对话框，如下图所示。（操作完成后，将自行设置表格样式。）

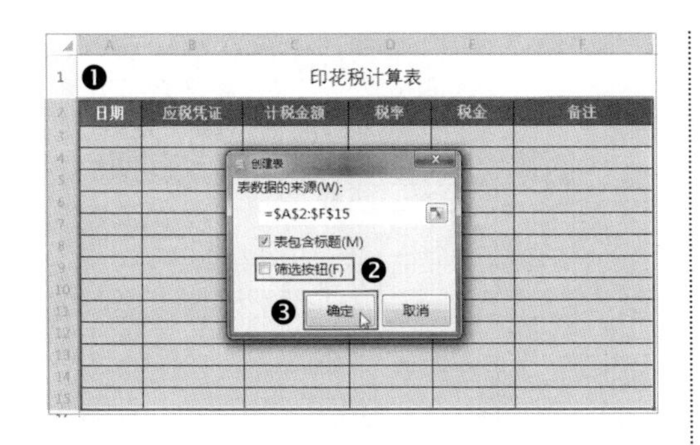

第4步▶ 创建“应税凭证”的下拉列表。 ❶ 选中 B3:B15 单元格区域，单击【数据】选项卡中的【下拉列表】按钮打开【插入下拉列表】对话框，选中【从单元格选择下拉选项】单选按钮，单击【文本框】后选中“印花税税率表”工作表中的 B3:B15 单元格区域；❷ 单击【确定】按钮关闭对话框，如下图所示。

第5步▶ 设置公式计算印花税税金。 ❶ 分别在“日期”、“应税凭证”与“计税金额”字段中填入原始数据。❷ 在 D3 单元格中设置公式“=IFERROR(VLOOKUP(B3,印花税税率表!B:E,4,0),"")”，运用 VLOOKUP 函数根据 B3 单元格中的“应税凭证”名称在“印花税税率表”工作表 B:E 区域中查找引用与之匹配的税率。❸ 在 E3 单元格中设置公式“=IFERROR(ROUND(C3*D3,1),0)”，用 C3 单元格中的“计税金额”乘以 D3 单元格中的“税率”，即可计算得到“税金”数据。注意这里应使用 ROUND 函数将表达式“C3*D3”的计算结果保留 1 位小数，使“税金”数据与官方报税系统的计算结果完全一致，以免造成误差。❹ 将 D3:E3 单元格区域公式填充至 D4:E15 单元格区域中。效果如下图所示。

D3 fx =IFERROR(VLOOKUP(B3,印花税税率表!B:E,4,0),"")

印花税计算表

日期	应税凭证	计税金额	税率	税金	备注
1月5日	购销合同	188,521.44	0.00030	56.60	
1月10日	货物运输合同	11,443.31	0.00050	5.70	
2月3日	借款合同	400,000.00	0.00005	20.00	
2月6日	购销合同	127,408.75	0.00030	38.20	
2月20日	货物运输合同	8,197.85	0.00050	4.10	
3月1日	购销合同	311,394.88	0.00030	93.40	
3月10日	财产租赁合同	200,000.00	0.00100	200.00	
3月15日	货物运输合同	29,796.34	0.00050	14.90	
4月5日	购销合同	338,714.37	0.00030	101.60	
4月12日	货物运输合同	23,410.07	0.00050	11.70	
4月20日	财产租赁合同	80,000.00	0.00100	80.00	
5月6日	购销合同	250,660.23	0.00030	75.20	
5月6日	货物运输合同	16,401.13	0.00050	8.20	

2. 按月汇总印花税税金

下面制作印花税汇总表，对每月因多次发生印花税应税行为而产生的多笔印花税税金进行汇总计算。

第1步▶ 绘制汇总表格框架。 在 H2:K15 单元格区域绘制表格，设置字段名称及基础格式，在 H3:H14 单元格区域中依次输入每一月份第 1 日的日期，将 H3:H14 单元格区域格式自定义为“m 月”，如下图所示。

H3　fx　2021-1-1

印花税汇总表			
2021年	应税行为次数	计税金额合计	税金合计
1月			
2月			
3月			
4月			
5月			
6月			
7月			
8月			
9月			
10月			
11月			
12月			
合计			

第2步 **统计应税行为次数。**

❶ 将 I3:I15 单元格格式自定义为“0次”，在 I3 单元格中设置公式“=COUNTIFS(A:A,">="&H3,A:A,"<="&EOMONTH(H3,))”，运用 COUNTIF 函数按照以下两组条件统计应税行为次数。

- 条件 1：A:A 区域中的日期大于或等于 H3 单元格中的日期。
- 条件 2：A:A 区域中的日期小于或等于 H3 单元格中日期所在月份的最后一日的日期。

即统计 A:A 区域中 1 月 1 日至 1 月 31 日之间的日期数量。

❷ 将 I3 单元格公式填充至 I4:I14 单元格区域中。

❸ 在 I15 单元格中设置公式“=SUM(I3:I14)”，计算全年应税行为的合计次数，如下图所示。

I3　fx　=COUNTIFS(A:A,">="&H3,A:A,"<"&EOMONTH(H3,))

印花税汇总表			
2021年	应税行为次数	计税金额合计	税金合计
1月	2次 ❶		
2月	3次		
3月	3次		
4月	3次		
5月	2次		
6月	0次		
7月	0次 ❷		
8月	0次		
9月	0次		
10月	0次		
11月	0次		
12月	0次		
合计	13次 ❸		

第3步 **汇总计税金额及税金。** ❶ 在 J3 单元格中设置公式“=ROUND(SUMIFS(C:C,$A:$A,">="&$H3,$A:$A,"<"&$H4),1)”，运用 SUMIFS 函数汇总 1 月 1 日至 1 月 31 日的计税金额；❷ 将 J3 单元格公式填充至 K3 单元格中，将表达式中的“SUMIFS(C:C,”部分修改为“SUMIFS(E:E,”，即可汇总 1 月 1 日至 1 月 31 日的税金；❸ 将 J3:K3 单元格公式填充至 J4:K14 单元格区域中；❹ 在 J15 单元格中设置公式“=ROUND(SUM(J3:J14),1)”，汇总全年计税金额，将公式填充至 K15 单元格中，如下图所示。

J3　fx　=ROUND(SUMIFS(C:C,$A:$A,">="&$H3,$A:$A,"<"&$H4),1)

印花税汇总表			
2021年	应税行为次数 ❶	计税金额合计	税金合计 ❷
1月	2次	199,964.80	62.30
2月	3次	535,606.60	62.30
3月	3次	541,191.20	308.30
4月	3次	442,124.40	193.30
5月	2次	267,061.40	83.40
6月	0次	-	-
7月	0次 ❸	-	-
8月	0次	-	-
9月	0次	-	-
10月	0次	-	-
11月	0次	-	-
12月	0次	-	-
合计	13次 ❹	1,985,948.40	709.60

第4步 **测试效果**。在“印花税计算表”区域补充输入其他月份的应税凭证与计税金额后，即可看到“印花税汇总表”中的数据汇总结果，如下图所示。

印花税计算表

日期	应税凭证	计税金额	税率	税金	备注
1月5日	购销合同	188,521.44	0.00030	56.60	
1月10日	货物运输合同	11,443.31	0.00050	5.70	
2月3日	借款合同	400,000.00	0.00005	20.00	
2月6日	购销合同	127,408.75	0.00030	38.20	
2月20日	货物运输合同	8,197.85	0.00050	4.10	
3月1日	购销合同	311,394.88	0.00030	93.40	
3月10日	财产租赁合同	200,000.00	0.00100	200.00	
3月15日	货物运输合同	29,796.34	0.00050	14.90	
4月5日	购销合同	338,714.37	0.00030	101.60	
4月12日	货物运输合同	23,410.07	0.00050	11.70	
4月20日	财产租赁合同	80,000.00	0.00100	80.00	
5月6日	购销合同	250,660.23	0.00030	75.20	
5月6日	货物运输合同	16,401.13	0.00050	8.20	
6月1日	购销合同	429,005.74	0.00030	128.70	
6月7日	货物运输合同	27,163.47	0.00050	13.60	
7月2日	购销合同	475,121.89	0.00030	142.50	
7月10日	货物运输合同	30,787.30	0.00050	15.40	
7月15日	财产租赁合同	100,000.00	0.00100	100.00	
8月1日	资金账簿	500,000.00	0.00025	125.00	
8月9日	购销合同	377,461.70	0.00030	113.20	
8月16日	货物运输合同	24,527.89	0.00050	12.30	
9月2日	购销合同	176,322.14	0.00030	52.90	
9月9日	货物运输合同	11,613.64	0.00050	5.80	
10月11日	购销合同	392,103.35	0.00030	117.60	
10月20日	货物运输合同	26,916.98	0.00050	13.50	
11月1日	购销合同	177,915.11	0.00030	53.40	
11月5日	货物运输合同	11,549.34	0.00050	5.80	
11月10日	借款合同	100,000.00	0.00005	5.00	
12月3日	购销合同	159,308.90	0.00030	47.80	
12月10日	货物运输合同	10,612.97	0.00050	5.30	

印花税汇总表

2021年	应税行为次数	计税金额合计	税金合计
1月	2次	199,964.80	62.30
2月	3次	535,606.60	62.30
3月	3次	541,191.20	308.30
4月	3次	442,124.40	193.30
5月	2次	267,061.40	83.40
6月	2次	456,169.20	142.30
7月	3次	605,909.20	257.90
8月	3次	901,989.60	250.50
9月	2次	187,935.80	58.70
10月	2次	419,020.30	131.10
11月	3次	289,464.50	64.20
12月	2次	169,921.90	53.10
合计	30次	5,016,358.90	1,667.40

第5步 **将印花税税金数据引用至“税金及附加”工作表中**。❶ 切换至“税金及附加”工作表，在 K4 单元格中设置公式“=VLOOKUP(A4, 印花税 !H:K,4,0)”，运用 VLOOKUP 函数根据 A4 单元格中的日期，在“印花税”工作表 H:K 区域中查找引用与之匹配的印花税税金；❷ 将 K4 单元格的公式填充至 K5:K15 单元格区域中，如下图所示。

K4 =VLOOKUP(A4,印花税!H:K,4,0)

2021年	应税收入	符合教育费附加减免条件	减免金额	实缴金额	印花税	税金合计
1月	97698.92	√	149.16	208.82	62.30	271.12
2月	67131.15	√	101.05	141.48	62.30	203.78
3月	165705.11	–	–	568.08	308.30	876.38
4月	181745.25	–	–	673.33	193.30	866.63
5月	140984.91	–	–	566.21	83.40	649.61
6月	242139.27	–	–	913.95	142.30	1,056.25
7月	261015.90	–	–	833.41	257.90	1,091.31
8月	209718.55	–	–	757.18	250.50	1,007.68
9月	97959.52	√	154.75	216.65	58.70	275.35
10月	220705.32	–	–	767.61	131.10	898.71
11月	100322.39	–	–	353.00	64.20	417.20
12月	90565.74	√	141.18	197.66	53.10	250.76
合计	1875692.03	4次	546.14	6,197.38	1,667.40	7,864.78

11.2.3 制作税金及附加的记账凭证附件

财务人员在 WPS 表格中计算得出各种税（费）金额后，还需要填制记账凭证以作计提，同时也需要制作一个表格，简要列明当月税金及附加包括的税（费）种名称、税金明细等信息，作为记账凭证附件粘贴在下面。对此，本小节将制作“税金及附加明细表”模板，既可根据指定月份快速查询税金及附加的明细数据，也能直接打印纸质表格。同时，在“税金及附加计算表”中标识附件表格中指定月份的数据所在行次。具体操作方法如下。

第1步 **绘制表格框架**。❶ 在 N3:S8 单元格区域绘制表格框架，设置字段名称及基础格式，在 N2 单元格中输入文本“附件 01”；❷ 将 N1 单元格作为表格标题，在其中输入数字“1”，将单元格格式自定义为“2021 年 ## 月税金及附加明细表”，使之显示为“2021 年 1 月税金及附加明细表”，如下图所示。

2021年1月税金及附加明细表				
附件01				
税(费)种	计税金额(实缴增值税)	税(费)率	实缴税金	备注
城建税				
教育费附加				
地方教育费附加				
印花税				
合计				-

第2步 **制作【数值调节按钮】表单控件。** ❶ 单击【开发工具】选项卡中的【数值调节按钮】按钮。❷ 在工作表中绘制一个【数值调节按钮】图形，单击【开发工具】选项卡中的【控件属性】按钮打开【属性】任务窗格。将属性项【LinkedCell】的值设置为“税金及附加 !N1”，即控制“税金及附加”工作表中的 N1 单元格；将属性项【MAX】与【MIN】的值分别设置为“12”和“1”，即控制 N1 单元格所返回的最大数字为“12”（代表 12 月），最小数字为“1”（代表 1 月）。❸ 设置完成后，将【数值调节按钮】控件移至 N1:S8 单元格区域之外，单击【开发工具】选项卡中的【退出设计】按钮即可退出设计模式，如下图所示。

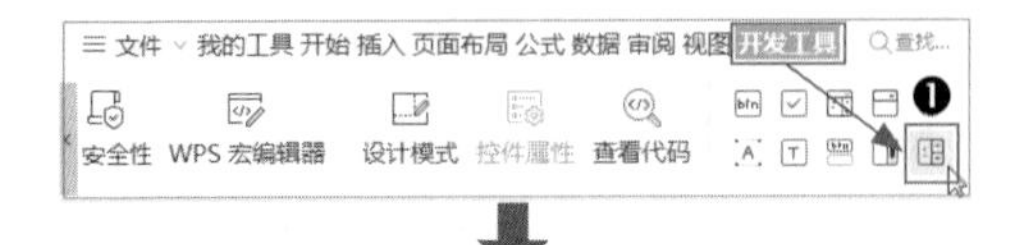

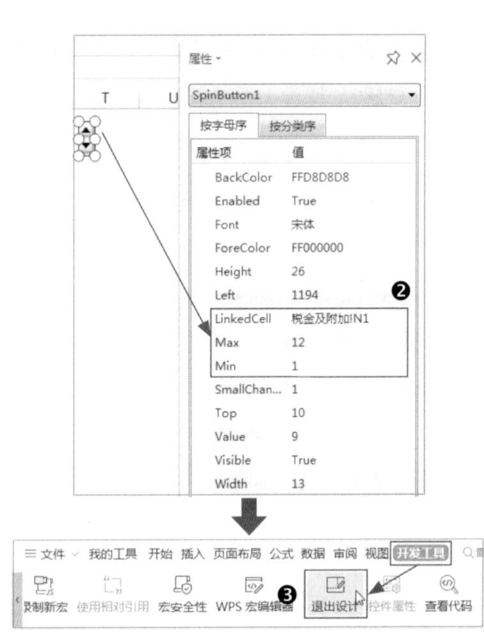

第3步 **使用数值调节按钮。**制作完成后，连续单击【数值调节按钮】控件的上下箭头，N1 单元格中将会按从小到大或从大到小依次连续返回数值 1 ~ 12，如下图所示。

2021年6月税金及附加明细表				
附件01				
税(费)种	计税金额(实缴增值税)	税(费)率	实缴税金	备注
城建税				
教育费附加				
地方教育费附加				
印花税				
合计				-

第4步 **引用附加税费的计税金额。** ❶ 在 P4 单元格中设置公式“=OFFSET(A$3,N1,2,,)”，运用 OFFSET 函数以 A3 单元格为基准，向下偏移 N1 单元格中数字指定的行数，向右偏移 2 列，即可引用 C9 单元格中的数据，也就是 2021 年 6 月的“实

缴增值税”；❷ 在 P5 单元格中设置公式“=P4”，直接引用 P4 单元格中的数据，将公式填充至 P6 单元格中，如下图所示。

P4　fx　=OFFSET(A$3,N1,2,,)

2021年6月税金及附加明细表

附件01

税(费)种	计税金额(实缴增值税)	税(费)率	实缴税金	备注
城建税	7,616.24 ❶			
教育费附加	7,616.24			
地方教育费附加	7,616.24 ❷			
印花税				
合计				–

第5步 计算附加税费实缴税金。 ❶ 在 Q4:Q6 单元格区域中输入与 N4:N6 单元格区域中的税（费）种对应的税（费）率。❷ 在 R4 单元格中设置公式“=ROUND(P4*Q4,2)”，用 P4 单元格中的“计税金额”乘以 Q4 单元格中的“税率”即可计算得到城建税的“实缴税金”。❸ 在 R5 单元格中设置公式“=ROUND(IF(VLOOKUP(DATE(2021,$N$1,1),$A$4:$B$15,2,0)<100000,0,P5*Q5),2)”，运用 IF 函数判断 VLOOKUP 函数表达式的计算结果小于 100000 时，返回数字“0”，否则计算表达式“P5*Q5”（计税金额 × 税率）的值。其中，VLOOKUP 函数表达式的含义是根据表达式“DATE(2021,$N$1,1)”构成的日期，在 A4:B15 单元格区域中查找与之匹配的“应税收入”数据。❹ 将 R5 单元格公式填充至 R6 单元格中。❺ 在 S5 单元格中设置公式“=IF(R5=0,"收入 10 万元以下免征","")”，运用 IF 函数判断 R5 单元格中数据为 0 时，表明符合教育费附加的减免条件，可免征，因此返回提示文本“收入 10 万元以下免征”，否则返回空值。将公式填充至 S6 单元格中。效果如下图所示。

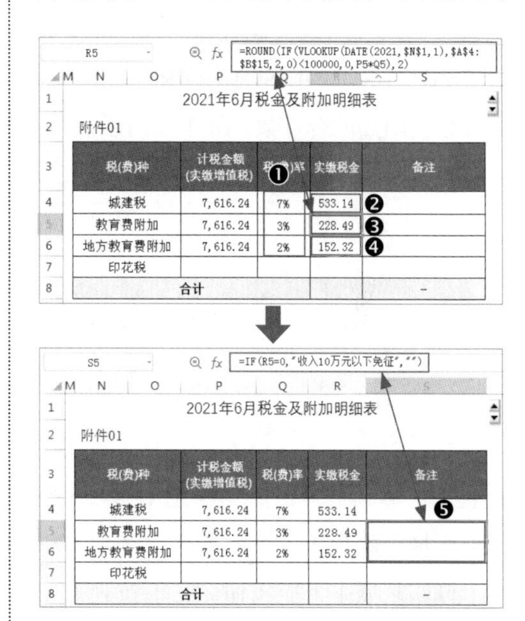
R5　fx　=ROUND(IF(VLOOKUP(DATE(2021,$N$1,1),$A$4:$B$15,2,0)<100000,0,P5*Q5),2)

2021年6月税金及附加明细表

附件01

税(费)种	计税金额(实缴增值税)	税(费)率 ❶	实缴税金	备注
城建税	7,616.24	7%	533.14 ❷	
教育费附加	7,616.24	3%	228.49 ❸	
地方教育费附加	7,616.24	2%	152.32 ❹	
印花税				
合计				–

S5　fx　=IF(R5=0,"收入10万元以下免征","")

2021年6月税金及附加明细表

附件01

税(费)种	计税金额(实缴增值税)	税(费)率	实缴税金	备注
城建税	7,616.24	7%	533.14	❺
教育费附加	7,616.24	3%	228.49	
地方教育费附加	7,616.24	2%	152.32	
印花税				
合计				–

第6步 计算印花税实缴税金。 ❶ 在 P7 单元格中设置公式“=VLOOKUP(DATE("2021",N1,1),印花税!H:J,3,0)”，运用 VLOOKUP 函数根据表达式“DATE(2021,$N$1,1)”构成的日期，在“印花税”工作表 H:J 单元格区域中查找引用与之匹配的印花税计税金额。❷ 在 R7 单元格中设置公式“=VLOOKUP(DATE("2021",N1,1),A:K,11,0)”，运用 VLOOKUP 函数根据表达式“DATE(2021,$N$1,1)”构成的日期，在 A:K 区域中查找引用与之匹配的印花税税金。❸ 在 Q7 单元格中设置公式“=TEXT(ROUND(R7/P7*1000,2),

"0.00‰ ")"，用 R7 单元格中的"实缴税金"除以 P7 单元格中的"计税金额"，可计算得到印花税的平均税率。乘以 1000 的原因是运用了 TEXT 函数将计算结果转换为千分号"‰"格式。❹ 在 R8 单元格中设置公式"=ROUND(SUM(R4:R7),2)"，计算税金及附加的合计数，如下图所示。

P7 fx =VLOOKUP(DATE("2021",N1,1),印花税!H:J,3,0)

2021年6月税金及附加明细表				
附件01				
税(费)种	计税金额(实缴增值税)	税(费)率	实缴税金	备注
城建税	7,616.24	7%	533.14	
教育费附加	7,616.24	3%	228.49	
地方教育费附加	7,616.24	2%	152.32	
印花税 ❶	456,169.20	0.31‰	142.30 ❷	
合计		❸	1,056.25 ❹	–

第7步 **设置打印区域。**❶ 选中 N1:S8 单元格区域；❷ 单击【页面布局】选项卡中的【打印区域】下拉按钮，在下拉列表中选择【设置打印区域】命令，即可将 N1:S8 设置为独立的打印区域，如下图所示。

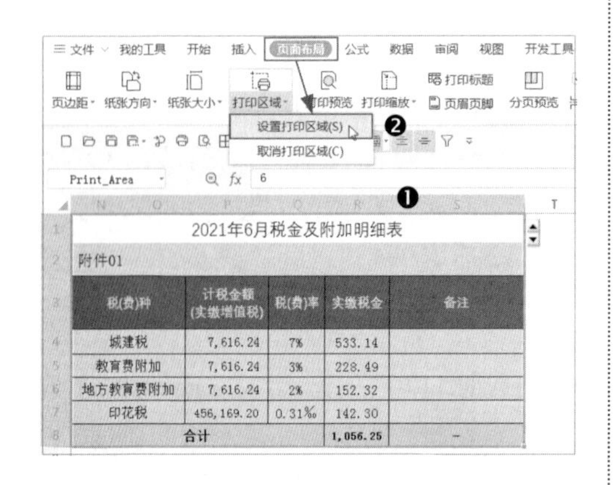

2021年6月税金及附加明细表				
附件01				
税(费)种	计税金额(实缴增值税)	税(费)率	实缴税金	备注
城建税	7,616.24	7%	533.14	
教育费附加	7,616.24	3%	228.49	
地方教育费附加	7,616.24	2%	152.32	
印花税	456,169.20	0.31‰	142.30	
合计			1,056.25	–

第8步 **设置条件格式标识指定月份数据所在行次。**❶ 选中 A1:L15 单元格区域，单击【开始】选项卡中的【条件格式】下拉按钮，在下拉列表中选择【新建规则】命令，打开【新建格式规则】对话框，在【选择规则类型】列表框中选择【使用公式确定要设置格式的单元格】选项；❷ 在【编辑规则说明】文本框中输入公式"=MONTH($A4)=$N$1"，其含义是当 MONTH 函数计算得到的 A4 单元格中日期的月份数等于 N1 单元格中数字时，即应用条件格式；❸ 单击【格式】按钮打开【单元格格式】对话框设置格式（图示略）；❹ 返回【新建格式规则】对话框后单击【确定】按钮关闭对话框，如下图所示。

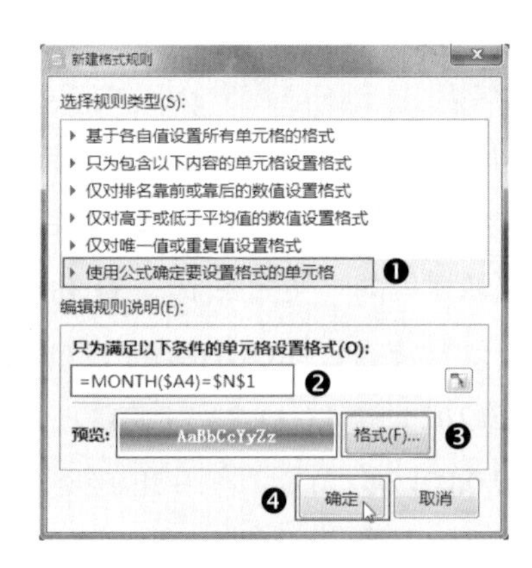

第9步 **查看设置的条件格式效果。**设置完成后，效果如下图所示。

税金及附加计算表											
2021年	应税收入	实缴增值税税金	附加税费							印花税	税金合计
			城建税7%	教育费附加3%	地方教育费附加2%	应缴合计	符合教育费附加减免条件	减免金额	实缴金额		
1月	97698.92	2,983.18	208.82	89.50	59.66	357.98	✓	149.16	208.82	62.30	271.12
2月	67131.15	2,021.15	141.48	60.63	40.42	242.53	✓	101.05	141.48	62.30	203.78
3月	165705.11	4,733.95	331.38	142.02	94.68	568.08	–	–	568.08	308.30	876.38
4月	181745.25	5,611.09	392.78	168.33	112.22	673.33	–	–	673.33	193.30	866.63
5月	140984.91	4,718.44	330.29	141.55	94.37	566.21	–	–	566.21	83.40	649.61
6月	[illegible]	[illegible]	[illegible]	[illegible]	[illegible]	[illegible]	–	–	[illegible]	[illegible]	[illegible]
7月	261015.90	6,945.09	486.16	208.35	138.90	833.41	–	–	833.41	257.90	1,091.31
8月	209718.55	6,309.81	441.69	189.29	126.20	757.18	–	–	757.18	250.50	1,007.68
9月	97959.52	3,094.95	216.65	92.85	61.90	371.40	✓	154.75	216.65	58.70	275.35
10月	220705.32	6,396.75	447.77	191.90	127.94	767.61	–	–	767.61	131.10	898.71
11月	100322.39	2,941.65	205.92	88.25	58.83	353.00	–	–	353.00	64.20	417.20
12月	90565.74	2,823.74	197.66	84.71	56.47	338.84	✓	141.18	197.66	53.10	250.76
合计	1875692.03	56,196.04	3,933.74	1,685.87	1,123.91	6,743.52	4次	546.14	6,197.38	1,667.40	7,864.78

第10步 **测试效果。**单击【数值调节按

钮】控件，将 N1 单元格中的数字调节成其他数字，如“9”，可看到数据及条件格式动态效果，如下图所示。

	N	O	P	Q	R	S
1	2021年9月税金及附加明细表					
2	附件01					
3	税(费)种		计税金额(实缴增值税)	税(费)率	实缴税金	备注
4	城建税		3,094.95	7%	216.65	
5	教育费附加		3,094.95	3%	-	收入10万元以下免征
6	地方教育费附加		3,094.95	2%	-	收入10万元以下免征
7	印花税		187,935.80	0.31%	58.70	
8	合计				275.35	-

	A	B	C	D	E	F	G	H	I	J	K	L
1	税金及附加计算表											
2	2021年	应税收入	实缴增值税税金	附加税费							印花税	税金合计
3				城建税7%	教育费附加3%	地方教育费附加2%	应缴合计	符合教育费附加减免条件	减免金额	实缴金额		
4	1月	97698.92	2,983.18	208.82	89.50	59.66	357.98	✓	149.16	208.82	62.30	271.12
5	2月	67131.15	2,021.15	141.48	60.63	40.42	242.53	✓	101.05	141.48	62.30	203.78
6	3月	165705.11	4,733.95	331.38	142.02	94.68	568.08	-	-	568.08	308.30	876.38
7	4月	181745.25	5,611.09	392.78	168.33	112.22	673.33	-	-	673.33	193.30	866.63
8	5月	140984.91	4,718.44	330.29	141.55	94.37	566.21	-	-	566.21	83.40	649.61
9	6月	242139.27	7,616.24	533.14	228.49	152.32	913.95	-	-	913.95	142.30	1,056.25
10	7月	261015.90	6,945.09	486.16	208.35	138.90	833.41	-	-	833.41	257.90	1,091.31
11	8月	209718.55	6,309.81	441.69	189.29	126.20	757.18	-	-	757.18	250.50	1,007.68
12	9月	[illegible]	[illegible]	216.65	[illegible]	[illegible]	[illegible]	✓	[illegible]	[illegible]	[illegible]	[illegible]
13	10月	220705.32	6,396.75	447.77	191.90	127.94	767.61	-	-	767.61	131.10	898.71
14	11月	100322.39	2,941.65	205.92	88.25	58.83	353.00	-	-	353.00	64.20	417.20
15	12月	90565.74	2,823.74	197.66	84.71	56.47	338.84	✓	141.18	197.66	53.10	250.76
	合计	1875692.03	56,196.04	3,933.74	1,685.87	1,123.91	6,743.52	4次	546.14	6,197.38	1,667.40	7,864.78

示例结果见“结果文件\第 11 章\税金及附加计算管理 .xlsx”文件。

11.3 企业所得税计算与管理

企业所得税是对我国境内的企业和其他取得收入的组织的生产经营所得和其他所得征收的一种所得税，也是我国最重要的大税种之一。目前，我国对企业所得税实行的征管方式为“按年计算，分期预缴，年终汇算”。在实务中，绝大部分企业是按季度预缴企业所得税，即在每一个季度终了后的规定期限内进行一次预缴申报，计算预缴税额的会计期间及计税基础是本年 1 月 1 日至本季度末的所有应纳税所得额。“年终汇算”是指每个会计年度终了之后，对该年度内所有应纳税所得额进行汇总清算，并遵照相关政策规定进行调整之后，计算得出整个会计年度的应纳所得税额后，再减去之前每个季度已经预缴的税款即可得出应补（或退）税的金额。本节将按照企业所得税的特点，并结合相关税收优惠政策，制作“企业所得税计算表”，按月计算“利润”相关数据（净利润、净利率和税负率）、按季度汇总利润总额及应纳税所得额，进而得到季度预缴税额。同时，自动生成企业所得税季度预缴明细表，作为企业所得税动态查询表和记账凭证附件。

11.3.1 计算企业所得税季度预缴税金

我国企业所得税的基础税率为 25%。根据相关减免政策规定，对小型微利企业年应纳税所得额不超过 100 万元的部分，减按 25% 计入应纳税所得额，按 20% 的税率缴纳企业所得税；对年应纳税所得额超过 100 万元但不超过 300 万元的部分，减按 50% 计入应纳税所得额，按 20% 的税率缴纳企业所得税。另外，自 2020 年 1 月 1 日起，对小型微利企业年应纳税所得额不超过 100 万元的部分，在原减免政策的基础上再减半征收。预缴税款时也同样适用这项优惠政策。因此，在 WPS 表中计算预缴税额也应按此政策设置函数公式。

根据以上减免政策，可将应纳税所得额划分为 3 个级别，即小于或等于 100 万元、大于 100 万元且小于或等于 300 万元、大于 300 万元。同时计算出各级应纳税所得额对应的实际税率及速算扣除数，以便简化应纳所得税额的计算。具体数据及计算过程如下表所示。

企业所得税税率计算表

应纳税所得额（A）	实际税率	速算扣除数	计算过程说明
A≤100万元	2.5%	-	25%×20%×50%
100万元<A≤300万元	10%	75,000.00	税率：50%×20% 速算扣除数： 应纳税所得额中100万元部分的固定减免税额为1000000×（10%-2.5%）=75000元
A>300万元	25%	-	无减免

1. 制作利润计算表

下面首先制作利润计算表，计算“利润”及相关数据。本例中，“营业收入”与“利润总额”数据直接填入，实务中可另行制表计算后自动引用至利润计算表中，操作方法如下。

第1步 **绘制表格框架**。新建工作簿，命名为“企业所得税计算管理”，将“Sheet1”工作表重命名为“企业所得税”，在 A3:G16 单元格区域中绘制表格框架，设置字段名称及基础格式。在 B4:B15 单元格区域中依次输入数字 1 ~ 12，将此单元格区域的格式自定义为“0 月”（注意，这里是为了方便后面判断所属季度，因此输入数字，而非日期）。其他填充为灰色背景的单元格区域将全部设置公式，如下图所示。

B4 fx 1

	A	B	C	D	E	F	G
1				利润计算表			
2	核算年度	2021年					
3	所属季度	月份	营业收入	利润总额	所得税费用	净利润额	净利润率
4		1月					
5		2月					
6		3月					
7		4月					
8		5月					
9		6月					
10		7月					
11		8月					
12		9月					
13		10月					
14		11月					
15		12月					
16	全年合计						

第2步 **判断月份所属季度**。❶ 在 A4 单元格中设置公式“=TEXT(MIN(IF(12/B4>={4,2,1.33,1},{1,2,3,4})),"第 0 季度")”；❷ 将 A4 单元格公式填充至 A5:A15 单元格区域中，如下图所示。

温馨提示

A4 单元格公式解析如下。

首先运用 IF 函数判断“12/B4”的计算结果分别大于或等于“4”“2”“1.33”“1”时，即返回数组中“{1,2,3,4}”符合条件的数字；接着运用 MIN 函数统计其中最小的数字；最后运用 TEXT 函数将数字转换为指定格式，使之显示为文本“第 1（或 2、3、4）季度”。

其中，表达式“12/B4>={4,2,1.33,1}”的计算原理是用全年最大月份数字“12”除以 B4 单元格中数字的结果与数组“{4,2,1.33,1}”中的数字进行比较。这一数组中的每一个数字是用 12 除以每一个季度末所在月份的数字而来的，即：12÷3=4，12÷6=2，12÷9=1.33，12÷12=1。因此，如果 B4 单元格中的数字为 1，那么 12÷1=12，大于 4，因此返回数组“{1,2,3,4}”中最小的数字“1”。

A4 fx =TEXT(MIN(IF(12/B4>={4,2,1.33,1},{1,2,3,4})),"第0季度")

	A	B	C	D	E	F	G
1				利润计算表			
2	核算年度	2021年					
3	所属季度	月份	营业收入	利润总额	所得税费用	净利润额	净利润率
4	第1季度	❶ 1月					
5	第1季度	2月					
6	第1季度	3月					
7	第2季度	4月					
8	第2季度	5月					
9	第2季度	6月					
10	第3季度	❷ 7月					
11	第3季度	8月					
12	第3季度	9月					
13	第4季度	10月					
14	第4季度	11月					
15	第4季度	12月					
16	全年合计						

第3步 计算“净利润额”与“净利润率”数据。❶ 在 C4:C6 和 D4:D6 单元格区域中分别填入 1—3 月（第 1 季度）的“营业收入”与“利润总额”数据（实务中可设置公式从其他相关工作簿或工作表中引用）；❷ 在 F4 单元格中设置公式“=ROUND(D4-E4,2)”，用 D4 单元格中的“利润总额”减去 E4 单元格中的“所得税费用”即可得到“净利润额”数据（“所得税费用”将从后面制作企业所得税计算表中引用至此字段下），将公式填充至 F5:F15 单元格区域中；❸ 在 G4 单元格中设置公式“=IFERROR(ROUND(F4/C4,4),0)”，用 F4 单元格中的“净利润额”除以 C4 单元格中的“营业收入”即可得到“净利润率”数据，将公式复制粘贴至 G5:G16 单元格区域中；❹ 在 C16 单元格中设置公式“=ROUND(SUM(C4:C15),2)”，计算 1—12 月“营业收入”合计数，将公式填充至 D16:F16 单元格区域中，如下图所示。

G4 fx =IFERROR(ROUND(F4/C4,4),0)

	A	B	C	D	E	F	G
1				利润计算表			
2	核算年度	2021年					
3	所属季度	月份	营业收入 ❶	利润总额	所得税费用 ❷	净利润额	净利润率 ❸
4	第1季度	1月	97,698.92	29,424.44		29,424.44	30.12%
5	第1季度	2月	67,131.15	22,458.79		22,458.79	33.46%
6	第1季度	3月	165,705.11	55,752.41		55,752.41	33.65%
7	第2季度	4月				-	0.00%
8	第2季度	5月				-	0.00%
9	第2季度	6月				-	0.00%
10	第3季度	7月				-	0.00%
11	第3季度	8月				-	0.00%
12	第3季度	9月				-	0.00%
13	第4季度	10月				-	0.00%
14	第4季度	11月				-	0.00%
15	第4季度	12月		❹		-	0.00%
16	全年合计		330,535.18	107,635.64	-	107,635.64	32.56%

2. 制作企业所得税计算表

下面制作企业所得税计算表，汇总各季度利润总额，同时考虑调整事项及以前年度亏损数据，按季度累计计算应纳税所得额后，再据此返回不同的实际税率及速算扣除数，即可计算得到预缴及补缴税金，具体操作方法如下。

第1步 绘制表格框架。❶ 在“企业所得税”工作表 I3:S8 单元格区域中绘制表格框架，设置字段名称与基础格式，在 K2 单元格中调入任意数字作为“弥补以前年度亏损”数据；❷ 在 I4:I7 单元格区域中依次输入文本“第 1 季度”至“第 4 季度”；❸ 在 P4 单元格中输入数字“0”（第 1 季度的“已预缴所得税”数据均为 0）。其他填充为灰色背景的单元格区域将设置公式自动计算，如下图所示。

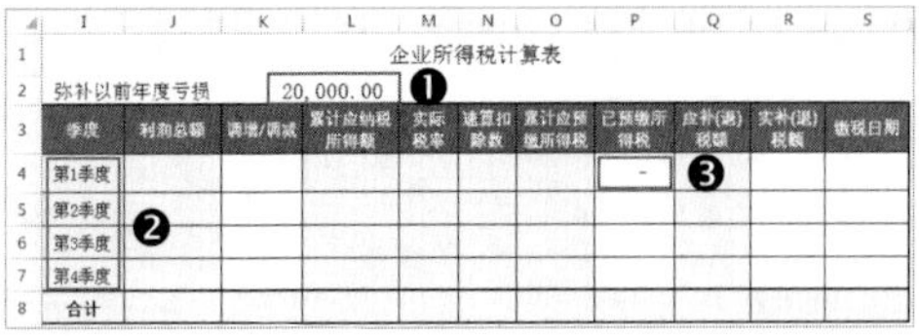

	I	J	K	L	M	N	O	P	Q	R	S
1	企业所得税计算表										
2	弥补以前年度亏损		20,000.00 ❶								
3	季度	利润总额	调增/调减	累计应纳税所得额	实际税率	速算扣除数	累计应预缴所得税	已预缴所得税	应补(退)税额	实补(退)税额	缴税日期
4	第1季度							-	❸		
5	第2季度	❷									
6	第3季度										
7	第4季度										
8	合计										

第2步 计算“累计应纳税所得额”数据。❶ 在 J4 单元格中设置公式“=SUMIF(A:A,I4,D:D)”，运用 SUMIF 函数汇总“第 1 季度”的“利润总额”数据，将公式复制粘贴至 J5:J7 单元格区域中；❷ 在 J8 单元格中设置公式“=ROUND(SUM(J4:J7),2)”，计算 4 个季度“利润总额”的合计数，将公式填充至 K8 单元格中；❸ 在 K4 单元格中填入任意数字，作为调增或调减的数据（注意调增填入正数，调减填入负数）；❹ 在 L4 单元格中设置公式“=ROUND(SUM(J$3:K4)-$K$2,2)”，第 1 季度的累计“利润总额”加累计“调增 / 调减”数据，再减去 K2 单元格中的“弥补以前年度亏损”数据，即可得到“累计应纳税所得额”数据，将公式复制粘贴至 L5:L7 单元格区域中；❺ 在 L8 单元格中设置公式“=L7”，直接引用 L7 单元格中累计第 4 季度（即全年）的应纳税所得额（注意这里不能设置求和公式），如下图所示。

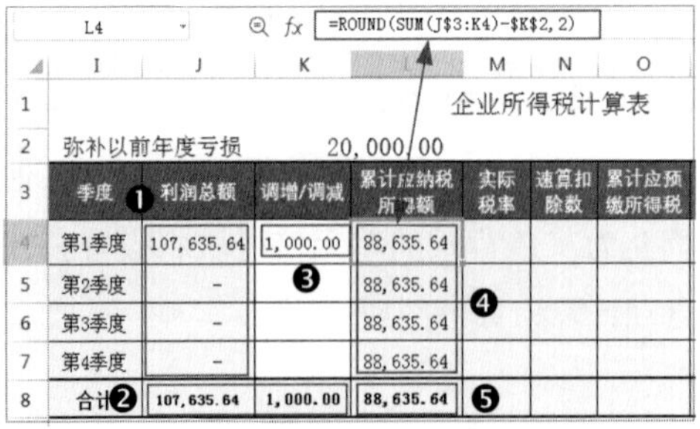

L4　fx　=ROUND(SUM(J$3:K4)-$K$2,2)

	I	J	K	L	M	N	O
1				企业所得税计算表			
2	弥补以前年度亏损		20,000.00				
3	季度 ❶	利润总额	调增/调减	累计应纳税所得额	实际税率	速算扣除数	累计应预缴所得税
4	第1季度	107,635.64	1,000.00	88,635.64			
5	第2季度	-	❸	88,635.64	❹		
6	第3季度	-		88,635.64			
7	第4季度	-		88,635.64			
8	合计 ❷	107,635.64	1,000.00	88,635.64	❺		

第3步 计算“税率”与“速算扣除数”数据。❶ 在 M4 单元格中设置公式“=IFERROR(LOOKUP(L4,{0,1000000.01,3000000.01},{0.025,0.1,0.25}),0)”，运用 LOOKUP 函数根据 L4 单元格中的“累计应纳税所得额”返回匹配的税率；❷ 在 N4 单元格中设置公式“=IF(M4=0.1,75000,0)”，运用 IF 函数判断 M4 单元格中的税率为“0.1”（即 10%）时，返回数字“75000”，否则返回数字“0”；❸ 将 M4:N4 单元格区域公式复制粘贴至 M5:N7 单元格区域中，如下图所示。

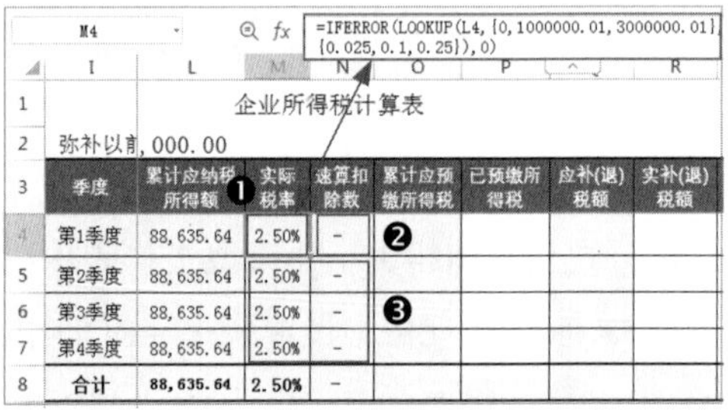

M4　fx　=IFERROR(LOOKUP(L4,{0,1000000.01,3000000.01},{0.025,0.1,0.25}),0)

	I	L	M	N	O	P	Q	R
1		企业所得税计算表						
2	弥补以前,000.00							
3	季度	累计应纳税所得额 ❶	实际税率	速算扣除数	累计应预缴所得税	已预缴所得税	应补(退)税额	实补(退)税额
4	第1季度	88,635.64	2.50%	-	❷			
5	第2季度	88,635.64	2.50%	-				
6	第3季度	88,635.64	2.50%	-	❸			
7	第4季度	88,635.64	2.50%	-				
8	合计	88,635.64	2.50%	-				

第4步 计算所得税数据。❶ 在 O4 单元格中设置公式“=ROUND(L4*M4-N4,2)”，用 L4 单元格中的“累计应纳税所得额”乘以 M4 单元格中的“实际税率”，再减去 N4 单元格中的“速算扣除数”，即可得到“累计应预缴所得税”数据，将公式复制粘贴至 O5:O7 单元格区域中；❷ 在 Q4 单元格中设置公式“=ROUND(O4-SUM(P$3:P4),2)”，用 O4 单元格中的“累计应预缴所得税”减去 P4 单元格中的“已预缴所得税”即可得到“应补（退）税额”，将公式复制粘贴至 Q5:Q7 单元格区

域中；❸ 每季度进行申报纳税后在 R4:R7 单元格区域［“实补（退）税额”字段］中填入实际预缴的税金，并在 S4:S7 单元格区域中填入申报纳税时间，方便查询，本例在 R4 和 S4 单元格分别填入第 1 季度实缴税金和缴税日期；❹ 在 P5 单元格中填入截至第 1 季度的“已预缴所得税”金额（与 R4 单元格中数据一致）；❺ 在 O8 单元格中设置公式“=O7”，直接引用 O7 单元格中累计至第 4 季度的“累计应预缴所得税”数据；❻ 在 P8 单元格中设置公式“=ROUND(SUM(P4:P7),2)”，计算全年 4 个季度的“已预缴所得税”的合计数，将公式填充至 Q8:R8 单元格区域中，如下图所示。

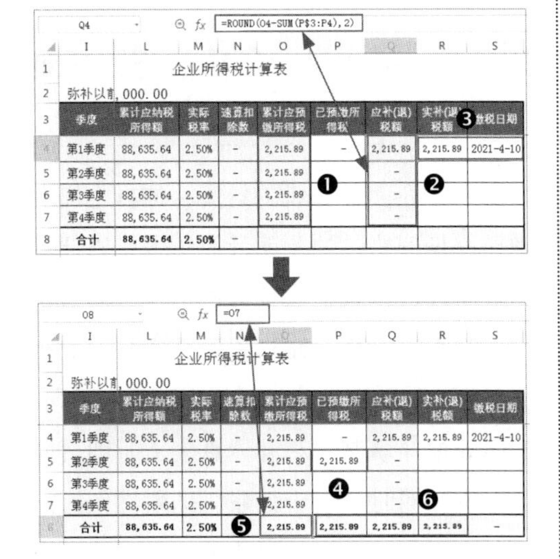
Q4 =ROUND(O4-SUM(P$3:P4),2)

企业所得税计算表

弥补以前,000.00

季度	累计应纳税所得额	实际税率	速算扣除数	累计应预缴所得税	已预缴所得税	应补(退)税额	实补(退)税额	缴税日期
第1季度	88,635.64	2.50%	-	2,215.89	-	2,215.89	2,215.89	2021-4-10
第2季度	88,635.64	2.50%	-	2,215.89		-		
第3季度	88,635.64	2.50%	-	2,215.89		-		
第4季度	88,635.64	2.50%	-	2,215.89		-		
合计	88,635.64	2.50%	-					

O8 =O7

企业所得税计算表

弥补以前,000.00

季度	累计应纳税所得额	实际税率	速算扣除数	累计应预缴所得税	已预缴所得税	应补(退)税额	实补(退)税额	缴税日期
第1季度	88,635.64	2.50%	-	2,215.89	-	2,215.89	2,215.89	2021-4-10
第2季度	88,635.64	2.50%	-	2,215.89	2,215.89	-		
第3季度	88,635.64	2.50%	-	2,215.89		-		
第4季度	88,635.64	2.50%	-	2,215.89		-		
合计	88,635.64	2.50%		2,215.89	2,215.89	2,215.89	2,215.89	-

第5步 **引用“所得税费用”数据**。❶ 在 E6 单元格设置公式“=IF(D6="",0,VLOOKUP($A6,$I$4:$S$7,9,0))”，运用 VLOOKUP 函数根据 A6 单元格中的文本引用 I4:S7 单元格区域中与之匹配的“应补（退）税额”数据，也就是第 1 季度的“所得税费用”；❷ 将 E6 单元格公式复制粘贴至 E9、E12 与 E15 单元格中，即每个季度的最末月，如下图所示。

E6 =IF(D6="",0,VLOOKUP($A6,$I$4:$S$7,9,0))

利润计算表

核算年度 2021年

所属季度	月份	营业收入	利润总额	所得税费用	净利润额	净利润率
第1季度	1月	97,698.92	29,424.44		29,424.44	30.12%
第1季度	2月	67,131.15	22,458.79		22,458.79	33.46%
第1季度	3月	165,705.11	55,752.41	2,215.89	53,536.52	32.31%
第2季度	4月				-	0.00%
第2季度	5月				-	0.00%
第2季度	6月			-	-	0.00%
第3季度	7月				-	0.00%
第3季度	8月				-	0.00%
第3季度	9月			-	-	0.00%
第4季度	10月				-	0.00%
第4季度	11月				-	0.00%
第4季度	12月			-	-	0.00%
全年合计		330,535.18	107,635.64	2,215.89	105,419.75	31.89%

第6步 **输入第 2 季度的数据**。操作完成后，在“利润计算表”的 C7:D9 单元格区域中填入第 2 季度的“营业收入”与“利润总额”数据，即可看到“企业所得税计算表”的数据变化，如下图所示。

利润计算表

核算年度 2021年

所属季度	月份	营业收入	利润总额	所得税费用	净利润额	净利润率
第1季度	1月	97,698.92	29,424.44		29,424.44	30.12%
第1季度	2月	67,131.15	22,458.79		22,458.79	33.46%
第1季度	3月	165,705.11	55,752.41	2,215.89	53,536.52	32.31%
第2季度	4月	140,984.91	46,127.81		46,127.81	32.72%
第2季度	5月	242,139.27	71,909.20		71,909.20	29.70%
第2季度	6月	261,015.90	80,247.17	4,957.11	75,290.06	28.85%
第3季度	7月				-	0.00%
第3季度	8月				-	0.00%
第3季度	9月			-	-	0.00%
第4季度	10月				-	0.00%
第4季度	11月				-	0.00%
第4季度	12月			-	-	0.00%
全年合计		974,675.26	305,919.82	7,173.00	298,746.82	30.65%

企业所得税计算表

弥补以前年度亏损 20,000.00

季度	利润总额	调增/调减	累计应纳税所得额	实际税率	速算扣除数	累计应预缴所得税	已预缴所得税	应补(退)税额	实补(退)税额	缴税日期
第1季度	107,635.64	1,000.00	88,635.64	2.50%	-	2,215.89	-	2,215.89	2,215.89	2021-4-10
第2季度	198,284.18	-	286,919.82	2.50%	-	7,173.00	2,215.89	4,957.11		
第3季度	-		286,919.82	2.50%	-	7,173.00		4,957.11		
第4季度	-		286,919.82	2.50%	-	7,173.00		4,957.11		
合计	305,919.82	1,000.00	286,919.82	2.50%	-	7,173.00	2,215.89	17,087.22	2,215.89	-

第7步 **设置条件格式标识指定季度及其所属月份**。❶ 在F2单元格中创建下拉列表，将下拉选项设置为I4:I7单元格区域，在下拉列表中选择任意选项，如【第2季度】；❷ 选中A4:G15单元格区域，单击【开始】选项卡中的【条件格式】下拉按钮，在下拉列表中选择【新建规则】命令，打开【新建格式规则】对话框，在【选择规则类型】列表框中选择【使用公式确定要设置格式的单元格】选项；❸ 在【编辑规则说明】文本框中输入公式“=$A4=$F$2”，其含义是A4与F2单元格中的数据相同时，应用条件格式；❹ 单击【格式】按钮打开【单元格格式】对话框设置格式（图示略）；❺ 返回【新建格式规则】对话框后单击【确定】按钮关闭对话框即可，如下图所示。

参照第❷～❺步在I4:S7单元格区域设置相同的条件格式，公式为“=$I4=$F$2”（图示略）。

第8步 **查看表格效果**。设置完成后，效果如下图所示。

利润计算表

核算年度 2021年 第2季度

所属季度	月份	营业收入	利润总额	所得税费用	净利润额	净利润率
第1季度	1月	97,698.92	29,424.44		29,424.44	30.12%
第1季度	2月	67,131.15	22,458.79		22,458.79	33.46%
第1季度	3月	165,705.11	55,752.41	2,215.89	53,536.52	32.31%
第2季度	4月	140,984.91	46,127.81		46,127.81	32.72%
第2季度	5月	242,139.27	71,909.20		71,909.20	29.70%
第2季度	6月	261,015.90	80,247.17	4,957.11	75,290.06	28.85%
第3季度	7月				-	0.00%
第3季度	8月				-	0.00%
第3季度	9月			-	-	0.00%
第4季度	10月				-	0.00%
第4季度	11月				-	0.00%
第4季度	12月			-	-	0.00%
全年合计		974,675.26	305,919.82	7,173.00	298,746.82	30.65%

企业所得税计算表

弥补以前年度亏损 20,000.00

季度	利润总额	调增/调减	累计应纳税所得额	实际税率	速算扣除数	累计应预缴所得税	已预缴所得税	应补(退)税额	实补(退)税额	缴税日期
第1季度	107,635.64	1,000.00	88,635.64	2.50%	-	2,215.89	-	2,215.89	2,215.89	2021-4-10
第2季度	198,284.18	-	286,919.82	2.50%	-	7,173.00	2,215.89	4,957.11		
第3季度	-		286,919.82	2.50%	-	7,173.00		4,957.11		
第4季度	-		286,919.82	2.50%	-	7,173.00		4,957.11		
合计	305,919.82	1,000.00	286,919.82	2.50%	-	7,173.00	2,215.89	17,087.22	2,215.89	-

11.3.2 制作企业所得的记账凭证附件

对于企业所得税的计算，同样也需要制作一份表格，要列明计算过程，以便打印纸质表格作为记账凭证的附件，同时也可作为查询之用。制作思路其实与前面小节制作的“税金及附加明细表”基本相同，其中数据在填制“利润计算表”时即可同步生成。同时，由于记账凭证附件作为财税备查资料，应当按照相关优惠政策设计表格，其中详细列示企业应纳税所得额、应纳税额及所享受的减免所得税金额。本例将要设置的函数公式的含义非常浅显易懂，核心是公式的设置逻辑，需重点关注。

第1步 **绘制表格框架**。新建工作表，重命名为“凭证附件”，在 A3:F4 与 A6:F13 单元格区域中绘制表格框架，设置字段名称和基础格式。初始效果如下图所示。

	A	B	C	D	E	F
1						
2						
3	利润总额	调增/减额	弥补以前年度亏损	应纳税所得额		应交所得税额(25%)
4						
5						
6	应纳税所得额(A)及应交所得税减免政策	可享受减免的部分应纳税所得额	实际计税金额	优惠税率	实际应交所得税	计算过程
7	A≤100万元部分减按25%，所得税减半					
8	100万元<A≤300万元部分减按50%					
9	A>300万元全额计税					
10	合计					
11	已享受减免所得税额					
12	本年已预缴所得税额					
13	本季度应补缴所得税额					

第2步 **创建下拉列表，计算税款所属期间**。❶ 在 A1 单元格中创建下拉列表，将下拉选项设置为“1”“2”“3”“4”（代表 4 个季度）。在下拉列表中选择任意一个选项，如数字“2”，将单元格格式自定义为“2021 年第 # 季度企业所得税预缴明细表”，使 A1 单元格中显示为“2021 年第 2 季度企业所得税预缴明细表”，以此作为表格的标题。❷ 在 A2 单元格中设置公式“=IFERROR(EOMONTH(1,MAX(IF(A1={1,2,3,4},{3,6,9,12}))-1),"-")”，公式返回结果为“182”，将 A2 单元格格式自定义为“"税款所属期间：2021.1.1—"m.d”。使之显示为“税款所属期间：2021.1.1—6.30”，如下图所示。

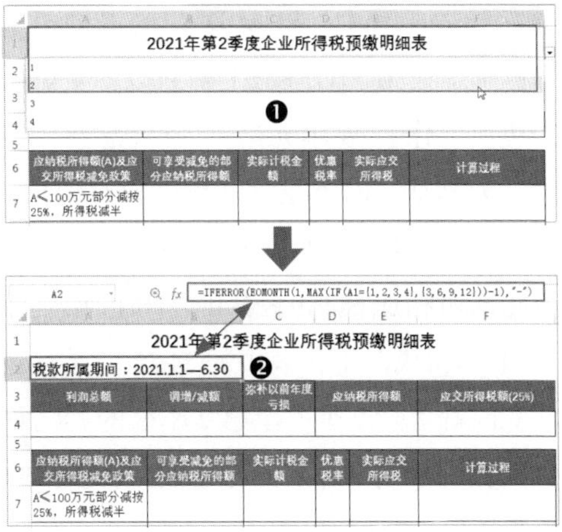

	A	B	C	D	E	F
1	2021年第2季度企业所得税预缴明细表					
2	1 2					
3	3					
4	4					
5						
6	应纳税所得额(A)及应交所得税减免政策	可享受减免的部分应纳税所得额	实际计税金额	优惠税率	实际应交所得税	计算过程
7	A≤100万元部分减按25%，所得税减半					

❶

A2 fx =IFERROR(EOMONTH(1,MAX(IF(A1={1,2,3,4},{3,6,9,12}))-1),"-")

	A	B	C	D	E	F
1	2021年第2季度企业所得税预缴明细表					
2	税款所属期间：2021.1.1—6.30 ❷					
3	利润总额	调增/减额	弥补以前年度亏损	应纳税所得额		应交所得税额(25%)
4						
5						
6	应纳税所得额(A)及应交所得税减免政策	可享受减免的部分应纳税所得额	实际计税金额	优惠税率	实际应交所得税	计算过程
7	A≤100万元部分减按25%，所得税减半					

温馨提示

A2 单元格公式的原理如下。

① 表达式“MAX(IF(A1={1,2,3,4},{3,6,9,12}))-1”的作用是根据 A1 单元格中代表季度的数字，返回与之对应的代表各季度最末月份的数字“3,6,9,12”。例如，当前 A1 单元格中数字为“2”，那么 MAX 与 IF 函数组合表达式返回的数字则为“6”，再减去 1，即返回数字“5”。

② EOMONTH 函数的第 1 个参数为 1，代表 1 月 1 日。由于税款所属期的起始日期始终是 1 月 1 日，因此这里可设置为固定不变的数字“1”。第 2 个参数代表月数，是指与 1 月 1 日间隔 *n* 月后所属月份的最后一天的日期。那么表达式“EOMONTH(1,5)”即返回 6 月（间隔 5 个月，即 1+5）的最后一天日期“30”，在“常规”单元格格式下，返回数字“189”。自定义单元格格式后即显示为指定格式。

第3步 **计算无优惠政策的“应交所得税”数据**。❶ 在 A4 单元格中设置公式“=IFERROR(SUM(OFFSET(企业所得税!J$4,,,$A$1)),0)”，计算第 2 季度利润总额累计数。其中，SUM 函数的参数（求和范围）运用了 OFFSET 函数以“企业所得税”工作表 J4 单元格（“利润总额”字段）为基准，向下偏移 0 行，向右偏移 0 列，偏移高度由 A1 单元格中的数字指定。由此即可构成 SUM 函数的求和区域，即“企业所得税”工作表中的 J4:J5 单元格区域，也就是第 1 季度至第 2 季度的利润总额数据。❷ 将 A4 单元格公式填充至 B4 单元格中，即可对“企业所得税”工作表中 L4:K5 单元格区域（“调整 / 调减”字段）中的数据求和。❸ 由于“弥补以前年度亏损”数据相对固定，因此可直接手工填入。本例填入数字“20000”。❹ 在 D4 单元格中设置公式“=ROUND(IF(A4+B4-C4<0,0,A4+B4-C4),2)”，运用 IF 函数判断“A4+B4-C4”这一算式的结果小于或等于 0 时，表明不产生应纳税所得额，因此也返回 0，否则即返回算式结果。❺ 在 F4 单元格中设置公式“=ROUND(D4*0.25,2)”，用 D4 单元格中的“应纳税所得额”数据乘以 0.25 即可计算得到不享受小微企业企业所得税优惠政策时的“应交所得税”数据。效果如下图所示。

A4 =IFERROR(SUM(OFFSET(企业所得税!J$4,,,$A$1)),0)

2021年第2季度企业所得税预缴明细表

税款所属期间：2021.1.1—6.30

❶ 利润总额	❷ 调增/减额	弥补以前年度亏损 ❸	应纳税所得额	应交所得税额(25%)
305,919.82	1,000.00	20,000.00		

应纳税所得额(A)及应交所得税减免政策	可享受减免的部分应纳税所得额	实际计税金额	优惠税率	实际应交所得税	计算过程
A≤100万元部分减按25%，所得税减半					

↓

D4 =ROUND(IF(A4+B4-C4<=0,0,A4+B4-C4),2)

2021年第2季度企业所得税预缴明细表

税款所属期间：2021.1.1—6.30

利润总额	调增/减额	弥补以前年度亏损	应纳税所得额 ❹	应交所得税额(25%) ❺
305,919.82	1,000.00	20,000.00	286,919.82	71,729.96

应纳税所得额(A)及应交所得税减免政策	可享受减免的部分应纳税所得额	实际计税金额	优惠税率	实际应交所得税	计算过程
A≤100万元部分减按25%，所得税减半					

第4步● 计算“可享受减免的部分应纳税所得额”数据。 ❶ 在 B7 单元格中设置公式“=IF(D$4>3000000,0,IF(D$4<=1000000,D$4,1000000))”，计算 D4 单元格“应纳税所得额”数据中可享受减按 25% 计税的部分金额。❷ 在 B8 单元格中设置公式“=IF(OR(D$4>3000000,D$4<=1000000),0,D$4-1000000)”，计算 D4 单元格“应纳税所得额”数据中可享受减按 50% 计税的优惠政策的部分金额。❸ 在 B9 单元格中设置公式“=IF(D$4>3000000,D$4,0)”，运用 IF 函数判断 D4 单元格中的“应纳税所得额”数据大于 300 万元时，表明不能享受减按 25% 和 50% 计税的优惠政策，因此直接返回这个数据，否则返回数字“0”。❹ 在 B10 单元格设置公式“=ROUND(SUM(B7:B9),2)”，计算“可享受减免的部分应纳税所得额”的合计数，将公式复制粘贴至 C10 和 E10 单元格中。效果如下图所示。

温馨提示●

B7 单元格公式的逻辑如下。

①表达式“IF(D$4>3000000,0,”：如果应纳税所得额大于 300 万元，表明全部金额不能享受减按 25% 计税的优惠政策，因此返回数字“0”。

②表达式“IF(D$4<=1000000,D$4,1000000)”：如果应纳税所得额小于或等于100万元，表明可全额享受减按25%计税的优惠政策，因此直接返回D4单元格中的数据。否则（即应纳税所得额既小于或等于300万元，又大于100万元），即返回其中能够享受减按25%计税的优惠政策的部分金额，即返回“1000000”。

B8单元格公式的逻辑如下。

①表达式“OR(D$4>3000000,D$4<=1000000),0”：如果应纳税所得额大于300万元，表明不能享受减按25%计税的优惠政策。如果小于或等于100万元，表明已全额享受减按25%，就不再享受减按50%计税的优惠政策。因此返回数字“0”。

②表达式“D$4-1000000”：如果应纳税所得额大于100万元且小于或等于300万元，表明其中100万元享受减按25%，剩余部分享受减按50%计税的优惠政策，因此用D4单元格中的应纳税所得额减1000000即可计算得到减按50%计税的部分金额。

B7 =IF(D$4>3000000,0,IF(D$4<=1000000,D$4,1000000))

2021年第2季度企业所得税预缴明细表					
税款所属期间：2021.1.1—6.30					
利润总额	调增/减额	弥补以前年度亏损	应纳税所得额		应交所得税额(25%)
305,919.82	1,000.00	20,000.00	286,919.82		71,729.96
应纳税所得额(A)及应交所得税减免政策	可享受减免的部分应纳税所[illegible]额	实际计税金额	优惠税率	实际应交所得税	计算过程
A≤100万元部分减按25%，所得税减半	286,919.82	❶			
100万元<A≤300万元部分减按50%	-	❷			
A>300万元全额计税	-	❸		❹	
合计	286,919.82	-		-	
已享受减免所得税额					
本年已预缴所得税额					
本季度应补缴所得税额					

第5步 计算“实际计税金额”与“优惠税率”数据。❶ 在C7单元格中设置公式“=ROUND(B7*0.25,2)”，用B7单元格中的数据乘以0.25计算可享受减按25%计税优惠政策部分的“实际计税金额”。❷ 在C8单元格中设置公式“=ROUND(B8*0.5,2)”，用B8单元格中的数据乘以0.5计算可享受减按50%计税优惠政策部分的“实际计税金额”。❸ 在C9单元格中设置公式“=B9”，直接引用B9单元格中的数据。❹ 在D7单元格中设置公式“=IF(B7=0,0,20%)”，运用IF函数判断B7单元格中的数据为“0”时，表明没有数据可享减按25%计税的优惠政策的金额，因此优惠税率也返回“0”，否则返回税率“20%”。将公式填充至D8:D9单元格区域中，将D9单元格公式表达式中的“20%”修改为“25%”，如下图所示。

C7 =ROUND(B7*0.25,2)

2021年第2季度企业所得税预缴明细表					
税款所属期间：2021.1.1—6.30					
利润总额	调增/减额	弥补以前年度亏损	应纳税所得额		应交所得税额(25%)
305,919.82	1,000.00	20,000.00	286,919.82		71,729.96
应纳税所得额(A)及应交所得税减免政策	可享受减免的部分应纳税所得额	实际计税金额	优惠税率	实际应交所得税	计算过程
A≤100万元部分减按25%，所得税减半	286,919 ❶	71,729.96	20%		
100万元<A≤300万元部分减按50%	❷	-	0%	❹	
A>300万元全额计税	❸	-	0%		
合计	286,919.82	71,729.96		-	
已享受减免所得税额					
本年已预缴所得税额					
本季度应补缴所得税额					

第6步 计算“实际应交所得税”与实际税率。❶ 在E7单元格中设置公式“=ROUND(C7*D7*0.5,2)”，用C7单元格中的“实际计税金额”乘以D7单元格中的“优惠税率”，再根据“减半征收”政策乘以0.5，即可计算得到“实际应交所得税”数据；❷ 在E8单元格中设置公式“=ROUND(C8*D8,2)”，将公式填充至E9单元格中；❸ 在D10单元格中设置公式“=ROUND(E10/D4,4)”，用E10单元格中“实际应交所得税”的合计数

除以 D4 单元格中的“应纳所得税额”，即可得到企业所得税的“实际税率”数据；❹ 在 F7 单元格中设置公式“=IF(C7=0,"—",C7&"×"&D7&"×0.5")”，运用 IF 函数判断 C7 单元格中数据为“0”时，返回占位符号“—”，否则返回 C7、D7 单元格与文本组合而成的数据；❺ 在 F8 单元格中设置公式“=IF(C8=0,"—",C8&"×"&D8)”，将公式填充至 F9 单元格中（F10 单元格中可直接输入符号“—”），如下图所示。

E7　fx　=ROUND(C7*D7*0.5,2)

	A	B	C	D	E	F
1	2021年第2季度企业所得税预缴明细表					
2	税款所属期间：2021.1.1—6.30					
3	利润总额	调增/减额	弥补以前年度亏损	应纳税所得额		应交所得税额(25%)
4	305,919.82	1,000.00	20,000.00	286,919.82		71,729.96
5						
6	应纳税所得额(A)及应交所得税减免政策	可享受减免的部分应纳税所得额	实际计税金额	优惠税率	实际应交所得税	计算过程
7	A≤100万元部分减按25%，所得税减半	286,919.82	71,729.96	20%	7,173.00 ❶	
8	100万元＜A≤300万元部分减按50%	-	-	0%	- ❷	
9	A＞300万元全额计税	-	-	0%	-	
10	合计	286,919.82	71,729.96 ❸	2.50%	7,173.00	

F7　fx　=IF(C7=0,"—",C7&"×"&D7&"×0.5")

	A	B	C	D	E	F
1	2021年第2季度企业所得税预缴明细表					
2	税款所属期间：2021.1.1—6.30					
3	利润总额	调增/减额	弥补以前年度亏损	应纳税所得额		应交所得税额(25%)
4	305,919.82	1,000.00	20,000.00	286,919.82		71,729.96
5						
6	应纳税所得额(A)及应交所得税减免政策	可享受减免的部分应纳税所得额	实际计税金额	优惠税率	实际应交所得税	❹ 计算过程
7	A≤100万元部分减按25%，所得税减半	286,919.82	71,729.96	20%	7,173.00	71729.96×0.2×0.5
8	100万元＜A≤300万元部分减按50%	-	-	0%	- ❺	—
9	A＞300万元全额计税	-	-	0%	-	—
10	合计	286,919.82	71,729.96	2.50%	7,173.00	—
11	已享受减免所得税额					
12	本年已预缴所得税额					
13	本季度应补缴所得税额					

第7步 **计算减免、已预缴及应补缴的所得税额。** ❶ 在 E11 单元格中设置公式“=ROUND(F4-E10,2)”，用 F4 单元格中按税率 25% 计算的“应交所得税额”减去 E10 单元格中的“实际应交所得税额”即可得到“已享受减免所得税额”数据。❷ 在 E12 单元格中设置公式“=IFERROR(SUM(OFFSET(企业所得税!P$4,,,$A$1)),0)”，计算截至第 2 季度已预缴所得税的累计数。其中，SUM 函数的参数（求和范围）运用了 OFFSET 函数以“企业所得税”工作表 P4 单元格为基准，向下偏移 0 行，向右偏移 0 列，偏移高度由 A1 单元格中的数字确定。❸ 在 E13 单元格中设置公式“=ROUND(E10-E12,2)”，用 E10 单元格中的“实际应交所得税”减去 E12 单元格中的“本年已预缴所得税”，即可得到“本季度应补缴所得税额”数据，如下图所示。

E12　fx　=IFERROR(SUM(OFFSET(企业所得税!P$4,,,$A$1)),0)

	A	B	C	D	E	F
1	2021年第3季度企业所得税预缴明细表					
2	税款所属期间：2021.1.1—9.30					
3	利润总额	调增/减额	弥补以前年度亏损	应纳税所得额		应交所得税额(25%)
4	305,919.82	1,000.00	20,000.00	286,919.82		71,729.96
5						
6	应纳税所得额(A)及应交所得税减免政策	可享受减免的部分应纳税所得额	实际计税金额	优惠税率	实际应交所得税	计算过程
7	A≤100万元部分减按25%，所得税减半	286,919.82	71,729.96	20%	7,173.00	71729.96×0.2×0.5
8	100万元＜A≤300万元部分减按50%	-	-	0%	-	—
9	A＞300万元全额计税	-	-	0%	-	—
10	合计	286,919.82	71,729.96	2.50%	7,173.00	—
11	已享受减免所得税额				64,556.96	❶
12	本年已预缴所得税额				2,215.89	❷
13	本季度应补缴所得税额				4,957.11	❸

第8步 **测试效果。** ❶ 在 A1 单元格下拉列表中选择选项“1”，此时可看到所有数据变化为第 1 季度的所得税数据；❷ 在 D4 单元格中分别输入任意一个大于 100 万元且小于或等于 300 万元的数字，如“1250000”，观察所得税数据的变化效果；❸ 在 D4 单元格中重新输入任意一个大于 300 万元的数字，如“3200000”，可看到所得税数据的变化效果，如下图所示。

A1 fx 1

2021年第1季度企业所得税预缴明细表 ❶

税款所属期间：2021.1.1—3.31

利润总额	调增/减额	弥补以前年度亏损	应纳税所得额	应交所得税额(25%)
107,635.64	1,000.00	20,000.00	88,635.64	22,158.91

应纳税所得额(A)及应交所得税减免政策	可享受减免的部分应纳税所得额	实际计税金额	优惠税率	实际应交所得税	计算过程
A≤100万元部分减按25%，所得税减半	88,635.64	22,158.91	20%	2,215.89	22158.91×0.2×0.5
100万元<A≤300万元部分减按50%	-	-	0%	-	—
A>300万元全额计税	-	-	0%	-	—
合计	88,635.64	22,158.91	2.50%	2,215.89	—
已享受减免所得税额				19,943.02	
本年已预缴所得税额				-	
本季度应补缴所得税额				2,215.89	

2021年第1季度企业所得税预缴明细表

税款所属期间：2021.1.1—3.31

利润总额	调增/减额	弥补以前年度亏损	应纳税所得额	应交所得税额(25%)
107,635.64	1,000.00	20,000.00	1,250,000.00 ❷	312,500.00

应纳税所得额(A)及应交所得税减免政策	可享受减免的部分应纳税所得额	实际计税金额	优惠税率	实际应交所得税	计算过程
A≤100万元部分减按25%，所得税减半	1,000,000.00	250,000.00	20%	25,000.00	250000×0.2×0.5
100万元<A≤300万元部分减按50%	250,000.00	125,000.00	20%	25,000.00	125000×0.2
A>300万元全额计税	-	-	0%	-	—
合计	1,250,000.00	375,000.00	4.00%	50,000.00	—
已享受减免所得税额				262,500.00	
本年已预缴所得税额				-	
本季度应补缴所得税额				50,000.00	

2021年第1季度企业所得税预缴明细表

税款所属期间：2021.1.1—3.31

利润总额	调增/减额	弥补以前年度亏损	应纳税所得额	应交所得税额(25%)
107,635.64	1,000.00	20,000.00	3,200,000.00 ❸	800,000.00

应纳税所得额(A)及应交所得税减免政策	可享受减免的部分应纳税所得额	实际计税金额	优惠税率	实际应交所得税	计算过程
A≤100万元部分减按25%，所得税减半	-	-	0%	-	—
100万元<A≤300万元部分减按50%	-	-	0%	-	—
A>300万元全额计税	3,200,000.00	3,200,000.00	25%	800,000.00	3200000×0.25
合计	3,200,000.00	3,200,000.00	25.00%	800,000.00	—
已享受减免所得税额				-	
本年已预缴所得税额				-	
本季度应补缴所得税额				800,000.00	

第9步 **恢复单元格公式。**测试完毕后，注意恢复 D4 单元格的公式。

本节示例结果见“结果文件\第 11 章\企业所得税计算管理 .xlsx”文件。

高手支招

本章讲解了如何运用 WPS 表格计算和管理税金的具体方法和操作步骤。下面针对上述具体操作过程中的细节之处，再分享几个实操技巧，以便财务人员查漏补缺，巩固学习成果，让 WPS 表格的应用技能“更上一层楼”。

01 使用【Alt+=】快捷键批量求和

在财务工作中，几乎每张表格都需要设置公式对数据进行求和。对此，可在一个单元格设置求和公式后，将其填充或复制粘贴至求和范围（指行数或列数相同）的单元格区域中。不仅如此，还可使用【Alt+=】快捷键进行操作，可更快速地完成批量求和。

打开“素材文件\第 11 章\客户销售汇总表 .xlsx”文件，如下图所示，现需要在 C15:O15 与 O4:O14 单元格区域中对 C4:N14 单元格区域中的数据进行纵向和横向求和。

2021年客户销售汇总表

价税合计

序号	客户名称	1月	2月	3月	4月	5月	6月	7月	8月
1	其他	-	-	-	-	-	-	-	-
2	KH001 客户001	12,000.00	10,843.54	28,500.00	-	1,431.00	9,435.00	-	-
3	KH002 客户002	31,559.06	-	34,940.16	-	-	13,968.31	63,193.75	67,650.88
4	KH003 客户003	-	42,332.91	-	-	66,047.64	-	-	-
5	KH004 客户004	7,681.75	-	-	41,196.59	-	117,622.48	-	66,047.64
6	KH005 客户005	-	7,681.75	-	94,353.77	-	-	-	-
7	KH006 客户006	-	-	38,867.98	-	-	31,799.34	36,192.08	-
8	KH007 客户007	-	-	-	18,870.75	20,000.00	-	75,483.01	70,765.32
9	KH008 客户008	-	15,000.00	-	50,951.03	-	56,612.26	-	-
10	KH009 客户009	44,158.96	-	66,732.88	-	70,578.48	17,927.22	60,386.41	-
11	KH010 客户010	15,000.00	-	18,205.75	-	1,255.83	26,252.75	59,692.72	32,518.11
全部客户合计									

总表

序号	客户名称	8月	9月	10月	11月	12月	全年合计
1	其他	-	25,000.00	-	15,000.00	26,400.00	
2	KH001 客户001	-	-	-	-	-	
3	KH002 客户002	67,650.88	-	72,466.89	-	-	
4	KH003 客户003	-	-	88,399.59	47,828.66	-	
5	KH004 客户004	66,047.64	-	-	-	75,939.29	
6	KH005 客户005	-	-	-	-	-	
7	KH006 客户006	-	85,694.25	-	-	-	
8	KH007 客户007	70,765.32	-	9,435.38	-	-	
9	KH008 客户008	-	-	20,156.60	-	-	
10	KH009 客户009	-	-	58,938.55	50,535.63	-	
11	KH010 客户010	32,518.11	-	-	-	-	
全部客户合计							

下面使用【Alt+=】快捷键只需两步简单的操作即可完成。

❶ 选中 C4:O15 单元格区域，按【Alt+=】快捷键即可在 C15:N15 与 O4:O14 单元格区域中批量生成求和公式并计算得出求和结果；❷ 由于【Alt+=】快捷键无法在以上两个单元格区域交叉的 O15 单元格中生成求和公式，因此可选中此单元格后按【Ctrl+D】或【Ctrl+R】快捷键复制 O14 或 N15 单元格中的公式，如下图所示。

总表

序号	客户名称	8月	9月	10月	11月	12月	全年合计
1	其他	-	25,000.00	-	15,000.00	26,400.00	66,400.00
2	KH001 客户001	-	-	-	-	-	62,209.54
3	KH002 客户002	67,650.88	-	72,466.89	-	-	283,779.05
4	KH003 客户003	-	-	88,399.59	47,828.66	-	244,608.80
5	KH004 客户004	66,047.64	-	-	-	75,939.29	308,487.75
6	KH005 客户005	-	-	-	-	-	102,035.52
7	KH006 客户006	-	85,694.25	-	-	-	192,553.65
8	KH007 客户007	70,765.32	-	9,435.38	-	-	194,554.46
9	KH008 客户008	-	-	20,156.60	-	-	142,719.89
10	KH009 客户009	-	-	58,938.55	50,535.63	-	369,258.13
11	KH010 客户010	32,518.11	-	-	-	-	152,925.16
全部客户合计		236,981.95	110,694.25	249,397.01	113,364.29	102,339.29	

O15　=SUM(O4:O14)

总表

序号	客户名称	8月	9月	10月	11月	12月	全年合计
1	其他	-	25,000.00	-	15,000.00	26,400.00	66,400.00
2	KH001 客户001	-	-	-	-	-	62,209.54
3	KH002 客户002	67,650.88	-	72,466.89	-	-	283,779.05
4	KH003 客户003	-	-	88,399.59	47,828.66	-	244,608.80
5	KH004 客户004	66,047.64	-	-	-	75,939.29	308,487.75
6	KH005 客户005	-	-	-	-	-	102,035.52
7	KH006 客户006	-	85,694.25	-	-	-	192,553.65
8	KH007 客户007	70,765.32	-	9,435.38	-	-	194,554.46
9	KH008 客户008	-	-	20,156.60	-	-	142,719.89
10	KH009 客户009	-	-	58,938.55	50,535.63	-	369,258.13
11	KH010 客户010	32,518.11	-	-	-	-	152,925.16
全部客户合计		236,981.95	110,694.25	249,397.01	113,364.29	102,339.29	2,119,531.95

示例结果见“结果文件\第 11 章\客户销售汇总表 .xlsx”文件。

02 调整【Enter】键光标移动方向

在 WPS 表格的初始设置中，按一次【Enter】键后光标会向下移动。对于很多财务人员来说，更习惯于从左至右编辑数据，对此，通过设置光标移动方向即可实现按【Enter】键后光标向右移动，操作方法如下。

❶ 使用 WPS 表格程序打开任意一个工作簿（或在正在编辑的工作簿中操作），选择【文件】列表中的【选项】命令打开【选项】对话框，切换至【编辑】选项；❷ 在【方向】下拉列表中选择【向右】选项；❸ 单击【确定】按钮关闭对话框即可，如下图所示。

03 巧用数据透视表批量创建工作表

在实际工作中，财务人员通常会在一个工作簿中创建多张工作表，分别记录不同的数据。虽然可通过【选项】对话框【常规与保存】选项卡预先设置新工作簿内的工作表数量实现批量创建，但是此方法却不能按照指定数量创建工作表，也无法批量重命名不同的工作表名称。对此，可以巧妙利用数据透视表中的【显示报表筛选页】功能，在批量创建工作表的同时自动命名每个工作表的名称。

例如，现要求创建 13 张空白工作表，包括每月一张工作表（共 12 张）及一张汇总表，操作方法如下。

第1步 **创建数据透视表。**❶新建工作表，在“Sheet1”工作表 A1 单元格中输入字段名称，在 A2:A14 单元格区域中预先编辑好将要创建工作表的名称；❷ 单击【数据】选项卡中的【数据透视表】按钮；❸ 弹出【创建数据透视表】对话框，选中【现有工作表】单选按钮，单击文本框后选中任意单元格，如 C1 单元格；❹ 单击【确定】按钮关闭对话框，如下图所示。

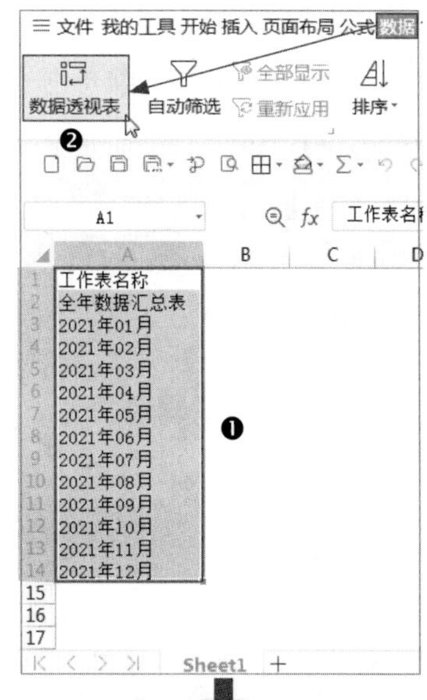

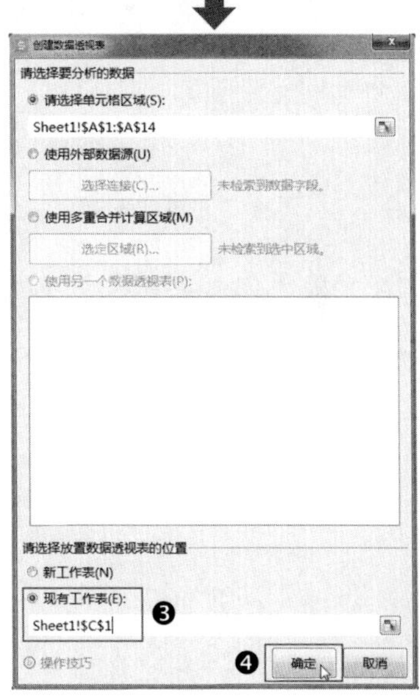

第2步 **显示报表筛选页。**❶ 数据透视表创建成功后，将“工作表名称”字段拖曳至【筛选器】区域；❷ 选中 C3 单元格，激活数据透视表工具，在【分析】选项卡中单击【选项】下拉按钮，在下拉列表中

选择【显示报表筛选页】命令；❸ 弹出【显示报表筛选页】对话框，直接单击【确定】按钮即可，如下图所示。

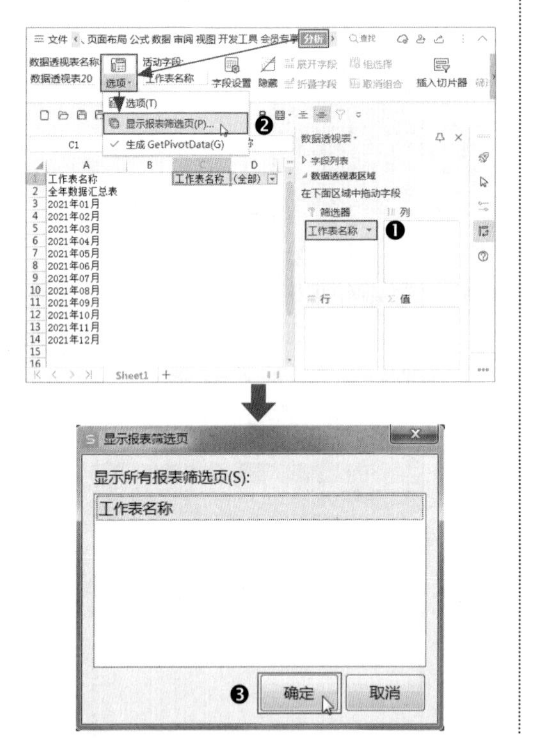

第3步 **查看创建的工作表**。操作完成后，可看到工作簿中已按照预先设定的名称自动批量生成新的工作表，效果如下图所示。

示例结果见“结果文件\第 11 章\批量创建工作表 .xlsx”文件。

WPS

第 12 章

实战 财务报表与财务指标分析

本章导读

财务报表是反映企业或预算单位一定时期的财务状况、经营成果和现金流量的会计报表，为企业提供重要的财务信息，是对企业财务状况、经营成果和现金流量的结构性描述。财务指标则是企业对财务状况和经营成果进行总结和评价的重要指标。因此，对于财务报表数据的分析，以及财务指标的计算与分析更是财务人员工作中的重心和核心。那么，如何才能在确保数据质量的前提下，高效地完成如此重要的工作任务呢？仍然需要 WPS 表格这个强大的数据工具来助力。

本章将介绍财务报表及财务指标的基本概念、计算相关指标的会计公式，以及如何充分运用 WPS 表格高效分析和计算财务报表与财务指标的具体方法和思路。

知识要点

- 资产负债表数据的变动和影响程度的分析方法
- 利润表趋势动态分析方法
- 现金流量表趋势分析和结构，以及动态呈现数据的方法
- 财务指标的基本概念、具体指标及会计公式
- 财务指标计算分析的具体方法
- 查看公式内容的技巧
- 自动标识公式单元格的方法

12.1 财务报表分析

如前所述，财务报表是反映企业或预算单位一定时期的财务状况、经营成果和现金流量的会计报表，为企业提供重要的财务信息。财务报表主要包括资产负债表、利润表、现金流量表、所有者权益变动表。在实务中，大部分企业需要定期编制前 3 项报表，以便通过分析报表数据，及时获取财务信息，掌握企业经营财务状况，为后期经营决策提供重要依据。本节将介绍如何运用 WPS 表格分析资产负债表、利润表、现金流量表数据的思路和方法，帮助财务人员在确保数据质量的前提下，更高效地完成财务报表分析这份重要的工作任务。

12.1.1 资产负债表分析

对于资产负债表主要可从年初和年末数据着手，计算各项目的变动额、变动率及变动额对总额的影响程度，进而分析出一段时间内财务数据的变动情况，帮助经营管理者找出发生变动的各种因素，以便调整后期相关经营策略。

打开“素材文件 \ 第 12 章 \ 资产负债表分析 .xlsx”文件，包含一张名称为“2021 年 6 月资产负债表”的工作表，数据内容如下图所示。

资产负债表

单位名称：××有限公司　　2021年6月30日　　单位：元

	A	B	C	D	E	F
3	资　　产	年初数	期末数	负债及所有者权益（或股东权益）	年初数	期末数
4	流动资产：			流动负债：		
5	货币资金	1,026,908.96	846,574.49	短期借款		
6	交易性金融资产			交易性金融负债		
7	应收账款	816,669.28	1,093,282.68	应付账款	1,289,878.89	1,174,715.63
8	预付款项			预收款项		
9	其他应收款	65,600.00	49,200.00	应付职工薪酬		
10	存货	500,048.96	446,571.89	应交税费	8,985.13	10,551.02
11	一年内到期的非流动资产			其他应付款	24,600.00	100,000.00
12	待摊费用			一年内到期的非流动负债		
13	流动资产合计	2,409,227.20	2,435,629.06	其他流动负债		
14	非流动资产：			流动负债合计	1,323,464.02	1,285,266.65
15	可供出售金融资产			非流动负债：		
16	持有至到期投资			长期借款		
17	长期应收款			应付债券		
18	长期股权投资			长期应付款		
19	投资性房地产			专项应付款		
20	固定资产	260,000.00	260,000.00	预计负债		
21	累计折旧	110,700.00	123,700.00	递延所得税负债		
22	固定资产净值	149,300.00	136,300.00	其他非流动负债		
23	生产性生物资产			非流动负债合计	-	-
24	油气资产			负债合计	1,323,464.02	1,285,266.65
25	无形资产			所有者权益（或股东权益）：		
26	开发支出			实收资本（或股本）	1,000,000.00	1,000,000.00
27	商誉			资本公积		
28	长期待摊费用			减：库存股		
29	递延所得税资产			盈余公积		
30	其他非流动资产			未分配利润	235,063.18	286,662.41
31	非流动资产合计	149,300.00	136,300.00	所有者权益（或股东权益）合计	1,235,063.18	1,286,662.41
32	资产总计	2,558,527.20	2,571,929.06	负债和所有者权益（或股东权益）总计	2,558,527.20	2,571,929.06

下面分析资产负债表数据的变动情况，操作方法如下。

第1步 **检验资产负债表平衡**。首先按照“资产 = 负债 + 所有者权益”这一会计恒等式检验数据是否平衡，以确保后面的计算结果准确无误。

❶ 将 B34 与 C34 单元格合并为一个单元格，在 B34 单元格中设置公式“=ROUND(B32-E32,2)”，即用 B32 单元格中“资产总计”的年初数减 E32 单元格中“负债和所有者权益”的年初数。

❷ 同样将 B33 与 C33 单元格合并为一个单元格，在 B33 单元格中设置公式“=IF(B34=0," 年初数平衡 "," 年初数 : 资产 "&IF(B34>0,">","<")&" 负债和所有者权益 ")”，运用 IF 函数判断 B34 单元格中的数字为 0 时，表明年初数平衡，即返回指定文本“年初数平衡”。否则，运用第二层 IF 函数判断 B34 单元格中的数字大于 0 时，表明资产大于负债和所有者权益，返回“ > ”符

号，否则返回“<”符号，并与指定文本组合，从而更直观地提示财务人员检查报表数据。

❸ 参考第 ❶、❷ 步在 D34 和 D33 单元格中设置以下公式，检验期末数是否平衡。

- D34 单元格公式：“=ROUND(C32-F32,2)”。
- D33 单元格公式：“=IF(D34=0," 期末数平衡 "," 期末数：资产 "&IF(D34>0,">","<")&" 负债和所有者权益 ")”。

效果如下图所示。

B33　fx　=IF(B34=0,"年初数平衡","年初数:资产"&IF(B34>0,">","<")&"负债和所有者权益")

资产负债表

单位名称：××有限公司　　2021年6月30日　单位：元

资　产	年初数	期末数	负债及所有者权益（或股东权益）	年初数	期末数
流动资产：			流动负债：		
货币资金	1,026,908.96	846,574.49	短期借款		
交易性金融资产			交易性金融负债		
应收账款	816,669.28	1,093,282.68	应付账款	1,289,878.89	1,174,715.63
预付款项			预收款项		
其他应收款	65,600.00	49,200.00	应付职工薪酬		
存货	500,048.96	446,571.89	应交税费	8,985.13	10,551.02
一年内到期的非流动资产			其他应付款	24,600.00	100,000.00
待摊费用			一年内到期的非流动负债		
流动资产合计	2,409,227.20	2,435,629.06	其他流动负债		
非流动资产：			流动负债合计	1,323,464.02	1,285,266.65
可供出售金融资产			非流动负债：		
持有至到期投资			长期借款		
长期应收款			应付债券		
长期股权投资			长期应付款		
投资性房地产			专项应付款		
固定资产	260,000.00	260,000.00	预计负债		
累计折旧	110,700.00	123,700.00	递延所得税负债		
固定资产净值	149,300.00	136,300.00	其他非流动负债		
生产性生物资产			非流动负债合计	-	-
油气资产			负债合计	1,323,464.02	1,285,266.65
无形资产			所有者权益（或股东权益）：		
开发支出			实收资本（或股本）	1,000,000.00	1,000,000.00
商誉			资本公积		
长期待摊费用			减：库存股		
递延所得税资产			盈余公积		
其他非流动资产			未分配利润	235,063.18	286,662.41
非流动资产合计	149,300.00	136,300.00	所有者权益（或股东权益）合计	1,235,063.18	1,286,662.41
资产总计	2,558,527.20	2,571,929.06	负债和所有者权益（或股东权益）总计	2,558,527.20	2,571,929.06
报表平衡检 ❷	年初数平衡		期末数平衡 ❸		
数据差异 ❶	0.00		0.00		

第2步 绘制表格用于分析资产负债表变动情况。为了方便打印纸质的资产负债表，保持完整的表格式，因此应在空白区域绘制表格用于分析数据。在 H3:M32 单元格区域中绘制表格，设置字段名称及基础格式，如下图所示。

资产负债表数据变动分析

资产			负债及所有者权益		
变动额	变动率	影响程度	变动额	变动率	影响程度

第3步 设置公式计算变动数据。❶ 在 H5 单元格中设置公式“=IFERROR(ROUND(C5-B5,2),0)”，用 C5 单元格中的期末数减去 B5 单元格中的年初数，即可得到该科目的变动额；❷ 在 I5 单元格中设置公式“=IFERROR(ROUND(H5/B5,4),0)”，用 H5 单元格中的变动额除以 B5 单元格中的年初数，即可计算得到变动率数据；❸ 在 J5 单元格中设置公式“=IFERROR(ROUND(H5/B$32,4),0)”，用 H5 单元格中的变动额除以 B32 单元格中资产总额的年初数，即可计算得到变动额对其的影响程度；❹ 将 H5:J5 单元格区域公式复制粘贴至 K5:M5 单元格区域中；❺ 将 H5:M5 单元格区域公式复制粘贴至 H6:M32 单元格区域中，如下图所示。

H5　=IFERROR(ROUND(C5-B5,2),0)

资产负债表数据变动分析

行	资产 ❶ 变动额	资产 ❷ 变动率	资产 ❸ 影响程度	负债及所有者权益 ❹ 变动额	负债及所有者权益 变动率	负债及所有者权益 影响程度
5	-180,334.47	-17.56%	-7.05%	-	0.00%	0.00%
6	-	0.00%	0.00%	-	0.00%	0.00%
7	276,613.40	33.87%	10.81%	-115,163.26	-8.93%	-4.50%
8	-	0.00%	0.00%	-	0.00%	0.00%
9	-16,400.00	-25.00%	-0.64%	-	0.00%	0.00%
10	-53,477.07	-10.69%	-2.09%	1,565.89	17.43%	0.06%
11	-	0.00%	0.00%	75,400.00	306.50%	2.95%
12	-	0.00%	0.00%	-	0.00%	0.00%
13	26,401.86	1.10%	1.03%	-	0.00%	0.00%
14	-	0.00%	0.00%	-38,197.37	-2.89%	-1.49%
15	-	0.00%	0.00%	-	0.00%	0.00%
16 ❺	-	0.00%	0.00%	-	0.00%	0.00%
17	-	0.00%	0.00%	-	0.00%	0.00%
18	-	0.00%	0.00%	-	0.00%	0.00%
19	-	0.00%	0.00%	-	0.00%	0.00%
20	-	0.00%	0.00%	-	0.00%	0.00%
21	13,000.00	11.74%	0.51%	-	0.00%	0.00%
22	-13,000.00	-8.71%	-0.51%	-	0.00%	0.00%
23	-	0.00%	0.00%	-	0.00%	0.00%
24	-	0.00%	0.00%	-38,197.37	-2.89%	-1.49%
25	-	0.00%	0.00%	-	0.00%	0.00%
26	-	0.00%	0.00%	-	0.00%	0.00%
27	-	0.00%	0.00%	-	0.00%	0.00%
28	-	0.00%	0.00%	-	0.00%	0.00%
29	-	0.00%	0.00%	-	0.00%	0.00%
30	-	0.00%	0.00%	51,599.23	21.95%	2.02%
31	-13,000.00	-8.71%	-0.51%	51,599.23	4.18%	2.02%
32	13,401.86	0.52%	0.52%	13,401.86	0.52%	0.52%

本小节示例结果见“结果文件\第 12 章\资产负债表分析 .xlsx”文件。

12.1.2 利润表分析

利润表也称为损益表，是反映企业在某一会计期间的经营成果的财务报表。通过利润表，可以了解企业在一定期间内的收入和成本费用状况，并据此判断企业的盈利能力和利润来源。在财务数据管理中，对利润表数据的分析非常重要，除了可通过报表数字本身分析企业的盈亏状况外，还应从不同角度对利润表数据进行深入对比分析。

打开“素材文件\第 12 章\利润表分析 .xlsx”文件，其中包含两张工作表，名称分别为“利润表趋势分析”和“利润表结构分析”。两张工作表中的数据完全相同，均为 2015—2020 年的利润表数据，如下图所示。

××市××有限公司2015-2020年利润表数据

项目 \ 年度	2015年	2016年	2017年	2018年	2019年	2020年
主营业务收入	1,331,648.88	1,524,947.87	1,546,508.87	1,899,469.52	1,936,495.57	1,879,406.62
主营业务成本	1,081,501.47	1,215,178.10	1,333,467.59	1,009,924.33	1,458,677.57	1,456,072.81
税金及附加	5,690.83	5,766.36	7,109.64	5,342.75	8,497.66	7,921.74
主营业务利润	244,456.58	304,003.41	205,931.64	884,202.44	469,320.34	415,412.07
其他业务利润	6,972.33	6,931.34	7,518.47	5,472.81	8,535.51	113,278.84
营业费用	80,481.66	88,467.19	106,178.95	80,639.59	116,604.77	62,554.88
管理费用	36,469.12	45,611.81	49,283.71	37,262.53	59,437.90	10,990.69
财务费用	17,473.74	11,853.79	9,903.11	7,184.10	10,777.75	3,985.24
营业利润	117,004.39	165,001.96	48,084.34	764,589.03	291,035.43	451,160.10
投资收益	7,321.54	5,196.29	3,060.06	2,205.61	3,971.78	3,574.53
营业外收入	1,810.18	2,170.70	3,255.74	2,427.29	3,551.34	4,626.10
营业外支出	990.87	3,825.95	3,370.25	2,528.73	3,567.93	4,613.74
利润总额	125,145.24	168,543.00	51,029.88	766,693.20	294,990.62	454,746.99
所得税费用	12,514.52	16,854.30	5,102.99	76,669.32	14,749.53	22,737.35
净利润	112,630.72	151,688.70	45,926.89	690,023.88	280,241.09	432,009.64

利润表趋势分析　利润表结构分析

下面从趋势和结构两个角度分析利润表数据，呈现若干期间的利润表数据的变化趋势和企业利润产生的过程和结构。

1. 趋势分析

利润表趋势分析是指将连续的若干期间的利润表各项目数据或内部结构比率一一列示和对比，以此考察企业经营状况的变化趋势。财务人员可通过观察和比较同一项目数据的增减变动额和增减幅度，掌握企业收入、费用、利润等数据的变动情况，分析产生变动的诸多因素，并预测未来的发展趋势。下面制作利润表趋势分析表格与迷你图，以不同年度为基期，动态分析并呈现 2015—2020 年利润表数据的变化趋势。

第1步 **绘制表格框架**。在 I2:O18 单元格区域中绘制表格框架，设置基础格式。其中，I2:N2 单元格区域将设置公式，生成动态的字段名称，在 I1 单元格中输入“2015”，将单元格格式自定义为“趋势分析：基期—# 年”，使之显示为“趋势分析：基期—2015 年”，既作为表格标题，又是后面公式将要引用的数据，如下图所示。

第2步 生成动态基期及其他年份数（字段名称）。❶ 将 I2:N2 单元格区域的格式自定义为“# 年”，在 I2 单元格中设置公式“=I1”，直接引用 I1 单元格中输入的代表年份的数字；❷ 在 J2 单元格中设置公式“=I2+1”，在 I2 单元格中数字的基础上加 1，使之与 I2 单元格中的年份连续，将公式填充至 K2:N2 单元格区域中，如下图所示。

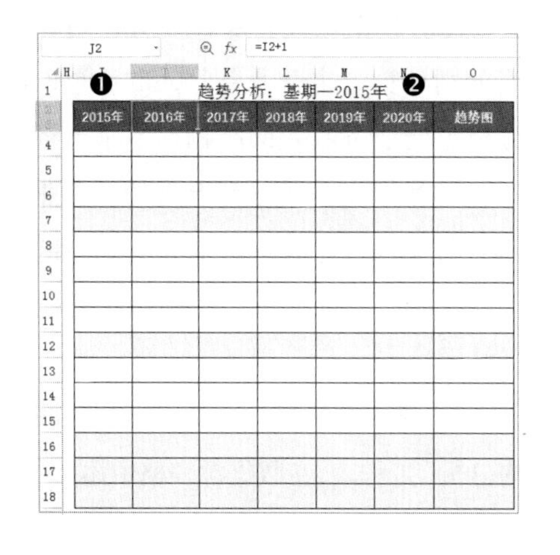

第3步 计算“趋势”数据。❶ 在 I4:I18 单元格区域的各单元格中输入相同的对比值“100%”；❷ 在 J4 单元格中设置公式“=IFERROR(ROUND(INDEX($A$2:$G$18,,MATCH(J$2,$2:$2,0))/INDEX($A$2:$G$18,,MATCH($I$2,$2:$2,0)),4),"-")”，以 2015 年数据为基期数据，根据会计公式“发展趋势 = 分析期数据 ÷ 基期数据 ×100%”计算 2016 年数据的发展趋势，将公式填充至 K4:N4 单元格区域中；❸ 将 J4:N4 单元格区域公式复制粘贴至 J5:N18 单元格区域中，如下图所示。

J4 =IFERROR(ROUND(INDEX($A$2:$G$18,,MATCH(J$2,$2:$2,0))/INDEX($A$2:$G$18,,MATCH($I$2,$2:$2,0)),4),"-")

趋势分析：基期—2015年

2015年	2016年	2017年	2018年	2019年	2020年	趋势图
100%	114.52%	116.13%	142.64%	145.42%	141.13%	
100%	112.36%	123.30%	93.38%	134.88%	134.63%	
100%	101.33%	124.93%	93.88%	149.32%	139.20%	
100%	124.36%	84.24%	361.70%	191.99%	169.93%	
100%	99.41%	107.83%	78.49%	122.42%	1624.69%	
100%	109.92%	131.93%	100.20%	144.88%	77.73%	
100%	125.07%	135.14%	102.18%	162.98%	30.14%	
100%	67.84%	56.67%	41.11%	61.68%	22.81%	
100%	141.02%	41.10%	653.47%	248.74%	385.59%	
100%	70.97%	41.80%	30.12%	54.25%	48.82%	
100%	119.92%	179.86%	134.09%	196.19%	255.56%	
100%	386.12%	340.13%	255.20%	360.08%	465.63%	
100%	134.68%	40.78%	612.64%	235.72%	363.38%	
100%	134.68%	40.78%	612.64%	117.86%	181.69%	
100%	134.68%	40.78%	612.64%	248.81%	383.56%	

温馨提示

J4 单元格公式的原理如下。

① 表达式“INDEX($A$2:$G$18,,MATCH(J$2,$2:$2,0))”是运用 INDEX 和 MATCH 函数组合在 A2:G18 单元格区域中查找引用分析基期数据（即 2016 年数据）。另一个 INDEX 和 MATCH 函数表达式的原理与之相同，即查找引用基期数据。

②将两个表达式的结果相除即可计算得到发展趋势数据。

第4步 **制作迷你折线图**。❶ 选中 I4:N18 单元格区域，单击【插入】选项卡中的【折线】按钮；❷ 打开【创建迷你图】对话框，单击【位置范围】文本框，选中 O4:O18 单元格区域；❸ 单击【确定】按钮关闭对话框，如下图所示。

返回工作表后，使用迷你图工具设置迷你图样式即可（图示略）。

第5步 **查看迷你图效果**。操作完成后，效果如下图所示。

趋势分析：基期-2015年

	2015年	2016年	2017年	2018年	2019年	2020年	趋势图
4	100%	114.52%	116.13%	142.64%	145.42%	141.13%	
5	100%	112.36%	123.30%	93.38%	134.88%	134.63%	
6	100%	101.33%	124.93%	93.88%	149.32%	139.20%	
7	100%	124.36%	84.24%	361.70%	191.99%	169.93%	
8	100%	99.41%	107.83%	78.49%	122.42%	1624.69%	
9	100%	109.92%	131.93%	100.20%	144.88%	77.73%	
10	100%	125.07%	135.14%	102.18%	162.98%	30.14%	
11	100%	67.84%	56.67%	41.11%	61.68%	22.81%	
12	100%	141.02%	41.10%	653.47%	248.74%	385.59%	
13	100%	70.97%	41.80%	30.12%	54.25%	48.82%	
14	100%	119.92%	179.86%	134.09%	196.19%	255.56%	
15	100%	386.12%	340.13%	255.20%	360.08%	465.63%	
16	100%	134.68%	40.78%	612.64%	235.72%	363.38%	
17	100%	134.68%	40.78%	612.64%	117.86%	181.69%	
18	100%	134.68%	40.78%	612.64%	248.81%	383.56%	

第6步 **测试动态效果**。例如，以 2017 年数据为基期数据，查看 2017—2020 年的数据变化趋势，只需在 I1 单元格中输入“2017”即可，效果如下图所示。

趋势分析：基期-2017年

	2017年	2018年	2019年	2020年	2021年	2022年	趋势图
4	100%	122.82%	125.22%	121.53%	-	-	
5	100%	75.74%	109.39%	109.19%	-	-	
6	100%	75.15%	119.52%	111.42%	-	-	
7	100%	429.37%	227.90%	201.72%	-	-	
8	100%	72.79%	113.53%	1506.67%	-	-	
9	100%	75.95%	109.82%	58.91%	-	-	
10	100%	75.61%	120.60%	22.30%	-	-	
11	100%	72.54%	108.83%	40.24%	-	-	
12	100%	1590.10%	605.26%	938.27%	-	-	
13	100%	72.08%	129.79%	116.81%	-	-	
14	100%	74.55%	109.08%	142.09%	-	-	
15	100%	75.03%	105.87%	136.90%	-	-	
16	100%	1502.44%	578.07%	891.14%	-	-	
17	100%	1502.44%	289.04%	445.57%	-	-	
18	100%	1502.44%	610.19%	940.65%	-	-	

2. 结构分析

利润表结构分析是指计算利润表中各项组成部分占总体的比重，分析其内容构成的变化，从而掌握影响利润变化的重点项目。在利润表中，可对多个项目进行结构分析。例如，主营业务收入是由主营业务成本、税金及附加、主营业务利润这 3 个项目的数据构成，那么在分析时，就应当分别计算占主营业务收入的比重，以此分析主营业务收入的结构。本小节将对 2015—2020 年各年度及年合计的主营业务收入、营业收入、收入总额和利润总额这 4 个项目进行动态分析，并制作图表呈现分析结果。

第1步 **添加分析项目**。切换至“利润表结构分析”工作表，在数据源表格中添加“年合计”、“期间费用”与“营业外收支净额”3个字段，并计算字段数据，以便后面在公式中进行引用，算术公式如下。

• 年合计 =2015 年 +2016 年 +⋯ +2020 年数据

• 期间费用 = 营业费用 + 管理费用 + 财务费用

• 营业外收支净额 = 营业外收入 - 营业外支出

计算以上字段数据，只需根据上述算术公式设置 ROUND 和 SUM 函数组合即可。

操作完成后，数据源表格如下图所示。

××市××有限公司2015-2020年利润表数据

项目 \ 年度	2015年	2016年	2017年	2018年	2019年	2020年	年合计
主营业务收入	1,331,648.88	1,524,947.87	1,546,508.87	1,899,469.52	1,936,495.57	1,879,406.62	10,118,477.33
主营业务成本	1,081,501.47	1,215,178.10	1,332,467.59	1,009,924.33	1,458,677.57	1,456,072.81	7,554,821.87
税金及附加	5,690.83	5,766.36	7,109.64	5,342.75	8,497.66	7,921.74	40,328.98
主营业务利润	244,456.58	304,003.41	205,931.64	884,202.44	469,320.34	415,412.07	2,523,326.48
其他业务利润	6,972.33	6,931.34	7,518.47	5,472.81	8,535.51	113,278.84	148,709.30
营业费用	80,481.66	88,467.19	106,178.95	80,639.59	116,604.77	62,554.88	534,927.04
管理费用	36,469.12	45,611.81	49,283.71	37,262.53	59,437.90	10,990.69	239,055.76
财务费用	17,473.74	11,853.79	9,903.11	7,184.10	10,777.75	3,985.24	61,177.73
期间费用	134,424.52	145,932.79	165,365.77	125,086.22	186,820.42	77,530.81	835,160.53
营业利润	117,004.39	165,001.96	48,084.34	764,589.03	291,035.43	451,160.10	1,836,875.25
投资收益	7,321.54	5,196.29	3,060.05	2,205.61	3,971.78	3,574.53	25,329.80
营业外收入	1,810.18	2,170.70	3,255.74	2,427.29	3,551.34	4,626.10	17,841.35
营业外支出	990.87	3,825.95	3,370.25	2,528.73	3,567.93	4,613.74	18,897.47
营业外收支净额	819.31	-1,655.25	-114.51	-101.44	-16.59	12.36	-1,056.12
利润总额	125,145.24	168,543.00	51,029.88	766,693.20	294,990.62	454,746.99	1,861,148.93
所得税费用	12,514.52	16,854.30	5,102.99	76,669.32	29,499.06	22,737.35	163,377.54
净利润	112,630.72	151,688.70	45,926.89	690,023.88	265,491.56	432,009.64	1,697,771.39

第2步 **制作“利润表结构分析”框架。** ❶ 在 J2:M22 单元格区域绘制表格框架，设置字段名称和基础格式。在 L2 单元格中创建下拉列表，将下拉选项设置为 B2:H2 单元格区域，在下拉列表中选择【2015 年】选项，将单元格格式自定义为“# 年”；❷ 在 L6、L11、L18 与 L22 单元格中分别设置 ROUND 和 SUM 函数组合公式计算每个分析项目的合计数，如下图所示。

利润表结构分析

分析项目	构成项目	2015年	占比
主营业务收入	主营业务成本		
	税金及附加		
	主营业务利润		
	合计		
营业收入	主营业务成本		
	税金及附加		
	期间费用		
	营业利润		
	合计	-	
收入总额	主营业务成本		
	税金及附加		
	投资收益		
	期间费用		
	营业外支出		
	利润总额		
	合计	-	
利润总额	营业利润		
	投资收益		
	营业外收支净额		
	合计	-	

下拉列表选项：2015年、2016年、2017年、2018年、2019年、2020年、年合计

第3步 **生成动态标题与项目名称。** ❶ 在 J1 单元格中设置公式“=IF(L2=" 年合计 ","2015—2020",L2)&" 年利润表结构分析 "”，运用 IF 函数根据 L2 单元格中的不同内容返回不同的文本，构成动态标题；❷ 在 J3 单元格中设置公式“=" 主营业务收入 :"&L6&" 元 "”，将项目名称与 L6 单元格中的合计数组合，构成动态项目名称，其他项目名称按此方法设置公式即可（动态标题和动态项目名称将在后面制作图表时进行引用），如下图所示。

第4步 **引用项目数据。** ❶ 在 L3 单元格中设置公式“=IFERROR(VLOOKUP(K3,

$A:$H,MATCH($L$2,$2:$2,0)),0),0)”，运用VLOOKUP和MATCH函数组合在A:H区域中查找引用L2单元格中指定年份的“主营业务成本”数据；❷ 将L3单元格公式复制粘贴至L4:L5、L7:L10、L12:L17与L19:L21单元格区域中，即可引用其他项目的相关数据，如下图所示。

L3　=IFERROR(VLOOKUP(K3,$A:$H,MATCH($L$2,$2:$2,0)),0),0)

2015年利润表结构分析

分析项目	构成项目	2015年	占比
主营业务收入：1331648.88元	主营业务成本	1,081,501.47	❶
	税金及附加	5,690.83	
	主营业务利润	244,456.58	
	合计	1,331,648.88	
营业收入： 1338621.21元	主营业务成本	1,081,501.47	
	税金及附加	5,690.83	
	期间费用	134,424.52	
	营业利润	117,004.39	
	合计	1,338,621.21	
总收入：1355074.47元	主营业务成本	1,081,501.47	
	税金及附加	5,690.83	❷
	投资收益	7,321.54	
	期间费用	134,424.52	
	营业外支出	990.87	
	利润总额	125,145.24	
	合计	1,355,074.47	
利润总额：125145.24元	营业利润	117,004.39	
	投资收益	7,321.54	
	营业外收支净额	819.31	
	合计	125,145.24	

第5步 **计算比重。** ❶ 在M3单元格中设置公式“=IFERROR(ROUND(L3/$L$6,4),0)”，计算“主营业务成本”占“主营业务收入”的比重，将公式复制粘贴至M4:M6单元格区域中；❷ 其他项目按此方法设置公式即可，如下图所示。

M3　=IFERROR(ROUND(L3/$L$6,4),0)

2015年利润表结构分析

分析项目	构成项目	2015年	占比
主营业务收入：1331648.88元	主营业务成本	1,081,501.47	81.22%
	税金及附加	5,690.83	0.43%
	主营业务利润	244,45[illegible] ❶	18.36%
	合计	1,331,648.88	100.00%
营业收入： 1338621.21元	主营业务成本	1,081,501.47	80.79%
	税金及附加	5,690.83	0.43%
	期间费用	134,424.52	10.04%
	营业利润	117,004.39	8.74%
	合计	1,338,621.21	100.00%
总收入：1355074.47元	主营业务成本	1,081,501.47	79.81%
	税金及附加	5,690.83	0.42%
	投资收益	7,321.54	0.54%
	期间费用	134,42[illegible] ❷	9.92%
	营业外支出	990.87	0.07%
	利润总额	125,145.24	9.24%
	合计	1,355,074.47	100.00%
利润总额：125145.24元	营业利润	117,004.39	93.49%
	投资收益	7,321.54	5.85%
	营业外收支净额	819.31	0.65%
	合计	125,145.24	100.00%

第6步 **插入图表。** ❶ 选中K3:L5单元格区域，单击【插入】选项卡中的【全部图表】的下拉按钮，在下拉列表中选择【在线图表】选项；❷ 在子列表中选择【饼图】选项，选择任意一个模板即可将图表插入工作表中，如下图所示。

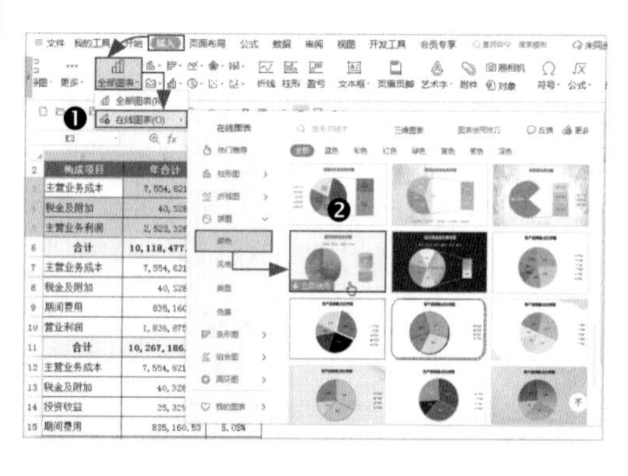

第7步 **查看图表效果。** 插入图表后，初始样式如下图所示。

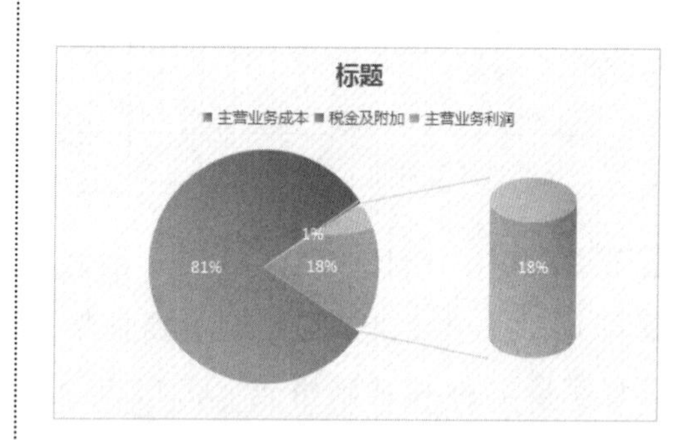

第8步 **设置动态标题。** ❶ 右击图表区域后在弹出的快捷菜单中选择【选择数据】命令打开【编辑数据源】对话框，单击【图例项】选项组中的【编辑】按钮；❷ 弹出【编辑数据系列】对话框，单击【系列名称】文本框，选中J3单元格；❸ 单击【确定】按钮关闭对话框，如下图所示。

返回【编辑数据源】对话框后，单击【确定】按钮关闭对话框即可（图示略）。

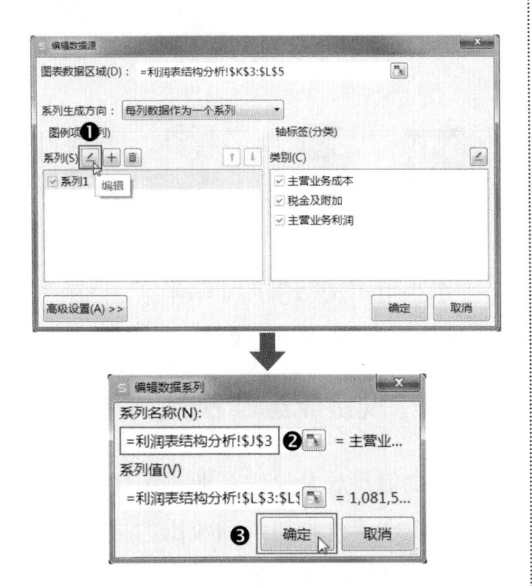

第9步 **设置数据系列格式及数据标签。**❶ 返回工作表后右击图表中的数据系列，在弹出的快捷菜单中选择【设置数据系列格式】命令显示出【属性】任务窗格。在【系列】选项卡下的【系列分割依据】下拉列表中选择【百分比值】选项，在【小于该值的值】文本框中输入1%。❷ 再次右击图表中的数据标签，在弹出的快捷菜单中选择【设置数据标签格式】命令激活【属性】任务窗格，在【标签】选项卡【标签选项】选项组中选中【值】复选框，取消选中【显示引导线】复选框，在【分隔符】下拉列表中选择【（分行符）】选项。❸ 在【数字】选项组中的【类别】下拉列表中选择【百分比】选项，如下图所示。

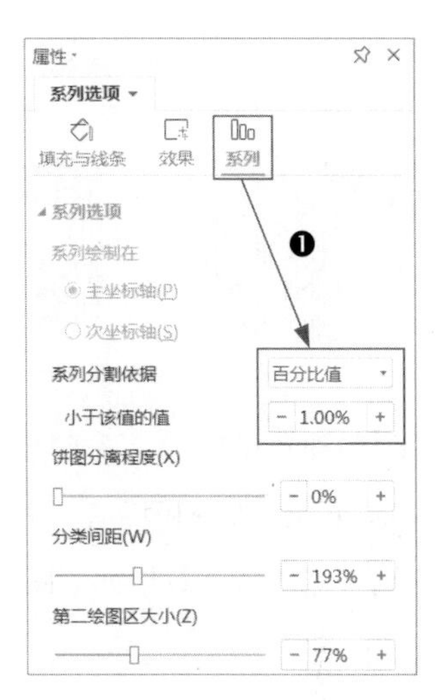

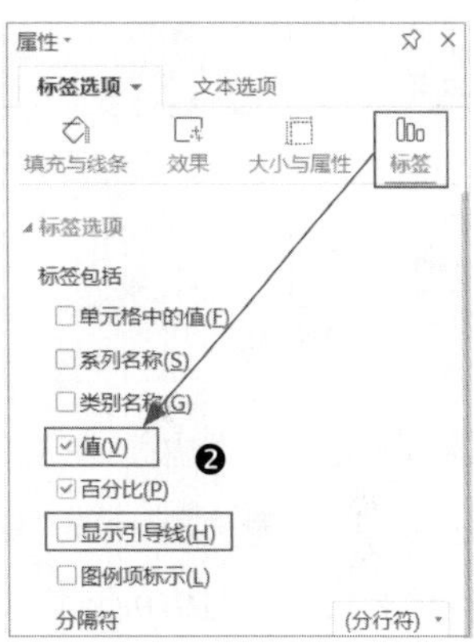

第10步 **调整数据标签。**再对数字标签略作调整，例如，饼图与复合条中同时显示数据标签时，可删除饼图中的数据标签。调整完成后，“主营业务收入”结构分析图表效果如下图所示。

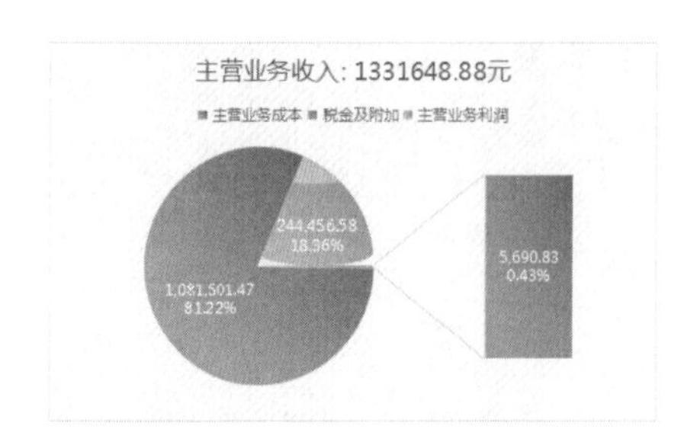

第11步 **制作其他图表**。参照以上步骤制作其他项目的结构分析图表，并设置图表样式。制作完成后，效果如下图所示。

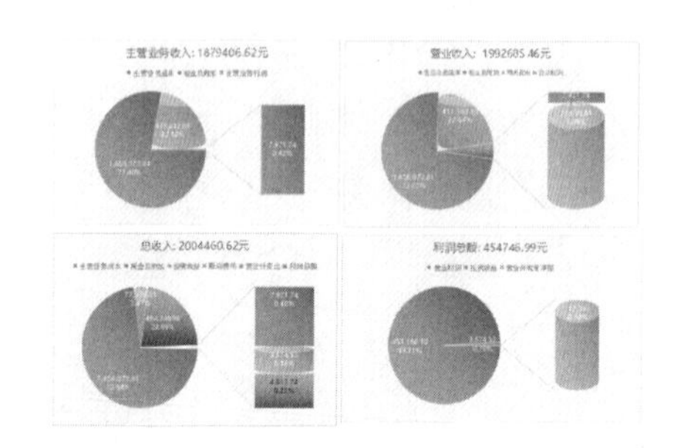

第12步 **测试动态效果**。在L2单元格下拉列表中选择其他选项，如“年合计”，即分析各项目2015—2020年共6年的合计数据。此时可看到表格数据及图表的动态变化效果，如下图所示。

2015—2020年利润表结构分析

分析项目	构成项目	年合计	占比
主营业务收入：10118477.33元	主营业务成本	7,554,821.87	74.66%
	税金及附加	40,328.98	0.40%
	主营业务利润	2,523,326.48	24.94%
	合计	**10,118,477.33**	**100.00%**
营业收入：10267186.63元	主营业务成本	7,554,821.87	73.58%
	税金及附加	40,328.98	0.39%
	期间费用	835,160.53	8.13%
	营业利润	1,836,875.25	17.89%
	合计	**10,267,186.63**	**100.00%**
总收入：10335687.58元	主营业务成本	7,554,821.87	73.09%
	税金及附加	40,328.98	0.39%
	投资收益	25,329.80	0.25%
	期间费用	835,160.53	8.08%
	营业外支出	18,897.47	0.18%
	利润总额	1,861,148.93	18.01%
	合计	**10,335,687.58**	**100.00%**
利润总额：1861148.93元	营业利润	1,836,875.25	98.70%
	投资收益	25,329.80	1.36%
	营业外收支净额	-1,056.12	-0.06%
	合计	**1,861,148.93**	**100.00%**

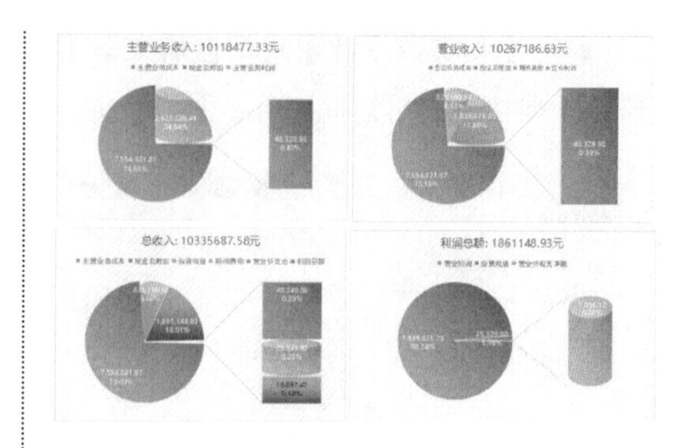

本小节示例结果见“结果文件\第12章\利润表分析.xlsx”文件。

12.1.3 现金流量表分析

现金流量表是反映企业一定会计期间现金和现金等价物流入和流出的报表，便于会计信息使用者了解和评价企业获取现金和现金等价物的能力，并据以预测企业未来期间的现金流量。对于现金流量表数据的分析，同样可从趋势和结构这两个角度，将不同时期同一项目的现金流量数据和同一时期不同项目的数据进行比较，以便考察企业各期现金流量的变化趋势，以及现金流入和流出的来源与方向，评价各种现金流量的形成原因。

打开“素材文件\第12章\现金流量表分析.xlsx”文件，其中包含2015—2020年现金流量数据及迷你图，如下图所示。

2015—2020年现金流量分析

	2015年	2016年	2017年	2018年	2019年	2020年	图表
经营活动现金收入	1,085,791.02	982,585.79	1,399,806.43	1,370,133.58	1,447,546.63	1,350,265.68	
投资活动现金收入	175,576.13	150,357.23	189,209.21	149,920.80	130,221.49	129,708.41	
筹资活动现金收入	300,000.00	320,000.00	350,000.00	380,000.00	420,000.00	450,000.00	
现金收入合计	**1,561,367.15**	**1,452,943.02**	**1,939,015.64**	**1,900,054.38**	**1,997,768.12**	**1,929,974.09**	
经营活动现金支出	912,266.16	821,953.81	936,368.94	840,886.48	1,076,238.64	1,051,263.23	
投资活动现金支出	69,059.63	96,228.80	108,932.11	145,800.19	45,147.61	40,172.13	
筹资活动现金支出	18,000.00	37,200.00	40,200.00	43,800.00	48,000.00	52,200.00	
现金支出合计	**999,325.79**	**955,382.61**	**1,085,501.05**	**1,030,486.67**	**1,169,386.25**	**1,143,635.36**	

下面制作表格，对以上现金流入和现金流出的趋势和结构进行动态分析。同时，创建动态图表呈现分析结果。

1．分析现金流量趋势和结构

对于现金流量的趋势分析，应借鉴利润表趋势分析方式，以不同年份的数据为基期数据进行分析，才能让会计信息使用者更全面了解现金流量的变动趋势。对于现金流量的结构分析，一般将每个年份中的各现金流量项目数据与现金流量合计数进行比较即可。具体操作方法如下。

第1步 **绘制分析表格框架**。❶ 在 B12:H16 与 B18:H22 单元格区域分别绘制两个表格框架，用于分析趋势和结构数据，设置字段名称和基础格式。在 C11 单元格中创建下拉列表，将下拉选项设置为“收入，支出”，在下拉列表中选择【收入】选项，将单元格格式自定义为“现金 @ 趋势分析”，使之显示为“现金收入趋势分析”。❷ 在 C17 单元格中设置公式“=C11”，直接引用 C11 单元格中的内容，将单元格格式自定义为“现金 @ 结构分析”，使之显示为“现金收入结构分析”，如下图所示。

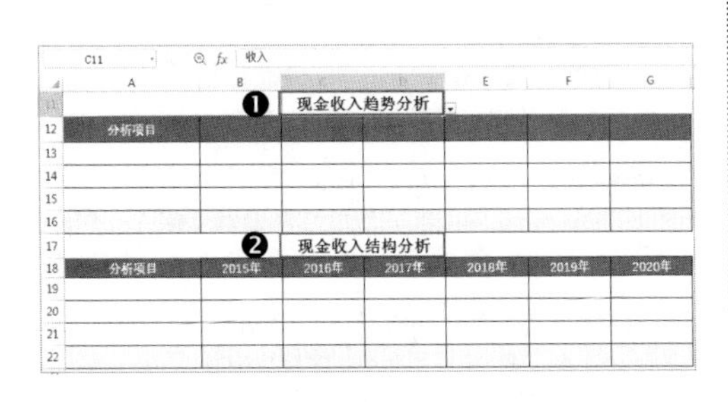

第2步 **在趋势分析表中生成动态年份数**。❶ 在 B12 单元格中创建下拉列表，将下拉选项设置为 B2:H2 单元格区域，在下拉列表中选择【2015】选项，将单元格格式自定义为“基期 :# 年”，使之显示为“基期 :2015 年”；❷ 在 C12 单元格中设置公式“=B12+1”，将公式填充至 D12:G12 单元格区域中，如下图所示。

11		现金收入趋势分析					
12	分析项目	基期:2015年	2016年	2017年	2018年	2019年	2020年
17		现金收入结构分析					
18	分析项目	2015年	2016年	2017年	2018年	2019年	2020年

第3步 **生成动态的项目名称**。❶ 在 A13 单元格中设置公式“=IF(C$11=" 收入 ",A3, A7)”，运用 IF 函数判断 C11 单元格中的内容为“收入”时，即返回 A3 单元格中的文本，否则返回 A7 单元格中的文本。将公式复制粘贴至 A14:A16 单元格区域中，将 A13:A16 单元格区域的格式自定义为“@ 趋势”。❷ 在 A19 单元格中设置公式“=A13”，引用 A13 单元格中的文本，将公式复制粘贴至 A20:A22 单元格区域中，将 A19:A22 单元格区域的格式自定义为“@ 结构”，如下图所示。

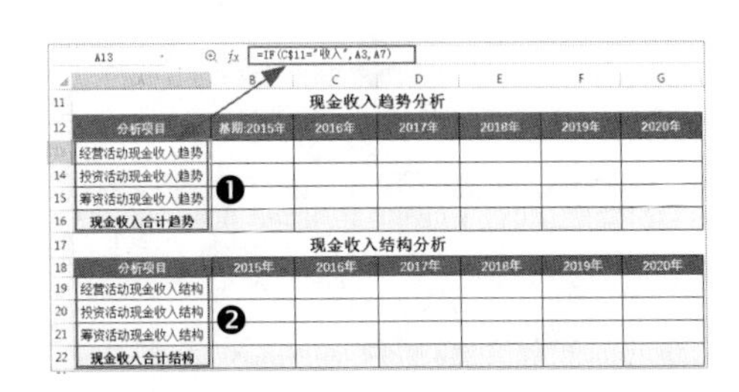

第4步 **计算“趋势”和“结构”数据**。

❶ 在 B13:B16 单元格区域中全部输入数字“1”，作为趋势分析的基期数据。❷ 在 C13 单元格中设置公式“=IFERROR(ROUND(VLOOKUP($A13,$A$3:$G$10,MATCH(C$12,$2:$2,0),0)/VLOOKUP($A13,$A$3:$G$10,MATCH($B$12,$2:$2,0),0),4),0)”，将两组 VLOOKUP 函数表达式的计算结果相除，即可得到 2016 年的发展趋势数据。其中，VLOOKUP 函数表达式的作用是根据 A13 单元格中的文本，在 A3:G10 单元格中查找引用与之匹配的现金流量数据，将 C13 单元格公式复制粘贴至 C13:G16 单元格区域中。❸ 在 B19 单元格中设置公式“=ROUND(IF($C$11=" 收 入 ",B3/B$6,B7/B$10),,4)”，运用 IF 函数判断 C11 单元格中的文本为“收入”时，返回“B3/B$6”的计算结果，否则返回“B7/B$10”的计算结果，将公式复制粘贴至 B19:G22 单元格区域中。效果如下图所示。

C13 =IFERROR(ROUND(VLOOKUP($A13,$A$3:$G$10,MATCH(C$12,$2:$2,0),0)/VLOOKUP($A13,$A$3:$G$10,MATCH($B$12,$2:$2,0),0),4),0)

分析项目	基期:2015年	2016年	2017年	2018年	2019年	2020年
经营活动现金收入趋势	100.00%	90.49%	128.92%	126.19%	133.32%	124.36%
投资活动现金收入趋势	100.00%	85.64%	107.76%	85.39%	74.17%	73.88%
筹资活动现金收入趋势	100.00%	106.67%	116.67%	126.67%	140.00%	150.00%
现金收入合计趋势	**100.00%**	**93.06%**	**124.19%**	**121.69%**	**127.95%**	**123.61%**

现金收入结构分析

分析项目	2015年	2016年	2017年	2018年	2019年	2020年
经营活动现金收入结构						
投资活动现金收入结构						
筹资活动现金收入结构						
现金收入合计结构						

B19 =ROUND(IF($C$11="收入",B3/B$6,B7/B$10),4)

现金收入趋势分析

分析项目	基期:2015年	2016年	2017年	2018年	2019年	2020年
经营活动现金收入趋势	100.00%	90.49%	128.92%	126.19%	133.32%	124.36%
投资活动现金收入趋势	100.00%	85.64%	107.76%	85.39%	74.17%	73.88%
筹资活动现金收入趋势	100.00%	106.67%	116.67%	126.67%	140.00%	150.00%
现金收入合计趋势	**100.00%**	**93.06%**	**124.19%**	**121.69%**	**127.95%**	**123.61%**

现金收入结构分析

分析项目	2015年	2016年	2017年	2018年	2019年	2020年
经营活动现金收入结构	69.54%	67.63%	72.19%	72.11%	72.46%	69.96%
投资活动现金收入结构	11.25%	10.35%	9.76%	7.89%	6.52%	6.72%
筹资活动现金收入结构	19.21%	22.02%	18.05%	20.00%	21.02%	23.32%
现金收入合计结构	**100.00%**	**100.00%**	**100.00%**	**100.00%**	**100.00%**	**100.00%**

第5步 **测试数据动态效果**。在 C11 单元格下拉列表中选择【支出】选项，在 B12 单元格下拉列表中选择其他选项，如【2016 年】，可看到数据动态变化效果，如下图所示。

B12 2016

现金支出趋势分析

分析项目	基期:2016年	2017年	2018年	2019年	2020年	2021年
经营活动现金支出趋势	100.00%	113.92%	102.30%	130.94%	127.90%	0.00%
投资活动现金支出趋势	100.00%	113.20%	151.51%	46.92%	41.75%	0.00%
筹资活动现金支出趋势	100.00%	108.06%	117.74%	129.03%	140.32%	0.00%
现金支出合计趋势	**100.00%**	**113.62%**	**107.86%**	**122.40%**	**119.70%**	**0.00%**

现金支出结构分析

分析项目	2015年	2016年	2017年	2018年	2019年	2020年
经营活动现金支出结构	91.29%	86.03%	86.26%	81.60%	92.03%	91.92%
投资活动现金支出结构	6.91%	10.07%	10.04%	14.15%	3.86%	3.51%
筹资活动现金支出结构	1.80%	3.89%	3.70%	4.25%	4.10%	4.56%
现金支出合计结构	**100.00%**	**100.00%**	**100.00%**	**100.00%**	**100.00%**	**100.00%**

2．制作动态图表呈现现金流量趋势和结构

现金流量的趋势和结构均有 3 组数据需要呈现，数据系列较多且适用的图表类型不同，若在一张图表中呈现无法达到理想效果。因此本小节将制作两张动态图表：折线图与柱形图，分别动态呈现趋势和结构中各项目数据。制作时，可通过下拉列表、控件或定义名称等方式将数据源动态化，从而实现图表的动态效果。前面章节已多次介绍下拉列表、控件方法制作动态图表，参考制作即可。本例采用定义名称的方法制作动态图表。

下面首先制作动态图表呈现现金流量趋势数据。具体操作步骤如下。

第1步 **添加辅助列**。辅助列作用是控制各项目数据在图表中显示或隐藏。在 H12:H16、H18:H22 单元格区域添加辅助列，设置字段名称，在 H13 单元格中输入数字“1”。将 H13:H16、H19:H21 单元格区域的格式自定义为“[=1] √”，H13 单元格中即显示“√”（其他单元格暂不输入数字），如下图所示。

	现金收入趋势分析						
分析项目	基期:2015年	2016年	2017年	2018年	2019年	2020年	图表呈现
经营活动现金收入趋势	100.00%	90.49%	128.92%	126.19%	133.32%	124.36%	√
投资活动现金收入趋势	100.00%	85.64%	107.76%	85.39%	74.17%	73.88%	
筹资活动现金收入趋势	100.00%	106.67%	116.67%	126.67%	140.00%	150.00%	
现金收入合计趋势	100.00%	93.06%	124.19%	121.69%	127.95%	123.61%	
	现金收入结构分析						
分析项目	2015年	2016年	2017年	2018年	2019年	2020年	图表呈现
经营活动现金收入结构	69.54%	67.63%	72.19%	72.11%	72.46%	69.96%	
投资活动现金收入结构	11.25%	10.35%	9.76%	7.89%	6.52%	6.72%	
筹资活动现金收入结构	19.21%	22.02%	18.05%	20.00%	21.02%	23.32%	
现金收入合计结构	100.00%	100.00%	100.00%	100.00%	100.00%	100.00%	-

第2步 定义名称。需要定义 7 个名称。❶ 单击【公式】选项卡中的【名称管理器】按钮；❷ 在弹出的【名称管理器】对话框中单击【新建】按钮，打开【新建名称】对话框，在【名称】文本框中输入自定义名称“经营趋势”，在【引用位置】文本框中输入公式“=IF(Sheet1!$H$13=1,OFFSET(Sheet1!$A$12,1,1,,6),"")”；❸ 单击【确定】按钮关闭对话框；❹ 返回【名称管理器】对话框后重复第 ❷、❸ 步操作新建其他 6 个名称。具体名称和引用位置的公式表达式如下图所示。

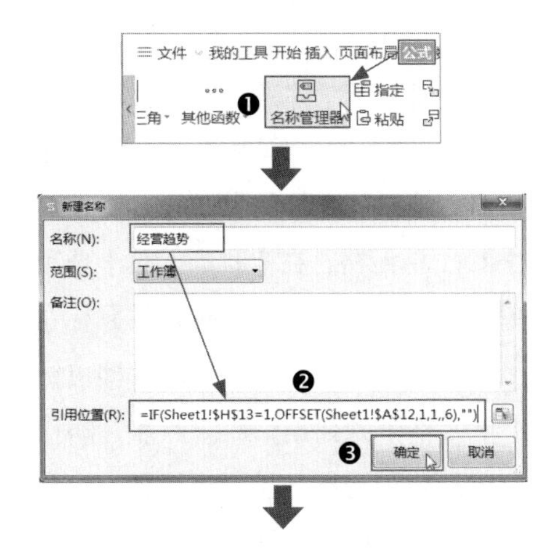

温馨提示

“经营趋势”名称引用位置的公式原理如下。

①运用 IF 函数判断 H13 单元格中的数字为 1 时，返回表达式“OFFSET(Sheet1!$A$12,1,1,,6)”的结果，否则返回为空值。

② OFFSET 函数表达式的作用是以 A12 单元格为基准，向下偏移 1 行，向右偏移 1 列，偏移高度为 0，偏移宽度为 6，以此构建成为 B13:G13 单元格区域中数字所组成的数据系列。

其他名称引用位置的公式原理与“经营趋势”大致相同，不同仅有两处：一是 IF 函数的第 1 个参数（判断条件）所引用的单元格地址不同；二是 OFFSET 函数的第 2 个参数（向下偏移的行数）不同。

第3步 **插入折线图**。选中 B13:G16 单元格区域，单击【插入】选项卡中的【全部图表】的下拉按钮，在下拉列表中选择【在线图表】命令，在子列表中任意选择一个折线图模板插入工作表中。初始图表效果如下图所示。

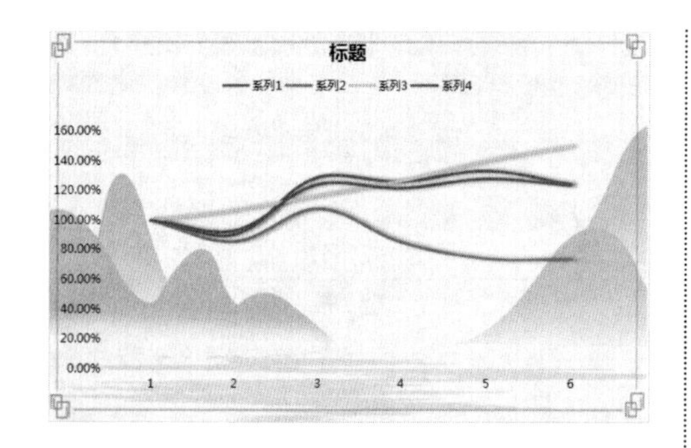

第4步 **调整折线图样式，编辑数据源**。右击图表区域，在弹出的快捷菜单中选择【选择数据】命令打开【编辑数据源】对话框。❶ 在【图例项】选项组中的【系列】列表中选中【系列 1】复选框（或其他选项），单击【编辑】按钮；❷ 弹出【编辑数据系列】对话框，在【系列名称】文本框中输入系列“经营趋势”，在【系列值】文本框中输入前面定义的名称“= 经营趋势”；❸ 单击【确定】按钮关闭对话框；❹ 返回【编辑数据源】对话框后重复第 ❶ ~ ❸ 步操作编辑其他 3 个数据系列名称和系列值即可；❺ 数据系列编辑完成后，单击【轴标签】选项组中的【编辑】按钮；❻ 弹出【轴标签】对话框，单击【轴标签区域】文本框，选中 B12:G12 单元格区域，单击【确定】按钮关闭对话框，如下图所示。

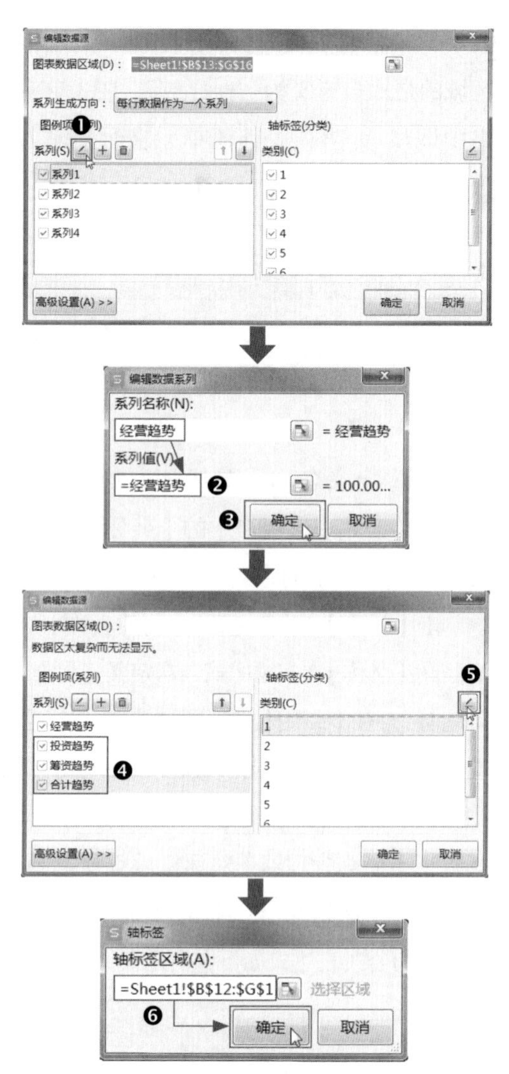

返回【编辑数据源】对话框后单击【确定】按钮关闭对话框即可（图示略）。

第5步 **设置动态图表标题**。❶ 返回工作表后，首先删除图表中的“标题”元素，选中 C11 单元格，在【我的工具】选项卡中单击【照相机】按钮。❷ 按住鼠标左键在工作表中绘制一个长方形图片即可链接 C11 单元格中的数据，对“照片”略作调整，包括裁剪边框，设置边框色、填充色等操作。将“照片”移至图表中靠上的中间位置,将图表与“照片”组合为一体（按住【Ctrl】键，选中图表和“照片”后右击，在弹出的快键菜单中选择【组合】命令即可），效果如下图所示。

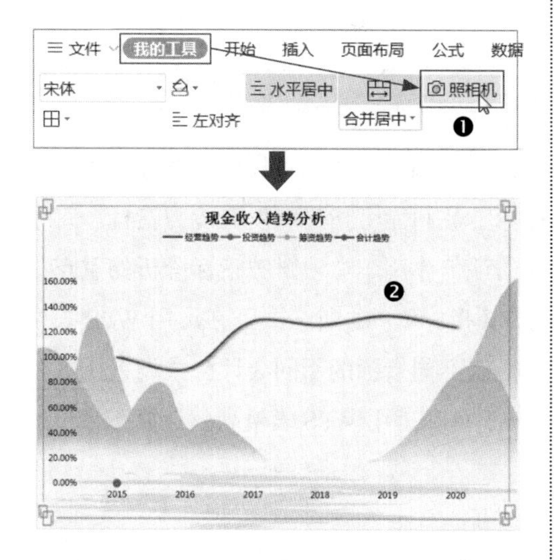

第6步 **设置其他元素样式**。自行设置其他元素的样式，如可删除“图例”元素，添加“数据表”元素，添加数据标记等。设置完成后，图表效果如下图所示。

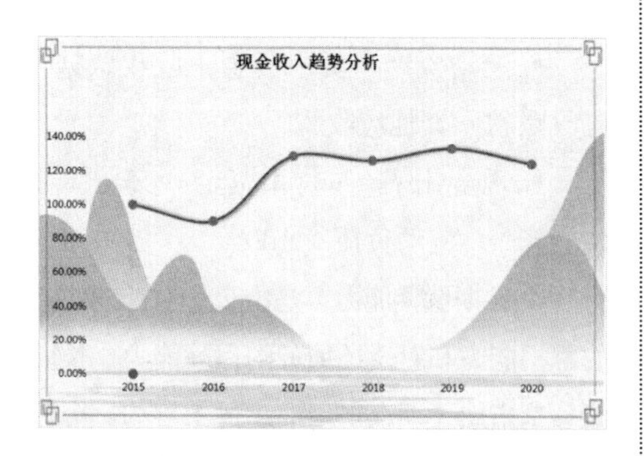

第7步 **测试图表动态效果**。在C11单元格下拉列表中选择【支出】选项；在H14和H15单元格中输入数字“1”，如下图所示。

	A	B	C	D	E	F	G	H
11			现金支出趋势分析					
12	分析项目	基期:2015年	2016年	2017年	2018年	2019年	2020年	图表呈现
13	经营活动现金支出趋势	100.00%	90.10%	102.64%	92.18%	117.97%	115.24%	√
14	投资活动现金支出趋势	100.00%	139.34%	157.74%	211.12%	65.37%	58.17%	√
15	筹资活动现金支出趋势	100.00%	206.67%	223.33%	243.33%	266.67%	290.00%	√
16	现金支出合计趋势	100.00%	95.60%	108.62%	103.12%	117.02%	114.44%	

图表动态变化效果如下图所示。

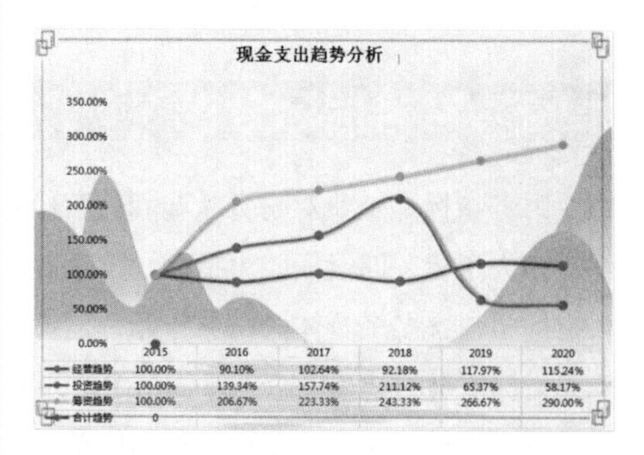

第8步 **制作动态图表展示现金流量结构**。将B19:B21单元格区域数据作为数据源，参照第1～6步操作方法制作堆积柱形图，以展示现金流量结构分析数据。制作完成后，在H19:H21单元格区域的各单元格中输入数字“1”，观察图表动态效果，如下图所示。

	A	B	C	D	E	F	G	H
17	现金支出结构分析							
18	分析项目	2015年	2016年	2017年	2018年	2019年	2020年	图表呈现
19	经营活动现金支出结构	91.29%	86.03%	86.26%	81.60%	92.03%	91.92%	√
20	投资活动现金支出结构	6.91%	10.07%	10.04%	14.15%	3.86%	3.51%	√
21	筹资活动现金支出结构	1.80%	3.89%	3.70%	4.25%	4.10%	4.56%	√
22	现金支出合计结构	100.00%	100.00%	100.00%	100.00%	100.00%	100.00%	-

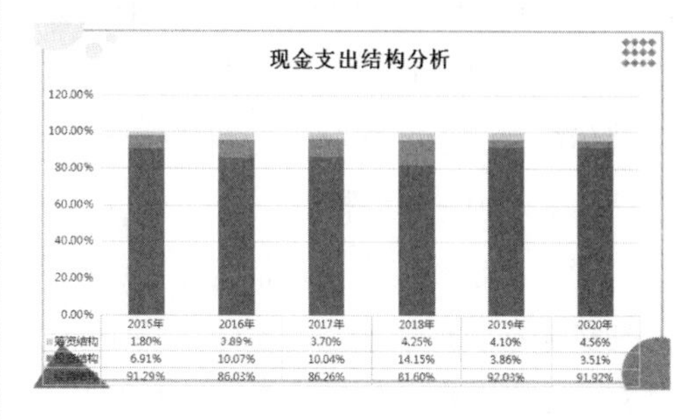

本小节示例结果见“结果文件\第12章\现金流量表分析.xlsx”文件。

温馨提示

在堆积柱形图表中，柱条的总高度等于3个数据系列柱条的高度之和，且高度相同（均为100%）。如需查看合计数据，只需在H19:H21单元格区域全部输入数字“1”，将3个数据系列全部呈现在图表中即可。因此，本例未将B22:G22单元格区域选择为图表数据源。

12.2 财务指标分析

财务指标是企业对财务状况和经营成果进行总结和评价的相对指标。财务指标主要包括四大指标，即偿债能力指标、营运能力指标、盈利能力指标和发展能力指标。每个大指标中包含多个具体的财务指标，发挥不同的评价作用。学习财务指标分析的重点是掌握指标本身的基本概念、评价作用，并牢记计算指标值的会计公式。在运用WPS表格计算财务指标值时，操作相对更为简单，只需根据不同指标的不同会计公式设置函数公式即可。本节将分别介绍四大财务指标的相关知识点和运用WPS表格高效计算指标值的具体方法。

12.2.1 偿债能力指标分析

偿债能力是指企业对债务清偿的承受能力或保证程度，是企业经济效益持续增长的稳健性保障，也是评价综合财务能力的重要指标。由于企业的偿债能力直接受企业负债内容和偿债所需资产内容的影响，而企业负债分为流动负债和长期负债，资产分为流动资产和长期资产，因此，对于偿债能力，也同样分为短期偿债能力和长期偿债能力进行分析。

①短期偿债能力：是指企业以流动资产偿还流动负债的能力，实际反映企业偿还日常到期债务的能力。具体指标包括营运资本、流动比率、速动比率、速动资产、现金比率。会计公式如下：

- 营运资本 = 流动资产 - 流动负债
- 流动比率 = 流动资产 ÷ 流动负债 × 100%
- 速动比率 = 速动资产 ÷ 流动负债 × 100%
- 速动资产 = 货币资金 + 应收票据 + 应收账款 + 其他应收款
- 现金比率 = (货币资金 + 交易性金融资产) ÷ 流动负债 × 100%

②长期偿债能力：是指企业对长期债务的承担能力和对偿还债务的保障能力。长期债务是指偿还期在1年或超过1年的一个营业周期以上的，一般数额较大的债务，主要包括长期借款、应付债券、长期应付款等。具体指标包括资产负债率、股权比率、产权比率、权益乘数。会计公式如下。

- 资产负债率 = 负债总额 ÷ 资产总额 ×100%
- 股权比率 = 所有者权益总额 ÷ 资产总额 ×100%
- 产权比率 = 负债总额 ÷ 所有者权益总额 ×100%
- 权益乘数 = 资产总额 ÷ 所有者权益总额 ×100%
- 权益乘数 = 1 ÷ 股权比率

计算财务指标的原始数据大部分来源于资产负债表。下面以 2021 年度资产负债表为数据源，在 WPS 表格中计算财务指标值。

打开“素材文件 \ 第 12 章 \ 财务指标分析 .xlsx”文件，其中包含一张名为“资产负债表”的工作表，为 2021 年资产负债表。原始数据如下图所示。

资产负债表

单位名称：××有限公司　　2021年12月31日　　单位：元

资　　产	年初数	期末数	负债及所有者权益（或股东权益）	年初数	期末数
流动资产：			流动负债：		
货币资金	1,026,908.96	807,944.03	短期借款		
交易性金融资产			交易性金融负债		
应收账款	816,669.28	1,058,271.12	应付账款	1,289,878.89	1,028,910.55
预付款项			预收款项		
其他应收款	65,600.00	49,200.00	应付职工薪酬		
存货	500,048.96	476,352.38	应交税费	8,985.13	11,055.12
一年内到期的非流动资产			其他应付款	24,600.00	36,000.00
待摊费用			一年内到期的非流动负债		
流动资产合计	2,409,227.20	2,391,767.53	其他流动负债		
非流动资产：			流动负债合计	1,323,464.02	1,075,965.67
可供出售金融资产			非流动负债：		
持有至到期投资			长期借款		
长期应收款			应付债券		
长期股权投资			长期应付款		
投资性房地产			专项应付款		
固定资产	260,000.00	380,000.00	预计负债		
累计折旧	110,700.00	128,700.00	递延所得税负债		
固定资产净值	149,300.00	251,300.00	其他非流动负债		
生产性生物资产			非流动负债合计	-	-
油气资产			负债合计	1,323,464.02	1,075,965.67
无形资产			所有者权益（或股东权益）：		
开发支出			实收资本（或股本）	1,000,000.00	1,000,000.00
商誉			资本公积		
长期待摊费用			减：库存股		
递延所得税资产			盈余公积		
其他非流动资产			未分配利润	235,063.18	567,101.86
非流动资产合计	149,300.00	251,300.00	所有者权益（或股东权益）合计	1,235,063.18	1,567,101.86
资产总计	2,558,527.20	2,643,067.53	负债和所有者权益（或股东权益）总计	2,558,527.20	2,643,067.53

第1步 **绘制表格框架。** ❶ 新建一张工作表，重命名为“偿债能力指标”，在 A2:A10 单元格区域中绘制表格，用于计算指标值，填入指标名称，在 C3:C10 单元格区域（“会计公式”字段）中输入各指标的会计公式内容，避免因计算公式较多、数据之间勾稽关系复杂而导致混淆，便于后面对照设置函数公式，也可方便财务人员随时查阅。❷ 为简化计算指标值的函数公式，可先将相关资产负债表项目数据引用至此表格中，那么后面设置函数公式时，不必跨表引用，直接在工作表中引用目标单元格即可。在 F2:I9 单元格区域绘制两个表格，用于引用资产负债表数据和计算指标值，设置字段名称与基础格式，填入指标名称与其涉及的资产负债表项目名称。初始表格框架及数据如下图所示。

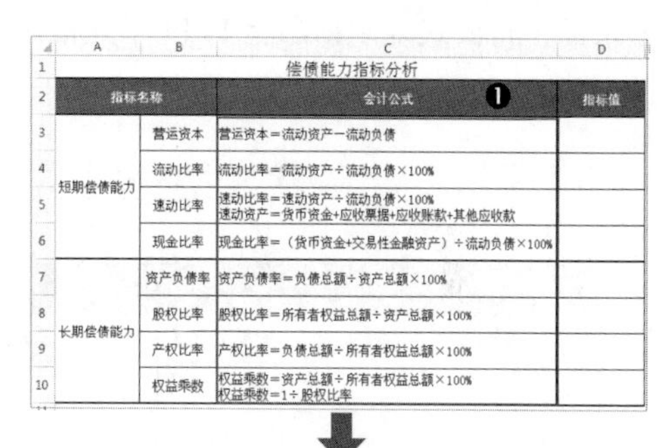

偿债能力指标分析

指标名称		会计公式 ❶	指标值
短期偿债能力	营运资本	营运资本＝流动资产－流动负债	
	流动比率	流动比率＝流动资产÷流动负债×100%	
	速动比率	速动比率＝速动资产÷流动负债×100% 速动资产＝货币资金+应收票据+应收账款+其他应收款	
	现金比率	现金比率＝（货币资金+交易性金融资产）÷流动负债×100%	
长期偿债能力	资产负债率	资产负债率＝负债总额÷资产总额×100%	
	股权比率	股权比率＝所有者权益总额÷资产总额×100%	
	产权比率	产权比率＝负债总额÷所有者权益总额×100%	
	权益乘数	权益乘数＝资产总额÷所有者权益总额×100% 权益乘数＝1÷股权比率	

❷ 资产负债表数据

资产	期末余额	负债及所有者权益	期末余额
货币资金		短期借款	
交易性金融资产		交易性金融负债	
应收账款		应付账款	
其他应收款		流动负债合计	
流动资产合计		非流动负债合计	
非流动资产合计		所有者权益（或股东权益）合计	
资产总计		负债和所有者权益（或股东权益）总计	

第2步 **引用资产负债表数据。** ❶ 在 G3 单元格中设置公式“=VLOOKUP("*"&F3&"*",资产负债表!A:C,3,0)”，运用 VLOOKUP

函数在“资产负债表”工作表的 A:C 区域中查找与“"*"&F3&"*"”匹配的资产项目的期末余额。由于资产负债表中的项目名称前面均插入了空格，因此在设置 VLOOKUP 函数的第 1 个参数时，不仅要引用 F3 单元格的项目名称，还应在其前后添加通配符，才能准确查找到目标数据，将 G3 单元格公式复制粘贴至 G4:G9 单元格区域中；❷ 在 I3 单元格中设置公式“=VLOOKUP("*"&H3&"*", 资产负债表 !D:F,3,0)”，同样运用 VLOOKUP 函数在“资产负债表”工作表的 D:F 区域中查找与“"*"&H3&"*"”匹配的负债项目的期末余额，将公式复制粘贴至 I4:I9 单元格区域中，如下图所示。

G3　fx　=VLOOKUP("*"&F3&"*",资产负债表!A:C,3,0)

资产负债表数据

资产	期末余额	负债及所有者权益	期末余额
货币资金 ❶	807,944.03	短期借款 ❷	-
交易性金融资产	-	交易性金融负债	-
应收账款	1,058,271.12	应付账款	1,028,910.55
其他应收款	49,200.00	流动负债合计	1,075,965.67
流动资产合计	2,391,767.53	非流动负债合计	-
非流动资产合计	251,300.00	所有者权益（或股东权益）合计	1,567,101.86
资产总计	2,643,067.53	负债和所有者权益（或股东权益）总计	2643067.53

第3步 **计算偿债能力指标值**。根据各指标的会计公式在 D3:D10 单元格区域各单元格中分别设置以下函数公式，计算各个指标值。

- D3 单元格（营运资本）：“=ROUND(G7-I6,2)”。
- D4 单元格（流动比率）：“=ROUND(G7/I6,4)”。
- D5 单元格（速动比率）：“=ROUND(SUM(G3:G6)/I6,4)”。
- D6 单元格（现金比率）：“=ROUND((G3+G4)/I6,4)”。
- D7 单元格（资产负债率）：“=ROUND((I6+I7)/G9,4)”。
- D8 单元格（股权比率）：“=ROUND(I8/G9,4)”。
- D9 单元格（产权比率）：“=ROUND((I6+I7)/I8,4)”。
- D10 单元格（权益乘数）：“=ROUND(1/D8,2)”。

设置完成后，计算结果如下图所示。

偿债能力指标分析

指标名称		会计公式	指标值
短期偿债能力	营运资本	营运资本＝流动资产－流动负债	1,315,801.86
	流动比率	流动比率＝流动资产÷流动负债×100%	222.29%
	速动比率	速动比率＝速动资产÷流动负债×100% 速动资产＝货币资金+应收票据+应收账款+其他应收款	178.02%
	现金比率	现金比率＝（货币资金+交易性金融资产）÷流动负债×100%	75.09%
长期偿债能力	资产负债率	资产负债率＝负债总额÷资产总额×100%	40.71%
	股权比率	股权比率＝所有者权益总额÷资产总额×100%	59.29%
	产权比率	产权比率＝负债总额÷所有者权益总额×100%	68.66%
	权益乘数	权益乘数＝资产总额÷所有者权益总额×100% 权益乘数＝1÷股权比率	1.69

12.2.2 营运能力指标分析

营运能力是指企业营运资产的效率与效益，也就是企业运用各项资产赚取利润的能力。营运资产的效率是指资产的周转率或周转速度，企业营运资产的效益则是指企业的产出量与资产占用量之间的比率。因此，对企业营运能力分析实质是对资产的周转速度（周转率和周转期）做分析。其中，周转率也称为周转次数，代表一定时期内资产完成的循环次数。周转期又称为周转天数，代表资产完成一次循环所需要的天数。

营运能力指标主要包括3个：流动资产营运能力、固定资产营运能力及总资产营运能力。在各个指标中，“周转天数”与“平均余额”是使用最为频繁的指标，二者均有一个通用的计算公式，如下所示。

- 平均余额 =（期初余额 + 期末余额）÷ 2
- 周转天数 = 360 ÷ 周转率

下面介绍3个营运能力指标的基础概念、评价作用及具体计算方法。

①流动资产营运能力：是指企业对流动资产的利用率与运用流动资金的能力。流动资产是指可在1年内或者超过1年的一个营业周期内变现或者运用的资产，主要包括货币资金、存货、应收款项、预付款项、短期投资等。具体指标包括应收账款周转率、存货周转率、营业周期、现金周期、营运资本周转率、流动资产周转率等，各指标计算公式如下。

- 应收账款周转率 = 赊销收入净额 ÷ 应收账款平均余额
- 存货周转率 = 主营业务成本 ÷ 存货平均余额
- 营业周期 = 存货周转天数 + 应收账款周转天数
- 现金周期 = 营业周期 - 应付账款周转天数
- 应付账款周转率 = 赊购净额 ÷ 应付账款平均余额
- 赊购净额 = 销货成本 + 期末存货 - 期初存货
- 营运资本周转率 = 销售净额 ÷ 平均营运资本
- 流动资产周转率 = 主营业务收入 ÷ 流动资产平均余额

②固定资产营运能力：是指企业对固定资产的利用率与企业运用固定资产获取利润的能力。固定资产是指企业为生产产品、提供劳务、出租或者经营管理而持有的、使用时间大于12个月的，价值达到一定标准的非货币性资产，包括房屋、建筑物、机器、机械、运输工具，以及其他与生产经营活动有关的设备、器具、工具等。具体指标即固定资产周转率，会计公式如下：固定资产周转率 = 主营业务收入 ÷ 固定资产平均余额。

③总资产营运能力：即企业对全部资产的利用率，以及企业运用全部资产获取利润的能力。具体指标为总资产周转率，会计公式如下：总资产周转率 = 主营业务收入 ÷ 平均资产总额。

下面继续在“财务指标分析”工作簿中计算各项营运能力指标值。

第1步 **绘制表格框架。** ❶ 新建工作表，重命名为“营运能力指标”，在A2:D10单元格区域绘制表格，用于计算指标值，设置字段名称和基础格式，输入指标名称及会计公式内容；❷ 在 F2:K10 单元格区域绘制表格，用于计算资产负债表项目的平均余额，填入计算指标所需的两个利润表项目数据（主营业务收入和主营业务成本。实际操作时也可以事先准备好利润表，再将相关数据引用至此表中），如下图所示。

××公司2021年营运能力分析 ❶

指标名称		会计公式	指标值
流动资产营运能力	应收账款周转率/天数	应收账款周转率＝赊销收入净额÷应收账款平均余额	
	存货周转率/天数	存货周转率＝主营业务成本÷存货平均余额	
	营业周期	营业周期＝存货周转天数+应收账款周转天数	
	现金周期	现金周期＝营业周期－应付账款周转天数 应付账款周转率＝赊购净额÷应付账款平均余额 赊购净额＝销货成本+期末存货－期初存货	
	营运资本周转率	营运资本周转率＝销售净额÷平均营运资本	
	流动资产周转率	流动资产周转率＝主营业务收入÷流动资产平均余额	
固定资产营运能力	固定资产周转率/天数	固定资产周转率＝主营业务收入÷固定资产平均余额	
总资产营运能力	总资产周转率/天数	总资产周转率＝主营业务收入÷平均资产总额	

运营能力分析项目 ❷

资产负债表项目	年初数	期末数	平均余额	利润表项目	全年累计数
应收账款				主营业务收入	3,211,350.65
存货				主营业务成本	2,618,619.88
固定资产净值					
流动资产合计					
资产总计					
应付账款					
流动负债合计					
营运资本					

第2步 **计算平均余额。** ❶ 在 G3 单元格中设置公式“=VLOOKUP("*"&$F3&"*",资产负债表!$A:$C,MATCH(G$2,资产负债表!$3:$3,0),0)”，运用 VLOOKUP 函数在“资产负债表”工作表中查找引用“应收账款”的年初数，将公式填充至 H3 单元格中，查找引用期末数；❷ 在 I3 单元格中设置公式“=ROUND(AVERAGE(G3:H3),2)”，运用 AVERAGE 函数计算“应收账款”的平均余额（也可设置公式“=ROUND((G3+H3)/2,2)”计算）；❸ 将 G3:I3 单元格区域公式复制粘贴至 G4:I9 单元格区域中；❹ 将 G8 单元格公式表达式中的“资产负债表 !$A:$C”部分修改为“资产负债表 !$D:$F”，将公式复制粘贴至 G8:I9 单元格区域中；❺ 在 G10 单元格中设置公式“=ROUND(G6-G9,2)”，用 G6 单元格中的“流动资产合计”数据减去 G9 单元格中的“流动负债合计”数据，即可得到“营运资本”的年初数据，将公式填充至 H10 单元格中，将 I9 单元格公式复制粘贴至 I10 单元格中，如下图所示。

G3　=VLOOKUP("*"&$F3&"*",资产负债表!$A:$C,MATCH(G$2,资产负债表!$3:$3,0),0)

运营能力分析项目

资产负债表项目	年初数	期末数	平均余额	利润表项目	全年累计数
应收账款 ❶	816,669.28	1,058,271.12	937,470.20	❷ 主营业务收入	3,211,350.65
存货	500,048.96	476,352.38	488,200.67	主营业务成本	2,618,619.88
固定资产净值	149,300.00	251,300.00	200,300.00		
流动资产合计	2,409,227.20	2,391,767.53	2,400,497.37	❸	
资产总计	2,558,527.20	2,643,067.53	2,600,797.37		
应付账款	1,289,878.89	1,028,910.55	1,159,394.72	❹	
流动负债合计	1,323,464.02	1,075,965.67	1,199,714.85		
营运资本	1,085,763.18	1,190,398.26	1,138,080.72	❺	

第3步 **计算营运能力指标值。** 根据各指标的会计公式在 D3:D10 单元格区域各单元格中分别设置以下函数公式，计算各个指标值。

- D3 单元格（应收账款周转率 / 天数）：“=ROUND(K3/I3,2)&"/"&ROUND(360/(K3/I3),0)”。
- D4 单元格（存货周转率 / 天数）：“=ROUND(K4/I4,2)&"/"&ROUND(360/(K4/I4),0)”。

将 D3 与 D4 单元格格式自定义为

"@天"。

- D5单元格（营业周期）："=RIGHT(D3,LEN(D3)-FIND("/",D3))+RIGHT(D4,LEN(D4)-FIND("/",D4))"。
- D6单元格（现金周期）："=ROUND(D5-(360/((K4+H4-G4)/I8)),0)"。

将D5与D6单元格格式自定义为"0天"。

- D7单元格（营运资本周转率）："=ROUND(K3/I10,2)"。
- D8单元格（流动资产周转率）："=ROUND(K3/I6,2)"。
- D9单元格(固定资产周转率/天数)："=ROUND(K$3/I5,2)&"/"&ROUND(360/(K3/I5),0)"。
- D10单元格（总资产周转率/天数）："=ROUND($K3/I7,2)&"/"&ROUND(360/(K4/I7),0)"。

将D9与D10单元格格式自定义为"@天"。

设置完成后，指标值计算结果如下图所示。

	A	B	C	D
1	××公司2021年营运能力分析			
2	指标名称		会计公式	指标值
3	流动资产营运能力	应收账款周转率/天数	应收账款周转率=赊销收入净额÷应收账款平均余额	3.43/105天
4		存货周转率/天数	存货周转率=主营业务成本÷存货平均余额	5.36/67天
5		营业周期	营业周期=存货周转天数+应收账款周转天数	172天
6		现金周期	现金周期=营业周期－应付账款周转天数 应付账款周转率=赊购净额÷应付账款平均余额 赊购净额=销货成本+期末存货－期初存货	11天
7		营运资本周转率	营运资本周转率=销售净额÷平均营运资本	2.82
8		流动资产周转率	流动资产周转率=主营业务收入÷流动资产平均余额	1.34
9	固定资产营运能力	固定资产周转率/天数	固定资产周转率=主营业务收入÷固定资产平均余额	16.03/22天
10	总资产营运能力	总资产周转率/天数	总资产周转率=主营业务收入÷平均资产总额	1.23/358天

12.2.3 盈利能力指标分析

盈利能力也称为企业的资金或资本增值能力，是指企业获取利润的能力，是企业持续经营和长足发展的保障。

盈利能力指标主要包括四个：流动资产收益率、固定资产收益率、总资产收益率、净资产收益率。在分析净资产收益率指标时，可按照不同的计算方式将其进一步细分为全面摊薄净资产收益率与加权平均净资产收益率。各指标的基本概念及会计公式如下。

①流动资产收益率：是企业净利润与流动资产平均余额的比率，反映企业在生产经营过程中利用流动资产获取利润的能力。计算公式如下：流动资产收益率=净利润 ÷ 流动资产平均余额 ×100%。

②固定资产收益率：是企业净利润与固定资产平均净额的比率。这一指标既可反映企业在生产经营过程中利用固定资产获取利润的能力，也能反映固定资产的实际价值。计算公式如下：固定资产收益率=净利润 ÷ 固定资产平均净值 ×100%。

③总资产收益率：也称为资产利润率，是指企业净利润与总资产平均余额的比率。反映企业全部资产的收益率。计算公式如下：总资产收益率=净利润 ÷ 总资产平均余额 ×100%。

④净资产收益率：也称为所有者权益收益率或股东权益收益率，是指企业净利润与平均净资产之间的比率，反映股东投入的资金所获取的收益率。这一指标包含两层含义：一是"全面摊薄净资产收益率"，重点强调年末数据，反映期末净资产对经

营净利润的分摊情况；二是“加权平均净资产收益率”，重点强调经营期间净资产的收益率，反映经营期间的净资产收益率。计算公式如下：

- 全面摊薄净资产收益率 = 净利润 ÷ 期末净资产 ×100%
- 加权平均净资产收益率 = 净利润 ÷ 净资产平均余额 ×100%

下面依然在“财务指标分析”工作簿中计算 2020 年盈利能力指标值。

第1步 **复制粘贴表格框架，修改指标名称等内容**。❶ 新建工作表，重命名为“盈利能力指标”，将“营运能力指标”工作表中的表格整体复制粘贴至此工作表中，调整表格框架，将原指标名称修改为盈利能力指标名称，重新输入会计公式内容；❷ 输入计算盈利能力指标所需的资产负债表项目名称，原公式自动查找引用“资产负债表”工作表中的数据并计算平均余额，补充输入净利润数据，如下图所示。

盈利能力指标分析 ❶

指标名称		会计公式	指标值
流动资产收益率		流动资产收益率＝净利润÷流动资产平均余额×100%	
固定资产收益率		固定资产收益率＝净利润÷固定资产平均净值×100%	
总资产收益率		总资产收益率＝净利润÷总资产平均余额×100%	
净资产收益率	全面摊薄	全面摊薄净资产收益率＝净利润÷期末净资产×100%	
	加权平均	加权平均净资产收益率＝净利润÷净资产平均余额×100%	

盈利能力分析项目

项目 ❷	年初数	期末数	平均余额	项目	全年累计
固定资产净值	149, 300. 00	251, 300. 00	200, 300. 00	主营业务收入	3, 211, 350. 65
流动资产合计	2, 409, 227. 20	2, 391, 767. 53	2, 400, 497. 37	主营业务成本	2, 618, 619. 88
资产总计	2, 558, 527. 20	2, 643, 067. 53	2, 600, 797. 37	净利润	126, 992. 28
负债合计	1, 323, 464. 02	1, 075, 965. 67	1, 199, 714. 85	-	-

第2步 **计算指标值**。根据会计公式在 D3:D7 单元格区域各单元格中设置以下公式，计算指标值。

- D3 单元格（流动资产收益率）：“=ROUND(K5/I4,4)”。
- D4 单元格（固定资产收益率）：“=ROUND(K5/I3,4)”。
- D5 单元格（总资产收益率）：“=ROUND(K5/I5,4)”。
- D6 单元格（全面摊薄净资产收益率）：“=ROUND(K5/(H5-H6),4)”。
- D7 单元格（加权平均净资产收益率）：“=ROUND(K5/(I5-I6),4)”。

设置完成后，计算结果如下图所示。

盈利能力指标分析

指标名称		会计公式	指标值
流动资产收益率		流动资产收益率＝净利润÷流动资产平均余额×100%	5. 29%
固定资产收益率		固定资产收益率＝净利润÷固定资产平均净值×100%	63. 40%
总资产收益率		总资产收益率＝净利润÷总资产平均余额×100%	4. 88%
净资产收益率	全面摊薄	全面摊薄净资产收益率＝净利润÷期末净资产×100%	8. 10%
	加权平均	加权平均净资产收益率＝净利润÷净资产平均余额×100%	9. 06%

12.2.4 发展能力指标分析

发展能力是指企业通过自身的生产经营活动，不断成长、扩大积累而形成的发展潜能。企业的发展能力是直接影响企业财务管理目标实现的一个重要因素，其衡量的核心是企业价值的增长率。

企业的发展能力受到政策环境、行业环境、主营业务、经营能力、财务状况等多方面因素影响。其中，以经营能力为主的因素是影响企业未来财务状况的动因，而财务状态是由企业过去的经营活动产生的结果。因此，对于企业发展能力应分别从动因与结果两方面进行分析，即经营发展能力与财务发展能力，下面分别介绍。

1. 经营发展能力指标分析

经营发展能力指标主要包括两大类：销售增长指标与资产增长指标，通过销售增长和资产增长两类指标来衡量企业的经营发展能力。具体指标基本概念及会计公式如下。

①销售增长指标：包括销售增长率和三年销售平均增长率。

- 销售增长率：是评价企业发展状况和发展能力的重要指标，具体是指企业当年销售（营业）收入增长额与上年销售（营业）收入总额的比率，以此反映企业销售（营业）收入的增减变动情况。

销售增长率 = 本年销售增长额 ÷ 上年销售收入总额 ×100%

- 三年销售平均增长率：指当年年末销售（营业）收入总额与三年前年末销售（营业）收入总额比率的平均值。反映企业销售（营业）收入连续三年的增长趋势和稳定程度。

三年平均销售增长率 =

$$\left(\sqrt[3]{\frac{\text{年末销售收入总额}}{\text{三年前年末销售收入总额}}}-1\right)\times 100\%$$

②资产增长指标：包括资产规模增长指标（总资产增长率和三年总资产平均增长率）与固定资产成新率。

- 资产规模增长指标：包括总资产增长率与三年平均总资产增长率。总资产增长率是指当年总资产增长额与当年年初（即上年年末）资产总额的比率。是从企业资产总额扩张方面衡量企业的发展能力，体现企业规模增长水平对企业发展的影响程度。

总资产增长率 = 本年总资产增长额 ÷ 年初资产总额 ×100%

三年平均总资产增长率是指当年年末资产总额与三年前年末资产总额的比率的平均值，反映企业总资产连续三年的增长趋势与稳定程度。

三年平均总资产增长率 =

$$\left(\sqrt[3]{\frac{\text{年末资产总额}}{\text{三年前年末资产总额}}}-1\right)\times 100\%$$

- 固定资产成新率：是指企业当期平均固定资产净值与平均固定资产原值的比率。反映企业拥有的固定资产的新旧程度，体现固定资产的更新的速度和持续发展能力。

固定资产成新率 = 平均固定资产净值 ÷ 平均固定资产原值 ×100%

下面计算 2020 年经营发展能力的指标值。

第1步 **绘制表格框架，输入原始数据。**

❶ 在“财务指标分析”工作簿中增加一张工作表，重命名为“发展能力指标”。在

A2:E8 单元格区域绘制表格框架，用于计算指标值，设置字段名称及基础格式并输入指标名称，在 D4:D8 单元格区域各单元格中分别输入计算指标的会计公式内容。❷ 在 G2:K7 单元格区域绘制表格，用于计算连续 3 年销售增长率与总资产增长率，填入 2017—2020 年的年末数据。❸ 在 M2:N10 单元格区域绘制表格，计算固定资产平均值，填入固定资产相关数据，如下图所示。

2020年经营发展能力指标分析

经营发展能力指标			会计公式	指标值
一、销售增长指标	1. 销售增长率		销售增长率＝本年销售增长额÷上年销售额×100%	
	2. 三年销售平均增长率		三年销售平均增长率 ＝($\sqrt[3]{年末销售收入总额÷3年前年末销售收入总额}$－1)×100%	
二、资产增长指标	1. 资产规模增长指标	①总资产增长率	总资产增长率＝本年总资产增长额÷年初资产总额×100%	
		②三年总资产平均增长率	三年总资产平均增长率 ＝($\sqrt[3]{年末资产总额÷3年前年末资产总额}$－1)×100%	
	2. 固定资产成新率		固定资产成新率＝平均固定资产净值÷平均固定资产原值×100%	

2017-2020年销售及总资产明细表

年份	销售收入		总资产	
	收入额	增长率	总额	增长率
2017年末	2,032,227.78	-	2,416,838.16	-
2018年末	2,362,715.61		2,484,006.66	
2019年末	2,785,990.62		2,558,527.20	
2020年末	3,211,350.65		2,643,067.53	

2020年固定资产

年初数	
固定资产原值	固定资产净值
260,000.00	149,300.00
年末数	
固定资产原值	固定资产净值
380,000.00	251,300.00
平均值	
固定资产原值	固定资产净值

第2步 **计算销售增长率、总资产增长率与固定资产平均值。** ❶ 在 I5 单元格中设置公式“=ROUND((H5-H4)/H4,4)”，计算 2018 年的销售增长率；❷ 将 I5 单元格公式复制粘贴至 I6:I7 与 K5:K7 单元格区域中即可；❸ 在 M10 单元格中设置公式“=ROUND(AVERAGE(M4,M7),2)”，计算固定资产原值的平均值，将公式填充至 N10 单元格中，如下图所示。

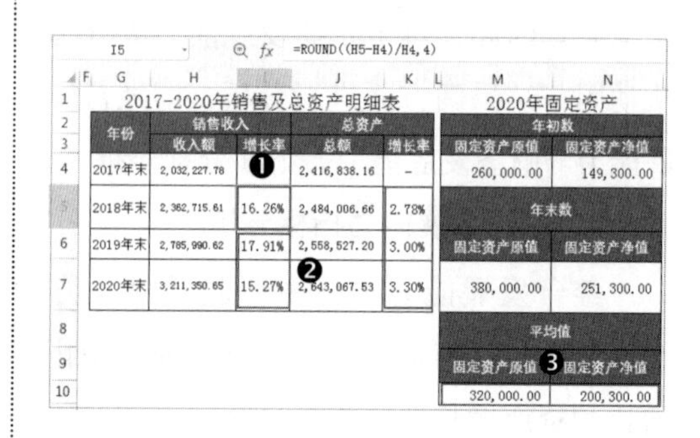

I5 =ROUND((H5-H4)/H4,4)

2017-2020年销售及总资产明细表

年份	销售收入		总资产	
	收入额	增长率	总额	增长率
2017年末	2,032,227.78		2,416,838.16	-
2018年末	2,362,715.61	16.26%	2,484,006.66	2.78%
2019年末	2,785,990.62	17.91%	2,558,527.20	3.00%
2020年末	3,211,350.65	15.27%	2,643,067.53	3.30%

2020年固定资产

年初数	
固定资产原值	固定资产净值
260,000.00	149,300.00
年末数	
固定资产原值	固定资产净值
380,000.00	251,300.00
平均值	
固定资产原值	固定资产净值
320,000.00	200,300.00

第3步 **计算经营发展能力的指标值。** 根据会计公式在 E4:E8 单元格区域各单元格中设置以下函数公式，计算指标值。

- E4 单元格（销售增长率）：“=I7”，直接引用I7单元格中2020年的销售增长率。
- E5 单元格（三年销售平均增长率）：“=ROUND(POWER(H7/H4,1/3)-1,4)”，运用 POWER 函数计算“H7/H4”的结果的立方根。
- E6 单元格（总资产增长率）：“=K7”，直接引用 K7 单元格中 2020 年的总资产增长率。
- E7 单元格（三年总资产平均增长率）：“=ROUND(POWER(J7/J4,1/3)-1,4)”。
- E8 单元格（固定资产成新率）：“=ROUND(N10/M10,4)”。

指标值计算结果如下图所示。

2020年经营发展能力指标分析

经营发展能力指标			会计公式	指标值
一、销售增长指标	1. 销售增长率		销售增长率＝本年销售增长额÷上年销售额×100%	15.27%
	2. 三年销售平均增长率		三年销售平均增长率 ＝($\sqrt[3]{年末销售收入总额÷3年前年末销售收入总额}$－1)×100%	16.48%
二、资产增长指标	1. 资产规模增长指标	①总资产增长率	总资产增长率＝本年总资产增长额÷年初资产总额×100%	3.30%
		②三年总资产平均增长率	三年总资产平均增长率 ＝($\sqrt[3]{年末资产总额÷3年前年末资产总额}$－1)×100%	3.03%
	2. 固定资产成新率		固定资产成新率＝平均固定资产净值÷平均固定资产原值×100%	62.59%

2. 财务发展能力指标分析

财务发展能力指标同样包括两大类：资本扩张指标和股利增长指标，是企业发展结果的具体体现。同时，通过指标值也可预测未来的发展趋势。具体指标基本概念及会计公式如下。

①资本扩张指标：包括资本积累率与三年资本平均增长率。

- 资本积累率：是指企业当年的所有者权益增长额与当年年初所有者权益的比率。反映企业当年所有者权益的变动水平，体现企业资本的积累程度。

资本积累率＝本年所有者权益增长额 ÷ 年初所有者权益

- 三年资本平均增长率：是指企业资本连续三年的积累情况，反映企业资本保全增值的历史发展状况与企业稳步发展趋势。

三年资本平均增长率＝

$$\left(\sqrt[3]{\frac{\text{年末所有者权益总额}}{\text{三年前所有权益总额}}}-1\right)\times 100\%$$

②股利增长指标：包括股利增长率与三年股利平均增长率。

- 股利增长率：是指企业当年发放股利增长额与上年发放股利总额的比率，反映企业发放股利的增长情况。

股利增长率＝本年每股股利增长额 ÷ 上年每股股利

- 三年股利平均增长率：是指企业股利连续三年的增长情况，反映企业的历史发展状况和发展趋势。

三年股利平均增长率＝

$$\left(\sqrt[3]{\frac{\text{本年每股股利}}{\text{三年前每股股利}}}-1\right)\times 100\%$$

下面继续在“发展能力指标”工作表中计算财务发展能力指标值。

第1步 **绘制表格，填入原始数据**。❶ 在 A12:E17 单元格区域绘制表格，用于计算指标值，输入指标名称，在 D14:D17 单元格区域的各单元格中输入每一指标的会计公式内容；❷ 在 G12:K17 单元格区域绘制表格，用于计算连续三年的增长率，填入 2017—2020 年年末所有者权益总额及每股股利，如下图所示。

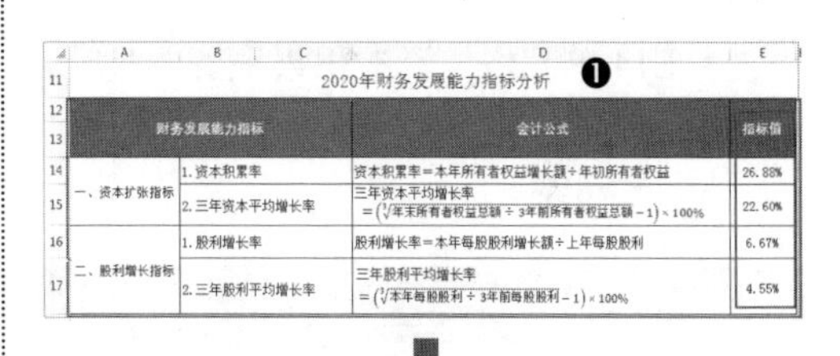

2020年财务发展能力指标分析 ❶

财务发展能力指标		会计公式	指标值
一、资本扩张指标	1. 资本积累率	资本积累率＝本年所有者权益增长额÷年初所有者权益	26.88%
	2. 三年资本平均增长率	三年资本平均增长率 $=\left(\sqrt[3]{\text{年末所有者权益总额}\div 3\text{年前所有者权益总额}}-1\right)\times 100\%$	22.60%
二、股利增长指标	1. 股利增长率	股利增长率＝本年每股股利增长额÷上年每股股利	6.67%
	2. 三年股利平均增长率	三年股利平均增长率 $=\left(\sqrt[3]{\text{本年每股股利}\div 3\text{年前每股股利}}-1\right)\times 100\%$	4.55%

2017-2020年所有者权益及股利明细表 ❷

年份	所有者权益		股利	
	总额	增长率	每股股利(元)	增长率
2017年末	850332.98	-	0.28	-
2018年末	1018898.38		0.29	
2019年末	1235063.18		0.30	
2020年末	1567101.86		0.32	

第2步 **计算所有者权益与股利增长率**。❶ 在 I15 单元格中设置公式“=ROUND((H15-H14)/H14,4)”，计算 2018 年所有者

权益的增长率；❷ 将 I15 单元格公式复制粘贴至 I16:I17 与 K15:K17 单元格区域中，如下图所示。

I15　=ROUND((H15-H14)/H14,4)

	F	G	H	I	J	K
11		2017-2020年所有者权益及股利明细表				
12		年份	所有者权益		股利	
13			总额	增长率	每股股利(元)	增长率
14		2017年末	850332.98	-	0.28	-
15		2018年末	1018898.3❶	19.82%	0.29	3.57%
16		2019年末	1235063.18	21.22%	0.30	3.45%
17		2020年末	1567101.86	26.88%	❷ 0.32	6.67%

第3步 **计算财务发展能力指标值**。根据会计公式在 E14:E17 单元格区域各单元格中设置以下公式，计算财务发展能力的指标值。

- E14 单元格（资本积累率）："=I17"，直接引用 I17 单元格中的数据。
- E15 单元格（三年资本平均增长率）："=ROUND(POWER(H17/H14,1/3)-1,4)"，运用 POWER 函数计算 "H17/H14" 的结果的立方根。
- E16 单元格（股利增长率）："=ROUND(J17/J16-1,4)"。
- E17 单元格（三年股利平均增长率）："=ROUND(POWER(J17/J14,1/3)-1,4)"。

计算结果如下图所示。

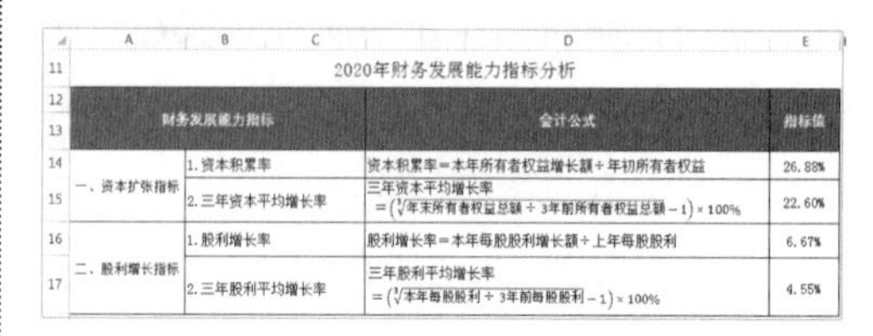

	A	B	C	D	E
11	2020年财务发展能力指标分析				
12	财务发展能力指标			会计公式	指标值
13					
14	一、资本扩张指标	1.资本积累率		资本积累率＝本年所有者权益增长额÷年初所有者权益	26.88%
15		2.三年资本平均增长率		三年资本平均增长率 $=\left(\sqrt[3]{年末所有者权益总额 \div 3年前所有者权益总额}-1\right)\times 100\%$	22.60%
16	二、股利增长指标	1.股利增长率		股利增长率＝本年每股股利增长额÷上年每股股利	6.67%
17		2.三年股利平均增长率		三年股利平均增长率 $=\left(\sqrt[3]{本年每股股利 \div 3年前每股股利}-1\right)\times 100\%$	4.55%

本节示例结果见"结果文件\第 12 章\财务指标分析 .xlsx"文件。

高手支招

本章讲解了如何运用 WPS 表格分析财务报表数据、财务报表指标值的具体操作方法。下面针对上述具体操作过程中的细节之处，向读者分享几个实用技巧，帮助财务人员更全面地掌握 WPS 表格应用技能。

01 使用 FORMULATEXT 函数查看公式内容

本章所讲的计算财务指标值的函数公式本身比较简单，但数据之间的勾稽关系相对复杂，容易混淆，所以财务人员在计算或查阅财务指标数据时，需要将函数公式与会计公式进行核对。那么，在查看函数公式内容时，可逐一选中单元格后在编辑栏中查看，或者单击【公式】选项卡中的【显示公式】按钮显示全部公式内容。除此之外，还可采用另一个实用技巧：即使用 FORMULATEXT 函数返回指定公式单元格中的公式文本，更加方便财务人员同时查看公式的计算结果和内容，操作方法如下。

打开“素材文件 \ 第 12 章 \ 财务指标分析 1.xlsx”文件。❶ 切换至“偿债能力指标”工作表，在 D 列右侧新增一列（E 列），在 E3 单元格中设置公式“=FORMULATEXT(D3)”，显示 D3 单元格中的公式内容；❷ 将 E3 单元格公式复制粘贴至 E4:E10 单元格区域中，即可显示 D4:D10 单元格区域中每一单元格中的公式内容，如下图所示。

E3 fx =FORMULATEXT(D3)

偿债能力指标分析				
指标名称		会计公式	指标值	❶ 函数公式
短期偿债能力	营运资本	营运资本＝流动资产－流动负债	1,315,801.86	=ROUND(H7-J6,2)
	流动比率	流动比率＝流动资产÷流动负债×100%	222.29%	=ROUND(H7/J6,4)
	速动比率	速动比率＝速动资产÷流动负债×100% 速动资产＝货币资金+应收票据+应收账款+其他应收款	178.02%	=ROUND(SUM(H3:H6)/J6,4)
	现金比率	现金比率＝（货币资金+交易性金融资产）÷流动负债×100%	75.09%	=ROUND((H3+H4)/J6,4)
长期偿债能力	资产负债率	资产负债率＝负债总额÷资产总额×100%	40.7[illegible] ❷	=ROUND((J6+J7)/H9,4)
	股权比率	股权比率＝所有者权益总额÷资产总额×100%	59.29%	=ROUND(J8/H9,4)
	产权比率	产权比率＝负债总额÷所有者权益总额×100%	68.66%	=ROUND((J6+J7)/J8,4)
	权益乘数	权益乘数＝资产总额÷所有者权益总额×100% 权益乘数＝1÷股权比率	1.69	=ROUND(1/D8,2)

示例结果见“结果文件 \ 第 12 章 \ 财务指标分析 1.xlsx”文件。

02 巧用条件格式自动标识公式单元格

很多用户在制作表格时，为了将设置了公式的单元格与静态数据的单元格区分开，一般会对公式单元格进行标识，如填充不同颜色、加粗公式单元格字体等。其实，除了可手动添加静态标识外，还可巧妙运用条件格式功能与 FORMULATEXT 函数的特点判断单元格是否包含公式，若符合条件，则自动进行标识。

打开“素材文件 \ 第 12 章 \2015—2020 年利润表数据 .xlsx”文件，表格中的 B7:H7、B12:H13、B17:H20 单元格区域均包含公式，但未做手动标识，不易区分，如下图所示。

B7 fx =ROUND(B4-B5-B6,2)

2015-2020年利润表数据							
年度 项目	2015年	2016年	2017年	2018年	2019年	2020年	年合计
主营业务收入	1,331,648.88	1,524,947.87	1,546,308.87	1,899,469.52	1,936,495.57	1,879,406.62	10,118,477.33
主营业务成本	1,081,501.47	1,215,178.10	1,333,487.59	1,009,924.33	1,458,677.57	1,456,072.81	7,554,821.87
税金及附加	5,690.83	5,766.36	7,109.64	5,342.75	8,497.66	7,921.74	40,328.98
主营业务利润	244,456.58	304,003.41	205,931.64	884,202.44	469,320.34	415,412.07	2,523,326.48
其他业务利润	6,972.33	6,931.34	7,518.47	5,472.81	8,535.51	113,278.84	148,709.30
营业费用	80,481.66	88,467.19	106,178.95	80,639.59	116,604.77	62,554.88	534,927.04
管理费用	36,469.12	45,611.81	49,283.71	37,262.53	59,437.90	10,990.69	239,055.76
财务费用	17,473.74	11,853.79	9,903.11	7,184.10	10,777.75	3,985.24	61,177.73
期间费用	134,424.52	145,932.79	165,365.77	125,086.22	186,820.42	77,530.81	835,160.53
营业利润	117,004.39	165,001.96	48,084.34	764,589.03	291,035.43	451,160.10	1,836,875.25
投资收益	7,321.54	5,196.29	3,060.05	2,205.61	3,971.78	3,574.53	25,329.80
营业外收入	1,810.18	2,170.70	3,255.74	2,427.29	3,551.34	4,626.10	17,841.35
营业外支出	990.87	3,825.95	3,370.25	2,528.73	3,567.93	4,613.74	18,897.47
营业外收支净额	819.31	-1,655.25	-114.51	-101.44	-16.59	12.36	-1,056.12
利润总额	125,145.24	168,543.00	51,029.88	766,693.20	294,990.62	454,746.99	1,861,148.93
所得税费用	12,514.52	16,854.30	5,102.99	76,669.32	29,499.06	22,737.35	163,377.54
净利润	112,630.72	151,688.70	45,926.89	690,023.88	265,491.56	432,009.64	1,697,771.39

下面运用条件格式自动标识公式单元格及所在行次，操作方法如下。

第1步 **设置条件格式**。❶ 选中 A4:H20 单元格区域，单击【开始】选项卡中的【条件格式】下拉按钮，在下拉列表中选择【新建规则】命令，打开【新建格式规则】对话框，选择【选择规则类型】列表框中的【使用公式确定要设置格式的单元格】选项；❷ 在【编辑规则说明】文本框中输入公式“=FORMULATEXT($B4)<>"#N/A"”，其含义是当表达式“FORMULATEXT($B4)”的结果大于或小于（即不等于）“#N/A”时，表明 B4 单元格中包含公式，即应用条件格式；❸ 单击【格式】按钮打开【单元格格式】对话框设置格式（图示略）；❹ 返回【新建格式规则】对话框后单击【确定】按钮关闭对话框。

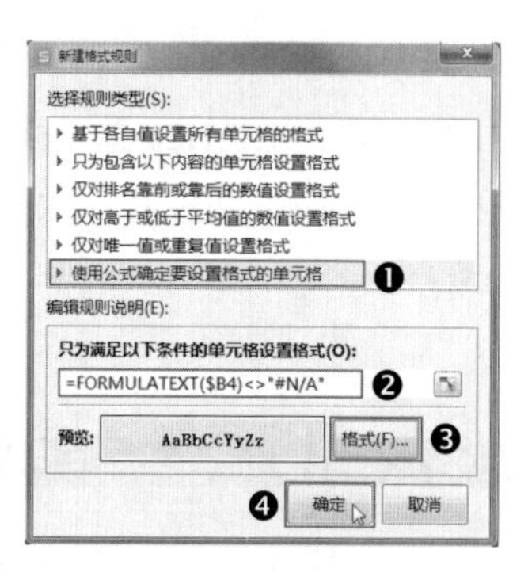

第2步 **查看设置条件格式效果**。设置完成后，即可看到包含公式的单元格及所在行次的效果，如下图所示。

B7　=ROUND(B4-B5-B6,2)

	A	B	C	D	E	F	G	H
1	2015—2020年利润表数据							
2–3	年度 项目	2015年	2016年	2017年	2018年	2019年	2020年	年合计
4	主营业务收入	1,331,648.88	1,524,947.87	1,546,508.87	1,899,469.52	1,936,495.57	1,879,406.62	10,118,477.33
5	主营业务成本	1,081,501.47	1,215,178.10	1,333,467.59	1,009,924.33	1,458,677.57	1,456,072.81	7,554,821.87
6	税金及附加	5,690.83	5,766.36	7,109.64	5,342.75	8,497.66	7,921.74	40,328.98
7	主营业务利润	244,456.58	304,003.41	205,931.64	884,202.44	469,320.34	415,412.07	2,523,326.48
8	其他业务利润	6,972.33	6,931.34	7,518.47	5,472.81	8,535.51	113,278.84	148,709.30
9	营业费用	80,481.66	88,467.19	106,178.95	80,639.59	116,604.77	62,554.88	534,927.04
10	管理费用	36,469.12	45,611.81	49,283.71	37,262.53	59,437.90	10,990.69	239,055.76
11	财务费用	17,473.74	11,853.79	9,903.11	7,184.10	10,777.75	3,985.24	61,177.73
12	期间费用	134,424.52	145,932.79	165,365.77	125,086.22	186,820.42	77,530.81	835,160.53
13	营业利润	117,004.39	165,001.96	48,084.34	764,589.03	291,035.43	451,160.10	1,836,875.25
14	投资收益	7,321.54	5,196.29	3,060.05	2,205.61	3,971.78	3,574.53	25,329.80
15	营业外收入	1,810.18	2,170.70	3,255.74	2,427.29	3,551.34	4,626.10	17,841.35
16	营业外支出	990.87	3,825.95	3,370.25	2,528.73	3,567.93	4,613.74	18,897.47
17	营业外收支净额	819.31	-1,655.25	-114.51	-101.44	-16.59	12.36	-1,056.12
18	利润总额	125,145.24	168,543.00	51,029.88	766,693.20	294,990.62	454,746.99	1,861,148.93
19	所得税费用	12,514.52	16,854.30	5,102.99	76,669.32	29,499.06	22,737.35	163,377.54
20	净利润	112,630.72	151,688.70	45,926.89	690,023.88	265,491.56	432,009.64	1,697,771.39

第3步 **测试效果**。清除B7单元格中的公式后，可看到A7:H7单元格区域自动取消标识，效果如下图所示（测试完成后按【Ctrl+Z】快捷键恢复B7单元格公式）。

	A	B	C	D	E	F	G	H
1	2015—2020年利润表数据							
2–3	年度 项目	2015年	2016年	2017年	2018年	2019年	2020年	年合计
4	主营业务收入	1,331,648.88	1,524,947.87	1,546,508.87	1,899,469.52	1,936,495.57	1,879,406.62	10,118,477.33
5	主营业务成本	1,081,501.47	1,215,178.10	1,333,467.59	1,009,924.33	1,458,677.57	1,456,072.81	7,554,821.87
6	税金及附加	5,690.83	5,766.36	7,109.64	5,342.75	8,497.66	7,921.74	40,328.98
7	主营业务利润	244,456.58	304,003.41	205,931.64	884,202.44	469,320.34	415,412.07	2,523,326.48
8	其他业务利润	6,972.33	6,931.34	7,518.47	5,472.81	8,535.51	113,278.84	148,709.30
9	营业费用	80,481.66	88,467.19	106,178.95	80,639.59	116,604.77	62,554.88	534,927.04
10	管理费用	36,469.12	45,611.81	49,283.71	37,262.53	59,437.90	10,990.69	239,055.76
11	财务费用	17,473.74	11,853.79	9,903.11	7,184.10	10,777.75	3,985.24	61,177.73
12	期间费用	134,424.52	145,932.79	165,365.77	125,086.22	186,820.42	77,530.81	835,160.53
13	营业利润	117,004.39	165,001.96	48,084.34	764,589.03	291,035.43	451,160.10	1,836,875.25
14	投资收益	7,321.54	5,196.29	3,060.05	2,205.61	3,971.78	3,574.53	25,329.80
15	营业外收入	1,810.18	2,170.70	3,255.74	2,427.29	3,551.34	4,626.10	17,841.35
16	营业外支出	990.87	3,825.95	3,370.25	2,528.73	3,567.93	4,613.74	18,897.47
17	营业外收支净额	819.31	-1,655.25	-114.51	-101.44	-16.59	12.36	-1,056.12
18	利润总额	125,145.24	168,543.00	51,029.88	766,693.20	294,990.62	454,746.99	1,861,148.93
19	所得税费用	12,514.52	16,854.30	5,102.99	76,669.32	29,499.06	22,737.35	163,377.54
20	净利润	112,630.72	151,688.70	45,926.89	690,023.88	265,491.56	432,009.64	1,697,771.39

示例结果见“结果文件\第12章\2015—2020年利润表数据.xlsx”文件。

03 开启聚光灯轻松阅读数据

财务人员每天面对数据表格，浏览大量数据，既耗费时间和精力，也很容易“看走眼”，影响工作效率。为此，WPS Office 2019表格专门提供了一项特色功能——“阅读模式”，完美地解决了这一问题。它的作用相当于“聚光灯”，选中任一单元格区域后，“聚光灯”将自动为其所在的整行和整列填充颜色，并将“灯光”聚焦在被选中的单元格或区域之中，高亮显示并突出目标数据，帮助财务人员轻松读取数据，操作方法如下。

打开“素材文件\第12章\2015—2020年利润表数据1.xlsx”文件，可看到表格中包含大量数据，查看数据十分不便，如下图所示。

	A	B	C	D	E	F	G
1	2015—2020年利润表数据1						
2–3	年度 项目	2015年	2016年	2017年	2018年	2019年	2020年
4	主营业务收入	1,331,648.88	1,524,947.87	1,546,508.87	1,899,469.52	1,936,495.57	1,879,406.62
5	主营业务成本	1,081,501.47	1,215,178.10	1,333,467.59	1,009,924.33	1,458,677.57	1,456,072.81
6	税金及附加	5,690.83	5,766.36	7,109.64	5,342.75	8,497.66	7,921.74
7	主营业务利润	244,456.58	304,003.41	205,931.64	884,202.44	469,320.34	415,412.07
8	其他业务利润	6,972.33	6,931.34	7,518.47	5,472.81	8,535.51	113,278.84
9	营业费用	80,481.66	88,467.19	106,178.95	80,639.59	116,604.77	62,554.88
10	管理费用	36,469.12	45,611.81	49,283.71	37,262.53	59,437.90	10,990.69
11	财务费用	17,473.74	11,853.79	9,903.11	7,184.10	10,777.75	3,985.24
12	营业利润	117,004.39	165,001.96	48,084.34	764,589.03	291,035.43	451,160.10
13	投资收益	7,321.54	5,196.29	3,060.05	2,205.61	3,971.78	3,574.53
14	营业外收入	1,810.18	2,170.70	3,255.74	2,427.29	3,551.34	4,626.10
15	营业外支出	990.87	3,825.95	3,370.25	2,528.73	3,567.93	4,613.74
16	利润总额	125,145.24	168,543.00	51,029.88	766,693.20	294,990.62	454,746.99
17	所得税费用	12,514.52	16,854.30	5,102.99	76,669.32	14,749.53	22,737.35
18	净利润	112,630.72	151,688.70	45,926.89	690,023.88	280,241.09	432,009.64

单击状态栏中的【阅读模式】按钮 即可开启“聚光灯”，效果如下图所示。

2015—2020年利润表数据1

项目 \ 年度	2015年	2016年	2017年	2018年	2019年	2020年
主营业务收入	1,331,648.88	1,524,947.87	1,546,508.87	1,899,469.52	1,936,495.57	1,879,406.62
主营业务成本	1,081,501.47	1,215,178.10	1,333,467.59	1,009,924.33	1,458,677.57	1,456,072.81
税金及附加	5,690.83	5,766.36	7,109.64	5,342.75	8,497.66	7,921.74
主营业务利润	244,456.58	304,003.41	205,931.64	884,202.44	469,320.34	415,412.07
其他业务利润	6,972.33	6,931.34	7,518.47	5,472.81	8,535.51	113,278.84
营业费用	80,481.66	88,467.19	106,178.95	80,639.59	116,604.77	62,554.88
管理费用	36,469.12	45,611.81	49,283.71	37,262.53	59,437.90	10,990.69
财务费用	17,473.74	11,853.79	9,903.11	7,184.10	10,777.75	3,985.24
营业利润	117,004.39	165,001.96	48,084.34	764,589.03	291,035.43	451,160.10
投资收益	7,321.54	5,196.29	3,060.05	2,205.61	3,971.78	3,574.53
营业外收入	1,810.18	2,170.70	3,255.74	2,427.29	3,551.34	4,626.10
营业外支出	990.87	3,825.95	3,370.25	2,528.73	3,567.93	4,613.74
利润总额	125,145.24	168,543.00	51,029.88	766,693.20	294,990.62	454,746.99
所得税费用	12,514.52	16,854.30	5,102.99	76,669.32	14,749.53	22,737.35
净利润	112,630.72	151,688.70	45,926.89	690,023.88	280,241.09	432,009.64

示例结果见“结果文件\第 12 章\2015—2020 年利润表数据 1.xlsx”文件。

温馨提示

“聚光灯”的颜色也可作调整。单击【阅读模式】按钮右侧的下拉按钮，在弹出的调色板中选择颜色即可。

另外，【护眼模式】也是 WPS 表格的一大特色功能，开启后系统将整个页面自动设置为舒适的豆沙绿色，可为用户缓解眼部疲劳。单击状态栏中的【护眼模式】按钮即可开启。

参考文献

[1] IT教育研究工作室. Word Excel PPT 高效办公早做完，不加班[M]. 北京：中国水利水电出版社，2017.

[2] IT新时代教育. Excel高效办公应用与技巧大全[M]. 北京：中国水利水电出版社，2018.

[3] 高博，田媛. 为什么财务精英都是Excel控：Excel在财务工作中的应用[M]. 北京：北京大学出版社，2019.

[4] 田媛,刘羽. 企业算税、报税和缴税高效工作手册[M]. 北京：北京大学出版社，2019.

[5] 田媛. Excel财务会计应用思维、技术与实践[M]. 北京：北京大学出版社，2021.

[6] 胡子平. Excel之美：迅速提高Excel数据能力的100个关键技能[M]. 北京：北京大学出版社，2021.